合成生物学丛书

新一代食品生物技术

刘　龙　陈　坚　吕雪芹　主编

山东科学技术出版社 | 科学出版社
济　南　　　　　　北　京

内 容 简 介

本书主要从食品微生物资源、食品组学、酶工程、发酵工程、代谢工程、合成生物学等方面系统介绍了新一代食品生物技术。在此基础上，阐述了食品生物技术在未来食品中的应用。其中，第1章简述了食品生物技术的概念、主要内容及其在食品工业中的应用；第2章介绍了食品微生物资源挖掘与高通量选育技术；第3～7章详述了食品组学、酶工程、发酵工程、代谢工程，以及合成生物学等系列生物技术与食品科学的交织融合与应用；第8章阐述了未来食品的概念与内涵，并介绍了食品生物技术在功能蛋白、功能糖、植物基食品等未来食品生产中的应用。

本书详细介绍了新一代食品生物技术及其应用，可供食品工程、生物工程、发酵工程以及合成生物学等领域的研究人员参考，也可以作为研究生教学参考用书。

图书在版编目（CIP）数据

新一代食品生物技术 / 刘龙，陈坚，吕雪芹主编. —北京：科学出版社；济南：山东科学技术出版社，2024.6

（合成生物学丛书）

国家出版基金项目

ISBN 978-7-03-077831-4

Ⅰ. ①新… Ⅱ. ①刘… ②陈… ③吕… Ⅲ. ①食品化学-生物化学 Ⅳ. ①TS201.2

中国国家版本馆 CIP 数据核字（2023）第 249193 号

责任编辑：陈 昕 张 琳 王 静 罗 静 刘 晶

责任校对：杨 赛 / 责任印制：王 涛 肖 兴 / 封面设计：无极书装

山东科学技术出版社 和 **科学出版社** 联合出版

北京东黄城根北街 16 号

邮政编码：100717

http://www.sciencep.com

北京中科印刷有限公司印刷

科学出版社发行 各地新华书店经销

*

2024 年 6 月第 一 版 开本：720×1000 1/16

2024 年 6 月第一次印刷 印张：35

字数：700 000

定价：328.00 元

（如有印装质量问题，我社负责调换）

“合成生物学丛书”
编委会

《新一代食品生物技术》
编委会

主　　编　刘　龙　陈　坚　吕雪芹

编写人员（按姓氏汉语拼音排序）

常　明　陈　坚　陈　晟　李兆丰
刘　龙　刘　松　刘　潇　刘延峰
刘元法　吕雪芹　王小三　徐勇将
翟齐啸　张　康　张国强

丛 书 序

21 世纪以来，全球进入颠覆性科技创新空前密集活跃的时期。合成生物学的兴起与发展尤其受到关注。其核心理念可以概括为两个方面：“造物致知”，即通过逐级建造生物体系来学习生命功能涌现的原理，为生命科学研究提供新的范式；“造物致用”，即驱动生物技术迭代提升、变革生物制造创新发展，为发展新质生产力提供支撑。

合成生物学的科学意义和实际意义使其成为全球科技发展战略的一个制高点。例如，美国政府在其《国家生物技术与生物制造计划》中明确表示，其“硬核目标”的实现有赖于“合成生物学与人工智能的突破”。中国高度重视合成生物学发展，在国家 973 计划和 863 计划支持的基础上，“十三五”和“十四五”期间又将合成生物学列为重点研发计划中的重点专项予以系统性布局和支持。许多地方政府也设立了重大专项或创新载体，企业和资本纷纷进入，抢抓合成生物学这个新的赛道。合成生物学-生物技术-生物制造-生物经济的关联互动正在奏响科技创新驱动的新时代旋律。

科学出版社始终关注科学前沿，敏锐地抓住合成生物学这一主题，组织合成生物学领域国内知名专家，经过充分酝酿、讨论和分工，精心策划了这套“合成生物学丛书”。本丛书内容涵盖面广，涉及医药、生物化工、农业与食品、能源、环境、信息、材料等应用领域，还涉及合成生物学使能技术和安全、伦理和法律研究等，系统地展示了合成生物学领域的新成果，反映了合成生物学的内涵和发展，体现了合成生物学的前沿性和变革性特质。相信本丛书的出版，将对我国合成生物学人才培养、科学研究、技术创新、应用转化产生积极影响。

张先恩

丛书主编

2024 年 3 月

前　言

传统的食品生物技术包括食品发酵和酿造等经典的生物技术加工过程。随着基因编辑、合成生物学等技术的出现，食品生物技术也进入了新的纪元。学科之间的相互渗透与交叉，使食品科学技术与现代生物技术相互交织形成一类综合性学科技术，可称为新一代食品生物技术。新一代食品生物技术属于高新技术范畴，已经广泛应用于食品工业的方方面面，涵盖了从原材料开发、加工阶段到成品的检测与储存等各个环节，贯穿着整个食品产业，是推动食品工业发展的重要引擎。

本书主要从食品微生物资源挖掘与高通量选育、食品组学与食品生物技术、酶工程与食品生物技术、发酵工程与食品生物技术、代谢工程与食品生物技术、合成生物学与食品生物技术以及食品生物技术与未来食品这几个方面来介绍新一代食品生物技术。其中，食品微生物资源挖掘与高通量选育主要从食品微生物的概念和分类、菌种资源的高效挖掘技术以及高通量选育技术等方面来阐述；食品组学与食品生物技术主要从系统生物学与食品组学、食品组学的研究方法与关键技术和功能食品研究这三个方面来阐述；酶工程与食品生物技术主要讲述了酶工程在食品生产中的应用、新酶的挖掘与设计改造技术、酶高效表达系统的设计与构建以及酶固定化及全细胞催化技术在食品工业中的应用；发酵工程与食品生物技术主要包括了发酵工程在食品生产中的应用、食品发酵微生物的改造和性能优化、食品发酵过程的精准调控和优化技术；代谢工程与食品生物技术主要介绍了代谢工程、代谢元件的挖掘与创制技术、代谢途径的设计与重构技术、代谢网络的组装与适配技术；此外，本书还详述了合成生物学与食品生物技术，重点介绍了食品合成生物学的概念、基因编辑工具、食品底盘细胞的开发等；最后，介绍了食品生物技术在未来食品中的应用，包括功能蛋白、油脂、淀粉、植物基食品等，并展望了新时代未来食品的发展前景、挑战及应对措施。

本书编写分工如下：第 1 章由刘龙、陈坚编写；第 2 章由翟齐啸编写；第 3 章由徐勇将、刘元法编写；第 4 章由刘松、张国强编写；第 5 章由吕雪芹、刘龙编写；第 6 章由吕雪芹、刘龙编写；第 7 章由刘延峰、陈坚编写；第 8 章由陈坚、刘龙、常明、王小三、陈晟、李兆丰、刘潇、张康编写。此外，书中采用的多个研究案例，来自作者团队研究生的研究工作，此处未能一一注明各位研究生的姓名，在此表示衷心感谢。

因作者的学术功底、研究经验和写作能力有限，书中难免存在不足之处，如能赐教、指正，不胜感激！

刘龙

2023 年 12 月

目　录

第1章 绪 论

1.1 食品生物技术的概念和特点

1.1.1 食品生物技术的基本概念

生物技术产业是21世纪的支柱产业。从应用的角度讲，食品生物技术是食品工业领域应用的生物技术。从学科的角度讲，食品生物技术是食品科学技术与生物技术相互渗透而形成的一门交叉学科。

具体来说，食品生物技术既包括食品发酵和酿造等最古老的生物技术加工过程，也包括应用现代生物技术来改良食品原料的品质、制作食品添加剂、培养植物和动物细胞，以及与食品加工和制造相关的其他生物技术等。近年来，细胞工程、酶工程、发酵工程、蛋白质工程、生物工程下游技术、基因工程、分子检测技术、多组学技术、酶分子进化工程和生物信息学等都已被应用于食品原料的生产、加工和制造过程中。

在某种意义上，基于现代分子生物学的基因工程技术是食品生物技术的核心和基础。现代发酵工程是建立在DNA重组技术基础上的，通过DNA重组技术获得的基因工程菌株可以获得外源基因所赋予的特殊代谢途径，进而产生特定的代谢产物，这是传统发酵工程所无法实现的。经历了数千年的发展，食品生物技术已成为现代生物技术的重要组成部分。

1.1.2 食品生物技术的特点

食品生物技术属于高新技术范畴，对改造传统食品工业和农副产品深加工具有革命性意义，具有高效益、高投入、高竞争、高风险、高潜力等特点。

1.2 食品生物技术的发展历程和主要内容

1.2.1 食品生物技术的发展史

食品生物技术伴随人类社会的发展而发展，最早可追溯到几千年前。早期的人类社会以狩猎采集为主，只能使用打制石器对获得的猎物进行简单切割，尚无食品加工处理的概念。考古研究发现，早在大约170万年前的元谋人和50万年前的北京人生活时期，已经出现了使用火的痕迹。火的使用，让原始人类得以吃到易于吸收的熟食，也获得了更加丰富的营养；同时，炙烤和煮熟的食物有效杀灭了食物中的致病菌和寄生虫，降低了疾病发生的概率。这说明食品加工处理对人类文明进程的发展具有重大意义。

早在公元前9600年，美索不达米亚和古埃及就掌握了包括干燥、熏制和盐渍在内的简单食品保存方法。考古人员在我国河南省舞阳县贾湖遗址（新石器早期村庄）出土的16件陶器中发现了与现代米酒、葡萄酒相同的酒石酸沉淀物，表明早在公元前9000～前7000年，我国的劳动人民就开始了发酵酿造活动。公元前6000年，古埃及人和古巴比伦人已经开始发酵生产酒精，并酿造啤酒饮用。公元前4000年左右，古埃及人开始利用酵母菌发酵进行面包的生产。我国人民在周朝后期已熟练掌握了豆腐、酱油、食醋等传统发酵技术；西晋时期（公元266～317年）明确出现了发酵面食的记载，如"蒸饼上不坼十字不食"；《南齐书》（公元479～502年）中出现了"面起饼"的相关记载，是对典型发酵面食的具体记载。

1768年，意大利科学家拉扎罗·斯帕兰扎尼（Lazzaro Spallanzani）向人们展示了将肉汤加热至沸腾并立即装入密封容器中防止肉汤变质的方法。随着第一次世界大战的开始，战争期间对廉价、保存持久、可运输食品的大量需求，以锡罐为代表的罐头包装变得特别受欢迎。1864年，法国化学家路易·巴斯德（Louis Pasteur）发明了一种能杀灭牛奶里的病菌，但又不影响牛奶口感的消毒方法，即著名的"巴氏消毒法"。巴氏消毒法又称低温消毒法，是一种利用较低的温度既可杀死病菌，又能保持食品中营养物质风味不变的消毒法。巴氏消毒法对食品的加工具有至关重要的作用。

1885年，巴斯德证明了发酵是由微生物引起的生物过程，并基于此建立了微生物纯种培养技术，从而为未来发酵技术、发酵工程的发展提供了理论基础，也使发酵技术步入了科学的轨道。

19世纪的法国化学家马塞兰·贝特洛（Marcellin Berthelot）被认为是最先想到"人造食品"这一创意的人，这也引起了随后化学食品的热潮。1896年发表的一篇文章将贝特洛的想法推向了极致，认为通过一颗小药丸就能摄入等同于一块牛排的营养成分。

20世纪20年代开始采用大规模的纯种培养技术进行丙酮和丁醇等的工业生产。与此同时，亚历山大·弗莱明（Alexander Fleming）在进行微生物培养的过程中，发现一个与空气接触过的金黄色葡萄球菌培养皿中长出了一团青绿色霉菌，霉菌周围的葡萄球菌菌落已被溶解，表明霉菌的分泌物能抑制葡萄球菌的生长和繁殖。进一步的鉴定结果显示该霉菌为青霉菌，其分泌的杀菌物质则被称为青霉素；50年代开始了大规模发酵生产青霉素。自此，发酵工业和酶制剂工业开始快速发展。

1965 年，法国科学家弗朗索瓦·雅各布（François Jacob）和雅克·莫诺（Jacques Monod）通过对原核生物细胞代谢分子机制的研究，提出了著名的“乳糖操纵子学说”，开创了基因表达调控研究的先河（Burstein et al.，1965）。此外，他们还提出了在核酸分子中存在一种与染色体脱氧核糖核酸序列互补的、能把遗传信息带到蛋白质合成场所并翻译成蛋白质的信使核糖核酸（mRNA）分子，这一学说对分子生物学的发展起到了极其重要的作用。1969 年，美国科学家马歇尔·尼伦伯格（Marshall Nirenberg）破译了 DNA 的遗传密码；1965 年，罗伯特·霍利（Robert Holley）阐明了酵母丙氨酸 tRNA 的核苷酸序列，并证实所有的 tRNA 在结构上具有相似性，该研究证明了活化氨基酸与其相应的 tRNA 结合的过程是蛋白质合成过程中的重要中间反应。

20 世纪 60 年代末，斯坦福大学的生物化学教授保罗·贝格（Paul Berg）考虑使用高等动物病毒将外源基因导入真核细胞，最终将来源不同的 DNA 连接在一起，获得了全世界第一例重组 DNA。这标志着人类跨入了一个生物技术时代的新纪元，人们可以从生物体最基础的遗传物质——DNA 水平来改造生物体，从而改造整个世界。

1972 年，加州大学赫伯特·伯耶（Herbert Boyer）实验室从大肠杆菌中分离出一种新的核酸酶 *Eco*RⅠ，它可以在特定的位置将 DNA 切断，切断的 DNA 可以在 DNA 聚合酶的作用下重新连接起来，这种新的核酸酶就是限制性内切核酸酶。后来，人们又陆续发现了近百种的限制性内切核酸酶，生物学家有了这种“生物剪刀”以后，可以更加自如地对 DNA 进行操作。1977 年，弗雷德里克·桑格（Frederick Sanger）设计出了一种测定 DNA 分子内核苷酸序列的方法，即双脱氧法；同年，艾伦·马克萨姆（Allan Maxam）和吉尔伯特（Gilbert）也发明了一种用化学方法测定 DNA 分子内核苷酸序列的方法。这两种方法为人们分析 DNA 序列提供了有力的工具，极大地推动了分子生物学的研究。1975 年，英国科学家塞萨尔·米尔斯坦（César Milstein）和乔治·科勒（Georges Köhler）发明了单克隆抗体制备技术。1984 年，乔治·科勒、塞萨尔·米尔斯坦和尼尔斯·杰尼（Niels Jerne）进一步发展了单克隆抗体制备技术，并将该技术应用于极微量蛋白质的检测。1986 年，美国科学家凯利·穆利斯（Kary Mullis）发明了聚合酶链反应（polymerase chain reaction，PCR）技术，该技术为分子检测、基因突变、基因工程提供了有力的操作工具，成为分子生物学、基因工程和现代分子检测最常用的工具之一。

正如第一次世界大战在 20 世纪初普及了锡罐一样，第二次世界大战和 20 世纪中叶的太空竞赛加速了即食包装食品的发展。与此同时，人们对保质期长的快餐的需求有所增加。新工艺、新原料和新设备为 20 世纪的食品加工技术发展做出了贡献。喷雾干燥、蒸发、冷冻干燥和防腐剂的使用，使不同类型的食品更容易包装并保存在货架上；人工甜味剂和色素有助于使腌制食品更加可口；家用烤箱、微波炉、搅拌器和其他电器为快速准备这些食物提供了工具；工厂和大规模生产技术使快速生产和包装食品成为可能。

虽然加工食品的制作速度快且价格实惠，但在 20 世纪末至 21 世纪初，人们开始对它们的营养价值产生怀疑：许多保存过程减少了维生素和矿物质含量；添加的糖和油增加了卡路里含量，但没有增加营养价值；对防腐剂及其长期健康影响的关注开始上升；一次性塑料包装的代价也开始显露。在过去的 200 年里，食品生物技术的进步比整个人类文明之前数万年里的进步都要多。随着这些技术的出现，安全、方便、实惠、健康和环保的食品仍然是需要持续关注的重点。

1.2.2 食品生物技术研究的主要内容

1. 基因工程

基因工程（genetic engineering）又称为 DNA 重组技术，是一种针对遗传信息的载体——DNA 进行操作的技术，可以实现同物种或跨物种的基因转移，用以产生改良的或具有新功能的生物体。典型的 DNA 重组过程通常包括以下几个步骤：①扩增目的基因（或称外源基因），并通过限制性内切核酸酶、DNA 连接酶连接到载体上，形成一个新的重组 DNA 分子；②将重组 DNA 分子转入受体细胞，并在受体细胞中复制、表达；③对转化了重组 DNA 的受体细胞进行筛选和鉴定；④对含有重组 DNA 的细胞进行大量培养，检测外源基因是否表达，进一步获得目标产物。

通过基因工程产生的生物体被认为是转基因生物（genetically modified organism，GMO）。最早报道的转基因生物是 1973 年产生的转基因细菌和 1974 年培育的转基因小鼠。利用细菌产生胰岛素在 1982 年已商业化。作为宠物设计的第一种转基因生物 GloFish 于 2003 年 12 月首先在美国销售。基因工程技术已经应用于包括农业、工业和医学等在内的多个领域。例如，胰岛素和人生长激素现已实现在转基因细胞中生产，实验性转基因细胞系和转基因动物（如小鼠或斑马鱼）正用于科学研究中，多种转基因作物已经商业化。

科研人员已经开发了多种用于改造生物基因组的基因编辑技术，使基因工程的应用范围得到了极大的扩展。利用 Cre-lox 系统中的 Cre 酶特异性识别 lox 位点的能力，在特定 DNA 区域通过 Cre 酶的 DNA 重组活性进行操作即可实现特定区域的基因编辑。在锌指核酸酶（zinc-finger nuclease，ZFN）系统中，串联的锌指结构可识别基因组中特定的 DNA 位点，因此可根据目标区域的 DNA 序列设计串联锌指序列，在特定DNA区域，锌指核酸酶通过*Fox* Ⅰ的DNA内切酶活性进行基因编辑。使用转录激活因子样效应物核酸酶（transcription activator-like effector nuclease，TALEN）系统可识别基因组中对应的DNA位点，通过*Fox* Ⅰ的DNA内切酶活性进行基因组编辑（Gaj et al.，2013）。TALEN比ZFN设计简便，识别位点广，基因编辑效率高。近年来，CRISPR（clustered regularly interspaced short palindromic repeat）系统受到广泛关注，sgRNA配对识别基因组中对应的DNA位点，将具有DNA切割功能的Cas蛋白引导至特定DNA区域，而后Cas9识别该区域附近DNA上的特定序列切割DNA，最终由带有特定目的基因的DNA序列完成基因编辑（孟娇等，2019；Wu et al.，2020）。

总的来说，基因工程即通过一系列人工的基因编辑手段使生物体具备自然界中不存在的生物学特性。基因工程技术为人类改造生物体，进而改造自然界、创造一个更适合人类生存的环境提供了前所未有的技术支持。

2. 细胞工程

细胞工程（cell engineering）是指应用细胞生物学和分子生物学的方法，通过工程学手段，在细胞水平或细胞器水平上，按照人的意愿来改变细胞内的遗传物质或获得细胞产品的一门综合技术科学。细胞工程涉及的领域相当广泛，就其技术范围而言，大致有细胞融合技术、细胞拆合技术、染色体技术、基因转移技术、胚胎移植技术和细胞组织培养技术等。根据细胞类型的不同，可以把细胞工程分为植物细胞工程和动物细胞工程。植物细胞工程通常采用的技术有植物组织培养和植物体细胞杂交技术；动物细胞工程常用的技术有动物细胞培养、动物细胞融合、单克隆抗体、胚胎移植等。

细胞培养技术建立在植物组织培养技术基础上，是20世纪80年代迅速发展起来的一个新领域。植物细胞培养技术的基础是19世纪马蒂亚斯·雅各布·施莱登（Matthias Jakob Schleiden）和西奥多·施万（Theodor Schwann）提出的细胞学说（即细胞是生物有机体基本结构单位）及植物细胞的全能性。植物细胞的全能性是指离体的细胞在一定培养条件下具有能诱导细胞分化，最终产生与母体相同的再生植株或器官的能力。植物组织培养是指在人工操作下，将植物的器官、组织或细胞从植物体上取出，在一定的容器内供给适当的营养物质，使它们得到分化、发育和生长的培养技术。用于组织培养的植物细胞或器官称为外植体。外植体在适宜的营养和外界条件下，细胞首先发生脱分化，然后恢复细胞分裂形成愈伤组织（指一群形态、结构相同或相似的未分化细胞群），在一定的诱导因素作用下发生分化，最后形成具有根、茎、叶的完整植物体。植物细胞培养主要采用了悬浮培养和固定化细胞反应器系统。现代的细胞培养技术在采用了现代发酵工程的一些先进技术后，已逐渐形成了独具特色的植物生物反应器，在医药、食品、化工、农林等产业中得到了广泛应用。目前，植物细胞培养已成为食品生物技术研究的热点，在食用天然色素、植物次生代谢产物、功能因子等方面已开展了广泛的研究。例如，人参细胞培养可得到活性人参细胞粉，既可作为保健食品的原料，也可作为药材。这些细胞中除含有人参皂苷外，还含有酶及其他活性成分。此外，紫草细胞、朝天椒细胞、甘草细胞、薰衣草细胞、薄荷细胞、苦瓜细胞等都有进行细胞培养的报道。从上述细胞中提取可用作色素、香精、甜味剂、代谢调节物的天然产物，为食品、药品、化工等领域提供了大量原材料。因此，植物细胞工程在生产自然界中含量少且对人体有益的活性成分方面具有独特的优势。随着基因工程技术的发展，未来的植物细胞将成为一种具有高再生效率和高效合成目标物质能力的全新细胞。

动物细胞工程是细胞工程的一个重要分支，即利用细胞生物学和分子生物学的理论基础，通过工程技术手段，按照人类的需要大量培养细胞和生产动物个体。动物细胞工程主要包括动物细胞培养技术、动物细胞融合技术、单克隆抗体技术、细胞拆合技术。我国的童第周教授早在 20 世纪 60 年代就开展了鱼类核移植工作，并得到了杂种鱼。随着对动物细胞遗传全能性的研究，人们发现动物细胞与植物细胞一样具有全能性，在一定条件下具有发展成为一个完整个体的能力。1981 年，卡尔・伊尔门塞（Karl Illmensee）用小鼠幼胚细胞核克隆出正常小鼠。到 20 世纪 90 年代，利用幼胚细胞核克隆动物的技术基本成熟，开始了利用体细胞进行克隆动物的研究。1997 年，英国 PPL 公司罗斯林（Roslin）研究所的伊恩・威尔穆特（Ian Wilmut）利用羊乳腺细胞细胞核克隆出多莉（Dolly）羊，开启了人类用体细胞克隆动物的新时代。Dolly 羊的成功克隆对 21 世纪的生命科学研究、医学研究、农业研究产生重大的影响：①遗传性状完全一致的克隆动物将更有利于人们开展对生长、发育、衰老和健康等机理的研究；②有利于大量培育品质优良的家畜；③克隆转基因动物可以降低研究费用，提高成功率，缩短大量繁殖转基因动物的生产周期；④推进同种克隆向异种克隆的转化，对保护濒临灭绝的动物具有重要意义。

动物细胞融合也称为细胞杂交，即在体外培养时，让两个细胞的细胞膜密切接触，在理想化条件下促使细胞膜变化，导致细胞融合产生杂种细胞。所得的杂种细胞兼有两个亲本的遗传物质，可通过有丝分裂形成细胞群。有性生殖中的受精作用就是自然界细胞融合的实例。

单克隆抗体是一种在实验室条件下产生的合成抗体。将免疫细胞与骨髓瘤细胞融合在一起，形成杂交瘤细胞，这种细胞既能像肿瘤细胞那样长期进行无性繁殖，又能像 B 淋巴细胞那样分泌抗体，由于这种抗体可以由单一的无性繁殖系细胞产生，故又称为单克隆抗体。这项技术是在 1975 年由乔治・科勒（Georges Köhler）和塞萨尔・米尔斯坦（César Milstein）首创的，他们因此获得 1984 年的诺贝尔生理学或医学奖。单克隆抗体技术最主要的优点是可以用不纯的抗原分子制备纯化的单克隆抗体，甚至当所需抗原在原混合物中占比极少时，也能获得该抗原的单克隆抗体，其原因是可以从产生各种抗体的杂交瘤细胞混合群体中筛选出产生特异性抗体的杂交瘤细胞。原则上，利用此技术可以制备出各种单克隆抗体。这种技术在临床上得到了广泛应用，如进行临床诊断、运载抗癌药物等。目前，世界各国已研制出数以百计的单克隆抗体。这项技术的广泛运用将是必然的发展趋势。

3. 蛋白质工程与酶设计改造技术

20 世纪 80 年代，聚合酶链反应（polymerase chain reaction，PCR）的出现为人类改造蛋白质结构提供了高效的分子操作手段，蛋白质工程（protein engineering）也应运而生。蛋白质工程是通过对蛋白质化学、晶体学和动力学的研究，获得有关蛋白质理化特性和分子特性的信息，在此基础上对编码蛋白质的基因进行有目的的设计改造。生物系统通过基因工程技术获得转基因微生物、转基因植物、转基因动物，最终生产出改造过的蛋白质应用于生产实践。蛋白质工程在基因工程技术快速发展下，已显示出广阔的应用前景。在基础理论的研究中，为揭示蛋白质结构和功能的规律性提供了一种新的方法和手段，将与核磁共振（nuclear magnetic resonance，NMR）、X 射线晶体衍射学、生物信息学、计算机技术、生物芯片技术等学科一起为人类揭示生命科学的基本规律贡献重要力量。在应用前景上，蛋白质工程涉及医药、食品、化妆品、农业等各个领域。

定向进化（directed evolution）在 20 世纪 80～90 年代研发成功，通过位点饱和突变（saturation mutagenesis，SM）、易错 PCR（error-prone polymerase chain reaction，epPCR）及 DNA 重排（DNA shuffling）等技术，可有效产生序列多样的随机突变体文库，表达并筛选特定性状提高的目标突变体。该技术通过对蛋白质进行多轮突变、表达和筛选，引导蛋白质的性能朝着人们需要的方向进化，从而大幅缩短蛋白质进化的过程。定向进化与理性设计结合，形成了半理性设计（semi-rational design）策略，旨在构建“小而精”的突变体文库，进一步提高筛选效率。近年来，随着计算机运算能力持续提升、先进算法相继涌现，以及蛋白质序列特征、三维结构、催化机制之间的关系不断被挖掘和解析，计算机辅助蛋白质设计（computer-assisted protein design，CPD）策略得到前所未有的重视和发展，人类迎来了蛋白质从头设计的新时代。计算机辅助蛋白质设计策略为蛋白质工程领域注入了新的学术思想和技术手段，出现了基于结构模拟与能量计算来进行蛋白质设计的新方法，以及使用人工智能（artificial intelligence，AI）技术指导蛋白质改造的新思路（韩旭等，2022）。总体来看，蛋白质工程经历了从初级理性设计、定向进化、半理性设计，再到计算设计的发展历程。

4. 酶固定化及全细胞催化技术

随着工业生物技术和酶工程的不断发展，酶的生产水平不断提高、种类不断丰富，其在食品工业方面的应用也越来越广泛。但是，在酶的使用过程中，也存在一些不足之处，例如，在生产过程中，很多酶的催化效率不够高、稳定性较差，且催化反应结束后酶与产物混在一起难以纯化和回收利用。目前，针对这些不足采用的重要改进方法之一就是固定化酶技术。固定化酶技术是用化学或物理方法将游离酶束缚或限制在一定的空间内，但仍能进行特定的催化反应，并可回收、重复使用的一类技术。制备固定化酶必须遵循一定的原则：尽可能保持固定化酶的催化活性及专一性；酶与载体必须结合牢固，确保固定化酶能够回收储藏；所选载体不与反应液、产物或废物发生化学反应；固定化酶尽可能保持最小的空间位阻；固定化酶成本要低。固定化葡萄糖异构酶是固定化酶成功应用的工业实例，它是全世界生产规模最大的一种固定化酶，其固定化后具有易分离、稳定性好、易控制等优点，适合工业上连续化生产高果糖浆。

生物酶作为一种绿色、高效的催化剂，在工业化学合成中的应用越来越广泛。生物酶催化反应条件温和，并显示出严格的对映选择性或区域选择性。生物酶的使用省去了一系列为保证对映选择或区域选择而使用的繁杂操作步骤，还避免了化学合成法所需高温、高压的反应条件。因此，从环保和经济成本的角度考虑，生物酶比传统化学催化剂更受人们青睐。除了使用纯化后的生物酶进行催化反应外，全细胞催化正逐步应用于生产过程。全细胞催化是指利用完整的生物有机体（即全细胞、组织甚至个体）作为催化剂进行催化反应，其本质仍然是利用细胞内的酶进行催化。相比发酵法，全细胞催化克服了发酵法生产周期长、代谢产物复杂、底物转化率低、产物分离提取困难及能耗高等缺点。相比提取酶的催化反应，全细胞中各酶系保持原有生活细胞所处的状态和特定位置，酶稳定性更好、半衰期更长、适应性更强、更易实现能量和辅酶的原位再生，细胞内完整的多酶体系可以实现酶的级联反应，从而弥补酶法催化中级联催化过程不易实现的不足，提高了催化效率，同时又省去了烦琐的酶纯化过程，制备更加简单，生产成本更低。

5. 发酵工程

发酵工程（fermentation engineering）是食品生物技术的重要组成部分，是生物技术产业化的重要环节。“发酵（fermentation）”一词最初来自拉丁语“发泡”（fervere），是指酵母作用于果汁或发芽谷物后产生 CO_2 的现象。1885 年，巴斯德首先证实发酵是由微生物引起的，认为发酵是酵母在无氧呼吸过程中的一种自然现象，并建立了微生物纯种培养技术。现代发酵工程是将微生物学、生物化学和化学工程等学科的基本原理有机结合，是一门建立在基因工程技术基础上的技术性应用学科。

在过去的几个世纪，发酵工程从以生产食品等为主的自然发酵过程，转变为生产生活原料和工业基础原料并重的代谢控制发酵过程。在此过程中，发酵工程经历了天然发酵阶段、纯种发酵阶段、深层发酵阶段等，在菌种选育、过程控制、分离技术等方面有了长足发展。近 30 年来，生物技术的迅速发展为新时代发酵工程的发展提供了重要基础，使得科研人员和工程技术人员可以利用发酵工程实现更多的目标，同时对其他行业起到支撑作用，如医药行业、食品工业、农业、能源与材料、纺织、造纸与皮革工业、日化行业、环境生态等。

进入 21 世纪，人类的可持续发展与生态环境、自然资源等矛盾日益突出。21 世纪初，发酵工程技术的发展经历了以生产食品等生活资料为主的自然发酵过程到生产生活资料和工业基础资料并重的代谢控制发酵过程的转变。由于同时期与发酵工程技术密切相关的生命科学、化学工程和控制工程技术等在理论、方法乃至知识体系方面的快速发展，发酵工程技术的一些重要部分和核心内涵发生了变化。典型的例子包括：①传统发酵技术中的微生物菌株改良由微生物分离、诱变育种等技术变为微生物细胞工厂的构建和改进，后者主要是基于先进的高通量筛选技术、基因编辑技术和 DNA 组装方法，以及细胞系统改造与精准调控等；②传统发酵技术中的发酵工艺和条件优化由过去传统的摇瓶培养基优化、台式发酵罐优化等变为发酵过程优化和动态控制，并逐步趋向小型、微型反应器模拟与组合优化技术、发酵过程在线监测和实时控制技术、发酵产品联产技术等。

现代发酵工程研究的内容主要有两个方面：生命科学研究和现代工程技术研究。生命科学的研究对象主要为发酵工程提供优良的、具有较大生产潜力的、新型的发酵微生物或生物细胞。这些新型的发酵主体一方面通过传统的选育方式从自然界中筛选优良的菌种或突变株；另一方面，可以通过 DNA 重组技术、定点诱变技术、细胞融合技术等，用人工的方式获得。基因工程、蛋白质工程和细胞工程等技术不仅为人们开创了构建新的具有各种生产能力、性能优良的新物种，也为发酵工程产品增加了许多新的内容，使现代发酵水平有了很大的提高。同时，配套工程技术的不断改进，诸如连续发酵技术、代谢调控技术、高密度培养技术、固定化增殖细胞技术、反应器设计技术、发酵与产物分离偶联技术、在线检测技术、自动控制技术、产物分离纯化技术的发展，使得发酵自动化和连续化生产成为可能。因此，现代发酵工程研究的内容也比传统发酵工程的内容更为丰富。

6. 代谢工程

代谢工程（metabolic engineering，ME）是指利用多基因重组技术，有目的地对细胞代谢途径进行修饰、改造，改变细胞特性，并与细胞基因调控、代谢调控及生化工程相结合，构建新的代谢途径以生产特定目的产物。1991 年，杰伊·贝利（Jay Bailey）和格雷戈里·斯蒂芬诺普洛斯（Gregory Stephanopoulos）等提出代谢工程的概念（Bailey，1991；Stephanopoulos and Vallino，1991），标志着代谢工程学科的诞生。代谢工程在诞生之初就是一个与分子生物学交叉的学科，在随后的发展中，其重点聚焦于通过代谢控制分析和代谢通量分析确定产物合成途径的关键节点与优化靶点。通过重组 DNA 技术，可针对关键靶点定向改进菌株。代谢工程和分子生物学最重要的区别有两点：①代谢工程是基于细胞代谢网络的系统研究，更多地强调了多个酶反应的整体作用；②在代谢途径的遗传改造后，还要对细胞的生理变化、代谢通量进行详细分析，以此来决定下一步遗传改造的目标。通过多轮循环，不断地提高细胞的生理性能。DNA 组装、基因组编辑、基因元件和基因调控线路的设计、蛋白支架等合成生物技术的涌现，都极大地丰富了代谢工程改造微生物细胞的策略和工具（Chao et al.，2015；Lv et al.，2020），尤其显著提高了代谢工程的潜力。代谢工程正以前所未有的深度和广度促进生物技术产业的升级与进步。

早期代谢工程用于改善工业微生物发酵最成功的一个范例是氨基酸发酵工业。斯蒂芬诺普洛斯研究小组分析了生产苏氨酸的乳酸棒状杆菌（*Corynebacterium lactofermentum*）的代谢网络，确定天冬氨酸半醛是苏氨酸合成的关键点；通过扩增表达反馈抑制不敏感的高丝氨酸脱氢酶和野生型高丝氨酸激酶，将大部分从天冬氨酸半醛合成赖氨酸的代谢通量转入高丝氨酸和苏氨酸合成，进一步提升高丝氨酸激酶对高丝氨酸脱氢酶的比例，使更多的代谢通量转入苏氨酸合成，从而使苏氨酸的终浓度提高 120%（Colon et al.，1995）。代谢工程的策略也大大提高了其他重要氨基酸的发酵生产能力，如谷氨酸、赖氨酸、异亮氨酸、苯丙氨酸、酪氨酸、色氨酸等。除此之外，代谢工程的研究策略还被成功用于改造微生物以提高重要工业发酵产品的生产能力或合成新型化合物（Madison and Huisman，1999；Desai and Papoutsakis，1999；McDaniel et al.，2001）。

传统代谢工程只是对局部的代谢网络进行分析，以及对局部的代谢途径进行改造。由于其还没有真正意义上从全局的角度去分析改造细胞，所以具有很大的局限性。高通量组学分析技术和基因组水平代谢网络模型等一系列系统生物学技术的开发，能够从系统水平上分析细胞的代谢功能（Bro and Nielsen，2004）。将这些系统生物学技术、传统代谢工程及下游发酵工艺优化相互结合，科学家们进一步提出了系统代谢工程的概念。系统代谢工程是将系统生物学、合成生物学和进化工程的工具及策略与传统代谢工程相结合，近年来被用于促进高性能菌株的开发。

7. 生物工程下游技术

生物工程下游技术（biotechnique downstream processing）是指将发酵工程、酶工程、蛋白质工程和细胞工程生产的生物原料，经过提取、分离、纯化、加工等步骤，最终形成产品的技术。

生物工程下游技术的发展与生物技术发展的历程是密不可分的，大致可以分为三个时期。一是19世纪60年代以前的早期生物工程下游技术；二是19世纪60年代到20世纪70年代以前，以过滤、蒸缩、精馏等为代表的近代分离技术，是传统意义上的生物工程下游技术，即传统生物工程下游技术；三是20世纪70年代以后，随着基因工程、蛋白质工程、酶工程、发酵工程的发展，一批对人类十分有益的高附加值产品问世，以及20世纪80年代在国际上一些对人有益的功能因子的研究取得了很大的进展，如活性糖、活性肽、高不饱和脂肪酸等。对这些产品提取纯化的迫切需求，促使生物工程下游技术的研究开始进入激烈竞争的时代，许多发达国家纷纷加强研究力量，一些公司和企业也投入到这场竞争当中。这个时期生物工程下游技术发展迅速，一些新概念、新技术、新产品和新装备纷纷出现，形成了一个全新的产业，这就是现代生物工程下游技术。

8. 现代分子检测技术

食品检测技术中现代分子生物学技术优势突出，其灵敏度高，检测效果非常理想，在食品微生物检测中应用广泛。研究现代分子检测技术的具体应用，有助于提升食品检测质量。

PCR属于生物体外DNA复制的一种特殊形式，该技术主要用于放大及扩增DNA片段，在扩增极微量DNA序列时效果突出，在检测一些致病微生物细菌时发挥着重要作用。因其检测的精准性较高，这项技术可以检测微生物基因、微生物染色体并得出具体的基因序列，在确定生物的基因型方面有良好应用；对致病微生物细菌能够快速地进行测定，无须消耗更多时间，其效果更加理想。基因芯片技术在食品检测中能研究和解析生物基因，对研究生物蛋白质的特点有重要作用。该技术还能够帮助人们了解生物的基本特征，对于食品行业的发展作用突出。现阶段，很多检测企业都在积极将这项技术应用于食品检测中，并对基因芯片技术进行了更深入的研究，在检测质量方面获得了较大进步，并逐步走向世界市场。变性梯度凝胶电泳技术能够将多种微生物检测出来，其检测的准确性较高，不需要经样本标记即可直接进行检测，且检测时能够确保分子结构的稳定性。该技术在当前已知微生物中都有良好的检测效果，在检测未扩增DNA时有更为突出的效果，如果DNA出现突变，也能够精确检测。这种技术在食源性致病细菌检测上应用较多，能够准确地测定食品中微生物的特征，且能够对食品产品中微生物菌落结构进行测定与分析，提升食品的安全性。在现代食品微生物检测中，现代免疫技术应用广泛，其优势在于价格实惠，操作方法较为简单，无需复杂的操作，实用性相对较强，中小型检测企业均可以使用。目前，现代免疫技术在食品安全检测方面的优势突出，与以往的食品检测技术相比，精确性更高，能够将多种常见病原细菌有效检测出来，并能够将大肠杆菌、沙门氏菌和李斯特菌等病原细菌逐个排除。此外，酶免疫检测、荧光性免疫检测、免疫磁性分离和放射性免疫检测等都为这项技术的应用提供了技术支撑。

9. 食品组学技术

近年来，食品组学研究取得了飞速的发展，这主要体现在先进的研究技术，使食品组学的方法学研究在多个领域更加通用。食品组学研究可以用来分析食品的生物活性和食品中的活性成分，提供相关分子机制的新见解，探索和发现新的生物标记。食品组学的研究内容主要包括：基因组学、转录组学、蛋白质组学等。

食品基因组学是对食品中所有基因进行集体表征、定量研究及不同基因组比较研究的一门交叉生物学学科。基因组学主要研究基因组的结构、功能、进化、定位、编辑，以及它们对生物体的影响等。基因组学的主要目的是了解生物体的生物学组成，并通过实验和分析获得尽可能多的、与生物学组成相关的遗传序列信息。基因组学研究所使用的技术中，用途最广泛的是高密度寡核苷酸芯片或互补 DNA 阵列技术。与 DNA 阵列技术相比，以高密度寡核苷酸芯片为代表的下一代 DNA 测序技术可以同时处理数百万个测序反应，且无需序列库，大大提高了 DNA 序列信息获取的速度，并降低了测序成本。基因组学技术还包括单分子测序（也称为第三代测序系统），单分子测序技术的优势在于允许高密度单分子异步扩展，因此在化学动力学方面具有高度的灵活性（谭聃和欧铜，2022）。

食品转录组学是对食品中一个细胞或者一组细胞的所有 RNA 信息进行的研究，是了解基因组功能元件并揭示细胞分子组成的重要工具。转录组学分析的两个主要工具分别是基因表达微阵列和 RNA 大规模测序（Hrdlickova et al.，2017；Choi et al.，2003）。基因表达微阵列根据其设计可分为在固体平板基质（或微芯片）上的微阵列和在球形基质上的微阵列。转录组测序（RNA-seq）技术是基于高通量测序技术的新一代测序技术，并且有大量的测序平台，其目的是对整个转录组序列进行测序。

食品蛋白质组学是指应用蛋白质组学技术对特定生物食品系统中的蛋白质进行大规模分析。除了研究蛋白质的化学结构和功能外，还研究蛋白质的修饰作用、蛋白质丰度的定量分析，以及蛋白质与蛋白质之间的相互作用。蛋白质组学还致力于在特定时间和条件下，对生物系统中表达的蛋白质进行定性和定量分析。蛋白质组学的分析过程包括：蛋白质的提取和分离，蛋白质消化，质谱分析，蛋白质的定性和定量分析。蛋白质组学分析中有两种蛋白质提取和分离技术：一种是二维电泳（2-DE）法，另一种是多维液相色谱法（Ren et al.，2018）。

10. 生物信息学技术

生物信息学（bioinformatics）是一个跨学科领域，用于开发揭示生物数据的方法和软件工具。作为一个跨学科的科学领域，生物信息学结合了生物学、计算机科学、信息工程、数学和统计学来分析和解释生物数据。

自 1990 年美国启动人类基因组计划以来，人与模式生物基因组的测序工作进展极为迅速，迄今已完成了人类基因组约 3×10^9 碱基对的测序工作。2000 年 6 月 26 日，被誉为“生命阿波罗计划”的人类基因组计划，经过美国、英国、日本、法国、德国和中国科学家的艰苦努力，终于完成了工作草图，这是人类科学史上又一个里程碑式的事件。截至目前，仅登录在美国 GenBank 数据库中的 DNA 序列总量已超过 70 亿碱基对。在人类基因组计划进行过程中积累的技术和经验，使得其他生物基因组的测序工作可以完成得更快捷。可以预计，今后 DNA 序列数据的增长将更为惊人。生物学数据的积累不仅仅表现在 DNA 序列方面，与其同步的还有蛋白质的一级结构（即氨基酸序列）。迄今为止，已有一万多种蛋白质的空间结构以不同的分辨率被测定。

数据并不等于信息和知识，但却是信息和知识的源泉，关键在于如何从中挖掘它们。与正在以指数方式增长的生物学数据相比，人类相关知识的增长（粗略地用每年发表的生物、医学论文数来代表）却十分缓慢。一方面是巨量的数据，另一方面是我们在医学、药物、农业和环保等方面对新知识的渴求，这些新知识将帮助人们改善生存环境和提高生活质量。这就构成了一个极大的矛盾，这个矛盾催生了一门新兴的交叉科学——生物信息学。美国人类基因组计划实施 5 年后的总结报告中，对生物信息学作了以下定义：生物信息学是一门交叉科学，包含了生物信息的获取、处理、存储、分发、分析和解释等在内的所有方面，综合运用数学、计算机科学和生物学的各种工具，来阐明和理解大量数据所包含的生物学意义。

11. 高通量选育技术

菌种筛选成功的关键是获得多样性的突变文库和开发高通量的筛选方法。突变文库越大、突变体数量越多，则筛选到目标表型菌株的可能性就会越大。对于庞大的突变体文库，高通量的筛选方法的开发至关重要。

基于颜色或荧光对细胞进行筛选是一种非常直观的高通量筛选方法，已被广泛用于筛选具有颜色或者荧光代谢物的菌株。对于生产有色产物（如番茄红素、β-胡萝卜素和虾青素）的菌株，根据颜色的类别和深浅程度可以初步判断反应代谢物的种类和产量高低，通过现代计算机技术辅助作用，筛选效率可以达到每次 10^6

个突变体。另一种是采用微量滴定板筛选的方法，将菌株代谢物产量与光度测定相关联，每次能够筛选 10^5 个突变体。近些年，荧光激活细胞分选技术（fluorescence-activated cell sorting，FACS）的发展大幅提高了筛选效率，对于细胞内带有荧光的代谢物或者可以被荧光染色的物质，可以设置特定波长的激发光激活细胞内荧光信号，在单细胞水平上根据荧光强度对细胞进行分选，每次筛选通量能够达到 10^9 个突变体。例如，利用荧光激活细胞分选技术，仅用 1 h 就能够从超过 10^6 个突变体的文库中成功分离出虾青素生产改良的菌株细胞，筛选效率比传统微量滴定板高出 100 倍。

基于细胞生长的筛选技术是使用营养缺陷型菌株作为报告系统，用于代谢物高产菌株或者特定酶的筛选。营养缺陷型菌株丧失了合成某一种自身生长必需物质的能力，在普通培养基中不能生长，必须补充特定的营养物质，因此可以用来对合成这种必需成分的酶或者代谢路径进行高通量筛选，如苯甲酰甲酸脱羧酶、脂肪酶 A、糖转运蛋白、甲羟戊酸路径。

在微生物生产的化学品中，只有少数可以通过颜色或者荧光的筛选方法直接进行筛选。许多化学物质本身不具有颜色或荧光，甚至难以转化为易于染色或者有颜色的物质。在微生物体内广泛存在一类蛋白质或 RNA，它们能够识别并响应细胞内特定的代谢物，并转化为特定的信号输出（如荧光、细胞的生长、代谢通路的开闭），可通过信号强度检测细胞代谢物浓度。基于这一原理，研究人员开发了一系列生物传感器的筛选方法，用于菌种进化工程突变文库的高通量筛选。

12. 合成生物学

合成生物学（synthetic biology）是指利用物理和化学方法合成类生物体系来模拟生命过程，了解生命机制。具体来说，合成生物学是一门汇集生物学、工程学和信息学等多种学科的交叉学科，实现的技术路径是运用系统生物学和工程学原理，以基因组和生化分子合成为基础，综合生物化学、生物物理和生物信息等技术，旨在设计、改造、重建生物分子、生物元件和生物分化过程，以构建具有生命活性的生物元件、系统、人造细胞或生物体。合成生物学引入工程学理念，强调生命物质的标准化，将基因及其所编码的蛋白质表述为生物元件（biological part）或生物积木（biobrick），对元件所做的优化、改造或重新设计称为“元件工程”；由元件构成的具有特定生物学功能的装置称为“生物器件”或“生物装置”（biodevice）；将基因元件组成的代谢或调控通路表述为基因回路（gene circuit）、基因电路或基因线路；将除掉非必需基因的基因组和细胞表述为简约基因组（minimal genome）和简约细胞（minimal cell）；结合简约基因组或模式生物，进行功能再设计和优化所获得的细胞称为底盘细胞（chassis cell）等（赵国屏，2022）。

合成生物学作为 21 世纪生物学领域颠覆性创新和学科交叉融合的前沿代表，受到各国政府、学术界、产业界的高度关注。2010 年 6 月，中国科学院与中国工程院、英国皇家学会与英国国家工程院、美国国家科学院与美国国家工程院（简称“三国六院”）在伦敦达成共识，拟定于 2011～2012 年分别在英国、美国和中国召开 3 次合成生物学研讨会。“三国六院”会议总结报告提到，与之前的其他研究学科不同，合成生物学有可能绕过复杂的进化过程，开创一种新的、动态的处理生物系统的方法。合成生物学家希望设计和建造的工程生物体系具有自然系统中尚不存在的能力，这种能力最终可能被用于生物制造、食品生产和全球健康。同等重要的是，合成生物学作为一个科学和工程领域，提出了技术、伦理、监管、安全、知识产权和其他问题，这些问题将在世界不同地区得到不同的解决。

合成生物学真正被广泛关注始于 21 世纪初，一系列颠覆性成果在这个阶段陆续发布。2000 年，波士顿大学柯林斯（Collins）团队受噬菌体 λ 开关和蓝藻昼夜节律振荡器的启发，设计合成了双稳态基因网络开关；普林斯顿大学的埃洛维茨（Elowitz）和莱布勒（Leibler）基于负反馈调控原理设计了基因振荡网络。2002 年，纽约州立大学石溪分校的温默（Wimmer）团队通过化学合成病毒基因组获得了具有感染性的脊髓灰质炎病毒——人类历史上首个人工合成的生命体。2010 年，美国的克雷格·文特尔（Craig Venter）团队宣布首个人工合成基因组细胞诞生，他的团队设计、合成和组装了 1.08 Mb 的支原体基因组（JCVI-syn1.0），并将其移植到山羊支原体受体细胞中，产生了仅由合成染色体控制的新支原体细胞。2014 年，美国斯克利普斯（Scripps）研究所的罗姆斯伯格（Romesberg）团队设计合成了一个非天然碱基配对，即 X 和 Y，并将它们整合到大肠杆菌基因组（Malyshev et al.，2014）。这意味着在控制条件下，未来的生命形式有无限种可能。合成生物学已经展示出其强大的能力和更重要的使命。

13. 未来食品

进入 21 世纪以来，人类遇到了包括气候变异、环境恶化、病毒肆虐等许多前所未有的挑战。许多学者对于人类文明的未来和未来条件下的食品供应感到担忧，广大消费者对工业化食品的健康影响越来越关注。面对未来的不确定性，当代食品科学工作者需要认真思考三个基本问题：①未来食品资源如何满足持续增长的人口对食物的需求？②如何满足人类对高生活品质的要求？③如何满足人类对未来食品健康的要求？在此背景下，“未来食品”的概念正在加速进入我们的生活，并且改变我们的饮食习惯。总的来说，未来食品解决的是今后人类要面临的挑战。

过去几十年，在我国主要的食品资源中，碳水化合物的生产和供应有了较大的改善，需求得到了较好的满足。农业技术的发展基本保障了主粮的充足供应，大豆大面积播种和其他根茎类植物的发展极大地丰富了植物源蛋白和碳水化合物供应的数量及品质。规模化的畜牧业、海洋养殖和大规模的远海捕捞，虽然大大增加了动物蛋白的供应，但仍未满足目前人们对这类食物的需求。在人类健康方面，我们日常生活中摄入了过多的动物蛋白，需要用植物蛋白来替代传统的肉制品，以满足消费者日益提升的生活需求。基于此，未来食品中的植物肉产品将逐渐成为需要重点关注的领域。

微生物和生物工程技术（合成生物学）在可预见的未来必将成为人类食品生产的解决方案之一。例如，人工牛奶的制造技术已经有重大突破，澳大利亚科学家已经通过微生物发酵技术在实验室成功制得人工牛奶。利用生物工程合成技术生产蛋白质，有效地提供蛋白质资源，弥补人类的食物资源短缺，亦将成为未来食品发展的选项之一。尤为重要的是，该技术为保障特殊环境下（如外太空的探索、极地生存、远洋航行等）的食物资源供应提供了可行的方案。

1.2.3 食品生物技术在食品工业发展中的地位和作用

如前所述，食品生物技术涵盖了食品工业的方方面面，从新型原材料的开发到原材料的加工，直至成品的检测与储存，处处都有食品生物技术的参与。食品生物技术在食品工业的发展中具有无可替代的地位和作用。

基因工程给人类带来了改造生物原有性状的能力，也让人类具有了根据需求设计并构建特定食品及食品原材料的能力。转基因番茄在基因工程的操作下由不易储存变为了适宜长时间储存运输的食物原料。基因工程使很多食品材料不再是传统意义上的食品，因为这些食品可以是增加人所需维生素、微量元素的食品，也可以是调节人体代谢、增加人体免疫能力的功能性食品，还可以是满足时尚的休闲食品等。基因工程还可以为发酵工程提供更优良的工程菌株，促进食品发酵工业的发展。可以肯定，基因工程将处在 21 世纪食品工业发展的核心位置。

发酵技术在数千年前就被人们用来生产食品。酒、酱、腐乳等都是发酵技术生产食品的典型代表。酒是古老而又为人们普遍接受的饮料型食品，是通过微生物对发酵底物（水果或谷类）发酵产生酒精的一类食品的总称。这类食品不仅为人类提供能量的需求，而且对促进发酵技术的发展做出了很大的贡献。乳制品是人类膳食的重要组成部分，从世界范围看，乳制品占发酵食品的 10%。过去，人们对乳制品发酵的本质缺乏了解。后来人们逐渐认识到是一种叫乳酸杆菌的微生物在起作用，并且发现乳酸杆菌对乳制品具有许多益处：①对乳制品的保存有益；②改善乳制品的质地与风味；③增加乳制品的营养；④对保持肠道微生态平衡有益。这些优点使乳制品成为人们很重要的食品。谷类发酵食品是人类最重要的食品。从古罗马时代起，面包就是最主要的谷类发酵食品，不仅可以为人们提供身体所需的热量和发酵过程中产生的诸多营养成分及维生素，而且便于储藏。蔬菜发酵后可以成为独具风味的泡菜，不仅丰富了人们对食品口味的要求，也增加了人体对各种营养的需求。用豆类发酵生产的酱油、用谷物发酵生产的酒类和用水果发酵生产的果醋是我国古代劳动人民智慧的体现。此外，在生产食品添加剂，如各种食用有机酸（柠檬酸）、氨基酸（赖氨酸）、维生素（维生素 B）、调味剂（味精）等方面，食品的现代发酵工程技术发挥了重要作用。因此，食品发酵技术不仅成为人类制造食品最重要的技术手段之一，而且在生产食品添加剂等食品生产原料方面更是其他技术无法替代的。由此可见，食品发酵工程在食品工业中占有举足轻重的地位。

食品与酶的关系密切，食品生产离不开酶的处理。例如，淀粉酶在食品生产中可以应用于淀粉糖类的生产，为食品生产提供必不可少的原料；凝乳酶应用于奶酪的生产；在果汁和啤酒生产中，酶用于澄清果汁和啤酒；转谷氨酰胺酶广泛应用于肉制品、乳制品、植物蛋白制品、焙烤制品等的生产，可以提高食品加工过程中的溶解性、酸碱稳定性、乳化性、凝胶性，改善食品的风味、口感、组织结构，增加食品的营养价值；利用酶解法生产新型低聚糖，为人类增添了可食用的、具有保健功能的糖源。酶在食品中的应用非常广泛，在食品工业中的地位也是显而易见的，特别是蛋白质工程技术的发展，将有助于新型酶的开发和酶加工性能的改善。可以预见，未来蛋白质工程和酶工程在食品工业中所占比重将会更大。

生物工程下游技术是高新技术在食品生物工程中的应用，是与食品加工工艺密切相关的技术，特别是在生产功能性食品中，对功能因子的提取将会使生物工程下游技术得到充分的应用。在功能性食品中，功能因子大多是一些理化性质不稳定的物质，使用常规的提取技术，不仅提取效率低，而且提取产物容易氧化或被酸碱破坏。现代分离技术可以很好地克服这些缺点，在提取效率、纯度和活性方面都远好于传统的提取方法。因此，生物工程下游技术作为现代食品工业不可缺少的部分，将对食品工业的发展起到推动作用。

综上所述，可以发现食品生物技术已经渗透到食品工业的方方面面，特别是基因工程技术、蛋白质工程技术、酶工程技术、发酵工程技术等现代生物技术，将在 21 世纪的食品工业中充当重要的角色。可以说，21 世纪的食品工业将是建立在现代食品生物技术和现代食品工程技术两大支柱上的一个全新的朝阳产业。

1.3　食品生物技术在食品工业中的应用

1.3.1　食品生物技术在食品原料中的应用

现代食品生物技术，尤其是重组 DNA 技术，可以将特定的生物学特性转移到植物、动物和微生物身上。同时，人们开发细胞融合技术，对大量的动植物细胞进行实验，根据给定的设计修改遗传材料以获得转基因动物和植物。应用基因工程和细胞工程改良各种植物，能够开发出抗病抗虫植物品种，提高采摘后蔬菜和水果的品质，改善植物原料的加工特性。当前，快速生长、抗病、多肉的转基因兔、羊不断涌现，为改善我国人民的饮食习惯提供了新的路径。随着发酵技术不断创新，发酵食品得到不断改进并变得更加多样化，然而许多创新仅限于在现有产品中选择可以改变产品特性的新菌。发酵微生物序列的发现和高产基因组技术的出现，彻底改变了人们对传统加工方法的认识。后基因组技术为发酵微生物的天然生物活性研究开辟了新的可能性，对于在相关生产条件下改变微生物的性能至关重要。这将有助于选择具有优良性状的微生物菌株，并将这些微生物菌株用于生产独特的或新的发酵产品类型。微生物菌种在酸奶、酱油等食品生产中应用较为广泛，会在很大程度上影响食品的质量品质。利用基因技术能够对菌种进行有效改良，促使微生物菌种质量、食品质量等得到提高。以啤酒生产为例，将α-乙酰乳酸脱羧酶基因加入到酿酒酵母中，能够有效改善啤酒的风味。此外，乳酸杆菌中所含有的酶具有抗衰老、延缓细胞衰老和死亡等功能，如果能够将此种酶的基因应用到食品生产领域，可促使食品的保健功能得到增强。

1.3.2 食品生物技术在食品加工中的应用

培育和推广适合储藏及加工的品种，为食品生产提供了更易储藏的原料。同时，应用酶工程技术，可利用生物酶提升食品品质，延长食品保质期。肉类加工保鲜主要是对瘦肉、肥肉和嫩肉的综合利用，如提高肉的整体品质、软化肉质、生产发酵香肠、增加动物性食品的品种等。在乳制品中，使用外源性激素可增加牲畜奶产量、强化牲畜的免疫系统。使用酶工程技术开发乳活性肽、发酵乳产品、双歧杆菌发酵乳等。在水产制品中，通过人工养殖经济鱼种并将其内脏、鱼眼及精卵巢等器官筛选和分离出的化学成分开发保健食品。

发酵工程的应用可充分利用微生物的特殊基本功能生产有用物质，将微生物直接应用于工业生产的技术参数，包含菌种育种、菌种生产、化学物质发酵、微生物利用等。对食品行业的优化主要包括：①提升发酵食品的品质及合理化改进加工生产工艺，例如，降解啤酒酵母中的β-葡聚糖及糊精，可显著提高啤酒质量；通过对大曲及窖系微生物的分析和机理研究，开发了人工窖泥和添加特定微生物培养物等，经改进完成了各种风格白酒的生产和品质，使传统的技术操作更加科学化；②优化发酵产业，使用固定化的醋酸菌酿造食醋，可以缩短生产周期，使产醋能力增加 9～25 倍；③加快发酵产品开发，例如，通过酵母和细菌等微生物发酵获得的单细胞蛋白（single cell protein，SCP），富含蛋白质、碳水化合物、维生素和矿物质等。

微生物腐败和氧化是食品腐败的两个重要因素。脱氧是食品保鲜必不可少的步骤。市场上销售的抗氧剂大多是化学抗氧剂，毒副作用较大，对人体肝、脾、肺等均有不利影响。葡萄糖氧化酶脱氧法所用到的葡萄糖氧化酶是一种生物酶，因此该方法相较于化学抗氧是一种理想的食品脱氧方法。溶菌酶可以抑制某些病原微生物的生长，在食品包装中用作防腐剂，可替代一些对机体有害的物理防腐剂；通过将溶菌酶固定在食品包装材料上，可以提高抗菌性能。生物学技术检测方法的应用几乎囊括了食品检验的方方面面，包括食品质量评估、品质监督、过程控制、肉制品审查等，特别广泛应用于食品卫生测试。传统的检测方法存在检测成本高、某些病原体生长缓慢等问题。现代生物技术已解决了这些难题，食品卫生测试中选用的一些典型生物技术主要有蛋白探针技术、PCR 技术、生物控制器技术。

参 考 文 献

韩旭, 李倩, 韦泓丽, 等. 2022. 工业应用导向的蛋白质结构与功能研究进展. 生物工程学报, 38(11): 4050-4067.

孟娇, 刘丁玉, 黄灿, 等. 2019. CRISPR/Cas 基因编辑系统在原核微生物细胞工厂构建中的开发与应用. 微生物学通报, 46(10): 2730-2742.

谭聃, 欧铜. 2022. 第三代测序技术的研究进展与临床应用. 生物工程学报, 38(9): 3121-3130.

赵国屏. 2022. 合成生物学: 从“造物致用”到产业转化. 生物工程学报, 38(11): 4001-4011.

Bailey J E. 1991. Toward a science of metabolic engineering. Science, 252(5013): 1668-1675.

Bro C, Nielsen J. 2004. Impact of 'ome' analyses on inverse metabolic engineering. Metab Eng, 6(3): 204-211.

Burstein C, Cohn M, Kepes A, et al. 1965. Rôle du lactose et de ses produits métaboliques dans l'induction de l'opéron lactose chez *Escherichia coli*. Bba, 95(4): 634-639.

Chao R, Yuan Y B, Zhao H M. 2015. Recent advances in DNA assembly technologies. FEMS Yeast Res, 15(1): 1-9.

Choi J H, Lee S J, Lee S Y. 2003. Enhanced production of insulin-like growth factor I fusion protein in *Escherichia coli* by coexpression of the down-regulated genes identified by transcriptome profiling. Appl Environ Microbiol, 69(8): 4737-4742.

Colon G E, Jetten M S, Nguyen T T, et al. 1995. Effect of inducible *thrB* expression on amino acid production in *Corynebacterium lactofermentum* ATCC 21799. Appl Environ Microbiol, 61(1): 74-78.

Desai R P, Papoutsakis E T. 1999. Antisense RNA strategies for metabolic engineering of *Clostridium acetobutylicum*. Appl Environ Microbiol, 65(3): 936-945.

Gaj T, Gersbach C A, Barbas C F 3rd. 2013. ZFN, TALEN, and CRISPR/Cas-based methods for genome engineering. Trends Biotechnol, 31(7): 397-405.

Hrdlickova R, Toloue M, Tian B. 2017. RNA-Seq methods for transcriptome analysis. Wiley Interdiscip Rev RNA, 8(1): e1364.

Lv X Q, Cui S X, Gu Y, et al. 2020. Enzyme assembly for compartmentalized metabolic flux control. Metabolites, 10(4): 125.

Madison L L, Huisman G W. 1999. Metabolic engineering of poly(3-hydroxyalkanoates): from DNA to plastic. Microbiol Mol Biol Rev, 63(1): 21-53.

Malyshev D A, Dhami K, Lavergne T, et al. 2014. A semi-synthetic organism with an expanded genetic alphabet. Nature, 509(7500): 385-388.

McDaniel R, Licari P, Khosla C. 2001. Process development and metabolic engineering for the overproduction of natural and unnatural polyketides. Adv Biochem Eng Biotechnol, 73: 31-52.

Ren J T, Beckner M A, Lynch K B, et al. 2018. Two-dimensional liquid chromatography consisting of twelve second-dimension columns for comprehensive analysis of intact proteins. Talanta, 182: 225-229.

Stephanopoulos G, Vallino J J. 1991. Network rigidity and metabolic engineering in metabolite overproduction. Science, 252(5013): 1675-1681.

Wu Y, Liu Y, Lv X, et al. 2020. Applications of CRISPR in a microbial cell factory: From genome reconstruction to metabolic network reprogramming. ACS Synth Biol, 9(9): 2228-2238.

第 2 章　食品微生物资源挖掘与高通量选育

2.1　食品微生物的概念及分类

2.1.1　食品微生物的概念

1. 食品微生物的概念及生物多样性

1）食品微生物的研究内容

显微镜的发明极大地促进了人们对食品微生物的认识，人们开始从生理特征、生态学特性及遗传学特性等方面研究食品微生物。食品微生物的研究对象主要包括与食品原料生产、加工储藏、运输流通、上市消费等过程相关的微生物。在这些过程中，相关的微生物覆盖面广泛，涵盖了细菌、放线菌、酵母菌和霉菌四大类微生物中的特定类群。此外，以食品为载体的病毒，也是食品微生物的研究范畴。近年的研究表明，食品微生物不仅影响食品品质，还与人体健康密切相关。因此，对食品微生物的研究，特别是对食品中有益微生物的开发和利用，将有助于延长食品储藏期、提升食品品质、提高食品营养价值，以满足人们日益增长的美好生活需要（Ross，1996）。

自古以来，人们对于食品微生物的利用从未停歇。通过发酵的方式储存食品、以自然微生物进行酒类酿造、采集培养可食用真菌等，都有食品微生物的参与。围绕食品微生物特性的深入研究，有助于人们控制微生物的生长与代谢，最终达到产生有益代谢产物、提升食品品质、增强人体健康的目的（Parvez et al.，2006）。

2）食品微生物的特征

微生物是指一类肉眼不可见的生物体，需要借助显微镜放大数十倍、数百倍甚至数千倍才能观察到。它们具有一定的生理活性，能够在适宜的环境中生长繁殖。微生物和动植物一样，具有生物最基本的新陈代谢特征和生命周期，且不同个体间存在极大差异。在食品中，它们具有种类多、分布广、繁殖速度快、代谢旺盛、适应性强、易变异等特征，对人类生活具有重要的影响，尤其是对食品具有有益影响。人们利用微生物已经制造了种类繁多、营养丰富、风味独特的食品，包括酱油、醋等调味剂（Kataoka，2005；Budak et al.，2014），酒类、发酵乳等饮料（Liu and Sun，2018；Widyastuti and Febrisiantosa，2014），面包、包子一类的发酵面团制品等（Ben and Ampe，2000）。将微生物用于食品制造是人类利用微生物最早、最重要的一个方面，目前食品工业中常见微生物见表 2-1。

表 2-1 食品工业中的常见微生物

微生物类别	微生物名称	微生物用途
细菌	枯草芽孢杆菌（*Bacillus subtilis*）	酱油酿造、乙醇发酵
	巨大芽孢杆菌（*Bacillus megatherium*）	果浆制造
	德氏乳杆菌（*Lactobacillus delbrueckii*）	酸奶发酵
	产乙酸菌（*Acetobacter aceti*）	乙酸生产
	费氏丙酸杆菌（*Propionibacterium freudenreichii*）	丙酸生产
	谷氨酸微球菌（*Micrococcus glutamicus*）	谷氨酸生产
	短杆菌属（*Brevibacterium*）	酱油酿造
	液化葡糖杆菌（*Gluconobacter liguifaciens*）	豆腐凝乳
酵母菌	产朊假丝酵母（*Candida utilis*）	饮料制备
	酿酒酵母（*Saccharomyces cerevisiae*）	酿酒
	汉逊氏酵母属（*Hansenula*）	酿酒
	鲁氏酵母（*Saccharomyces rouxii*）	酱油酿造
霉菌	黑曲霉（*Aspergillus niger*）	酸味剂生产等
	红曲霉（*Monascus purpureus*）	腐乳加工
	绿色木霉（*Trichoderma viride*）	淀粉及食品加工

3）食品中的原核微生物

食品中的原核微生物以细菌为主，这主要是由于细菌的生长繁殖条件要求不高，能够在各种食品基质中存活。同时，细菌具有生长繁殖速度快，以及能在较宽的温度、氧气浓度、pH 和水分活度范围内生长等特点。此外，细菌还可以在逆境中以不同状态应对环境的改变，如生成芽孢，这些特征都决定了其在食品微生物中占据主要地位。

在日常生活和生产实践中，细菌也常被人们用作天然发酵剂或人工制备的发酵剂添加进食品中，用于食品的生产制作，以达到提高食品品质、延长食品储藏期及增强人体健康的目的。在这些自然发酵或人工发酵微生物中，最为常见、应用最为广泛的是乳酸菌属。乳酸菌是一类可发酵葡萄糖及其他碳水化合物而产生乳酸的细菌的统称。乳酸菌属包括乳杆菌、双歧杆菌、乳酸乳球菌、明串珠菌、肠球菌等（Rogosa and Sharpe，1960）。根据乳酸菌发酵的产物，可以将其分为同型乳酸发酵类菌和异型乳酸发酵类菌（Kandler，1983）。同型乳酸发酵类乳酸菌的发酵产物主要是乳酸，这类乳酸菌包括乳酸链球菌、保加利亚乳杆菌、德氏乳杆菌、嗜酸乳杆菌等。异型乳酸发酵类乳酸菌的发酵产物除了乳酸外，还有乙醇、乙酸、二氧化碳、甘油和氢气，这类乳酸菌主要包括短乳杆菌、芽孢乳杆菌等。除乳酸菌外，双歧杆菌、葡萄球菌等也是食品中重要的原核微生物。

4）食品中的真核微生物

除原核微生物外，真核微生物也广泛存在于食品中，它们能在许多原核微生物不能生存的条件下生长，如酸性、低水分活度和高渗透压等食品介质中。真核微生物主要包含酵母菌和霉菌两大类。

酵母菌不是生物学上的分类术语，通常是指能发酵糖类、一般以芽殖或裂殖进行无性繁殖的单细胞真菌的统称。酵母菌的基本特点是：多数为单细胞，主要以出芽生殖作为繁殖方式，并可能形成假菌丝结构，在厌氧条件下发酵会产生乙醇，在各类食品中具有分布广泛、种类繁多，比较适合在偏酸性、含糖较多的环境中生长繁殖。因此，自然界的水果、蔬菜、花蜜等食物中都会有较多的酵母菌。在人工发酵的食品，如酒、发酵火腿、发酵面团等中，酵母也常被用来作为主要的发酵剂使用，其种类包括酵母属、毕赤酵母属、红酵母属、假丝酵母属等（Nout and Aidoo，2011；Fleet，2003）。酵母在发酵食品的过程中能够产生独特的风味，从而提升发酵食品的感官品质和食用品质。

霉菌是主要生长在固体的营养基质上，能形成绒毛状、蜘蛛网状或棉絮状的丝状真菌。“霉菌”本身不是一个分类学名词，这里的丝状真菌不包括产生大型肉质子实体结构的真菌。菌丝是霉菌的基本单位，在功能上有一定的分化。霉菌在食品中分布广泛、种类繁多，性状差异大，主要包含曲霉属、支链孢属、镰孢属、白地霉属、毛霉属、青霉属和根霉属，影响食品的储藏品质和食用品质。一般霉菌的繁殖能力都很强，而且方式多样，大部分的霉菌，如曲霉、支链孢霉、镰孢霉等，均能导致食品的腐败变质。其中一些霉菌产生的真菌毒素，如毒性最强的黄曲霉毒素，会给人体健康带来严重的威胁。然而，并不是所有霉菌在食品加工储藏过程中都产生负面作用，也有不少发酵食品需要利用霉菌中的蛋白酶系统降解蛋白质，产生风味物质（如毛霉），在豆豉等发酵豆制品的发酵过程中可以产生蛋白酶，加速蛋白质分解，产生独有的风味物质（Leistner，1990；Han et al.，2001）。此外，霉菌还被应用于传统的酿酒、制酱、制造酱油、酿造食醋等方面。

2. 食品微生物的生物多样性

1）食品微生物的遗传多样性

微生物的遗传特性是其本质属性。微生物的各种性状，如形态结构、新陈代谢、毒力、抗原性及药物的敏感性等，都是其遗传物质决定的，主要是指上一代将自己的所有遗传因子传递给下一代，并且使下一代能够稳定保持该特性。然而，微生物在遗传进行的过程中，会受到某些外部或内部因素的干扰，使得遗传物质发生结构或数量上的改变，这种改变被称为变异。变异在微生物的遗传进化过程中也会产生积极作用，会提高微生物适应环境的能力（Gupta，2016）。对于微生物而言，它们具有一系列非常独特的生物学特征，这些特征包括：个体的结构极其简单；营养体一般都是单倍体；易于在营养成分简单的培养基中大量生长繁殖，且繁殖速度快；在生长代谢和繁殖的过程中产生并积累代谢产物，这些代谢物往往会对食品品质产生影响。因此，对微生物遗传特性的深入研究不但促进了现代分子生物学和分子生物工程学的发展，而且为微生物的育种工作提供了丰富的理论基础，使得微生物育种沿着从低效到高效、从随机到定向、从近缘杂交到远缘杂交等方向不断发展，最终选育出对食品品质有正向提升作用的食品微生物，进而去创造能够满足人类需求的食品（Bokulich and Mills，2012）。

2）食品微生物的物种多样性

食品微生物的物种多样性与食品微生物所处生态环境的复杂性密切相关，微生物与其所处环境间的相互作用决定了整个食品及食品微生物的复杂性（Atlas，1984）。自然界中与食品相关的微生物种类繁多、分布广泛，如土壤、水域、空气、人、动物、植物及环境的各个角落。同样，微生物在这些生态环境中也具有多样性。对于食品微生物而言，它们主要来源于土壤、水和空气。土壤是微生物的天然培养基，具备大多数微生物生长繁殖所必需的营养要素、水分、空气、酸碱度、渗透压和温度等条件。因此，土壤中含有丰富的微生物，是自然界中微生物种类最多、数量最大的介质，也是人类最为丰富的微生物菌种资源库。许多生长在土壤中的食品原料都含有微生物，例如，蔬菜、瓜果中含有丰富的乳酸菌；地瓜、香芋等淀粉含量较高的作物中往往含有分解淀粉的微生物。除土壤外，水也是微生物良好的载体，是微生物广泛分布的第二个重要场所。这是由于水是一种很好的溶剂，自然界的水中含有丰富的有机物和无机物，且水环境的温度、pH 等要素也满足微生物生长繁殖的要求。同时，水是食品生产中不可或缺的原料之一，也是微生物污染的媒介。食品工业用水需符合饮用水标准，避免造成微生物的污染，最终导致食品的腐败变质。此外，另一个食品微生物的主要来源是空气，空气中并不含有微生物生长繁殖所必需的营养物质、水分和其他条件，而且阳光中的紫外线对空气中的微生物也有很强的杀伤作用。然而在食品加工和储藏过程中，空气中的悬浮微生物往往会对食品造成污染，并最终导致食品的腐败变质。因此，在食品的生产、加工和储藏过程中，控制空气环境中的微生物也显得尤为重要。

食品介质中多种多样的微生物很少以纯种的方式出现，它们常常与其他微生物、动植物共同混杂生活在一定的环境中，相互之间存在复杂的关系，这些关系包括互生、竞争、寄生等。正是由于这些相互作用，促进了生物圈内的物质循环、能量流动和整个生态系统的发展，使得食品微生物具有多样性。

3）发酵食品中微生物的多样性

食品中的微生物对食品的品质往往具有两面性，既可以带来负面作用，又可以造福于人类。因此，如何利用微生物带来的积极作用，消除或减少微生物带来的负面作用，一直都是食品科研工作者的研究目标。我国利用微生物对食品进行发酵的历史已有数千年，人们在长期的实践中积累了丰富的经验，从种类繁多、风味各异的发酵食品中选育出了优良的微生物，并将这些微生物进一步用于各类食品的发酵过程中。近年来，随着人们生活水平的提高和社会的发展，人们对于食品的要求不仅仅局限于感官品质，对于食品的营养特性也产生了很高的需求。传统的食品资源主要依赖于种植业和养殖业，随着食品生物技术的发展，微生物食品资源引起越来越多人的重视，经过不断研究和开发，一大批应用微生物生产的发酵食品相继面世。

广义上来讲，发酵是借助微生物在有氧或无氧条件下的生命活动来制备微生物菌体代谢产物的过程，其中，发酵食品就是经过微生物（细菌、酵母菌和霉菌等）的代谢作用，使食品原料发生重要的生物化学反应，获得独特的感官和营养品质。随着生物技术的发展，微生物在丰富食品种类、增加或提高营养成分含量及改善食品风味等方面正日益扮演着重要的角色，显示出了广阔的应用前景（Leuschner et al.，1998）。

发酵食品中的微生物具有多样性，不同发酵食品由于原料、工艺、地域等差异，导致其中的微生物也存在差异。其中，乳酸菌作为代表性的发酵食品微生物，广泛存在于多种发酵食品中，如泡菜、酸面团、发酵乳制品、发酵肉制品等，其生长过程中会产生特殊的风味物质和代谢物，能够改善产品品质。同时，乳酸菌也是一类广泛分布于人体肠道中的微生物，其自身或其代谢产物会对人体健康产生积极作用。因此，了解乳酸菌在发酵食品中的多样性，对于乳酸菌资源的开发和应用具有重要的意义。类似地，在发酵食品微生物的研究过程中可以发现，围绕发酵食品微生物多样性研究的发展和探索，为食品的感官和营养品质的提升提供了坚实的理论基础。此外，人们在不断的科研、实践和探索中积累经验，利用发酵食品微生物的多样性，提高了人们的生活水平和生活质量（Parvez et al.，2006）。不同微生物的代谢产物如表 2-2 所示。

表 2-2　食品微生物的部分代谢产物

类别	代谢产物	用途
氨基酸类	谷氨酸、赖氨酸、丙氨酸等	调味剂、营养强化剂
核苷酸类	鸟苷酸、肌苷酸	鲜味剂
有机酸类	乳酸、柠檬酸、苹果酸等	酸味剂
多肽类细菌素	乳酸链球菌肽等	防腐剂
天然食用色素	红曲色素等	食用色素

2.1.2　食品微生物的分类

1. 食品微生物分类的发展与演化

1）微生物学分类的发展

微生物在自然界中分布广泛，除了空气、土壤、水体等自然生境外，大多数食品和食品原料中也存在着微生物。随着科学技术的发展，尤其是微生物培养技术和鉴定方法的进步，微生物的种类不断增加。目前，没有针对食品微生物的专门分类系统。但是，作为微生物的一部分，食品微生物分类的发展和演化一直与整个微生物分类学的发展和演化紧密联系。以种系发生和进化关系为基础，生物最初被分为动物界、植物界、原生生物界、真菌界和原核生物界；随着分子生物学技术的发展和进步，到了 20 世纪 70 年代，人们发现根据分子水平的差异，原核生物又可被分为古细菌和真细菌；20 世纪 90 年代逐渐定名成古菌和细菌。

2）食品微生物分类标准的发展

食品中重要的微生物群主要由细菌、酵母菌和霉菌组成。以五界学说为基础，细菌属于原核生物界，酵母菌和霉菌属于真菌界。目前，国际上对细菌分类影响最具参考价值的是最初由布瑞德（Breed）主编的《伯杰细菌鉴定手册》，后经历不同版本的更新，改名为《伯杰氏系统细菌学手册》，这本手册所提出的细菌分类系统已得到各国微生物研究者普遍认可，成为细菌分类鉴定的权威工具书之一。真菌的分类系统相对混乱，先后出现了 Whittaker 分类系统、Ainsworth 分类系统、Margulis 分类系统、Alexopoulos 分类系统等。在如此繁多的分类系统中，目前普遍使用的是 Ainsworth 分类系统，其把真菌界划分为 7 门 36 纲 140 目 560 科 8283 属 97 861 种。

3）微生物分类的优缺点

微生物分类学进入分子生物学时代之后，研究者们开始通过物种信息分子水平的差异来对微生物进行分类。20 世纪 90 年代发现了细菌和真核生物的一种重要信息分子——16S/18S rRNA 寡核苷酸序列，通过对此序列的分析比对，发现了第三类独立于原核生物和真核生物的生命形式——古细菌（Woese，1987）。除了 16S/18S rRNA 之外，还有诸如延伸因子、DNA 聚合酶等重要的管家基因也被用于微生物的分类。然而，值得注意的是，各种分类学指标都存在一定的局限性。为了更全面、更准确地对微生物进行分类，多相分类的概念被提出并使用。多相分类是指综合评价一切可以利用的微生物信息，包括基因型信息、表型信息、系统发育信息等，其包含了现代微生物分类学的所有内容，可以对微生物所有水平的分类单位进行描述，目前被认为是定义微生物分类最有效的手段。

4）微生物分类对食品生产的指导作用

微生物学中的分类是指通过对微生物的调查、研究，收集大量的数据，根据其亲缘关系远近进行的科学分群归类，从而形成详尽的微生物菌种检索表。在实际应用生产中，人们可以根据菌种检索表，快速找到所需要的菌种，例如，需要可以生产 α-淀粉酶的菌种，可通过查询该表得知对应菌种为枯草芽孢杆菌；类似地，也可以通过查询酵母菌的检索表得知红酵母菌可以代谢产生大量的菌体蛋白，从而用于生产人造肉等。通过该菌种检索表，人们不仅可以找到潜在有益食品生产的微生物，也可以分析如何控制有害微生物，防止食品发生腐败变质。

2. 食品微生物的分类鉴定方法

1）表型鉴定法

（1）形态特征

在食品微生物的分类鉴定中，存在一系列经典的表型指标可用于分析，包括菌落形态、营养需求、耐盐能力、酶的活性等（Holzapfel and Wood，2014）。其中，形态特征是食品微生物鉴定中最基本和最重要的依据之一，主要包括个体形态特征、群体形态特征以及培养特征。通常用于食品微生物分类鉴定的个体形态特征有微生物的大小、形状、排列方式、是否含有一些特殊的细胞结构等。同时，针对不同物种的微生物，还应该分析一些明显分类特征，例如，细菌类微生物应该观察其革兰氏染色的结果；真菌类微生物应该观察其菌丝特征；酵母菌类微生物应该观察其细胞内是否含有液泡等。群体形态特征又称菌落形态特征，包括菌落的外观、透明程度、隆起特征、光泽度及边缘特征等，真菌类微生物还要观察其菌落是否为蜘蛛网状、绒毛状结构。培养特征则主要观察微生物在液体培养基中是否形成沉淀、表面是否形成菌膜等。虽然形态特征易于观察，可以直观了解微生物的差异，但也存在局限性，需要与其他鉴定分类方法结合使用。

（2）生理生化及生态学特征

生理生化特征是与微生物活性相关蛋白质和酶的外在体现，可以间接反映微生物遗传信息的差异，但测定方法更容易、成本更低。目前被广泛用于食品微生物分类鉴定的生理生化特征包括：营养类型（光能自养型、光能异养型、化能自养型、化能异养型）；对碳源、氮源及生长因子等营养物质的利用特征；对培养条件的需求（氧气、温度、pH、渗透压等）；对抗生素、有毒物质、抑菌剂的敏感性；是否产生特定的代谢产物，如色素、气体、有机酸等。除此之外，生态学特征也经常被用于食品微生物的分类鉴定，其中包括微生物与宿主的关系（寄生或共生）、微生物在各类自然生境中的分布情况，以及是否为有性生殖等。

2）基因型鉴定法

（1）DNA 碱基比例的测定

DNA 碱基比例又称 G+C 摩尔百分比分析，由于其在生物体细胞内是稳定、不易受外界因素控制的，因此常被用来作为微生物分类鉴定的重要指标（Vandamme et al.，1996）。不同食品微生物基因组之间的 GC 含量差别很大，以细菌为例，其 GC 含量为 25%～75%，同一种内的不同菌株 GC 含量差别应该在 4%～5%或更低，同属不同种的差别应该在 10%～15%，因此 GC 含量在不同种属之间鉴定时具有重大意义。根据形态学观察，微球菌属和葡萄球菌属被长期分类在一个科内，随着生物信息技术的发展，人们发现两者的 GC 含量大不相同（微球菌属为 30%～38%，葡萄球菌属为 64%～75%），指示二者亲缘关系较远，现已将它们分为两个不同的门（Axelsson，2004）。

（2）核酸分子杂交法

在食品微生物的分类鉴定中，核酸分子杂交主要应用在 DNA-DNA 杂交、DNA-rRNA 杂交和核酸探针等方面。分子杂交是指不同生物的双链 DNA 经过高温变性解链为单链，然后经过在低温条件下进行退火复性，重新配对成 DNA 双链（Ludwig，2007）。不同微生物之间亲缘关系越接近，DNA 同源程度越高，杂交率也会越高，如果两种微生物的 DNA 分子序列完全一致，那么它们的杂交率应该为 100%。在界定物种和确定新种的过程中，通过 DNA 杂交率来判定亲缘关系比测定 GC 含量更加准确。目前，研究者们普遍认为两类微生物的 DNA 杂交率在 20%～60%时可鉴定为同属不同种，DNA 杂交率≥70%可鉴定为不同亚种（Schlegel，2000；Suzuki et al.，2004；Endo et al.，2007）。DNA-rRNA 杂交的原理与 DNA-DNA 杂交类似，不同的是，标记的部分是 rRNA，当出现 DNA-DNA 不能杂交或杂交率很低时，可以采用 DNA-rRNA 杂交，以便分析一些亲缘关系相隔较远的微生物。除此之外，核酸探针也可被用于微生物的分类鉴定，通过在某段已知的 DNA 或 RNA 片段添加可特异性识别的标记，使之成为探针，从而用于检测未知样品中是否含有相同的序列。目前，核酸探针也常被用于微生物的检测，特别是针对病原微生物的检测，其具备特异性高、时间短、通用性强等优点。

（3）DNA 序列同源性分析

DNA 序列同源性分析是指通过测定微生物 DNA 序列一级结构中核苷酸序列的组成来比较同源分子之间相关性的一种方法，通过这种方法能够提供最直接、最完整的基因信息，并准确鉴定不同微生物间的亲缘关系。目前，最常用于微生物分类鉴定的分子标识是 rRNA/rDNA 序列，且不同的分子标识对微生物的鉴定水平也各不相同，例如，细菌的 16S rRNA 和真菌的 18S rRNA、28S rRNA 序列比较保守，常用于属及属以上分类单元的鉴定（Wayne et al.，1996；Stackebrandt and Goebel，1994）；而 ITS 序列种间差异比较明显，常用于种和亚种水平的鉴定。rRNA/rDNA 序列的测定方法主要包括寡核苷酸编目法和全序列测定法，其中 rRNA 寡核苷酸编目法的原理是利用 RNA 酶水解预先标记的纯化 rRNA，使之产生一系列的寡核苷酸片段，利用双向电泳分离产生的片段，采用放射自显影技术获得不同长度寡核苷酸的电泳位置，从而确定相应的序列，通过分析寡核苷酸序列同源性程度，鉴定不同微生物间的亲缘关系。随着基因测序技术的发展与成熟，现在多采用全序列测定的方法来获得 rRNA 序列，通过这种方法得到的序列信息准确且范围更大，因此，这种方法在现代微生物的分类鉴定中应用得更加广泛（Svec et al.，2001；Vancanneyt et al.，2001）。

（4）微生物全基因组序列的测定

在实际应用中，人们为了全方位了解一个物种的基因组成、分子进化和基因调控等方面的信息，通常采用全基因组测序的方法。全基因组是利用高通量测序平台对一种生物基因组中的全部基因进行测序，测定其 DNA 的碱基序列（Kim et al.，2003；Cachat and Priest，2005）。利用该技术可在全基因组水平上检测单核苷酸、插入、拷贝数变异和结构变异等多种全面的突变信息。因此，对那些与人类健康、生活和生产关系重大的微生物进行全基因组测序是十分有必要的，尤其是针对食品中病原微生物的分析和检测。表 2-3 所示为食品微生物各种分类鉴定方法的特点。

表 2-3 食品微生物各种分类鉴定方法的特点

方法	分类水平	优缺点
形态特征	菌株到科分类单元水平	易于观察，无法精细区分更小分类单元
生理生化特征	种属分类单元水平	直观、成本低，无法直接获取微生物基因组差异
DNA 碱基比例	种分类单元水平	不适用于放线菌的分类研究，只能作为分类鉴定中的参考标准
核酸分子杂交	种、亚种分类单元水平	不适用于高级分类单元，不同研究结果间不易比较
DNA 序列同源性分析	各分类单元水平	能提供完整准确的信息，选择不同的 DNA 片段可用于不同分类单元的研究
全基因组序列测定	菌株分类单元水平	能提供最精准的微生物基因组信息，价格昂贵

3. 食品微生物中重要种属的特性

1）细菌

（1）乳杆菌属（*Lactobacillus*）

根据《伯杰细菌鉴定手册》，乳杆菌属被分为厚壁菌门芽孢杆菌纲乳杆菌目乳杆菌科，属于革兰氏阳性菌，细胞多为球杆状、棒形等，无芽孢，不产细胞色素，通常不运动（Beijerinck，1901；Collins et al.，1990）。乳杆菌属微生物多为耐氧或微好氧，最适生长温度为30～40℃，最适生长pH为5.5～6.2，模式种为德氏乳杆菌（*Lactobacillus delbrueckii*）。乳杆菌属在食品生产中通常作为有益菌，用作奶酪、酸奶等乳制品的发酵剂，广泛存在于鱼、肉、果蔬及动植物发酵制品中。

德氏乳杆菌保加利亚亚种（*L. delbrueckii* subsp. *bulgaricus*）是乳杆菌属中产酸能力最强的菌株，能利用葡萄糖、果糖等糖类进行同型发酵产生D-乳酸（Elli et al.，2000）。该菌产酸能力与菌株形态相关，菌株形态越大，产酸量越高，最高可达2%，并且在发酵过程中可产生香味物质，因此常被用作酸奶的发酵菌种。

（2）明串珠菌属（*Leuconostoc*）

据《伯杰细菌鉴定手册》，明串珠菌属被分为厚壁菌门芽孢杆菌纲乳杆菌目明串珠菌科，属于革兰氏阳性菌，细胞多呈豆状或球形，无芽孢，不运动（Tracey and Britz，1989；Holzapfel and Schillinger，1992）。明串珠菌属为兼性厌氧菌，最适生长温度为20～30℃，最适生长pH为6.0～7.0，模式种为肠膜明串珠菌（*Leuconostoc mesenteroides*）。明串珠菌属微生物广泛存在于水果、蔬菜及乳制品中，可以在高糖环境中生长，某些菌株可用作乳制品发酵剂。

肠膜明串珠菌肠膜亚种（*L. mesenteroides* subsp. *mesenteroides*）是明串珠菌属最典型的代表，能够利用葡萄糖进行异型乳酸发酵，在高浓度的蔗糖溶液中可以合成大量的葡聚糖，形成特征性黏液（Speckman and Collins，1968）。该菌是泡菜发酵中重要的发酵剂，而且已被用于生产右旋糖酐，作为代血浆的主要成分。

（3）双歧杆菌属（*Bifidobacterium*）

根据《伯杰细菌鉴定手册》，双歧杆菌属被分为放线菌门放线菌纲双歧杆菌目双歧杆菌科，属于革兰氏阳性菌，因菌体尖端呈分枝状而得名，无芽孢，无鞭毛，不运动。双歧杆菌属为专性严格厌氧菌，最适生长温度为25～45℃，最适生长pH为4.5～8.5，不耐酸，在pH小于5.5的酸性环境中存活性差。

目前人体肠道中的双歧杆菌有8种，如两歧双歧杆菌、婴儿双歧杆菌、青春双歧杆菌、长双歧杆菌和短双歧杆菌等。双歧杆菌是人体肠道中的有益菌，能够定植在宿主的肠黏膜上形成微生物屏障，具有拮抗致病菌、调节微生态平衡、合成多种维生素等重要生理功能，具有促进宿主机体健康的作用（Kaasapahy，2000）。

2）酵母菌

（1）酵母属（*Saccharomyces*）

根据《安斯沃思真菌分类系统》（Ainsworth 分类系统），酵母属被分为子囊菌门半子囊菌纲酵母目酵母科，细胞形态多呈圆形、椭圆形或柱形，无性繁殖且多边出芽。酵母菌属为兼性厌氧菌，可发酵一种至几种糖类，其中，厌氧条件下可经过糖类发酵产生乙醇和二氧化碳（Yiannikouris et al.，2004）。

模式种为酿酒酵母（*Saccharomyces cerevisiae*），在制药、生产单细胞蛋白和遗传工程中都有着重要作用；此外，酿酒酵母还广泛应用于啤酒和白酒酿造及面包制作。

（2）红酵母属（*Rhodotorula*）

根据《安斯沃思真菌分类系统》，红酵母属被分为半知菌亚门芽孢纲隐球酵母目隐球酵母科，细胞形态呈圆形、卵形或长形，营养繁殖为多端芽殖，不产生子囊孢子，产生明显的红色或黄色色素。红酵母属微生物不能发酵糖类，也不能发酵乙醇（Xue et al.，2008）。

红酵母属主要包括黏红酵母、瘦弱红酵母、玫瑰红酵母等，其中黏红酵母黏红变种能氧化烷烃生产脂肪，含量可达干生物量的 50%～60%，在一定条件下还可以产生 α-丙氨酸和谷氨酸；同时，产甲硫氨酸的能力也很强，可达干生物量的 1%。

（3）球拟酵母属（*Torulopsis*）

根据《安斯沃思真菌分类系统》，球拟酵母属被分为半知菌亚门芽孢纲隐球酵母目隐球酵母科，细胞形态呈圆形、卵形或略长形，通常以多边芽殖进行无性繁殖，不产生色素，可形成胞外多糖。球拟酵母属的乙醇发酵能力较弱（Yonehara and Miyata，1996）。

部分球拟酵母能产生不同比例的甘油、赤藓糖醇、甘露醇等，在适宜条件下能将 40%葡萄糖转化成多元醇，有的能产生有机酸、油脂等，有的能利用烃类生产蛋白质，有的还能产生乙酸乙酯，增加白酒和酱油的风味。

2.1.3　食品微生物生理学

1. 食品微生物的营养特性

1）食品微生物的营养要素

食品微生物细胞的化学组成如表 2-4 所示。食品微生物通过吸收和利用外部环境中的物质来满足其正常的生长和繁殖需求，这个过程被称为食品微生物的营养。具有营养功能的物质即为营养物，它们为食品微生物的生命活动提供结构物质、能量、代谢调节物和必要的生理环境。食品微生物的营养要求，在元素水平上以碳、氢、氧、氮、硫、磷为主，在营养要素水平上可分为碳源、氮源、能源、生长因子、无机盐和水 6 类。食品微生物通常属于化能异养型微生物，生长所需的能量均来自有机物氧化过程中释放的化学能，有机物既是碳源也是能源（Gatesoupe，1998）。

表 2-4　食品微生物细胞的化学组成

主要成分	细菌/%	酵母菌/%	霉菌/%
水分（占细胞鲜重百分比）	75～85	70～80	85～90
蛋白质（占细胞干重百分比）	50～80	32～75	14～15
碳水化合物（占细胞干重百分比）	12～28	27～63	7～40
脂肪（占细胞干重百分比）	5～20	2～15	4～40
核酸（占细胞干重百分比）	10～20	6～8	1
无机盐（占细胞干重百分比）	2～30	3.8～7	6～12

（1）碳源

碳源是一切能满足微生物生长繁殖所需碳元素的营养源。碳源是构成细胞的物质，也是构成各种代谢产物和细胞储藏物的物质，还为微生物进行生命活动提供能量。除水分外，碳源是微生物需要量最大的营养物。碳源可分为无机碳源和有机碳源两大类。食品微生物通常利用有机碳源，糖类是最广泛利用的碳源，其次是有机酸类、醇类和脂类（周德庆，2011）。

食品微生物对碳源的代谢称为发酵。以代谢己糖（葡萄糖）为例，根据发酵途径，可分为同型乳酸发酵途径（embden meyerhof parnas pathway，EMP）和异型乳酸发酵途径（hexose monopahosphate pathway，HMP）。同型发酵微生物，如德氏乳杆菌（*Lactobacillus delbrueckii*）将 1 分子葡萄糖代谢为 2 分子乳酸和 2 分子 ATP。异型发酵微生物，如发酵黏液乳杆菌（*Limosilactobacillus fermentun*）将 1 分子葡萄糖代谢成 1 分子乳酸、1 分子乙醇、1 分子 CO_2 和 1 分子 ATP；短乳杆菌（*Lactobacillus brevis*）将 1 分子葡萄糖代谢成 1 分子乳酸、1 分子乙酸、1 分子 CO_2 和 2 分子 ATP；两歧双歧杆菌（*Bifidobacterium bifidum*）将 1 分子葡萄糖代谢成 1 分子乳酸、1.5 分子乙酸和 2.5 分子 ATP（Axelsson，2004）。

在酵母中，与其他化能异养型微生物一样，能量代谢和碳代谢密切相关。酵母有能力利用多种碳源进行生长，包括碳水化合物、醇类、有机酸、氨基酸、正烷烃和脂类。然而，碳水化合物是最常见，也是在酵母生物技术应用中最为重要的碳源。酵母可以在单糖、低聚糖和多糖等多种碳源上进行生长（Barnett，1976）。对于单糖，尤其是己糖（如葡萄糖、果糖、甘露糖），其代谢在酵母中是普遍的，通常通过糖酵解途径进行（Käppeli，1986）。酵母菌在特定条件下表现出不同的代谢途径。在 pH 3.5～4.5 的弱酸性和厌氧条件下，酵母会进行正常的乙醇发酵，将半乳糖代谢成乙醇，这被称为酵母的第一型发酵。当酵母处于亚适量的 $NaHSO_3$（3%）影响下时，它会产生甘油和少量乙醇，这是酵母的第二型发酵。将发酵过程的 pH 控制在微碱性（约 pH 7.6）的厌氧条件下，主要产物将包括甘油、少量乙醇、乙酸及 CO_2，这是酵母的第三型发酵（Rodrigues et al.，2006）。

（2）氮源

氮是构成微生物细胞（蛋白质和核酸）或含氮代谢产物的主要元素，含氮元素的营养源称为氮源。一般来说，食品微生物优先利用尿素、一般氨基酸和简单蛋白质等，其次是复杂蛋白质、核酸及其水解物等。通常食品微生物的氮源物质不提供能量。多数放线菌、真菌及酿酒酵母（*Saccharomyces cerevisiae*）能把尿素、铵盐、硝酸盐等简单氮源合成所需要的氨基酸作为氮源，为氨基酸自养型生物；一些微生物需要从外界吸收现成的氨基酸作为氮源，为氨基酸异养型生物，如乳酸菌。

乳酸菌在生长过程中主要通过摄取外源性蛋白质获取氮源。乳酸菌的蛋白质分解活性对不同食品（如奶酪）的成熟和酶改性具有重要意义。蛋白质分解所需的蛋白酶和肽酶以游离酶的形式分泌于胞外或胞内。乳酸菌的蛋白质分解系统（胞壁蛋白酶、肽转运蛋白、胞内肽酶）是使蛋白质、肽和氨基酸用于自身生长的重要手段，同时这些分解系统也能使发酵食品产生特殊的流变学和感官特性。蛋白酶还有助于降低牛奶和奶制品的过敏性（Bintsis et al.，2003）。

（3）生长因子

生长因子是一类微生物正常代谢所必需而需要量又不大，且微生物不能自身合成或合成量不足的有机化合物。生长因子根据化学结构及代谢功能不同可以分成三类：维生素、氨基酸、碱基（嘌呤和嘧啶）等。还有一些其他生长因子，如碱基、卟啉及其衍生物、脂肪酸、甾醇和胺类等（王祖农，1990）。

狭义的生长因子一般仅指维生素。最常需要的维生素是硫胺素和生物素。需要量最大的维生素通常是烟酸、泛酸、核黄素，还有一些维生素（叶酸衍生物、生物素、钴胺素和硫辛酸）需要量较小（Zabriskie et al.，1980）。不同种属乳酸菌所需的生长因子各不相同。泛酸、核黄素和烟酸是大多数乳酸菌菌株的必需维生素。硫胺素是乳酸菌在阿拉伯糖、核糖和葡萄糖酸盐上生长所必需的，作为磷酸转酮酶的辅助因子。抗坏血酸对某些乳酸菌菌株的生长没有影响，但却是其他菌株的必要生长因子（Hayek and Ibrahim，2013）。在食品发酵工业上，通过将富含生物素的甘蔗糖蜜与富含 B 族维生素的甜菜糖蜜混合来获得面包酵母培养基。食品微生物细胞多种代谢产物的最终产量可以通过调控某些生长因子的缺失或存在实现。例如，在不存在外源苯丙氨酸或色氨酸的情况下，由谷氨酸棒杆菌（*Corynebacterium glutamicum*）合成的短杆菌酪肽 A∶B∶C 的比例为 1∶3∶7；如果提供 L-或 D-苯丙氨酸，则主要形成短杆菌酪肽 A；如果提供 L-或 D-色氨酸，则短杆菌酪肽 D 占主导地位；当同时提供苯丙氨酸和色氨酸时，四种成分都会形成（Peppler and Perlman，1979）。

（4）无机盐

无机盐可为食品微生物提供除碳源、氮源以外的各种重要元素，是微生物生长必不可少的一类营养要素,根据微生物生长所需浓度不同分为大量元素（微生物生长所需浓度在 10^{-4}～10^{-3}mol/L，如 P、S、K、Mg、Ca、Na、Fe 等）和微量元素（微生物生长所需浓度在 10^{-8}～10^{-6}mol/L，如 Cu、Zn、Mn、Mo、Co 等）。其主要功能是：构成微生物细胞的各种组分；作为酶的组成部分；维持酶的活性；调节并维持细胞的渗透压、氢离子浓度和氧化还原电位；有些元素可作为某些微生物生长的能源物质等。一般微生物生长所需要的无机盐有硫酸盐、磷酸盐、氯化物，以及含有钠、钾、镁、铁等金属元素的化合物（崔雨荣，2010）。

（5）水

食品微生物并非真正把水作为营养物，但水在微生物代谢活动中不可缺少，因此仍把它作为营养元素。不同种类的微生物，营养体含水量不同，例如，细菌营养体含水量在 80%左右，酵母菌在 75%左右，霉菌在 85%左右。微生物孢子的含水量也不同，例如，霉菌孢子含水量约为 39%，细菌芽孢的皮层含水量约为 39%。水在微生物的代谢中占据着重要位置：①水是细胞的重要组成成分；②水直接参与代谢反应，许多反应都涉及脱水和水合；③水是活细胞中各种生化反应的介质；④营养物质、代谢产物都必须溶于水中才能被运输；⑤水是热的良导体，可调节细胞的温度；⑥水是维持细胞自身正常形态的重要因素。

2）食品微生物摄取营养物质的方式

微生物缺少专一性摄取营养物质的组织结构，通常通过细胞膜的扩散、吸附等作用进行营养物质的吸收及代谢。食品微生物通过细胞膜的渗透和选择吸收作用从外界吸取营养物。细胞膜运送营养物质的方式有四种（图 2-1），即单纯扩散、促进扩散、主动运送和基团移位（周德庆，2011）。

（1）单纯扩散

单纯扩散又称被动运送，是指营养物质在细胞内外浓度不同时，利用细胞膜内外存在的浓度差从高浓度向低浓度进行顺浓度梯度的扩散。单纯扩散是非特异性的，不需要载体蛋白协助，也不消耗能量，动力来自参与扩散的物质在膜内外的浓度差。扩散过程中，物质不与膜上各类分子发生反应，自身分子结构也不会发生变化。物质跨膜扩散的能力和速率与该物质的性质有关，分子质量小、脂溶性、极性小的物质易通过扩散进出细胞。通过这种方式运送的物质主要是小分子、非电离分子（尤其是亲水性分子），如 H_2O、O_2、CO_2、乙醇、甘油、脂肪酸及某些氨基酸等（罗立新，2010；刘慧，2011）。

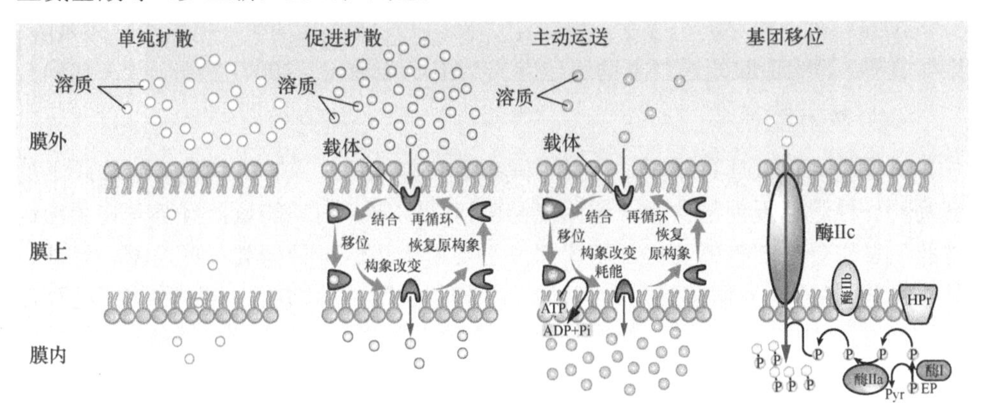

图 2-1　食品微生物摄取营养物质的四种方式

（2）促进扩散

促进扩散运输物质的方式与单纯扩散相似，其运输过程依赖于细胞膜内外营养物质浓度差的驱动，不消耗代谢能量，但需要存在于细胞膜上的底物特异载体蛋白的参与。载体蛋白具有高度专一性，每种载体只运输相应物质。大多数的载体蛋白为诱导酶，只有外界存在机体生长所需某种营养物质时，运输此物质的诱导酶才合成。通过此方法运输的营养物质主要有氨基酸、单糖、维生素、无机盐。例如，芽孢杆菌属（*Bacillus*）以这种方式吸收甘油；动物双歧杆菌乳亚种（*Bifidobacterium animalis* subsp. *lactis*）以这种方式吸收葡萄糖（Briczinski et al.，2008）；干酪乳酪杆菌（*Lacticaseibacillus casei*）以这种方式对硫胺素进行结合和转运（Henderson and Zevely，1978）；植物乳植杆菌（*Lactiplantibacillus plantarun*）以这种方式吸收苹果酸（Olsen et al.，1991）；酿酒酵母（*Saccharomyces cerevisiae*）以这种方式吸收各种糖类、氨基酸和维生素。促进扩散在真核微生物中更常见。

（3）主动运送

主动运送是将营养物质进行逆浓度梯度运输的方式，需要细胞膜上的底物特异性载体蛋白的协助，运输过程消耗能量（包括 ATP、质子动力势或“离子泵”等）。营养物质在运输前后不发生分子结构的变化。主动运送的营养物质主要有无机离子、有机离子（某些氨基酸、有机酸等）和一些糖类（乳糖、葡萄糖、半乳糖、麦芽糖等）。质子动力势驱动营养物质的吸收是乳酸菌吸收营养物质较为常见的方式之一。乳球菌属（*Lactococcus*）、乳杆菌属（*Lactobacillus*）和嗜热链球菌（*Streptococcus thermophilus*）对乳糖的运送是质子动力势驱动运输。在乳球菌中，多种氨基酸会以质子动力势驱动运送的方式被吸收，含脯氨酸的二肽和三肽也以质子动力势驱动运输的方式吸收营养物质（张刚，2007）。酿酒酵母（*Saccharomyces cerevisiae*）对于麦芽糖、麦芽三糖、K^+、Na^+以及碱性氨基酸（精氨酸、赖氨酸、组氨酸等）等的摄取即通过主动运送方式（Alves-Jr et al.，2007；Sato et al.，1984）。

（4）基团移位

微生物也可以通过基团移位的方式摄取营养物质。这种方式需要细胞膜上的底物特异性载体蛋白的协助，逆浓度梯度运送物质，消耗能量，且营养物质在运送前后发生分子结构的变化。基团移位主要用于运送各种糖类（葡萄糖、果糖、甘露糖和 *N*-乙酰葡糖胺等）、核苷酸、丁酸和腺嘌呤等物质。基团移位广泛存在于原核生物中，尤其是一些厌氧菌。磷酸烯醇式丙酮酸-糖磷酸转移酶系统（phosphoenolpyruvate-sugar phosphotransferase system，PEP-PTS）在细菌通过这种方式代谢糖类物质方面发挥着核心作用。所有 PTS 都包含两种细胞质磷酸转移酶蛋白（EI 和 HPr）和一种物种特异的、数量可变的糖特异性酶Ⅱ复合物（ⅡA、ⅡB、ⅡC、ⅡD）。EI 和 HPr 将磷酸基团从 PEP 转移到ⅡA 单元。细胞质ⅡA 和ⅡB 单元依次将磷酸基团转移到糖上，糖再由ⅡC 和ⅢCⅡD 整合膜蛋白载体转运（Jeckelmann and Erni，2019）。

2. 食品微生物的碳水化合物、蛋白质和脂质代谢

通常情况下，食品微生物首选碳水化合物作为其主要能量来源。然而，在一些食品中，碳水化合物含量有限，而蛋白质含量较多。在这种情况下，微生物会首先利用可用的碳水化合物，然后才会转向代谢蛋白质。当食品既富含碳水化合物又富含蛋白质时，微生物通常首先消耗碳水化合物，随后产生酸性代谢产物，导致环境的 pH 下降。这种低 pH 会抑制微生物对蛋白质的降解，导致蛋白质不能被有效降解，产生所谓的“蛋白质节约效应”。在肉制品的生产过程中，通过添加碳水化合物可以充分利用这一优势。

1）碳水化合物代谢

乳酸菌将碳水化合物转化为乳酸的过程可以认为是食品技术中最重要的发酵过程。乳酸菌碳水化合物代谢的基本特征是与糖类发酵偶联的底物水平磷酸化，产生的能量物质 ATP 被用于生物合成。乳酸菌在代谢多种碳水化合物及其衍生物时，主要的代谢终产物是乳酸。乳酸菌在不同的环境条件下，代谢途径也会发生相应的改变，其代谢终产物的组成具有明显的差异。乳酸菌发酵己糖（葡萄糖）代谢途径主要有同型发酵和异型发酵。德氏乳杆菌（*Lactobacillus delbrueckii*）、嗜酸乳杆菌（*Lactobacillus acidophilus*）和卷曲乳杆菌（*Lactobacillus crispatus*）等进行同型发酵时，葡萄糖经过糖酵解途径降解成丙酮酸，丙酮酸直接作为氢受体被还原成乳酸；明串珠菌（*Leuconostoc*）、酒球菌（*Oenococcus*）、魏斯氏菌（*Weissella*）等进行异型发酵时，葡萄糖则是通过 6-磷酸葡萄糖酸途径被降解。除葡萄糖外，乳酸菌还可代谢其他的己糖，如甘露糖、半乳糖、果糖等。乳酸菌还可发酵核糖、木糖和阿拉伯糖等戊糖产生乳酸。戊糖同型发酵通过磷酸戊糖途径，戊糖异型发酵通过磷酸转酮酶途径。大部分的糖类和低聚糖在特定的途径下被大多数乳酸菌吸收并在细胞内磷酸化。低聚糖先被特定的糖苷酶裂解，然后被磷酸化（Kandler，1983）。

在酵母利用单糖中，己糖（葡萄糖、果糖、甘露糖）的代谢是普遍的，主要通过糖酵解途径进行（Käppeli，1986）。半乳糖的利用还需要 Leloir 通路的作用。相比之下，能利用戊糖的酵母在分类学上是相当有限的，例如，树干毕赤酵母（*Pichia stipitis*）和一些其他物种中，糖的代谢需要木糖还原酶、木糖醇脱氢酶和木酮糖激酶及磷酸戊糖途径。寡糖和多糖的利用是从水解为单糖的成分开始的，不同的酵母菌有不同的水解酶。例如，克鲁维酵母属（*Kluyveromyces*）表达 β-半乳糖苷酶能力非常强，该酶对乳糖的利用是必需的（Algeri et al.，1978）。糖化酵母（*Saccharomyces diastaticus*）是一种淀粉溶解酵母，它表达和分泌淀粉利用所需的糖淀粉酶活性（Yamashita et al.，1985）。

米根霉（*Rhizopus oryzae*）的碳水化合物活性酶（carbohydrate active enzyme，CAZy）与其他丝状真菌相比，糖苷水解酶（glycoside hydrolase，GH）的数量少，糖基转移酶（glycosyl transferase，GT）和碳水化合物酯酶（carbohydrate esterase，CE）的数量多。降解易消化的植物细胞壁单糖和多糖（淀粉、半乳甘露聚糖、无支链果胶、己糖）、甲壳素、壳聚糖、β-1,3-葡聚糖和真菌细胞壁馏分的特定基因组及生长特征表明，米根霉对环境具有特殊的适应性（Battaglia et al.，2011a）。印度毛霉（*Mucor indicus*）有较强的代谢已糖和戊糖产生乙醇的能力，通过培养基设计可获得较高的产乙醇性能，用于生产多种啤酒和食品（Karimi and Zamani，2013）。

2）蛋白质代谢

蛋白质代谢是指蛋白质被蛋白酶和肽酶分解成多肽、氨基酸和肽的过程。乳酸菌的蛋白水解系统将蛋白质降解成氨基酸供细胞生长所需，这一过程同时也促进了奶酪、火腿等发酵食品的成熟和风味形成，因此乳酸菌的蛋白水解活性备受关注。在奶酪制作过程中，乳酸菌是重要的菌株，其中，瑞士乳杆菌（*Lactobacillus helveticus*）和乳酸乳球菌（*Lactococcus lactis*）是研究最为详细的（Savijoki et al.，2006）。许多不同种类的肽酶已被鉴定和分类，如氨肽酶 C、氨肽酶 N、氨肽酶 A、

X-脯氨酰二肽酰基氨肽酶及脯氨酸肽酶等，它们在不同乳酸菌菌种和菌株之间表现出广泛的差异。乳酸菌的蛋白水解系统通常由三部分组成：①与细胞壁结合的蛋白酶，将细胞外的蛋白质降解成寡肽；②肽转运蛋白，将这些寡肽运输至细胞内；③胞内的肽酶，将寡肽进一步降解为较短的肽和氨基酸（Liu et al.，2010）。这些氨基酸还可以进一步转化为各种风味化合物，如醛、醇和酯（Liu et al.，2008）。

在肉制品的发酵过程中，汉逊德巴利酵母菌（*Debaryomyces hansenii*）是最常被分离出的酵母菌，但也分离出了其他酵母菌属，如念珠菌属（*Mycotoruloides*）和树干毕赤酵母（*Pichia stipitis*）等，它们同样能加速发酵肉制品中蛋白质的降解（Padilla et al.，2014）。赵永强等（2019）利用鲁氏酵母发酵合浦珠母贝肉，发现游离氨基酸含量增加。Padilla 等（2014）发现酵母菌脂解和蛋白水解能力强大，并能利用乳糖产生挥发性化合物，有助于丰富发酵肉的风味。酵母菌与乳酸菌混合进行混菌发酵时，可辅助蛋白质降解为小分子物质，增加风味物质的种类，促进发酵食品成熟。在长时间的发酵过程中，发酵肉中的蛋白质等也能被霉菌分解为游离氨基酸和脂肪酸，进一步分解为小分子的醇、酮、醛等物质，提升发酵肉的营养价值并改善风味品质。

3）脂质代谢

微生物脂质代谢是利用脂肪酶将脂质分解为脂肪酸和甘油。乳酸菌具有胞内或胞外脂肪酶。乳酸菌还可进行独特的脂肪酸转化反应，包括异构化、水合、脱水和饱和，这些功能可用于食品工业和益生菌。例如，乳酸菌对乳脂肪的分解促进奶酪特殊风味的形成。已证实乳酸菌的脂肪酶活性能为宿主提供益处。动物实验和临床试验的证据皆表明，乳杆菌可以将胆固醇分解为血清脂质（Taranto et al.，1998）。Taranto 等的研究表明，罗伊氏乳杆菌的降胆固醇作用可能与菌株产生的胆汁盐的水解酶活性有关。此外，乳酸菌可以利用亚油酸产生共轭亚油酸。共轭亚油酸的一些异构体可减少癌症、动脉粥样硬化发生率并降低体脂率（Ogawa et al.，2005）。共轭亚油酸等共轭脂肪酸作为一种新型、有益功能性脂质而备受关注。

脂肪酸是风味物质的重要前体，对发酵肉制品中风味的形成、积累具有重要影响。脂质能在脂肪酶的作用下分解产生游离脂肪酸，游离脂肪酸继续氧化产生醇、醛、酸和烷烃类等挥发性风味物质，这些物质可赋予发酵肉制品特有的芳香风味。其中，游离不饱和脂肪酸在自由基存在下极易被氧化形成氢过氧化物，随后迅速分解形成不饱和醛；游离饱和脂肪酸通过 β-氧化途径降解为 β-酮酸，β-酮酸由葡萄球菌脱羧产生甲基酮，包括 2-戊酮、2-己酮和 2-庚酮，这有助于发酵香肠风味的形成（Stahnke，1999）。Engelvin 等（2000）在香肠中接种的肉葡萄球菌分泌硫酯酶，使游离前体物质进一步进行脱酰基作用促进脂肪发生 β-氧化，生成戊醛、辛醛，从而增加香肠腊香味。Franciosa 等（2018）发现酵母菌可以促进乙酯的生成，并抑制脂质氧化产物的产生。Uppada 等（2017）研究表明，植物乳杆菌是鸡肉中脂肪酶的重要来源，其参与肉类脂质降解及酯化反应。

3. 影响食品微生物生长的因素

食品微生物的生长繁殖受外界多种因素的影响，当条件适宜时，食品微生物能进行正常的新陈代谢。除了营养条件，还有许多物理因素影响食品微生物的生长，以下仅阐述其中最主要的因素，即温度、氧气、pH。

1）温度

微生物的生命活动受温度影响。温度影响微生物的酶活、细胞膜的流动性、营养物质的吸收和代谢产物的分泌，还影响物质的溶解度。因此，温度是影响微生物生长繁殖的最重要因素之一。在一定的温度范围内，低温抑制微生物的生长，适宜的温度有利于微生物的生长发育；但当超过某一温度时，蛋白质、核酸和细胞的其他成分就会发生不可逆的变性作用使微生物的生长发育受到抑制，甚至死亡。微生物的生长温度范围各不相同（表 2-5），且每种微生物在生长繁殖过程中有最低、最适、最高 3 个温度指标。

表 2-5　食品微生物的最适生长温度和最适代谢产物产生温度

微生物名称	最适生长温度/℃	最适代谢产物产生温度/℃
嗜淀粉乳杆菌（*Lactobacillus amylophilus*）	25～35	25～35
鼠李糖乳杆菌（*Lacticaseibacillus rhamnosus*）	30～40	41～45
乳酸乳球菌（*Lactococcus lactis*）	30	33～35
嗜热链球菌（*Streptococcus thermophilus*）	37	37
乳酸链球菌（*Streptococcus lactis*）	34	产细胞：25～30 产乳酸：30
黑曲霉（*Aspergillus niger*）	28	32～34
产黄青霉（*Penicillium chrysogenum*）	30	25
醋化醋杆菌（*Acetobacter actei*）	30～35	40～45
北京棒杆菌（*Corynebacterium pekinense*）	32	32～34
酿酒酵母（*Saccharomyces cerevisiae*）	28～30	35
解脂假丝酵母（*Candida lipolyticus*）	35～37	35～37
马克斯克鲁维酵母（*Kluyveromyces marxianus*）	28～30	34～40

2）氧气

按照微生物与氧气的关系，可以将微生物分为好氧菌和厌氧菌。其中，好氧菌又可分为专性好氧菌、兼性好氧菌和微好氧菌；厌氧菌又可分为耐氧菌和（严格）厌氧菌。

食品微生物中既有好氧菌也有厌氧菌。例如，醋杆菌属（*Acetobacter*）的成员为专性好氧菌。专性好氧菌必须在较高浓度分子氧（约 20.2 kPa）的条件下才能生长，它们有完整的呼吸链，以分子氧作为最终氢受体，具有超氧化物歧化酶和过氧化氢酶。酿酒酵母（*Saccharomyces cerevisiae*）为兼性厌氧菌。嗜酸乳杆菌也是兼性厌氧菌，将其培养至固态基质表面时，在无氧或较低的氧分压下，5%～10%的 CO_2 可促进嗜酸乳杆菌的增殖（赵瑞香等，2006）。兼性厌氧菌在有氧条件下靠呼吸产能，无氧时则借发酵或者无氧呼吸产能，其也具有超氧化物歧化酶和过氧化氢酶。

耐氧菌是一类可在分子氧存在下进行发酵性厌氧生活的厌氧菌。耐氧菌的生长不需要任何氧，但分子氧对它们也无害。耐氧菌不具有呼吸链，依靠专性发酵和底物水平磷酸化获得能量，具有超氧化物歧化酶和过氧化物酶。通常乳酸菌多为耐氧菌，如乳酸乳球菌（*Lactococcus lactis*）、乳酸链球菌（*Streptococcus lactis*）、肠膜明串珠菌（*Leuconostoc mesenteroides*）、粪肠球菌（*Enterococcus faecalis*）等。厌氧菌有一般耐氧菌和（严格）厌氧菌之分。厌氧菌在空气或者含 10% CO_2 的空气中不能生长于培养基或者食品表面，只有在深层无氧处或者在低氧化还原电势的环境下才能生长，分子氧对它们有毒，即使短期接触也会导致生长抑制甚至死亡。厌氧菌细胞内缺乏超氧化物歧化酶和细胞色素氧化酶，大多数还缺乏过氧化氢酶。它们生命活动所需能量由发酵、无氧呼吸等提供。双歧杆菌属（*Bifidobacterium*）和乳杆菌属（*Lactobacillus*）这两类应用最多的益生菌就是厌氧菌。

3）pH

pH 与微生物的生命活动有关。pH 影响细胞膜的通透性和稳定性、物质溶解度、细胞表面电荷分布、酶活和酶促反应的速率及代谢途径、营养物质的离子化程度等。不同食品微生物生长都有其最适 pH 和特定的 pH 范围（表 2-6），即最低、最适和最高三个范围。在最适 pH 范围内，微生物生长繁殖速度快；在最低或最高 pH 范围内，微生物生长缓慢、易死亡。值得注意的是，即使是同一种食品微生物，在不同的生长阶段和不同生理生化过程中，也有不同的最适 pH 要求。例如，黑曲霉（*Aspergillus niger*）在 pH 2.0～2.5 时，有利于合成柠檬酸；在 pH 2.5～6.5 时，以菌体生长为主；而在 pH 7.0 左右时，则大量合成草酸。微生物的生命活动过程也会改变生长环境的 pH。一般来说，乳酸菌在相对中性条件、碱性条件下更易于维持细胞内环境平衡，但随着其生长和发酵进行，生长环境的 pH 下降。虽然微生物生长环境的 pH 会发生变化，但是细胞内环境的 pH 却相当稳定，一般接近中性，从而避免 DNA、ATP 等重要成分被酸破坏，以及 RNA、磷脂类等被碱破坏的可能性。胞内酶的最适 pH 一般也接近中性，但位于周质空间或者分泌到胞外的酶的最适 pH 一般接近外界环境 pH。

表 2-6　食品微生物的 pH 范围

微生物名称	最低 pH	最适 pH	最高 pH
乳杆菌属（*Lactobacillus*）	4.5 可生长	5.5～6.2	9.0 不可生长
双歧杆菌属（*Bifidobacterium*）	4.0～4.5 不可生长	4.5～8.5	8.0～8.5 不可生长
明串珠菌属（*Leuconostoc*）	＜4.4 不可生长	＞5.0 可生长	—
乳球菌属（*Lactococcus*）	—	酸性和中性范围	9.6 不可生长
链球菌属（*Streptococcus*）	—	范围较广	—
一般酵母	2.5	3.8～6.0	8.0
一般霉菌	1.5	4.0～5.8	7.0～11.0

2.2　菌种资源的高效挖掘技术

随着国际食品经济和贸易的发展，食品微生物带来的安全隐患及营养学价值已成为全球性的研究热点。除食源性病原微生物的检测外，从学术界到日常生活，食品中益生菌的功效均得到广泛认可。食品微生物中各类菌种资源的高效检测及获取尤为重要，定性定量检测、选择性分离筛选、遗传背景分析及其代谢产物测定等技术的高速发展推动了菌种资源的研究和利用，高通量筛选模型和功能评价体系的建立实现了食品中一系列优良菌株的高效获取。

2.2.1　食品微生物的鉴定分析技术

针对食品微生物数量庞大、组成丰富的特点，食品微生物检测主要包括对群落总数、大肠菌群（大肠杆菌、柠檬酸杆菌、产气克雷伯菌和阴沟肠杆菌等）及致病菌 3 个方面的检测。分子生物学中基于 PCR 技术的特异性引物设计、高通量测序技术等可以实现对食品微生物高效、准确且全面的鉴定。

1. DNA 引物分析技术

1）引物设计原理

聚合酶链反应（PCR）作为食品微生物检测常用的分子生物学技术之一，以高度保守的核酸序列（通常为 16S rRNA 基因的高变异片段）为对象设计特异性引物进行扩增，进一步进行实时荧光定量检测，从而定量样品中不同物种的含量（卢圣栋，1999）。其中，引物设计作为基础环节占有举足轻重的地位，如何设计特异性强的引物并对引物进行合理评估，是首先需要解决的问题。引物设计依据模板的不同主要包括两种策略（Linz et al.，1990）：从 NCBI 数据库查询该基因的 DNA 序列或者 mRNA 序列，下载后以此为模板进行引物设计；如果需要扩增的是未知的基因片段，则需要在基因组范围内进行序列比对，找出相对保守的 DNA

序列作为模板来设计引物。

2）引物设计软件

引物的设计一般依赖于相应的软件，目前引物设计的生物软件有很多种，其引物设计功能主要体现在引物分析评价功能和自动搜索功能，不同软件的算法原理和侧重点不尽相同，往往会造成引物的设计结果不一。表 2-7 汇总了现有引物设计相关软件及其特点（任亮等，2004；高安崇等，2010）。此外，各种模板的引物设计难度不一，往往导致无法匹配到各种条件都满足的引物。一般用于克隆目的的 PCR，因为产物序列相对固定，引物设计的选择自由度较低，这种情况下只能在不同软件中衡量，尽量满足引物设计的各种条件（张新宇和高燕宁，2004）。

表 2-7　PCR 引物设计相关软件

引物设计软件	特点
Primer Premier	可实现引物设计、限制性内切核酸酶位点分析、DNA 基元查找、同源性分析、设计简并引物等；应用范围广
Oligo7	主要应用于核酸序列引物分析，包括普通引物对的搜索、测序引物的设计、杂交探针的设计；同时计算 T_m 并预测序列
Beacon Designer	可在目的基因的任意位置定位引物；可用于 HRMA 试验设计、双标签探针设计
Primer-Blast	可同时进行 Blast 引物特异性验证；可针对某一特定剪接变异体基因来设计引物，比单独使用 Primer3 和 NCBI BLAST 更加准确
Primer3 plus	只需在目标序列中粘贴 DNA 序列后点击搜索即可
BathPrimer	可以一次设计 500 条序列引物，在线且免费
The PCR Suite	可用于设计重叠引物
Primerbank	目前有超过 20 万条引物，目的基因涵盖了人和小鼠大部分已知的基因
PrimerX	可自动设计用于定点诱变的诱变 PCR 引物，节省时间、提高效率
BiSearch	可快速检测 cDNA 文库和基因组中的错配位点及替代 PCR 产物

3）引物设计原则

尽管存在诸多异同，但是引物设计也需要遵循一些基本规则（王槐春等，1992；王艳秋和张培军，1995），包括：引物长度一般设计为 15～30 bp，过短会造成错配，过长则会因为增加延伸温度而影响酶活；当引物自身存在 3 个碱基以上的互补序列时，会形成发夹结构；当上、下游引物之间存在 4 个以上的同源或互补碱基时，会形成引物二聚体；引物与模板的序列要紧密互补，避免出现 3 个连续的嘌呤或嘧啶。

4）引物评价体系

引物设计的成功与否在于评价体系的评估结果。作为 PCR 扩增实验的“金标准”，电泳的结果可以充分反映引物设计的好坏：条带亮度显示扩增的数量多少，目的条带的单一性显示是否存在二聚体及其他非特异性扩增。进一步对扩增产物回收纯化，测序后进行双序列比对检验是否为扩增的片段。另外，通过观察定量 PCR 的曲线中引物是否出现双峰，也可以判断引物的准确性（张新宇和高燕宁，2004）。

5）特异性引物设计

与通用引物的设计不同(通用引物针对所有细菌的某一段 DNA 片段进行 PCR 扩增)，特异性引物是对细菌中的某类或某种特异性片段进行扩增，设计特异性引物的目的一般是对微生物群落中特定菌种或菌株进行定性或定量（Ashelford et al.，2005）。特异性引物具有两种特性，即敏感性和特异性。敏感性是指 PCR 反应一般以多来源 rDNA 而非单一来源 rDNA 作为模板，需要通过多序列全局比对寻找序列保守区间设计引物，从而尽可能地保证引物能够扩增所有目标来源的 rDNA（Polz and Cavanaugh，1998）；特异性是指多来源 rDNA 中存在大量非目标扩增的 rDNA，需要将引物与这些非目标扩增 rDNA 逐个进行两序列局部比对并汇总，排除非特异性扩增较多的引物（Arbeli and Fuentes，2007）。

2. PCR 技术

1）荧光定量 PCR 技术

荧光定量 PCR 技术是进行食品微生物检测的主要技术手段，其主要依靠荧光传递技术对微生物基因进行标记，并通过记录不同时间内被标记 DNA 的数量，检测微生物的繁殖能力。在该技术的具体实施中，供体基因和受体基因会表现出不同强度的荧光，并且荧光的强度与 DNA 的产生数量成正比。因此，在实际检测过程中，可以将该技术应用其中，通过记录靶序列初始浓度，检测反应过程中荧光实际浓度来得到所需要的检测结果（Rudi et al.，2005）。该检测技术能够对食品中所含有的微生物进行基因标记和基因复制，即使食品中含有的微生物数量较少，也同样可以通过标记与记录初始浓度的方式进行食品微生物检测。该检测方式具有自动化程度高、操作简单、准确性高等特点。

2）多重 PCR 技术

多重 PCR 检测技术是基于常规检测方法进行改变与创新形成的检测方法。常规检测方法采用单引物的方式进行检测，而多重 PCR 检测手段则是采用多个 DNA 引物进行检测。例如，在同一个 PCR 反应体系内，需要加入两个或两个以上的反应引物，这些反应引物同样需要在聚合酶的作用下进行复制与扩增。由于在反应前加入了多个 DNA 引物，再通过聚合酶反应，才能够得到多个不同的 DNA 反应片段。因此，多重 PCR 检测技术能够针对微生物的多个致病因子进行分析与测定，可以大幅度提高检测的准确率与效率（Chung，2001）。相比常规 PCR 检测法，多重 PCR 分析出的致病因子更多，可以避免检测过程中出现被检测菌遗漏的情况，是提高检测严谨性的有效方法。因此，在当前食品微生物检测中，除了进行有针对性的致病菌检测以外，大多数情况下还会采用多重 PCR 检测法进行食品微生物检测，从而最大限度地降低检测内容遗漏的情况，有效缩短检测时间，提高检测的准确率。该检测法在检测过程中可以直接对多个基因进行检测，能够减少样本的投入量，在一定程度上还具有较高的经济效益（Mi-Ju et al.，2018）。

3）DNA 指纹图谱技术

DNA 指纹图谱技术是基于改进的 PCR 技术，将目标微生物的核酸进行扩增，产生多条特异性与非特异性的 DNA 扩增片段，然后通过微生物的特有条带进行区别鉴定（Wei et al.，2004）。DNA 指纹图谱技术主要包括随机扩增多态性 DNA（RAPD）技术和肠杆菌基因间重复序列（ERIC）扩增技术。DNA 指纹图谱直接反映 DNA 水平上的差异，该技术提供了一个群落多样性的模式，使得基于核酸种类的分离得以实现，并且检测便捷，可以同时允许对多个样本进行分析，经常用于比较不同生境微生物群落的遗传多样性，或者探究个体群落随时间的变化（Di et al.，1999）。

4）基因探针检测技术

每一种生物都有独特的核酸片段，病原微生物也有其特定 DNA 片段，通过分离和标记这些片段可制备出基因探针。基因探针技术已被广泛应用于食品微生物安全检测，可灵敏、快速、直接地检测出样品中的特定目标微生物，且不受其他微生物类群的干扰（Chizhikov et al.，2001；Amann and Ludwig，2000）。目前，市面上已有多种商品化的基因探针试剂盒，如美国 Gene-Trak 公司开发的利用特异性基因探针对单增李斯特菌、沙门氏菌和大肠杆菌的 16S rRNA 进行检测的脱氧核糖核酸杂交筛选比色法试剂盒。

5）基因芯片技术

基因芯片技术的原理是利用芯片内设置的探针与样品内靶向基因片段完成核酸杂交，从而达到检测目的。此外，基因芯片技术将大量已按照检测要求制作好的探针固化，通过一次杂交同时检测多种靶基因，是目前检测食品中有害微生物最有效的手段之一（Kim et al.，2008）。通过设计通用引物扩增细菌 16S rRNA，然后将扩增产物与含有探针的芯片进行杂交，在短时间内即可鉴定出大肠杆菌（3～4 h）、沙门氏菌和葡萄球菌等致病性微生物。由于基因芯片的组成需要多种不同的核酸探针，可以通过调整探针大小来控制芯片检测的针对性与准确度，从而扩大基因芯片的有效监测范围，进一步提高样品中微生物检测的效率（吴清平等，2016）。

3. 高通量测序技术

1）二代测序技术

二代测序技术主要通过 DNA 片段化构建 DNA 文库，进而在载体上进行边合成边测序。一代测序最高只能基于 96 孔板的载体进行，二代测序则将平行通量扩大至上百万级别载体，克服了一代测序通量低、成本高的缺点（Church et al.，2012；Li et al.，2020）。二代测序技术的代表机型包括 Roche 454、Illumina HiSeq、MiSeq、NextSeq500、Novaseq、Life Technology Ion Torrent、Ion Proton、Ion S5、ABI SOLID 及 Complete Genomics Black Bird 等。目前的测序仪器市场主要以 Illumina 公司的测序仪为主。Illumina 测序仪的原理是以可逆终止碱基边合成边测序（SBS）为基础，对数百万个片段进行大规模桥式扩增及平行测序，每个 dNTP 加入时，对荧光标记的终止子成像。由于每个测序循环中 4 种可逆终止子结合的 dNTP 都存在，与其他技术相比，大大降低了原始错误率，实现了可靠的碱基检出（Deurenberg et al.，2017）。

2）三代测序技术

随着二代测序平台的成功应用，三代测序平台开始陆续推出。不同于二代测序平台，三代测序平台在读长上进行了更大的改进，测序时间也相应减少，测序流程更加简便，测序设备更加便携，测序成本更低。三代测序主要以 PacBio 公司的 SMRT 单分子实时测序技术为代表，通过其独有的环形一致性测序模式，极大地提高了单碱基测序的准确率，与二代测序相比，在测序长度及通量上又有了很大提升。三代测序技术仍旧应用了边合成边测序的原理，并以 SMRT 芯片为测序载体（Laver et al.，2015）。芯片上含有很多零级波导（zero-mode waveguide，ZMW）小孔，在每一个“小孔”底部都固定着 DNA 聚合酶。当构建文库时，双链 DNA 模板两端加有接头（adapter），形成一个环状单链 DNA 后，每个环化后的 DNA 会在“小孔”中与底部的 DNA 聚合酶结合，此时再用 4 种颜色的荧光标记 4 种碱基就形成了 dNTP。在碱基配对阶段，不同碱基的加入会发出不同颜色的荧光，光学信号被捕捉到后，根据光的波长与峰值可以判断进入的是哪一类碱基。由于模板 DNA 是环状的，DNA 聚合酶会抑制 dNTP 围绕模板 DNA 进行合成配对（Petersen et al.，2019）。

3）微生物组成及丰度分析

测序技术在临床微生物病理学鉴定中发挥了重要的作用，主要包括全基因组测序、靶向目标测序及宏基因组测序。全基因组测序是对未知基因组序列的物种进行个体的基因组测序，微生物的全基因组测序则可以准确地从科、属、种水平对样本中的微生物进行检定分析，并且根据对耐药基因的比对分析，预测该微生物的耐药情况及预后情况等。靶向测序是指对某物种的某特定区域或某特定功能的基因进行靶向测序（Sogin et al.，2006）。例如，16S rRNA 是原核生物特有的基因片段，由于该基因片段在细菌中普遍存在，不仅具有相对保守的区域，而且有高度可变的区域，所以经常被用作细菌鉴定分类的标准。宏基因组测序是指从样本中直接提取全部微生物的核酸，构建宏基因组测序文库并进行测序，这样就不需要进行微生物的分离培养，很大程度上避免了样本中微生物在培养过程中被遗漏（Nguyen et al.，2016）。

2.2.2 食品微生物的选择性分离筛选技术

1. 食品微生物的特异性选择培养基

1）乳杆菌属

自 20 世纪 20～30 年代起，科学家一直在研究适合乳杆菌生长的培养基，番茄汁琼脂培养基因因能适应嗜酸乳杆菌和保加利亚乳杆菌（Kulp，1927；Kulp and White，1932；Valley and Herter，1935）的生长，成为最早出现的适合乳杆菌生长的培养基。20 世纪 40 年代起，针对不同环境如口腔、粪便（Rogosa et al.，1951）、唾液（Diamond and Walstad，1950）、切达奶酪（Mabbitt and Zielinska，1956）中乳杆菌筛选的改良培养基层出不穷。其中，1951 年由 Rogosa 等发明的 Rogosa 琼脂培养基是最早出现的、针对环境乳杆菌筛选的合成培养基（Rogosa et al.，1951，1953），对 1960 年出现并沿用至今的经典 MRS 培养基（De Man et al.，1960）具有奠基意义。与番茄汁琼脂培养基相比，Rogosa 琼脂培养基能适应谷物乳杆菌、嗜酸乳杆菌、短乳杆菌、布氏乳杆菌、植物乳杆菌及一些未知乳杆菌的生长，同时通过低 pH（5.4）可以抑制酵母、霉菌和链球菌的生长。与 Rogosa 琼脂培养基不同，MRS 培养基最早出现的意义是为了适应绝大部分乳杆菌的生长，因此在 Rogosa 琼脂培养基的基础上减少了乙酸盐的含量，提高了培养基的最终 pH，并替换了一些组成成分，构成了最初的 MRS 培养基。1996 年，Hartemink 等描述了一种新的、从粪便中分离筛选乳酸菌的选择性培养基（LAMVAB），其特点是通过低 pH 抑制革兰氏阴性菌的生长，同时添加万古霉素抑制大部分革兰氏阳性菌的生长（Hartemink et al.，1997）。此后，特异性针对乳杆菌属的选择性培养基没有更新的进展，而针对特定发酵制品或商品中特定种乳杆菌的特异性培养基的研究一直在继续。这些研究主要通过添加抗生素如环丙沙星（Bujalance et al.，2006）、克林霉素（Gebara et al.，2015）、万古霉素、甲硝唑（Colombo et al.，2014）、巴龙霉素、硫酸新霉素（Ashraf and Shah，2011）替换碳源[山梨醇（DebMandal et al.，2012）、鼠李糖（Sakai et al.，2010）、核糖（Ravula and Shah，1998）、乙酸钠（Ingham，1999）]，或添加特定化学物质[萘啶酸、胆盐、丙酸钠、氯化锂（Colombo et al.，2014）、半胱氨酸（de Carvalho Lima et al.，2009）、乳酸（Davidson and Cronin，1973）]或酸碱指示剂[溴甲酚紫（Di Lena et al.，2015）、酚红（Farzand，2021）、溴甲酚绿（Darukaradhya et al.，2006）]来选择性分离某一种或某一类产品（发酵酸奶、奶酪和其他发酵乳制品）中的乳杆菌，这些产品中的总菌种不超过 10 种，适用性不强。

2）双歧杆菌属

在描述针对环境中双歧杆菌的选择性培养基之前，我们必须先了解双歧杆菌的基础培养基。自 20 世纪 60 年代开始，双歧杆菌基础培养基 BL[1964 年由 Ochi 等设计（Mitsuoka，1965），1978 年经 Tewehi 等改进（Teraguchi et al.，1978）]、MRS（1960 年）（De Man et al.，1960）、TPY（1986 年）（Claus et al.，1986）先后被提出。从 20 世纪 80 年代开始，针对环境双歧杆菌选择性培养基的研究源源不断，如早期的 TOS 琼脂培养基（1986 年）以转半乳糖苷寡糖作为唯一的碳源抑制乳杆菌属和链球菌属的生长（Sonoike et al.，1986）；BIM-25 培养基（1988 年）以加强梭状芽孢杆菌琼脂培养基 RCA 为基础添加萘啶酸、多黏菌素、硫酸卡那霉素和碘乙酸抑制大肠杆菌和链球菌的生长（Munoa and Pares，1988）；Beerens 琼脂培养基（1990 年）是在哥伦比亚琼脂培养基的基础上调节 pH（5）和加入丙酸来抑制肠杆菌科不动杆菌属、芽孢杆菌属、乳杆菌属、李斯特菌属、拟杆菌属、丙酸菌属微生物，以及酵母和霉菌的生长（Beerens，1990）；RB 培养基（1996 年）则是以成分中的丙酸盐和氯化锂作为抑制剂，同时以棉子糖作为唯一碳源抑制屎肠球菌、沙门氏菌、结肠耶尔森杆菌、痢疾杆菌和梭菌属的生长。然而，实验证明，这些选择性培养基不允许所有的双歧杆菌生长（Silvi et al.，1996），且 Beerens 琼脂培养基和 RB 培养基从肠道等环境中筛选双歧杆菌的效率较低（假阳性高于 35%）（Hartemink and Rombouts，1999）。此外，培养基 GL（1993 年，基础培养基 BL 中添加氯化锂和半乳糖来抑制链球菌和部分乳杆菌的生长）（Iwana et al.，1993）、MRS-NPNL、TOS-NPNL、TPY-NPNL（分别在 MRS、TOS 和 TPY 培养基的基础上添加硫酸新霉素、硫酸巴龙霉素、萘啶酸和氯化锂）（Roy，2001）、BL-OG（1995 年，在 BL 培养基的基础上添加牛胆汁和庆大霉素抑制乳杆菌和链球菌的生长）（Lim et al.，1995）、BFM（1999 年，在 MRS 培养基基础上改良，以乳果糖组作为唯一碳源，添加亚甲蓝、丙酸、氯化锂，同时调低 pH，但有些双歧杆菌不能生长）（Nebra and Blanch，1999）、MTPY 培养基（2002 年，在 TPY 基础上添加莫匹罗星和乙酸）、BSM（2003 年，在 MRS 培养基基础上添加半胱氨酸盐酸盐和莫匹罗星抑制肠球菌、乳酸杆菌和片球菌的生长）（Renata et al.，2003）、

WCBM（2010 年，在 Wilkinse Chalgren 培养基的基础上添加莫匹罗星）（Ferraris et al.，2010）、TOS-AM50（2010 年，在 TOS 培养基的基础上添加莫匹罗星和乙酸抑制链球菌和乳杆菌的生长）（Thitaram et al.，2010）等改良培养基先后出现。从培养基配制难易程度和筛选效率的角度来看，目前最常用的、针对环境双歧杆菌筛选的培养基主要为在 MRS 培养基的基础上添加莫匹罗星。

3）明串珠菌属

用于筛选明串珠菌属的培养基有很多，包括 McCleskeys（1947 年）（McCleskey et al.，1947）、MRS（1960 年）（De Man et al.，1960）、Mayeux（1960 年）（Mayeux and Colmer，1961）和 LUSM（1993 年）（Benkerroum et al.，1993）培养基等。其中，MRS 培养基是适用于所有乳杆菌生长的培养基，LUSM 培养基是利用明串珠菌属对万古霉素的耐受性从而添加万古霉素作为选择剂。1997 年，Catherine 等在 MRS 培养基的基础上添加多种氨基酸、维生素、腺嘌呤和尿嘧啶等物质，获得了一种更有利于明串珠菌属细菌生长的化学合成培养基（Foucaud et al.，1997）。同时，考虑到不同生境中菌种的差异，可以选择性地在明串珠菌属基础培养基的基础上添加山梨酸钾、乙酸铊、叠氮化钠和抗生素（如万古霉素或四环素）等物质抑制其他菌种的生长（Hemme and Foucaud-Scheunemann，2004），如在 LUSM 培养基的基础上添加四环素抑制乳杆菌属的生长（Benkerroum et al.，1993）、在 MRS 和 NL 培养基（Nickels and Leesment，1964）的基础上添加万古霉素抑制乳球菌属的生长（Mathot et al.，1994）。

4）乳球菌属

Elliker 琼脂培养基（1956 年）（Elliker et al.，1956）和 M17 培养基（1975 年）（Terzaghi and Sandine，1975）都是最早应用于乳球菌（原链球菌属）富集的基础培养基。M17 培养基通过添加乳链菌肽、乳糖和溴甲酚紫。Alsan 培养基（1991 年）成分包含乳糖、氯化锂、甘氨酸酐和甲氧苄氨嘧啶，可抑制假单胞菌、埃希菌属、明串珠菌属、肠球菌属、乳杆菌属和乳脂链球菌的生长（Al-Zoreky and Sandine，1991）。PSM 培养基（2003 年）是在 MRS 培养基的基础上添加半胱氨酸盐酸盐、新生霉素、万古霉素和制霉菌素，以便从含有双歧杆菌、肠球菌、乳杆菌、丙酸杆菌、链球菌和酵母的环境中选择性筛选乳球菌（Leuschner et al.，2003）。也有报道称，TGE 培养基（2010 年）添加多黏菌素和萘啶酸，可用于酸奶中乳球菌的筛选（Mitra et al.，2010）。改良 KCA 培养基（2013 年）可以抑制牛奶中明串珠菌、乳杆菌、链球菌和金黄色葡萄球菌的生长（Gmelas et al.，2013）。此外，还有研究通过在 Eliker 或 M17 基础培养基添加甲氧苄氨嘧啶或利福平的方式获得改良培养基用于环境乳球菌的筛选。其中，ETM 培养基（2016 年，在 Eliker 培养基的基础上添加甲氧苄氨嘧啶和利福平抑制奶制品中的肠球菌，链球菌属）

可以用于筛选乳制品中的乳球菌（Eddine et al.，2016）。

5）肠球菌属

1918 年，Weissenbach 等首次提出从环境筛选肠球菌的培养基中使用牛胆汁作为抑制剂。然而，之后的研究表明，牛胆汁同样可以作为添加剂加入从环境筛选链球菌的培养基中。1932 年，Fleming 等提出，肠球菌培养基中添加亚碲酸钾可以抑制大肠杆菌和其他革兰氏阴性菌的生长。1936 年，Harold 等开发了一种固体亚碲酸盐琼脂培养基，可以让肠球菌在其中表现为蓝黑点便于筛选。前面的这些培养基都不能抑制链球菌的生长，随后研究人员通过添加叠氮化钠及提高培养温度（45℃）来抑制肠球菌培养基中链球菌的生长。自 1940 年开始，研究人员还想出了一些其他的办法来筛选环境中的肠球菌，但这些方法大都要借助显微镜观察技术、过氧化氢酶试验或显色剂（水晶紫、锥虫蓝），且同样不能抑制链球菌的生长。1953 年，Warren 等总结前人的研究，设计了葡萄糖乙基紫叠氮钠肉汤（dextrose azide-ethyl violet azide broth）培养基，通过添加叠氮化钠抑制肠杆菌的生长、添加甲基紫抑制革兰氏阳性菌的生长（Litsky et al.，1953）。现今用于分离肠球菌的培养基已经超过了 100 种，但是还没有一种培养基可以保证对所有生境内的肠球菌都具有很好的分离效果。这些培养基主要以叠氮化钠、抗生素（通常是卡那霉素或庆大霉素）、胆盐及指示剂（如七叶树甲素或四氮唑）作为选择性成分（Reuter，1992）。

6）魏斯氏菌属

魏斯氏菌属于 1993 年正式命名（Collins et al.，1993），早期用于筛选食品等环境中魏斯氏菌的培养基一般为 TTC 培养基(在 MRS 培养基的基础上添加 2,3,5-三苯基四唑氯)。由于魏斯氏菌在微观和宏观形态方面与乳酸菌的其他菌种（特别是明串珠菌和乳杆菌）相似，因此，用于筛选环境中乳杆菌和明串珠菌的培养基如 MRS 培养基、LUSM 培养基（添加万古霉素）和 SDB 培养基也常常被用于魏斯氏菌的分离筛选（Fusco et al.，2015）。目前没有专门针对魏斯氏菌筛选的特异性选择培养基。

7）芽孢杆菌属

芽孢杆菌属的基础培养基包括 EYA（1946 年）、BA（1955 年、1976 年和 1982 年）、BCM（1976 年）和 EMB（1990 年）等。美国食品药品监督管理局（FDA）推荐的用于食品芽孢杆菌筛选的培养基包括甘露醇卵黄多黏菌素琼脂（MYP）培养基和多黏菌素丙酮酸卵黄甘露醇溴百里酚蓝琼脂（PEMBA）（Holbrook and Anderson，1980）培养基（Kabir et al.，2017）。芽孢杆菌属的基础培养基还包括种特异性培养基。其中，蜡状芽孢杆菌的选择性培养基研究最多，这些选择性培养基主要通过添加氯化锂或多黏菌素而获得，包括 CELP、MYEP、MYPA、CBA-P、PEMBA、KG 和 RVC 等（van Netten and Kramer，1992）。炭疽芽孢杆菌的选择性培养基 Propamidine 添加丙烷脒作为促进炭疽芽孢杆菌生长的成分，其同时也是其他菌（包括枯草芽孢杆菌、地衣芽孢杆菌、大肠杆菌、产气杆菌、粪链球菌、微球菌属和葡萄球菌）的抑制剂（Morris，1955）。此外，PLET 培养基（添加多黏菌素、溶菌酶、乙二胺四乙酸和乙酸铊）和 R&F Anthracis chromogenic（ChrA）培养基也是炭疽芽孢杆菌的选择性培养基，可以抑制大部分其他芽孢杆菌和非芽孢杆菌的生长（Marston et al.，2008）。

2. 培养组学技术及应用前沿

随着以基因组学为首的组学技术的发展，人们对肠道等环境中的微生物有了更加深入和清晰的认识，然而这些基因组技术仅提供了有限的视角，因为它们很难检测到低丰度的群体（Lagier et al.，2012）。同时，组学技术也让人们发现，环境中约 80%的细菌是未知的，或者说是无法通过体外培养技术获得的（Eckburg et al.，2005）。与此同时，环境微生物学家开发了新的方法来培养不能用常规技术培养的细菌，开创了培养组学。这一进展推动了培养组学的发展，以便发现肠道和其他环境中的未知细菌（Kaeberlein et al.，2002）。此后，在不到 5 年的时间内，研究人员利用多种培养条件和长时间的孵化，又从肠道中分离出数百种新细菌。而一些有益健康的细菌，可作为益生菌，或作为未来细菌疗法的候选菌（Lagier et al.，2016）。

1）多种培养条件

为了检测少数群体，环境微生物学家最先应用了稀释培养法，随后该方法用于研究人类肠道和其他环境微生物。稀释培养法就是连续稀释细菌群体直到无细菌生长为止（Button et al.，1993）。同时，环境微生物学家发展了培养方法和培养基以模仿微生物的自然环境，例如，通过混合使用来自海水的组分成功培养了遍在远洋杆菌。尽管宏基因组研究表明该物种的基因组超过了来自海洋表面总基因组的 1/4，但这种菌一直以来都是不可培养的（Rappé et al.，2002）。由于缺乏合适的选择性培养基，人们利用两层膜过滤掉环境中的细菌，但允许环境养分透过，从而得到模拟自然环境的培养液（Kaeberlein et al.，2002）。这种自然环境培养液的优点是包含其他原核生物分泌的促生长因子，允许一些共培养细菌的生长（Stewart，2012）。通过对细菌间通信途径的阐明，可以识别标准培养基中缺乏的营养物质和信号分子，这些物质是细菌生长所必需的，可以外源添加到培养基中（Nichols et al.，2008）。

有些微生物需要特定的培养条件才能生长，例如，挑剔的微生物只有在特定营养物质存在的情况下才会生长。培养组学的首要目的是提供多种培养条件，确定人类肠道挑剔细菌的生长条件。多种培养条件包括：将不同培养基稀释到不同浓度获得寡培养基，抑制优势菌的生长；根据不同微生物对营养、理化条件等需求的差异设计选择性培养基或培养条件，以达到筛选分离某一类微生物的目的（Lagier et al.，2018）。总的来说，培养组学的第一步是将样本分成不同的培养条件并使样本多样化，培养条件旨在抑制多数种群的生长，并促进较低浓度的挑剔微生物的生长，有针对性的培养条件被用来恢复特定的分类群。

2）新型鉴定方法

培养组学的另一个重要特征是使用 MALDI-TOF 质谱法快速鉴定微生物（用时小于 1 h）。与 16S rRNA 基因的扩增和测序不同，这种技术的特点是有效、快速和经济。它依赖于分离物的蛋白质质谱结果与可更新数据库的比较；如果鉴定失败，则再次对分离物进行 16S rRNA 测序。1959 年，有人提出可以根据微生物的化学成分来鉴别微生物（Wolochow，1959）。1975 年，革兰氏阴性菌所拥有的特定生物标志物被鉴定（Anhalt and Fenselau，1975），30 多年来人们一直认为，使用一种算法将蛋白质质谱的结果与参考数据库进行匹配，将使我们能够准确地识别细菌。然而，技术和时间限制阻碍了鉴定微生物的质谱技术的发展及其在临床微生物学中的应用。2009 年，在常规临床微生物学实验室中使用 MALDI-TOF 质谱对属和种两级微生物进行精确鉴定的研究首次被报道（Seng et al.，2009）。MALDI-TOF 质谱法既节省时间，又经济有效，且结果的重现性好，使得 MALDI-TOF 质谱法成为临床微生物鉴定的参考方法（Seng et al.，2013）。这种快速鉴定工具是推动培养组学研究方法发展并取得今日成效的重要因素之一，这一突破使得设计培养组学的方法探索复杂的环境生态系统成为可能。

2.2.3 食品微生物的遗传背景解析技术

食品微生物个体通过精准复制自身的脱氧核糖核酸（deoxyribonucleic acid，DNA）信息并将其一代代传播下去，从而保持自身遗传信息的稳定。所有微生物种群所携带的遗传信息的总和就是微生物的遗传多样性。一般而言，遗传多样性主要是指食品微生物种内的遗传多样性，即归属于同一物种的微生物个体在遗传信息上存在的遗传变异总和，这种差异主要体现在 DNA 序列的不同。遗传多样性作为评价食品微生物资源多样性的重要指标，可以为我们理解食品微生物的进化和分类学地位提供重要依据。

目前关于食品微生物基因组进化的研究主要是通过扩增子测序结合系统进化树的构建实现的。扩增子测序是指一种高靶向性分析的方法，用以分析特定基因组区域中的基因变异（吴悦妮等，2020）。其主要是利用 PCR 引物对微生物个体的目标 DNA 序列进行靶向性扩增、富集，并结合系统进化分析技术对得到的 DNA

序列进行基因进化关系的分析。这一方法的优势在于操作简单、成本低，可以实现大批量样本的快速识别和分析。目前用作食品微生物进化分析的标记基因主要包括核糖体 RNA（rRNA）基因和转录间隔区（internal transcribed spacer，ITS）基因等，它们分别被用来分析食品微生物中原核生物和真核生物的遗传进化关系。

1. 食品微生物基因组的进化

1）16S rRNA 基因

在原核微生物中，rRNA 基因主要包括 23S rRNA、16S rRNA 及 5S rRNA，其序列长度分别约为 2900 个碱基、1540 个碱基和 120 个碱基。其中，23S rRNA 基因序列分子质量较大，且基因稳定性较差，易受到外界因素的影响而导致碱基的突变。而 5S rRNA 基因序列较短，蕴含的基因组信息较少，无法实现不同物种的鉴定和进化关系解析。16S rRNA 是核糖体 RNA 的一个亚基。16S rRNA 基因广泛存在于所有生物个体的细胞中。该基因遗传信息稳定，分子片段大小适中（1540 bp），很少受到外界因素的影响而发生基因迁移等现象。此外，16S rRNA 基因具有一系列高度保守基因和高度可变基因。保守区基因序列的相似度是评价原核生物遗传进化地位的重要基础，也可以反映微生物物种之间的亲缘关系。可变区的特异性基因序列则可以揭示不同原核生物个体之间的遗传信息差异及进化关系。因此，16S rRNA 基因已经成为许多食品微生物物种之间遗传进化分析的重要分子标记（张军毅等，2015）。在过去很长的一段时间里，某些无法在表型上进行区分的食品微生物物种，需借助 16S rRNA 序列来分析食品微生物之间的进化关系。例如，基于 16S rRNA 扩增序列构建的系统进化树可以有效分析乳杆菌属（*Lactobacillus*）、双歧杆菌属（*Bifidobacterium*）及芽孢杆菌属（*Bacillus*）等微生物属内不同物种的系统分类学地位，甚至可以作为有效鉴定新种细菌的重要指标之一（Laureys et al.，2016；Xu et al.，2020；Zhang et al.，2020）。目前，该系统进化树仍然可以作为区分不同食品微生物分类学地位及其进化关系的重要工具。

然而，随着食品微生物资源的不断发掘，一些物种由于生理性状和遗传信息较为接近，16S rRNA 对这些物种的分辨能力表现出了一定的局限性。16S rRNA 进化率低是导致该分子片段不能为密切相关但生态位不同的分类群提供多个诊断位点的原因。此外，由于突变率的差异和基因水平转移，16S rRNA 基因序列差异不能精确反映系统发育关系。例如，郑华军以 16S rRNA 序列为靶标基因，对归属于 9 个不同种的 11 株乳酸菌（lactic acid bacteria，LAB）进行系统进化分析，结果发现所有的乳酸菌种只能在大类上被分成乳杆菌、乳球菌和链球菌 3 个进化枝（郑华军，2010），这一结果表明 16S rRNA 基因对这些乳酸菌种的分辨率不高，因此难以区分同种、不同株的乳酸菌株。一般来说，16S rRNA 基因序列相似性超过 97%的菌株通常被认为是同一物种。Zhu 等（2003）从猪粪便样本中分离得到 2 株双歧杆菌潜在新种。基于 16S rRNA 基因鉴定发现，这 2 株新种与嗜酸热双歧杆菌（*Bifidobacterium thermacidophilum*）AS 1.2282 相似度为 97.2%，难以实现潜在新种的鉴定。然而，基于 DNA-DNA 杂交技术和热激蛋白 60（heat shock protein 60，Hsp60）基因的分析结果表明，嗜热酸双歧杆菌 AS 1.2282 与潜在新种的相似度分别为 83%和 97%，表明这两种鉴定手段的分辨率高于 16S rRNA 基因。

2）ITS 和 18S rRNA

核糖体 DNA 的基因主要包括外部转录间隔区（external transcribed spacer，ETS）、18S rRNA 基因、ITS1、5.8S rRNA 基因、ITS2、28S rRNA 基因和间隔区（intergenic spacer，IGS）（吴悦妮等，2020）。在真菌的分子鉴定中，以 18S rRNA 和 ITS 为基础的扩增子测序是应用最广泛的方法，这两种方法都是利用 PCR，用特定的引物对 DNA 进行扩增，经过序列处理、分析，利用数据库的 ITS 序列进行对比鉴定并构建系统进化树，最终对真菌的种类及进化地位进行鉴定（Nilsson et al.，2019；Woo et al.，2010）。其中，18S rRNA 是真菌细胞的基本成分，在进化的过程中速度缓慢且遗传信息稳定。与 16S rRNA 相似，18S rRNA 基因有 9 个高度可变区，适用于作为物种分类单元及系统发育的分子标记。18S rRNA 测序的优势之一是它可以实现物种水平以上分类群之间的比对。然而，这也是 18S rRNA 测序的一个缺点，因为对于某些物种，18S rRNA 测序只能提供有关物种以上分类水平的信息。

真核微生物进化研究中另一个常用的靶标基因是 ITS 区域基因，长度为 500～700 bp（Nilsson et al.，2019；Schoch et al.，2012），主要分为两个区域：ITS1（介于 18S 和 5.8S 之间）和 ITS2（介于 5.8S 和 28S 之间）。其中，ITS2 在分类学上的偏差小于 ITS1（Nilsson et al.，2019；Ritland et al.，1993）。ITS 测序可以在物种和亚种水平上提供较低水平的信息，因为 ITS1 和 ITS2 区域的变异比 18S rRNA 区域更多。与其他 DNA 区域相比，ITS 具有较高的 PCR 成功率和更好的真菌鉴定成功概率，以及更广的鉴定范围（Schoch et al.，2012）。在应用方面，ITS 测序更侧重于研究真菌的种内遗传多样性，因为 ITS 的变异性更大，而 18S rRNA 更侧重于真菌的系统发育分类研究（Nilsson et al.，2019）。

3）管家基因

现有的基于核糖体 RNA 基因的技术分辨率不高，一些密切相关的物种无法得到正确区分，很难满足食品微生物的进化关系分析。相对而言，蛋白编码基因作为系统发育标记的分辨率要显著高于 rRNA 基因和 ITS 基因，因此，一些研究旨在结合管家基因对遗传信息相似度较高的菌株进行鉴定。例如，*atpD*（Ventura et al.，2004）、*recA*（Ventura and Zink，2003）、*tuf*（Ventura et al.，2003）、*dnaK*

（Ventura et al.，2005）、*tal*（Requena et al.，2002）、*rpoC*（Ventura et al.，2006）和 *groEL*（Junick and Blaut，2012；Ventura et al.，2004）已被用于双歧杆菌的分化和鉴定。在鉴定双歧杆菌方面，这些基因表现出与 16S rRNA 基因相同甚至更好的准确度和灵敏度。在这些分子标记中，翻译热激蛋白合成的 *groEL* 基因早在十几年前就被用于鉴定双歧杆菌。*groEL* 基因具有比 16S rRNA 基因更高的分辨率，并且使用该基因的系统发育树的拓扑结构与 16S rRNA 基因的拓扑结构相同。同时，*groEL* 基因进化速度快，为单拷贝，常见于双歧杆菌中，许多双歧杆菌基因序列可在伴侣蛋白序列数据库中获得，这有助于该属的鉴定和定量分析。

但是，单凭一种或者一类基因去完成食品微生物物种的鉴定，也存在一定的局限性。有人提出至少要基于来自不同染色体基因座和广泛分布在分类群中的 5 个管家基因进行解析，才能为从相关类群中鉴定出细菌种类提供准确的信息（Stackebrandt et al.，2002）。这些思想最终被应用于一些进化关系较近或者新发现的潜在新种微生物鉴定。例如，早期人们对乳酸菌、双歧杆菌等的潜在新种进行分子生物学鉴定，只需要对其 16S rRNA 区段基因进行扩增，经过数据库同源性比较及基因组进化树的构建即可初步完成新种微生物的鉴定。但是，前期一些报道发现 16S rRNA 基因对部分乳酸菌或者双歧杆菌等菌种的分辨率较低，需要结合一些近期报道的、对于目标菌种具有较高分辨率的管家基因对新种微生物进行鉴定，才能初步完成微生物的鉴定。例如，Neuzil-Bunesova 等（2020）从德国牧羊犬粪便样本中分离得到一株潜在的双歧杆菌新种 GSD1FS，基于 16S rRNA 测序比对结果发现 GSD1FS 与 *Bifidobacterium animalis* subsp. *animalis* ATCC 25527、*Bifidobacterium animalis* subsp. *lactis* DSM 10140 和 *Bifidobacterium anseris* LMG 30189 的相似度均高于 97%，不足以支撑 GSD1FS 为新种双歧杆菌。在此基础上，该团队结合 *argS*、*atpA*、*fusA*、*hsp60*、*pyrG*、*rpsC*、*thrS* 和 *xfp* 等管家基因，最终明确 GSD1FS 为归属于 *Bifidobacterium pseudolongum* 进化枝中的双歧杆菌新种，且这一鉴定结果与基因组鉴定结果一致。因此，对于食品微生物，尤其是基因组信息较为接近的物种，需要根据其遗传信息的特性进行多种检测技术结合的分析与鉴定，才能为该物种的进化地位分析提供准确的结果。

4）全基因组

基于扩增子的测序方法通常只针对单个基因，但全基因组测序能够在没有特定引物的情况下对样本的整个基因组信息进行测序，从而减少了引物选择的偏差。与基于标记基因的食品微生物基因组进化分析相比，全基因组测序通过提供食品微生物基因组成的信息，为菌株的分类学特征提供了更加准确的定位。目前，全基因组测序仍然是获取食品微生物进化分析数据最有效和最全面的方法。

基因组的多样性可由两个互补的概念来说明：核心基因组和泛基因组。泛基因组是指一个物种中发现的所有基因的总和。对泛基因组进行多样性研究，可以说明不同菌株基因组遗传信息的差异性。泛基因组多样性低的细菌生活环境较为稳定，而泛基因组多样性较高的细菌对环境有很强的适应能力。泛基因组测序通常是通过高通量测序的方法并结合生物信息学技术构建泛基因组图谱，丰富目标物种的遗传信息。这样有助于完善相关食品微生物的基因信息库，对于食品微生物物种的起源、演化及分子进化关系具有巨大的指导意义。核心基因组则被定义为存在于所有菌株中的基因。它通常代表那些具有基本功能的基因，且随着长期的进化而相互适应。这一类基因具有一定的遗传稳定性，不容易受到外界因素的影响而发生大规模的水平基因转移（HGT）。对核心基因组的研究可以得到一些物种自身特有的基因片段和功能信息，有助于后期分析食品微生物在进化过程中的功能演化。

真核生物主要通过对现有遗传信息的修饰而演化；细菌则不同，它们的遗传多样性有很大一部分是通过从远亲生物获取遗传物质而获得的，这被认为在物种形成和对新环境的适应中起着至关重要的作用（Ochman et al.，2000）。因此，对食品微生物中重复基因和水平转移基因的研究可以加深我们对其遗传进化的认知。基因组学的发展将有助于更好地描述生物体的遗传环境，并了解基因复制和 HGT 可能带来的功能创新。比较基因组学能够帮助我们识别一些决定新基因和功能获得的机制。相比之下，基于基因组学的系统发育分析可以揭示食品微生物的遗传进化多样性。

2. 比较基因组学技术

1）比较基因组学简介

一个食品微生物个体的完整基因组序列包含其所有的遗传信息，因为这些遗传信息都被编码在 DNA 中，并且每个染色体上所有核苷酸序列的顺序都是已知的。然而，对 DNA 序列的了解并不能直接告诉我们这些遗传信息如何发挥作用，进而影响微生物个体的生理及功能表型。因此，需要利用合理的方法寻找基因组序列的所有功能基因部分，并利用这些信息对微生物个体基因组的进化关系进行解析。基于此，现有应用中较为普遍的方法是比较基因组学，该方法可以使科学家能够获得联系密切的生物之间的表型差异及其潜在遗传机制的信息。

比较基因组学的主要原理很简单，即针对微生物的基因图谱测序结果，通过对两个或两个以上基因组进行比较，从而分析特定微生物个体基因的功能和进化机制的研究。通过分析不同物种基因组信息的系统发育关系，比较基因组学不仅可以区分目标个体保守的基因与功能性基因，还有助于识别某些基因片段的功能类别，如编码外显子和一些基因调控区等。比较基因组学使人们认识到原核和真核基因组是微生物进化的终产物。通过检查来自多个物种的基因组序列，比较基因组学为基因组进化和自然选择塑造 DNA 序列进化的方式提供了新的见解。

2）比较基因组学应用

基于全基因组序列分析的基因组学研究能够为食品微生物的分类和进化关系研究奠定坚实的基础。例如，平均核苷酸一致性（average nucleotideidentity，ANI）分析就是比较基因组学的一种典型的应用方式，其主要是基于不同菌株的全基因组信息进行相似度比较的一类微生物分类鉴定方法。该鉴定方法因其较高的准确性，目前已经被广泛认定为菌株鉴定的黄金标准。其中，原核生物的 ANI 物种界定值为 95%～96%，与原核生物物种类似，95%的 ANI 值成为区分酵母物种的精准阈值。Birkeland 等（2021）分离得到一株古细菌 T7324，其 16S rRNA 基因序列与海滨嗜热球菌（*Thermococcus litoralis*）DSM 5473 序列几乎完全一致，但是 ANI 指数结果表明 T7324 与海滨嗜热球菌 DSM 5473 相似度仅为 87.9%，远远低于细菌分类阈值（95%），因此被归为一株热球菌新种。目前，许多微生物相关期刊对于新种微生物认证的重要标准就是申请人需要提供微生物的全基因组序列用于菌株的 ANI 指数鉴定。而基于 ANI 指数的分析结果，许多微生物类群也得以重新划分。

除了用于微生物的鉴定，基于比较基因组的微生物进化关系分析、功能预测等也成为解析食品微生物进化关系的重要工具。2020 年，已报道的芽孢杆菌属包括 293 个种或者亚种，其中部分菌种之间的基因信息极其相似。在没有可靠的方法将已知芽孢杆菌物种分组为不同进化枝的情况下，已经很难利用现有的方法实现对该属内新物种的鉴定。为了阐明芽孢杆菌属物种之间的进化关系，Patel 和 Gupta（2020）对来自芽孢杆菌科的 352 个可用基因组序列进行进化关系和比较基因组分析。结果发现，基于不同芽孢杆菌科的核心基因组序列进行进化树构建，所有进化树上芽孢杆菌属物种的分支基本一致，并且发现了 6 种新的单系进化枝。基于此，对芽孢杆菌科内的物种进行了重新划分。这一结果说明了比较基因组学在微生物进化关系分析方面的准确性和权威性。

3）比较基因组学应用的意义及其未来发展趋势

高质量的全基因组测序极大地深化了关于食品微生物基因组进化的研究。比较基因组学技术可以帮助我们探究不同微生物个体的特有基因并对其潜在功能进行预测。此外，比较基因组学还有助于识别核心保守基因，以及可能涉及环境适应的谱系特异性进化能力。有了这些基因的信息，就有可能解析食品微生物的基因进化和在不同环境下的不同适应机制。然而，目前关于食品微生物基因组信息的分析大都还局限在部分原核生物，关于真核生物的基因组信息研究还相对匮乏。因此，未来关于食品微生物的研究应该集中在以下几点：加大真核微生物基因组信息的解析；将比较基因组学与更大范围和质量的高通量检测技术相结合，以期增加我们对食品微生物遗传多样性及进化关系的理解。

2.2.4　食品微生物的特征代谢物检测技术

发酵食品中微生物的种群结构复杂多样，研究其发酵过程中菌相的组成及代谢规律特点，可以揭示菌群结构组成与代谢物之间的关系，进而更好地控制发酵食品的品质。

1. 核磁共振

核磁共振法（nuclear magnetic resonance，NMR）是将核磁共振现象应用于分子结构测定的一种谱学技术。由于 NMR 只需对样品进行简单的预处理，且无偏向性、对样品无破坏性，使得基于 NMR 的代谢组学技术成为评估代谢物及其功能的新的强有力手段。在食品科学领域，该手段被广泛应用于食品组分分析、食品质量鉴别、食品质量控制、食品存储、食品加工和鉴别、食品微生物代谢物检测等方面。

NMR 技术可以针对性地分析特定食品微生物的代谢物。例如，Fotakis 等（2013）利用 NMR 方法对啤酒中的微生物代谢物（乙酸、柠檬酸、乳酸、苹果酸、丙酮酸和琥珀酸等）进行了靶标分析，同时针对葡萄酒也进行了类似的检测。Brescia 等（2002）分析了 41 种来自意大利阿普利亚南部、中部和北部产区红葡萄酒的 NMR 代谢谱。借助主成分分析（PCA）可以把这三个产区的葡萄酒明显区分开。此外，发酵茶中也含有众多微生物，Lee 等（2015）分析了来自中国、日本和韩国的多达 284 种茶叶的 ^{1}H NMR 谱。经多元统计和定量分析发现，在这 3 个国家的茶叶中，韩国（济州岛）的茶叶含有最高水平的葡萄糖、蔗糖、表没食子儿茶素-3-没食子酸酯、表儿茶素-3-没食子酸酯、表儿茶素和咖啡因；中国的茶叶含有最高水平的茶氨酸、丙氨酸和苏氨酸。造成发酵茶代谢物地域差异的直接原因来自于环境和微生物的差异，而基于 NMR 的代谢组学结合 16S rDNA 技术能明确鉴定环境因子和微生物差异主导的发酵茶代谢物组成。

基于 NMR 的代谢组学技术是一个在分子水平分析食品微生物代谢物的检测方法，它让代谢物分析变得更加细致（Soininen et al.，2014）。然而，该方法仍然受到技术上的限制，目前仅能检测到大约 1/10 的代谢物，如能提高测定物质的宽度和广度，将更有利于食品科学的研究。

2. 气相色谱-质谱法

气相色谱-质谱法（gas chromatography-mass spectrometry，GC-MS）通常分为气相色谱-四极杆质谱或磁质谱、气相色谱-离子阱质谱（GC-ITMS）、气相色谱-飞行时间质谱（GC-TOFMS）。四极杆质谱仪扫描方式又有全扫描和选择离子扫描

（SIM）之分：全扫描是对指定质量范围内的离子全部扫描并记录，得到的质谱图可以提供未知物的分子质量和结构信息；而SIM方式仅对选定的离子进行检测，可消除样品中其他组分造成的干扰，检测灵敏度高、选择性极强，主要用于对具有某种特性的代谢物进行定量分析（Wang et al.，2014；Wong et al.，2010）。GC-TOFMS提供了更快的扫描速率和额外的敏感性，采集到的每一个数据点都对应一个完整的质谱图，检测挥发性化合物的能力比四极杆质谱强，在目前代谢组学的研究中应用最为普遍（Coles and Guilhaus，1993）。GC-ITMS结构小巧，能在极低压强下长时间储存离子，因此对真空泵的要求较低，从而能够减轻质谱仪重量和电量消耗，更加便于小型化设计，故其应用也越来越广泛。

谷氨酸棒杆菌作为应用广泛的模式生物之一，其代谢组分析方面的工作已较为成熟。Strelkov等（2004）基于GC-MS首次建立了一种可快速鉴定谷氨酸棒杆菌代谢物的方法，可检测1000多种化合物，且测量重现性的误差仅在6%以内。Börner等（2007）通过样品预处理的平行化和部分自动化，也建立了该菌代谢组的高通量分析方法，不仅将GC-MS分析时间由60 min缩短至18 min，还实现了650 种代谢物的定量化。代谢组学分析可通过代谢物差异，有效鉴定微生物在不同环境下的细胞代谢差异，从而更深入地了解由外界环境所造成的微观物质变化。Miura等（2004）利用GC-MS比较白腐真菌黄孢原毛平革菌在空气和100%氧气条件下发酵的生长差异，获取对氧气敏感的代谢产物，为其工业化进程及生产模式提供全新的视角。Ding等（2009a，2009b）利用GC-TOFMS对不同条件下酿酒酵母发酵生产乙醇过程中的代谢物进行了一系列的研究。首先鉴定了酿酒酵母在工业连续发酵与批次发酵时中心碳代谢流物质、氨基酸等胞内代谢产物，并采用主成分分析获得两种模式的标志性物质，有效反映了食品微生物工业发酵的真实过程。GC-MS对多种化合物具有较强且较灵敏的分析能力，故对于比较微生物不同菌株之间的代谢物差异、同一菌株在不同生长环境下的代谢变化具有特殊的意义。结合统计学方法，将分析中存在极大差异的代谢物作为此微生物的生物标志物，将为其深入研究提供必要的基础。

GC-MS的主要缺点是分析物必须为具挥发性的物质。由于大部分代谢产物是不能挥发的，因此，繁复的衍生化步骤是必需的。而在样品的预处理、衍生化过程中，极易产生分析结果的多变性，并使样品的色谱图复杂化，其中多重峰、多底物现象最为常见。多重峰现象是化合物由于自身分解、副产物的形成或杂质的引入而产生多个产物；多重底物现象是由于GC-MS色谱图中的单个峰对应多种底物。与代谢组学的其他分析手段（如液相色谱-质谱法）相比，GC-MS虽然较为成熟，但由于GC-MS分析样本中代谢物普遍需要衍生化预处理，容易造成多重峰、多重底物等现象，需要对其进一步深入研究。

GC-MS是一种新的分析挥发性分子的工具，但它只能检测挥发性化合物或可衍生成挥发性的化合物。现代毛细管气相色谱具有高分辨率和可重复性的色谱分离特点，这些特点非常适合复杂代谢混合物的分析。与 LC-MS 类似，GC-MS 由气相色谱和质谱两种强大的分析方法组成，因而可用于挥发性化合物的定性和定量。

3. 液相色谱-质谱法

液相色谱-质谱法（liquid chromatography-mass spectrometry，LC-MS）包括两种强大的分析工具：高效液相色谱法（简称高压液相色谱法）和质谱法。当组合应用时，LC-MS 用于分离、鉴定和定量混合样品中的分子。LC-MS 是进行大多数代谢物分析研究的一种非常适用的工具，可以获得高灵敏度的定量和结构信息。不同的分离方法可以用来分离不同种类的代谢物。随着高效固定相的研制和装柱技术的改进，液相色谱（LC）的柱效不断提高。高压液流系统的应用使得细粒径固定相的使用得以普及，大大提高了液相色谱的分离能力，也加快了分析速度。色谱固定相的选择应与被分离物的物化性质相匹配，以实现高度选择性和良好分离度。目前应用最多的液相色谱是反相液相色谱（RPLC），主要用于分离非极性或中等极性代谢物。与 RPLC 互补，亲水相互作用色谱（HILIC）已成为强极性和亲水性代谢物的替代选择。大量研究人员对不同 HILIC 固定相的柱效和保留行为进行了评估，结果表明两性离子柱 ZIC-HILIC 可提供最佳性能。在色谱填料发展的同时，超高效液相色谱（UPLC）的问世大大拓宽了液相色谱的应用领域（Stoll and Carr，2017；Yao et al.，2015）。UPLC 可耐受超高压力（15 000～18 000 psi），结合较小的粒径（亚 2 μm 颗粒）及超高柱效填料（窄内径色谱柱），可实现样品的高效、快速分离并获得尖锐的色谱峰。与传统液相色谱相比，UPLC 具有缩短分析时间和提高分离度两大优势。前者从节约成本的角度出发，可在短时间内分析大批量样品；后者对复杂样品的分析极为重要。LC-MS 具有高灵敏度和高稳健性的双重优势，从而可以提供良好的代谢物覆盖率，是代谢组学研究中应用最广泛的技术平台，比 GC-MS 更具灵活性和普适性。在实际样品分析中，LC-MS 采用的策略包括非靶向、靶向和拟靶向 3 种。

液相色谱-串联质谱结合组学技术是一种基于高通量检测技术，综合分析多种数据集特征量或者目标物的分析方法，被广泛应用于食品微生物代谢物的检测等方面。刘嘉飞等（2019）以超高效液相色谱-高分辨质谱（ultra performance liquid chromatography-high resolution mass spectrometry，UPLC-HRMS）分析技术结合食品组学技术分析了真假干邑白兰地样品中微生物发酵的代谢物差异，用于干邑白兰地的真假鉴别。随着色谱和质谱技术的发展，LC-MS 越来越普遍地应用于药物、食品等多个领域，也被应用于分析鉴定酸奶中微生物发酵产生的肽类物质。Shivanna 和 Nataraj（2020）为了解不同酸奶发酵过程中的肽组成与生物活性之间的差异，以及这种差异与酸奶原料和菌种之间的相关性，利用 LC-MS 研究了 4 种市售酸奶的肽谱和 ACE 抑制活性，并对其肽谱及活性肽进行了分析和比较，以期为酸乳肽谱及活性的进一步研究提供理论依据。

4. 微流控检测芯片技术

传统的食品微生物代谢物检测技术常基于仪器分析，如核磁共振法、红外光谱法、原子吸收光谱法、荧光光谱法、免疫色谱法、高效液相色谱法、气相色谱法、液相色谱-质谱法和气相色谱-质谱法等，这些技术虽具有灵敏度高、分离效率高、适用范围广和定性定量准确度高等优点，但仍具有一定的局限性，如需要昂贵的大型仪器、样本前处理复杂且周期较长、试剂的消耗多，同时需要专业技术人员进行检测分析，因此迫切需要研制出高效便携、可以满足现场实时快速检测，且可在线检测食品微生物代谢物的技术与方法。基于液滴的微流控技术能够以高通量的方式研究许多生物、化学和药物反应（Xu et al.，2012）。开发基于液滴的微流控系统，能够用于复杂的液滴反应分析，如液滴间的分子转移、酶反应和高通量生物分析等。大量的液滴微流控技术已经开发并成功应用于各种研究，如药物发现、诊断、癌症研究、系统与合成生物学、生物能源等许多领域（Han et al.，2013；Huesemann et al.，2009；Nicholson et al.，2012），已被证明是一个具有应用前景的工具。将合适的检测技术与微流控技术相结合，一方面可以扩展微流控芯片在线检测功能，另一方面可以更灵敏地检测分析芯片中的试验结果。最常用的检测技术包括光学检测、电化学检测、机械分析、光谱方法（拉曼光谱法、核磁共振法）和质谱分析等。微流控检测芯片技术融合代谢组的检测技术，可以在食品微生物代谢物检测领域大放异彩。

将微流控芯片和质谱连接在一起，节省了处理的分析时间、提高了灵敏度和通量。随着微流控芯片技术的不断成熟，将进样和 ESI-MS 与芯片连接在一起，可以集成样品提取、消化、分离等步骤，实现自动化操作。

在过去的 20 年中，微流控芯片因为一些显著的优势被广泛关注，例如，快速分析、低样品量消耗及高通量分析。微流控芯片平台已经被普遍认为更加适合生物样本的分析。与微流控芯片相连的检测手段主要包括化学发光、荧光检测和电化学检测。高波（2021）结合 HPLC-MS/MS 技术，将传统平板筛选方法作为微流控芯片筛选方法的对照实验，分别对 6 株菌的野生型和筛选出的突变型进行次级代谢产物分析。多元统计分析和热图分析的结果表明，微流控芯片方法和传统方法（琼脂平板）筛选出的突变株的代谢物离子峰均聚集在一起，并与野生株显著分离，证明了两种方法筛选出的突变株结果一致且与野生株的代谢组成差异显著；对 6 株菌的前 20 个显著差异特征峰进行人类代谢组数据库（HMDB）注释，结果表明微流控芯片方法筛选的突变株与传统方法筛选的突变株的代谢成分高度相似，证明了微流控芯片筛选方法的可靠性和所得数据的稳定性。

2.3　食品微生物的功能评价模型

2.3.1　优良菌株高通量筛选技术

合成生物学，特别是基因组工程和 DNA 组装技术的快速及持续进步正在彻底改变生物技术领域。物理和化学诱变（Zhang et al.，2018）、适应性实验室进化（Choe et al.，2019）及遗传和代谢工程（Meyer et al.，2018；Cao et al.，2018a）常用于构建多样化菌种库（图 2-2）。由于有益突变的概率可能非常低（$<10^{-5}$），因此开发用于在大型突变体库中快速筛选微生物菌株的方法至关重要（Zeng et al.，

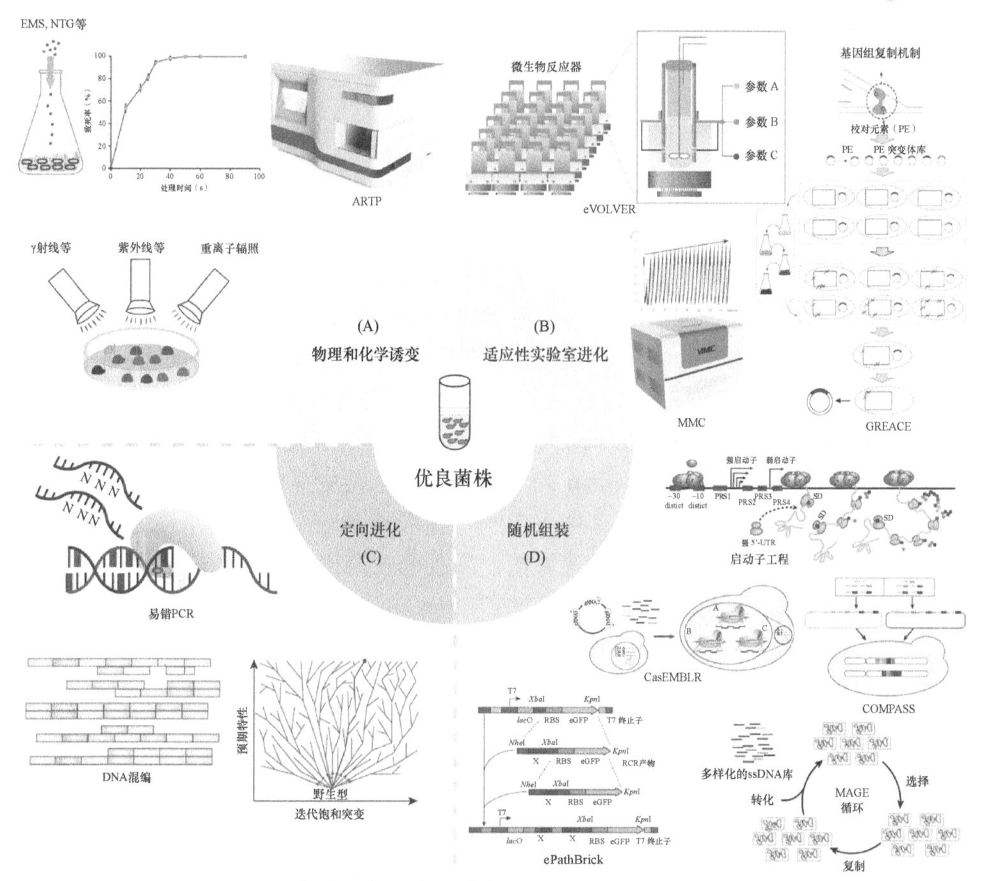

图 2-2　构建多样化菌种库的策略（Zeng et al.，2020）

（A）物理和化学诱变；（B）自适应实验室进化；（C）定向进化；（D）随机组装。缩写：ARTP，大气和室温等离子体；EMS，甲基磺酸乙酯；GREACE，基因组复制工程辅助持续进化；MAGE，多重自动化基因组工程；MMC，微生物微滴培养；NTG，亚硝基胍；RBS，核糖体结合位点；ssDNA，单链 DNA

2020)。常规筛选的效率受到低通量和慢检测方法的限制，导致筛选大量突变体的成本很高（Cao et al.，2018b；Ma et al.，2018）。虽然传统筛选技术可有效用于多种合成生物学应用，但高通量筛选（high throughput screening，HTS）技术通过小型化、扩大样本窗口和更高的吞吐量从而提高筛选效率。HTS 技术已被证明在识别和分离表现最佳的菌株和（或）携带所需性状的菌株方面发挥着至关重要的作用（Sarnaik et al.，2020）。HTS 技术具有明显优势。①更高效的自动化操作。先进的设备提高了 HTS 的自动化程度，从而防止了潜在的污染和人为错误。②所需的人力资源更少。建立自动化操作系统，使用微孔板和荧光激活细胞分选仪（fluorescence-activated cell sorter，FACS），大大降低了劳动力成本。③检测更灵敏、更准确。新的检测方法通过检测与目标代谢物含量相关的变化，实现了快速、准确的筛查。④需要的样本量更少。可靠的定量只需要几微升（在微孔板中）甚至几纳升（在液滴中），可以显著降低培养基和试剂的成本（Ma et al.，2018；Longwell et al.，2017）。

1. 基于吸光度的策略建立 HTS 技术

乳酸链球菌素（nisin）作为一种属于羊毛硫抗生素家族的天然生物活性抗菌肽（Patton and van der Donk，2005），对包括食品腐败菌和致病菌在内的许多革兰氏阳性菌均表现出强烈的抑制作用（Bauer and Dicks，2005），因此常用作食品的防腐剂，也是唯一被批准用于食品防腐的细菌素（Bordignonjunior et al.，2012）。龙燕等(2018)通过对 *Lactococcus lactis* ATCC11454 菌株进行紫外诱变，获得 2511 株突变株。利用 Biomek FXP 自动工作站建立 96 微孔板的高通量筛选方法，对突变株进行初筛。随即以藤黄微球菌为指示菌，通过比浊法快速测定 nisin 效价，对突变株进行复筛，获得 50 株 nisin 高产菌株，并对其中 8 株高产菌株进行摇瓶发酵评估，产量较原始菌株提高 14%～30%。果胶酶是一组果胶降解酶，被广泛应用于食品、纺织和生物燃料行业等领域。果胶酶占酶市场总销售额的 25%左右，是最具影响力的工业酶之一(Oumer，2017；Shrestha et al.，2021)。马玮超等(2016)以黑曲霉（*Aspergillus niger*）为研究对象，采用紫外线-超声波复合诱变-深孔微培养-酶标仪检测，建立了一种高通量选育果胶酶高产菌的方法。经过高通量筛选，共获得 4 株果胶酶高产菌，对其进行摇瓶试验。测定其酶活效价，发现 2 株遗传稳定的高产菌（C23-7 和 C23-9）的酶活效价分别比出发菌株（477.3 U/mL）提高了 47.85%、45.61%。安丝菌素是一种由美登素衍生的聚酮类大环内酰胺类抗生素。栾书慧（2020）以一株对安丝菌素高度敏感的线黑粉酵母（*Filobasidium uniguttulatum*）为研究对象，通过测定指示菌与安丝菌素浓度之间的标准曲线，建立高通量安丝菌素生产菌筛选体系；然后，通过对线黑粉酵母进行快速、高效的常压室温等离子体（atmospheric room temperature plasma，ARTP）诱变，结合深孔板微发酵和高通量测定筛选 183 株突变株后，发现 10 株安丝菌素 AP-3 产量提高 10%以上的菌株。对 2 株高产稳定突变株（M13 和 M144）进行二代全基因组重测序后发现 4 个共有的突变位点，且均位于 *N*-甲基转移酶基因 APASM_3212 上，由此可推断该基因可能与安丝菌素 AP-3 产量相关（栾书慧，2020）。基于吸光度的策略建立 HTS 技术，不仅能降低经济成本，还能缩短菌种选育周期，相较于传统筛选加大了菌株筛选范围和数量，可高效、快速地筛选优良菌株。HTS 技术结合基因组测序有助于从基因层面进一步解析优良菌株的特征。

2. 基于荧光的策略建立 HTS 技术

核黄素是一种 B 族维生素，既可用作食物补充剂，也可用作天然食用色素（LeBlanc et al.，2011）。陈俊等以乳酸乳球菌菌株 MG1363 和玫瑰黄素抗性突变体 JC017 为研究对象，经甲基磺酸乙酯（ethyl methanesulfonate，EMS）化学诱变生成诱变库。通过使用荧光激活液滴高效识别出 2 株分泌维生素 B_2（核黄素）的乳酸乳球菌变体 AH9 和 BE1，对其进行全基因组重测序以查明导致核黄素产量提高的突变。结果显示，大多数突变位于功能未知的基因中，在核黄素生物合成簇 ribABGH 或其侧翼区域未观察到突变，并且核黄素的产生是由抑制嘌呤生物合成的突变触发的。最后，在牛奶发酵中应用 BE1，使牛奶中的核黄素含量由 0.99 mg/L 提高至 2.81 mg/L，而使用野生型菌株和原始玫瑰黄素抗性突变体 JC017 发酵的牛奶中的核黄素含量分别 0.66 mg/L 和 1.51 mg/L（Chen et al.，2017）。阿维菌素由阿维链霉菌（*Streptomyces avermitilis*）产生，是一类广谱、低毒、高效的重要抗生素，目前广泛用于农业和人类感染中。曹晓梅等建立了一种整合 FACS 和随机诱变的新型 HTS 策略，以鉴定高产阿维菌素的阿维链霉菌菌株。使用 PI 和 FDA 作为荧光探针来区分死孢子和活孢子。阿维链霉菌 ATCC 31267 经三轮常压室温等离子体诱变后，共筛选出 5760 株突变株。使用基于微孔板的方法进行初筛，然后将初步筛选时收获的 5 个菌株在摇瓶中发酵进行复筛，结果显示突变株 G9 产生的阿维菌素滴度最高，达到 4378 μg/mL，与原始菌株相比增加了 18.9%。在 15 L 发酵罐中，突变株 G9 的最终滴度为 6383 μg/mL，较原始菌株提高了 20.6%（Cao et al.，2018b）。酪氨酸是所有生物体中合成蛋白质所必需的芳香族氨基酸，也是次级（特殊）代谢物的前体（Lopez-Nieves et al.，2019）。刘堂浩等以甜菜黄素荧光强度变化（激发波长 485 nm、发射波长 505 nm）作为筛选条件（Mao et al.，2018），建立了一种高通量筛选高产酪氨酸酿酒酵母的方法。首先以解除了酪氨酸反馈抑制的一株酿酒酵母 LTH0（$ARO4^{K229L}$、$ARO7^{G141S}$、$\Delta aro10$、$\Delta zwf1$、$\Delta ura3$）为原始菌株，通过异源表达甜菜黄素合成基因 *DOD* 和 *CYP76AD1*，使酿酒酵母产生黄色荧光；然后利用紫外诱变和 ARTP 对上述菌株进行复合诱变，进一步通过流式细胞仪高通量筛选荧光强度显著提高的突变株，将筛选出来的 14 株高荧光强度突变株进行发酵生产酪氨酸，其中突变株 LTH2-5-*DOD-CYP76AD1* 的荧光强度较出发菌提高了 8.29 倍，胞外酪氨酸和对香豆酸的产量分别提高为 26.8 mg/L 和 119.8 mg/L，比出发菌株分别提高了 3.96 倍和 1.02 倍（刘堂浩等，2021）。

3. 基于生物传感器的策略建立 HTS 技术

苏氨酸在食品强化剂、饲料添加剂、医药等领域被广泛应用。刘亚男（2015）构建了一种由苏氨酸诱导型启动子和信号基因构成的生物传感器，并将其应用于苏氨酸高产菌株的高通量筛选。首先，通过蛋白质组数据分析，识别出大肠杆菌（*Escherichia coli*）MG1655 中受苏氨酸诱导的启动子 cysJHp；然后，以绿色荧光蛋白基因 *egfp* 或四环素抗性基因 *tetr* 为报告基因，构建受 cysJHp 控制的苏氨酸诱导型生物传感器，进而通过流式细胞仪测试并验证基于 *egfp* 的生物传感器对苏氨酸浓度的响应性；最后，将 cysJHp-*egfp* 生物传感器应用于苏氨酸生产菌株 ThrH 突变库的高通量筛选，初步获得了 465 株突变株。之后通过深孔板发酵验证和高效液相检测获得 44 株高产菌株。进一步选取 3 株突变株进行 5 L 发酵罐发酵验证，结果显示突变菌株 ThrH-27 的苏氨酸产量较出发菌株提高了 8.14%，转化率（*m*/*m*）提升了 7.24%。刘平平（2020）以钝齿棒杆菌（*Corynebacterium crenatum*）SYPA5-5 为基础，分别以 *sacB* 和 *gfp* 基因为报告基因构建了生物传感器 ARG-ON（ARG-*sacB* 和 ARG-*gfp*），然后分别对含有生物传感器 ARG-*sacB* 的钝齿棒杆菌 SYPA5-5 和代谢改造钝齿棒杆菌 Cc4 进行诱变，并利用生物传感器 ARG-*sacB* 对诱变菌株进行高通量筛选，最终通过摇瓶复筛共获得了 2 株精氨酸高产突变菌株，在 5 L 发酵罐中 GArg5 和 SArg55 精氨酸产量分别为 64.5 g/L 和 81.3 g/L，较原始菌株产量分别提高了 43.0%和 18.3%。热西达·热合曼（2020）以合成染色体酿酒酵母菌株（SynV）为研究对象，在诱导物雌二醇的作用下，通过染色体重排系统（synthetic chromosome recombination and modification by loxP-mediated evolution，SCRaMbLE）构建突变体库。利用丙二酰辅酶 A 生物传感器建立高通量筛选策略，通过流式细胞仪初筛、酶标仪复筛荧光强度提高的突变体。在突变菌株中引入 3-羟基丙酸（3-hydroxypropionic acid，3-HP）合成途径，通过 3-HP 的产量确定筛选效果。经过多轮初筛、复筛，从 2 万多株突变体中最终筛选获得 1 株 3-HP 产量高达 101.5 mg/L 的突变体 SynV-B1，较野生型菌株提高 116.4%。后续对高产 3-HP 的突变体 SynV-B1 进行全基因组测序，有助于解析影响丙二酰辅酶 A 代谢的新型关键靶点，并通过理性的手段对关键靶点进行改造，以期进一步提高下游产物的产量。

4. 基于差异基因的策略建立 HTS 技术

PTP 转运蛋白是菌株胞外瓜氨酸利用的重要功能蛋白。Rimaux 等（2013）通过对清酒乳杆菌（*Lactobacillus sakei*）CTC494 中 PTP 编码基因进行敲除，发现清酒乳杆菌 CTC494 失去了利用环境中瓜氨酸的能力。刘晓慧等（2019）通过对短乳杆菌 2-34 中的 PTP 同源编码基因进行异源表达，结果发现作为宿主的大肠杆菌 C43（DE3）获得了之前所不具备的胞外瓜氨酸利用能力。王文玉等（2022）通过对 PTP 的氨基酸序列进行比对分析，确定其保守区域，并通过设计获得一对可用于筛选瓜氨酸利用菌株的简并引物（degenerate primer）。通过溴甲酚紫显色培养，从腊肠、大酱、酱油和泡菜等材料中初筛获得 671 株高效利用胞外精氨酸的菌株，然后利用 PTP 转运蛋白简并引物对初筛的 671 株菌株进行菌落 PCR 验证，共筛选出 65 株瓜氨酸高效利用菌株。基于 PTP 编码基因设计的高通量筛选策略可用于高效地从环境中分离瓜氨酸利用菌株，从而降低食品发酵过程中 2A 类致癌物——氨基甲酸乙酯（ethyl carbamate，EC）的前体物瓜氨酸的浓度。马永存（2015）以 500 株嗜盐菌作为研究对象，提取其基因组 DNA 并建立了 DNA 库。选定 4 种类型化合物作为本研究筛选的出发点，根据其基因结构中关键基因的保守序列设计 4 对简并引物，以基因组为模板，通过巢式 PCR 扩增目的基因。进一步采用罗氏地高辛标记将扩增得到的 4 种类型功能基因序列制作成特异性探针，利用特异性探针对基因组 DNA 进行高通量筛选，共筛选出 31 株具有多种不同类型功能基因的阳性菌株。最后，选取 2 株最具潜力的嗜盐放线菌 YIM96935 和 YIM96633 进行全基因组测序，进一步探究其中蕴含的基因簇资源。基因组分析发现嗜盐放线菌 YIM96935 含有 5 个生物合成基因簇，分别对应 2 个萜类、2 个聚酮和 1 个非核糖体多肽类化合物——嗜铁素。嗜盐放线菌 YIM96633 基因组中 16 个生物合成基因簇编码了多种不同类型的化合物，主要指导合成非核糖体多肽类、聚酮类、杂合聚肽聚酮类、萜类和嘧啶类，其中有 3 个基因簇功能未知。

5. 基于基因组预测的策略建立 HTS 技术

近年来，随着基因组测序技术的发展，基因工程或分子辅助育种得到了大家的青睐。米梁波（2020）以常压室温等离子体（ARTP）诱变为主，甲基磺酸乙酯（ethyl methyl sulfonate，EMS）诱变、甲基硝基亚硝基胍（methyl nitrate nitrosoguanidine，MNNG）诱变和紫外线（UV）诱变为辅，通过复合诱变手段对杆菌肽生产菌株地衣芽孢杆菌 DW2 进行诱变，构建突变体库；之后，利用杆菌肽分子中酰胺键能与铜离子在碱性条件下反应生成紫色络合物的性质，建立双缩脲反应，结合三氯乙酸（TCA）沉淀的高通量初筛方法，通过结合酶标仪和流式细胞仪实现对高产突变菌的大规模快速鉴别和初筛；接着，对高通量初筛得到的 14 株菌进行摇瓶复筛，获得杆菌肽产量提高 22.2%的优良菌株 2#5F，并利用 5L 发酵罐对诱变获得的高产遗传稳定菌株 2#5F 进行验证和优化；最后，利用 Illumina HiSeq 二代测序系统和 PacBio 三代测序系统对杆菌肽高产突变菌株 1#7E 进行从头测序、组装和功能注释，与数据库中参考基因组比较，得到突变位点及共有和特有基因信息。分析结果显示，寡肽通透蛋白 *Opp B* 基因和丝氨酸蛋白酶 *Deg P*/*Htr A* 基因的突变可能与杆菌肽产量变化有关。共有和特有基因比较发现，DW2 菌株蛋白和氨基酸及其衍生物代谢途径得到加强，推断这些基因可能有利于杆菌肽合成。利用次级代谢产物在线注释工具 antiSmASH 5.0 对高产菌株 1#7E 的次级代谢产物合成基因簇进行预测，发现 DW2 基因组具有完整的杆菌肽合成基因簇。Cluster Blast 分析可以从基因层面识别含有杆菌肽合成基因簇的其他菌株，这为杆菌肽高产菌株的分子育种提供了参考（米粱波，2020）。ε-聚赖氨酸（ε-poly-lysine，ε-PL）是一种主要由链霉菌属产生的均聚氨基酸，因其安全性、热稳定性、生物降解性和广谱抗菌活性，目前已用作天然食品防腐剂（Shima and Sakai，1977；Shih et al.，2006；Shima et al.，1984）。刘永娟（2020）以白色链霉菌（*Streptomyces albulus*）M-Z18 为出发菌株，首先建立了针对 *S. albulus* 的 24/48 孔板微量培养和 ε-PL 检测的高通量平台技术，然后建立了多次链霉素抗性引入的核糖体工程育种技术，结合基因组重排育种技术，大幅度提高了 *S. albulus* 的 ε-PL 合成能力。随后，借助比较蛋白质组学技术，研究人员系统分析了突变株 *S. albulus* SS-62 与出发菌株 *S. albulus* M-Z18 的蛋白表达情况，结果在 *S. albulus* SS-62 中共鉴定出 401 个差异表达蛋白，这些蛋白质主要与碳水化合物代谢、氨基酸代谢和能量代谢有关，并通过代谢工程手段（过量表达 ε-聚赖氨酸合成酶或过量表达核糖体循环因子）进行验证。最后，借助比较基因组学技术，研究人员深入分析了突变株 *S. albulus* SG-86 与出发菌株 *S. albulus* M-Z18 在基因组水平上的变化，结果表明，*S. albulus* SG-86 存在大量的基因缺失，甚至是代谢途径的缺失。基因组重排去除了 *S. albulus* SG-86 中许多与 ε-PL 合成无关的代谢途径，使得 SG-86 代谢副产物合成减少，而更多的代谢流流向 ε-PL 合成的前体物质 L-赖氨酸，进而提高了 ε-PL 的产量（刘永娟，2020）。Yuan 等（2019）使用全基因组鸟枪法，通过高通量 Illumina HiSeq 4000 和 PacBio RSII 长读长测序平台对 *Auricularia heimuer*（Basidiomycota）菌株 Dai 13782 的基因组进行测序、组装和功能注释，进而从基因组层面预测其次生代谢产物生物合成、多糖生物合成和降解木材的能力。基因组分析表明，*A. heimuer* 富含萜类生物合成基因，并且在 *A. heimuer* 基因组中鉴定出一个非核糖体肽合成酶（NRPS）基因簇。*A. heimuer* 基因组的解析将有助于我们预测其潜在的功能并研究活性化合物的生物合成。

2.3.2 优良菌株的体外评价模型

1. 基于胃肠道的生存、定植能力

1）耐酸性

微生物被广泛用于复杂食品体系（如果汁、酸奶、发酵乳）中，它们的低 pH

（如果汁 pH 通常为 2.5～3.7）以及细菌对酸性条件的敏感性，意味着必须选择能够在保质期内保持活力的菌株以确保对消费者的实际益处。益生菌菌株在耐酸性方面存在广泛差异，出于不同的目的，食品中活性益生菌的最低推荐标准会有所不同，但耐酸性还是作为益生菌菌株筛选的首要特性之一。简单的体外测试可用于评估酸耐受性，此类测试已应用于乳制品行业中使用的乳酸菌和双歧杆菌菌株的筛选。具体方法如下：使用 1 mol/L 的盐酸溶液将磷酸盐缓冲溶液（PBS）的 pH 调整至 2.0、3.0 和 6.4，在 115℃下灭菌 20 min；在装有 9 mL 不同 pH 的 PBS 中，接种 1 mL 活化好的待测菌株（1×10^9 CFU/mL），37℃孵化 2 h 或 3 h 后，取菌液用 0.85%生理盐水 10 倍连续稀释；平板倾注或者涂布计数，计算剩余活菌数量。

2）胆盐耐受性

人体肠道中胆盐的质量分数在 0.03%～0.3%范围内波动，故一般用这个浓度范围的胆盐来评价食用益生菌的耐胆盐能力。随着胆盐浓度和渗透压的提高，益生菌活菌数明显下降。具体评价方法如下：向液体培养基中添加胆盐，使胆盐浓度分别为 0（对照）、0.03 g/L、0.3 g/L 和 3 g/L；然后将培养基在 115℃的条件下灭菌 20 min，之后冷却，备用；取 1 mL 新鲜菌悬液（1×10^9 CFU/mL）接种于 9 mL 上述配制的含胆盐的液体培养基中，37℃恒温条件下培养 24 h，以未加胆盐的培养基作参照，观察菌种的生长情况，测 OD_{600}，计算存活率。

3）人工唾液、胃液、肠液耐受性

为了模拟人体消化道中消化液的稀释和水解，将菌体连续接种于人工唾液、胃液、肠液中，评价其耐受性，但并不涉及复杂的物理及生物作用。具体方法如下：将已活化的悬浮菌液按 1∶1 稀释在含有 6.2 g/L NaCl、2.2 g/L KCl、0.22 g/L $CaCl_2$、1.2 g/L $NaHCO_3$ 和 0.1 g/L 溶菌酶的无菌电解质溶液（人工唾液）中，并在 37℃下孵育 5 min；随后用人工胃液（含有 0.3%的胃蛋白酶、pH 为 2.5 的无菌电解质溶液）对样品进行 3∶5 稀释，在 37℃下孵育 60 min；最后，用人工肠液（包括 6.4 g/L $NaHCO_3$、0.239 g/L KCl、1.28 g/L NaCl、0.5%胆盐和 0.1%胰酶，pH 7.2）将剩余的处理液体以 1∶4 稀释，37℃培养 2 h 或 3 h，每个处理重复 3 次，观察并测定其生长和存活情况（Vizoso Pinto et al.，2006）。

4）动态胃肠道仿真模型

上述静态胃肠道模型难以模拟人体胃肠道消化过程中真实的动态变化，如胃排空、蠕动、消化液运输、酶底物比及 pH 变化等一系列动态过程，为了克服这些缺点，研究人员开发了多种体外动态胃肠消化模拟系统。现阶段，该类模型主要有 3 种，分别是荷兰瓦格宁根大学 Minekus 和 Havenaar 研制的 TIM（TNO intestinal model）、比利时根特大学 Molly 研制的 SHIME（simulator of the human intestinal microbial ecosystem）模型及西班牙-马德里自治大学 Barroso 研制的 SIMGI（simulator of the gastro-intestinal tract）模型。胃肠道模拟仿真系统结合了超级计算机、流式细胞仪、微流控及生物芯片等多种前沿技术，能更准确地模拟食物的储存、混合、消化与排空。TIM 可以分为两个部分：TIM1 可用于模拟人体上消化道的胃、十二指肠、空肠、回肠及结肠；TIM2 可用于模拟人体大肠（横结肠、升结肠、降结肠、盲肠）。TIM 系统应用十分广泛，已经被用于评估食品中各种有益微生物的存活率，包括乳酸菌、双歧杆菌、凝结芽孢杆菌、枯草芽孢杆菌、酵母等（Venema et al.，2019）。相较于 TIM 系统，SHIME 系统与 SIMGI 系统很相似，均为多级发酵模型，都具有小肠、升结肠、模拟罐、横结肠、降结肠 5 个反应器。它们可以用来研究食物成分与人体内常驻微生物群落的相互作用。SHIME 模型不仅可以模拟悬浮的肠道微生物，而且能模拟形成生物膜的肠道微生物。由于 SHIME 模型非常强调结肠微生物群的生态方面，这就需要对 SHIME 反应堆进行孵化实验，通常需要数周时间，而 TIM 系统的观测时间很短。表 2-8 比较了三种动态胃肠消化模拟系统的特点（Nissen et al.，2020；Sensoy，2021；Verhoeckx et al.，2015），但上述体外胃肠模拟系统均缺乏与宿主细胞的相互作用，将其与宿主细胞模型相结合可以部分克服这一缺点。

表 2-8　体外动态发酵模型的特点

特点	TIM2	SHIME	SIMGI
观测时间	3 天以内（短）	14 天以上（长）	6 天以内（适中）
模拟区域	结肠	整个胃肠道	整个胃肠道
微生物接种	健康人、动物	健康人、患者、动物	健康人
是否蠕动	是	否	是
是否具有宿主细胞	无	可耦合到 HMI 模块	无
是否适用于小型实验室	是	否	否
重复性	高	适中，体内相似度高	低

2. 细菌细胞表面的理化性质

1）疏水性

细菌表面疏水性是指细菌在极性水中所呈现的不稳定状态，从而引起一系列菌体的重新分布及排列的变化。细胞表面疏水性是决定细菌非特异性黏附到各种生物和非生物表面及界面的最重要因素，也是影响细菌吸收和降解疏水性物质的主要因素之一，随环境条件的改变也会不同程度地发生改变。目前，细菌表面疏水性的测定方法包括微生物黏着碳烃化合物法（MATH）、接触角测量法、盐凝集法及疏水作用层析测定法等，但以 MATH 较为简便易行、稳定可靠。具体测定方法如下：活化好的待测菌株经 PBS（pH 7.2）冲洗两次后，用无菌 0.1mol/L KNO_3 溶液重悬

并稀释至 10^8 CFU/mL，读取 600 nm 处的吸光度（A_0），取 3 mL 细胞悬液与 1 mL 二甲苯混合，室温预孵育 10 min；然后将两相体系进行混合，涡旋 2 min，静置 20 min，分离成两相（水相和二甲苯相），仔细收集水相，测量其在 600 nm 处的吸光度（A_1）。表面疏水性即为（$1–A_1/A_0$）×100。疏水性测定在 3 个重复中进行。

2）自聚集

自聚集是指菌体在培养过程中大量并快速地繁殖，从而导致其自聚集成团的现象。细菌自聚集能力的强弱主要取决于细菌表面非极性基团的多少，与荚膜、菌毛、脂磷壁酸、表面蛋白等结构有关。具体测定方法如下：4 mL 含 10^8 CFU/mL 细菌细胞，涡旋 10 s，室温孵育 5 h；每隔 1 h，小心取出 0.1 mL 的上悬液，转移到另一个含有 3.9 mL PBS 的试管中，并测量 OD_{600}。自聚集百分率表示为时间的函数，直到它是常数，使用公式为 1–（A_t/A_0）×100，式中，A_t 表示时间 t=1 h、2 h、3 h、4 h 或 5 h 时的吸光度，A_0 表示时间 t=0 时的吸光度（Kotzamanidis et al.，2010）。自聚集能力和疏水性被认为是影响两相反应的重要因素之一，与多种黏附行为有关。

3. 功能和健康促进特性

1）吸附能力

天然有毒物质（如微生物毒素）和环境污染物（如重金属）已成为食品中重要的安全危害因素。乳酸菌具有特殊的表面结构，能有效吸附重金属、生物毒素（如丙烯酰胺）、农药残留等有毒化学物质。吸附机制可能包括物理沉积、离子交换、细胞表面基团的键合，以及主动转运和内吞作用等，这些方式相互配合形成了复杂的吸附机制。目前的评价模型主要研究了菌株的吸附稳定性、动力学、热力学。Bhakta 等（2012）从环境污泥样品中分离了 255 株乳酸菌，经筛选，26 株菌株对铅、镉等重金属具有抗性，其中罗伊氏乳杆菌 Pb71-1 对铅的去除率最高（达 59%），罗伊氏乳杆菌 Cd70-13 对镉的吸附能力最强。两株植物乳杆菌 CCFM8661、CCFM8610 对铅、镉离子的强吸附性使其具有降低食品中有害金属的潜力（Chen and Zhai，2018；Zhai et al.，2015a），目前已经应用到酸奶、固体饮料等多种产品中。除了乳酸菌，戊糖片球菌和马克斯克鲁维酵母等也被报道具有吸附牛奶中黄曲霉毒素的能力（Martinez et al.，2019）。

2）合成、代谢能力

益生菌合成多种副产物，如叶酸、γ-氨基丁酸、短链脂肪酸（short chain fatty acid），它们可以给机体或者工业生产带来有益作用。例如，多种乳杆菌、肠球菌菌株被鉴定能生产维生素 B_{12}，这使得该种菌株的筛选具备了应用前景（Li et al.，2017）。益生菌蛋白水解过程中释放的生物活性肽，被认为可以通过抑制导致高血压的关键酶——血管紧张素转换酶（ACE）而产生降压作用（Fung and Liong，2010）。通过体外检测合成产物亦可对有效菌株进行筛选。

益生菌具有丰富的代谢活性，β-半乳糖苷酶活性对于乳糖不耐症患者去除牛奶中的糖分至关重要，通过对邻硝基苯酚-β-吡喃半乳糖苷水解能力强弱可评估益生菌的β-半乳糖苷酶活性（Vidhyasagar and Jeevaratnam，2013）。胆盐水解酶（BSH）能水解结合的胆汁盐，保护生物体免受胆汁酸的毒性作用。在使用益生菌时，BSH阳性微生物优于BSH阴性微生物，因为它们对于去除胆固醇至关重要（Vidhyasagar and Jeevaratnam，2013）。肠道中的益生菌产生SCFA，阻断肝脏胆固醇合成并将血浆胆固醇重新导向肝脏。乳酸菌在体外吸收胆固醇的能力与其在体内降胆固醇的能力有显著的相关性（Wang et al.，2012）。有报道称，在含100 mg/mL胆固醇的培养基中，干酪乳杆菌20296、唾液乳杆菌CICC 23174和植物乳杆菌CGMCC 1.557的胆固醇去除率最高，分别达到74%、65%和58%，而对照菌株LGG才39%。这表明它们具有一定的降低胆固醇水平的潜力（Ren et al.，2014）。

大约75%的肾结石主要由草酸钙（CaC_2O_4）组成。人类缺乏直接代谢草酸盐所需的酶（如甲酰辅酶A转移酶、草酰辅酶A脱羧酶），它们仅存在于人体肠道的内源性微生物群中。Azcarate-Peril等（2006）先前报道了在格氏乳杆菌和乳双歧杆菌中存在草酸盐降解相关*frc*和*oxc*基因。Mogna等（2014）发现乳酸杆菌菌株在降解草酸盐方面比双歧杆菌更有效。草酸盐降解益生菌的利用可能是减少草酸盐肠道吸收的创新方法。

3）抗突变能力

致癌物和诱变物对人体具有很强的诱变与致畸作用，是引发癌症的主要因素。大量研究表明，乳酸菌及其发酵产物能有效抑制肿瘤的发生，发挥抗癌和抗突变的作用。其相关机制主要涉及：①诱变剂的吸附和清除；②抑制致癌活化酶的活性；③对宿主免疫功能的调节。4-硝基喹啉-1-氧化物（4NQO）试验和*N*-甲基*N'*-硝基-*N*-亚硝基胍（MNNG）试验是两种比较经典的体外评价模型。它们均是强化学诱变剂，可诱导线粒体膜损伤，直接剪切DNA链，引起细胞异常增殖和癌变。4NQO试验和MNNG试验检测方法类似，可采用Ames法、SOS显色反应、液相色谱、彗星实验、质谱等方法对乳酸菌的抗突变性能进行评价。

4）抗氧化能力

氧化应激是指细胞中的促氧化剂-抗氧化剂平衡受到干扰，导致DNA羟基化、蛋白质变性、脂质过氧化和细胞凋亡，最终损害机体细胞的活力。多项研究表明，益生菌如乳酸杆菌和双歧杆菌或者其代谢物，在体外具有出色的抗氧化能力，同时增强小鼠体内的抗氧化酶活性，可提供一定程度的抗氧化应激保护（Feng and Wang，2020）。益生菌可能通过其螯合金属离子、提高抗氧化酶活性、合成抗氧化代谢物、增加宿主的抗氧化代谢物水平、调节信号通路和肠道微生物菌群等来调节宿主的氧化还原状态（Wang et al.，2017）。体外评价模型主要包括羟自由基清除、超氧阴离子清除、亚麻酸过氧化测试、抗坏血酸自氧化、亚铁离子螯合和过氧化氢耐受模型等。

5）对病原体的拮抗活性

抗菌活性是益生菌竞争性消除或抑制有害或致病性肠道微生物活性的重要指标。嗜酸乳杆菌 NCFM 能拮抗多种食源性病原菌，如沙门氏菌等致病性强的肠杆菌科细菌，以及金黄色葡萄球菌、产气荚膜梭菌（Fijan et al.，2018）。大多数乳杆菌通常产生细菌素（一类具有杀菌或抗菌活性的蛋白质），杀死相关物种。事实上，其他益生菌产物，包括有机酸（如乳酸和乙酸）、过氧化氢、双乙酰、3-羟基丙醛、抑菌肽等，均能起到抑制致病菌的作用。

口臭通常亦归因于共生菌群平衡紊乱，降解含硫氨基酸（半胱氨酸、胱氨酸和甲硫氨酸）的口腔细菌会产生与口臭高度相关的挥发性硫化合物（VSC，即硫化氢、甲硫醇和二甲硫）。唾液链球菌已证明对 VSC 有抑制作用，其机制可能是竞争性抑制 VSC 产生菌种的定植（Inchingolo et al.，2018）。罗伊氏乳杆菌抑制牙周病细菌（如具核梭杆菌、牙龈卟啉单胞菌）生成甲硫醇，其抗菌活性归因于有机酸、过氧化氢和罗伊氏菌素的产生（Kang et al.，2011）；通过抑菌试验亦可筛选有益细菌，用作改善口腔健康的益生菌剂。

6）抗生素敏感性试验

微生物的抗生素耐药性是证明新益生菌培养物安全性的一个极其重要的因素。乳酸菌被认为对几种抗生素具有天然耐药性，并且可能具有对其他抗菌剂产生耐药性，或传播对动物和人类胃肠道中存在的病原体耐药性的潜力。最广泛使用的抗生素敏感性试验基于以下原理：①在测试抗生素存在的条件下测量细菌生长来检测抗生素耐药性的表型；②应用聚合酶链反应对抗性基因型进行分子鉴定。耐药性的表型以最小抑菌浓度（minimal inhibitory concentration，MIC）表示。一些推荐的测定乳酸菌中 MIC 的方法有 E-试验、Kirby-Bauer 试验（扩散法）和微量肉汤稀释法（Álvarez-Cisneros and Ponce-Alquicira，2018）。有研究表明，乳酸乳球菌 LL95 对丁胺卡那霉素、甲氧苄啶-磺胺甲噁唑、四环素、克林霉素和磺胺类药物表现出表型抗性。具有抗生素抗性的菌株可能会被选择用于暴露在抗生素的环境，如抗生素处理的奶牛乳房。对氨苄青霉素、氯霉素、红霉素、庆大霉素、青霉素和万古霉素等抗生素具有敏感性是乳酸乳球菌的共同内在特征（Ramalho et al.，2019）；酿酒酵母菌株对两性霉素 B 和氟康唑敏感（Coutinho et al.，2021）。

2.3.3 优良菌株的细胞与离体组织评价模型

1. 毒性评价模型

1）比色法

细胞毒性表示为物质对细胞造成损害的程度。暴露于细胞毒性化合物的细胞可能会出现坏死、凋亡、自噬和代谢活跃度降低等现象。因此，细胞毒性测定广泛应用于基础研究和药物发现中，以排除潜在的有毒化合物的影响。细胞毒性评价同样适用于食品微生物资源的开发研究，可对菌株潜在的毒性或者有益功效进行评价，为菌株进一步应用提供参考。

噻唑蓝溴化四唑（mthiazolyl blue tetrazolium bromide，MTT）比色法常用于检测细胞存活和生长状况。正常细胞代谢旺盛，其线粒体内的琥珀酸脱氢酶可将四唑盐类物质还原为紫色甲臜结晶，甲臜结晶可以溶解于二甲基亚砜中，通过酶标仪读取其吸光度，可反映活细胞数量，结果表明两者呈线性相关。MTT 比色法的过程简便，所需仪器常见且易于操作，可用于细胞的相对数量及相对活力测量。

有大量研究使用 MTT 比色法评价食品微生物对细胞的毒性。Sadeghi-Aliabadi 等（2014）在 MTT 比色法中使用植物乳杆菌和鼠李糖乳杆菌分别处理人结肠癌细胞 Caco-2 和 HT-29，孵育 24 h，结果表明，两种益生菌菌株的热灭活细胞和无细胞上清液均降低了癌细胞和正常细胞的生长速度，证明这株菌可用作潜在的功能食品益生菌或潜在的缓解结肠癌产品。Kim 等（2014）的研究使用 MTT 模型评价双歧杆菌预防柯萨奇病毒 B3（Coxsackievirus B3，CVB3）感染 HeLa 细胞的能力，结果表明，在 13 株益生菌中，3 株青春双歧杆菌、2 株长双歧杆菌和 1 株假链状双歧杆菌具有抗病毒作用，而其他的菌株没有表现出这种作用。尤其是青春双歧杆菌 SPM1605 可显著抑制 CVB3 感染能力，证明益生菌株具有潜在的抗病毒能力。

乳酸脱氢酶（lactate dehydrogenase，LDH）是一种稳定的蛋白质，存在于正常细胞的胞质中，当细胞膜受损时，LDH 被释放到细胞外。LDH 可催化乳酸形成丙酮酸盐，当与四唑盐类反应形成紫色的结晶物质后，通过酶标仪读取其吸光度，可检测细胞培养上清中 LDH 的活性，并依此判断细胞膜受损程度，进而反映出物质的细胞毒性。

Vemuri 等（2018）使用 LDH 法评估了人类来源、植物来源、乳制品来源的嗜酸乳杆菌对人类结肠细胞 HT-29 和 LS174T 的毒性，结果显示，所有菌株都没有观察到显著的细胞毒性或细胞活力的丧失，人类来源的嗜酸乳杆菌 DDS-1 和乳制品来源的嗜酸乳杆菌 UALp-05 显著上调抗炎细胞因子 IL-10 水平并抑制促炎细胞因子 TNF-α 的产生。所有菌株都能够下调 IL-8 水平，证明食品微生物菌株可用作潜在的功能益生菌或潜在的抗炎产品。

磺酰罗丹明 B（sulfo rhodamine B，SRB）是一种粉红色阴离子染料，易溶于水，在酸性条件下可特异性地与细胞内碱性氨基酸结合，产生吸收峰，其吸光值与细胞量呈线性正相关，可用于细胞存活数的定量检测。Plessas 等（2020）使用 SRB 检测法分析从谷物中分离的副干酪乳杆菌的细胞毒性，结果显示，副干酪乳杆菌 AGR4 对于 HT-29 的细胞周期和凋亡没有产生影响，从而为副干酪乳杆菌 AGR4 进一步应用提供了安全性参考。

2）荧光法、化学发光法、时间分辨荧光光谱法等

在进行细胞毒性检测的模型中，除了比色法外，常见的还有荧光法和化学发光法。荧光发光是一种通过激发光激发样本中荧光物质发光的物理过程。荧光是由荧光分子（称为荧光基团）吸收能量（激发光）而产生的。荧光基团所吸收的能量将其电子提升到更高的能级，但是这种激发态不稳定，电子在回落到基态的过程中会发出荧光。化学发光法是分子发光光谱分析法中的一类，其主要原理是细胞会产生特定的代谢物，这种代谢物与激活检测体系中的发光物质反应发光，这种化学发光强度在一定条件下与细胞的活性状态呈现出一定的线性关系，用仪器对体系化学发光强度进行检测，可以确定食品微生物对细胞的毒性强度。时间分辨荧光光谱法是所有非放射性、非均相检测方法中灵敏度最高的一种检测方法，其原理是：镧系元素螯合物具有特殊发光状态，使用时间分辨技术同时监测其荧光、发射波长、时间长度，可有效地排除非特异背景荧光的干扰，极大地提高了检测灵敏度。如表 2-9 所示，我们对食品微生物细胞毒性检验方法进行了总结。

表 2-9　食品微生物细胞毒性检验方法

分类	名称	检测条件
比色法	MTT 检测法	490 nm 吸光度
	CCK8（WST-8）检测法	450 nm 吸光度
	LDH（乳酸脱氢酶）检测法	500 nm 吸光度
	SRB 检测法	540 nm
荧光强度法	阿尔玛蓝（Alamar blue）检测法	570 nm
	线粒体膜电位 JC-1 检测法	585 nm 或 514 nm
化学发光法	ATP 检测法（ATPLite）	荧光素酶及其底物 D-荧光素
时间分辨荧光光谱法	DNA 片段化检测	镧系元素标记的链霉亲和素
	DNA 复制检测	镧系元素标记的溴脱氧尿苷特异性抗体

2. 肠道黏附模型

肠道中存在大量菌群，肠道共生菌群可以在肠道中黏附、定植，并对机体的

免疫系统、肠道屏障、代谢功能和肠道黏膜健康具有重要影响。菌群对宿主肠道的黏附能力是食品微生物筛选的经典标准之一。此外，食品微生物通过不同的机制对肠道病原体感染具有潜在的拮抗作用，包括产生抗菌化合物、减少病原菌黏附和竞争宿主细胞结合位点。不同肠道细胞系的体外研究已被广泛用于评估食品微生物的黏附能力和病原体拮抗作用。目前，常用的评价肠道细胞黏附能力的细胞系有 Caco-2 和 HT-29，已有大量的研究使用这两种模型评价微生物对于肠道细胞的黏附特性，如表 2-10 所示。

表 2-10　食品微生物对肠道细胞黏附能力研究

细胞模型	食品微生物菌株	结论	参考文献
Caco-2 细胞系	*Akkermansia muciniphila* BAA-835	强烈黏附于 Caco-2 人结肠细胞系	Reunanen et al.，2015
	Bifidobacterium adolescentis NCC251 *Bifidobacterium lactis* NCC362 *Bifidobacterium longum* NCC2705 *Bifidobacterium bifidum* NCC189 *Bifidobacterium bifidum* S16 *Bifidobacterium bifidum* S17 *Bifidobacterium longum* E18 *Bifidobacterium breve* MB226	*Bifidobacterium bifidum* S17 对 Caco-2 黏附能力最强	Preising et al.，2010
	Lactobacillus rhamnosus DR20 *Lactobacillus acidophilus* HN017 *Bifidobacterium lactis* DR10	三种菌株在体外都显示出与人肠细胞系的强黏附性	Gopal et al.，2001
	Candida humilis *Debaryomyces hansenii* *Debaryomyces occidentalis* *Kluyveromyces lactis* *Kluyveromyces lodderae* *Kluyveromyces marxianus* *Saccharomyces cerevisiae* *Yarrowia lipolytica*	*Kluyveromyces lactis* 的黏附能力高于 *Kluyveromyces lodderae* 和 *Kluyveromyces marxianus*，其他 4 种菌黏附能力较差	Kumura et al.，2004
HT-29 细胞系	*Lactobacillus reuteri* JCM1081 *Lactobacillus johnsonii* JCM1022 *Lactobacillus gasseri* JCM1130 *Lactobacillus acidophilus* 1.1878 *Lactobacillus rhamnosus* 1.120	乳酸杆菌在体外黏附 HT-29 细胞的能力在不同菌株之间有很大差异，*Lactobacillus reuteri* JCM1081 黏附能力最强	Wang et al.，2008
	Nissle 1917	低聚果糖能够显著抑制益生菌 *Nissle* 1917 对 HT-29 的黏附能力	Kim et al.，2015
	Akkermansia muciniphila BAA-835	强烈黏附于 HT-29 人结肠细胞系	Reunanen et al.，2015

3. 体外免疫调节评价模型

体外免疫调节评价模型广泛用于食品微生物免疫毒理学研究。体外模型具有许多优势，包括高重现性、快速、简单和低成本。另外，体外试验可以获得在受控条件下食品微生物与免疫细胞在细胞、亚细胞和分子水平上的直接相互作用。

1）转化细胞系

经典的体外细胞模型基于永生化细胞系，即肿瘤或其他转化的细胞。与原代免疫细胞相比，这种细胞能够无限次分裂而不会衰老，这意味着我们可以获得无限具有相同表型和功能的细胞。转化细胞系的另一个优点是，它们可以通过瞬时和稳定的转染系统进行基因操作，以过度表达或沉默某些特定基因或功能特征，可以用于详细分析食品微生物与许多特定类型的免疫细胞的相互作用和激活途径。

患有淋巴瘤或白血病的人类和小鼠是这些细胞系的主要来源，其中包括了所有类型的先天性和适应性免疫细胞（T 和 B 淋巴细胞、单核细胞、巨噬细胞、树突状细胞、嗜酸性粒细胞、嗜碱性粒细胞、中性粒细胞、自然杀伤细胞等）。同时，在无脊椎动物中，已开发出许多昆虫细胞系（Goodman et al.，2021）。转化细胞系的一个缺点是它们不具有原代正常细胞的特征，在使用前需要针对每个细胞系和需要评价的免疫标志物进行详细调研，因为不同来源和种类的细胞系，其免疫标志物具有很大差异。例如，在进行食品微生物免疫影响的细胞系选择方面，应当优先选择人类来源的细胞系，因为小鼠和人类在某些炎症指标方面存在显著差异，小鼠免疫细胞对炎症刺激的反应比人类细胞要低（Copeland et al.，2005；Wolff，1973）。另外，细胞系的细胞通常处于与同一谱系的成熟原代细胞不同的分化阶段，对刺激的反应性、反应程度也存在差异，在测试细胞死亡或细胞增殖毒性时要注意筛选判别。

2）原代细胞

原代细胞是指直接从人体或动物组织中分离出来的细胞。使用酶促或机械方法将组织破碎分离，并将得到的单细胞放置于塑料或玻璃容器等人工环境中，用含有必需营养素和生长因子的特殊培养基支持细胞的增殖。与永生化细胞系相比，使用从血液或淋巴/免疫器官中分离的原代细胞的短期培养物同样具有优点与缺点，其主要缺点包括采购困难、不同捐助者的细胞差异很大，而使用来自近交系小鼠的原代细胞可以解决这个问题（Italiani et al.，2014）。原代细胞模拟了体内正常细胞的状态和真实条件下的免疫反应。

使用原代细胞需要判断细胞的来源。免疫细胞分散在整个生物体中，并且根据它们所在的器官不同而具有不同的功能特征，相同谱系、不同器官中的原代细胞可能对食品微生物的暴露有完全不同的反应（Sestini et al.，1986）。目前，使用原代免疫细胞的评价体系仅限制在少数易于获取的细胞类型之间，如人类的血液白细胞、小鼠的脾脏和腹膜细胞及几种无脊椎动物的血细胞。即使存在更容易获得的细胞，如小鼠腹腔巨噬细胞，巨噬细胞群也可能因用于细胞收集的实验方案不同而产生很大差异。由于常驻腹膜细胞并不多，许多研究人员会在细胞收获前1～2 天在腹膜内注射一些刺激物（如巯基乙酸盐），以增加巨噬细胞的数量。然而，巯基乙酸盐注射后收集的巨噬细胞群在表型和功能上与常驻细胞不同，因为它们主要由从血液中募集并参与刺激物所引发的局部炎症反应的炎症细胞组成。

4. 氧化应激模型

当细胞内活性氧水平与抗氧化防御系统之间的平衡被破坏时，就会发生氧化应激，主要包括脂质过氧化、蛋白质氧化和核酸损伤这三种导致细胞损伤的反应（Singh et al.，2019）。药物、酒精、肥胖、病原体和环境刺激等许多风险都会诱导活性氧的产生。氧化应激往往伴随着疾病的发生。评价食品微生物的氧化应激能力，对于其进一步应用具有重要意义。

Patel 等（2021）评价了 8 种产乳酸菌的混合物在体外预防乙醇诱导的细胞损伤方面的有效性。他将人类 HepG2 细胞系暴露于乙醇中以建立氧化应激模型，同时用益生菌进行干预，结果发现，益生菌联合使用可预防乙醇诱导的细胞氧化应激，并调节 HepG2 细胞中的脂质代谢和炎症反应。Wu 等（2014）使用 Caco-2 氧化应激细胞模型来研究乳酸菌的抗氧化能力，结果显示，在乳酸菌处理后，细胞清除超氧阴离子自由基的能力得到提升。镉暴露会导致细胞内活性氧自由基和丙二醛含量显著提高。翟齐啸等的研究发现，植物乳杆菌 CCFM8610 可以显著缓解因镉暴露而导致的细胞氧化应激水平的上升（Zhai et al.，2015b）。

5. 新型体外模型

类器官是将多能干细胞或组织在体外培养分化并形成组织结构的 3D 细胞培养系统。如图 2-3 所示，类器官模拟了器官的某些结构和功能特征，并且提供了比二维细胞培养系统或非灵长类动物模型更接近人类生理的器官模型（Kratochvil et al.，2019）。与永生化的癌细胞衍生的胃肠道细胞系相反，肠道类器官的特点是能够产生隐窝样结构域，其增殖区域能够分化成所有上皮细胞谱系；它们还具有能够维持细胞向组织极化的绒毛样结构域（Barker，2014）。胃肠道类器官能够很好地模拟真实胃肠道的特点。

人体胃肠道是与微生物相互作用的主要部位。健康的胃肠道是一个由数以万亿计的生物体组成的微生态系统，主要是细菌，但也包括噬菌体、病毒和真核生物。随着食物摄入，会不断引入可能威胁这种平衡的新微生物。宿主-微生物相互作用的扰动可导致严重的疾病，如炎症性肠病、胃溃疡和胃癌（Bartfeld，2016），因此，体内平衡机制旨在最大限度地减少病原体的入侵。评价食品微生物对胃肠道的影响具有重要意义，胃肠道的类器官为此种评价模型提供了条件。

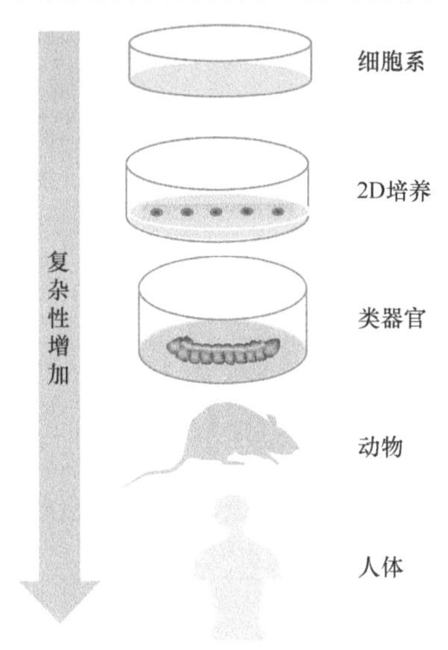

图 2-3　类器官培养的层次结构

胃肠道类器官可应用于食品微生物的组织趋向性研究。一些病原微生物到达肠道上皮后，对局部肠段表现出更高的亲和力（McCall et al.，2016）。VanDussen 等（2015）研究发现，各种致病性大肠杆菌 EPEC 菌株优先黏附于回肠上皮细胞，而大肠杆菌 EAEC 和 EHEC 菌株反而黏附在直肠上皮细胞上。另外有研究注意到结肠和空肠表面相关的大肠杆菌 EHEC 细菌数量之间存在显著差异，指出 EHEC 对这些结肠样的偏好可能与结肠特异性分化有关。每种大肠杆菌致病型菌株通常具有不同的毒力机制来破坏宿主肠上皮，黏附模式是区分大肠杆菌致病菌的关键标志之一（In et al.，2016）。Rajan 等（2018）使用由 4 个不同肠段的组织中分离出来的隐窝制成的小肠类器官模拟细菌黏附，组织病理学结果表明，大肠杆菌 EAEC 菌株表现出对十二指肠和回肠的聚集黏附性更强，与结肠形成鲜明对比，无论菌株或供体如何改变，都很少或没有观察到对空肠的聚集性黏附。

胃肠道类器官可用于研究食品微生物对宿主的免疫反应。Forbester 等（2015）使用肠道类器官评估宿主与鼠伤寒沙门氏菌的相互作用。在受感染的类器官中，白细胞介素相关的基因表达量显著上调。Karve 等（2017）使用胃肠道类器官分析了大肠杆菌 O157 感染对胃肠道的影响，结果显示，参与胃肠保护的蛋白质的基因表达量没有显著差异。然而，炎症因子 IL-8 和 IL-18 在感染后显著上调。这些研究揭示了炎症和宿主防御期间，类器官内基因的转录水平会发生显著变化。

使用类器官也可研究益生菌菌株的功效。有研究者使用肠道类器官研究在沙门氏菌暴露条件下，嗜酸乳杆菌对肠道屏障的保护机制，结果表明使用嗜酸乳杆菌预处理类器官组织，可显著提高类器官黏液分泌。此外，嗜酸乳杆菌还可降低Toll样受体活性，缓解沙门氏菌导致的炎症反应（Lu et al.，2020a）。还有研究者使用鼠类器官评估了5种乳酸菌菌株抗沙门氏菌感染的能力，结果显示，其中一些菌株通过增加维生素D受体表达来保护类器官免受沙门氏菌感染导致的炎症反应，敲除维生素D受体后则这种保护作用消失（Lu et al.，2020b）。

2.3.4 优良菌株的动物评价模型

人体生理学过程十分复杂，以人类本身作为实验对象深入探讨疾病发生机制进程缓慢，而临床积累的经验不仅受到时间和空间的限制，还会受到伦理和方法上的制约。借助动物模型进行间接研究，可以有意识地改变那些在自然条件下不可能或难以排除的因素，从而更准确地观察模型的实验结果，并将其与人体进行比较研究，这有助于更方便、更有效地认识人类疾病的发生发展规律，以及研究防治措施。

动物功能评价模型是利用模式动物建立的生长代谢、疾病、内稳态等相关动物模型。这些动物模型具备以下三个特点：与人体相似的调控特点、行为表现和药物治疗反应。因此，建立动物功能评价模型是食品微生物功能应用研究中的重要环节之一。该评价方法有助于避免在人体上进行实验所带来的风险，并且能够弥补人类某些疾病潜伏期长、病程长和发病率高的缺点。通过测定模式动物的相关生理生化指标，可以直观地反映食品微生物对活体动物的益生作用，从而对养殖动物的摄食配方改良提出参考建议，同时对于相关食品微生物对人体产生的生理生化影响也有一定的预见作用。

1. 小鼠模型

1）品种品系及其特点

小鼠（mouse）属于生物分类学中的脊椎动物门哺乳动物纲啮齿目鼠科鼷鼠属小家鼠种。自17世纪以来，小鼠作为实验动物，以其繁殖力强、易饲养、表达明显等特点，已成为世界范围内使用频率最高、用途最多、研究最为透彻的哺乳类实验动物之一。小鼠的品种品系主要分为近交系、封闭群及突变系。其中，常用的近交系品种约有250个，主要包括A系、AKR、BALB/c、C系、C3H、C57、C58、CBA、DBA、FVB、SWR和129小鼠等。封闭群小鼠包含SWISS小鼠、ICR小鼠和KM小鼠等。突变系品种有350多个，主要包括nude鼠（裸鼠）和SCID小鼠（重度联合免疫缺陷小鼠）。

A 系小鼠是最早诞生的近交系小鼠，可以用作进行性肌萎缩模型、先天性腭裂模型、感染模型、免疫模型、癫痫模型、呼吸系统疾病模型、癌症模型、补体 C5 缺乏模型、牙科疾病模型、年龄相关的听力丧失模型和老年性耳聋模型等。这一多功能的小鼠品系在癌症和免疫学等多个领域的研究中都具有广泛的应用价值。AKR 小鼠是专门为建立白血病小鼠模型而培育的品系。它们具有自发性淋巴细胞白血病发生率高（60%～90%）的特点，同时对绵羊红细胞的反应性较低，对饲料诱导动脉粥样硬化不敏感，对高脂饲料和高胆固醇饲料的反应性也较低，因此主要用于癌症、免疫和代谢研究中。BALB/c 小鼠是一种近交系免疫缺陷小鼠，包含亚系 BALB/cJ 和 BALB/cByJ。BALB/c 小鼠没有胸腺，因而缺少 T 淋巴细胞；此外，它们的激素水平较高，容易发生肿瘤，不容易因饮食形成动脉粥样硬化。与其他近交系小鼠相比，BALB/c 小鼠的血压最高，因此容易出现自发高血压症。C3H 小鼠包含 C3H/An、C3H/He、C3H/Bi 和 C3H/HeN 等亚系，它们对致肝癌因子和狂犬病病毒敏感，乳腺肿瘤发病率高。C57 小鼠是使用最广泛的实验小鼠品系之一，包含 C57/L、C57BL/6、C57BL/6J、C57BL/6N、C57BL/10 和 C57BR 等亚系。这些亚系中，除了 C57BR（棕色）和 C57L（铅灰色）两个亚系之外，其他亚系都是黑色。C57BL/6J 小鼠的基因组序列已非常清楚，特别适合用于 2 型糖尿病、肥胖、代谢综合征、脂肪肝和动脉粥样硬化等模型的研究或造模。C57BL/6N 小鼠也是基因工程中最常用作转基因或基因敲除小鼠的母本。CBA 小鼠是自发性肿瘤发生率较低且寿命相对较长的近交系小鼠，包括 CBA/Br、CBA/Ca、CBA/J、CBA/St、CBA/H 等亚系。CBA 小鼠易于被诱导形成肿瘤和白血病，对维生素 K 缺乏高度敏感，还可用于老年性耳聋的研究或模型建立。

2）适用的功能评价模型

2002 年，当小鼠基因组的测序工作初步完成时，研究者发现，人类 99%的基因在小鼠中都存在，并且基因同源性高达 78.5%。这一发现表明小鼠与人类在基因水平上高度同源，使小鼠成为最重要的模式生物之一，被广泛应用于功能基因组学和疾病机制等研究领域，同时也为食品微生物的功能评价提供了良好的动物模型。

在肿瘤模型中，小鼠是使用最广泛的动物模型之一。许多小鼠品系具有较高的自发性肿瘤发生率，这些肿瘤从发生学角度与人类肿瘤相似度较高，因此常被用于抗肿瘤药物的筛选及相关机理的研究。此外，小鼠也常被用于诱导肿瘤，或直接移植肿瘤细胞来模拟肿瘤生长过程。乳酸杆菌已被证明具有多种抗肿瘤作用机制。Motevaseli 等（2018）通过注射 4T1 乳腺癌细胞系诱导 BALB/c 小鼠乳腺肿瘤，然后给予不同剂量乳酸杆菌干预。结果发现，一定剂量的乳酸杆菌可以提高携带肿瘤小鼠的存活率，减小肿瘤体积，并降低免疫抑制因子的表达水平。

Aindelis 等（2020）探究了干酪乳杆菌对结肠癌的调节作用，结果发现，干酪乳杆菌 ATCC 393 在体外具有明显的抗癌细胞增殖和促凋亡活性。然后，利用 CT26 结肠癌细胞成功诱导 BALB/c 小鼠结肠癌模型，并通过灌胃方式给予小鼠干酪乳杆菌 ATCC 393，结果发现，干酪乳杆菌可以强效诱导 Th1 细胞免疫应答，从而抑制肿瘤生长。

小鼠是评价免疫调节最常用的动物模型之一。Evans 等（2012）报道了发酵酿酒酵母冻干粉对小鼠炎症（自身免疫性关节炎模型）的治疗效果，酵母冻干粉可能通过调节多种急性和潜在的慢性免疫或炎症控制机制起作用。李理等（2011）通过建立尘螨致敏激发雌性 C57BL/6 小鼠动物模型，探讨了口服乳酸菌对尘螨致变应性气道炎症小鼠脾细胞免疫调节功能的影响，结果表明，口服乳酸菌诱导了小鼠脾细胞 $CD4^+$调节性 T 淋巴细胞亚群的增殖，通过释放 IL-10 从而降低体内 Th1/Th2 细胞因子的含量，进而抑制尘螨致变应性气道炎症。张艳华等（2022）研究了发酵乳杆菌 HCS08-005 的体内免疫调节作用，使用环磷酰胺诱导小鼠构建免疫低下小鼠模型，并对其用低、中、高剂量的活性发酵乳杆菌 HCS08-005 冻干菌粉进行免疫调节干预。研究结果显示，HCS08-005 可以显著上调血清中 IFA-γ、TNF-α、IL-4 及 IgG 的水平，下调 IL-10 的水平，明显增强免疫抑制小鼠吞噬细胞的能力和迟发型超敏反应，降低足肿胀抑制率。这些研究结果表明发酵乳杆菌 HCS08-005 具有一定的免疫调节作用。

小鼠在模拟各种肠道疾病方面发挥着重要的作用。阙雪梅等（2014）研究了布拉氏酵母菌对 DSS 诱导的实验性结肠炎小鼠肠黏膜的屏障作用，结果发现，布拉氏酵母菌可以保护 DSS 诱导的结肠炎小鼠的肠黏膜屏障功能。Sivananthan 和 Petersen（2018）综述了布拉氏酵母菌在治疗炎症性肠病（IBD）方面的潜力。Liu 等（2020）研究了不同生理特征的植物乳杆菌在 DSS 诱导的 C57BL/6 结肠炎小鼠中的效果，结果发现，在测试的植物乳杆菌菌株中，植物乳杆菌 N13 和植物乳杆菌 CCFM8610 能够显著缓解小鼠结肠炎，包括恢复体重、降低疾病活动指数（DAI）、重塑肠道菌群、减少促炎细胞因子的表达，以及显著抑制 *p65* 基因的表达等方面。Zhai 等（2019）筛选了一株 Zn 富集能力较强的植物乳杆菌 CCFM242，发现该菌株可以改善结肠炎小鼠的症状，具体而言，它能够增强结肠炎小鼠结肠紧密连接蛋白的表达，提高结肠内容物中短链脂肪酸的水平，并显著改变小鼠的肠道菌群，从而进一步缓解结肠炎。

2. 大鼠模型

1）品种品系及其特点

大鼠（rat）学名 *Rattus norvegicus*，在生物分类学上属脊椎动物门哺乳动物纲啮齿目鼠科家鼠属褐家鼠种。大鼠品系主要分为近交系和封闭群，其中近交品系达 100 多种，主要包含 ACI、Fischer/F344、LEW、SHR、GH 和 BUF 等品系。常见的封闭群以 Wistar、SD 和 Long-Evans 为主。

与小鼠相比，大鼠体型较大，其生理学特征易于研究。不同的大鼠品种品系具有不同的生物学特点及应用领域。ACI 大鼠是一种常用于一般性研究的实验动物，在研究行为、生殖或泌尿系统畸形、雌激素与肿瘤关系等方面具有优势。F344 大鼠（Fischer 大鼠）是广泛使用的实验动物之一，是继 Wistar 大鼠和 SD 大鼠之后使用最多的大鼠品系。F344 大鼠是致癌实验中最常用的动物之一，广泛用于毒性或毒理学研究、老年性耳聋、老年性肾功能下降、关节炎、过敏性疾病和器官移植等领域。LEW 大鼠在多种药物成瘾、自发性肿瘤和 1 型糖尿病等方面具有易感性，因此常被用于行为学和肿瘤学研究。此外，LEW 大鼠还可以通过实验过敏性佐剂诱导过敏性脑脊髓炎、关节炎、自身免疫复合物血细胞性肾炎。SHR 大鼠是一种自发形成高血压的大鼠，其高血压自发率达到 100%，因此，它也是最常被用于遗传性（原发性）高血压及其并发症的实验动物，也常被用于抗高血压药物的筛选研究。GH 大鼠有遗传性高血压并伴有心血管疾病，常用于高血压及相关心血管疾病的研究。BUF 大鼠龋齿发生率较低，因此常用于牙科研究；此品系大鼠在老年时肾上腺皮质等发生肿瘤的概率较高，并且容易出现自体免疫性甲状腺炎和移植性肿瘤等情况。Wistar 大鼠性格温顺，繁殖能力强，并且具有较低的肿瘤发病率，因此它是实验室使用最广泛的大鼠品种之一。SD 大鼠的生长发育快于 Wistar 大鼠，抗病能力强，是毒理学、营养学研究中经常使用的大鼠品系之一。

2）适用的功能评价模型

在过去一个世纪，大鼠在生物医学研究中一直扮演着重要的角色，在药物药理模型、肿瘤模型、营养代谢性疾病模型、遗传性疾病模型、神经-内分泌疾病模型、传染病模型等研究领域是首选的模型。对于食品微生物的功能评价来说，大鼠也是一种重要的模式动物。

糖尿病是一组以高血糖为特征的代谢性疾病。以糖尿病模型为例，Manaer 等（2015）通过给 SPF 级 Wistar 大鼠进行高糖高脂饮食干预，并联合低剂量 STZ（30 mg/kg）诱导，成功构建了 2 型糖尿病模型，进一步探究了不同剂量乳酸菌和酵母菌发酵的骆驼奶对 2 型糖尿病的治疗作用。研究结果表明，高密度发酵骆驼奶（包括 6.97×10^8 CFU/mL 乳酸菌和 2.20×10^6 CFU/mL 酵母菌）对 2 型糖尿病大鼠有明显的降糖作用。另外，Gao 等（2018）使用高脂饮食和低剂量链脲佐菌素诱导的 2 型糖尿病 Wistar 大鼠模型研究了植物乳杆菌 NCU116 发酵对苦瓜抗糖尿病功能的影响，证实了植物乳杆菌发酵通过调节肠道菌群和短链脂肪酸来增强苦瓜汁的抗糖尿病特性。

人类高脂血症通常与长期高脂饮食有关，而高脂血症又是引发心血管疾病的主要危害因素之一。在高脂血症的研究中，大鼠是目前国内外最常用的实验动物。杨静云等（2017）以高脂饲料连续饲喂 SD 大鼠 4 周建立高脂血症动物模型，探究山楂、泽泻、决明子与紫色红曲霉混合发酵产物对食源性高脂血症大鼠血脂水平的调节作用。研究发现，调脂中药与红曲霉混合固态发酵产物可以有效抑制食源性高脂血症的形成，并对食源性高脂血症大鼠血清血脂水平有良好的调节作用。Ren 等（2021）发现产乳酸芽孢杆菌 DU-106 发酵的黑苦荞显著降低了高脂饮食诱导的高脂 SD 大鼠的血清总胆固醇、甘油三酯和低密度脂蛋白胆固醇的水平，缓解了大鼠的高脂血症和肠道菌群失调。

胆固醇水平普遍升高被认为是导致我国冠心病发病率和死亡率迅速增加的主要原因。大鼠通过摄取高胆固醇饮食可以表现出高胆固醇症状，这种现象的形成原因与人类相似，因此大鼠被广泛用于高胆固醇相关调节的研究。Liu 等（2017）对从发酵食品中分离出的 79 株乳酸菌进行了降胆固醇作用筛选，并评价了其中最佳菌株 LP96 对高胆固醇饮食喂养的 KM 大鼠的影响。研究结果显示，菌株 LP96 在体外具有降低胆固醇的特性，并且能够降低以高胆固醇饮食喂养的大鼠的胆固醇水平。Kobashi 等（1983）使用 ^{14}C 标记的胆固醇研究了口服丁酸梭菌（*Clostridium butyricum*）对正常大鼠胆固醇分解代谢和排泄的影响，以及对喂食高胆固醇饮食的大鼠血浆胆固醇水平的影响。

此外，大鼠模型在研究食品微生物对非酒精性脂肪性肝病（NAFLD）的影响方面也得到了广泛应用。NAFLD 是一种与无酒精滥用相关的肝病综合征，根据 Younossi 等（2018）的研究，NAFLD 已成为世界范围内肝脏疾病最主要的原因之一，并且在未来几十年很可能成为终末期肝病的主要原因，影响成人和儿童。Zhu 等（2021）研究了乳酸菌 JCM15041 发酵黑大麦对 NAFLD 大鼠氧化应激和肠道菌群失调的调控作用。研究结果表明，发酵黑大麦显著抑制了喂食高脂饮食 SD 大鼠的体重增加，并减少了其肝脏和腹部脂肪组织中的脂肪堆积。此外，发酵黑大麦治疗组的天冬氨酸转氨酶（AST）、丙氨酸转氨酶（ALT）和 ALT/AST 比值相对于仅高脂饮食组有所下降，表明乳酸菌发酵黑大麦治疗可以减轻高脂饮食对肝细胞的损害。李欣益等（2019）通过喂养高脂饲料成功构建了 Wistar 大鼠的 NAFLD 模型，研究了益生菌双歧杆菌 V9 对高脂饮食诱导的 NAFLD 大鼠肝功能、氧化应激及脂代谢的影响。

3. 鱼类模型

1）品种品系及其特点

鱼类动物作为生物医学、环境保护科学等领域的实验研究对象或材料，已在世界各地取得许多重要的科研成果。在已知的脊椎动物种属中，鱼类有约 30 000 种（估计可能达到 40 000 种），而鸟类有 8600 种，哺乳类（即现今常用的小鼠、大鼠、家兔、家犬等）只有 4500 种。鱼类资源的多样性为选择和培育用于不同研究目的的实验动物提供了丰富的自然资源。鱼类繁殖力强，大多世代周期短，均一性强，在实验选择方面具有更大的灵活性。目前常用于功能评价的实验鱼类包括斑马鱼、青鳉、虹鳟和罗非鱼等。

鱼类具有一些独特的生物学特性，为某些实验研究或监测提供了良好的模型，例如，斑马鱼、青鳉等透明的胚胎为发育生物学研究提供了方便；新月鱼与剑尾鱼的杂交一代能自发产生黑色素瘤，成为研究肿瘤形成分子机制的重要模型；鱼类的产卵及发育特点使其成为基因转移研究的理想材料之一；鱼类对某些药物、毒气或重金属十分敏感，是进行毒理学研究特别是水环境污染监测的良好材料；鱼类肿瘤与人类肿瘤相似，也是实验肿瘤学和环境致癌物研究的优秀材料；此外，鱼鳍是研究膜生理学极好的模型。

2）适用的功能评价模型

在国际上，鱼类模式生物的使用正不断拓展，并深入到生命体多种系统（如神经系统、免疫系统、心血管系统、生殖系统等）的发育、功能和疾病（如神经退行性疾病、遗传性心血管疾病、糖尿病等）研究中。

为了满足市场需求，鱼类规模化和集约化养殖模式发展迅速，但同时也存在许多问题需要解决，例如，一些植物蛋白代替鱼粉不仅会降低鱼的生长性能，还会造成鱼体肝脏损伤。此外，不合理的养殖方式和饲料配方结构也会导致鱼类肠道菌群失调，进而导致产量下降。探讨食品微生物对动物体生长发育的影响，对于幼体营养调控具有重要的意义。目前，开发具有促进鱼类生长、增强免疫力、提高抗病力等功效的添加剂已成为当前研究的热点。王之怡等（2020）从腐乳中分离筛选得到一株植物乳杆菌（FR27），并探究了 FR27 对斑马鱼生长发育的影响，研究结果表明，FR27 通过增强斑马鱼幼鱼的运动能力和摄食能力，促进幼鱼生长发育和脂肪沉积。胡娟等（2021）的研究结果表明，鱼饲料中添加枯草芽孢杆菌 HGcc-1 能够改善鲤鱼肠道和肝脏健康、血清补体及肠道菌群稳态。陈秋燕等（2022）基于斑马鱼模型，评价了枯草芽孢杆菌（CGMCC 1.892）和酿酒酵母（CGMCC 2.119）发酵对麦麸多糖抗氧化活性的影响，研究结果表明，发酵麦麸可显著降低斑马鱼体内的 ROS 产生、细胞死亡率和脂质过氧化率，提高斑马鱼胚胎中抗氧化酶的活性，从而提高胚胎的抗氧化能力，进一步证实微生物发酵可提高麦麸多糖的抗氧化活性。

随着对鱼类免疫系统重要性的不断认识，近年来有研究通过在饲料中添加一定浓度的乳酸菌来探究乳酸菌对鱼类免疫的影响。*TNF-α* 是先天免疫系统的重要组成部分，在革兰氏阳性和阴性细菌的裂解及促炎活性中起关键作用。先前的研究已经证实，*TNF-α* 基因表达受到兴奋剂或抑制因子的影响，因此可以用作鱼类先天免疫状态的指标。Hosseini 等研究了嗜酸乳杆菌对金鱼的影响，包括皮肤黏液蛋白、免疫和食欲相关基因表达以及生长性能的影响。研究结果表明，在金鱼日粮中添加嗜酸乳杆菌可以显著上调 *TNF-1α* 和 *TNF-2α* 基因表达。同样，Pérez-Sánchez 等(2011)在饲料中添加植物乳杆菌也会显著提高虹鳟鱼肾中 *TNF-α* 基因的表达。Panigrahi 等（2004）用鼠李糖乳杆菌 JCM 1136 饲喂虹鳟，结果表明鼠李糖乳杆菌提高了吞噬活性和补体活性等非特异性免疫能力。刘小玲等（2013）研究了嗜酸乳酸菌对吉富罗非鱼免疫的影响，通过给罗非鱼分别饲喂含不同浓度（0、8×10^5 CFU/g、4×10^6 CFU/g、2×10^7 CFU/g、1.5×10^8 CFU/g）嗜酸乳酸菌的饲料，结果表明添加嗜酸乳酸菌可以提高罗非鱼血清中超氧化物歧化酶、碱性磷酸酶和酸性磷酸酶的活性，从而增强了鱼的免疫力。

4. 仔猪/小型猪模型

1）品种品系及其特点

目前国内用于人类疾病模型的小型猪品种有广西巴马小型猪、贵州小型猪、五指山小型猪近交系和西藏小型猪等；国外用于人类疾病模型的小型猪品种有哥廷根系(Goottingen)小型猪、尤卡坦系(Yucatan)小型猪、明尼苏达-荷曼(Minnesota Hormel）小型猪、皮特曼-摩尔（Pitman Moore）小型猪、科西嘉小型猪（Corsica）和汉佛特（Hanford）小型猪等。

猪被广泛认为是理想的功能评价模型，因为它们在解剖学、生理学基因组和疾病发生等方面更接近人类。猪模型广泛用于生理学研究。小型猪和仔猪由于成本低、饲养周期短、饲养便捷等优点备受研究者的青睐。我国拥有丰富的小型猪品种资源，这些品种天然育成，具有品种多样、遗传性状稳定、体型小、对近交繁殖具有较强的耐受性等优点。小型猪平均寿命为 16 年，最长可达到 27 年。成年小型猪的体重约为 30 kg（6 月龄），微型猪最小约为 15 kg。小型猪唾液中含有较多的淀粉酶，胃为单室，能够分泌各种消化酶，胆囊浓缩胆汁的能力低，盲肠内含有大量微生物，在消化中起着重要的作用。小型猪的胃肠道，特别是小肠和胃的解剖结构与人类类似，仅在结肠的螺旋取向和阑尾有无方面不同。尽管存在这些差异，其原发肠道功能（消化吸收和微生物发酵）仍与人类胃肠道相似。小型猪适用于各种给药方法，包括吸入、口服插管、饮食、皮肤、多次肠胃外注射和连续静脉输注等，目前它们已经被用于非临床药理学和临床前研究中的单剂量、重复剂量、畸形、生殖力评估，以及吸收、分布、代谢和排泄研究。此外，Phuoc 和 Jamikorn（2017）报道了益生菌补充剂（枯草芽孢杆菌和嗜酸乳杆菌）对断奶兔饲料效率、生长性能及微生物种群的影响，研究发现单独补充嗜酸乳杆菌或与枯草芽孢杆菌联合使用，可以提高断奶兔肠道有益菌群的数量、营养消化率、盲肠发酵和生长性能，但仅接受枯草芽孢杆菌的断奶兔与没有益生菌的对照组没有区别。

2）适用的功能评价模型

猪作为一种动物模型，能够为分子生物学研究提供足够的组织和血液，同时拥有较长的寿命，使得研究者可以详细追踪疾病的进展情况，在对食品微生物的功能评价中发挥着重要作用。小型猪已被用作几种临床适应证的动物模型，如心血管疾病、代谢综合征、消化和骨骼疾病、糖尿病、心脏病、皮肤病、急性和慢性肠道炎症。

小型猪先天和适应性免疫系统（黏膜及上皮内 B 淋巴细胞和 T 淋巴细胞）的几种免疫细胞、免疫过程，以及巨噬细胞对先天免疫激活剂的识别也与人类相似，从而使得小型猪成为肠道炎症研究的优秀模型。仔猪肠炎是仔猪最常见且最严重的疾病之一，可以导致仔猪体重下降、免疫力低下，进而容易受到其他疾病的侵袭，严重威胁养猪业的健康发展。饲料中添加益生菌可以改善仔猪肠道菌群和生长性能，同时提高肠道屏障功能，降低机体炎症反应。益生菌可减少促炎细胞因子（IFN-γ、IL-17 和 IL-23）的产生，同时增加抗炎细胞因子（IL-4 和 IL-10）的产生。益生菌可以通过调节机体 IL-8、IL-4、IL-12、INF-α 细胞因子和 MHC II（主要组织相容性复合体II）的表达量，从而刺激机体的细胞免疫和体液免疫，进而起到抗病毒的作用。研究还发现，益生菌和肠道微生物产生的可溶性因子具有抗炎和保护细胞的作用（张飞等，2021）。龙红燕（2019）研究了复合乳酸菌制剂对仔猪肠炎预防及生产性能的影响，具体方法为：选择 20 日龄仔猪 120 头，平均断奶体重（8.52±1.36）kg，分成 3 个实验组，每组 40 头。第一组为对照组，饲喂玉米、麦麸、豆粕、食盐等基础日粮；第二组为添加复合乳酸菌制剂组。试验 60 天后，抽取仔猪血进行检测，统计仔猪肠炎发病率。试验结果显示：与第一组相比，第二组血清中的干扰素 INF-γ 的含量和 IgM 含量分别高出 13.6%和 25.2%，差异显著（$P<0.05$）；与第二组相比，第三组仔猪血清中 T 淋巴细胞 $CD8^+$细胞亚群的数量升高 86.5%，差异显著（$P<0.05$）；与第一组相比，第二组、第三组仔猪肠炎发病率降低明显；与第一组、第三组相比，第二组仔猪体重增加明显。结果表明，复合乳酸菌制剂能有效提高仔猪体液免疫和细胞免疫抵抗力，对预防仔猪肠炎具有良好的促进效果，并对仔猪生长发育产生积极影响。

5. 其他模型

1）禽类模型

禽类动物由于其自身的结构特点，以及繁殖快速、生长周期短、体外孵化易于控制、易于饲养和试验成本低等优点，成为常用的实验动物，应用于药物评价、病毒学及人类相关疾病模型的研究。其中，鸡是禽类动物模型中最主要的研究对象。目前实验用鸡的品种主要有‘九斤黄’、澳洲黑鸡、‘航鸡’等。

生长性能模型通常用来研究乳酸菌对鸡生长性能的影响。Lawrence-Azua 等（2018）研究了酿酒酵母补充剂对肉鸡生长性能、血液学和血清生化指数的影响，结果显示，在鸡的日常饮食中添加 3%的酿酒酵母可显著促进肉鸡的生长发育，而不会对鸡的健康产生任何不良影响。Magnoli 等（2017）以库德毕赤酵母作为一种新型饲料添加剂，探究了其缓解鸡中黄曲霉毒素 B_1 毒性的作用。结果表明，库德毕赤酵母可以有效缓解黄曲霉毒素 B_1 毒性作用并促进鸡的生长发育。Kalavathy 等（2003）研究了 12 种乳酸菌混合菌粉对仔鸡生长性能的影响，结果发现在饲喂 42 天后，试验组增重相较对照组增加了 4.7%。

一些食品微生物学的研究集中于调节鸡的免疫和肠道菌群组成方面。Bai 等（2013）探讨了含发酵乳杆菌和酿酒酵母的益生菌产品对肉鸡生长性能和肠道免疫状态的影响。研究结果表明，发酵乳杆菌和酿酒酵母增加了 $CD3^+$、$CD4^+$和 $CD8^+$T 淋巴细胞的亚群数量，并提高了 TLR2 和 TLR4 的表达水平。Lu 等（2019）研究了酵母提取物对鸡生长性能和免疫功能的影响，结果显示酵母提取物能够提高鸡体内 IgA 的水平。

2）兔类模型

兔是最早被用作实验用途的动物之一，在生物学分类上属于脊椎动物门哺乳动物纲兔形目家兔/野兔科。全世界野兔共有 9 属 53 种。家兔是通过对野生穴兔（岩石兔）进行驯化而得到的，经过世代的选种和繁育，衍生出 60 多个品种、200 个左右品系。目前，在国际上，实验用兔多达数十个品种，主要包括新西兰白兔（New Zealand white rabbit）和弗莱明巨兔（Flemish giant rabbit）等。我国常用的实验家兔品种有日本大耳白兔、新西兰白兔、青紫蓝兔和中国白兔。1983 年，卫生部确定日本大耳白兔和新西兰白兔为全国卫生系统通用的实验家兔品种。另外，有些地区和单位还会使用青紫蓝兔和中国白兔作为实验动物。

潘康成和何明清（1998）使用地衣芽孢杆菌制成微生态制剂，并在断奶后的家兔中饲喂了 40 天，再给家兔注射兔病毒性出血病（RHD）组织灭活疫苗，结果显示实验组家兔的血清抗体对 RHD 病毒的特异性血凝抗体和血清免疫球蛋白含量均明显高于对照组，这表明地衣芽孢杆菌对家兔的体液免疫功能有促进作用。此外，与单独使用疫苗相比，RHD 组织灭活疫苗与地衣芽孢杆菌制剂联用的效果更好。进一步研究地衣芽孢杆菌对家兔细胞免疫功能的影响，结果发现，饲喂地衣芽孢杆菌微生态制剂后，实验组家兔的免疫器官生长发育更快、更成熟；血液中的白细胞总数、外周血 T 淋巴细胞数和 α-乙酸萘酚酯酶活性（ANAE）均明显高于对照组。在饲喂地衣芽孢杆菌 30 天后，进行了植物血凝素（PHA）腹部皮内试验，结果显示实验组家兔的变态反应强度均高于对照组。这些结果表明，地衣芽孢杆菌能促进家兔免疫器官的成熟，增强家兔的细胞免疫功能。

3）犬类模型

实验犬性格温顺、容易调教、实验配合度高、实验重复性好，是国际医学界和生物学界公认的理想实验动物。犬的生理结构特征、器官大小等与人相似，尤其是在心脑血管、视觉器官、生殖生理等方面，因此，犬被广泛应用于物理介入治疗和干预研究。此外，由于犬与人类的生活环境极其相似，使得犬模型在模拟人类遗传性疾病的病因和发病机制时，能够最大限度地排除环境与基因之间的相互影响，准确模拟疾病发病机制。基于上述诸多优势，犬被视为理想的临床和遗传模型，广泛用于众多疾病的研究中。

多项研究证实，食用微生物对犬类的健康有重要影响，尤其是在急性或间歇性腹泻的情况下。研究发现，发酵乳杆菌 CCM 7421 能够在犬类胃肠道中定植，改变肠道微生物群和代谢物（有机酸）的组成，并调节犬的血清生化参数和免疫参数（Strompfová et al.，2017）。类似地，补充嗜酸乳杆菌 D2/CSL（CECT 4529）显著改善了犬的肠道健康，从而改善了它们的粪便质量和营养状况（Marelli et al.，2020）。研究还发现，经过发酵乳杆菌、鼠李糖乳杆菌和植物乳杆菌发酵后的酸奶能够使腹泻犬类的粪便稠度恢复正常，并且减少了粪便中致病菌的数量，加快了犬类的康复（Gómez-Gallego et al.，2016）。D'Angelo 等（2018）评估了布拉氏酵母对患有慢性肠病的犬的作用，研究结果显示，慢性肠病犬的临床活动指数、粪便频率、粪便稠度和身体状况评分均显著改善，证实布拉氏酵母可以安全地应用于患有慢性肠病的犬。

4）非人灵长类模型

非人灵长类动物在生物进化及解剖结构等方面都与人类十分接近，因此被视为医学研究领域理想的实验动物。但是，由于其数量有限、繁殖较慢、价格昂贵及饲养管理费用高，所以在使用上受到一定限制。非人灵长类动物相比其他模式动物，在人类疾病特别是认知和神经系统疾病的研究中具有显著优势。其中，猕猴属哺乳纲灵长目猴科猕猴属，其模型应用最广、研究最深入。猕猴是猕猴属猴的总称，共有 12 个种系，其中恒河猴分布最广、数量最多、应用最广。猕猴在许多研究领域都有应用，包括传染病学研究、药理学和毒理学研究、生殖生理研究、口腔医学研究、营养和代谢研究、行为学和高级神经活动研究、老年病研究、器官移植和眼科研究、内分泌病和畸胎学研究、肿瘤学和环保研究等。

近年来，已有研究利用非人灵长类动物模型对乳酸菌的免疫调节功能进行了评价。Ortiz 等（2016）利用猴免疫缺陷病毒（simian immunodeficiency virus，SIV）感染猕猴模型，研究了益生菌及 IL-21 的摄入对 Th17 细胞表达、细菌移位等方面的影响，发现通过摄入益生菌可以维持肠道稳态，有效抑制免疫缺陷症状引起的病理损伤。Klatt 等（2013）研究了乳酸菌（VSL#3 组合制剂）和益生元（菊粉）联合补充剂对 SIV 感染猕猴肠道免疫的影响。结果表明，该补充剂提高了肠道中抗原呈递细胞（antigen presenting cell，APC）的数量，并增强了它们的功能。此外，补充剂还促进了 $CD4^{+}T$ 淋巴细胞的重构，并减少了结肠淋巴组织的纤维化变性。以上结果为研究艾滋病感染患者肠道免疫调节提供了有价值的动物模型实验数据。

5）线虫模型

线虫作为研究进化和发育的重要模式生物具有三大突出优势：物种丰富、分布广泛且数量众多。19 世纪，Theodor Boveri 利用线虫模型推动了染色体遗传理论的发展。秀丽隐杆线虫被认为是最典型的线虫模型。1963 年，Sydney Brenner 首次引入秀丽隐杆线虫作为模型系统，用于研究发育和行为的遗传学。1974 年，他在 *Genetics* 杂志上发表“The genetics of elegans”一文，向世人展示秀丽隐杆线虫是进行遗传研究的理想生物。自此之后，秀丽隐杆线虫成为现代生物学研究领域的典型模型系统之一。秀丽隐杆线虫成虫通体透明，长约 1 mm，寿命约 2 周，易在实验室中培养和操作，在含有大肠杆菌的培养基中以 20℃孵化 3 天即可繁殖，每条成虫约可产下 300 个卵，实验室条件下可以短时间内大批量生产。由于操作简便、成本低且试验周期短，秀丽隐杆线虫成为实验研究中理想的模式生物。

目前，线虫模型已被广泛用于生理学、基因组学、神经科学、进化和细胞生物学等领域。在食品微生物研究中，一些研究者利用秀丽隐杆线虫模型揭示了枯草芽孢杆菌对寄主寿命的影响机制，这有助于阻止与年龄相关的疾病的发展（Donato et al.，2017）。Sugawara 和 Sakamoto（2018）发现灭活双歧杆菌能增强线虫的抗应激能力、提高运动能力并延长寿命。在真菌研究中，Poupet 等（2019）使用秀丽隐杆线虫模型和 Caco-2 细胞体外模型阐明了鼠李糖乳杆菌 Lcr35®在治疗白色念珠菌病方面的特性。在细菌研究中，Gusarov 等（2013）证明枯草芽孢杆菌等细菌来源的 NO 可通过 HSF-1 和 DAF-16 转录因子的双重控制增强秀丽隐杆线虫的寿命和抗逆性，为小分子种间信号传递提供参考，从而阐明共生细菌对其宿主的终生价值。

2.3.5 优良菌株的人群试食与临床评价

1. 试食评价模型

1）试食标准和评价标准

人群试食试验是评价菌群效果的关键一步，它能够回答动物模型无法解决的问题。这种试验能够确定哪些菌群可供人类使用、菌群的营养价值，以及它们对健康的影响。通过在志愿者中测试菌群的方式，我们可以观察不同人群对于不同菌群的反应，鉴定出适合人体的优良菌株，并提供可衡量的结果，满足监管的需求。

目前国内的试食评价标准主要是依据《保健食品检验与评价技术规范（2003年版）》和《保健食品人群试食试验伦理审查工作指导原则（2022 年版）》，其中规定了试食试验中所使用的保健品必须经过动物试验并已经确认其安全性，具有明确的来源信息且符合卫生标准，而且规定了试食组与对照组的有效人数必须大于 50 人并标明脱离率，试食周期必须大于 30 天，需通过当地的伦理委员会审批才能被证明为有效。为了保证试验的可靠性，试验的主要负责人还需具有副高级或以上的职称。

与微生物相关的人群试食试验的功能评价研究主要包括与保健相关的功能，如营养补充、食物过敏、抗氧化、便秘及减肥等。为了确保微生物产品能够作为保健品以供补充，人群试食评价需要有多方面的数据保证试验的可靠性。首先，试食人群在入组前需进行身体测试确定情况；其次，保健品作为一种食用品，主观感觉很重要，决定了大多数人的接受程度；再次，服用后不会有精神不振、体力不足等现象；最后，需要记录试食后生理指标、生化指标及保健功能相关指标的改变。

2）典型案例分析与应用模型

近年来，大量公司与高等院校都开展了微生物产品的试食试验，以期推动益生菌产品化及产业的快速发展。多项研究表明服用益生菌类产品对机体健康免疫具有卓越效益（表 2-11）。君乐宝乳业集团有限公司于 2017 年开展了一项随机、双盲、平行、以麦芽糖糊精为安慰剂、为期 8 周的对照临床试验，以评估副干酪乳杆菌 N1115 对婴幼儿肠道健康的影响。该项目入组人群有严格标准，所有受试者必须符合以下条件：年龄在 6 个月到 3 岁之间，男性或女性均可，并且是通过剖腹产出生。在筛选受试者时，排除了以下情况：在过去 2 周内使用过益生菌和益生元产品的婴幼儿；在实验期间食用益生菌和益生元的患者；有食物过敏的婴幼儿；在过去 3 个月内使用过抗生素的婴幼儿；患有严重心血管疾病或急性疾病的婴幼儿。最终我们纳入 61 名婴幼儿，其中 1 名丢失访问。健康受试者被随机分为两组，每天一次（2 g）用温水或牛奶给予益生菌或安慰剂样品。父母/监护人需要记录受试者每天的排便次数、大便稠度，以及他们是否经历任何腹痛、腹胀或胀气（气体）。在三次访问（0、4 周和 8 周）期间，还在研究地点收集了粪便和唾液样本，用于分析微生物群组成、短链脂肪酸和皮质醇。结果表明，该菌株对婴幼儿无负面影响，且具有良好的益生作用（Wang et al.，2021）。该公司同样展开了针对肠道健康的益生菌双歧杆菌 LB12 的开发研究。试食试验招募了 50 名年龄在 30 岁左右的志愿者，要求志愿者每日三次饮用益生菌制剂，通过其排便次数及粪便指数探索该微生物制剂对肠道健康的影响，结果表明，双歧杆菌 LB12 有效改善了肠道功能（冯丽莉等，2014）。上海交大昂立股份有限公司于 2015 年针对益生菌作用开展了为期 14 天的人体试食试验，共招募 100 名 6～14 岁的正常志愿者，服用自主研发的由低聚木糖、嗜酸乳杆菌和长双歧杆菌组成的合生元制剂，每日 1 次，每次 1 袋。收集试验第二周的血糖、肝肾、尿常规等指标，分析粪便菌群的变化，结果表明，该制剂能有效调节人体中双歧杆菌与乳杆菌数量，维持机体健康（张和春等，2015）。广州雅芳保健品制造有限公司招募 6～14 岁的 104 名正常志愿者对其进行了为期 15 天的试食实验，微生物制剂由嗜酸乳杆菌、乳双歧杆菌及低木聚糖组成，以每日 1 次、每次 1 袋的试食方案，连续服用 15 天。评价指标为血常规、尿常规及菌群的变化。结果表明，健康人群对微生物制剂配方无不良反应，且微生物制剂配方具有调节肠道健康的作用（朱韶娟，2011）。光明乳业股份有限公司在 2010 年同样开展了益生菌制剂试食研究，其纳入 104 名血脂异常患者以探索植物乳杆菌 ST-III 的血脂调节作用，试食组被要求服用含有植物乳杆菌 ST-III 的脱脂乳，每日 1 次，为期 30 天，通过评价血常规、尿常规及粪便的基础指标，表明该菌具有改善患者血脂异常的作用，并且无副作用（季红等，2010）。2011 年，内蒙古伊利实业集团股份有限公司开展了以改善人体肠道为目标的人群试食试验，该试验从北京、上海两大城市招募了 224 例受试者，产品试食组被要求在每天 10：00 试用集团开发的益生菌饮料 100 mL（副干酪乳杆菌、双歧杆菌、嗜酸乳杆菌复合益生菌，总活菌数达到 3×10^8 CFU），持续 3 个月。评价指标为上呼吸道感染的发生、腹胀度、肠道产气率及排便频率。结果表明，该益生菌制剂能有效改善肠道健康，减轻不良症状（安颖等，2012）。张亮等开展了针对便秘人群的试食实验，其开发了一种由低聚果糖、低聚木糖、赤藓糖醇、菊粉、麦芽糊精、两歧双歧杆菌 CCFM16、长双歧杆菌 CCFM729、植物乳杆菌 CCFM639、嗜酸乳杆菌 CCFM137、干酪乳杆菌 CN1566、瑞士乳杆菌 CCFM202、鼠李糖乳杆菌 CCFM 1028 组成的益生菌功能饮料，活菌总量＞6×10^9 CFU。本试食试验从全国招募了 47 例 18 岁以上的便秘患者，试验分为 3 组，即微生物饮料组、益生元组及安慰剂组（2 g/d），缓解指标主要根据排便困难/过度用力排便、粪便性状、排便不尽/下坠胀感、排便有肛门/直肠阻塞感和排便频率共 5 项症状，结果表明该益生菌复合固体饮料对人群便秘具有良好的缓解作用，能刺激肠道蠕动，恢复肠道正常运转（张亮，2019）。

表 2-11　益生菌对人体肠道健康的益处

研究对象	优良菌株	临床结果	参考文献
209 名老人	*B. longum* 2C 和 46，*B. animalis* subsp. *lactis* BB-12	TGF-β1↑；IL-10↓	Ouwehand et al.，2008

续表

研究对象	优良菌株	临床结果	参考文献
10 名老人	*L. rhamnosus* GG	IL-1β、IL-6、IL-8↓	Ibrahim et al.，2010
9 名健康成人，10 名老人	*L. casei* Shirota	NK 细胞活性↑	Takeda and Okumura，2007
25 名成年人	*B. lactis* HN019	IFN-γ↑	Arunachalam et al.，2000
27 名健康老人	*L. rhamnosus* HN001，*B. lactis* HN019	NK 细胞活性↑	Gill and Rutherfurd，2001
31 名老人	*L. rhamnosus* HN001，*L. acidophilus* NCFM	先天性免疫↑	Ibrahim et al.，2010
52 名健康的中年人和老人	*L. rhamnosus* HN001	NK 细胞活性、多形核细胞活性↑	Chiang et al.，2000
26 名健康人	*L. acidophilus* 74-2，*B. animalis* subsp. *lactis* DGCC420	吞噬细胞活性↑	Klein et al.，2008
37 名健康人	*B. lactis* Bi-07	吞噬细胞活性↑	Donnet-Hughes et al.，1999
40 名健康成人	*L. salivarius* CECT5713	NK 细胞、IL-10↑	Sierra et al.，2010
24 名 70 岁以上的老人	*L. johnsonii* La1（NCC533）	TNF-α↓	Fukushima et al.，2007
45 名健康人	*L. casei* DN114001	单核细胞的氧爆能力↓	Donnet-Hughes et al.，1999
50 名健康人	*B. lactis* HN019	PMN 细胞的吞噬作用，NK 细胞活性↑	Chiang et al.，2000
30 名健康人	*L. gasseri* CECT 5714，*L. coryniformis* CECT 5711	NK 细胞，IgA↑	Olivares et al.，2006
63 名学生	*L. casei* DN-114001	淋巴细胞↑	Marcos et al.，2004
30 名健康老人	*L. casei* Shirota	NK 细胞活性，IL-10↑	Dong et al.，2013
35 名成年人	*Bacillus polyfermenticus* Probiotic，Bispan Strain	IgG，$CD4^+/CD8^+$T 细胞，NK 细胞↑	Kim et al.，2006
479 名成年人	*L. gasseri* PA 16/8，*B. longum* SP 07/3，*B. bifidum* MF20/5	感冒发作↓；$CD8^+$、$CD4^+$T 细胞↑	de Vrese et al.，2005
7 名健康儿童	*Bifidobacterium*	IgA↑	Fukushima et al.，1998
19 名婴儿	*B. animalis*	SIgA↑	Bakker-Zierikzee et al.，2006
80 名健康老人	*L. pentosus* b240	SIgA↑	Kotani et al.，2010
98 名亚健康老人	*L. pentosus* b240	SIgA↑	Shimizu et al.，2014
51 名健康老人	*L. acidophilus* NCFM	IgA↑	Ouwehand et al.，2009
12 名健康人	*L. johnsonii* La1	IgA↑	Marteau et al.，1997
30 名婴儿	发酵乳（*B. longum*, *B. infantis*, *B. breve*）	IgA↑	Mullié et al.，2004

续表

研究对象	优良菌株	临床结果	参考文献
89 名婴儿	*Lactobacillus paracasei* subsp. *paracasei* F19	免疫反应↑	West et al.，2008
54 名 2～5 月龄的婴儿	*L. casei* GG	免疫反应↑	Kaila et al.，1995
41 名儿童	*L. casei* GG	IgA↑	Kaila et al.，1995
30 名健康成人	*L. rhamnosus* GG，*L. lactis*	IgA，免疫反应↑	Fang et al.，2022
30 名健康成人	*L. acidophilus* La1，*Bifidobacterium*	IgA↑	Link-Amster et al.，1994
83 名健康人	*B. lactis* Bl-04，*L. acidophilus* La-14	免疫反应↑	Perdigon et al.，1995

2. 临床应用模型

1）临床应用标准和评价标准

近几年，微生物逐渐成为医学领域的研究热点，因此多种微生物制剂逐渐被用于一些常见临床疾病的预防与治疗。

世界上许多国家和地区都制定了益生菌临床评价与使用指南，而益生菌制剂在国内的临床试验标准主要是根据 2020 年出版的《中国微生态调节剂临床应用专家共识》以及 2010 年出版的《微生态制剂儿科应用专家共识》。允许被作为临床应用的微生物制剂必须能够产业化生产，且具有耐酸、耐胆盐能力，能在胃肠道中存活；在形成各种制剂后还能稳定存活；能够对人体产生有益影响。国内临床使用的微生物制剂已经有了明确的划分，主要包括：乳杆菌属中的 13 种，双歧杆菌属中的 8 种，芽孢杆菌属中的 4 种，肠球菌属中的 2 种，链球菌属中的 2 种，丁酸梭菌，布拉氏酵母菌。

微生物制剂在临床中的应用更为广泛，主要包括：与功能性胃肠道疾病相关的幽门螺杆菌感染、肠道应激综合征、功能性便秘、旅行者腹泻与炎症性肠病等；与代谢功能相关的代谢综合征、血脂异常和 2 型糖尿病等；疫苗反应；老年人免疫功能；皮肤健康；骨骼健康等。

微生物制剂在干预效果方面大同小异，关键是必须要遵从随机、对照及盲法的基本原则，减少可能存在的霍桑效应对结果的夸大；在临床试验前充分评估微生物制剂的不良作用，确保对人体无害；试验前还需充分评估该临床试验的困难和复杂性，以及招募患者的依从性。试验过程中的各种常见因素都应如实记录以确保结果的公正合理，包括：试验组与对照组的年龄、性别及患病率；对于不同的临床疾病，样本量需求不同，样本量太少会极大地影响微生物制剂的临床实际效果；在临床试验中，安慰剂的选择是缩小组间差异的关键因素，能避免主观因素所产生的偏倚；患者的依从性也是重中之重，依从性差会极大地影响实验结果，因此需要评估对于微生物制剂可能产生的副作用并向患者交代，一旦出现问题应积极交流，保证依从性；对疾病进展的了解也能防止假阳性的发生，也就是说，实验人员应充分评估在没有微生物制剂干预条件下，疾病的自然发生、发展及结束的全时间段。

2）典型案例分析与应用模型

益生菌制剂在多种疾病干预上都显示出了良好的前景，单是与益生菌相关的荟萃分析就有上百篇（Ruszkowski et al.，2021）。“妈某某”是一种临床上使用的药品，针对其展开了多次临床试验。2018 年开展了一项针对新生儿高胆红素血症的治疗试验，共有 106 例出生时间为 3～12 天的高胆红素血症儿童入组（胆红素＞221 μmol/L），随机分为对照组与观察组，患儿家属被告知服用“妈某某”益生菌 0.5 g（屎肠球菌与枯草芽孢杆菌），还需在喂奶前补充维生素 B_2，每天 3 次，连续治疗 2 周。在整个治疗过程中记录临床起效时间、治疗前后胆红素变化，以及 IgG、IgA、$CD4^+$、$CD4^+/CD8^+$等免疫指标，结果表明该益生菌制剂可减少高胆红素症引起的不良症状，提高机体免疫（李楠和栗昊，2022）。多项安慰剂临床试验表明罗伊氏乳杆菌（＞10^{10} CFU）可被用于预防囊性纤维化患者肺部恶化，且无副作用（Coffey et al.，2020）。婴儿双歧杆菌 NSL（1.2×10^{10} CFU）与益生菌 VSL#3 互配制剂能够缓解乳糜泻患者的胃肠道症状（Seiler et al.，2020）。Szajewska 等（2020）报道了针对小儿急性胃肠炎的益生菌探究，有 23 项研究报道了不同剂量及不同菌株的布拉迪酵母均能在短期内缓解小儿急性胃肠炎的症状。Collinson 等（2020）同样探究了针对急性感染性腹泻患者的益生菌制剂开发，有 6 项研究报道了鼠李糖乳杆菌 LGG 能降低患者腹泻持续超过 48 h 的风险，且能缩短患者的腹泻平均持续时间。另外有 9 项临床随机对照研究发现布拉迪酵母同样能缓解急性感染性腹泻，保护患者肠道健康，减轻不适。此外，有 6 项研究探究了罗伊氏乳杆菌对于急性感染性腹泻患者的影响，通过摄入益生菌能够有效缓解腹泻对机体的损伤，帮助患者尽早出院。Trivić 等（2021）评估了 6 项针对腹痛患儿的研究，结果表明患儿服用鼠李糖乳杆菌 LGG（6×10^9 CFU）4 周或 8 周后，疼痛强度及频率都得到明显改善；同样，31 项随机对照研究表明罗伊氏乳杆菌 DSM17938（＞10^8 CFU）能有效缓解患儿腹痛及其强度，随访后发现患儿的腹痛频率降低，患儿的生活质量得到大大改善。Masulli 等（2020）总结了能够缓解妊娠期糖尿病的益生菌，通过评估孕妇的空腹血糖及体重等变化，发现唾液乳杆菌（10^9 CFU）能缓解妊娠期孕妇的不良症状，此外，乳双歧杆菌与鼠李糖乳杆菌复配同样起到降低孕妇空腹血糖的效果。Gao 等（2021）总结了近年来针对坏死性小肠结肠炎的益生菌，有 8 项研究结果表明每天服用 100～500 mg 的布拉酵母菌能够降低坏死性小肠结肠炎的发病率并降低其引发的喂养不耐受风险，同时降低败血症的发生率及死亡率。多项研究探究了针对肠道应激综合征患者微生物制剂的开发，表明两歧双歧杆菌 MIMBb75、婴儿双歧杆菌 35624 及益生菌组合剂（副干酪乳杆菌 F19+嗜酸乳杆菌 La9+动物双歧杆菌 BB-12）能改善患者肠道不适（Guglielmetti et al.，2011；Simrén et al.，2010；Whorwell et al.，2006）。靶向肠道的益生菌制剂同样可以应用于炎症性肠病及结直肠癌，临床试验揭示多种益生菌能够被应用于肠道疾病的缓解与治疗（表 2-12）。

表 2-12　与肠道相关的临床相关的优良菌株

目标人群	优良菌株	临床结果	参考文献
囊性纤维化患者	鼠李糖乳杆菌 LGG；罗伊氏乳杆菌 ATCC55730	肺部恶化次数降低；住院次数减少	Coffey et al.，2020
乳糜泻患者	婴儿双歧杆菌 NSL；VSL#3	胃肠道症状减轻	Seiler et al.，2020
小儿急性肠胃炎患儿	布拉迪酵母 CNCM I-745	腹泻持续时间缩短	Szajewska et al.，2020
急性感染性腹泻患者	鼠李糖乳杆菌 LGG；布拉迪酵母；罗伊氏乳杆菌	腹泻频次减少	Collinson et al.，2020
功能性腹痛患儿	鼠李糖乳杆菌 LGG；罗伊氏乳杆菌 DSM17938	腹痛程度及频率减轻，无痛天数增加	Trivić et al.，2021
妊娠期糖尿病患者	唾液乳杆菌；乳双歧杆菌+鼠李糖乳杆菌	孕妇空腹血糖降低	Masulli et al.，2020
坏死性小肠炎患儿	布拉迪酵母	坏死性小肠结肠炎发病率降低；喂养不耐受风险降低	Gao et al.，2021
肠道应激综合征患者	两歧双歧杆菌 MIMBb75；婴儿双歧杆菌 35624；副干酪乳杆菌 F19+嗜酸乳杆菌 La9+动物双歧杆菌 BB-12	胃肠道症状减轻	Guglielmetti et al.，2011；Simrén et al.，2010；Whorwell et al.，2006
炎症性肠病患者	发酵乳杆菌 CCTCCM206110；长双歧杆菌；大肠杆菌 Nissle1917；VSL#3	结肠炎症缓解	Cui et al.，2016；Furrie，2005；Ng et al.，2010；Steed et al.，2010；Tursi et al.，2010
结直肠癌患者	干酪乳杆菌 BL23；VSL#3；鼠李糖乳杆菌 R0011+嗜酸乳杆菌 R0052	肠道状态及生活质量得到改善	Chung et al.，2017；Lee et al.，2014；Lenoir et al.，2016

参考文献

安颖，李艳杰，张海斌，等.2012. “每益添活性乳酸菌饮料”免疫调节和肠道调节功效临床试验. 中华疾病控制杂志, 7(16): 629-632.

陈秋燕，王瑞芳，王园，等. 2022.基于斑马鱼模型评价发酵对麦麸多糖抗氧化活性的影响.中国粮油学报, 37(12): 35-43.

崔雨荣. 2010. 乳品微生物学. 北京: 中国轻工业出版社.
冯丽莉, 王世杰, 王红叶, 等. 2014. LB-21 益生菌发酵乳整肠作用研究. 食品研究与开发, 7(35): 111-113.
高安崇, 史旭升, 孙永峰, 等. 2010. 鹅 CAT-4 基因的简并引物设计及克隆. 中国家禽, 32(13): 15-18.
高波. 2021. 基于微流控芯片的突变菌株筛选及代谢产物的研究. 杨凌: 西北农林大学硕士学位论文.
胡娟, 高辰辰, 药园园, 等. 2021. 饲用枯草芽孢杆菌 HGcc-1 对鲤肠肝健康, 血清补体及肠道菌群的影响. 水产学报, 45(10): 1753-1763.
季红, 龚广予, 吴正钧, 等. 2010. 植物乳杆菌 ST-III的辅助调节血脂作用. 药学服务与研究, 2(10): 128-130.
李理, 蔡琳, 于宝丹, 等. 2011. 口服乳酸菌对尘螨致敏小鼠脾细胞的免疫调节作用. 免疫学杂志, 27(3): 193-198.
李楠, 栗昊. 2022. 益生菌和维生素 B_2 联合蓝光治疗新生儿高胆红素血症的效果及对患儿机体免疫功能的影响. 当代医学, 5(28): 124-126.
李欣益, 刘春妍, 黄建, 等. 2019. 益生菌 V9 对高脂饮食诱导的 NAFLD 大鼠肝功能、氧化应激及脂代谢的影响及作用机制. 中国免疫学杂志, 35(23): 2822.
刘慧. 2011. 现代食品微生物学. 北京: 中国轻工业出版社.
刘嘉飞, 张静, 汪廷彩，等. 2019. 基于食品组学技术的干邑白兰地真假鉴别研究. 食品安全质量检测学报, 10(13): 4099-4104.
刘平平. 2020. 钝齿棒杆菌中生物传感器 ARG-ON 的构建及在高产精氨酸菌株筛选中的应用. 无锡: 江南大学硕士学位论文.
刘堂浩, 李由然, 张梁, 等. 2021. 高通量筛选高产酪氨酸的酿酒酵母菌株. 生物工程学报, 37(9): 3348-3360.
刘小玲, 曹俊明, 邝哲师, 等. 2013. 嗜酸乳酸菌对吉富罗非鱼生长、非特异性免疫酶活性和肠道菌群的影响. 广东农业科学, 40(1): 123-126.
刘晓慧, 李晓敏, 禹伟, 等. 2019. 短乳杆菌 2-34 中瓜氨酸转运蛋白的鉴定. 微生物学通报, 46(9): 2249-2257.
刘亚男. 2015. 苏氨酸高产菌株高通量筛选体系的构建和应用. 天津: 天津科技大学硕士学位论文.
刘永娟. 2020. 基于核糖体工程技术的 ε-聚赖氨酸高产菌株选育及高产机制解析. 无锡: 江南大学博士学位论文.
龙红燕. 2019. 复合乳酸菌制剂在防治仔猪肠炎方面的应用探析. 中兽医学杂志, 49(6): 49-50.
龙燕, 刘然, 梁恒宇, 等. 2018. Nisin 高产菌株的高通量筛选. 微生物学报, 58(7): 1298-1308.
卢圣栋. 1999. 现代分子生物学实验技术. 北京: 中国协和医科大学出版社: 467-477.
栾书慧. 2020. 基于 ARTP 诱变的安丝菌素 P-3 高产菌株高通量筛选体系的构建. 上海: 上海交通大学硕士学位论文.
罗立新. 2010. 微生物发酵生理学. 北京: 化学工业出版社.
马玮超, 杜茂林, 谷亚楠, 等. 2016. 高通量法选育果胶酶高产菌株. 江苏农业科学, 44(7): 513-516.
马永存. 2015. 基于多种类型功能基因高通量筛选嗜盐放线菌及潜力菌株的异源表达初探. 昆明: 云南大学硕士学位论文.

米梁波. 2020. 杆菌肽高产菌株的定向选育. 无锡: 江南大学硕士学位论文.
潘康成, 何明清. 1998. 地衣芽孢杆菌对家兔体液免疫功能的影响研究. 中国微生态学杂志, 10(4): 204-206.
阙雪梅, 黄玉红, 孙明军. 2014. 布拉氏酵母菌对 DSS 诱导的实验性结肠炎小鼠肠黏膜的屏障作用. 解剖科学进展, 20(2): 101-104.
热西达・热合曼. 2020. 利用基因组重排技术高通量筛选并构建高丙二酰辅酶 A 合成的酿酒酵母菌株. 济南: 山东大学硕士学位论文.
任亮, 朱宝芹, 张轶博, 等. 2004. 利用软件 Primer Premier 5.0 进行 PCR 引物设计的研究. 锦州医学院学报, 25(6): 43-46.
王槐春, 朱元晓, 王嘉玺, 等. 1992. 用于聚合酶链式反应(PCR)引物设计的计算机程序. 生物化学杂志, 8(3): 342-346.
王文玉, 毛兆敏, 马赵蓉, 等. 2022. 基于 PTP 转运蛋白的瓜氨酸利用菌株高通量筛选策略及其应用评估. 微生物学报, 62(8): 3137-3151.
王艳秋, 张培军. 1995. PCR 引物设计. 海洋科学, 5: 9-10.
王之怡, 钱烨, 陈怡然, 等. 2020. 腐乳来源乳酸菌的分离及其对斑马鱼生长发育的影响. 生物学杂志, 37(5): 76-80.
王祖农. 1990. 微生物学词典. 北京: 科学出版社.
吴清平, 李玉冬, 张菊梅. 2016. 常见食源性致病菌代谢组学研究进展. 微生物学通报, 43(3): 609-618.
吴悦妮, 冯凯, 厉舒祯, 等. 2020. 16S/18S/ITS 扩增子高通量测序引物的生物信息学评估和改进. 微生物学通报, 47(9): 2897-2912.
杨静云, 李宇兴, 赖永勤, 等. 2017. 山楂、泽泻、决明子与红曲霉混合发酵产物对高血脂大鼠调脂作用研究. 中草药, 48(7): 1369-1373.
张飞, 李越, 毕丁仁, 等. 2021. 益生菌对仔猪作用机制研究进展. 家畜生态学报, 42(1): 7-14.
张刚. 2007. 乳酸细菌——基础、技术和应用. 北京: 化学工业出版社.
张和春, 张旻, 杭晓敏. 2015. 昂立 1 号(R)益生菌颗粒调节肠道菌群作用的研究. 中国微生态学杂志, 7(27): 778-780.
张军毅, 朱冰川, 徐超, 等. 2015. 基于分子标记的宏基因组 16S rRNA 基因高变区选择策略. 应用生态学报, 26(11): 3545-3553.
张亮. 2019. 益生菌复合固体饮料对便秘的缓解作用及其机制研究. 无锡: 江南大学硕士学位论文.
张新宇, 高燕宁. 2004. PCR 引物设计及软件使用技巧. 生物信息学, 2(4): 15-18.
张艳华, 汤纯, 余萍, 等. 2022. 发酵乳杆菌 HCS08-005 对小鼠的免疫调节作用. 食品科技, 47(2): 30-35.
赵瑞香, 李刚, 牛生洋, 等. 2006. 微生态菌株 *Lactobacillus acidophilus* 在模拟人体胃与小肠蛋白酶环境中抗性的研究. 中国食品学报, 6(4): 19-23.
赵永强, 王安凤, 陈胜军, 等. 2019. 米曲霉和鲁氏酵母协同发酵优化合浦珠母贝肉酶解液风味. 食品与发酵工业, 45(15): 115-120.
郑华军. 2010. 保加利亚乳酸杆菌工业生产菌株 2083 的基因组学分析. 上海: 复旦大学博士学位论文.
周德庆. 2011. 微生物学教程(第 3 版). 北京: 高等教育出版社.
朱韶娟. 2011. 复合乳酸菌粉调节肠道菌群作用的研究. 现代食品科技, 12(27): 1451-1453, 1483.

Aindelis G, Tiptiri-Kourpeti A, Lampri E, et al. 2020. Immune responses raised in an experimental colon carcinoma model following oral administration of *Lactobacillus casei*. Cancers, 12(2): 368.

Algeri A, Tassi F, Ferrero I, et al. 1978. Different phenotypes for the lactose utilization system in *Kluyveromyces* and *Saccharomyces* species. Antonie van Leeuwenhoek, 44(2): 177-182.

Álvarez-Cisneros Y M, Ponce-Alquicira E. 2018. Antibiotic resistance in lactic acid bacteria. Antimicrobial Resistance-A Global Threat. DOI: 10.5772/intechopen. 80624.

Alves-Jr S L, Herberts R A, Hollatz C, et al. 2007. Maltose and maltotriose active transport and fermentation by *Saccharomyces cerevisiaes*. Journal of the American Society of Brewing Chemists, 65(2): 99-104.

Al-Zorek Y N, Sandine W E. 1991. *Lactococcus* genus: a selective and differential agar medium. Journal of Food Science, 56(6): 1729-1730.

Amann R, Ludwig W. 2000. Ribosomal RNA-targeted nucleic acid probes for studies in microbial ecology. FEMS Microbiol Rev, 24(5): 555-565.

Anhalt J P, Fenselau C. 1975. Identification of bacteria using mass spectrometry. Analytical chemistry, 47(2): 219-225.

Arbeli Z, Fuentes C L. 2007. Improved purification and PCR amplification of DNA from environmental samples. Fems Microbiology Letters, 272(2): 269-275.

Arunachalam K, Gill H S, Chandra R K. 2000. Enhancement of natural immune function by dietary consumption of *Bifidobacterium lactis* (HN019). European Journal of Clinical Nutrition, 54(3): 263-267.

Ashelford K E, Chuzhanova J C, Fry A J, et al. 2005. At least 1 in 20 16S rRNA sequence records currently held in public repositories is estimated to contain substantial anomalies. Applied and Environmental Microbiology, 71(12): 7724-7736.

Ashraf R, Shah N P. 2011. Selective and differential enumerations of *Lactobacillus delbrueckii* subsp. *bulgaricus*, *Streptococcus thermophilus*, *Lactobacillus acidophilus*, *Lactobacillus casei* and *Bifidobacterium* spp. in yoghurt—A review. International Journal of Food Microbiology, 149(3): 194-208.

Atlas R M. 1984. Diversity of microbial communities. Advances in Microbial Ecology, 7(4): 1-47.

Axelsson L. 2004. Lactic acid bacteria: classification and physiology. In:Salminen S, et al. Lactic Acid Bacteria. Microbiological and Functional Aspects, 3rd ed. New York: Marcel Dekker: 1-66.

Azcarate-Peril M A, Bruno-Bárcena J M, Hassan H M, et al. 2006. Transcriptional and functional analysis of oxalyl-coenzyme A (CoA)decarboxylase and formyl-CoA transferase genes from *Lactobacillus acidophilus*. Applied and Environmental Microbiology, 72(3): 1891-1899.

Bai S P, Wu A M, Ding X M, et al. 2013. Effects of probiotic-supplemented diets on growth performance and intestinal immune characteristics of broiler chickens. Poultry Science, 92(3): 663-670.

Bakker-Zierikzee A M, Tol E A, Kroes H, et al. 2006. Faecal SIgA secretion in infants fed on pre- or probiotic infant formula. Pediatric Allergy and Immunology, 17(2): 134-140.

Barker N. 2014. Adult intestinal stem cells: critical drivers of epithelial homeostasis and regeneration. Nat Rev Mol Cell Biol, 15: 19-33.

Barnett J A. 1976. The utilization of sugars by yeasts. Advances in Carbohydrate Chemistry and Biochemistry, 32: 125-234.

Bartfeld S. 2016. Modeling infectious diseases and host-microbe interactions in gastrointestinal organoids. Developmental Biology, 420: 262-270.

Battaglia E, Benoit I, van den Brink J, et al. 2011a. Carbohydrate-active enzymes from the zygomycete fungus *Rhizopus oryzae*: a highly specialized approach to carbohydrate degradation depicted at genome level. BMC Genomics, 12(1): 1-12.

Battaglia E, Hansen S F, Leendertse A, et al. 2011b. Regulation of pentose utilisation by AraR, but not XlnR, differs in *Aspergillus nidulans* and *Aspergillus niger.* Applied Microbiology and Biotechnology, 91(2): 387-397.

Bauer R, Dicks L M T. 2005. Mode of action of lipid II-targeting lantibiotics. Int J Food Microbiol, 101(2): 201-216.

Beerens H. 1990. An elective and selective isolation medium for *Bifidobacterium* spp. Letters in Applied Microbiology, 11(3): 155-157.

Beijerinck M W. 1901. Über oligonitrophilemikroben. Zentralbl Bakteriol, 7(2): 561-582.

Ben Omar N, Ampe F. 2000. Microbial community dynamics during production of the Mexican fermented maize dough pozol. Applied and Environmental Microbiology, 66(9): 3664-3673.

Benkerroum N, Misbah M, Sandine W E, et al. 1993. Development and use of a selective medium for isolation of *Leuconostoc* spp. from vegetables and dairy products. Applied and Environmental Microbiology, 59(2): 607-609.

Bhakta J, Ohnishi K, Munekage Y, et al. 2012. Characterization of lactic acid bacteria-based probiotics as potential heavy metal sorbents. Journal of Applied Microbiology, 112(6): 1193-1206.

Bintsis T, Vafopoulou-Mastrojiannaki A, Litopoulou-Tzanetaki E, et al. 2003. Protease, peptidase and esterase activities by lactobacilli and yeast isolates from feta cheese brine. Journal of Applied Microbiology, 95(1): 68-77.

Birkeland N K, Bunk B, Spröer C, et al. 2021. *Thermococcus bergensis* sp. nov., a novel hyperthermophilic starch-degrading Archaeon. Biology (Basel), 10(5): 387.

Bokulich N A, Mills D A. 2012. Next-generation approaches to the microbial ecology of food fermentations. BMB Reports, 45(7): 377-389.

Bordignonjunior S E, Miyaoka M F, Costa J D L, et al. 2012. Inhibiting gram-negative bacteria growth in microdilution by Nisin and EDTA treatment. Journal of Biotechnology & Biodiversity, 3(4): 127-135.

Börner J, Buchinger S, Schomburg D. 2007. A high-throughput method for microbial metabolome analysis using gas chromatography/mass spectrometry. Anal Biochem, 367: 143-151.

Brescia M A, Caldarola V, De Giglio A, et al. 2002. Characterization of the geographical origin of Italian red wines based on traditional and nuclear magnetic resonance spectrometric determinations. Analytica Chimica Acta, 458: 177-186.

Briczinski E P, Phillips A T, Roberts R F. 2008. Transport of glucose by *Bifidobacterium animalis* subsp. *lactis* occurs via facilitated diffusion. Applied and Environmental Microbiology, 74(22): 6941-6948.

Budak N H, Aykin E, Seydim A C, et al. 2014. Functional properties of vinegar. Journal of Food Science, 79(5): R757-R764.

Bujalance C, Jiménez-Valera M, Moreno E, et al. 2006, A selective differential medium for

Lactobacillus plantarum. Journal of Microbiological Methods, 66(3): 572-575.

Button D K, Schut F, Quang P, et al. 1993. Viability and isolation of marine bacteria by dilution culture: theory, procedures, and initial results. Applied and Environmental Microbiology, 59(3): 881-891.

Cachat E, Priest F G. 2005. *Lactobacillus suntoryeu* ssp. nov., isolated from malt whisky distilleries. International Journal of Systematic & Evolutionary Microbiology, 55(1): 31-34.

Cao M, Feng J, Sirisansaneeyakul S, et al. 2018a. Genetic and metabolic engineering for microbial production of poly-γ-glutamic acid. Biotechnol Adv, 36(5): 1424-1433.

Cao X, Luo Z, Zeng W, et al. 2018b. Enhanced avermectin production by *Streptomyces avermitilis* ATCC 31267 using high-throughput screening aided by fluorescence-activated cell sorting. Appl Microbiol Biotechnol, 102(2): 703-712.

Chen J, Vestergaard M, Jensen T G, et al. 2017. Finding the needle in the haystack-the use of microfluidic droplet technology to identify vitamin-secreting lactic acid bacteria. mBio, 8(3): e00526-17.

Chen W, Zhai Q. 2018. Applications of lactic acid bacteria in heavy metal pollution environment. In: Lactic Acid Bacteria in Foodborne Hazards Reduction. Singapore: Springer: 213-248.

Chiang B L, Sheih Y H, Wang L H, et al. 2000. Enhancing immunity by dietary consumption of a probiotic lactic acid bacterium (*Bifidobacterium Lactis* HN019): Optimization and definition of cellular immune responses. European Journal of Clinical Nutrition, 54(11): 849-855.

Chizhikov V, Rasooly A, Chumakov K, et al. 2001. Microarray analysis of microbial virulence factors. Appl Environ Microbiol, 67: 3258-3263.

Choe D, Lee J H, Yoo M, et al. 2019. Adaptive laboratory evolution of a genome-reduced *Escherichia coli*. Nat Commun, 10(1): 935.

Chung E J, Do E J, Kim S Y, et al. 2017. Combination of metformin and VSL#3 additively suppresses Western-style diet induced colon cancer in mice. European Journal of Pharmacology, 794: 1-7.

Chung H W. 2001. Reverse transcriptase PCR (RT-PCR)and quantitative PCR (QC-PCR). Experimental & Molecular Medicine, 33(1): 85-97.

Church G M, Gao Y, Kosuri S. 2012. Next-generation digital information storage in DNA. Science, 337(6102): 1628.

Claus D, Berkeley R C W, Sneath P H A, et al. 1986. Bergey's manual of systematic bacteriology. Williams and Wilkins, Baltimore, 2: 1105.

Coffey M J, Garg M, Homaira N, et al. 2020. Probiotics for people with cystic fibrosis. Cochrane Database Syst Rev, 1(1): CD012949.

Coles J, Guilhaus M. 1993. Orthogonal acceleration - a new direction for time-of-flight mass spectrometry: Fast, sensitive mass analysis for continuous ion sources. TrAC Trends in Analytical Chemistry, 12: 203-213.

Collins M D, Samelis J, Metaxopoulos J, et al. 1993. Taxonomic studies on some leuconostoc-like organisms from fermented sausages: Description of a new genus Weissella for the *Leuconostoc paramesenteroides* group of species. Journal of Applied Microbiology, 75(6): 595-603.

Collins M D, Williams A M, Wallbanks S. 1990. The phylogeny of *Aerococcus* and *Pediococcusas* determined by 16S rRNA sequence analysis: description of *Tetragenococcusgen* nov. FEMS Microbiology Letters, 70(3): 255-262.

Collinson S, Deans A, Padua-Zamora A, et al. 2020. Probiotics for treating acute infectious diarrhoea. Cochrane Database Syst Rev, 8, 12: CD003048.

Colombo M, de Oliveira A E Z, de Carvalho A F, et al. 2014. Development of an alternative culture medium for the selective enumeration of *Lactobacillus casei* in fermented milk. Food Microbiology, 39: 89-95.

Copeland S, Warren H S, Lowry S F, et al. 2005. Acute inflammatory response to endotoxin in mice and humans. Clin Diagn Lab Immunol, 12: 60-67.

Coutinho J, Peixoto T S, de Menezes GCA, et al. 2021. *In vitro* and *in vivo* evaluation of the probiotic potential of antarctic yeasts. Probiotics Antimicrob Proteins, 13(5): 1338-1354.

D'Angelo S, Fracassi F, Bresciani F, et al. 2018. Effect of Saccharomyces boulardii in dogs with chronic enteropathies: Double-blinded, placebo-controlled study. Veterinary Record, 182(9): 258-258.

Darukaradhya J, Phillips M, Kailasapathy K. 2006. Selective enumeration of *Lactobacillus acidophilus*, *Bifidobacterium* spp., starter lactic acid bacteria and non-starter lactic acid bacteria from Cheddar cheese. International Dairy Journal, 16(5): 439-445.

Davidson C M, Cronin F. 1973. Medium for the selective enumeration of lactic acid bacteria from foods. Applied Microbiology, 26(3): 439-440.

de Carvalho Lima K G, Kruger M F, Behrens J, et al. 2009. Evaluation of culture media for enumeration of *Lactobacillus acidophilus*, *Lactobacillus casei* and *Bifidobacterium animalis* in the presence of *Lactobacillus delbrueckii* subsp. *bulgaricus* and *Streptococcus thermophilus*. LWT-Food Science and Technology, 42(2): 491-495.

De Man, Rogosa J D, Sharpe M E, 1960. A medium for the cultivation of lactobacilli. Journal of Applied Bacteriology, 23(1): 130-135.

de Michael V, Winkler P, Rautenberg P, et al. 2005. Effect of *Lactobacillus* Gasseri PA 16/8, *Bifidobacterium Longum* SP 07/3, *B. bifidum* MF 20/5 on common cold episodes: A double blind, randomized, controlled trial. Clinical Nutrition (Edinburgh, Scotland), 24(4): 481-491.

de Vrese M, Winkler P, Rautenberg P, et al. 2005. Effect of *Lactobacillus gasseri* PA 16/8, *Bifidobacterium longum* SP 07/3, *B. bifidum* MF 20/5 on common cold episodes: a double blind, randomized, controlled trial. Clinical Nutrition, 24(4):481-491.

DebMandal M, Mandal S, Pal N K. 2012. Detection of intestinal colonization of probiotic *Lactobacillus rhamnosus* by stool culture in modified selective media. Asian Pacific Journal of Tropical Disease, 2(3): 205-210.

Deurenberg R H, Bathoorn E, Chlebowicz M A, et al. 2017. Application of next generation sequencing in clinical microbiology and infection prevention. J Biotechnol, 243: 16-24.

Di G, Watrud L, Seidler R, et al. 1999. Comparison of parental and transgenic alfalfa rhizosphere bacterial communities using biolog GN metabolic fingerprinting and enterobacterial repetitive intergenic consensus sequence-PCR (ERIC-PCR). Microb Ecol, 37: 129-139.

Di Lena M, Quero G M, Santovito E, et al. 2015. A selective medium for isolation and accurate enumeration of *Lactobacillus casei*-group members in probiotic milks and dairy products. International Dairy Journal, 47: 27-36.

Diamond E, Walstad A. 1950. A selective medium for lactobacilli counts from saliva. Journal of Dental Research, 29(1): 8-13.

Ding M Z, Tian H C, Cheng J S, et al. 2009a. Inoculum size-dependent interactive regulation of metabolism and stress response of *Saccharomyces cerevisiae* revealed by comparative metabolomics. J Biotechnol, 144: 279-286.

Ding M Z, Zhou X, Yuan Y J. 2009b. Metabolome profiling reveals adaptive evolution of *Saccharomyces cerevisiae* during repeated vacuum fermentations. Metabolomics, 6: 42-55.

Donato V, Ayala F R, Cogliati S, et al. 2017. Bacillus subtilis biofilm extends *Caenorhabditis elegans* longevity through downregulation of the insulin-like signalling pathway. Nature Communications, 8(1): 14332.

Dong, H L, Rowland I, Linda V T, et al. 2013. Immunomodulatory effects of a probiotic drink containing *Lactobacillus casei* Shirota in healthy older volunteers. European Journal of Nutrition, 52(8): 1853-1863.

Donnet-Hughes A, Rochat F, Serrant P, et al. 1999. Modulation of nonspecific mechanisms of defense by lactic acid bacteria: Effective dose. Journal of Dairy Science, 82(5): 863-869.

Donovan K O. 1958. A selective medium for Bacillus cereus in milk. Journal of Applied Microbiology, 21(1): 100-103.

Eckburg P B, Bik E M, Bernstein C N, et al. 2005. Diversity of the human intestinal microbial flora. Science, 308(5728): 1635-1638.

Eddine S D, Saliha B, Nacera B, et al. 2016. Eliker-trimethoprim medium: A new selective tool for the isolation and growth of *Lactococcus* species. Advances in Environmental Biology, 10(1): 42-49.

Elli M, Zink R, Rytz A, et al. 2000. Iron requirement of *Lactobacillus* spp. in completely chemically defined growth media. Journal of Applied Microbiology, 88(4): 695-703.

Elliker P R, Anderson A W, Hannesson G. 1956. An agar culture medium for lactic acid *Streptococci* and *Lactobacilli*. Journal of Dairy Science, 39(11): 1611-1612.

Endo A, Okada S, Morita H. 2007. Molecular profiling of *Lactobacillus*, *Streptococcus*, and *Bifidobacterium* species in feces of active racehorses. Journal of General & Applied Microbiology, 53(3): 191-200.

Engelvin G, Feron G, Perrin C, et al. 2000. Identification of β-oxidation and thioesterase activities in *Staphylococcus carnosus* 833 strain. FEMS Microbiology Letters, 190(1): 115-120.

Eom H J, Seo D M, Han N S. 2007. Selection of psychrotrophic *Leuconostoc* spp. producing highly active dextransucrase from lactate fermented vegetables. International Journal of Food Microbiology, 117(1): 61-67.

Evans M, Reeves S, Robinson L E. 2012. A dried yeast fermentate prevents and reduces inflammation in two separate experimental immune models. Evidence-Based Complementary and Alternative Medicine, 6: 973041.

Farzand I. 2021. Evaluation of modified MRS media for the selective enumeration of *Lactobacillus casei*. Pure and Applied Biology, 10(1): 194-198.

Feng T, Wang J. 2020. Oxidative stress tolerance and antioxidant capacity of lactic acid bacteria as probiotic: a systematic review. Gut Microbes, 12(1): 1801944.

Ferraris L, Aires J, Waligora-Dupriet A J, et al. 2010. New selective medium for selection of bifidobacteria from human feces. Anaerobe, 16(4): 469-471.

Fijan S, Šulc D, Steyer A. 2018. Study of the *in vitro* antagonistic activity of various single-strain and multi-strain probiotics against *Escherichia coli*. International Journal of Environmental Research and Public Health, 15(7): 1539.

Fleet G H. 2003. Yeast interactions and wine flavour. International Journal of Food Microbiology, 86(1-2): 11-22.

Foucaud C, Francois A, Richard J. 1997. Development of a chemically defined medium for the growth of *Leuconostoc mesenteroides*. Applied and Environmental Microbiology, 63(1): 301-304.

Foucaud C, Francois A, Richard J. 1997. Development of a chemically defined medium for the growth of *Leuconostoc mesenteroides*. Applied and Environmental Microbiology, 63(1): 301-304.

Franciosa I, Alessandria V, Dolci P, et al. 2018. Sausage fermentation and starter cultures in the era of molecular biology methods. International Journal of Food Microbiology, 279: 26-32.

Fukushima Y, Kawata Y, Hara H, et al. 1998. Effect of a probiotic formula on intestinal immunoglobulin a production in healthy children. International Journal of Food Microbiology, 42(1): 39-44.

Fukushima Y, Miyaguchi S, Yamano T, et al. 2007. Improvement of nutritional status and incidence of infection in hospitalised, enterally fed elderly by feeding of fermented milk containing probiotic *Lactobacillus johnsonii* La1 (NCC533). The British Journal of Nutrition, 98(5): 969-977.

Fung W Y, Liong M T. 2010. Evaluation of proteolytic and ACE-inhibitory activity of *Lactobacillus acidophilus* in soy whey growth medium via response surface methodology. LWT-Food Science and Technology, 43(3): 563-567.

Furrie E. 2005. Synbiotic Therapy (*Bifidobacterium longum*/Synergy 1)initiates resolution of inflammation in patients with active ulcerative colitis: a randomised controlled pilot trial. Gut, 54(2): 242-249.

Fusco V, Quero G M, Cho G S, et al. 2015. The genus Weissella: taxonomy, ecology and biotechnological potential. Frontiers in Microbiology, 6: 155.

Gao H, Wen J J, Hu J L, et al. 2018. Polysaccharide from fermented *Momordica charantia* L. with *Lactobacillus plantarum* NCU116 ameliorates type 2 diabetes in rats. Carbohydrate Polymers, 201: 624-633.

Gao X, Wang Y, Shi L, et al. 2021. Effect and safety of *Saccharomyces Boulardii* forneonatal necrotizing enterocolitis in pre-term infants: a systematic review and meta-analysis. Journal of Tropical Pediatrics, 67(3): fmaa022.

Gatesoupe E R F. 1998. Lactic acid bacteria in fish: A review. Aquaculture, 160(3): 177-203.

Gebara C, Ribeiro M C E, Chaves K S, et al. 2015. Effectiveness of different methodologies for the selective enumeration of *Lactobacillus acidophilus* La5 from yoghurt and Prato cheese. LWT-Food Science and Technology, 64(1): 508-513.

Gemelas L, Rigobello V, Demarigny Y. 2013. Selective *Lactococcus enumeration* in raw milk. Food and Nutrition Sciences, 4(9): 49-58.

Gill H S, Rutherfurd K J. 2001. Immune enhancement conferred by oral delivery of *Lactobacillus rhamnosus* HN001 in different milk-based substrates. The Journal of Dairy Research, 68(4): 611-616.

Gómez-Gallego C, Junnila J, Männikkö S, et al. 2016. A canine-specific probiotic product in treating acute or intermittent diarrhea in dogs: A double-blind placebo-controlled efficacy study. Veterinary Microbiology, 197: 122-128.

Goodman C L, Kang D S, Stanley D. 2021. Cell line platforms support research into arthropod immunity. Insects, 12(8): 738.

Gopal P K, Prasad J, Smart J, et al. 2001. *In vitro* adherence properties of *Lactobacillus rhamnosus* DR20 and *Bifidobacterium lactis* DR10 strains and their antagonistic activity against an enterotoxigenic *Escherichia coli*. Int J Food Microbiol, 67: 207-216.

Guglielmetti S, Mora D, Gschwender M, et al. 2011. Randomised clinical trial: *Bifidobacterium Bifidum* MIMBb75 significantly alleviates irritable bowel syndrome and improves quality of life—a double-blind, placebo-controlled study: Randomised clinical trial: *B. bifidum* MIMBb75 in IBS. Alimentary Pharmacology & Therapeutics, 33(10): 1123-1132.

Gupta R S. 2016. Impact of genomics on the understanding of microbial evolution and classification: the importance of Darwin's views on classification. FEMS Microbiology Reviews, 40(4): 520-553.

Gusarov I, Gautier L, Smolentseva O, et al. 2013. Bacterial nitric oxide extends the lifespan of *C. elegans*. Cell, 152(4): 818-830.

Han A, Hou H, Li L, et al. 2013. Microfabricated devices in microbial bioenergy sciences. Trends Biotechnol, 31: 225-232.

Han B Z, Rombouts F M, Nout M R. 2001. A Chinese fermented soybean food. International Journal of Food Microbiology, 65(1-2): 1-10.

Hartemink R, Domenech V R, Rombouts F M. 1997. LAMVAB—a new selective medium for the isolation of *Lactobacilli* from faeces. Journal of Microbiological Methods, 29(2): 77-84.

Hartemink R, Rombouts F M. 1999. Comparison of media for the detection of bifidobacteria, *Lactobacilli* and total anaerobes from faecal samples. Journal of Microbiological Methods, 36(3): 181-192.

Hayek S A, Ibrahim S A. 2013. Current limitations and challenges with lactic acid bacteria: A review. Food and Nutrition Sciences, 4(11A):73-87.

Hemme D, Foucaud-Scheunemann C. 2004. Leuconostoc, characteristics, use in dairy technology and prospects in functional foods. International Dairy Journal, 14(6): 467-494.

Henderson G B, Zevely E M. 1978. Binding and transport of thiamine by *Lactobacillus casei*. Journal of Bacteriology, 133(3): 1190-1196.

Holbrook R, Anderson J M. 1980. An improved selective and diagnostic medium for the isolation and enumeration of *Bacillus cereus* in foods. Canadian Journal of Microbiology, 26(7): 753-759.

Holzapfel W H, Wood B J B. 2014. Lactic Acid Bacteria. New Jersey: Wiley-Blackwell.

Holzapfel W, Schillinger U. 1992. The genus *Leuconostoc*. The Prokaryotes, 2: 1508-1534.

Hosseini M, Miandare H K, Hoseinifar S H, et al. 2016. Dietary *Lactobacillus acidophilus* modulated skin mucus protein profile, immune and appetite genes expression in gold fish (*Carassius auratus gibelio*). Fish & Shellfish Immunology, 59: 149-154.

Huesemann M H, Hausmann T S, Bartha R, et al. 2009. Biomass productivities in wild type and pigment mutant of *Cyclotella* sp. (Diatom). Appl Biochem Biotechnol, 157: 507-526.

Ibrahim F, Ruvio S, Granlund L, et al. 2010. Probiotics and immunosenescence: Cheese as a carrier. FEMS Immunology & Medical Microbiology, 59(1): 53-59.

In J, Foulke-Abel J, Zachos N C, et al. 2016. Enterohemorrhagic *Escherichia coli* reduce mucus and intermicrovillar bridges in human stem cell-derived colonoids. Cell Mol Gastroenterol Hepatol, 2: 48-62.e43.

Inchingolo F, Dipalma G, Cirulli N, et al. 2018. Microbiological results of improvement in periodontal condition by administration of oral probiotics. Journal of Biological Regulators and Homeostatic Agents, 32(5): 1323-1328.

Ingham S C. 1999. Use of modified Lactobacillus selective medium and *Bifidobacterium iodoacetate* medium for differential enumeration of *Lactobacillus acidophilus* and *Bifidobacterium* spp. in powdered nutritional products. Journal of food protection, 62(1): 77-80.

Italiani P, Mazza E M, Lucchesi D, et al. 2014. Transcriptomic profiling of the development of the inflammatory response in human monocytes *in vitro*. PLoS One, 9: e87680.

Iwana H, Masuda H, Fujisawa T, et al. 1993. Isolation and identification of *Bifidobacterium* spp. in commercial yogurts sold in Europe. Bifidobacteria and Microflora, 12(1): 39-45.

Jeckelmann J M, Erni B. 2019. Carbohydrate transport by group translocation: the bacterial phosphoenolpyruvate: Sugar phosphotransferase system. Bacterial Cell Walls and Membranes, 9(2): 223-274.

Junick J, Blaut M. 2012. Quantification of human fecal *Bifidobacterium* species by use of quantitative real-time PCR analysis targeting the *groEL* gene. Appl Environ Microbiol, 78(8): 2613-2622.

Kaasapahy K. 2000. Survival and therapeutic potential of probiotic organisms with reference to *Lactobacillus acidophilu* and *Bifidobacterium* spp. Immunology and Cell Biology, 78(1): 80-88.

Kabir M S, Hsieh Y H, Simpson S, et al. 2017. Evaluation of two standard and two chromogenic selective media for optimal growth and enumeration of isolates of 16 unique *Bacillus* species. Journal of Food Protection, 80(6): 952-962.

Kaeberlein T, Lewis K, Epstein S S. 2002. Isolating “uncultivable” microorganisms in pure culture in a simulated natural environment. Science, 296(5570): 1127-1129.

Kaila M, Isolauri E, Saxelin M, et al. 1995. Viable versus inactivated *Lactobacillus* strain GG in acute rotavirus diarrhoea. Archives of Disease in Childhood, 72(1): 51-53.

Kalavathy R, Abdullah N, Jalaludin S, et al. 2003. Effects of *Lactobacillus* cultures on growth performance, abdominal fat deposition, serum lipids and weight of organs of broiler chickens. British Poultry Science, 44(1): 139-144.

Kandler O. 1983. Carbohydrate metabolism in lactic acid bacteria. Antonie van Leeuwenhoek, 49(3): 209-224.

Kang M S, Oh J S, Lee H C, et al. 2011. Inhibitory effect of *Lactobacillus reuteri* on periodontopathic and cariogenic bacteria. J Microbiol, 49(2): 193-199.

Käppeli O. 1986. Regulation of carbon metabolism in *Saccharomyces cerevisiae* and related yeasts. Advances in Microbial Physiology, 28: 181-209.

Karimi K, Zamani A. 2013. Mucor indicus: Biology and industrial application perspectives: a review. Biotechnology Advances, 31(4): 466-481.

Karve S S, Pradhan S, Ward D V, et al. 2017. Intestinal organoids model human responses to infection by commensal and Shiga toxin producing *Escherichia coli*. PLoS One, 12: e0178966-e0178966.

Kataoka S. 2005. Functional effects of Japanese style fermented soy sauce (shoyu)and its components. Journal of Bioscience and Bioengineering, 100(3): 227-234.

Kim B, Lee J J, Kim J, et al. 2003. *Leuconostoc inhae* sp. nov., a lactic acid bacterium isolated from kimchi. International Journal of Systematic & Evolutionary Microbiology, 53(Pt 4): 1123.

Kim H J, Park S H, Lee T H, et al. 2008. Microarray detection of foodborne pathogens using specific probes prepared by comparative genomics. Biosens Bioelectron, 24(2): 238-246.

Kim H S, Park H, Cho I Y, et al. 2006. Dietary supplementation of probiotic *Bacillus* polyfermenticus, *Bispan* strain, modulates natural killer cell and T cell subset populations and immunoglobulin G levels in human subjects. Journal of Medicinal Food, 9(3): 321-327.

Kim H U, Goepfert J M. 1971. Enumeration and identification of *Bacillus cereus* in foods: I. 24-Hour presumptive test medium. Applied Microbiology, 22(4): 581-587.

Kim J K, Shin E C, Park H G. 2015. Fructooligosaccharides decreased the ability of probiotic *Escherichia coli* Nissle 1917 to adhere to co-cultures of human intestinal cell lines. Journal of the Korean Society for Applied Biological Chemistry, 58: 45-52.

Kim M J, Lee D K, Park J E, et al. 2014. Antiviral activity of *Bifidobacterium adolescentis* SPM1605 against Coxsackievirus B3. Biotechnology Biotechnological Equipment, 28: 681-688.

Klatt N R, Canary L A, Sun X, et al. 2013. Probiotic/prebiotic supplementation of antiretrovirals improves gastrointestinal immunity in SIV-infected macaques. The Journal of Clinical Investigation, 123(2): 903-907.

Klein A, Friedrich U, Vogelsang H, et al. 2008. *Lactobacillus acidophilus* 74-2 and *Bifidobacterium animalis* subsp. *lactis* DGCC 420 modulate unspecific cellular immune response in healthy adults. European Journal of Clinical Nutrition, 62(5): 584-593.

Kobashi K, Takeda Y, Itoh H, et al. 1983. Cholesterol-lowering effect of *Clostridium butyricum* in cholesterol-fed rats. Digestion, 26(4): 173-178.

Kotani Y, Shinkai S, Okamatsu H, et al. 2010. Oral intake of *Lactobacillus pentosus* strain B240 accelerates salivary immunoglobulin a secretion in the elderly: a randomized, placebo-controlled, double-blind trial. Immunity & Ageing, 7: 11.

Kotzamanidis C, Kourelis A, Litopoulou-Tzanetaki E, et al. 2010. Evaluation of adhesion capacity, cell surface traits and immunomodulatory activity of presumptive probiotic *Lactobacillus* strains. Int J Food Microbiol, 140(2-3): 154-163.

Kratochvil M J, Seymour A J, Li T L, et al. 2019. Engineered materials for organoid systems. Nature Reviews Materials, 4(9): 606-622.

Kulp W L, White V.1932. A modified medium for plating *L. acidophilus*. Science, 76(1957): 17-18.

Kulp W L. 1927. An agar medium for plating *L. acidophilus* and *L. bulgaricus*. Science, 66(1717): 512-513.

Kumura H, Tanoue Y, Tsukahara M, et al. 2004. Screening of dairy yeast strains for probiotic applications. Journal of Dairy Science, 87: 4050-4056.

Lagier J C, Armougom F, Million M, et al. 2012. Microbial culturomics: paradigm shift in the human gut microbiome study. Clinical Microbiology and Infection, 18(12): 1185-1193.

Lagier J C, Dubourg G, Million M, et al. 2018. Culturing the human microbiota and culturomics. Nature Reviews Microbiology, 16(9): 540-550.

Lagier J C, Khelaifia S, Alou M T, et al. 2016. Culture of previously uncultured members of the human gut microbiota by culturomics. Nature Microbiology, 1(12): 16203.

Laureys D, Cnockaert M, De Vuyst L, et al. 2016. *Bifidobacterium aquikefiri* sp. nov., isolated from water kefir. Int J Syst Evol Microbiol, 66(3): 1281-1286.

Laver T, Harrison J, O'Nell P A, et al. 2015. Assessing the performance of the oxford nanopore technolohies minion. Biomol Detect Quantif, 3: 1-8.

Lawrence-Azua O O, Awe A O, Saka A A, et al. 2018. Effect of yeast (*Saccharomyces cerevisiae*) supple-mentation on the growth performance, haematological and serum biochemical parameters of broiler chicken. Nigerian Journal of Animal Science, 20(1): 191-199.

LeBlanc J G, Laiño J E, del Valle M J, et al. 2011. B-group vitamin production by lactic acid bacteria —Current knowledge and potential applications. J Appl Microbiol, 111(6): 1297-1309.

Lee J E, Lee B J, Chung, J O, et al. 2015. Metabolomic unveiling of a diverse range of green tea (*Camellia sinensis*)metabolites dependent on geography. Food Chem, 174: 452-459.

Lee J Y, Chu S H, Jeon J Y, et al.2014. Effects of 12 weeks of probiotic supplementation on quality of life in colorectal cancer survivors: A double-blind, randomized, placebo-controlled trial. Digestive and Liver Disease, 46(12): 1126-1132.

Leistner L. 1990. Mould-fermented foods: Recent developments. Food Biotechnology, 4(1): 433-441.

Lenoir M, Del Carmen S, Cortes-Perez N G, et al. 2016. *Lactobacillus casei* BL23 regulates treg and Th17 T-cell populations and reduces DMH-associated colorectal cancer. Journal of Gastroenterology, 51(9): 862-873.

Leuschner R G, Bew J, Coeuret V, et al. 2003. A collaborative study of a method for the enumeration of probiotic *Lactobacilli* in animal feed. Food Microbiology, 20(1): 57-66.

Leuschner R G, Heidel M, Hammes W P. 1998. Histamine and tyramine degradation by food fermenting microorganisms. International Journal of Food Microbiology, 39(1-2): 1-10.

Li P, Gu Q, Wang Y, et al. 2017. Novel vitamin B12-producing *Enterococcus* spp. and preliminary *in vitro* evaluation of probiotic potentials. Appl Microbiol Biotechnol, 101(15): 6155-6164.

Li Y C, Bai W Z, Hashikawa T. 2020. The neuroinvasive potential of SARS-Cov2 may play a role in the respiratory failure of COVID-19 patients. J Med Virol, 92(6): 552-555.

Lim K S, Huh C S, Baek Y J, et al. 1995. A selective enumeration medium for bifidobacteria in fermented dairy products. Journal of Dairy Science, 78(10): 2108-2112.

Link-Amster H, Rochat F, Saudan K Y, et al. 1994. Modulation of a specific humoral immune response and changes in intestinal flora mediated through fermented milk intake. FEMS Immunology and Medical Microbiology, 10(1): 55-63.

Linz U, Delling U, Rubsamen-Waigmann H. 1990. Systematic studies on parameters inf luencing the performance of the polymerase chain reaction. J Clin Chem Biochem, 28(1): 5-13.

Litsky W, Mallmann W L, Fifield C W. 1953. A new medium for the detection of enterococci in water. American Journal of Public Health and the Nations Health, 43(7): 873-879.

Liu H, Sun B. 2018. Effect of fermentation processing on the flavor of Baijiu. Journal of Agricultural and Food Chemistry, 66(22): 5425-5432.

Liu J F, Zhang J, Wang T C, et al. 2019. Identification of the true and false of Cognac brandy based on foodomics technology. Journal of Food Safety and Quality, 10: 4099-4104.

Liu M, Bayjanov J R, Renckens B, et al. 2010. The proteolytic system of lactic acid bacteria revisited: a genomic comparison. BMC Genomics, 11(1): 1-15.

Liu M, Nauta A, Francke C, et al. 2008. Comparative genomics of enzymes in flavor-forming pathways from amino acids in lactic acid bacteria. Applied and Environmental Microbiology,

74(15): 4590-4600.

Liu Y, Sheng Y, Pan Q, et al. 2020. Identification of the key physiological characteristics of *Lactobacillus plantarum* strains for ulcerative colitis alleviation.Food Funct, 11(2): 1279-1291.

Liu Y, Zhao F, Liu J, et al. 2017. Selection of cholesterol-lowering lactic acid bacteria and its effects on rats fed with high-cholesterol diet. Current Microbiology, 74(5): 623-631.

Longwell C K, Labanieh L, Cochran J R. 2017. High-throughput screening technologies for enzyme engineering. Curr Opin Biotechnol, 48: 196-202.

Lopez-Nieves S, Pringle A, Maeda H A. 2019. Biochemical characterization of TyrA dehydrogenases from *Saccharomyces cerevisiae* (Ascomycota)and *Pleurotus ostreatus* (Basidiomycota). Arch Biochem Biophys, 665: 12-19.

Lu R, Shang M, Zhang Y G, et al. 2020b. Lactic acid bacteria isolated from Korean kimchi activate the vitamin D receptor-autophagy signaling pathways. Inflamm Bowel Dis, 26: 1199-1211.

Lu X, Xie S, Ye L, et al. 2020a. Lactobacillus protects against *S. typhimurium*-Induced intestinal inflammation by determining the fate of epithelial proliferation and differentiation. Mol Nutr Food Res, 64: e1900655.

Lu Z, Thanabalan A, Leung H, et al. 2019. The effects of feeding yeast bioactives to broiler breeders and/or their offspring on growth performance, gut development, and immune function in broiler chickens challenged with Eimeria. Poultry Science, 98(12): 6411-6421.

Ludwig W. 2007. Nucleic acid techniques in bacterial systematics and identification. Int J Food Microbiol, 120(3): 225-236.

Ma F, Chung M T, Yao Y, et al. 2018. Efficient molecular evolution to generate enantioselective enzymes using a dual-channel microfluidic droplet screening platform. Nat Commun, 9(1): 1030.

Mabbitt L A, Zielinska M. 1956. The use of a selective medium for the enumeration of *Lactobacilli* in Cheddar cheese. Journal of Applied Microbiology, 19(1): 95-101.

Magnoli A P, Rodriguez M C, Gonzalez Pereyra M L, et al. 2017. Use of yeast (*Pichia kudriavzevii*)as a novel feed additive to ameliorate the effects of aflatoxin B 1 on broiler chicken performance. Mycotoxin Research, 33(4): 273-283.

Manaer T, Yu L, Zhang Y, et al. 2015. Anti-diabetic effects of shubat in type 2 diabetic rats induced by combination of high-glucose-fat diet and low-dose streptozotocin. Journal of Ethnopharmacology, 169: 269-274.

Mao J W, Liu Q L, Li Y Z, et al. 2018. A high-throughput method for screening of L-tyrosine high-yield strains by *Saccharomyces cerevisiae*. J Gen Appl Microbiol, 64(4): 198-201.

Marcos A, Wärnberg J, Nova E, et al. 2004. The Effect of milk fermented by yogurt cultures plus *Lactobacillus casei* DN-114001 on the immune response of subjects under academic examination stress. European Journal of Nutrition, 43(6): 381-389.

Marelli S P, Fusi E, Giardini A, et al. 2020. Effects of probiotic *Lactobacillus acidophilus* D2/CSL (CECT 4529)on the nutritional and health status of boxer dogs. Veterinary Record, 187(4): e28.

Marston C K, Beesley C, Helsel L, et al. 2008. Evaluation of two selective media for the isolation of *Bacillus anthracis*. Letters in Applied Microbiology, 47(1): 25-30.

Marteau P, Vaerman J P, Dehennin J P, et al. 1997. Effects of Intrajejunal perfusion and chronic ingestion of *Lactobacillus Johnsonii* strain La1 on serum concentrations and jejunal secretions of immunoglobulins and serum proteins in healthy humans. Gastroenterologie Clinique Et

Biologique, 21(4): 293-298.

Martinez M P, Magnoli A P, Pereyra M G, et al. 2019. Probiotic bacteria and yeasts adsorb aflatoxin M1 in milk and degrade it to less toxic AFM1-metabolites. Toxicon, 172: 1-7.

Masulli M, Vitacolonna E, Fraticelli F, et al. 2020. Effects of probiotic supplementation during pregnancy on metabolic outcomes: A systematic review and meta-Analysis of randomized controlled trials. Diabetes Research and Clinical Practice, 162: 108111.

Mathot A G, Kihal M, Prevost H, et al. 1994. Selective enumeration of *Leuconostoc* on vancomycin agar media. International Dairy Journal, 4(5): 459-469.

Mayeux J V, Colmer A R. 1961. Selective medium for Leuconostoc detection. Journal of Bacteriology, 81(6): 1009-1011.

McCall L I, Siqueira-Neto J L, McKerrow J H. 2016. Location, location, location: Five facts about tissue tropism and pathogenesis. PLoS Pathog, 12: e1005519.

McCleskey C S, Faville L W, Barnett R O. 1947. Characteristics of *Leuconostoc mesenteroides* from cane juice. Journal of Bacteriology, 54(6): 697-708.

Meyer F, Keller P, Hartl J, et al. 2018. Methanol-essential growth of *Escherichia coli*. Nat Commun, 9(1): 1508.

Mi-Ju K, Insuk Y, Seung-Min Y, et al. 2018. Development and validation of a multiplex PCR assay for simultaneous detection of chicken, turkey and duck in processed meat products. International Journal of Food Science & Technology, 53(12): 2673-2679.

Mitra S, Chakrabartty P K, Biswas S R. 2010. Potential production and preservation of dahi by *Lactococcus lactis* W8, a nisin-producing strain. LWT-Food Science and Technology, 43(2): 337-342.

Mitsuoka T. 1965. Eine verbesserte Methodik der qualitativen und quantitativen analyse der darmflora von menschen und tieren. Zentralbl Bakteriol [Orig A], 195: 455-469.

Miura D, Tanaka H, Wariishi H. 2004. Metabolomic differential display analysis of the white-rot basidiomycete *Phanerochaete chrysosporium* grown under air and 100% oxygen. FEMS Microbiol Lett, 234: 111-116.

Mogna L, Pane M, Nicola S, et al. 2014. Screening of different probiotic strains for their *in vitro* ability to metabolise oxalates: any prospective use in humans? Journal of Clinical Gastroenterology, 48: S91-S95.

Morris E J. 1955. A selective medium for *Bacillus anthracis*. Microbiology, 13(3): 456-460.

Motevaseli E, Khorramizadeh M R, Hadjati J, et al. 2018. Investigation of antitumor effects of *Lactobacillus crispatus* in experimental model of breast cancer in BALB/c mice. Immunotherapy, 10(2): 119-129.

Mullié C, Yazourh A, Thibault H, et al. 2004. Increased poliovirus-specific intestinal antibody response coincides with promotion of *Bifidobacterium longum*-infantis and *Bifidobacterium breve* in infants: A randomized, double-blind, placebo-controlled trial. Pediatric Research, 56(5): 791-795.

Munoa F J, Pares R. 1988. Selective medium for isolation and enumeration of *Bifidobacterium* spp. Applied and Environmental Microbiology, 54(7): 1715-1718.

Nebra Y, Blanch A R. 1999. A new selective medium for *Bifidobacterium* spp. Applied and Environmental Microbiology, 65(11): 5173-5176.

Neuzil-Bunesova V, Lugli G A, Modrackova N, et al. 2020. *Bifidobacterium canis* sp. nov., a novel member of the *Bifidobacterium pseudolongum* phylogenetic group isolated from faeces of a dog (*Canis lupus* f. *familiaris*). Int J Syst Evol Microbiol, 70(9): 5040-5047.

Ng S C, Plamondon S, Kamm M A, et al. 2010. Immunosuppressive effects via human intestinal dendritic cells of probiotic bacteria and steroids in the treatment of acute ulcerative colitis. Inflammatory Bowel Diseases, 16(8): 1286-1298.

Nguyen N P, Warnow T, Pop M, et al. 2016. A perspective on 16S rRNA operational taxonomic unit clustering using sequence simi-Larity. Npj Biofilms & Microbiomes, 2(4): 16004-16011.

Nichols D, Cahoon N, Trakhtenberg E M, et al. 2010. Use of ichip for high-throughput *in situ* cultivation of "uncultivable" microbial species. Applied and Environmental Microbiology, 76(8): 2445-2450.

Nichols D, Lewis K, Orjala J, et al. 2008. Short peptide induces an "uncultivable" microorganism to grow *in vitro*. Applied and Environmental Microbiology, 74(15): 4889-4897.

Nicholson J K, Holmes E, Kinross J M, et al. 2012. Metabolic phenotyping in clinical and surgical environments. Nature, 491: 384-392.

Nickels C, Leesment H. 1964. Method for the differentiation and qualitative determination of starter bacteria. Milchwissenschaft, 19: 374-378.

Nilsson R H, Anslan S, Bahram M, et al. 2019. Mycobiome diversity: High-throughput sequencing and identification of fungi. Nat Rev Microbiol, 17(2): 95-109.

Nissen L, Casciano F, Gianotti A. 2020. Intestinal fermentation *in vitro* models to study food-induced gut microbiota shift: An updated review. FEMS Microbiology Letters, 367(12): fnaa097.

Nout M J, Aidoo K E. 2011. Asian fungal fermented food: Industrial Applications. Berlin, Heidelberg: Springer, 29-58.

Ochman H, Lawrence J G, Groisman E A. 2000. Lateral gene transfer and the nature of bacterial innovation. Nature, 405(6784): 299-304.

Ogawa J, Kishino S, Ando A, et al. 2005. Production of conjugated fatty acids by lactic acid bacteria. Journal of Bioscience and Bioengineering, 100(4): 355-364.

Olivares M, Paz Díaz-Ropero M, Gómez N, et al. 2006. dietary deprivation of fermented foods causes a fall in innate immune response. Lactic acid bacteria can counteract the immunological effect of this deprivation. The Journal of Dairy Research, 73(4): 492-498.

Olsen E B, Russell J B, Henick-Kling T. 1991. Electrogenic L-malate transport by *Lactobacillus plantarum*: a basis for energy derivation from malolactic fermentation. Journal of Bacteriology, 173(19): 6199-6206.

Ortiz A M, Klase Z A, DiNapoli S R, et al. 2016. IL-21 and probiotic therapy improve Th17 frequencies, microbial translocation, and microbiome in ARV-treated, SIV-infected macaques. Mucosal Immunology, 9(2): 458-467.

Oumer O J. 2017. Pectinase: substrate, production and their biotechnological applications. Int J Environ Agric Biotechnol, 2(3): 1007-1014.

Ouwehand A C, Bergsma N, Parhiala R, et al. 2008. Bifidobacterium microbiota and parameters of immune function in Elderly subjects'. FEMS Immunology and Medical Microbiology, 53(1): 18-25.

Ouwehand A C, Tiihonen K, Saarinen M, et al. 2009. Influence of a combination of *Lactobacillus acidophilus* NCFM and lactitol on healthy elderly: Intestinal and immune parameters. The British Journal of Nutrition, 101(3): 367-375.

Padilla B, Belloch C, López-Díez J J, et al. 2014. Potential impact of dairy yeasts on the typical flavour of traditional ewes' and goats' cheeses. International Dairy Journal, 35(2): 122-129.

Panigrahi A, Kiron V, Kobayashi T, et al. 2004. Immune responses in rainbow trout *Oncorhynchus mykiss* induced by a potential probiotic bacteria *Lactobacillus rhamnosus* JCM 1136. Veterinary Immunology and Immunopathology, 102(4), 379-388.

Parvez S, Malik K A, Ah Kang S, et al. 2006. Probiotics and their fermented food products are beneficial for health. Journal of Applied Microbiology, 100(6): 1171-1185.

Patel F, Parwani K, Patel D, et al. 2021. Metformin and probiotics interplay in amelioration of ethanol-induced oxidative stress and inflammatory response in an *in vitro* and *in vivo* model of hepatic injury. Mediators Inflamm, 2021: 6636152.

Patel S, Gupta R S. 2020. A phylogenomic and comparative genomic framework for resolving the polyphyly of the genus *Bacillus*: Proposal for six new genera of *Bacillus* species, *Peribacillus* gen. nov., *Cytobacillus* gen. nov., *Mesobacillus* gen. nov., *Neobacillus* gen. nov., *Metabacillus* gen. nov. and *Alkalihalobacillus* gen. nov. Int J Syst Evol Microbiol, 70(1): 406-438.

Patton G C, van der Donk W A. 2005. New developments in lantibiotic biosynthesis and mode of action. Curr Opin Microbiol, 8(5): 543-551.

Peppler H J, Perlman D. 1979. Microbial Technology. vol. I. New York: Academic Press.

Perdigon G, Alvarez S, Rachid M, et al. 1995. Immune system stimulation by probiotics. Journal of Dairy Science, 78(7): 1597-1606.

Pérez-Sánchez T, Balcázar J L, Merrifield D L, et al. 2011. Expression of immune-related genes in rainbow trout (*Oncorhynchus mykiss*)induced by probiotic bacteria during *Lactococcus garvieae* infection. Fish & Shellfish Immunology, 31(2): 196-201.

Petersen L M, Martin I W, Moschetti W E, et al. 2019. Third-generation sequencing in the clinical laboratory: Exploring the advantages and challenges of nanoporsequencing. J Clin Microbioal, 58(1): e01315-19.

Phuoc T L, Jamikorn U. 2017. Effects of probiotic supplement (*Bacillus subtilis* and *Lactobacillus acidophilus*)on feed efficiency, growth performance, and microbial population of weaning rabbits. Asian-Australasian Journal of Animal Sciences, 30(2): 198.

Plessas S, Kiousi D E, Rathosi M, et al. 2020. Isolation of a *Lactobacillus paracasei* strain with probiotic attributes from Kefir grains. Biomedicines, 8: 594.

Polz M F, Cavanaugh C M. 1998. Bias in template-to-product ratios in multitemplate PCR. Applied and Environmental Microbiology, 64(10): 3724-3730.

Poupet C, Veisseire P, Bonnet M, et al. 2019. Curative treatment of candidiasis by the live biotherapeutic microorganism *Lactobacillus rhamnosus* Lcr35® in the invertebrate model *Caenorhabditis elegans*: first mechanistic insights. Microorganisms, 8(1): 34.

Preising J, Philippe D, Gleinser M, et al. 2010. Selection of bifidobacteria based on adhesion and anti-inflammatory capacity *in vitro* for amelioration of murine colitis. Appl Environ Microbiol, 76: 3048-3051.

Rajan A, Vela L, Zeng X L, et al.2018. Novel segment- and host-specific patterns of enteroaggregative *Escherichia coli* adherence to human intestinal enteroids. mBio, 9(1): e02419-17.

Ramalho J B, Soares M B, Spiazzi C C, et al. 2019. *In vitro* probiotic and antioxidant potential of *Lactococcus lactis* subsp. *cremoris* LL95 and its effect in mice behaviour. Nutrients, 11(4): 901.

Rappé M S, Connon S A, Vergin K L, et al. 2002. Cultivation of the ubiquitous SAR11 marine bacterioplankton clade. Nature, 418(6898): 630-633.

Ravula R R, Shah N P. 1998. Selective enumeration of *Lactobacillus casei* from yogurts and fermented milk drinks. Biotechnology Techniques, 12: 819-822.

Ren D, Li C, Qin Y, et al. 2014. *In vitro* evaluation of the probiotic and functional potential of *Lactobacillus* strains isolated from fermented food and human intestine. Anaerobe, 30: 1-10.

Ren Y, Wu S, Xia Y, et al. 2021. Probiotic-fermented black tartary buckwheat alleviates hyperlipidemia and gut microbiota dysbiosis in rats fed with a high-fat diet. Food & Function, 12(13): 6045-6057.

Renata R G, Bew J, Coeuret V, et al. 2003. A collaborative study of a method for the enumeration of probiotic lactobacilli in animal feed. Food Microbiology, 20(1): 57-66.

Requena T, Burton J, Matsuki T, et al. 2002. Identification, detection, and enumeration of human *Bifidobacterium* species by PCR targeting the transaldolase gene. Appl Environ Microbiol, 68(5): 2420-2427.

Reunanen J, Kainulainen V, Huuskonen L, et al. 2015. *Akkermansia muciniphila* adheres to enterocytes and strengthens the integrity of the epithelial cell layer. Appl Environ Microbiol, 81: 3655-3662.

Reuter G. 1992. Culture media for enterococci and group D-streptococci. International Journal of Food Microbiology, 17(2): 101-111.

Rimaux T, Rivière A, Hebert E M, et al. 2013. A putative transport protein is involved in citrulline excretion and re-uptake during arginine deiminase pathway activity by *Lactobacillus sakei*. Res Microbiol, 164(3): 216-225.

Ritland C E, Ritland K, Straus N A. 1993. Variation in the ribosomal internal transcribed spacers (ITS1 and ITS2)among eight taxa of the *Mimulus guttatus* species complex. Mol Biol Evol, 10(6): 1273-1288.

Rodrigues F, Ludovico P, Leão C. 2006. Sugar metabolism in yeasts : an overview of aerobic and anaerobic glucose catabolism. In: Biodiversity and Ecophysiology of Yeasts. Berlin: Springer: 101-121.

Rogosa M, Mitchell J A, Wiseman R F. 1951. A selective medium for the isolation and enumeration of oral and fecal *Lactobacilli*. Journal of Bacteriology, 62(1): 132.

Rogosa M, Sharpe M E. 1960. An approach to the classification of the *Lactobacilli*. Journal of Applied Bacteriology, 22(3): 329-340.

Rogosa M, Wiseman R F, Mitchell J A, et al. 1953. Species differentiation of oral *Lactobacilli* from man including descriptions of *Lactobacillus salivarius* nov. spec and *Lactobacillus cellobiosus* nov. spec. Journal of Bacteriology, 65(6): 681-699.

Ross T. 1996. Indices for performance evaluation of predictive models in food microbiology. Journal of Applied Bacteriology, 81(5): 501-508.

Roy D. 2001. Media for the isolation and enumeration of bifidobacteria in dairy products. International Journal of Food Microbiology, 69(3): 167-182.

Rudi K, Naterstad K, Dromtorp S, et al. 2005. Detection of viable and dead Listeria monocytogenes on gouda-like cheeses by real-time PCR. Lett Appl Microbiol, 40(4): 301-306.

Ruszkowski J, Majkutewicz K, Rybka E, et al. 2021. The methodological quality and clinical applicability of meta-analyses on probiotics in 2020: A cross-sectional study. Biomedicine & Pharmacotherapy, 142: 112044.

Sadeghi-Aliabadi H, Mohammadi F, Fazeli H, et al. 2014. Effects of *Lactobacillus plantarum* A7 with probiotic potential on colon cancer and normal cells proliferation in comparison with a commercial strain. Iranian Journal of Basic Medical Sciences, 17: 815-819.

Sakai T, Oishi K, Asahara T, et al. 2010. M-RTLV agar, a novel selective medium to distinguish *Lactobacillus casei* and *Lactobacillus paracasei* from *Lactobacillus rhamnosus*. International Journal of Food Microbiology, 139(3): 154-160.

Sarnaik A, Liu A, Nielsen D, et al. 2020. High-throughput screening for efficient microbial biotechnology. Curr Opin Biotechnol, 64: 141-150.

Sato T, Ohsumi Y, Anraku Y. 1984. Substrate specificities of active transport systems for amino acids in vacuolar-membrane vesicles of *Saccharomyces cerevisiae*: Evidence of seven independent proton/amino acid antiport systems. Journal of Biological Chemistry, 259(18): 11505-11508.

Savijoki K, Ingmer H, Varmanen P. 2006. Proteolytic systems of lactic acid bacteria. Applied Microbiology and Biotechnology, 71(4): 394-406.

Schlegel L. 2000. *Streptococcus infantarius* sp. nov., *Streptococcus infantarius* subsp. *Infantarius* subsp. nov., and *Streptococcus infantarius* subsp. *coli* subsp. nov., isolated from humans and food. International Journal of Systematic & Evolutionary Microbiology, 50(4): 1425-1434.

Schoch C L, Seifert K A, Huhndorf S, et al. 2012. Nuclear ribosomal internal transcribed spacer (ITS)region as a universal DNA barcode marker for fungi. Proc Natl Acad Sci U S A, 109(16): 6241-6246.

Seiler C L, Kiflen M, Stefanolo J P, et al. 2020. Probiotics for celiac disease: A systematic review and meta-analysis of randomized controlled trials. American Journal of Gastroenterology, 115(10): 1584-1595.

Seng P, Abat C, Rolain J M, et al. 2013. Identification of rare pathogenic bacteria in a clinical microbiology laboratory: Impact of matrix-assisted laser desorption ionization–time of flight mass spectrometry. Journal of Clinical Microbiology, 51(7): 2182-2194.

Seng P, Drancourt M, Gouriet F, et al. 2009. Ongoing revolution in bacteriology: Routine identification of bacteria by matrix-assisted laser desorption ionization time-of-flight mass spectrometry. Clinical Infectious Diseases, 49(4): 543-551.

Sensoy I. 2021. A review on the food digestion in the digestive tract and the used *in vitro* models. Curr Res Food Sci, 4: 308-319.

Sestini P, Tagliabue A, Bartalini M, et al. 1986. Asbestos-induced modulation of release of regulatory molecules from alveolar and peritoneal macrophages. Chest, 89: 161S.

Shih L, Shen M H, Van Y T. 2006. Microbial synthesis of poly (epsilon-lysine)and its various applications. Bioresour Technol, 97(9): 1148-1159.

Shima S, Matsuoka H, Iwamoto T, et al. 1984. Antimicrobial action of epsilon-poly-L-lysine. The Journal of Antibiotics, 37(11): 1449-1455.

Shima S, Sakai H. 1977. Polylysine produced by *Streptomyces*. Agri Biol Chem, 41(9): 1807-1809.

Shimizu K, Sato H, Suga Y, et al. 2014. The effects of *Lactobacillus pentosus* strain B240 and appropriate physical training on salivary secretory IgA levels in elderly adults with low physical fitness: a randomized, double-blind, placebo-controlled trial. Journal of Clinical Biochemistry and Nutrition, 54(1): 61-66.

Shivanna S K, Nataraj B H. 2020. Revisiting therapeutic and toxicological fingerprints of milk-derived bioactive peptides: an overview. Food Bioscience, 38: 100771.

Shrestha S, Mokale A L, Zhang J, et al. 2021. Different facets of lignocellulosic biomass including pectin and its perspectives. Waste Biomass Valor, 12: 4805-4823.

Sierra S, Lara-Villoslada F, Sempere L, et al. 2010. Intestinal and immunological effects of daily oral administration of *Lactobacillus salivarius* CECT5713 to healthy adults. Anaerobe, 16(3): 195-200.

Silvi S, Rumney C J, Rowland I R. 1996. An assessment of three selective media for bifidobacteria in faeces. Journal of Applied Bacteriology, 81(5): 561-564.

Simrén M, Ohman L, Olsson J, et al. 2010. Clinical trial: the effects of a fermented milk containing three probiotic bacteria in patients with irritable bowel syndrome-a randomized, double-blind, controlled study. Alimentary Pharmacology & Therapeutics, 31(2): 218-227.

Singh A, Kukreti R, Saso L, et al. 2019. Oxidative stress: a key modulator in neurodegenerative diseases. Molecules, 24(8): 1583.

Sivananthan K, Petersen A M. 2018. Review of *Saccharomyces boulardii* as a treatment option in IBD. Immunopharmacology and Immunotoxicology, 40(6): 465-475.

Sogin M L, Morrison H G, Huber J A, et al. 2006. Microbial diversity in the deep sea and the underexplored “rare biosphere”. Proceedings of the National Academy of Sciences of the United States of America, 103(32): 12115-12120.

Soininen T H, Jukarainen N, Auriola S O K, et al. 2014. Quantitative metabolite profiling of edible onion species by NMR and HPLC-MS. Food Chem, 165: 499-505.

Sonoike K, Mada M, Mutai M. 1986. Selective agar medium for counting viable cells of bifidobacteria in fermented milk. Food Hygiene and Safety Science (Shokuhin Eiseigaku Zasshi), 27(3): 238-244.

Speckman R, Collins E. 1968. Diacetyl biosynthesis in *Streptococcus diacetilactis* and *Leuconostoc citrovorum*. Journal of Bacteriology, 95(1): 174-180.

Stackebrandt E, Frederiksen W, Garrity G M, et al. 2002. Report of the ad hoc committee for the re-evaluation of the species definition in bacteriology. Int J Syst Evol Microbiol, 52(Pt 3): 1043-1047.

Stackebrandt E, Goebel B M.1994. Taxonomicnote: a place for DNA-DNA reassociation and 16S rRNA sequence analysis in the present species definition in bacteriology. International Journal of Systematic Bacteriology, 39(14): 846-849.

Stahnke L H. 1999. Volatiles produced by *Staphylococcus xylosus* and *Staphylococcus carnosus* during growth in sausage minces part II. The influence of growth parameters. LWT-Food Science and Technology, 32(6): 365-371.

Steed H, Macfarlane G T, Blackett K L, et al. 2010. Clinical trial: the microbiological and immunological effects of synbiotic consumption-a randomized double-blind placebo-controlled study in active Crohn’s disease. Alimentary Pharmacology & Therapeutics, 32(7): 872-883.

Stewart E J. 2012. Growing unculturable bacteria. Journal of Bacteriology, 194(16): 4151-4160.

Stoll D R, Carr P W. 2017. Two-dimensional liquid chromatography: a state of the art tutorial. Anal

Chem, 89: 519-531.

Strelkov S, von Elstermann M, Schomburg D. 2004. Comprehensive analysis of metabolites in *Corynebacterium glutamicum* by gas chromatography/mass spectrometry. Biol Chem, 385: 853-861.

Strompfová V, Kubašová I, Lauková A. 2017. Health benefits observed after probiotic *Lactobacillus fermentum* CCM 7421 application in dogs. Applied Microbiology and Biotechnology, 101(16): 6309-6319.

Sugawara T, Sakamoto K. 2018. Killed *Bifidobacterium longum* enhanced stress tolerance and prolonged life span of *Caenorhabditis elegans* via DAF-16. British Journal of Nutrition, 120(8): 872-880.

Suzuki K, Funahashi W, Koyanagi M, et al. 2004. *Lactobacillus paracollinoides* sp. nov., isolated from brewery environments. International Journal of Systematic & Evolutionary Microbiology, 54(Pt 1): 115-117.

Svec P, Devriese L A, Sedlácek I, et al. 2001. *Enterococcus haemoperoxidus* sp. nov. and *Enterococcus moraviensi* sp. nov., isolated from water. International Journal of Systematic & Evolutionary Microbiology, 51(Pt 4): 1567-1574.

Szajewska H, Kołodziej M, Zalewski B M. 2020. Systematic review with meta-analysis: *Saccharomyces boulardii* for treating acute gastroenteritis in children-a 2020 update. Alimentary Pharmacology & Therapeutics, 51(7): 678-688.

Takeda K, Okumura K. 2007. Effects of a fermented milk drink containing *Lactobacillus casei* strain shirota on the human NK-Cell activity. The Journal of Nutrition, 137(3 Suppl 2): 791S-793S.

Taranto M P, Medici M, Perdigon G, et al. 1998. Evidence for hypocholesterolemic effect of *Lactobacillus reuteri* in hypercholesterolemic mice. Journal of Dairy Science, 81(9): 2336-2340.

Teraguchi S, Uehara M, Ogasa K, et al. 1978. Enumeration of bifidobacteria in dairy products. Japanese Journal of Bacteriology, 33(6): 753-761.

Terzaghi B E, Sandine W E. 1975. Improved medium for lactic streptococci and their bacteriophages. Applied Microbiology, 29(6): 807-813.

Thitaram S N, Siragusa G R, Hinton A J. 2010. Bifidobacterium-selective isolation and enumeration from chicken caeca by a modified oligosaccharide antibiotic-selective agar medium. Letters in Applied Microbiology, 41(4): 355-360.

Tracey R, Britz T. 1989. Cellular fatty acid composition of *Leuconostoc oenos*. Journal of Applied Bacteriology, 66(5): 445-456.

Trivić I, Niseteo T, Jadrešin O, et al. 2021. Use of probiotics in the treatment of functional abdominal pain in children—systematic review and meta-analysis. European Journal of Pediatrics, 180(2): 339-351.

Tursi A, Brandimarte G, Papa A, et al. 2010. Treatment of relapsing mild-to-moderate *Ulcerative colitis* with the probiotic VSL#3 as adjunctive to a standard pharmaceutical treatment: a double-blind, randomized, placebo-controlled study. The American Journal of Gastroenterology, 105(10): 2218-2227.

Uppada S R, Akula M, Bhattacharya A, et al. 2017. Immobilized lipase from *Lactobacillus plantarum* in meat degradation and synthesis of flavor esters. Journal of Genetic Engineering and Biotechnology, 15(2): 331-334.

Valley G, Herter R C. 1935. A modified medium for the study of intestinal *Lactobacilli*. Science, 82(2114): 14-15.

van Netten P, Kramer J M. 1992. Media for the detection and enumeration of *Bacillus cereus* in foods: a review. International Journal of Food Microbiology, 17(2): 85-99.

Vancanneyt M, Snauwaert C, Cleenwerck I, et al. 2001. *Enterococcus villorum* sp. nov., anenteroadherent bacterium associated with diarrhoea in piglets. International Journal of Systematic & Evolutionary Microbiology, 51(Pt 2): 393.

Vandamme P, Pot B, Gillis M, et al. 1996. Polyphasic taxonomy, a consensus approach tobacterial systematics. Microbiological Reviews, 60(2): 407-438.

VanDussen K L, Marinshaw J M, Shaikh N, et al. 2015. Development of an enhanced human gastrointestinal epithelial culture system to facilitate patient-based assays. Gut, 64: 911-920.

Vemuri R, Shinde T, Shastri M D, et al.2018. A human origin strain *Lactobacillus acidophilus* DDS-1 exhibits superior *in vitro* probiotic efficacy in comparison to plant or dairy origin probiotics. International Journal of Mmedical S ciences, 15: 840-848.

Venema K, Verhoeven J, Verbruggen S, et al. 2019. Probiotic survival during a multi-layered tablet development as tested in a dynamic, computer-controlled *in vitro* model of the stomach and small intestine (TIM-1). Lett Appl Microbiol, 69(5): 325-332.

Ventura M, Canchaya C, Casale A D, et al. 2006. Analysis of bifidobacterial evolution using a multilocus approach. Int J Syst Evol Microbiol, 56(Pt 12): 2783-2792.

Ventura M, Canchaya C, Meylan V, et al. 2003. Analysis, characterization, and loci of the tuf genes in *Lactobacillus* and *Bifidobacterium* species and their direct application for species identification. Appl Environ Microbiol, 69(11): 6908-6922.

Ventura M, Canchaya C, van Sinderen D, et al. 2004. *Bifidobacterium lactis* DSM 10140: identification of the atp (atpBEFHAGDC) operon and analysis of its genetic structure, characteristics, and phylogeny. Appl Environ Microbiol, 70(5): 3110-3121.

Ventura M, Zink R, Fitzgerald G F, et al. 2005. Gene structure and transcriptional organization of the *dnaK* operon of *Bifidobacterium breve* UCC 2003 and application of the operon in bifidobacterial tracing. Appl Environ Microbiol, 71(1): 487-500.

Ventura M, Zink R. 2003. Comparative sequence analysis of the tuf and *recA* genes and restriction fragment length polymorphism of the internal transcribed spacer region sequences supply additional tools for discriminating *Bifidobacterium lactis* from *Bifidobacterium animalis*. Appl Environ Microbiol, 69(12): 7517-7522.

Verhoeckx K, Cotter P, López-Expósito I, et al. 2015. The impact of food bio-actives on gut health. Vitro and ex vivo models. Cham(CH): Springer: 83-93.

Vidhyasagar V, Jeevaratnam K. 2013. Evaluation of *Pediococcus pentosaceus* strains isolated from Idly batter for probiotic properties *in vitro*. Journal of Functional Foods, 5(1): 235-243.

Vizoso Pinto M G, Franz C M, Schillinger U, et al. 2006. *Lactobacillus* spp. with *in vitro* probiotic properties from human faeces and traditional fermented products. Int J Food Microbiol, 109(3): 205-214.

Wang B, Wei H, Yuan J, et al. 2008. Identification of a surface protein from *Lactobacillus reuteri* JCM1081 that adheres to porcine gastric mucin and human enterocyte-like HT-29 cells. Curr Microbiol, 57: 33-38.

Wang J, Zhang H, Chen X, et al. 2012. Selection of potential probiotic lactobacilli for cholesterol-lowering properties and their effect on cholesterol metabolism in rats fed a high-lipid diet. J Dairy Sci, 95(4): 1645-1654.

Wang S, Xun Y, Ahern G J, et al. 2021. A randomized, double blind, parallel, placebo-Controlled study to investigate the efficacy of *Lactobacillus paracasei* N1115 in gut development of young children. Food Science & Nutrition, 9(11): 6020-6030.

Wang X, Jin M, Balan V, et al. 2014. Comparative metabolic profiling revealed limitations in xylose-fermenting yeast during co-fermentation of glucose and xylose in the presence of inhibitors. Biotechnol Bioeng, 111: 152-164.

Wang Y, Wu Y, Wang Y, et al. 2017. Antioxidant properties of probiotic bacteria. Nutrients, 9(5): 521.

Wayne L G, Brenner D J, Colwell R R, et al. 1996. Report of the ad hoc committee on reconciliation of approaches to bacterial systematics. Canadian Entomologist, 128(3): 443-537.

Wei G, Pan L, Du H, et al. 2004. ERIC-PCR fingerprinting-based community DNA hybridization to pinpoint genome-specific fragments as molecular markers to identify and track populations common to healthy human guts. Journal of Microbiological Methods, 59: 91-108.

West C E, Gothefors L, Granström M, et al. 2008. Effects of feeding probiotics during weaning on infections and antibody responses to diphtheria, tetanus and Hib vaccines. Pediatric Allergy and Immunology, 19(1): 53-60.

Whorwell P J, Altringer L, Morel J, et al. 2006. Efficacy of an encapsulated probiotic *Bifidobacterium infantis* 35624 in women with irritable bowel syndrome. The American Journal of Gastroenterology, 101(7): 1581-1590.

Widyastuti Y, Febrisiantosa A. 2014. The role of lactic acid bacteria in milk fermentation. Food and Nutrition Sciences, 5: 435-442.

Woese C R. 1987. Bacterial evolution. Microbiological Reviews, 51(2): 221-271.

Wolff S M 1973. Biological effects of bacterial endotoxins in man. J Infect Dis, 128: Suppl: 259-264.

Wolochow H. 1959. Detection of airborne microorganisms through their unique compounds. Armed Services Technical Information Agency Rept, (211170): 2-18.

Wong J W, Zhang K, Tech K, et al. 2010. Multiresidue pesticide analysis of ginseng powders using acetonitrile- or acetone-based extraction, solid-phase extraction cleanup, and gas chromatography-mass spectrometry/selective ion monitoring (GC-MS/SIM)or -tandem mass spectrometry (GC-MS/MS). J Agric Food Chem, 58: 5884-5896.

Woo P C, Leung S Y, To K K, et al. 2010. Internal transcribed spacer region sequence heterogeneity in *Rhizopus microsporus*: implications for molecular diagnosis in clinical microbiology laboratories. J Clin Microbiol, 48(1): 208-214.

Wu D, Sun M-Z, Zhang C, et al. 2014. Antioxidant properties of *Lactobacillus* and its protecting effects to oxidative stress Caco-2 cells. Journal of Animal and Plant Sciences, 24: 1766-1771.

Xia G, Wang Y, Shi L N, et al. 2021. Effect and safety of *Saccharomyces boulardii* for neonatal necrotizing enterocolitis in pre-term infants: a systematic review and meta-analysis. Journal of Tropical Pediatrics, 67(3): fmaa022.

Xu J, Ahn B, Lee H, et al. 2012. Droplet-based microfluidic device for multiple-droplet clustering. Lab Chip, 12: 725-730.

Xu X, Yu L, Xu G, et al. 2020. *Bacillus yapensis* sp. nov., a novel piezotolerant bacterium isolated from deep-sea sediment of the Yap Trench, Pacific Ocean. Antonie Van Leeuwenhoek, 113(3): 389-396.

Xue F, Miao J, Xu Z, et al. 2008. Studies on lipid production by *Rhodotorula glutinis* fermentation using monosodium glutamate wastewater as culture medium. Bioresource Technology, 99(13): 5923-5927.

Yamashita I, Suzuki K, Fukui S. 1985. Nucleotide sequence of the extracellular glucoamylase gene STA1 in the yeast *Saccharomyces diastaticus*. Journal of Bacteriology, 161(2): 567-573.

Yao X, Zhou G, Tang Y, et al. 2015. HILIC-UPLC-MS/MS combined with hierarchical clustering analysis to rapidly analyze and evaluate nucleobases and nucleosides in *Ginkgo biloba* leaves. Drug Testing and Analysis, 7: 150-157.

Yi C, Wei H Y, Lu F G, et al. 2016. Different effects of three selected *Lactobacillus* strains in dextran sulfate sodium-induced colitis in BALB/c Mice. PLoS One, 11(2): e0148241.

Yiannikouris A, Franois J, Poughon L, et al. 2004. Adsorption of zearalenone by beta-D-glucans in the *Saccharomyces cerevisiae* cell wall. J Food Prot, 67(6): 1195-1200.

Yonehara T, Miyata R. 1996. Fermentative production of pyruvate from glucose by *Torulopsis glabrata*. Journal of Fermentation & Bioengineering, 78(2): 155-159.

Younossi Z, Anstee Q M, Marietti M, et al. 2018. Global burden of NAFLD and NASH: trends, predictions, risk factors and prevention. Nature Reviews Gastroenterology & Hepatology, 15(1): 11-20.

Yuan Y, Wu F, Si J, et al. 2019. Whole genome sequence of *Auricularia heimuer* (Basidiomycota, Fungi), the third most important cultivated mushroom worldwide. Genomics, 111(1): 50-58.

Zabriskie D W, Armiger W B, Phillips D H, et al. 1980. Traders, Huide to Fermentation Media Formulation. Fort Worth Traders, Protein Division, Traders' Oil Mill Company.

Zeng W, Guo L, Xu S, et al. 2020. High-throughput screening technology in industrial biotechnology. Trends Biotechnol, 38(8): 888-906.

Zhai Q, Narbad A, Chen W. 2015a. Dietary strategies for the treatment of cadmium and lead toxicity. Nutrients, 7: 552-571.

Zhai Q, Yin R, Yu L, et al. 2015b. Screening of lactic acid bacteria with potential protective effects against cadmium toxicity. Food Control, 54: 23-30.

Zhai Q, Zhang Q, Tian F, et al. 2019. The synergistic effect of *Lactobacillus plantarum* CCFM242 and zinc on ulcerative colitis through modulating intestinal homeostasis. Food & Function, 10(9): 6147-6156.

Zhang X, Zhang X, Xu G, et al. 2018. Integration of ARTP mutagenesis with biosensor-mediated high-throughput screening to improve L-serine yield in *Corynebacterium glutamicum*. Appl Microbiol Biotechnol, 102(14): 5939-5951.

Zhang Z, Wang Y, Hou Q, et al. 2020. *Lactobacillus enshiensis* sp. nov., a novel arsenic-resistant bacterium. Int J Syst Evol Microbiol, 70(4): 2580-2587.

Zhu C, Guan Q, Song C, et al. 2021. Regulatory effects of *Lactobacillus* fermented black barley on intestinal microbiota of NAFLD rats. Food Research International, 147, 110467.

Zhu L, Li W, Dong X. 2003. Species identification of genus *Bifidobacterium* based on partial *HSP60* gene sequences and proposal of *Bifidobacterium thermacidophilum* subsp. *porcinum* subsp. nov. Int J Syst Evol Microbiol, 53(Pt 5): 1619-1623.

第3章 食品组学关键技术与应用

随着全球人口快速增长、食品污染问题全球化、农产品工业化和规模化，消费者对食品质量与安全的关注与日俱增，而食品安全控制、质量保证、食品溯源性及营养结构优化等方面的研究难度也不断提升。食物不仅是能量来源，而且能预防和辅助治疗慢性疾病。食品营养学的相关研究使食品与健康之间的联系越来越密切，健康的饮食可以通过调节新陈代谢和激素分泌促进身体健康，人们也越来越认识到食品营养在预防和缓解各种慢性疾病中的重要性。目前，功能性食品已然转化为消费者的消费习惯。因此，顺应这一趋势涌现了大量的新方法、新知识和新产品。现代食品科学与药理学、医学或生物技术等学科相互关联，将传统的食品研究转向更为先进的研究策略，现代食品科学领域已开始出现营养基因组学、营养遗传学、功能性食品、营养保健品、转基因食品、微生物组学、毒物基因组学、营养转录组学、营养蛋白质组学、营养生物学和系统生物学等术语。

随着食品科学和营养学的不断发展，食品组学这一新兴技术得到更为广泛的应用。食品组学的主要工具包括基因组学、蛋白质组学、转录组学及代谢组学等，可应用于食品质量安全及其可追溯性的研究、转基因食品安全评估，以及营养与健康等多个领域。未来，食品组学有望与食品生物技术相结合，成为一种更便捷有效的研究平台，以解决食品安全性、质量和营养等更多复杂的问题。

3.1 系统生物学与食品组学

组学技术是最近几十年发展起来的新学科，主要包括基因组学（genomics）、转录组学（transcriptomics）、蛋白质组学（proteomics）、代谢组学（metabolomics）、脂质组学（lipidomics）及糖组学（glycomics）等。其中，基因组学、转录组学、蛋白质组学和代谢组学共同构成了“系统生物学”（Nielsen，2017）。

组学技术是通过研究成千上万的DNA、RNA、蛋白质或者代谢物，挖掘出与某一生命过程相关的特征蛋白、DNA、RNA或者代谢物，进而对某一指标进行评估。组学技术依托高通量、高分辨率、高精度的现代化分析仪器，通过海量数据处理进行信息提取和结果分析。近年来，组学技术与食品科学不断融合，在食品科学领域发挥着越来越重要的作用。因此，基于多组学技术的“食品组学”概念应运而生。

3.1.1　系统生物学概述

生物系统通常可以用网络来表示，这些网络涵盖了简单的一元或二元交互作用网络，以及由不同类型生物实体间关系所构成的复杂集合。不同尺度上的生物实体（如分子、细胞、组织和个体等）在本质上都在进行同尺度或跨尺度的交互作用。随着当前“组学”时代的发展，各类生物学数据呈爆炸式增长，这要求研究者们开发更加系统的数据分析方法，并从一个整体的角度来理解分子型和生物表型之间的关系。系统生物学（systems biology）是一个使用整体论（而非还原论）研究范式，整合不同学科、层次的信息以理解生物系统如何行使功能的学术领域，是分子生物学之后现代生物学的全新阶段，包括表观遗传学、各种生物组学、合成生物学、生物信息学等细分领域。系统生物学是继基因组学、蛋白质组学之后，以系统论、整体性研究为特征的一门新兴的生物学交叉学科。随着人类基因组和各种模式生物测序的完成，生物学进入了“后基因组时代”，生物学家通过实验及分析获得了海量的生物数据，这使全方位的生命活动研究成为可能。随着数学、计算机等学科的迅速发展，系统生物学已经成为现代生物学研究的主要方法。

1. 系统生物学发展历史

20 世纪中期，生物学家发现还原式分析已经不能解决复杂的生物学问题，而 DNA 双螺旋结构的揭示则开启了分子生物学研究的新纪元。1945 年，奥地利生物学家贝塔朗菲提出了一般系统论（general systems theory），他认为生物体是一个既复杂又开放的系统，未来需要借助计算机和工程学等其他分支学科来深入研究生物体的组成及其功能。1989 年，在美国召开生物化学系统论与计算机模型的国际会议上，与会者探讨了计算系统生物学。2000 年，莱诺伊·胡德创立了第一个系统生物学研究所（Institute for Systems Biology），重新提出了这种以整体为研究对象的概念，即系统生物学是研究一个复杂生物系统中所有基因、mRNA 和蛋白质等组成成分，以及这些组分在特定条件下的相互关系的学科。与传统的分子生物学不同，系统生物学要在系统层面全面深入地研究所有的基因、蛋白质及组分间的相互关系。系统生物学从分子到生态系统，不同类型的生物网络为模拟生物体并解析其运作机制提供了模板。基于此，生物学的研究已经从 20 世纪的还原论转化为 21 世纪的系统论。

2. 系统生物学的内涵

1）系统生物学的研究目标

系统生物学的主要研究目标是通过了解一个生物复杂系统中所有组成成分的构成及在特定条件下这些组分间的相互关系，分析该系统在一定时间内的动力学过程，即从大量的生物学数据中得到一个尽可能接近真正生物复杂系统的理论模型，根据模型的预测或假设，设定和实施新的、改变系统状态的实验，不断地通过实验数据对模型进行修订和精炼，使其理论预测能够反映出生物系统的真实性。

2）系统生物学的研究平台

系统生物学研究是在人为控制的状态下，揭示特定的生命系统在不同条件和不同时间下具有的动力学特征。系统生物学研究内容主要包括系统结构的确认、系统行为的分析、系统控制规律的归纳和系统的设计。系统生物学研究平台包括基因组学、转录组学、蛋白质组学、代谢组学和表型组学等（图 3-1）。

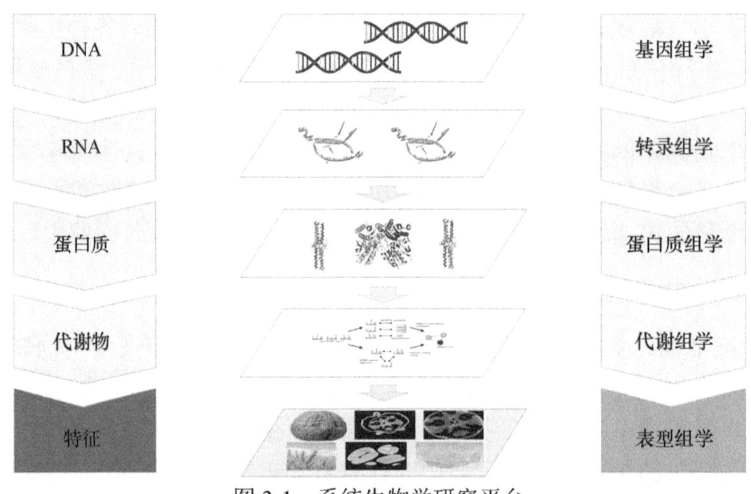

图 3-1　系统生物学研究平台

（1）基因组学

基因（gene）是遗传信息的结构与功能单位，可指一段 DNA 分子，也可指一段 RNA 分子。一个物种的全部遗传信息总称为基因组（genome），基因组可以指一套染色体，也可以指其中全部核酸。1986 年，美国科学家 Thomas H. Roderick 提出了基因组学（genomics）的概念，是指对所有基因进行基因组作图（包括遗传图谱、物理图谱、转录图谱）、核苷酸序列分析、基因定位和基因功能分析的一门科学。

基因组学出现于 20 世纪 80 年代，之后随着几个物种基因组计划的启动，在 20 世纪 90 年代取得迅速发展。1980 年，噬菌体 ΦX174（5368 bp）完成测序，成为第一个测定的基因组。1995 年，流感嗜血杆菌测序完成，这是第一个测定序列的自由生活物种。2001 年，人类基因组草图发布。2012 年，“千人基因组计划”成果发布。

基因组学按照研究领域分为比较基因组学、结构基因组学、功能基因组学、宏基因组学和表观基因组学。

比较基因组学

比较基因组学（comparative genomics）是基于基因组图谱和测序，对已知的基因和基因组结构进行比较，并了解基因的功能、表达机理和物种进化的学科。模式生物基因组研究揭示了基因的功能，利用基因序列上的同源性及模式生物实验系统上的优越性，在人类基因组研究的应用中比较作图分析复杂性状，以加深对基因组结构的认识。

通过比较不同亲缘关系物种的基因组序列，研究者能够鉴定出编码序列、非编码调控序列及给定物种独有的序列。通过基因组范围内的序列比对，可以了解不同物种在核苷酸组成、同线性关系和基因顺序方面的异同，进而得到基因分析预测与定位、生物系统发生进化关系等方面的信息。

同种群体内基因组存在大量的变异和多态性，正是这种基因组序列的差异构成了不同个体对疾病的易感性和对药物、环境因子不同反应的遗传学基础。

结构基因组学

结构基因组学（structural genomics）试图在生物体的整体水平上（如全基因组、全细胞或完整的生物体）测定出全部蛋白质分子、蛋白质-蛋白质、蛋白质-核酸、蛋白质-多糖、蛋白质-蛋白质-核酸-多糖，以及蛋白质与其他生物分子复合体的精细三维结构，以获得一幅完整的、能够在细胞中定位，以及在各种生物学代谢途径、生理途径和信号转导途径中全部蛋白质在原子水平的三维结构信息图。这种基于基因组的方法允许通过实验和建模相结合，进行高通量的蛋白质结构鉴定。与传统结构预测相比，结构基因组学试图确定基因组编码的每一种蛋白质结构，而不是专注于一种特定的蛋白质。随着全基因组序列的公开，蛋白质结构预测可以通过实验和建模相结合的方法更快地完成。大量测序基因组和解析蛋白质结构的公开，使得科学家可以根据已有同源物的结构对蛋白质结构进行建模分析。

结构基因组学涉及大量的结构鉴定方法，包括利用基因组序列的试验方法、基于已知同源蛋白质的序列或结构同源性的建模方法，以及基于没有任何已知结构同源性蛋白质的化学和物理特性的建模方法。与传统的结构生物学相反，结构基因组学确定蛋白质结构一般基于对其功能的了解，这为结构生物信息学带来了崭新的挑战，例如，需要根据蛋白质的三维结构解析出其功能。

功能基因组学

功能基因组学（functional genomics）是指基于基因组序列信息，利用各种组学技术，在系统水平上将基因组序列与基因功能（包括基因网络）及表型有机联系起来，最终在不同水平上揭示生物系统功能的科学。功能基因组学试图利用基因组项目（如基因组测序项目）产生的大量数据来描述基因的功能及其与蛋白质的相互作用。功能基因组学侧重于研究基因转录、翻译和蛋白质-蛋白质相互作用的动态变化。与基因组提供的 DNA 序列或结构等静态信息截然相反，功能基因组学试图从基因、RNA 转录本和蛋白质产品三个水平上回答有关 DNA 功能的问题。功能基因组学研究的一个关键特征是采用全基因组的方法解决上述问题，通常涉及高通量方法，而不是传统的"个案基因"方法。

宏基因组学

宏基因组学（metagenomics）是研究环境样品中所有微生物基因组集合的方法。全部宏基因组测序以环境样品中的微生物群体基因组作为研究对象，直接从环境样品中提取全部微生物的 DNA，构建宏基因组文库，利用高通量测序技术分析环境样品所包含的全部微生物的群体基因组成和功能以及参与的代谢通路，解读微生物群体的多样性与丰度，探求微生物与环境、宿主之间的关系，发掘和研究新的、具有特定功能的基因。

传统的微生物学和微生物基因组测序依赖于克隆培养物，而早期的环境基因测序克隆了特定的基因（通常是 16S rRNA 基因），从而获得自然群体的多样性。这些工作表明，绝大多数微生物的多样性被基于菌落培养的方法所遗漏。宏基因组学使用"鸟枪法"测序或大规模平行焦磷酸测序，可以无偏好地获得样本群体中所有微生物成员的基因信息。由于宏基因组学能够揭示此前被隐藏的微生物多样性，为观察微生物世界提供了一个强有力的工具，其结果有可能彻底改变对整个生命世界的认知（Macro，2012）。

表观基因组学

表观基因组学（epigenomics）是一门在基因组水平上研究表观遗传修饰的学科。表观遗传修饰作用于细胞内的 DNA 及其包装蛋白、组蛋白，用来调节基因组功能，表现为 DNA 甲基化和组蛋白的翻译后修饰。这些分子标志影响了染色体的结构、完整性和装配，同时也影响了接近 DNA 的调控元件，以及染色质与功能型核复合物的相互作用能力。虽然多细胞个体只有一个基因组，但是它具有多种表观基因组，反映为生命的不同时期、不同情况下，个体的细胞类型及其属性的多样性。在生物个体中，DNA 序列之间的关系以及后天状态的动态变化会对细胞或个体产生影响，这种影响可以看成是表观遗传修饰在模式系统和模式生物研究中所起的功能。DNA 序列之间的关系、后天状态的动态变化等综合手段与全基因组研究手段相辅相成，旨在描述不同时期、不同细胞类型中的表观遗传修饰位置，并找到它们的功能相关性。

（2）转录组学

转录组学（transcriptomics）是一门在整体水平上研究细胞中基因转录情况及转录调控规律的学科。简而言之，转录组学是从 RNA 水平研究基因表达的技术。

转录组即一个活细胞所能转录出来的所有 RNA 的总和，是研究细胞表型和功能的一个重要手段。以 DNA 为模板合成 RNA 的转录过程是基因表达的第一步，也是基因表达调控的关键环节。所谓基因表达，是指基因携带的遗传信息转变为可辨别的表型的整个过程。与基因组不同的是，转录组的定义中包含了时间和空间的限定。同一细胞在不同的生长时期及生长环境下，其基因表达情况是不完全相同的。通常，同一种组织表达几乎相同的一套基因以区别于其他组织，如脑组织或心肌组织等，它们分别只表达全部基因中不同的 30%，以显示出组织的特异性。

转录组图谱可以提供不同条件下基因表达的信息，并据此推断相应未知基因的功能，揭示特定调节基因的作用机制。通过这种基于基因表达谱的分子标签，不仅可以辨别细胞的表型归属，还可以用于疾病的诊断。

转录组数据获得和分析的方法主要包括基于杂交技术的芯片技术（包括 cDNA 芯片和寡聚核苷酸芯片）、基于序列分析的基因表达系列分析（serial analysis of gene expression，SAGE）和大规模平行测序（massively parallel signature sequencing，MPSS）。

目前，转录组学广泛应用于医学研究，如疾病标志物筛查、疾病的诊断和分型、疾病复发诊断、病因与病理机制探究、临床疗效评价及药物毒理学评价等。另外，转录组学在生命科学研究领域也已广泛应用，如非生物环境关系研究、植物与微生物在表型鉴定中的应用、代谢途径研究、功能基因组研究及药用植物研究等。

（3）蛋白质组学

蛋白质组学主要研究特定状态下蛋白质整体水平的存在状态和活动规律，是从分子水平上来分析蛋白质的表达、修饰及功能的一门学科。蛋白质组学的研究对象涉及植物、动物和微生物等，其在药物开发、病理研究及食品安全等诸多领域都有广泛应用。

蛋白质组学的研究不仅能为生命活动规律的研究提供物质基础，也能为众多种疾病机理的阐明及攻克提供理论依据和解决途径。通过对正常个体及病理个体间的蛋白质组比较分析，研究人员可以找到某些“疾病特异性的蛋白质分子”，它们可以作为新药物设计的分子靶点，也可以作为疾病早期诊断的分子标志。蛋白质组学的研究是生命科学进入后基因组时代的特征（Aslam et al.，2017），主要包括表达蛋白质组学和功能蛋白质组学。

表达蛋白质组学

表达蛋白质组学（expressional proteomics）是对蛋白质组表达模式的研究，即检测细胞、组织中的蛋白质，建立蛋白质定量表达图谱或表达序列标签（expressed sequence tag，EST）图谱，在整个蛋白质组水平上提供研究细胞通路、疾病、药物相互作用和一些生物刺激引起的功能紊乱的可能性，对寻找疾病诊断标志、筛选药物靶点及毒理学研究具有重要作用。

功能蛋白质组学

功能蛋白质组学（functional proteomics）认为蛋白质的种类和数量在同一生物个体的不同细胞中是各不相同的，并且细胞内的蛋白质组是动态的。在不同时期、不同条件下，同一细胞的蛋白质组也在不断地发生改变。在病理或治疗过程中，细胞内蛋白质组及其变化与正常生理过程中的细胞不同；另外，蛋白质许多性质和功能不仅要在蛋白质表达水平和一级结构序列的差异上予以解释，还必须从蛋白质空间结构及其动态变化方面给予阐明。

功能蛋白质组学大体包括以下几个方面的概念：

①把对蛋白质组学的研究定位于对个别蛋白质的传统蛋白质研究和以全部蛋白质为研究对象的蛋白质组研究之间的层次；

②研究的核心内容是蛋白质群体，这是从生物大分子（蛋白质、基因）水平到细胞水平研究的重要桥梁环节；

③从“局部”入手，把研究定位在细胞内与某个功能有关或在某种条件下的特定蛋白质，通过功能蛋白质组学的途径逐步揭示“蛋白质组（proteome）”的方方面面。

翻译修饰蛋白质组学

很多 mRNA 表达产生的蛋白质要经历翻译后修饰，如磷酸化、糖基化、酶原激活等。翻译后修饰是蛋白质调节功能的重要方式，因此其研究对阐明蛋白质的功能具有重要作用。

蛋白质组学的研究手段主要包括凝胶技术和质谱技术。质谱可以对肽段和蛋白质进行表征及测序，是分析蛋白质的重要技术。通过将蛋白酶解后所得肽段的肽指纹图谱与质谱技术相结合，可以分析某一种或同类食品的蛋白质成分，经过比较和筛选可以确定特征标志蛋白质或者肽。基于对蛋白质或者肽的分析，质谱技术可以获得食品组分的特定指纹信息，实现定性分析。一旦获得蛋白质标志物或肽标志物，即可用液相色谱-质谱的选择反应监测（SRM）或者多反应监测（MRM）模式对目标物进行快速、灵敏的定量分析检测（Altelaar et al.，2013）。

（4）代谢组学

代谢组学（metabolomics）是继其他组学（基因组学、转录组学、蛋白质组学）之后产生的“组学技术”，也是在 20 世纪 90 年代末期迅速发展起来的一个新兴系统生物学分支学科，目前已成为系统生物学研究领域中的一个分支。代谢组学是通过考察生物体系受外界刺激或扰动后，其内源性代谢小分子含量的变化或其随时间的变化，研究生物体系的代谢途径。代谢组学以生物体液、组织或细胞等生物样本为研究对象，关注样本中小分子内源性代谢产物的浓度和分子质量，研究结果为正常及病理状态下的生物系统提供了大量代谢小分子产物的详细信息。

非靶向代谢组学

非靶向代谢组学（untargeted metabolomics）是指采用 LC-MS、GC-MS 及 NMR 技术，无偏向性地检测细胞、组织、器官或者生物体内受到刺激或扰动前后所有小分子代谢物（主要是分子质量 1000 Da 以内的内源性小分子化合物）的动态变化，并通过生物信息分析筛选差异代谢物，对差异代谢物进行通路分析，揭示其变化的生理机制。

靶向代谢组学

靶向代谢组学（targeted metabolomics）是对指定列表的代谢产物的检测分析，特别针对一种或几种途径的代谢产物。这种分析技术的重点是采用大量天然和生物变异样本，验证预先确认的代谢物或已鉴定的潜在生物标志物，并且需要采用标准品进行准确的定性定量分析。

（5）表型组学

基因型、表型和环境三者构成了遗传学研究的“铁三角”。人类在很早之前就根据自己的需要有意识地驯化动植物，而对于动植物表型的考察要远远早于对基因型的研究。近年来，随着高通量测序技术的快速发展，我们对于基因型的复杂性和动态变化特征有了更深入的了解，然而与此相对的是表型研究方面的严重滞后。由于表型本身的复杂性和动态性变化，研究者通常只专注于少数几个表型进行静态粗略的研究，而且传统的表型调查效率很低；调查者的主观性也会导致不同调查人员的调查结果差别很大；另外，表型研究技术发展相对缓慢，导致表型研究严重滞后于其他组学研究。传统的表型检测手段已经成为动植物基础生物学遗传研究、基因功能研究、生理研究等的主要限制因素。

表型组学（phenomics）最早由 Steven A. Garan 于 1996 年提出，是研究生物体表现型特征的学科。近年来，表型组学得到了迅速发展，其概念也在逐步完善。Gjusland、Freimer 和 Houle 等生物学家认为，表型（phenotype）即生物某一特定物理外观和化学特性（如植物的株高、花色、产量、酶活力、抗逆性等），是基因型和环境共同作用的结果（Pasala and Pandey，2020）。生物的表型组为生物体表型主要信息的集合，包括形态、发育、生化、生理和行为等各种特征，研究这些相关内容的学科即为表型组学。当然，也有研究者认为表型组学即为研究生物全部物理外观和化学特征等表型性状（phenome，表型组）受环境影响的变化规律的学科，是一门在基因组水平上系统研究某一生物或细胞在不同环境条件下所有表型，并结合基因（基因组）或蛋白质（蛋白质组）来探究表型的本质及它们之间相互关系的学科。Robert、Varki 和 Tasha 等将表型组定义为在遗传和环境因素的影响下，生物体组成、行为及生长的所有表型集合。通过表型组可以更好地认识和利用基因组、转录组、蛋白质组等生物信息，它与各种组学（如基因组学、转录组学和蛋白质组学），以及生物信息学和统计学共同构建了系统生物学的宏伟框架。

3）系统生物学的研究方法

系统生物学的方法学主要适合于系统生物学研究需求的高通量、高灵敏度、高准确性研究技术，如高通量的细胞和细胞器分选、蛋白质相互作用关系和动力学特性研究等。因此，系统生物学研究的基本工作流程包括以下四个阶段。

（1）对选定的某一生物系统的所有组分进行了解和确定，描绘出该系统的结构，包括基因相互作用网络、代谢途径，以及细胞内和细胞间的作用机理，以此构造出一个初步的系统模型。

（2）系统地改变被研究对象的内部组成成分（如基因突变）或外部生长条件，观测系统组分或结构所发生的相应变化，包括基因表达、蛋白质表达、相互作用及代谢途径等方面的变化，并把得到的有关信息进行整合。

（3）把通过实验得到的数据与根据模型预测的情况进行比较，并对初始模型进行修订。

（4）根据修正后模型的预测或假设，设定和实施新的改变系统状态的实验，重复第（2）步和第（3）步，通过实验数据不断地对模型进行修订和精练。

第（1）步到第（3）步，也就是“整合”（系统理论）、“干涉”（实验生物学）和“信息”（计算生物学）等研究，即系统理论和实验、计算方法整合的系统生物学概念，目标就是要得到一个理想的模型，使其理论预测能够反映出生物系统的真实性。

3.1.2 食品组学概念与内涵

2007年以来，“食品组学”一词多次出现在不同的网页及科学会议，并在2009年*Science*杂志上首次被定义为一个新的学科，通过应用先进的组学技术来研究食品和营养领域以改善消费者的身心健康。食品组学是一个包含广泛学科的新概念，包括食品和组学工具相交叉的所有工作领域，涵盖了基因组学、转录组学、蛋白质组学及代谢组学等策略。同时，食品组学也是一个全球性学科，与系统生物学相结合，将采后研究引入了一个新时代，这一结合也与通过饮食来预防疾病的趋势相一致。

1. 食品组学研究内容

1）食品基因组学

随着消费者眼界的拓宽和选择性的增加，为了提供方便、健康、美味、安全且价格合理的食品，人们开始不断从原料、加工工艺和营养安全方面寻找发展方向。其中，基因组学在食品营养安全方面具有广泛应用。目前，食品基因组学的研究主要包括三个方面：①改良作物种植和生产应用。利用基因组学的方法可以帮助进行食品原料的分类、种植过程中关键质量特性的快速鉴定，以及具有良好加工特性作物的转基因生产。②食品发酵用高级微生物的开发，以改善食品风味、功能特性。③食源性疾病的识别、监控及病原溯源。

（1）开发高营养价值的食品原料

采用基因组学选择和改良农产品是目前研究的焦点。植物是构成人类食物链的基础，它们不仅可以提供足够的食物，而且具有改善人类健康和生活的潜能。已从植物中分离出许多可促进健康的化合物，能够预防和缓解动脉粥样硬化及癌症等疾病。为了发挥植物营养功能，基因组学和现代种植技术是至关重要的。基因组学可以发现并鉴定对改善农产品的质量和产量有益的新特性。借助新的种植技术如标记种植和基因修饰，可以缩短一些特性发挥作用所需的时间。

提高营养价值的一个重要途径是氨基酸的生物合成。氨基酸是所有生命中发现的蛋白质的基本构成物质。人体的必需氨基酸包括甲硫氨酸、缬氨酸、赖氨酸、异亮氨酸、苯丙氨酸、亮氨酸、色氨酸、苏氨酸，人和动物自身不能合成这些氨基酸，只能从食物中获得。氨基酸是不可缺少的食物成分，它们的含量多少是决定食物质量的标准。然而，人类营养所需的必需氨基酸在作物中含量很少。按照生长需要的食物量，作物的氨基酸谱应转换为人类所需的食谱。

作物中通常含有较少的赖氨酸，因此很多研究都尝试增加植物中赖氨酸的含量，包括传统种植、突变筛选及基因修饰等。赖氨酸的合成途径大多数都是从天冬氨酸起始的，包括两步和甲硫氨酸、苏氨酸共用的步骤，总共经过九步酶催化过程。其中，天冬氨酸激酶（aspartate kinase，AK）是天冬氨酸起始的第一个酶，二氢吡啶二羧酸合成酶（dihydrodipicolinate synthase，DHDPS）是赖氨酸合成分支途径的第一个酶，它们的活力都受到终产物赖氨酸的负反馈抑制。因此，AK 和 DHDPS 的活力及其对赖氨酸反馈抑制的敏感性直接决定着 L-赖氨酸合成的量。目前，利用基因工程表达具有高比活、高抗赖氨酸反馈抑制能力的 AK 和 DHDPS，是赖氨酸合成的重点和难点。

这些反馈敏感酶是改进赖氨酸生物合成途径的目标。某些研究团队已经从细菌或植物中分离了对赖氨酸反馈抑制不敏感的 AK 和 DHDPS，用突变 AK 得到对赖氨酸抑制不敏感的植物可以过表达苏氨酸而非赖氨酸，这似乎是由于 DHDPS 对赖氨酸抑制的敏感性高于 AK 导致的。反馈不敏感大肠杆菌或植物 DHDPS 酶的引入可引起多种植物中赖氨酸的过表达，产量可以增加 10～100 倍。

目前人们利用基因组学途径进一步提高作物中赖氨酸的含量，通过转基因植物的转录组学分析富集高含量的赖氨酸。在高含量赖氨酸转录组学中表现出不同表达模式的基因可以进一步为提高植物中赖氨酸的含量提供指导（Sevenier et al.，2002）。另外，人们可以通过基因组学改善食品的健康特性。以黄酮为例，其是一类多酚化合物，在植物中普遍存在，按照它们的中心结构和糖苷配基可以分为不同的类别，如查耳酮、黄酮醇、黄酮、异黄酮和花青素，大量体内和体外研究结果均表明黄酮对人体是有益的，很大一部分原因是它们的抗氧化性质。另外，个别流行病学研究结果表明，食用黄酮可以预防慢性疾病如心血管疾病（Kozlowska and Szostak-Wegierek，2014），但是许多作物的可食用部分只含有少量的黄酮，或者产生抗氧化活性不强的黄酮。基于这些观察，研究人员已经采取了一些措施，如转入具有保健作用的黄酮基因来改良作物。目前人们对不同黄酮糖苷配基生物合成过程中涉及的大多数酶已经有了较为清楚地了解，而且它们的编码基因和黄酮生产中涉及的一些调节基因也已经分离，这些基因信息提高了采用基因全面调节控制黄酮生物合成的可能性，而且为作物中特定黄酮的开发指明了方向。

（2）食品用微生物的基因组学研究

微生物在食品加工中起着重要作用：一方面，可利用微生物生产某些食品组分并改进食品的功能；另一方面，病原微生物和腐败微生物也影响着食品的安全和卫生。目前，微生物基因组学发展迅速，已经完成或正在进行基因组测序的食品微生物如表 3-1 所示。

表 3-1　已经完成或正在进行基因组测序的食品微生物

微生物菌株	基因组/Mb	微生物菌株	基因组/Mb
食品级真菌		唾液链球菌	1.8
酿酒酵母	12.068	保加利亚乳杆菌	2.3
乳酸克鲁维酵母	12	**细菌病原菌**	
黑曲霉	30	空肠弯曲杆菌	1.641
食品级细菌		大肠杆菌 O157：H7	5.498
枯草芽孢杆菌	4.214	金黄色葡萄球菌	2.810
乳酸乳球菌	2.365	单核细胞增生杆菌	2.994
植物乳杆菌	3.308	蜡样芽孢杆菌	5

最初采用微生物工业性质的研究改善发酵，即先通过突变进行菌种选择，然后采用基因工程中既定的方法实现。由于缺乏细胞中相关的调节和代谢过程信息，这种方法存在浪费时间、很难预测和评价所选择或构建的菌株出现的副作用等缺点，而且部分消费者会担心这些新型食品的安全性以及基因修饰微生物在自然界的扩张是否可以得到控制等。

基因组学方法不仅适合研究产品或寄主环境中的细胞机能和生理学，而且可以作为食品中基因修饰微生物安全评价的工具。基因组学研究既可以鉴定新型的诱导启动子，也可以鉴定形成特定食品特征（如风味）和功能特性的目的基因。

食品级真菌

第一个被完整描述基因序列的食品相关微生物是酿酒酵母（*Saccharomyces cerevisiae*），其基因组的实用性带动了几种相关酵母的随机测序工作。丝状真菌在食品工业中有很重要的应用，其中最主要的是生产酶，但这类菌也属于腐败菌和植物病原菌。各种丝状真菌的基因组计划正在进行中，包括工业用黑曲霉的基因组计划。随着各种微生物基因组测序工作不断完成和序列信息逐渐积累，微生物基因组学研究的重点已由结构基因组学向功能基因组学转移。微生物功能基因组学研究不仅要阐明微生物基因组内每个基因的功能，还要研究基因的调节及表达谱，进而从整个基因组及其全套蛋白质产物的结构、功能和机理的角度去了解微生物生命活动的全貌。

酿酒酵母基因组由于其实用性和高级遗传学的支持，已经成为开发新型高生产力系统的范例，可用于表达模拟、功能基因组学和进化基因组学研究。目前，几项研究已经着眼于采用转录模拟方法说明相关生理条件对酿酒酵母的影响，包括分析连续培养以及好氧、厌氧和高盐（1mol/L）情况下基因组转录的适应性，这些结果都可以作为极端生长条件的范例。

最近还报道了结合转录组学、蛋白质组学和代谢组学的综合方法。转录组学和蛋白质组学综合研究表明，在酿酒酵母的半乳糖利用途径中，289 个检测蛋白中大约有 15 个为后转录状况。目前，分析整个基因组的方法的主要局限是需要许多基因功能资料来解释。当许多基因从基因组中删除后便不表现功能性，但是突变细胞的代谢物分析与野生型细胞代谢特性比较的结果可以证明所删除基因的功能，因此这种比较代谢组学可用于功能分析。

食品级细菌

枯草芽孢杆菌（*Bacillus subtilis*）是第一个完整测序的革兰氏阳性菌。最近报道的乳酸乳球菌（*Lactococcus lactis*）完整基因序列包含 3 个可能的 σ 因子和 8 个双组分调节系统，而枯草芽孢杆菌分别包含 18 个和 34 个。这可能反映了两种菌生存方式的差异：乳酸乳球菌是一种生长在相对稳定的营养环境（如牛乳）的发酵菌，而枯草芽孢杆菌是一种可形成孢子且适应多种环境的土壤菌。

与酿酒酵母等较为深入的研究相比，多种食品相关细菌的功能分析仍处于发展阶段，但是近年来发展迅速，其中最突出的是枯草芽孢杆菌。枯草芽孢杆菌的启动子和转录因子数据库已有报道，它可以用于其他低 GC 的革兰氏阳性菌的比较基因组学研究中。另外，研究者也已经在转录组学水平描述了枯草芽孢杆菌的孢子形成过程及其对副产物抑制的反应过程。

另外，枯草芽孢杆菌的蛋白质组学研究也已取得进展，研究人员尝试将转录组学分析与蛋白质组学研究结合，用于解决过量生产不同蛋白质的难题。最近，一种新功能基因组学方法被开发用于分析蜡样芽孢杆菌（*Bacillus cereus*）基因组在大肠杆菌人造染色体库中的表达。对于其他食品相关的细菌，也已经建立了转录和蛋白质组研究方法来分析它们的代谢特性与应激反应。

食品微生物的基因组学研究提供了大量的原始信息，利用这些基因组信息及相关的生化信息研究微生物基因型与表型之间的关系将是下一步研究的方向。

食源性疾病疫情识别、监控和病原溯源

近年来，基因组测序被广泛应用于食源性致病菌的特征检测，如沙门氏菌、埃希氏菌、李斯特菌、弯曲杆菌和弧菌等（Pornsukarom et al.，2018；Allard et al.，2018）。食源性致病菌的基因组信息为更好地了解这些病原菌的遗传组成、种群结构和亲缘关系等提供了新的视角。在食品安全领域，越来越多的研究机构和监管部门将全基因组测序技术应用于食源性疾病疫情暴发的识别和监测，并基于此技术进行疾病溯源追踪和污染调查等。

全基因组测序能够帮助快速识别食源性病原体聚集性疫情。关于全基因组测序与食源性疾病暴发识别的报道约始于 2011 年。2011 年 5 月，德国暴发食源性肠出血型大肠杆菌 O104：H4 型疫情；同年 6 月，科研人员基于 Illumina 的 HiSeq 2000 测序平台率先完成了大肠杆菌 O104：H4 型基因组图谱，并研制出诊断试剂盒，为全球范围内的病情诊断、疫情监测和污染源调查提供了有力支持。2013 年 9 月，美国疾病控制与预防中心宣布启动基于全基因组测序技术的生物学检测项目，收集了分离自全美的患者、食品及环境中的所有单增李斯特菌株系，采用全基因组测序分析技术进行单增李斯特菌的分子分型，以便快速、准确地鉴定可疑的致病食品。在开展此项目后的三年内，结合流行病学和产品追溯数据，共监测和解决了多达 14 次单增李斯特菌小规模暴发事件。

基于全基因组测序的分型技术不仅可以快速检测病原菌，而且具有较高的准确度和分辨率。2014 年，研究者发现肠炎沙门氏菌的全基因组序列可以提高对该菌血清型分型的准确性。Den Bakker 等（2014）研究表明，全基因组测序有助于提高检测血清型肠炎沙门氏菌暴发的能力。2019 年，针对 2007～2016 年发生在加拿大魁北克省的沙门氏菌病散发病例，研究者评估了 4 种基于全基因组测序的分型方法，结果发现 4 种分型方法皆可将暴发菌株分为 4 个不同的系统发育簇，与流行病学数据相一致，而脉冲场电泳则无法区分以上不同的暴发事件。有报道曾利用全基因组测序结合宏基因组学方法对沙门氏菌和产志贺毒素大肠杆菌的血清分型和细菌耐药性决定因素进行 SWOT 分析，结果发现实际表型和基于全基因组测序的分型预测数据高度一致。以上研究表明，全基因组测序可能为食源性病原体的识别提供了目前最高水平的菌株识别能力。全基因组测序不仅能提高细菌分型的分辨率和准确度，还能提供从分型中获得的辅助信息，用于揭示系统发育关系、回顾性识别环境来源和疾病溯源。然而，常规的脉冲场凝胶电泳等分子分型技术仅能对病原菌基因组中的部分变异情况进行分析，无法全面反映菌株整体的遗传变异信息。2008 年，李斯特菌疫情在加拿大大规模暴发，脉冲场凝胶电泳基因分型分析发现该疫情是由 2 种亲缘关系较远的株系造成的，而全基因组测序分析则发现引起暴发的 2 种李斯特菌株系遗传分化较小，存在较近的共同祖先，分化主要来自于噬菌体插入拷贝数的差异。类似案例还有火鸡肉中的 2 种李特斯菌暴发，其中一次发生在 1998～1999 年，另一次发生在 2002 年，经测序发现 2 种暴发菌株的变异主要源于存在插入质粒序列。

随着基因组测序技术的发展，基于全基因组测序的分子分型已经成为国际上监测和预防食源性疾病流行与暴发的"金标准"。2008 年，美国食品药品监督管理局的国家微生物全基因组计划（National Microbiome Initiative）率先启动了对食品和植物加工品中单增李斯特菌和沙门氏菌的监测工作，并陆续开展了对大肠杆菌、空肠弯曲菌、弧菌及阪崎肠杆菌等其他食源性病原菌的全基因组测序监测工作。此外，阿根廷、英国、土耳其、比利时和墨西哥都已建立了全基因组测序实验室。2015 年，欧盟食品安全局已经将全基因组测序技术用于食品中重要食源性致病菌的鉴定、分子分型、耐药分析及血清分型等。2019 年 9 月，由国家食品安全风险评估中心牵头，我国首个基于全基因组测序技术的食源性疾病分子溯源网络建成并投入使用，用于食源性病原体的快速、准确识别。

尽管基因测序技术发展迅猛，并为食品安全领域带来颠覆性变革，但是，基因组学技术从实验室研究走进日常生活应用仍有很长一段路要走。首先，通过基因组测序对细菌进行分子分型是回顾性的，基于此结果的预测是否能改变疫情暴发情况仍存在质疑。单独的基因组测序分析仍需结合有效的流行病学调查和环境数据等才能给出更科学的理论指导。其次，基因组测序只是单独的数据获得，如何对海量的数据进行分析才是解决食品微生物安全问题的关键。对研究者来说，丰富的生物信息学知识必不可少，数据分析也是对食品安全从业人员的一个巨大挑战。最后，构建食源性疾病分子溯源网络涉及环境监控、采样、检测等多个流程，全网络监控成本较高。环境监控是一个持续的过程，如何制订一个有效的监控计划是衡量整个防控和溯源项目的关键，这需要庞大的实践数据支撑。

2）食品蛋白质组学

蛋白质参与决定食品品质的各种生理过程，因此，蛋白质组学分析为食品科学研究提供了崭新的思路和技术。目前，基因组学的发展已经进入后基因组研究阶段，致力于蛋白质功能研究的功能蛋白质组学正在蓬勃发展。蛋白质组学使我们能从总体的角度，在分子水平上解决食品营养、安全与品质等食品科学问题。

（1）蛋白质组学与产品加工

加工工艺处理可能影响蛋白质产品的整体质量，例如，对牛奶、肉类、谷类食品或果蔬进行不适当的热处理会对产品质量产生负面影响，因为热处理会引起蛋白质变性和一系列复杂的化学反应（如美拉德反应），从而影响食品的色泽、质地、消化率及营养价值等特性（Akharume et al.，2017）。肉类和肉制品中蛋白质糖基化是影响其质量和营养价值的主要因素，它是美拉德反应的第一步，这种反应可以通过改变食品成分、食品加工和储存条件来控制。此外，氨基酸（主要是天冬酰胺）和还原糖（如果糖、半乳糖、乳糖和葡萄糖）之间的美拉德反应会导致食品在烘烤、油炸过程中形成有害的丙烯酰胺。

食物蛋白质溶解度的差异在很大程度上反映了它们形成分子间或分子内二硫键的能力。液相色谱-质谱联用技术是测定蛋白质混合物加工前后二硫键变化的可靠方法，而蛋白质组学与其他分析方法相结合，提供了有关食品质量和安全的重要信息。Monti 等利用蛋白质组学和其他分析方法（如十二烷基硫酸钠-聚丙烯酰胺凝胶电泳、液相色谱-质谱联用技术）对蛋白质进行鉴定，并结合毛细管电泳测定野生鲈鱼中脂肪酸和金属离子含量，结果表明生长条件对食品品质的影响存在显著的生化差异和营养差异。总之，质谱和基于质谱的蛋白质组学极大地促进了人们对食品成分的认识。这些分析技术能识别蛋白质、碳水化合物和脂质等食品表征成分，以及它们在生产和储存过程中的变化。

其他食品如肉类及肉制品、水果和蔬菜的蛋白质组成更为复杂，加工过程中理化性质的变化依赖于一种以上高度丰富的蛋白质。猪肉和牛肉作为消费的新鲜肉制品，其质地和多汁性是所有感官特征中最重要的。根据蛋白质组学研究结果，猪肉和牛肉的嫩度与肌球蛋白、肌动蛋白、肌间蛋白和微管蛋白等结构蛋白有关。Laville 等通过半定量比较二维电泳中不同蛋白质/肽点的强度，确定了 14 种不同蛋白质作为熟肉剪切力值的候选生物标志物，进一步研究了肉质和滴水损失。Sayd 等研究表明，猪肌肉肌浆网中的一些蛋白质（尤其是参与氧化代谢的酶）负责颜色的形成，它可能是下一个评判肉质感官特征的指标。肌肉线粒体对蛋白质羰基化也非常敏感，采用复杂的标记策略检测到 200 多种羰基化蛋白，而在许多羰基化蛋白中也发现了其他氧化修饰，如亚硝基化和羟基化，这一发现进一步证明肌肉线粒体蛋白对氧化损伤的易感性。

（2）蛋白质组学与食品营养

在食品领域，尤其是食品营养领域，蛋白质组学技术在食品营养成分的分析、营养物质代谢与调控中发挥着巨大作用。

蛋白质组学在食物营养成分分析中的应用

蛋白质是食品中供给人体必需的重要营养成分之一，蛋白质组学分析能够提供食品中蛋白质结构和功能等方面的信息。Gianazza 等采用比较蛋白质组学方法研究了在欧洲和美国临床试验中常用的大豆蛋白成分差异。大豆蛋白经 2-DE 分离，使用基质辅助激光解吸电离飞行时间质谱（MALDI-TOF-MS）技术鉴定了大豆蛋白主要成分之一的球蛋白及其分解产物。Amalraj 等采用 2-DE 评估了甘蔗茎组织中蛋白质的 5 种不同提取方法，结果发现 2-DE 净化苯酚的方法优于其他方法，可以产生较高质量的蛋白斑点且具有较好的重复性。该研究进一步采用 eLD-IT- TOF-MS/MS 和 nESI-LC-MS/MS 分析建立了甘蔗茎组织蛋白质组图谱，并鉴定出 36 个非冗余的蛋白质。Koller 等利用 2-DE 和 MS/MS 联用以及多维蛋白质鉴定技术，分别对水稻的叶片、根和种子进行了系统的蛋白质组学分析，在种子样品中鉴定了几种具有变应原性的蛋白质。Beyer 等利用 2-DE 对提取的芝麻蛋白进行分离，用 20 份对芝麻过敏患者的血清进行免疫标记，采用 Edman 测序法对选定蛋白质进行分析，鉴定出 4 种芝麻变应原，为免疫治疗奠定了基础。蛋白质组学技术还可以用于婴幼儿配方奶粉的临床评估（包括奶粉中的新成分、代谢和潜在的毒性），以及对器官发育的影响等方面的安全评估。

蛋白质组学技术不仅可以鉴定食品基质中的蛋白质成分，还可以进一步研究食品在加工和储藏过程中蛋白质含量的变化及食品中蛋白质与其他食品组分的相互作用。Lametsch 等运用 2-DE 技术，比较猪死后 48 h 肌肉样品蛋白质图谱的变化，在凝胶中分离得到了大约 1000 个蛋白条带。通过计算机辅助图像分析，确定了猪肉在储藏过程中发生改变的蛋白质。这些改变的蛋白质有可能作为肉质评价的分子标志物。Iwahashi 等应用 2-DE 技术研究番茄在热应激条件下所产生的差异表达蛋白，结果发现蔗糖酶表达减少，因此可利用热应激效应增加番茄的甜度。Arena 等采用 LC-ESI 分析转移解离（ETD）串联质谱分析了牛奶脂肪球（MFG）在加工过程中的乳糖化修饰，鉴定出 157 个非冗余修饰位点和 35 个未报道过的乳糖化修饰的牛奶脂肪球蛋白。新鉴定出的 MFG 蛋白质分别参与了营养输送、对病原体的防御反应和细胞增殖/分化等过程。

蛋白质组学在营养物质代谢与调控中的应用

人类为了维持正常的代谢和生长必须摄入足量的营养物质，但过量摄入营养物质或营养物质缺乏会导致人体代谢的紊乱。De Roos 等（2005）采用蛋白质组学技术，以动脉粥样硬化模型动物 APOE* 3-Leiden 转基因小鼠作为研究对象，进行了营养代谢研究。在饱和脂肪酸食物中分别补充鱼油、亚油酸和反油酸，观察其对小鼠脂质、糖代谢和肝脏蛋白质水平的影响。结果表明，鱼油可以降低血液、肝脏胆固醇和甘油三酯含量，降低血游离脂肪酸和血糖水平，增加胰岛素含量；亚油酸可以降低血胆固醇，提高血、肝脏甘油三酯、血清 β-羟丁酸和胰岛素水平；反油酸可以降低血和肝脏胆固醇。通过进一步对肝脏蛋白质分析，发现有 65 种胞质蛋白和 8 种膜蛋白有明显改变，许多蛋白质与脂质和糖代谢及氧化应激有关。

Fuchs 等（2005）用生理浓度的同型半胱氨酸和氧化型低密度脂蛋白（ox-LDL）培养脐静脉内皮细胞，并观察生理剂量及药理剂量的染料木黄酮对其蛋白质组表达谱的影响，结果发现，同型半胱氨酸可降低脐静脉内皮细胞膜联蛋白（annexin）的表达，ox-LDL 使脐静脉内皮细胞泛素缀合酶 12（ubiquitin-conjugating enzyme 12）表达升高，而两种剂量的染料木黄酮对以上两种蛋白质的改变均有逆转作用。

Novak 等（2009）采用蛋白质组学方法研究 n-3 脂肪酸对新生大鼠肝葡萄糖代谢、脂肪酸代谢和氨基酸代谢的影响，结果发现在怀孕期间饲喂大鼠 1.5%的 18：3 n-3 脂肪酸，导致大鼠 3 日龄后代肝中生成更多的 20：5 n-3 脂肪酸和 22：6 n-3 脂肪酸，并且丝氨酸羟甲基转移酶、肉碱棕榈酰转移酶、酰基辅酶 A 氧化酶、胆固醇、NADPH 和谷胱甘肽表达上调，而丙酮酸激酶、硬脂酰辅酶 A 去饱和酶和甘氨酸表达下调。该结果表明，n-3 脂肪酸可以通过增强脂肪酸氧化，促进从怀孕到产后高脂肪饮食的代谢适应。

（3）蛋白质组学与食品安全

食品中细菌和细菌毒素的鉴定及定量是食品安全的一个重要问题，其中引起食物中毒最常见的细菌包括空肠弯曲杆菌、沙门氏菌、葡萄球菌、芽孢杆菌和大肠杆菌等。目前已有成熟和灵敏的检测细菌及其毒素的方法，主要是基于免疫化学的方法，而蛋白质组学和基因组学技术为鉴定食品微生物污染提供了更灵敏、更具体的方法。

在食品加工过程中，涉及细菌污染方面的蛋白质组学研究较少。高静水压技术是一种新的食品保鲜方法，蛋白质被认为是活生物体中高压最重要的靶点。高静水压技术通过灭活 DNA 复制和转录的关键酶，修饰微生物细胞壁和细胞膜来抑制微生物生长。然而，一些细菌如芽孢杆菌可以在高静水压技术处理后存活，Martinez-Gomariz 等（2009）分析了该模型生物在高静水压技术处理过程中蛋白质组的变化，发现了数量上的差异，并鉴定出一些差异表达的蛋白质。综上所述，生物膜的形成是食品加工设备设计和其他表面清洗设备设计时必须考虑的一个重要问题，因为一些微生物的生物膜（如芽孢杆菌、革兰氏阳性杆菌和一些致病性大肠杆菌）即使在清洁和消毒条件下也可以存活。微生物的掺入是一种自然的固定化方式，高密度的生物膜使它们具有更好的生存能力，但也有很大的生物催化潜力。在临床试验中，一些细菌在人类胃肠道中具有促进健康的特性，因此常用作食品添加剂。其中，双歧杆菌和乳酸菌是食品制剂中最常见的微生物。双歧杆菌是一种严格的厌氧发酵细菌，其蛋白质组图谱早有报道（Yuan et al.，2006）。所有朊病毒病或传染性海绵状脑病的特征都是在人和动物神经组织细胞中沉积一种异常构象的蛋白质，而不同的蛋白质构象与不同的理化性质有关，这些蛋白质具有较强的可溶性和蛋白酶敏感性，正常细胞蛋白质的异常构象具有较强的不溶性和蛋白酶抗性（Knight and Collins，2001）。作为肉类和肉制品安全控制的一部分，一些高风险的动物疾病，如疯牛病和传染性变异型克-雅病，亟须对朊病毒感染进行严格的筛查。朊病毒蛋白的鉴定通常是一个耗时的过程，使用免疫亲和技术，同时结合一、二维电泳和质谱分析。泛素是一种潜在的生物标志物，但由于其蛋白质丰富，不能作为一种可靠的生物标志物。Tsiroulnikov 等（2004）提出了一种利用细菌蛋白水解酶净化肉骨粉的方法。枯草芽孢杆菌发酵的纳豆激酶也能降解朊病毒蛋白，并有可能预防朊病毒感染（Hsu et al.，2009），但使用这种受污染的动物食品仍然存在风险，因此检测和消除患病动物及受污染的产品是预防这类食源性疾病更安全的方法。

蛋白质会引起过敏反应，牛奶和奶制品及海鲜是引起过敏的动物源性食品，但相关动物蛋白参与这些不良反应的研究很少。为实现对食物过敏原进行更详细和全面了解而采用的蛋白质组学策略称为“过敏原基因组学”（倪挺等，2000）。检测过敏反应相关蛋白的常用方法包括蛋白质提取、电泳分离（SDS-PAGE 或二维电泳）和免疫印迹检测 IgE 结合蛋白等。经胰蛋白酶消化后，IgE 结合蛋白可作为潜在的过敏原，用质谱法进行鉴定，这种方法非常有效，但也非常耗时，可用于蛋白质的高通量分析（Yagami et al.，2004）。

美国食品药品监督管理局批准转基因番茄和大豆用于人类食品，其在评估过程中考虑基因供体和受体的过敏特性，以确定合适的检测策略。将编码蛋白质的氨基酸序列与所有已知过敏原进行比较，评估该蛋白质是否为已知过敏原，并表明过敏交叉反应和新过敏原形成的可能性。在胃蛋白酶存在的酸性环境下，蛋白质的稳定性是判断食物致敏性的一个风险因素。如果基因供体是过敏原或者蛋白质的序列与过敏原相似，则进一步检测其与免疫球蛋白 E（IgE）的结合力（Goodman et al.，2005）。在随后的蛋白质组学研究中比较了转基因大豆和非转基因大豆样品，并确定了两种新的潜在过敏原，被测试的个体对转基因和非转基因样品的反应没有显著差异，但是长期食用转基因作物的过敏风险仍然存在。在实际生产中，虽然在饲料中添加合成类固醇可以增强肉牛肌肉生长、减少脂肪沉积，但所有由类固醇引起的生长或机体代谢变化都倾向于合成代谢，因此作为分解代谢标志物的酪氨酸氨基转移酶活力较低（Ferrando et al.，1998）。类固醇的使用可以通过基因组学或蛋白质组学方法检测，研究发现，经合成代谢化合物处理的小牛肝脏中腺苷激酶的差异表达显著提高，应用合成代谢类固醇的动物可以在其尿液中检测到多种生物标志物，如三甲胺-*N*-氧化物、二甲胺和肌酸等（Gardini et al.，2006）。代谢组学和蛋白质组学技术可用于畜禽药理学试验，作为筛选动物产品中药物残留的手段。过去人们在动物饲料中长期添加低剂量抗生素以达到促生长的目的，但抗生素会引起药残和细菌耐药性等问题，很多国家都已禁止使用，因此，在人们非常关注的食品安全问题中，蛋白质组学技术具有广泛的应用前景。

蛋白质组学技术正越来越多地用于评估原料和产品的质量、优化食品生物技术和相关加工工艺。然而，大多数蛋白质组研究是分析比较二维电泳，其他更快、更有效的方法（如定量同位素标记和定量蛋白质组学）应用较少。若这些方法与已经得到验证的生物技术相结合，将能更好地控制食品加工过程的批次变化，并且能够使用蛋白质组学来解释和验证食品科学中的一些关键问题。检测食品污染物和过敏原可以进一步评估转基因食品的安全性。在食品生产、加工、最终产品的质量及微生物安全控制中，如何利用蛋白质组学技术来表征完整的生产过程仍需要进一步研究。

3）食品代谢组学

代谢组学已成为食品研究中的有力工具，并且在食品质量、溯源、污染、加工，以及探讨食品与健康的关系等多方面起到重要的作用。随着直接输注质谱法（DIMS）、离子迁移质谱法（IMS）和电喷雾萃取电离质谱法（EESI-MS）等检测技术快速发展，食品代谢组学已显示出其使用潜力。

（1）代谢组学在食品安全方面的应用

代谢组学在食品安全方面的应用主要包括化学污染物和微生物污染物的检测。化学污染物检测是指在食品中检测最大可接受量的、有严格规定的兽药和农药残留。代谢组学的优势在于可同时对多种化学成分进行定量。Tengstrand 等（2013）通过超高压液相色谱和电喷雾电离飞行时间质谱联用建立了一种能检测食品中 ppm 级污染物的方法，可用于检测食品是否被污染。Inoue 等使用亲水相互作用色谱、电喷雾电离和多元统计分析等方法对婴儿配方食品的非靶向化合物进行评估并检测了其中的化学污染物，该方法可用于婴儿配方食品的质量和安全性评估（Wang et al.，2015）。Dasenaki 和 Thomaidis（2015）采用液相色谱-电喷雾串联质谱分析（LC-ESI-MS/MS），建立了一种简便、灵敏的检测动物源性食品中不同类别药物残留的方法。微生物污染可分为食品直接和间接受到微生物产生毒素的污染，其可能来源于食品生产中的任何环节，并且会对人体产生严重影响。相比传统微生物学检测方法的费时费力，代谢组学检测技术可以对样本进行高通量微生物污染物的检测，目前已在一定范围内得到应用，并显示出巨大潜力。Carraturo 等（2020）发明了可实时监测肉类基质的细菌污染系统，使用顶空固相微萃取（HS-SPME）和气相色谱-质谱（GC/MS）方法检测挥发性有机物（VOC），能够快速、准确地检测生肉中的病原体，比传统方法省时且样品需求体积更小，具有应用于检测不同食品基质中多种病原体的潜力。食品中的细菌不仅影响食品本身质量，人类食用过后也会影响人体健康。Jahangir 等（2008）使用食品代谢组学研究了油菜等植物对不同典型食源性细菌的反应及产生的代谢变化，发现不同细菌对代谢物的影响不同，可利用氨基酸、醇类、碳水化合物和酚类等代谢产物进行鉴定，同时，他们证明了代谢组学在研究食源性细菌与蔬菜相互作用中的潜力。

（2）代谢组学在食品质控方面的应用

新型代谢组学技术（如 IMS）的发展已允许其在食品加工过程中监控质量属性，利用代谢曲线分析食品成分的能力也可用于评估食品掺假和食品污染。Martinez Bueno 等（2018）通过标记物有效区分了常规番茄和有机番茄。Surowiec 等（2011）使用 OPLS-DA 对肉的代谢产物进行建模，有效区分了机器回收肉（手工剔骨后使用机械对残余物进行处理的产物）与正常肉类。代谢组学数据也可用于研究争议性食品的安全性问题。Ricroch 等（2011）对 44 种转基因作物进行代谢组学研究并进行汇总分析，他们认为目前已经被批准的转基因作物与普通作物的实质相同，在质量上并无过多差异。

（3）代谢组学在食品溯源方面的应用

不同产地、不同品种的食品代谢组数据可提供有关食品来源和真实性的可靠信息。食品代谢产物会因为基因型和生长条件（如气候、土壤组成、施肥和灌溉）而变化。在过去，研究人员常用化学色谱等方法测定食品的某些主要和次要成分以实现食品认证。食品代谢组学等新方法可成为食品认证的良好补充。Klockmann 等（2016）在榛子中选择和鉴定出 20 种丰度差异显著的主要代谢物，并用其对榛子进行了地理来源判别。Mazzei 和 Piccolo（2012）使用 ^{1}H-HRMAS-NMR 直接鉴定了莫扎里拉干酪完整样品中的特定代谢物，发现来自坎帕尼亚两个不同生产地点的莫扎里拉干酪样品之间的代谢差异显著。Lee 等（2015）发现绿茶和白茶中茶氨酸及儿茶素衍生物的含量与国家和城市有很大关联，可用于评估茶的质量或产地（Lee et al.，2015）。

（4）代谢组学在食品加工方面的应用

代谢组学分析可为食品开发行业提供有价值的信息。食品加工涉及物理和化学事件的组合，这些事件可能导致食品成分发生重大变化。传统的食品成分分析包括蛋白质、脂肪、碳水化合物、纤维素、维生素及微量元素等。随着食品代谢组学的出现，研究者对食品和饮料的分析更加详细，在某些食品中可以检测和（或）鉴定出数百种甚至数千种不同的化学成分，因此科学家们可以了解食品中独特的味道、质地、香气或颜色的成分特征，以提升食品的加工方案。Gu 等（2017）检测了大豆发芽后的代谢产物，发现发芽是提高大豆营养质量的有效加工步骤，代谢组学分析有助于理解发芽期间的营养变化。Xu 等（2016）使用代谢组学数据开发了一种标记杂交水稻产量的预测方法，并通过基因组杂交育种大幅提高了产量。

（5）代谢组学在食品与健康方面的应用

代谢组学在食品与健康方面已经得到越来越广泛的应用，可以为探究食品与健康的关联提供重要线索。饮食摄入对人体健康有极大影响，并与多种疾病相关联。由于食物中的各种必需营养素和生物活性化合物以及它们在体内可能存在的相互作用的多样性，使得探究食品与健康的关联十分具有挑战性。传统方法（如问卷调查等）会产生主观估计占比太大、回忆偏差和误报等问题，使研究难度加大。代谢组学是解决这一困境的一种方法，通过对食物摄入生物标志物的检测与研究，人们对于食物在体内的代谢研究有了很大的进展。O'Sullivan 等（2011）探讨了习惯性饮食模式与代谢谱之间的联系，通过测定血浆和尿液中代谢产物，发现 *O*-乙酰肉碱和苯乙酰谷氨酰胺与红肉和蔬菜的摄入量都呈正相关，从而确定了红肉和蔬菜摄入量的潜在生物标志物。Langenau 等（2020）确定了 44 种食物（包括咖啡、鱼、巧克力、黄油、家禽和葡萄酒等）与血清中代谢物的关联，并发现了食物与血清代谢物关联中的性别差异。Catalán 等（2013）通过对血浆和红细胞的非靶向代谢组学分析确定了几种有关食物消耗的生物标志物，可用于对人体的营养评估。O'Gorman 和 Brennan（2015）鉴定了鱼肉生物标志物，可用于探讨流行病学研究中鱼肉摄入量与疾病风险的关系。Pallister 等则探究了饮食调节与代谢综合征的关系，发现马尿酸可作为肠道微生物多样性的代谢组学标志物。

2. 食品组学研究策略

1）食品宏基因组学研究策略

宏基因组学是一种以环境样品中的微生物群体基因组为研究对象，以功能基因筛选和测序分析为研究手段，以微生物多样性、种群结构、进化关系、功能活性、相互协作关系、与环境之间的关系为研究目的的新型微生物研究方法（Garrido-Cardenas and Manzano-Agugliaro，2017）。宏基因组学的研究策略和方法大致相同，现按照研究的基本过程和策略对常用方法与技术进行简要介绍。

（1）样品总 DNA 的提取及基因或基因组 DNA 的富集

提取的样品 DNA 必须可以代表特定环境中微生物的种类，并且尽可能代表自然状态下的微生物原貌，因为获得高质量环境样品中的总 DNA 是宏基因组文库构建的关键因素之一。DNA 提取要采用合适的方法，既要尽可能地完全抽提出环境样品中的 DNA，又要保持较大的片段以获得完整的目的基因或基因簇，因此，提取方法的选择总是在最大提取量和最小剪切力之间折中。实验过程应严格规范操作，谨防污染，并且保持 DNA 片段的完整性和纯度。目前已有许多商品化宏基因组 DNA 提取试剂盒可用，但很多实验室仍致力于宏基因组 DNA 提取方法的改进。

常用的提取方法包括直接裂解法和间接提取法（细胞提取法）。直接裂解法是先将环境样品直接悬浮在裂解缓冲液中，继而抽提纯化，包括物理法（如冻融法、超声法、玻璃珠击打法和液氮研磨法等）、化学法及酶法等。不同直接裂解法的差别在于细胞破壁的方式不同。此法操作容易、成本低、DNA 提取率高且重复性好，但由于强烈的机械剪切作用，所提取的 DNA 片段较小（1～50 kb），且难以完全去除酚类物质。间接提取法是先采用物理方法将微生物细胞从环境中分离出来，然后采用较温和的方法抽提 DNA，例如，先采用密度梯度离心分离微生物细胞，然后包埋在低熔点琼脂糖中裂解，最后通过脉冲场凝胶电泳回收 DNA。此法可获得大片段 DNA（20～500 kb）且纯度高，但操作烦琐、成本高，有些微生物在分离过程中可能丢失；此外，在温和条件下，一些细胞壁较厚的微生物 DNA 也不容易抽提出来。为了更好地反映环境中的微生物种群并且提高阳性克隆的占有率，研究者需要在克隆之前采取不同的方法对感兴趣的目的基因或基因组进行富集，一个比较好的富集方法是稳定同位素示踪技术。抑制性消减杂交技术是抑制性技术与消减杂交技术相结合的更简单、更快速分离差异基因的方法。该方法不仅利用了消减杂交技术的消减富集，同时也利用了抑制性技术进行了高效率的动力学富集，因此该方法是一项富集特定基因、证实微生物之间基因不同的有效方法。

（2）宏基因组文库的建立

宏基因组文库的构建策略取决于研究的整体目标，偏重于低拷贝、低丰度基因还是高拷贝、高丰度基因，主要取决于研究目的是单个基因或基因产物还是整个操纵子及编码不同代谢途径的基因簇。基因文库的建立需要选择合适的克隆载体和宿主菌株，传统的方法是直接利用表达载体构建宏基因组文库，但是表达载体可插入的宏基因片段一般小于 10 kb。在克隆过程中，宿主菌株的选择主要考虑转化效率、宏基因的表达、重组载体在宿主细胞中的稳定性以及目标性状的筛选等问题。目前，大肠杆菌是最为常用的宿主；此外，链霉菌和假单胞菌也可以作为构建文库的宿主。不同微生物种类所产生的活性物质有明显差异，因此基于不同的研究目标应选择不同的宿主菌株。

（3）宏基因组文库的筛选

由于环境基因组的高度复杂性，需要通过高通量和高灵敏度的方法来筛选及鉴定文库中的有用基因。筛选技术大致可分为四类：①基于核酸序列差异分析；②基于目的克隆功能的特殊代谢活性；③基于底物诱导基因的表达；④基于包括稳定性同位素和荧光原位杂交在内的其他技术。

2）食品蛋白质组学研究策略

蛋白质组学鉴定一般基于二维凝胶电泳和质谱两种方法（图 3-2）。

（1）基于二维凝胶分离鉴定

基于二维凝胶分离是传统的蛋白质组学鉴定方法，其大致原理是：二维凝胶根据蛋白质的等电点和分子质量的差异，通过等电聚焦、SDS-PAGE 分离及染色和成像，把不同电性和不同大小的蛋白质显示在凝胶上。具体来说，就是利用十二烷基硫酸钠-聚丙烯酰胺凝胶（SDS-PAGE）电泳的电荷效应和分子筛效应，使凝胶电泳迁移率与所带电荷多少以及分子大小相关联，电荷越多或分子越小，迁移速率越快。

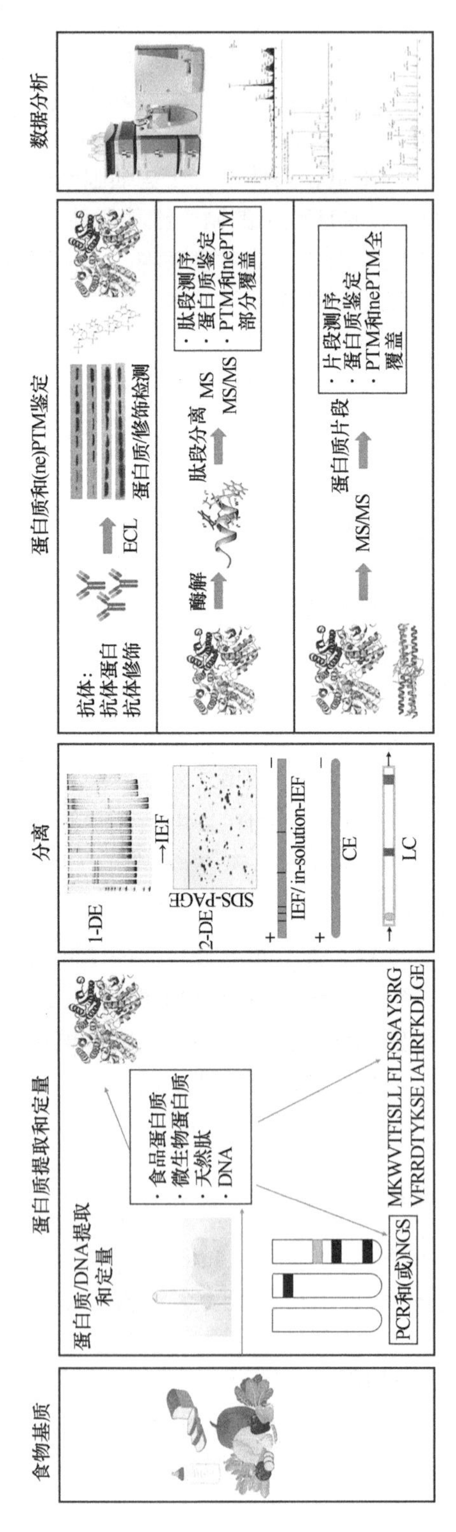

图 3-2 食品蛋白质组研究流程

（2）基于质谱（MS）鉴定

常规的蛋白质谱鉴定路线包括以下步骤：①样本制备。细胞、组织、血液；蛋白复合体；特异修饰蛋白（如磷酸化、糖基化及泛素化等）；②样本分离。一维凝胶、二维凝胶、液相色谱；③质谱分析。如 MALDI-TOF、ESI-MS 等；④数据库搜索。Sequest、Mascot、MaxQuant 等；⑤数据分析。R、Linux、Perl、Python 语言等。

通过 MS 进行蛋白质鉴定和表征的两种主要方法可归类为“自下而上”方法和“自上而下”方法。

自下而上（bottom up）

目前，“自下而上”的蛋白质组学分析是应用最广的方法，也是我们所说的“鸟枪法（shotgun）”，此处的“bottom”指的是肽段，“up”则是由肽段推理为蛋白质的过程。具体来说，该方法先将蛋白质酶解成肽段，然后通过色谱分离肽段混合物，再用质谱技术将肽段碎裂，根据碎裂谱图的离子峰信息进行数据库搜索来鉴定肽段，最后将鉴定的肽段进行组装，重新归并为蛋白质。

该方法发展成熟，相关的软件工具及算法都比较多，适合分析复杂样本。但是该方法获得的蛋白质序列覆盖度不完整，覆盖度仅 10%～20%，这就导致氨基酸序列高度相似的蛋白质变体（proteoform）预测不准确；此外，由于是逆向组装蛋白，不适合进行翻译后修饰的检测。

自上而下（top down）

这里的“top”指的是完整蛋白质分子的质量测定，“down”则是指对完整蛋白质的碎裂。该方法无需酶解，通过完整蛋白质的质量及其碎裂谱图信息可以实现真正意义上的蛋白质鉴定，序列覆盖度高（号称 100%），能保留多种翻译后修饰之间的关联信息。但是该方法通量较低，不适合分析复杂样本，在完整蛋白质分离、质谱分析及生物信息学等方面的技术也相对不完善。

3）食品代谢组学研究策略

代谢组中化合物种类繁多，目前并没有可以有效地分析所有化合物的方法。代谢组学研究包括传统的核磁共振（NMR）、液相色谱-质谱法（LC-MS）、气相色谱-质谱法（GC-MS）、新兴的毛细管电泳-质谱法（CE-MS）及离子迁移谱-质谱法（IM-MS）等技术。为了更好地确定代谢物，通常将这些方法联用，可以大大提高灵敏度、分辨率和质量测量精度，但这种改进产生了极其复杂的数据集，使代谢组学的数据处理越来越具有挑战性。代谢组学分析包括样品制备、代谢物提取、衍生化、代谢物分离、检测和数据处理等一系列步骤，这些步骤会对食品代谢组学的结果产生极大影响。

（1）样品制备

食品代谢组学的样品可能有固体食品、液体食品、血液及尿液等多种来源，不同来源的样品适用于不同的制备方法。固体食物样品通常在液氮下干燥或冷冻干燥后进行研磨，适当的研磨可促进提取过程中代谢物的释放。冷冻干燥是浓缩步骤，可最大限度地减少样品组之间由于水分含量不同而引起的代谢物差异。液体食物样品可以通过冻干和固相微萃取（SPME）进行浓缩。

（2）代谢物提取

提取步骤旨在最大限度地提高目标化合物的数量和浓度。目前已有加压提取、超声提取及超临界提取等多种方法应用于食品代谢物提取。在非靶向代谢组学中，目标化合物的性质大多未知，应测试几种溶剂和萃取方法，并在样品组之间进行比较。

（3）衍生化

在食品代谢组学中，通常在 GC 分析之前进行衍生化以增加分析物的挥发性。衍生化通常是一个两步过程：首先是样品的肟化，可以减少互变异构现象；然后是甲硅烷基化，可以降低官能团的亲水性，增加分析物的挥发性。衍生化的时间和温度会在反应开始时独立影响每种代谢物，因此应进行初步实验确定最佳的衍生化时间和温度，以最大限度地检测目标化合物。

（4）分离和检测

分离和检测代谢物是代谢谱分析的关键步骤。传统分离技术包括液相色谱（LC）、气相色谱（GC）和毛细管电泳（CE）等，检测技术包括质谱（MS）、NMR 和近红外光谱（NIR）等。在食品代谢组学中，大多数分离分析都是通过 GC、CE 和 LC 进行。近年来，离子迁移质谱法（IMS）已用于食品代谢组学分析。在该方法中，食品代谢物在惰性气体流中被离子化并被相反方向上流动的气体隔开。检测方法中，MS 和 NMR 在食品代谢组学中的应用最为广泛，通常使用 MS 结合高通量分离技术（如 HPLC 或 UPLC）以获得大量数据。尽管 NIR 不像其他检测技术那么灵敏，但可以在代谢组学分析中提供快速的非破坏性分析。快速的代谢物检测方法已成为食品检测领域的一种趋势。Márquez 等使用 FT-Raman 和 NIR 数据融合的方法检测了榛子酱中杏仁掺假的样品，具有良好的效果。直接输注质谱法（DIMS）不需要先前的分离步骤即可更快地获得结果，可用于对大规模样品的快速检测。

（5）数据处理

代谢组学数据通常通过化合物鉴定及统计分析进行处理。化合物鉴定主要是通过数据库匹配，以及与相同条件下运行的纯标准品进行比较实现。通常，代谢组学数据已在比较之前校正了保留/迁移时间的仪器偏差，合适的数据预处理方法可以大大增强统计分析的准确性。在获得代谢物数据之后，仍需使用一些统计分析的方法将数据转化为有意义的结论，如生物标志物等。基于统计方法的适用性，对不同的代谢组数据应采用相应的统计分析方法，常用方法包括主成分分析（PCA）、偏最小二乘法（PLS）、线性判别分析（LDA）、最小绝对收缩、选择算子（LASSO）及随机森林（RF）等。PCA 是一种常用的降维方法，在代谢组学中可以减少被分析代谢物数量的维数。PCA 通过检测到的代谢物的线性组合来创建新变量，同时最大限度地反映样品变化。PLS 可通过减少维数，同时最大化变量之间的相关性来区分样本，是一种有监督的判别分析统计方法，在代谢组学研究中常用于筛选生物标志物。PLS 已成为代谢组学预测研究的主要技术。具有先验分类假设的 LDA 可根据来源区分样本，找到最能代表样本分离的代谢物变量的线性组合。LASSO 旨在拟合一个模型，降低变量的空间维数，同时针对所有代谢物进行回归分析。此外，相关性技术[如相关网络（CN）分析]已成功地确定了代谢物之间的关联，并在一些形成性代谢组学研究中确定了可能的反应。RF 允许在不降低维数的情况下进行多变量数据比较，常被用于代谢组学中的缺失数据估算和结果分析；若代谢物与结果之间的关系复杂且非线性，便可获得比其他方式更好的效果。

3.1.3　系统生物学与食品组学的异同

1. 系统生物学与食品组学的相同点

1）研究平台相同

系统生物学具备从多个实验来源获取、整合和分析复杂数据集的能力。典型的技术平台包括表型组学、表观基因组学、表观遗传学、转录组学、蛋白质组学及代谢组学等（Hood，2003）。

食品组学研究基于使用转录组学、蛋白质组学和代谢组学等组学研究平台，提供包括基因、蛋白质和代谢物三种表达水平在内的整体信息，以阐明食物对健康的影响（Balkir et al.，2021）。

2）交叉性学科属性

系统生物学和食品组学都是典型的多学科交叉研究，需要生命科学、信息科学、数学及计算机科学等多种学科的共同参与。两者都依托高通量、高分辨率、高精度的分析仪器，通过海量数据处理和分析，为打破相关领域研究的瓶颈提供了新的解决方案（Friboulet and Thomas，2005；李兆丰等，2020）。

3）应用及发展潜力

食品组学技术和系统生物学都能够应用于复杂的生物系统研究，可以用于了解个人对某种疾病的遗传倾向、内源性代谢组学的信息，以及生物活性化合物在机体中的作用机制，有助于提供大量有价值的数据，解释膳食营养与健康之间的关联，并且更好地预防疾病。

系统生物学和食品组学作为生物和食品领域的新兴学科，对食品科学及生物研究有极大的推动作用，但其本身并不完善，研究方法上仍有一定局限性。通过组学方法获得的大量数据需要系统生物学的整合，相反地，系统生物学的预测结果需要试验验证。多种问题的存在给数据整合带来了极大挑战，同时由于实验科学及生物学的相对滞后性，系统生物学预测结果的验证也面临着很大的困难（Zupanic et al.，2020）。两者综合应用的挑战不仅在于两者之间的结合，也在于组学相关技术本身的局限以及分子水平上生物过程掌握的有限性（Veenstra，2021）。未来，食品组学和系统生物学的发展仍有赖于生物学、计算机科学、数学等学科的全面进步。

2. 系统生物学与食品组学的不同点

1）研究对象不同

系统生物学的研究对象是生物体内具有生物学意义和功能的系统。具体来讲，系统生物学主要致力于实体系统（如生物个体、器官、组织和细胞）的建模与仿真、生化代谢途径的动态分析、各种信号转导途径的相互作用、基因调控网络及疾病机理研究等方面（Kishony and Hatzimanikatis，2011）。

食品组学专注解决食品安全问题，提高食品质量和食品可追溯性，并在分子水平上了解食品中生物活性物质的膳食营养功能。现有研究主要利用食品组学技术揭示生物活性化合物的营养功能所涉及的机制，由此可见，从天然来源（如植物、藻类、食品副产品等）中提取生物活性物质是食品组学研究工作的关键步骤（李媛媛等，2020）。

2）研究内容不同

系统生物学是一种整体研究的科学，它将生物现象的每一个单独组分有机地结合起来进行系统地分析。通常利用组学方法得到的大量数据研究生物各组分的系统行为、相互联系及动力学特性，以此揭示生物系统的基本规律，进而有助于预测系统受到外界刺激后做出的反应，并找到更加针对生物系统的根本性、综合性治疗方案（Breitling，2010）。系统生物学的主要研究内容包括系统组分的测定、系统行为的分析、系统控制规律的归纳总结以及系统的设计（Hood，2003）。基于蛋白质组学、质谱分析以及基因组学获得的大量系统数据可用于系统组分的测定。系统生物学利用计算机软件进行数据处理、模型构建和理论分析，从而研究系统行为，总结系统控制规律。有上述工作作为基础，系统的设计才能得以进行。

食品组学作为一门新兴学科，主要通过应用先进的组学技术研究食品和营养，以提高消费者的健康和幸福感。食品组学主要研究内容包括（Braconi et al., 2018）：①利用营养基因组学方法理解生物活性成分产生有益或有害影响的基础；②利用营养遗传学方法理解特定的膳食结构对于不同个体响应的基因差异；③了解疾病发生所涉及的基因特征，寻找生物标志物；④确定生物活性成分对于关键分子途径的影响；⑤了解肠道微生物基因谱的作用和功能；⑥了解食源性致病菌的应激适应模式，以确定食品卫生、加工和保存条件；⑦研究食品微生物在食物链传递途径中的用途，包括基因失活和基因缺失的影响；⑧开展对转基因改性作物非计划性能的调查研究；⑨将食品安全、质量和溯源性作为一个整体进行综合评估。

3）研究思路不同

系统生物学是用系统科学的观点来研究生物体，它要求人们将生物系统看成是相互作用、相互联系的元素组成的整体，只有同时研究这些元素的多样性、功能性及其动态相互作用网络，才有可能深刻理解系统实现自身功能的途径和机制（Ma'ayan，2017）。系统特性是不同组成部分、不同层次间相互作用而涌现的新性质，对组成部分或低层次的分析并不能真正地预测高层次的行为。如何通过研究和整合去发现、理解涌现的系统性质，是系统生物学面临的一个根本性挑战（Kesić，2016）。

食品组学涉及使用不同的工具处理对应的子学科及其应用，其中基因组学、转录组学、蛋白质组学和代谢组学是最常用且重要的工具。目前，食品组学主要借助不同组学技术，分别从不同层面为食品营养与安全提供理论指导和技术支撑，但尚没有形成系统的科学体系。

4）研究方法不同

系统生物学可以从不同的层次同时研究多重生物学信息之间复杂的相互作用，包括基因组 DNA、mRNA、蛋白质、代谢、信号转导途径、基因调控网络和蛋白质相互作用网络等，并在此基础上理解它们之间是如何协同作用的，从而更清晰地阐明疾病的发生机理及药物的作用机制（Schneider and Klabunde，2013）。

食品组学可用于研究摄入食品营养成分后机体的变化情况，通过分析海量组学数据，可以构建分子网络，并解析食品营养成分的分子作用通路，大大推动了食品营养研究的深入发展。此外，食品组学还能利用精准、快速、灵敏的分析检测方法，通过对食品样品的 DNA、蛋白质以及代谢产物等进行大数据统计分析和生物信息学研究，甄别食品相关特性，为食品溯源提供充足信息（李兆丰等，2020）。

3.2 食品组学的研究方法与关键技术

3.2.1 食品组学与化学计量学

1. 化学计量学

化学计量学是在计算机信息科学技术与现代分析化学结合的基础上发展起来的一门学科（图 3-3）。它综合利用多学科的理论和方法，设计或选择最优化学量测方法改善化学分析实验过程，并从化学量测数据中最大限度地获取特定的化学信息及相关的特征信息，是分析化学与数学、统计学及计算机科学之间的“接口”（图 3-4）（覃佐剑等，2020）。面对化学和生物及两者交叉方面的研究难题、海量复杂数据处理的挑战，化学计量学作为有效的信息提取和分析手段展现出强大的生命力。

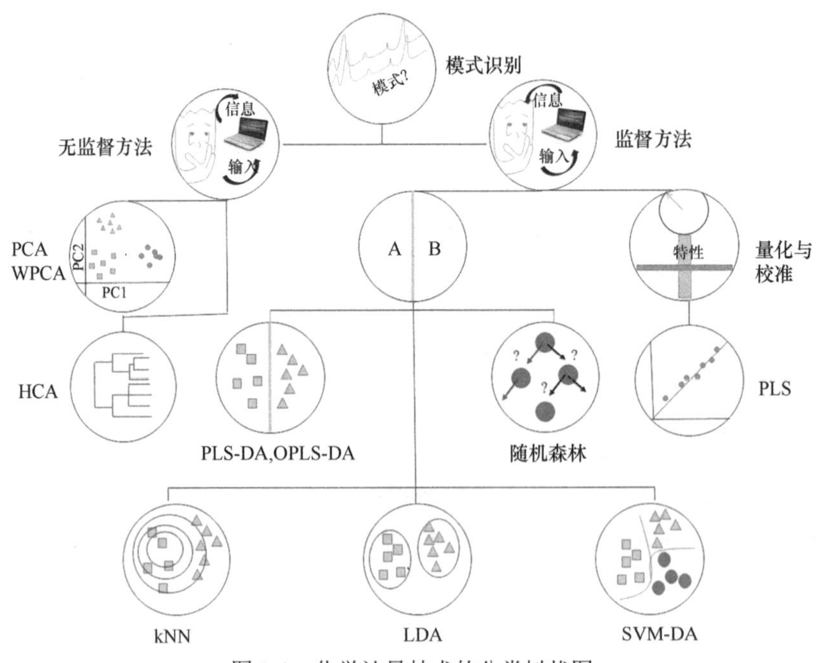

图 3-3 化学计量技术的分类树状图

2. 组学与化学计量学关系

组学技术主要包括基因组学、转录组学、蛋白质组学及代谢组学技术。随着质谱及其联用技术进一步发展和完善，组学技术逐渐向快速、自动化和高通量的方向发展，而大规模的组学数据分析已成为脂质组学研究领域的一大难点，因此，

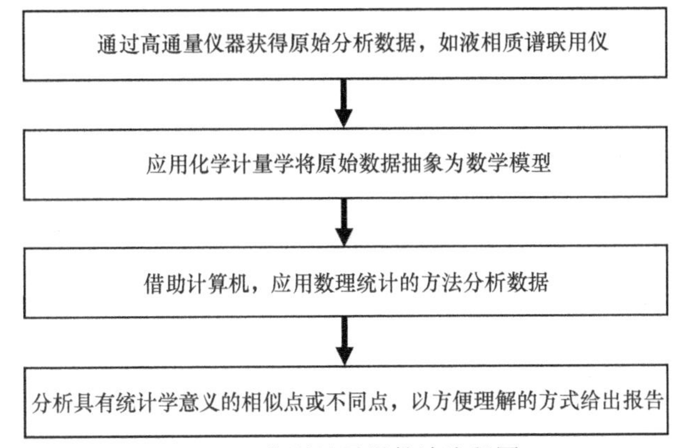

图 3-4　化学计量学算法流程图

作为处理组学数据重要手段之一的化学计量学受到广泛关注。化学计量学主要应用于组学中的基线校正、背景扣除、信号峰识别、同位素分布解析及统计分析等过程，目前已建立了如小波变换、多项式拟合、非负最小二乘法、去卷积算法及机器学习等算法。

借助化学计量学可以帮助组学解决两个棘手问题：①在不丢失关键信息的前提下把化学问题抽象成合理的数学模型（关键步骤：过滤噪声和峰匹配）；②选用合理、有效的数理统计方法对数学模型进行计算，给出分析结果。

建立数学模型是为了将质谱获得的三维信息转变成二维数据矩阵，为后续的统计学处理做好准备。目前的数理统计方法主要包括有监督模式和无监督模式两种。有监督模式识别利用大量的样本作为训练数据建立数学模型，并利用后续的检测数据优化模型，从而提高样本类别判断和生物标志物识别的准确性及可靠性。这类方法包括软独立建模分类法、正交偏最小二乘判别式分析法、k 最近邻域法和人工神经网络方法等，使用该类分析方法的前提是对样本的分类已有初步判断。无监督模式识别应用于不具备任何相关知识背景的情况，对生物样本进行类别归属和生物标志物识别，也是目前代谢组学研究中应用较普遍的一类方法，常用的包括主成分分析和簇类分析等。研究时一般先采用 PCA 等无监督模式识别方法，将未知样品进行分类；然后找出异常点，即可能的生物标志物；最后把数学结果回归成有化学意义的参数，给出易于研究者们理解的报告。有关化学计量学的全部过程基本是通过编辑软件在计算机上实现的。

3. 处理组学数据的主要化学计量学工具

在非靶向组学中，一种常见的方法是通过化学分析不同类别的样本，生成指纹数据集，然后寻找能够区分这些类别的特征。主成分分析（PCA）和层次聚类分析（HCA）是探索样本之间相似性和隐藏模式最广泛使用的工具，在数据关系和分组不确定或未知时使用（Pearson，1901；Hotellings，1933）。它们主要应用于食物来源的区分（Lukić et al.，2019）、油样的分类（Alexandrino et al.，2019a，b；2017），以及培养基中微生物产生的代谢物评估（Rees et al.，2017）。

1）主成分分析

PCA 是将多个变量通过线性变换以选出较少个数重要变量的一种多元统计分析方法。它的原理是投影一个新的样本空间，其轴能够解释这些数据的最大可能方差。PCA 可用于代谢组学的降维分析和类别分离，用作建模输入的数据结构通常是二维矩阵。PCA 算法的特点是必须对齐峰，否则同一色谱峰可能会被认为是不同来源的信息，从而导致错误的结论。

2）层次聚类分析

输入数据集中的所有可用变量都可用于聚类分析，并根据它们的相似性对样本进行分组。这些集群可以通过树状图以二维形式显示。树状图中两点之间的距离与对应样本的相似性有关，相似样本位于相邻点，距离较远的样本明显分为两个不同的类。HCA 和 PCA 可被视为对复杂数据进行多变量分析的互补工具。在组学分析中，PCA 与 HCA 用于对数据进行全面和验证性的解释（Dubois et al.，2017；Risticevic et al.，2020）。

3）费雪比率

在应用探索性或分类方法之前，研究者可以进行变量选择以突出可能重要的少数化合物。费雪比率（Fisher's ratio）分析是一种有监督的非目标变量选择方法，用于减少数据集的体积。它优先考虑分析信号的重要性而不是化合物的浓度。同样地，运行该算法的前提是必须对齐质谱峰，因为数据矩阵的所有点都被考虑在内。

4）偏最小二乘回归分析法

偏最小二乘回归分析法（OPLS-DA）是带有判别分析的偏最小二乘法，是一种基于偏最小二乘回归的、有监督的多元分类方法，适用于一阶数据。该方法通过优化两个矩阵之间的相互关系，以改进不同样本组之间的区分度。尽管该方法存在较大复杂性、低区分度分类等方面的局限性，但由于其计算成本低，仍被广泛使用。

5）混合粒子群算法-偏最小二乘回归分析法

虽然正交偏最小二乘回归分析是一种有效的多元统计方法，但代谢组学数据不断增长的规模和复杂度通常会降低此模型的性能。目前已有研究提出了一种新的算法，即混合粒子群算法-偏最小二乘回归分析法（HPSO-OPLSDA）（杨琴，2017），是利用混合粒子群算法（HPSO）筛选最优变量子集及相关的变量权值，同时确定最合适的正交成分个数，以提升 OPLS-DA 模型的性能。对两种新生儿代谢缺陷 LEM 疾病——甲基丙二酸血症（MMA）和异戊酸血症（IVA）的研究表明，相比传统的 OPLS-DA 模型，HPSO-OPLSDA 算法显著提升了疾病婴儿与正常婴儿尿液样本的鉴别能力。

3.2.2　食品组学与生物信息学

生物信息学是生物学与信息科学、数学、计算机科学等学科相互交叉形成的一门新兴学科。生物信息学依据一些描述和模拟复杂生物系统的数据库、计算机网络和应用软件，在各种技术平台（如大规模 DNA 测序、RNA 和蛋白质组研究）产生海量数据的基础上，整合运用数学、计算机科学和生物学的各种工具，通过对生物学实验数据的获取、处理、存储、检索与分析，阐明和理解大量数据所包含的生物学意义。目前，生物信息学技术在人类疾病和功能基因的发现与识别、基因和蛋白质的表达与功能研究方面都发挥着关键作用，已成为系统生物学发展中强有力的工具。

随着各类生物数据的迅速增长和积累，计算生物学应运而生。计算生物学以现代分子生物学数据作为主要研究对象，运用理论模型和数值计算研究生命科学（基因序列信息分析、基因预测、分子进化及分子系统学等重要问题），揭示以基因组信息结构为主的生物复杂性，以及生长、发育、遗传和进化等生命现象的根本规律。计算生物学的主要研究方法是用数学语言定量描述和预测生物学功能以及生物体的表型和行为，包括多元统计分析方法、随机过程模型及机器学习方法等。计算生物学在系统生物学中的主要作用：①通过处理大量数据分析生物系统的特性和行为；②解析和定义生物系统的功能及结构层次。

1. 食品宏基因组的生物信息学分析

宏基因组的生物信息学分析内容主要包括质量控制、序列比对、序列组装、基因预测及物种鉴定等方面，分析工具也主要在 Shell 和 R 语言两种环境下运行，分析流程涉及大量的软件和数据库，不同的分析流程影响着宏基因组的准确性和精确性。

1）质量控制和宿主序列去除

宏基因组测序的数据是由样本中大量微生物的短序列组成，存在一定比例的低质量数据，在研究动植物的微生物群落时，宿主的遗传物质也会被测序，导致数据污染和测序成本增加。为了确保后续分析结果的精确性和可靠性，需要对原始序列进行质量控制（quality control，QC）并去除宿主序列的干扰，以获得纯净序列。

质量控制指的是从测序数据中去除人为添加的引物、接头及产生的低质量序列，常用的软件主要包括 Trimmomatic、FASTX-Toolkit、Cutadapt 及 PRINSEQ 等。基于 Illumina 平台输出而设计的 Trimmomatic 软件是采用序列碱基和质量分数两种信息对序列进行过滤处理的分析工具，能够去除引物、接头和低质量序列，并将序列剪切到一定长度且不干扰下游序列。FASTX-Toolkit 可以对序列进行汇总统计，但是产生结果的质量不如 Trimmomatic。Cutadapt 可以去除任意指定的接头。PRINSEQ 除可以剪切序列和碱基外，还可以通过 GC 含量过滤序列，对序列进行汇总统计。采用比对宿主序列的方式去除宿主序列，使用的软件主要包括 TopHat2 和 Bowtie2。TopHat2 是利用计算机将序列映射并与参考基因组进行比对的软件，需要有较高计算能力的计算机支持。Bowtie2 可以将测序的片段比对到长的参考序列，是一个快速、节约内存的序列比对工具。

2）基于序列的分析

在宏基因组研究中，基于序列的分析是将质量筛选和去除宿主后的纯净序列直接比对到数据库，以获得物种组成和功能信息的研究方法。该方法需要依托较完善的参考数据库。目前，人类各项研究的数据库质量比较高，因此该方法较适合进行人类相关研究。

MetaPhlAn2 是分析宏基因组测序数据中微生物群落组成的工具，它是从全基因组数据库中使用分支特异性标记基因注释序列，获得细菌或古菌的物种水平分布（Hall et al.，2017）。MetaPhlAn2 很少单独使用，目前已被整合在有参宏基因组分析流程 HUMANn2 中，可直接使用序列获得物种、功能及功能对应物种组成信息。HUMANn2 采用分层式算法比对标记基因、泛基因组和蛋白质数据库，能够快速、准确地获得种水平的功能组成，建立物种与功能的联系，并引入贡献多样性（contributional diversity）的概念，解释不同微生物群体类型生态学组装的模式，使我们能从多样性角度重新认识微生物组成、功能，以及与物种间的联系。

物种注释用于表明物种间关系远近，不同分类数据库注释的结果差别较大，而且不同的注释方法也会影响到物种注释准确性、分类水平、注释速度、计算机资源消耗及系统兼容性等。目前，基于序列层面的宏基因组物种注释方法主要有两种：一种方法是将待注释的序列比对到数据库中，通过序列的相似度进行物种注释，该方法受限于数据库的完整性，比对结果不准确；另一种是基于定长核苷酸串（k-mer）频数，根据 LCA 进化树，对序列中的核苷酸串进行索引，通过比对 k-mer 频数确定物种分类丰度，这是目前宏基因组研究公认的物种注释较准确的方法，常用软件包括 Kraken 系列、Clark 及 Kaiju 等。

3）基于组装的分析

在实际应用中，研究者通常面对的是环境中大量未知的微生物，在参考数据库并不完善的情况下，研究者无法采用基于序列的分析方法获得微生物的组成和功能信息。针对该问题，出现了基于组装（assembly-based）的分析方法，即将原始序列组装成重叠群（contigs），对重叠群进行基因注释，根据已有的数据库挖掘物种组成和功能信息；还可以在重叠群的层面上进行分箱（binning），拼出未培养菌（未知菌）的基因组，探索细菌基因组中的代谢通路等信息。宏基因组基于组装的分析主要分为组装（assembly）和分箱两个关键步骤。

2. 生物信息学在蛋白质组学上的应用

针对蛋白质组学研究的不同策略、不同对象和不同方法，需要应用不同的软件和工具来进行数据的挖掘、处理和分析。现就生物信息学技术在蛋白质质谱数据处理、蛋白质鉴定及蛋白质翻译后修饰等方面的应用进展进行简要介绍。

1）生物信息学在质谱数据处理上的应用

质谱技术已成为蛋白质组学研究的核心技术之一，也是进行蛋白质鉴定与分析的主要手段。一台质谱仪可以在几天内产生数百万张图谱，如此庞大的信息需要利用高效、易学易用的软件工具来进行质谱数据的收集、保存、搜索、鉴定与分析。主要的质谱数据分析工具包括以下几类。

（1）质谱数据搜索工具

质谱数据搜索软件包括 Mascot、SEQUEST、Lutefisk 和 PepSea 等（表 3-2）。Mascot 是质谱数据搜索的常用软件，它是由英国 Matrix Science 公司开发的产品，利用分子序列数据检索的方法，鉴定样本中蛋白质的组成及翻译后修饰。该软件整合了先进的统计学算法，能快速、准确地得到分析结果。Mascot 可以进行在线检索和本地检索：在线检索免费、检索速度快、操作简单，只需将 peak list 文件导入即可，但文件大小受限制；本地检索需要购买软件及安装数据库，使用方便，可以进行大规模的数据检索分析和数据库配置，功能更强大。

表 3-2　用于质谱蛋白鉴定与分析的工具

名称	网址	说明
AIdente	https://www.expasy.org/tools	用肽指纹图谱进行蛋白质鉴定
PEAKS	https://www.bioinfor.com/download-peaks-studio	多肽鉴定，质谱数据分析
Lutefisk	http://www.hairyfatguy.com/lutefisk	*de novo* 从头测序分析
SEQUEST	https://www.sciencedirect.com/topics/medicine-and-dentistry/sequest	可以使用未分离的肽段进行数据库检索

续表

名称	网址	说明
MSQuant	https://masquant.sourceforge.net	定量分析蛋白质和肽
FindPept	http://www.expasy.org/tools/findpept.html	预测蛋白质非特异剪切的肽段
GlycoMod	http://www.expasy.org/tools/glycomod	预测蛋白质中可能的寡糖结构
Mascot	http://www.matrixscience.com	MatrixScience 开发的 PMF 质谱数据搜索软件
AmershamBiosciences	http://proteomics.apbiotech.com	质谱鉴定软件
ProteomicsWorkstation	http://proteomeworks.bio-rad.com	质谱鉴定软件
OMSSA	http://pubchem.ncbi.nlm.nih.gov/omssa	MS/MS 质谱数据搜索软件
PepFrag	http://prowl.rockefeller.edu/PROWL/pepfragch.html	Rockefeller 和纽约大学开发的基于 PMF 数据搜索已知蛋白
PepSea	http://www.unb.br/cbsp/paginiciais/pepseaseqtag.html	一种简单、快捷的肽图分析软件
ProteinProspector	http://prospector.ucsf.edu	UCSF 开发的处理碎片离子数据工具（MS-Tag、MS-Seq、MS-Product 等）

SEQUEST 是由 Thermo Electron 开发的基于串联质谱数据（MS/MS）的搜索软件。它将串联质谱数据与蛋白质数据库序列相结合，使研究者的质谱数据用于蛋白质鉴定，可以从费时的工作中解放出来，而且 SEQUEST 软件适合混合蛋白质的质谱鉴定。

pFind（http://pfind.ict.ac.cn）由中国科学院计算技术研究所李德泉、贺思敏等人开发，是我国拥有自主知识产权的串联质谱数据搜索软件。相比 Mascot 和 SEQUEST，它的改进是在匹配打分过程中，考虑了相关离子的匹配程度，引入了核谱向量点积（kernel spectrum dot product，KSDP）算法，通过对普通打分算法谱向量点积（SDP）的扩展，借助机器学习领域中的核函数技术，利用连续离子匹配信息进行匹配打分，可以有效降低质谱数据搜索的假阳性结果。

（2）定量蛋白质分析工具

质谱技术作为蛋白质组学研究的关键技术，在定量蛋白质组学分析中起着十分重要的作用。非标记定量法（label-free）就是通过液质联用技术对蛋白质酶解肽段进行质谱分析，然后比较质谱分析次数和质谱峰强度，分析不同来源样品蛋白质的数量变化。肽段在质谱中被捕获检测的频率与其在混合物中的丰度呈正相关，通过适当的数学公式可以将质谱检测技术与蛋白质的量联系起来，从而对蛋白质进行定量分析。目前，基于生物质谱的定量蛋白质组学分析策略主要分为相对定量和绝对定量，相对定量蛋白质组是指对不同生理状态下的细胞、组织或体液蛋白质表达量的相对变化进行比较分析；绝对定量蛋白质组是测定细胞、组织或体液蛋白质组中每种蛋白质的绝对量或浓度。基于质谱数据的定量蛋白质分析软件很多，主要包括 DeCyder MS、MaXIC-Q、MSQuant 等。其中，DeCyder MSTM 软件是由 GE 公司开发的商业化软件，是用于蛋白质非标记定量的主要工具；而 MaXIC-Q 是高通量定量蛋白质组学的通用计算平台，可用于大规模稳定同位素标记定量和液相色谱串联质谱数据的高通量、高精度定量分析；MSQuant 是一款常用的定量蛋白质组学/质谱分析工具，主要用于对蛋白质和肽的定量分析。

（3）质谱数据的 *de novo* 鉴定工具

蛋白质从头测序（*de novo* sequencing），又叫全新蛋白质测序，这项技术根据肽段与惰性气体相碰撞产生的一系列有规律的片段离子之间的质量差来推断氨基酸序列。*de novo* 测序方法不依赖于数据库，能明确解释串联质谱（tandem mass spetrometry，MS/MS）图谱，对鉴定新的蛋白质和提高图谱的利用率具有重要的作用。*de novo* 蛋白质鉴定软件有很多，包括 MSnovo、Lutefisk、PEAKS 和 NovoHMM 等。MSNovo 是一款新的多肽 *de novo* 测序软件，不支持在线模式，但它支持多种类型仪器产出的数据，能够支持+1、+2 和+3 价的母离子；Lutefisk 是应用于开放资源肽 CID 图谱从头解析的工具；PEAKS 是一个综合性肽图谱分析软件包，不仅可以用于蛋白质从头测序，而且可以进行蛋白质鉴定、蛋白质序列同源性搜索，以及标记和非标记定性、定量分析等。NovoHMM 将隐马尔可夫模型引入蛋白质序列解析中，可提供一种比其他从头测序更准确的鉴定方法。

2）生物信息学在蛋白质翻译后修饰上的应用

质谱是鉴定蛋白质翻译后修饰的重要方法，其原理是利用蛋白质发生修饰后的质量偏移来实现翻译后修饰位点的鉴定。另外，由于翻译后修饰的蛋白质在样本中含量低且动态范围广，检测前需要对发生修饰的蛋白质或肽段进行富集，然后再进行质谱鉴定。翻译后修饰的生物信息分析通常采用数据库检索和预测工具来进行。常见的蛋白质翻译后修饰数据库主要包括 Swiss-Prot、Phospho.ELM、dbPTM、O-GlycBase 及 RESID 等（表 3-3）。其中，Swiss-Prot 数据库是世界两大蛋白质序列数据库之一，收录了经实验验证的、真实存在的蛋白质信息资源，包括序列、功能、结构及翻译后修饰信息；PROSITE 数据库，又叫蛋白质结构分类数据库，它收录了蛋白质家族保守结构域（domain），包含重要生物学意义的位点（site）、模式（pattern）、轮廓（profile）和翻译后修饰位点等。Swiss-Prot 和 PROSITE 数据库均已整合到了 ExPASy 数据库中。Phospho.ELM 是收录了不同生物体 S/T/Y 磷酸化位点的数据库，主要用于 S/T/Y 磷酸化位点的检索和预测。dbPTM 和 RESID 数据库均为综合性蛋白翻译后修饰数据库，收录了不同物种、不同修饰类型的修饰位点及其生物学功能，是翻译后修饰位点鉴定的重要工具。O-GlycBase 是 *O*-糖基化数据库，主要用于糖基化预测和鉴定。鉴于蛋白质翻译后修饰在调节蛋白质功能上的重要作用，大量的翻译后修饰工具也被开发出来，包括：预测黏菌蛋白的 *O*-糖基化位点的 DictyOGlyc 工具，预测哺乳动物蛋白的 *O*-糖基化位点的 NetOGlyc 工具，预测人类蛋白中的 *N*-糖基化位点的 NetNGlyc 工具，预测植物甲基化位点的 CyMATE 工具，预测磷酸化位点的 DISPHOS 和 Kinase Phos 工具等（表 3-4）。

表 3-3　翻译后修饰数据库

名称	网址	说明
Swiss-Prot	http://www.expasy.org/sprot	含有蛋白质翻译后修饰信息
Phospho.ELM	hhtp://phosphor.elm.eu.org	S/T/Y 磷酸化位点的数据库
PROSITE	http://www.expasy.ch/prosite	含有蛋白质翻译后修饰信息
HPRD	http://www.hprd.org	人类蛋白翻译后修饰信息
RESID	http://www.ebi.ac.uk/RESID	翻译后修饰的数据库
O-GlycBase	http://www.cbs.dtu.dk/database/O	*O*-糖基化数据库
dbPTM	http://dbptm.mbc.nctu.edu.tw	翻译后修饰的数据库
Phosphosite	https://www.phosphosite.org	磷酸化位点的数据库

表 3-4　翻译后修饰预测工具

工具名称	网址	说明
LipoP	http://www.cbs.dtu.dk/services/LipoP	预测脂蛋白及革兰氏阴性菌的信号肽
MITOPROT	http://ihg.gsf.de/ihg/mitoprot.html	预测线粒体目标蛋白
SignalP	http://genome.cbs.dtu.dk/services/SignalP	预测蛋白质信号肽的剪切位点
DictyOGlyc	http://www.cbs.dtu.dk/services/DictyOGlyc	预测黏菌蛋白的 *O*-糖基化位点
NetOGlyc	http://www.cbs.dtu.dk/services/NetOGlyc	预测哺乳动物蛋白的 *O*-糖基化位点
NetNGlyc	http://www.cbs.dtu.dk/services/NetNGlyc	预测人类蛋白中的 *N*-糖基化位点
DISPHOS	http://www.ist.temple.edu/DISPHOS	磷酸化位点预测
Kinase Phos	http://kinasephos.mbc.nctu.edu.tw	磷酸化位点预测
CyMATE	http://www.gmi.oeaw.ac.at/en/cymat	植物甲基化位点预测
Myristoylator	https://web.expasy.org/myristoylator	神经网络法预测氮端
CSS-Palm	http://csspalm.biocuckoo.org	用 CSS 法预测棕榈酰化位点
YinOYang	http://www.cbs.dtu.dk/services/YinOYang	糖基化位点预测
NetAcet	http://www.cbs.dtu.dk/services/NetAcet	*N*-乙酰转移酶的底物预测
NetPhos	http://www.cbs.dtu.dk/services/NetPhos	预测哺乳动物蛋白中丝氨酸、苏氨酸、酪氨酸的磷酸化位点
NetPhosK	http://www.cbs.dtu.dk/services/NetPhosK	预测哺乳动物蛋白中激酶特异性磷酸化位点
GlycoMine	http://glycomine.erc.monash.edu/Lab/GlycoMine	糖基化位点预测
Sulfinator	http://web.expasy.org/sulfinator	酪氨酸硫化位点预测
GPP	http://comp.chem.nottingham.ac.uk/glyco	糖基化位点预测

续表

工具名称	网址	说明
GUCKOO	http://biocuckoo.org	磷酸化 SNP、泛素化位点、赖氨酸修饰预测
SUMOplot	http://sumoplot.biocuckoo.org	预测 SUMO 蛋白的附着位点
SUMOsp	http://sumosp.biocuckoo.org	类泛素化位点预测

3.2.3　高通量测序技术

高通量测序（high-throughput sequencing）技术也称二代测序技术、下一代测序（next-generation sequencing，NGS）技术（Pareek et al.，2011）。人类基因组工作草图在 2000 年完成后，其他几种模式生物的基因组序列也陆续被确定，这些实验均基于 Sanger DNA 测序技术完成，但逐渐暴露出该技术耗时较长、反应数目有限的问题。自 2005 年起，454 焦磷酸测序技术（Roche 公司，2005 年）、Solexa 聚合酶测序技术（Illumina 公司，2006 年）及 Solid 连接酶测序技术（ABI 公司，2007 年）逐渐发展成熟，这三种技术共同拥有的突出特点是单次运行即可产生大量的序列数据，故统称为高通量测序技术。

1. 二代测序技术

目前，随着测序技术的不断发展和完善，多种组学测序技术在生命科学研究的多个方面发挥着越来越重要的作用。

1）DNase-seq 技术

在过去的 25 年里，传统的 DNA 印迹法（Southern blotting）已鉴定出数百个脱氧核糖核酸酶 I（DNase I）的高敏感位点（DHS，是指位于核小体之间且可以被 DNase I 切割的位点），并发现它们与启动子、增强子、沉默基因、绝缘子及其他众多基因组调控元件相关，这使得 DNase I 高敏感位点的检测成为鉴定基因调控元件的理想方式。传统的 DNA 印迹法虽然准确有效，但不适用于全基因组分析，故 DNase-seq 技术被开发出来，单次可检测大量的 DHS。该技术主要利用 DNase I 对基因组中具有高敏感性的位点进行切割。具体实验流程为：首先利用合适浓度的 DNase I 对基因组进行消解，然后对消解后的片段进行扩增，进而测序。测序结果中片段富集的区域，通常就是转录因子或者核小体结合的位置。

2）RNA 测序（RNA-seq）

转录组学（transcriptomics）是研究目标细胞在特定状态下转录出来的所有 RNA 的类型与拷贝数，包括 mRNA-seq、小 RNA-seq 及 IncRNA-seq 等。具体步骤为：首先通过提取 RNA、消除 rRNA、合成 cDNA 来构建测序文库；然后在高通量平台（Microarray 或者 Illumina）上进行测序；最后通过计算比对到参考基因组上的测序读长来分析基因表达、cSNP、全新的转录本及可变剪接位点等信息。

3）染色质可及性测序

染色质可及性测序（assay for transposase-accessible chromatin with high-throughput sequencing，ATAC-seq）即利用转座酶研究染色质可及性的高通量测序技术，可作为一种利用转座酶的活性来切割暴露的 DNA 并添加测序接头的方法。与传统的方法相比，ATAC-seq 具有所需起始细胞量少、实验周期短和信噪比高等优点，同时与基于组蛋白修饰的 ChIP-seq 有较高的吻合度，是目前研究染色质可及性非常有效的方法。

4）单细胞测序

利用第二代测序技术进行单细胞测序（single cell sequencing），可以获得特定环境下细胞的状态，从而研究其功能差异。通过对单个细胞的 DNA 测序，我们可以揭示细胞在小范围内的变异情况；而 RNA 测序能够帮助我们识别和区分不同的细胞类型，并揭示它们所表达的基因。这种方法对于从单细胞分辨率下研究发育生物学、疾病发生和发展等科学问题提供了独特的见解。具有相同表型的单个细胞通常被视为组织或器官的相同功能单元，然而，对单细胞 DNA 和 RNA 的深度测序表明细胞的组织微环境具有很大的异质性，它们共同产生系统性的功能，因此，利用单细胞测序技术可以更好地解决细胞异质性的问题，从而全面了解局部微环境的组成及各种细胞的功能。单细胞全基因组测序技术是在单细胞水平对全基因组进行测序的技术，其原理是将分离得到的单个细胞的全基因组 DNA 进行扩增，之后进行高通量测序用于揭示细胞群体的差异。单细胞转录组测序技术主要用于精细亚群的鉴定，尤其适用于存在高度异质性的细胞群体。单细胞 ATAC-seq（scATAC-seq）技术是表观基因组学的一部分，是一种通过鉴定开放的染色质区域来研究染色质状态的方法。染色质的结构变化是影响基因表达的主要机制之一，当染色质开放时，DNA 结合蛋白可以接近调控序列，从而实现转录。scATAC-seq 能够提供染色质可及性的信息，并揭示单个细胞中基因转录活跃的区域。数十万个调控元件在不同背景下通过协同作用协调基因表达模式，scATAC-seq 能够在单细胞水平上提供这些不同元件的信息，并通过这些元件富集发挥作用的转录因子，帮助我们研究基因表达的调控过程。随着测序技术的发展，单细胞甲基化测序、单细胞蛋白质组学质谱分析（single cell proteomics by mass spectrometry，SCOPE-MS）测序等一系列高通量、实时、多模式单细胞测序技术的出现，有助于我们了解单个细胞在其微环境中的具体功能。

2. 三代测序技术

近年来，三代测序技术发展迅速，目前主要有两大代表：PacBio 公司的单分子实时测序（SMRT sequencing）；Nanopore 公司的纳米孔测序（nanopore sequencing）。纳米孔测序技术由于设备简单、样品制备灵活，更适合在普通实验室条件下进行，因此在下文中进行详细介绍。

纳米孔测序技术的核心原理是基于由蛋白质（称为“reader”蛋白）构成的纳米级小孔（pore）的化学特性，一般将经基因工程改造后的跨膜蛋白插在一层电阻率很高的薄膜中，因薄膜两侧的电位不同，使得离子可以从膜的一侧移动到另一侧，小孔中便会有电流产生，当测序的单链分子通过该小孔时，会对离子的流动造成阻碍，因不同碱基阻碍大小不同，故可对记录的电流波动信号进行分析，反推得到对应的碱基。

纳米孔测序技术的优点是：①仪器轻便，方便携带；②读数长，可测得 30 万～40 万个碱基，可进行 *de novo* 或者基因组结构的预测；③可直接对 RNA 进行测序，便于发现 RNA 上的碱基修饰。该技术的缺点是：①判读碱基的准确率低，因每次通过小孔时会同时经过 5 个碱基，所以形成的信号是 5 个碱基共同作用的结果，且对于结构相似的碱基识别率低（如 A 与 G、C 与 T）；②试剂的稳定性差，由于纳米孔测序原理的特殊性，有团队试图用其对氨基酸序列进行直接测序。

3.2.4　质谱技术

目前，质谱技术已经广泛应用于生物学、生物医学、生物化学等学科的研究。这主要得益于电喷雾离子化（electrospray ionization，ESI）和基质辅助激光解吸电离（matrix-assisted laser desorption ionization，MALDI）技术的发展，这两种关键技术明显增大了质谱技术应用范围和检测灵敏度，并不断促进新的软件和检测器的发展。近年来，表面增强激光解吸电离（surface enhanced laser desorption ionization，SELDI）技术的发展，为食品组学的研究提供了一个可靠的技术平台。

质谱仪主要由进样器、离子化源、质量分析器、离子检测器、控制电脑及数据分析系统组成。其中，离子化源和质量分析器的发展，使得质谱技术在生物大分子等方面的研究中发挥着日益重要的作用。目前常用的质谱仪包括气相色谱-质谱（gas chromatography-mass spectrometry，GC-MS）仪、液相色谱-质谱（liquid chromatography-mass spectrometry，LC-MS）仪、电喷雾离子化质谱（electrospray ionization-mass spectrometer，ESI-MS）仪、基质辅助激光解吸电离飞行时间质谱（matrix-assisted laser desorption ionization time of fight mass spectrometer，MALDI-TOFMS）仪、表面增强激光解吸电离飞行时间质谱（surface-enhanced laser desorption ionization time of fight mass spectrometer，SELDI-TOFMS）仪和

四极杆-飞行时间质谱（quadrupole time of fight mass spectrometer，QTOF-MS/MS）仪等。其中气相色谱-质谱仪常用于生化分析，其灵敏性较差，在蛋白质等生物大分子的研究中十分有限。MALDI-TOFMS 仪是目前蛋白质组学研究应用最广泛的质谱仪，而 SELDI-TOFMS 仪被认为是有前途的质谱仪。

1. 电喷雾离子化

电喷雾离子化（ESI）是由 Whitehouse 等发明的，它利用强静电场从溶液中直接产生气态离子化分子。ESI 可以与液相色谱、高效液相色谱、毛细管等电聚集电泳及毛细管电泳等多种进样器联用，一般分为正离子 ESI 和负离子 ESI 两类。

ESI 的原理是在一个金属喷嘴的针尖上加有 2.5～6 kV 高电压，经强电场作用，样品溶液从针尖小孔喷出，形成一个个带正电的液滴。在迎面吹来的热气流的作用下，液滴表面溶剂蒸发，液滴体积变小，电荷密度骤增。当静电排斥力等于液滴的表面张力时，液滴便发生崩解，形成更小的液滴。如此形成的小液滴以类似的方式继续崩解，于是液滴中的溶剂迅速蒸干，产生更小的带电微滴，在质谱仪内被分析记录（Wilm，2011）。负离子 ESI 的过程与此类似，但电性相反。作为软离子化方法（soft ionization method），ESI 系统可以与离子阱（ion trap，IT）、四极杆（quadrupole）、三重四极杆（triple quadrupole，QQQ）、飞行时间（time of flight，TOF）及傅里叶转换-离子回旋加速共振（fourier transform-ion cyclotron resonance，FT-ICR）等质量分析器连接。虽然 ESI-IT（ESI-ion trap）的精确度不高，但它可以进行串联质谱分析以准确、快速地测定蛋白质和多肽的分子质量，因此目前也广泛用于生物大分子的研究。ESI-FT-ICR 具有更高的分辨率和灵敏度，结合电子捕获分离（electron-capture dissociation，ECD）等技术，可以对大分子蛋白质进行准确测序。另外，近年来发展的液相色谱-电喷雾质谱联用（LC-ESI-MS/MS）技术、纳米 ESI 离子阱质谱（nano-electrospray ionization ion-trap mass spectrometry）技术，既减少了蛋白质酶解样品预处理的工作量，又提高了分析检测的精度。ESI-MS 的优点是解决了热不稳定性生物大分子以完整的离子形式进入气相这一难题，以及大分子质量、一级结构和共价修饰位点的测定问题，但是样品中的盐类对样品结果影响很大，而且单个分子所带电荷不同可形成多种离子分子峰（重叠峰），因此对混合物的图谱解析比较困难。

2. 基质辅助激光解吸电离技术

基质辅助激光解吸电离（MALDI）技术是德国科学家 Karas 等于 1988 年首创的，常用的是基质辅助激光解吸电离飞行时间质谱（MALDI-TOFMS）技术，目前还有更新的基质辅助激光解吸电离串联飞行时间质谱（MALDI-TOF/TOFMS）技术。MALDI 的原理是把激光作为能量导入方式，并采用一种小分子物质作为基质来帮助大分子物质进入气相。当基质以较高的比例与样品混合后，高分子待测样品便以单分子状态均匀地分散于基质中，在特定的激光波长下，由于基质对激光有较强的吸收，而待测物仅吸收很弱的激光，故不会造成大分子物质的破坏和降解。当大量被激发的基质分子由于热释放而挥发时，非挥发性的大分子待测物质会同时被带入气相。目前常用的基质均为含苯环的有机化合物，包括 3,5-二甲氧基-4-羟基肉桂酸（或称芥子酸）、2,5-二羟基苯甲酸、α-氰基-4-羟基肉桂酸、十二烷基硫酸钠等。MALDI 可以与离子阱、TOF、TOF/TOF 等质量分析器连接。目前，一些型号的 MALDI 可以与源后衰变（post source decay，PSD）的硬件、软件连接，对蛋白质进行氨基酸序列测定。MALDI 技术已经用于大分子蛋白质、寡聚核苷酸及糖蛋白的研究。最近有报道称 MALDI 用于单核苷酸多态性（single nucleotide polymorphism，SNP）研究具有很高的敏感性和可重复性，有望成为高通量 SNP 及基因定量分析的金标准。其优点是解决了热不稳定性生物大分子以完整的离子形式进入气相这一难题，具有高稳定性和高灵敏性（1 ppm 以下）；缺点主要是需要用二维凝胶电泳（2-DE）等方法对蛋白质进行预先纯化分离，而这些方法对复杂标本、膜蛋白、小分子及大分子蛋白质的分离都不理想。MALDI 虽然较 ESI 的分析通量有所提高，但仍然不能达到理想的高通量要求。

3. 表面增强激光解吸电离技术

表面增强激光解吸电离（SELDI）技术是 Taylor 医学院的 Hutchens 等于 1993 年发展起来的一种新兴的质谱分析方法，常与飞行时间质谱（TOFMS）联用，可直接对血清、腹水、尿液及细胞裂解液进行分析。这种技术是在基质辅助激光解吸离子化质谱技术的基础上，利用经过特殊处理的固相支持物或芯片的基质表面，制成蛋白质芯片（protein chip）。根据蛋白质物理、化学性质的不同，该技术可以选择性地从待测生物样品中捕获配体，将其结合在芯片的固相基质表面，经原位清洗和浓缩后，利用能量吸收分子（energy absorbing molecule，EAM）将激光束（常用波长为 337 nm 氮激光）能量转换，激发蛋白质解吸附及离子化，形成气化离子。在统一电场条件下，这些离子加速飞出，经过离子飞行管，最终由离子接受检测器接受。由于每种蛋白质的质核比（m/z）不同、飞行时间不同，从而到达接受检测器的先后顺序不同。对结合的多肽或蛋白质进行质谱检测，并结合生物信息学进行分析。结合四极杆-飞行时间质谱/质谱仪（QTOF MS/MS）可对未知蛋白质进行测序等研究，常用的是美国赛弗吉公司开发的 SELDI-TOFMS 蛋白质芯片技术，目前使用的蛋白质芯片根据表面化学成分不同可分为化学表面芯片和生物表面芯片，其中化学表面芯片可分为疏水、亲水、阳离子、阴离子、金属离子螯合芯片及混合芯片 6 种。SELDI 蛋白质芯片技术可对样品直接进行检测，具有快速、特异性强、通量高、测量范围宽、选择性好及分辨率高等特点。

4. 质量分析器的研究进展

目前常用的质量分析器包括离子阱（IT）、四极杆、三重四极杆（QQQ）、飞行时间（TOF）及傅里叶转换-离子回旋加速共振（FT-ICR）。不同的分析器在灵敏度、分辨率和精确度方面存在差异。IT 灵敏度较低，影响 IT 检测效率的主要原因是俘获效率较低。QQQ 在多重反射检测（multiple-reaction monitoring，MRM）的模式下，虽灵敏度高于 IT，但价格较高，限制了其使用。TOF 的灵敏度虽高于三重四极杆检测器，但由于在飞行过程中离子丢失较多，其灵敏度仍低于四极杆检测器。FT-ICR 被认为是灵敏度最高的检测器，可检测到 attomole 水平级的离子。影响检测器性能的另一指标是分辨率，大量研究表明，目前检测器分辨率由小到大的顺序依次是：IT＜QQQ＜TOF＜FT-ICR。IT 的分析精确度也较低，而 TOF、FT-ICR 的精确度较高，适合对蛋白质、肽段进行分析。其中 FT-ICR 可以检测小于 1 pmol 的生物分子。目前认为，检测精确度由小到大的顺序依次是：IT＜QQQ＜TOF＜FT-ICR。质量检测器的串联使用是提高检测性能的手段之一，如 TOF/TOF、IT-TOF、Qq-TOF 等。

3.3 基于食品组学的功能食品研究

3.3.1 食品蛋白质组学的营养学研究

蛋白质组学技术的广泛应用促进了食品营养学多个领域的发展，包括：食品蛋白质的组成与活性成分研究及相关食品检测指示物；营养物质的消化、吸收和代谢过程中蛋白质的调控机制；营养素在机体生长生殖、抵抗疾病和维持健康过程中的表达量；营养素的个体化需求量研究等。

1. 食品蛋白质分析鉴定

在植物蛋白的研究中，蛋白质组学主要分为表达蛋白质组学和功能蛋白质组学两个方面。例如，小麦表达蛋白质组学研究小麦各个组织、器官、细胞或细胞器中蛋白质的表达、鉴定及翻译后修饰；小麦功能蛋白质组学利用蛋白质组学技术研究小麦品质、品种鉴定、结构基因的染色体定位，以及各种胁迫条件下蛋白质的差异表达和基因的功能等。

Salt 等分离和鉴定了小麦面团中 42 个泡沫形成相关的可溶性蛋白。Beyer 等采用 Edman 测序法对芝麻蛋白质进行分析，鉴定出 4 种芝麻变应原，为免疫治疗奠定了基础。

在动物蛋白质的研究中，利用蛋白质组学技术对肌肉蛋白质组进行分析，可以揭示决定肉质差异的关键蛋白的种类与功能。利用蛋白质组学技术寻找、筛选并鉴定与肉质有关的标记蛋白，可深入了解标记蛋白表达量与肉质嫩度、持水性等表观性质之间的相关性，并实现最终的肉质控制。

2. 营养素作用机制的研究

运用营养蛋白质组学的研究方法，检测营养素对细胞、组织或整个系统及作用通路上所有已知的和未知的分子影响，从而能够真正全面地了解营养素的作用机制。

在营养学研究中，蛋白质组学常利用细胞培养来寻找和鉴定对某些营养素、药物或食物有良好反应的特殊标记物。已有研究证明，有些营养素（维生素 A、锌和脂肪等）能直接影响基因的表达，另一些营养素（膳食纤维等）则通过改变激素信号、机械刺激或者肠道细菌代谢产物而间接起作用。

营养素可以调节转录因子的数量，例如，胆固醇调节元件结合蛋白（SREBP）是由结合在内质网膜上的前体蛋白质合成的，其合成受到营养素胆固醇和多不饱和脂肪酸等因素的调控（Eberle et al.，2004）。当内质网中的胆固醇和多不饱和脂肪酸浓度较高时，成熟 SREBP 的释放速率较低；随着胆固醇和多不饱和脂肪酸的消耗，成熟 SREBP 的释放速率会加快。此外，多不饱和脂肪酸还能减少肝脏 SREBP-1 的 mRNA 数量，从而抑制肝脏 SREBP-1 前体的合成。Li 等的研究显示，膳食中铜、铁、叶酸和锌缺乏能够明显影响小肠和肝脏中与细胞氧化还原调控、蛋白质磷酸化、DNA 合成和营养物质转运等相关的蛋白质的表达。

3. 植物化学物质的健康效应

当前营养学研究热点之一的大豆异黄酮是一种植物化学物质，其潜在的营养价值和保健功效正待研究。Deshane 将阿尔茨海默病转基因小鼠分为大豆异黄酮缺乏和补充两组，喂养 12 个月后处死，取全脑匀浆制备蛋白质样品，采用蛋白质组学技术进行分析，结果发现，鉴定出的一些差异蛋白是以前研究发现的与 AD 发病有关的蛋白质。这些蛋白质在大豆异黄酮补充组脑组织的表达变化与在 AD 及其他神经退行性疾病中的变化相反。该研究首次确定了大豆异黄酮会影响 AD 发病相关蛋白质的表达。

4. 人体营养状况评价

营养成分如氨基酸、脂肪酸和糖等，都会影响基因的表达，其作用方式是通过控制基因构型、代谢产物或代谢状态，继而导致 mRNA 或者蛋白质水平甚至其功能的改变，这样就可以运用蛋白质组学技术从分子水平上发现大批可特异反映人体营养状况的生物学标志物。

5. 营养相关疾病的诊断与治疗

各种疾病都有蛋白质的动态变化，每种疾病在不同的发展阶段，其蛋白质表达水平的变化也不同，尤其在临床症状出现之前。因此，用蛋白质组学技术比较正常与病理条件下细胞或组织中蛋白质的差异，就能发现与疾病有关的蛋白质或疾病特异性蛋白。这些蛋白质可以作为疾病诊断的生物标志物，还可以促进对发病机理的认识，以便早期诊断、治疗和预防，同时还可作为对疾病进程进行监测与控制的有效手段。

人类为了生长、繁殖和保持健康，必须充分摄入各种营养物质，但摄入过量或缺乏一种至多种营养素时人体代谢就会紊乱。Bltiher 比较了肥胖糖尿病小鼠和正常小鼠的肝脏蛋白质组，结果表明，过氧化物酶体增殖物受体被激活时，肥胖糖尿病小鼠肝脏中脂肪酸氧化生成的酶类表达量明显高于正常小鼠，且随着时间延长差异变大，肝脏糖酵解、糖异生和氨基酸代谢相关酶的表达也出现差异。

3.3.2 基于代谢组学的食品功能因子挖掘

在生物样品代谢物的非靶向检测基础上产生的方法被称为代谢组学分析，现已被应用到食品功能因子的挖掘上，推动了“食品组学”的发展。代谢组学技术的发展离不开核磁共振（NMR）、质谱（MS）、液相色谱（LC）、气相色谱（GC）及其联用等技术的发展。这些技术和手段可以对机体、组织、细胞等代谢过程形成的小分子代谢产物进行定性和定量分析，从而为个人提供量身定制的营养建议。

1. 基于代谢组学的食品多酚研究

代谢组学不仅加深了人们对食品成分生物活性的了解，同时也可对植物中多酚物质进行定性和定量，进而发现一些新型多酚类物质，尤其是植物中具有生物活性的次级代谢产物，目前主要应用在果蔬、杂粮、茶叶、油脂等植物源性食品中。Rao 等（2019）运用 LC-MS 技术对不同生长期的油橄榄果和叶中的多酚类物质进行组分及含量的比较分析，发现在橄榄果中含量最高的多酚类物质为山楂酸（1000 ng/mg 鲜重）。Regueiro 等（2014）应用高分辨 LC-MS 技术从核桃中鉴定了 120 种多酚化合物，包括水解单宁和浓缩单宁、黄酮类化合物和酚酸等，并报道了 8 种新型多酚。Jia 等（2020）应用高分辨 LC-MS 技术对沙棘、枸杞等青藏高原的 5 种传统药用食品中酚类化合物进行代谢轮廓分析，首次发现了 14 种植物多酚。Santucci 等（2015）用 NMR 和主成分分析（PCA）的代谢组学方法比较了冷冻和新鲜苹果汁中的代谢概况，发现乳酸、苹果酸、柠苹酸、绿原酸和甲酸仅可从新鲜果汁中获得，而苏氨酸等在冷冻果汁中含量较高。由此可知，从新鲜水果中获得的果汁可能会因为特异性生长或储藏条件的变化从而引起成分变化，人们可据此选择适合自己的饮料。

同一物种、不同基因型、不同生长环境对多酚含量的影响很大。有文献基于高分辨 LC-MS 技术对核桃多酚代谢轮廓进行分析，系统研究了不同核桃品种中黄酮类、单宁类和酚酸类等 75 种酚类化合物的含量，其中槲皮素-3-*O*-半乳糖苷、槲皮素鼠李糖五糖苷、槲皮素-3-*O*-葡萄糖苷、槲皮素鼠李糖己糖苷、山柰酚鼠李糖苷和槲皮素鼠李糖苷的两种异构体在核桃中首次被报道（Liu et al.，2019）。不同物种、不同组织中所含多酚的种类差别更为明显，通过对 66 个代表性枣品种的叶片开展基于 LC-MS 的多酚指纹图谱分析，鉴定了枣叶片中 40 余种不同的多酚（Song et al.，2019）。张云（2019）运用高速逆流色谱（HSCCC）与制备型高效液相色谱（HPLC）联用技术筛选建立了 HSCCC 溶剂体系，并基于此分离出一种非常罕见的酚酸类结构——2-*O*-咖啡酰基苏糖酸。Berland 等（2019）结合制备型 LC、NMR 及高分辨 LC-MS 技术在苔类植物中发现了一种新型黄酮类物质，并命名为“auronidins”色素，它虽然有着与花青素相似的颜色，但并不是花青素，而是一类独特的苯丙烷类物质，且具有不同的生物合成特性，有助于苔类植物在极端环境中生存。因此，代谢组学技术在通量、灵敏度和选择性方面的不断发展，成功助力了复杂或全新样品中多酚的发现和定量，并为进一步探索其健康功效奠定了坚实基础。

2. 基于代谢组学的益生元研究

另外，近年来有许多文献专注于利用代谢组学技术研究一些益生菌对人体肠道和健康的影响。De Preter 等（2010）利用 GC-MS 研究了富含低聚果糖菊粉的益生元糖化发酵产物对肠道的影响，共鉴定出 107 种挥发性有机化合物，其中酸、酯和某些醛的浓度随着菊粉添加量的增加而增加，而一些有害的含硫化合物和酚类化合物的浓度降低。Martin 等（2007）通过 NMR 技术分析了无菌小鼠肠道的不同部分，证实了一些益生菌对宿主的影响，研究者发现饲喂一定剂量的副干酪乳杆菌（*Lactobacillus paracasei* NCC2461）能够提高空肠中乳酸的含量，降低空肠和回肠中胆碱、磷脂酰胆碱、乙酸的含量，而这些成分是脂肪代谢的重要中间产物，说明乳酸菌能够调整肠道的脂代谢。另一项研究肠道微生物对宿主影响的模型是肠易激综合征模型，Hong 等（2010）通过 NMR 代谢组学的方法研究了益生菌对小鼠大肠炎的影响，发现益生菌通过改变小鼠的肠道微生物对肠道起到保护作用，谷氨酸、脯氨酸、乙酸、丁酸和谷氨酰胺等代谢物浓度增加，而三甲胺的浓度降低。Ponnusamy 等（2011）发现肠易激综合征患者和正常成年人肠道的代谢物有明显的不同，并发现了代谢物和肠道内微生物的相关性。

近年来，人们对饮食结构和食品功能成分愈加注重，开发个性化功能食品势在必行。代谢组学是应用于营养研究的一种新技术，根据食物中功能因子与机体代谢的关系，可以更有针对性地开发功能食品，满足人们的需求。同时，代谢组学与蛋白质组学、基因组学联用，能够提供一些新的生物学信息来解释食品中功能因子对人体健康的影响。

3.3.3 基于宏基因组学的益生菌开发

1. 食品宏基因组概念

1998 年，Handelsman 等（1998）正式提出了宏基因组（metagenome）的概念，即“特定生态环境中所有生物遗传物质的总和”。宏基因组学是以环境样品中微生物群体基因组为研究对象，采用功能基因筛选和测序分析等研究工具，以微生物多样性、种群结构、进化关系、功能活性、相互协作关系、与环境之间的关系为研究目的的新微生物学研究方法。宏基因组学的研究过程一般包括 4 个步骤：①从环境样品中提取基因组 DNA；②载体连接；③转化宿主细胞，形成一个重组的 DNA 文库；④筛选目的转化子（Zhang et al.，2021）。

人体和动物体内存在适合微生物生长的环境，如肠道、皮肤表面、口腔等，同样可以利用宏基因组学方法来研究这些微生物群体。益生菌是一类活的微生物，适量的益生菌有益于人体健康，因此其也被称为人或动物的微生态调节剂。目前，益生菌被广泛应用于各个领域，在保障人畜健康或防治某些疾病方面发挥着越来越重要的作用。宏基因组学的出现极大地增加了我们对肠道微生物群组成和活性的了解，允许识别与不同疾病相关的微生物群异常，便于针对性地开发益生菌。因此，宏基因组学的使用可以帮助我们开发益生菌、了解益生菌的作用。

2. 宏基因组学在益生菌研究中的应用

1）筛选潜在的益生菌株

在过去的十余年间，测序技术、生物信息学及宏基因组学的快速发展使得探索肠道菌群的组成和功能、揭秘益生菌的作用机制成为可能，并由此涌现出一大批颇受关注的研究成果。目前，益生菌的功效研究和菌株筛选是其中的两大热点。Kunal（2011）采用高通量测序方法研究了印度东北部少数民族发酵食品中的微生物群落，并使用 PICRUSt2 推断了发酵食品相关微生物群落的益生潜力。Yeruva 等（2020）通过宏基因组学比较了可变性桑蚕的肠道细菌群落多样性，仅在 CSR2 蚕体中观察到乳杆菌是优势菌群，其次是肠球菌。宏基因组谱图表明不同种类蚕的肠道细菌种群的变异会相应地影响生理活动，可以通过探索优势细菌，调查与营养吸收、疾病/压力耐受相关的特性来确定潜在的复合益生菌体。Tidjani 等（2017）收集了恶性营养不良患者及健康儿童的粪便样本，进行培养组学和宏基因组学分析，结果发现营养不良患者菌群整体多样性减少，一种未知的新分离物种多样性降低，包括史氏甲烷短杆菌在内的氧气敏感型原核生物减少，潜在致病菌（变形菌门、梭杆菌门和解没食子酸链球菌）增加，并且在健康儿童中鉴定出了 12 种独有的可能益生菌，有潜力用于菌群移植，并通过建立一个健康的新肠道菌群而改善急性严重营养不良。

2）检测益生菌产品的菌种组成

宏基因组测序可分析特定环境微生物群体的基因组成及功能、菌群的多样性与丰度，可以鉴定出混合环境中包含有哪些菌株，精度可达到菌株水平（Franzosa et al.，2014）。因此，宏基因组测序技术应用于检测益生菌产品的菌株组成时有不可替代的优势。Patro 等（2016）运用宏基因组测序技术鉴定膳食补充剂样品中微生物活菌，用 k-mer 方法计算其丰度，可快速、有效地识别各种膳食补充剂样品中的物种水平，确定这些产品中特定污染物的存在。Lugli 等（2019）通过基于 rRNA 相关序列的下一代测序分析来确定益生菌补充剂的组成，以评估产品的细菌组成，并结合宏基因组方法来解码每种被测产品的益生菌菌株的基因组序列。其开发的方法已经对 10 种益生菌补充剂进行了测试，发现已确定的益生菌菌株与生产商所声明的菌株之间存在不一致。

3）探究益生菌对肠道菌群结构的影响

肠道菌群与宿主免疫、代谢、营养、肠道疾病甚至非肠道疾病等密切相关。诸多研究表明，益生菌具有调节肠道微生态平衡、改善菌群结构等作用。Yu 等（2021）在西式饮食诱导的非酒精性脂肪性肝病（NAFLD）小鼠模型中，发现补充两种益生菌——乳酸乳杆菌或戊糖片球菌，均可缓解 NAFLD 进展，对粪便样品提取宏基因组 DNA 进行高通量测序，分析发现服用益生菌能够改变肠道菌群结构。Gao 等（2021）评估了鼠李糖乳杆菌 Probio-M9 恢复被抗生素破坏的肠道菌群及其对荷瘤小鼠 ICB 治疗的效果：首先用抗生素破坏小鼠肠道菌群，然后经益生菌调节或自然恢复，随后是基于 PD-1 的抗肿瘤治疗。在不同试验阶段监测粪便宏基因组的变化，结果表明，与未接受益生菌的组相比，Probio-M9 协同 ICB 治疗可有效恢复被抗生素破坏的粪便微生物群，使优势类群组成发生变化。

4）探索益生菌在肠道内的适应性进化

益生菌在宿主肠道内定植的适应机理尚不清晰，特别是缺乏其遗传进化的体内研究。Huang 等（2021）通过鸟枪法宏基因组和分离株全基因组测序技术，研究了植物乳杆菌 HNU082（Lp082）在人、鼠和斑马鱼肠道中的进化适应，发现 Lp082 分布于不同生态位，以相似顺序在同样的时间点获得高度一致的单核苷酸多态性（SNP），从而定植并适应不同宿主的肠道选择压力，揭示其在不同宿主肠道中高度趋同的适应过程和策略；相反，宿主肠道菌群对 Lp082 的引入呈现出不同的反应与互作。

5）评估微生物代谢改变驱动的新型代谢途径

微生物组研究可以获得微生物群落组成及丰度信息，但是这些信息并不足以充分说明微生物是通过何种方式影响宿主或环境的。多组学联合分析可以用来解释菌群与差异代谢物的关联性，从而帮助建立微生物-代谢物-表型之间的逻辑关系。Rasmussen 等（2022）在饲料中添加益生菌和合生制剂改变了虹鳟鱼的肠道菌群，中肠及远端肠道内容物中与鲑科鱼类相关的支原体的相对丰度显著降低，宏基因组学分析揭示了微生物精氨酸生物合成和萜类化合物主链合成途径的改变，与肠道内容物中沙门氏菌的存在直接相关。Fang 等（2022）基于鸟枪宏基因组测序和靶向代谢组，探讨长双歧杆菌的微生物代谢产物及其改善 AD 的作用机制。研究发现吲哚-3-甲醛（I3C）是长双歧杆菌的色氨酸代谢物，可激活 AHR 介导的免疫信号通路，以改善动物和临床试验中的 AD 症状。基于肠道-皮肤轴的相互作用，长双歧杆菌 CCFM1029 上调色氨酸代谢并产生 I3C 以激活 AHR 介导的免疫反应，缓解 AD 症状。吲哚衍生物（色氨酸的微生物代谢产物）可能是双歧杆菌通过 AHR 信号通路缓解 AD 的潜在代谢物。

随着基础学科的不断发展，更多新兴技术被引入到益生菌研究中来。全基因组测序、单细胞测序、宏基因组学、转录组学、蛋白质组学及代谢组学等技术，可以深入揭示菌株遗传信息、进化关系、生理特性、代谢网络、功能机制及其工业应用潜力；培养组学和合成生物学等技术也为开发具有特定功能的新一代益生菌提供了方法学支持；整合多组学数据，为益生菌机制层面的研究提供了助力。

参 考 文 献

李媛媛, 买梦奇, 胡小松, 等. 2020. 食品组学在生物活性化合物营养功能特性研究中的应用. 食品科学, 41(3): 239-245.

李兆丰, 徐勇将, 范柳萍, 等. 2020. 未来食品基础科学问题.食品与生物技术学报, 39(10): 9-17.

倪挺, 李宏, 胡鸾雷, 等. 2000. 食物过敏原数据库的建立和使用. 科学通报, 14: 1567-1568.

覃佐剑, 谢亚, 魏芳, 等. 2020. 化学计量学方法在脂质组学数据解析中的应用. 分析测试学报, 39(3): 406-415.

杨琴. 2017. 化学计量学在生物信息和代谢组学数据分析中的应用. 长沙: 湖南大学硕士学位论文.

张云. 2019. 猕猴桃多酚分离鉴定及抗氧化活性研究. 长沙: 中南林业科技大学硕士学位论文.

Akharume F U, Aluko R E, Adedeji A A. 2017. Modification of plant proteins for improved functionality: a review. Compr Rev Food Sci Food Saf, 20(1): 198-224.

Alexandrino G L, Malmborg J, Augusto F, et al. 2019a. Investigating weathering in light diesel oils using comprehensive two-dimensional gas chromatography-high resolution mass spectrometry and pixel-based analysis: Possibilities and limitations. J Chromatogr A, 1591: 155-161.

Alexandrino G L, Prata P S, Augusto F. 2017. Discriminating lacustrine and marine organic matter depositional paleoenvironments of brazilian crude oils using comprehensive two-dimensional gas chromatography-quadrupole mass spectrometry and supervised classification chemometric approaches. Energy Fuels, 31(1): 170-178.

Alexandrino G L, Tomasi G, Kienhuis P G M, et al. 2019b. Forensic investigations of diesel oil spills in the environment using comprehensive two-dimensional gas chromatography-high resolution mass spectrometry and chemometrics: New perspectives in the absence of recalcitrant biomarkers. Environ Sci Technol, 53(1): 550-559.

Allard M W, Bell R, Ferreira C M, et al. 2018. Genomics of foodborne pathogens for microbial food safety. Curr Opin Biotechnol, 49: 224-229.

Altelaar A F, Munoz J, Heck A J. 2013. Next-generation proteomics: Towards an integrative view of proteome dynamics. Nat Rev Genet, 14(1): 35-48.

Aslam B, Basit M, Nisar M A, et al. 2017. Proteomics: Technologies and their applications. J Chromatogr Sci, 55(2): 182-196.

Balkir P, Kemahlioglu K, Yucel U. 2021. Foodomics: A new approach in food quality and safety. Trends Food Sci Technol, 108: 49-57.

Berland H, Albert N W, Stavland A, et al. 2019. Auronidins are a previously unreported class of flavonoid pigments that challenges when anthocyanin biosynthesis evolved in plants. Proc Natl Acad Sci U S A, 116(40): 20232-20239.

Braconi D, Bernardini G, Millucci L, et al. 2018. Foodomics for human health: Current status and perspectives. Expert Rev Proteomics, 15(2): 153-164.

Breitling R. 2010. What is systems biology? Front Physiol, 1: 9.

Carraturo F, Libralato G, Esposito R, et al. 2020. Metabolomic profiling of food matrices: Preliminary identification of potential markers of microbial contamination. J Food Sci, 85(10): 3467-3477.

Catalán U, Rodriguez M A, Ras M R, et al. 2013. Biomarkers of food intake and metabolite differences between plasma and red blood cell matrices；a human metabolomic profile approach. Mol Biosyst, 9(6): 1411-1422.

Dasenaki M E, Thomaidis N S. 2015. Multi-residue determination of 115 veterinary drugs and pharmaceutical residues in milk powder, butter, fish tissue and eggs using liquid chromatography-tandem mass spectrometry. Anal Chim Acta, 880: 103-121.

De Preter V, Falony G, Windey K, et al. 2010. The prebiotic, oligofructose-enriched inulin modulates the faecal metabolite profile: an *in vitro* analysis. Mol Nutr Food Res, 5(12): 1791-1801.

de Roos B, Duivenvoorden I, Rucklidge G, et al. 2005. Response of apolipoprotein E*3-Leiden transgenic mice to dietary fatty acids: Combining liver proteomics with physiological data. FASEB J, 19(7): 813-815.

den Bakker H C, Allard M W, Bopp D, et al. 2014. Rapid whole-genome sequencing for surveillance of *Salmonella enterica* serovar enteritidis. Emerg Infect Dis, 20(8): 1306-1314.

Dubois L M, Perrault K A, Stefanuto P H, et al. 2017. Thermal desorption comprehensive two-dimensional gas chromatography coupled to variable-energy electron ionization time-of-flight mass spectrometry for monitoring subtle changes in volatile organic compound profiles of human blood. J Chromatogr A, 1501: 117-127.

Eberle D, Hegarty B, Bossard P, et al. 2004. SREBP transcription factors: Master regulators of lipid homeostasis. Biochimie, 86(11): 839-848.

Fang Z, Pan T, Li L, et al. 2022. Bifidobacterium longum mediated tryptophan metabolism to improve atopic dermatitis *via* the gut-skin axis. Gut Microbes, 14(1): 2044723.

Ferrando A A, Tipton K D, Doyle D, et al. 1998. Testosterone injection stimulates net protein synthesis but not tissue amino acid transport. Am J Physiol, 275(5): E864-871.

Franzosa E A, Morgan X C, Segata N, et al. 2014. Relating the metatranscriptome and metagenome of the human gut. Proc Natl Acad Sci U S A, 111(22): E2329-2338.

Friboulet A, Thomas D. 2005. Systems biology-an interdisciplinary approach. Biosensors Bioelectron, 20(12): 2404-2407.

Fuchs D, de Pascual-Teresa S, Rimbach G, et al. 2005. Proteome analysis for identification of target proteins of genistein in primary human endothelial cells stressed with oxidized LDL or homocysteine. Eur J Nutr, 44(2): 95-104.

Gao G, Ma T, Zhang T, et al. 2021. Adjunctive probiotic *Lactobacillus rhamnosus* Probio-M9 administration enhances the effect of anti-PD-1 antitumor therapy *via* restoring antibiotic-disrupted gut microbiota. Front Immunol, 12: 772532.

Gardini G, Del Boccio P, Colombatto S, et al. 2006. Proteomic investigation in the detection of the illicit treatment of calves with growth-promoting agents. Proteomics, 6(9): 2813-2822.

Garrido-Cardenas J A, Manzano-Agugliaro F. 2017. The metagenomics worldwide research. Curr Genet, 63(5): 819-829.

Goodman R E, Hefle S L, Taylor S L, et al. 2005. Assessing genetically modified crops to minimize the risk of increased food allergy: a review. Int Arch Allergy Immunol, 137(2): 153-166.

Gu E J, Kim D W, Jang G J, et al. 2017. Mass-based metabolomic analysis of soybean sprouts during germination. Food Chem, 217: 311-319.

Hall A B, Yassour M, Sauk J, et al. 2017. A novel *Ruminococcus gnavus* clade enriched in inflammatory bowel disease patients. Genome Med, 9(1): 103.

Handelsman J, Rondon M R, Brady S F, et al. 1998. Molecular biological access to the chemistry of unknown soil microbes: a new frontier for natural products. Chem Biol, 5(10): R245-249.

Hong Y S, Ahn Y T, Park J C, et al. 2010. H-1 NMR-based metabonomic assessment of probiotic effects in a colitis mouse model. Arch Pharm Res, 33(7): 1091-1101.

Hood L. 2003. Systems biology: Integrating technology, biology, and computation. Mech Ageing Dev, 124(1): 9-16.

Hotellings H. 1933. Analysis of a complex of statistical variables into principal components. J Educ Psychol, 24(6): 417-520.

Hsu R L, Lee K T, Wang J H, et al. 2009. Amyloid-degrading ability of nattokinase from *Bacillus subtilis natto*. J Agric Food Chem, 57(2): 503-508.

Huang S, Jiang S, Huo D, et al. 2021. Candidate probiotic *Lactiplantibacillus plantarum* HNU082 rapidly and convergently evolves within human, mice, and zebrafish gut but differentially influences the resident microbiome. Microbiome, 9(1): 151.

Jahangir M, Kim H K, Choi Y H, et al. 2008. Metabolomic response of *Brassica rapa* submitted to pre-harvest bacterial contamination. Food Chemistry, 107(1): 362-368.

Jia Q Q, Zhang S D, Zhang H Y, et al. 2020. A comparative study on polyphenolic composition of berries from the Tibetan Plateau by UPLC-Q-Orbitrap MS system. Chem Biodivers, 17(4): e2000033.

Kesić S. 2016. Systems biology, emergence and antireductionism. Saudi Journal of Biological Sciences, 23(5): 584-591.

Kishony R, Hatzimanikatis V. 2011. Systems biology. Curr Opin Biotechnol, 22 (4): 538-540.

Klockmann S, Reiner E, Bachmann R, et al. 2016. Food fingerprinting: Metabolomic approaches for geographical origin discrimination of hazelnuts (*Corylus avellana*)by UPLC-QTOF-MS. J Agric Food Chem, 64(48): 9253-9262.

Knight R, Collins S. 2001. Human prion diseases: Cause, clinical and diagnostic aspects. Contrib Microbiol, 7: 68-92.

Kozlowska A, Szostak-Wegierek D. 2014. Flavonoids-food sources and health benefits. Rocz Panstw Zakl Hig, 65(2): 79-85.

Kunal Jani A S. 2011. Targeted amplicon sequencing reveals the probiotic potentials of microbial communities associated with traditional fermented foods of northeast India. LWT, 147: 111578.

Langenau J, Oluwagbemigun K, Brachem C, et al. 2020. Blood metabolomic profiling confirms and identifies biomarkers of food intake. Metabolites, 10(11): 468.

Lee J E, Lee B J, Chung J O, et al. 2015. Metabolomic unveiling of a diverse range of green tea (*Camellia sinensis*)metabolites dependent on geography. Food Chem, 174: 452-459.

Liu P Z, Li L L, Song L J, et al. 2019. Characterisation of phenolics in fruit septum of *Juglans regia* Linn. by ultra performance liquid chromatography coupled with orbitrap mass spectrometer. Food Chem, 286: 669-677.

Lugli G A, Mangifesta M, Mancabelli L, et al. 2019. Compositional assessment of bacterial communities in probiotic supplements by means of metagenomic techniques. Int J Food Microbiol, 294: 1-9.

Lukić I, Carlin S, Horvat I, et al. 2019. Combined targeted and untargeted profiling of volatile aroma compounds with comprehensive two-dimensional gas chromatography for differentiation of virgin olive oils according to variety and geographical origin. Food Chemistry, 270: 403-414.

Ma'ayan A. 2017. Complex systems biology. J R Soc Interface, 14(134): 20170391.

Marco D. 2012. Metagenomics: Current innovations and future trends. Future Microbiol, 7(7): 813-814.

Martin F P J, Wang Y L, Sprenger N, et al. 2007. Effects of probiotic *Lactobacillus paracasei* treatment on the host gut tissue metabolic profiles probed via magic-angle-spinning NMR spectroscopy. J Proteome Res, 6(4): 1471-1481.

Martinez Bueno M J, Diaz-Galiano F J, Rajski L, et al. 2018. A non-targeted metabolomic approach to identify food markers to support discrimination between organic and conventional tomato crops. J Chromatogr A, 1546: 66-76.

Martinez-Gomariz M, Hernaez M L, Gutierrez D, et al. 2009. Proteomic analysis by two-dimensional differential gel electrophoresis (2D DIGE)of a high-pressure effect in *Bacillus cereus*. J Agric Food Chem, 57(9): 3543-3549.

Mazzei P, Piccolo A. 2012. (1)H HRMAS-NMR metabolomic to assess quality and traceability of mozzarella cheese from Campania buffalo milk. Food Chem, 132(3): 1620-1627.

Nielsen J. 2017. Systems biology of metabolism. Annu Rev Biochem, 86: 245-275.

Novak E M, Lee E K, Innis S M, et al. 2009. Identification of novel protein targets regulated by maternal dietary fatty acid composition in neonatal rat liver. J Proteomics, 73(1): 41-49.

O'Gorman A, Brennan L. 2015. Metabolomic applications in nutritional research: a perspective. J Sci Food Agric, 95(13): 2567-2570.

O'Sullivan A, Gibney M J, Brennan L. 2011. Dietary intake patterns are reflected in metabolomic profiles: Potential role in dietary assessment studies. Am J Clin Nutr, 93(2): 314-321.

Pareek C S, Smoczynski R, Tretyn A. 2011. Sequencing technologies and genome sequencing. J Appl Genet, 52(4): 413-435.

Pasala R, Pandey B B.2020. Plant phenomics: High-throughput technology for accelerating genomics. J Biosci, 45: 111.

Patro J N, Ramachandran P, Barnaba T, et al. 2016. Culture-independent metagenomic surveillance of commercially available probiotics with high-throughput next-generation sequencing. mSphere, 1(2): e00057-16.

Pearson K. 1901. On lines and planes of closest fit to systems of points in space. Lond Edinb Dublin Philos Mag J Sci, 2(11): 559-572.

Ponnusamy K, Choi J N, Kim J, et al. 2011. Microbial community and metabolomic comparison of irritable bowel syndrome faeces. J Med Microbiol, 60(6): 817-827.

Pornsukarom S, van Vliet A H M, Thakur S. 2018. Whole genome sequencing analysis of multiple *Salmonella* serovars provides insights into phylogenetic relatedness, antimicrobial resistance, and virulence markers across humans, food animals and agriculture environmental sources. BMC Genomics, 19(1): 801.

Rao G D, Zhang J G, Liu X X, et al. 2019. Identification of putative genes for polyphenol biosynthesis in olive fruits and leaves using full-length transcriptome sequencing. Food Chem, 300: 125246.

Rasmussen J A, Villumsen K R, Ernst M, et al. 2022. A multi-omics approach unravels metagenomic and metabolic alterations of a probiotic and synbiotic additive in rainbow trout (*Oncorhynchus mykiss*). Microbiome, 10(1): 21.

Rees C A, Franchina F A, Nordick K V, et al. 2017. Expanding the *Klebsiella pneumoniae* volatile metabolome using advanced analytical instrumentation for the detection of novel metabolites. J Appl Microbiol, 122(3): 785-795.

Regueiro J, Sanchez-Gonzalez C, Vallverdu-Queralt A, et al. 2014. Comprehensive identification of walnut polyphenols by liquid chromatography coupled to linear ion trap-Orbitrap mass spectrometry. Food Chem, 152: 340-348.

Ricroch A E, Berge J B, Kuntz M. 2011. Evaluation of genetically engineered crops using transcriptomic, proteomic, and metabolomic profiling techniques. Plant Physiol, 155(4): 1752-1761.

Risticevic S, Souza-Silva E A, Gionfriddo E, et al. 2020 Application of *in vivo* solid phase microextraction (SPME)in capturing metabolome of apple (*Malus*×*domestica* Borkh.)fruit. Sci Rep, 10(1): 6724.

Santucci C, Brizzolara S, Tenori L. 2015. Comparison of frozen and fresh apple pulp for NMR-based metabolomic analysis. Food Anal Methods, 8(8): 2135-2140.

Schneider H C, Klabunde T. 2013. Understanding drugs and diseases by systems biology? Bioorg Med Chem Lett, 23(5): 1168-1176.

Sevenier R, van der Meer I M, Bino R, et al. 2002. Increased production of nutriments by genetically engineered crops. J Am Coll Nutr, 21(3): 199-204.

Song L J, Zheng J, Zhang L, et al. 2019. Phytochemical profiling and fingerprint analysis of Chinese Jujube (*Ziziphus jujuba* Mill.)leaves of 66 cultivars from Xinjiang Province. Molecules, 24(24): 4528.

Surowiec I, Fraser P D, Patel R, et al. 2011. Metabolomic approach for the detection of mechanically recovered meat in food products. Food Chemistry, 125(4): 1468-1475.

Tengstrand E, Rosen J, Hellenas K E, et al. 2013. A concept study on non-targeted screening for chemical contaminants in food using liquid chromatography-mass spectrometry in combination with a metabolomics approach. Anal Bioanal Chem, 405(4): 1237-1243.

Tidjani Alou M, Million M, Traore S I, et al. 2017. Gut bacteria missing in severe acute malnutrition, can we identify potential probiotics by culturomics? Front Microbiol, 8: 899.

Tsiroulnikov K, Rezai H, Bonch-Osmolovskaya E, et al. 2004. Hydrolysis of the amyloid prion protein and nonpathogenic meat and bone meal by anaerobic thermophilic prokaryotes and *Streptomyces* subspecies. J Agric Food Chem, 52 (20): 6353-6360.

Veenstra T D. 2021. Omics in systems biology: Current progress and future outlook. Proteomics, 21(3-4): e2000235.

Wang M, Sun Y, Yang X, et al. 2015. Sensitive determination of Amaranth in drinks by highly dispersed CNT in graphene oxide "water" with the aid of small amounts of ionic liquid. Food Chem, 179: 318-324.

Wilm M. 2011. Principles of electrospray ionization. Mol Cell Proteomics, 10(7): M111.009407.

Xu S, Xu Y, Gong L, et al. 2016. Metabolomic prediction of yield in hybrid rice. Plant J, 88(2): 219-227.

Yagami T, Haishima Y, Tsuchiya T, et al. 2004. Proteomic analysis of putative latex allergens. Int Arch Allergy Immunol, 135(1): 3-11.

Yeruva T, Vankadara S, Ramasamy S, et al. 2020. Identification of potential probiotics in the midgut of mulberry silkworm, *Bombyx mori* through metagenomic approach. Probiotics Antimicrob Proteins, 12(2): 635-640.

Yu J S, Youn G S, Choi J, et al. 2021. *Lactobacillus lactis* and *Pediococcus pentosaceus*-driven reprogramming of gut microbiome and metabolome ameliorates the progression of non-alcoholic fatty liver disease. Clin Transl Med, 11(12): e634.

Yuan J, Zhu L, Liu X, et al. 2006. A proteome reference map and proteomic analysis of *Bifidobacterium longum* NCC2705. Mol Cell Proteomics, 5(6): 1105-1118.

Zhang L, Chen F, Zeng Z, et al. 2021. Advances in metagenomics and its application in environmental microorganisms. Front Microbiol, 12: 766364.

Zupanic A, Bernstein H C, Heiland I. 2020. Systems biology: Current status and challenges. Cell Mol Life Sci, 77(3): 379-380.

第 4 章　酶工程与食品生物制造

4.1　酶工程在食品生产中的应用

4.1.1　酶在乳制品中的应用

乳制品是以牛乳或羊乳及其加工制品为主要原料，加入或不加入适量的维生素、矿物质和其他辅料，按照法律法规及标准所要求的条件，经加工制成的各种食品。《乳制品企业生产技术管理规则》中将乳制品分为液体乳类、乳粉类、炼乳类、乳脂肪类、干酪类、乳冰淇淋类及其他乳制品类。随着经济发展、城镇化水平提高、人口饮奶习惯的改变，人们对乳制品的需求持续增长。

然而，乳制品生产仍然面临诸多挑战。首先，乳制品的生产加工过程易被微生物污染（Galie et al.，2018）。研究显示，虽然有原位清洗系统，但乳制品放置6个月后易被芽孢杆菌、乳酸杆菌、链球菌、葡萄球菌（Sharma et al.，2020）、蜡样芽孢杆菌（Giffel et al.，1997）和嗜热脂肪双歧杆菌（Flint and Brooks，2001）等微生物污染。其次，发酵乳的凝胶体系由强度较低的非共价键维持，在搅拌、储藏和运输过程中也容易遭到破坏，导致乳清析出、黏度降低及结构坍塌变形等，从而降低其品质（黄梦瑶等，2020）。此外，某些乳制品还存在受众有限等问题。部分人群的肠道中不能分泌分解乳糖的酶，乳糖会在肠道中由细菌分解变成乳酸，从而破坏肠道的碱性环境，导致轻度腹泻（Oak and Jha，2019）。

针对上述问题，研究者已经提出基于酶催化的解决方案（表4-1）。乳过氧化物酶、过氧化氢和硫氰酸根组成“乳过氧化物酶体系”，这三者共同作用才具有抗菌活性。天然牛乳中，硫氰酸根含量较少，一般需补充后才能激活上述酶系。此外，凝乳酶和谷氨酰胺转氨酶被用于改善乳品的质构，而脂肪酶则用于提升乳品的风味。已成功商业化应用于乳品加工的酶还包括乳糖酶，使乳糖不耐受者能食用各种乳品。

表 4-1　酶催化反应及其在乳制品加工中的应用（黄梦瑶等，2020；Sharma et al.，2022）

酶	催化反应	应用
乳过氧化物酶	以过氧化氢为电子受体，催化硫氰酸根生成次硫氰酸根	乳过氧化物酶、过氧化氢及硫氰酸根（SCN）组成“乳过氧化物酶体系”。次硫氰酸根离子是具有抗菌活性的物质，从而达到抑制或杀灭乳中细菌、延长鲜牛乳保质期的目的

续表

酶	催化反应	应用
凝乳酶	专一切割乳中κ-酪蛋白Phe105-Met106的肽键	凝乳酶使80%以上的κ-酪蛋白被水解后，在钙离子存在下，通过在酪蛋白胶粒间形成的化学键形成凝块或凝固的乳，被广泛地应用于奶酪和酸奶的制作
谷氨酰胺转氨酶	催化蛋白质肽链中谷氨酰胺的γ-羟酰胺基转移至L-赖氨酸的ε-氨基，形成异肽键，从而使蛋白质分子间和分子内产生共价交联	可通过催化蛋白质多肽发生分子内和分子间共价交联，改善如乳液、凝胶、泡沫等蛋白质的结构和功能。它在增强酸奶和奶油奶酪的质地方面也具有重要作用
脂肪酶	作用于甘油三酯的酯键，将甘油三酯降解为甘油二酯、甘油一酯、甘油及脂肪酸	微生物来源的脂肪酶可用于增强干酪制品的风味。其水解短链脂肪会使奶酪口感更好
乳糖酶	催化乳糖转化为半乳糖和葡萄糖	可生产无乳糖乳制品，如冰淇淋、酸奶和牛奶等

4.1.2　酶在烘焙食品中的应用

烘焙食品是以面粉、酵母、食盐、砂糖和水为基本原料，添加适量油脂、乳品、鸡蛋、添加剂等，经一系列复杂的工艺手段烘焙而成的方便食品。烘焙食品可分为面包、蛋糕、饼干等几大类。烘焙食品兴起并流行于欧洲，德国的面包产量占据欧洲市场的25.96%，其次是意大利、法国、英国和西班牙。由于烘焙食品营养丰富、品类繁多、形色俱佳、适口性好，因而在我国也广受欢迎。随着生活水平的提高，人们对烘焙食品的外观、口感、安全性、储藏期等提出了更高的要求。酶的应用对烘焙食品的品质有重要影响。

目前，酶制剂主用于改善烘焙食品面团质构和风味、增加面团体积及抗老化等（表4-2）。一般认为，脂肪酶产生的极性、亲水性的甘油二酯和甘油一酯可促使面粉中的谷蛋白水化，从而形成更强的面筋网络和更稳定的面团结构。此外，面筋网络还可以通过氧化还原酶（如漆酶和葡萄糖氧化酶）催化产生的二硫键来强化。α-淀粉酶和淀粉葡萄糖苷酶催化生成的葡萄糖可促进酵母的发酵产气，从而增加面团体积，降低面包硬度。同时，酶催化合成的葡萄糖等还原性糖有助于焙烤过程中的美拉德反应，从而改善烘焙食品的色泽和香味。面包储存一定时间后会出现口感变差、表皮变硬、弹性下降（Curti et al.，2016；Tebben et al.，2018）等“老化”现象。面包老化的主要原因是水分迁移和淀粉重结晶。麦芽糖α-淀粉酶可将淀粉降解为麦芽糖和小分子糊精，使淀粉不易重结晶，延缓老化过程。木聚糖酶可以将水不溶性戊聚糖转化为水溶性戊聚糖，优化面筋网络结构，增强面包芯的持水能力，有效减缓面包表皮水分的挥发，延缓面包老化（王强，2014）。

表 4-2 酶催化反应及其在烘焙食品加工中的应用

酶	催化反应	应用
脂肪酶（Almeida and Chang，2012）	作用于甘油三酯的酯键，将甘油三酯降解为甘油二酯、甘油一酯、甘油及脂肪酸	催化产生的甘油二酯、甘油一酯较甘油三酯具有更强的极性和亲水性，可与水和谷蛋白更好地结合，形成更强的面筋网络；同时，极性的脂质能够增加烘焙产品的体积
漆酶（陈小煌等，2015）	催化蛋白质分子中酚羟基产生自由基	催化产生的自由基使面团中的巯基氧化生成二硫键；通过增加二硫键数目，增强面筋的强度，改善面团拉伸程度和弹性
葡萄糖氧化酶（Courtin and Delcour，2002）	催化葡萄糖产生葡萄糖酸和 H_2O_2，H_2O_2将巯基氧化为二硫键	二硫键可使蛋白质分子结合成大分子网络结构骨架，进而增强面筋蛋白网络结构强度
淀粉葡萄糖苷酶（Tebben et al.，2018；Diler et al.，2015）	作用于α-1,4 糖苷键和α-1,6 糖苷键，从淀粉及相关的寡糖和聚糖的非还原端释放葡萄糖分子	产生的葡萄糖有助于美拉德反应和提高酵母发酵能力，改善面包风味、色泽，增加面团体积
α-淀粉酶（O'Shea et al.，2016）	水解淀粉分子中的 α-1,4 糖苷键，生成短链糊精及少量低分子糖	与 β-淀粉酶联合作用，生成麦芽糖和少量的葡萄糖，提高酵母发酵活性，产生了更多的二氧化碳，从而增大面包比容，降低面包硬度
麦芽糖 α-淀粉酶（王芬等，2013）	水解直链和支链淀粉 α-1,4 糖苷键生成麦芽糖	降低淀粉分子链间双螺旋结构堆积和重结晶导致的回生发生率，延缓面包老化
木聚糖酶	是一类降解木聚糖的酶系，包括 β-1,4 内切木聚糖酶、β-木糖苷酶、阿拉伯糖苷酶、葡萄糖醛苷酸酶、乙酰基木聚糖酶和酚酸酯酶，可降解自然界中大量存在的木聚糖类半纤维素	将面粉中的水不溶性戊聚糖水解为水溶性的戊聚糖，从而提高面筋网络的韧性，增强面团的耐搅拌特性，改善面团操作性能及稳定性

在实际的烘焙产品生产中，复合酶制剂应用更加广泛，以满足不同方面的需求。例如，葡萄糖激酶、半纤维素酶、己糖氧化酶共同作用，对面团的耐搅打性能、产品烘焙胀发性能、组织气室的状态等具有一定的改善作用。然而，酶制剂在应用中也存在一定的问题。例如，酶制剂使用不当易引起产品酸价异常升高、产品组分特性不适合某些酶制剂等情况。未来酶制剂的发展在种类多样化和生产规模化的同时，应能满足根据产品原料、组分特性及预期产品状态而组合合适的酶制剂的需求。

4.1.3 酶在酿造食品中的应用

酿造食品是人们利用有益微生物加工制造的一类食品，具有独特的风味，如白酒、黄酒、啤酒、果酒、酱油、食醋和豆豉等。酿造食品已经成为食品工业中的重要分支。广义来说，凡是利用微生物作用制造的食品都可称为酿造食品。

在各种酒品的酿造工艺中，酶制剂的应用对于原料利用和风味都有重要影响。白酒、果酒等酿酒业中使用纤维素酶，不仅可以使原料中的纤维素和半纤维素降解为可发酵性糖，提高出酒率，而且可以增加对纤维的降解作用，使原料中被纤维所包围的淀粉更多地释放出来而被糖化酶充分利用，从而最大限度地提高原料的淀粉利用率（de Souza and Kawaguti，2021）。在酿造果酒时，利用纤维素酶进行生物酶解，经过灭酶、澄清处理后，酿出的各种果酒均具有果香浓郁、清澈明亮、无悬浮物和沉淀物等杂质、营养物质丰富、口味纯正等特点（Bajaj and Mahajan，2019）。在白酒酿造中，酸、脂、醇的平衡是白酒催陈过程中最重要且耗时最长的环节。因此，添加特定底物特异性的脂肪酶催化的酯化和水解反应，有望促进酸、脂、醇相对平衡，加速白酒陈化过程，降低白酒储存周期。

葡萄糖氧化酶也是一类在酿造食品中广泛应用的酶类，常用于改善酿造食品的颜色和风味（Liu et al.，2018）。在溶解氧存在的情况下，葡萄糖氧化酶可以将葡萄糖转化为葡萄糖酸。在该反应中，葡萄糖被氧化为葡糖酸内酯，分子氧被还原为过氧化氢。葡糖酸内酯自发水解成葡糖酸。在果酒酿造和储藏过程中，葡萄糖氧化酶通过去除食品和饮料中的氧气来稳定果酒颜色和风味。此外，葡萄糖氧化酶能去除一些葡萄糖来降低葡萄酒中的乙醇含量，而这些葡萄糖本来会转化为乙醇。

随着消费结构的升级，调味品逐渐朝着高端化和健康化发展。在酱油、食醋等的酿造过程中加入一定量的纤维素酶，可显著缩短酿造时间，提高产率，在提高酱油浓度、改善酱油质量方面也有明显的促进作用，所得的成品酱油色泽较好，无需另外加入糖色。谷氨酸是主要的酱油鲜味物质，谷氨酰胺酶能催化谷氨酰胺水解为谷氨酸。因此，在酱油中加入谷氨酰胺酶可以明显提高酱油的鲜味。

4.1.4 酶在果蔬加工中的应用

水果和蔬菜中营养成分丰富。市场上常见的果蔬加工产品有果蔬罐藏品、果蔬糖制品、果蔬干制品、果蔬速冻产品、果蔬饮料及蔬菜腌制品等。随着人们健康意识的提升，果蔬饮料成为最受欢迎的饮料之一。

果蔬饮料的工艺流程一般为：原料选取、清洗、破碎、榨汁、调配、过滤、均质、脱气、灭菌、罐装、封口、喷淋、杀菌、装箱、成品（谢红涛等，2010）。但在加工过程中也遇到了一些问题，如水果本身具有的纤维和半纤维类物质，导致在榨取果汁时难度大、产量低。早期的果汁澄清仅仅依赖于物理和化学过程或者超滤技术，但是这些方法有它们的缺点，加工后的果汁性状不稳定，给储藏和商业销售带来了困难。在果汁生产中，水果本身含有的单宁、花青素等酚类物质在破碎加工过程中会发生氧化作用，产生褐色物质，从而使产品浑浊，且在后期储存时也会产生二次沉淀，影响观感。

为解决上述问题，不同的酶处理被广泛用于果蔬加工各个阶段（Toushik et al.，2017）。目前用于果蔬加工的酶主要有木聚糖酶、果胶酶、漆酶、葡萄糖氧化酶等多种类型。在木聚糖水解酶系中，β-1,4-内切木聚糖酶是最关键的水解酶，它通过水解木聚糖分子的 β-1,4-糖苷键，将木聚糖水解为小寡糖和木二糖等低聚木糖，以及少量的木糖和阿拉伯糖。因此，β-1,4-内切木聚糖酶可部分水解纤维和半纤维类物质，提高果汁澄清度和稳定性（Han，2021；Kaushal et al.，2021；Silva et al.，2020）。果胶酶是协同分解果胶质的一组酶的总称，能催化果胶解聚和果胶分子中的酯水解，是用于果汁提取和澄清的另一类关键酶（傅海等，2020；Mahmoodi et al.，2017）。漆酶有氧化酚类物质的特性，可将其转化为多酚氧化物。多酚氧化物自身能够发生聚合形成大颗粒，被过滤膜去除，所以，漆酶同样可被用于果汁饮料的澄清（胡周月等，2019）。

4.1.5 酶在肉品加工中的应用

肉类是人类饮食结构的重要组成部分。肉中主要包括水、蛋白质、脂质，以及一些微量元素和活性成分（如维生素、色素、风味物质等）。根据组分不同，通常将肉品分为红肉和白肉。红肉是指肌红蛋白较高且肌肉纤维强度较高的牛、羊等哺乳动物的肉类；白肉是指脂肪含量较低而不饱和脂肪酸含量较高的肉类，如鸟类、鱼虾、贝类等。随着人们生活水平的提高，已经发展出多种肉品加工工艺，包括原料肉嫩化、原料肉腌制、烘干工艺和绞肉工艺等。

嫩度是肉制品品质的重要评价指标之一。利用外源蛋白酶改善肉质嫩度已成为近年来研究的热点。传统工艺上，肉嫩化是通过动物组织中的内源蛋白酶水解作用来实现的，但是嫩化效率较低。木瓜蛋白酶作为较早应用于肉品的水解酶类（Wongphan et al.，2022），在最佳反应条件下（pH 7～8，60～65℃）能水解存在于肌肉、肌腱和韧带中的几乎所有蛋白质，大幅提升了肉类的嫩化效率。目前，用于肉品嫩化的、植物来源的蛋白酶还包括菠萝蛋白酶、无花果蛋白酶、生姜蛋白酶等（Ma et al.，2019）。此外，动物源蛋白酶——胰蛋白酶和胃蛋白酶也被用于相关工艺，但使用成本较植物来源的更高（Zou et al.，2021）。

酶制剂还用于改善肉制品的质构、提升风味和延长保质期。如前所述，谷氨酰胺转氨酶能催化蛋白质分子内和分子间的交联，强化蛋白质的网络结构。基于其特有的催化特性，谷氨酰胺转氨酶用于提高香肠的硬度和韧性。谷氨酰胺转氨酶催化形成的网络结构还可以有效地增强鸡胸肉饼的保水能力，减少肉饼的蒸煮损失。在高压（600 MPa）处理的情况下，谷氨酰胺转氨酶可用于制作重组火腿（Santhi et al.，2017）。氧化还原酶类在肉制品的抗氧化、风味、抗菌防腐等方面已展现出极大的应用前景。例如，在肉制品储存过程中加入过氧化氢酶，可以提升肉品的抗氧化能力，从而有效延长保质期（Ren et al.，2021）。另外，一些氧化还原酶对肉制品的风味也有影响。据报道，在发酵过程中，胰脂肪酶对干发酵香肠中脂肪降解、微生物指标和感官质量均有影响（Chen et al.，2017）。

4.1.6　酶在食品安全中的应用

食品安全一般包含三个层次的内容：食品数量安全、食品质量安全及食品可持续安全。其中，食品质量安全是指提供的食品在营养、卫生方面满足和保障人群的健康需要，其涉及食物是否被污染、是否有毒、添加剂是否违规超标、标签是否规范等问题，需要在食品达到污染界限之前采取措施，预防食品被污染和遭遇主要危害因素侵袭。食品原料和食品加工过程都可能会给食品质量安全带来潜在风险。

真菌毒素（mycotoxin）是真菌（曲霉菌、青霉菌、镰刀菌等）在一定条件下产生的一类对动植物有害的小分子有毒次级代谢产物。这些毒素主要包括黄曲霉毒素、赭曲霉毒素、玉米赤霉烯酮、伏马毒素和呕吐毒素等。我国每年真菌毒素污染造成的食品原料损失累计约 3100 万 t，直接经济损失超过 680 亿元。农产品、食品受到真菌毒素污染是全球性的问题，据联合国粮食及农业组织（Food and Agriculture Organization of the United Nations，FAO）统计，约 25%食品供应受到真菌毒素污染，2%的粮食因真菌毒素污染而不能食用。针对上述问题，研究者已经从自然界中筛选了一系列真菌毒素降解酶（表 4-3）。

表 4-3　真菌毒素降解酶来源及作用机制（卢丹等，2018）

真菌毒素	真菌毒素降解酶	催化反应
黄曲霉毒素	*Armillariella tabescens* 黄曲霉毒素氧化酶及其相关酶系	氧化黄曲霉毒素二呋喃环
	Pleurotus ostreatus AFB1 锰过氧化物酶和漆酶	
	Pleurotus pulmonarius 漆酶	
	Streptomyces coelicolor 漆酶	
	Pleurotus eryngii 漆酶	
赭曲霉毒素	牛胰腺羧肽酶 A	水解毒素中的肽键
	Saccharomyces cerevisiae 羧肽酶 Y	
玉米赤霉烯酮	*Trametes versicolor* 漆酶	降解二酚环
	Streptomyces coelicolor 漆酶	
	Clonostachys rosea IFO 7063 ZHD101 内酯水解酶	水解内酯环生成玉米赤霉烯醇
	Acinetobacter sp. SM04 的过氧化物酶 PRX	催化 H_2O_2 氧化降解玉米赤霉烯酮

续表

真菌毒素	真菌毒素降解酶	催化反应
伏马毒素	*Sphingopyxis* sp. MTA144 羧酸酯酶和转氨酶	催化 FB1 降解为 HFB1，再催化其转氨形成 2-酮基-HFB1
呕吐毒素	*Arabidopsis thaliana* UDP-糖基转移酶	催化 3 号位糖基化形成 3-*O*-吡喃葡萄糖基-4-DON
	Sphingomonas sp. KSM1 P450 酶	催化其氧化成为 16-HDON
	单端孢甲-3-*O*-乙酰转移酶	催化 3 号位乙酰化

有机磷农药主要包括磷酸三酯、硫磷三酯或硫酯，是我国广泛使用的一类含磷的有机农药，具有高效的杀虫能力。有机磷农药可导致昆虫的神经系统持续高度兴奋，最终使其瘫痪甚至死亡。有机磷农药严重污染了土壤资源、水资源及农产品，危害了人类的健康。甲基对硫磷水解酶是一种可以催化甲基对硫磷等有机磷化合物水解的酶，属于β-内酰胺酶家族。目前，以甲基对硫磷水解酶为主要功能成分的洗涤剂被应用于清洗有机磷农药污染的果蔬食品。

丙烯酰胺被国际癌症研究机构列为 2A 级致癌物。2002 年，瑞典学者首次指出在面包、咖啡、薯片，以及炸薯条等高温油炸食品中含有较高含量的丙烯酰胺(30～2300 μg/kg)，其含量远高于饮用水中丙烯酰胺含量的限定值(1 μg/L)。研究指出，含淀粉的食品在高温加热过程中，天冬酰胺和还原糖通过美拉德反应生成丙烯酰胺。L-天冬酰胺酶是一种酰胺基水解酶，能催化 L-天冬酰胺水解为 L-天冬氨酸和氨。由于天冬酰胺是丙烯酰胺的前体，因而添加 L-天冬酰胺酶进行预处理可以从源头上抑制丙烯酰胺的形成。

4.1.7 酶在食品储藏中的应用

食品在加工、运输、储藏过程中，由于受到各种因素的影响，容易发生物理、化学或生物的变化，从而使食品的味道、色泽、营养、香气或组织结构发生改变，甚至导致食品腐败变质，致使食品的食用价值降低甚至不能食用。食品保藏的目的是防止食物腐败变质、延长其食用期限，是食品能长期保存所采取的加工处理措施，主要采用添加防腐剂、保鲜剂或热杀菌等方法。但是，过度加热会导致蛋白质变性、非酶褐变、维生素流失及食品风味的改变等不良后果；防腐剂和保鲜剂也存在一定的食品安全问题。酶法储藏保鲜技术是利用酶的催化作用，防止或消除外界因素对食品的不良影响，从而保持食品原有的品质与特性的技术。

葡萄糖氧化酶以氧为电子受体，催化葡萄糖氧化生成葡萄糖酸和过氧化氢。因此，葡萄糖氧化酶是一种有效的除氧保鲜剂，且能降低体系中的葡萄糖浓度

（Khatami et al.，2021）。在水产品保藏过程中，葡萄糖氧化酶产生的葡萄糖酸使鱼制品表面 pH 降低，抑制细菌的生长；同时，由于系统中氧含量的下降，脂肪氧化酶及多酚氧化酶活力受限，可防止产品酸败及变色。葡萄糖氧化酶也用于罐装果汁、水果罐头及果酒等含有葡萄糖的食品保藏（Bankar et al.，2009）。此外，可将葡萄糖氧化酶和葡萄糖混合在一起制作除氧剂。溶菌酶通过破坏细胞壁中的 *N*-乙酰胞壁酸和 *N*-乙酰氨基葡萄糖之间的 β-1,4 糖苷键，使细胞壁不溶性黏多糖分解成可溶性糖肽，导致细胞壁破裂、内容物逸出而使细菌溶解（Ercan and Demirci，2016）。溶菌酶已广泛用于水产品、肉制品、蛋糕、清酒、料酒及饮料的保藏。此外，利用谷氨酰胺转氨酶催化大豆蛋白制备的食用保鲜膜有较好的水蒸气阻隔性能和隔油性，能达到食品保鲜的要求。

4.1.8　酶在食品安全检测中的应用

随着我国经济的快速发展，食品工业体系日益完善，食品生产、加工、流通等各个环节不断优化，食品的种类越来越多，现有的检测技术已经无法满足发展需要，迫切需要进一步规范食品检测程序和扩大食品检测覆盖面。在食品安全检测中，应用频率较高的微生物酶技术主要包括酶联免疫吸附法和酶生物传感器法（任全亮，2022）。

酶联免疫吸附法是标记免疫学技术的一种，属于固相酶免疫分析法，其基本原理是：利用抗原和抗体特异性结合，首先将抗原（或抗体）与固相载体结合，然后制备酶标抗体（或抗原），将样品和酶标抗体（或抗原）进行竞争性结合，催化酶反应底物发生颜色反应，根据颜色深浅对被测物质进行定性或定量测定。酶联免疫吸附法具有操作简便、灵敏度高、特异性强等特点，可用于食品中农药残留的检测，在食品安全和卫生检测中得到广泛应用（李妍，2019）。例如，有研究者采用包被抗体、酶标半抗原直接竞争酶联免疫吸附分析法测定氰戊菊酯在桃中的残留量（张金亮，2021）；吕丽兰等（2020）以化合物 4-（二乙氧基硫代磷酸酯基）苯甲酸为半抗原制备特异性识别对硫磷的单克隆抗体，建立了测定对硫磷的间接竞争酶联免疫法，测定番茄中有机磷农药的残留量。

酶生物传感器是将酶作为生物敏感基元，通过各种物理、化学信号转换器捕捉目标物与敏感基元之间反应所产生的、与目标物浓度成比例的可检测信号，实现对目标物定量测定的分析仪器，它由物质识别元件（固定化酶膜）和信号转换器（基体电极）组成。当酶膜上发生酶促反应时，产生的电活性物质由基体电极对其响应。基体电极的作用是使化学信号转变为电信号，从而加以检测（陈艺煊，2013）。酶对特定底物具有专一性催化特性，而现代电化学分析具有迅速性和简便性，如果能够将两者相结合，人们就可以从复杂的成分中选择性地迅速测定特定的物质。

食品添加剂的滥用和超标使用是造成现在食品安全问题的一个重要因素；此外，食品中的有毒物质还包括农药残留、兽药残留、致病菌及其产生的毒素，因此对食品进行快速、安全检测十分有必要。例如，食品中的亚硝酸盐污染对人体健康有很大的危害，展海军等（2011）将电子媒介体聚苯胺和纳米 TiO_2 固定辣根过氧化物酶（HRP）的生物传感器，应用于火腿肠中亚硝酸盐的测定；基于亚硝酸还原酶的生物传感器可以快速、精确地检测亚硝酸盐的含量（郑昆和杨红，2021）；基于生物传感器法还可以检测有机磷和氨基甲酸酯类农药（于劲松等，2019）。

4.2 新酶挖掘与设计改造技术

酶是一种重要的生物催化剂，可以在生理条件下高效、特异地催化化学反应，其化学本质是蛋白质或 RNA。酶具有催化效率高、专一性强、作用条件温和、环境友好等特点，故被用于开发工业酶制剂和构建微生物合成代谢途径，在食品、医药、化工、能源、材料等领域均有广泛应用。

4.2.1 酶资源信息库

生物信息学与合成生物学的快速发展，为酶的规模化研究提供了新的思路。针对酶催化系统，合成生物学采用“自下而上”的研究策略，在确定目标反应后，首先从数据库中识别酶的氨基酸序列；然后根据底盘细胞适配原则，设计并合成酶元件及调控元件的 DNA 序列，利用标准化 DNA 组装方法构建蛋白表达模块或合成代谢通路；最后，在底盘细胞中进行转化、表达与功能表征。

天然酶分布广泛，具有多样性。截止到 2019 年，NCBI 数据库总共收录了约 4×10^8 种特异性的蛋白质序列，而 DNA 测序技术的快速发展使得该数据每 2 年增加近 1 倍。在此背景下，对酶资源进行规模化的挖掘和开发变得极为重要和迫切。

数据库在现代生物信息学研究中占有举足轻重的地位。随着人类基因组计划的完成和多种组学研究的开展，许多数据库以不同形式建立，积累了数量庞大的氨基酸序列和蛋白质三维结构信息。目前，酶的生物信息可通过互联网自由访问数据库来免费获取，如 NCBI、BRENDA、EC-PDB、CAZy、KEGG ENZYME 等，这些数据库也为新酶的挖掘与设计提供了重要途径（表 4-4）。随着高通量测序成本和基因合成成本的大幅度降低以及生物信息学的发展，新酶的发掘不再只是依赖特定物种，而是通过在数据库中筛选符合需求的酶序列，然后合成基因并建立重组表达系统。因其能够提供丰富的酶学信息且能辅助发掘新酶，酶资源数据库已经成为酶学研究与应用中不可或缺的一部分。

表 4-4　部分微生物酶资源数据库地址与简介（孙瑨原等，2021）

地区	数据库	网址	主题
美国	ThYme	enzyme.cbirc.iastate.edu	硫酯活性酶
	PlantCAZyme	cys.bios.niu.edu/plantcazyme	植物碳水化合物活性酶
	MetaCyc	metacyc.org	酶的通路信息
	EcoCyc	ecocyc.org	大肠杆菌 K12 中酶的通路信息
	TECRDB	randr.nist.gov/enzyme/Default.aspx	酶催化反应的热力
	CASTLE	castle.cbe.iastate.edu	酸酯水解酶
	REBASE	rebase.neb.com	DNA 限制和修饰
	SFLD	sfld.rbvi.ucsf.edu	酶的序列-结构-功能关系
	LAHEDES	homingendonuclease.net	LAGLIDADG 家族核酸内切酶
	ProtaBank	protabank.org	酶工程数据
欧洲	SDRED	sdred.biocatnet.de	短链脱氢酶/还原酶工程
	IntEnz	ebi.ac.uk/intenz	酶的分类和命名
	ExplorEnz	enzyme-database.org	酶的分类和命名
	ENZYME	expasy.org/enzyme	酶的分类和命名
	M-CSA	ebi.ac.uk/thornton-srv/m-csa	酶反应机理和活性位点
	BRENDA	brenda-enzymes.org	全面的酶信息
	MERPOS	ebi.ac.uk/merops	蛋白水解酶
	EAWAG-BBD	eawag-bbd.ethz.ch	生物催化/生物降解
	MIBiG 2.0	mibig.secondarymetabolites.org	功能的生物合成基因簇
	antiSMASH-DB	antismash-db.secondarymetabolites.org	关于次生代谢物生物合成基因簇的综合资源
	SABIO-RK	sabio.h-its.org	化反应动力学
	BioCatNet	biocatnet.de	蛋白质家族的序列、结构和生物催化数据存储库，以促进蛋白质工程
	CYPED	cyped.biocatnet.de	细胞色素 P450 单加氧酶
	GH19ED	gh19ed.biocatnet.de	苷水解酶 19 工程
	HYED	hyed.biocatnet.de	水合酶工程
	IRED	ired.biocatnet.de	亚胺还原酶
	LCCED	lcced.biocatnet.de	漆酶和多铜氧化酶工程
	LED	led.biocatnet.de	酶工程
	oTAED	otaed.biocatnet.de	ω-转氨酶工程
	TEED	teed.biocatnet.de	硫胺素二磷酸依赖性酶工程
	TEMLACED	temlaced.biocatnet.de	TEM 内酰胺酶
	TTCED	ttced.biocatnet.de	三萜环化酶

续表

地区	数据库	网址	主题
	Cofactor database	ebi.ac.uk/thorntonsrv/databases/CoFactor	酶中的有机辅因子
	MuteinDB	muteindb.genome.tugraz.at	与变体相关的底物、产物和酶促反应
	CAZy	cazy.org	碳水化合物活性酶
	beta-lactamase	ifr48.timone.univ-mrs.fr/beta-lactamase/public	β-内酰胺酶
	ESTHER	bioweb.supagro.inra.fr/esther	蛋白质 α/β-水解酶折叠超家族
	PLPMDB	studiofmp.com/plpmdb/index	吡哆醛-5'-磷酸依赖性酶
中国	UPObase	upobase.bioinformaticsreview.com	特异性过氧化酶
	dbCAN-seq	bcb.unl.edu/dbCAN_seq	碳水化合物活性酶（CAZyme）序列和注释
	EnzyMine	rxnfinder.org/enzymine	促反应化学特征酶功能注释
	IndRED	casbrc.org/servicedata.jsp	工业反应酶
韩国	FCPD	p450.riceblast.snu.ac.kr	真菌细胞色素 P450
印度	BioFuelDB	metabiosys.iiserb.ac.in/biofueldb/index.html	参与生物燃料生产的酶
日本	KEGG ENZYME	genome.jp/kegg/annotation/enzyme.html	酶与代谢
	EzCatDB	ezcatdb.cbrc.jp	酶反应
	MetaBioME	metasystems.riken.jp/metabiome	宏基因组数据中具有商业价值的酶

目前已有许多方法来构建酶资源数据库：对公共序列/结构数据库如 PDB 数据库、UniProt 数据库中注释信息进行整理与提取；对文献信息进行人工提取与计算机挖掘；使用序列同源性比较、系统发育分析等生物信息学方法。

1. NCBI 数据库

美国国立卫生研究院于 1988 年建立了美国国家生物技术信息中心（National Center for Biotechnology Information，NCBI），其中存放了超过 6000 个基因组和 1.1 亿个蛋白质序列。除了核酸与蛋白质的数据库之外，NCBI 还提供了强大的数据检索分析工具。NCBI 数据库是全世界生物学研究人员最常用的生物数据库之一。目前，数据库中酶的绝大多数功能信息都是通过生物信息学预测的，研究其生化特性可能会发现新型生物催化剂。

2. BRENDA 酶数据库

BRENDA 酶数据库是酶信息的主要存储库，起源于 1987 年在德国布伦瑞克建立的德国国家生物技术研究中心（GBF），目前由德国科隆大学生物化学研究所负责运营。BRENDA 酶数据库主要收集酶的催化功能和酶学性质数据，涵盖了酶的功能、结构、制备和应用等方面，以及突变体和工程变体的特性信息。其中，每个单独条目都与相应的酶、生物来源和参考文献相关。BRENDA 旨在提供一个包含生物体特定酶学信息的详尽数据库，目前包括了 140 万个酶/生物体组合，以及从 1600 万个 PubMed 摘要中提取出来的 55 万条参考文献。

3. PDB 蛋白质结构数据库

PDB 蛋白质结构数据库（Protein Data Bank，PDB）是美国布鲁克海文国家实验室于 1971 年创建的，由结构生物信息学研究合作组织（Research Collaboratory for Structural Bioinformatics，RCSB）维护。其与核酸序列数据库相同，可以通过网络直接向 PDB 数据库提交数据。PDB 数据库是目前最主要的收集生物大分子（蛋白质、核酸和糖）2.5 维（以二维的形式表示三维数据）结构的数据库，是囊括了以 X 射线单晶衍射、核磁共振、电子衍射等实验手段确定结构的蛋白质、多糖、核酸等生物大分子的三维结构数据库。其内容包括生物大分子的原子坐标、相关的参考文献、一级与二级结构信息，也包括了晶体结构因数及 NMR 实验数据等。PDB 数据库允许用户通过各种方式及布尔逻辑组合（AND、OR 和 NOT）进行检索，可检索的字段包括功能类别、PDB 代码、名称、作者、空间群、分辨率、来源、入库时间、分子式、参考文献、生物来源等。在 PDB 数据库的具体使用过程中，通常遵循以下顺序：①根据序列信息比对找出同源性最高的已报道蛋白质；②在 PDB 数据库中搜索出该蛋白质结构并下载；③采用 Pymol 等生物信息学相关软件进行结构分析；④获得预期的结构或其他信息。

4. CAZy 数据库

碳水化合物活性酶数据库（CAZy 数据库，http://www.cazy.org/）建立于 1998 年，是一个专业的、与碳水化合物（糖类）有关的酶资源信息库，主要包括与碳水化合物合成或分解以及糖复合物相关的酶类数据。该数据库基于蛋白质结构域中的氨基酸序列相似性，将碳水化合物活性酶类归入不同蛋白质家族并提供了碳水化合物合成、代谢、转运等酶的分类和相关信息，包括酶分子序列的家族信息、物种来源、基因序列、蛋白质序列、三维结构、EC 分类，以及与相关数据库的链接等（表 4-5）。

表 4-5　CAZy 数据库

分类	序号
糖苷水解酶类（GH）	755 496
糖基转移酶类（GT）	644 869
多糖裂解酶类（PL）	23 725
糖水化合物酯酶类（CE）	77 255
辅助模块酶类（AA）	13 880
碳水化合物结合模块（CBM）	203 729

5. KEGG 数据库

KEGG（Kyoto Encyclopedia of Genes and Genomes）是由日本京都大学和东京大学联合开发的数据库，是现在常用的查询代谢途径的数据库，可用来查询酶（或编码酶的基因）、产物等，也可通过 BLAST 比对查询未知序列的代谢途径信息。

4.2.2 新酶挖掘策略

酶的应用范围广泛，涉及食品、医药、能源、化工及环保等领域，其发展潜力巨大且开发技术已经相对成熟。随着资源紧缺与环境问题的显现，全球对绿色合成产业的需求日益增大，对新酶的需求量迅速增加，新酶的挖掘和开发显得尤为重要和迫切。如何灵活利用庞大的基因组数据并高效发现具有工业应用价值的新功能酶，是后基因组时代研究的热点。通过利用如 KEGG、GenBank 这样的共享生物信息数据库来挖掘工业产品生物转化过程中的关键基因，并将之转化为工业生物催化剂实体资源，对于促进生物催化技术，提高生物制造产业的自主创新，推动其高起点、跨越式和可持续发展，以及助力全球经济与生态建设都具有重大意义。

传统法发掘新酶主要依赖于从自然界中分离，其主要存在两个问题：一是周期长；二是自然环境中目标酶的含量低，且由于其未知的基因背景，人们很难对其进行基因改造。在后基因组时代，新酶的发现从样品采集分析转向基因组分析，也就是所谓的“基因组狩猎”（genome hunting）或“数据挖掘”（data mining）。该方法实际上是根据已知的基因序列设计基因探针来检索基因数据库，并找到结构和功能类似的同源酶的编码序列。在此基础上，快速设计引物，利用聚合酶链反应（polymerase chain reaction，PCR）从目标物种中大量扩增目的基因，通过异源重组表达、体外定向进化、晶体结构解析、可溶性高表达或包涵体复性等分子生物学操作，可以极大地缩短新酶的开发周期，大幅提高酶的产量，为酶分子结构改造提供基础。动植物组织和微生物细胞是新酶的主要来源，其中，生存在极端环境（如寒冷的极地、高温高压的海底热液、高盐浓度的死海）的微生物往往具有一些独特的性质，也成为人们挖掘新酶的来源。

传统微生物酶的筛选往往针对可培养的微生物，但在自然环境中，据估计超过 99.9%的微生物无法通过传统方法进行单菌落纯培养，这限制了微生物酶的获取。宏基因组学（metagenomics）技术的出现，避开了微生物的分离、纯化、培养问题，直接提取特定环境中的总 DNA，将其克隆到可培养的宿主细胞中，构建宏基因组文库，并通过功能筛选或序列筛选，从所获得的克隆中选择具有优良性能的生物催化剂。因此，宏基因组学技术的出现，极大地拓宽了新酶的来源。

1. 基于已有基因组数据库的挖掘

自然界中有大量未培养的微生物和未开发的新酶资源，如何探索这些未知酶并将其进行适当转化以满足工业化生产的需要，已经吸引了多数科研人员的关注（Tang et al.，2016）。随着高通量测序技术的不断发展，基因组序列数据也日益丰富，这为新酶的挖掘提供了丰富的基因资源（Furuya and Kino，2010; Gong et al.，2013）。基因组挖掘技术不需要进行微生物分离筛选和蛋白质分离纯化等传统过程，实现从基因组数据库到真实酶数据库的飞跃，进一步丰富酶的多样性（Xiao et al.，2014；唐存多等，2014）。

酶资源数据库已经成为酶学研究与应用中不可或缺的一部分，能够提供丰富的酶学信息，辅助新酶挖掘。酶资源数据库也有很多种类，例如，酶的基本信息与机理数据库、综合性酶学数据库、酶结构-功能家族数据库、酶应用分类数据库，以及酶学性质与改造数据库等。国际酶学委员会建立了带有系统化和推荐名称的酶代码编号（EC 编号）系统。酶学命名与分类数据库方便了科研和工程人员按照 EC 编号查询酶的信息。

多年来，生物界的酶学研究积累了大量关于酶的分类、性质、应用、生理生化信息的数据。除了支持根据 EC 编号、酶名称和化合物名称进行搜索外，数据库还支持小分子结构相似性查询，通过底物、产物或抑制剂的结构可以找到相应的酶。一些数据库根据应用领域总结了具有不同功能和结构的酶。例如，CAZy 数据库是目前最权威的碳水化合物活性酶数据库，包括糖苷水解酶、糖基转移酶、多糖裂解酶、碳水化合物酯酶和氧化还原酶（木质纤维素的辅助分解）（Cantarel et al.，2009）。日本科学家构建的 MetaBioME 数据库，收集了 510 种有商业价值的酶（commercially useful enzyme，CUE），并把 CUE 按照农业、生物传感、生物技术、能源、环境、食品与营养、医疗等领域分类（Sharma et al.，2010）。随着电子数据库中微生物酶资源的积累和生物信息学技术的发展，基于数据库来挖掘和利用微生物酶资源已取得初步成效。

微生物酶数据资源的挖掘和利用主要分为两种模式：一种是利用序列源、注释和进化关系信息直接挖掘实体序列资源；另一种是序列资源中所含氨基酸的保存和共同进化被用来指导酶的转化和设计。目前，我们可以通过适当的生物信息学方法对序列数据库中的序列进行搜索和分析，直接挖掘实体序列资源，获得具有工业应用潜力的酶。近年来，中国科学院微生物研究所吴边研究组利用序列相似性网络对 GenBank 数据库中收集的全基因组数据进行挖掘，鉴定出一种耐热、耐盐和耐有机溶剂的纤维素酶（Zhu et al.，2020）。此外，通过挖掘微生物转氨酶数据库，根据转氨酶底物的选择性机制，以序列中底物结合位点的多态性对转氨酶进行分类，构建固体酶库，可实现天然氨基酸向酮酸的转化（Li et al.，2020）。Turner 研究组通过高通量处理宏基因组数据获得了 302 个冗余的亚胺还原酶序列，进一步添加了 90 个潜在的亚胺还原酶序列，并开发了一种高通量检测方法，通过 384 孔板筛选 36 种底物，共筛选出 300 多种新的亚胺还原酶，其中 22 种具有较高的热稳定性（Marshall et al.，2021）。Baker 研究组为了建立新型一碳化合物利用途径，通过 BRENDA 数据库挖掘能高效还原甲酰-CoA 为甲醛的酰化醛脱氢酶（LmACDH），将其与大肠杆菌来源的乙酰 CoA 合酶（EcACS）串联，打通了甲酸到甲醛的转化途径，最终实现了利用甲酸合成磷酸二羟丙酮（Siegel et al.，2015）。

除了可以直接利用天然微生物的酶资源外，研究人员还可以从数据库中提取信息，指导新酶的设计。2020 年，Ranganathan 研究组从支链酸变位酶的序列数据出发，采用直接耦合分析的统计模型，考虑了氨基酸位置的保守性和进化过程中氨基酸对的相关性，设计了一个新的支链酸变位酶人工序列。结果表明，人工设计的分支酸变位酶具有与天然酶类似的催化功能和活性（Russ et al.，2020）。吴边等在对能降解 PET 塑料的 *Is*PETase 进行热稳定性计算设计时，通过与耐热同源序列比对后设计了耐热同源酶的平行进化突变，其中最优突变体的蛋白质表观熔融温度提高了 8.5℃（Cui et al.，2021）。2021 年，查尔姆斯理工大学的 Zelezniak 课题组提出一种快速生成蛋白质序列的生成式人工智能模型 ProteinGAN（Repecka et al.，2021），以目前数据库中的细菌苹果酸脱氢酶作为训练数据集，训练过程中使用了 16 706 条序列，使用 NVIDIA Tesla P100 训练了 9 天，最终获得的 60 个序列中有 19 个成功表达，并具有可检测的苹果酸脱氢酶活性。此外，在以 Alphafold2 为代表的无模板结构预测方法中，一方面利用积累的序列资源来提取蛋白质的共同进化信息，另一方面通过神经网络学习序列信息与结构信息之间的关系，进而实现对蛋白质结构的准确预测，这将对蛋白质的挖掘、设计与结构功能研究具有重要意义（Senior et al.，2020）。

许多酶资源及其利用的成功案例证实，微生物酶资源数据库与计算机辅助可以为代谢途径重建、新酶挖掘和新酶设计提供丰富的数据资源。如何从海量数据库中准确锁定目标或提取有用信息，并将序列结构信息与功能表型联系起来，是未来酶工程和信息学交叉融合发展的一个重要方向。

2. 基于序列结构的挖掘

2020 年，深度学习算法 AlphaFold2 在依据一级序列预测 3D 蛋白质结构方面取得了里程碑式的成果（Jumper et al.，2021）。虽然我们已经掌握了根据一级序列准确预测许多蛋白质的三维结构的能力，但从蛋白质结构或序列中理解功能的目标远未实现。即使对于地球上最典型的模式生物——大肠杆菌，也有实验证明超过 35%的基因功能未知（Ghatak et al.，2019）。

近年来，出现了一批将比较基因组方法应用于基因结构预测领域的研究，也常被称为比较基因组基因结构预测（Windsor and Mitchell-Olds，2006）。这类研究通常采用信息融合的预测方法，利用比较基因组过程中产生的序列相似性信息，融合序列统计信息构建基因结构系统。相似性信息在基因预测中的有效性是基于进化理论的。在进化过程中，由于负向选择，蛋白质编码序列等功能序列的变化比非功能序列慢；正选择使这些序列比非功能序列突变得更快。理论上，通过比较基因组序列可以发现选择留下的痕迹，通过序列的保守性可以推断它是否是功能序列。如果利用序列统计信息将该特征集成到基因结构从头设计预测系统中，可以提高蛋白质编码基因的预测精度。

基因组序列比对常用于分析和挖掘基因信息，这让其在基因结构预测中的应用具有很强的现实意义和科学意义。从实用角度来看，深入分析相似性特征有利于有效利用基因组信息，提高基因结构预测系统的准确性。从科学的角度来看，解读基因组序列、识别蛋白质编码基因序列是进一步研究生命活动基本运动规律的基础，是深入探索生命现象本质的重要环节，对理解基因组结构规律起着重要作用；此外，在观察和分析基因组序列比对信息的过程中，也加深了对不同物种基因组序列相似性基本规律的了解，为深入理解生命本质奠定了良好基础。

计算机辅助设计用于挖掘酶元件的一般流程如图 4-1 所示（Vanacek et al.，2018）。随着测序技术的飞速发展，大量（宏）基因组和转录组得到解析，从中可以预测得到大量蛋白质序列。与蛋白质结构域数据库进行同源比对可以实现酶功能的初步注释（Bairoch and Apweiler，1999）。同时，代谢多样性提供了丰富的

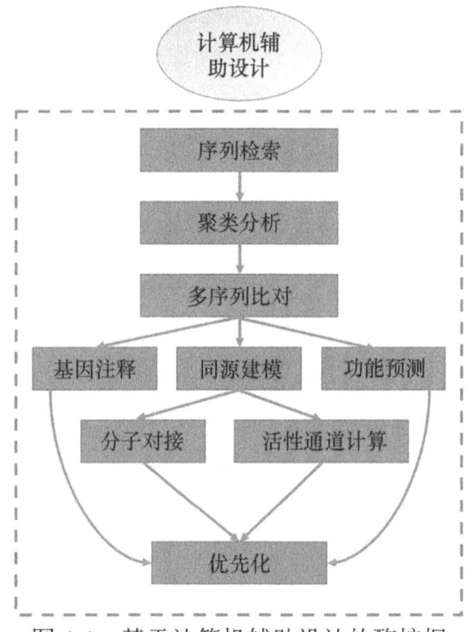

图 4-1　基于计算机辅助设计的酶挖掘

生物催化资源。对各种初级和次级代谢产物合成途径的预测及分析也为酶的挖掘提供了帮助。然而，目前很难从酶序列中准确预测催化活性、底物选择性和可溶性表达等关键性质。因此，有必要开发新的算法来优先考虑候选元件以提高功能筛选的成功率，并能够以最少的实验资源探索类似酶蛋白的功能多样性。

各种类型的蛋白质资源数据库为酶的高通量挖掘提供了宝贵的材料，但至少50%的注释并不精确甚至是错误的（Benitez and Narayan，2019；Schnoes et al.，2009）。因此，有必要整合不同层次的功能注释工具和实验数据，来帮助研究人员从序列、结构、进化和蛋白质相互作用等多个层次综合分析候选酶元件。其中，酶-蛋白质聚类分析可以充分利用文献中的实验数据，对未知蛋白质的功能进行多维度的标注（Copp et al.，2019）。目前用于酶蛋白聚类分析的两个方法是序列相似性网络（sequence similarity network，SSN）分析工具（Benitez and Narayan，2019）和侧重蛋白质结构比对的 CATH（class，architecture，topology，homologous superfamily）分析工具（Sillitoe et al.，2015）。

聚类分析对海量蛋白质数据库进行初步筛选之后，仍存在大量候选序列，这远远超出了实验验证的能力（Lin et al.，2019；Vanacek et al.，2018）。因此，需要探索优先化标准与算法对候选酶进行排序，提高功能验证实验的效率（Wang et al.，2017）。酶的可溶性表达和底物杂泛性（promiscuity）是优先化排序的重要标准。可溶性表达是对酶进行功能表征的前提，目前已有一些基于能量计算、机器学习和进化分析的算法对这一性质进行预测（Musil et al.，2019）。例如，Wilkinson-Harrison溶解度模型可以预测蛋白质序列在大肠杆菌中可溶性表达的概率（Wilkinson and Harrison，1991）。Vanacek 等（2018）在对脱卤酶家族进行生物信息学分析和优先选择后，筛选出 20 个候选蛋白序列进行表达实验，最后，60%的蛋白质在大肠杆菌中实现了可溶性表达，这与模型预测的理论值一致。此外，实际应用中往往需要根据实验目的选择具有不同底物异质性的酶，而体外生物催化系统通常使用单一底物。目前，研究者已开发了一系列算法用来预测酶的底物杂泛性，例如，基于酶学分类对新型化学结构和反应预测的 BNICE（Jeffryes et al.，2015）；基于理化性、单肽/二肽分布、分子质量、等电点、氨基酸序列信息的 SVM（Pertusi et al.，2017）；基于分子电性参数、立体参数、疏水参数、取代基等参数的 QSAR（Ekins，2004）；基于蛋白质三维结构信息的 BioGPS 等（Ferrario et al.，2014）。

酶家族是具有相似序列、结构、功能和进化的蛋白质的集合。随着高通量（宏）基因组测序技术的发展，数据库中的蛋白质序列数量呈指数增长，这对功能注释和预测提出了巨大挑战；酶家族特征信息的提取有助于充分利用现有实验数据对未知序列的功能进行属性化（Lobb and Doxey，2016）。利用合成生物学手段系统化探索酶家族的序列-功能关系，是规模化挖掘新型酶元件的一个重要途径。综合利用聚类分析和实验验证优先化算法，有利于提高对酶家族进行高通量挖掘的效率。

3. 基于高通量筛选技术的挖掘

近年来，酶分子改造和菌种进化研究与应用发展迅猛，科研工作者常常通过一些诱变方法使酶分子在短时间内进化，通过产生大量突变体，然后使用合理的筛选方法从突变文库中快速筛选出优势突变酶或菌株（Ferreiro et al.，2018）。酶分子改造和菌种进化技术已经被广泛应用于改善酶分子与微生物特性，如催化活性、立体选择性、环境耐受性，以及代谢物的生产等。

目前，构建数量巨大的突变体文库的技术已日趋成熟，而最大瓶颈是缺乏良好且匹配的高通量筛选方法。因此，作为一个独立的研究领域，高通量筛选方法受到了越来越多的关注，也变得越来越成熟，在以酶分子和菌种进化为主导的许多领域都发挥了非常重要的作用。高通量筛选的核心思想是精确、高效、灵敏地将待检测的生物信号转化为可检测的高通量信号（如荧光、吸光度等）。经过多年的发展创新，高通量筛选方法主要可以分为 3 类：基于荧光的高通量筛选技术、基于细胞生长的高通量筛选技术、基于生物传感器的高通量筛选技术。此外，根据信号转化后的检测方法不同，也可以将其分为 4 类：孔板筛选技术、荧光激活细胞分选法、液滴微流控技术、噬菌体展示技术；此外还包括飞速发展但仍不完善的各种智能机器筛选平台及计算机虚拟筛选等（Nyfeler et al.，2003）。

自动化移液、流式分选和微流控液滴分选等技术可用于提高酶功能表征的通量和准确性（表 4-6）。自动化移液工作站通常由工作台、移液机械臂、抓手机械臂、相关功能模块和配套计算机构成。传统的移液工作站有 8 通道或 96 通道液体移动机械臂，可以实现 96 孔板及 384 孔板的移液操作；通过合理的程序设定，可在短时间内全自动处理大规模液体生物样本，有效提高实验的准确性、稳定性和效率。此外，工艺流程中，整合菌落挑取仪、酶标仪等功能模块，可使移液工作站有更加丰富、个性化的用途。例如，德国格赖夫斯瓦尔德大学 Dorr 等（2016）通过整合移液工作站和酶标仪开发了高通量酶活检测方法，并实现了对单加氧酶、转氨酶、脱卤素酶和酰基转移酶等文库的大规模筛选。细胞为酶促反应提供天然环境，并将酶蛋白与其编码基因进行物理偶联，结合荧光激活细胞分选法（fluorescence-activated cell sorting，FACS）及二代测序技术，可以快速建立酶序列和功能间的对应关系。对于细胞内代谢物或可渗透性的细胞外产物，可以将酶促反应与荧光蛋白的表达、折叠或运输过程相偶联（Longwell et al.，2017）；针对非渗透性底物，可以利用表面展示技术将酶表达在细胞表面，并利用分子间相互作用将反应物精巧固定于细胞表面，从而基于荧光探针和反应物的结合强度进行酶活筛选（Chen et al.，2011）。对于胞外游离产物，无法利用传统 FACS 技术进行分析，因此有必要结合微流控液滴技术对单个细胞及其周边微环境进行分析

（Qin et al.，2019）。在微流控组件中，每个细胞被分装于独立的水油小液滴中，在微流体元器件中以每秒数千滴的速度产生，其体积大小由通道大小和流体流控制，通常从纳升到皮升不等（Zhu and Wang，2017）。集成微流体分选仪可在 10^3 Hz 频率下筛选强荧光液滴，并根据用户定义的分选标准来施加电场，将含有单个细胞的液滴转移到收集室或废物室中。微流控芯片具有灵敏度高、读出定量和精度高等优点，多步酶催化反应可以通过液滴注入或液滴融合实现（Aymard et al.，2017）；此外，与荧光标记分选技术、拉曼光谱和质谱等的结合，可以进一步提高微流控液滴系统的筛选效率。

表 4-6　酶挖掘的高通量筛选技术

高通量筛选技术	特点
自动化移液	短时间内自动处理液体生物样本，提高准确性、稳定性和筛选效率
流式分选	在酶反应与荧光蛋白表达之间快速建立偶联，进行酶活筛选
微流控液滴分选	针对胞外游离产物对单细胞及周边环境进行快速分析

酶家族的许多成员具有相似功能，但在序列和结构水平上是多样的（Davidson et al.，2018），如胞质谷胱甘肽转移酶（cytosolic glutathione transferase，cytGST）家族。为了系统地研究 cytGST 家族，Mashiyama 等（2014）首先根据 50%的序列同一性（50% sequence identity，ID_{50}），对数据库中的 13 493 个 cytGST 进行聚类，并提取了 2190 个代表性序列，进一步优化了 E 值来衡量序列相似性。在聚类分析的指导下，研究者从不同的簇或单个节点中优先选择了 857 个候选基因进行高通量实验验证。综合分析了新发现的蛋白质与文献中已报道的 174 种已知 GST 活性的蛋白质，将其序列、结构、催化机制等信息与 SSN 网络的结构进行映射，用以生成序列-结构-功能关系的全局视图。结果表明，53%的 cytGST 具有较高的底物特异性，仅仅与 1 个底物发生反应；而大约 7%的酶可以催化超过 6 个底物发生转化。这是利用合成生物学方法大规模挖掘酶蛋白的经典案例，证明了采取多层次聚类分析的必要性，以及酶挖掘过程中高通量实验验证的不可替代性。

近年来，数据库中蛋白质序列的指数增长和生命科学前沿技术的快速发展都为人们提供了丰富的生物资源。如何充分利用全球共享的生物资源数据挖掘和利用数据库中的酶资源，是研究人员面临的重大机遇和挑战。在此基础上，研究人员开发了一系列算法、数据库和高通量实验技术，并应用于酶的高通量挖掘，有效地促进了酶制剂和细胞工厂在生物制造中的应用（Voss et al.，2020）；同时，依靠这些设施和平台，研究人员开发了不同程度的酶蛋白挖掘自动化流程。在未来的研究中，基于合成生物学的酶挖掘研究可以在食品、精细化学品等的研究和生产领域发挥重要作用。依托工程合成生物学的研究基础设施，我们可以计算、设计和合成催化不同反应类型、适应不同实验条件的酶-蛋白质序列，从而构建功能特征明确、符合组装标准的组件实体库。

4.2.3 酶设计改造策略

天然酶的性质是其适应自然环境的结果，通常不能完全满足工业生产的要求。蛋白质工程对天然生物催化剂进行分子修饰，提高其性能，使其满足工业应用的要求，是工业生物技术研究的重要内容。定向进化技术已成为蛋白质转化的常规手段，数学建模与实验检测的结合为蛋白质序列转化设计提供了可靠的预测模型，这使研究人员能够更有目的、半理性地构建点突变库，提高突变库的质量。近年来，随着生物信息学的发展和计算机算法的进步，借助蛋白质序列活性关系的统计分析，我们可以有效地识别点突变库，甚至在这些统计分析的基础上识别性能较差的突变体中的有益点突变，重组点突变文库，从而获得更理想的突变体。计算机辅助蛋白质转化技术与新型高效筛选方法的结合，使工业酶的分子改造进化更加高效、快速。

1. 定向进化

自然界通过上亿年的缓慢进化，进化出了无数适应环境多样性的酶，它们在各种生物体内发挥着重要的作用，承载着丰富多彩的生命功能。人们从自然界中提取这些酶可用于生产、生活，然而，在实际应用中人们逐渐发现这些酶的催化活性、底物专一性、底物稳定性无法满足需要。在过去，人们常常通过野外筛选、紫外诱变、化学试剂处理等方法来得到满足需求的酶，但这些方法存在着不确定性大、工作量大、通用性差、效率低等问题，直到 20 世纪 90 年代，Stemmer（1994a）、You 和 Arnold（1996）改进了酶的改造技术，为酶的定向进化奠定了基础，通过定向进化技术得到目标酶分子逐渐成为最热门的酶改造策略。酶的定向进化技术即人为在实验室环境模拟自然界中的达尔文进化过程，通过基因突变、基因重组等人为手段产生基因多样性，得到大量的突变体文库，再通过高通量筛选等方法定向选择性能更优异的突变体；实际中，往往重复构建-筛选的这个循环来积累有益突变直至得到具有优良性状的突变酶（图 4-2）。酶的定向进化策略不需要深入了解酶的空间结构，也不需要了解氨基酸残基与蛋白质功能之间的具体关系，是通用的酶改造策略。目前，定向进化法主要集中在改造酶的以下几个方面：对底物催化活性的提高、对底物催化特异性的提高、对立体选择性的改变、对催化稳定性的提高。

定向进化的基本原则是：定向进化=随机突变+正向重组+筛选。定向进化策略的关键是突变体文库的构建与筛选。建立一个具有简便性、可操作性的突变体文库可以大大缩减筛选效率，突变体文库的优劣直接影响筛选的结果。突变体文库既要保证体积，也要保证具有可靠、可操作的建立方法，这样才能进行高效的

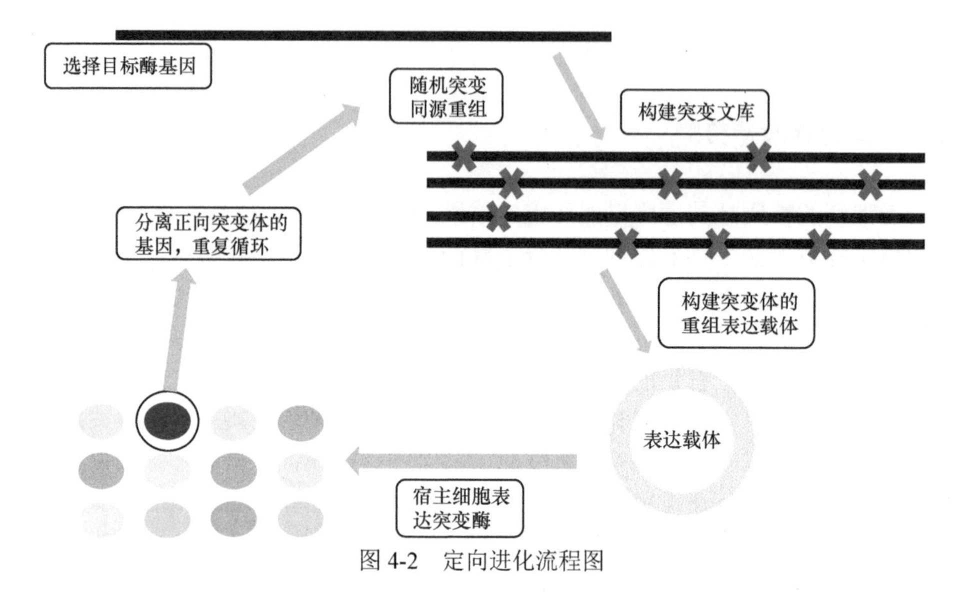

图 4-2　定向进化流程图

循环筛选。目前常见的突变体文库构建方法有易错 PCR（error-prone PCR）、DNA 改组（DNA shuffling）、交错延伸、体外随机引发重组等方法。

1）易错 PCR

该方法是最常用的构建突变文库的方法之一，属于常见的非重组构建文库方法。该方法使用 DNA 聚合酶对目标基因扩增时，通过改变反应条件来引入碱基错配，从而使目标基因被随机引入碱基突变。通常实现易错扩增的方法有以下几种：①利用低保真度 DNA 聚合酶，如 *Taq* DNA 聚合酶，因其不具有 3′→5′校正的功能，使用该酶进行 PCR 可以把 PCR 的错配率提高到 2%；②调整 PCR 反应中关键金属离子（Mn^{2+}、Mg^{2+}）的浓度，PCR 反应中 Mg^{2+}浓度的增加会稳定非互补的碱基配对，从而使突变可以保留下来，进而提高一般 DNA 聚合酶催化下的碱基错配率，而 Mn^{2+}会降低 DNA 聚合酶的特异性，从而提高碱基错配率；③改变核苷酸底物浓度比例来提高碱基错配的概率，如引入 4 种不平衡的浓度来提高非互补碱基配对的概率。在实际应用中，一次突变往往无法得到优良性状的突变体，因为在较高掺入率下导致的突变多为有害的突变，所以常常需要多次连续的易错 PCR 构建文库-筛选循环过程，即连续易错 PCR（sequential error-prone PCR），将每次易错 PCR 筛选得到的突变体作为下一轮易错 PCR 的模板，连续反复进行随机突变，通过不断积累正向突变，最后得到具有优良性状的突变体。早在 1993 年，Chen 和 Arnold（1993）就已经使用此策略定向改造枯草芽孢杆菌蛋白酶 E 的活性并获得成功，通过在高浓度二甲基甲酰胺（DMF）中筛选，得到了酶活性明显提高的突变株，其所得突变株 PC3 在体积分数为 60%和 85%的 DMF 中的催化效率分别是野生酶的 256 倍和 131 倍，比活性提高了 157 倍。在此基础上进行两个循环的连续易错 PCR 进化，得到的突变体 13M 在 60%的 DMF 中的催化效率提高了 3 倍，是野生型的 471 倍。

易错 PCR 法中，遗传信息的变化局限在单一 DNA 分子中，也被归为无性进化（asexual evolution），这种方法只适用于较短的基因片段改造（<800 bp），在较短序列引入突变。易错 PCR 是一种方便实用的突变方法，如今常常与其他方法相结合使用。

2）DNA 改组

DNA 改组（DNA shuffling）是由 Stemmer（1994b）首先于 1994 年提出的在体外进行分子水平的同源重组方法，他们首次在体外成功实现了重组 DNA。DNA 改组与易错 PCR 不同，是一种有性进化（sexual evolution），具体做法是将一些同源性高的 DNA 序列由 DNA 酶 I（DNase I）处理成为小片段并回收，这些小片段相互之间具有同源序列，在 PCR 反应中可以相互引导、延伸组装成全长基因，通过无引物的 PCR 建立多样性高的基因突变文库，下一步即利用高通量筛选等方法对突变体文库进行筛选，通过循环筛选得到有益突变积累的突变文库。相较于易错 PCR 法，DNA 改组方法可以利用现有的突变，快速、有效地积累有益突变，可以将多个突变体的优良性状集合在一起。DNA 改组不仅可以带来单一点突变，也能带来大片段的突变；其缺点在于改组过程中较高的点突变概率易产生负向突变影响突变结果，且其对亲本基因序列要求高，同源性在 90%以上时才能构建较优的突变文库，故通常采用家族改组方法、单基因改组等改组方法来弥补传统改组的缺陷。家族改组（family shuffling）即为 DNA 改组技术应用于一组同源基因，如将不同微生物中编码同一种酶的同源基因进行 DNA 改组，这种改组方法在体现突变文库多样性的同时也降低了有害突变的引入，减少了不必要的突变，是实际应用中常用的改组方法。在实际应用中，人们还将 DNA 改组技术与定点突变、随机突变、饱和突变等技术相结合来提高改组效率，因为 DNA 改组技术的特点是能够将不同基因上的优势基因组合，得到多种优势突变组合的最优突变体，这些突变体相比野生型在多种酶学性质上都有较大改善，可实现多种特性的共同进化，而易错 PCR 产生的负向突变远多于正向突变，每一轮往往只能鉴定出少数突出的突变体，所以可以将多种有益突变集合到一个突变体中进行 DNA 改组，从而大大加速进化的历程。DNA 改组技术经过近 20 年来的不断改进和创新，现已逐渐发展成为一种比较完善的技术体系，广泛应用在提高酶活力、热稳定性、底物特异性、对映体的选择性等方面。Crameri 等（1998）在 1998 年选择了 4 种编码头孢菌素酶的微生物，将其中 4 个同源基因独自进化和同源 DNA 改组，以对头孢羟羧氧胺的抗性为筛选条件，结果发现单基因改组后的抗性相较于单独进化提高了 8 倍；而通过对 4 个基因进行家族 DNA 改组，最优突变体的抗性比单独进化的个体提高了 270～540 倍。

常规的 DNA 改组实验操作一般包含以下步骤：①将需要重组的亲本模板与一个或者多个同源基因混合，添加 DNase I 及多种内切酶处理以得到许多随机片段；②不添加额外的引物，将回收的随机 DNA 片段在适合的 PCR 条件下进行扩增，随着扩增不断进行，产物越来越接近亲本模板的基因长度；③设计亲本基因两侧的引物，将产物合成完整长度的基因片段，并将这些完整的基因导入克隆载体，然后在宿主中进行表达；④选择合适的高通量筛选方法来筛选突变体，选出具有正向结果的突变体，将这些突变体基因混合作为进行下一轮的 DNA 改组的模板；⑤通过多轮的筛选，得到符合要求的正向突变重组子。

3）交错延伸法

交错延伸法（staggered extension process，StEP）是 Arnold 研究组基于 DNA 改组提出的改组技术（Zhao et al.，1998），是在 PCR 反应中将多个含有点突变的模板混合，合成基因两端的引物，反应中，引物先在一个模板链上延伸得到片段，在多轮的变性和延伸循环中，延伸片段在每一次的循环中都能通过与不同的同源性模板相结合来延伸，因为延伸时间大幅缩短，所以每次与不同模板相结合只延伸一小段距离，在 PCR 反应中不断重复这个循环直到片段延伸至亲本基因长度。因为循环过程中更换了多次模板，所以新生的 DNA 分子包含有不同模板的序列特点，所以会含有多种突变组合。StEP 在原理上与 DNA 改组技术类似，实际操作上也接近，但 StEP 简略了 DNA 改组的一些步骤，更为方便、快捷，如 StEP 不需要使用 DNA 酶来处理模板。交错延伸重组的过程与逆转录病毒相同，都是在扩增模板的过程中不断改变 DNA 模板（图 4-3）。

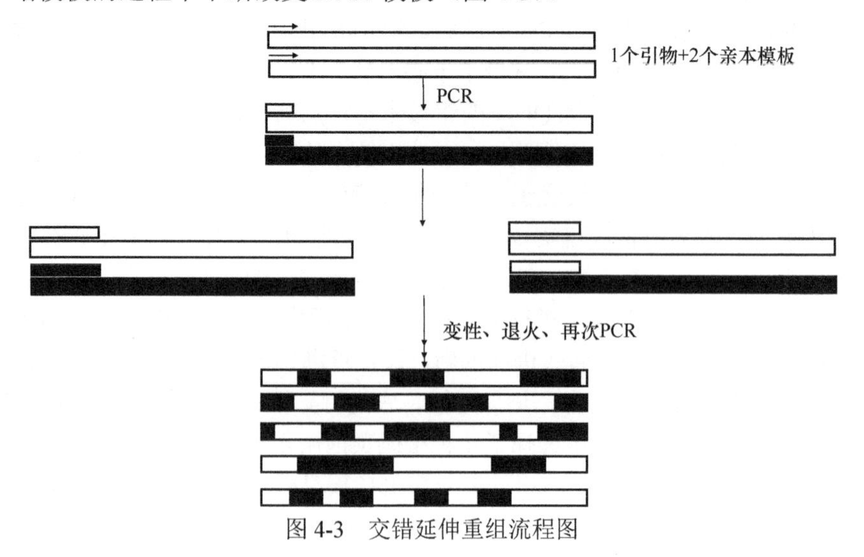

图 4-3　交错延伸重组流程图

4）体外随机引发重组

体外随机引发重组（random-priming *in vitro* recombination，RPR）是用一套随机的序列引物在 PCR 反应中扩增 DNA 片段，这些 DNA 片段会因为碱基错配、错误插入等因素带有点突变，在后续的退火延伸过程中，移去模板链，这些短的 DNA 片段重新装配并互为模板扩增。与常规的 DNA 改组相比，RPR 可利用单链作为模板，也可以直接使用 cDNA 作为模板进行进化。在 RPR 重组的过程中，因为没有切割模板，所以不需要额外去除 DNA 酶，因而简化了实验操作（Shao et al.，1998）。

随着酶定向进化技术的发展，研究人员在常规的易错 PCR、DNA 改组等方法的基础上又开发了一系列新的定向进化方法，如不依赖于同源性的蛋白质重组方法（sequence homology-independent protein recombination，SHIPREC）、过渡模板随机嵌合生长法（random chimeragenesis on transient template，RACHITT）、渐增切割产杂合酶方法（incremental truncation for the creation of hybrid enzyme，ITCHY）等，这些方法利用随机突变与基因重组的基本原理，将它们有机结合，构建了具有广泛多样性的基因文库，在实际应用中都有成功的案例。在对酶的具体结构、催化机制了解不多的情况下，定向进化方法是非常有效的改造方法（Bershtein and Tawfik，2008）。

2. 理性设计

酶的理性设计（rational design）是指利用各种生物化学、生物物理、结构生物学方法获得酶分子结构、性质、功能的相关信息，以及结构与功能之间的关系，如氨基酸残基变化对酶分子功能的影响、空间结构的折叠方式对酶分子功能的影响。其通过序列分析、分子建模、分子图像等技术来预测酶的立体结构，基于这些信息，借助计算机软件定向改造酶分子。理性设计要求对氨基酸残基进行精确设计，预测酶分子的一级甚至多级结构，通过插入、取代等定点突变方法来实现改造，通过分析突变体的性质变化得出影响酶分子功能的关键残基与结构（图 4-4）。理性设计是最早发展的蛋白质工程方法之一，融合了蛋白质晶体学、蛋白质动力学、蛋白质化学、生物信息学、计算机辅助设计等方法，是融合了多种学科而发展起来的热点研究领域。常用的理性设计引入突变的方法有寡聚核苷酸诱导的定点突变、盒式突变、重叠延伸 PCR、限制性内切核酸酶酶切片段取代法、直接化学合成法等。在对酶进行理性设计时，第一步就是确定酶的基本信息，从 PDB 等数据库中查看所需设计的酶是否已经被收录，以及酶的 X 射线衍射晶体结构、NMR 方法等测定的蛋白质三维立体结构是否已被收录。如果酶的三维结构未被收录，可以借助软件找出序列同源程度较高且结构已知的蛋白质，进行同源建模来建立酶的三维立体结构模型，得到近似的结构信息，然后通过计算机模拟技术确定突变位点及替换的氨基酸。在寻找突变位点时，应对酶结构有以下明确认识：酶的催化活性中心是酶行使催化功能的核心，对这些位点的突变往往会对酶活性造成巨大的影响；考虑突变为酶结构带来的影响，如是否形成或者缺失氢键、二硫键；利用能量优化蛋白质动力学方法预测修饰后的蛋白质结构，并将预测的结构与原蛋白质结构对比；也可利用蛋白质结构、功能、结构稳定性等相关知识及理论计算来预测蛋白质可能具有的性质。如果有底物与酶分子的模型供参考，可以将底物与酶结构进行分子对接来分析，有助于了解酶与底物间的作用机理及酶的底物口袋，这些都有助于提高理性设计的成功率。在设计工作完成后，要进行 DNA 的合成工作并引入预测的定点突变，经过宿主表达、分离、纯化后，得到定点突变后的蛋白质。理性设计方法大大加深了研究者们对酶分子中结构与序列对应关系的理解，更加深入地了解了酶分子与底物的结合机制。理性设计虽然需要大量有关酶的结构、功能、机制等方面的信息，但依然是使用最广泛的蛋白质设计方法。

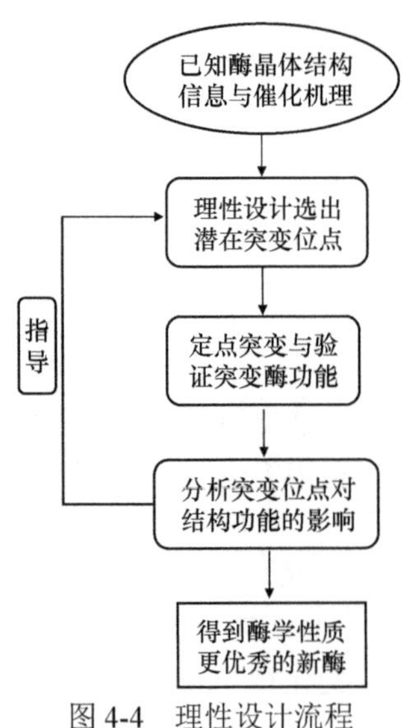

图 4-4　理性设计流程

酶的理性设计常常通过定点突变技术引入突变，通过计算机模拟后找出潜在的改造位点，通过定点突变技术准确地改造这些关键位点，如底物结合口袋的位点、形成化学键的位点等。完成特定位点的定点突变后，对突变酶分子进行表达纯化，分析酶分子的性质变化规律，可以反馈指导理性设计步骤：如果符合预测，可以证明突变氨基酸位点对酶分子功能的影响，并证明预测结果的可靠程度；如果不符合预测，需要重新对酶分子结构进行分析和修正，重新设计定点突变。经过多轮的计算机预测-表征验证分析后，可以一定程度上完善目标酶分子中结构与功能之间的关联，让研究者做出更为精细的预测。目前常用的理性设计定点改造方法有如下几种。

1）寡核苷酸引物介导的定点突变

该方法是在 1982 年由 Zoller 和 Smith 提出来的，其原理是：在以野生型基因模板进行 PCR 扩增的过程中，用含有突变位点碱基的寡核苷酸短片段作为 PCR 延伸过程中的引物，在 DNA 聚合酶的协助下进行扩增，这样就会在子代 DNA 中引入突变。以这种方法为基础，后续又发展出来多种改进的定点突变方法，如 Kunkel 法（Kunkel et al.，1987）、Olsen 和 Eckstein（1990）提出的硫代核苷酸掺入法（phosphrorthioate）。其中，Kunkel 法利用了因缺少相关酶而无法去除掺入 DNA 中 dUTP 的突变大肠杆菌 RZ1032，这种宿主可以给模板掺入尿嘧啶以替代胸腺嘧啶，从而使模板无法被甲基化修饰。在扩增结束后，模板可以直接被降解，而含突变体的 DNA 链得以保留。

2）盒式突变

盒式突变（cassette mutagenesis）又被称为片段取代法（DNA fragment replacement），于 1985 年由 Wells 等提出。盒式突变利用了目的基因亲本中具有限制性内切核酸酶的识别位点，因此可以使用任何长度的 DNA 片段去取代两个限制性内切核酸酶（简称限制酶）识别位点之间的一部分，从而可以同时在一段 DNA 序列上引入多个定点突变。盒式突变具体的操作方法是：首先，使用限制酶酶切带有野生型基因的质粒，纯化所需要的大片段；然后，通过化学合成的方法合成具有突变位点的 DNA 片段；将合成的片段与酶切纯化后的大片段通过连接酶连接在一起；筛选后得到突变质粒，利用重新连接得到的突变质粒就可以得到具有突变位点的酶分子。这个方法需要注意的是，原基因上需要有合适的限制酶识别位点，而人工合成 DNA 片段时需要在 DNA 片段的两端留下相应的限制酶识别位点。如果野生型基因中没有相应的酶切位点，可以通过其他定点突变方法引入酶切位点以供后续使用。

3）重叠延伸 PCR 法

重叠延伸 PCR 法（overlap extension polymerase chain reaction）是以 PCR 法为基础的单点突变引入方法。这种方法的出现大大推动了定点突变的发展，通过这种方法可以快速、高效、准确地向基因中引入定点突变，包括取代、插入、缺少等。这种方法以人工合成的寡核苷酸为引物，这些引物含有所需的定点突变，使用这些引物直接以野生型基因为模板进行扩增，就能得到含有突变位点的突变基因。重叠延伸 PCR 如果要得到含有突变位点的 DNA 片段，需要两个突变引物和两个正常引物，经过两轮的 PCR 反应。在第一轮反应中，一个正常的引物和一个内侧突变引物引导扩增，得到的两条 DNA 片段在一端可以彼此重叠；在第二轮 PCR 反应中，这两条 DNA 片段经过变性、退火过程形成部分相互配对的分子，然后互为模板在 DNA 聚合酶的引导下产生含有突变位点的 DNA 分子。这种方法的优点是操作简单快捷，并且不受限制性内切核酸酶识别位点的限制，突变的成功率可以达到 100%。这种方法虽然可以非常方便地引入突变，但是后续得到突变酶分子的操作较为繁琐，在 PCR 完成后往往要经过 *Dpn* I 消化模板以纯化 PCR 产物，将产物连接到质粒载体上，需要经过 DNA 测序以确保没有目标位点以外的突变，导入克隆宿主对突变基因进行转录翻译，经过纯化才能得到突变的酶分子。因为单点突变要求高保真度，所以 PCR 法引入突变时不适用传统的 *Taq* 酶，一般选用高保真度的 DNA 聚合酶。

4）模块重组法

模块重组法是指将不同蛋白质行使功能的模块替换或者组合，从而能够带来蛋白质功能与结构的重新组合。这些模板位于蛋白质的二级结构、超二级结构、结构域等层面上，行使着蛋白质的主要功能。根据这些元件的模块性，可以把它们重新组合，这就是模块重组法（template assembled synthetic protein approach，TASP）。其原理是：将不同蛋白质的二级结构片段通过共价键相连的方式连接到一个刚性分子上，从而形成三级结构。这种方法绕开了设计蛋白质三级结构的难点，为研究蛋白质折叠规律提供了参考，也是设计蛋白质的有效手段。

在理性设计方法中，人们看到了计算机将蛋白质与信息学结合带来的无限可能。但理性设计方法在应用中往往受到许多限制，很多酶分子的结构与功能的相互关系甚至三维晶体结构都是未知的，在实际情况中，多数酶分子只知晓了一定的结构信息，使用理性设计方法直接设计定点突变往往偏差较大。所以在定向进化方法提出后，人们将定向进化与理性设计相结合，发展了半理性设计方法（semi-rational design），根据酶分子有限的结构信息，借助计算机筛选出大致的改造区域，然后非随机地选取改造位点。与定向进化法不同，半理性设计方法旨在构建小而精的突变文库以显著缩减筛选的工作量。研究人员也常常借助计算机设计，通过酶分子与底物分子对接（molecular docking）、分子动力学模拟（molecular dynamic simulation）、量子力学（quantum mechanics）等方法来确定潜在的突变区域或位点，非随机找出突变位点，进而大大缩减突变文库的大小。

基于这种非随机突变点构建随机突变文库的设计思路，进一步结合饱和突变（saturation mutagenesis）是应用最广泛的方法。这种方法的思路是：将一个突变位点用 20 种氨基酸去分别突变，引入的这 20 种突变涵盖了这个位点所有的突变可能性，可以直观得出不同氨基酸对其酶学性质的影响。Reetz 和 Carballeira（2007）在对酶的不对称催化改造工作中发现影响手性选择的氨基酸位点主要集中在底物结合口袋区域，在此基础上开发了组合活性中心饱和突变策略（combinatorial active-site saturation test，CAST）及迭代饱和突变（iterative saturation mutagenesis，ISM）技术。组合活性中心饱和突变策略是将空间结构上相邻、可能具有协同作用的突变位点组合作为一个突变单位进行饱和突变，从而获得更为丰富的突变文库。迭代饱和突变技术是半理性设计方法中应用最为广泛的设计方法之一，首先拟定进化路线，然后根据路线对酶分子进行定点饱和突变，获得的正向突变体作为下一个点饱和突变的起始，通过迭代往往能够得到酶学性质发生巨大改变的突变体。Li 等（2016）使用 CAST 及 ISM 技术，对 P450-BM3 单加氧酶进行改造，并将其与醇脱氢酶结合偶联，改造后的酶成功应用于手性二醇及衍生物的不对称催化合成。Manfred 与吴起等合作（Xu et al.，2019），发展了一种构建小而精突变文库的方法，提出 FRISM 策略（focused rational iterative site-specific mutagenesis），根据氨基酸的性质对其分类，根据突变体表型构建渐进的小而精的突变库，这种方法已成功应用于南极假丝酵母脂肪酶 B（CALB）的不对称立体选择性突变，获得了对含有两个手性中心底物所对应的全部 4 种异构体的选择性均在 90%以上的突变酶分子。孙周通等以 CAST 为基础（Sun et al.，2016），通过理性选择 3 种氨基酸密码子作为饱和突变的构建单元，开发了三密码子饱和突变技术（triple code saturation mutagenesis，TCSM）。利用该技术对多位点饱和突变体文库构建时，密码子的选择应用有两种不同策略：对所有拟突变位点设计并使用相同的简并密码子；对每一位点使用不同的简并密码子。他们以嗜热醇脱氢酶 TbSADH 为研究对象，基于上述两种策略分别构建突变体文库，测试了其对四氢呋喃-3-酮等前手性酮类化合物的立体选择性，研究结果发现这两种策略均可对立体选择性进行有效改造（在 95%覆盖度下，每个文库仅需筛选 576 个转化子），最后获得立体选择性互补的 R-和 S-突变体，选择性提升均在 90%以上。Gonzalez-Perez 等（2014）基于不同蛋白质之间的序列同源性开发的 MORPHING（mutagenic organized recombination process by homologous *in vivo* grouping）也被应用到蛋白质理性设计改造中。

半理性设计方法建立的基础是对酶有一定的了解，如保守序列、晶体结构、催化的活性与机制、结构与功能的关系，往往借助这些信息，通过计算机缩减筛选范围，理性确定突变范围，然后构建突变文库，再通过高通量筛选等方法挑选出符合要求的突变体。半理性设计往往借助计算机软件分析酶分子酶学性质改变的原因，这些又反过来补充了酶结构与功能之间的关系，使下一次对酶的改造更具有理性。半理性设计将理性设计与定向进化方法有机结合，是目前应用最广泛的改造策略之一。

3. 从头设计

随着计算机运算能力的不断突破，许多先进的算法相继涌现出来，许多蛋白质的序列特征、三维结构、催化机制以及结构与功能之间的关系也不断被挖掘和解析，使用计算机辅助蛋白质设计的策略得到前所未有的重视和发展，人类迎来了蛋白质从头设计（*de novo* design）的时代。1997 年，Mayo 团队提出了经典的四步蛋白质设计自动化（protein design automation，PDA），分别是：设计、模拟、试验、分析。他们借助软件，以锌指结构域为模板成功设计了一个由 28 个氨基酸组成的 ββα 蛋白，经过核磁共振检测后与建模一致，证明了设计策略的可行性（Mayo，1997）。2003 年，David Baker 团队的 Kuhlman 等（2003）设计并构建了一个非天然的结构模板，这为蛋白质设计领域提供了新的思路和方向，而由该团队开发的 Rosetta 软件大大推动了蛋白质设计领域的发展。Rosetta 软件如今已发展为集蛋白质从头设计、酶活性中心设计、配体对接、生物大分子结构预测等多种功能为一体的生物大分子计算建模与分析软件组合，是目前功能最丰富的蛋白质设计软件之一。蛋白质从头设计是从氨基酸的一级结构开始，从头人工设计一个自然界没有的新酶，且具有正确的空间结构并能表现出生化功能（图 4-5）。蛋白质的从头设计在 2016 年被 *Science* 杂志列入"年度十大科学突破"，其目标是创造自然界不存在的、可成功折叠的蛋白质并赋予其特定功能，可在开发新型病毒疫苗、进行肿瘤治疗等领域发挥作用。

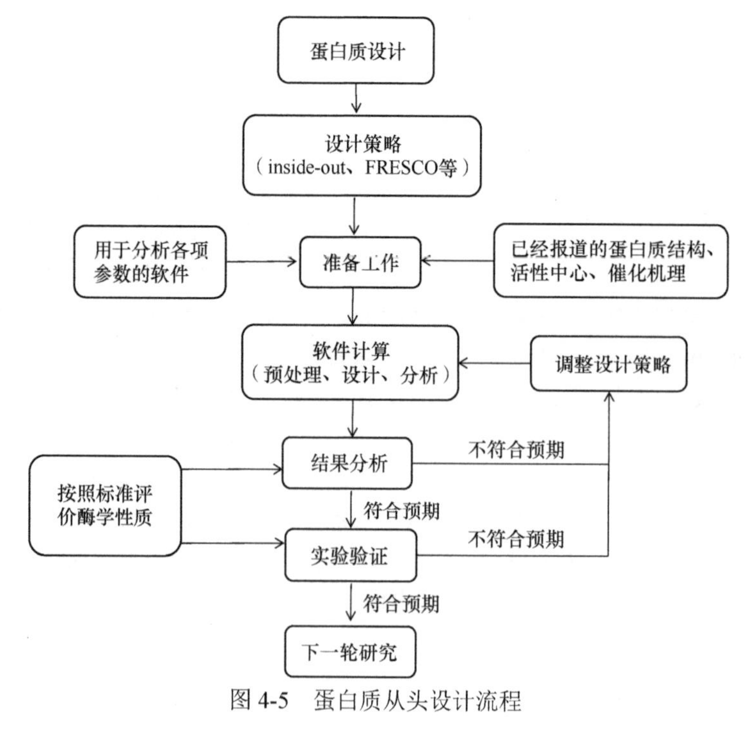

图 4-5　蛋白质从头设计流程

对蛋白质的从头设计往往从结构设计和功能设计两个方面入手。结构设计是蛋白质从头设计方法发展的瓶颈，一般从简单的二级结构出发，以摸索蛋白质结构稳定的规律；而超二级结构与三级结构的设计选择一般是较为稳定的四螺旋束、锌指结构，这些结构在天然的蛋白质结构中较为稳定。蛋白质的功能设计主要是对天然蛋白质已有功能的模拟。蛋白质设计的原理是：①蛋白质内部存在一个保守的内核结构，大多数情况下主要由氢键相连的二级结构单元组成，进而做出一个简单的假设，即蛋白质的折叠形式主要由内核中的相互作用决定；②蛋白质内部是由疏水氨基酸堆积的实心体，没有重叠，这个限制一是因为总疏水效应分子从内部排出，二是由原子间色散力引起；③所有主链及侧链上的氢键都是饱和的，蛋白质氢键的形成涉及溶剂键被蛋白键替代；④疏水基团与亲水基团都需要合理地分布在溶剂的可及表面与不可及表面，这种分布主要由疏水效应驱动，不是简单地将亲水基团分布在表面、疏水残基藏在内部，因为侧链并不是完全亲水，所以在设计时要在表面安排少量的疏水基团、在内部安排少量的亲水基团；⑤金属蛋白的设计中，以及在金属中心放置合适的蛋白质侧链或者溶剂分子或配位残基的替换，都要符合正确的键长、键角、整体金属配位几何；⑥金属蛋白中，围绕金属中心的第二壳层中基团的相互作用很重要，这些基团参与了金属中心的氢键网络，所以需要符合蛋白质折叠的热力学要求，这些氢键也要固定在空间的配位位置；⑦最优的氨基酸侧链几何排序，蛋白质的侧链构象是由旋转每条链的立体势垒决定的，蛋白质内部的密堆积表面在折叠状态只能采取一种合适的构象，即一种能量最低的构象；⑧结构及功能的专一性，形成独特的结构，独特的分子间相互作用是生物相互作用及反应的标志，而这是蛋白质设计中最困难的问题，构建合适的蛋白质模型必须满足蛋白质折叠的几何限制。

设计全新蛋白质一般从酶的活性中心开始，该部分是酶行使催化作用的核心区域，所以活性中心的设计需要与蛋白质的功能相匹配。根据催化反应和催化机制设计酶的过渡态催化模型，在这个基础上设计好需要的催化氨基酸残基及其空间排布，然后将设计好的酶活性中心与可以折叠的蛋白质骨架相结合。设计的酶需要在溶液中具有刚性和柔性，这是酶设计的难点。全新蛋白质设计的一般过程是：确定设计的目标，生成初始序列，通过计算机预测对应的结构，建立模型，对模型进行修正，然后合成基因进行表达，验证实际表达的酶分子是否与预测结果符合，再根据对比的结果重新修正设计的酶，往往要经过多轮“设计-合成-检测-再设计”的循环过程。目前，蛋白质设计面临的问题主要是计算机计算的模型精度不够、设计成功率较低。可以通过已知序列的天然蛋白质结构数据来改善模型精度，从而建立精度更高的新的蛋白质模型。

蛋白质的二级结构有 α 螺旋与 β 螺旋。对 α 螺旋的设计一般通过选择形成 α 螺旋倾向较大的氨基酸残基，如亮氨酸、谷氨酸、丙氨酸、甲硫氨酸等。由于 α 螺旋自身的特性，会形成一个由 N 端指向 C 端的偶极矩，所以在设计时常常把具有正电的氨基酸残基放置在 C 端附近，相反的，将带有负电的氨基酸残基放置在 N 端附近。β 折叠的主要设计原则是选择形成 β 折叠片层倾向较大的氨基酸残基如缬氨酸、异亮氨酸，因为 β 折叠中平均每个氨基酸残基形成的氢键数目少于 α 螺旋中的氢键数目，氢键是在不同的折叠片之间形成，所以 β 折叠稳定性更差。因为单个 β 折叠片层无法稳定存在，所以在设计 β 折叠过程中一般不设计单个的 β 折叠片，往往选择形成 β 折叠片倾向较大的氨基酸残基（如缬氨酸、异亮氨酸），将亲水性残基与疏水性残基相间排列。

目前蛋白质设计的工作大多基于 Rosetta 来设计，其中最具代表性的便是 Baker 团队提出的“inside-out”设计策略（Sterner et al.，2008）。该策略是在酶的催化机理完全明确的前提下，研究者首先设计酶的活性中心，借助量子力学等方法确定酶的关键催化基团（一般有活性中心），以及酶结合底物在催化过程中形成的过渡态构象；然后使用 Rosetta Match 模块来将构象与数据库中已有的蛋白质结构进行比对，找到维持构象稳定的蛋白质骨架结构；再使用 Rosetta Design 设计靠近活性中心但不直接参与催化的氨基酸，运用多轮算法得到完整的酶结构，依靠过渡态能量等参数来评估酶结构。Baker 团队成功从头设计的多种酶都使用了这种策略，其中设计的 Retro-Aldol 反应酶（Rothlisberger et al.，2008）催化的 C-C 键断裂反应速率比无酶反应体系高出 4 个数量级；而他们团队设计的 Kemp 消除反应酶（Siegel et al.，2010）催化的消除反应速率比无酶反应体系高出了 5 个数量级。

4.3 酶高效表达系统的设计与构建

4.3.1 食品级微生物表达宿主概述

人类利用微生物的发酵作用来制作食品已有悠久的历史，该类微生物被称为食品级微生物（food-grade microorganism），属于一般公认安全（generally recognized as safe，GRAS）食品级微生物范畴。这类食品级微生物主要有细菌中的乳酸菌和枯草芽孢杆菌、真菌中的曲霉菌和酵母菌等。例如，乳酸菌用于发酵乳制品（如酸奶、奶酪等）的制作，有非常悠久的使用历史。枯草芽孢杆菌（*Bacillus subtilis*）常被用于食品豆豉的生产，该菌种最早从日本豆豉食品“纳豆（natto）”中分离得到，被称为 *B. natto*，目前被归为枯草芽孢杆菌纳豆变种（Zhang et al.，2020）。酵母菌传统上被用于发酵面制品和酒类的酿造，是食品中重要添加剂的生产宿主（吴佳静等，2018）。曲霉常被用于制酱，其酶系十分丰富，包括蛋白酶、肽酶、谷氨酰胺酶、淀粉酶、脂肪酶、果胶酶、转化酶、纤维素酶及麦芽糖酶等，且各种酶系对酱油风味的形成有着各自不同的作用。

随着分子生物学理论和实践的发展，基因工程技术广泛应用于微生物的菌种改造。尽管其在医药、农业等领域取得了巨大的成功，但在食品工业领域进展缓慢。主要原因在于食品领域的微生物菌种面临更高的安全性要求。①直接摄入的重组菌（如乳酸菌、益生菌等）：安全性要求最高；②生产食品添加剂的重组菌：由于生产的添加剂添加至食品而不能分离，仍需评估重组菌的筛选标记、热源及过敏源等特性；③食品加工用酶的生产菌：酶制剂完成催化反应后会从食品中去除，安全性要求相对较低。目前，常用的食品级微生物表达宿主包括乳酸菌、芽孢杆菌、酵母和曲霉等。

1. 乳酸菌

乳酸菌是一类能在发酵可利用的碳水化合物过程中产生大量乳酸的革兰氏阳性菌。作为一种益生菌，乳酸菌广泛应用于食品、医药等行业，一般公认安全食品级微生物（梁琰等，2021）。在基因工程领域，常用的乳酸菌包括乳球菌、乳杆菌及双歧杆菌，均为革兰氏阳性菌。在乳球菌属中，乳酸乳球菌（*Lactococcus lactis*）是最典型的一个种。该菌呈球形或者卵圆形，为兼性厌氧的革兰氏阳性菌。乳酸乳球菌具有新陈代谢路径简单、生理生化和遗传背景比较清楚等优点（高莹等，2022）。乳杆菌外形呈杆状，作为食品级的表达系统，在食品、医药保健及微生态制剂等领域的应用十分广泛。目前作为宿主菌的主要有罗伊氏乳杆菌（*Lactobacillus reuteri*）、植物乳杆菌（*Lactobacillus plantarum*）、干酪乳杆菌（*Lactobacillus casei*）及嗜酸乳杆菌（*Lactobacillus acidophilus*）等（Elavarasu et al.，2012）。双歧杆菌中两歧双歧杆菌（*Bifidobacterium bifidum*）为典型菌。它们呈现弯曲、棒状和分枝状等，是人体肠道内重要的益生菌，在医疗、食品、保健、饲料等行业广泛应用，是衡量人体健康的重要标志之一（姜钊等，2022）。

乳酸菌的食品级选择标记可以分为三类，分别为糖类利用选择性标记、细菌营养缺陷型标记和细菌素抗性标记。不同乳酸菌利用糖的种类和效率不同，大部分乳酸菌不能利用木糖、菊粉、蔗糖和蜜二糖。因此，以上述糖类为单一碳源时，其代谢相关基因即可作为乳酸菌宿主基因工程菌筛选标记。蔗糖是食品中常用的甜味剂，且价格便宜，是理想的食品级选择标记（Leenhouts et al.，1998）。营养缺陷型互补标记是构建食品级表达系统常用的方法。构建细菌营养缺陷型菌株是常用的重组菌筛选策略。目前已成功应用的基因型包括 $thyA^-$、alr^-、thr^-、$supB^-$和 $supD^-$。许多乳酸菌在代谢过程中可以产生一些具有抑菌作用的多肽，称为细菌素。由于细菌素对人体无害，其抗性基因和免疫基因能够作为食品级宿主的选择标记。目前，典型的细菌素筛选标记有 Nisin 抗性基因（*NSR*）/免疫基因（*Nis* I）（van Gijtenbeek et al.，2021）、乳杆菌素 F 免疫基因（*Laf*）（Lin et al.，2011）。

2. 芽孢杆菌

芽孢杆菌是一种产芽孢的杆状革兰氏阳性菌，最适生长温度 20～40℃，为一种嗜温菌。枯草芽孢杆菌（*Bacillus subtilis*）是一类典型的食品级微生物，不产毒素和致热致敏蛋白（Park et al.，2021）。其中，枯草芽孢杆菌 168 的基因组已经测定（http://genolist.pasteur.fr/SubtiList/），为其改造提供了重要的基础数据。与大肠杆菌其他原核表达系统相比，枯草芽孢杆菌表达系统具有如下优势：密码子偏好性不强，外源蛋白易于表达；表达产物不容易形成包涵体；具有很强的蛋白质分泌功能，胞外酶易于分离纯化；发酵条件简单，产物易于分离纯化。

蛋白质组学研究表明，枯草芽孢杆菌胞外大约有 300 种蛋白质，主要通过 4 种途径分泌（图 4-6）（Fu et al.，2007）：①Sec 分泌途径（Secretory pathway）是原核微生物中最主要的蛋白质分泌途径，超过 90%的胞外蛋白都是通过 Sec 分泌途径分泌的。经该途径分泌的蛋白质前体，其 N 端一般含有 Sec 类型信号肽；②双精氨酸转运途径（twin-arginine translocation pathway，Tat 途径）为枯草芽孢杆菌中第二大蛋白质分泌途径，其突出特点是可分泌在胞内已折叠形成正确构象的蛋白质。经由该途径分泌的蛋白质，其前体信号肽一般为 36 个左右的氨基酸残基，其 N 端结构域含有双精氨酸（RR/KR）二级结构；③ABC 转运蛋白（ABC transporter）途径主要用于细菌素等分子的输出；④Com 分泌途径与枯草芽孢杆菌细胞感受态形成有关，负责此过程中外源 DNA 的结合和摄取，该过程是通过 ComGC、ComGE、ComGD 和 ComGG 这四个蛋白质实现的。丰富的分泌途径为食品酶的高效胞外合成提供了重要基础。

3. 酵母

1981 年，Hitzeman 首次利用酿酒酵母（*Saccharomyces cerevisiae*）成功表达外源干扰素，使其成为第一个开发的酵母表达系统。此后，一系列酵母菌被开发成食品级表达系统，包括巴斯德毕赤酵母（*Pichia pastoris*）、多形汉逊酵母（*Hansenula polymorpha*）、乳酸克鲁维酵母（*Kluyveromyces lactis*）、粟酒裂殖酵母（*Schizosaccharomyces pombe*）、解腺嘌呤阿氏酵母（*Arxula adeninivorans*）、解脂耶氏酵母（*Yarrowia lipolytica*）。

酿酒酵母是第一个完成全部基因组测序的真核生物。在过去的几十年中已经被设计用来表达多种重组蛋白，且是表达对抗人类病毒感染的乙肝疫苗的宿主细胞。除此之外，因为酿酒酵母具有安全无毒、对氧气的需求低、遗传背景清楚、操作简单等优点，其也广泛被用于食品工业。然而，酿酒酵母表达宿主也有一些不足之处，例如，与其他的酵母菌相比，其糖基化能力最强，可导致蛋白质的过度糖基化和分泌率降低，不易进行高密度发酵，表达质粒易于丢失等（Vamvakas and Kapolos，2020）。

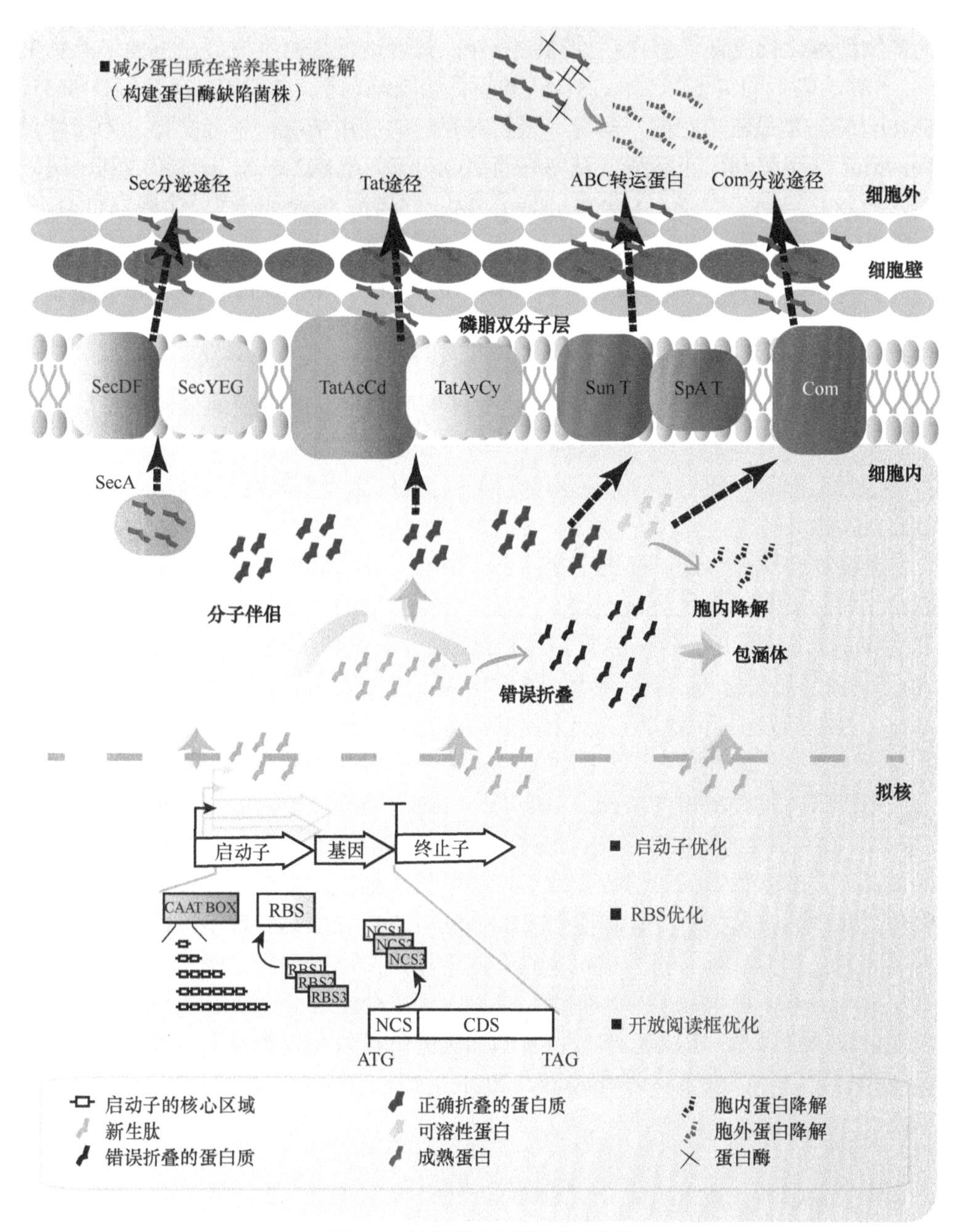

图 4-6　枯草芽孢杆菌表达系统

不存在抑制碳源的情况下，甲醇型毕赤酵母可以利用甲醇作为其唯一的碳源。毕赤酵母具有醇氧化酶 AOX1 基因启动子，这是该宿主中已知的最强、调控最严谨的启动子之一。与酿酒酵母偏向于将蛋白质留在外周胞质中不同，毕赤酵母倾向于将蛋白质分泌出体外，这样简化了蛋白质的纯化过程；同时，毕赤酵母表达的产物糖基化程度低、蛋白活性高；另外，其可进行高密度发酵，方便工业化生产。营养缺陷型的突变体（如 GS115）和蛋白酶缺陷菌株（如 SMD1163、SMD1165、SMD1168）是最常使用的毕酵母。根据对甲醇的利用情况，毕赤酵母分为三种表型：Mut^{+}（甲醇利用正常型，有完好的 AOX1 和 AOX2）；Muts（甲醇利用缓慢型，AOX1 启动子中断，AOX2 完好）；Mut^{-}（甲醇不能利用型，中断 AOX1 和 AOX2）（Karbalaei et al.，2020）。

多形汉逊酵母也是利用甲醇作为碳源的宿主细胞，但其具有其他甲醇营养型酵母中不存在的硝酸盐同化途径。目前大量产品利用多形汉逊酵母进行表达，包括食品补充剂己糖氧化酶和脂肪酶。该酵母具有较好的耐热性，最适生长温度是 37～43℃。多形汉逊酵母可以达到高细胞密度，能有效地分泌分子质量高达 150 kDa 的蛋白质。另外，多形汉逊酵母在经过 800 个培养周期之后，其整合在基因组上的载体依然存在，这为其提供了稳定的高蛋白表达基础（Manfrao-Netto et al.，2019）。

乳酸克鲁维酵母最早被用于食品工业中生产 β-半乳糖苷酶和牛凝乳酶。乳酸克鲁维酵母具有诸多优势，例如，它含有一个强大的诱导型启动子 LAC4；能够利用廉价的乳糖和乳清类物质；具有分泌高分子蛋白的能力（Baghban et al.，2019）。粟酒裂殖酵母的高尔基体结构和形态清楚，边界清晰，糖蛋白可以被半糖基化，控制糖蛋白折叠机制的能力比酿酒酵母强。然而，粟酒裂殖酵母表达系统在基因操作技术方面还存在缺陷，有待进一步发展（Holic et al.，2020）。

解腺嘌呤阿氏酵母（*Arxula adeninivorans*）是依赖于温度的二相性酵母，温度在 42℃以下时进行出芽生殖，超过 42℃时形成菌丝体，菌丝体时期能分泌更多的蛋白质。解腺嘌呤阿氏酵母无致病性的单倍体细胞，可以利用多种复杂的化合物作为其碳源，包括正烷烃和淀粉（Baghban et al.，2019）。解脂耶氏酵母是另一种重要的二相性酵母，作为宿主菌具有以下优点：可以利用柠檬酸、异柠檬酸等有机酸和一些蛋白类物质作为底物；具有大规模分泌高分子质量蛋白的能力；与酿酒酵母的翻译后转运途径不同，解脂耶氏酵母可以通过类似于高等真核生物的共翻译转运途径分泌蛋白（Madzak，2021）。

4. 曲霉

曲霉是发酵工业和食品加工业的重要菌种，已有近 60 种被利用。2000 多年前，我国就用曲霉来制酱，此外，它也是酿酒、制醋曲的主要菌种。现代工业利用曲霉生产各种酶制剂（淀粉酶、蛋白酶、果胶酶等）、有机酸（柠檬酸、葡萄糖酸、五倍子酸等）；农业上将其用作糖化饲料菌种。作为重要的食品酶表达宿主，曲霉具有以下特点：易于生长，且适合于大规模、高密度的生长；长期被用于传统的酿酒和发酵食品工业中[如米曲霉和黑曲霉等（Ntana et al.，2020）]；

曲霉菌蛋白分泌能力强，胞外蛋白表达量可达 30 g/L 以上；糖基化等翻译后修饰适中。

虽然曲霉的内源蛋白表达水平较高，但外源酶的表达水平相对较低，通常每升发酵液仅能产生几毫克目标蛋白。此外，曲霉的形态包括单个菌丝体的形状及菌丝体的聚集形态。根据聚集程度，在曲霉液体培养中可形成分散的菌丝体或菌丝球。发酵液中高密度的分散菌丝体往往会形成高黏度的非牛顿流体，不利于发酵液传质和传氧。而菌丝球的形成可以降低发酵液的黏度，使发酵液接近于牛顿流体；体积大的菌丝球增加了其内部传质和传氧的阻力，在实际发酵过程中，传质阻力大往往是曲霉高效产酶的重要限制性因素。

4.3.2　酶表达元件挖掘与优化

1. 启动子

启动子是基因表达的重要元件，其作用强度直接与目的基因的 mRNA 表达水平和蛋白表达量相关（表 4-7）。调控转录能力强的启动子，可从特定条件下细胞转录组数据中挖掘，也可以通过启动子改造进一步提高启动子的强度。根据是否需要诱导剂，可将启动子分为组成型启动子和诱导型启动子两类。

表 4-7　酶表达元件挖掘与优化

	宿主	方法	结果	参考文献
启动子	乳酸乳球菌 NZ9000	用 GFP 表征 P11、P23、P32 和 P44 的转录水平	P11 的转录活性较弱，P23、P32 和 P44 的转录活性分别比 P11 高出 23.9 倍、7.8 倍和 4.1 倍	Liu et al.，2020
	植物乳杆菌 WCFS1	优化这两个启动子的–35、–10 区域和核糖体结合位点的序列	启动子 P-lacA 突变体的最大强度通过乳糖诱导增加了 10.4 倍，而 P-lacLM 突变体通过乳糖诱导增加了 12.7 倍、通过半乳糖诱导增加了 9.0 倍	Zhang et al.，2019
	枯草芽孢杆菌	基于 T7 RNA 聚合酶、乳糖抑制基因 *lacI* 和嵌合启动子 P-T7lac 的诱导启动子系统，作为单个拷贝整合到枯草芽孢杆菌基因组中	使用绿色荧光蛋白和 β-半乳糖苷酶报告蛋白，该 LacI-T7 系统可以调节超过 10 000 倍的动态范围的表达，这是迄今为止报道的最大的可诱导枯草芽孢杆菌启动子系统	Castillo-Hair et al.，2019

续表

	宿主	方法	结果	参考文献
启动子	枯草芽孢杆菌WB600	aprE3-5 的启动子被其他更强的启动子（Pcry3A、P10、PSG1、PsrfA）取代，并实行了两个拷贝的 P10 启动子串联	P10 启动子表达量比原始启动子高 2 倍，而 P10 启动子两拷贝的表达量比一个拷贝的高出 148%	Yao et al.，2021
	酿酒酵母	开发启动子GAL1/2/7/10起始转录的、由铜诱导的转录激活剂 Gal4 和铜抑制因子 Gal80 组成的新型铜诱导基因表达系统 CuIGR4	与天然 Cu^{2+}诱导的 CUP1 启动子相比，CuIGR4 系统将对铜的反应放大了 2.7 倍，导致 GFP 表达量提高了 72 倍	Zhou et al.，2021
	毕赤酵母	来自 *Hansenula polymorpha* 的甲醇氧化酶（pMOX）基因的启动子区域，用 pPINK-HC 质粒中的 pAOX1 替换	在 pMOX 调控下显著增加了内切葡聚糖酶和内切葡聚糖酶 II 的表达量	Mombeni et al.，2020
	黑曲霉	cbh1 启动子中转录抑制因子 ACE1 的 8 个结合位点替换为激活子 ACE2 和 Xyr1，分别构建了启动子 cbh1pA 和 cbh1pX	应用 cbh1pA 和 cbh1pX 启动子将黑曲霉的密码子优化，甘露酶分泌表达分别提高 3.6 倍和 5.0 倍	Sun et al.，2020
5′-UTR	枯草芽孢杆菌	基因工程技术对 RBS 区域进行了定点饱和突变，从突变文库中筛选高产突变体	细胞外双乙酰壳寡糖脱乙酰酶活性达到 1548.1 U/mL，比原株高 82 倍	Jiang et al.，2019
	黑曲霉 N593	在相同的 P_{glaA} 控制下，用 ntp303（烟草花粉基因）替换原始 5′-UTR，并进一步在后者中插入 poly（CAA）序列	黑曲霉 N593 中 laccase-like 多铜氧化酶 MCOB 的产量提高了 41%～159%	Ramos et al.，2011
信号肽	植物乳杆菌和乳酸乳杆菌	借助于植物乳杆菌衍生的信号肽 LP_0373，并进一步对信号肽功能进行了全基因组实验筛选；分别表达并筛选了两种不同菌株中来自植物乳杆菌的 155 种预测信号肽，以及来自乳酸乳杆菌的 110 种预测信号肽	从中鉴定了 12 种植物乳杆菌信号肽和 8 种酸乳杆菌信号肽，从而提高了分泌的蛋白酶产量	Chen et al.，2022
	枯草芽孢杆菌	从 173 个 Sec 型信号肽（SP）的文库中筛选出提高表达的信号肽	采用淀粉碘基高通量测定法鉴定出 15 个产率显著提高的 AmyS，淀粉酶产量最大为 5086 U/mL	Fu et al.，2018

续表

	宿主	方法	结果	参考文献
信号肽	酿酒酵母	研究了酿酒酵母间歇培养物中 *N*-糖基化、净负电荷平衡和富甘氨酸柔性接头 3 个关键参数的影响；采用筛选和优化的阶段设计	与原始前肽相比，优化的肽在最后阶段产生的细胞外成熟人粒细胞集落刺激因子的量增加了 190%	Kumar et al.，2018
	毕赤酵母	组合新的内源性信号肽（Dan4、Gas1、Msb2 和 Fre2）和折叠因子（Mpd1p、Pdi2p 和 Sil1p）	相较 α-MF，信号肽 Msb2 增加了所有报告蛋白的特异性细胞外产生，范围从 1.5 倍到 8.0 倍，Dan4 将总蛋白质产量提高了 172 倍	Pullmann and Weissenborn，2021
	黑曲霉	天然 AglB 信号肽被葡萄糖淀粉酶（GlaA）信号肽取代	细胞外最大 α-半乳糖苷酶活性为 215.7 U/mL，初始菌株的最大 α-半乳糖苷酶活性为 9.8 U/mL	Xu et al.，2018

乳酸菌组成型启动子来源较多。各种表达 rRNA 的启动子都是组成型启动子的良好候选者。其他组成型启动子是启动或延伸因子的启动子，如植物乳杆菌 CD033（P_{tuf33}）、布氏乳杆菌 CD034（P_{tuf34}、P_{efp}）和雷特氏乳杆菌 CECT925（P_{tufR}）的延伸因子的启动子。乳酸菌中已开发的诱导型启动子通过细菌素诱导，包括乳酸链球菌素（nisin）、乳酸杆菌素（Sakacin A）和 IIb 类细菌素等。此外，乳糖/半乳糖诱导启动子（来源于 *Lactobacillus plantarum* WCFS1）、H_2O_2 诱导启动子（来源于 *Lactobacillus sakei* LTH677 过氧化氢酶）及热激蛋白启动子（来源于 *Lactobacillus sakei* 的热激蛋白）同样被应用于重组酶的表达。

常用的芽孢杆菌组成型启动子有 P_{43} 启动子和噬菌体启动子。其中，P_{43} 启动子是枯草芽孢杆菌中编码胞苷脱氨酶基因（*cdd*）的启动子，其强度高于诱导型启动子 P_{sacB} 和 P_{amyE}。通过启动子诱捕系统从地衣芽孢杆菌基因组中筛选到一个强启动子 $P_{shuttle\text{-}09}$ 及其突变启动子，强度分别是 P_{43} 的 8 倍和 13 倍，是目前在枯草芽孢杆菌中表达最强的组成型启动子（de Souza and Kawaguti，2021）。最早应用于芽孢杆菌系统的诱导型启动子是 P_{spac}，由枯草芽孢杆菌噬菌体 SPO1 和大肠杆菌 *lac* 操纵子融合而成，受异丙基-β-D-硫代半乳糖苷（IPTG）诱导。由于 IPTG 价格昂贵，研究者相继开发了受木糖和蔗糖诱导的启动子 P_{xyl} 和 P_{sacB}（de Souza and Kawaguti，2021）。

从酿酒酵母中克隆了 14 种组成型启动子，并通过 GFP 的发光强度和 mRNA 水平来检测启动子的相对强度，其中 P_{TEF1} 强度相对最高，P_{PGI1} 强度相对最低。利用流式细胞仪检测了 GFP 的发光强度，从而确定在 P_{PFY1}、P_{ADH1}、P_{CYC1}、P_{BIO2}、P_{CHO1} 中，P_{ADH1} 的强度相对最高，P_{CHO1} 的强度相对最低（Blount et al.，2012）。

而通过表达脂肪酶来比较酵母中的 P_{ACT1}、P_{ADH1}、P_{PGK1} 及 P_{TDH1} 的相对强度，最终发现 P_{ACT1} 的强度相对最高（Dou et al.，2021）。毕赤酵母中的常用组成型启动子包括 P_{GAP}，而酵母中诱导型启动子可以按照功能分为激活型启动子和阻遏型启动子。其中，激活型启动子是正调控启动子，一般是通过招募转录激活因子或释放转录抑制因子来实现转录调节的。其优点是：只有当诱导物存在时，基因才可以正常表达；没有诱导物存在时，基因表达水平很低甚至没有。目前在酿酒酵母中应用最多的激活型启动子是来源于降解半乳糖代谢途径的半乳糖诱导启动子（P_{GAL1}、P_{GAL7}、P_{GAL10}）（Tang et al.，2020），而在毕赤酵母中最常用的诱导型启动子为 P_{AOX1} 和 P_{FLD1}（Mastropietro et al.，2021）。

在米曲霉异源表达系统中常利用的强启动子，一部分来源于其自身大量表达的蛋白质编码基因，如 α-淀粉酶基因（*amyB*）、葡聚糖 1,4 葡萄糖苷酶基因（*glaA*）、α-葡糖糖苷酶基因（*agdA*）等；另一部分来源于糖酵解相关基因，如 3-磷酸甘油醛脱氢酶基因（*gpdA*）、磷酸甘油酸激酶基因（*pgkA*）、烯醇化酶基因（*enoA*）等。在 *Aspergillus niger* 中，P_{glaA} 和 P_{gpdA} 表现出最高的转录效率。在葡萄糖矿物质培养基中，已经在黑曲霉 ATCC 1015 中发现了 P_{MbfA} 的组成型启动子，其强度高于 P_{gpdA}。除了组成型启动子，在黑曲霉中还发现了一系列可诱导型启动子，如 1,3-β-葡聚糖转移酶（由低 pH 诱导）、苯甲酸羟化酶（由苯甲酸、苯甲酸甲酯和对氨基苯甲酸诱导）、过氧化氢酶（由 H_2O_2 和 $CaCO_3$ 诱导）和基于 TetOn 的启动子（由生物四环素或其衍生物多西环素诱导）。由于诱导剂的安全特性，启动子 1,3-β-葡聚糖转移酶苯甲酸盐、羟化酶和过氧化氢酶更有利于食品酶的生产。在特定的诱导条件下，可诱导的启动子可以和强组成型启动子一样有效（Li et al.，2020）。

2. 5′-UTR

5′-UTR 是位于 mRNA 上编码序列上游的一段序列，可以调控翻译过程。例如，通过形成茎环结构或者较小的发夹结构可以阻碍核糖体在 mRNA 上的移动，对翻译过程进行负调控。已有研究发现，在异源表达过程中对 5′-UTR 部分的改变不会影响转录水平，而是在转录后的翻译过程中提高了表达水平（表 4-7）。翻译过程依赖于 mRNA 进行，在不影响其所编码蛋白质结构的前提下，对 5′-UTR 区域进行适当的改造可以提高翻译效率（Bergman and Tuller，2020）。5′-UTR 在 mRNA 稳定性和翻译效率中的作用已受到广泛关注。5′-UTR 内的随机突变已被成功用于提高细菌宿主的酶产量。随着转化效率的提高和高通量筛选技术（high throughput screening，HTS）的发展，通过随机诱变构建 5′-UTR 文库将进一步促进酶的生产（Li et al.，2020）。原核生物中存在核糖体结合位点（ribosome binding site，RBS），其在 RNA 翻译成蛋白质的过程中发挥着重要作用。在枯草芽孢杆菌中，研究者通过 RBS 计算器（RBS calculator）对枯草芽孢杆菌的 RBS 进行优化，结合 5′-UTR 突变，使几丁二糖脱乙酰酶的表达提高 82 倍，达到 1548.1 U/mL（Jiang et al.，2019）。

3. 信号肽

外源蛋白分泌到胞外培养基主要是通过信号肽引导分泌实现的（表 4-7）。在乳酸菌表达系统中已成功使用了内源信号肽和外源信号肽引导外源蛋白的分泌表达。表达同一种外源蛋白时，不同的信号肽之间的分泌表达率有很大的差别。在对 *Lactococcus lactis* 表达葡萄球菌核酸酶的研究中发现，以内源信号肽 SPUsp 与 *nuc* 基因融合进行分泌表达，其分泌表达率可达到 95%，而外源信号肽 SPNuc 与 *nuc* 基因融合表达的分泌表达率只有 65%。相关的研究表明，在成熟蛋白 N 端融合一段肽链并不影响蛋白质活性。然而，在成熟蛋白 N 端与信号肽之间融合一小段特定的肽链，会对分泌表达率和产量产生极大的影响。酸性或中性的肽链以及带负电或不带电的肽链都能提高分泌表达率和产量，而碱性或带正电的肽链则正好起相反的作用。例如，将一段人工合成的、含 9 个氨基酸残基的肽链 LEISSTCDA 融合到成熟蛋白 N 端与信号肽之间并在 *L. lactis* 中分泌表达，其分泌表达率提高了将近 1 倍，而表达产量可提高到 3 倍左右（Klotz and Barrangou，2018）。

芽孢杆菌中的信号肽一般由三部分构成：N 端由 1～5 个带正电荷的氨基酸组成；中间部分为 7～15 个疏水性氨基酸构成的核心区；C 端由 3～7 个能被信号肽酶识别并切割的亲水性氨基酸组成。根据枯草芽孢杆菌蛋白质分泌机制的不同，可将其信号肽细分为 4 种类型，分别对应 4 种蛋白质分泌机制。利用枯草芽孢杆菌表达系统的优越性与其自身信号肽序列相结合，构建分泌表达系统，实现了众多外源蛋白质的分泌表达。然而，利用 *Bacillus subtilis* 进行外源基因的分泌表达时，通常采用的策略是推测目标蛋白质可能具有的分泌途径，再将该途径可识别的信号肽融合到目标蛋白质的 N 端以便探究其分泌表达水平。众多研究报道表明，同一种蛋白质在不同信号肽的作用下分泌效率相差甚远，有的甚至不能分泌。例如，选择枯草芽孢杆菌蛋白酶、中性蛋白酶、芽孢杆菌 RNA 酶和果聚糖蔗糖酶等 4 种酶蛋白的信号肽，以 *B. subtilis* BE1510 为宿主菌，分别表达重组链霉抗生物素蛋白，结果中性蛋白酶信号肽的分泌效率最高。另外，研究比较了来源于枯草芽孢杆菌的 173 种信号肽对角质酶分泌表达的影响，其中有 39 种信号肽不能实现角质酶的分泌。因此，针对不同的蛋白质应该选择合适的信号肽来实现有效的分泌表达。

常用的酵母信号肽主要有内源信号肽和异源信号肽。一般来说，应用酿酒酵母内源信号肽能使外源基因得到更高效表达。常用的酿酒酵母信号肽有 α 因子信号肽（α-MF）、蔗糖酶（SUC2）、酸性磷酸脂酶（PHO1）和 Killer 毒素等内源性信号肽，其中 α 因子信号肽应用最为广泛。异源信号肽包括外源基因在天然菌株中自身的信号肽，也是外源蛋白在酿酒酵母中分泌表达常用的策略。在许多研究中采用米根霉的糖化酶基因信号肽和纤维素酶基因自身的天然信号肽来进行纤维素酶基因在酿酒酵母中的表达（Mayle and O'Donnell，2021）。而在毕赤酵母中使用最多的还是来源于酿酒酵母的 α 因子信号肽。除了选用合适的信号肽外，还可以对信号肽的疏水性、序列等进行一系列改造来提高分泌效率。有研究显示，在 MF4I 信号肽序列的 N 端分别引入 1～10 个毕赤酵母 AOX1 蛋白的 N 端氨基酸，构成了 10 种不同的分泌信号肽序列并介导植酸酶基因在毕赤酵母中的分泌表达，与 α-MF 相比，植酸酶分泌表达量提高 5 倍。研究人员设计并合成了含有 10 个亮氨酸强疏水核心的信号肽 ASP，通过酶活性测定，与青霉素 G 酰化酶（PAC）信号肽 WTSP 相比，ASP 使 PAC 酶活性增加约 63%，这些研究表明，在信号肽末端适当增加氨基酸以改变氨基酸序列，可提高外源蛋白的分泌效率。

霉菌中的信号肽数量很少，常使用的是在曲霉中高效表达和分泌的蛋白质信号肽，包括糖化酶信号肽、淀粉酶信号肽。将它们融合在目的蛋白的 N 端，常常有很好的蛋白表达和分泌效果。但是对于表达异源蛋白，N 端的序列会直接影响转录的起始，使用内源信号肽无法实现高效表达。随着微流控技术的发展，开发更多适合于外源基因在曲霉中表达和分泌的信号肽是主要的研究方向。

4.3.3 酶基因与氨基酸序列优化

1. N 端编码序列

在蛋白质生物合成中，61 个遗传密码子编码 20 个氨基酸，其中 18 个由多个同义密码子编码。由于编码序列中的同义突变不影响氨基酸序列，这些突变被认为是“沉默突变”。然而，同义突变会显著影响不同生物体内的蛋白质水平，基于同义突变的密码子优化已成为调控蛋白质表达的常用方法。研究表明，同义突变同时影响翻译起始和新生多肽的延伸，前者在原核细胞和真核细胞的蛋白质水平上普遍占主导地位。由于与翻译起始区邻近，目的蛋白的 N 端编码序列（N-terminal coding sequence，NCS）可导致宿主蛋白的表达发生显著变化。同时，由于食品安全和表达效率高，在乳酸菌、芽孢杆菌和酵母菌中都广泛使用 NCS 修饰来提高蛋白质的表达（Xu et al.，2021）。另外，在曲霉宿主中，与高表达的蛋白质的部分序列相融合，可以显著提高异源蛋白的表达。GlaAG1 是 GlaA（1～489）的一个催化结构域，通过将其与目标酶的 N 端融合，可提高 *Aspergillus niger* 中的再组合表达，这使异源蛋白的产量提高了 5～1000 倍。大多数曲霉菌株产生一种蛋白酶（KexB），其特异性类似于酵母中的蛋白酶 Kex2（Lys-Arg）。为了从融合蛋白中释放目标酶，KexB 的裂解位点通常被插入 GlaAG1 和目标酶之间（Li et al.，2020）。

2. 密码子偏好性

在利用食品级宿主表达异源蛋白的过程中，外源基因在合适的启动子及转录因子的调控下成功转录成 pre-mRNA，再通过一系列加工成为成熟的 mRNA。在这个过程中，来源于与宿主亲缘关系较远物种的外源基因所转录出的 mRNA 更容易被降解，或产生错误剪接，这些都会导致目的蛋白的最终表达量降低。利用宿主本身在密码子使用上的偏好性对外源基因进行密码子优化，是提高其 mRNA 稳定性及后续翻译过程效率的一个基本方法。通过密码子的优化可以保证 mRNA 的正确剪接，有效提高其稳定性，避免 mRNA 被降解（Yu et al.，2015）。研究人员将密码子优化的 *Penicilium citrinum* 木聚糖酶基因转化至 *Yarrowia lipolytica*，从而实现了高效表达，而在野生型宿主中并没有表达（Ouephanit et al.，2019）。来源于马铃薯的木葡聚糖内糖基转移酶在 *Aspergillus oryzae* 中进行异源表达时，由于 *A. oryzae* 将 pre-mRNA 中的部分编码区域明显误读为内含子而对其进行了错误剪切，最终导致没能在 *A. oryzae* 中成功表达该蛋白质。在这个过程中，如果依据 *A. oryzae* 密码子使用的偏好性对 StXTH 进行密码子优化，提升其 GC 含量，极有可能避免错误剪切的问题（Hamann and Lange，2006）。因此，在食品级宿主表达异源蛋白的过程中，依据宿主本身的密码子使用频率对异源基因进行适当优化是十分必要的。

3. 内含子

真核生物的基因序列通常被分割成编码序列（外显子）和干扰序列（内含子）。研究人员对酿酒酵母的 34 个内含子进行了删除，发现虽然线性 RNA 在饱和生长条件或其他应激条件下积累，但在对数生长期却迅速降解，从而长期抑制生长信号 TORC1。这些内含子的删除对饱和生长条件下的酵母是不利的，并且在 TORC1 抑制剂雷帕霉素作用下，酵母生长速率异常升高。回补相应的天然或人工内含子可以有效抑制雷帕霉素导致的异常作用。该研究揭示了内含子在酿酒酵母 TOR 生长信号转导网络内的作用及剪接体内含子的生物学功能（Morgan et al.，2019）。这对酵母的生长和蛋白质的表达作用都是显著的。曲霉中大约 87%的基因有内含子，每个基因平均包含 2.6 个内含子。研究表明，内含子的缺失几乎完全抑制了曲霉的内源性酸性脂肪酶的表达。此外，引入果糖-1,6-二磷酸酶的两个内含子导致 *A. niger* 中产生 1.8 mg/L 的人红细胞生成素，而在引入前没有检测到目标蛋白。内含子很可能在真菌的 mRNA 稳定性中起作用。到目前为止，仍有许多非真菌蛋白在曲霉中产量低甚至没有产量（Li et al.，2020）。随着对内含子的进一步了解，“内含子工程”可能是改善这些非真菌蛋白表达的有效方法。

4.3.4 游离与整合表达策略开发

1. 整合表达

近年来，遗传方法的研究取得重要进展。其中，整合表达，也称染色体表达，是指将同源或者异源基因整合到目的宿主的基因组或是染色体进行表达的方式，目前在生物技术及生物医学领域受到青睐（Ou et al.，2018）。整合表达为重组蛋白生产、代谢产物积累和基因治疗等应用带来了优势。通过该方式进行基因整合，减轻了质粒复制带来的代谢物负担，减少了抗生素或其他选择性药物的使用，也减少了细胞资源的消耗等，同时不会影响目的基因的转录和翻译机制（Mairhofer et al.，2013）。

与质粒表达系统一样，染色体整合不会减轻转录、翻译及靶基因的能量、代谢物的负担，但减少了抗生素的使用量并减轻了质粒复制带来的代谢物负担。染色体表达系统在构建杂交细菌方面具有潜在的应用，这些细菌可以在竞争情况下稳定地维持插入的基因（Mairhofer et al.，2013），而无需抗生素或选择压力，如在开放系统、自然环境及动物或人体（特别是对于活细菌疫苗）中。然而，染色体表达弱通常是由于基因拷贝数低。为了达到与质粒系统相当的表达水平，基因在强启动子（如 T7 启动子）的控制下通过单个拷贝整合到染色体中，或通过多个拷贝来提高表达水平（Mairhofer et al.，2013）。在优化靶基因或代谢途径的染色体整合后，至少对于某些蛋白质，染色体整合的蛋白质表达能力超过了基于高拷贝质粒的表达系统。

1）目的基因或操纵子的拷贝数优化

改变目的基因的拷贝数有两种方式：将基因置于高拷贝数或低拷贝数质粒中，或者增加整合到基因组中的所需基因拷贝数。通过将染色体中靶基因增加到 40～50 个连续拷贝，聚-3-羟基丁酸的生产率可以提高到相当于中等拷贝数质粒表达系统；与等效质粒相比，染色体整合的遗传稳定性提高了约 10 倍。基因整合，特别是多拷贝整合（Lee and Da Silva，1997），是代谢工程的首选，因为质粒遗传稳定性低，维护成本高。增加集成副本数量的一种策略是在高选择压力下进行克隆。例如，蜡合酶表达盒的 6 个拷贝通过选择 20 g/L G418 整合到 δ 位点，这使酿酒酵母中脂肪酸乙酯的产量增加了 6 倍（Shi et al.，2014）。质粒系统与此类似，利用缺陷标记表达盒可以实现基因组整合的高拷贝数。例如，通过选择 200 mg/L 的 G418，整合了 30 个荧光蛋白表达盒（带有缺陷的 G418 抗性基因表达盒）。在另一项研究中，利用有缺陷的 URA3 标记将丙二酸辅酶 A 还原酶（MCR）基因整合到酵母基因组中，从而使 3-羟基丙酸（3-HP）的产量增加了 3 倍以上。最近，CRISPR/Cas 系统已被用于实现多拷贝 δ-整合，特别是对大的 DNA 片段（Lian et al.，2016）。

预计 CRISPR/Cas 系统与缺陷标记的结合将使大的 DNA 片段的多拷贝基因组整合更加容易。

2）整合位点的选择和优化

基因表达水平的差异不仅取决于基因拷贝数，还取决于基因组位置的转录水平。染色体位点在支持外源 DNA 片段整合和整合基因表达的能力方面存在显著差异。这种差异是通过来自相邻序列效应的干扰、基因取向、靶基因和转录因子基因之间的距离，以及相对于复制的染色体起源的插入位置导致的。酵母中常用作异源基因整合的多拷贝位点主要有核糖体 DNA、δ 位点和 Ty 转座子（Lian et al., 2018）。即使是一个基因产物的高表达水平位点，也可能是某些基因产物的低表达水平位点。因此，一个基因构建体的单个“高”表达位点可能不适用于所有基因/酶构建体（Shi et al.，2014）。

2. 游离表达

在微生物的遗传操作中，质粒是进行基因克隆和表达的基本工具。除整合表达方式外，游离质粒也是重要的表达方式之一。游离表达是指外源基因在游离质粒上进行表达，通过复制子在宿主中自主复制，使用不同压力的抗生素进行标记筛选，获得所需的质粒表达载体。以游离方式进行外源基因表达有利于突变文库的构建并进行高通量筛选。

不同微生物体系中游离质粒的复制方式有差异。以枯草芽孢杆菌为例，其质粒依据其复制类型分为蝶形复制型（θ 复制型）和滚环复制型质粒。另外，在酿酒酵母中发现自主复制序列 ARS 可用于穿梭质粒。从乳酸克鲁维酵母中分离并进行人工优化的自主复制序列简称 pARS，基于该序列构建的质粒已经成功表达蛋白质（Camattari et al.，2016）。

表达载体是基因工程菌株构建的主要工具，其主要包含复制子、启动子、信号肽和转录终止子等基因元件。通常在游离表达中对表达载体的主要元件进行置换是获得理想表达载体及蛋白表达的重要策略。除了对启动子、信号肽和转录终止子的优化，质粒复制子的选择对表达水平有决定性的作用。复制子是游离表达载体中不可或缺的基本元件。枯草芽孢杆菌中表达载体的复制子可以分为滚环模型复制子和 θ 复制子。枯草芽孢杆菌中常用的两个内源质粒 pBS72 和 pLS20 均采用 θ 复制方式，它们具有遗传稳定性高的优点。常用的高拷贝表达载体，如 pP43NMK、pSTOP1622 等（Zhang et al.，2005），均采用其他微生物来源的滚环复制型质粒。通过相应表达元件的优化，蛋白质得以实现高效合成，但也给菌体带来代谢负担和压力，因此需要通过代谢途径的平衡调控，进行能量和资源的合理分配，实现最大化产品产率和产量。

整合表达与游离表达是实现蛋白质、代谢产物、化合物等微生物生产的重要方法。可根据产品的各自属性进行表达方式的选择，对影响表达效果的各种因素进行分析并优化，利用系统的基因工程推进微生物蛋白的生产。

4.3.5 高效产酶微生物底盘细胞构建

1. 菌体的生长与形态调控

随着微生物形态学工程改造技术的发展，越来越多的研究开始通过改造微生物的形态和生长以实现酶的高产。细胞形状作为遗传特征，对细胞的功能、内环境的调控都起着决定性的作用。真核细胞的形状由细胞骨架支撑，细胞骨架由肌动蛋白、管蛋白和内丝组成（Van den Ent et al.，2014）。原核生物也有与真核细胞骨架和形态学元素相似的形状维持蛋白（Van den Ent et al.，2014）。通过对形状维持蛋白的基因敲除，可使细菌的形状从杆状变为纤维状，或从条状变为球状（Jiang and Chen，2016）。对于细胞形态的改造可有效调控细胞生长、细胞大小及细胞密度等，易于下游分离和增强胞内酶的积累（Kaeberlein，2010）。调控延长体是调控微生物细胞骨架的常用方法，其主要参与肽聚糖的合成和细胞壁延伸（Wang et al.，2019）。肽聚糖是细胞壁的重要组成部分，其对于维持细胞形态至关重要。通过对延长体相关蛋白的基因表达调控，可对肽聚糖的合成进行干预，最终得以调控细胞形态。研究人员通过调控青霉素结合蛋白（PBP）和转糖苷酶（RodA）以减少肽聚糖的合成，最终获得的微生物细胞壁变薄，细胞体积变大，更有利于形成蛋白质（Feng et al.，2016）。

除上述方法外，对于细胞分裂体的调节也是改造细胞形态的重要方法。分裂体由 Z 环蛋白及其相关蛋白质组成，负责细胞分裂时肽聚糖的合成，使细菌细胞伸长、分裂成两个子细胞。对于分裂体的调控方法主要是干扰分裂体的形成，以及抑制细胞分裂。在干扰分裂体形成过程中，通过降低细菌微管蛋白（FrtZ）的表达，增加细胞分裂抑制蛋白（SulA）或 FrtZ 蛋白抑制蛋白（MinCD）的表达（Van Dijl et al.，2002）。通过敲除嗜盐单胞菌的 *phaP*（编码 phasins 蛋白）并过表达 MinCD，可显著增加细胞长度，有利于 mcl-PHA 途径酶的扩增，进而提高了目的蛋白的最终产量（Zhao et al.，2019）。表 4-8 统计了细胞形态改造过程中所应用的关键基因。

表 4-8 细胞形态改造的关键基因

宿主	基因	功能
细菌	*mreB*	增大细胞体积，为酶的积累提供更大的空间
	pBP	增加细胞壁通透性，降低胞内 5-ALA 的浓度，加速细胞分裂，提高细胞比表面积，加速细胞生长
	ftsZ	抑制细胞分裂，增大细胞体积，为酶的积累提供更大的空间

续表

宿主	基因	功能
细菌	*sulA*	抑制细胞分裂，为酶的积累提供更大的空间
	minCD	将细胞从刚性变为弹性，为酶的积累提供更大的空间
	ftsW	调控酶在胞内的分布，改善细胞生长
	lifespan	将细胞形态从纤维状变为球形
	ras2、*fuz7*、*ubc3*	增大细胞体积，为酶的积累提供更大的空间
丝状真菌	*racA*	通过控制肌动蛋白来控制极性生长
	aplD	超枝化表型和小菌丝球的形成
	arfA	菌丝球颗粒直径显著减小
	chsC	增加了菌丝球的比例，降低了球的致密性
	gul-1	促进菌丝球的形成
	flbA	失去产孢的能力

在以曲霉为代表的丝状真菌内，一系列形态学相关基因已得到鉴定。*racA* 编码一种 Rho-GTPase，通过控制肌动蛋白来控制极性生长（Kwon et al.，2011）。敲除 *racA* 会导致分枝频率增加 30%，菌丝球直径小于 200 μm 可使 GlaA 的产量比野生型菌株提高 4 倍（Fiedler et al.，2018a）。随着超枝化表型和小菌丝球的形成，*aplD* 编码假定的 γ-适应蛋白的下调也会导致发酵上清液中总蛋白含量增加 2 倍（Cairns et al.，2019）。与上述两种基因不同，*arfA*（ADP 核糖基化因子）的过度表达可使菌丝球颗粒直径显著减小，从而增加胞外酶的产量（Fiedler et al.，2018b）。沉默 *A. niger* 中的一种 III 类几丁质合成酶 chsC，不仅增加了菌丝球的比例，还降低了球的致密性，导致氧传质效率的提高（Sun et al.，2018）。另外，缺失参与 *Neurospora crassa* 细胞壁重塑的 mRNA 结合蛋白 Gul-1 的编码基因，可使菌丝球形成并使胞外 β-葡萄糖苷酶产量增加约 50%（Lin et al.，2018）。除了菌丝球的形成外，孢子形成对蛋白质表达的负面影响也有研究。通过敲除产孢相关基因 *flbA* 使 *A. niger* 产孢被中止，导致在琼脂培养基上生长的整个菌落的蛋白质分泌增强（Krijgsheld et al.，2013）。

2. 底盘细胞中高效的转录和翻译

转录因子在蛋白质生产过程中，尤其在酶基因的转录和翻译过程中表现出较大的潜力，因而常被用来提高酶的表达（Zheng et al.，2019）。过表达转录因子 Mtxyr1 可使 *Myceliophthora thermophila* 中木聚糖酶产量提高 25.19 倍（Wang et al.，2015）。随着越来越多的转录因子被发现，研究人员对它们的机制和功能进行了研究，并逐渐掌握了转录因子的特征。通过人工合成特定的转录因子，可用于提高酶的生产。使用半理性设计的方法，在构建的能够调控基因表达的人工锌指蛋白文库中筛选到高效的转录因子，使 *Trichoderma reesei* 的内切葡聚糖酶活性提高了35.3%（Meng et al.，2020）。然而，高效的转录会产生大量多肽，导致过量的未折叠蛋白响应（unfolded protein response，UPR）（Hsu et al.，2019），而错误折叠的蛋白质会被内质网相关途径降解，从而减少酶的产生（Sim et al.，2022）。因此，适当提高底盘细胞中转录和翻译效率，才能促进酶的表达。

3. 底盘细胞中高效的翻译后修饰

对于原核生物来说，没有细胞器使得它们生产的蛋白质没有翻译后修饰过程。而在真核微生物中，蛋白质过表达会对内质网造成负担，从而激活细胞内的 UPR 和内质网相关的降解（ER-associated degradation，ERAD）（Sun et al.，2020）。一系列的分子伴侣，如 GptA、SstA、EroA、PdiA、SttC 参与了 UPR，有利于新生肽的正确折叠，从而减轻酶的 ERAD（Heimel，2015）。一方面，真核微生物中 UPR 的增强可提高异源蛋白的可溶性表达，据报道，在 *A.niger* MGG029 中，UPR 相关伴侣钙联蛋白的过度表达能导致 *Phanerochaete chrysosporium* 锰过氧化物酶产量增加 4 倍（Conesa et al.，2002）；另一方面，DerA、HrdC、DoaA 或其他与内质网相关的伴侣蛋白的缺失也可能减缓内质网的降解（Sun et al.，2020）。通过添加基因拷贝和缺失 DerA 与 ERAD 相关的伴侣，可使葡萄糖淀粉酶-葡萄糖醛酸酶基因在 *A. niger* 中的产量增加 6 倍。然而，在表达单拷贝融合酶的菌株中并没有观察到这种阳性的 DerA 缺失效应，表明 ERAD 调控只有在目的基因过表达的条件下才能起作用（Carvalho et al.，2011）。

4. 底盘细胞中酶的高效转运

胞外生产可以减少生物提取过程的复杂性，并提高产品质量。针对真核和原核生物不同的转运机制，可使用不同的策略以实现蛋白质的高效转运。原核细胞如大肠杆菌缺乏分泌系统，不能将蛋白质有效地释放到生长培养基中。相比而言，枯草芽孢杆菌是一种分泌效果极强的细菌，其可以分泌大量的蛋白质进入培养基并且浓度很高。其中，Sec-SRP 途径是最主要的分泌途径（Yamane et al.，2004）。相比之下，双精氨酸转运（Tat）途径及一些 ATP 转运途径的利用率则较低（Jongbloed et al.，2000）。将芽孢杆菌中的一些转运蛋白在大肠杆菌中进行表达以建立高效的分泌途径，是实现大肠杆菌胞外表达的方法。另外，真核微生物通过内质网和高尔基体转运蛋白质，可溶性蛋白通过分泌囊泡或颗粒运输到质膜，最终释放到真核细胞外。蛋白质的转运主要受可溶性 *N*-乙基马来酰亚胺敏感附着蛋白受体（SNARE）（Adnan et al.，2019）、COP Ⅰ 泡囊（Travis et al.，2019）、COP Ⅱ 泡囊和 Ypt/Rab 家族分泌相关的小 GTPase 的影响（Sun et al.，2020）。在这些调节因子中，SNARE 位于囊泡表面，与受体膜特异性相互作用，并在蛋白质分泌过程中触发膜融合。通过建立一种新的过氧化作用分泌系统，可实现蛋白质的有效分泌。在该系统中，过氧化物酶体膜蛋白 Pmp22 能通过膜融合携带完全折叠的胞内蛋白，使其 C 端融合过氧化物酶体输入信号的蛋白质能被有效地释放到培养基中（Sagt et al.，2009）。这些调节因子的表达对蛋白质的转运意义重大。

5. 底盘细胞中蛋白酶的敲除

一般来说，野生型宿主细胞能分泌大量蛋白酶，不利于酶的表达。为了减少蛋白酶的影响，通常会敲除蛋白酶基因或者间接抑制蛋白酶的表达。例如，在 *Bacillus subtilis* 中可以产生一系列降解目标蛋白的细胞外蛋白酶，包括中性蛋白酶（NprE 和 NprB）、丝氨酸蛋白酶（Epr、Bpr 和 Vpr）、碱性蛋白酶（AprE）、金属蛋白酶（Mpr）和细胞壁蛋白酶（WprA）（Zhao et al.，2019）。研究者们通过敲除蛋白酶 NprB、Bpr、Mpr，构建了目前蛋白质表达常用的胞外蛋白酶缺失菌株 *B. subtilis* WB600（Wu et al.，1991），其蛋白酶活力仅为 *B. subtilis* 168 的 0.32%。除此之外，碱性多聚半乳糖醛酸裂解酶（Kamaruddin et al.，2018）、青霉素 G 酰基转移酶（Zhang et al.，2006）等众多异源蛋白也被报道在 *B. subtilis* WB600 中积累了更高的表达水平。随后，另外两种蛋白酶 Vpr 和 WrpA 也被敲除，构建了蛋白酶活力更低的 *B. subtilis* WB800（Murashima et al.，2002）。然而，细胞外蛋白酶并不是越少越有利于外来蛋白的积累，例如，*B. subtilis* WB600 中 Pul 的分泌水平是 *B. subtilis* WB800 的 3 倍左右（Song et al.，2016）。蛋白酶缺陷菌株表现出更易裂解的现象，这降低了生物量的积累（Wu et al.，1993）。在真核微生物中，蛋白酶的影响更加显著，例如，在 *Aspergillus niger* 中，PepA 是最重要的蛋白酶之一，占其总蛋白酶活性的 80%～85%（Mattern et al.，1992）。除此之外，PepAa、PepAb、PepAc、PepAd 等类胃蛋白酶也对 *A. niger* 中的蛋白有显著的降解。因此，构建蛋白酶缺陷菌株是减少蛋白质降解的有效途径（图 4-7）。通过敲除 pepAa、pepAb 和 pepAd，*Trametes versicolor* 来源的漆酶在 *A. niger* GICC2773 中的表达量分别增加了 21%、42%和 30%（Wang et al.，2008）。转录因子敲除也可以降低 *A. niger* 中蛋白酶的活性。在 *A. niger* HL-1 中，32 个蛋白酶基因的转录水平受到蛋白酶特异性转录因子 PrtT 的调控，包括丝氨酸型肽酶、天冬氨酸型内肽酶、氨基肽酶和羧肽酶（Huang et al.，2020）。缺失 PrtT 后，PepA、曲霉蛋白酶 B、丝氨酸羧肽酶、枯草杆菌蛋白酶样丝氨酸蛋白酶在 *A. niger* 中的表达明显受到抑制，导致 *Glomerella cingulate* 角质表达量增加约 70%（Kamaruddin et al.，2018）。另外，32 种蛋白酶的启动子及其激活子 PrtT 具有 AmyR 结合位点，其缺失可使 prtT 和 pepA 的转录水平分别提高 1.65 倍和 3.28 倍（Huang et al.，2020）。而过表达 amyR 则可通过抑制与 PrtT 转录相关的蛋白酶来降低蛋白酶水平。综上所述，减少蛋白酶的影响也是一个提高酶表达量的有效方法。

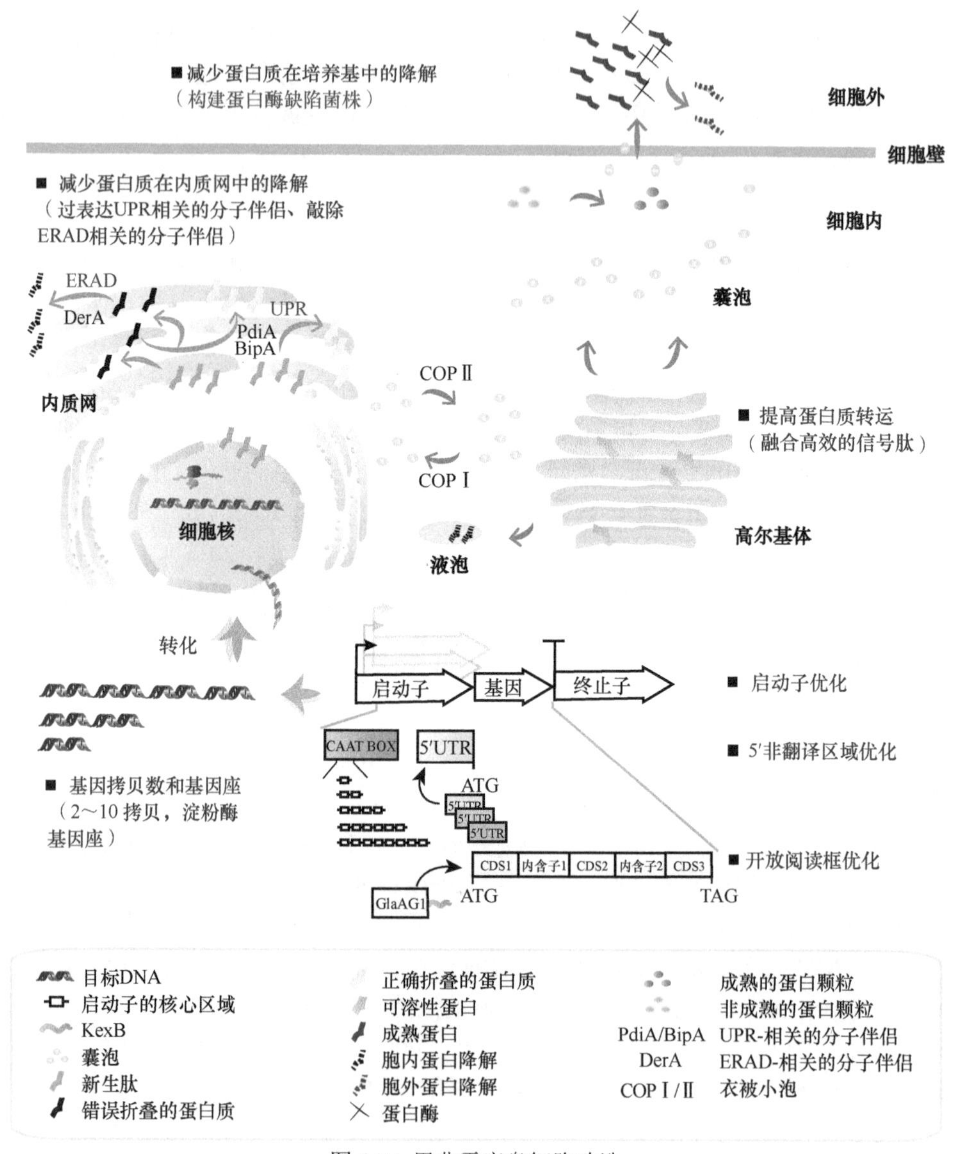

图 4-7 黑曲霉底盘细胞改造

4.4 酶固定化及全细胞催化技术在食品工业中的应用

4.4.1 酶固定化与全细胞催化概述

随着基因工程和蛋白质纯化技术的发展，已经开发出许多广泛使用或特定使用的新型酶，其新的潜在应用领域仍在被发掘。酶对环境无害，可生物降解，高效且廉价，还具有在非常温和的条件下催化反应的能力，且具有高度的底物特异性，从而减少了副产物的形成。鉴于这些优势，酶在食品、饮料加工、纺织、造纸、生物传感器、废水处理、医疗保健和制药领域都具有广泛的应用（Brady and Jordaan，2009；Chakraborty et al.，2016；Silva et al.，2018）。然而，游离酶的所有这些有利特性及其性能往往容易受到催化反应体系中环境因素的影响，而且酶回收以供重复使用的技术难度也较大。游离酶的主要缺点包括：稳定性差，受温度、pH、金属离子、有机溶剂影响较大；一次性使用，成本高；产物的分离纯化比较困难。为了克服游离酶的这些缺点，最重要和最广泛使用的技术之一是酶固定化。酶固定化技术被认为是一种非常强大的技术，可以定制和修饰酶的多个催化特性，如酶的活性、特异性、选择性、在各种 pH 和温度下的稳定性、对抑制剂的抗性，以及它们在连续催化过程中的可回收性（Bilal et al.，2019a,b）。

酶固定化技术是指通过一些固定化方法将游离酶限定在一定的空间范围内而不能自由移动的技术。固定化方法和固定化载体是影响固定化酶催化效率的两大关键因素。一般来说，载体成本是影响固定化酶总成本的主要因素。与游离酶相比，固定化酶的主要优点是：提高了对温度、pH 的适应性，以及对蛋白酶、抑制剂的抗性，因此固定化酶的稳定性和催化效率普遍提高；固定化酶可批量、连续性操作，适用于自动化的工业生产；催化反应结束后易于分离，大大降低了酶的使用成本和后期产物的分离纯化成本。

酶固定化技术是 20 世纪 50 年代开始发展起来的一项新技术。Grubhofer 和 Schleith（1954）报道了在重氮化的聚氨苯乙烯树脂上固定羧肽酶、淀粉酶、胃蛋白酶、核糖核酸酶的方法，一般认为这是真正开展固定化酶新技术研究的开始。1969 年，日本田边制药公司成功地将固定化氨基酰化酶（E.C.3.5.1.14）应用于 DL-氨基酸的拆分上，被认为是固定化酶应用于工业化的开始（Sato et al.，1971）。我国对于酶固定化技术的研究始于 20 世纪 70 年代前后，早期的研究主要集中在传统的固定化方法探索方面。

酶的固定化方法主要有诱捕法、包埋法、吸附法、共价结合法、交联法、细胞表面展示法等（Fernandez-Fernandez et al.，2013）。诱捕法、包埋法和吸附法通常不涉及酶分子的修饰，不改变酶的催化活力；共价结合法和交联法涉及酶分子的修饰，对酶活力具有一定的影响。包埋法、吸附法、共价结合法和交联法的比较见表 4-9。除了固定化方法外，选择合适的载体材料是理想固定化中最关键的挑战，因为载体对酶和催化体系的性质有重大影响。固定化载体内部的几何形状、机械阻力、比表面积、孔径和活化度是定义合适的固定化载体的重要参数（Bilal et al.，2019a）。近年来，新的生物聚合物以及各种有机、无机、杂化或复合来源的材料已被用作固定不同酶的载体。

表 4-9 酶固定方法的比较（Imam et al.，2021）

	包埋法	吸附法	共价结合法	交联法
固定化方式	在载体材料捕获酶的情况下形成	酶与载体材料通过物理相互作用结合	酶与载体材料通过共价键结合	酶与酶/蛋白质/载体交联形成酶聚集体或晶体
固定化过程	在酶存在下形成载体，酶被完全包埋于载体中；载体材料和酶的损失最小；调整载体材料的范围	不完全吸附到载体表面；需要过量的酶来达到吸附平衡；酶和载体材料必须是廉价的	载体材料的连接点数量可能会有所不同；需要过量的载体材料来促进完全共价结合；定制载体材料	交联程度可能不同，可能涉及支持材料；载体材料与酶的损失最小；交联的范围变化较大；重现性可能具有挑战性
酶结构	酶结构的变化最小；与载体材料可以相互作用	酶与载体可以相互作用	酶的结构被修饰以形成共价键	与交联剂的相互作用
使用稳定性	使用稳定性高；浸出可能是由载体材料的分解或酶与载体材料相互作用较弱引起的	结合很弱；使用稳定性取决于反应条件	使用稳定性高；与载体材料结合紧密；酶浸出的可能性取决于酶与载体材料的锚定程度	使用稳定性好；浸出可能是由载体材料的分解或酶与载体材料相互作用较弱引起的
扩散/传质	载体材料限制了酶与反应介质的直接接触；扩散取决于载体材料的设计	酶与反应介质紧密接触；容易扩散	酶与反应介质紧密接触；由于束缚而减少传质的可能性	结构范围变化较大；扩散取决于聚集体或晶体的大小

随着现代分子生物学技术和材料等学科的不断发展，催化活性更高、稳定性更好的酶不断地被挖掘出来，与此同时，新型的固定化载体不断涌现，关于酶固定化及应用的研究成为一大热点。然而大量的研究都集中在酶的分子改造或新型固定化策略的研究，将二者有效地整合到一起的研究却很少见。要使酶能够在复杂和苛刻的工业过程（非水溶剂、极端温度、增加可重复使用性）中有效地催化合成产物，需要获得更快、更有效的生物催化剂。Bernal 等（2018）通过有效整合蛋白质工程和酶固定化策略，获得了更高效、更稳定的工业生物催化剂。

4.4.2 酶固定化与全细胞催化技术

1. 诱捕法

诱捕法是指利用具有网格结构的材料直接将酶进行固定[图 4-8（a）]，这种方法涉及的分子间作用力有离子键、疏水相互作用和共价键，通过离子键和疏水相互作用结合的诱捕往往结合得比较松散，通过共价结合的诱捕相对比较牢固，目前使用比较多的诱捕法以离子键和疏水相互作用结合为主。诱捕法的主要优点是对酶的修饰比较少，基本上不破坏酶的结构；主要缺点是酶与固定化载体结合力相对较弱，容易脱落形成游离酶。

2. 包埋法

包埋法是指利用半透膜之类的载体材料将酶封装在半透膜里[图 4-8（b）]，如聚丙烯酰胺、胶原蛋白、藻酸盐或明胶，允许产物和底物通过，同时保留酶，这种方法涉及的分子间作用力有离子键、疏水相互作用。包埋法的主要优点是不破坏酶的空间结构，可同时对多种酶进行固定化；主要缺点是产物容易在膜内积累，从而降低反应效率。包埋法可以提高酶的稳定性，最大限度地减少酶的浸出和变性，并优化酶的微环境，通过修改封装材料使其具有最佳 pH、极性或两亲性。然而，包埋法的实际应用受到凝胶或膜的传质限制。诱捕法和包埋法的基本原理非常相似，研究者们有时也把它们统称为包埋法。

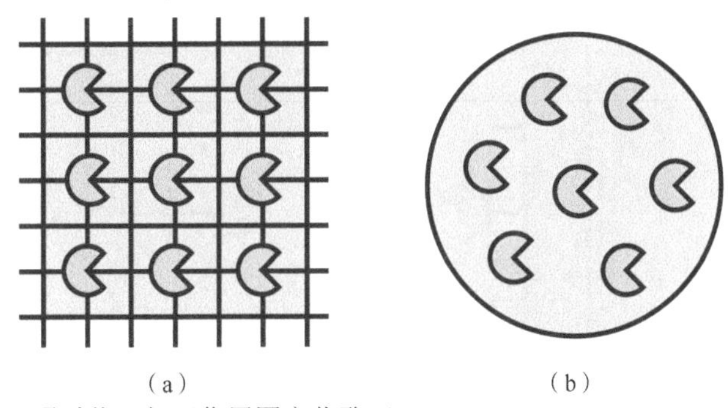

图 4-8　通过物理相互作用固定化酶（Fernandez-Fernandez et al.，2013）

（a）诱捕法；（b）包埋法

包埋法可用于游离酶的固定化，使其更稳定、更容易分离和回收，也可用于全细胞的固定化。在游离酶的不同固定化方法中，尽管包埋法似乎已经落后于共价结合法和交联法，但是包埋法的主要优势是不涉及酶的修饰，对酶活力的影响较小。Imam 等（2021）对包埋法的主要优势和面临的挑战进行了综述，并强调了包埋法的最新研究进展。

Chang 等（2011）通过包埋法将木质纤维素分解酶（纤维素酶、木聚糖酶和漆酶）固定在纤维素膜载体材料中，得到固定化木质纤维素分解酶并用于稻草的水解。当稻草被纤维素酶水解时，分子质量低于 3500～5000 Da 的糖类可以通过纤维素膜，有效地降低了产物的抑制作用，而且有效地将酶和底物从产物中分离出来。与游离酶相比，固定化酶对稻草的水解产生了更高的单糖含量：固定化酶为 601.05 mg/g，而游离酶仅为 465.46 mg/g，前者的单糖产量比后者高 29.13%。研究结果表明，纤维素酶、木聚糖酶和漆酶的剩余酶活力分别平均提高了 57.92%、

19.39%和 20.34%。这项研究表明，包埋法是一种重要的技术，可以在工业应用中有效地利用和重复使用酶，也可以从反应介质中快速分离糖类产物，从而提高剩余的酶活力。

3. 吸附法

吸附法是指通过静电吸附等作用将酶固定在特定的载体上[图 4-9（a）]，这种方法涉及的分子间作用力有离子键、范德华力、氢键、疏水相互作用。吸附法的主要优点是不破坏酶的空间结构，可以使用范围广泛的载体，并且几乎可以固定每一类的酶；主要缺点是酶结合得比较松散，容易脱吸附。尽管如此，吸附法仍然是最快和最普遍的酶固定化方法。Jesionowski 等（2014）总结了吸附载体、载体改性剂和吸附程序对酶固定化效果的影响，为给定酶选择正确的吸附方案以提高其在特定应用中的稳定性和活性提供了重要参考。

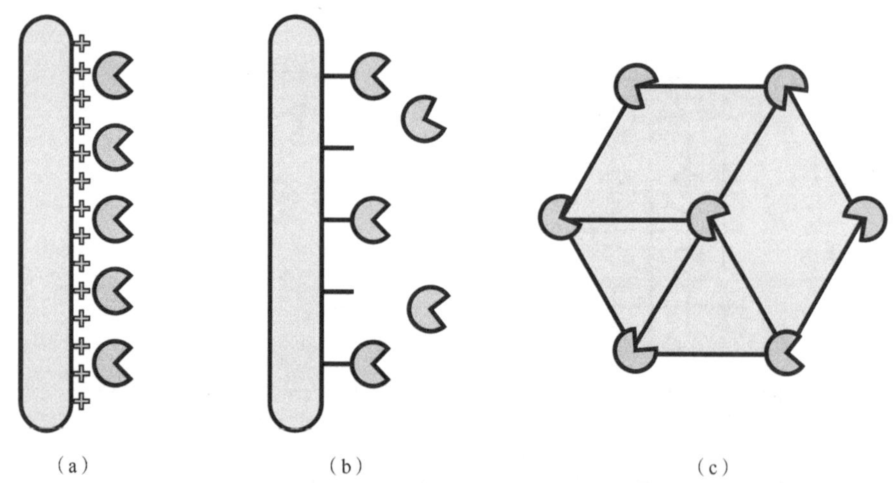

图 4-9 通过化学相互作用固定化酶（Fernandez-Fernandez et al.，2013）
（a）吸附法；（b）共价结合法；（c）交联法

来源于 *Thermus thermophilus* 的谷氨酸脱氢酶（glutamate dehydrogenase，GDH）为同源三聚体酶，应用范围广泛，如作为生物传感器或再生氧化还原辅因子的生物催化剂。该酶在中性或碱性 pH 下非常稳定，但是在酸性 pH 下，由于酶解离，即使在温和温度下，酶也会失去其嗜热特性并迅速失活，大大限制了该酶的使用范围。Bolivar 等（2009）通过吸附法将 *T. thermophilus* 来源的谷氨酸脱氢酶固定在不同的载体材料中。研究结果显示，谷氨酸脱氢酶很容易吸附在高度活化的阴离子交换剂上，但几乎不吸附在低活化载体或高度活化的环氧树脂载体上。虽然多亚基同时固定是在酸性 pH 下稳定制备固定化谷氨酸脱氢酶的关键，但每个酶亚基的多点共价连接对酶的稳定性也很重要。在 pH 4.0、25℃或 48℃条件下，最佳固定化谷氨酸脱氢酶的半衰期超过 1 天，而可溶性酶即使在 pH 4.0、25℃条件下，几分钟内就会完全失活。

Kharrat 等（2011）通过吸附法将 *Rhizopus oryzae* 来源的脂肪酶固定在二氧化硅气凝胶上。游离脂肪酶和固定化脂肪酶的最佳反应温度均为 37℃。与游离酶相比，固定化酶的热稳定性显著提高。超过 40℃时，游离脂肪酶的相对酶活力迅速下降，而固定化脂肪酶表现得更稳定。研究结果显示，固定化脂肪酶在 45℃孵育 1 h，保留了 50%的酶活力，而游离脂肪酶仅保留了 20%的酶活力，并且在 55℃孵育 1 h 完全失活。游离脂肪酶和固定化脂肪酶的最佳反应 pH 均为 8～8.5，固定化脂肪酶在 pH 5～9 的范围内放置 1 h，保留了 95%以上的酶活力，而游离脂肪酶在 pH 5 条件下放置 1 h 失去 60%的酶活力，在 pH 9 条件下放置 1 h 失去 30%的酶活力。固定化脂肪酶表现出对有机溶剂较好的耐受性。固定化脂肪酶在 4℃条件下储存 240 天，保留了 80%以上的酶活力，而游离酶只保留了 20%左右的酶活力。固定化脂肪酶能够以相同的效率重复使用 11 次（转化率为 80%）。

4. 共价结合法

共价结合法是指通过形成共价键的方式将酶表面的某些基团与载体表面基团链接从而固定在特定的材料上[图 4-9（b）]，这种方法涉及的分子间作用力为共价键，主要包括醚键、酰胺键、氨基甲酸酯键和硫醚键等。载体材料的大小、形状、组成，以及偶联反应的性质和具体条件对共价结合酶的活性均具有很大影响。二氧化硅、壳聚糖等都是共价结合法的合适载体。共价结合法的主要优点是酶和固定化材料之间结合得比较紧密，不易脱落，通常热稳定性也有提高；主要缺点是共价结合过程中，酶分子的构象往往容易被改变，导致酶活性降低，使用过程中一旦酶活性开始衰减，就必须将固定化载体与酶一起丢弃。

Gashtasbi 等（2014）通过共价结合法和吸附法将 *Bacillus licheniformis* 来源的α-淀粉酶固定在 *Bacillus subtilis* 孢子表面上，共价结合法和吸附法的固定率分别为 77%和 20.07%。通过这两种方法固定的α-淀粉酶在碱性 pH 范围内显示出更高的活性。游离酶的最适 pH 为 5，而固定化酶的最适 pH 为 8。游离酶和共价固定酶的最佳温度分别为 60℃和 80℃。即使经过 10 次循环，共价固定的α-淀粉酶仍保留 65%的初始活性，但是 K_m 值从可溶性酶的 0.4754 mg/mL 增加到共价固定后的 0.4896 mg/mL 和吸附固定后的 0.4803 mg/mL。与游离酶相比，固定化酶的 V_{max} 值也有所下降。

Nwagu 等（2013）通过共价结合法将 *Aspergillus carbonarius* 来源的淀粉酶固定在聚戊二醛或戊二醛活化的壳聚糖载体上，或通过吸附法固定在壳聚糖载体上并对固定化酶进行交联反应。结果显示，固定化酶在更宽的 pH 范围内表现出了更好的酶活力和更好的 pH 稳定性，特别是在 pH 3.5～4.5 和 pH 9 条件下，同样的固定化酶在更宽的温度范围内表现出了更好的酶活力，在 60℃表现出更好的热稳定性。固定化酶储存 1 个月后没有活性损失，重复使用 10 次以后仍保持 90% 以上的活性。

5. 交联法

交联法是一种无载体酶固定化技术[图 4-9（c）]，这种方法主要是利用戊二醛等交联剂使酶分子间发生化学链接，从而形成疏水性大分子而易于从水溶液中分离出来，涉及的分子间作用力为共价键。交联法的主要优点是不需要固定化载体，并且固定化后的酶分子之间结合紧密，不易脱离，还具有良好的可重用性；主要缺点是交联过程具有很大的随机性，部分酶的活性中心被破坏，使得部分酶的活性降低或失活。

交联酶聚集体（cross-linked enzyme aggregate，CLEA）技术被认为是一种有效的无载体固定化方法，得到的交联酶聚集体通常具有较高的催化效率、更好的存储和操作稳定性，并且易于回收。这种方法具有操作的简单性和结合的鲁棒性，可以直接使用粗酶液进行交联反应，可以对多种不同酶同时进行交联反应，因此近年来得到了研究者们的广泛关注（Cui and Jia，2015）。交联酶聚集体又可分为磁性交联酶聚集体（magnetic CLEA）、多孔交联酶聚集体（porous-CLEA）和组合交联酶聚集体（combi-CLEA）（Voberkova et al.，2018）。该技术的进一步发展是多用途交联酶聚集体（multi-CLEA）和组合交联酶聚集体（combi-CLEA），其中不止一种酶交联在一起，产生的 CLEA 具有增强、催化多种生物转化的能力，分别单独或依次作用于催化级联过程（Bilal et al.，2019b）。

Zhu 等（2021）采用交联法对 *Aspergillus niger* GZUF36 胞外脂肪酶进行了无载体固定化研究，研究结果显示固定化脂肪酶具有更宽的最适 pH 范围，对极性有机溶剂的耐受性增强，并且固定化处理后没有引起催化位置的选择性变化。

Bashir 等（2018）对 *Bacillus licheniformis* 来源的耐热碱性蛋白酶进行了交联固定化研究，制备出碱性蛋白酶的交联酶聚集体。与游离酶相比，固定化酶在更宽的 pH 范围内表现出较高的酶活力和更高的最适反应温度，游离酶的最适 pH 为 8，固定化酶的最适 pH 为 10，游离酶的最适反应温度为 45℃，固定化酶的最适反应温度为 65℃。游离酶的 V_{max} 和 K_m 分别为 104.9 U/mL 和 29 μmol/L，固定化酶的 V_{max} 和 K_m 分别为 125.5 U/mL 和 18.97 μmol/L，说明固定化酶对底物的亲和力高于游离酶。较低的 K_m 值和较高的 V_{max} 值，以及对较高 pH 和温度的耐受性，使得固定化碱性蛋白酶成为不同行业尤其是洗涤剂行业常用的催化剂。

6. 细胞表面展示

细胞表面展示（cell surface display）是指通过一些分子生物学的方法将酶的基因序列整合到微生物基因组中，从而将酶固定在微生物细胞膜的表面上，一些催化体系相对简单的酶可以采取这种方式对酶进行固定化。这种固定化方法相较于前 5 种方法的主要优点是不需要对酶进行分离纯化，并且当酶活力不足时，可以通过对菌株的重复培养来获得足够的酶活力。细胞表面展示这种固定化方法的主要缺点是对操作者的分子生物学基础要求较高，且使用这种重组菌株时的环境安全性需要慎重考虑。

Somasundaram 等（2021）以 OmpC 为锚定蛋白，将 *Neurospora crassa* 来源的谷氨酸脱羧酶（glutamate decarboxylase，GadB）固定在大肠杆菌细胞表面，并利用固定化酶催化 L-谷氨酸（L-glutamate）合成 γ-氨基丁酸（gamma-aminobutyric acid，GABA）（图 4-10）。研究结果显示：以 10 g/L 的谷氨酸为底物，细胞表面展示 GadB 的重组大肠杆菌培养 12 h，催化产生了 3.03 g/L 的 γ-氨基丁酸。当这种重组大肠杆菌在高细胞密度下培养时，50 g/L 的谷氨酸可以 100%转化为 γ-氨基丁酸。结果表明，大肠杆菌表面的 GadB 表达稳定且能有效地催化谷氨酸产生 γ-氨基丁酸。

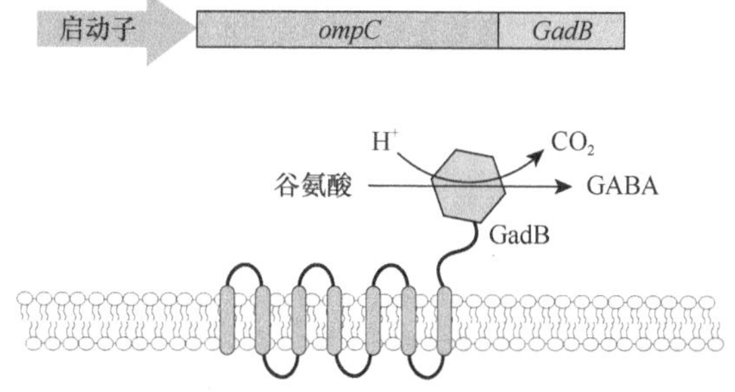

图 4-10　通过细胞表面展示酶 GadB 催化 L-谷氨酸合成 γ-氨基丁酸（Somasundaram et al.，2021）

为了提高 β-葡糖苷酶（β-glucosidase）在酿酒酵母（*Saccharomyces cerevisiae*）细胞表面展示的效率，Arnthong 等（2022）通过破坏细胞壁蛋白的编码基因 *YGP1* 和 *CWP2*，成功获得了表面展示效率更高的突变株。与原始菌株相比，*YGP1* 和 *CWP2* 被破坏的菌株 β-葡糖苷酶的活力分别增加了 63%和 24%。*YGP1* 被破坏的菌株与原始菌株相比，从纤维二糖中产生的乙醇也相应增加了 59%。

细胞表面展示技术目前已在噬菌体、大肠杆菌、酿酒酵母等微生物中广泛地应用。然而丝状真菌表面展示技术却少有研究，通过丝状真菌表面展示单个酶或多个酶组成的级联反应也是一个吸引人的研究方向。Urbar-Ulloa 等（2019）在酵母表面展示研究基础上，对影响丝状真菌表面展示的关键因素进行了总结分析，讨论了促进丝状真菌细胞表面蛋白展示技术发展的细胞基础、设计原则和可用工具。

7. 全细胞酶

全细胞酶催化是指在活细胞、休眠细胞或死细胞的作用下，将特定底物转化为特定产物的过程。与传统的酶催化相比，当涉及辅酶因子等复杂催化反应时，全细胞酶催化的优势非常显著。但是全细胞酶催化的主要瓶颈问题是细胞的通透性屏障。

Hepworth 等（2017）构建和优化了全细胞酶级联催化技术，对手性环胺实现了高效从头合成，该反应体系只需额外提供 D/L-丙氨酸或异丙胺和葡萄糖，转化率高达 93%（图 4-11）。

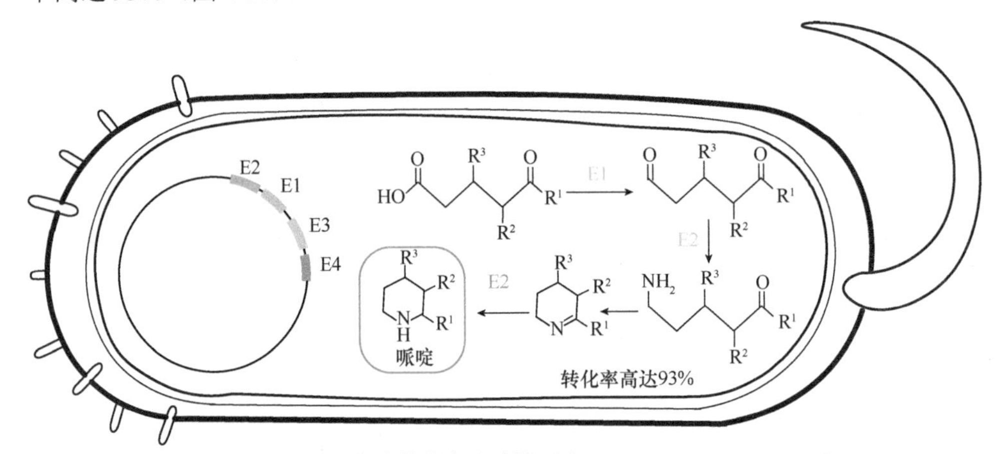

图 4-11 通过全细胞酶催化合成手性环胺（Hepworth et al.，2017）

E1，羧酸还原酶；E2，ω-转氨酶；E3，亚胺还原酶；E4，4′-磷酸泛酰巯基乙胺基转移酶

4.4.3 固定化酶在食品工业中的应用

酶是一种大分子生物催化剂，广泛应用于食品工业。实际应用中，直接使用酶往往会使其在反应过程中变性，而利用固定化技术可以使酶更稳定。酶往往被固定在惰性和不溶性载体上，由于可多次重复使用，从而提高了酶的效率，降低了成本。

1. 固定化酶在食品加工储藏中的应用

1）乳制品加工

乳制品是人们日常所需蛋白质等的重要来源，其对固定化酶的要求较高，因而，如何利用固定化酶生产高质量的乳制品是研究人员一直关注的重点。1998 年，中国食品添加剂标准化委员会将乳糖酶列为食品添加剂的新品种，使乳糖酶在乳制品工业中的应用更为广泛。

牛奶中的乳糖含量一般为 4.3%～4.5%，固定化乳糖酶可将乳糖分解为半乳糖和葡萄糖，避免乳糖不耐症患者产生腹胀、腹泻等不良反应；而乳糖在温度较低时易结晶，用固定化乳糖酶处理后，可以防止其在冰淇淋类产品中结晶，改善口感，增加甜度，制造出具有葡萄糖和半乳糖甜味的糖浆。固定化乳糖酶还能够增强对酸、碱的耐受能力，同时可以缩短周期，降低成本。因此，固定化乳糖酶主要应用于液体乳制品（如低乳糖牛奶）、冷冻乳制品（如冰淇淋、雪糕、速冻酸乳酪）、糖的替代添加剂（如低聚半乳糖）等方面。

β-D-半乳糖苷酶（EC3.2.1.23）是一种糖苷水解酶，它通过破坏糖苷键来催化乳糖的水解，从而产生葡萄糖和半乳糖。这种酶在制备低剂量乳糖或无乳糖产品，以及生产反式半乳糖基化产品或低聚半乳糖的食品技术中具有很大的应用前景。2019 年，Li 等（2019）建立了双功能连续操作系统，在脱脂乳处理过程中表现出完美的酶活性及良好的稳定性。目前，已经提出了几种用于 β-D-半乳糖苷酶的酶固定化方法，包括酶交联，其特点是利用双功能试剂在蛋白质分子之间形成共价键。然而，酶交联也有一些缺点，包括传质的限制和催化活性的损失。2020 年，Xu 等（2020）首次通过交联酶聚集体技术将来自莱氏乳杆菌的 β-半乳糖苷酶 313 进行固定化，固定化后的储存能力和可重复使用性显著提高。另一种方法是吸附法，它通过酶在固体载体上的物理吸附而发生，但缺点是固定化酶的稳定性低，这会导致它们从载体中浸出。Wolf 和 Paulino 利用吸附法分别使用基于壳聚糖和阿拉伯胶的水凝胶固定化乳糖酶，水凝胶由交联的亲水性聚合物网络形成，可以吸收大量的水、溶剂和生物体液。此外还有共价结合法，其由酶的氨基酸侧链与有机和无机载体的功能化表面之间的化学键实现。酶的共价结合法的主要好处之一是，由于键的稳定性更高，因此有可能提高催化剂的使用寿命，从而减少酶从载体上的浸出，提高固定化酶的操作稳定性。

2）淀粉加工

淀粉是人们日常生活中常见的食物原料，常见的、能够水解淀粉的淀粉酶有 α-淀粉酶、β-淀粉酶、葡糖淀粉酶、异淀粉酶和支链酶等。利用这些酶可以使淀粉转化为更好吸收利用的短链糖类，如酒精、糖果、调味品等产品，丰富了人们的生活。人们对淀粉酶的固定化研究开始得较早，Dinelli、黎膏翔等研究了糖化酶的固定化方法，Walton 等研究了 α-淀粉酶的固定化方法。随着科技的不断进步，固定化酶在淀粉加工技术领域的应用也取得了长足的发展。

2021 年，Atiroğlu 等（2021）开发了一种简单、有效的淀粉酶固定化方法。这是一种将淀粉酶固定在含树脂牛血清白蛋白的沸石咪唑酸盐纳米复合材料（OLB/BSA@ZIF-8-amylase）上的新方法，具有较高的初始活性和操作稳定性，大大提高了生物催化效率（图 4-12）。Aghaei 等（2022）将来自枯草芽孢杆菌的 α-淀粉酶成功地固定在三个载体上。首先，通过吸附法将 α-淀粉酶固定在改性甲基双-2-羟乙酯铵的有机硅酸盐（Cloisite 30B）上，然后用甲苯磺酰氯和环氧氯丙烷活化 Cloisite 30B，这些活化的载体用于共价固定 α-淀粉酶；然后，得到用环氧氯丙烷固定在活化Cloisite 30B上的α-淀粉酶，以及用甲苯磺酰氯固定在活化Cloisite 30B 上的 α-淀粉酶。与游离 α-淀粉酶相比，固定化酶具有更好的耐热性和储存稳定性，并且还表现出优异的可重复使用性。

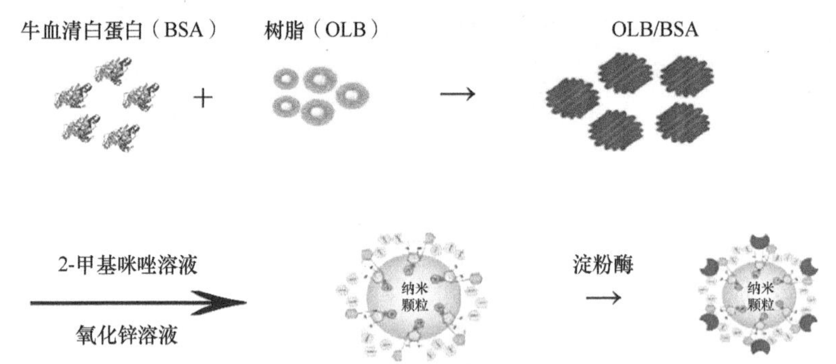

图 4-12　固定化载体材料的建立（修改自 Atiroğlu et al.，2021）

3）水产品加工

酶工程是对水产品加工影响最大的一种生物技术，固定化酶不仅可以改善水产品的品质，还可以提升水产品的营养价值。海参具有很高的食用及营养价值，但随着海参养殖规模的日益扩大，出现了多种病症，主要原因是放养密度过大、日常管理不科学、池底环境含氮量高、人工复合饵料研究滞后等。在饵料中适量添加益生菌和有助于海参消化的酶制剂是解决上述问题的关键。李向阳等（2011）采用包埋法，将真菌 α-淀粉酶固定化在环保、无毒、廉价的海藻酸钠上，制成海参饵料添加剂，利用固定化酶技术提高了海参肠道内淀粉的消化利用率，减少了代谢产物的排出量，解决了海参在养殖上存在的问题。

固定化酶也可使一些低附加值水产品的副产物得到更为合理的利用。罗非鱼是较为常见的淡水养殖鱼类，在水产加工方面主要用于鱼片的生产，其副产物一般用作饲料或肥料，利用率很低。瞿叶辉（2016）采用吸附法制备壳聚糖埃洛石（CS/HNT）复合微球并用于固定木瓜蛋白酶，该固定化酶储存性更好、稳定性更高，可大大提高木瓜蛋白酶的利用价值。利用该固定化酶从罗非鱼副产物中提取的抗氧化活性多肽，可作为添加剂应用于食品、化妆品等行业。

孟范平等（2005）采用经过溴化氰活化的 Sepharose 4B 来固定鲅鱼乙酰胆碱酯酶，得到了较高的酶活回收率；同时，鲅鱼乙酰胆碱酯酶固定化后，较游离酶的催化活力、稳定性、对 pH 和温度的适应性都得到提高。杨利花（2008）以戊二醛为交联剂、多孔壳聚糖微球为载体，研究了胰蛋白酶的固定化条件，并对固定化胰蛋白酶的品质及其特性进行了表征；同时，用固定化胰蛋白酶水解鲍鱼蛋白，研究了水解条件对蛋白水解度、可溶蛋白得率、氮溶指数等评价因子的影响，确定了最佳水解条件。

4）油脂改性

脂肪酶是一种能够显著提高油脂催化效率的绿色生物催化剂，在油脂工业中应用广泛，可通过水解、酯交换、酯转移等反应达到油脂改性的目的，例如，1,3-特异性脂肪酶可进行酶促酯交换反应，将棕榈油催化改性为制作巧克力的代可可酯。然而，脂肪酶易受水、温度、pH、酶液浓度、底物浓度、酶的激活剂或抑制剂等因素影响，导致酶失活，目标物产率降低。为了解决上述问题，Rao 等（2002）使用固定化的脂肪酶 M60 催化鳕鱼肝油，获得了富含 n-6 或 n-3 系列多不饱和脂肪酸等脂类物质；Lyu 等（2019）通过共价连接方式，将用醛标记的枯草芽孢杆菌脂肪酶 A 固定在 Fe_3O_4 单分散磁铁矿微球上，重复反应 10 次后，该固定化脂肪酶的酶活力仍能保持在 90%，同时，酶的热稳定性和溶解度大大提高，酶凝聚在一起的可能性也被降低。

为了制备以蚕蛹油（SPO）为原料的营养补充剂，Wang 等（2021）首先构建了具有智能水凝胶固定化脂肪酶的微流控反应器，以降低棕榈酸在 sn-1,3 的相对含量并改善营养功能，分析了 SPO 修饰后的消化特性，10 s 内 OOO 型和 OPO 型甘油三酯相对含量分别增加 49.48%和 107.67%，sn-1,3 棕榈酸相对含量下降 49.61%。在体外消化模型中，改性 SPO 的脂肪酸释放率显著提高了 22.07%，表明 SPO 的营养功能得到了改善，应用固定化脂肪酶微通道反应器成功提高了 SPO 的营养功能。

5）啤酒储藏

在储藏过程中，啤酒中的多肽和多酚成分会发生聚合反应，造成啤酒出现浑浊现象。为防止出现浑浊，目前主要采取向啤酒中添加蛋白酶的方式来水解啤酒中的蛋白质和多肽，但水解过度会影响啤酒保持泡沫的性能。木瓜蛋白酶可以水解啤酒中的多肽和蛋白质，但需要控制水解程度。温燕梅和邱彩虹（2001）采用吸附-交联法使胰蛋白酶先吸附于磁性胶体粒子表面，然后利用戊二醛双功能试剂交联形成固定化酶，该固定化酶对预防啤酒浑浊有明显的效果。赵炳超等（2005）以戊二醛为交联剂、以介孔分子筛 MCM-48 作载体固定木瓜蛋白酶，所得固定化酶的热稳定性显著提高，pH 稳定性和储藏稳定性也有明显改善。处理后的啤酒与固定化酶易分开，固定化酶可以多次反复使用，极为经济，而经固定化酶处理的啤酒，既可保持储藏过程中良好的澄清度，也可保证风味上与传统啤酒无明显差异。

6）果汁脱苦

柚皮苷是一种黄烷酮二糖苷，是柑橘类水果苦味的主要成分。可以通过不同的方法来降低柚皮苷水平，如吸附脱苦和β-环糊精处理。然而，由于这些去苦味技术具有各种限制，柑橘汁的脱苦还可以通过使用柚皮苷酶水解柚皮苷来实现。柚皮苷酶处理是一种很有前途的方法，因为它可以增强感官特性，同时具有促进健康的特性。柚皮苷酶是一种酶复合物，具有α-鼠李糖苷酶（EC 3.2.1.40）和β-D-葡萄糖苷酶（EC 3.2.1.21）活性。然而，游离柚皮苷酶的使用产生了许多实际问题，包括酶不能重复使用、对环境变化的敏感性以及酶与溶液的分离，这些问题可以使用多种固定方法来解决。Bodakowska-Boczniewicz 和 Garncarek（2019）将柚皮苷酶固定在用戊二醛活化的壳聚糖微球上，使用这种固定化酶来去除葡萄柚汁的苦味，固定化柚皮苷酶具有良好的操作稳定性，在从新鲜葡萄柚汁中水解柚皮苷 10 次后，该制剂保留了（88.1±2.8）% 的初始活性。Huang 等（2017）开发了一种基于静电纺丝和逐层（LBL）自组装工艺的简单路线来制备柚皮苷酶/藻酸盐多层涂层静电纺丝醋酸纤维素纳米纤维，固定化柚皮苷酶的含量可以通过调整涂层数来调节，这是一种制造纳米纤维的简便方法，静电纺丝纳米纤维垫是固定酶的极佳候选者。柚子汁的主要苦味成分为柚皮苷和柠檬苦素，柚皮苷酶水解可轻微去除柚皮苷，醋酸纤维素纳米纤维吸附可去除柠檬苦素。

此外，由于果胶、纤维素、淀粉等多种多糖的存在，新鲜果汁多黏稠浑浊。这些多糖可形成胶体稳定的悬浮液和不溶性颗粒，给澄清过程造成困难。因此，为了保持果汁的天然本质、颜色、流变和质地特性，需要选择更好的澄清方法。Ladole 等（2021）使用壳聚糖作为大分子交联剂，通过交联剂将果胶酶和柚皮苷酶同时固定在环保型壳聚糖包覆的磁性纳米粒子（壳聚糖 MNP）上，对葡萄柚汁澄清和去苦味进行同步处理（图 4-13）。

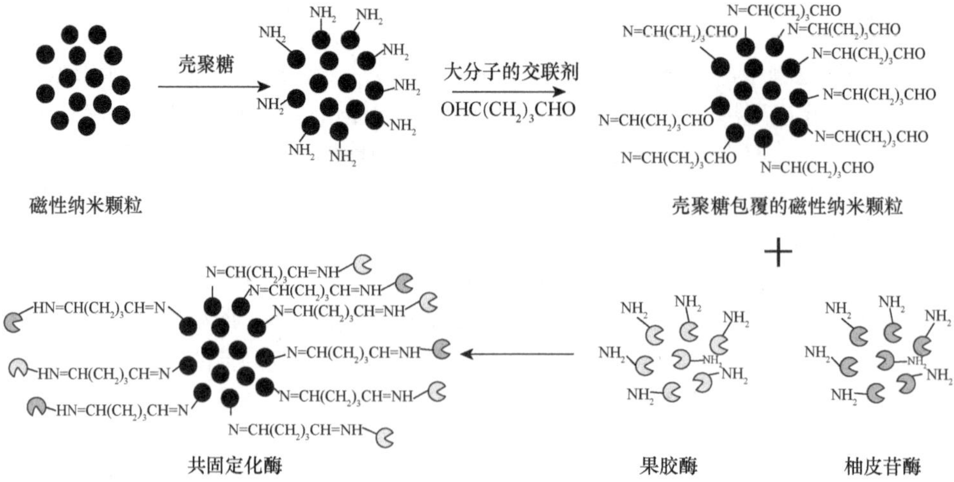

图 4-13　壳聚糖纳米颗粒上制备大分子交联共固定化酶（果胶酶和柚皮苷酶）示意图（Ladole et al.，2021）

7）其他

米糠是碾米过程的副产品，含有丰富的蛋白质、脂质、粗纤维、淀粉、矿物质、酚类、膳食纤维等。在碾米过程中，糙米上的米糠被逐渐碾碎，脂肪酶逐渐被激活。当酶与米糠中的脂质接触时，酸值在短时间内迅速上升，导致水解形成游离脂肪酸（FFA）和甘油。该反应导致米糠酸败，失去原有的营养价值，因此需要灭活米糠中的脂肪酶活性，以延长米糠的保质期。为了防止米糠中的脂肪分解，胰蛋白酶、胰凝乳蛋白酶、菠萝蛋白酶和风味酶等蛋白水解酶对脂肪酶具有钝化作用。Yu 等（2020）将游离木瓜蛋白酶固定在磁性载体上。与游离酶相比，磁固定木瓜蛋白酶表现出更高的酸碱耐受性和热稳定性，pH 耐受性从 7.0 提高到 8.0，耐温性从 60℃升高到 65℃。重复使用 8 次后，磁性固定木瓜蛋白酶的相对活性保持在 72%以上。

此外，我国对固定化技术在茶产品领域的应用研究始于 20 世纪 60 年代，主要研究单宁酶处理红茶“冷后浑”的问题。目前研究最多的是茶叶中重要的酶类固定化，目标是使酶的利用率达到最大值。王斌等（2011）研究了固定化漆酶在填充床反应器中的主要影响因素，得到了最佳条件，结果表明连续制备系统是可行的。汪珈慧等（2012）用固定化酶酶解夏绿茶，结果表明，与传统的热水浸提法相比，该工艺提取的茶多酚、氨基酸、咖啡因含量增加，酚氨比下降，固定化纤维素酶有较高的活性。茶饮料的加工、储存和运输过程中存在“汤色褐变、混浊和沉淀、香气低劣”三大技术难点。苏二正等（2005）研究了两种共固定化酶，即单宁酶和 β-葡萄糖苷酶，将共固定化酶用于增香、去浊，结果表明，经共固定化酶处理以后，红茶、绿茶和乌龙茶的茶叶香精油总量都明显增加。李平等（2004）将固定化酶膜用于酒、茶、果汁等饮品的提香，通过感官评价，样品存在显著差异，通过色谱质谱分析发现酶水解后的样品，原有香气物质有不同程度的增加。

2. 固定化酶在食品添加剂生产中的应用

1）高果糖浆

利用固定化葡萄糖异构酶生产高果糖浆（high fructose syrup，HFS）是目前全球产量最高、应用范围最广的一种固定化酶技术，它可以催化玉米糖浆和淀粉生产高甜度的高果糖浆。以淀粉为原料生产高果糖浆的关键酶主要有以下 3 种：α-淀粉酶，又称液化酶，主要起到淀粉液化的作用；葡萄糖淀粉酶，其水解产物为 β-葡萄糖；葡萄糖异构酶，可将葡萄糖异构为果糖，是催化淀粉最关键的酶（图 4-14）。

$$(C_6H_{10}O_5)_n \xrightarrow{\alpha\text{-淀粉酶}} n(C_6H_{12}O_6) \xrightarrow{\text{葡萄糖淀粉酶}} \beta\text{-葡萄糖} \xleftrightarrow{\text{葡萄糖异构酶}} \text{果糖}$$

图 4-14　以淀粉为原料生产高果糖浆

该技术自 1972 年产生以来，研究者已经固定了几种由芽孢杆菌和链霉菌生产的葡萄糖异构酶，利用它催化淀粉生产高果糖浆，果糖含量高达 55%，且价格比蔗糖低 10%～20%，经济效益较高，大量应用于工业生产中。利用高果糖浆替代蔗糖是固定化酶应用最成功的工业案例，500 t 固定化的葡萄糖可生产约 1×10^7 t 高果糖浆。但该工艺在我国发展比较缓慢，目前只应用于高果糖浆的小规模生产。Neifar 等（2020）利用离子吸附将来自 *Caldicopro bacteralgeriensis* 的新型热稳定且高效的葡萄糖异构酶固定在聚甲基丙烯酸酯载体上或与乙二醛琼脂糖共价连接，使用填充床反应器连续生产高果糖浆，48 h 后的最大生物转化率为 49%，填充固定化酶的填充床生物反应器因其更经济而在食品工业中受到特别关注。

除了利用葡萄糖异构酶生产高果糖浆，大多数研究者还利用菊粉酶生产果糖。在不同领域，特别是食品、饮料和制药行业，菊粉作为一种廉价的物质被大量用于生产果糖和低聚果糖。菊粉酶（EC 3.2.1.7）是众所周知的水解酶，已在生物技术和食品工业中被考虑用于一步水解菊粉和含有果糖的聚合物，产率高达 95%。菊粉酶在较高温度下的稳定性是生产高果糖浆和低聚果糖的关键因素，因此利用酶固定化技术是提高酶稳定性的最佳方法之一。Mohammadi 等（2019）利用交联法将菊粉酶共价固定在谷胱甘肽包覆的金磁性纳米粒子（GSH-AuMNP）的表面（图 4-15）。菊粉酶成功地固定在 GSH-AuMNP 上，酶活性回收率高达 83%，经过 10 次重复使用后，固定化菊粉酶保留了 78%的初始活性，通过固定化工艺提高了菊粉酶的贮存稳定性，最终产品含有大量果糖（98%），而葡萄糖含量仅 2%。

2）低聚果糖

低聚果糖（fructo oligsacccharid，FOS）又称蔗果低聚糖，以菊芋粉为原料，通过菊糖内切酶水解制得。低聚果糖是一种益生元和低热量的天然甜味剂，对人体健康具有积极影响，如改善肠道微生物菌群，降低血清胆固醇和甘油三酯水平并减少癌症的危险因素。低聚果糖的生产主要采用液体深层发酵法，但此方法存在一定的缺点：生产酶的菌体不能够再利用；酶的利用率较低；过滤、除杂、脱色等工艺使后处理过程成本增加。魏远安等（1995）以少量 $CaCl_2$ 和戊二醛作为交联剂，固定了 GX-0010 菌株中的果糖基转移酶和壳聚糖凝胶，发现 1 kg 固定化果糖基转移酶可生产 11 330 kg 的低聚果糖浆，且该糖浆中的果糖含量高达 58%（魏远安等，1995）。2000 年，该团队研究发现，经固定化的果糖基转移酶对温度的适应性更强，热稳定性、酸碱稳定性和储存稳定性更高。目前，低聚果糖生产中的主要问题是产率较低，而酶的固定化技术为提高低聚果糖生产效率、降低成本提供了可能（魏远安等，2000）。

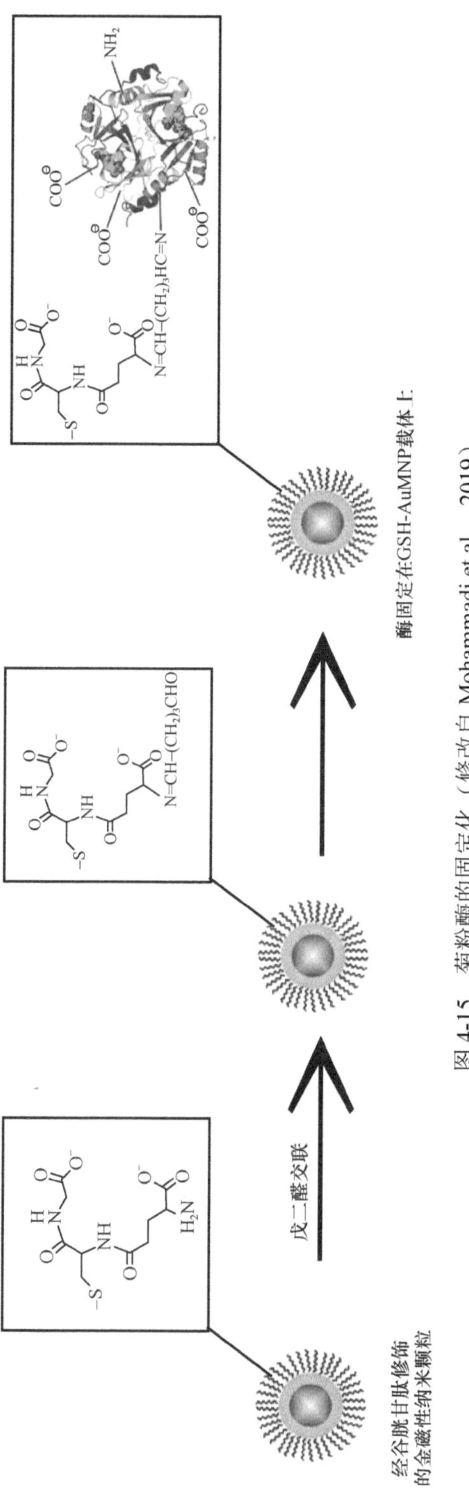

图 4-15　菊粉酶的固定化（修改自 Mohammadi et al.，2019）

FOS 还可以通过两类酶由蔗糖合成，即 β-呋喃果糖苷酶（也称为转化酶；EC3.2.1.26）和果糖基转移酶（FTases；EC2.4.1.9），FTase 将蔗糖分解成单糖并将果糖基添加到受体（如另一个蔗糖分子或现有的 FOS）上，从而增加链长并释放葡萄糖作为副产物。因为酶可以使用二聚体和三聚体作为底物，最终的 FOS 产物通常是 1-酮糖（GF2）、果糖（GF3）和 1F-呋喃果糖基果糖（GF4）的混合物。Fan 等（2021）将重组 FTase 固定在环氧载体上会产生无酶的 FOS，固定化阻止了 FTase 对 FOS 的水解，使用凝结芽孢杆菌的补料分批发酵消除了单糖，通过将发酵与固定化 FTase 相结合，FOS 纯度达到 92%（图 4-16）。

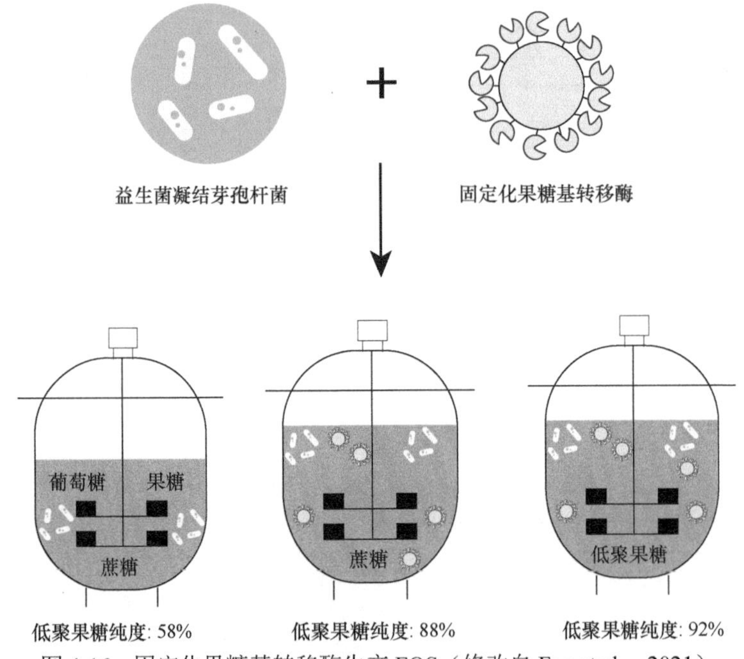

图 4-16 固定化果糖基转移酶生产 FOS（修改自 Fan et al.，2021）

3）L-苹果酸、L-天冬氨酸和阿斯巴甜

L-苹果酸是一种人体必需的有机酸，在三羧酸循环中起重要作用，广泛应用于食品和医药行业。L-天冬氨酸是一种良好的营养增补剂，主要添加于各种清凉饮料，是糖代用品阿斯巴甜（aspartame，APM）的主要生产原料。富马酸是利用邻苯二甲酸二苯酯生产过程中产生的副产物来获得的。富马酸的低溶解度限制了其在工业领域的应用。通过酶的作用可将富马酸转化为 L-苹果酸，后者更易溶，被用作水果和蔬菜汁、果酱、婴儿食品等的酸化剂。研究发现，固定化的富马酸酶在生产 L-苹果酸和 L-天冬氨酸方面具有得天独厚的优势：富马酸在固定化的富马酸酶催化下，可生成 L-苹果酸；富马酸与氨的结合物在天冬氨酸酶（从大肠杆菌中提取）催化下，可生成 L-天冬氨酸。通过该方法获得的 L-苹果酸和 L-天冬氨酸产量较高。Giorno 等（2001）研究了利用酶膜反应器将富马酸酶包埋在不对称的毛细管膜中，该酶载膜系统的稳定性很好，连续运行 15 天没有活性衰退，达到了 80%的稳态转化率。

阿斯巴甜，又称阿斯巴坦，是由 L-天冬氨酸和 L-苯丙氨酸（或 L-甲基苯丙氨酸酯）以化学催化或酶催化反应合成的一种氨基酸二肽衍生物，甜度是蔗糖的 180～200 倍，其摄入量的增加有望降低肥胖率，并帮助那些糖尿病患者；主要用作软饮料、糖果和药品的甜味剂。目前，工业生产阿斯巴甜最常用的方法是固定化酶耦合反应。与传统的酶催化反应相比，固定化酶耦合反应具有反应时间短、酶的回收利用率高、产物分离纯化简单等优势。陈飞飞（2012）采用一种 NaCl 增溶和微波辅助的方法，快速、高效地制备了固定化嗜热菌蛋白酶，该固定化酶的催化活力是游离酶的 1.6 倍，其热稳定性和耐有机溶剂性均有所提高，且可回收利用，极大地节约了生产成本。

3. 固定化酶在生物活性肽制备中的应用

生物活性肽是一类对机体具有积极作用的特异性蛋白片段。蛋白质因其营养潜力而成为重要的健康促进剂。蛋白质的完整形式及其游离氨基酸或肽都可以发挥这些功能，但已有研究表明肽具有更大的生物活性潜力。

1）酪蛋白磷酸肽的制备

酪蛋白磷酸肽（casein phosphopeptide，CPP）是以牛奶酪蛋白为原料，经过单一或复合蛋白酶的水解，再对水解产物分离纯化后得到的含有磷酸丝氨酸簇的天然生理活性肽。CPP 能促进机体肠黏膜对钙、铁、锌、硒，尤其是钙的吸收和利用，被誉为“矿物质载体”，可添加到婴幼儿奶粉、中小学生营养奶、高钙饼干、预防龋齿的牙膏等产品中。目前，日本已生产液体营养食品、儿童咖喱饭、口香糖等多种 CPP 商业产品。吴思方等（1999）采用固定化酶酶解酪蛋白制备了 CPP，并通过正交试验优化了其工艺参数，获得了粗制的 CPP 产品。张黎明（2009）以壳聚糖为载体、戊二醛为交联剂，利用固定化的胰蛋白酶酶解酪蛋白生产 CPP，得率较高，生产成本较低。尽管 CPP 的制备方法有很多，但每种方法各有利弊。其中，固定化酶酶解法具有天然、易控制、效果佳、可大批量工业化生产等优势而应用广泛，但因酶的种类有限，在食品工业中的应用也存在一定的局限性。

2）高 F 值寡肽的制备

高 F 值寡肽（F 值＞20）是一个由 2～9 个氨基酸残基组成的混合小肽（或称寡肽）体系，F 值是指混合物中支链氨基酸（亮氨酸、异亮氨酸和缬氨酸，简称

BCAA）与芳香族氨基酸（苯丙氨酸、色氨酸和酪氨酸，简称 AAA）的物质的量比值。高 F 值寡肽具有保肝、护肝、治疗肝脏疾病、抗疲劳、抗氧化、延缓衰老等生理功能，食品和医学界对其关注度均较高。黄程（2015）以碎鱿鱼肉为原料，以固定化风味酶和固定化胃蛋白酶（由壳聚糖和戊二醛为材料制备）作为催化酶制备了高 F 值寡肽，并利用活性炭吸附法降低了其芳香族氨基酸的含量。固定化的胃蛋白酶在酶解反应之后仍可保持较高的酶活力，并可实现重复再利用。

4. 固定化酶在食品检测中的应用

随着食品安全问题重要性的日益凸显，快速、即时、低成本、便捷化、高选择性的食品安全检测方法受到研究者的重视。生物传感器包括生物分子识别元件和信号转换元件两部分，它是一种对生物物质敏感，并可将生物物质浓度转换为电信号进行检测的仪器，主要应用于食品检测、环境监测等领域。生物传感器的持续发展将很快实现食品生产的在线质量控制，降低食品生产成本，其利用生物活性物质固定化制备的敏感膜可快速进行分子识别和有毒有害物质检测，并给人们带来安全可靠及高质量的食品。生物传感器的核心元件就是其分子识别元件，即由生物活性物质经固定化后形成的敏感膜。张彦等（2009）制备了利用壳聚糖将葡萄糖氧化酶固定在蛋膜和氧电极上的葡萄糖传感器，建立了快速测定葡萄糖含量的方法，该生物传感器具有灵敏度高、反应时间短、操作简单、成本低等特点。Poghossian 等（2018）提出了一种用烟草花叶病毒（TMV）修饰的场效应生物传感器，TMV 支架能够密集固定具有保留活性的酶，基于这一新策略，实现了场效应青霉素生物传感器，已成功应用于牛奶中青霉素的检测。舒友琴和徐军（2013）将固定化酶和生物传感器联用，采用化学发光法高效、精准地检测食品中的淀粉含量，所得结果误差较小。马莉萍等（2013）制备了一种有核-壳结构的纳米复合材料，测试了该传感器的电化学性能，其修饰电极的电催化活性比任何单一或复合修饰电极均好，突出表现在高灵敏度、高稳定性、低检出限。酶传感器具有电化学电极的高灵敏度和不溶性酶体系的优点。伍周玲等（2014）采用固定化乙酰胆碱酯酶和多碳纳米管制备了电化学生物传感器，该传感器可用于食品中农药残留的快速、高效检测，其中，氨基甲酸酯类杀虫剂的含量可通过峰电流值来定量。在酶基生物传感器中，酶固定化是影响传感器性能的关键步骤，纳米生物催化技术可大大提高其性能，展现出更好的选择性、稳定性、可重复性和再现性。

5. 固定化酶在食品中应用的展望

由于健康意识的提高，人们对食品和饮料市场的需求有所增加。但是，工业过程的恶劣条件增加了酶不稳定的倾向，从而缩短了其工业寿命，即出现酶浸出、可回收性低、方向不可控和缺乏通用程序等问题。因此，必须采用更环保、更经济的方法来提高食品加工行业的产品质量。随着生物技术的迅速发展，固定化酶在生物制药和食品甚至其他工业中的应用日益广泛。在非水酶学中，固定化酶法是一种有效的方法，特别是开发连续生物反应器，是固定化酶领域一个有潜力的发展方向。然而，目前固定化酶在食品工业化生产中的投资较大且应用技术尚不成熟，要考虑酶的成本、酶的稳定性、载体的价格、固定化工艺及下游工程等因素，所以固定化酶在食品中的工业化应用还面临很多挑战。

4.4.4　全细胞催化在食品工业中的应用

1. 乳制品加工

大多数β-半乳糖苷酶在细胞内自然表达，只有少数来自真菌的β-半乳糖苷酶在细胞外产生。因此，使用全细胞作为乳糖酶催化剂可以看成是一种天然酶固定化方法，可与微囊化相媲美。与分离的酶相比，使用全细胞可以降低成本和资源，否则将花费更多成本在酶纯化或运输上。由于细胞可能存在于最终产品中，因此只有对人类安全的生物体才能使用这种方法。基于此，全细胞乳糖酶催化剂的理想候选者是已经在食品生产中使用的生物体，如乳酸乳杆菌或嗜热链球菌。

2. 高果糖浆

高果糖浆是一种功能性糖类水溶液，用作蔗糖的替代品，是生产营养性饮料和食品最常用的甜味剂之一，具有甜味纯正、渗透压高、吸潮性好、成本低廉等优点。与其他类型的糖相比，高果糖浆还具备高甜度、高溶解度、低黏度、增强风味等优点，是良好的保湿剂，且不会在酸性食品中引起任何副作用，也不会形成晶体。谷氨酸棒杆菌是公认的食品安全性菌株，有研究以谷氨酸棒杆菌作为宿主细胞，异源表达了葡萄糖异构酶，以重组谷氨酸棒杆菌的细胞菌体作为全细胞催化剂，对 D-葡萄糖异构化生成 D-果糖的全细胞催化条件进行优化，在最优转化体系下，实现了高果糖浆的高效合成。

3. D-阿洛酮糖

D-阿洛酮糖是 D-果糖的 C-3 差向异构体。它是一种安全和可口的甜味剂，并提供显著降低的热量（约 0.2 kcal/g），同时保持蔗糖约 70%的甜味。此外，研究表明它具有减重、降血糖、降脂多种生理功能，具有保健属性的、有吸引力的天然成分，除此之外，它与益生菌在减重方面也具有协同作用。因此，D-阿洛酮糖可用作益生元成分，用于生成新的合生元混合物，以调节脂质代谢和饮食引起的肥胖，而且 D-阿洛酮糖的胃肠道耐受性相当好，此外，D-阿洛酮糖不仅增加了凝胶食品材料的质地特性和保水能力，而且通过美拉德反应赋予了食品更好的风味。目前已经有研究为了提高其生产安全性，构建了一种 D-丙氨酸缺陷的重组菌株，该菌株整合了来自大肠杆菌和丙氨酸消旋酶敲除底盘的 β-半乳糖苷酶基因 *lacZ*，还构建了表达丙氨酸消旋酶 pMA5-*alrA* 的质粒（pMA5，相互互补的质粒；*alrA*，编码丙氨酸消旋酶的基因），并将其用作表达 β-半乳糖苷酶和阿拉伯糖异构酶的基础。将这些重组质粒转化为表达系统，利用构建的重组枯草芽孢杆菌全细胞转化具有成本效益的乳糖，可生产出糖替代品 D-阿洛酮糖用于食品工业中。

4. 低聚半乳糖

益生元通常是短链膳食纤维，可以由一些肠道细菌发酵，并且有可能根据益生元的类型特异性调节肠道菌群。有研究表明，膳食中摄入低聚半乳糖（GOS）能够促进双歧杆菌的生长，因此它们可以被称为双歧食物成分。GOS 还被证明可以减少小鼠模型中鼠伤寒沙门氏菌血清型沙门氏菌的感染。因此，GOS 正在成为一种非常理想的益生元食品成分。国内外已有很多利用全细胞成功合成 GOS 的先例。与纯化酶相比，全细胞具有易获得、成本低及稳定性高等优点。此外，使用全细胞也可以解决酶的纯化问题。Tzorzis 等用双歧杆菌全细胞合成 GOS，当反应 1.5 h 后，反应体系中合成了由二糖、三糖、四糖和五糖组成的 GOS 混合物；当培养时间增加到 3 h 后，低聚糖含量逐渐降低。此外，Gobinath 和 Prapulla（2014）以 *Lactobacillus plantarum* 透性化细胞作为酶催化剂，以乳糖为底物，合成 GOS 的最大产率达到了 34%。GOS 由二糖、三糖和四糖组成，在此基础上进一步增加乳糖浓度不会对产率造成影响。当乳糖浓度较低时，水解反应比转糖苷反应速率更快，因而生成副产物葡萄糖和半乳糖。

参 考 文 献

陈飞飞. 2012. 微波辅助嗜热菌蛋白酶的固定化及其在阿斯巴甜前体合成中的应用. 杭州: 杭州师范大学硕士学位论文.

陈小煌, 杨捷, 叶秀云, 等. 2015. 漆酶的发酵生产及应用研究. 华东六省一市生物化学与分子生物学会学术交流会: 115.

陈艺煊. 2013. 酶生物传感器在食品分析检测中的应用. 科技传播, (5): 109, 198.

傅海, 赵佳, 李伟, 等. 2020. 果胶酶研究进展及应用. 生物化工, 6(5): 148-150, 153.

高莹, 李淼, 孙元, 等. 2022 乳酸乳球菌表达系统的发展现状与前景展望. 微生物学报, 62(3): 895-905.

胡周月, 钱磊, 张志军, 等. 2019. 漆酶在食品工业及其他领域上的应用进展. 天津农学院学报, 26(3): 83-86.

黄程. 2015. 固定化酶法制备鱿鱼高 F 值寡肽的研究. 舟山: 浙江海洋学院硕士学位论文.

黄梦瑶, 范小雪, 王存芳. 2020. 酶在乳制品生产中的作用机理及应用研究进展. 乳业科学与技术, 43(2): 44-48.

姜钊, 张卫花, 孙芳云. 2022. 双歧杆菌及寡糖类双歧因子的种类及应用. 中国食品添加剂,

33(08): 240-248.
李平, 宛晓春, 陶文沂, 等. 2004. 丝素蛋白膜固定 β-葡萄糖苷酶及其改良食品风味的研究. 菌物学报, (1): 73-78.
李向阳, 单守水, 徐世艾. 2011. 固定化真菌 α 淀粉酶在海参饵料添加剂方面的应用研究. 烟台大学学报(自然科学与工程版), 24(4): 275-280.
李妍. 2019. 浅谈生物化工在我国的现状. 科技风, (17): 240.
梁琰, 崔欣, 王哲, 等. 2021. 乳酸菌食品级表达载体的研究与应用. 微生物学通报, 48(3): 906-915.
卢丹, 徐晴, 江凌, 等. 2018. 生物酶降解真菌毒素的研究进展. 生物加工过程, 16(2): 49-56.
吕丽兰, 张娅, 邹承武, 等. 2020. 基于特异性对硫磷单克隆抗体的间接竞争酶联免疫吸附分析方法建立. 南方农业学报, (51): 1193-1200.
马莉萍, 左显维, 王艳凤, 等. 2013. 基于 Au NPs-CeO_2@PANI 纳米复合材料固定化酶的葡萄糖生物传感器. 传感技术学报, 26(5): 606-610.
孟范平, 何东海, 朱小山, 等. 2005. 固定化鲅鱼乙酰胆碱酯酶的制备及部分性质测定. 中国海洋大学学报(自然科学版), (6): 189-193.
瞿叶辉. 2016. 罗非鱼副产物酶解工艺优化及壳聚糖埃洛石微球固定化木瓜蛋白酶的研究. 广州: 广东工业大学硕士学位论文.
任全亮. 2022. 酶技术在食品加工与检测中的应用. 食品安全导刊, 8: 146-148.
舒友琴, 徐军. 2013. 固定化酶化学发光法测定食品中的淀粉含量. 中国粮油学报, 28(8): 102-106.
苏二正, 夏涛, 张正竹, 等. 2005. 共固定化单宁酶和 β-葡萄糖苷酶对茶饮料增香和除混效果的研究. 食品与发酵工业, (5): 125-129.
孙璠原, 朱彤, 李涛, 等. 2021. 微生物酶数据库的发展与应用. 微生物学报, 61(12): 3783-3798.
唐存多, 史红玲, 唐青海, 等. 2014. 生物催化剂发现与改造的研究进展. 中国生物工程杂志, 34(9): 113-121.
汪珈慧, 李燕, 姚紫涵, 等. 2012. 利用固定化纤维素酶酶解夏季绿茶工艺的研究. 茶叶科学, 32(1): 37-43.
王斌, 江和源, 张建勇, 等. 2011. 固定化多酚氧化酶填充床反应器连续制备茶黄素. 食品与发酵工业, 37(5): 40-44.
王芬, 张清辉, 黄炅栋, 等. 2013. 复合酶制剂在面包保鲜中的应用研究. 现代面粉工业, 27(2): 36-37.
王强. 2014. 复配酶制剂在面包抗老化方面的应用研究. 厦门: 集美大学硕士学位论文.
魏远安, 马丽, 杨海, 等. 1995. 固定化酶法合成蔗果低聚糖的研究. 食品与发酵工业, (4): 12-16.
魏远安, 姚评佳, 谢庆武, 等. 2000. 蔗果低聚糖的研究和生产应用. 食品与发酵工业, (1): 48-54+64.
温燕梅, 邱彩虹. 2001. 吸附-交联法固定胰蛋白酶及在澄清啤酒中的应用. 湛江海洋大学学报, (4): 42-46.
吴佳静, 张娟, 李江华, 等. 2018. 天然复合面包发酵剂的制备与性能分析. 食品与发酵工业, 44(6): 43-50.
吴思方, 汤亚杰, 方尚玲. 1999. 固定化酶生产活性肽 CPP 研究. 食品科学, (12): 15-18.
伍周玲, 梁东军, 郭明, 等. 2014. 新型固定化乙酰胆碱酯酶传感器的制备及氨基甲酸酯农残检测. 浙江农林大学学报, 31(3): 457-464.
谢红涛, 余瑞婷, 赵瑞娟, 等. 2010. 果蔬汁加工技术进展. 农产品加工(学刊), (1): 76-80.
杨利花. 2008. 胰蛋白酶的固定化技术及其在水产加工中的应用研究. 天津: 天津商业大学硕士学位论文.
于劲松, 崔涵婧, 顾娟, 等. 2019. 基于酶生物传感器法检测果蔬中毒死蜱残留的提取工艺研究. 工业微生物, (49): 19-24.
展海军, 马超越, 白静. 2011. 固定化辣根过氧化物酶生物传感器测定火腿肠中亚硝酸盐. 食品研究与开发, (32): 123-125.
张金亮. 2021. 食品中农药残留检测方法的研究. 现代食品, (23): 102-106.
张黎明. 2009. 固定化胰蛋白酶酶解酪蛋白产生酪蛋白磷酸肽的条件研究. 成都: 西华大学硕士学位论文.
张彦, 南彩凤, 冯丽, 等. 2009. 壳聚糖固定化葡萄糖氧化酶生物传感器测定葡萄糖的含量. 分析化学, 37(7): 1049-1052.
赵炳超, 马润宇, 石波. 2005. 介孔分子筛 MCM-48 固定化木瓜蛋白酶性质的研究. 食品与发酵工业, (10): 60-63.
郑昆, 杨红. 2021. 酶工程技术及其在食品加工检测中的应用. 食品安全导刊, (29): 166-168.
Adeel M, Bilal M, Rasheed T, et al. 2018. Graphene and graphene oxide: Functionalization and nano-bio-catalytic system for enzyme immobilization and biotechnological perspective. Int J Biol Macromol, 120: 1430-1440.
Adnan M, Islam W, Zhang J, et al. 2019. Diverse role of SNARE protein Sec22 in vesicle trafficking, membrane fusion, and autophagy. Cell, 8(4): 337.
Aghaei H, Mohammadbagheri Z, Hemasi A, et al. 2022. Efficient hydrolysis of starch by alpha-amylase immobilized on cloisite 30B and modified forms of cloisite 30B by adsorption and covalent methods. Food Chem, 373(Pt A): 131425.
Almeida E L, Chang Y K. 2012. Effect of the addition of enzymes on the quality of frozen pre-baked French bread substituted with whole wheat flour. Lwt-Food Sci Technol, 49(1): 64-72.
Ansari S A, Husain Q. 2012. Potential applications of enzymes immobilized on/in nano materials: A review. Biotechnol Adv, 30(3): 512-523.
Arnthong J, Ponjarat J, Bussadee P, et al. 2022. Enhanced surface display efficiency of beta-glucosidase in *Saccharomyces cerevisiae* by disruption of cell wall protein-encoding genes YGP1 and CWP2. Biochem Eng J, 179: 108305.
Ashburner M, Ball C A, Blake J A, et al. 2000. Gene ontology: Tool for the unification of biology. Nat Genet, 25(1): 25-29.
Atiroğlu V, Atiroğlu A, Ozacar M. 2021. Immobilization of alpha-amylase enzyme on a protein @metal-organic framework nanocomposite: A new strategy to develop the reusability and stability of the enzyme. Food Chem, 349: 129127.
Atkinson H J, Morris J H, Ferrin T E, et al. 2009. Using sequence similarity networks for visualization of relationships across diverse protein superfamilies. PLoS One, 4(2): e4345.
Aymard C, Bonaventura C, Henkens R, et al. 2017. High-throughput electrochemical screening assay for free and immobilized oxidases: Electrochemiluminescence and intermittent pulse amperometry. Chem Electro Chem, 4(4): 957-966.
Baghban R, Farajnia S, Rajabibazl M, et al. 2019. Yeast expression systems: Overview and recent

advances. Mol Biotechnol, 61(5): 365-384.

Bairoch A, Apweiler R. 1999. The SWISS-PROT protein sequence data bank and its supplement TrEMBL in 1999. Nucleic Acids Res, 27(1): 49-54.

Bajaj P, Mahajan R. 2019. Cellulase and xylanase synergism in industrial biotechnology. Appl Microbiol Biotechnol, 103(21-22): 8711-8724.

Bankar S B, Bule M V, Singhal R S, et al. 2009. Glucose oxidase-An overview. Biotechnol Adv, 27(4): 489-501.

Bashir F, Asgher M, Hussain F, et al. 2018. Development and characterization of cross-linked enzyme aggregates of thermotolerant alkaline protease from *Bacillus licheniformis*. Int J Biol Macromol, 113: 944-951.

Benitez A R, Narayan A R H. 2019. Frontiers in biocatalysis: Profiling function across sequence space. ACS Cent Sci, 5(11): 1747-1749.

Bergman S, Tuller T. 2020. Widespread non-modular overlapping codes in the coding regions. Phys Biol, 17(3): 031002.

Berman H, Henrick K, Nakamura H, et al. 2007. The worldwide Protein Data Bank (wwPDB): ensuring a single, uniform archive of PDB data. Nucleic Acids Res, 35: D301-D303.

Bernal C, Rodriguez K, Martinez R. 2018. Integrating enzyme immobilization and protein engineering: An alternative path for the development of novel and improved industrial biocatalysts. Biotechnol Adv, 36(5): 1470-1480.

Bershtein S, Tawfik D S. 2008, Advances in laboratory evolution of enzymes. Curr Opin Chem Biol, 12(2): 151-158.

Bilal M, Asgher M, Cheng H R, et al 2019a. Multi-point enzyme immobilization, surface chemistry, and novel platforms: a paradigm shift in biocatalyst design. Crit Rev Biotechnol, 39(2): 202-219.

Bilal M, Iqbal H M N. 2019. Naturally-derived biopolymers: Potential platforms for enzyme immobilization. Int J Biol Macromol, 130: 462-482.

Bilal M, Zhao Y P, Noreen S, et al. 2019b. Modifying bio-catalytic properties of enzymes for efficient biocatalysis: a review from immobilization strategies viewpoint. Biocatal Biotransfor, 37(3): 159-182.

Bilal M, Zhao Y P, Rasheed T, et al. 2018. Magnetic nanoparticles as versatile carriers for enzymes immobilization: a review. Int J Biol Macromol, 120: 2530-2544.

Blount B A, Weenink T, Ellis T. 2012. Construction of synthetic regulatory networks in yeast. Febs Letters, 586(15): 2112-2121.

Bodakowska-Boczniewicz J, Garncarek Z. 2019. Immobilization of naringinase from *Penicillium decumbens* on chitosan microspheres for debittering grapefruit juice. Molecules, 24(23): 4234.

Bolivar J M, Mateo C, Rocha-Martin J, et al. 2009. The adsorption of multimeric enzymes on very lowly activated supports involves more enzyme subunits: Stabilization of a glutamate dehydrogenase from *Thermus thermophilus* by immobilization on heterofunctional supports. Enzyme Microb Tech, 44(3): 139-144.

Brady D, Jordaan J. 2009. Advances in enzyme immobilisation. Biotechnol Lett, 31(11): 1639-1650.

Cairns T C, Feurstein C, Zheng X M, et al. 2019. A quantitative image analysis pipeline for the characterization of filamentous fungal morphologies as a tool to uncover targets for morphology engineering: A case study using aplD in *Aspergillus niger*. Biotechnol Biofuels, 12: 149.

Camattari A, Goh A, Yip L Y, et al. 2016. Characterization of a panARS-based episomal vector in the methylotrophic yeast *Pichia pastoris* for recombinant protein production and synthetic biology applications. Microb Cell Fact, 15(1): 139.

Campodonico M A, Andrews B A, Asenjo J A, et al. 2014. Generation of an atlas for commodity chemical production in *Escherichia coli* and a novel pathway prediction algorithm, GEM-Path. Metab Eng, 25: 140-158.

Cantarel B L, Coutinho P M, Rancurel C, et al. 2009. The carbohydrate-active enzymes database (CAZy): An expert resource for Glycogenomics. Nucleic Acids Res, 37: D233-D238.

Carvalho N D S P, Arentshorst M, Kooistra R, et al. 2011. Effects of a defective ERAD pathway on growth and heterologous protein production in *Aspergillus niger*. Appl Microbiol Biotechnol, 89(2): 357-373.

Castillo-Hair S M, Fujita M, Igoshin O A, et al. 2019. An engineered *B. subtilis* inducible promoter system with over 10 000-fold dynamic range. ACS Synth Biol, 8(7): 1673-1678.

Chakraborty S, Rusli H, Nath A, et al. 2016. Immobilized biocatalytic process development and potential application in membrane separation: a review. Crit Rev Biotechnol, 36(1): 43-58.

Chang K L, Thitikorn-amorn J, Chen S H, et al. 2011. Improving the remaining activity of lignocellulolytic enzymes by membrane entrapment. Bioresour Technol, 102(2): 519-523.

Chen B B, Loo B Z L, Cheng Y Y, et al. 2022. Genome-wide high-throughput signal peptide screening via plasmid pUC256E improves protease secretion in *Lactiplantibacillus plantarum* and *Pediococcus acidilactici*. BMC Genomics, 23(1): 48.

Chen I, Dorr B M, Liu D R. 2011. A general strategy for the evolution of bond-forming enzymes using yeast display. P Natl Acad Sci USA, 108(28): 11399-11404.

Chen K Q, Arnold F H. 1993. Tuning the activity of an enzyme for unusual environments-sequential random mutagenesis of subtilisin-e for catalysis in dimethylformamide. P Natl Acad Sci USA, 90(12): 5618-5622.

Chen Q, Kong B H, Han Q, et al. 2017. The role of bacterial fermentation in lipolysis and lipid oxidation in Harbin dry sausages and its flavour development. Lwt-Food Sci Technol, 77: 389-396.

Conesa A, Jeenes D, Archer D B, et al. 2002. Calnexin overexpression increases manganese peroxidase production in *Aspergillus niger*. Appl Environ Microb, 68(2): 846-851.

Copp J N, Akiva E, Babbit P C, et al. 2018. Revealing unexplored sequence-function space using sequence similarity networks. Biochemistry, 57(31): 4651-4662.

Copp J N, Anderson D W, Akiva E, et al. 2019. Exploring the sequence, function, and evolutionary space of protein superfamilies using sequence similarity networks and phylogenetic reconstructions. Methods Enzymol, 620: 315-347.

Courtin C M, Delcour J A. 2002. Arabinoxylans and endoxylanases in wheat flour bread-making. J Cereal Sci, 35(3): 225-243.

Crameri A, Raillard S A, Bermudez E, et al. 1998. DNA shuffling of a family of genes from diverse species accelerates directed evolution. Nature, 391(6664): 288-291.

Cui J D, Jia S R. 2015. Optimization protocols and improved strategies of cross-linked enzyme aggregates technology: Current development and future challenges. Crit Rev Biotechnol, 35(1): 15-28.

Cui Y L, Chen Y C, Liu X Y, et al. 2021. Computational redesign of a PETase for plastic biodegradation under ambient condition by the GRAPE strategy. ACS Catal, 11(3): 1340-1350.

Curti E, Carini E, Diantom A, et al. 2016. The use of potato fibre to improve bread physico- chemical properties during storage. Food Chem, 195: 64-70.

Davidson R, Baas B J, Akiva E, et al. 2018. A global view of structure-function relationships in the tautomerase superfamily. J Biol Chem, 293(7): 2342-2357.

de Souza T S P, Kawaguti H Y. 2021. Cellulases, hemicellulases, and pectinases: Applications in the food and beverage industry. Food Bioprocess Tech, 14(8): 1446-1477.

Diler G, Chevallier S, Pöhlmann I, et al. 2015. Assessment of amyloglucosidase activity during production and storage of laminated pie dough: Impact on raw dough properties and sweetness after baking. J Cereal Sci, 61: 63-70.

Ding S W, Cargill A A, Medintz I L, et al. 2015. Increasing the activity of immobilized enzymes with nanoparticle conjugation. Curr Opin Biotech, 34: 242-250.

Dorr M, Fibinger M P C, Last D, et al. 2016. Fully automatized high-throughput enzyme library screening using a robotic platform. Biotechnol Bioeng, 113(7): 1421-1432.

Dou W W, Zhu Q C, Zhang M H, et al. 2021. Screening and evaluation of the strong endogenous promoters in *Pichia pastoris*. Microb Cell Fact, 20(1): 156.

Ekins S. 2004. Predicting undesirable drug interactions with promiscuous proteins in silico. Drug Discov Today, 9(6): 276-285.

Elavarasu S, Jayapalan P, Murugan T. 2012. Bugs that debugs: Probiotics. Journal of Pharmacy and Bioallied Sciences, 4(6): 5319-5322.

Ercan D, Demirci A. 2016. Recent advances for the production and recovery methods of lysozyme. Crit Rev Biotechnol, 36(6): 1078-1088.

Fan R, Dresler J, Tissen D, et al. 2021. *In situ* purification and enrichment of fructo-oligosaccharides by fermentative treatment with *Bacillus coagulans* and selective catalysis using immobilized fructosyltransferase. Bioresour Technol, 342: 125969.

Feher T, Planson A G, Carbonell P, et al. 2014. Validation of RetroPath, a computer-aided design tool for metabolic pathway engineering. Biotechnol J, 9(11): 1446-1457.

Feng L L, Zhang Y, Fu J, et al. 2016. Metabolic engineering of *Corynebacterium glutamicum* for efficient production of 5-aminolevulinic acid. Biotechnol Bioeng, 113(6): 1284-1293.

Fernandez-Fernandez M, Sanroman M A, Moldes D. 2013. Recent developments and applications of immobilized laccase. Biotechnol Adv, 31(8): 1808-1825.

Ferrario V, Siragusa L, Ebert C, et al. 2014. BioGPS descriptors for rational engineering of enzyme promiscuity and structure based bioinformatic analysis. PLoS One, 9(10): e109354.

Ferreiro A, Crook N, Gasparrini A J, et al. 2018. Multiscale evolutionary dynamics of host-associated microbiomes. Cell, 172(6): 1216-1227.

Fiedler M R M, Barthel L, Kubisch C, et al. 2018a. Construction of an improved *Aspergillus niger* platform for enhanced glucoamylase secretion. Microb Cell Fact, 17(1): 95.

Fiedler M R M, Cairns T C, Koch O, et al. 2018b. Conditional expression of the small GTPase ArfA impacts secretion, morphology, growth, and actin ring position in *Aspergillus niger*. Front Microbiol, 9: 878.

Flint S H, Brooks J D. 2001. Rapid detection of *Bacillus stearothermophilus* using impedancesplitting. J Microbiol Meth, 44(3): 205-208.

Fu G, Liu J L, Li J S, et al. 2018. Systematic screening of optimal signal peptides for secretory production of heterologous proteins in *Bacillus subtilis*. J Agr Food Chem, 66(50): 13141-13151.

Fu L L, Xu Z R, Li W F, et al. 2007. Protein secretion pathways in *Bacillus subtilis*: Implication for optimization of heterologous protein secretion. Biotechnol Adv, 25(1): 1-12.

Furuya T, Kino K. 2010. Genome mining approach for the discovery of novel cytochrome P450 biocatalysts. Appl Microbiol Biotechnol, 86(4): 991-1002.

Galie S, Garcia-Gutierrez C, Miguelez E M, et al. 2018. Biofilms in the food industry: Health aspects and control methods. Front Microbiol, 9: 898.

Gashtasbi F, Ahmadian G, Noghabi KA. 2014. New insights into the effectiveness of alpha-amylase enzyme presentation on the *Bacillus subtilis* spore surface by adsorption and covalent immobilization. Enzyme Microb Technol, 64-65: 17-23.

Getz G, Starovolsky A, Domany E. 2004. F2CS: FSSP to CATH and SCOP prediction server. Bioinformatics, 20(13): 2150-2152.

Ghatak S, King Z A, Sastry A, et al. 2019. The y-ome defines the 35% of *Escherichia coli* genes that lack experimental evidence of function. Nucleic Acids Res, 47(5): 2446-2454.

Giffel M C T, Beumer R R, Langeveld L P M, et al. 1997. The role of heat exchangers in the contamination of milk with *Bacillus cereus* in dairy processing plants. Int J Dairy Technol, 50(2): 43-47.

Giorno L, Drioli E, Carvoli G, et al. 2001. Study of an enzyme membrane reactor with immobilized fumarase for production of *L*-malic acid. Biotechnol Bioeng, 72(1): 77-84.

Gobinath D, Prapulla S G. 2014. Permeabilized probiotic *Lactobacillus plantarum* as a source of beta-galactosidase for the synthesis of prebiotic galactooligosaccharides. Biotechnol Lett, 36(1): 153-157.

Gong J S, Lu Z M, Li H, et al. 2013. Metagenomic technology and genome mining: Emerging areas for exploring novel nitrilases. Appl Microbiol Biotechnol, 97(15): 6603-6611.

Gonzalez-Perez D, Molina-Espeja P, Garcia-Ruiz E, et al. 2014. Mutagenic organized recombination process by homologous *in vivo* grouping (MORPHING)for directed enzyme evolution. PLoS One, 9(3): e90919.

Grubhofer N, Schleith L. 1954. Protein coupling with diazotized polyaminostyrene. Hoppe Seylers Z Physiol Chem, 297(2): 108-112.

Hamann T, Lange L. 2006 Discovery, cloning and heterologous expression of secreted potato proteins reveal erroneous pre-mRNA splicing in *Aspergillus oryzae*. J Biotechnol, 126(3): 265-276.

Han N. 2021. Improving the thermostability of a fungal GH11 xylanase via fusion of a submodule (C2)from hyperthermophilic CBM9_1-2. Int J Mol Sci, 23: 463.

Heimel K. 2015. Unfolded protein response in filamentous fungi-implications in biotechnology. Appl Microbiol Biot, 99(1): 121-132.

Hepworth L J, France S P, Hussain S, et al. 2017. Enzyme cascades in whole cells for the synthesis of chiral cyclic amines. ACS Catal, 7(4): 2920-2925.

Holic R, Pokorna L, Griac P. 2020. Metabolism of phospholipids in the yeast *Schizosaccharomyces pombe*. Yeast, 37(1): 73-92.

Hsu S K, Chiu C C, Dahms H U, et al. 2019. Unfolded protein response (UPR)in survival, dormancy, immunosuppression, metastasis, and treatments of cancer cells. Int J Mol Sci, 20(10): 2518.

Huang L G, Dong L B, Wang B, et al. 2020. The transcription factor PrtT and its target protease profiles in *Aspergillus niger* are negatively regulated by carbon sources. Biotechnol Lett, 42(4): 613-624.

Huang W J, Zhan Y F, Shi X W, et al. 2017. Controllable immobilization of naringinase on electrospun cellulose acetate nanofibers and their application to juice debittering. Int J Biol Macromol, 98: 630-636.

Imam H T, Marr P C, Marr A C. 2021. Enzyme entrapment, biocatalyst immobilization without covalent attachment. Green Chem, 23(14): 4980-5005.

Jeffryes J G, Colastani R L, Elbadawi-Sidhu M, et al. 2015. MINEs: Open access databases of computationally predicted enzyme promiscuity products for untargeted metabolomics. J Cheminform, 7: 44.

Jesionowski T, Zdarta J, Krajewska B. 2014. Enzyme immobilization by adsorption: a review. Adsorption, 20(5-6): 801-821.

Jiang X R, Chen G Q. 2016. Morphology engineering of bacteria for bio-production. Biotechnol Adv, 34(4): 435-440.

Jiang Z, Niu T F, Lv X Q, et al. 2019. Secretory expression fine-tuning and directed evolution of diacetylchitobiose deacetylase by *Bacillus subtilis*. Appl Environ Microb, 85(17): e01076-19.

Jongbloed J D H, Martin U, Antelmann H, et al. 2000. TatC is a specificity determinant for protein secretion via the twin-arginine translocation pathway. J Biol Chem, 275(52): 41350-41357.

Jumper J, Evans R, Pritzel A, et al. 2021. Highly accurate protein structure prediction with AlphaFold. Nature, 596(7873): 583-589.

Kaeberlein M. 2010. Lessons on longevity from budding yeast. Nature, 464(7288): 513-519.

Kamaruddin N, Storms R, Mahadi N M, et al. 2018. Reduction of extracellular proteases increased activity and stability of heterologous protein in *Aspergillus niger*. Arab J Sci Eng, 43(7): 3327-3338.

Karbalaei M, Rezaee S A, Farsiani H. 2020. *Pichia pastoris*: A highly successful expression system for optimal synthesis of heterologous proteins. J Cell Physiol, 235(9): 5867-5881.

Kaushal J, Khatri M, Singh G, et al. 2021. A multifaceted enzyme conspicuous in fruit juice clarification: An elaborate review on xylanase. Int J Biol Macromol, 193: 1350-1361.

Kharrat N, Ben Ali Y, Marzouk S, et al. 2011. Immobilization of *Rhizopus oryzae* lipase on silica aerogels by adsorption: Comparison with the free enzyme. Process Biochem, 46(5): 1083-1089.

Khatami S H, Vakili O, Ahmadi N, et al. 2021. Glucose oxidase: Applications, sources, and recombinant production. Biotechnol Appl Bioc, 69(3): 939-950.

Klotz C, Barrangou R. 2018. Engineering components of the *Lactobacillus* S-layer for biotherapeutic applications. Front Microbiol, 9: 22-64.

Krijgsheld P, Nitsche B M, Post H, et al. 2013. Deletion of flbA results in increased secretome complexity and reduced secretion heterogeneity in colonies of *Aspergillus niger*. J Proteome Res, 12(4): 1808-1819.

Kuhlman B, Dantas G, Ireton G C, et al. 2003. Design of a novel globular protein fold with atomic-level accuracy. Science, 302(5649): 1364-1368.

Kumar P, Awasthi A, Nain V, et al. 2018. Novel insights into TOR signalling in *Saccharomyces cerevisiae* through Torin2. Gene, 669: 15-27.

Kunkel T A, Roberts J D, Zakour R A. 1987. Rapid and efficient site-specific mutagenesis without phenotypic selection. Methods Enzymol, 154: 367-382.

Kwon M J, Arentshorst M, Roos E D, et al. 2011. Functional characterization of Rho GTPases in *Aspergillus niger* uncovers conserved and diverged roles of Rho proteins within filamentous fungi. Mol Microbiol, 79(5): 1151-1167.

Ladole M R, Pokale P B, Varude V R, et al. 2021. One pot clarification and debittering of grapefruit juice using co-immobilized enzymes@chitosanMNPs. Int J Biol Macromol, 167: 1297-1307.

Lee F W, Da Silva N A. 1997. Improved effciency and stability of multiple cloned gene insertions at the delta sequences of *Saccharomyces cerevisiae*. Appl Microbiol Biotechnol, 48(3): 339-345.

Leenhouts K, Bolhuis A, Venema G, et al. 1998. Construction of a food-grade multiple-copy integration system for *Lactococcus lactis*. Appl Microbiol Biot, 49(4): 417-423.

Li A, Ilie A, Sun Z, et al. 2016. Whole-cell-catalyzed multiple regio- and stereoselective functionalizations in cascade reactions enabled by directed evolution. Angew Chem Int Ed Engl, 55(39): 12026-12029.

Li C, Zhou J W, Du G C, et al. 2020. Developing *Aspergillus niger* as a cell factory for food enzyme production. Biotechnol Adv, 44: 107630.

Li H, Cao Y T, Li S, et al. 2019. Optimization of a dual-functional biocatalytic system for continuous hydrolysis of lactose in milk. J Biosci Bioeng, 127(1): 38-44.

Li T, Cui X X, Cui Y L, et al. 2020. Exploration of transaminase diversity for the oxidative conversion of natural amino acids into 2-ketoacids and high-value chemicals. ACS Catal, 10(14): 7950-7957.

Lian J, Jin R, Zhao H. 2016. Construction of plasmids with tunable copy numbers in *Saccharomyces cerevisiae* and their applications in pathway optimization and multiplex genome integration. Biotechnol Bioeng, 113(11): 2462-2473.

Lian J, Mishra S, Zhao H. 2018. Recent advances in metabolic engineering of *Saccharomyces cerevisiae*: New tools and their applications. Metab Eng, 50: 85-108.

Lin G M, Warden-Rothman R, Voigt C A. 2019. Retrosynthetic design of metabolic pathways to chemicals not found in nature. Curr Opin Syst Biol, 14: 82-107.

Lin L C, Sun Z Y, Li J G, et al. 2018. Disruption of gul-1 decreased the culture viscosity and improved protein secretion in the filamentous fungus *Neurospora crassa*. Microb Cell Fact, 17(1): 96.

Lin Y, Zhang W Q, Zhu F J, et al. 2011. Subcellular localization of N-deoxyribosyltransferase in *Lactobacillus fermentum*: Cell surface association of an intracellular nucleotide metabolic enzyme. Fems Microbiol Lett, 323(2): 132-141.

Liu L, Ai L Z, Xia Y J, et al. 2020. A reporter system with the enhanced green fluorescent protein in *Lactococcus lactis* NZ9000. Food and Fermentation Industries, 11: 46-51.

Liu R, Deng Z, Liu T. 2018. Streptomyces species: Ideal chassis for natural product discovery and overproduction. Metab Eng, 50: 74-84.

Lobb B, Doxey AC. 2016. Novel function discovery through sequence and structural data mining. Curr Opin Struc Biol, 38: 53-61.

Longwell C K, Labanieh L, Cochran J R. 2017. High-throughput screening technologies for enzyme engineering. Curr Opin Biotech, 48: 196-202.

Lyu J B, Li Z D, Men J C, et al. 2019. Covalent immobilization of *Bacillus subtilis* lipase A on Fe_3O_4 nanoparticles by aldehyde tag: an ideal immobilization with minimal chemical modification. Process Biochem, 81: 63-69.

Ma Y, Yuan Y P, Bi X F, et al. 2019. Tenderization of yak meat by the combination of papain and high-pressure processing treatments. Food Bioprocess Tech, 12(4): 681-693.

Madzak C. 2021. *Yarrowia lipolytica* strains and their biotechnological applications: How natural biodiversity and metabolic engineering could contribute to cell factories improvement. J Fungi, 7(7): 548.

Mahmoodi M, Najafpour G D, Mohammadi M. 2017. Production of pectinases for quality apple juice through fermentation of orange pomace. J Food Sci Tech Mys, 54(12): 4123-4128.

Mairhofer J, Scharl T, Marisch K, et al. 2013. Comparative transcription profiling and in-depth characterization of plasmid-based and plasmid-free *Escherichia coli* expression systems under production conditions. Appl Environ Microbiol, 79(12): 3802-3812.

Manfrao-Netto J H C, Gomes A M V, Parachin N S. 2019. Advances in using *Hansenula polymorpha* as chassis for recombinant protein production. Front Bioeng and Biotech, 7: 94.

Marshall J R, Yao P Y, Montgomery S L, et al. 2021. Screening and characterization of a diverse panel of metagenomic imine reductases for biocatalytic reductive amination. Nat Chem, 13(2): 140-148.

Mashiyama S T, Malabanan M M, Akiva E, et al. 2014. Large-scale determination of sequence, structure, and function relationships in cytosolic glutathione transferases across the biosphere. PLoS Biol, 12(4): e1001843.

Mastropietro G, Aw R, Polizzi K M. 2021. Expression of proteins in *Pichia pastoris*. Recombinant Protein Expression: Eukaryotic Hosts, 660: 53-80.

Mattern I E, Vannoort J M, Vandenberg P, et al. 1992. Isolation and characterization of mutants of *Aspergillus niger* deficient in extracellular proteases. Mol Gen Genet, 234(2): 332-336.

Mayle R, O'Donnell M. 2021. Expression of recombinant multi-protein complexes in *Saccharomyces cerevisiae*. Recombinant Protein Expression: Eukaryotic Hosts, 660: 3-20.

Mayo S L. 1997. Fully automated amino acid sequence selection for de novo protein design. Faseb J, 11(9): A830-A830.

Mehta J, Bhardwaj N, Bhardwaj S K, et al. 2016. Recent advances in enzyme immobilization techniques: Metal-organic frameworks as novel substrates. Coord Chem Rev, 322: 30-40.

Meng Q S, Zhang F, Liu C G, et al. 2020. Identification of a novel repressor encoded by the putative gene ctf1 for cellulase biosynthesis in *Trichoderma reesei* through artificial zinc finger engineering. Biotechnol Bioeng, 117(6): 1747-1760.

Mohammadi M, Mokarram R R, Ghorbani M, et al. 2019. Inulinase immobilized gold-magnetic nanoparticles as a magnetically recyclable biocatalyst for facial and efficient inulin biotransformation to high fructose syrup. Int J Biol Macromol, 123: 846-855.

Mombeni M, Arjmand S, Siadat S O R, et al. 2020. pMOX: a new powerful promoter for recombinant protein production in yeast *Pichia pastoris*. Enzyme Microb Tech, 139: 109582.

Morgan J T, Fink G R, Bartel D P. 2019. Excised linear introns regulate growth in yeast. Nature, 565(7741): 606-611.

Murashima K, Chen C L, Kosugi A, et al. 2002. Heterologous production of *Clostridium cellulovorans* engB, using protease-deficient *Bacillus subtilis*, and preparation of active recombinant cellulosomes. J Bacteriol, 184(1): 76-81.

Musil M, Konegger H, Hong J, et al. 2019. Computational design of stable and soluble biocatalysts. ACS Catal, 9(2): 1033-1054.

Neifar S, Cervantes F V, Bouanane-Darenfed A, et al. 2020. Immobilization of the glucose isomerase from *Caldicoprobacter algeriensis* on Sepabeads EC-HA and its efficient application in continuous high fructose syrup production using packed bed reactor. Food Chem, 309: 125710.

Ntana F, Mortensen U H, Sarazin C, et al. 2020. Aspergillus: a powerful protein production platform. Catalysts, 10(9): 1064.

Nwagu T N, Okolo B, Aoyagi H, et al. 2013. Improved yield and stability of amylase by multipoint covalent binding on polyglutaraldehyde activated chitosan beads: Activation of denatured enzyme molecules by calcium ions. Process Biochem, 48(7): 1031-1038.

Nyfeler E, Grognux J, Wahler D, et al. 2003. A sensitive and selective high-throughput screening fluorescence assay for lipases and esterases. Helv Chim Acta, 86(8): 2919-2927.

O'Shea N, Kilcawley K N, Gallagher E. 2016. Influence of α-amylase and xylanase on the chemical, physical and volatile compound properties of wheat bread supplemented with wholegrain barley flour. Eur Food Res Technol, 242(9): 1503-1514.

Oak S J, Jha R. 2019. The effects of probiotics in lactose intolerance: a systematic review. Crit Rev Food Sci, 59(11): 1675-1683.

Olsen D B, Eckstein F. 1990. High-efficiency oligonucleotide-directed plasmid mutagenesis. P Natl Acad Sci USA, 87(4): 1451-1455.

Ou B, Garcia C, Wang Y, et al. 2018. Techniques for chromosomal integration and expression optimization in *Escherichia coli*. Biotechnol Bioeng, 115(10): 2467-2478.

Ouephanit C, Boonvitthya N, Theerachat M, et al. 2019. Efficient expression and secretion of endo-1,4-beta-xylanase from *Penicillium citrinum* in non-conventional yeast *Yarrowia lipolytica* directed by the native and the preproLIP2 signal peptides. Protein Expr Purif, 160: 1-6.

Park S A, Bhatia S K, Park H A, et al. 2021. *Bacillus subtilis* as a robust host for biochemical production utilizing biomass. Crit Rev Biotechnol, 41(6): 827-848.

Pavlidis I V, Patila M, Bornscheuer U T, et al. 2014. Graphene-based nanobiocatalytic systems: Recent advances and future prospects. Trends Biotechnol, 32(6): 312-320.

Pertusi D A, Moura M E, Jeffryes J G, et al. 2017. Predicting novel substrates for enzymes with minimal experimental effort with active learning. Metab Eng, 44: 171-181.

Poghossian A, Jablonski M, Koch C, et al. 2018. Field-effect biosensor using virus particles as scaffolds for enzyme immobilization. Biosens Bioelectron, 110: 168-174.

Pullmann P, Weissenborn M J. 2021. Improving the heterologous production of fungal peroxygenases through an episomal *Pichia pastoris* promoter and signal peptide shuffling system. ACS Synth Biol, 10(6): 1360-1372.

Qin Y L, Wu L, Wang J G, et al. 2019. A fluorescence-activated single-droplet dispenser for high accuracy single-droplet and single-cell sorting and dispensing. Anal Chem, 91(10): 6815-6819.

Ramos J A T, Barends S, Verhaert R M D, et al. 2011. The *Aspergillus niger* multicopper oxidase family: analysis and overexpression of laccase-like encoding genes. Microb Cell Fact, 10: 1-12.

Rao R, Manohar B, Sambaiah K, et al. 2002. Enzymatic acidolysis in hexane to produce n-3 or n-6

FA-enriched structured lipids from coconut oil: Optimization of reactions by response surface methodology. J Am Oil Chem Soc, 79(9): 885-890.

Reetz M T, Carballeira J D. 2007. Iterative saturation mutagenesis (ISM)for rapid directed evolution of functional enzymes. Nat Protoc, 2(4): 891-903.

Ren B J, Wu W, Soladoye O P, et al. 2021. Application of biopreservatives in meat preservation: a review. Int J Food Sci Tech, 56(12): 6124-6141.

Repecka D, Jauniskis V, Karpus L, et al. 2021. Expanding functional protein sequence spaces using generative adversarial networks. Nat Mach Intell, 3(4): 324-333.

Rothlisberger D, Khersonsky O, Wollacott A M, et al. 2008. Kemp elimination catalysts by computational enzyme design. Nature, 453(7192): 190-195.

Russ W P, Figliuzzi M, Stocker C, et al. 2020. An evolution-based model for designing chorismate mutase enzymes. Science, 369(6502): 440-445.

Sagt C M J, ten Haaft P J, Minneboo I M, et al. 2009. Peroxicretion: a novel secretion pathway in the eukaryotic cell. BMC Biotechnol, 9: 48.

Santhi D, Kalaikannan A, Malairaj P, et al. 2017. Application of microbial transglutaminase in meat foods: a review. Critical Reviews in Food Science and Nutrition, 57(10): 2071-2076.

Sato T, Mori T, Tosa T, et al. 1971. Studies on immobilized enzymes. IX. Preparation and properties of aminoacylase covalently attached to halogenoacetylcelluloses. Arch Biochem Biophys, 147(2): 788-96.

Schnoes A M, Brown S D, Dodevski I, et al. 2009. Annotation error in public databases: Misannotation of molecular function in enzyme superfamilies. PLoS Comput Biol, 5(12): e1000605.

Senior A W, Evans R, Jumper J, et al. 2020. Improved protein structure prediction using potentials from deep learning. Nature, 577(7792): 706-710.

Shao Z X, Zhao H M, Giver L, et al. 1998. Random-priming *in vitro* recombination: an effective tool for directed evolution. Nucleic Acids Res, 26(2): 681-683.

Sharma A, Ahluwalia O, Tripathi A D, et al. 2020. Phytases and their pharmaceutical applications: Mini-review. Biocatal Agr Biotech, 23: 101439.

Sharma A, Kaur A, Arya S K. 2022. Enzymes in dairy products. In: Value-Addition in Food Products and Processing Through Enzyme Technology. New York: Academic Press: 123-137.

Sharma V K, Kumar N, Prakash T, et al. 2010. MetaBioME: a database to explore commercially useful enzymes in metagenomic datasets. Nucleic Acids Res, 38: D468-D472.

Shi S, Valle-Rodriguez J O, Siewers V, et al. 2014. Engineering of chromosomal wax ester synthase integrated *Saccharomyces cerevisiae* mutants for improved biosynthesis of fatty acid ethyl esters. Biotechnol Bioeng, 111(9): 1740-1747.

Siegel J B, Smith A L, Poust S, et al. 2015. Computational protein design enables a novel one-carbon assimilation pathway. P Natl Acad Sci USA, 112(12): 3704-3709.

Siegel J B, Zanghellini A, Lovick H M, et al. 2010. Computational design of an enzyme catalyst for a stereoselective bimolecular diels-alder reaction. Science, 329(5989): 309-313.

Sillitoe I, Furnham N. 2016. FunTree: advances in a resource for exploring and contextualising protein function evolution. Nucleic Acids Res, 44(D1): D317-D323.

Sillitoe I, Lewis T E, Cuff A, et al. 2015. CATH: Comprehensive structural and functional annotations for genome sequences. Nucleic Acids Res, 43(D1): D376-D381.

Silva C, Martins M, Jing S, et al. 2018. Practical insights on enzyme stabilization. Crit Rev Biotechnol, 38(3): 335-350.

Silva S C, Ferreira I, Dias M M, et al. 2020. Microalgae-derived pigments: A 10-year bibliometric review and industry and market trend analysis. Molecules, 25(15): 3406.

Sim H J, Cho C, Kim H, et al. 2022. Augmented ERAD (ER-associated degradation)activity in chondrocytes is necessary for cartilage development and maintenance. Sci Adv, 8(3): eabl4222.

Somasundaram S, Jeong J, Hong SH. 2021. Cell surface display of *Neurospora crassa* glutamate decarboxylase on *Escherichia coli* for extracellular gamma-aminobutyric acid production from high cell density culture. Biochem Eng J, 176: 108196.

Song W, Nie Y, Mu X Q, et al. 2016. Enhancement of extracellular expression of *Bacillus naganoensis* pullulanase from recombinant *Bacillus subtilis*: Effects of promoter and host. Protein Expres Purif, 124: 23-31.

Souza C C, Guimaraes J M, Pereira S D, et al. 2021. The multifunctionality of expression systems in *Bacillus subtilis*: Emerging devices for the production of recombinant proteins. Exp Biol Med, 246(23): 2443-2453.

Stemmer W P C. 1994a. DNA shuffling by random fragmentation and reassembly: *In vitro* recombination for molecular evolution. P Natl Acad Sci USA, 91(22): 10747-10751.

Stemmer W P C. 1994b. Rapid evolution of a protein *in vitro* by DNA shuffling. Nature, 370(6488): 389-391.

Sterner R, Merkl R, Raushel F M. 2008. Computational design of enzymes. Chem Biol, 15(5): 421-423.

Sun X H, Zhang X H, Huang H Q, et al. 2020. Engineering the cbh1 promoter of *Trichoderma reesei* for enhanced protein production by replacing the binding sites of a transcription repressor ace1 to those of the activators. J Agr Food Chem, 68(5): 1337-1346.

Sun X W, Wu H F, Zhao G H, et al. 2018. Morphological regulation of *Aspergillus niger* to improve citric acid production by chsC gene silencing. Bioproc Biosyst Eng, 41(7): 1029-1038.

Sun Z, Lonsdale R, Ilie A, et al. 2016. Catalytic asymmetric reduction of difficult-to-reduce ketones: Triple-code saturation mutagenesis of an alcohol dehydrogenase. ACS Catal, 6(3): 1598-1605.

Tang C D, Shi H L, Tang Q H, et al. 2016. Genome mining and motif truncation of glycoside hydrolase family 5 endo-beta-1,4-mannanase encoded by *Aspergillus oryzae* RIB40 for potential konjac flour hydrolysis or feed additive. Enzyme Microb Tech, 93-94: 99-104.

Tang H T, Wu Y L, Deng J L, et al. 2020. Promoter architecture and promoter engineering in *Saccharomyces cerevisiae*. Metabolites, 10(8): 320.

Tebben L, Shen Y, Li Y. 2018. Improvers and functional ingredients in whole wheat bread: a review of their effects on dough properties and bread quality. Trends Food Sci Tech, 81: 10-24.

Toushik S H, Lee K T, Lee J S, et al. 2017. Functional applications of lignocellulolytic enzymes in the fruit and vegetable processing industries. J Food Sci, 82(3): 585-593.

Travis S M, Kokona B, Fairman R, et al. 2019. Roles of singleton tryptophan motifs in COPI coat stability and vesicle tethering. P Natl Acad Sci USA, 116(48): 24031-24040.

Urbar-Ulloa J, Montano-Silva P, Ramirez-Pelayo A S, et al. 2019. Cell surface display of proteins on filamentous fungi. Appl Microbiol Biotechnol, 103(17): 6949-6972.

Vaghari H, Jafarizadeh-Malmiri H, Mohammadlou M, et al. 2016. Application of magnetic nanoparticles in smart enzyme immobilization. Biotechnol Lett, 38(2): 223-233.

Vamvakas S S, Kapolos J. 2020. Factors affecting yeast ethanol tolerance and fermentation efficiency. World J Microb Biot, 36: 1-8.

van den Ent F, Izore T, Bharat T A M, et al. 2014. Bacterial actin MreB forms antiparallel double filaments. Elife, 3: e02634.

van Dijl J M, Braun P G, Robinson C, et al. 2002. Functional genomic analysis of the *Bacillus subtilis* Tat pathway for protein secretion. Journal of Biotechnology, 98(2-3): 243-254.

Van Gijtenbeek L A, Eckhardt T H, Herrera-Dominguez L, et al. 2021. Gene-trait matching and prevalence of Nisin tolerance systems in *Lactococus lactis*. Front Bioeng and Biotech, 9: 622835.

Vanacek P, Sebestova E, Babkova P, et al. 2018. Exploration of enzyme diversity by integrating bioinformatics with expression analysis and biochemical characterization. ACS Catal, 8(3): 2402-2412.

Voberkova S, Solcany V, Vrsanska M, et al. 2018. Immobilization of ligninolytic enzymes from white-rot fungi in cross-linked aggregates. Chemosphere, 202: 694-707.

Voss H, Heck C A, Schallmey M, et al. 2020. Database mining for novel bacterial beta-etherases, glutathione- dependent lignin-degrading enzymes. Appl Environ Microb, 86(2): e02026-19.

Wang J Z, Wu C K, Yan C H, et al. 2021. Nutritional targeting modification of silkworm pupae oil catalyzed by a smart hydrogel immobilized lipase. Food Funct, 12(14): 6240-6253.

Wang J, Wu Y N, Gong Y F, et al. 2015. Enhancing xylanase production in the thermophilic fungus *Myceliophthora thermophila* by homologous overexpression of *Mtxyr1*. J Ind Microbiol Biot, 42(9): 1233-1241.

Wang L, Dash S, Ng C Y, et al. 2017. A review of computational tools for design and reconstruction of metabolic pathways. Synth Syst Biotechnol, 2(4): 243-252.

Wang Y C, Xue W, Sims A H, et al. 2008. Isolation of four pepsin-like protease genes from *Aspergillus niger* and analysis of the effect of disruptions on heterologous laccase expression. Fungal Genet Biol, 45(1): 17-27.

Wang Y, Ling C, Chen Y, et al. 2019. Microbial engineering for easy downstream processing. Biotechnol Adv, 37(6): 107365.

Wells J A, Vasser M, Powers D B. 1985. Cassette mutagenesis: an efficient method for generation of multiple mutations at defined sites. Gene, 34(2-3): 315-323.

Wilkinson D L, Harrison R G. 1991. Predicting the solubility of recombinant proteins in *Escherichia coli*. Biotechnology, 9(5): 443-448.

Windsor A J, Mitchell-Olds T. 2006. Comparative genomics as a tool for gene discovery. Curr Opin Biotechnol, 17(2): 161-167.

Wolf M, Paulino A T. 2019. Full-factorial central composite rotational design for the immobilization of lactase in natural polysaccharide-based hydrogels and hydrolysis of lactose. Int J Biol Macromol, 135: 986-997.

Wongphan P, Khowthong M, Supatrawiporn T, et al. 2022. Novel edible starch films incorporating papain for meat tenderization. Food Packaging Shelf, 31: 100787.

Wu X C, Lee W, Tran L, et al. 1991. Engineering a *Bacillus subtilis* expression-secretion system with a strain deficient in 6 extracellular proteases. J Bacteriol, 173(16): 4952-4958.

Wu X C, Ng S C, Near R I, et al. 1993. Efficient production of a functional single-chain antidigoxin antibody via an engineered *Bacillus subtilis* expression-secretion system. Bio Technology, 11(1): 71-76.

Xiao Z Z, Wu M Q, Grosse S, et al. 2014. Genome mining for new alpha-amylase and glucoamylase encoding sequences and high level expression of a glucoamylase from talaromyces stipitatus for potential raw starch hydrolysis. Appl Biochem Biotech, 172(1): 73-86.

Xu J, Cen Y, Singh W, et al. 2019. Stereodivergent protein engineering of a lipase to access all possible stereoisomers of chiral esters with two stereocenters. J Am Chem Soc, 141(19): 7934-7945.

Xu K D, Tong Y, Li Y, et al. 2021. Rational design of the N-terminal coding sequence for regulating enzyme expression in *Bacillus subtilis*. ACS Synth Biol, 10(2): 265-276.

Xu M, Ji D W, Deng Y J, et al. 2020. Preparation and assessment of cross-linked enzyme aggregates (CLEAs)of beta-galactosidase from *Lactobacillus leichmannii* 313. Food Bioprod Process, 124: 82-96.

Xu Y, Wang Y H, Liu T Q, et al. 2018. The GlaA signal peptide substantially increases the expression and secretion of alpha-galactosidase in *Aspergillus niger*. Biotechnol Lett, 40(6): 949-955.

Yamane K, Bunai K, Kakeshita H. 2004. Protein traffic for secretion and related machinery of *Bacillus subtilis*. Biosci Biotech Bioch, 68(10): 2007-2023.

Yao Z, Meng Y, Le H G, et al. 2021. Increase of a fibrinolytic enzyme production through promoter replacement of aprE3-5 from *Bacillus subtilis* CH3-5. J Microbiol Biotechn, 31(6): 833-839.

You L, Arnold F H. 1996. Directed evolution of subtilisin E in *Bacillus subtilis* to enhance total activity in aqueous dimethylformamide. Protein Eng, 9(1): 77-83.

Yu C H, Dang Y K, Zhou Z P, et al. 2015. Codon usage influences the local rate of translation elongation to regulate co-translational protein folding. Mol Cell, 59(5): 744-754.

Yu D Y, Chen K R, Liu J Y, et al. 2020. Application of magnetic immobilized papain on passivated rice bran lipase. Int J Biol Macromol, 157: 51-59.

Zhang K, Su L Q, Wu J. 2020. Recent advances in recombinant protein production by *Bacillus subtilis*. Annual Rev Food Sci T, 11: 295-318.

Zhang M, Shi M L, Zhou Z, et al. 2006. Production of *Alcaligenes faecalis* penicillin G acylase in *Bacillus subtilis* WB600 (pMA5)fed with partially hydrolyzed starch. Enzyme Microb Tech, 39(4): 555-560.

Zhang S S, Xu Z S, Qin L H, et al. 2019. Development of strong lactose/galactose-inducible expression system for *Lactobacillus plantarum* by optimizing promoter. Biochem Eng J, 151: 107316.

Zhang X Z, Cui Z L, Hong Q, et al. 2005. High-level expression and secretion of methyl parathion hydrolase in *Bacillus subtilis* WB800. Appl Environ Microb, 71(7): 4101-4103.

Zhao F J, Gong T, Liu X S, et al. 2019. Morphology engineering for enhanced production of medium-chain-length polyhydroxyalkanoates in *Pseudomonas mendocina* NK-01. Appl Microb Biot, 103(4): 1713-1724.

Zhao H M, Giver L, Shao Z X, et al. 1998. Molecular evolution by staggered extension process (StEP)*in vitro* recombination. Nat Biotechnol, 16(3): 258-261.

Zhao L Z, Ye B, Zhang Q, et al. 2019. Construction of second generation protease-deficient hosts of

Bacillus subtilis for secretion of foreign proteins. Biotechnol Bioeng, 116(8): 2052-2060.

Zheng X Y, Zhang Y M, Zhang X Y, et al. 2019. Fhl1p protein, a positive transcription factor in *Pichia pastoris*, enhances the expression of recombinant proteins. Microb Cell Fact, 18(1): 207.

Zhou P P, Fang X, Xu N N, et al. 2021. Development of a highly efficient copper-inducible gal regulation system (CuIGR)in *Saccharomyces cerevisiae*. ACS Synth Biol, 10(12): 3435-3444.

Zhu P A, Wang L Q. 2017 Passive and active droplet generation with microfluidics: a review. Lab Chip, 17(1): 34-75.

Zhu R N, Li C Q, Chen C C, et al. 2021. Effect of cross-linked enzyme aggregate strategy on characterization of sn-1,3 extracellular lipase from *Aspergillus niger* GZUF36. Appl Microbiol Biotechnol, 105(5): 1925-1941.

Zhu T, Li R F, Sun J Y, er al. 2020. Characterization and efficient production of a thermostable, halostable and organic solvent-stable cellulase from an oil reservoir. Int J Biol Macromol, 159: 622-629.

Zoller M J, Smith M. 1982. Oligonucleotide-directed mutagenesis using M13-derived vectors: an efficient and general procedure for the production of point mutations in any fragment of DNA. Nucleic Acids Res, 10(20): 6487-6500.

Zou Y, Shahidi F, Shi H B, et al. 2021. Values-added utilization of protein and hydrolysates from animal processing by-product livers: a review. Trends Food Sci Tech, 110: 432-442.

第5章　食品发酵微生物的改造与过程调控优化

发酵工程是利用前沿生物工程技术手段和其他自然科学原理对微生物体进行改造，开发出对提升国民经济和人们生活质量有价值的物质，或者将其直接应用到工业化生产的技术体系。

5.1　发酵工程在食品生产中的应用

5.1.1　发酵工程在改造传统发酵食品加工工艺中的作用

传统发酵食品历史悠久，在全球范围内广泛分布。许多国家和地区都拥有独特的传统发酵食品，例如，中国的白酒、酱油和豆腐乳，日本的纳豆和清酒，韩国的泡菜，意大利的腊肠，高加索的开菲尔酸奶，以及许多西方国家的面包、奶酪和酸奶。受不同地理环境和生活方式的影响，不同国家或地区的传统发酵食品在生产方法、口味和营养价值等方面都有不同的特点。

在我国，利用微生物自然发酵进行酿酒、制醋等已有千年历史。不同的是，传统发酵食品制备工艺中的微生物类群来源于自然界，而现代发酵工程技术允许将目标基因插入宿主生物中，然后利用发酵培养基培养目标生物，生产者可以从发酵物中提取所需成分并进行纯化以供使用。在传统食品制造业中引入现代发酵工程技术，不仅能够提升原料的利用率、缩短发酵周期、改善食品的营养价值、提升风味品质和安全性，还有助于实现机械化生产。

1. 发酵工程在改造黄酒生产中的应用

黄酒是中国最古老的酒类之一，以糯米、粳米和黍米为原料，通过多种微生物的共同作用，经过蒸煮、糖化、发酵、压榨等一系列工序制成。黄酒的风味化合物来源广泛，包括原料本身、发酵过程中微生物代谢产物，以及陈酿过程中的化学反应产物等。在这些来源中，微生物对黄酒风味品质的影响最为显著。为了增加微生物多样性，黄酒通常在开放环境下发酵，以增加微生物群落的复杂性及风味化合物的多样性。

黄酒中的细菌群落不仅会影响发酵效率，还对黄酒的风味品质产生决定性影响。环境条件的变化会影响细菌群落的多样性，在初级发酵过程中，充足的养分和氧气及低含量的乙醇都有利于微生物的生长；在二次发酵过程中，低温和高含量的乙醇会抑制微生物的生长（Wang et al.，2014）。黄酒酿造过程中，细菌群落的多样性通常高于真菌群落（Chen et al.，2020）。然而，传统的分离方法无法准确揭示黄酒酿造中的细菌群落组成。利用现代发酵工程技术，如聚合酶链反应-变性梯度凝胶电泳（polymerase chain reaction-denaturing gradient gel electrophoresis，PCR-DGGE）和高通量筛选（high throughput screening，HTS）技术，研究人员发现黄酒发酵液中存在许多以前未被检测到的细菌，并且描述了它们的功能和代谢特征（Lv et al.，2013；Huang et al.，2019）。

在黄酒的传统酿造过程中，除了产生乙醇、寡肽和丰富的香气物质外，也可能产生或意外引入一些对人体健康不利的物质，主要包括氨基甲酸乙酯（ethyl carbonate，EC）、甲醛、生物胺和黄曲霉素等。EC 是一种潜在的人体致癌物，它是在黄酒酿造过程中，尿素与乙醇之间的自发反应产生的，是由酿酒酵母中氮分解代谢物抑制（nitrogen catabolite repression，NCR）调控的（Zhao et al.，2014）。在酿酒酵母中，尿素的转运和代谢主要由尿素透性酶（编码 *DUR3* 基因）和尿素水解酶（编码 *DUR1*、*DUR2* 基因）完成。通过过表达这两个基因，可以提高尿素的代谢能力，从而降低发酵液中尿素的含量。Coulon 等（2006）首次成功地在工业生产菌株中整合表达 *DUR1*、*DUR2* 基因，使葡萄酒中 EC 含量下降了 89.1%。Wu 等（2020）利用改进的 CRISPR/Cas9 系统过表达 *DUR3* 基因，结果显示重组菌株的尿素利用率明显提高，与对照菌株相比，尿素和 EC 的浓度分别降低了 92.0%和 58.5%。

2. 发酵工程在改造酱油生产中的作用

酱油是以植物蛋白质和淀粉为主要原料，通过微生物的发酵作用，产生多种氨基酸和糖类，再经过复杂的生物化学反应后，形成了具有特殊色泽、香气和口感的液体调味品。中国是最早酿造酱油的国家之一，根据酱油制备过程中使用的发酵工艺的不同，可以将酱油分为高盐稀态发酵酱油和低盐固态发酵酱油两种类型。

在酱油的发酵过程中，复杂的微生物相互作用对其风味起着至关重要的作用。研究人员应用高通量测序技术来解析传统自然发酵酱油生产过程中的细菌群落结构及演变规律，结果发现存在着包括芽孢杆菌属、葡萄球菌属和肠杆菌属在内的 41 个属，其中芽孢杆菌属在细菌群落中占绝对优势。宏基因组学研究的显著进展使研究人员能够识别不可培养的微生物，并监测发酵过程中微生物群落的动态变化。全基因组测序（whole genome sequencing，WGS）分析结合新一代测序和克隆文库，提供了有关微生物动力学及微生物种群的代谢和功能多样性信息。Sualiman 等（2014）应用 WGS 分析了中国传统酱油为期 6 个月的酱醪发酵过程中微生物结构多样性及其功能，结果显示，在整个发酵过程中，酵母数量增加，而真菌的丰度降低；细菌丰度在初期下降，到第 6 个月时增加。研究人员还对参与碳水化合物代谢途径的基因进行了分析，包括 TCA 循环和磷酸戊糖途径。Devanthi 和 Gkatzionis（2019）发现，在酱醪发酵的第 1 个月，代谢途径由同型发酵转为异型发酵，同时揭示了前半段发酵过程中乳酸菌的丰度变化。曹小红等（2007）利用离子诱变技术确定了新筛选诱变菌种的生产性能、生产工艺及相关参数，从而确定了新菌种的最佳生产工艺。通过优化菌株和添加工艺，原料的蛋白质利用率达到了 85%以上，氨基酸态氮转化率达到了 60%以上，从而改善了高盐稀态酱油的风味，全面提升了酱油的质量。这些发酵工程技术的研究和应用有助于更好地了解中国传统发酵酱油制作过程中微生物群落的结构、功能演替及潜在的代谢能力，对未来酱油工业生产提供了有力的技术支持。

5.1.2 发酵工程在生产食品添加剂中的应用

食品添加剂是为了改善食品的品质，增强其色、香、味，以及满足防腐和加工工艺的需要而向食品中添加的化学合成物质或天然物质。根据它们的来源，食品添加剂可分为化学合成、天然物提取和生物合成三类。随着对健康饮食的关注，人们对天然食品成分的需求逐渐增加，然而仅仅依靠天然物提取获得的食品添加剂无法满足人们的需求。因此，应用发酵工程和生物合成的方法来生产食品添加剂已成为未来的发展方向。

1. 着色剂

在食品行业，着色剂又称食用色素，是用来赋予并改善食品色泽的食品添加剂。它们用于弥补在食品制备过程中可能丧失的颜色、增强风味感知或使食品看起来更具吸引力。着色剂可根据其来源分为两大类，即人工合成着色剂和天然着色剂。人工合成着色剂通常以萘、苯和甲苯等化学物质为主要原料，通过一系列化学反应合成而来。天然着色剂则是从动植物和微生物中提取的色素，根据其结构可分为吡咯类、多烯类、酮类和多酚类。近年来，消费者对天然着色剂的需求以每年 7%的速度递增，预计到 2026 年，全世界天然着色剂的收入将达到 16.2 亿美元。

类胡萝卜素是由叶黄素和胡萝卜素组成的四萜类色素，以多种形式存在，包括 β-胡萝卜素、番茄红素、虾青素等。其中，β-胡萝卜素是一种重要的着色剂，具有营养强化功能。将这种色素添加到食品中，可使食品呈现出光泽鲜亮的外观，同时对降低体内血脂、预防心血管疾病和增强免疫系统有积极作用。目前，工业上广泛采用微生物发酵法来生产 β-胡萝卜素和番茄红素，其中，三孢布拉氏霉（*Blakeslea trispora*）的发酵生产是最常见的。例如，Velioglu 和 Sivri（2018）通过优化液体发酵条件，成功提高了 *B. trispora* DSM-2387 和 *B. trispora* DSM-2388

的 β-胡萝卜素产量，达到了 250.407 mg/L。此外，研究人员还开发了其他不同菌种用于 β-胡萝卜素和番茄红素的生产。Wang 等（2017a）通过使用诱变育种和代谢工程，报道了在胶红酵母 *Rhodotorula mucilaginosa* K4 中 β-胡萝卜素的产量达到（14.47±0.06）mg/L，相比对照菌株（KC8）的产量[（8.67±0.07）mg/L]增加了 67%。另外，在 K4 菌株中过表达 *HMG1* 基因，进一步提高了 β-胡萝卜素的产量，达到 16.98 mg/L。Zhang 等（2020）利用 CRISPR/Cas9 整合策略在解脂耶氏酵母（*Yarrowia lipolytica*）XK2 中异源表达来自卷枝毛霉（*Mucor circinelloides*）的八氢番茄红素脱氢酶基因（*carB*）和双功能八氢番茄红素合酶/番茄红素环化酶基因（*carRP*），并过表达甲羟戊酸（MVA）途径相关基因，使 β-胡萝卜素摇瓶产量达到 408 mg/L（比亲本菌株高 24 倍），5 L 发酵罐产量达到 4.5 g/L。这项研究为高效生产 β-胡萝卜素的解脂耶氏酵母细胞工厂的建立提供了有潜力的工业应用价值。

大豆血红蛋白是一种血红素，类似于哺乳动物的血红蛋白。血红素的主要功能是携带和运输氧气，以供机体使用。动物肌肉中的血红素尤其丰富，血红素赋予了肉类独特的口感，因此可用于肉制品的加工。为了满足全球市场对肉类的需求，2019 年美国食品药品监督管理局批准将大豆提取血红蛋白用作人造肉的着色剂。目前，大豆血红蛋白的发酵生产已经实现，使用发酵生产的大豆血红蛋白可以使人造肉变红，并让其口感更加接近真实的肉。Jin 等（2018）将大豆植物中编码大豆血红蛋白的 *legHb* 基因插入巴斯德毕赤酵母（*Pichia pastoris*）宿主菌进行表达，然后通过酵母细胞发酵产生大豆血红蛋白，最终纯化得到的 LegHb 蛋白纯度大于 65%，以这种方式生产的大豆血红蛋白已经在基于植物的肉制品中进行了测试，浓度高达 0.8%。安全测试结果表明，添加毕赤酵母发酵生产的重组大豆血红蛋白的食品，对消费者产生不可接受的过敏性或毒性的风险较低。通过微生物发酵法获得的大豆血红蛋白，未来将在人造肉及其他食品领域发挥更大的作用。

2. 甜味剂

甜味剂是一类食品添加剂，它们本身具有甜味，只需少量即可赋予食品甜味。甜味剂可分为功能性甜味剂、人工合成高甜度甜味剂和天然甜味剂。随着消费者健康意识的不断增强，全球对天然来源的零卡路里甜味剂的需求在过去十年中显著增加。近年来，来自各种天然植物产品的甜味剂因具有稳定性和低热量的特点，成为蔗糖和果糖的替代品。然而，天然甜味剂的进一步增长可能受到农业可持续性、不良口味品质、感知安全性和商业可行性的限制。通过生物技术生产平台，可以解决与植物生产相关的供应限制，同时提高生产的可持续性。此外，基于植物或微生物细胞的生产平台的开发，允许快速修改途径酶，以产生具有更少或没有负面味道属性的新型甜味剂。

甜菊糖俗称甜菊糖苷（stevioside），是从甜叶菊中提取的一类天然甜味剂。甜叶菊属多年生草本植物，原产于巴拉圭和巴西边境的高山草甸，当地人使用甜叶菊作为天然甜味剂已有数百年的历史。研究发现，甜菊糖苷不仅具有甜味剂特性，而且具有极高的药用价值。甜菊糖的甜度大约是蔗糖的 300 倍，但热量只有蔗糖的 1/300，因此是市场上最受欢迎的天然甜味剂之一。根据结构侧链上葡萄糖基位置和个数的不同，已从甜叶菊中鉴定出 60 多种甜菊糖苷，包括莱鲍迪苷 A（rebaudioside A，Reb A）、莱鲍迪苷 B（Reb B）、莱鲍迪苷 C（Reb C）、莱鲍迪苷 D（Reb D）、莱鲍迪苷 E（Reb E）、莱鲍迪苷 F（Reb F）、莱鲍迪苷 I（Reb I）和莱鲍迪苷 M（Reb M）等。Reb A 是目前市场上甜菊糖天然甜味剂中最常用的，但有轻微的苦涩味道，影响了其相关产品的开发和应用。近年来，新一代天然甜味剂 Reb D 和 Reb M 成为食品行业的焦点，它们比 Reb A 更甜，且苦味更淡。目前市场上的甜菊糖苷主要从植物中提取，然而，植物中甜菊糖苷的丰度低、植物生长具有季节依赖性，且提取过程复杂，这些都限制了甜菊糖苷的大规模生产。与传统的植物提取法相比，微生物发酵法能够克服以上缺点，有效地提高甜菊糖苷的合成效率。因此，通过构建微生物底盘细胞，以廉价碳源为底物从头合成甜菊糖苷具有重要意义。编码甜菊糖苷生物合成的基因已被筛选鉴定。Xu 等（2022）已成功在酿酒酵母中重构了甜菊糖苷代谢合成途径。基于 Rosetta 软件对关键限速酶 EUGT11 进行半理性设计，并通过表达元件改造与动态调控进行代谢流的优化，莱鲍迪苷（Reb A、Reb D 和 Reb M）在 15 L 发酵罐中产量达到 132.7 mg/L。Zhang 等（2021）通过催化反应多样化特征、底物结合模式及酶目标性能的优化阐明了甜菊糖苷合成相关酶的催化机理。在此基础上，他们发现水稻来源的糖基转移酶 OsUGT91C1 可用于弥补甜叶菊 β（1,2）-糖基化能力的不足，实现从高丰度甜菊糖苷组分到新一代健康高品质甜菊糖苷 D 和 M 的体外、体内生物转化。据调查，预计 2025 年，发酵法生产高纯度甜菊糖甜味剂的市场规模将超过 30 亿美元。

3. 有机酸

乳酸是一种重要的多用途有机酸，特别是 L-乳酸，其作为高级食品添加剂，已经成为柠檬酸和磷酸的升级替代品，由于 L-乳酸对人体无副作用、易于吸收，且具有促进消化及抑制有害肠道细菌等卓越特性，因此在食品和医药行业得到广泛应用。目前，L-乳酸的发酵生产涉及发酵菌株的选育、高效 L-乳酸的发酵及高纯度 L-乳酸的分离等步骤，其中发酵菌株的选育是发酵工程中至关重要的一步。菌株是乳酸发酵的核心和基础要素，通过改良菌株可以实现经济高效的发酵生产。多种微生物菌株，如曲霉、芽孢杆菌、肉毒杆菌、肠球菌、埃希菌、乳杆菌、乳球菌、根霉和酵母菌，都已用于乳酸的生产。例如，Taniguchi 等（2004）以木糖为碳源，在乳酸细菌培养基中使用铅黄肠球菌（*Enterococcus casseliflavus*）菌株生产乳酸，结果显示，50 g/L 木糖可产生 38 g/L 的乳酸。研究人员还在含 50 g/L 木糖和 100 g/L 葡萄糖的培养基中，对 *E. casseliflavus* 和干酪乳杆菌（*Lactobacillus casei*）进行了两阶段接种的共培养，发酵 192 h 后，产生了 95 g/L 的乳酸。在另一项研究中，Yamane 和 Tanaka（2013）以固定化的米根霉（*Rhizopus oryzae*）作为产菌剂，在葡萄糖作为碳源的条件下，通过分批发酵和补料分批发酵，分别获得了多达 145 g/L 和 231 g/L 的乳酸产量。Okano 等（2018）利用工程化的植物乳杆菌（*Lactobacillus plantarum*）生产乳酸，研究人员为了提高 L-乳酸的光学纯度，删除了编码 D-乳酸脱氢酶（ldhD）的基因，并进一步破坏了编码乳酸消旋酶（larA-E）的操纵子，完全消除了 D-乳酸的生成。在 100 g/L 葡萄糖条件下，ΔldhD ΔlarA-E 突变体产生了 87.0 g/L 的 L-乳酸，光学纯度达到 99.4%。

苹果酸因其独特的愉悦香味而广泛用作食品饮料中的酸味剂。苹果酸又称为 2-羟基丁二酸，是一种重要的天然有机酸。苹果酸有三种存在形式：D 型、L 型和 DL 型，其中 L-苹果酸是参与细胞代谢不可或缺的中间代谢物，具有重要的生理活性，被国际公认为优良的食品添加剂。传统的苹果酸生产主要基于石油基化工路线，产物为 DL-苹果酸，应用范围有限。微生物发酵可以生产高光学纯度的 L-苹果酸，并提高了利用率。目前，细菌、酵母和丝状真菌都可以作为微生物发酵法生产 L-苹果酸的开发平台。例如，Zhang 等（2011）通过基因敲除将产琥珀酸的大肠杆菌 KJ060 改造成 L-苹果酸生产菌株大肠杆菌 XZ658，在发酵 3 天后，L-苹果酸产量达到了 33.9 g /L。Zelle 等（2008）以酿酒酵母为平台，过表达自身的丙酮酸羧化酶、苹果酸脱氢酶及异源表达裂殖酵母的苹果酸通透酶，将 L-苹果酸的产量从出发菌株的 12 g/L 提高到 59 g/L。Knuf 等（2014）从米曲霉出发，通过强化还原型 TCA 途径和苹果酸转运，发酵生产 L-苹果酸的产量可达 154 g/L，转化率达 1.03 g/g。通过发酵工程如筛选或适应性进化获得可再生资源的菌株、改造菌株原有的合成代谢途径等方式，提高了 L-苹果酸的发酵产量，为加快实现微生物发酵法工业生产 L-苹果酸提供了参考。

4. 其他

黄原胶是一种微生物多糖，以其出色的性能（如强亲水性、稳定性、增稠性和乳化性）在食品工业中被广泛应用。黄原胶通常用作果汁饮料的增稠稳定剂、蛋白饮料的乳化剂、面包和糖果的高黏度填充剂、肉制品中的嫩度和持水性增强剂，以及罐头食品的口感改善和风味增强剂。在果蔬中添加黄原胶可以防止果蔬褐变和失水，同时提高食品的新鲜度。此外，黄原胶还在石油钻井工业中用作润滑剂、乳化剂或流动性控制剂。

黄原胶是世界上生产规模最大的微生物多糖之一，通常由甘蓝黑腐黄单胞菌

（*Xanthomonas campestris*）以碳水化合物为原料进行分批发酵生产，然后使用醇沉法进行部分纯化。Wang 等（2017b）利用发酵工程突变株黄单胞菌 WXLB-006，通过摇瓶培养，从甘油中提取黄原胶，产量高达 17.8 g/L。通过调节 pH、曝气和搅拌条件、甘油投料策略，在 7 L 发酵罐中，黄原胶产量可达 33.9 g/L，发酵时间缩短至 60 h。这项研究为甘油的开发和利用提供了一个成功的案例，取代了昂贵且复杂的甘油纯化方法；同时，这也是首次报道高甘油耐受性菌株用于生产微生物多糖的研究。

5.1.3 发酵工程在开发功能性食品中的应用

随着生活水平的提高，人们不仅关注温饱问题，而且逐渐开始追求食品的健康和营养价值，这一趋势催生了许多功能性食品的出现。功能性食品是指包含特定有效成分的食品，它们对人体产生生理影响并具有调节功能，以实现所谓的“药食同源”目标。这些食品不仅可以调整膳食结构，还有助于健康和长寿。因此，在保健食品行业中，功能性食品已经成为一种新的主流。目前，常见的功能性食品通常是应用发酵工程相关技术制造的。在功能性食品的开发过程中，直接应用具有药用价值的天然细菌，并通过规模化的发酵生产，可以实现功能性食品批量生产。实际应用中，培养药用真菌相对较为困难，而发酵技术能够为克服这一难题提供有效的支持。

1. 真菌多糖和生物活性肽

多糖是食用真菌中最主要的活性成分之一，具有复杂的单糖组成及结构的多样性，这些复杂的结构赋予了多糖抗氧化、抗肿瘤、免疫调节等多种生物活性功能，因此常被广泛用于功能性食品中。灵芝是一种珍贵的药用真菌，其在食品领域的应用非常广泛。除了用作药品和功能性保健食品外，灵芝还可作为添加剂，制成各种功能性复合调味品，如灵芝酱油和灵芝醋等。灵芝多糖作为灵芝中最重要的药理活性成分之一，具有重要的生物学功能，不仅具有抗氧化、抗肿瘤、抗辐射等生物活性，还具有免疫调节和降血糖等药理作用。灵芝的传统栽培方式容易受到环境和栽培条件的影响，导致质量差异大、活性成分的含量不稳定，而且生产周期较长、栽培成本较高。随着现代生物技术的不断发展，液体发酵技术已被广泛应用于灵芝多糖的生产，具有操作简便、周期短、可大规模生产等优点。为了提高灵芝胞内多糖的产量，Feng 等（2019）利用液体深层发酵技术，通过中心复合设计法优化了发酵培养基。摇瓶实验结果表明，细胞内多糖的平均产量达到 1.98 g/L，在 5 L 和 50 L 发酵罐中，胞内多糖的产量分别可达 2.59 g/L 和 2.65 g/L。实验证明，灵芝液体深层发酵工艺获得的菌丝体可有效提高胞内多糖的产量，并且胞内和胞外多糖具有良好的免疫活性。目前，多糖的生物合成途径尚未完全解析，随着基因编辑技术的成熟，Li 等（2015）从灵芝中克隆了 UDP-葡萄糖焦磷酸化酶（UGP）基因，并研究了 *UGP* 基因对多糖合成的影响，为多糖的生物合成途径分析提供了基础。

生物活性肽（bioactive peptide）是指对生物机体的生命活动有益或具有生理作用的肽类化合物，是具有多种生物学功能的多肽。生物活性肽的不同活性取决于其氨基酸序列，因为它们能与体内其他蛋白质相互作用并调节生理过程。尽管生物活性肽的结构和功能关系尚未完全明确，但大多数生物活性肽都具有一些共同的特性。例如，这些肽通常由 2～20 个氨基酸组成，且通常富含疏水性氨基酸。近年来，人们越来越关注具有降低或预防慢性疾病风险、提供免疫保护的独特生物活性肽序列。因此，将生物活性肽用作营养保健品和功能性食品的研究越来越多。微生物在代谢过程中产生的蛋白酶可以将活性肽片段从底物蛋白中水解释放出来，这是发酵法制备生物活性肽的基础。发酵过程中，底物蛋白不仅提供了微生物生长所需的营养物质，而且是蛋白酶的降解目标。发酵过程还可以修饰和重新组合某些苦味肽基团，从而获得基本无苦味的活性肽。此外，微生物的传代时间短，可以连续利用微生物代谢产生的多种复合酶系，释放更多特定活性肽，因此生产效率较高。另外，基因重组技术也是获得高产量和高纯度生物活性肽的有效方法之一。例如，王东波等（2015）通过基因重组技术高效制备了促进角膜上皮细胞增殖的垂体腺苷酸环化酶激活肽（PACAP 27）衍生多肽 RP2，结果显示 RP2 的纯度可达 96%，该多肽可有效促进角膜上皮细胞的增殖，有望成为治疗角膜损伤的新型候选药物。

2. 其他功能性食品

硫酸软骨素（chondroitin sulfate，CS）是一种广泛分布于软骨组织中的线性糖胺聚糖，由葡萄糖醛酸（GlcA）和 *N*-乙酰半乳糖胺（GalNAc）通过 β（1→3）和 β（1→4）糖苷键交替连接并经过一定磺酸化修饰而成。根据不同的硫酸化模式，CS 可分为 CSA[GlcA-GalNAc（4S）]、CSC[GlcA-GalNAc（6S）]、CSD[GlcA（2S）-GalNAc（6S）]和 CSE[GlcAGalNAc（4,6S）]。CS 具有多种生理功能，对许多病理过程发挥关键作用，因此在临床、医疗和营养保健领域得到广泛应用。例如，CSA 和 CSC 已被开发成治疗骨关节炎、促进新关节软骨生成的药物和功能性食品。不同磺酸化程度的 CS 具有不同的生理功能。然而，目前商业化的 CS 主要从动物软骨中提取和纯化，然而不同物种、不同生物年龄的动物以及不同组织和器官中提取可能导致最终产品纯度的不同，且提纯过程中烦琐。因此，开发一种新的绿色合成 CS 途径显得十分必要。为了解决硫酸软骨素生产过程中的这些问题，Jin 等（2021）通过工程化毕赤酵母，利用廉价的甲醇成功实现了非动物来源硫酸软骨素的从头合成，在 3 L 发酵罐分批补料培养中，硫酸软骨素的最高产量达到了 2.1 g/L，并且硫酸化程度提高到 4.0%。

肝素是医学上应用最广泛的抗凝药物，用于治疗临床上的血栓、心梗等疾病。目前，市场上的肝素主要依赖于动物组织提取，如猪小肠等。肝素在脊椎动物中具有多种生物活性，包括在胚胎发育、抗菌/病毒感染、抗炎症反应和血液凝结等方面。动物来源的肝素中含有其他糖胺聚糖（如过磺酸化硫酸软骨素），其可变结构和污染加剧了医疗风险，并阻碍了对其结构-活性关系的研究。目前，已经报道了多种肝素的合成方法，包括化学法和化学-酶法，但这些方法存在着步骤烦琐或成本较高的问题。为了解决这些问题，研究人员开发了一种绿色、简单且易于培养的微生物平台，用于生物工程合成肝素。Zhang 等（2022）以毕赤酵母为平台菌株，实现了双功能酶 *N*-脱乙酰/*N*-磺基转移酶、变构酶和磺基转移酶的活性表达，在 3 L 发酵罐分批补料培养中，进一步提高了肝素磺基转移酶和变构酶的表达量及活性。基于这些成果，他们建立了一种全酶法合成肝素的技术路线，实现了肝素的酶法催化合成。通过细胞共培养和无细胞催化体系，成功获得了与动物来源肝素具有相似抗凝血活性的生物工程肝素。他们将肝素前体合成模块和磺酸化模块整合到毕赤酵母细胞内，成功实现了生物工程肝素的从头合成；最后，通过分批补料发酵，在甲醇作为碳源的条件下，生物工程肝素的产量达到了 2.08 g/L。这项研究对于促进肝素的生物合成具有重要意义。

氨基葡萄糖（glucosamine，GlcN）是一种天然的水溶性单糖，具有修复和保护软骨组织、刺激软骨细胞生长，以及促进软骨形成的作用。传统的 GlcN 制备方法涉及从蟹壳和虾壳等中提取几丁质与壳聚糖，然后通过酸水解处理。这种水解过程需要的浓酸会对环境产生严重污染。因此，利用发酵工程和生物催化方法，以 *N*-乙酰氨基葡萄糖（*N*-acetylglucosamine，GlcNAc）为底物制备 GlcN 受到了广泛关注。Huang 等（2021）结合几丁二糖脱乙酰酶（Dac）的分子结构模型，通过丙氨酸扫描和定点饱和突变筛选出一个酶活较高的突变体 M14，比活性达到 5162.17 U/mg，相较于野生型提高了 70.02%。动力学分析表明，M14 的 K_{cat}/K_m 值是野生型的 2.21 倍，这表明该突变体的催化效率显著提高。此外，为了进一步提高反应过程中 GlcN 的稳定性，研究人员在 M14 的基础上进行了一系列筛选和验证，最终获得了一个最适 pH 显著降低的突变体 M20。该突变体的最适 pH 下降至 6.0，且在 pH 5.5 时仍保持较高的催化活性，最高比活性达到 6277.28 U/mg，约为野生型的 2 倍。同时，在 pH 6.0 的反应条件下，GlcN 的稳定性显著提高，转化率达到 94.3%。另外，Tian 等（2020）引入了基于密码子拓展的正交翻译系统，该系统可以实现在代谢流调控和细胞生长关键酶中插入非天然氨基酸（non-canonical amino acid，ncAA），并通过“精确滴定”非天然氨基酸来“精准控制”代谢流和细胞生长。利用该系统在大肠杆菌中调控糖酵解和 *N*-乙酰氨基葡萄糖的生产，可使 GlcNAc 的产量提高 4.54 倍（12.77g/L），占理论得率的 88.52%。

5.2　食品发酵微生物的改造和性能优化

5.2.1　食品发酵微生物的改造策略

1. 诱变选育

早期食品发酵微生物大多来源于自然环境中，因此微生物的选育主要通过不断传代以筛选出高性能的个体。由于微生物遗传背景在自然环境中高度稳定，不易产生突变体，因此传统的选育存在时耗长、效率低等缺点。为了在短时间内获取大量的突变体以提高筛选效率，物理、化学及复合诱变等方式被广泛用于微生物选育过程中（袁姚梦等，2020）。

诱变选育是通过物理、化学等诱变方式对微生物的遗传性状进行随机诱变筛选以获得高性能菌株的一种方式。食品发酵微生物在诱变环境下会出现 DNA 碱基缺失、染色体断裂、基因重组等现象，其后代遗传背景会因此发生改变。化学诱变方式主要是依靠化学试剂造成 DNA 烷基化损伤，或者与之形成碱基化合物。目前使用较为广泛的化学诱变剂有甲基磺酸乙酯、甲基硝基亚硝基胍和硫酸二乙酯（diethyl sulfate，DES）等。物理诱变方式可以直接或间接地改变 DNA 的结构，引起染色体断裂或结构的缺失、易位和倒位等。传统物理诱变育种中常使用的高能辐射包括电磁辐射（如 γ 射线、X 射线和紫外线）和粒子辐射（如快中子、热中子、离子束、α 和 β 粒子）。物理诱变具有操作简单安全、应用范围广等优点。

此外，针对传统辐射源的突变频率较低和突变随机性较大等问题，目前以常压室温等离子体（atmospheric and room temperature plasma，ARTP）为核心的诱变技术，因具有突变快、突变多样性高、操作简单等优点，已成为快速突变微生物基因组的有效方法。其他新型物理诱变方式主要包括超高压、高能电子流、电磁场、温度等。

使用单一的诱变方式往往存在诱变效率低、遗传不稳定等问题，而采用复合诱变方式能够显著改善诱变效率，提高获得正向突变体的概率。此外，针对预期的遗传性状，采用定向诱变选育技术能够产生更多符合预期的微生物突变体，进而提高选育效率。

2. 代谢工程

代谢工程是改造食品发酵微生物的重要技术手段，通过理性的途径设计、组合优化、模块组装及调控网络重构等技术手段，能有效地提高食品发酵微生物目标产物的合成效率，或赋予其合成新产物的能力。相比诱变选育策略，代谢工程技术能够“定性”地对食品发酵微生物进行改造，从而直接获得符合预期遗传性状的个体（Jawed et al.，2019）。

1）基因编辑系统

利用代谢工程技术对食品发酵微生物进行理性改造时，会涉及大量的基因修饰，如基因敲除、基因敲入和基因突变等，所以高效、可重复的基因编辑系统对代谢工程来说是必需的。早在 1980 年，研究者们就相继发现了 Cre 重组酶与 FLP 倒位酶等一系列识别特异性位点的重组酶。以 Cre 酶为例，它能够特异性识别一段来源于噬菌体的反向重复序列 *loxP*，从而对 *loxP* 位点中间的靶向序列进行敲除或翻转。上述方法虽然足够简单便捷，但是需要额外表达重组酶，而且残留在基因组上的重组位点也会发生重组，从而引起基因的随机重排。此外，锌指核酸酶、转录激活样效应因子核酸酶等序列特异性识别蛋白相继被发现并应用于基因编辑。近年来，CRISPR/Cas 基因编辑系统因其效率高、脱靶率低、普适性好而被广泛应用于各种食品发酵微生物中。CRISPR/Cas 能够实现基因的无痕编辑，从而保证了改造后微生物的遗传稳定性。之后，具有不同 PAM 识别序列、活性和特异性的 Cas 蛋白如 Cas12、Cas13、Cas14 相继被发现，它们在工作原理上各有优劣，具有良好的互补性，极大地扩充了基因编辑系统的应用范围（Wu et al.，2020）。

2）基因表达强度的优化

对食品发酵微生物进行代谢工程改造时，需要选择合适的表达元件对靶向基因的转录、翻译、折叠、运输等方面进行理性改造。启动子是指一段能使基因进行转录的 DNA 序列，通过启动子调控目的基因的表达强度是控制代谢流的一种常见且较为重要的调控策略。基于生物信息学与转录组学分析表征各类食品发酵微生物内源性启动子的强度，是构建启动子工具箱的主要策略。研究者们依据调控目的基因表达时期或表达机制的不同，将启动子进行分类，以便适用于不同的应用场景。此外，在内源性启动子基础上进行非理性或理性改造以构建性能优异的合成启动子，也是当前研究的热点领域之一（Cazier et al.，2021）。

除此之外，基因拷贝数的调整、核糖体结合位点（原核食品发酵微生物），以及内含子、增强子（真核食品发酵微生物）和终止子等元件的设计、筛选和匹配能够在不同水平层面上进一步优化目的基因表达量（李春，2019）。

3）辅因子调控

酶是食品发酵微生物胞内代谢过程中不可或缺的催化元件，其丰度和活性共同决定了目标化合物代谢途径中的代谢流通量。过表达目的基因可以在一定程度上提高酶的丰度，但当基因表达量达到一定阈值后，酶的丰度与活性却无法呈正相关性，即随着酶丰度的提高，酶的催化效率不会随之增加。同时，目的基因的过表达会给食品发酵微生物自身带来生长负担，其中一个重要的原因就是忽视了辅因子在代谢途径中的关键作用（Wang et al.，2017c）。辅因子是能结合特定蛋白质并使其能够实现正常催化活性的一类物质，包括 NADP(H)、NAD(H)、ATP/ADP、GTP/GDP 等。食品发酵微生物胞内辅因子浓度的相对平衡是实现酶催化效率最大值的重要条件，通过强化辅因子生产途径、平衡辅因子形式、重构辅因子途径等策略，能够有效保持胞内辅因子稳态，进而最大化地将碳代谢流用于目标化合物的生产。

4）转运系统

如何将代谢合成的目标化合物转运至胞外以缓解微生物胞内的代谢压力是代谢工程另一重要的研究领域。对蛋白质等生物大分子而言，许多发酵微生物种类都能够依靠信号肽序列进行蛋白质分泌表达（Peng et al.，2019）。除了使用信号肽让目的蛋白进行胞外分泌外，其他种类的化学物则需要特定的转运蛋白才能够进行胞外释放。例如，*Saccharomyces cerevisiae* 中的 ABC 转运蛋白可以识别和转运疏水化合物。Bu 等（2020）研究表明过表达 *S. cerevisiae* 中的 ABC 转运蛋白 SNQ2，使得 β-胡萝卜素分泌增加 4.04 倍、发酵产量增加 1.33 倍。

3. 合成生物学

合成生物学是在工程学思想的指导下，按照特定目标理性设计、改造食品发酵微生物，具有明显的工程化本质。合成生物学诞生于代谢工程发展 10 余年之后，为代谢工程改造提供了新的思路与方法，在代谢系统的途径构建、基因线路调控等方面发挥了重要作用。当前，合成生物学已经在基因回路、模块适配组装、基因组简化重构等领域取得一系列突破。

1）基因回路

基因回路是合成生物学中重要的一部分，是动态控制胞内代谢流的关键遗传装置。一个标准的基因回路由信号输入、能够响应或传递信号的调控元件以及信号输出组成。基因回路可以根据输入的信号强弱，在调控元件的作用下，输出相应的信号，从而实现对胞内代谢流的实时监测和调控（吕雪芹等，2021）。其中，输入的信号可以为胞外的环境扰动（光照、温度和 pH 等）、胞内的产物或中间代谢物浓度及细胞密度等；输出的信号大多为荧光强度、抗生素抗性及目的基因的表达量等。调控元件是基因回路行使功能的核心元件，目前常用的调控元件分为两大类，即核糖开关和转录因子，它们能够接收特定的信号分子，控制和调节输出信号的强弱。

合成生物学中的逻辑门基因回路起源于数字电路中的逻辑运算，使复杂的生物学现象被抽象成 0 和 1 的映射关系。其中，“与”门、“或”门、“非”门是常见的逻辑门种类，通过组合以上 3 种逻辑门可以设计并构建更加复杂、更加高级的逻辑门以满足实际应用需求（Cui et al.，2021）。

2）模块适配组装

基于合成生物学技术对食品发酵微生物胞内特定的内源性或外源性代谢途径进行模块适配组装以提高目标代谢产物的产量，是合成生物系统实际应用过程中的关键步骤。对于食品发酵微生物整体而言，多个代谢模块的组装并非简单的 1+1=2 的类比，在实际操作过程中，多个代谢模块的最强组合往往会导致 1+1＜2 的情况发生。食品发酵微生物最佳的代谢状态需要平衡胞内多个代谢模块之间的催化活性与效率，以避免中间代谢产物的积累（Garcia and Trinh，2019）。目前，通过转录组学、代谢组学和蛋白质组学等联合分析，能够有效实现多模块的适配组装。

3）基因组简化重构

基因组上的基因可以分为必需基因和非必需基因两大类。非必需基因的去除能够简化基因组，使得食品发酵微生物宿主能够利用更多的能量与物质进行目标产物的合成。此外，简化的基因组使得研究者们能够更清晰地解析调控网络，从而更利于后续的代谢改造。人工合成细胞是合成生物学的终极目标之一，而简化基因组能够帮助研究者们理解生命所必需的核心功能与基本元件，从而为人工合成细胞奠定重要的基础（Leprince et al.，2012）。

5.2.2 定向进化与食品发酵微生物性能优化

1. 定向进化策略

定向进化（directed evolution）在实验室中以加速的方式模拟自然进化过程，按需引导目标对象的突变方向（Morrison et al.，2020）。在过去的几年里，该技术主要集中在抗体和酶的进化上，且后者逐渐成为工业生物催化领域的关键组成部分。定向进化活动基于重复的迭代步骤，直到获得所需的突变体。定向进化的主要策略有非理性设计（non-rational design）、理性设计（rational design）和半理性设计（semi-rational design）。

1）非理性设计

非理性设计不需要对蛋白质序列及其结构有深入了解，而是通过随机突变和片段重组对目的蛋白进行改造，从而获得具有所需特性的目的蛋白。非理性设计主要包括易错 PCR（error-prone polymerase chain reaction，epPCR）、饱和突变

（saturation mutagenesis，SM）及 DNA 重组（DNA shuffling）。epPCR 通过改变 PCR 反应体系或使用保真度较低的 DNA 聚合酶，增加碱基随机错配的概率，造成随机突变，产生遗传多样性高的突变体文库。eqPCR 操作简单，但是由于聚合酶的碱基偏好性导致存在突变率低等问题。SM 通过对目的蛋白的编码基因进行改造，短时间内可获取靶位点氨基酸分别被其他 19 种天然氨基酸所替代的突变子。SM 可以有效避免碱基偏好性的问题，但是耗时长、工作量大。DNA 重组利用 DNase 将一组带有有义突变位点的同源基因切成 10～50 bp 的随机片段，使用 PCR 使之延伸重组获得全长基因。DNA 重组容易获得有义突变，但是基因序列间至少具有 70%的一致性。

2）理性设计

理性设计通过计算机模拟自然界蛋白质的进化轨迹，虚拟突变，可快速准确筛选目标突变体。通过一系列基于生物信息学开发的算法和程序，预测蛋白质活性位点并考察特定位点突变对其稳定性、折叠、与底物结合等方面的影响，从而对蛋白质进行有针对性的改造和模拟筛选。由于蛋白质的序列-结构-功能之间的关系复杂，尽管理性设计已经取得了一定成果，但是对于生物合成途径中的多数酶，其晶体结构和构效关系尚未解析，难以进行有效的理性改造，因此仍然存在成功率低，以及设计出的新蛋白质结构和稳定性较差、催化活性低等问题。

3）半理性设计

半理性设计主要借助生物信息学方法，基于同源蛋白序列比对、三维结构或已有知识，理性选取多个氨基酸残基作为改造靶点，结合有效密码子的理性选用，通过构建高质量突变体文库，有针对性地对蛋白质进行改造。

2. 适应性实验室进化

适应性实验室进化（adaptive laboratory evolution，ALE）是在实验室的特定环境下，通过施加人为干扰对微生物进行培养，使菌株完成适应性自然进化，最后通过筛选获得具有有益突变的目的菌株（图 5-1）。ALE 可以分为短期 ALE 和长期 ALE 两类。短期 ALE 通过将微生物直接置于高浓度抑制剂胁迫环境中，仅仅通过数次传代就能筛选得到所需的目的菌株。长期 ALE 通过特定或逐步叠加的选择压力，需要经历数十次至上百次传代才能筛选得到所需的目的菌株。在长期 ALE 过程中，由于微生物长期处于选择压力之下，往往会产生一系列突变以响应环境选择压力，在提高微生物抗逆性方面效果显著，从而得到既能耐受不利的生长环境，又能在有利的培养条件下快速生长的微生物菌株。而短期 ALE 虽然耗时短、见效快，但是往往进化方向单一，只能在特定的筛选压力下发挥作用。随着测序和组学技术以及基因工程技术的进步，可以更容易地对筛选得到的菌株基因组进行分析，解析特定筛选压力下 ALE 的进化机制，从而为通过反向代谢工程手段构建耐受型突变菌株提供理论支持。

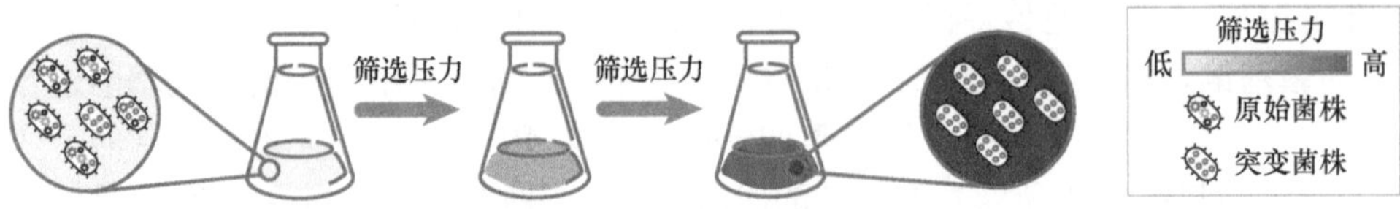

图 5-1　适应性实验室进化流程图

3. 体内连续定向进化技术

传统的定向进化往往需要大量的人为干预，进行多轮突变与筛选，涉及亚克隆和转化；由于转化效率有限，会导致突变体文库数量的显著下降。基因型和表型的联系是通过生物体的天然翻译和复制机制发生的。体内连续定向进化不依赖于人为干预，通过在微生物体内完成达尔文进化，包括复制、突变、翻译、筛选，以最少的人工干预进化出特定表型。

1）针对基因组的体内连续定向进化技术

在常规连续培养实验中，细胞的适应性很大程度上取决于菌株的突变率。宿主的自然突变可能不足以实现新的功能进化，因此，通过高频率的基因组突变可以加速菌株的进化过程。早期在 *E. coli* 中鉴定出能使基因组突变率显著提高的基因 *mutD*（*danQ*），该基因的突变体 *mutD5* 可以使得 DNA 聚合酶Ⅲ内有校正功能的 3′核酸外切酶 ε 亚基的校正活性丧失，进而提高突变率。虽然高突变率可以加速进化，但频繁的有害突变积累往往会损害整体菌株的稳定性，因此需要开发能够在高诱变和低诱变状态之间诱导转换的菌株。例如，通过温敏型质粒或 pH 敏感型核糖开关等策略控制 *mutD5* 的表达，在 *mutD5* 表达的同时使菌株的突变率暂时提高。在筛选压力下，菌株快速进化并获得新的表型。基因组复制工程辅助的连续进化系统（genome replication engineering assisted continuous evolution，GREACE）则通过引入 *danQ* 的突变体库，使微生物产生随机突变，并将突变与筛选偶联在一起[图 5-2（a）]。除此之外，对 DNA 聚合酶的关键位点进行突变或对 DNA 错配修复系统进行改造使得错配修复功能丧失，可以更直接地提高基因组突变率。多重自动化基因组工程（multiplex automated genome engineering，MAGE）为菌株的连续进化提供了多位点基因组修饰和文库构建策略。MAGE 通过在 DNA 滞后链的复制过程中将具有特定突变的寡聚核苷酸链重复地引入细胞，可以进行基因组的多位点修饰，产生了基因组修饰的多样性[图 5-2（b）]。

在真核微生物如酿酒酵母（*Saccharomyces cerevisiae*）中同样有类似的系统，称为 eMAGE（eukaryotic MAGE）。目前，MAGE 的应用仍限于一定的微生物，然

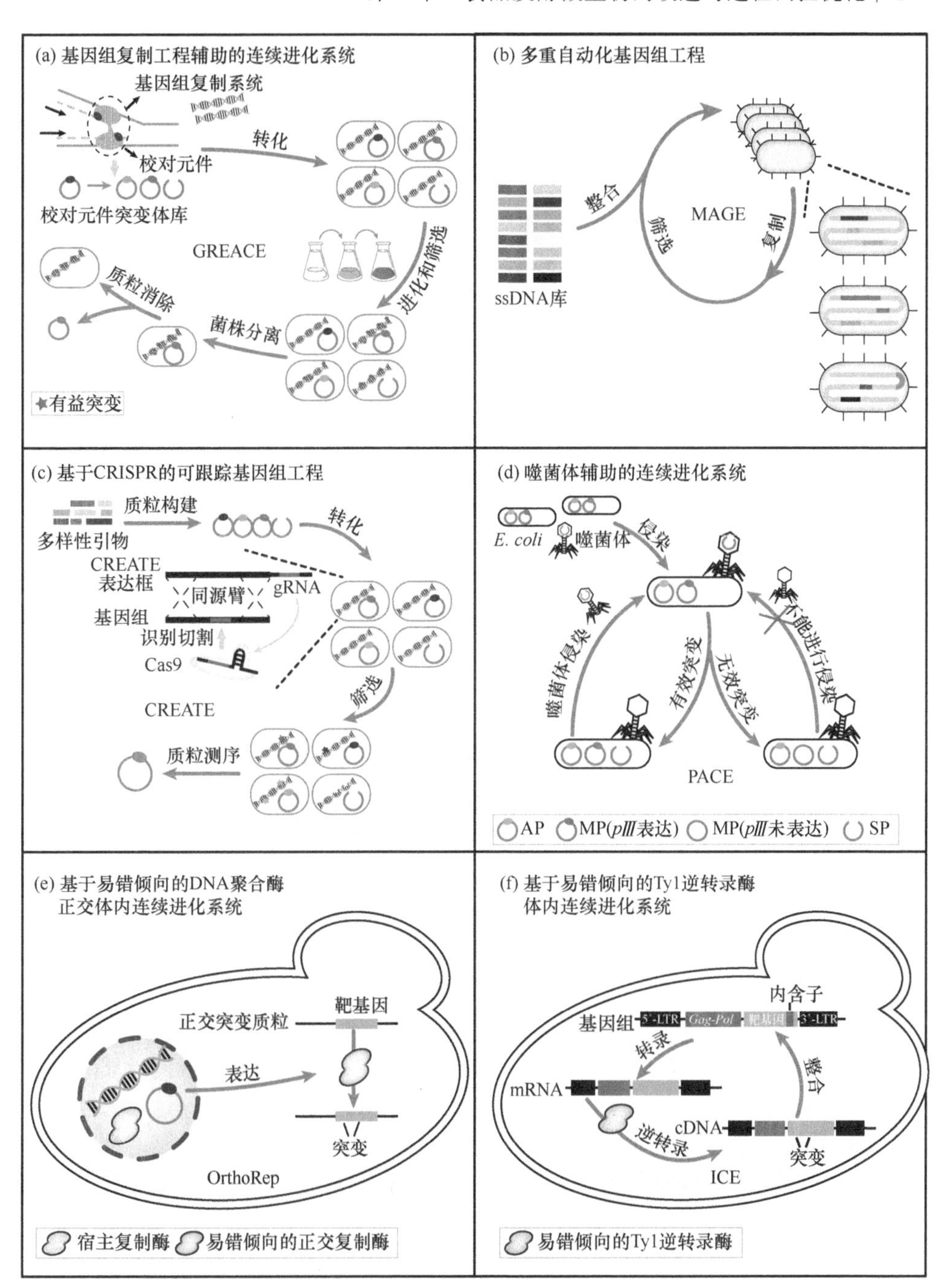

图 5-2　体内连续定向进化技术原理示意图

而 CRISPR 元件已被证明可广泛应用于多种微生物。通过基于 CRISPR 元件的可跟踪基因组工程（CRISPR-enabled trackable genome engineering，CREATE），携带 Cas9 的细胞用含有 gRNA 的质粒转化，这些 gRNA 靶向基因组位点，并在 Cas9 切割后进行位点特异性插入。通过筛选含有 gRNA 的突变株并进行测序，可以快速识别导致适应性提高的基因位点[图 5-2（c）]。

2）针对靶蛋白的体内连续定向进化技术

针对基因组的定向进化有利于提高微生物的环境耐受性，连续定向进化同样可用于蛋白质工程。基于噬菌体的侵染过程、突变的 DNA 聚合酶、低保真性的逆转录过程的体内连续定向进化的策略可以有效加速靶蛋白的进化过程。

基于噬菌体的侵染过程设计的噬菌体辅助连续进化系统（phage-assisted continuous evolution，PACE）是目前使用最为广泛的、针对靶蛋白的体内连续定向进化技术。*pIII* 基因在噬菌体侵染过程中裂解细胞产生有侵染活性的子代噬菌体所必需的次要外壳蛋白 pIII。带有需要进化的基因且缺乏 *pIII* 基因的噬菌体被命名为筛选噬菌体（selection phage，SP）。宿主 *E. coli* 中携带两个质粒。一个质粒含有特定启动子控制 *pIII* 基因表达，称为附加质粒（accessory plasmid，AP）；另一个质粒则通过降低 *E. coli* 的 DNA 聚合酶的校正功能来增加噬菌体复制过程中的突变率，称为突变质粒（mutagenesis plasmid，MP）。感染后，只有 SP 生产更多突变蛋白才能诱导附加质粒上 *pIII* 基因表达，产生有侵染活性的子代噬菌体，进行下一轮侵染[图 5-2（d）]。理论上，PACE 可以对能够诱导表达 *pIII* 基因的所有蛋白质进行体内连续定向进化，但是这类技术只能用于可被噬菌体侵染的原核生物，具有一定的宿主局限性。

基于易错 DNA 聚合酶的定向进化系统通过使用正交复制的诱变质粒，能够更直接地将突变范围限制在目的基因，而不会对基因组产生影响，同时不存在宿主的局限性。例如，通过将带有目标基因的质粒转入 DNA 复制相关基因 *mutT*、*mutS* 和 *mutD* 缺陷的 *E. coli* XL1-red 中，可以得到随机突变的质粒文库。通过使用含有相对于宿主基因组优先扩增质粒的低保真 DNA 聚合酶 I 的低拷贝质粒和含有目的基因的高拷贝质粒 ColE1，即可完成目的基因的突变。目前这种方法已经扩展到 *S. cerevisiae* 的靶向诱变，构建了一套基于易错倾向的 DNA 聚合酶正交体内连续进化系统（OrthoRep）。该系统由具有易错倾向的 DNA 聚合酶指导一个由正交 DNA 质粒-DNA 聚合酶对组成的细胞核外复制机制。基于突变的 DNA 聚合酶的定向进化系统能够选择性地增加质粒突变率，同时对基因组完整性没有影响[图 5-2（e）]。

基于低保真性的逆转录过程的定向进化系统依赖于酵母中具有易错倾向的 Ty1 逆转录酶，称为体内连续进化（*in vivo* continuous evolution，ICE）。Ty1 逆转录识别元件两侧的目的基因首先被转录，随后被低保真的 Ty1 逆转录酶逆转录，产生目的基因的许多特异性突变。转座频率的高低及不确定性将对该突变系统的连续定向进化产生影响[图 5-2（f）]。

4. 定向进化提高食品发酵微生物的性能

1）定向进化提高食品发酵微生物目标产物产量

实现目标产物产量最大化是微生物发酵工业追求的终极目标之一。Mahr 等（2015）在 *Corynebacterium glutamicum* ATCC 13032 菌株中使用基于生物传感器的细胞分选技术与长期 ALE 技术相结合的方法，最终筛选得到了氨基酸产量提高约 5%、代谢副产物的生成量减少为原来 1/4～1/3 的突变菌株。长期 ALE 技术与其他筛选方法的有效结合是快速获取有益突变表型的理想策略。

Ding 等（2014）利用蛋白质建模和对接来选择对底物具有更高亲和力的同工酶，并预测了 6 种牻牛儿基牻牛儿基焦磷酸（geranylgeranyl diphosphate，GGPP）合成酶的活性及其参与合成紫杉二烯的催化效率，实验结果与预测结果相吻合。Sun 等（2020）通过对来源于植物的 P450 单加氧酶 CYP72A63 进行理性设计，实现了 4 种稀有甘草三萜化合物的特异性合成。

基于产物的颜色变化，往往可以构建高通量筛选模型，快速得到阳性突变体。Xie 等（2015）通过 epPCR 对双功能酶八氢番茄红素合酶/番茄红素环化酶进行了定向进化，根据菌落的颜色变化，筛选出了高活性的突变体，提高了番茄红素的产量。然而，即使是在色素类物质的合成途径中，也仅有少数关键催化步骤伴随着颜色变化。考虑到由 β-胡萝卜素（黄色）到虾青素（红色）的生物转化是 β-胡萝卜素羟化酶与酮化酶共同催化的结果，通过使用双向启动子构建 β-胡萝卜素羟化酶与酮化酶表达框进行共同进化，以颜色作为筛选表征，同步提高了酮基化和羟基化效率，从而进一步提高了虾青素的产量，获得了活性提高的阳性突变体。对于一些不含有颜色变化的代谢途径，可以尝试利用旁路途径产物的颜色变化对共同前体途径进行改造，这将为非色素萜类天然产物关键酶的定向进化提供思路。此外，由于一些代谢产物的积累将对细胞产生毒性，因此，可以通过中间产物的细胞毒性及其在加速转化后的毒性缓解现象，在萜类合酶的活性和细胞生长之间建立联系，开发基于生长指示的高通量筛选方法。Wang 等（2017d）开发了一种基于烯丙基二磷酸（dimethylallyl diphosphate，DMAPP）毒性缓解后细胞生长可视化的高通量筛选方法对异戊二烯合酶（isoprene synthase，ISPS）进行定向进化，成功得到了催化活性增强的 ISPS 阳性突变体。

2）定向进化提高食品发酵微生物耐受性

当微生物受到一定程度的环境胁迫时，往往会表现出应激反应，导致细胞结构和生理特性的变化及代谢失调的产生，最终使得菌株生长受到明显的抑制。定向进化能够有效提高微生物耐受性。

Xu 等（2019）将 *S. cerevisia* 在一定浓度的丙酸胁迫下进行长达 64 天的 ALE，使得工程菌株对丙酸的耐受性提高了 3 倍以上，同时该菌株获得了对木质纤维素的水解产物（如乙酸、苯甲酸和三梨酸等多种有机酸）的高耐受性，这对未来利用酿酒酵母进行从木质纤维素原料到有机酸等高附加值化学品的生物转化具有重要意义。ALE 技术还可以用于促进发酵生产葡萄酒和啤酒的菌株的进化。长期 ALE 技术也被证明可以用来同时增加菌株对多个压力的耐受性。Wallace-Salinas 和 Gorwa-Grauslund（2013）利用长期 ALE 技术在高温和生物质水解抑制剂胁迫的条件下经过 280 次连续传代分批培养，最终筛选得到了能够同时耐受高温（39℃）和生物质水解抑制剂（50%）的 *S. cerevisia* 进化菌株。

3）定向进化提高食品发酵微生物生长速率

Pfeifer 等（2017）对 *C. glutamicum* ATCC 13032 菌株及其无突变前体 MB001 株进行了比较 ALE 实验，以提高在葡萄糖基本培养基上的生长速率。两种菌株在基因组重排和突变频率上并没有显著差异；经 100 次传代后分离出来的进化菌株在葡萄糖基本培养基上的生长速率提高了 26%。

4）定向进化提高食品发酵微生物底物利用率

长期 ALE 技术已被广泛用于提高酿酒酵母底物利用率。例如，Ho 等（2017）研究发现 *S. cerevisiae* CEN.PK113 菌株在经过 60 次传代的长期 ALE 后得到进化菌株，可以在甘油为碳源的培养基上达到 0.130 h^{-1} 的比生长速率。

5.2.3 基因组重排与食品发酵微生物的性能优化

1. 传统基因组重排技术

基因组重排技术是一种结合诱变技术和原生质体融合技术并经改良以期优化微生物发酵性能的策略。基因组重排起源于原生质体融合，但与原生质体融合相比，基因组重排中递归原生质体融合的应用确保了具有阳性表型的群体内的信息共享，因此可以在较短时间内获得涉及多个亲本阳性性状的生产菌株。与经典的诱变技术相比，放大后代群体的遗传多样性是基因组重排的关键优势。与需要明确遗传背景的基因重组技术相比，基因组重排是一种全基因组工程策略，不需要明确基因组序列或代谢途径相关信息。基因组重排主要涉及 4 个步骤：①具有优秀表现性状亲本文库的构建；②原生质体制备；③递归原生质体融合；④融合子筛选（图 5-3）。

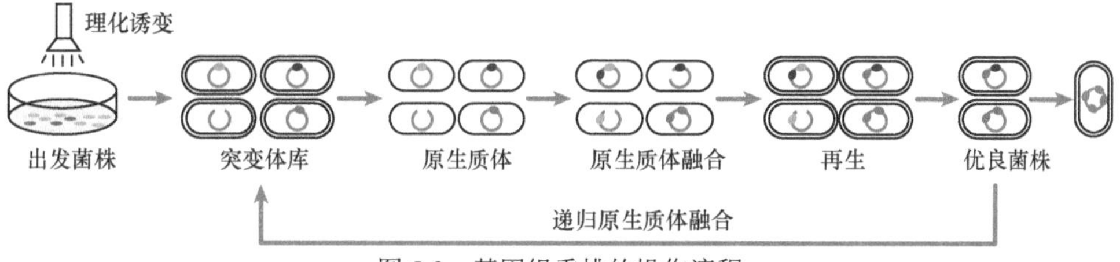

图 5-3　基因组重排的操作流程

为了得到具有优秀且复杂性状的重排菌株，出发菌株必须具有良好的遗传多样性，因此通常采用理化诱变的策略对出发菌株进行单轮或数轮诱变。紫外线照射等高能辐射是传统的物理方式。目前，以 ARTP 为核心的诱变技术，由于具有突变快、突变多样性高、操作简便等诸多优势，已成为快速突变微生物基因组的有效方法。甲基磺酸乙酯（EMS）、甲基硝基亚硝基胍（MNNG）、硫酸二乙酯（DES）是常用的化学诱变剂。通过使用 2 种及以上诱变剂的复合诱变方式，诱变效果较单一诱变往往有显著的提升，能够解决单一诱变效果差、诱变率低、诱变菌株不稳定等一系列问题。根据发酵生产要求，如目标产物的生产力和产量、菌株胁迫耐受性、菌株生长特性等，选取发酵性能表现最佳的菌株作为递归原生质体融合的下一步亲本。

递归原生质体融合是基因组重排的关键步骤，通过突破种属间界限来扩大基因组重排的范畴和多样性。首先，需要选择合适的酶及其用量、酶解时间、反应温度、pH 等因素进行优化，制备高质量原生质体。其次，原生质体融合的效率受工艺条件的影响，而工艺条件又因菌株而异。因此，在进行原生质体融合之前，需要对单个菌株的融合条件进行优化，以确保高效的原生质体融合和再生，从而有助于获得所需的重排菌株。根据发酵生产要求，选取发酵性能表现最佳的菌株。高效快捷的高通量筛选方法对于成功进行基因组重排至关重要。设计复杂的多基因表型的能力是基因组重排研究努力的方向；同时，复杂性状的检测与筛选方法的开发及建立也正制约着这个领域的发展。根据发酵生产要求的性状，可以进行多轮原生质体融合和筛选。

2. 合成型酵母基因组重排

1）合成型酵母基因组

除了对自然界存在的微生物进行基因组重组，随着“人工合成酿酒酵母基因组”计划（Sc2.0）的开展，基因组重排在人工合成 *S. cerevisiae* 基因组中也有了很好的应用。该人工合成基因组通过在合成型染色体非必需基因终止密码子后添加对称的 loxP 序列（loxPsym），赋予了基因组柔性可变的功能。Sc2.0 采用 LoxPsym 与 Cre 酶的相互作用构成了染色体重排系统（synthetic chromosome recombination and modification by loxP-mediated evolution，SCRaMbLE）。通过诱导 Cre 酶的表达，可以实现 LoxPsym 间 DNA 片段的删除、倒位、复制、移位等基因组结构变异，实现全基因组范围内的 DNA 片段重排，从而可以产生大量不同基因型和表型的酵母菌株，快速获得丰富的酵母文库。SCRaMbLE 的进化策略需要提前构建带有 LoxPsym 位点的基因组序列，因此，目前 SCRaMbLE 的应用主要局限于合成酵母。SCRaMbLE 系统提供了一个强大的基因组重排工具，可用于快速生成各种基因组多样性。此外，该系统仍然存在着 Cre 重组酶表达难以控制等问题。

2）合成型酵母基因组重排策略

合成型酵母基因组重排策略包括：杂合二倍体与跨物种基因组重排、多轮迭代基因组重排、环形染色体重排、体外 DNA 重排和整合基因组重排等。

杂合二倍体与跨物种基因组重排策略是将含有单条合成型染色体（synX）和含有两条合成型染色体（synV 和 synX）的单倍体酵母与野生型 *S. cerevisiae* 和野生型奇异酵母（*S. paradoxus*）单倍体交配得到的杂合二倍体及跨物种二倍体进行基因组重排。该策略的优点是在二倍体中进行基因组重排操作，菌株的存活率高于单倍体。

多轮迭代基因组重排（multiple SCRaMbLE iterative cycle，MuSIC）策略通过一轮重排后筛选得到的高产二倍体酵母的高产孢子与其他合成型单倍体酵母交配，再进行下一轮基因组重排，并进行多轮循环。该策略的优点在于可以实现基因组结构的持续进化。

环形染色体重排策略是对人工合成的环形染色体进行基因组重排。该策略的优点在于可以驱动染色体连续地产生复杂的基因型并得到相应表型，从而可以有效扩大结构变异的规模和数量。

体外 DNA 重排策略通过在体外将调节元件、选定的重组酶和靶途径 DNA 混合后，调节元件可通过重组酶定点整合以产生一个组装代谢路径库。随后借助基因组重排技术将组装路径整合到合成型酵母基因组中，同时，重组酶可诱导底盘细胞发生基因组重排，该策略又称为 SCRaMbLE-in。该策略的优点在于可以同时实现异源途径和底盘细胞的优化。

3. 基因组重排技术提高食品发酵微生物的性能

1）基因组重排技术提高食品发酵微生物目标产物产量

目标产物产量最大化是食品发酵微生物发酵生产的最重要特征之一。基因组重排方法有可能促进细胞代谢，因此为快速获得目标产物产量提高的食品发酵微生物生产菌株提供了一种非常规的替代方案。目前，该技术已广泛在细菌、酵母、霉菌等食品发酵微生物宿主中应用。

Zhang 等（2010）将亚硝基胍（nitrosoguanidine，NTG）或 EMS 与紫外诱变结合，在两轮基因组重排后成功筛选到了维生素 B_{12} 产量提高的谢氏丙酸杆菌（*Propionibacterium shermanii*）重组菌株，进一步通过蛋白质组学分析了该突变株中表达量显著变化的相关蛋白，为代谢工程改造 *P. shermanii* 高效合成维生素 B_{12} 提供了理论基础。*B. subtilis* 作为一种核黄素生产菌株，经过两轮基因组重排，获得了改良的重组菌株。在以 12%葡萄糖为碳源的分批培养中，该菌株产生的核黄素比出发菌株多 100%（陈涛等，2004），还具有快速同化利用葡萄糖、生长迅速、可形成感受态和进行基因组整合等优势。同样，Ega 等（2020）通过两次基因组重排，在 *B. subtilis* VS15 菌株的基础上获得了一株纤维素酶活性提高 167%的重组菌株，并首次在全基因组水平上分析比较了突变菌株与野生型 VS15 菌株以揭示影响纤维素酶活性的关键突变位点。

Yin 等（2016）通过两轮基因组重排得到了谷胱甘肽产量提高 3.3 倍的重组 *S. cerecisiae*，并通过荧光定量和逆转录聚合酶链反应（RT-PCR），对相关酶基因表达水平进行分析，这为逆向代谢工程提供了更有价值的数据。Zhang 等（2015）开发了一种基于荧光染料的荧光激活细胞分选（fluorescence-activated cell sorting，FACS）方法，可快速筛选潜在杂交细胞。在制备原生质体后，分别用红色和绿色荧光染料标记亲本菌株的细胞核，通过流式细胞仪进行分选，呈现出高强度的绿色和红色荧光的细胞就是潜在的杂交细胞。FACS 方法避免了使用营养缺陷型细胞进行筛选造成的菌株生理和代谢影响，并可能导致生产性能下降的问题，同时避免了使用抗性基因作为筛选标记可能导致的耐药性和食品安全性问题。基于此快速筛选方法，通过两轮基因组重排，Zhang 等获得了一株能够从 100 g/L 葡萄糖中生产 47.1 g/L 总糖醇的重组异常毕赤酵母（*Pichia anomala*）菌株，产量比原始菌株提高了 32.3%。基因组重排结合高效筛选方法，为非模式微生物表型的快速进化提供了有效策略。

基于 SCRaMbLE 系统，Jia 等（2018）构建了一个半乳糖驱动的 Cre-EBD 作为“与”门基因开关，用于精确控制合成型单倍体和二倍体酵母发生基因组重排。通过调控类胡萝卜素的代谢途径，使其产量增加了 1.5 倍。为了快速积累大量有益突变、进一步提高酵母中类胡萝卜素的产量，经过 5 个 MuSIC 后，类胡萝卜素的产量连续提高了 38.8 倍。通过 SCRaMbLE-in 基因组重排策略构建的紫罗兰素和 β-胡萝卜素途径，产量分别可以达到 10 mg/L 和 500 μg/L。Wang 等（2017e）利用种内原生质体融合，结合三轮基因组重排成功培育出具有高果糖转移酶活性的米曲霉（*Aspergillus oryzae*）重组菌株，其果糖转移酶活性约为出发菌株的 2 倍。

2）基因组重排技术提高食品发酵微生物耐受性

耐受性包括对目标产物、底物、副产物及环境压力（培养条件如温度、pH、有机溶剂、抑制剂等）的耐受程度。耐受表型往往涉及多个基因的相互作用，目前对耐受机制的解析往往依赖系统生物学，数据量密集且费时费力，难度较大。因此，通过代谢工程构建生产所需的耐受菌株是一项艰巨的任务；相反，基因组重排技术在提高未表征微生物的胁迫耐受性方面表现出更多优势。

为了解决乳酸生产受到高浓度葡萄糖底物抑制的问题，Yu 等（2008）应用基因组重排来提高鼠李糖乳杆菌（*Lactobacillus rhamnosus*）的葡萄糖耐量，同时提高 L-乳酸产量。在经过两轮基因组重排后，表现性状最好的菌株的乳酸产量、细胞生长和葡萄糖消耗分别比野生型高 71.4%、44.9%和 62.2%。

由于在乳酸生产中，低 pH 耐受菌株的开发能够降低下游加工的成本，因此，Patnaik 等（2002）通过基因组重排来提高乳酸杆菌的耐酸性，最终得到的重组菌株在液体和固体培养基上都可以在比野生型菌株低得多的 pH 下生长。此外，pH 4.0 时，该重组菌株产生的乳酸是野生型的 3 倍，这表明该重组菌株对产物的耐受性同样得到了提高。较高的最适发酵温度往往在经济和技术上都具有优势，因此耐高温菌株更适用于工业发酵生产。Shi 等（2009）通过基因组重排提高了工业 *S. cerevisiae* 的耐热性，经过 3 轮基因组重排后，性能最佳的重组菌株可以在高达 55℃的平板培养物上生长并产生 9.95%（*m*/*V*）的乙醇。

基于 SCRaMbLE 系统，Shen 等（2018）通过将 *S. cerevisiae* Y12 单倍体与单条合成型染色体（synX）交配得到的杂合二倍体 Y12-synX 进行基因组重排，成功获得了 2 株耐受 42℃高温的优势菌株。为了快速筛选发生基因组重排的重组菌株，Luo 等（2018）开发了基于 *loxP* 介导的两个营养缺陷型标签（URA3 和 LEU2）的交替“开/关”的 ReSCuES 系统。两个营养缺陷标签的开放阅读框彼此相邻且对向排列形成一个“URA3-LEU2”模块，其两侧具有两个对称的 *loxP* 位点。Cre 重组酶诱导一次基因组重排导致模块倒置，表达 *leu2* 的同时关闭 *ura3* 的表达。通过该快速筛选系统，Luo 等筛选出了耐高温的优势菌株，同时筛选乙醇耐受性增加且遗传稳定的优势菌株。Jia 等（2018）则通过“与”门系统诱导进行多次独立的基因组重排，在 pH 8.0 的碱性环境下筛选到 7 株耐碱性提高的菌株。

3）基因组重排技术拓宽食品发酵微生物可利用底物谱

随着能源紧缺等问题的出现，改造微生物以利用可再生、种类繁多、分布广泛、价格低廉的木质纤维素等生物质能源生产高附加值的化合物，近年来受到了研究者的广泛关注，但是能够直接利用木质纤维素的微生物仍然较少。

目前，发酵生产多不饱和脂肪酸（polyunsaturated fatty acid，PUFA）的微生物多为轮枝霉属（*Diasporangium* sp.）等低等真菌。由于这些微生物利用碳源谱较窄，增加了使用这些有价值微生物的成本，无法满足大规模生产 PUFA 的需要，因此，Zhao 等（2009）选取了具有较强生长能力和较宽碳源谱，同时能够产生较多乙酰辅酶 A 作为前体物质的 *Aspergillus niger* 与 *Diasporangium* sp.进行基因组重排。经过 3 轮基因组重排，获得了一株能够以玉米秸秆等 8 种木质纤维素为碳源生产花生四烯酸（arachidonic acid，AA）的菌株。该菌株在优化发酵条件下，5 L 发酵罐中 AA 产量达到 0.81 g/L，比亲代高 94.78%。这是关于产油真菌基因组重排的首个研究。不仅如此，该研究还成功实现了卵菌门和次生菌门之间的跨界融合，为提高这些有价值菌株的产 PUFA 能力提供了新方案，同时也为拓宽菌株可利用底物谱提供了成功的基因组重排案例。近年来，结合代谢工程和基因组重排等策略，已成功扩展了 *S. cerevisiae* 对戊糖，特别是木糖的利用能力，提高了其在高温和酸共胁迫下利用木糖发酵产乙醇的能力（Ren et al.，2016）。

5.3　食品发酵过程的精准调控和优化技术

5.3.1　基于代谢通量分析的过程优化技术

生物过程优化技术在工业生产目标化合物时发挥着重要作用。广义上的发酵过程在工业中生产许多有用材料，如氨基酸、有机酸、醇类和维生素等初级代谢产物，以及众多具有代表性的次级代谢产物。在当今全球环境问题日益突出的背景下，以生物质为原料生产生物塑料、生物燃料等高性价比的生物炼制化学品具有重要意义。提高生产菌株的能力是优化生物技术生产过程中至关重要的一步。发酵工程可用于开发高效的微生物菌株，以实现化学品和材料的可持续生产。为了充分利用发酵工程进行合理的菌株开发，除了需要具备丰富的遗传工具、代谢途径及其调控信息外，还需要深入了解细胞的代谢状态。代谢通量分析能够有效预测微生物的代谢情况，并指导生物合成过程，在多个领域已经成功应用。

1. 代谢通量分析

代谢通量分析（metabolic flux analysis，MFA）是通过确定代谢网络中代谢流分布来表征代谢状态的一种强有力的工具。它是阐明生物体内细胞代谢状态的最有效方法之一，可量化代谢网络中各种细胞内的反应速率。通过建立代谢流平衡模型，结合数学表达形式，根据胞内的化学计量关系，可以对整个网络内各代谢的通量分布进行定量计算和分析。代谢通量分析计算可用于表征细胞的代谢能力，识别细胞代谢途径的控制节点，洞察遗传修饰对细胞代谢状态的影响。这些信息为理解细胞代谢、环境扰动及途径调节提供了有益见解，为菌株的更合理遗传改造提供了更准确的理论依据。各种通量分析技术已被开发并应用于解析各种生物系统中的细胞内代谢，包括从简单的微生物（如大肠杆菌）到更复杂的真核系统

（如酿酒酵母），以及植物、哺乳动物细胞和其他细胞系统。

在 MFA 中，代谢通量是通过实验测量的速率估计得到的，这些速率包括底物吸收速率、氧吸收速率、生长速率和产物分泌速率等，均受到化学计量约束。MFA 依赖于在假定的代谢网络模型中平衡细胞内代谢物的通量。在这种情况下，假设在一定时间内，细胞内中间代谢物浓度保持不变，胞内物质所发生的瞬时反应速率极快，代谢物的合成与分解相平衡，即使发生环境扰动，也能在数秒或几分钟内重新达到稳定状态。在此情况下，胞内代谢通量满足生理化学上的通量均衡方程：

$$\frac{\mathrm{d}c_{\mathrm{int}}}{\mathrm{d}t}=S_{\mathrm{int}}\cdot v=0$$

式中，$c_{\mathrm{int}}\in R^{s}$ 代表胞内代谢物浓度向量；$S_{\mathrm{int}}\in R^{s\times L}$ 代表化学计量学矩阵，代谢通量（v）受化学计量学矩阵（S）的约束，拟稳态下 v 通常为常量。1993 年，Vallino 等基于拟稳态假设首次建立了完整的中心代谢网络图谱。在此基础上，通过质量守恒方法将系统中的各种分支代谢途径连接起来建立代谢网络，并利用化学计量学方法计算各途径的代谢通量。MFA 的一个重要应用是确定不同生长条件下关键细胞辅助因子（如 ATP、NADH 和 NADPH）的产量，从而为能量和电子的流动提供有价值的见解。例如，Pitkänen 等（2003）的研究表明酿酒酵母在木糖与葡萄糖混合培养条件下产生 NADPH 的通量是纯葡萄糖培养的 10 倍，碳通量流向丙酮酸的比例达到了 60%，而流向柠檬酸循环的比例则相应减少，从而揭示了木糖对酿酒酵母代谢的影响。Taymaz-Nikerel 等（2010）成功将 MFA 应用于阐明大肠杆菌在不同基质和生长速率下的细胞能量学。

一旦在宿主菌株中建立了生产目标产物的代谢途径，就需要优化基因组规模的代谢通量以提高产量。各种可以精细控制基因表达和流量优化的代谢工程工具及策略，可以通过机器学习技术进一步升级。机器学习可以使用偏最小二乘回归优化启动子的表达强度，使用人工神经网络（artificial neural network，ANN）优化调节元件，还可以通过随机森林和卷积神经网络（convolutional neural network，CNN）组合来调节核糖开关等。基因操作工具也受益于机器学习，其中 CRISPR/Cas 已经成为机器学习应用中最活跃的目标之一。基因组规模代谢网络模型（genome-scale metabolic network model，GSMM）的模拟一直是重新设计宿主代谢以提高产量的有效途径。目前已有 126 个菌种建立了基因组尺度代谢网络模型，并成功用于指导菌株的代谢改造，包括 *Escherichia coli* 和 *Saccharomyces cerevisiae* 等。Kim 等（2007）研究了 *Mannheimia succinicipro ducens* 的基因组规模代谢网络模型，在各种环境和遗传条件下进行基于约束的通量分析，预测了影响琥珀酸合成的关键靶点，在此基础上，他们进行了菌种改造，最终获得了高产率和高生产力的琥珀酸代谢工程菌株。

2. ^{13}C-代谢通量分析（^{13}C-MFA）

传统的 MFA 是一种广泛使用的、基于质量平衡的计算技术，它将化学计量约束与细胞外测量相结合。然而，这种方法不能提供关于平行或双向反应的可靠信息，而这对于代谢调控分析非常重要。另外，传统 MFA 的一个缺点是它依赖于 NADH 或 NADPH 的平衡。为了克服这些限制，计量学 MFA 结合了代谢模型和物质平衡，并利用 ^{13}C-同位素标记底物，通过核磁共振（nuclear magnetic resonance，NMR）或质谱（mass spectrometry，MS）分析胞内代谢物的标记模式，以建立单一碳原子的平衡方程，这种方法被称为 ^{13}C-代谢通量分析（^{13}C-MFA），并基于整个时间段的代谢稳定状态进行分析。

^{13}C-MFA 技术已经发展了 20 多年，先进的数学算法和高通量质谱技术的发展使各种微生物代谢通量的准确定量分析成为可能。^{13}C 标记底物上的细胞培养是 ^{13}C-MFA 的第一步，在整个通量分析中起着至关重要的作用。^{13}C 标记底物的选择是 ^{13}C-MFA 的关键因素，这取决于目标微生物的选择和实验的目的。^{13}C 标记模式高度依赖于相对通路通量，即不同通量分布会产生不同的标记模式。因此，可以从测量的同位素标记模式推断通量。在实验中，要从同位素标记数据和外部速率测量估计代谢通量，需要解决以下最小二乘回归问题：

$$\text{Minimize SSR} = \sum \frac{(x-x_m)^2}{\sigma_x^2} + \sum \frac{(r-r_m)^2}{\sigma_r^2}$$

$$S \times v = 0$$

$$R \times v = r$$

$$f_{\text{isotopomer}}(v) = 0$$

式中，通量是通过迭代最小化测量和模拟同位素标记模式（x）与外部速率测量（r）之间的残差平方和（SSR）来估计的。底物的标记模式通常可分为：①未标记底物；②特定标记底物，底物碳原子中指定对某一位置碳原子进行标记，如[1-^{13}C]-葡萄糖；③多重特定标记底物，在底物碳原子中多个位置进行标记，如[5,6-$^{13}C_2$]-葡萄糖；④均一标记底物，底物每个碳原子均被标记，如[U-^{13}C]-葡萄糖。Fischer 等（2004）采用不同标记模式底物分析了大肠杆菌对数生长期的中心碳代谢通量分布，结果发现混合使用[U-^{13}C]-葡萄糖和未标记葡萄糖对于解析 PEP 途径下游的通量，以及一些交换导致 C-C 键裂解的交换通量特别有用；以[1-^{13}C]-葡萄糖为底物对中心碳代谢上游路径特别是氧化磷酸化途径和 ED 途径通量的计算具有较高的精度。Cannizzaro 等（2004）使用 ^{13}C 标记的葡萄糖来研究 *Phaffia rhodozyma* 酵母野生型菌株和高产类胡萝卜素菌株，以确定 *P. rhodozyma* 的代谢网络结构和估算细胞内通量。他们发现，通过 GC-MS 测定的氨基酸标记模式与糖酵解途径、戊糖磷酸途径和三羧酸循环组成的代谢网络一致。葡萄糖主要通过戊糖磷酸途径消耗，表明了脂质物质的合成对 NADPH 的需求很高。

1）微量滴定板技术

微量滴定板技术是基于微型化和自动化开发的高通量实验工具。Joho 等（2003）将微量滴定板技术成功应用到谷氨酸杆菌的生物反应体系中，可在微型规模培养条件下进行 ^{13}C-MFA。Fischer 等（2004）利用微量滴定板技术与摇瓶培养平行实验分析了不同底物标记模式对大肠杆菌中心碳代谢通量计算的影响。

2）传感反应器技术

Joho 等（2003）通过将两个荧光团固定在 96 孔微量滴定板底部，开发出具有溶解氧集成光学传感功能的微量滴定板。El Massaoudi 等（2003）开发了一种新的“传感反应器”方法，用于对生产过程进行时间分辨。他们将该传感反应器引入生物反应体系中，首次应用该系统分析了在 300 L 反应器中批量生产赖氨酸的代谢通量，证明了传感反应器中的发酵与生产过程的相似性，实现了 ^{13}C-MFA 的工业化应用。

^{13}C-MFA 在通量量化方面的主要优点是可以获得大量的冗余测量数据用于通量估计，这些数据大大提高了估算通量的准确性和精度。虽然 ^{13}C-MFA 在估算体内代谢通量方面比化学计量 MFA 更强大，但在实验和计算方面，它也会消耗更多的资源。在过去的 20 年中，已经发展了几种数学方法来减少 ^{13}C-MFA 的计算负担。Zupke 和 Stephanopoulos（1994）基于原子映射矩阵提出了第一个模拟细胞内 ^{13}C 标记的建模框架。在随后的几年里，基于同位素平衡、Cumomer 平衡、Bondomer 平衡，以及最近的基本代谢物单元（elementary metabolite unit，EMU）平衡，改进了建模方法。目前，EMU 建模方法被认为是模拟代谢网络模型中同位素标记分布的最先进和计算最有效的方法。基于 EMU 建模框架为 ^{13}C-MFA 开发了多个功能强大的软件包，包括 Metran、OpenFlux、INCA 和 ^{13}C FLUX2。

3. 动态代谢通量分析

经典的 MFA 方法被广泛应用于研究细胞的静态代谢状态，然而，在工业分批和补料分批培养中，细胞生长和细胞内代谢是高度动态的，细胞不断适应变化的环境；^{13}C-MFA 方法可用于测量定义明确的、均质生物系统的通量，这些系统在代谢稳定状态下保持足够长的时间以达到同位素稳定状态。然而，在许多情况下，同位素稳态不容易达到，代谢通量可能不是恒定的（图 5-4）。因此，细胞动力学方法最适合理解和最终优化这些过程。

动态代谢通量分析（dynamic metabolic flux analysis，DMFA）考虑到胞外代谢物浓度变化对于胞内物质的影响，将代谢通量分为胞内代谢通量和胞内外交换通量。由于胞内代谢物的净积累与消耗速率远小于胞内外代谢物之间的交换通量，胞内代谢物仍假定为拟稳态，胞外代谢物则视为非稳态。根据质量守恒原则，可

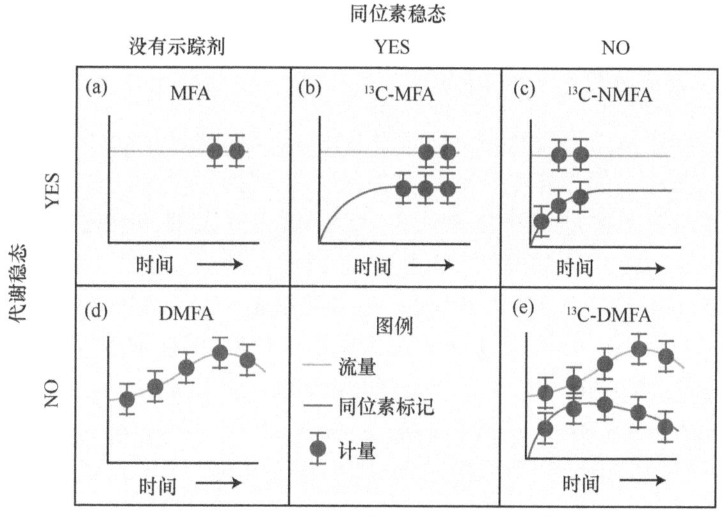

图 5-4　代谢通量分析的不同方法分类

不同代谢通量分析方法之间的主要区别特征是：是否应用了稳定同位素示踪剂（如 ^{13}C），以及是否假定代谢稳态。（a）代谢稳定状态的 MFA（无同位素示踪剂）；（b）^{13}C-MFA 处于代谢和同位素稳态；（c）^{13}C-NMFA 处于代谢和同位素非稳态；（d）代谢非稳态的 DMFA（无同位素示踪剂）；（e）^{13}C-DMFA 处于代谢和同位素非稳态

得到通量均衡方程：

$$\frac{\mathrm{d}c_{\text{ext}}}{\mathrm{d}t} = S_{\text{ext}} \cdot v$$

$$\frac{\mathrm{d}c_{\text{int}}}{\mathrm{d}t} = S_{\text{int}} \cdot v = 0$$

式中，$c_{\text{ext}} \in R^R$ 表示胞外 R 个可观测的胞外代谢物浓度向量；$S_{\text{ext}} \in R^{s \times L}$ 代表关于胞外代谢物的关系矩阵，数值对应于相关化学反应式的系数。基于 DMFA 法可观测代谢状态变量和代谢网络中的化学反应式等生化信息，求解胞内微观不可测的代谢通量，即代谢物分解与合成速率，从而识别发酵状态、计算最大理论产量、寻找目标代谢物途径中的瓶颈等，具有通用性强、物理意义明确等特点，目前已广泛应用于食品、医药等领域的菌体代谢特性研究。

1）基于时间序列数据的 DMFA

1985 年，Roos 等提出利用梭状芽孢杆菌简化的代谢模型，通过对细胞外铁氧还蛋白氧化还原酶随时间变化的分析来可视化胞内 NADH 通量的动态变化。但研究人员发现，通过确定细胞外测量的时间序列不能将完整的时间序列数据作为一个整体进行分析。为此，Leighty 开发了一种新改进的 DMFA 方法，该方法直接拟合完整的时间序列数据，以在一个步骤中量化整个培养物的动态通量，而无需数据预处理。该方法已在大肠杆菌的补料分批发酵生产 1,3-丙二醇中得到了证实（Leighty and Antoniewicz，2011）。Martínez 等（2015）将此方法成功应用于对不同温度下 CHO 细胞生长情况的观测，取得了较好的效果。

2）基于动力学模型的 DMFA

混合化学计量动力学模型为动态生物过程建模和过程动力学分析提供了另一种方法。在过去的十年中，人们开发了几种动力学模型，并成功地将其与基于约束的通量分析方法相结合，以进一步了解工业发酵的动力学过程。混合模型只需要少量与化学计量模型相匹配的动力学表达式，就可以描述底物摄取动力学（如 Monod 动力学）、产物形成，以及可能的一些细胞内瓶颈反应。剩余的细胞内反应的动力学计算可以从化学计量约束角度使用 MFA 或通量平衡分析（flux balance analysis，FBA）。Yugi 等（2005）和 Mahadevan 等（2002）提出了混合 DMFA 和 DFBA 方法的基本框架。Provost 等（2006）和 Zamorano 等（2013）构建了三种不同的杂交模型来描述 CHO 细胞培养的三个不同代谢阶段，即生长、静止和死亡阶段。类似地，Dorka 等（2009）使用两组动力学参数对杂交瘤补料分批培养的两个不同生长阶段进行建模。

DMFA 方法现在越来越多地应用于研究和优化微生物的生物过程。DMFA 的两种主要方法，即时间序列数据驱动方法和动力学模型驱动方法，有两种不同的目的。数据驱动方法的主要目的是监测细胞内动力学和生成构建动力学模型所需的通量信息；动力学模型驱动方法提供了一个有价值的框架来模拟生物过程，并生成关于最优过程条件、最优控制和可能改善整个过程性能的有用的遗传操作假设。通过实验验证这些预测，可以生成新的实验数据，进一步改进模型。

5.3.2 基于微生物代谢的辅因子调控的过程优化技术

微生物能够生产各种有价值的化学品和材料，近年来，微生物发酵被广泛应用于生产化学品的替代途径。决定发酵过程效率的关键因素是滴度、产量、生产率和工艺稳健性（Liu et al.，2010）。这些参数高度依赖于宿主微生物。为了提高宿主微生物的代谢能力，早期的研究主要集中在筛选自然过量生产目标产品的微生物，并通过随机诱变和优化发酵过程来提高其性能。随着发酵工程的出现，人们采用多种不同的遗传或代谢工程策略来提高寄主菌株的代谢能力，包括解除反馈抑制、删除竞争途径、上调主要生物合成途径、重构中枢代谢以导向靶途径代谢流、输出过程的过表达和异源代谢途径的插入等。最近，与代谢工程相结合的系统生物学的出现，使人们对微生物生理学有了全面的了解。这些方法已被证明可用于商业化生产有机酸、氨基酸、生物燃料和药品的微生物菌株的开发（Lin et al.，2005；Park and Lee，2008）。然而，毒性中间体积累或代谢应激导致细胞适应度下降等问题仍未解决。外源基因在靶向代谢途径中的过表达、缺失或导入并不一定会产生理想的表型。例如，在真核微生物或原核微生物中，编码关键酶的基因的单个或组合过表达都不能增加糖酵解通量。原因之一是目标产品的有效生产除了碳代谢流外，还需要氧化还原平衡（Liu et al.，2006）。上述问题的本质在于，除了通过代谢工程对关键基因进行修饰外，还需要在准确分析代谢网络结构的基础上，研究细胞内环境（如细胞内能量电荷、细胞内氧化还原电位、细胞内 pH）对表型的影响。因此，操纵细胞内辅因子的形式和水平可能是一种获得所需表型的有效策略。

辅因子参与活细胞中几乎所有的酶促反应，通过调控胞内关键酶广泛参与微生物合成和分解代谢。控制胞内辅因子平衡是维持微生物细胞正常代谢的一项基本需求。在众多的辅因子中，NAD(P)H/NAD(P)$^+$、ATP、乙酰辅酶 A（乙酰 CoA）和维生素等作为一类非蛋白质化合物，直接参与糖、脂类和蛋白质的转运及代谢。辅因子是所有生物有机体中无数酶的生物学功能和催化活性所必需的，可以有效地促进生化转化，甚至有助于许多热力学不利的反应。为了实现化学品和生物燃料的高效生产，已经开发了诸如改变辅因子供应或改变反应物的辅因子偏好等辅因子工程策略来调控发酵过程优化。

1. 基于辅因子 NADH/NAD$^+$、NADPH/NADP$^+$的过程优化技术

烟酰胺腺嘌呤二核苷酸（nicotinamide adenine dinucleotide，NAD）和烟酰胺腺嘌呤二核苷酸磷酸（nicotinamide adenine dinucleotide phosphate，NADP）被称为氧化还原辅因子。它们以氧化形式（NAD$^+$/NADP$^+$）和还原形式（NADH/NADPH）存在，通常分别作为电子供体或受体与代谢和合成反应相关。微生物中超过 1500 种酶促反应需要辅因子 NAD(H)和 NADP(H)，因此氧化还原平衡在化学品和生物燃料的生产中起着重要作用，因为氧化还原的不平衡会损坏细胞并浪费能量。为了防止这种不平衡，已经开发了各种辅因子调控策略来维持氧化还原平衡，从而有效地生产化学品和生物燃料。

在细胞的生长代谢中，辅因子参与细胞内物质的转运和代谢。在有氧代谢中，辅因子不断被消耗和产生，促进细胞代谢。细胞内氧化还原反应直接影响细胞生长和代谢反应的速率。为了增加驱动目标代谢物形成的辅因子可用性，阻断或敲除其他辅因子竞争途径是一种有效的方法。例如，糖酵解 NADH 的消耗涉及在厌氧条件下从丙酮酸或磷酸烯醇式丙酮酸中生物合成各种终产物，包括乙醇、乳酸和某些氨基酸。研究表明，乳酸脱氢酶基因（*ldh*）的缺失或丙氨酸脱氢酶基因（*ald*）的激活允许更多可用的 NADH 驱动大肠杆菌（*Escherichia coli*）、肺炎克雷伯菌（*Klebsiella pneumoniae*）、乳酸乳球菌（*Lactococcus lactis*）中丙二醇、丁醇和其他醇的产生。NADPH 是 *E. coli* 合成 *S*-腺苷甲硫氨酸所必需的，为了增加 NADPH 池，几种与 NADPH 竞争的酶，包括 5-脱氢莽草酸还原酶、*N*-乙酰基-γ-谷氨酰磷酸还原酶、γ-谷氨酰磷酸还原酶、酮醇酸还原异构酶和吡啶-5-羧酸还原酶通过合成 sRNA 下调，导致 *S*-腺苷甲硫氨酸产量增加 70%。随着生物技术的发展，有很

多方法可以降低靶基因的表达，如 sRNA 调控、核糖体结合位点 RBS 调控、密码子置换、CRISPR 干扰等，大大方便了该策略的实施。NADH 对 *K. pneumoniae* 生产 1,3-丙二醇（propan-1,3-diol，1,3-PDO）有重要影响：当 NADH 供不应求时，3-羟丙醛无法转化为 1,3-PDO，不仅影响了 1,3-PDO 的生产，也积累到对细胞有毒的水平。在丙酮酸脱羧酶缺陷型酿酒酵母生产丙酮酸的过程中，吡啶核酸转氢酶基因（*udhA*）的高表达促进了细胞生长，但导致了甘油的积累，然而当异源 NADH 氧化酶基因（*noxE*）表达时，产物合成得到增强，但仍导致生物量降低。因此，细胞内 NADH/NAD^+比例的调节是细胞生长和丙酮酸合成的关键。

近年来，许多研究集中在修饰酶以改变其辅因子偏好或增加其对特定辅因子的亲和力。结构生物学的发展极大地促进了辅因子的研究，特别是阐明了许多依赖于辅因子的关键酶的三维结构，在了解蛋白质的 NAD 和 NADP 结合机制的差异方面，现已取得了很大进展。研究表明，蛋白质与烟酰胺部分的结合高度依赖底物。此外，NADP-蛋白质相互作用更灵活，而 NAD 复合物更保守。更具体的研究结果表明，天冬氨酸（或谷氨酸）可以通过氢键与腺嘌呤附近的二醇基团螯合，是 NAD 特定相互作用的明显标志。然而，NADP 特异性结合蛋白通常具有精氨酸，其侧链通常面向腺嘌呤并通过氢键与磷酸单酯相互作用。除了辅因子结合酶的不同保守结构特征外，NAD 或 NADP 的特异性也被证明在很大程度上取决于结合口袋的电荷和极性。

另外，许多研究表明，辅因子工程可以影响基因的转录和表达。随着酵母细胞内 $NADP^+$的增加，磷酸戊糖途径和乙酸途径显著上调。另外，NADPH 间接影响与甲硫氨酸、赖氨酸和其他氨基酸合成途径相关的基因表达。辅因子工程还影响全局转录因子和信号转导系统。在 *E. coli* 中，信号转导系统及其大部分转录因子被氧化还原，或者能量辅助因子被激活。细胞内氧化还原状态刺激全局调节因子 ArcA 的调节，从而影响 TCA 循环和细胞呼吸。当细胞具有高能量/氧时，醌还原并磷酸化 ArcA，而当细胞具有低能量/氧时，醌处于氧化状态并停止 ArcA 的磷酸化。这些研究表明，全局转录因子直接受 NADH 和 ATP 等辅助因子的影响。

2. 基于辅因子 ATP 水平的过程优化技术

三磷酸腺苷（adenosine triphosphate，ATP）是一种核苷酸，作为微生物代谢的重要调节剂，几乎为所有细胞功能提供动力。它将物质代谢途径串联或并联成复杂的网络体系，最终使得物质代谢流的分配受到辅因子形式和浓度的牵制。ATP 在代谢网络中广泛地作为底物、产物、激活剂或（和）抑制剂。基于这四个基本功能，ATP 的需求和供应可以影响主动运输、肽折叠、亚基组装、蛋白质重新定位和磷酸化、细胞形态、信号转导和应激反应。通过这些复杂的生理过程，ATP

参与了许多微生物代谢途径中几乎所有代谢产物的产生。因此，对 ATP 供需的调控可以成为提高微生物代谢性能的有力工具。底物水平磷酸化（厌氧条件）和氧化磷酸化（需氧条件）是两种不同的 ATP 再生途径。操作氧化磷酸化似乎是调节细胞内 ATP 浓度的更有效方法，因为在有氧条件下，大多数 ATP 的产生来自氧化磷酸化途径。可以想象，NADH 可用性、电子传递链（electron transfer chain，ETC）、质子梯度、F_0F_1-ATPase 和氧气供应都可能是调控细胞内 ATP 可用性的候选调控因子。在过去的几十年里，以 ATP 为导向的生物过程优化发展迅速，通过电子传递链、ATP 合酶、光驱动质子泵、二磷酸腺苷（ADP）供应和基因组减少来调节细胞内 ATP 供应在工业生物技术中得到广泛应用（图 5-5）。

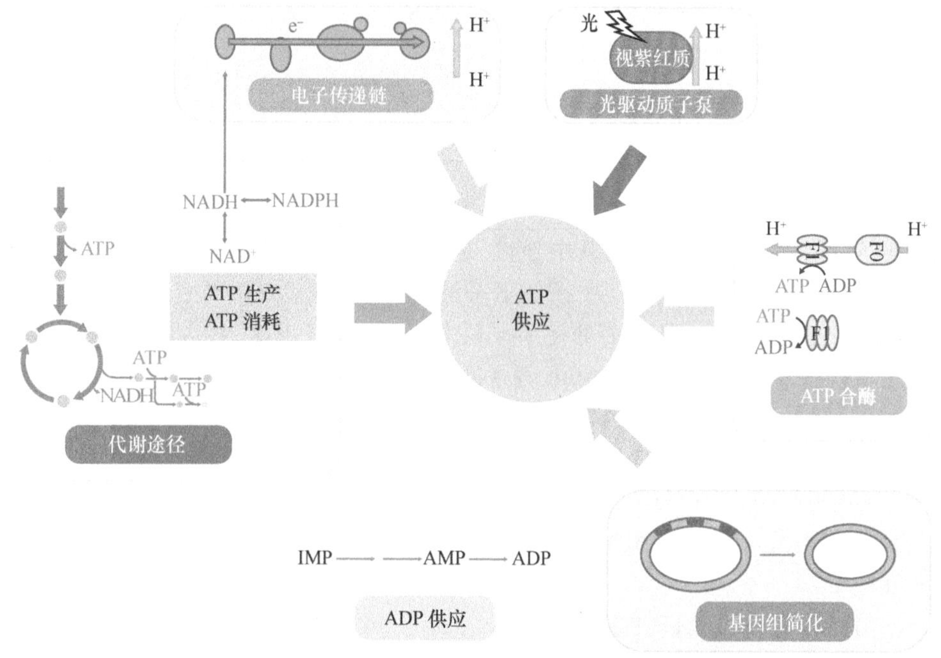

图 5-5　调节细胞 ATP 供应的策略

IMP，肌苷；AMP，一磷酸腺苷

在这里，我们提出了一些具有代表性的策略，以进一步说明基于微生物代谢的辅因子 ATP 调控的过程优化概念。通过 ATP 调控提高目标代谢产物浓度、产量和生产速率的策略可分为 3 种：①减少 ATP 供应；②增加 ATP 供应；③多阶段 ATP 供给调控。ATP 调控的最终目标是单独或组合实现最高的产物浓度、最高的产量和最高的生产速率。

1）减少 ATP 供应或增加 ATP 消耗

提高发酵生产率是提高生物工艺经济性的有效途径，因为高产能会缩短发酵周期、降低设备成本和能量消耗。为了实现这一目标，通过中枢代谢途径（如糖酵解途径和柠檬酸循环）增加碳通量是极其重要的。研究发现，缺乏ATP合酶的突变体能够降低细胞内的ATP水平，从而导致糖酵解通量增加和生产力提高。Liu等（2006）通过添加寡霉素和筛选耐新霉素突变体研究了两种降低F_0F_1-ATPase活性的策略。结果发现，寡霉素可显著降低细胞内ATP水平（35.7%），显著提高葡萄糖消耗（49.7%）。另外，筛选出的耐新霉素突变体N07与亲本相比，突变体N07的F_0F_1-ATPase活性降低了65%左右，细胞内ATP水平下降24%，导致生长速度和产量下降。如预期的那样，突变体N07的葡萄糖消耗率和丙酮酸产量分别提高了34%和42.9%，糖酵解关键酶——磷酸果糖激酶、丙酮酸激酶和甘油醛-3-磷酸脱氢酶的活性分别提高了63.7%、28.8%和14.4%。此外，突变体N07的电子传递链关键酶的活性也有所增加。

2）增加ATP供应或减少ATP消耗

维持细胞内ATP的供应是发酵工程中细胞正常生长代谢的关键，提高ATP供应可以改善细胞工厂，实现终产物氨基酸的增产。谷氨酸棒杆菌是目前氨基酸生产最主要的工业菌株，其中ATP是该菌生产各种氨基酸所需能量的主要来源。因此，在谷氨酸棒杆菌中调控氨基酸合成网络中ATP供应至关重要。在底物磷酸化过程中，1 mol葡萄糖在3-磷酸甘油酸激酶（PGK）和丙酮酸激酶（PYK）作用下产生2 mol的ATP。Man等（2016）在生产L-精氨酸的谷氨酸棒杆菌中同时过表达*pgk*和*pyk*基因，可显著提高细胞内ATP水平，有效提高发酵过程中L-精氨酸的产量（57.3 g/L，比亲本菌株提高49.2%）。Cheng等（2013）过表达了谷氨酸棒杆菌中*hisE*编码的磷酸核糖-ATP焦磷酸酶和*hisG*编码的ATP磷酸核糖转移酶，促进了组氨酸合成途径对ATP的利用率，组氨酸效价提高了80%。

持续和充足的ATP供应对于谷胱甘肽（glutathione，GSH）的合成和分泌也至关重要。进一步增加GSH产量的一种直接、有效但成本高的方法是在培养液中添加ATP，这种方法过于昂贵，无法用于工业规模。Liao等（2008）提供了一种提高耦合ATP再生系统效率以提高谷胱甘肽产量的策略。他们以大肠杆菌为宿主，利用酿酒酵母WSH2的糖酵解途径，以腺苷和葡萄糖为ATP再生体，结合ATP再生系统制备谷胱甘肽。酿酒酵母WSH2用于ATP再生的腺苷被大肠杆菌不可逆地转化为次黄嘌呤。因此，酿酒酵母WSH2虽然在1 h内消耗400 mmol/L葡萄糖，但在糖酵解途径中无法获得足够的腺苷用于ATP再生。通过添加腺苷脱氨酶抑制剂来阻断腺苷向次黄嘌呤的代谢，GSH的产量（8.92 mmo/L）在耦合系统中提高了2.74倍。

另外，阻断消耗ATP的副产物途径也可将更多的ATP集中在目标产物途径上，从而提高能量利用效率。Tao 等（2018）应用 CRISPRi 干扰抑制了 *S*-腺苷甲硫氨酸和脯氨酸合成中 ATP 消耗酶基因的表达，重组菌株在发酵中获得了较高的胞内 ATP 浓度和目标产物匹诺松素滴度（165.31 mg/L，比对照菌株高 10.2 倍）。在大肠杆菌中，糖原分支酶的失活会阻断糖原的生物合成途径，具有该突变的菌株均有较高的细胞内 ATP 浓度。因此，衰减或阻断消耗 ATP 的副产物途径不仅可以迫使更多的碳通量流向产物生物合成途径，还可以增加产物形成所需的 ATP 供应。

3）多阶段 ATP 供给调控

细胞代谢产生的或从环境中吸收的还原能量在 ETC 中传递。对于许多微生物来说，脂溶性泛素是 ETC 的电子载体。氧是最常见的末端电子受体，许多原核生物也可以利用氮氧化物或生物电化学系统阳极作为末端电子受体。在电子转移过程中，质子发生移位，产生的质子动力通过 ATP 合酶进一步促进 ATP 合成。ETC 的效率对 ATP 的合成、细胞还原状态和代谢过程都有很大的影响。

在微生物代谢过程中，工业菌株的生存、生长和代谢功能会受到一系列环境压力，如酸、冷、氧化和渗透变化的影响。目前已经确定并表征了许多环境压力抗性机制。据推测，通过主动运输和信号通路，ATP 的供应在促进工业菌株的应激反应方面发挥着重要作用。工业菌株在高压下生存的主要机制是通过膜结合的 ATP 酶控制细胞内环境，该酶以 ATP 水解为代价，将特定离子转移到环境中。这些 ATP 酶的缺乏会大大削弱细胞对环境的抵抗力，导致生长停止和目标代谢物积累。例如，一个缺乏液泡质子转运 ATP 酶活性的酿酒酵母突变体具有慢性氧化应激。缺乏 H^+-ATP 酶的酿酒酵母菌株对铝和 NaCl 的耐受性都显著降低。基于 ATP 的应激诱导信号通路已在工业菌株中得到广泛研究。ATP 是信号通路的重要底物。高渗透甘油（HOG）途径中的几个信号转导节点被证明使用 ATP 作为能量来源以保护细胞免受高渗透压力胁迫。同样，ATP 也促进了其他应激反应网络中的信号转导，如冷应激、热应激和氧化应激的信号。

Chen 等开发了改变环境温度、调控还原型烟酰胺腺嘌呤二核苷酸（NADH）等一系列高效的、以 ATP 为导向的调控方法。为了满足尿苷-磷酸化合物定向生物合成中不同阶段对 ATP 的不同需求，还采用了多阶段 ATP 供应调节策略来提高目标代谢物的产量。另外，提高细胞内 ATP 水平也可以提高某些代谢物的生产力。对于透明质酸（HA）的生产，兽疫链球菌代谢通量分析表明，细胞生长和 HA 产生与发酵过程中的 ATP 水平密切相关。通过葡萄糖限制增加 ATP 供应和酵母提取物供应来连续生产 HA，可以减少重复生物反应器清洁过程所花费的时间，从而提高总生产率。

参 考 文 献

曹小红, 张斌, 鲁梅芳, 等. 2007. 离子注入诱变米曲霉及酱油优良生产菌株的快速筛选. 中国调味品, 5: 26-30.

陈涛, 王靖宇, 周世奇, 等. 2004. 基因组改组及代谢通量分析在产核黄素 *Bacillus subtilis* 性能改进中的应用. 化工学报, (11): 1842-1848.

崔世修. 2020. 代谢工程改造枯草芽孢杆菌高效合成七烯甲萘醌. 无锡: 江南大学博士学位论文.

李春. 2019. 合成生物学. 北京: 化学工业出版社: 49-55.

吕雪芹, 武耀康, 林璐, 等. 2021. 枯草芽孢杆菌代谢工程改造的策略与工具. 生物工程学报, 37(5): 1619-1636.

王东波, 马义, 王孝丽, 等. 2015. 基因重组 PACAP27 衍生多肽 RP2 制备及促角膜上皮细胞增殖研究. 中国生物工程杂志, 35(3): 61-65.

袁姚梦, 邢新会, 张翀. 2020. 微生物细胞工厂的设计构建: 从诱变育种到全基因组定制化创制. 合成生物学, 1(6): 656-673.

Berenjian A, Chan N L C, Mahanama R, et al. 2013. Effect of biofilm formation by *Bacillus subtilis* natto on menaquinone-7 biosynthesis. Mol Biotechnol, 54(2): 371-378.

Bu X, Lin J Y, Cheng J, et al. 2020. Engineering endogenous ABC transporter with improving ATP supply and membrane flexibility enhances the secretion of β-carotene in *Saccharomyces cerevisiae*. Biotechnol Biofuels, 13(168): 1-14.

Cannizzaro C, Christensen B, Nielsen J, et al. 2004. Metabolic network analysis on *Phaffia rhodozyma* yeast using 13C–labeled glucose and gas chromatography-mass spectrometry. Metab Eng, 6(4): 340-351.

Cazier A P, Blazeck J. 2021. Advances in promoter engineering: Novel applications and predefined transcriptional control. Biotechnol J, 16(10): e2100239.

Chen C, Liu Y, Tian H, et al. 2020. Metagenomic analysis reveals the impact of JIUYAO microbial diversity on fermentation and the volatile profile of Shaoxingjiu. Food Microbiol, 86: 103326.

Cheng Y, Zhou Y, Yang L, et al. 2013. Modification of histidine biosynthesis pathway genes and the impact on production of l-histidine in *Corynebacterium glutamicum*. Biotechnol Lett, 35(5): 735-741.

Coulon J, Husnik J I, Inglis D L, et al. 2006. Metabolic engineering of *Saccharomyces cerevisiae* to minimize the production of ethyl carbamate in wine, Am J Enol Viticult, 57(2): 113-124.

Cui S, Lv X, Xu X, et al. 2021. Multilayer genetic circuits for dynamic regulation of metabolic pathways. ACS Synth Biol, 10(7): 1587-1597.

Devanthi, P V P, Gkatzionis, K. 2019. Soy sauce fermentation: Microorganisms, aroma formation, and process modification. Food Res Int, 120: 364-374.

Ding M Z, Yan H F, Li L F, et al. 2014. Biosynthesis of taxadiene in *Saccharomyces cerevisiae*: Selection of geranylgeranyl diphosphate synthase directed by a computer-aided docking strategy. PLoS One, 9(10): e109348.

Ding Q, Ma D, Liu G Q, et al. 2020. Light-powered *Escherichia coli* cell division for chemical production. Nat Commun, 11(1): 1-14.

Dorka P, Fischer C, Budman H, et al. 2009. Metabolic flux-based modeling of mAb production during batch and fed-batch operations. Bioprocess Biosyst Eng, 32(2): 183-196.

Driouch H, Sommer B, Wittmann C. 2010. Morphology engineering of *Aspergillus niger* for improved enzyme production. Biotechnol Bioeng, 105(6): 1058-1068.

Ega S L, Drendel G, Petrovski S, et al. 2020. Comparative analysis of structural variations due to genome shuffling of *Bacillus Subtilis* VS15 for improved cellulase production. Int J Mol Sci, 21(4): 1299.

El Massaoudi M, Spelthahn J, Drysch A, et al. 2003. Production process monitoring by serial mapping of microbial carbon flux distributions using a novel sensor reactor approach: I—Sensor reactor system. Metab Eng, 5(2): 86-95.

Feng J., Feng N, Tang Q J, et al. 2019. Optimization of ganoderma lucidum polysaccharides fermentation process for large-scale production. Appl Biochem Biotechnol, 189(3), : 972-986.

Feng L, Zhang Y, Fu J, et al. 2016. Metabolic engineering of *Corynebacterium glutamicum* for efficient production of 5-aminolevulinic acid. Biotechnol Bioeng, 113(6): 1284-1293.

Fischer E, Zamboni N, Sauer U. 2004. High-throughput metabolic flux analysis based on gas chromatography–mass spectrometry derived ^{13}C constraints. Analytical Biochemistry, 325(2): 308-316.

Gao W, Zhang Z, Feng J, et al. 2016. Effects of MreB paralogs on poly-γ-glutamic acid synthesis and cell morphology in *Bacillus amyloliquefaciens*. FEMS Microbiol Lett, 363(17): fnw187.

Garcia S, Trinh C T. 2019. Modular design: implementing proven engineering principles in biotechnology. Biotechnol Adv, 37(7): 107403.

Ho P W, Swinnen S, Duitama J, et al. 2017. The sole introduction of two single-point mutations establishes glycerol utilization in *Saccharomyces cerevisiae* CEN. PK derivatives. Biotechnol Biofuels, 10(1): 1-15.

Hoon Yang T, Wittmann C, Heinzle E. 2006. Respirometric ^{13}C flux analysis—Part II: *In vivo* flux estimation of lysine-producing *Corynebacterium glutamicum*. Metab Eng, 8(5): 432-446.

Hu Z, Xie G, Wu C, et al. 2009. Research on prokaryotic microbes in mash during yellow rice wine big pot fermentation. Liquor-making Science & Technology, 8: 58-61.

Huang Z R, Guo W L, Zhou W B, et al. 2019. Microbial communities and volatile metabolites in different traditional fermentation starters used for Hong Qu glutinous rice wine. Food Res Int, 121: 593-603.

Huang Z, Mao X, Lv X, et al. 2021. Engineering diacetylchitobiose deacetylase from *Pyrococcus horikoshii* towards an efficient glucosamine production. Bioresour Technol, 334: 125241.

Ibrahim D, Weloosamy H, Sheh-Hong L. 2014. Potential use of nylon scouring pad cubes attachment method for pectinase production by *Aspergillus niger* HFD5A-1. Process Biochem, 49(4): 660-667.

Jawed K, Yazdani S S, Koffas M A G, 2019. Advances in the development and application of microbial consortia for metabolic engineering. Metab Eng Commun, 9: e00095.

Jia B, Wu Y, Li B Z, et al. 2018. Precise control of SCRaMbLE in synthetic haploid and diploid yeast. Nat Commun, 9(1): 1-13.

Jin X, Zhang W, Wang Y, et al. 2021. Biosynthesis of non-animal chondroitin sulfate from methanol using genetically engineered *Pichia pastoris*. Green Chem, 23(12): 4365-4374.

Jin Y, He X, Andoh-Kumi K, et al. 2018. Evaluating potential risks of food allergy and toxicity of soy leghemoglobin expressed in *Pichia pastoris*. Mol Nutr Food Res, 62(1): 1700297.

John G T, Klimant L, Wittmann C, et al. 2003. Integrated optical sensing of dissolved oxygen in microtiter plates: A novel tool for microbial cultivation. Biotechnol Bioeng, 81(7): 829-836.

Kabisch J, Thürmer A, Hübel T, et al. 2013. Characterization and optimization of *Bacillus subtilis* ATCC 6051 as an expression host. J Biotechnol, 163(2): 97-104.

Kim T Y, Kim H U, Park J M, et al. 2007. Genome-scale analysis of *Mannheimia succiniciproducens* metabolism. Biotechnology and Bioengineering, 97(4): 657-671.

Knuf C, Nookaew I, Remmers I, et al. 2014. Physiological characterization of the high malic acid-producing *Aspergillus oryzae* strain 2103a-68. Appl Microbiol Biotechnol, 98(8): 3517- 3527.

Leighty R W, Antoniewicz M R. 2011. Dynamic metabolic flux analysis (DMFA): A framework for determining fluxes at metabolic non-steady state. Metab Eng, 13(6): 745-755.

Leprince A, van Passel M W J, dos Santos V A P M. 2012. Streamlining genomes: Toward the generation of simplified and stabilized microbial systems. Curr Opin Biotechnol, 23(5): 651-658.

Li M, Chen T, Cao T, et al. 2015. UDP-glucose pyrophosphorylase influences polysaccharide synthesis, cell wall components, and hyphal branching in *Ganoderma lucidum* via regulation of the balance between glucose-1-phosphate and UDP-glucose. Fungal Genet Biol, 82: 251-263.

Lin H, Bennett G N, San K Y. 2005. Fed-batch culture of a metabolically engineered *Escherichia coli* strain designed for high-level succinate production and yield under aerobic conditions. Biotechnol Bioeng, 90(6): 775-779.

Liu H, Zhou P, Qi M, et al. 2022. Enhancing biofuels production by engineering the actin cytoskeleton in *Saccharomyces cerevisiae*. Nat Commun, 13(1): 1-14.

Liu L M, Li Y, Du G C, et al. 2006. Increasing glycolytic flux in *Torulopsis glabrata* by redirecting ATP production from oxidative phosphorylation to substrate-level phosphorylation. J Appl Microbiol, 100(5): 1043-1053.

Liu L, Agren R, Bordel S, et al. 2010. Use of genome-scale metabolic models for understanding microbial physiology. FEBS Lett, 584(12): 2556-2564.

Liu L, Li Y, Li H, et al. 2006. Significant increase of glycolytic flux in *Torulopsis glabrata* by inhibition of oxidative phosphorylation. FEMS Yeast Res, 6(8): 1117-1129.

Luo Z, Wang L, Wang Y, et al. 2018. Identifying and characterizing SCRaMbLEd synthetic yeast using ReSCuES. Nat commun, 9(1): 1-10.

Lv X C, Huang R L, Chen F, et al. 2013. Bacterial community dynamics during the traditional brewing of Wuyi Hong Qu glutinous rice wine as determined by culture-independent methods. Food Control, 34(2): 300-306.

Mahadevan R, Edwards J S, Doyle F J. 2002. Dynamic flux balance analysis of diauxic growth in *Escherichia coli*. Biophys J, 83(3): 1331-1340.

Mahdinia E, Demirci A, Berenjian A. 2017. Strain and plastic composite support (PCS)selection for vitamin K (Menaquinone-7)production in biofilm reactors. Bioprocess Biosyst Eng, 40(10): 1-11.

Mahr R, C Gätgens, J Gätgens, et al. 2015. Biosensor-driven adaptive laboratory evolution of l-valine production in *Corynebacterium glutamicum*. Metab Eng, 32: 184-194.

Man Z, Rao Z, Xu M, et al. 2016. Improvement of the intracellular environment for enhancing l-arginine production of *Corynebacterium glutamicum* by inactivation of H_2O_2-forming flavin reductases and optimization of ATP supply. Metab Eng, 38: 310-321.

Martínez V S, Buchsteiner M, Gray P, et al. 2015. Dynamic metabolic flux analysis using B-splines to study the effects of temperature shift on CHO cell metabolism. Metab Eng Com, 2: 46-57.

Morrison M S, Podracky C J, Liu D R. 2020. The developing toolkit of continuous directed evolution. Nat Chem Biol, 16(6): 610-619.

Okano K, Uematsu G, Hama S, et al. 2018. Metabolic engineering of *Lactobacillus plantarum* for direct l-lactic acid production from raw corn starch. Biotechnol J, 13(5): e1700517.

Park J H, Lee S Y. 2008. Towards systems metabolic engineering of microorganisms for amino acid production. Curr Opin Biotechnol, 19(5): 454-460.

Patnaik R, Louie S, Gavrilovic V, et al. 2002. Genome shuffling of *Lactobacillus* for improved acid tolerance. Nat Biotechnol, 20(7): 707-712.

Peng C, Shi C, Cao X, et al. 2019. Factors influencing recombinant protein secretion efficiency in gram-positive bacteria: Signal peptide and beyond. Front Bioeng Biotechnol, 7: 139.

Pfeifer E, Gätgens C, Polen T, et al. 2017. Adaptive laboratory evolution of *Corynebacterium glutamicum* towards higher growth rates on glucose minimal medium. Sci Rep, 7(1): 16780.

Pitkänen J P, Aristidou A, Salusjärvi L, et al. 2003. Metabolic flux analysis of xylose metabolism in recombinant *Saccharomyces cerevisiae* using continuous culture. Metab Eng, 5(1): 16-31.

Provost A, Bastin G, Agathos S N, et al. 2006. Metabolic design of macroscopic bioreaction models: Application to Chinese hamster ovary cells. Bioprocess Biosyst Eng, 29(5-6): 349-366.

Ren X, Wang J, Yu H, et al. 2016. Anaerobic and sequential aerobic production of high-titer ethanol and single cell protein from NaOH-pretreated corn stover by a genome shuffling-modified *Saccharomyces cerevisiae* strain. Bioresour Technol, 218: 623-630.

Shen M J, Wu Y, Yang K, et al. 2018. Heterozygous diploid and interspecies SCRaMbLEing. Nat Commun, 9(1): 1-8.

Shi D, Wang C, Wang K. 2009. Genome shuffling to improve thermotolerance, ethanol tolerance and ethanol productivity of *Saccharomyces cerevisiae*. J Ind Microbiol Biotechnol, 36(1): 139-147.

Sualiman J, Gan H M, Yin W F, et al. 2014. Microbial succession and the functional potential during the fermentation of Chinese soy sauce brine, Front Microbiol, 5(3): 556-565.

Sun W, Xue H, Liu H, et al. 2020. Controlling Chemo- and Regio-selectivity of a plant P450 in yeast cell towards rare licorice triterpenoids biosynthesis. ACS Catal, 10(7): 4253-4260.

Szappanos B, Kovács K, Szamecz B, et al. 2011. An integrated approach to characterize genetic interaction networks in yeast metabolism. Nat Genet, 43(7): 656-662.

Tang W, Pan A, Lu H, et al. 2015. Improvement of glucoamylase production using axial impellers with low power consumption and homogeneous mass transfer. Biochem Eng J, 99: 167-176.

Taniguchi M, Tokunaga T, Horiuchi K, et al. 2004. Production of l-lactic acid from a mixture of xylose and glucose by co-cultivation of lactic acid bacteria. Appl Microbiol Biotechnol, 66(2): 160-165.

Tao S, Qian Y, Wang X, et al. 2018. Regulation of ATP levels in *Escherichia coli* using CRISPR interference for enhanced pinocembrin production. Microbial Cell Factories, 17(1): 147.

Taymaz-Nikerel H, Borujeni A E, Verheijen P J T, et al. 2010. Genome-derived minimal metabolic models for *Escherichia coli* MG1655 with estimated *in vivo* respiratory ATP stoichiometry. Biotechnology and Bioengineering, 107(2): 369-381.

Tian R, Liu Y, Cao Y, et al. 2020. Titrating bacterial growth and chemical biosynthesis for efficient

N-acetylglucosamine and *N*-acetylneuraminic acid bioproduction. Nat Commun, 11(1): 5078.

Velioglu S D, Sivri G T, 2018. Optimizing β-carotene production by *Blakeslea trispora* using bug damaged wheat. Pigm Resin Technol, 47(3): 189-195.

Wallace-Salinas V, Gorwa-Grauslund M F. 2013. Adaptive evolution of an industrial strain of *Saccharomyces cerevisiae* for combined tolerance to inhibitors and temperature. Biotechnol Biofuels, 6(1): 1-9.

Wang F, Lv X, Xie W, et al. 2017d. Combining Gal4p-mediated expression enhancement and directed evolution of isoprene synthase to improve isoprene production in *Saccharomyces cerevisiae*. Metab Eng, 39: 257-266.

Wang G, Shi T, Chen T, et al. 2018. Integrated whole-genome and transcriptome sequence analysis reveals the genetic characteristics of a riboflavin-overproducing *Bacillus subtilis*. Metab Eng, 48: 138-149.

Wang M, Chen B, Fang Y, et al. 2017c. Cofactor engineering for more efficient production of chemicals and biofuels. Biotechnol Adv, 35(8): 1032-1039.

Wang P, Mao J, Meng X, et al. 2014. Changes in flavour characteristics and bacterial diversity during the traditional fermentation of Chinese rice wines from Shaoxing region. Food Control, 44: 58-63.

Wang Q, Liu D, Yang Q, et al. 2017a. Enhancing carotenoid production in *Rhodotorula mucilaginosa* KC8 by combining mutation and metabolic engineering. Ann Microbiol, 67(6): 425-431.

Wang S, Duan M, Liu Y, et al. 2017e. Enhanced production of fructosyltransferase in *Aspergillus oryzae* by genome shuffling. Biotechnol Lett, 39(3): 391-396.

Wang Y, Wu H, Jiang X, et al. 2014. Engineering *Escherichia coli* for enhanced production of poly (3-hydroxybutyrate- co-4-hydroxybutyrate)in larger cellular space. Metab Eng, 25: 183-193.

Wang Z, Wu J, Gao M J, et al. 2017b. High production of xanthan gum by a glycerol-tolerant strain *Xanthomonas campestris* WXLB-006. Prep Biochem Biotechnol, 47(5): 468-472.

Wu D, Xie W, Li X, et al. 2020. Metabolic engineering of *Saccharomyces cerevisiae* using the CRISPR/Cas9 system to minimize ethyl carbamate accumulation during Chinese rice wine fermentation. Appl Microbiol Biotechnol, 104(10): 4435-4444.

Wu Y, Liu Y, Lv X, et al. 2020. Applications of CRISPR in a microbial cell factory: from genome reconstruction to metabolic network reprogramming. ACS Synth Biol, 9(9): 2228-2238.

Wucherpfennig T, Lakowitz A, Krull R. 2013. Comprehension of viscous morphology—evaluation of fractal and conventional parameters for rheological characterization of *Aspergillus niger* culture broth. J Biotechnol, 163(2): 124-132.

Xie W, Lv X, Ye L, et al. 2015. Construction of lycopene-overproducing *Saccharomyces cerevisiae* by combining directed evolution and metabolic engineering. Metab Eng, 30: 69-78.

Xu X, Williams T C, Divne C, et al. 2019. Evolutionary engineering in *Saccharomyces cerevisiae* reveals a TRK1-dependent potassium influx mechanism for propionic acid tolerance. Biotechnol Biofuels, 12(1): 1-14.

Xu Y, Wang X, Zhang C, et al. 2022. *De novo* biosynthesis of rubusoside and rebaudiosides in engineered yeasts. Nat Commun, 13(1): 3040.

Yamane T, Tanaka R, 2013. Highly accumulative production of l(+)-lactate from glucose by crystallization fermentation with immobilized *Rhizopus oryzae*. J Biosci Bioeng, 115(1): 90-95.

Yin H, Ma Y, Deng Y, et al. 2016. Genome shuffling of *Saccharomyces cerevisiae* for enhanced glutathione yield and relative gene expression analysis using fluorescent quantitation reverse transcription polymerase chain reaction. J Microbiol Methods, 127: 188-192.

Yu L, Pei X, Lei T, et al. 2008. Genome shuffling enhanced L-lactic acid production by improving glucose tolerance of *Lactobacillus rhamnosus*. J Biotechnol, 134(1-2): 154-159.

Yugi K, Nakayama Y, Kinoshita A, et al. 2005. Hybrid dynamic/static method for large-scale simulation of metabolism. Theoretical Biology and Medical Modelling, 2(1): 42.

Zamorano F, Vande Wouwer A, Jungers R M, et al. 2013. Dynamic metabolic models of CHO cell cultures through minimal sets of elementary flux modes. Journal of Biotechnology, 164(3): 409-422.

Zelle R M, De Hulster E, Van Winden W A, et al. 2008. Malic acid production by *Saccharomyces cerevisiae*: Engineering of pyruvate carboxylation, oxaloacetate reduction, and malate export. Appl Environ Microbiol, 74(9): 2766-2777.

Zeng S Y, Liu H H, Shi T Q, et al. 2018. Recent advances in metabolic engineering of *Yarrowia lipolytica* for lipid overproduction. Eur J Lipid Sci Tech, 120(3): 1700352.

Zhang F J, Zhu X M, Xue J, et al. 2013. Study on bacterial communities and their fermenting properties in brewing process of yellow rice wine. Liquor Making Sci Technol, 12: 32-35.

Zhang G, Lin Y, Qi X, et al. 2015. Genome shuffling of the nonconventional yeast *Pichia anomala* for improved sugar alcohol production. Microb Cell Fact, 14(1): 112.

Zhang J, Tang M, Chen Y, et al. 2021. Catalytic flexibility of rice glycosyltransferase OsUGT91C1 for the production of palatable steviol glycosides. Nat Commun, 12: 7030.

Zhang X K, Wang D N, Chen J, et al. 2020. Metabolic engineering of β-carotene biosynthesis in *Yarrowia lipolytica*. Biotechnol Lett, 42(6): 945-956.

Zhang X, Wang X, Suanmugam K T, et al. 2011. L-malate production by metabolically engineered *Escherichia coli*. Appl Environ Microbiol, 77(2): 427-434.

Zhang Y, Liu J Z, Huang J S, et al. 2010. Genome shuffling of *Propionibacterium shermanii* for improving vitamin B12 production and comparative proteome analysis. J Biotechnol, 148(2-3): 139-143.

Zhang Y, Wang Y, Zhou Z, et al. 2022. Synthesis of bioengineered heparin by recombinant yeast *Pichia pastoris*. Green Chem, 24(8): 3180-3192.

Zhao M, Dai C C, Guan X Y, et al. 2009. Genome shuffling amplifies the carbon source spectrum and improves arachidonic acid production in *Diasporangium* sp. Enzyme Microb Tech, 45(6-7): 419-425.

Zhao X, Zou H, Fu J, et al. 2014. Metabolic engineering of the regulators in nitrogen catabolite repression to reduce the production of ethyl carbamate in a model rice wine system. Appl Environ Microbiol, 80(1): 392-398.

Zhou Y, Li G, Dong J, et al. 2018. MiYA, an efficient machine-learning workflow in conjunction with the YeastFab assembly strategy for combinatorial optimization of heterologous metabolic pathways in *Saccharomyces cerevisiae*. Metab Eng, 47: 294-302.

Zupke C, Stephanopoulos G. 1994. Modeling of isotope distributions and intracellular fluxes in metabolic networks using atom mapping matrixes. Biotechnol Prog, 10(5): 489-498.

第 6 章　代谢工程与微生物细胞工厂的构筑

6.1　代谢工程与细胞工厂种子

利用特定的微生物菌株，能够以葡萄糖等可再生的生物质资源为底物，合成乳蛋白（酪蛋白、乳清蛋白）、香料（香草醛、柠檬烯）、稳定剂（黄原胶）、防腐剂（乳酸链球菌素）、甜味剂（赤藓糖醇、甜菊糖）、色素（番茄红素、核黄素）、营养添加剂[二十二碳六烯酸（DHA）]等多种食品组分及食品配料。这些微生物菌株可以看成是一类食品细胞工厂种子，将其接种到发酵罐等生物反应器中，可以实现食品原料的工业化生产（图 6-1）。利用代谢工程的技术手段，通过代谢元件、代谢途径及代谢网络等水平的设计与改造，可以改变微生物的底物利用谱或是增强目标产物的合成效率，从而达到降低生产成本的目的；此外，通过代谢工程改造，甚至可以使微生物细胞工厂合成原本只能通过植物提取或化学合成得到的某些产物，从而实现绿色生物制造。

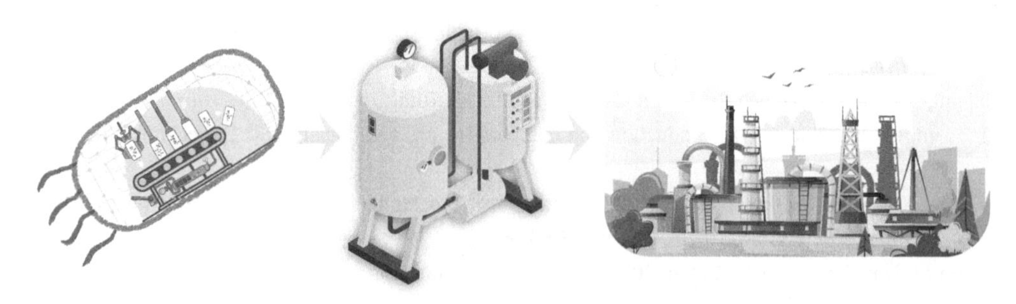

图 6-1　细胞工厂种子在工业化生产中的应用

6.1.1　宿主的选择与调控

自然界存在着丰富的微生物菌种资源，这些天然宿主本身便能高效地合成某些特定的食品原料。例如，谷氨酸棒杆菌（*Corynebacterium glutamicum*）、野油菜黄单胞菌（*Xanthomonas campestris*）、解脂耶氏酵母（*Yarrowia lipolytica*）、纺锤芽孢杆菌（*Bacillus fusiformis*）、裂殖壶菌（*Schizochytrium* sp. S31）、弗氏柠檬酸杆菌（*Citrobacter freundii*）及黄小蜜环菌（*Armillaria cepistipes*，Empa 655）可分别作为谷氨酸、黄原胶、赤藓糖醇、香草醛、二十二碳六烯酸、紫色杆菌素及黑色素合成的天然宿主（Sun et al.，2021）。然而，天然菌株的合成能力往往是有限的，故一般需要选择具有不同特性的模式菌株作为底盘细胞，通过代谢工程改造来构建所需的工程菌株。当然，一些具有独特性状的非模式菌株将来也可被用于细胞工厂种子的构建，如耐碱耐盐的盐单胞菌（*Halomonas* spp.）（Ye and Chen，2021），或可利用一氧化碳、二氧化碳及氢气作为底物的食气永达尔梭菌（*Clostridium Ljungdahlii*）（Zhang et al.，2020）等。在此，仅对目前食品细胞工厂种子构建中常用的模式菌株进行介绍。

1. 大肠杆菌（*Escherichia coli*）

E. coli 为革兰氏阴性兼性厌氧菌，是两端呈钝圆形的短杆菌，菌落形态一般为乳白色，表面光滑且边缘齐整，于 1885 年由德国医生 Theodor Escherich 在人类结肠中发现（Pontrelli et al.，2018）。*E. coli* 具有生长速度快、易于培养、代谢可塑性强、生理生化背景明晰、遗传改造工具丰富等诸多优良特性，是代谢工程研究中应用最为广泛的宿主之一。而且，*E. coli* K-12 菌株由于不含有 *O*-抗原、毒力因子、定植因子，以及其他与疾病相关联的有害因子，可以作为微生物细胞工厂种子构建的底盘细胞。前期的研究为 *E. coli* 积累了大量的实用数据，这些数据可以通过 NCBI（https://www.ncbi.nlm.nih.gov/）、KEGG（https://www.genome.jp/kegg/）、MetaCyc（https://metacyc.org/）、BioCyc（https://biocyc.org/）、UniProt（https://www.uniprot.org/）、Brenda（https://www.brenda-enzymes.org/）等公开的数据库进行获取；此外，通过多个数据库进行整合的专用于 *E. coli* 的蛋白质互作数据库——EciD（http://ecid.bioinfo.cnio.es/）也被构建了出来。对 *E. coli* 中大量的基因-蛋白质-反应进行系统化和组织化，可以构建基因组规模代谢网络模型（genome-scale metabolic network model，GSMM），如适用于 *E. coli* K-12 MG1655 菌株的模型 *i*ML1515（Monk et al.，2017），该模型可被用于代谢状态的分析和解释；依据反应规则而设计的各种逆生物合成算法如 RetroPath2.0、novoPathFinder 等，可被用于 *E. coli* 中未知途径的鉴定和目标产物合成途径的从头设计优化；通过机器学习算法对大量的生物数据进行整合分析，也可实现代谢途径的设计和优化（Yang et al.，2021）。

为了构建高效的微生物细胞工厂种子，除了代谢途径的设计与预测以外，还需要通过分子生物学手段对宿主细胞的 DNA 进行操纵，进而实现对于胞内代谢的重编程。*E. coli* 具有丰富的基础分子元件，如不同拷贝数（5～700）的游离质粒、梯度强度的启动子库及多种不同抗性的筛选标记（Tungekar et al.，2021），这些元件对于异源蛋白表达及代谢工程改造都具有重要价值。此外，完善的基因组编辑与表达调控工具也使得 *E. coli* 成为细胞工厂种子构建的优先选择（Yang et al.，2021）。由于 *E. coli* 的同源重组能力较弱，在进行基因组编辑时，一般会引入 λ 噬菌体来源的 λ-Red 重组系统来促进双链 DNA 片段与基因组之间的重组，而且在使用 CRISPR 进行基因组编辑时也需要 λ-Red 系统的辅助。通过表达 λ-Red 系统中与单链 DNA 相结合的 β 蛋白，多重自动化基因组工程（multiplex automated genome engineering，MAGE）系统也被构建出来，其可以在单链 DNA 的引导下实现基因组规模的编辑修饰（Wannier et al.，2021）。针对 *E. coli* 已经开发出了大量高效且相互正交的诱导型启动子（Meyer et al.，2019），为目标基因的人为可控提供了基础。此外，小 RNA（sRNA）、CRISPR 干扰（CRISPR interference，CRISPRi）、CRISPR 激活（CRISPR activation，CRISPRa）等基因表达调控工具的开发和应用，可以实现更加高效的靶基因表达水平的上调或者下调，从而改变胞内原有的代谢流。通过对菌株进行定向进化，还可以获得耐盐、耐酸等有助于实际生产的各种优良特性。目前，基于 *E. coli* 构建的细胞工厂种子已被用于血红蛋白、2′-岩藻糖基乳糖、香草醛、柠檬烯、番茄红素等多种食品组分的合成。

2. 枯草芽孢杆菌（*Bacillus subtilis*）

芽孢杆菌属的纳豆芽孢杆菌（*B. natto*）自秦汉时期（公元前 221 年至公元 220 年）就被用于传统发酵食品纳豆的发酵制作，同属的 *B. subtilis* 由于不会产生内毒素等有害产物，被美国食品药品监督管理局（FDA）认为是一般公认安全（generally recognized as safe，GRAS）菌株。*B. subtilis* 是革兰氏阳性菌的模式菌株之一，无荚膜，周生鞭毛，且可形成内生抗逆芽孢，广泛存在于土壤等自然环境中；菌落表面粗糙不透明，污白色或微黄色。由于具有遗传背景清晰、基因操作技术成熟、蛋白质分泌能力强、培养发酵方便、不易侵染噬菌体、环境耐受性强等优良特性，*B. subtilis* 也是细胞工厂种子构建中常用的底盘细胞。除了上文中提到的 NCBI、KEGG 等通用的生物信息数据库以外，还有很多专为 *B. subtilis* 建立的在线数据库。例如，DBTBS（http://dbtbs.hgc.jp/）数据库，可查询 *B. subtilis* 中转录调控信息（Sierro et al.，2008）；SubtiWiki（http://subtiwiki.uni-goettingen.de/）数据库包含 *B. subtilis* 中所有基因及基因相对应的编码蛋白、基因表达、代谢网络、蛋白质互作及最小基因组等信息，并列出了每个基因相关的参考文献，方便研究者理清相关基因的研究背景（Pedreira et al.，2022）。目前，*B. subtilis* 中 GSMM 的发展也较为成熟，如利用重新注释的基因组构建的 GSMM——iBus1144，通过结合每个反应的标准摩尔吉布斯自由能变化的热力学信息，提高了胞内可逆反应的准确性和一致性（Kocabas et al.，2017）。进一步使用酶约束的方法构建的 ec-iY0844，通过整合相关代谢反应的动力学和组学数据，能够更加准确地预测野生型和单基因缺失菌株的生长速率及代谢通量分布（Massaiu et al.，2019）。

B. subtilis 中也有大量经过表征的基础分子元件，包括复制子及抗性筛选标签（Falkenberg et al.，2021）、具有时期表达特性的内源启动子文库（Yang et al.，2017）、人工合成的启动子文库（Liu et al.，2018）、核糖体结合位点（ribosome binding site，RBS)、蛋白质分泌信号肽(Ling et al.，2007)、蛋白质降解标签(Guiziou et al.，2016）等；而且，无需使用抗生素进行筛选的食品级质粒表达系统也被开发了出来（Yang et al.，2015）。其基因组编辑已经由传统的基于抗性基因与同源重组的方式发展为基于 CRISPR 基因组无痕编辑系统，如目前常用的基于 CRISPR/Cas9（Altenbuchner，2016）或 CRISPR/Cpf1（Wu et al.，2020a）的基因组编辑系统。值得一提的是，*B. subtilis* 自身的重组能力足够满足一般的基因组编辑需要（如单基因的敲除或敲入），但在进行多位点编辑的同时，也需要外源的同源重组系统的辅助。*B. subtilis* 中传统的表达调控方式是通过诱导型启动子实现的，如常用的木糖诱导型启动子 P_{xylA} 和 IPTG 诱导型启动子 $P_{grac100}$。随着技术的发展，sRNA、CRISPRi 及 CRISPRa 等新型调控工具也得到了开发；而且代谢物响应型的生物传感器及群体响应系统也被构建出来，以实现对相关代谢途径的动态调控。具有基因组删减、多碳源利用等不同特性的多种 *B. subtilis* 底盘细胞也被开发出来，可以依据实际的用途进行选择（Liu et al.，2019）。目前，*B. subtilis* 在维生素 K_2、*N*-乙酰氨基葡萄糖、2′-岩藻糖基乳糖、核黄素、γ-聚谷氨酸、透明质酸等食品组分的合成中都有应用，并且处于较高的发酵水平（Gu et al.，2018）。

3. 谷氨酸棒杆菌（*Corynebacterium glutamicum*）

C. glutamicum 分类为放线菌目棒状杆菌属，是一种源于土壤的兼性好氧性革兰氏阳性菌，菌落形态为圆形且中心凸起，整体较湿润并呈现淡黄色。由于 *C. glutamicum* 无致病性且不产内毒素，也是一种公认的安全性生产菌株（Becker et al.，2018）。20 世纪 50 年代，日本协和发酵工业株式会社首次建立了基于 *C. glutamicum* 的 L-谷氨酸发酵生产工艺，展示了其在氨基酸工业生产中的巨大应用潜力。由于具有生长速度快、营养需求低、底物谱广、不分泌胞外蛋白酶等优势，*C. glutamicum* 也被认为是食品细胞工厂种子构建的理想底盘细胞（Wolf et al.，2021)。关于 *C. glutamicum* 的基因、代谢途径等相关数据，可以通过 NCBI、KEGG 等数据库进行获取，但目前尚无为其开发的专有数据库。*C. glutamicum* 中最早的 GSMM 构建于 2009 年，其基于 *C. glutamicum* ATCC13032 菌株的全基因组序列注释，整合了 247 个基因、446 个反应和 411 种代谢物（Shinfuku et al.，2009）。之后，包含 773 个基因、1207 个反应和 950 种代谢物的 iCW773 也被构建出来，较之前的 GSMM 不仅提高了基因的覆盖率，还优化了谷氨酸合成相关代谢通路，同时限制了代谢流的方向，平衡了代谢反应的质量和电荷（Zhang et al.，2017）。iCW773 在 L-脯氨酸及透明质酸合成菌株的代谢改造中都得到了应用。

C. glutamicum 也具有多个可相互兼容的质粒载体系统，如 pVWEx1、pEKEx3 和 pECXT99A（Jorge et al.，2017），通过对 *C. glutamicum* 基因组中的转录起始位点进行系统分析，鉴定了大量的内源性启动子；通过对 16 个内源性启动子进行表

征，获得了动态范围高达31倍的启动子库（Shang et al.，2018）。此外，针对*C. glutamicum*也开发出了众多的人工合成启动子和诱导型启动子。例如，基于T7 RNA聚合酶的表达系统能够实现目标基因的严谨可控及高水平的表达（Kortmann et al.，2015）；通过对随机序列进行表征或是对原有启动子进行突变，构建了具有不同强度的组成型启动子文库（Rytter et al.，2014；Yim et al.，2013）；利用响应葡萄糖酸盐转录因子GntR与异基因沉默蛋白CgpS，Wiechert等（2020）构建了一个严谨的葡萄糖酸诱导激活和诱导沉默系统。对于*C. glutamicum*进行基因组编辑的经典方法是使用抗性基因作为筛选标记，并使用蔗糖致死基因*sacB*作为反筛选标记去除抗性标签，从而完成基因组的重复编辑（Schäfer et al.，1994）。随着技术的发展，基于CRIPSR/Cas9和CRISPR/Cas12a（CRISPR/Cpf1）的基因组编辑方法也得以建立。由于*C. glutamicum*的同源重组效率较低，可以引入外源的重组系统RecT，这样可以直接使用单链（ssDNA）进行基因组编辑（Jiang et al.，2017）。此外，基于sRNA和CRISPRi等工具的表达调控系统也在*C. glutamicum*中得到了开发和应用（Becker et al.，2018）。目前，*C. glutamicum*在饲料工业、医药工业、化妆品工业中都有应用，已被广泛用于多种氨基酸、功能糖类及萜类化学品的生产（Wolf et al.，2021）。

4. 乳酸菌

乳酸菌（lactic acid bacteria，LAB）是一类能够发酵产生大量乳酸的革兰氏阳性菌的统称，广泛分布于自然界中，包括双歧杆菌属（*Bifidobacterium*）、乳酸杆菌属（*Lactobacillus*）、乳球菌属（*Lactococcus*）等多个属。绝大部分LAB都是人体内必不可少的、具有重要生理功能的菌群，并被广泛应用于发酵食品的生产。目前，适用于普拉梭菌（*Faecalibacterium prausnitzii*）、植物乳杆菌（*Lactobacillus plantarum*）、嗜热链球菌（*Streptococcus thermophilus*）等菌株的GSMM都被构建出来（Wu et al.，2017），而且也有专为LAB开发的数据库LABioicin（https://labiocin.univ-lille.fr/）。此外，LAB中具有多个可同时共存的质粒系统，且启动子的开发也较为完善，包括大量的合成启动子及诱导型启动子（Hatti-Kaul et al.，2018），如目前最常用的乳酸链球菌肽诱导表达载体（nisin-controlled expression system，NICE）（Mierau et al.，2005）。此外，通过使用信号肽或者锚定蛋白可以实现LAB中目标蛋白的分泌表达或表面展示。在对LAB进行基因组编辑时，除了经典的基于Cre-loxP的基因组编辑系统以外，也可以使用基于CRISPR的基因组编辑系统（Roberts and Barrangou，2020）。并且，基于CRISPR的表达调控系统在LAB中也得到了应用（Myrbråten et al.，2019）。目前，LAB已被用于乙醛、乙偶姻、叶酸、香草醛等食品原料的合成（Van Tilburg et al.，2019），甚至可直接对LAB进行代谢工程改造以构建工程益生菌，从而用于预防或治疗多种疾病（Mao et al.，

2018；Sedlmayer et al.，2018）。

5. 运动发酵单胞菌（*Zymomonas mobilis*）

Z. mobilis 为革兰氏阴性兼性厌氧菌，大多呈直杆状且尾端为圆形或卵圆形，菌落为乳白色并有黏性。*Z. mobilis* 是目前已知唯一可在厌氧条件下利用恩特纳-杜多罗夫（Entner-Doudoroff，ED）途径的微生物，具有葡萄糖代谢速率快、乙醇得率高（可达最高理论得率的 97%）、对高浓度乙醇和低 pH 耐受性好等优点，为 GRAS 菌株。迄今为止，*Z. mobilis* 中已经建立了多个基于不同约束方法的中小型代谢模型及全基因组代谢网络模型（Zhang et al.，2019）。*Z. mobilis* 存在多种不同拷贝数的质粒载体骨架如 pSUZM1、pSUZM2 和 pSUZM3（Cao et al.，2016）；某些革兰氏阴性菌的宿主广泛性质粒可以利用 1 个复制子同时实现在 *E. coli* 与 *Z. mobilis* 中的复制（Yang et al.，2016）；这些质粒既可以通过抗性基因也可以通过营养缺陷进行筛选。虽然同为革兰氏阴性菌，但由于 *Z. mobilis* 启动子的–10 区和–35 区与 *E. coli* 存在一定差异，故不能直接将 *E. coli* 的启动子用于 *Z. mobilis* 中目的基因的表达（Vera et al.，2020）。由于糖酵解途径中的酶的表达量较高，该途径中的启动子（P_{gap}、P_{eno}、P_{pdc} 及 P_{adh}）可作为 *Z. mobilis* 的强组成型启动子使用；可以对 *E. coli* 的启动子（P_{lac}、P_{tac}、P_{T7}、P_{bad} 和 P_{tet}）进行改造，用于 *Z. mobilis* 中目的基因的诱导表达（Wang et al.，2018）。*Z. mobilis* 自身具有 Type I-F 的 CRISPR/Cas 系统，经过人为改造后可以用于基因组编辑和靶基因的表达调控（Zheng et al.，2020）；此外，异源的 CRISPR/Cas9 及 CRISPR/Cpf1 系统在 *Z. mobilis* 中也有应用。*Z. mobilis* 已被应用于山梨醇、丙氨酸、琥珀酸、β-胡萝卜素及 D-乳酸食品成分的合成（He et al.，2014）。

6. 酿酒酵母（*Saccharomyces cerevisiae*）

S. cerevisiae 是与人类关系最为密切的一种酵母，可被用于面包、馒头等传统发酵食品及啤酒、葡萄酒等酒精饮料的生产制造，并且是第一个完成基因组测序的真核生物。*S. cerevisiae* 的细胞呈球形或者卵形，菌落为圆形且有凸起，边缘整齐，乳白色。由于具有遗传背景清楚、遗传操作性强、发酵性能好等优点，*S. cerevisiae* 被广泛应用于食品、医药、化工、农业、生物能源等领域。与原核生物相比，*S. cerevisiae* 具有较为完整的翻译后修饰系统和各种细胞器（线粒体、氧化物酶体、内质网、高尔基体等），更加适合于植物天然产物的合成，也是微生物细胞工程种子构建中首选的底盘细胞之一（江丽红等，2021）。自 2003 年在 *S. cerevisiae* 中建立了第一个 GSMM iFF708 之后，已经产生了多次迭代更新（Chen et al.，2022）。通过对模型的脂质代谢、鞘脂代谢和厌氧预测等进行优化改进，对多个数据库中注释的功能基因进行收集，添加酶约束，利用蛋白质 3D 结构聚类分析和泛基因组构建了 Yeast8（Lu et al.，2019）。作为目前 *S. cerevisiae* 中最全面的

GSMM，Yeast8 也为其后续的全细胞建模奠定了基础。此外，在 Yeast8 模型的基础上，通过收集公共数据库和评估酵母代谢蛋白的 3D 结构，研究人员开发了 proYeast8DB 模型（Myrbråten et al.，2019），该模型能鉴定与特定表型相关的突变位点。此外，酵母基因组数据库（Saccharomyces Genome Database，SGD）为酿酒酵母提供全面的综合生物学信息，以及探索这些数据的搜索和分析工具，从而能够发现真菌和高等生物中序列及基因产物之间的功能关系。

S. cerevisiae 质粒主要包括两类：一类是酵母附加体质粒（yeast episomal plasmid，YEp），是基于内源性 2 μ 质粒复制起点的高拷贝质粒（约 100 拷贝/细胞）；另一类是酵母着丝粒质粒（yeast centromere plasmid，YCp），是基于自主复制序列（ARS）/酵母着丝粒序列（CEN）的低拷贝质粒（1～4 拷贝/细胞）（Lian et al.，2018）。除抗性基因外，*S. cerevisiae* 中常用的筛选方式是利用营养缺陷型标签实现的，如 *URA3*、*HIS3*、*LEU2*、*TRP1* 及 *MET15* 分别对应尿嘧啶、组氨酸、亮氨酸、色氨酸和甲硫氨酸的营养缺陷。*S. cerevisiae* 中常用的组成型启动子包括 P_{CYC1}、P_{ADH1}、P_{TEF1} 等，常用的诱导型启动子为半乳糖诱导的 P_{GAL1}，此外还有众多人工设计的杂交合成启动子文库、最小合成启动子文库等；利用终止子也能够通过控制 mRNA 半衰期来精准调节基因的表达水平（Lian et al.，2018）。*S. cerevisiae* 中经典的基因组编辑方法是利用筛选标记和同源重组实现的，随后也发展出了基于锌指核酸酶（ZFN）和转录激活因子样效应物核酸酶（TALEN）的基因组编辑系统，上述系统都已逐步被基于 CRISPR 系统的基因组编辑系统所取代。利用 CRISPR 系统可以实现基因组规模的可追踪编辑，并且可以直接使用多个具有 50 bp 同源序列的 DNA 片段完成基因组的编辑；基于 CRISPRi 与 CRISPRa 的表达调控系统在 *S. cerevisiae* 中也具有非常广泛的应用。目前，*S. cerevisiae* 已被用于脂肪酸、柚皮素、白藜芦醇、血红蛋白、琥珀酸等食品组分的合成。

7. 解脂耶氏酵母（*Yarrowia lipolytica*）

Y. lipolytica 是一类需氧的非常规酵母，常存在于香肠、奶酪等富含脂质或蛋白质的食物中；由于其抗逆性强，可耐受高盐、低温及过高的酸碱环境，还存在于海边、油田等极端环境中，因此在自然界中具有广泛分布。*Y. lipolytica* 细胞呈球形、椭球形或细长形，菌落呈圆形且带有毛状边缘、米黄色、褶皱、质干。由于野生型菌株可以积累高细胞干重（70%）的脂质，*Y. lipolytica* 非常适合用于脂质生物燃料和石油化学品的生产。此外，由于具有底物利用谱广且生长快速、无反巴斯德效应（Crabtree effect）从而不产乙醇、内含子密度低、乙酰 CoA 和 NADPH 供应充足、蛋白糖基化水平低等诸多优势，*Y. lipolytica* 可以通过代谢工程手段构建细胞工厂，进而用于其他非脂质产物的合成。目前，*Y. lipolytica* 中已经建立了 6 个 GSMM（Xu et al.，2020），将这些 GSMM 同知识挖掘和机器学习相整合，可

以实现对于目标产物合成能力更加精准的预测（Czajka et al.，2021）。

由于不存在天然的附加体质粒，*Y. lipolytica* 中的质粒载体一般都是基于 ARS/CEN 的低拷贝质粒，当然也可以通过对 CEN 元件的启动子进行调整来增加或减少质粒的拷贝数；另外，可以通过整合表达载体将目标基因整合到基因组上，实现更加稳定的表达；此外，通过同时引入 ARS、CEN 及端粒元件（telomeric element，TEL）还可以构建人工染色体（*Y. lipolytica* artificial chromosome，ylAC），从而实现更多基因的高效组装与表达（Ma et al.，2020）。与 *S. cerevisiae* 类似，*Y. lipolytica* 也常使用营养缺陷型标签进行筛选。*Y. lipolytica* 中最常使用的强组成型启动子为 P_{TEF}，其他具有不同强度的 12 个内源启动子也得到了表征（Wong et al.，2017）；此外，通过对启动子进行结构改造也可构建很多人工启动子；*Y. lipolytica* 中常使用的诱导型启动子包括受赤藓糖醇诱导的 P_{EYK1} 和受橄榄油诱导的 P_{LIP2}。由于 *Y. lipolytica* 中的 NHEJ 途径的效率远远高于同源定向修复（homology-directed repair，HDR）途径，因此无论使用传统的同源重组还是新型的 CRISPR 技术对其进行基因组编辑，都需要提前破坏 NHEJ 的编码基因 *ku70* 或 *ku80*（Patra et al.，2021）。基于 CRISPRi/a 的表达调控系统在 *Y. lipolytica* 中也有应用，使用 CRISPRi 弱化 *ku70* 或 *ku80* 表达后，HDR 的效率提升了将近 90%，而使用 CRISPRa 激活自身的 β-葡萄糖苷酶后允许其利用纤维二糖作为碳源生长（Ma et al.，2020）。*Y. lipolytica* 目前已被用于柠檬酸、EPA、DHA、赤藓糖醇、柠檬烯、番茄红素、β-胡萝卜素、虾青素等食品成分的合成（Wang et al.，2022a）。

8. 巴斯德毕赤酵母（*Pichia pastoris*）

P. pastoris 是一类甲醇营养型酵母，细胞呈椭圆形，菌落边缘整齐不透明，乳白色且表面光滑湿润。由于外源蛋白质表达量高、易实现高密度发酵培养、可进行糖基化与脂肪酰化等翻译后修饰，*P. pastoris* 是当前重组蛋白表达中应用最为广泛的底盘细胞之一，目前已有包括脂肪酶、植酸酶与甘露聚糖酶在内的超过 5000 种重组蛋白成功在其中实现表达（www.pichia.com）。*P. pastoris* 于 2009 年完成了全基因组测序，并已经为其建立了多个 GSMM（De Schutter et al.，2009；Peña et al.，2018）。虽然 *P. pastoris* 也具有包含 ARS 的游离质粒载体，但目前最常用的方式仍然是基因组的整合表达，pPIC 系列的载体可以通过转化后扩增的方式实现多拷贝整合，也可以将目的基因整合到 rDNA 等基因组的重复序列中（Gao et al.，2021）。P_{GAP} 与 P_{AOX1} 分别为 *P. pastoris* 中最常用的组成型启动子与诱导型启动子，基于这两个启动子也构建了很多人工启动子文库；在 *P. pastoris* 中，终止子也会对基因的表达产生影响，而且来自 *S. cerevisiae* 的终止子在 *P. pastoris* 中也能够使用（Ito et al.，2020）；此外，在 *P. pastoris* 的蛋白质分泌表达中应用最广泛的是来自 *S. cerevisiae* 的 α-信号肽。目前，基于 CRISPR 的基因组编辑系统在 *P. pastoris*

中也得到了建立，而且与 *Y. lipolytica* 类似，也需要通过敲除 NHEJ 途径基因 *ku70* 来提高其同源重组的效率。目前，*Y. lipolytica* 已被应用于磷脂酶 C、胰蛋白酶、胶原蛋白等食品相关蛋白，以及番茄红素、透明质酸、L-乳酸等食品组分的生物合成（Schwarzhans et al.，2017）。

9. 丝状真菌

丝状真菌（*filamentous fungus*）是一类广泛存在于自然界的多细胞真核微生物，在基础生物学研究与生物技术领域都具有广泛应用。例如，构巢曲霉（*Aspergillus nidulans*）和粗糙脉孢菌（*Neurospora crassa*）等常被用作遗传学、发育生物学和细胞生物学等基础研究的模式真菌。黑曲霉（*A. niger*）、米曲霉（*A. oryzae*）、里氏木霉（*Trichoderma reesei*）等因具有代谢多样性广、蛋白质分泌效率高、翻译后修饰能力强等特点，被广泛用作有机酸、工业酶制剂、抗生素等大宗发酵产品生产的微生物细胞工厂。2007 年，根据两株菌株的基因组注释信息，研究人员首次构建了 *A. niger* 的 GSMM（Sun et al.，2007）；进一步结合文献信息、生理生化数据和基因组注释信息，构建了更加完善的 GSMM iMA871（Andersen et al.，2008）；随后，将酶动力学与蛋白质组学数据进行整合构建的基于酶约束的 GSMM iHL1210，可以有效提高模型的预测能力，并能减小模型的求解空间（Zhou et al.，2021）。目前，GSMM 在其他丝状真菌（如 *A. oryzae*、*T. reesei* 等）中都已相继被建立。

丝状真菌中有大量可以使用的组成型启动子和诱导型启动子。在曲霉中，3-磷酸甘油脱氢酶基因启动子 P_{gpdA}、转录延伸因子启动子 P_{tef1}、淀粉糖化酶基因启动子 P_{glaA}、酸性磷酸酶基因启动子 P_{pacA} 等是常用的强组成型启动子，而木聚糖内切酶基因启动子 P_{exlA} 是常用的诱导型启动子，其在诱导条件下的表达强度为 P_{glaA} 的 3 倍；在 *T. reesei* 等纤维素酶分泌菌株中，纤维素酶基因启动子（如纤维二糖水解酶基因启动子 P_{cbhI}、P_{cbhII} 和内切葡聚糖酶基因启动子 P_{egl2} 等）则常被用于目的基因的表达；另外，多拷贝启动子等人工合成启动子也被构建出来（李金根等，2021）。目前，基于 CRISPR/Cas9 与 CRISPR/Cas12a 的基因组编辑技术在丝状真菌中都得到了构建（Ullah et al.，2020），考虑到非同源末端连接（non-homologous ending-joining，NHEJ）修复机制在丝状真菌的 DNA 损伤修复中占据主导地位，为了保证 HDR 的效率，需要对 NHEJ 中的 Ku70/Ku80 蛋白进行失活处理。虽然 CRISPRi 尚未被应用于丝状真菌中，但 CRISPRa 已被证明可以实现丝状真菌中次级代谢产物合成基因簇的发现与激活（Jiang et al.，2021）。丝状真菌当前已被应用于苹果酸、柠檬酸、衣康酸、纤维素酶、糖化酶等食品工业相关产品的合成。

10. 光合微生物

光合微生物（photosynthetic microorganism）是一类含有叶绿素的单细胞光

合生物，包括原核藻类（蓝细菌，cyanobacteria）和真核藻类（微藻，microalgae）（有时广义上的微薄既包括原核光合微生物也包括真核光合微生物）。光合微生物广泛存在于海洋或淡水湖泊中，生长迅速且环境耐受性强，可以利用 CO_2 和太阳能合成包括食品、生物燃料在内的多种产物（Mutale-Joan et al.，2022），例如，三角褐指藻（*Phaeodactylum tricornutum*）、真眼点藻（*Eustigmatos* sp.）及雨生红球藻（*Haematococcus pluvialis*）可分别用于微藻油脂、二十碳五烯酸（eicosapentaenoic acid，EPA）及虾青素的合成。光合微生物中，蓝细菌的模式菌株主要包括集胞藻属（*Synechocystis*）、聚球藻属（*Synechococcus*）和鱼腥藻属（*Anabaena*）。这些模式微生物中基因表达元件（如启动子、RBS、终止子等）的开发都较为完善，而且基于 CRISPR 的基因编辑与表达调控系统也都得到了建立（Ng et al.，2020）。利用代谢工程手段可以构建具有光驱固碳作用的微生物细胞工厂，这对于 CO_2 资源化利用具有重要意义。

6.1.2　代谢工程在微生物细胞工厂种子构建中的作用

无论是古代利用微生物生产发酵食品和饮料，还是现在通过微生物菌株发酵获得柠檬酸或青霉素，细胞工厂在其中都起着至关重要的作用。而随着重组 DNA 技术或基因工程的发展，细胞工厂的改造也更加趋于理性，代谢工程这一研究领域应运而生。如图 6-2 所示，我们可以运用设计-构建-测试-学习（design-build-test-learn，DBTL）循环这一工程学的思维方式，对选定的底盘细胞进行改造从而得到高效的细胞工厂，并进一步通过发酵获得所需的各种产物（Nielsen and Keasling，2016）。具体地说，当通过相关知识和软件算法确定所需要的代谢改造

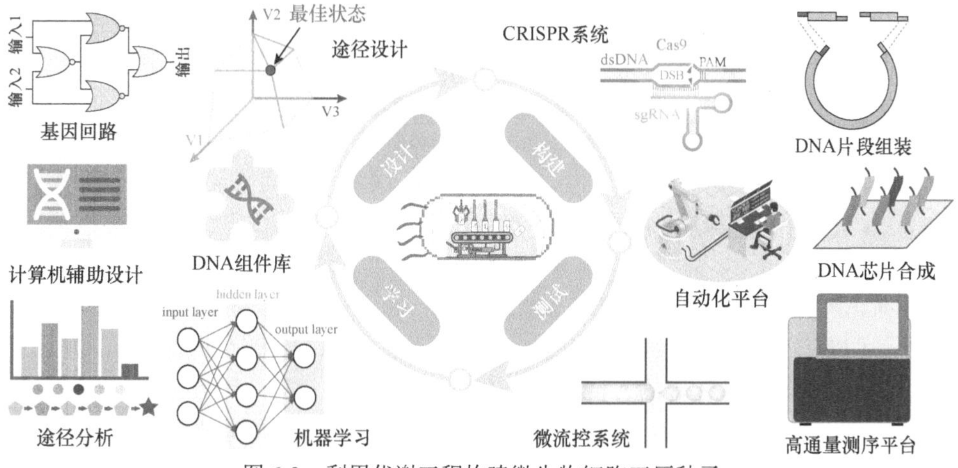

图 6-2　利用代谢工程构建微生物细胞工厂种子

位点后（“设计”），会在“构建”步骤对微生物细胞进行遗传改造，并将获得的工程菌株在摇瓶或发酵罐中进行评估分析（“测试”），从而进一步深化对于生物系统的理解并加速下一轮的 DBTL 循环（“学习”）。

代谢工程目前在医药、化工、食品、材料等各个领域都具有广泛应用，其中食品领域是其主要的研究及应用方向之一。利用代谢工程对底盘细胞进行重编程，可以获得各式各样的微生物细胞工厂种子。代谢工程不仅为菌株的重编程提供了必需的改造和调控元件，而且促进了代谢途径的设计重构及代谢网络的组装适配。通过代谢工程，可以改变微生物的底物利用谱，如直接利用纤维素甚至是二氧化碳作为碳源，这些非微生物来源的生物质资源的使用既能避免与人争粮，也可以降低生产成本，还可以通过对胞内代谢流的改变与操控，在提高产物得率的同时避免发酵副产物的生成，从而获得更多的目标产物，并简化下游的分离纯化过程。由于细胞的生长与产物的合成之间往往存在着竞争关系，同一种底物既要用于细胞生长，也要用于产物合成，因此代谢途径的动态调控策略被开发了出来，通过设计基因回路实现相关途径的动态可控调节，或是赋予微生物细胞自发响应的能力，以便能够在保证细胞生长的同时提高目标产物的合成效率，从而缩短发酵过程的周期。此外，提高微生物细胞工厂种子对于特殊环境的耐受性也是代谢工程的研究方向之一，例如，耐酸的菌株进行酸性产物的合成会更为有利。总之，代谢工程极大地促进了微生物细胞工厂种子的开发和应用，下面将从代谢元件、代谢途径及代谢网络三个层面具体讨论代谢工程在细胞工厂构建中的作用。

6.2 代谢元件的挖掘与创制技术

代谢元件在食品细胞工厂种子的基因组编辑与靶基因表达调控中发挥着重要作用。本节将会以 CRISPR 工具箱、基于凝血酶-核酸适配体的代谢调控元件、基于 N 端编码序列的代谢调控元件、重复性外源回文（REP）序列为例进行介绍。

6.2.1 CRISPR 工具箱

CRISPR/Cas 是存在于细菌或古细菌中的一种适应性免疫（adaptive immunity）系统，可以在 RNA 引导的核酸酶的作用下对外来 DNA 或 RNA 进行切割，从而使微生物能够抵御噬菌体等的入侵。CRISPR/Cas 介导的免疫过程可分为三个阶段：在适应（adaptation）阶段，微生物将外源的 DNA 片段插入到基因组 CRISPR 阵列（array）的重复序列之间，从而形成新的间隔序列（spacer）；在表达（expression）阶段，CRISPR 阵列首先会被转录为前体 CRISPR RNA（pre-crRNA），然后 pre-crRNA

会被相关的蛋白质加工为由重复序列和间隔序列构成的 CRISPR RNA（crRNA）；在干扰（interference）阶段，利用 crRNA 上间隔序列的碱基互补配对作用，Cas 蛋白可识别和切割 DNA 或 RNA 上的特异性靶点。根据干扰阶段中效应蛋白的组成，可将 CRISPR 系统分为 class I 和 class II 两类，其中 class I 的效应蛋白是由多个 Cas 蛋白组成的复合体，而 class II 的效应蛋白仅包含一个具有多重结构域的 Cas 蛋白。根据基因序列、组织方式等，CRISPR 系统又可以被进一步划分为多个不同的型（type）和亚型（subtype）。得益于相对简单的结构组成，目前的 CRISPR 工具箱大部分都是由 class II 中的 CRISPR/Cas9 或 CRISPR/Cpf1（Cas12a）改造得到的（Wu et al.，2020b）。

1. 依赖双链断裂的基因组编辑

利用 CRISPR/Cas 系统特异性的 DNA 识别和切割作用，可以构建高效的基因组编辑系统。在使用 CRISPR/Cas9 进行基因编辑时，反式激活 CRISPR RNA（trans-activating CRISPR RNA，tracrRNA）会和 pre-crRNA 中的重复序列互补配对，并引导 RNase III 对 pre-crRNA 进行切割，进而形成成熟的 crRNA；随后 Cas9 蛋白会同 tracrRNA-crRNA 二聚体形成三元复合物，并在紧邻原间隔序列邻近基序（protospacer adjacent motif，PAM）的目标靶点的特定位置对 DNA 进行切割产生双链断裂（double-strand break，DSB）[图 6-3（a）]；为了简化该系统的组成，也可以将 crRNA 与 tracrRNA 进行嵌合得到单一指导 RNA（single-guide RNA，sgRNA）[图 6-3（b）]，这样只需要表达 Cas9 和 sgRNA，便可以对特定的基因靶点进行切割。除了 CRISPR/Cas9 以外，CRISPR/Cpf1 在基因编辑中也有非常广泛的应用。Cpf1 同时具有 DNase 结构域与 RNase 结构域，不依赖于 tracrRNA 和其

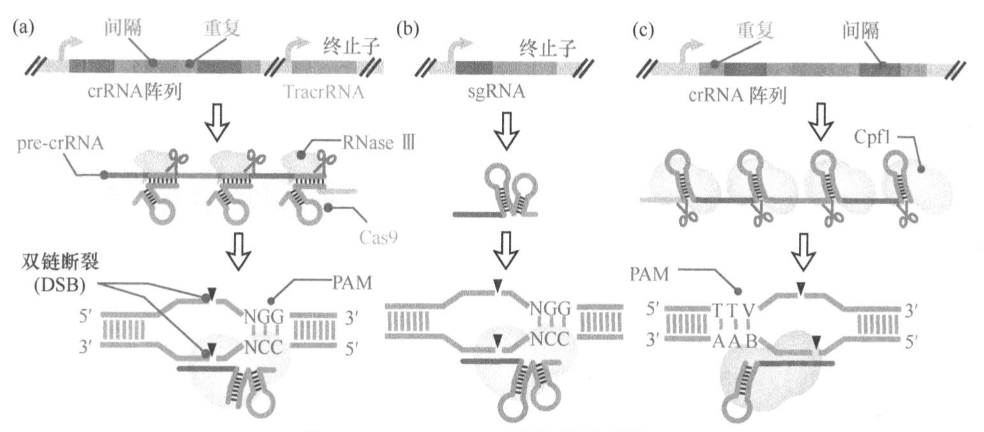

图 6-3　CRISPR/Cas 系统的作用原理

（a）Cas9 在 crRNA 和 tracrRNA 的引导下进行 DNA 双链切割；（b）Cas9 在 sgRNA 的引导下进行 DNA 双链切割；（c）Cpf1 在 crRNA 的引导下进行 DNA 双链切割

他的 RNase 便能促进 crRNA 的成熟[图 6-3（c）]。由于在使用 Cas9 和 Cpf1 时，分别使用 sgRNA 和 crRNA 进行指导，故 sgRNA 与 crRNA 也可以统称为指导 RNA（guide RNA，gRNA）。

由于 DSB 对细胞具有致死作用，因而只有成功地将其修复并将原有的识别靶点破坏（或删除）后的突变体才能存活下来。因此，基于 CRISPR 的基因编辑系统无需使用抗性基因或者营养缺陷作为筛选标记，可以实现真正意义上的基因组无痕编辑。产生 DSB 后有两条途径可以将其修复：其一是同源定向修复（homology-directed repair，HDR），在同源修复模板的作用下可以将原有的识别靶点修改或者去除，同时将特定修饰引入到基因组上，从而实现基因组的精准编辑；另一条修复途径是非同源末端连接（nonhomologous end joining，NHEJ），该过程无需同源修复模板的参与，但会在断裂位点处引入随机的碱基插入或缺失，从而使原有的识别靶点发生突变。为了增加基因编辑的准确性，需要对真核生物，如巴斯德毕赤酵母（*Pichia pastoris*）或酿酒酵母（*Saccharomyces cerevisiae*）等自身的 NHEJ 途径进行失活（Raschmanová et al.，2018）；而原核生物一般不存在具有活性的 NHEJ 途径，因此无需考虑此问题。但是原核生物的 HDR 效率一般较低，故在某些情况下需要引入 λ-Red 等辅助性的重组系统以增强同源重组能力（Yao et al.，2018）。

细胞中的代谢网络错综复杂且存在广泛的交互作用，因此基因组的多重组合编辑对于构建高效的微生物细胞工厂也是非常重要的。如上文所述，在使用 Cas9 进行基因编辑时常会使用 sgRNA 进行指导。因此，若想达到多个位点的同时编辑，需要使用多个启动子分别控制各个 sgRNA 的表达，这既增加了构建过程的难度，也降低了基因序列的稳定性。当然，还可以利用天然的 pre-crRNA 加工机制设计并构建独立转录的 crRNA 阵列来引导 Cas9 在多个位点进行识别和切割，但此时需要保证 tracrRNA 与 RNA III 的充分及合理表达。除此之外，也可以引入自切割核酶、tRNA 或核酸内切酶 Cys4 等外源的 RNA 加工蛋白，构建仅由一个启动子表达但可以被加工为多个 sgRNA 的人工 sgRNA 阵列。上述过程虽然都可以实现多位点靶向，但考虑到 Cpf1 自身便具有 crRNA 阵列的加工能力，其在基因组的多重组合编辑中更加具有优势。而且，将其原有的重复序列由 36 nt 截断至 19 nt 后该系统仍能发挥功能，这对于 crRNA 阵列的构建过程与基因稳定性都是有利的（Wu et al.，2020b）。

2. 不依赖双链断裂的基因组编辑

将 Cas9 中与 DNase 相关的 RuvC 结构域或 HNH 结构域中关键位点进行失活，可得到只能切割一条 DNA 链的切口酶 nCas9（如含有 D10A 或 H840A 的 Cas9 突变体）和不能切割 DNA 链的 dCas9（如含有 D10A 与 H840A 双突变的 Cas9 突变体）。类似的，将 Cpf1 中 DNase 相关的 RuvC 结构域中关键位点进行失活，可以得到不能切割 DNA 链的 dCpf1（如含有 D917A 或 E1006A 的 Cpf1 突变体）。上述失活的 Cas 蛋白虽然无法产生 DSB，但仍具备特异性的 DNA 识别与结合能力。因此，可以通过其 DNA 结合能力与相关蛋白质的催化活性，实现不依赖双链断裂的基因编辑（Anzalone et al.，2020）。

例如，可利用胞嘧啶脱氨酶和腺嘌呤脱氨酶的脱氨基作用构建的胞嘧啶碱基编辑器（cytosine base editor，CBE）和腺嘌呤碱基编辑器（adenine base editor，ABE），分别实现特定靶点的 C·G→T·A 和 A·T→G·C 的转换。此外，将保真性降低的 *E. coli* DNA 聚合酶突变体 PolI3M 与 nCas9 进行融合，可得到在特定位点产生随机突变的 EvolvR 系统。利用逆转录酶结构域与 nCas9 进行融合还能构建引物编辑系统（prime editing），该系统可在设计好的引物编辑指导 RNA（prime editing guide RNA，pegRNA）的介导下实现点突变和小片段的插入与删除。毫无疑问，上述工具的出现不仅为基因编辑提供了新思路，也为细胞工厂种子的构建提供了新策略。

3. 目的基因的表达调控

除了基因编辑以外，CRISPR 系统也可被用于目的基因的表达调控。目前，基于 CRISPR 的转录调控系统在微生物细胞工厂的多途径表达调控、生长-生产状态切换，以及形态学工程改造等方面都得到了广泛应用（Wu et al.，2020b）。失活的 dCas9 或 dCpf1 蛋白虽然不能对 DNA 进行切割而产生双链断裂，但仍具备特异性的 DNA 识别与结合能力，基于此，可在转录水平上实现对于目标基因的表达调控。

在原核细胞中，直接将 dCas9 靶向到目标基因的启动子或编码区后，利用其空间位阻可以使 RNA 聚合酶（RNA polymerase，RNAP）无法发挥正常功能，如此便会对转录的起始或者延伸过程产生抑制，最终实现转录水平的下调，上述机制被称为 CRISPR 干扰（CRISPR interference，CRISPRi）[图 6-4（a）]。对于原核生物，当把 sgRNA 靶向到目的基因的非模板链（nontemplate strand，NT strand）上时，可以产生强烈的抑制作用，这种抑制作用是由于 sgRNA-dCas9 对转录的延伸过程产生干扰而引起的；此外，若想在转录的起始阶段进行干扰从而实现转录的下调，则需通过 sgRNA 将 dCas9 靶向到启动子的–35 区。在之后的研究中人们也发现，虽然在 *S. cerevisiae* 等真核生物中仅使用 dCas9 也能实现转录抑制，但若想达到较强的抑制水平，往往还需要将 MIX1、KRAB 或 SID4X 等转录抑制蛋白与 dCas9 蛋白进行融合，构建抑制作用更强的人工转录因子[图 6-4（b）]。除了上文中提到的转录抑制以外，CRISPR 系统也可被用到转录激活当中，该过程主要是通过 dCas9 与转录激活结构域融合而来的人工转录激活因子实现的。上述人工转录激活因子在 dCas9 的作用下可以特异性识别并结合到启动子上游的特定区域，并在转录激活结构域的作用下招募更多的 RNA 聚合酶（RNA polymerase，RNAP），如此便可以在转录水平实现对目标基因的上调表达，该过程被称为 CRISPR 激活（CRISPR activating，CRISPRa）[图 6-4（c）]。

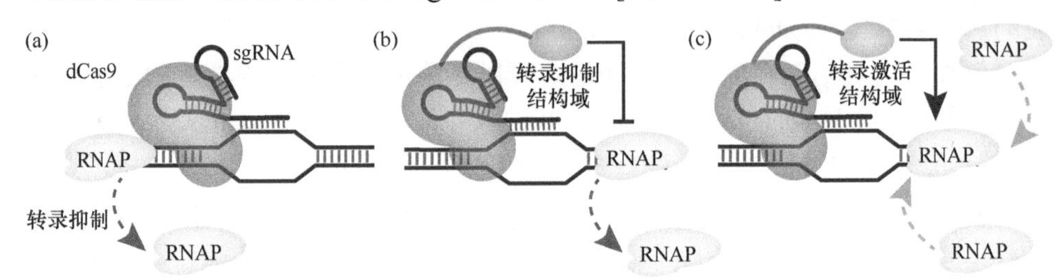

图 6-4　基于 dCas9 的人工转录调控因子及其介导的表达调控

（a）基于 dCas9 的空间位阻可以实现目的基因的转录弱化；（b）在真核细胞中，一般需要在 dCas9 上融合转录抑制结构域来提高转录弱化的强度；（c）通过在 dCas9 上融合转录激活结构域，可以实现对于目的基因的转录激活

除了直接将转录调控结构域融合至失活的 Cas 蛋白以外，通过对 sgRNA 进行改造也能够实现基于 CRISPR 的转录调控。例如，可将 RNA 适配体添加到 sgRNA 上得到支架 RNA（scaffold RNA，scRNA），并将转录调控结构域融合到对应的配体蛋白上，如此一来，利用适配体-配体蛋白之间的特异性结合作用便可实现 scRNA 对于转录激活结构域的招募；而且，可以利用正交的适配体-配体对分别招募转录激活蛋白或者转录抑制蛋白，这样仅仅在 dCas9 的介导下，便可以实现对于代谢网络的多重调控（Zalatan et al.，2015）。进一步，可以同时对 dCas9 和 sgRNA 进行修饰，构建协同激活介导物（synergistic activation mediator，SAM）来增强 CRISPRa 的效果（Konermann et al.，2015）。在 SAM 中，不仅将转录激活结构域 VP64 融合到 dCas9 的 C 端，还在 sgRNA 的茎环结构上添加了可以特异性结合噬菌体衣壳蛋白 MS2 的发夹适配体，然后在 MS2 上融合转录激活结构域 p65 和 HSF1，从而可通过由 dCas9-VP64、sgRNA 支架和 MS2-p65-HSF1 构成的三元 SAM 复合物来执行强烈的 CRISPRa 作用。

6.2.2　基于凝血酶-核酸适配体的代谢调控元件

1. 凝血酶-核酸适配体简介

核酸适配体是从随机序列寡核苷酸库中筛选和分离的短核酸序列，它们通常是一段能够响应特定配体的单链 DNA 或 RNA。迄今为止，针对各种靶标（包括蛋白质和小分子等）的数千种 DNA 或 RNA 适配体已经被开发。早期研究中，核酸适配体主要被应用于无细胞表达系统中目的基因表达水平的上调与下调。核酸适配体介导的转录促进作用原理如下：结合在两个单链 DNA 适配体上的配体分子携带同种电荷，存在于它们之间的互斥力会导致邻近区域的双链 DNA 解螺旋，从而提高启动子的转录起始效率，动态上调目的基因的表达（Wang et al.，2017）。核酸适配体介导的转录抑制作用原理如下：在配体存在的情况下，启动子下游区域的单链 DNA 适配体会转换成更稳定的折叠结构，从而关闭了转录过程（Iyer and Doktycz，2014）。在 *B. subtilis* 细胞内，基于配体凝血酶结合适配体也可以实现体内的双功能基因表达调控（Deng et al.，2019a）。如图 6-5 所示，该双功能基因表达调控系统包含基于凝血酶结合 DNA 适配体的调控元件（thrombin-binding DNA aptamer-based regulation component，TDC）和基于凝血酶结合 RNA 适配体的调控元件（thrombin-binding RNA aptamer-based regulation component，TRC），可分别实现目的基因的上调和下调表达。此外，通过改变元件的结构、位置和配体蛋白的分子质量，能够对下游基因的表达进行动态调控，调节范围也得到了较大增加。上述双功能人凝血酶响应的代谢调控元件也被应用至 2′-FL 的合成中，实现了 2′-FL 合成途径与乳糖摄入通路的调控。

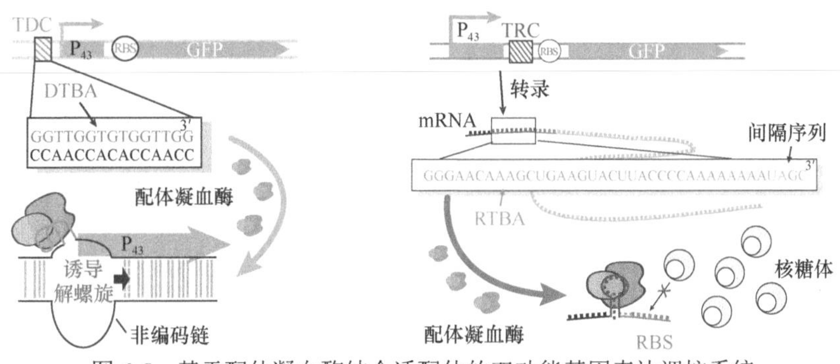

图 6-5　基于配体凝血酶结合适配体的双功能基因表达调控系统

2. 体外结构转换荧光生物传感器的构建与验证

由于带有同种电荷，结合在两条单链 DNA 适配体上的配体之间会产生同性相斥的作用，产生的互斥力对附近双链 DNA 的解旋起到促进作用。然而，这种存在于 DNA 双链上的双适配体序列并不互补，所以在 DNA 复制过程中无法通过半保留复制在体内稳定存在。构建可以在体内应用的、基于核酸适配体的生物传感器，需要考察其他类型的核酸适配体对于 DNA 双链的作用。为此，Deng 等（2019a）构建了一种能被核酸适配体结合的配体所激活的结构转换型荧光生物传感器，该传感器的核心元件是 15 nt 单链 DNA 凝血酶结合适配体（DNA thrombin-binding aptamer，DTBA）或 25 nt 单链 DNA 腺苷三磷酸（ATP）结合适配体（DNA ATP-binding aptamer，DABA）。响应凝血酶和 ATP 的结构转换型荧光生物传感器的结构如图 6-6 所示，该传感器由三条短核酸链组成：F-DNA 是一段在 5′端标记有荧光团（6-carboxyfluorescein，FAM）的 55 nt 单链 DNA；Q-DNA

是一段在3′端标记有猝灭剂（black hole quencher 1，BHQ1）的20 nt单链DNA；A-DNA是一段与F-DNA和Q-DNA杂交的、带有适配体的单链DNA，它包含F-DNA和Q-DNA的互补序列（灰色）、15 nt保护序列及15 nt DTBA或25 nt DABA。

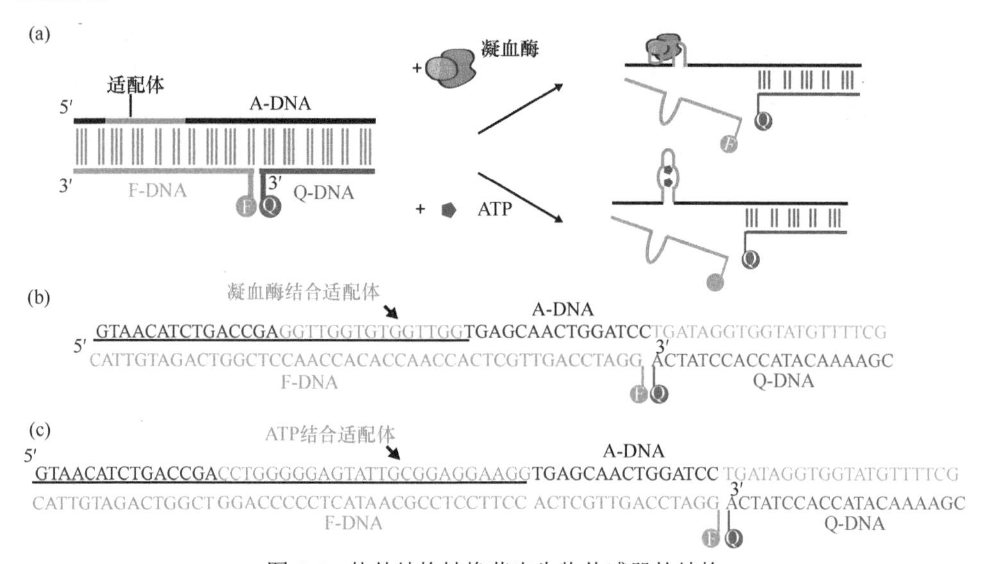

图6-6 体外结构转换荧光生物传感器的结构

(a)基于结构转换的适配体的生物传感器，包括15 nt凝血酶结合适配体(DTBA)和25 nt ATP结合适配体(DABA)；(b)基于凝血酶适配体的生物传感器序列；(c)基于ATP结合适配体的生物传感器序列

在没有凝血酶或ATP存在的情况下，F-DNA、Q-DNA及A-DNA这三个DNA分子组装成双螺旋结构，使F-DNA 5′端标记的FAM和Q-DNA 3′端标记的BHQ1基团充分接触，因此通过荧光共振能量转移使FAM基团的荧光被猝灭。在人凝血酶或ATP存在的情况下，存在于A-DNA中的相应适配体会通过改变其结构来与配体特异性结合，仅留下很短的一段DNA单链与带有荧光基团标记的F-DNA链杂交，由于F-DNA与A-DNA结合区域的解链温度较低，在室温下，该链与折叠成G-四联体的DTBA中形成的氢键相比不稳定，因此，带有5′端FAM标记的F-DNA链从双链结构中释放出来，而带有3′端BHQ1标记的Q-DNA链仍然与A-DNA形成稳定双链结构，导致FAM与BHQ1不再紧密接触，F-DNA链上被猝灭的荧光又恢复正常发光状态。

通过以下步骤对体外反应步骤进行验证：首先将一定比例的F-DNA和A-DNA在室温下放置10 min，使二者充分混合并相互结合，然后加入一定量的Q-DNA，经过85℃加热10 min，室温冷却60 min后，使F-DNA上带有的荧光被猝灭。将凝血酶或ATP添加到F-DNA、Q-DNA及A-DNA混合物中，检测在0～60 min的反应时间内混合物体系荧光强度的变化。基于DTBA的结构转换生物传感器和凝血酶混合体系的表征结果如下：反应时间在 0～30 min 时，混合体系的荧光强度随反应时间增加而上升，此外，1.0 mg/mL 凝血酶浓度下的荧光强度强于 0.5 mg/mL 凝血酶浓度下的荧光强度；30 min 后，每个样品的荧光强度达到平稳。基于 DABA 的结构转换型生物传感器和凝血酶混合体系的表征结果如下：当 ATP 的浓度为 0.5 mmol/L、反应时间在 0～15 min 时，混合体系的荧光强度随反应时间增加而上升，15 min 后荧光强度达到平稳；当 ATP 的浓度为 1.0 mmol/L、反应时间在 0～18 min 时，混合体系的荧光强度随反应时间增加而上升，18 min 后荧光强度达到平稳。体外实验结果表明，大分子配体（如凝血酶）和小分子配体（如 ATP）都可以通过与特定 DNA 位点（适配体序列）结合来诱导适配体序列周围一定范围的双链 DNA 解螺旋。

核酸适配体具有高度特异性识别和结合配体的特性，基于此，可以在体外无细胞表达系统中构建转录和翻译过程基因表达调控系统。通过研究构建体外结构转换的荧光传感器，证明单链适配体（DTBA、DABA）与配体（凝血酶、ATP）结合可以诱导适配体所在的双链 DNA 解螺旋，这也为体内开发基于 DTBA 的基因表达调控元件奠定了基础。

3. 基于 DNA 适配体（TDC）的动态上调元件的设计与优化

为了在胞内开发基于适配体的动态调控元件，在 *B. subtilis* 168 中验证了凝血酶 F2 的表达情况。通过 SDS-PAGE 分析，证明凝血酶 F2 的 H 链可以在 *B. subtilis* 168 菌株中成功表达为可溶性蛋白。此外，通过酶联免疫吸附测定（enzyme linked immunosorbent assay，ELISA），证明了胞内合成的配体 F2 确实形成了正确的空间构象。通过使用绿色荧光蛋白（GFP）进行验证，表明胞内凝血酶配体或 TDC 的存在本身对 GFP 表达几乎没有影响。使用 IPTG 诱导表达配体凝血酶，诱导起始时间分别为 0、4 h、8 h、16 h、24 h 和 36 h，相对荧光强度为对照菌株的 4 倍（4 h）至 1.03 倍（36 h），这表明可以通过控制凝血酶诱导的起始时间来精确调控 TDC 介导的 GFP 表达。通过进一步测量配体凝血酶的浓度，发现相对荧光强度倍数随凝血酶浓度的增加而增加，表明 TDC 对目的蛋白表达强度的调控程度与配体凝血酶在细胞内的浓度呈正相关。此外，通过测定 mRNA 表达水平，证明 TDC 介导的 GFP 表达在转录水平被上调。

在 TDC 元件中，DTBA 相对于 DNA 双链的位置和数量可能会影响 TDC 的调控效果，为了最大化优化 TDC 的动态调控功能，基于前述的 TDC 结构进行了改良。实验结果表明，DTBA 的插入位置无论是在编码链上还是非编码链上，对 RNA 聚合酶与非编码链的结合都没有影响，并且 DTBA 在编码链和非编码链中的双重插入不能进一步增强调控强度。为了进一步优化 TDC 调控元件的调控效果，调整了 TDC 与启动子的距离（distance between the TDC and promoter，DBTP），其范围在 0～30 bp（每间隔 2 bp），并分析了 TDC 和启动子之间的距离对体内基因表达调节的影响。在 DBTP 不同的情况下，这些菌株的相对荧光强度为对照菌株的 0.95～4.9 倍。在 BP1-TDCGFP 中，当 0≤DBTP≤10 bp 时，荧光强度为对照菌株的 4.5～4.9 倍；当 12 bp≤DBTP≤22 bp 时，荧光强度为对照菌株的 4.5～0.92 倍；当 24 bp≤DBTP≤30 bp 时，荧光强度为对照菌株的 0.92～1.09 倍。

为了提高 TDC 对配体凝血酶的敏感性，设计并在基因组上整合表达了 6 种截短的凝血酶分子，获得了 6 个菌株，凝血酶长度从 623 AA 分别截短为 50 AA、100 AA、200 AA、300 AA、400 AA 和 500 AA。随着凝血酶的长度从 623 AA 缩短到 100 AA，被调控表达的 GFP 的相对荧光强度比未经调控的对照菌株高 5.7 倍。但是，当凝血酶截短至 50 AA 时，荧光强度仅为对照菌株的 2.7 倍。这些结果表明，TDC 对较小尺寸的凝血酶配体更加敏感，这可能是相比完整蛋白，截短后的配体蛋白在游离状态下被碰撞的机会相对较高，而凝血酶在 DTBA 上的结合位点主要位于 N 端的 97 AA，配体与 DTBA 的结合能力被完全保留。

4. 基于 RNA 适配体（TRC）的动态下调元件的设计与优化

基因表达主要受转录、翻译和翻译后这三个表达水平的调控影响。其中，在转录起始阶段，DNA 双链解旋效率对基因的转录水平有较大影响；在翻译起始阶段，核糖体与 mRNA 的结合效率对基因的翻译水平有较大影响。适配体与配体的识别-结合可能会影响基因的转录和翻译等涉及核酸链形态变化的过程，基于这个原理可以建立在转录和翻译水平上都起调节作用的双重控制系统。RNA 适配体是能与配体分子特异性识别并结合的 RNA 序列，在配体存在的情况下，RNA 适配体会与其形成特殊的结构，这一结构如果位于目的基因转录形成的 mRNA 链上，则会对翻译过程造成影响。基于 RNA 适配体的调控元件在概念上与核糖开关十分接近，核糖开关的主要特征是它们可以通过识别生理信号改变 RNA 的结构，从而影响基因表达。除了前述的单链 DNA 适配体（DTBA）之外，还存在着响应凝血酶的 RNA 适配体。凝血酶可以与 RTBA 结合并改变所在的单链 RNA 的构型，进而影响 mRNA 的翻译过程。基于这一原理，可以构建在 *B. subtilis* 胞内动态下调目的蛋白表达水平的 TRC 元件。

为了构建基于凝血酶结合 RNA 适配体的基因调控元件（TRC），从而进一步拓宽基于体内适配体元件的调控效果，可在重组菌株 GFP 的 RBS 上游导入 34 nt RTBA 的 cDNA 序列（间隔序列为 4 bp），构建基于凝血酶 RNA 适配体的 TRC 元件。以没有 TRC 调节的 GFP 的相对荧光强度为对照，含有 TRC 元件的 GFP 相对荧光强度在 12～36 h 持续下降，直到 48 h 达到对照的 0.32 倍。这一结果表明，TRC 可以抑制 GFP 的表达，并且在培养的早期调控效果不明显，从细胞生长的对数中期开始逐渐增强。

前文构建的表达截短配体的 TDC 对基因表达调控的强度更高，但是实验结果表明截短后 TRC 对 GFP 下调的效果会减弱，说明 TRC 的抑制作用需要大分子配体的参与。在构建基于 DNA 的动态调控元件 TDC 时，基因表达的动态调控程度与 TDC 到启动子的距离（distance to the beginning of the promoter，DBTP）相关，因此，将 TRC 到 RBS 的距离（distance to the beginning of the RBS，DTBR）设置为 0～15 bp（每间隔 1 bp）。结果表明，当 DTBR 为 0 时，抑制强度最强；而当 DTBR 大于 9 bp 时，则无抑制作用，这表明凝血酶与 RTBA 的结合在 DTBR 高于 9 bp 时，对 RBS 与核糖体的结合没有影响；TRC（DTBR=3）元件削减了 87%的目的基因表达，是调控力度最强的一种元件。

5. 基于凝血酶-核酸适配体的代谢调控元件在 2′-FL 合成中的应用

选择 *B. subtilis* 合成 2′-FL 为模型，对基于凝血酶-核酸适配体的代谢调控元件的调控效果进行验证（图 6-7）。在 *B. subtilis* 中构建 2′-FL 的生物合成途径，可以岩藻糖和乳糖为底物合成 2′-FL[图 6-7（a）]。表达来源于脆弱拟杆菌（*Bacteroides fragilis*）的 L-岩藻糖激酶/岩藻糖-1-磷酸鸟苷酸转移酶（Fkp），构建 GDP-L-岩藻糖回补合成途径，获得的重组菌株胞内 GDP-L-岩藻糖的浓度为 1.20 mg/L；通过优化培养基，胞内 GDP-L-岩藻糖的浓度最终达到 4.0 mg/L；进一步表达 8 种外源的岩藻糖基转移酶（FucT2），从中筛选获得来源于幽门螺杆菌（*Helicobacter pylori*）的 FutC，构建的重组菌发酵获得 24.7 mg/L 的 2′-FL。重组 *B. subtilis* 菌株中 2′-FL 的产量较低，这可能是由于两个异源基因的表达水平较低，以及作为碳源的乳糖利用效率较低。因此，将 TDC 引入到 2′-FL 合成菌株中，可以增强 *fkp* 和 *futC* 的表达并使 2′-FL 产量达到 511 mg/L，为 TDC 调控前的 22.3 倍[图 6-7（b）]。与传统的单糖底物（如葡萄糖）相比，乳糖的跨膜运输效率较低，进而导致 2′-FL 的

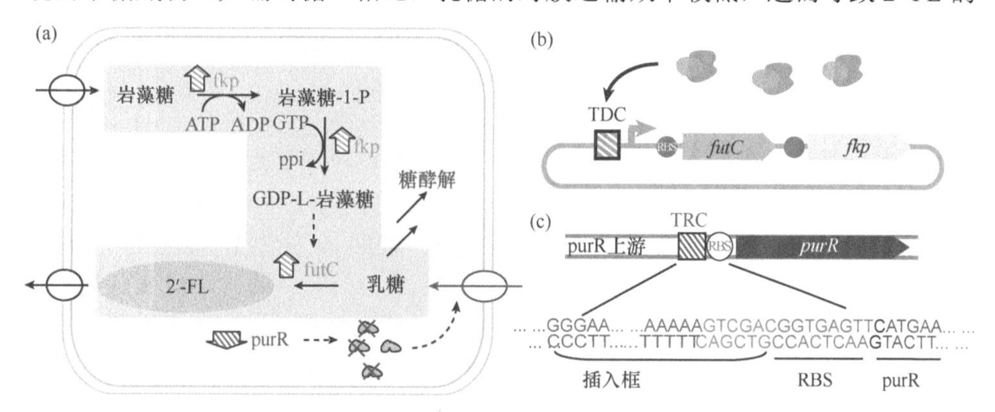

图 6-7　基于凝血酶-核酸适配体的代谢调控元件在 2′-FL 合成中的应用

（a）重组 *B. subtilis* 中的 2′-FL 生物合成途径；（b）TDC 介导的 *fkp* 和 *futC* 上调表达；（c）TRC 介导的 *purR* 下调表达

合成效率低。通过 GenBank 的 BLAST 搜索确认了与乳糖操纵子中的保守蛋白域家族 *lacI* 同源性很高的 *purR* 基因。因此，可将 TRC 引入到基因组上的 *purR* 基因位点上游，对其表达进行下调[图 6-7（c）]，从而增强乳糖转运并使 2′-FL 产量提高到 674 mg/L。

6.2.3 基于 N 端编码序列的代谢调控元件

1. N 端编码序列简介

如图 6-8 所示，基因 N 端编码序列（N-terminal coding sequence，NCS）是指在基因编码序列 5′端起始密码子 ATG 之后添加的一段编码序列，长度一般为 10～30 个氨基酸序列，其能够在不改变目的基因转录水平和功能的情况下上调或者下调基因的表达。以往有关基因表达精细调控的研究专注于优化替换启动子和 RBS 区域，利用适配体与配体间的结合力调节基因的转录翻译起始速率等方式对基因的最终表达水平做出相应的调控；目前研究发现，基于 NCS 微调代谢途径中关键基因的表达，同样可以实现代谢途径的精细调控和基因回路的优化。NCS 主要是通过影响翻译初期的核糖体与 mRNA 结合及其延伸效率，从而在翻译水平上对目的基因实现调控。

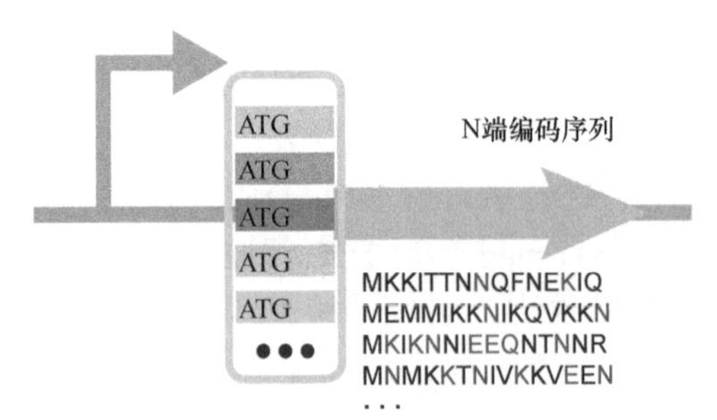

图 6-8　N 端编码序列示意图

与其他当前可用的基因表达调控元件（包括启动子、终止子、RBS 序列和间隔序列等）相比，使用 NCS 调控基因表达和代谢途径具有许多优势。首先，NCS 的上调能力非常有效，研究表明，在 *B. subtilis* 中使用 NCS 对代谢途径进行调控，其调控效果远优于启动子的替换优化（Tian et al.，2019）；其次，NCS 适用于调节基因簇中单个基因的表达而不影响其他基因，它只能调节靶基因的翻译水平，而对靶基因上游或下游基因的表达影响较小；更重要的是，NCS 的应用可以通过使用各种驱动基因表达的 NCS 动态模式来动态调节基因表达水平，这满足了代谢工程中动态调节的要求。NCS 同样具有较强的抑制能力，目前已有较多研究证明了 NCS 的长度不同、核苷酸序列不同都会对蛋白质表达产生极其显著的影响。因此，NCS 在代谢途径的动态调控、基因回路的设计等方面均具有广泛的应用前景。

2. 单一宿主中 NCS 的相关研究

先前关于 NCS 的研究主要集中于 *E. coli* 这一模式微生物中，并表明 NCS 能够通过调节翻译起始或延伸水平来调节蛋白质表达水平。尽管已经对此进行多年的研究，但对 NCS 如何调控基因表达水平的具体机制尚不清晰。目前普遍认为能够调控基因表达水平的因素包括给定密码子的 tRNA 丰度、核苷酸组成、mRNA 结构和新生多肽序列。然而，由于这些影响因素并非完全独立，很难确定所获得调控效果的主要决定因素，从而也产生了一些相互矛盾的翻译效率调控模型。

大规模平行报告基因分析（massively parallel reporter assay，MPRA）常被用于探索 NCS 对翻译水平的研究，通过高通量的方法获得广泛的数据集，同时研究数万个 NCS 对基因表达水平的影响，并采用统计分析或人工智能工具进行分析，寻找潜在影响因素。Goodman 等（2013）选择了 *E. coli* 内源必需基因的前 11 个密码子，结合不同的启动子和 RBS 序列，构建了约 14 000 种组合表达 GFP 蛋白，并以 GFP 的荧光表达来量化单个 N 端密码子改变对基因表达的影响，由此观察到在基因 N 端使用稀有密码子替换普通密码子可使蛋白质表达量增加约 14 倍（中位数为 4 倍）；之后通过实验表明，稳定性较低的 mRNA 结构导致 GFP 表达量的增加，而非稀有密码子本身。此外，机器学习也被用于探索和构建基因表达调控元件。Cambray 等（2018）采用 DoE（design of experiment）的方式，通过机器学习综合考量了 8 个相关因素，设计了 244 000 个长度为 96 nt 的 NCS 序列并添加于 GFP 的 5′端；他们同样发现起始密码子附近的 RNA 二级结构是对翻译效率影响最大因素，其他因素则对翻译效率没有显著的影响。Verma 等（2019）通过随机突变 GFP 第 3～5 位密码子，获得约 262 144 个突变体，经过流式细胞筛选将这些突变体分成 5 个不同荧光强度的文库，发现能够在不改变 mRNA 水平的情况下，获得比原始序列高 5 个数量级的突变体。Osterman 等（2012）通过在 GFP 的 5′端插入长度为 10 nt 的 NCS 序列，构建了大于 30 000 个突变体的文库，发现在 NCS 中添加甲硫氨酸对表达水平有上调作用，而在 GFP 的 5′端插入类 SD 序列则会起抑制作用。

在 *B. subtilis* 中，也设计了 NCS 文库及其改造方法以精细调控基因的表达(Tian et al.，2019)。首先，根据转录组和蛋白质组学数据选择了 96 种具有潜在广泛调控作用的内源性 NCS，验证了不同 NCS 对基因表达的影响，并将其分为 4 个类型，即生长偶联型、持续表达型、迟滞表达型和强烈抑制型；然后，进一步构建和表征了基于系统生物学的 NCS 文库，根据文库序列的统计分析，发现特定氨基酸的含量与表达量的相关性较高（ρ=0.72，P=1.18×10^{-6}），并基于 NCS 上调、下调基因表达的规则开发了用于 NCS 自动设计的工具（https://www. wjiangnan.com/dna/）；最后，将天然和合成的 N 端编码序列作为基因表达调控元件，静态和动态调节 *N*-乙酰神经氨酸（NeuAc）的生物合成，实现了 NeuAc 产量的大幅提高。

3. 多宿主普适性 NCS 开发策略

E. coli、*B. subtilis* 和 *S. cerevisiae* 是代谢工程研究中的典型模式微生物底盘细胞，Wang 等（2022b）以 *E. coli*、*B. subtilis* 以及 *S. cerevisiae* 三种典型模式微生物为研究对象，以 GFP 为报告基因，分别在上述三种菌株中构建 NCS 文库，之后采用流式细胞筛选技术和高通量测序技术获得下调或上调荧光强度所对应的 NCS 序列，并利用统计分析及机器学习对所得的 NCS 进行分析及建模，最终基于此模型驱动设计普适性广、精细调控基因的基本元器件，并对其进行工业化应用验证（图 6-9）。

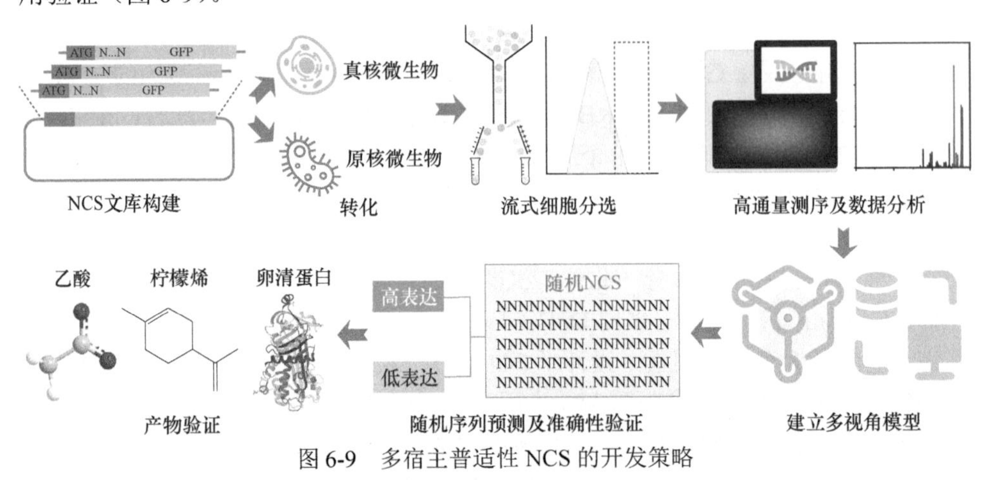

图 6-9 多宿主普适性 NCS 的开发策略

基于 NCS 文库的构建和模型驱动设计，在上述三种典型模式微生物中获得基因表达调控范围连续跨越 5 个数量级的 NCS 序列。在 *E. coli*、*B. subtilis* 和 *S. cerevisiae* 中使用模型驱动设计的 NCS 上调 GFP 表达，其荧光强度最高水平分别是未添加 NCS 的 3.65 倍、4.21 倍和 18.25 倍；使用 NCS 下调 GFP 表达，实现了基本可以完全抑制 GFP 表达量的最低水平。从而拓宽了调控典型模式微生物基因表达水平的工具箱，同时也证明了 NCS 精细调控基因表达水平的普适性和有效性。

在此基础上，采用深度神经网络和多视角学习技术，在 *E. coli*、*B. subtilis* 和 *S. cerevisiae* 中分别构建 NCS 预测模型，预测长度为 30 nt 的随机序列在不同菌株中对基因表达的调控效果。以机器学习评价指标结合生物学实验，度量不同比对模型的性能，得到 Deep_Multi-view Learning 模型在 *E. coli*、*B. subtilis* 和 *S. cerevisiae* 中的预测准确率分别为 66.9%、69.9%和 65.5%。该方法的建立也为采用机器学习探索基因调控元件对微生物基因表达水平的影响提供了新思路。

最后，使用 NCS 分别在三种典型模式微生物中进行产物应用验证。通过在基因 *ackA* 的 5′端添加 NCS，调控 AckA 酶的表达量，使得产 NeuAc 的 *E. coli* 工程菌的乙酸副产物产量降低了 94%，而目标产物 NeuAc 的产量提高了 23%；通过在卵清蛋白的 5′端添加 NCS，使得卵清蛋白在 *B. subtilis* 168 菌株中的表达量为原先的 1.71 倍；使用 NCS 调控 *S. cerevisiae* 中柠檬烯合酶的表达，使得生产菌株的柠檬烯产量提高了 48%。

6.2.4　基因外重复回文序列

在原核表达系统中，信使 RNA（mRNA）的降解是调节基因表达的重要方式，这一过程主要是通过 RNase II、RNase R 等 3′→5′外切核酸酶实现的（Takemoto et al.，2015）。近年来，人们试图通过选择缺乏外切核酸酶的宿主菌株来防止 mRNA 的降解。然而，原核细胞中的 RNase 也用于去除胞内无用的 mRNA，当 RNase 不存在时，细胞中这些无用的 mRNA 无法清除，从而导致大量无用的蛋白质积累和能量消耗。基因外重复回文序列（repetitive extragenic palindrome，REP）是具备回文形式的 DNA 序列，其转录的 RNA 可以形成稳定的茎环样二级结构，被认为是非翻译区（unstralation region，UTR）中潜在的 RNA 调控序列（Liang et al.，2015）。REP 广泛分布于大肠杆菌、假单胞菌和沙门氏菌的基因组中。据报道，REP 具有许多功能，如促进转录终止、稳定 RNA 的活力等（Liu et al.，2013；Yang et al.，2013）。如图 6-10 所示，通过对 REP 进行理性设计与改造，在革兰氏阴性菌 *E. coli* 与革兰氏阳性菌 *C. glutamicum* 中都可以抑制靶基因 mRNA 的降解，从而增强靶基因的表达（Deng et al.，2019b）。

通过将 REP 添加到目的基因的 3′-UTR 中，可以使其更加稳定，并能防止其受到 3′→5′外切核酸酶的攻击，可以在多个方面对 REP 的调控效果进行优化（图 6-11）。在对靶基因的终止密码子与 REP 之间的间隔进行优化后（0 bp、4 bp、8 bp、12 bp、16 bp），发现 REP 只有位于 mRNA 的合适位置才有可能起到促进表达的作用。当 REP 直接加入靶基因的终止密码子或两者之间的间隔序列短于 12 bp 时，靶基因的表达水平反而有所降低。基因表达的降低可能是由于反式翻译机制造成的，即 mRNA 中 REP 形成的茎环产生了空间位阻，从而阻止核糖体与终止密码子结合。间隔长度为 12～20 bp 的 REP 可以起到增强基因表达的效果，通过测定也发现 mRNA 水平有所增加，表明此时 REP 对 mRNA 起到了保护作用。此外，通过改变间隔序列的组成或 REP 的茎环结构，也能对 REP 的调控效果进行调节。上述结果说明 REP 可以作为代谢调控元件，用于靶基因表达水平的上调或者下调，且这一过程无需添加诱导剂便能实现。目前，REP 在合成环糊精葡糖基转移酶（CGTase）与 *N*-乙酰氨基葡萄糖的细胞工厂都得到了成功应用（Deng et al.，2019b）。

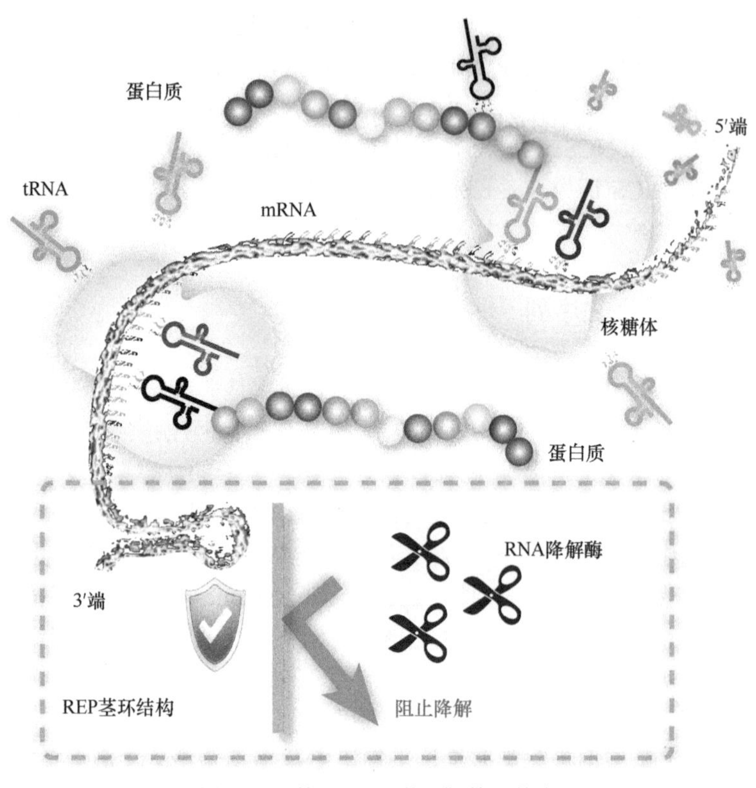

图 6-10　使用 REP 增强靶基因的表达

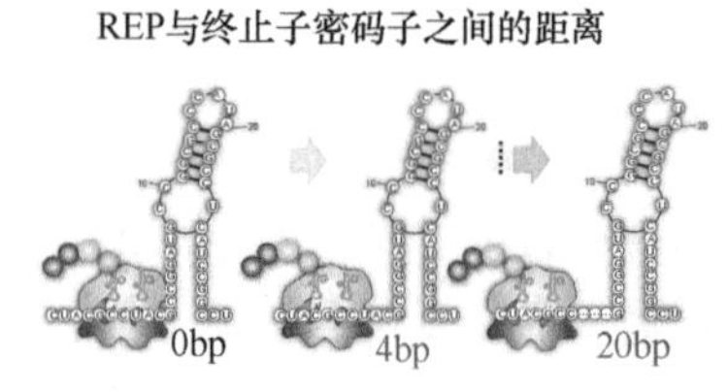

间隔序列优化

WT: 5′ CCCCCCCCCCCCCCCCCCCCCC 3′
A: 5′ AAAACAUAUUAUUCUUACUU 3′
B: 5′ ACUAGCAAAGGAGAAGAAAA 3′
D: 5′ AAAUAUUAUUCUACAAACAU 3′
C: 5′ AAAUAUUCAUAUACAACAUA 3′

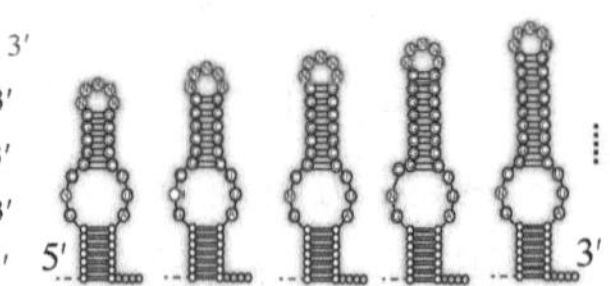

图 6-11　REP 的优化

6.3　代谢途径的设计与重构技术

6.3.1　基于稳态反应动力学模型的代谢途径瓶颈诊断

代谢动力学的形式将代谢通量与酶水平、代谢物浓度及其变构调节相互关联。虽然这需要确定许多生理相关参数，但它在异构组学数据集上建立了一种独特的机制联系，为有效制定代谢工程策略提供了整体优势。在过去几年中，计算能力和基因注释覆盖率进步推动了代谢动力学模型的发展。然而，模型预测的解释不明确、代谢通量数据集有限，以及参数敏感性评估仍然限制了代谢动力学模型的发展。在本节中，我们将重点介绍使用动力学模型来指导代谢工程的成功案例，以增强对动力学模型的理解。

1. 代谢动力学模型

代谢动力学模型可以通过建立代谢反应率、酶水平和代谢物浓度之间的机制关系来定量描述代谢表型（Foster et al.，2021）。这种对代谢动力学模型的描述能够提出比化学计量方法更有效地增加产量的代谢干预措施。干预措施不仅限于基因的敲除或上调/下调表达，还包括优化调节酶水平的表达、检测接近平衡状态的反应，并改变变构调节因子的浓度和作用强度。流平衡分析（flux balance analysis，FBA）是一种广泛应用于生物化学网络研究的方法，特别是在过去十年中应用于建立的基因组尺度的代谢网络重构。这些代谢网络包含生物体内所有已知的代谢反应和编码每个酶的基因。虽然在流平衡分析中可以使用动力学参数和定量蛋白质组学来阐明酶的使用，但对酶表达水平、调控或特异性的预测超出了纯化学计量模型的能力。FBA 中的化学计量模型只需要反应的化学计量和方向性约束；与 FBA 中的化学计量模型不同，动力学模型需要大量的前期投入，以确定每个反应的适当动力学形式和参数化数据（Khodayari and Maranas，2016）。动力学模型预测的后续分析也往往比化学计量模型的分析更复杂，并且需要对结果进行更详细地解释；但当有足够的数据可用时，动力学模型预测所能提供的对代谢通路的信息远远超出化学计量模型，这使得动力学模型分析成为更有效、对研究者更有吸引力的工具。图 6-12 介绍了代谢动力学模型构建及其在代谢工程中使用的通用工作流程。

2. 动力学模型作为代谢工程的有效工具

代谢工程干预通常通过调节或敲除代谢通路中的一个或多个酶编码基因来实现。通过操纵相关基因（Wang et al.，2016）和启动子区的序列，或者引入外部代谢物作为变构调节因子，可间接实现代谢干预。与化学计量模型相比，动力学模型的预测优势在于，它们能够捕捉代谢组（由工程干预导致）的变化对代谢表型的影响，并识别接近平衡运行的反应。迄今为止，对此方面的研究还不太多。然而，一些研究已经证明了动力学模型实现代谢工程干预的潜力。例如，通过对酿酒酵母的动力学模型参数化和迭代设计-构建-测试-学习循环的改进，研究者能够确定一种控制木糖摄取的己糖激酶同工酶（Smallbone et al.，2013）。如果没有全面的蛋白质组数据和（或）明确的动力学约束，化学计量模型将无法实现代谢工程干预。

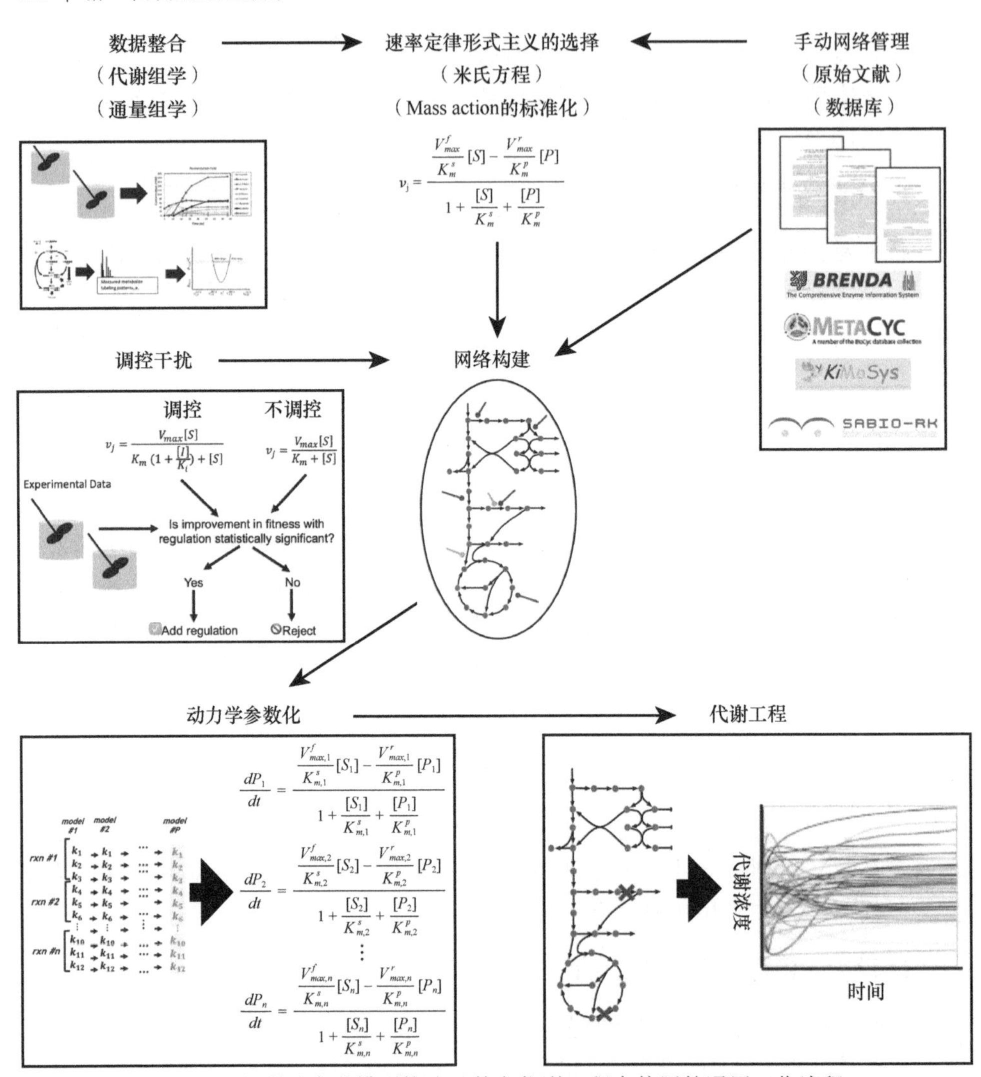

图 6-12　代谢动力学模型构建及其在代谢工程中使用的通用工作流程

由于动力学模型能够将净通量解耦为正向和反向贡献，它们成为识别接近平衡的反应并评估如何减轻其对代谢结果的影响的有效工具。这种能力在将磷酸核糖激酶识别为一个强大的过表达目标以克服 Calvin Benson 循环的低热力学驱动力方面得到了证明（Davidi et al.，2016）。也有研究者利用热胞梭菌的核心动力学模型确定了氮限制条件下控制通量的变构机制。

3. 动力学模型参数化中的灵敏度分析

灵敏度分析指的是量化代谢通量和代谢物浓度如何随酶水平或活性的变化而变化。它可以用来确定速率限制步骤，这超出了化学计量模型的范畴。代谢控制分析（metabolic control analysis，MCA）中的通量/代谢物控制系数用于确定速率限制步骤。iSCHRUNK（Andreozzi et al.，2016；Miskovic and Hatzimanikatis，2010）是在 ORACLE 框架中引入的一种决策树算法，用于修剪 MCA 中能够确定工程目标的参数范围。iSCHRUNK 已成功应用于大肠杆菌过量生产 1,4-丁二醇中，并提高了恶臭假单胞菌（*Pseudomonas putida*）在 ATP 限制条件下的生长鲁棒性。贝叶斯方法是一种基于统计评价的方法，用于分配动力学参数范围，常用于完全机械动力学描述（ABC-GRASP）（Saa and Nielsen，2016a）和线性对数动力学（linlog kinetics）（St John et al.，2019）。基于蒙特卡罗法的采样相关的限制，ABC-GRASP 方法不能扩展使用。然而，与线性化速率表达式相关的计算负担减少使网络规模扩大，并将推断的参数范围与 MCA 相结合，以实现酿酒酵母氨基酸过量生产的工程目标。多变量统计方法也被引入 MCA，利用集成建模（ensemble modeling，EM）提供通量控制系数的置信区间，证明了其比单变量方法有更好的统计准确性（Hameri et al.，2019）。逆代谢控制分析（IMCA）进一步扩展了 MCA，以量化酶水平对代谢物浓度变化的敏感性，并已成功应用于酵母中酶调节鞘脂的分布（Savoglidis et al.，2016）。

4. 基于动力学模拟及动态代谢组学的枯草芽孢杆菌中 GlcNAc 合成途径的限速步骤鉴定

Liu 等（2016）利用稳态代谢组学鉴定出重组枯草芽孢杆菌 BSGN 的 GlcNAc 合成途径中的中间代谢产物 GlcNAc-6-P 的积累。研究表明，在 GlcNAc 合成途径中存在某一限速步骤，导致了 GlcNAc-6-P 的积累。为进一步分析导致胞内 GlcNAc-6-P 异常积累的限速步骤，以及解除此限速步骤对 GlcNAc 合成和细胞生长的影响，研究者借助计算生物学方法结合动力学模拟及动态代谢组学，对 GlcNAc 合成途径的限速步骤进行了鉴定。

首先，建立 GlcNAc 合成途径的动力学模型，包括底物葡萄糖、GlcNAc 合成直接前体 Fru-6-P、中间代谢产物 GlcN-6-P 和 GlcNAc-6-P、胞内和胞外目标产物 GlcNAc。其次，通过模拟不同限速步骤存在时 GlcNAc 合成途径的动力学，分析了不同限速步骤存在时的动力学特征。再次，通过控制底物葡萄糖的添加来激活产物合成，结合动态代谢组学测定 GlcNAc 合成途径的动力学。然后，通过比较实验测定的 GlcNAc 合成途径的动力学特征是否与某一限速步骤存在时的模拟动力学特征一致来鉴定潜在的限速步骤。最后，通过[U-^{13}C]葡萄糖动态标记实验证实了限速步骤的存在，并且进一步解除了这一限速步骤，促进了 GlcNAc 的合成。通过敲除重组菌中葡萄糖激酶编码基因 *glcK*，成功地解除了无效循环。阻断无效循环降低了胞内 GlcNAc-6-P 的积累，促进了细胞生长和 GlcNAc 合成，使细胞比生长速率和 GlcNAc 生产强度分别提高了 2.1 倍和 2.3

倍（Liu et al.，2016）。

6.3.2 基于还原力平衡的代谢途径设计优化

1. 辅因子工程

通过微生物发酵提高目标产物生产效率需要增加其生物合成途径的代谢通量（Lee et al.，2011）。用于这一目的的技术包括基因操作、代谢途径工程和合成生物学，并被广泛用于改变途径反应中的碳代谢，以提高代谢产物的产量。然而，单靠碳代谢并不能实现目标产物的高效积累。例如，提高糖发酵的糖酵解速率是非常必要的，但单表达或共表达糖酵解途径中的限速酶不能加速糖酵解。其中一个原因是，目标产物的高效生产除了需要碳流外，还需要氧化还原平衡。

有效的碳代谢途径受到动力学和热力学两种驱动力的影响(Liao et al.，2016)。辅助因子如NAD(H)、NADP(H)和ATP提供碳代谢所需的能量。氧化还原反应中的耦合辅因子可以促进生物催化过程，甚至可以推动热力学上不利的反应正向发展。例如，ATP的消耗可以推动1-丁醇光合过程中热力学上不利的一步正向反应（Lan and Liao，2012）。近年来，对甲烷、二氧化碳等含碳化合物的利用已成为热点。虽然由甲烷生产生物燃料在热力学上是有利的，但其生产率非常低，因为甲烷同化的第一步需要高能电子供体，如NADPH，这是整个过程的瓶颈。因此，为了使C1化合物作为原料来更有效地生产化学品和生物燃料，辅因子再生和碳代谢必须耦合。

为了保持氧化还原平衡、提高化学品和生物燃料生产的效率，各种辅因子调控策略已经被开发出来。即利用一个包括蛋白质相互作用、转录调控和代谢网络的全球相互作用网络，整合来自转录谱、代谢通量和代谢物水平的数据，构建大肠杆菌的全球相互作用网络示意图(图6-13)。甲酸脱氢酶(formate dehydrogenase，FDH）被广泛用作NADH再生体系，用于生产1,3-丙二醇（Wu et al.，2013）和异丁醇（Atsumi et al.，2008）。当产生辅因子的途径与消耗相同辅因子的途径相匹配时，丁醇和丙醇的产生也受益于辅因子平衡(Inokuma et al.，2010; Shen et al.，2011)。辅因子偏好也是化学品和生物燃料生产的一个重要考虑因素。例如，在蓝藻中引入异源途径后可以直接利用 CO_2，但蓝藻光合作用产生的NADPH多于NADH，异养微生物中的大多数酶优先使用NADH作为辅酶(Dempo et al.，2014)。另外，异养微生物的酶往往在蓝藻中异源表达，表现出较低的活性，导致较低的生产力和产品产量（Choi and Park，2016）。解决这一问题的方法之一是改变酶的辅因子偏好性，例如，将一个关键酶的辅因子特异性从NADPH改变为NADH后，大肠杆菌厌氧生产异丁醇的理论产量达到100%。

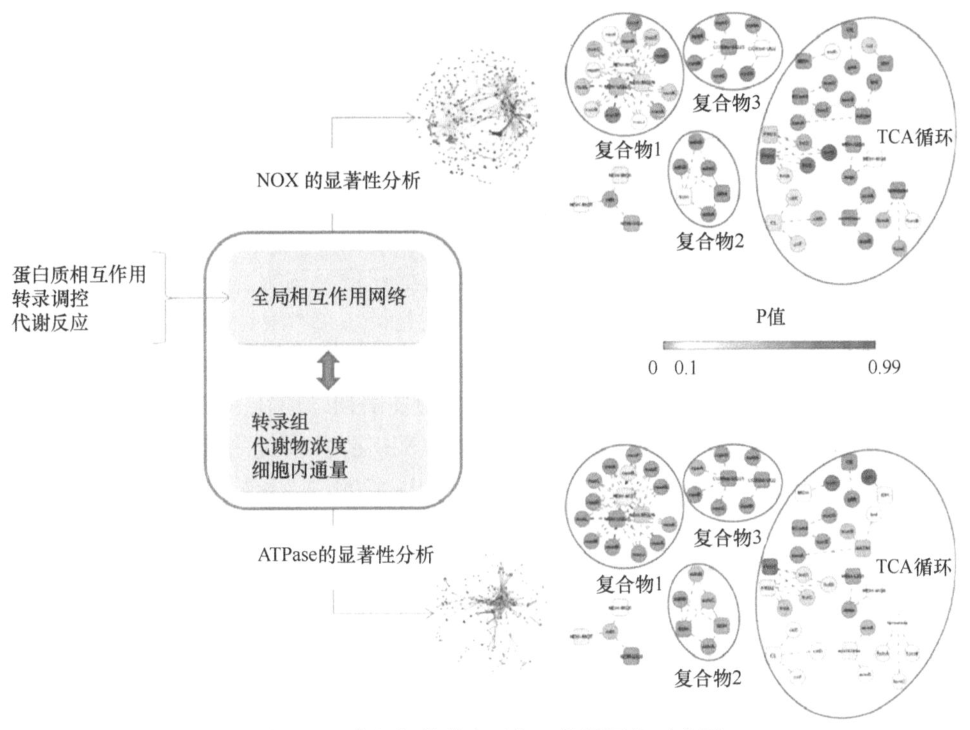

图 6-13　大肠杆菌的全局相互作用网络示意图

2. 辅因子调控策略

在所有的生命活动中，有超过 1500 种微生物的酶促反应需要辅因子 NAD(H) 和 NADP(H)（Forster et al.，2003；Lee et al.，2011），因此氧化还原平衡在化学品和生物燃料的生产中扮演着重要的角色，因为氧化还原失衡会破坏细胞和消耗能量。为了防止这种失衡，人们开发了各种辅因子调控策略，以保持氧化还原平衡，从而有效地生产化学品和生物燃料（Bommareddy et al.，2014）。维持氧化还原平衡可以通过以下四种基本策略：调节内源性辅因子系统、补充外源辅因子再生系统、修改辅因子偏好性和构建合成辅因子系统。

1）调节内源性辅因子系统

维持细胞氧化还原平衡是获得产物高收率的基本要求，而这种平衡需要适当的辅因子消耗和再生（Wu et al.，2013）。内源性辅因子系统的调节途径有三种：①降低竞争性辅因子消耗途径；②加强内源性辅因子生成途径；③修改全局调节因子。

竞争辅因子消耗途径的敲除已经被应用于肺炎克雷伯菌（*Klebsiella pneumoniae*）中生产 1-丁醇，以及应用于大肠杆菌中生产 *S*-腺苷甲硫氨酸（*S*-adenosine methionine，

SAM)。在 1-丁醇的生产过程中，反义 RNA（antisense RNA，asRNA）被用来减弱 1,3-丙二醇和 2, 3-丁二醇合成过程中 NADH 的竞争消耗途径，从而使 $NADH/NAD^+$ 的比率提高了 78%，更多的 NADH 可用于燃料 1-丁醇的生产，使其产量增加了 83%（Wang et al.，2014）。为了提高大肠杆菌内 SAM 产生过程中 NADPH 的浓度，通过合成小调控 RNA（small regulatory RNA，sRNA）来敲除竞争性 NADPH 消耗途径中的 5 个基因，包括 *aroE*（脱氢草酸还原酶）、*argC*（*N*-乙酰-γ-谷氨酰磷酸还原酶）、*proA*（γ-谷氨酰磷酸还原酶）、*ilvC*（酮醇酸还原异构酶）和 *proC*（吡啶-5-羧酸还原酶），使 SAM 的浓度比对照提高 70%以上。

辅因子水平的提高也可以通过加强产生需要的辅因子的内源性途径。例如，大肠杆菌 NZN111 不能在厌氧条件下厌氧使用葡萄糖，但在 NAD(H)合成途径中过量表达丙酮酸羧化酶使 NAD^+的浓度增加了 6.2 倍，从而提高厌氧发酵所需的能量，并显著增加了琥珀酸的产量（Vemuri et al.，2002）。这样的例子表明，通过调节互补辅因子产生途径对内源性辅因子系统进行定向调控，是实现氧化还原平衡、高效生产化学品和生物燃料的一种简单方法。

此外，许多全局调节因子，如缺氧反应控制调节因子（regulatory factor for anoxic response control，ArcA）、环 AMP 受体蛋白（cyclic AMP receptor protein，CRP）和整合宿主因子（integrated hostfactor，IHF）参与了 NADH 或 ATP 依赖反应，并且能够被设计用来改变 NADH 或 ATP 水平。例如，在大肠杆菌 Δ*arcA* 中，TCA 循环通量增加了 4.4 倍，ATP/ADP 比率增加了 2 倍（Toya et al.，2012）。在适冷假单胞菌（*Pseudomonas extremaustralis*）中，*Anr* 突变体的 Anr（一种厌氧全局调节剂）缺失降低了对氧化胁迫的耐受性，增加了活性氧（ROS）的产生，降低了 $NADPH/NADP^+$的比率（Tribelli et al.，2013）。这些实验结果表明，全局调控因子可以影响一些新的内源性靶点，从而有效调控细胞内氧化还原状态。

2）补充外源辅因子再生系统

近年来，代谢工程和合成生物学技术已经使引入外源辅因子再生系统来调控辅因子成为可能。酶级联调控方法被广泛用于辅因子再生系统（Zhao and Van der Donk，2003），其中 NADH 再生最常用的方法是引入异源酶，如细胞质中 NADH 氧化酶（NOX）、线粒体替代氧化酶（AOX）、线粒体 NADH 激酶（POS5）、甲酸脱氢酶（FDH）、葡萄糖脱氢酶（GDH）和转氢酶（UDH）（Hummel and Groeger，2014；Jan et al.，2013；Lampson et al.，2013）。另外，ATP 再生系统主要依赖于乙酸激酶、丙酮酸激酶或多磷酸激酶等激酶（Aeling et al.，2012）。细胞内 $NADH/NAD^+$或 ATP/ADP 的比率可以通过这些酶依赖性辅因子再生系统来改变。在大肠杆菌 K12 中，木糖发酵的主要产物不是琥珀酸，但当 *pflB* 和 *ldhA* 基因失活，并将枯草芽孢杆菌 168 中形成 ATP 的磷酸烯醇化丙酮酸-羧酸激酶引入突变菌株时，副产物的产量大大降低，导致细胞生长和琥珀酸产量显著增加。

调节氧化还原平衡的另外两种策略是基质组合和引入合理设计的途径。一些研究表明，硝酸盐、丙酮和醛等共底物可以促进 NADH 的再氧化，并保持最佳的 $NADH/NAD^+$比率和 ATP 水平。在光滑球拟酵母（*Torulopsis glabrata*）中，添加外源乙醛使 $NADH/NAD^+$的比率降低到 0.22，丙酮酸的浓度提高了 22.5%（Ren et al.，2009）。在大肠杆菌 EcNR2 中，NADPH 是类异戊二烯生物合成的重要辅因子，合理设计的 Entner-Doudoroff 途径将 NADPH 再生率提高了 25 倍，使萜类产量提高了 97%（Ng et al.，2015）。

蓝藻可以捕获光产生 NADPH，然后利用 NADPH 作为还原力从二氧化碳中合成糖。研究者构建了 CO_2 还原生成异丁醇和 3-甲基-1-丁醇的综合过程：将编码异丁醇和 3-甲基-1-丁醇关键酶的基因引入杀虫贪铜菌 H16（*Cupriavidus necator* H16）中，合成这些产物作为新的碳代谢库和还原当量，最终工程菌株直接从 CO_2 中产生 846 mg/L 的异丁醇和 570 mg/L 的 3-甲基-1-丁醇（Li et al.，2012），拓宽了辅因子再生的途径。

3）修改辅因子偏好性

随着结构生物技术的发展，越来越多的生物大分子包括酶和其他功能分子的三维结构被阐明（Zhang et al.，2011），这些结构可以与基因突变技术结合，修饰酶的生物催化作用，特别是许多辅因子相关的过程。通过定点诱变的工程酶可以使辅因子偏好从 NADH 变为 NADPH，反之亦然。与原始的辅因子相比，突变后的酶的活性通常会因辅因子的改变而降低。例如，保加利亚乳杆菌乳酸脱氢酶（LDH）的辅因子偏好被多个突变修饰，突变体（D176A/I177R/F178S/N180R）将其有利的辅因子从 NADH 逆转为 NADPH（Li et al.，2015）；从枯草芽孢杆菌（*B. subtilis*）和德氏乳杆菌（*L. delbrueckii* 11842）中分别获得突变体 LDH（V39R 和 D176S/I177R/F178T），通过单点突变使其共同利用 NAD(H)和 NADP(H)（Richter et al.，2011）；1,3-PDO 氧化还原酶通常表现出对 NAD(H)的高度偏好，但 Asp41Gly 的突变成功地拓宽了它的辅因子偏好，从而同时利用 NAD(H)和 NADP(H)（Ma et al.，2010）。产生维生素 C 的关键酶 2,5-酮-D-葡萄糖酸还原酶（2,5-DKG）突变体-DKG（F22Y/K232G/R238H/A272G）在 NADH 作用下的活性比野生型酶提高了 110 倍，但与在 NADPH 作用下相比，突变体酶活性仅略有下降。

与定点突变相比，构建大型随机突变文库的方法因烦琐的筛选工作，在酶的辅因子偏好的特定改变方面应用十分有限（Bastian et al.，2011）。然而，使用计算机辅助的高通量筛选方法为进一步合理设计新酶提供了可能。Cui 等（2015）开发了一种工具，它完全基于蛋白质结构，没有任何关于同源蛋白的序列/结构信息，可以系统地筛选计算机辅助设计突变文库。另一个可以免费在线获取的工具，即辅因子特异性逆转结构分析和库设计（CSR-SALAD），在合成生物学、代谢工程和生物催化方面具有十分重要的作用（Cardenas and Da Silva，2016）。这些研究工作将使辅因子偏好工程成为一项常规任务，而不是一项艰巨的工作，并将继续扩展当前调节辅因子系统的策略。

4）构建合成辅因子系统

细胞内 NAD^+浓度的变化影响所有依赖于 NAD^+的反应，它还可以引起广泛的代谢变化以至于损害细胞生理功能。为了调控一种特异的 NAD^+依赖反应，靶酶需要特异而有效地响应一种非生物辅因子，将其与其他 NAD^+依赖反应分离开来。合成辅因子系统的一个优点是可以精确控制，只改变一个反应。Ji 等（2011）构建了一个典型的双正交系统，通过在体外用烟酰胺氟胞嘧啶二核苷酸（niacinamide fluorocytosine dinucleotide，NFCD）催化 L-苹果酸盐氧化脱羧并设计苹果酸脱氢酶（malate dehydrogenase，MDH），使其更有利于 NFCD 而不是 NAD^+，从而实现 NFCD(H)的辅因子再生，这为设计其他依赖 NAD^+的氧化还原酶（如乙醇脱氢酶和谷氨酸脱氢酶）提供了理论基础和技术支持（Ji et al.，2011）。合成辅因子系统的另一个优点是具有经济可行性。天然辅因子的高成本阻碍了绿色生物催化过程的广泛开发。但是，在烯还原酶（ER）催化反应中，比天然酶更好的人工辅助烟酰胺辅酶很容易取代 NAD(P)H（Knaus et al.，2016）。因为仿生学方法可以在经济上超越天然辅因子，它为我们提供了一种理想的替代方案。

此外，$NAD(P)^+$再生系统比 NAD(P)H 再生系统更难管理，因为固有的动力学限制和热力学驱动力不足。因此，$NAD(P)^+$再生的各种替代策略已经被开发出来，如使用合成的黄酮有机催化剂（Zhu et al.，2016），这种合成的水溶性桥接 $NAD(P)^+$再生系统简单、温和且高效。这些例子表明，合成辅因子系统可以增强对氧化还原反应机制的理解，并为调控辅因子依赖的反应提供新的、更经济有效的策略。

6.3.3 基于支架和区室的代谢途径组装

将酶、底物或代谢物通过配体结合或物理隔离组装到隔离的空间中，可以使关键分子之间的距离更近，从而增强代谢途径的通量。酶组装技术的出现为代谢工程提供了机遇和挑战。目前，随着合成生物学和系统生物学的发展，各种酶组装策略被提出，从最初的直接酶融合到无支架组装，以及人工支架，如核酸/蛋白支架，甚至一些更复杂的物理隔室。这些组装策略已被探索并应用于各种重要生物基产品的合成，并取得了不同程度的成功。本节内容通过回顾一些经典的例子来介绍酶组装技术中的无支架策略、人工合成支架策略，以及用于酶组装或途径隔离的物理隔室的研究。

1. 无支架工程酶组装

1）相互作用域或亲和肽引导酶组装

许多蛋白质-蛋白质相互作用域或支架、接头和信号蛋白的短肽可以独立折叠，并在与另一个蛋白的 N 端、C 端，甚至内部重组时保持其结合功能（Dueber et al.，2004；Pawson and Nash，2000；Peisajovich et al.，2010）。结合蛋白质结构域/肽配体的异质高亲和力相互作用和同源寡聚的酶性质，Gao 等（2014）提出并验证了多种寡聚酶在体外和体内无支架自组装策略。以八聚体亮氨酸脱氢酶（LDH）和二聚体甲酸脱氢酶（FDH）（Kragl et al.，1996）为技术相关模型，以 PDZ（接头蛋白 syntrophin 中的 PSD95/DlgA/Zo-1 结构域）和相应的配体（PDZlig）为 LDH 和 FDH 的相互作用界面，在 NAD^+浓度为 10 μmol/L 时，辅因子循环频次从每小时 516 个循环增加到每小时 1007 个循环。与未组装的 LDH 和 FDH（Gao et al.，2014）的等量对照相比，反应第一个小时的转化率提高了大约两倍。采用类似的策略，利用 SH3 配体相互作用将甲醇脱氢酶、3-己糖-6-磷酸合酶和 6-磷酸-3-己酮糖异构酶组装成工程超分子酶复合物，以增强甲醇向果糖-6-磷酸的转化（Price et al.，2016）。利用 NADH Sink 来防止可逆的甲醛还原，结果发现，与未组装酶相比，果糖-6-磷酸的产量在体外增加了 97 倍，在体内增加了 9 倍。此外，利用光开关改进的光诱导二聚体体系，研究了十二聚体硝化酶在体内（大肠杆菌中）和体外（无细胞溶液中）精确且可逆的诱导自组装方法，该体系可诱导形成蛋白质-蛋白质二聚体，结果表明，该组装体在体外和体内均保留了硝化酶 90%的初始活性。它们在体外至少可重复使用 4 次，活性为 90%（Yu et al.，2017）。但是上述酶组装对酶本身的聚合水平要求较高，从而降低了策略的普适性，应用具有一定的限制。

使用一对短肽标签 RIAD 和 RIDD（Kang et al.，2019）可以创建无支架酶组装物，RIAD 和 RIDD 分别来自 cAMP 依赖性蛋白激酶（PKA）和 α 激酶锚定蛋白（AKAP）。RIDD 是指 PKA 的 R 亚基的对接和二聚化结构域；RIAD 是来源于 AKAP 的锚定结构域的两亲螺旋结构，该结构域与 RIDD 二聚体特异性结合（Carlson et al.，2006）。在 RIAD-RIDD 相互作用下，用于甲基萘醌类生物合成途径的酶组装产生了不同化学计量学、几何形状、大小和体外催化效率的蛋白质纳米颗粒。此外，采用类似的策略组装甲羟戊酸途径的最后一种酶 idi 和类胡萝卜素途径的第一种酶 crtE（图 6-14），导致大肠杆菌（Kang et al.，2019）类胡萝卜素产量增加 5.7 倍。这种简单的代谢控制策略，为无支架酶组装提供了新的方向。然而，当目标酶是单体而不是低聚物时，细胞中的 RIAD-RIDD 三聚体最多只能聚集三种酶。这对于某些类型的生物合成途径可能还不够，因此该策略的应用范围可能有一定的局限性。

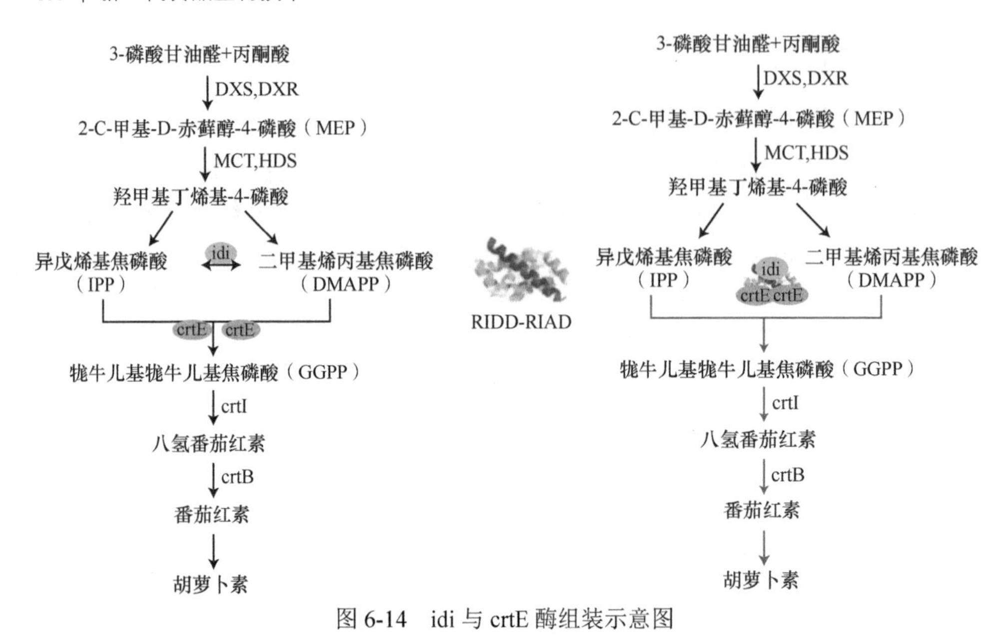

图 6-14 idi 与 crtE 酶组装示意图

2）活性包涵体引导的酶聚集

传统上认为包涵体（inclusion body，IB）是外源蛋白在过表达过程中形成的，被认为是缺乏生物学功能的未折叠或错误折叠蛋白的废物储存库。然而，早在 1989 年，Worrall 和 Goss 就发现含有 β-半乳糖苷酶的包涵体中具有正确折叠的蛋白质，其酶活性是可溶性半乳糖苷酶的 1/3。近年来，有人认为目标酶与卷曲结构域或聚集倾向蛋白融合形成催化活性包涵体（catalytic active inclusion body，CatIB）。CatIB 是一种很有发展前景的新型无载体固定化酶，可能对体外或体内蛋白质聚集具有重要意义。例如，当可溶性的碱性磷酸酶和 β-内酰胺酶与大肠杆菌中易聚集的麦芽糖结合蛋白 MalE31 的 C 端融合时，融合蛋白能够以不溶性的形式积累在包涵体中，但酶活性仍然保留在包涵体中（Arié et al.，2006）。以枯草芽孢杆菌脂肪酶 A、拟南芥羟腈裂解酶和大肠杆菌 2-琥珀酰-5-烯醇丙酮基-6-羟基-3-环己烯-1-羧酸合酶（MenD）为例，通过表达由一个螺旋结构域和一个目标酶组成的融合基因，成功制备了 CatIB，并将其用于稳定性和可循环性良好的水性及微水性有机溶剂体系中。利用 CatIB 合成(*R*)-安息香，其活性是可溶性酶（Kloss et al.，2018）的 3 倍。

研究者通过对 HflK 蛋白的 SPFH（stomatin/prohibitin/flotillin/HflK/C）结构域的特性进行研究，发现 SPFH 结构域可以促进功能性包涵体的形成，而这些功能性包涵体在体内可以明显提高酶催化作用，*E. coli* 对苯乳酸的全细胞生物催化和 *B. subtilis*（Lv et al.，2020）生物合成 *N*-乙酰氨基葡萄糖的例子证明了这一观点。双分子荧光互补（bimolecular fluorescence complementation，BiFC）和 Förster 共振能量转移（Förster resonance energy transfer，FRET）分析表明，这种效应的机制可能是 CatIB 的形成促进分子间聚合，这与 Arié 等（2006）的推测一致。然而，关于 CatIB 提高催化效率尤其是在体内提高催化效率的机理研究还处于起步阶段，需要进一步研究来拓展 CatIB 在体内生物催化应用的知识。

2. 利用合成支架促进多酶生物合成

1）核酸支架

随着核酸纳米技术和计算机模拟技术的发展，以核酸分子为基础构建合成支架来组装途径酶的技术已逐渐发展起来（Castro et al.，2011）。核酸分子可以根据其自身特性被选作支架材料。例如，DNA/RNA 与蛋白质之间的相互作用可以通过杂交（DNA-DNA/DNA-RNA/RNA-RNA）或利用锌指蛋白（zinc finger protein，ZFP）或转录激活子样效应（transcriptional activator like effect，TALE）的 DNA 结合域来实现（Boileau et al.，1984）。此外，核酸分子的短链可以折叠成各种结构，也可以组装成二聚体或聚合物组分，合成具有特定可编程性的各种三维结构（Rothemund，2006）。

迄今为止，由于 DNA-DNA 结合或 DNA-蛋白质结合的特异性，DNA 结构成为研究酶组装的另一个潜在的分子构建平台（Rothemund，2006）。Müller 和 Niemeyer 利用 DNA 寡核苷酸与葡萄糖氧化酶或辣根过氧化物酶的共价缀合物的 DNA 定向组装产生超分子复合物，其中两种酶具有明确的空间取向排列，并且葡萄糖氧化酶和辣根过氧化物酶被直接固定在互补 DNA 载体上。结合动力学测量显示，复合物的反应性显著增加。

当葡萄糖氧化酶和辣根过氧化物酶与 DNA 短寡核苷酸共价连接，特异性杂交到多六边形 DNA 纳米结构上时，酶间距从原来的 4 个六边形（相距约 33 nm）减少至 2 个六边形（相距约 13 nm），产物生成显著增加（Wilner et al.，2009）。催化效率提高的原因不仅在于酶间距缩短导致局部中间体浓度增加，还在于限制了中间体在酶表面的扩散（Wilner et al.，2009）。除了上述 DNA 支架外，还发现了其他类型的可用于介导多酶级联反应的超分子 DNA 支架或普通 DNA 支架（Kou et al.，2017；Numajiri et al.，2010）。利用 DNA 纳米结构的可编程性，可以调节酶的距离、位置和化学计量数，以探索 DNA 支架的最佳效果；然而，这种策略在体内的应用具有挑战性，因为单链核酸构建模块的浓度和对核酸折叠重要的环境特性（如温度、离子）在活细胞中不容易被操纵。此外，在体外将特定寡核苷酸序列与途径酶的赖氨酸残基进行共价连接的化学修饰技术成本高，且可能影响酶活性，导致这些策略的可行性和通用性降低。

如何将 DNA 支架的体外模型应用于细胞内是研究人员面临的一个新的挑战。到目前为止，研究者已经开始利用核酸结合蛋白（如 ZFP 和 TALE）与核苷酸序列特异性结合的特性来实现途径酶的组装（Negi et al.，2008）。例如，通过 pHT 质粒分别将葡萄糖胺-6-磷酸合成酶（GlmS）和 GlcNAc-（*N*-乙酰葡萄糖胺）-6-磷酸-*N*-乙酰转移酶（GNA1）与锌指蛋白 ADB3 和 ADB2 融合，构建的 DNA 引导的支架体系可调节 GlmS 和 GNA1 的活性（图 6-15）。GlmS 和 GNA1 化学计量比的控制显著提高了摇瓶中 GlcNAc 滴度 （Liu et al.，2014a）。虽然质粒 DNA 支架具有一些明显的优势，如可以容纳多个相互作用的基序和可变间距，但这些支架需要多个 ZFP 域来修饰通路酶，且 DNA 支架在细胞中的最大浓度受质粒拷贝数的限制。

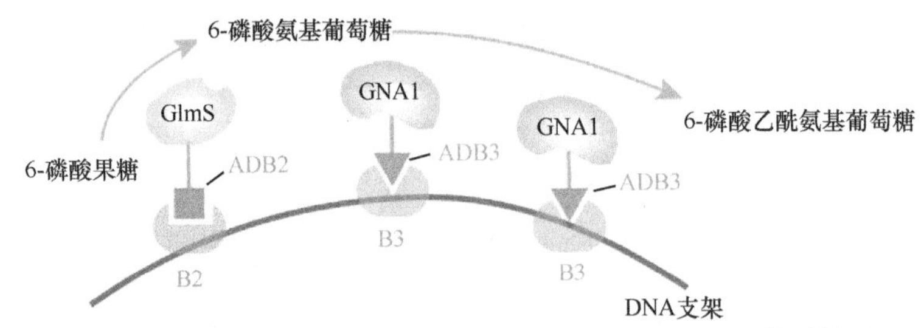

图 6-15　DNA 引导的支架体系可调节 GlmS 和 GNA1 的活性

RNA 作为一种承载信息的分子，可以通过碱基配对形成精细而动态的结构。通过对核酸碱基配对热力学，尤其是蛋白质折叠热力学的深入了解，研究者将 RNA 作为生物工程的天然靶点（Delebecque et al.，2012；Myhrvold et al.，2016），在代谢工程中构建了多种多样的 RNA 结构，如利用 RNA 纳米结构来组织生物分子。RNA 纳米结构的自组装依赖于 RNA 特定的序列基序，如发夹环之间的碱基配对和结构上定位酶的化学修饰，这两者都需要在非生理 Mg^{2+}浓度（10～15 mmol/L）条件下退火（Myhrvold and Silver，2015），因此该策略不能在体内实施。为了将该技术应用于体内，研究者设计并组装了具有不同蛋白质对接位点的、独立的一维或二维 RNA 支架，用于产氢途径的空间组织（Delebecque et al.，2011）。利用类似的 RNA 支架，通过异源表达酰基-ACP 还原酶和醛脱甲酰加氧酶，可优化大肠杆菌中十五烷的生成（Sachdeva et al.，2014）。但具有复杂几何结构的离散 RNA 结构在体内的自组装仍然很难实现。

2）蛋白支架

蛋白支架策略指的是一种酶组装方法，它利用蛋白质-蛋白质相互作用域将途径酶固定在蛋白支架上，以增强代谢途径通量。这种策略可以通过调节受体结构域的比例和顺序来平衡相关途径酶的化学计量学（Dueber et al.，2009）。构建整个蛋白支架体系的关键任务之一是选择蛋白质相互作用域和配体。蛋白质相互作用域的结构模块化是至关重要的，因为它们需要在翻译融合的非自然环境中保持结合活性。在现有的报道中，许多模块化的蛋白质相互作用域已经被表征和应用，如 SH3 结构域（来自适配器蛋白 CRK 的 Src 同源物 3）（Zarrinpar et al.，2003）、

PDZ 结构域（适配 syntrophin 蛋白中的 PSD95/DlgA/Zo-1 结构域）（Harris et al.，2001）、GBD 结构域（来自肌动蛋白聚合开关 N-WASP 的 GTPase 结合结构域）（Kim et al.，2000）、亮氨酸拉链（Reinke et al.，2010）、PhyB/Pif3 光转换结合结构域（光敏色素 B/光敏色素相互作用因子 3）（Levskaya et al.，2009），甚至是黏附分子（Nilsson et al.，1987）。利用细胞内蛋白支架增强代谢通量的一个成功例子是通过融合表达上述相互作用域 GBD、SH3 和 PDZ 构建的$(GBD)_x$-$(SH3)_y$-$(PDZ)_z$蛋白支架。研究者利用$(GBD)_x$-$(SH3)_y$-$(PDZ)_z$蛋白支架构建了由乙酰-乙酰辅酶 A 转移酶（atoB）、羟甲基戊二酰辅酶 A 合成酶（HMGS）和羟甲基戊二酰辅酶 A 还原酶（HMGR）组成的甲戊酸生物合成途径的多酶复合物，并通过调整蛋白支架的比例和顺序优化了酶的化学计量数，使甲戊酸效价比未酶共定位时提高了 77 倍（Dueber et al.，2009）。值得注意的是，$(GBD)_1$-$(SH3)_2$-$(PDZ)_2$ 蛋白支架与$(GBD)_1$-$(SH3)_1$-$(PDZ)_2$ 蛋白支架仅存在一个 SH3 结构域的差异，但二者的甲戊酸滴度却分别增加了 77 倍和 4 倍，这表明精确控制化学计量比可能是突破产物合成瓶颈的关键。该蛋白支架已成功应用于其他生物合成途径，如葡萄糖酸合成途径和白藜芦醇合成途径（Dueber et al.，2009）。虽然蛋白支架增加代谢通量的确切机制尚不清楚，但推测可能是相互作用域和酶的寡聚作用促使大量酶形成一个大复合物，合成途径的中间代谢物在扩散之前被复合物中的酶消耗掉。然而，对于某些代谢途径，改善效果并不显著，很可能是由于这种设计缺乏固有的组织结构，这意味着它可能以不可预测的方式聚集，从而最终阻碍理性设计过程的发展。

蛋白支架系统除了在细胞内构建蛋白支架外，还可以在细胞外构建，而细胞外蛋白支架的构建往往需要质膜的辅助（Hirakawa et al.，2013；Liu et al.，2013；Tsai et al.，2009）。厌氧纤维素降解菌的纤维小体复合体是利用蛋白支架组装酶以增强不同固有酶之间协同活性的典型例子（Bayer et al.，2004；Doi and Kosugi，2004）。在该纤维小体复合体中，通过 cohesion-dockerin 的相互作用，一种名为支架蛋白的非催化亚基可以将酶亚基固定到该复合物中（Bayer et al.，2004）。受这种天然蛋白支架的启发，Tsai 等（2009）成功在酿酒酵母（*Saccharomyces cerevisiae*）表面组装了内切葡聚糖酶、外切葡聚糖酶和 β-葡萄糖苷酶的多酶级联反应。如图 6-16 所示，一种来自黄胃瘤胃球菌（*Ruminococcus flavefaciens*）、纤维素梭菌（*Clostridium cellulolyticum*）和热纤梭菌（*Clostridium thermocellum*），由一个内部纤维素结合域和三个分散的内聚域组成的支架蛋白被糖基磷脂酰肌醇（GPI）锚定在酵母细胞上。然后，在大肠杆菌中表达内切葡聚糖酶、外切葡聚糖酶和融合了相应 dockerin 结构域的 β-葡萄糖苷酶，并将含有这些纤维素酶的细胞裂解液与上述工程酵母细胞混合，进行小纤维素体的功能组装。最终结果表明，获得的多酶级联反应实现了纤维素水解与乙醇生产的结合，且乙醇浓度比添加等量的游离纯化纤维素酶提高了 2.6 倍以上（Tsai et al.，2009）。然而，细胞外膜蛋白支架的设计和构建较为复杂，且由于细胞外微环境的复杂性和不稳定性，目前该策略的应用仍然有限。

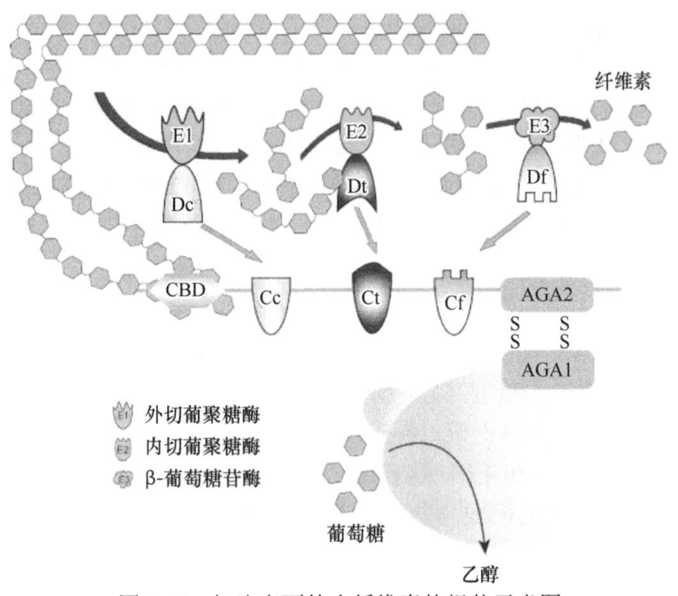

图 6-16 细胞表面的小纤维素体组装示意图

3）含脂支架

除了上述的核酸支架和蛋白支架，近年来，研究者提出了另一种人工合成支架，称为含脂支架。脂类是一种独特的支架构筑材料，它可作为膜蛋白的锚定物。此外，脂质可以形成膜屏障，使小分子有选择地进入和退出隔室（Myhrvold et al.，2016）。例如，在酵母中，乙酸乙酯生物合成途径的合成蛋白支架可以定位在脂滴膜上（Lee et al.，2018）。然而，构建含脂支架需要脂类和相关蛋白质的共组装。有报道称，噬菌体 φ6 的病毒蛋白 P8、P9 和 P12 在大肠杆菌中表达，进而形成含有脂质和蛋白质混合物的圆形颗粒（Sarin et al.，2012）。受到这一发现的启发，Myhrvold 等（2016）利用噬菌体 φ6 的两个病毒蛋白 P9 和 P12 在大肠杆菌中成功构建了人工合成的含脂支架，并发现该支架系统可以通过固定化靛蓝生物合成途径中涉及的两种酶（色氨酸酶 TnaA 和黄素依赖性单加氧酶 FMO）显著提高靛蓝的产量。含脂支架作为一种新兴的合成支架，其研究还存在很多空白，尤其是对多种产品的机理分析和应用。但从脂类成分来看，含脂支架在合成类固醇、脂肪酸等脂类产物方面可能有其特殊的优势。

3. 用于隔离途径的物理隔室

另一种提高代谢途径通量的有效方法是将途径酶物理封装到不同的分区中。隔离途径可以受益于物理屏障，阻断代谢物的交换，并保护异源酶免受宿主细胞内的不良相互作用。此外，区隔化具有物理隔离的独特优势，可以限制有毒中间体进入，并为某些特定反应提供隔离的环境。

1）真核生物的物理隔离

真核生物中具有膜结构的细胞器为提高生物合成效率提供了潜在的靶点（Lin et al.，2017）。植物产生生物碱等高附加值药物的许多次级代谢途径通常定位在内质网和液泡上，酵母中长链脂肪酸合成和脂质储存的关键步骤定位在内质网上（Ivessa et al.，1997；Markgraf et al.，2014）。目前，途径酶的人工再定位研究越来越多。除了上述的内质网和液泡外，酶复合物的隔室还可以是过氧化物酶体、叶绿体、线粒体和高尔基体（Abernathy et al.，2017；Huttanus and Feng，2017）。蜀黍苷[D-glucopyranosyloxy-(*S*)-*p*-hydroxymandelonitrile]是一种氰苷，其合成途径由两个内质网膜结合的细胞色素 P450 酶（CYP79A1 和 CYP71E1）和一个可溶性的 UDP-糖基转移酶（UGT85B1）组成（Gnanasekaran et al.，2016；Lassen et al.，2014）。其中，细胞色素 P450 酶需要依赖于 NADPH 的还原酶提供电子以供给还原力。叶绿体中的铁氧还蛋白可以通过光合电子传递链为细胞色素 P450 酶提供大量的电子，因此将蜀黍苷生物合成途径转移到叶绿体中可以成功合成蜀黍苷，而不需要表达依赖于 NADPH 的还原酶（Nielsen et al.，2013）。进一步在类囊体膜上共定位这些蜀黍苷途径的酶，通过将酶的膜定位信号交换为自组装双精氨酸转运途径的组分，导致产物产量显著增加 5 倍，并伴有非途径中间体的减少（De Jesus et al.，2017）。Avalos 等（2013）发现，将 Ehrlich 途径定位到酵母线粒体中，与在细胞质中表达相同通路相比，可以显著提高支链醇（异丁醇）的产生。进一步的分析表明，将这些酶靶向到线粒体可以导致更高的局部酶浓度，并可以限制线粒体中间产物的浓度，避免中间产物流失到竞争途径。

2）原核细胞中基于蛋白质的区室

与真核细胞不同，原核细胞（如细菌）不具有各种复杂的细胞器，其通过膜结构将细胞内的空间进行分隔。细菌内部可以包含各种基于蛋白质的隔室，其中最典型的是细菌微体（bacterial microcompartment，BMC）。BMC 是一个由直径 80～200 nm 的蛋白多面体组成的家族，可被视为具有外部半渗透支架的细胞器样结构（Chowdhury et al.，2014；Frank et al.，2013；Kerfeld and Erbilgin，2015）。到目前为止，许多研究都强调使用 BMC 封装代谢途径以提高异源代谢物的产生（Lawrence et al.，2014；Quin et al.，2016；Yung et al.，2017）。大量晶体结构研究和比较分析表明，具有不同功能和距离的 BMC 的特征域结构变化不大，表明特征域在 BMC 壳层组装过程中起关键作用。BMC 外壳的主要成分通常是含有 BMC 结构域（BMC-H）的小蛋白质（100 个氨基酸）（Kerfeld and Erbilgin，2015）。在体外，纯化的 BMC-H 蛋白可以形成不同的结构，主要包括球形、延伸的纳米管状和蜂窝瓦状（Keeling et al.，2014；Lassila et al.，2014）。此外，过表达 BMC-H 同源基因，如 PduA、MicH、Rm 等，可以在胞内形成如管状、丝状和其他结构的 BMC-H 蛋白（Chowdhury et al.，2014；Heldt et al.，2009；Parsons et al.，2010）。

在 BMC-H 组装中有不同的策略用于酶的组装。一个直接的异源组装策略是利用 BMC 自身用于招募多种酶的结合基序。BMC 核心蛋白通常在 N 端或 C 端有大约 20 个氨基酸的小肽，称为“包封肽”。这些包封肽形成两亲性的 α 螺旋结构，可以与壳蛋白相互作用（Aussignargues et al.，2015）。Jakobson 等展示了非天然的包封肽也能与非同源的 BMC 相互作用。例如，通过将包封肽与丙酮酸脱羧酶和醇脱氢酶融合，可以引导这两种酶进入空的 BMC，从而将其改造成乙醇反应器。这些重新设计的 BMC 菌株产生了更高水平的乙醇（Lawrence et al.，2014）。然而，由于包封肽与 BMC 成分的结合强度和接口位置的不确定性，目前包封肽在预测性招募方面的应用仍然有限。

另一种策略是将天然或合成的蛋白质相互作用域附加到 BMC-H 蛋白上。然而，相互作用域与 BMC-H 蛋白的融合是否会影响高阶自组装还需要进一步确定。在以往的研究中，无论是与较小的亲和标签融合，还是与较大的荧光蛋白融合，修饰后的 BMC-H 蛋白仍然可以通过自组装正常地融入 BMC 中（Dryden et al.，2009；Savage et al.，2010）。然而，Cameron 等（2013）指出，荧光蛋白与主要壳层蛋白 Ccmk2 融合形成功能 BMC 的前提是必须存在未修饰的 Ccmk2 蛋白。近年来，研究人员将该策略应用于途径酶的组装。例如，作为来自弗氏柠檬酸杆菌（*Citrobacter freundii*）PduA BMC 的外壳蛋白，PduA 本身可以通过六聚体化形成瓦片状结构，然后组装到 BMC 外壳的表面（Chowdhury et al.，2014）。通过对 PduA 的 C 端进行修饰，得到溶解度更高的 PduA*，在大肠杆菌中过表达 PduA*，形成直径约为 20 nm 的空心丝，为途径酶提供了易于操作的支架。基于这些研究结果，Warren 和 Woolfson 的团队建立了一个由 PduA*和两个互补的卷曲肽组成的三组分体系，并发现通过卷曲肽将用于乙醇生产的代谢酶锚定在 PduA*支架上，从而增加了酶局部和相对浓度，最终显著提高乙醇产量（Lee et al.，2019）。

6.4 代谢网络的组装与适配技术

6.4.1 基于基因回路的代谢网络自动全局调控

由于细胞内代谢途径的高度复杂性以及不同生长阶段代谢通量的变化，传统的静态调节方法常常因代谢失衡而失效。静态调节中使用的简单的过表达和敲除很容易引起细胞内代谢网络的紊乱，从而产生副产物，破坏能量平衡，减少产物合成。代谢途径的动态调节是指基于外部信号和内源性基因表达水平的变化来调整代谢途径中基因的表达，实现生长与生产的动态平衡，在合成生物学和代谢工程领域有着广泛的应用。动态调节包括传感器和调节组件，它们可以相互协调以维持代谢物的平衡。精细控制代谢流对于最大化目标化合物的合成至关重要。因此，要改善目标产物的合成，必须开发新的工程策略来平衡细胞中的不同代谢模块，如协调细胞生长和最大限度地减少有毒中间体的积累。基因线路可以实现复杂的基因表达调控，通过响应和计算各种输入信号来控制关键基因的表达（Brophy and Voigt，2014）。基因线路可以增强细胞的重编程能力，为构建智能细胞提供依据，已被广泛用于改善化学品的生产性能。大量关于在活细胞中设计和实施基因线路的研究中，生物信号（如中间代谢物浓度）是指示 0 或 1（分别为关闭或开启状态）的任意阈值。然而，有时难以确定“开”和“关”之间的界限，因为代谢物通常以很宽的浓度范围存在于细胞中（Purcell and Lu，2014）。另外，与电子元件不同，在活细胞中的生物信号构建的基因线路难以实现生物元件之间的正交性。由于天然产物的合成需要多个模块的相互作用，这就限制了基因线路在天然产物合成中的应用。因此，动态调节和遗传回路的使用提供了一套独特的工具来促进它们的生物合成。

1. 代谢途径中的动态调节

动态调节的本质是确定细胞代谢和生产途径之间的最佳平衡。动态控制系统包括三个组件：传感器组件、控制器组件和执行组件。根据调控类型的不同，动态调控可分为三种类型：代谢物响应启动子、基于转录因子的传感器和群体感应。

1）代谢物响应启动子

在自然界中，为了适应环境的变化，细胞演化出了不同的启动子，这些启动子对外界压力或代谢产物的浓度变化十分敏感，当某些代谢物积累时（Shi et al.，2018），这些启动子可以激活或抑制某些基因的表达。现在已经发现大量的、对目标代谢物作出反应的启动子，例如，从特定环境中鉴定出的蔗糖激活启动子，它们在葡萄糖生长过程中被抑制，在蔗糖生长过程中被激活。然而，对于大多数研究者感兴趣的代谢物，我们仍然不知道对其响应的启动子，因此，挖掘这类启动子是一项十分重要的工作。一种常见的策略是积累中间代谢物到细胞产生毒性的水平。当目标中间代谢物通过合成途径的过度表达积累到毒性水平时，细胞就会产生自然的应激反应来生存。结果之一是启动子活性发生变化，其识别目标中间代谢物并参与应激反应过程的调节。例如，毒性中间代谢物法尼基焦磷酸（farnyl pyrophosphate，FPP）在一个突变体中积累（FPP 浓度达 700 μmol/L），利用全基因组转录阵列获得对 FPP 有响应的启动子。最后，利用该启动子调控大肠杆菌异戊二烯生物合成途径中 FPP 的产生。与此类似，将细胞在低 pH 环境（pH 2.0）中驯化，通过转录分析获得了一个低 pH 响应启动子 P_{gas}。此外，为了增强代谢物响应启动子的特异性、减少启动子之间的影响，研究者构建了代谢物响应的合成启动子（Dahl et al.，2013）。Liu 等（2018）构建了合成的枯草芽孢杆菌启动子文库，并通过统计模型对其进行了进一步分析。Wu 等（2020c）将结合位点 gamO2 插入 P_{veg} 启动子中，构建了能够响应细胞内葡萄糖胺-6-磷酸（浓度为 0.5～10 mmol/L）的合成启动子。该启动子能在复杂的代谢环境中通过靶代谢物调控启动子，从而实现目的基因更精确的表达。

2）基于转录因子的传感器

在细胞中，转录因子（transcription factor，TF）可以对特定的代谢物做出反应，然后调节控制代谢物的基因表达（图 6-17）。许多研究人员基于这一特性构建了许多体内生物传感器。这些生物传感器对其相应的配体有很高的灵敏度（Mahr and Frunzke，2016），当配体的浓度发生轻微变化时，生物传感器可以通过调节基因的表达来改变蛋白质的浓度，从而使细胞适应环境的变化。例如，当转录因子与靶效应分子结合时，转录因子的构象可能发生改变，使其与启动子中的特定 DNA 序列结合，从而增强报告基因的表达。在另一种情况下，转录因子与靶效应分子结合时会抑制其发生构象变化并使其从启动子上释放出来，促使报告基因表达。目前的研究显示，TF 对抗生素、氨基酸、维生素、次生代谢物和金属离子等

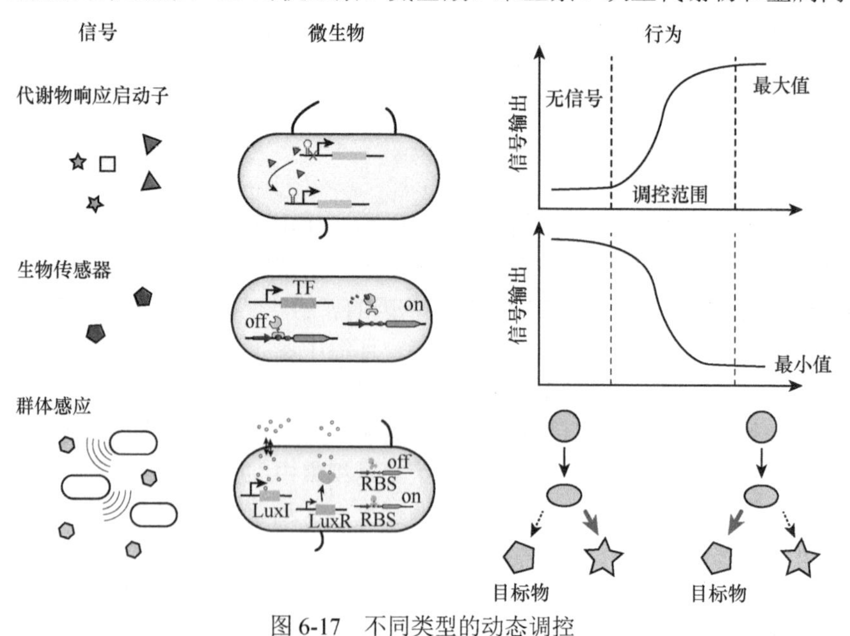

图 6-17　不同类型的动态调控

均能够产生响应。这些 TF 可以用来直接设计细胞内各种代谢物的生物传感器。例如，Xu 等（2014）利用转录因子 FapR 在细胞中感应丙二酰辅酶 A 的浓度，构建了细胞内丙二酰辅酶 A 激活或抑制的双杂交启动子（浓度为 0.1～1.1 nmol/mg DW）。该启动子调节上游通路中基因的表达，实现了细胞内丙二酰辅酶 A 池的动态平衡，其脂肪酸产量是静态调控的 2.1 倍。与此类似，利用氧化还原敏感的 TF 和启动子，在大肠杆菌（SoxR）和酿酒酵母（Yap1p）中发现了响应 NADPH 水平的生物传感器（Siedler et al.，2014）。尽管发现了一些与转录因子相关的生物传感器，基于 TF 特征的生物传感器的数量仍是其在动态通路控制中应用的主要限制因素。另一个限制因素是这些 TF 可以结合到非特异性的结合位点，导致基于 TF 的生物传感器正交性差，背景噪声高。因此，研究者通过蛋白质工程的方法来扩大这种转录因子所感知的代谢物的种类。

饱和诱变技术在改变基于 TF 的生物传感器的特异性方面显示了巨大的潜力。饱和突变技术是通过对目标蛋白编码基因进行修饰，获得目标氨基酸在短时间内被其他 19 种氨基酸取代的突变体。该技术不仅是蛋白质定向修饰的有力工具，而且是研究蛋白质结构功能关系的重要方法。该方法已在大肠杆菌中得到证实。例如，通过突变阿拉伯糖调节蛋白 AraC 获得了一个新的转录因子，用于生产三丙酮（浓度为 0.4～10 mmol/L）（Tang et al.，2013）和外泌素（浓度为 10～1000 mmol/L）（Chen et al.，2015a）。Tang 等（2013）还展示了一种基于 AraC-PBAD 调控系统的新型生物传感器，作为一种新的甲戊酸报告因子，用作筛选工具，以提高工程大肠杆菌甲戊酸的产量。然而，饱和突变技术只能以现有的转录因子为模板，筛选出具有新功能的蛋白质。缺乏有效的高通量筛选方法限制了饱和突变技术的广泛应用。

另一种常见的策略是将已知的代谢物结合蛋白与特定的 DNA 结合域融合，产生合成的 TF。例如，通过将 IPP 异构酶（isopentenyl diphosphate isomerase，IDI）与阿拉伯糖调节蛋白 AraC 的 DNA 结合域融合，构建了一个响应 IPP 的新的转录因子（Chou and Keasling，2013）。也有研究者在配体结合域（ligand-binding domain，LBD）的基础上，开发了地高辛和孕酮的生物传感器（Feng et al.，2015）。重要的是，合成 TF 的 DNA 结合区域可以被重编码以靶向 DNA 的特定区域，例如，使用锌指（zinc finger，ZF）结构域将重组后的 ZF 模块与麦芽糖结合蛋白融合，获得了一种能够调节麦芽糖相关基因表达的新型生物传感器。最近，许多研究结果表明计算机辅助的方法可以用来设计新的蛋白质。Baker 团队基于蛋白质折叠到最低自由能态的原理，开发了一个以蒙特卡罗法模拟退火算法为核心的蛋白设计建模软件库 ROSETTA。它是一个从头开始设计的系统，旨在追求一种全新的折叠和（或）功能蛋白质（Koepnick et al.，2019）。Koepnick 等（2019）基于 ROSETTA 设计了一种用于变构调控的可切换“cage-key”分子。这种分子有一个静态的五螺旋“cage”，它只有一个接口，可以与末端的“latch”螺旋相互作用，也可以在分子间与肽“key”相互作用。当“key”将“latch”从“cage“中移开时，它将执行结合和降解等功能。ROSETTA 还可以用于设计精确的蛋白质。Sesterhenn 等（2020）引入了一种名为 TopoBuilder 的蛋白质设计算法，可用于设计具有复杂结构基序的表位聚焦免疫原。合理设计快速结合蛋白，不仅可以获得高亲和力的蛋白突变体，而且为研究配体-受体结合动力学提供了强有力的工具。

3）群体感应

群体感应（quorum sensing，QS）是通过感应细胞外信号分子的浓度，协同调控基因表达来检测局部细菌的群体密度（Lyon and Novick，2004）。由于可以自发地将工业微生物从生长阶段切换到生产阶段，群体感应已经成为一种有效的方法来调控目标物的生产。此外，群体感应动态调控系统不需要添加诱导剂，不受遗传干扰，不依赖代谢途径，对细胞生长无负担，越来越受到研究者的青睐。例如，费氏弧菌的 LuxR 种群响应调控系统实现了大肠杆菌碳通量从中心代谢途径向异丙醇途径的自动切换；源自细菌斯图氏泛菌（*Pantoea stewartia*）的 Esa 系统也被用于调控磷酸果糖激酶（PfkA）基因的表达。这种修饰抑制了 *pfkA* 基因的转录，导致肌醇的产生增加 5.5 倍。群体感应的本质是信号分子的积累，通过信号分子来激活或抑制相关基因。

2. 使用基因线路进行动态控制的控制器组件

生物学家和工程师利用复杂的基因线路来设计构建细胞，在基因和蛋白质水平上动态控制生理过程。一个完整的基因线路由三部分组成：传感器、内部逻辑线路和效应器。传感器的功能是输入逻辑门能够响应的信号；内部逻辑线路是一种基因线路，它以特定的方式对输入信号作出反应；效应器是一种细胞机制，它将输入信号转换为所需的输出信号。21 世纪初，在原核生物大肠杆菌中首次成功设计和构建了合成基因网络。这项工作详细描述了基因切换开关和反馈回路的构造，与电子记忆存储和时间记录相对应，这些自然地发生在某些生物有机体中。到目前为止，基于动态调节的基因线路已被大量设计。

光遗传学在代谢工程领域蓬勃发展，关键基因的表达水平可以通过响应特定波长的光进行精细调控。Berry 和 Wojtovich（2020）构建了一个线粒体光开关，可以利用光来精确控制线粒体中基因的表达。此外，Zhao 等（2019）描述了一套光遗传学工具来触发代谢活性酶簇的组装和拆卸，从而在蛋白质水平上重定向代谢流。

1）逻辑门

逻辑门是数字电路的基本单元，它集成不同的输入信号，进行逻辑运算，并产生不同的输出信号。常见的逻辑门包括非门、与门、或门、与非门、异或门、或非门（Saltepe et al.，2018）（图 6-18）。2012 年，麻省理工学院的 Voigt 等提出逻辑门的概念可以应用于生物系统，他们通过将信号整合到基因线路中构建了一个与门基因线路。构建的基因线路模块具有用于特殊编程的生物控制系统的逻辑门。为了构建一个全面的内部调控网络来整合多个信号并激活基因，产生所需的输出信号，并且当多个线路同时使用时，也能够与不相关的信号隔离，保持独立，Voigt 等设计了 Cello（Nielsen et al，2016），用户可以通过编写 verilog 代码，自动转换为编码基因线路的 DNA 序列。Cello 为大肠杆菌设计的 60 个基因线路中，其中 92%的电路达到了预期的输出。Taketani 等（2020）在 sg RNA 的基础上构建了一套基因组整合的非/或非门，设计对胆汁酸和无水四环素（aTc）响应的逻辑电路传感器。

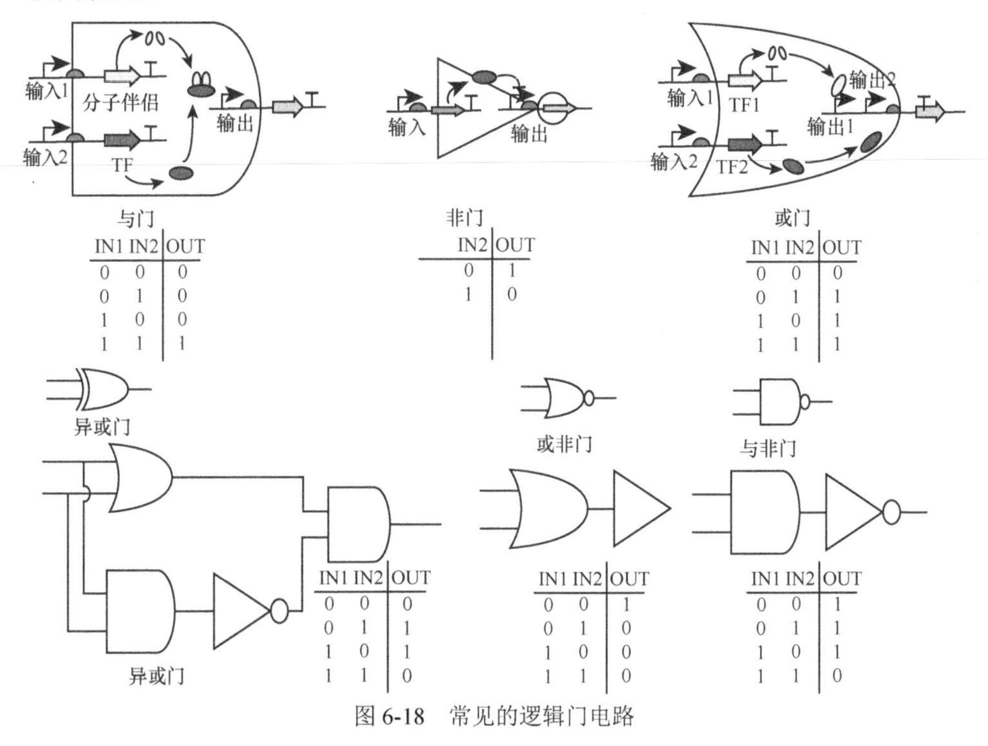

图 6-18　常见的逻辑门电路

2）基因线路中的逻辑门

研究者寻求设计复杂的通路，通过多信号输入逻辑门对多个信号分子做出反应，从而实现合成通路的最佳调控。然而，随着输入信号数量的增加，信号之间的特异性必须得到保证，潜在的串扰必须减少。近年来，研究者在转录水平上设计了各种逻辑门。Anderson 等（2007）设计并构建了一个由琥珀抑制基因 tRNA *supD*和T7 RNA聚合酶组成的模块化逻辑与门。该线路的第一部分是一个T7 RNA聚合酶基因，该基因有两个琥珀终止密码子，阻碍其翻译，使T7 RNA聚合酶无法完全翻译。第二部分是无义抑制因子tRNA-*supD*，它可以将第一部分翻译成一个完整的T7 RNA聚合酶。如果只给出表达T7聚合酶的输入信号，那么T7聚合酶的翻译就会在其中一个琥珀终止密码子处停止。然而，当存在表达supD琥珀抑制因子tRNA的输入，通过琥珀终止密码子进行翻译，最终翻译出全长的功能性T7聚合酶。Kramer等（2004）利用激活（VP16激活域）和抑制（KRAB抑制域）合成转录因子的联合作用，创建了一系列逻辑门。结合抗生素控制系统，在哺乳动物细胞中设计了IF、AND-、NAND-、OR-、NOR-和XOR等逻辑门。

3）正交性

基因线路之间的正交性是多基因调控的一个基本特征。要实现对代谢网络的精确控制，就必须确保每个效应器不会不经意地调控意想不到的基因。一些研究表明，RNA通过碱基对的互补相互作用可以很好地进行正交调控。研究者报道了一种通过理性设计的合成sRNA在翻译水平调控基因表达的策略。这些合成的sRNA由两部分组成：支架序列和靶标结合序列。在识别目标mRNA序列的基础上，设计了针对全基因组的多种基因的靶标结合序列，包括中心代谢基因、转录因子和转运蛋白。这些调节因子被用于提高酪氨酸和1,5-戊二胺的产量。另外，反义RNA的特异性和序列功能关系虽然受到其设计的限制，但在正交性方面仍有很大的优势。Mutalik等（2012）利用已知的大肠杆菌来源的反义RNA介导翻译控制系统RNA-INRNA-OUT、RNA-IN/OUT、IS10，通过对突变文库的定量分析，提出了一个预测数据驱动的序列活性模型，该模型预测了约2600对反义调节器。

4）其他类型的多层基因线路

研究者发现，使用多个信号输入进行动态调控，不一定需要构造逻辑门，也可以实现使用两种正交、自主、可调的动态调控策略，独立调控两种不同酶的表达。Doong等（2018）使用这两种策略获得了2 g/L葡萄糖酸产量。第一种策略是使用不依赖于通路的群体感应系统将细胞从生长模式切换到生产模式，从而动态地减少糖酵解通量并将碳重定向为葡萄糖酸。第二种策略基于肌醇（myo-inositol，MI）生物传感器。MI是葡萄糖酸途径的中间体。当MI积累量足够时，它可以诱导下游酶的表达。单独使用生物传感器时，葡萄糖酸滴度增加2.5倍；加入群体感应调节系统时，滴度增加4倍。此外，Dinh和Prather（2019）开发了一种基于QS的监管工具，结合了lux和esa QS系统的组件，利用这种双层QS调控工具，两组基因的表达可以同时动态上调和下调。该调控工具已成功应用于辣椒素和水杨酸的生产。

6.4.2　基于细胞群体感应调控的代谢网络智能编程

1. 群体感应系统概述

细胞信号是单细胞通过促进分工、协调群体生理活动、组织发育和分化而获得多细胞行为的关键。自然基因库中含有大量的细胞间通信系统。一个被充分研究的案例是细菌群体感应系统（Shong and Collins，2014），该系统调制细菌的很多生理活动，包括细菌群体形成生物膜的生理转变、表达生物发光，以及毒力因子的形成。

细菌群体感应是一种细胞通信过程，它允许单个细菌收集有关其周围环境的信息，并与相邻的细菌协调生理活动。最近的研究表明，群体感应在微生物组中具有重要作用，但关于群体感应如何影响这些群落的组成和功能仍然存在许多问题。群体感应过程可用作合成生物学中的工具，以构建具有特定行为的合成共培养系统。合成生物学也为理解微生物群落中的群体感应作用及调控群体感应过程以实现积极结果提供了工具（图 6-19）。本节将详细介绍细菌中常见的群体感应系统及其在微生物组中的应用。

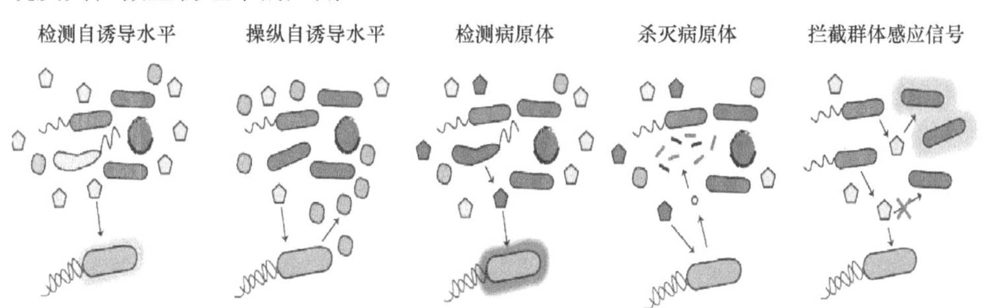

图 6-19　用于操纵微生物群落群体感应的合成生物学

2. 常见的细菌群体感应系统

1）*N*-酰化高丝氨酸内酯（*N*-acyl homoserine lactone，AHL）系统

AHL 系统最初是在海洋细菌费氏弧菌（*Vibrio fischeri*）中发现的，研究人员发现其可以控制发光产物的生产（Nealson and Hastings，1979）。在费氏弧菌中，LuxI 合成 AHL 分子，该分子可以在细胞膜上自由扩散。随着细胞密度的增加，AHL 水平增加，一旦达到 AHL 阈值，AHL 分子与 LuxR 结合，结合复合体激活双向 lux 启动子。启动子的激活导致萤光素酶基因 *luxCDABE* 的转录以及 luxI 和 luxR 的过表达，这种正反馈回路是许多群体感应（QS）系统的标志。在其他物种中也发现了一些同源的 AHL 系统，包括铜绿假单胞菌和哈维氏弧菌（Miller and

Bassler，2001）。每种生物都会产生不同的 AHL 分子，这些不同的 AHL 分子通常在脂肪酸链的位置上有所不同。一般来说，生物体只识别它们产生的 AHL 分子，因此每个 AHL 系统都被认为是物种特异性的。

研究者经常使用 AHL-QS 系统，这些系统需要的成分相对较少，即 LuxR（或同源调节因子）、AHL 合酶和相关启动子。AHL 分子不需要特定的转运体就能穿过细胞膜。这些特性使得这些组件可以很容易地在其他细胞内进行构建。

通常通过调节蛋白 LuxR 来实现细胞对特定浓度的 AHL 分子作出反应。例如，Wang 等（2015）在一系列活性不同的组成型启动子下表达 LuxR。不同的表达水平导致在不同的群体中检测到不同范围的 AHL，LuxR 的高组成型表达导致细胞对 AHL 最敏感。另外，调控因子的定向进化可以改变其同源 AHL 的敏感性（Shong and Collins，2013）或增加其对非同源 AHL 分子的敏感性（Collins et al.，2005）。Shong 和 Collins（2014）通过在启动子的不同位置添加调控因子的额外结合位点，形成不同的启动子活性，并在特定情况下逆转了添加 AHL 分子的效果。利用计算机辅助的方法可以合理地设计 QS 系统，例如，Zeng 等（2017）开发了一种将网络枚举与参数优化相结合的方法，结合生物部位的已知信息，设计了一种超灵敏的 QS 开关。

AHL 系统经常被合成生物学家用来设计表型依赖于细胞密度的细胞。例如，You 等（2004）设计了 AHL 生产细胞，AHL 在细胞内能激活一种毒素，导致可控制的固定细胞密度。Liu 等（2011）将趋化性与细胞密度联系起来，以实现模式行为。Swofford 等（2015）设计的沙门氏菌在肿瘤中启动基因表达，它们在肿瘤中的聚集密度高于其他器官。研究者也利用 QS 在一定的细胞密度下自主重定向细胞代谢（Dasgupta et al.，2017；Doong et al.，2018）。Gupta 等（2017）设计了以不同速率产生 AHL 信号的细胞，较高的 AHL 产生速率导致在较低的细胞密度下发生代谢切换。然后，他们选择了滴度最高的菌株来获得所需的产品。为了形成更复杂的表型，还经常添加额外的基因线路（Basu et al.，2004；Shong and Collins，2014；Tamsir et al.，2011）。Basu 等（2005）设计了一种系统，在该系统中，细胞只在中等浓度的 AHL 中产生荧光，而在低或高浓度的 AHL 分子的情况下不产生。Danino 等（2010）使用 QS 系统使培养液中的细胞之间的基因时钟同步。Andrews 等（2018）利用 AHL-QS 系统和其他小分子诱导系统设计了一个用于目标基因顺序或检查点控制激活的系统。

2）AI-2 系统

哈氏弧菌（*Vibrio harveyi*）中的 AI-2（autoinducer 2）是控制生物发光的两个 QS 信号之一。与 AHL-QS 系统不同，AI-2 QS 系统被广泛用于多个物种。LuxS 合成 AI-2 作为活化甲基环的副产物。在大肠杆菌中，AI-2 通过转运体 LsrACDB

导入细胞，然后被 LsrK 激酶磷酸化。磷酸化的 AI-2 结合抑制因子 LsrR 并解除对双向 Lsr 启动子（*luxS* 调控）的抑制。这导致了 Lsr 操纵子的转录，以及 LsrACDB、LsrK、LsrR 和 LsrFG 的过表达，从而使细胞外介质中 AI-2 被快速摄取和耗尽。

由于相对复杂的信号转导过程，以及 AI-2 不能通过细胞膜扩散（Kamaraju et al.，2011），与 AHL 系统相比，重建 AI-2 系统需要更多的组件。然而，正是由于这种复杂性，允许多个控制点来调节细胞反应。过度表达或删除级联反应中的特定基因会导致细胞内的动态变化。例如，在大肠杆菌的克隆种群中，只有一小部分培养物对 AI-2 有反应。然而，从基因组中删除 *lsrFG* 会导致细胞对 AI-2 更敏感，并改变对 AI-2 有反应的群体比例（Servinsky et al.，2016）。研究还发现，过表达 LsrACDB 或 LsrK 会导致 AI-2 从细胞外环境快速摄取，并降低群体中细胞反应的变异性。结合这两种策略可以产生一系列对 AI-2 有不同反应的细胞（Stephens et al.，2019a）。人们发现梭状芽孢杆菌（*Clostridium saccharobutylicum*）有一个类似 LsrB 的受体，其中 AI-2 的结合位点包含与之前确定的 AI-2 结合关键氨基酸不同的氨基酸，这可能会导致发现具有结合 AI-2 能力的其他物种（Torcato et al.，2019）。同样的研究显示 *C. saccharobutylicum* 在比大肠杆菌更低的 AI-2 阈值时开始吸收 AI-2；在考虑到这些物种可能共存于具有医学重要性的生态位时，AI-2 吸收的差异以及不同生物对 AI-2 不同形式的应答能力变得非常有趣。这也可能为研究者在特定环境中操控 AI-2 信号提供途径，以影响某些物种（Quan and Bentley，2012）。

3. 群体感应系统在微生物组中的应用

QS 提供了设计复杂或强大的合成微生物群体的可能。细胞群落可用于探索复杂生态系统中的社会行为，以便对细胞群体做出假设并对假设得出结论（Terrell et al.，2015）。代谢工程师也致力于使用共培养和多种群系统生产分子产品（Shong et al.，2012）。通常，从复杂途径合成的产品不能从单一菌株的纯培养物中以高滴度生产。使用群体共培养可以缓解许多上述问题，但这也会带来其他的挑战，即调节个体种群的行为及其在群体内的组成。在本小节，我们讨论研究者如何使用 QS 来构建细胞群落。重新构建的 QS 系统可用于协调亚群之间的基因表达、控制联合体组成或实现远距离细胞群体之间的通信。

1）控制和协调基因表达

QS 可用于自主控制或协调共培养或群体内的基因表达。例如，QS 可用于设计共培养群体，其中两个群体仅在一起培养时表达目的基因（Brenner et al.，2007；Chen et al.，2015b）。一些研究者设计了可以向细菌发送和接收信号的人造细胞（Lentini et al.，2014；Rampioni et al.，2018），而另外一些研究者则创造了能够与革兰氏阳性巨大芽孢杆菌交流的革兰氏阴性大肠杆菌（Marchand and Collins，

2013)。Terrell 等(2015)设计了一种由两种菌株组成的共培养物,它们对不同水平的 AI-2 有反应。每个菌株响应 AI-2 产生不同的荧光蛋白,并组成型地表达一种磁性纳米颗粒,允许在调查复杂环境后收集所有细胞。收集两种菌株的表达谱并进行比较,产生了颜色模式和有关细胞调查环境的信息,细胞网络能够检测到李斯特菌分泌的 AI-2。

目前,已经进行了混合和匹配大肠杆菌中不同 QS 调节剂、自诱导剂和启动子的研究,以表征一系列构建体的细胞反应。研究者已经开发了利用计算模型来帮助设计使用多个 QS 信号的系统,以优化信噪比,并最大限度地减少串扰(Grant et al.,2016;Kylilis et al.,2018)。Wellington 和 Greenberg(2019)研究了 QS 受体对本地物种中不同 AHL 信号的敏感性和混杂性,并将它们与大肠杆菌中的结果进行了比较。得出的结论是:在非天然大肠杆菌宿主中表达 AHL-QS 系统,其 QS 受体通常过表达,与天然发生的情况相比,会导致信号混杂增加。

2)控制菌群组成

菌群组成是许多合成共培养系统中的关键参数。Stephens 等(2019b)设计了一种共培养 QS 系统,其中共培养的细菌群体组成根据环境中 AI-2 的水平而变化。这是通过使用重新连接的 QS 通路,以及自诱导调节的细胞生长速率来实现的。也有研究者通过使用物种特异性 AHL 控制糖转运蛋白 HPr 的转录来调节共培养中单个菌株的生长速率;使用自诱导物控制的细胞裂解(Scott et al.,2017)或毒素产生(Balagadde et al.,2008)来控制单个种群或菌株的细胞密度。这些策略已被用于稳定共培养,防止一个种群组成超过另一个种群组成,并产生振荡行为。Kong 等(2018)使用随细胞密度积累的小分子(如在 QS 过程中)激活有助于或有害于特定群体生长的基因,创建了显示一系列群体行为的细胞共培养物。Wu 等(2019)设计了一种使用 QS 系统的共培养细胞群体,该共培养细胞群体依赖于不同细胞之间的互惠互利生存。

3)实现局部群体之间的细胞通信

QS 系统也用于实现远距离群体之间的细胞通信。Luo 等(2015)研究发现在微流体装置中,上游细胞群体可以向下游细胞群体发出信号,即使这些信号被中间细胞群体所影响。所有这些都是通过将 QS 信号分子作为距离的函数来调节的。QS 系统也能将一个细胞群体招募到特定位置,例如,Wu 等(2013)使 AI-2 合酶定位在特定区域(癌细胞受体)并招募细菌群到该区域中。

6.4.3 基因组规模代谢网络模型

基因组规模代谢网络模型(genome-scale metabolic network model,GEM 或

GSMM）是将细胞生长和代谢过程转化为基于化学计量矩阵的数学模型，并在稳态下求解目标方程的最优解。GEM 已成为系统揭示细胞生长和代谢调控的重要工具。为了满足实际细胞中不同生长和代谢过程的需要，研究人员已经开发了不同约束模型和各种模型分析算法的框架。因此，GEM 被广泛用于指导菌株设计、预测细胞表型、分析代谢机制、挖掘未知的代谢途径，以及研究菌株的进化。

自 1999 年报道了第一个流感嗜血杆菌 RD 的 GEM 以来（Edwards and Palsson，1999），随着基因组测序和组学分析技术的发展，研究者已经为 5897 种细菌构建了各种 GEM，特别是已经为经典工业微生物构建了许多 GEM，如大肠杆菌（*Escherichia coli*）（Cruz et al.，2020）、酿酒酵母（*Saccharomyces cerevisiae*）（Lopes and Rocha，2017）和枯草芽孢杆菌（*Bacillus subtilis*）（Kocabas et al.，2017）。2000 年报道了大肠杆菌（最重要的模式生物之一）的第一个 GEM（Edwards and Palsson，2000）。后续报道的 13 种大肠杆菌 GEM，其中基因-蛋白质-反应相关性覆盖率和预测准确性有 4 次更新。在最新的大肠杆菌 GEM 中，报道了代谢-表达（metabolism expression，ME）模型，该模型重建了细胞代谢过程中转录和翻译的完整途径（O'Brien et al.，2013）。FoldME（Chen et al.，2017）、OxidizeME（Yang et al.，2019）和 AcidifyME（Du et al.，2019）是基于 ME 模型开发的三种模型，它们分别模拟不同的环境压力对温度、氧化和低 pH 的影响。酿酒酵母是第一个对其基因组进行测序的真核微生物（Osterlund et al.，2012）。到目前为止，已经报道了 13 种酿酒酵母的 GEM，最新的 Yeast8 可以在多尺度水平上剖析细胞的代谢机制。在枯草芽孢杆菌中报道了 7 种 GEM，最新的 eciYO844 整合了中心碳代谢的酶学数据来指导高产聚-γ-谷氨酸菌株的设计。

为了探索细胞中基因型和表型之间的关系，流平衡分析（flux balance analysis，FBA）被广泛用于表征细胞代谢（Orth et al.，2010）。然而，FBA 受到假设稳态和底物吸收率作为约束的限制。因此，研究者基于 FBA 开发了 rFBA（Covert et al.，2001）、gFBA（Smallbone and Simeonidis，2009）、pFBA（Lewis et al.，2010）等一系列算法，对不同条件下的代谢通量进行分析和模拟，以提高 GEM 的应用范围。为了满足模型底盘单元的设计，研究者开发了相应的算法，如 optKnock（Burgard et al.，2003）、MOMA（Segrè et al.，2002）和 optForce（Ranganathan et al.，2010），以实现基因扰动对代谢通量的模拟。随着高通量技术的发展，海量组学数据推动了对生物学机制的解释。尤其是机器学习对生物学机制解释的巨大贡献，使其成为大型数据集训练和分析不可或缺的工具（Lawson et al.，2021）。因此，已经报道了许多经过机器学习训练的 GEM，它们集成了多级组学数据以加深对基因型-表型关系的洞察（Zampieri et al.，2019）。

然而，由于微生物代谢的多因素调节，GEM 中的单一基因-蛋白质-反应关系经常导致错误预测。因此，在传统 GEM 的基础上增加了热力学、酶学或动力学等约束，或整合了蛋白质组学、转录组学或其他组学数据等多尺度 GEM 已被开发并广泛用于计算机辅助生物设计。本节总结了多尺度模型的构建工作流程和工具包，讨论了如何使用人工智能（如机器学习）来提高多尺度 GEM 的质量。最后，本节分析了未来多尺度 GEM 发展的挑战和前景，这可能有助于研究者进行多功能细胞工厂的计算机辅助设计，以实现可持续的生物生产。

1. 基于约束的 GEM

GEM 已广泛用于在系统水平上代谢表型的模拟，它通常仅依赖于代谢物摄取率的限制。然而，细胞的新陈代谢是所有生物体产生和消耗能量以促进生长的基本生物过程，它不仅取决于细胞内相互关联的调节机制，而且还受到外部环境的干扰。多种因素调节生物体的细胞代谢以应对各种条件。因此，GEM 的基本形态无法解释细胞内复杂的调控机制。GEM 的这种局限性促使发展了多种约束来整合限制条件，从而提高了预测能力并拓宽了 GEM 的范围。目前研究者已经开发了几种基于约束的模型，包括热力学、酶促、动力学约束以及多重约束模型（图 6-20）。

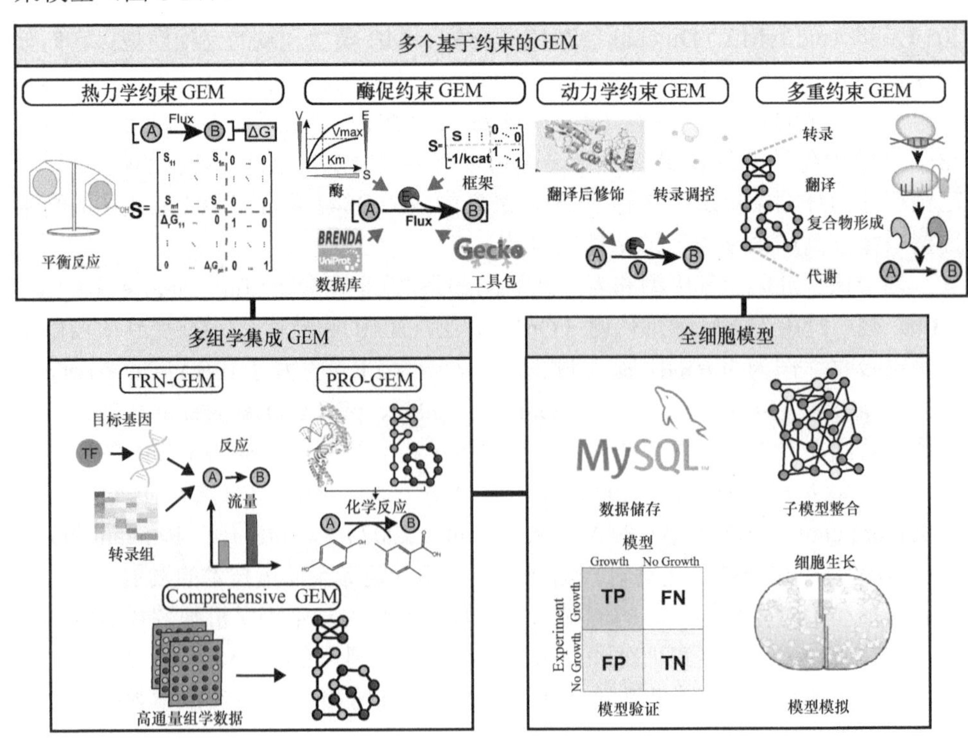

图 6-20　多尺度 GEM 的主要分类和构建框架

1）热力学约束 GEM

虽然经典 GEM 可以实现代谢网络的通量分析，但单一化学计量和代谢物浓度的限制阻碍了它们的应用范围（Orth et al.，2010）。因此，通过考虑代谢反应的方向性和吉布斯自由能，引入热力学约束可以缩小可行解的范围（Dai and Locasale，2018）。

热力学约束的发展依赖于三个主要算法：能量平衡分析（energy balance analysis，EBA）、网络嵌入式热力学分析（network-embedded thermodynamic analysis，NET 分析）和基于热力学的代谢通量分析（thermodynamics-based metabolic flux analysis，TMFA）。EBA 为基于电压回路定律的代谢网络提供了额外的约束，与 FBA 相比，有效减少了可行的通量空间（Beard et al.，2002）。NET 分析通常被用作一个基于计算热力学的框架，它通过热力学定律和代谢物的吉布斯自由能将定量代谢组学数据耦合到代谢网络中。NET 分析能够识别假定的遗传或变构调节的活性位点，并可用于探索代谢调节中未知的相互关系（Kuemmel et al.，2006）。研究者提出使用混合整数线性约束（mixed integer linear constraint，MILC）来生成通量分析的 TMFA，以及由 TMFA 产生的通量分布消除了任何热力学上不可行的反应和途径。TMFA 首次将线性热力学约束引入 GEM，开创了基于热力学约束的模型构建和分析。

然而，代谢物的标准吉布斯自由能大多是未知的，不同细胞的温度、pH 和离子强度对吉布斯自由能的检测有巨大的影响。为了克服这一挑战，Mavrovouniotis（1991）提出了一种方法，通过群贡献的多元线性回归来估计生化反应的吉布斯自由能和平衡常数。在该方法中，单个代谢物的分子结构根据结构假设分解为一组线性分子亚结构，其线性模型可以更方便地估计代谢物形成和代谢反应的吉布斯自由能。Beber 等（2022）创建了 eQuilibrator 网站，可以利用在线生化平衡常数和代谢物及代谢途径的吉布斯自由能进行分析。此外，更多的研究者为模型构建和分析开发了各种算法及工具包，例如，OptMDFpathway（一种用于直接计算代谢途径中的热力学驱动力的算法）（Hädicke et al.，2018）、Find_tfSBP（一种用于在代谢网络中识别热力学上可行的高产目标产物的最小平衡途径的算法）（Xu et al.，2017）、matTFA 和 pyTFA（将热力学数据与基于约束的 GEM 集成的工具包）（Salvy et al.，2019）。

基于上述算法和框架，研究者努力探索热力学约束模型的构建和分析。在大肠杆菌中，第一个热力学约束模型 iHJ873 通过评估模型中反应的吉布斯自由能，重点研究了单个反应的热力学，探索了反应的通量方向。枯草芽孢杆菌的 iBsu1103 模型包括了通过群贡献法估计的 1403 个反应（占模型反应的 97%）的吉布斯自由能变化值，它识别出模型中的 653 个不可逆反应（占模型反应的 45%），使预测准确度从 89.7%提高到 93.1%（Henry et al.，2009）。除了确定反应通量的方向和评估模型中代谢反应的热力学可行性，热力学还应用于代谢物敏感性分析，可结合约束建模、实验设计和全局敏感性分析来评估模型中的代谢物（Kiparissides and Hatzimanikatis，2017）。研究者还探索了代谢网络中酶对代谢通量的调节与热力学之间的定量关系，发现网络热力学驱动力约束了几乎所有途径中的通量控制系数。热力学约束对代谢网络预测的影响也得到了评价，具有热力学约束的网络有效地提高了必需基因的预测精度（Krumholz and Libourel，2017）。这些研究全面强调了全局热力学特征在限制代谢调节模式中的重要性。

2）酶促约束 GEM

基于化学计量关系和热力学约束的模型已被广泛用于预测细胞生长速率、探索代谢途径的相互作用，以及识别代谢工程的潜在目标。然而，底物摄取率的限制和代谢反应的热力学可行性不足以描述复杂的代谢网络，其中酶动力学是调节细胞代谢的不可忽视的因素。

研究者开发了四个框架或工具包用于构建酶促约束 GEM。①考虑分子拥挤的流量平衡分析（FBAwMC）限制了在拥挤的细胞质中催化各种代谢反应的酶的浓度，每种酶可以根据 6 个参数（分子质量、质量体积、细胞质密度、K_m、k_{cat} 和底物浓度）求解拥挤因子和细胞质密度（Beg et al.，2007）。②酶动力学代谢模型（MOMENT）是使用酶周转率和分子质量预测代谢通量及生长速率。它考虑了催化预测代谢通量率的特定酶浓度要求，包括同工酶、蛋白质复合物和多功能酶（Adadi et al.，2012）。③综合建模框架是使用动力学和组学数据（GECKO）的具有酶促约束的 GEM，它基于酶动力学和蛋白质丰度限制 GEM 中的代谢通量（Sanchez et al.，2017）。在 GECKO 中，每个代谢反应都被分解为由一种酶催化的推定反应，每个推定反应都受到该酶丰度的限制。它允许直接整合定量蛋白质组数据，显著降低代谢反应中的模型通量变异性。④AutoPACMEN 工具箱能够自动创建酶促约束模型，特别是它能够自动读取和处理来自不同数据库的酶数据（Bekiaris and Klamt，2020）。AutoPACMEN 工具箱简化了酶促约束模型的构建和分析，为不同菌株酶促约束模型的常规构建铺平了道路。

除了四个工具包外，研究者还开发了几种算法在 GEM 中引入酶促约束。综合组学-代谢分析的方法将蛋白质组学和代谢组学数据与 GEM 定量整合，同时考虑酶底物和产物的浓度水平，以便更准确地预测代谢通量分布（Yizhak et al.，2010）。酶成本最小化的方法是通过先验分布、热力学定律和贝叶斯统计（Noor et al.，2016）以最低蛋白质成本计算代谢通量的酶量。蛋白质组分配理论是将整个蛋白质组分为三个模块（发酵、呼吸和细胞活动），探讨了细胞能量需求对溢出代谢的影响（Zeng and Yang，2019）。

在大肠杆菌中，研究者基于 FBAwMC 构建了代谢通量平衡模型，通过系统识别环境变化来激活细胞代谢（Beg et al.，2007）。Vazquez 等（2008）证明了有限的溶剂容量对细胞生长速率的影响，并探索了一种通过 FBAwMC 识别中央碳循环中代谢控制开关的调节机制。此外，Adadi 等（2012）证明，与 FBAwMC 相比，MOMENT 构建的模型通过在 24 种单一碳源的基本培养基中进行生长实验，可以显著提高各种代谢表型的预测准确性。然而，MOMENT 算法中酶处于底物饱和状态的假设并不符合实际的细胞生长状态。因此，酿酒酵母 ecYeast7 中每种酶的使用上限是在蛋白质水平上定义的，GECKO 专门考虑了每种通量的预期限制。ecYeast7 不仅可以准确模拟不同碳源下细胞的最大比生长速率、降低模型的通量变异性，还可以通过酶切理论解释细胞在温度胁迫下的溢出代谢和细胞适应等生理反应。

基于 GECKO，研究者通过 ec_iML1515（*E. coli* 酶约束模型）预测赖氨酸合成的蛋白质需求，通过模块化工程优化 20 种蛋白质的表达，得到（193.6±1.8）g/L 的赖氨酸滴度，比出发菌株赖氨酸产量增加了 55.8%（Ye et al.，2020）。ec-iBag597 模型（凝结芽孢杆菌的酶约束模型）估计了细胞中主要 ATP 产生途径的蛋白质效率，为全面了解凝结芽孢杆菌代谢铺平道路（Chen et al.，2020）。eciJB1325 模型（黑曲霉的酶约束模型）预测了不同生长条件下酶的差异表达，并显著降低了模型的解空间（40.10%），解释了蛋白质组水平上代谢表型的变化（Zhou et al.，2021）。

3）*动力学约束 GEM*

虽然酶促约束 GEM 已广泛应用于代谢工程，但在假设的稳态中设定的酶参数并不适用于细胞在复杂环境中的动态生长。相比之下，动力学约束 GEM 可以对生物系统进行动态分析，并且可以克服传统模型的缺点。此外，动力学约束 GEM 从代谢表型估计反应速率规则，并可以捕捉酶活性波动对代谢通量的影响。

在 2002 年构建大肠杆菌中心碳代谢动力学模型后（Chassagnole et al.，2002），研究人员开始探索动力学模型的建模框架，并开发了如下 5 个工具包。①结构动力学建模（structural kinetics modeling，SKM）是基于雅可比矩阵（该矩阵捕捉代谢系统的动态响应）开发的，其中雅可比矩阵可以在没有动态数据的情况下构建代谢系统的动态线性近似，使 SKM 能够以最少的数据对代谢系统进行动态分析，为探索细胞中可能存在的系统动力学提供了一个通用框架（Steuer et al.，2006）。②质量作用化学计量模拟（mass action stoichiometric simulation，MASS）框架将生化反应网络的雅可比矩阵定义为 S 矩阵和 G 矩阵的乘积，其中，S 矩阵为化学计量矩阵，G 矩阵由通量组学、代谢组学数据及每个反应的动力学表征和热力学评估。MASS 框架通过结合网络拓扑和多组学数据学习模型框架，能够评估大型代谢系统的动力学（kPERC）和动态特性，从而在生物网络中制定时间尺度层次结构，这是最具可扩展性的动力学模拟（Jamshidi and Palsson，2008）。③复杂生物系统的优化与风险分析（optimization and risk analysis of complex biological system，ORACLE）是利用蒙特卡罗方法，基于 MCA 框架计算酶在不确定状态下的弹性分布，充分考虑酶的状态空间，确定酶-调控相互作用对代谢网络的影响（Miskovic and Hatzimanikatis，2010）。ORACLE 获得一组由雅可比矩阵和弹性参数组成的控制系数，通过将网络结构与基于热力学和代谢组学数据的方向性支持的通量组学数据相结合，准确表征代谢系统的动态状态。值得注意的是，ORACLE 捕获代谢网络的全局属性，识别任何给定网络中的控制特征，并确定不同网络配置（由集成实体表示）的控制系数的概率分布（Chakrabarti et al.，2013）。④集成建模（ensemble modeling，EM）是基于反应可逆性和酶分布确定动力学参数的迭代过程，开发稳态动力学模型的集成。EM 通过构建一组具有不同动力学行为的初始模型来预测具有动态响应的不同表型，并根据获得的表型数据训练模型以确定最小的动力学模型。对于未知的酶动力学，EM 可以通过质量作用动力学解析酶促反应，以捕捉反应的饱和行为和底物水平调节（Tran et al.，2008）。⑤近似贝叶斯计算-通用反应组装和采样平台（approximate bayesian somputation-general reaction assembly and sampling platform，ABC-GRASP）是将 GRASP 中采样的数据参数化，并使用 ABC 计算数据，为在不确定性下通过动力学信息剖析酶催化反应的机理提供了框架（Saa and Nielsen，2016a）。然而，在所有动力学框架中，ABC-GRASP 需要更多的实验数据来揭示热力学亲和力、底物饱和水平和效应浓度对各种酶促反应的通量控制及响应系数的影响（Saa and Nielsen，2016b）。

基于以上 5 个工具包，研究者已经开发了各种算法并将其应用于动力学模型的构建和分析。用于鲁棒性分析的 EM（EMRA）模型是基于数值延拓和 EM 开发的，用于研究非自然代谢途径的鲁棒性。研究者通过 EMRA 分析了实现碳守恒的两种合成中心代谢途径（非氧化糖酵解和反向乙醛酸循环）的分叉鲁棒性，权衡了代谢通量调节的鲁棒性和性能（Lee et al.，2014）。也有研究者基于 ORACLE 框架和机器学习开发了一种用于表征和减少基因组规模代谢网络（iSCHRUNK）动力学模型不确定性的计算机方法，用来确定和量化酶的动力学参数以获得更准确的动力学参数范围，从而减少模型的不确定性（Andreozzi et al.，2016）。DMPy 模型是一种计算框架，被用作自动搜索动力学速率以生成代谢物通量，它可以分析参数不确定性对模型动力学的影响，并可用于测试模型简化如何改变代谢系统特性（Smith et al.，2018）。MASS python（MASSpy）是作为重建、模拟和可视化动态代谢模型的工具包而开发的模型。MASSpy 解决了动态建模程序中数据驱动的问题，结合基于约束和动力学的建模，使得利用质量作用动力学和详细的化学机制来建立复杂生物过程的动态模型成为可能（Haiman et al.，2021）。

研究者基于上述框架和工具包，结合遗传算法（genetic algorithm，GA）和 EM，构建了大肠杆菌中的动力学模型 k-ecoli457。研究者通过最小化模型预测与稳态之间的差异，对模型进行参数化，准确预测了 25 个突变菌株的状态通量分布。预测结果表明，k-ecoli457 对 320 个设计菌株中 129 个产品产量的预测平均相对误差在实测值的 20%以内，表明 k-ecoli457 在不同生长条件下，遗传干扰对大肠杆菌表型预测的准确性（Khodayari and Maranas，2016）。在枯草芽孢杆菌中，研究者开发了一个动力学模型，将生长和孢子形成描述为从营养细胞分化为孢子的过程。孢子的生长动力学由两个特定参数描述：时间和孢子形成的概率。此外，在枯草芽孢杆菌的孢子形成过程中，研究者在生理水平上定性和定量评估了孢子形成参数的生物学意义（Gauvry et al.，2019）。在热纤梭菌（*Clostridium thermocellum*）中，Dash 等（2017）基于 EM 构建了热纤梭菌的核心动能模型，命名为 k-ctherm118，并通过乳酸、苹果酸和产氢途径的 19 种代谢物的发酵数据对模型进行参数化，k-ctherm118 可以捕获氨基酸产生的上调信号，并预测乙醇胁迫下细胞溶质浓度变化的方向和程度。

4）*多约束* GEM

尽管研究者已经构建了多个菌株的动力学模型以揭示代谢网络的调节机制，但用于模型参数化和计算能力的数据集阻碍了动力学约束模型的发展。因此，研究者开发了集成更多约束条件的综合 GEM 以更好地预测和理解细胞的代谢网络。

Yang 等（2021）开发了一个基于 Pyomo 的大肠杆菌多约束模型框架，它整合了酶约束和热力学约束条件。该模型能够计算 22 种代谢产物的最佳途径，但在预测的 L-精氨酸合成途径中，它排除了热力学不利和酶成本高的途径，因此无法准确预测代谢物（Thiele et al.，2009）。

此外，多约束 GEM 最经典的例子是 ME 模型。ME 模型最初是在大肠杆菌中报道的，它在传统 GEM（M 模型）的基础上扩展了细胞生长代谢中的转录和翻译过程。与 M 模型不同，ME 模型通过代谢物和耦合约束与 M 模型和 E 矩阵相结合。E 矩阵包含 11 991 个成分和 13 694 个生化反应，描绘了大肠杆菌中基因表达及蛋白质合成的所有成分和修饰过程（Thiele et al.，2009）。此外，E 矩阵还包含生产活性成分所需的所有基因产物，并结合了已知的反应化学计量，包括蛋白质-底物复合中间体、金属离子和辅因子。E 矩阵还考虑了稳定 RNA 和蛋白质，以及 rRNA 和 tRNA 加工反应的必要修饰，提供对生物学中操纵子（operon）的准确表示。因此，与基于约束的模型相比，ME 模型重建了转录、翻译和代谢的完整途径，能够模拟蛋白质组成和计算酶合成的细胞成本（Liu et al.，2014b）。更重要的是，ME 模型准确地将细胞生长及代谢过程中的底物摄取、生长速率和生长产率这三个阶段解耦，允许在重要产物的速率和产量之间进行权衡（King et al.，2015），从而实现目标产物的有效合成。

随着软件 COBRAme 的发展，ME 模型的构建很快扩展到其他微生物中。研究者在海栖热袍菌（*Thermotoga maritima*）中构建ME模型以准确模拟细胞组成和基因表达的变化。该模型包含了651个基因的转录组和蛋白质组的实验值与模拟值，并且实验值与模拟值呈正相关，Pearson相关系数分别为0.54和0.57（Lerman et al.，2012）。研究者在永达尔梭菌（*Clostridium ljungdahlii*）中报道了第一个革兰氏阳性菌ME模型，它涵盖了生物质组成的合成途径，揭示了蛋白质分配和培养基组成对菌株代谢途径及能量守恒的影响，显著拓宽了模型预测范围（Liu et al.，2019）。此外，大肠杆菌的ME模型也被多次更新，如iOL1650-ME（揭示蛋白质组学约束对细胞生长和副产物分泌的重要性）、iJL1678-ME（揭示扰动预测，如膜拥挤和酶效率影响）（Liu et al.，2014b）及iJL1678b-ME（减少自由变量和求解时间以提高模型预测的准确性）（Lloyd et al.，2018）。为了解决细胞生长代谢环境中的不同应激反应，ME模型与已知的反应机制相结合，扩展了FoldME（预测温度依赖性生长速率和蛋白质丰度变化）、OxidizeME（预测氧化应激下细胞表型的变化）和AcidifyME（实现对酸应激反应的系统理解）等模型。

基于ME模型，Salvy和Hatzimanikatis（2020）开发了一个表达与热力学通量模型（expression and thermodynamic flux modeling，ETFL）的框架，该框架制定了一个混合整数线性程序（mixed integer linear programming，MILP）来整合代谢物、蛋白质和mRNA，从而能够同时考虑表达、热力学和生长相关变量。ETFL框架提供了更精细的控制和更准确的基因编辑预测，与iJO1366相比，ETFL预测大肠杆菌中的必需基因假阴性更少。此外，yETFL是在酿酒酵母中开发的表达与热力学通量模型，它基于ETFL扩展了真核系统（真核线粒体表达系统中的其他核糖体和RNA聚合酶），并限制了分配给代谢和细胞表达的蛋白质。

2. 多组学集成的GEM

尽管GEM中的多约束方法有助于研究人员探索细胞代谢网络，但它在分析细胞中复杂的调控机制方面仍然存在一定的问题（Cruz et al.，2020）。因此，研究者希望通过构建整合转录调控网络（transcriptional regulatory network，TRN）和蛋白质结构（PRO）的GEM，来全面分析细胞内代谢网络的调控机制和基因组尺度代谢通量的反馈调控，以进一步了解细胞的生长和代谢过程。

1）TRN集成GEM

转录调控是微生物响应不断变化的环境而改变其代谢通量的重要机制之一。在提出重组TRN的标准程序后，细菌中的TRN已经被广泛报道（Faria et al.，2014）。TRN通常表现为基因间和全局转录因子之间相互调控的网络。

研究者们开发了两个基于布尔规则，并集成TRN到GEM中的工具平台，用于集成基因组规模代谢（TIGER）的工具箱（Jensen et al.，2011）和FlexFlux工具箱（Marmiesse et al.，2015）。TIGER将广义布尔规则和多级规则转换为MILP，并将这些规则耦合到 GEM 中，以解决与传统单次迭代相比达到多层转录调控稳态所需的多次迭代。与 TIGER 不同，FlexFlux 具有对用户操作十分友好的图形界面，它应用监管稳态分析算法将网络中的每个组件约束到单个稳态；并且，FlexFlux 允许将调节网络的离散定性状态转换为用户自己定义的连续间隔，以及对代谢网络模型中的调节机制进行详细分析的不同方法。

此外，基于布尔规则的代谢概率调节（PROM）（Chandrasekaran and Price，2010）、基因表达和代谢集成网络推理及转录调节 FBA（Motamedian et al.，2017）等模型实现了 GEM 与基于布尔规则的转录调控模型的耦合，同时探索了基因表达和代谢之间的影响，尤其是转录因子对不同环境中细胞表型的影响。基于 PROM，研究者开发了集成推导和代谢的模型（IDREAM），以及优化调节和代谢网络的模型（OptRAM）（Shen et al.，2019）来评估转录因子在代谢网络中的调节作用，可以用来推断最优基因组合优化策略以提高目标产物的产量。

在大肠杆菌中，整合了 TRN 的 GEM 是根据定量细胞生长数据构建的。研究者根据模型预测构建了 6 株耗氧反应中关键转录调控因子敲除的菌株。该模型准确预测了 14 个基因敲除表型的增长率，相关系数为 0.95（Chandrasekaran and Price，2010）。在结核分枝杆菌（*Mycobacterium tuberculosis*）中，基于与 810 个 GEM 相关的 ChIP-Seq 相互作用，使用 104 个 TF 调节网络构建了代谢网络和调节机制的扩展知识库（Ma et al.，2015）。该知识库在超过一半的实例中发现了协同的 TF-药物相互作用，表明该模型可以为抗结核药物靶点识别提供相应的信息。在酿酒酵母中，研究者构建了一个整合 25 000 个调控相互作用并控制 1597 个代谢反应的 GEM。该模型准确预测了不同条件下 TF 敲除的表型，并揭示了潜在的条件特异性调节机制。此外，Shen 等（2019）使用 OptRAM 模型在酿酒酵母中设计构建了高效合成丁二酸、2,3-丁二醇和乙醇的菌株，证实了该模型对预测关键基因的作用。使用该模型的优化策略，2,3-丁二醇产率较实验值提高 61 倍，同等条件下乙醇产率提高 1.8 倍。

2）PRO 集成 GEM

GEM 的构建依赖于多组学的挖掘和细胞代谢过程的分析，其中蛋白质-蛋白质相互作用控制着广泛的细胞过程，如信号转导和分子转运（Nyfeler et al.，2005）。因此，将蛋白质组学数据引入 GEM 可以深入了解细胞中的代谢网络机制。

GEM-PRO 是具有蛋白质结构的框架，该框架直接将基因映射到转录本、蛋白质、生化反应、网络状态及最终的表型（Brunk et al.，2016）。海量的开源蛋白质数据库提供超过 110 000 条生物大分子结构信息（Rose et al.，2013）。这些数据库促进了蛋白质集合模型的发展。研究者还通过将 GEM 与氨基酸序列、PRO、功能注释和蛋白质-底物结合位点等数据相结合，以分析细胞环境中的蛋白质稳定性（Chang et al.，2013）。模型 PRO-integrated GEM 被用于预测耐热生长限制因子，以揭示大肠杆菌耐热代谢机制。研究者构建了大肠杆菌和海洋热球菌（*Thermococcus maritimus*）的 GEM-PRO，它通过温度条件、蛋白质折叠和底物特异性等特征揭示了蛋白质不稳定性对生长的限制。该模型的建立证明了系统生物学和结构生物学交叉的实用性。

最近，在酵母中报道了一种基于蛋白质合成和降解的综合 GEM，它系统地改变了生长速率并决定了其蛋白质表达水平（Elsemman et al.，2022）。重要的是，这个模型确定了蛋白质区室特异性约束，用来揭示生长速率优化的蛋白质表达谱，为理解真核细胞中的代谢机制提供了一个基础。然而，除大肠杆菌和酵母外，PRO 集成的 GEM 并未得到广泛应用，获取准确的 PRO 数据可能是其发展的主要限制因素。

3）综合代谢模型

细胞代谢在多个层面受到调节，因此，单一的综合模型无法准确预测各种环境条件下的细胞表型。综合代谢模型的发展有助于在多尺度水平上探索细胞代谢。

研究者在大肠杆菌中开发了一个综合建模框架（EcoMAC），它统一了各种生物过程和多层次相互作用，以结合来自遗传、环境扰动、转录调控、信号转导和代谢途径及生长测量的基因表达数据（Carrera et al.，2014）。在该框架中，表达平衡分析用于整合遗传、竞争、现象学和环境约束来预测基因表达。研究者还开发了一种基于转录的代谢通量富集新方法，以扩展通量边界并同时计算代谢与转录的相互作用。EcoMAC 将区域分类器的性能提高到 22%，它可以识别压力反应、运动、滑行及细胞运动，这是来自 500 个计算推断的相互作用中最丰富的生物过程。Monk 等（2017）构建了一个预测大肠杆菌性状的知识库 iML1515，它不仅包含转录组、蛋白质组和代谢组数据，还包含独特的代谢物响应信息和完整的 PRO 数据。该知识库在 16 种不同碳源的基因敲除中以 93.4%的准确率模拟了 23 617 个表型数据，并确定了临床分离菌株的重要代谢差异。这些都反映了其识别药物靶点并将其应用于治疗和临床的潜力。

研究者也在酿酒酵母中开发了用于多尺度建模数据提取和演示的全基因组工具（GEMMER）。该工具可用于可视化蛋白质和基因之间的物理、调节和遗传相互作用，并整合现有的数据库信息以支持多尺度建模工作（Mondeel et al.，2018）。Lu 等（2019）介绍了基于 Yeast8 模型平台的模型生态系统，包括 ecYeast8（酶约束模型）、panYeast8（蛋白质 3D 结构数据库）和 coreYeast8（1011 个不同的酿酒酵母突变菌株的核心代谢网络模型）。这个模型生态系统全面探讨了单核苷酸变异对表型特征的影响，推动了酵母代谢在多尺度层面的探索，为酵母系统和合成生物学的广泛应用提供了指导。

3. 全细胞模型

尽管已经建立了各种多尺度集成模型来模拟细胞生长和代谢，但许多亚细胞过程尚未被纳入其中，如染色体起始和复制、蛋白质激活和折叠、RNA 衰变和修饰（Carrera and Covert，2015）。因此，全细胞模型的开发已成为系统生物学的“终极目标”。

1）全细胞模型的构建

全细胞模型是解释细胞中每个基因和分子的综合功能的计算模型，旨在通过展示整个基因组、每个分子种类的结构和浓度、每个分子相互作用及细胞外的环境来预测细胞表型（Karr et al.，2015）。

全细胞模型的构建可分为 5 个阶段。①数据训练。将细胞的生物系统划分为不同的功能模块，并收集每个模块的细胞过程数据。这些数据可以从大型数据库和大量文献中获得。机器学习可以自动重建知识库以进行数据排序和清理，开源工具可用于数据训练。②子模型集成。每个通路模型都是根据实验数据构建的，可以根据模型数据库进行整合，未定义的通路或数据可以依靠基于算法规则的工具来构建，如 E-Cell（Takahashi et al.，2003）、CellDesigner（Matsuoka et al.，2014）和 COPASI，然后通过混合模拟器，基于同时时间步长集成异构子模型。③参数估计。建立模型结构后，需要确定参数以使模型预测与实验数据相匹配。由于全细胞模型的高维和超计算要求，模型有必要被简化以便优化参数，并使用自动微分、并行仿真引擎和分布式优化程序等方法来识别参数。④模型优化。模型建立后，需要海量数据对模型进行迭代评估，其中模型表型的预测是重点验证的功能，需要对模型的准确性进行多层次的验证。获得海量实验数据对研究者来说是一个巨大的挑战，通常可以通过微流体和高通量实验等方法获得大量数据。⑤可视化分析。可视化工具是分析复杂和多级全细胞模型的最佳方式。研究者已经开发了许多模拟工具来探索细胞能量代谢和分析细胞间相互作用，如 WholeCellSimDB、WholeCellViz 和 E-Cell。

2）全细胞模型的应用

近年来，研究者已经在生殖支原体中构建了全细胞模型，并在大肠杆菌和酿酒酵母中进行了全细胞模型构建的探索，为许多以前未观察到的细胞行为提供了更深入的理解。第一个全细胞模型是在生殖支原体（*Mycoplasma genitalium*）中报道的，它描述了单个分子水平上单个细胞的生命周期及其相互作用（Karr et al.，2012）。使用该模型模拟了 128 个野生型细胞，预测模拟包括细胞属性和分子属性，如细胞质量和生长速率，以及每个分子的数量、定位和活性。实验结果表明，模型计算与实验数据在倍增时间、细胞化学组成、基因表达等方面完全一致。此外，该模型还成功地预测了中心碳循环通量、蛋白质合成以及 mRNA 和蛋白质水平分布，并具有很高的准确性。因此，该模型准确地预测了广泛的、可观察到的细胞行为。更重要的是，这种全细胞模型的建立为其他菌株的系统生物学综合建模提供了框架。

在大肠杆菌中，研究者构建了一个大规模的机械模型，该模型通过深入管理映射多层过程来评估大型异构数据集（Macklin et al.，2020）。通过对该模型测试发现了数据和功能之间的不一致，包括核糖体和 RNA 聚合酶的总产量不足使得细胞复制倍增、代谢参数与整体生长不一致，以及缺乏不影响细胞生长的必需蛋白质。这些不一致数据的发现为优化模型提供了新的驱动力，因此，该模型框架的开发是朝着全细胞模型迈出的重要一步。在酿酒酵母中，Ye 等（2020）探索了全细胞模型的框架，其中 1140 个必需基因的功能被表征，并与 5 个表型水平相关，从而能够实时跟踪细胞内分子的动态分配以模拟细胞活动。由于模型框架的简化和参数的缺失，该模型并没有扩展到整个细胞的所有过程。

经过二十年的发展，GEM 已成为系统探索细胞生长和代谢的不可或缺的工具。随着生化研究和组学技术的发展，GEM 不仅限于对代谢网络的探索，还扩展到基因水平、蛋白质水平和转录水平。GEM 为 3-羟基丙酸、乳酸、异丁醇等高产菌株的设计提供了理论指导，为细胞工厂的创建提供了新的思路。基于其多重扩展性，GEM 被广泛应用于工业、农业和医药领域。然而，利用模型全面模拟细胞内复杂的代谢网络和实际生长状态仍然是一个巨大的挑战。

未来，全细胞模型终将成为构建不同菌株模型的目标。尽管已经出现了多种全细胞模型，但开发真正功能齐全的全细胞模型仍然是一个挑战。首先，与生殖支原体相比，大多数工业微生物的细胞过程极其复杂，并且存在许多未知领域，因此难以阐明所有细胞机制并获得准确和大量的实验数据，而不明确的数据和机制使得模型难以建立。其次，完善的框架是建立模型的关键因素。不同菌株的细胞形态和生命周期不同，单一的模型框架不适用于其他菌株。最后，高效新颖的工具包和强大的计算能力是构建及分析全细胞模型必不可少的条件。总体而言，分析和算法的进步将促进多种菌株的全细胞建模，推进微生物学发展和细胞工厂的综合设计。

参 考 文 献

江丽红，董昌，黄磊，等. 2021. 酿酒酵母代谢工程技术. 生物工程学报, 37(5): 1578-1602.

李金根，刘倩，刘德飞．等．2021．丝状真菌代谢工程研究进展．生物工程学报，37(5): 1637-1658.

Abernathy M H, He L, Tang Y J. 2017. Channeling in native microbial pathways: Implications and challenges for metabolic engineering. Biotechnol Adv, 35(6): 805-814.

Abisado R G, Benomar S, Klaus J R, et al. 2018. Bacterial quorum sensing and microbial community interactions. Mbio, 9(3): e02331-17.

Adadi R, Volkmer B, Milo R, et al. 2012. Prediction of microbial growth rate versus biomass yield by a metabolic network with kinetic parameters. PLoS Comput Biol, 8(7): e1002575.

Aeling K A, Salmon K A, Laplaza J M, et al. 2012. Co-fermentation of xylose and cellobiose by an engineered *Saccharomyces cerevisiae*. J Ind Microbiol Biot, 39(11): 1597-1604.

Altenbuchner J. 2016. Editing of the *Bacillus subtilis* genome by the CRISPR/Cas9 System. Appl Environ Microb, 82(17): 5421-5427.

Andersen M R, Nielsen M L, Nielsen J. 2008. Metabolic model integration of the bibliome, genome, metabolome and reactome of *Aspergillus niger*. Mol Syst Biol, 4: 178.

Anderson J C, Voigt C A, Arkin A P. 2007. Environmental signal integration by a modular and gate. Mol Syst Biol, 3: 133.

Andreozzi S, Miskovic L, Hatzimanikatis V. 2016. iSCHRUNK-In silico approach to characterization and reduction of uncertainty in the kinetic models of genome-scale metabolic networks. Metab Eng, 33: 158-168.

Andrews L B, Nielsen A A K, Voigt C A. 2018. Cellular checkpoint control using programmable sequential logic. Science, 361(6408).

Anzalone A V, Koblan L W, Liu D R. 2020. Genome editing with CRISPR-Cas nucleases, base editors, transposases and prime editors. Nat Biotechnol, 38: 824-844.

Arié J P, Miot M, Sassoon N, et al. 2006. Formation of active inclusion bodies in the periplasm of *Escherichia coli*. Mol Microbiol, 62(2): 427-437.

Atsumi S, Hanai T, Liao J C. 2008. Non-fermentative pathways for synthesis of branched-chain higher alcohols as Biofuels. Nature, 451(7174): 86-89.

Aussignargues C, Paasch B C, Gonzalez-Esquer R, et al. 2015. Bacterial microcompartment assembly: The key role of encapsulation peptides. Commun Integr Biol, 8(3): e1039755.

Avalos J L, Fink G R, Stephanopoulos G. 2013. Compartmentalization of metabolic pathways in yeast mitochondria improves the production of branched-chain alcohols. Nat Biotechnol, 31(4): 335-341.

Balagadde F K, Song H, Ozaki J, et al. 2008. A synthetic *Escherichia coli* predator-prey ecosystem. Mol Syst Biol, 4: 187.

Bastian S, Liu X, Meyerowitz J T, et al. 2011. Engineered ketol-acid reductoisomerase and alcohol dehydrogenase enable anaerobic 2-methylpropan-1-ol production at theoretical yield in *Escherichia coli*. Metab Eng, 13(3): 345-352.

Basu S, Gerchman Y, Collins C H, et al. 2005. A synthetic multicellular system for programmed pattern formation. Nature, 434(7037): 1130-1134.

Basu S, Mehreja R, Thiberge S, et al. 2004. Spatiotemporal control of gene expression with pulse-generating networks. Proc Natl Acad Sci U S A, 101(17): 6355-6360.

Bayer E A, Belaich J P, Shoham Y, et al. 2004. The cellulosomes: multienzyme machines for degradation of plant cell wall polysaccharides. Annu Rev Microbiol, 58: 521-554.

Beard D A, Liang S C, Qian H. 2002. Energy balance for analysis of complex metabolic Networks. Biophys J, 83(1): 79-86.

Beber M E, Gollub M G, Mozaffari D, et al. 2022. EQuilibrator 3.0: A database solution for thermodynamic constant estimation. Nucleic Acids Res, 50(D1): D603-D609.

Becker J, Rohles C M, Wittmann C. 2018. Metabolically engineered *Corynebacterium glutamicum* for Bio-based production of chemicals, fuels, materials, and healthcare products. Metab Eng, 50: 122-141.

Beg Q K, Vazquez A, Ernst J, et al. 2007. Intracellular crowding defines the mode and sequence of substrate uptake by *Escherichia coli* and constrains its metabolic activity. Proc Natl Acad Sci U S A, 104(31): 12663-12668.

Bekiaris P S, Klamt S. 2020. Automatic construction of metabolic models with enzyme constraints. BMC Bioinformatics, 21(1): 19.

Berry B J, Wojtovich A P. 2020. Mitochondrial light switches: Optogenetic approaches to control metabolism. FEBS J, 287(21): 4544-4556.

Boileau C, Dhauteville H, Sansonetti P. 1984. DNA hybridization technique to detect shigella species and enteroinvasive *Escherichia coli*. J Clin Microbiol, 20(5): 959-961.

Bommareddy R R, Chen Z, Rappert S, et al. 2014. A de novo NADPH generation pathway for improving lysine production of *Corynebacterium glutamicum* by rational design of the coenzyme specificity of glyceraldehyde 3-phosphate dehydrogenase. Metab Eng, 25: 30-37.

Brenner K, Karig D K, Weiss R, et al. 2007. Engineered bidirectional communication mediates a consensus in a microbial biofilm consortium. Proc Natl Acad Sci U S A, 104(44): 17300-17304.

Brophy J A N, Voigt C A. 2014. Principles of genetic circuit design. Nat Methods, 11(5): 508-520.

Brunk E, Mih N, Monk J, et al. 2016. Systems biology of the structural proteome. BMC Syst Biol, 10: 26.

Burgard A P, Pharkya P, Maranas C D. 2003. Optknock: A bilevel programming framework for identifying gene knockout strategies for microbial strain optimization. Biotechnol Bioeng, 84(6): 647-657.

Cambray G, Guimaraes J C, Arkin A P. 2018. Evaluation of 244, 000 synthetic sequences reveals design principles to optimize translation in *Escherichia coli*: 10. Nat Biotechnol, 36(10): 1005-1015.

Cameron J C, Wilson S C, Bernstein S L, et al. 2013. Biogenesis of a bacterial organelle: The carboxysome assembly pathway. Cell, 155(5): 1131-1140.

Cao Q, Li T, Shao H, et al. 2016. Three new shuttle vectors for heterologous expression in *Zymomonas mobilis*. Electron J Biotechn, 19(1): 33-40.

Cardenas J, Da Silva N A. 2016. Engineering cofactor and transport mechanisms in *Saccharomyces cerevisiae* for enhanced acetyl-CoA and polyketide Biosynthesis. Metab Eng, 36: 80-89.

Carlson C R, Lygren B, Berge T, et al. 2006. Delineation of type I protein kinase A-selective signaling events using an RI anchoring disruptor. J Biol Chem, 281(30): 21535-21545.

Carrera J, Covert M W. 2015. Why build whole-cell models? Trends Cell Biol, 25(12): 719-722.

Carrera J, Estrela R, Luo J, et al. 2014. An integrative, multi-scale, genome-wide model reveals the phenotypic landscape of *Escherichia coli*. Mol Syst Biol, 10(7): 735.

Castro C E, Kilchherr F, Kim D N, et al. 2011. A primer to scaffolded DNA origami: 3. Nat Methods, 8(3): 221-229.

Chakrabarti A, Miskovic L, Soh K C, et al. 2013. Towards kinetic modeling of genome-scale metabolic networks without sacrificing stoichiometric, thermodynamic and physiological constraints. Biotechnol J, 8(9): 1043-1057.

Chandrasekaran S, Price N D. 2010. Probabilistic integrative modeling of genome-scale metabolic and regulatory networks in *Escherichia coli* and mycobacterium tuberculosis. Proc Natl Acad Sci U S A, 107(41): 17845-17850.

Chang R L, Andrews K, Kim D, et al. 2013. Structural systems biology evaluation of metabolic thermotolerance in *Escherichia coli*. Science, 340(6137): 1220-1223.

Chassagnole C, Noisommit-Rizzi N, Schmid J W, et al. 2002. Dynamic modeling of the central carbon metabolism of *Escherichia coli*. Biotechnol Bioeng, 79(1): 53-73.

Chen K, Gao Y, Mih N, et al. 2017. Thermosensitivity of growth is determined by chaperone-mediated proteome reallocation tuberculosis. Proc Natl Acad Sci U S A, 114(43): 11548-11553.

Chen W, Zhang S, Jiang P, et al. 2015a. Design of an ectoine-responsive AraC mutant and its application in metabolic engineering of ectoine biosynthesis. Metab Eng, 30: 149-155.

Chen Y, Kim J K, Hirning A J, et al. 2015b. Emergent genetic oscillations in a synthetic microbial consortium. Science, 349(6251): 986-989.

Chen Y, Li F, Nielsen J. 2022. Genome-scale modeling of yeast metabolism: Retrospectives and perspectives. FEMS Yeast Res, 22(1): foac003.

Chen Y, Sun Y, Liu Z, et al. 2020. Genome-scale modeling for *Bacillus* coagulansto understand the metabolic characteristics. Biotechnol Bioeng, 117(11): 3545-3558.

Choi Y-N, Park J M. 2016. Enhancing biomass and ethanol production by increasing NADPH production in *Synechocystis* sp. PCC 6803. Bioresour Technol, 213: 54-57.

Chou H H, Keasling J D. 2013. Programming adaptive control to evolve increased metabolite production. Nat Commun, 4(1): 2595.

Chowdhury C, Sinha S, Chun S, et al. 2014. Diverse bacterial microcompartment organelles. Microbiol Mol Biol Rev, 78(3): 438-468.

Collins C H, Arnold F H, Leadbetter J R. 2005. Directed evolution of vibrio fischeri LuxR for increased sensitivity to a broad spectrum of acyl-homoserine lactones. Mol Microbiol, 55(3): 712-723.

Covert M W, Schilling C H, Palsson B. 2001. Regulation of gene expression in flux balance models of metabolism. J J Theor Biol, 213(1): 73-88.

Cruz F, Faria J P, Rocha M, et al. 2020. A review of methods for the reconstruction and analysis of integrated genome-scale models of metabolism and regulation. Biochem Soc Trans, 48(5): 1889-1903.

Cui D, Zhang L, Jiang S, et al. 2015. A computational strategy for altering an enzyme in its cofactor preference to NAD(H)and/or NADP(H). FEBS J, 282(12): 2339-2351.

Czajka J J, Oyetunde T, Tang Y J. 2021. Integrated knowledge mining, genome-scale modeling, and machine learning for predicting *Yarrowia lipolytica* bioproduction. Metab Eng, 67: 227-236.

Dahl R H, Zhang F, Alonso-Gutierrez J, et al. 2013. Engineering dynamic pathway regulation using stress-response promoters. Nat Biotechnol, 31(11): 1039-1046.

Dai Z, Locasale J W. 2018. Thermodynamic constraints on the regulation of metabolic fluxes. J Biol Chem, 293(51): 19725-19739.

Danino T, Mondragon-Palomino O, Tsimring L, et al. 2010. A synchronized quorum of genetic clocks. Nature, 463(7279): 326-330.

Dasgupta D, Bandhu S, Adhikari D K, et al. 2017. Challenges and prospects of xylitol production with whole cell bio-catalysis: A review. Microbiol Res, 197: 9-21.

Dash S, Khodayari A, Zhou J, et al. 2017. Development of a core clostridium thermocellum kinetic metabolic model consistent with multiple genetic perturbations. Biotechnol Biofuels, 10: 108.

Davidi D, Noor E, Liebermeister W, et al. 2016. Global characterization of *in vivo* enzyme catalytic rates and their correspondence to in vitro kcat measurements. Proc Natl Acad Sci U S A, 113(12): 3401-3406.

De Jesus M P R H, Nielsen A Z, Mellor S B, et al. 2017. Tat proteins as novel thylakoid membrane anchors organize a biosynthetic pathway in chloroplasts and increase product yield 5-Fold. Metab Eng, 44: 108-116.

De Schutter K, Lin Y C, Tiels P, et al. 2009. Genome sequence of the recombinant protein production host *Pichia pastoris*. Nat Biotechnol, 27(6):561-566.

Delebecque C J, Lindner A B, Silver P A, et al. 2011. Organization of intracellular reactions with rationally designed RNA assemblies. Science, 333(6041): 470-474.

Delebecque C J, Silver P A, Lindner A B. 2012. Designing and using RNA scaffolds to assemble proteins *in vivo*. Nat Protoc, 7(10): 1797-1807.

Dempo Y, Ohta E, Nakayama Y, et al. 2014. Molar-based targeted metabolic profiling of cyanobacterial strains with potential for biological production. Metabolites, 4(2): 499-516.

Deng C, Lv X, Li J, et al. 2019b. Synthetic repetitive extragenic palindromic (REP)sequence as an efficient mRNA stabilizer for protein production and metabolic engineering in prokaryotic cells. Biotechnol Bioeng, 116(1): 5-18.

Deng J, Chen C, Gu Y, et al. 2019a. Creating an *in vivo* bifunctional gene expression circuit through an aptamer-based regulatory mechanism for dynamic metabolic engineering in *Bacillus subtilis*. Metab Eng, 55: 179-190.

Dinh C V, Prather K L J. 2019. Development of an autonomous and bifunctional quorum-sensing circuit for metabolic flux control in engineered *Escherichia coli*. Proc Natl Acad Sci U S A, 116(51): 25562-25568.

Doi R H, Kosugi A. 2004. Cellulosomes: Plant-cell-wall-degrading enzyme complexes. Nature Reviews Microbiology, 2(7): 541-551.

Doong S J, Gupta A, Prather K L J, 2018. Layered dynamic regulation for improving metabolic pathway productivity in *Escherichia coli*. Proc Natl Acad Sci U S A, 115(12): 2964-2969.

Dryden K A, Crowley C S, Tanaka S, et al. 2009. Two-dimensional crystals of carboxysome shell proteins recapitulate the hexagonal packing of three-dimensional crystals. Protein Sci, 18(12): 2629-2635.

Du B, Yang L, Lloyd C J, et al. 2019. Genome-scale model of metabolism and gene expression provides a multi-scale description of acid stress responses in *Escherichia coli*. PLoS Comput Biol, 15(12): e1007525.

Dueber J E, Wu G C, Malmirchegini G R, et al. 2009. Synthetic protein scaffolds provide modular control over metabolic flux. Nat Biotechnol, 27(8): 753-U107.

Dueber J E, Yeh B J, Bhattacharyya R P, et al. 2004. Rewiring cell signaling: The logic and plasticity of eukaryotic protein circuitry. Curr Opin Struct Biol, 14(6): 690-699.

Edwards J S, Palsson B O. 1999. Systems properties of the Haemophilus influenzae Rd metabolic genotype. J Biol Chem, 274(25): 17410-17416.

Edwards J S, Palsson B O. 2000. The *Escherichia coli* MG1655 in silico metabolic genotype: Its definition, characteristics, and capabilities. Proc Natl Acad Sci U S A, 97(10): 5528-5533.

Elsemman I E, Prado A R, Grigaitis P, et al. 2022. Whole-cell modeling in yeast predicts compartment-specific proteome constraints that drive metabolic strategies. Nat Commun, 13(1): 801.

Falkenberg K B, Mol V, De la Maza Larrea A S, et al. 2021. The ProUSER2.0 Toolbox: Genetic parts and highly customizable plasmids for synthetic biology in *Bacillus subtilis*. ACS Synth Biol, 10(12): 3278-3289.

Faria J P, Overbeek R, Xia F, et al. 2014. Genome-scale bacterial transcriptional regulatory networks: reconstruction and integrated analysis with metabolic models. Brief Bioinform, 15(4): 592-611.

Feng J, Jester B W, Tinberg C E, et al. 2015. A general strategy to construct small molecule biosensors in eukaryotes. Elife, 4: e10606.

Forster J, Famili I, Fu P, et al. 2003. Genome-scale reconstruction of the *Saccharomyces cerevisiae* metabolic network. Genome Res, 13(2): 244-253.

Foster C J, Wang L, Dinh H V, et al. 2021. Building kinetic models for metabolic engineering. Curr Opin Biotechnol, 67: 35-41.

Frank S, Lawrence A D, Prentice M B, et al. 2013. Bacterial microcompartments moving into a synthetic biological World. J Biotechnol, 163(2): 273-279.

Fu L L, Xu Z R, Li W F, et al. 2007. Protein secretion pathways in *Bacillus subtilis*: Implication for optimization of heterologous protein secretion. Biotechnol Adv, 25(1): 1-12.

Gao J, Jiang L, Lian J. 2021. Development of synthetic biology tools to engineer *Pichia pastoris* as a chassis for the production of natural products. Synth Syst Biotechnol, 6(2): 110-119.

Gao X, Yang S, Zhao C, et al. 2014. Artificial multienzyme supramolecular device: Highly ordered self-assembly of oligomeric enzymes *in vitro* and *in vivo*. Angew Chem Int Ed Engl, 53(51): 14027-14030.

Gauvry E, Mathot A G, Couvert O, et al. 2019. Differentiation of vegetative cells into spores: A kinetic model applied to *Bacillus subtilis*. Appl Environ Microbiol, 85(10): e00322-19.

Gnanasekaran T, Karcher D, Nielsen A Z, et al. 2016. Transfer of the cytochrome P450-dependent dhurrin pathway from *Sorghum bicolor* into *Nicotiana tabacum* chloroplasts for light-driven synthesis. J Exp Bot, 67(8): 2495-2506.

Goodman D B, Church G M, Kosuri S. 2013. Causes and effects of N-terminal codon bias in bacterial genes. Science, 342(6157): 475-479.

Grant P K, Dalchau N, Brown J R, et al. 2016. Orthogonal intercellular signaling for programmed spatial behavior. Mol Syst Biol, 12(1): 849.

Gu Y, Xu X, Wu Y, et al. 2018. Advances and prospects of *Bacillus subtilis* cellular factories: From rational design to industrial Applications. Metab Eng, 50: 109-121.

Guiziou S, Sauveplane V, Chang H J, et al. 2016. A part toolbox to tune genetic expression in *Bacillus subtilis*. Nucleic Acids Res, 44(15): 7495-508.

Gupta A, Reizman I M B, Reisch C R, et al. 2017. Dynamic regulation of metabolic flux in engineered bacteria using a pathway-independent quorum-sensing circuit: 3. Nat Biotechnol, 35(3): 273-279.

Ha J H, Hauk P, Cho K, et al. 2018. Evidence of link between quorum sensing and sugar metabolism in *Escherichia coli* revealed via cocrystal structures of LsrK and HPr. Sci Adv, 4(6): eaar7063.

Hädicke O, Von Kamp A, Aydogan T, et al. 2018. OptMDFpathway: Identification of metabolic pathways with maximal thermodynamic driving force and its application for analyzing the endogenous CO_2 fixation potential of *Escherichia coli*. PLoS Comput Biol, 14(9): e1006492.

Haiman Z B, Zielinski D C, Koike Y, et al. 2021. MASSpy: Building, simulating, and visualizing dynamic biological models in python using mass action kinetics. PLoS Comput Biol, 17(1): e1008208.

Hameri T, Boldi M-O, Hatzimanikatis V. 2019. Statistical inference in ensemble modeling of cellular Metabolism. PLoS Comput Biol, 15(12): e1007536.

Harris B Z, Hillier B J, Lim W A. 2001. Energetic determinants of internal motif recognition by PDZ Domains. Biochemistry, 40(20): 5921-5930.

Hatti-Kaul R, Chen L, Dishisha T, et al. 2018. Lactic acid bacteria: From starter cultures to producers of chemicals. FEMS Microbiol Lett, 365(20). doi: 10.1093.

He M X, Wu B, Qin H, et al. 2014. *Zymomonas mobilis*: A novel platform for future Biorefineries. Biotechnol Biofuels, 7(1): 101.

Heldt D, Frank S, Seyedarabi A, et al. 2009. Structure of a trimeric bacterial microcompartment shell protein, EtuB, associated with ethanol utilization in *Clostridium Kluyveri*. Biochem J, 423: 199-207.

Henry C S, Zinner J F, Cohoon M P, et al. 2009. IBsu1103: A new genome-scale metabolic model of *Bacillus subtilis* based on SEED Annotations. Genome Biol, 10(6): R69.

Hirakawa H, Kakitani A, Nagamune T. 2013. Introduction of selective intersubunit disulfide bonds into self-assembly protein scaffold to enhance an artificial multienzyme complex's activity. Biotechnol Bioeng, 110(7): 1858-1864.

Honjo H, Iwasaki K, Soma Y, et al. 2019. Synthetic microbial consortium with specific roles designated by genetic circuits for cooperative chemical production. Metab Eng, 55: 268-275.

Hummel W, Groeger H. 2014. Strategies for regeneration of nicotinamide coenzymes emphasizing self-sufficient closed-loop recycling systems. J Biotechnol, 191: 22-31.

Huttanus H M, Feng X. 2017. Compartmentalized metabolic engineering for biochemical and biofuel production. Biotechnol J, 12(6): 1700052.

Inokuma K, Liao J C, Okamoto M, et al. 2010. Improvement of isopropanol production by metabolically engineered *Escherichia coli* using gas stripping. J Biosci Bioeng, 110(6): 696-701.

Ito Y, Terai G, Ishigami M, et al. 2020. Exchange of endogenous and heterogeneous yeast terminators in *Pichia pastoris* to tune mRNA stability and gene expression. Nucleic Acids Res, 48(22): 13000-13012.

Ivessa A S, Schneiter R, Kohlwein S D. 1997. Yeast acetyl-CoA carboxylase is associated with the cytoplasmic surface of the endoplasmic reticulum. Eur J Cell Biol, 74(4): 399-406.

Iyer S, Doktycz M J. 2014. Thrombin-mediated transcriptional regulation using DNA aptamers in DNA-based cell-free protein synthesis. ACS Synth Biol, 3(6): 340-346.

Jamshidi N, Palsson B Ø. 2008. Formulating genome-scale kinetic models in the post-genome era. Mol Syst Biol, 4: 171.

Jan J, Martinez I, Wang Y, et al. 2013. Metabolic engineering and transhydrogenase effects on

NADPH availability in *Escherichia coli*. Biotechnol Prog, 29(5): 1124-1130.

Jensen P A, Lutz K A, Papin J A. 2011. TIGER: Toolbox for integrating genome-scale metabolic models, expression data, and transcriptional regulatory networks. BMC Syst Biol, 5: 147.

Ji D, Wang L, Hou S, et al. 2011. Creation of bioorthogonal redox systems depending on nicotinamide flucytosine dinucleotide. J Am Chem Soc, 133(51): 20857-20862.

Jiang C, Lv G, Tu Y, et al. 2021. Applications of CRISPR/Cas9 in the synthesis of secondary metabolites in filamentous fungi. Front Microbiol, 12: 638096.

Jiang Y, Qian F, Yang J, et al. 2017. CRISPR/Cpf1 assisted genome editing of *Corynebacterium glutamicum*. Nat Commun, 8(1): 15179.

Jorge J M P, Pérez-García F, Wendisch V F. 2017. A new metabolic route for the fermentative production of 5-aminovalerate from glucose and alternative carbon sources. Bioresour Technol, 245: 1701-1709.

Kamaraju K, Smith J, Wang J, et al. 2011. Effects on membrane lateral pressure suggest permeation mechanisms for bacterial quorum signaling molecules. Biochemistry, 50(32): 6983-6993.

Kang W, Ma T, Liu M, et al. 2019. Modular enzyme assembly for enhanced cascade biocatalysis and metabolic flux. Nat Commun, 10: 4248.

Karr J R, Sanghvi J C, Macklin D N, et al. 2012. A whole-cell computational model predicts phenotype from genotype. Cell, 150(2): 389-401.

Karr J R, Takahashi K, Funahashi A. 2015. The principles of whole-cell modeling. Curr Opin Microbiol, 27: 18-24.

Keeling T J, Samborska B, Demers R W, et al. 2014. Interactions and structural variability of beta-carboxysomal shell protein CcmL. Photosynth Res, 121(2-3): 125-133.

Kerfeld C A, Erbilgin O. 2015. Bacterial microcompartments and the modular construction of microbial metabolism. Trends Microbiol, 23(1): 22-34.

Khodayari A, Maranas C D, 2016. A genome-scale *Escherichia coli* kinetic metabolic model k-ecoli457 satisfying flux data for multiple mutant strains. Nat commun, 7(1): 1-12.

Kim A S, Kakalis L T, Abdul-Manan M, et al. 2000. Autoinhibition and activation mechanisms of the wiskott-aldrich syndrome protein. Nature, 404(6774): 151-158.

King Z A, Lloyd C J, Feist A M, et al. 2015. Next-generation genome-scale models for metabolic engineering. Curr Opin Biotechnol, 35: 23-29.

Kiparissides A, Hatzimanikatis V. 2017. Thermodynamics-based metabolite sensitivity analysis in metabolic networks. Metab Eng, 39: 117-127.

Kloss R, Karmainski T, Jaeger V D, et al. 2018. Tailor-made catalytically active inclusion bodies for different applications in biocatalysis. Catal Sci Technol, 8(22): 5816-5826.

Knaus T, Paul C E, Levy C W, et al. 2016. Better than nature: nicotinamide biomimetics that outperform natural coenzymes. J Am Chem Soc, 138(3): 1033-1039.

Kocabas P, Calik P, Calik G, et al. 2017. Analyses of extracellular protein production in *Bacillus subtilis*-I:Genome-scale metabolic model reconstruction based on updated gene-enzyme-reaction data. Biochem Eng J, 127: 229-241.

Koepnick B, Flatten J, Husain T, et al. 2019. De novo protein design by citizen scientists. Nature, 570(7761): 390-394.

Konermann S, Brigham M D, Trevino A E, et al. 2015. Genome-scale transcriptional activation by an engineered CRISPR/Cas9 complex. Nature, 517(7536): 583-588.

Kong W, Meldgin D R, Collins J J, et al. 2018. Designing microbial consortia with defined social interactions. Nat Chem Biol, 14(8): 821-829.

Kortmann M, Kuhl V, Klaffl S, et al. 2015. A chromosomally encoded T7 RNA polymerase-dependent gene expression system for *Corynebacterium glutamicum*: Construction and comparative evaluation at the single-cell level. Microb Biotechnol, 8(2): 253-265.

Kou B B, Chai Y Q, Yuan Y L, et al. 2017. PtNPs as scaffolds to regulate interenzyme distance for construction of efficient enzyme cascade amplification for ultrasensitive electrochemical detection of MMP-2. Anal Chem, 89(17): 9383-9387.

Kragl U, VasicRacki D, Wandrey C. 1996. Continuous production of L-tert-leucine in series of two enzyme membrane reactors - modelling and computer simulation. Bioproc Eng, 14(6): 291-297.

Kramer B P, Fischer C, Fussenegger M. 2004. BioLogic gates enable logical transcription control in mammalian cells. Biotechnol Bioeng, 87(4): 478-484.

Krumholz E W, Libourel I G L. 2017. Thermodynamic constraints improve metabolic networks. Biophys J, 113(3): 679-689.

Kuemmel A, Panke S, Heinemann M. 2006. Putative regulatory sites unraveled by network-embedded thermodynamic analysis of metabolome data. Mol Syst Biol, 2: 2006.0034.

Kylilis N, Tuza Z A, Stan G-B, et al. 2018. Tools for engineering coordinated system behaviour in synthetic microbial consortia. Nat Commun, 9: 2677.

Lampson B L, Pershing N L, Prinz J A, et al. 2013. Rare codons regulate KRas oncogenesis. Curr Biol, 23(1): 70-75.

Lan E I, Liao J C. 2012. ATP drives direct photosynthetic production of 1-butanol in Cyanobacteria. Proc Natl Acad Sci U S A, 109(16): 6018-6023.

Lassen L M, Nielsen A Z, Ziersen B, et al. 2014. Redirecting photosynthetic electron flow into light-driven synthesis of alternative products including high-value bioactive natural compounds. ACS Synth Biol, 3(1): 1-12.

Lassila J K, Bernstein S L, Kinney J N, et al. 2014. Assembly of robust bacterial microcompartment shells using building blocks from an organelle of unknown function. J Mol Biol, 426(11): 2217-2228.

Lawrence A D, Frank S, Newnham S, et al. 2014. Solution structure of a bacterial microcompartment targeting peptide and its application in the construction of an ethanol bioreactor. ACS Synth Biol, 3(7): 454-465.

Lawson C E, Martí J M, Radivojevic T, et al. 2021. Machine learning for metabolic engineering: A review. Metab Eng, 63: 34-60.

Lee J W, Kim H U, Choi S, et al. 2011. Microbial production of building block chemicals and polymers. Curr Opin Biotechnol, 22(6): 758-767.

Lee M J, Mantell J, Hodgson L, et al. 2018. Engineered synthetic scaffolds for organizing proteins within the bacterial cytoplasm. Nat Chem Biol, 14(2): 142-147.

Lee Y, Rivera J G L, Liao J C. 2014. Ensemble modeling for robustness analysis in engineering non-native metabolic pathways. Metab Eng, 25: 63-71.

Lentini R, Santero S P, Chizzolini F, et al. 2014. Integrating artificial with natural cells to translate chemical messages that direct *E. coli* behaviour. Nat Commun, 5: 4012.

Lerman J A, Hyduke D R, Latif H, et al. 2012. In silico method for modelling metabolism and gene product expression at genome scale. Nat Commun, 3: 929.

Levskaya A, Weiner O D, Lim W A, et al. 2009. Spatiotemporal control of cell signalling using a light-switchable protein interaction. Nature, 461(7266): 997-1001.

Lewis N E, Hixson K K, Conrad T M, et al. 2010. Omic data from evolved *E. coli* are consistent with computed optimal growth from genome-scale models. Mol Syst Biol, 6: 390.

Li H, Opgenorth P H, Wernick D G, et al. 2012. Integrated electromicrobial conversion of CO_2 to higher alcohols. Science, 335(6076): 1596-1596.

Li N, Wang Y, Zhu P, et al. 2015. Improvement of exopolysaccharide production in *Lactobacillus casei* LC2W by overexpression of NADH oxidase gene. Microbiol Res, 171: 73-77.

Lian J, Mishra S, Zhao H. 2018. Recent advances in metabolic engineering of *Saccharomyces cerevisiae*: New tools and their applications. Metab Eng, 50(January): 85-108.

Liang W, Rudd K E, Deutscher M P. 2015. A role for REP sequences in regulating translation. Mol Cell, 58(3): 431-439.

Liao J C, Mi L, Pontrelli S, et al. 2016. Fuelling the future: Microbial engineering for the production of sustainable biofuels. Nat Rev Microbiol, 14(5): 288-304.

Lin J L, Zhu J, Wheeldon I. 2017. Synthetic protein scaffolds for biosynthetic pathway colocalization on lipid droplet membranes. ACS Synth Biol, 6(8): 1534-1544.

Liu C, Fu X, Liu L, et al. 2011. Sequential establishment of stripe patterns in an expanding cell population. Science, 334(6053): 238-241.

Liu D, Mao Z, Guo J, et al. 2018. Construction, model-based analysis, and characterization of a promoter library for fine-tuned gene expression in *Bacillus subtilis*. ACS Synth Biol, 7(7): 1785-1797.

Liu F, Banta S, Chen W, 2013. Functional assembly of a multi-enzyme methanol oxidation cascade on a surface-displayed trifunctional scaffold for enhanced NADH Production. Chem Commun, 49(36): 3766-3768.

Liu J K, Lloyd C, Al-Bassam M M, et al. 2019. Predicting proteome allocation, overflow metabolism, and metal requirements in a model acetogen. PLoS Comput Biol, 15(3): e1006848.

Liu J K, O'Brien E J, Lerman J A, et al. 2014b. Reconstruction and modeling protein translocation and compartmentalization in *Escherichia coli* at the genome-scale. BMC Syst Biol, 8: 110.

Liu L, Yang H, Shin H, et al. 2013. How to achieve high-level expression of microbial enzymes. Bioengineered, 4(4): 212-223.

Liu Y, Link H, Liu L, et al. 2016. A dynamic pathway analysis approach reveals a limiting futile cycle in N-acetylglucosamine overproducing *Bacillus subtilis*. Nat Commun, 7(1): 11933.

Liu Y, Liu L, Li J, et al. 2019. Synthetic biology toolbox and chassis development in *Bacillus subtilis*. Trends Biotechnol, 37(5): 548-562.

Liu Y, Zhu Y, Ma W, et al. 2014a. Spatial modulation of key pathway enzymes by DNA-guided scaffold system and respiration chain engineering for improved *N*-acetylglucosamine production by *Bacillus subtilis*. Metab Eng, 24: 61-69.

Lloyd C J, Ebrahim A, Yang L, et al. 2018. COBRAme: A computational framework for genome-scale models of metabolism and gene expression. PLoS Comput Biol, 14(7): e1006302.

Lopes H, Rocha I. 2017. Genome-scale modeling of yeast: Chronology, applications and critical

perspectives. FEMS Yeast Res, 17(5): fox050.
Lu H, Li F, Sánchez B J, et al. 2019. A consensus *S. cerevisiae* metabolic model Yeast8 and its ecosystem for comprehensively probing cellular metabolism. Nat Commun, 10(1): 3586.
Luo X, Tsao C Y, Wu H C, et al. 2015. Distal modulation of bacterial cell-cell signalling in a synthetic ecosystem using partitioned microfluidics. Lab Chip, 15(8): 1842-1851.
Lv X, Jin K, Wu Y, et al. 2020. Enzyme assembly guided by SPFH-induced functional inclusion bodies for enhanced cascade biocatalysis. Biotechnol Bioeng, 117(5): 1446-1457.
Lyon G J, Novick R P. 2004. Peptide signaling in *Staphylococcus aureus* and other gram-positive bacteria. Peptides, 25(9): 1389-1403.
Ma C, Zhang L, Dai J, et al. 2010. Relaxing the coenzyme specificity of 1,3-propanediol oxidoreductase from *Klebsiella pneumoniae* by rational design. J Biotechnol, 146(4): 173-178.
Ma J, Gu Y, Marsafari M, et al. 2020. Synthetic biology, systems biology, and metabolic engineering of *Yarrowia lipolytica* toward a sustainable biorefinery platform. J Ind Microbiol Biotechnol, 47(9-10): 845-862.
Ma S, Minch K J, Rustad T R, et al. 2015. Integrated modeling of gene regulatory and metabolic networks in *Mycobacterium tuberculosis*. PLoS Comput Biol, 11(11): e1004543.
Macklin D N, Ahn-Horst T A, Choi H, et al. 2020. Simultaneous cross-evaluation of heterogeneous *E. coli* datasets via mechanistic simulation. Science, 369(6502): eaav3751.
Mahr R, Frunzke J. 2016. Transcription factor-based biosensors in biotechnology: Current state and future prospects. Appl Microbiol Biotechnol, 100(1): 79-90.
Mao N, Cubillos-Ruiz A, Cameron D E, et al. 2018. Probiotic strains detect and suppress cholera in mice. Sci Transl Med, 10(445): eaao2586.
Marchand N, Collins C H. 2013. Peptide-based communication system enables *Escherichia coli* to *Bacillus megaterium* interspecies signaling. Biotechnol Bioeng, 110(11): 3003-3012.
Markgraf D F, Klemm R W, Junker M, et al. 2014. An ER protein functionally couples neutral lipid metabolism on lipid droplets to membrane lipid synthesis in the ER. Cell Rep, 6(1): 44-55.
Marmiesse L, Peyraud R, Cottret L. 2015. FlexFlux: combining metabolic flux and regulatory network analyses. BMC Syst Biol, 9: 93.
Massaiu I, Pasotti L, Sonnenschein N, et al. 2019. Integration of enzymatic data in *Bacillus subtilis* genome-scale metabolic model improves phenotype predictions and enables in silico design of poly-γ-glutamic acid production strains. Microb Cell Fact, 18(1): 3.
Matsuoka Y, Funahashi A, Ghosh S, et al. 2014. Modeling and simulation using CellDesigner. Methods Mol Biol, 1164: 121-145.
Mavrovouniotis M. 1991. Estimation of standard gibbs energy changes of biotransformations. J Biol Chem, 266(22): 14440-14445.
Meyer A J, Segall-Shapiro T H, Glassey E, et al. 2019. *Escherichia coli* "Marionette" strains with 12 highly optimized small-molecule sensors. Nat Chem Biol, 15(2): 196-204.
Mierau I, Olieman K, Mond J, et al. 2005. Optimization of the *Lactococcus lactis* nisin-controlled gene expression system nice for industrial applications. Microb Cell Fact, 4(1): 16.
Miller M B, Bassler B L. 2001. Quorum sensing in bacteria. Annu Rev Microbiol, 55: 165-199.
Miskovic L, Hatzimanikatis V. 2010. Production of biofuels and biochemicals: In need of an ORACLE. Trends Biotechnol, 28(8): 391-397.

Mondeel T D G A, Cremazy F, Barberis M. 2018. GEMMER: GEnome-wide tool for multi-scale modeling data extraction and representation for *Saccharomyces cerevisiae*. Bioinformatics, 34(12): 2147-2149.

Monk J M, Lloyd C J, Brunk E, et al. 2017. IML1515, a knowledgebase that computes *Escherichia coli* traits: 10. Nat Biotechnol, 35(10): 904-908.

Motamedian E, Mohammadi M, Shojaosadati S A, et al. 2017. TRFBA: An algorithm to integrate genome-scale metabolic and transcriptional regulatory networks with incorporation of expression data. Bioinformatics, 33(7): 1057-1063.

Mutale-Joan C, Sbabou L, Hicham E A. 2022. Microalgae and cyanobacteria: How exploiting these microbial resources can address the underlying challenges related to food sources and sustainable agriculture: A review. J Plant Growth Regul, 42: 1-20.

Mutalik V K, Qi L, Guimaraes J C, et al. 2012. Rationally designed families of orthogonal RNA regulators of translation. Nat Chem Biol, 8(5): 447-454.

Myhrvold C, Polka J K, Silver P A. 2016. Synthetic lipid-containing scaffolds enhance production by colocalizing enzymes. ACS Synth Biol, 5(12): 1396-1403.

Myhrvold C, Silver P A. 2015. Using synthetic RNAs as scaffolds and regulators. Nat Struct Mol Biol, 22(1): 8-10.

Myrbråten I S, Wiull K, Salehian Z, et al. 2019. CRISPR Interference for rapid knockdown of essential cell cycle genes in *Lactobacillus plantarum*. mSphere, 4(2): e00007-19.

Nealson K, Hastings J. 1979. Bacterial bioluminescence - its control and ecological significance. Microbiol Rev, 43(4): 496-518.

Negi S, Imanishi M, Matsumoto M, et al. 2008. New redesigned zinc-finger proteins: Design strategy and its application. Chemistry, 14(11): 3236-3249.

Ng C Y, Farasat I, Maranas C D, et al. 2015. Rational design of a synthetic entner-doudoroff pathway for improved and controllable NADPH regeneration. Metab Eng, 29: 86-96.

Ng I-S, Keskin B B, Tan S-I. 2020. A critical review of genome editing and synthetic biology applications in metabolic engineering of microalgae and Cyanobacteria. Biotechnol J, 15(8): 1900228.

Nielsen A A, Der B S, Shin J, et al. 2016. Genetic circuit design automation. Science, 352(6281).

Nielsen A Z, Ziersen B, Jensen K, et al., 2013. Redirecting photosynthetic reducing power toward bioactive natural product synthesis. ACS Synth Biol, 2(6): 308-315.

Nielsen J, Keasling J D. 2016. Engineering cellular metabolism. Cell, 164(6): 1185-1197.

Nilsson B, Moks T, Jansson B, et al. 1987. A synthetic igg-binding domain based on staphylococcal protein-A. Protein Eng, 1(2): 107-113.

Noor E, Flamholz A, Bar-Even A, et al. 2016. The protein cost of metabolic fluxes: Prediction from enzymatic rate laws and cost minimization. PLoS Comput Biol, 12(11): e1005167.

Numajiri K, Yamazaki T, Kimura M, et al. 2010. Discrete and active enzyme nanoarrays on dna origami scaffolds purified by affinity tag separation. J Am Chem Soc, 132(29): 9937-9939.

Nyfeler B, Michnick S W, Hauri H P. 2005. Capturing protein interactions in the secretory pathway of living cells. Proc Natl Acad Sci U S A, 102(18): 6350-6355.

O'Brien E J, Lerman J A, Chang R L, et al. 2013. Genome-scale models of metabolism and gene expression extend and refine growth phenotype prediction. Mol Syst Biol, 9: 693.

Orth J D, Thiele I, Palsson B O. 2010. What is flux balance analysis? Nat Biotechnol, 28(3): 245-248.

Osterlund T, Nookaew I, Nielsen J. 2012. Fifteen years of large scale metabolic modeling of yeast: Developments and impacts. Biotechnol Adv, 30(5): 979-988.

Osterman I A, Prokhorova I V, Sysoev V O, et al. 2012. Attenuation-based dual-fluorescent-protein reporter for screening translation inhibitors. Antimicrob Agents Chemother, 56(4): 1774-1783.

Ozkaya O, Balbontin R, Gordo I, et al. 2018. Cheating on cheaters stabilizes cooperation in pseudomonas aeruginosa. Curr Biol, 28(13): 2070-2080.e6.

Parsons J B, Frank S, Bhella D, et al. 2010. Synthesis of empty bacterial microcompartments, directed organelle protein incorporation, and evidence of filament-associated organelle movement. Mol Cell, 38(2): 305-315.

Patra P, Das M, Kundu P, et al. 2021. Recent advances in systems and synthetic biology approaches for developing novel cell-factories in non-conventional yeasts. Biotechnol Adv, 47: 107695.

Pawson T, Nash P. 2000. Protein-protein interactions define specificity in signal transduction. Genes Dev, 14(9): 1027-1047.

Pedreira T, Elfmann C, Stülke J. 2022. The current state of SubtiWiki, the database for the model organism *Bacillus subtilis*. Nucleic Acids Res, 50(D1): D875-D882.

Peisajovich S G, Garbarino J E, Wei P, et al. 2010. Rapid diversification of cell signaling phenotypes by modular domain recombination. Science, 328(5976): 368-372.

Peña D A, Gasser B, Zanghellini J, et al. 2018. Metabolic engineering of *Pichia pastoris*. Metab Eng, 50(February): 2-15.

Pereira C S, Santos A J M, Bejerano-Sagie M, et al. 2012. Phosphoenolpyruvate phosphotransferase system regulates detection and processing of the quorum sensing signal autoinducer-2. Mol Microbiol, 84(1): 93-104.

Pontrelli S, Chiu T-Y, Lan E I, et al. 2018. *Escherichia coli* as a host for metabolic engineering. Metab Eng, 50(February): 16-46.

Price J V, Chen L, Whitaker W B, et al. 2016. Scaffoldless engineered enzyme assembly for enhanced methanol utilization. Proc Natl Acad Sci U S A, 113(45): 12691-12696.

Purcell O, Lu T K. 2014. Synthetic analog and digital circuits for cellular computation and memory. Curr Opin Biotechnol, 29: 146-155.

Quan D N, Bentley W E, 2012. Gene network homology in prokaryotes using a similarity search approach: Queries of quorum sensing signal transduction. PLoS Comput Biol, 8(8): e1002637.

Quin M B, Perdue S A, Hsu S-Y, et al. 2016. Encapsulation of multiple cargo proteins within recombinant eut nanocompartments. Appl Microbiol Biotechnol, 100(21): 9187-9200.

Rampioni G, D'Angelo F, Messina M, et al. 2018. Synthetic cells produce a quorum sensing chemical signal perceived by *Pseudomonas aeruginosa*. Chem Commun, 54(17): 2090-2093.

Ranganathan S, Suthers P F, Maranas C D, 2010. OptForce: An optimization procedure for identifying all genetic manipulations leading to targeted overproductions. PLoS Comput Biol, 6(4): e1000744.

Raschmanová H, Weninger A, Glieder A, et al. 2018. Implementing CRISPR/Cas technologies in conventional and non-conventional yeasts: Current state and future prospects. Biotechnol Adv, 36(3): 641-665.

Reinke A W, Grant R A, Keating A E, 2010. A synthetic coiled-coil interactome provides heterospecific modules for molecular engineering. J Am Chem Soc, 132(17): 6025-6031.

Ren C, Chen T, Zhang J, et al. 2009. An evolved xylose transporter from *Zymomonas mobilis* enhances sugar transport in *Escherichia coli*. Microb Cell Fact, 8: 66.

Richter N, Zienert A, Hummel W. 2011. A single-point mutation enables lactate dehydrogenase from *Bacillus subtilis* to utilize NAD(+)and NADP(+)as cofactor. Eng Life Sci, 11(1): 26-36.

Roberts A, Barrangou R. 2020. Applications of CRISPR/Cas systems in lactic acid bacteria. FEMS Microbiol Rev, 44(5): 523-537.

Rose P W, Bi C, Bluhm W F, et al. 2013. The RCSB protein data bank: New resources for research and education. Nucleic Acids Res, 41(D1): D475-D482.

Rothemund P W K. 2006. Folding DNA to create nanoscale shapes and patterns. Nature, 440(7082): 297-302.

Rytter J V, Helmark S, Chen J, et al. 2014. Synthetic promoter libraries for *Corynebacterium glutamicum*. Appl Microbiol Biotechnol, 98(6): 2617-2623.

Saa P A, Nielsen L K. 2016a. A probabilistic framework for the exploration of enzymatic capabilities based on feasible kinetics and control analysis. Biochim Biophys Acta, 1860(3): 576-587.

Saa P A, Nielsen L K. 2016b. Construction of feasible and accurate kinetic models of metabolism: A bayesian approach. Sci Rep, 6: 29635.

Sachdeva G, Garg A, Godding D, et al. 2014. *In vivo* co-localization of enzymes on RNA scaffolds increases metabolic production in a geometrically dependent manner. Nucleic Acids Res, 42(14): 9493-9503.

Saltepe B, Kehribar E Ş, Su Yirmibeşoğlu S S, et al. 2018. Cellular biosensors with engineered genetic circuits. ACS Sens, 3(1): 13-26.

Salvy P, Fengos G, Ataman M, et al. 2019. PyTFA and matTFA: A Python package and a matlab toolbox for thermodynamics-based flux analysis. Bioinformatics, 35(1): 167-169.

Salvy P, Hatzimanikatis V. 2020. The ETFL formulation allows multi-omics integration in thermodynamics-compliant metabolism and expression models. Nat Commun, 11(1): 30.

Sanchez B J, Zhang C, Nilsson A, et al. 2017. Improving the phenotype predictions of a yeast genome-scale metabolic model by incorporating enzymatic constraints. Mol Syst Biol, 13(8): 935.

Sarin L P, Hirvonen J J, Laurinmäki P, et al. 2012. Bacteriophage ϕ6 nucleocapsid surface protein 8 interacts with virus-specific membrane vesicles containing major envelope protein 9. J Virol, 86(9): 5376-5379.

Savage D F, Afonso B, Chen A H, et al. 2010. Spatially ordered dynamics of the bacterial carbon fixation machinery. Science, 327(5970): 1258-1261.

Savoglidis G, Dos Santos A X da S, Riezman I, et al. 2016. A method for analysis and design of metabolism using metabolomics data and kinetic models: Application on lipidomics using a novel kinetic model of sphingolipid metabolism. Metab Eng, 37: 46-62.

Schäfer A, Tauch A, Jäger W, et al. 1994. Small mobilizable multi-purpose cloning vectors derived from the *Escherichia coli* plasmids pK18 and pK19: Selection of defined deletions in the chromosome of *Corynebacterium glutamicum*. Gene, 145(1): 69-73.

Schwarzhans J-P, Luttermann T, Geier M, et al. 2017. Towards systems metabolic engineering in *Pichia pastoris*. Biotechnol Adv, 35(6): 681-710.

Schyfter P. 2012. Technological biology? Things and kinds in synthetic biology. Biol Philos, 27: 29-48.

Scott S R, Din M O, Bittihn P, et al. 2017. A stabilized microbial ecosystem of self-limiting bacteria using synthetic quorum-regulated. Nat Microbiol, 2(8): 17083.

Sedlmayer F, Aubel D, Fussenegger M. 2018. Synthetic gene circuits for the detection, elimination and prevention of disease. Nat Biomed Eng, 2(6): 399-415.

Segrè D, Vitkup D, Church G M. 2002. Analysis of optimality in natural and perturbed metabolic networks. Proc Natl Acad Sci U S A, 99(23): 15112-15117.

Servinsky M D, Terrell J L, Tsao C-Y, et al. 2016. Directed assembly of a bacterial quorum. ISME J, 10(1): 158-169.

Sesterhenn F, Yang C, Bonet J, et al. 2020. De novo protein design enables the precise induction of RSV-neutralizing antibodies. Science, 368(6492): eaay5051.

Shang X, Chai X, Lu X, et al. 2018. Native promoters of *Corynebacterium glutamicum* and its application in L-lysine production. Biotechnol Lett, 40(2): 383-391.

Shen C R, Lan E I, Dekishima Y, et al. 2011. Driving forces enable high-titer anaerobic 1-butanol synthesis in *Escherichia coli*. Appl Environ Microbiol, 77(9): 2905-2915.

Shen F, Sun R, Yao J, et al. 2019. OptRAM: In-silico strain design via integrative regulatory-metabolic network modeling. PLoS Comput Biol, 15(3): e1006835.

Shi S, Ang E L, Zhao H. 2018. *In vivo* biosensors: Mechanisms, development, and applications. J Ind Microbiol Biotechnol, 45(7): 491-516.

Shinfuku Y, Sorpitiporn N, Sono M, et al. 2009. Development and experimental verification of a genome-scale metabolic model for *Corynebacterium glutamicum*. Microb Cell Fact, 8: 43.

Shong J, Collins C H. 2013. Engineering the esaR promoter for tunable quorum sensing-dependent gene expression. ACS Synth Biol, 2(10): 568-575.

Shong J, Collins C H. 2014. Quorum sensing-modulated and-gate promoters control gene expression in response to a combination of endogenous and exogenous signals. ACS Synth Biol, 3(4): 238-246.

Shong J, Diaz M R J, Collins C H. 2012. Towards synthetic microbial consortia for bioprocessing. Curr Opin Biotechnol, 23(5): 798-802.

Siedler S, Schendzielorz G, Binder S, et al. 2014. SoxR as a single-cell biosensor for NADPH-consuming enzymes in *Escherichia coli*. ACS Synth Biol, 3(1): 41-47.

Sierro N, Makita Y, De hoon M, et al. 2008. DBTBS: A database of transcriptional regulation in *Bacillus subtilis* containing upstream intergenic conservation information. Nucleic Acids Res, 36(SUPPL. 1): 93-96.

Smallbone K, Messiha H L, Carroll K M, et al. 2013. A model of yeast glycolysis based on a consistent kinetic characterisation of all its enzymes. FEBS Lett, 587(17): 2832-2841.

Smallbone K, Simeonidis E. 2009. Flux balance analysis: A geometric perspective. J Theor Biol, 258(2): 311-315.

Smith R W, Van Rosmalen R P, Dos Santos V A P M, et al. 2018. DMPy: A python package for automated mathematical model construction of large-scale metabolic systems. BMC Syst Biol, 12: 72.

St John P C, Strutz J, Broadbelt L J, et al. 2019. Bayesian inference of metabolic kinetics from

genome-scale multiomics data. PLoS Comput Biol, 15(11): e1007424.
Stephens K, Pozo M, Tsao C-Y, et al. 2019b. Bacterial co-culture with cell signaling translator and growth controller modules for autonomously regulated culture composition. Nat Commun, 10: 4129.
Stephens K, Zargar A, Emamian M, et al. 2019a. Engineering *Escherichia coli* for enhanced sensitivity to the Autoinducer-2 quorum sensing signal. Biotechnol Prog, 35(6): e2881.
Steuer R, Gross T, Selbig J, et al. 2006. Structural kinetic modeling of metabolic networks. Proc Natl Acad Sci U S A, 103(32): 11868-11873.
Sun J, Lu X, Rinas U, et al. 2007. Metabolic peculiarities of *Aspergillus niger* disclosed by comparative metabolic genomics. Genome Biol, 8(9): R182.
Sun L, Xin F, Alper H S. 2021. Bio-synthesis of food additives and colorants—A growing trend in future food. Biotechnol Adv, 47: 107694.
Swofford C A, Van Dessel N, Forbes N S. 2015. Quorum-sensing *Salmonella* selectively trigger protein expression within tumors. Proc Natl Acad Sci U S A, 112(11): 3457-3462.
Takahashi K, Ishikawa N, Sadamoto Y, et al. 2003. E-cell 2: multi-platform e-cell simulation system. Bioinformatics, 19(13): 1727-1729.
Takemoto N, Tanaka Y, Inui M. 2015. Rho and RNase play a central role in FMN riboswitch regulation in *Corynebacterium glutamicum*. Nucleic Acids Res, 43(1): 520-529.
Taketani M, Zhang J, Zhang S, et al. 2020. Genetic circuit design automation for the gut resident species bacteroides thetaiotaomicron. Nat Biotechnol, 38(8): 962-969.
Tamsir A, Tabor J J, Voigt C A. 2011. Robust multicellular computing using genetically encoded NOR gates and chemical ‘wires’. Nature, 469(7329): 212-215.
Tang S-Y, Qian S, Akinterinwa O, et al. 2013. Screening for enhanced triacetic acid lactone production by recombinant *Escherichia coli* expressing a designed triacetic acid lactone reporter. J Am Chem Soc, 135(27): 10099-10103.
Terrell J L, Wu H-C, Tsao C-Y, et al. 2015. Nano-guided cell networks as conveyors of molecular communication. Nat Commun, 6: 8500.
Thiele I, Jamshidi N, Fleming R M T, et al. 2009. Genome-scale reconstruction of *Escherichia coli*'s transcriptional and translational machinery: A knowledge base, its mathematical formulation, and its functional characterization. PLoS Comput Biol, 5(3): e1000312.
Tian R, Liu Y, Chen Junrong, et al. 2019. Synthetic N-terminal coding sequences for fine-tuning gene expression and metabolic engineering in *Bacillus subtilis*. Metab Eng, 55: 131-141.
Torcato I M, Kasal M R, Brito P H, et al. 2019. Identification of novel autoinducer-2 receptors in clostridia reveals plasticity in the binding site of the LsrB receptor family. J Biol Chem, 294(12): 4450-4463.
Toya Y, Nakahigashi K, Tomita M, et al. 2012. Metabolic regulation analysis of wild-type and arcA mutant *Escherichia coli* under nitrate conditions using different levels of omics data. Mol Biosyst, 8(10): 2593-2604.
Tran L M, Rizk M L, Liao J C. 2008. Ensemble modeling of metabolic networks. Biophysical Journal, 95(12): 5606-5617.
Tribelli P M, Nikel P I, Oppezzo O J, et al. 2013. Anr, the anaerobic global regulator, modulates the redox state and oxidative stress resistance in *Pseudomonas extremaustralis*. Microbiology

(Reading), 159(Pt 2): 259-268.

Tsai S-L, Oh J, Singh S, et al. 2009. Functional assembly of minicellulosomes on the *Saccharomyces cerevisiae* cell surface for cellulose hydrolysis and ethanol production. Appl Environ Microbiol, 75(19): 6087-6093.

Tsao C-Y, Hooshangi S, Wu H-C, et al. 2010. Autonomous induction of recombinant proteins by minimally rewiring native quorum sensing regulon of *E. coli*. Metab Eng, 12(3): 291-297.

Tungekar A A, Castillo-Corujo A, Ruddock L W. 2021. So you want to express your protein in *Escherichia coli*? Essays Biochem, 65(2): 247-260.

Ullah M, Xia L, Xie S, et al. 2020. CRISPR/Cas9-based genome engineering: A new breakthrough in the genetic manipulation of filamentous fungi. Biotechnol Appl Biochem, 67(6): 835-851.

Van Tilburg A Y, Cao H, Van der Meulen S B, et al. 2019. Metabolic engineering and synthetic biology employing *Lactococcus lactis* and *Bacillus subtilis* cell factories. Curr Opin Biotechnol, 59(February): 1-7.

Vazquez A, Beg Q K, DeMenezes M A, et al. 2008. Impact of the solvent capacity constraint on *E. coli* metabolism. BMC Syst Biol, 2: 7.

Vemuri G N, Eiteman M A, Altman E. 2002. Effects of growth mode and pyruvate carboxylase on succinic acid production by metabolically engineered strains of *Escherichia coli*. Appl Environ Microbiol, 68(4): 1715-1727.

Vera J M, Ghosh I N, Zhang Y, et al. 2020. Genome-scale transcription-translation mapping reveals features of *Zymomonas mobilis* transcription units and promoters. mSystems, 5(4): e00250-20.

Verma M, Choi J, Cottrell K A, et al. 2019. A short translational ramp determines the efficiency of protein synthesis. Nat Commun, 10(1): 5774.

Wang B, Barahona M, Buck M. 2015. Amplification of small molecule-inducible gene expression via tuning of intracellular receptor densities. Nucleic Acids Res, 43(3): 1955-1964.

Wang C, Zhang W, Tian R, et al. 2022b. Model-driven design of synthetic N-terminal coding sequences for regulating gene expression in yeast and bacteria. Biotechnol J, 17(5): 2100655.

Wang J, Cui X, Yang L, et al. 2017. A Real-time control system of gene expression using ligand-bound nucleic acid aptamer for metabolic engineering. Metab Eng, 42: 85-97.

Wang K, Shi T Q, Lin L, et al. 2022a. Advances in synthetic biology tools paving the way for the biomanufacturing of unusual fatty acids using the *Yarrowia lipolytica* chassis. Biotechnol Adv, 59: 107984.

Wang L, Hashimoto Y, Tsao C Y, et al. 2005. Cyclic AMP (cAMP)and cAMP receptor protein influence both synthesis and uptake of extracellular autoinducer 2 in *Escherichia coli*. J Bacteriol, 187(6): 2066-2076.

Wang M, Fan L, Tan T. 2014. 1-Butanol production from glycerol by engineered *Klebsiella pneumoniae*. RSC Adv, 4(101): 57791-57798.

Wang X, He Q, Yang Y, et al. 2018. Advances and prospects in metabolic engineering of *Zymomonas mobilis*. Metab Eng, 50(January): 57-73.

Wang X, Liu W, Xin C, et al. 2016. Enhanced limonene production in cyanobacteria reveals photosynthesis limitations. Proc Natl Acad Sci U S A, 113(50): 14225-14230.

Wannier T M, Ciaccia P N, Ellington A D, et al. 2021. Recombineering and MAGE. Nat Rev Methods Primers, 1(1): 1-24.

Wellington S, Greenberg E P. 2019. Quorum sensing signal selectivity and the potential for interspecies cross talk. mBio, 10(2): e00146-19.

Wiechert J, Gätgens C, Wirtz A, et al. 2020. Inducible expression systems based on xenogeneic silencing and counter-silencing and design of a metabolic toggle switch. ACS synth Biol, 9(8): 2023-2038.

Wilner O I, Weizmann Y, Gill R, et al. 2009. Enzyme cascades activated on topologically programmed DNA scaffolds. Nat Nanotechnol, 4(4): 249-254.

Wolf S, Becker J, Tsuge Y, et al. 2021. Advances in metabolic engineering of *Corynebacterium glutamicum* to produce high-value active ingredients for food, feed, human health, and well-being. Essays Biochem, 65(2): 197-212.

Wong L, Engel J, Jin E, et al. 2017. YaliBricks, a versatile genetic toolkit for streamlined and rapid pathway engineering in *Yarrowia lipolytica*. Metab Eng Commun, 5: 68-77.

Wu C, Huang J, Zhou R. 2017. Genomics of lactic acid bacteria: Current status and potential applications. Crit Rev Microbiol, 43(4): 393-404.

Wu F, Lopatkin A J, Needs D A, et al. 2019. A unifying framework for interpreting and predicting mutualistic systems. Nat Commun, 10: 242.

Wu H-C, Tsao C-Y, Quan D N, et al. 2013. Autonomous bacterial localization and gene expression based on nearby cell receptor density. Mol Syst Biol, 9: 636.

Wu Y, Chen T, Liu Y, et al. 2020a. Design of a programmable biosensor-CRISPRi genetic circuits for dynamic and autonomous dual-control of metabolic flux in *Bacillus subtilis*. Nucleic Acids Res, 48(2): 996-1009.

Wu Y, Liu Y, Lv X, et al. 2020b. Applications of CRISPR in a microbial cell factory: From genome reconstruction to metabolic network reprogramming. ACS Synth Biol, 9(9): 2228-2238.

Wu Y, Liu Y, Lv X, et al. 2020c. CAMERS-B: CRISPR/Cpf1 assisted multiple-genes editing and regulation system for *Bacillus subtilis*. Biotechnol Bioeng, 117(6): 1817-1825.

Wu Z, Wang Z, Wang G, et al. 2013. Improved 1,3-propanediol production by engineering the 2, 3-butanediol and formic acid pathways in integrative recombinant *Klebsiella pneumoniae*. J Biotechnol, 168(2): 194-200.

Xu P, Wang W, Li L, et al. 2014. Design and kinetic analysis of a hybrid promoter–regulator system for malonyl-coA sensing in *Escherichia coli*. ACS Chem Biol, 9(2): 451-458.

Xu Y, Holic R, Hua Q. 2020. Comparison and analysis of published genome-scale metabolic models of *Yarrowia lipolytica*. Biotechnol Bioproc E, 25(1): 53-61.

Xu Z, Sun J, Wu Q, et al. 2017. Find_tfSBP: Find thermodynamics-feasible and smallest balanced pathways with high yield from large-scale metabolic networks. Sci Rep, 7: 17334.

Yang D, Prabowo C P S, Eun H, et al. 2021. *Escherichia coli* as a platform microbial host for systems metabolic engineering. Essays Biochem, 65(2): 225-246.

Yang H, Liu L, Shin H, et al. 2013. Comparative analysis of heterologous expression, biochemical characterization optimal production of an alkaline α-amylase from alkaliphilic *Alkalimonas amylolytica* in *Escherichia coli* and *Pichia pastoris*. Biotechnol Prog, 29(1): 39-47.

Yang L, Mih N, Anand A, et al. 2019. Cellular responses to reactive oxygen species are predicted from molecular mechanisms. Proc Natl Acad Sci U S A, 116(28): 14368-14373.

Yang S, Du G, Chen J, et al. 2017. Characterization and application of endogenous phase-dependent promoters in *Bacillus subtilis*. Appl Microbiol Biotechnol, 101(10): 4151-4161.

Yang S, Kang Z, Cao W, et al. 2015. Construction of a novel, stable, food-grade expression system by engineering the endogenous toxin-antitoxin system in *Bacillus subtilis*. J Biotechnol, 219: 40-47.

Yang S, Mohagheghi A, Franden M A, et al. 2016. Metabolic engineering of *Zymomonas mobilis* for 2, 3-butanediol production from lignocellulosic biomass sugars. Biotechnol Biofuels, 9(1): 189.

Yang X, Mao Z, Zhao X, et al. 2021. Integrating thermodynamic and enzymatic constraints into genome-scale metabolic models. Metab Eng, 67: 133-144.

Yao R, Liu D, Jia X, et al. 2018. CRISPR/Cas9/Cas12a biotechnology and application in bacteria. Synth Syst Biotechnol, 3(3): 135-149.

Ye C, Luo Q, Guo L, et al. 2020. Improving lysine production through construction of an *Escherichia coli* enzyme-constrained model. Biotechnol Bioeng, 117(11): 3533-3544.

Ye J W, Chen G Q. 2021. Halomonas as a chassis. Essays Biochem, 65(2): 393-403.

Yim S S, An S J, Kang M, et al. 2013. Isolation of fully synthetic promoters for high-level gene expression in *Corynebacterium glutamicum*. Biotechnol Bioeng, 110(11): 2959-2969.

Yizhak K, Benyamini T, Liebermeister W, et al. 2010. Integrating quantitative proteomics and metabolomics with a genome-scale metabolic network model. Bioinformatics, 26(12): i255-i260.

You L C, Cox R S, Weiss R, et al. 2004. Programmed population control by cell-cell communication and regulated killing. Nature, 428(6985): 868-871.

Yu Q, Wang Y, Zhao S, et al. 2017. Photocontrolled reversible self-assembly of dodecamer nitrilase. Bioresour Bioprocess, 4: 36.

Yung M C, Bourguet F A, Carpenter T S, et al. 2017. Re-directing bacterial microcompartment systems to enhance recombinant expression of lysis protein E from bacteriophage phi X174 in *Escherichia coli*. Microb Cell Fact, 16: 71.

Zalatan J G, Lee M E, Almeida R, et al. 2015. Engineering complex synthetic transcriptional programs with CRISPR RNA scaffolds. Cell, 160(1-2): 339-350.

Zampieri G, Vijayakumar S, Yaneske E, et al. 2019. Machine and deep learning meet genome-scale metabolic modeling. PLoS Comput Biol, 15(7): e1007084.

Zarrinpar A, Park S H, Lim W A. 2003. Optimization of specificity in a cellular protein interaction network by negative selection. Nature, 426(6967): 676-680.

Zeng H, Yang A. 2019. Modelling overflow metabolism in *Escherichia coli* with flux balance analysis incorporating differential proteomic efficiencies of energy pathways. BMC Syst Biol, 13(1): 3.

Zeng W, Du P, Lou Q, et al. 2017. Rational design of an ultrasensitive quorum-sensing switch. ACS Synth Biol, 6(8): 1445-1452.

Zhang H, Graeff R, Chen Z, et al. 2011. Dynamic conformations of the CD38-mediated NAD cyclization captured in a single crystal. J Mol Biol, 405(4): 1070-1078.

Zhang K, Lu X, Li Y, et al. 2019. New technologies provide more metabolic engineering strategies for bioethanol production in *Zymomonas mobilis*. Appl Microbiol Biotechnol, 103(5): 2087-2099.

Zhang L, Zhao R, Jia D, et al. 2020. Engineering clostridium ljungdahlii as the gas-fermenting cell factory for the production of biofuels and biochemicals. Curr Opin Chem Biol, 59: 54-61.

Zhang Y, Cai J, Shang X, et al. 2017. A new genome-scale metabolic model of *Corynebacterium glutamicum* and its application. Biotechnol Biofuels, 10(1): 169.

Zhao E M, Suek N, Wilson M Z, et al. 2019. Light-based control of metabolic flux through assembly of synthetic organelles. Nat Chem Biol, 15(6): 589-597.

Zhao H M, van der Donk W A, 2003. Regeneration of cofactors for use in biocatallysis. Curr Opin Biotechnol, 14(6): 583-589.

Zheng Y, Li J, Wang B, et al. 2020. Endogenous type I CRISPR/Cas: From foreign DNA defense to prokaryotic engineering. Front Bioeng Biotechnol, 8: 62.

Zhou J, Zhuang Y, Xia J. 2021. Integration of enzyme constraints in a genome-scale metabolic model of *Aspergillus niger* improves phenotype predictions. Microb Cell Fact, 20(1): 125.

Zhu C, Li Q, Pu L, et al. 2016. Nonenzymatic and metal-free organocatalysis for in situ regeneration of oxidized cofactors by activation and reduction of molecular oxygen. ACS Catal, 6(8): 4989-4994.

第 7 章　合成生物学与食品生物技术

7.1　食品合成生物学的概念和特征

健康、安全、可持续的食品制造是人类健康和社会可持续发展的关键要素。目前，由于环境污染、气候变化、人口增长和资源枯竭，保障安全、营养和健康的食品供给已成为人类面临的巨大挑战。利用细胞工厂制造替代传统食品获取的方式，建立可持续的食品制造新模式，将大幅降低食品生产对资源和能源的需求，减少温室气体的排放，并且提升食品生产与制造的可控性，从而有效避免潜在的食品安全风险和健康风险。

利用合成生物学技术（图 7-1）创建细胞工厂，并且提升重要食品组分、功能性食品添加剂和营养化学品的合成效率，是解决目前食品制造面临的问题和主动应对未来挑战的重要研究方向。

纵观合成生物学发展历程（图 7-2）：1960～1990 年，生物调控机制的发现、DNA 重组技术的开发、多组学检测技术、高通量测序技术的飞速发展为合成生物学的发展奠定了坚实的基础；2000～2010 年，简单的基因线路设计、逻辑门反馈电路、合成基因组等多项技术涌现，合成生物学蓬勃发展；2010～2020 年，随着基因组编辑技术的突破与 DNA 合成成本的下降，合成生物学迎来了飞速发展，基因系统设计也愈加复杂。合成生物学经过几十年的发展，在医疗、工业、农业等领域迎来了新的发展机遇。

7.1.1　食品合成生物学的概念

食品合成生物学是在传统食品制造技术基础上，涵盖生物学、物理学、化学、数学、信息科学、工程学、食品科学和食品安全等多个领域（图 7-3），采用合成生物学技术，特别是食品微生物基因组设计与组装、食品组分合成途径设计与构建等，创建具有食品工业应用能力的人工细胞，将可再生原料转化为重要食品组分、功能性食品添加剂和营养化学品，从而解决食品原料和生产方式过程中存在的不可持续的问题，实现更安全、更营养、更健康和可持续的食品获取方式（陈坚，2019）。

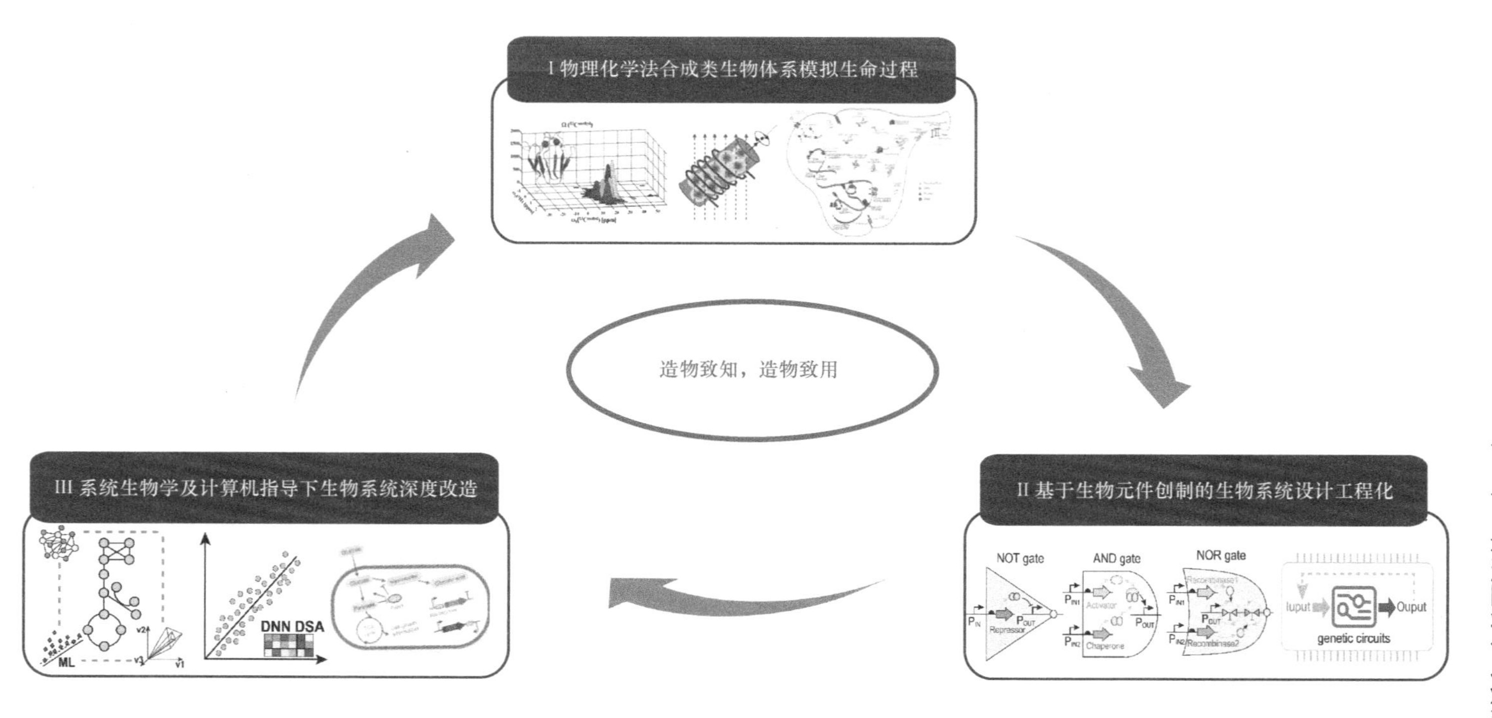

图 7-1　合成生物学：造物致知，造物致用

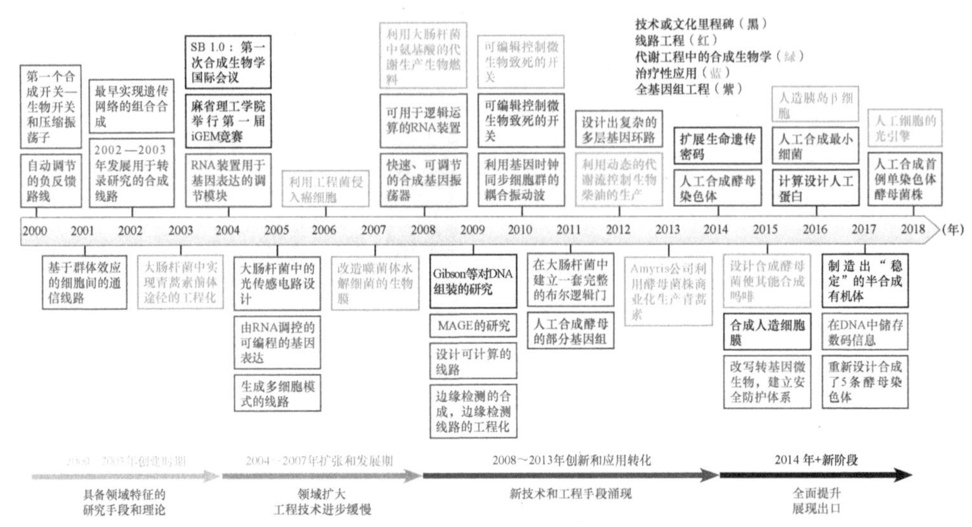

图 7-2 合成生物学发展历程（赵国屏，2018）

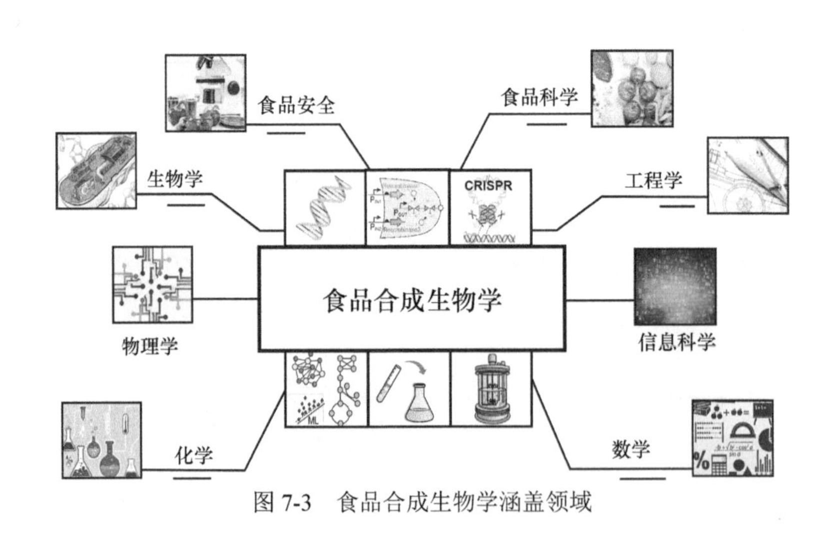

图 7-3 食品合成生物学涵盖领域

7.1.2 食品合成生物学的特征

食品合成生物学既是解决现有食品安全与营养问题的重要技术，也是面对未来食品可持续供给挑战的主要方法，能够解传统食品技术难以解决的问题。它主要有以下四个特征：①变革食品生产方式；②开发更多新的食品资源；③提高食品的营养并增加新的功能；④重构、人工组装与调控食品微生物群落。

7.2　生物元件的鉴定与标准化

合成生物学是设计和构建新的生物元件、装置和系统的科学领域。通过已知规律和已有信息进行设计，合成生物学能够重新设计已有的天然生物系统，甚至创造具备生命活动能力的细胞和生物个体。合成生物学的发展为解决生物学难题提供了新的研究思路，如生命起源、生物进化、复杂疾病和干细胞等问题。同时，合成生物学也为人类面临的环境、资源和能源等重大挑战提供了新的技术和方法。合成生物学将工程原理应用于生物系统，改变了生物技术的发展方向。在不到十年的时间里，合成生物学领域已经取得了许多技术应用，并为药品生产、生物基产品的生产和基因治疗提供了新的途径。

合成生物学的三大基本元素是生物元件、装置和系统。生物元件是遗传系统中最简单、最基本的生物积块（BioBrick），可以与其他元件组合形成具有特定生物学功能的生物学装置。2003 年，美国麻省理工学院创建了标准生物元件登记库（Registry of Standard Biological Parts），该库收集了满足标准化条件的生物元件。科学家可以提交自己设计的模块供他人使用，以设计更复杂的系统。标准生物元件登记库中的元件包括 DNA 序列和 RNA 序列，如启动子、转录单元、质粒骨架、核糖体结合位点（RBS）等。

尽管已经发现越来越多的生物元件，但很多元件还没有进行详细定性描述，并且无法保证其品质。生物元件的性能受底盘细胞类型和实验条件等因素影响，不一定总是表现相同的功能，并且发挥功能的时间也可能不同。为了解决这个问题，合成生物学研究者们发起了国际发展生物技术开放基金，旨在开发可免费使用的标准 DNA 元件，并对现有元件进行详细定性描述（Schyfter，2012）。

为了实现合成生物学的模拟设计，英国学者创建了一个标准虚拟生物元件库（SVP），为合成生物学提供模块化建模元件库。华盛顿大学的研究者创建了一个标准生物元件知识库（SBPkb），用于查询和检索生物元件，以支持合成生物学的研究和应用。为了提高生物元件的分散和交换，他们还开发了合成生物学公开语言语义框架（SBOL-semantic）。与自然界的生物元件资源相比，现有的合成生物学元件库只是很小的一部分。目前，我国也开始重视合成生物学的研究，启动了合成生物学的重大项目，关注生物元件的设计、构建和改造。

7.2.1　生物元件的挖掘与鉴定

1. 基于基因组或转录组信息挖掘鉴定生物元件

生物元件主要来源于自然界，因此获得生物元件的主要途径之一是从自然界中分离。以植物重要次生代谢产物合成途径关键生物元件的筛选与功能鉴定为例，虽然合成生物学的核心在于设计，但是对于结构多样而合成途径未知的天然化合物，合成途径的设计还需要向自然界学习，从其在自然界中的生物合成途径获得启发。在大规模基因组测序前，从自然界中分离生物元件主要是运用传统的分子克隆方法或基于保守序列的 PCR 方法。

近十年来，随着 DNA 测序技术效率的提高与成本的大幅下降，越来越多可生产重要天然产物的植物或微生物的基因组或转录组获得解析。通过生物信息学预测，直接从基因组或转录组数据中获得各种序列信息，为合成生物学提供丰富的信息资源。DNA 或 cDNA 数据的积累为天然产物的生物合成途径的解析奠定了重要基础，但对许多合成途径更复杂的天然产物而言，它们的合成途径仅仅被鉴定了其中的几个步骤，仍然需要大量的研究投入。例如，抗癌药物紫杉醇在红豆杉中的合成极其复杂，从二萜化合物前体 GGPP 开始到终产物紫杉醇包含 19 步酶促反应。Hezari 等（1995）克隆并鉴定了催化 GGPP 生成紫杉二烯（taxadiene）的合成酶，揭示了第一步反应。经过多年的努力，各国科学家还解析了后续步骤中涉及的 8 个细胞色素 P450 酶、5 个酰基/芳香基转移酶及 1 个氨基酸变位酶，而剩余的 5 个基因仍有待研究（Ajikumar et al.，2010）。另外，我国科学家在 2009 年基于 cDNA 芯片的功能基因组学挖掘获得了催化 GGPP 生成丹参酮前体次丹参酮二烯（miltiradiene）的合成酶 SmCPS 和 SmKSL（Zhou et al.，2012），2013 年又解析了催化次丹参酮二烯到弥罗松酚（ferruginol）的细胞色素 P450 酶（CYP76AH1）（Guo et al.，2013）。然而，最终生成丹参酮还涉及多步未知的酶促反应。

2. 通过基因组文库克隆与基因簇的分析鉴定生物元件

链霉菌是天然产物的重要来源之一，参与这些次级代谢产物合成的基因一般以成簇的形式排列，对这些基因的克隆与鉴定常常依赖于基因组文库的构建。禾粟链霉菌（*Streptomyces gramineārus*）产生的核苷肽类抗生素——谷氏菌素，具有抗细菌、支原体及抗病毒和肿瘤等活性。中国科学院微生物研究所牛国清研究员基于 HPLC、MS 和 NMR 确定了谷氏菌素的化学结构，并通过筛选禾粟链霉菌 F 黏粒（fosmid）文库克隆了完整的谷氏菌素生物合成基因簇，并在异源的底盘链霉菌中成功表达该基因簇。通过功能鉴定，已经确定生物合成基因簇中含有 1 个调控基因 *gouR* 和 14 个结构基因（*gouA*～*N*），通过体内遗传（基因敲除与互补）和中间积累产物的化学分析，对部分结构基因的功能进行了鉴定。基于这些实验结果和生物信息学分析，其生物合成途径推测如下：胞嘧啶首先与尿苷二磷酸葡糖醛酸（UDP-glucuronic acid）相连形成胞嘧啶葡糖醛酸（cytosylglucuronic acid，CGA），CGA 经氧化、胺化形成四氨基 CGA；随后活化的丝氨酸和肌氨酸依次与四氨基 CGA 相连，形成云南霉素；云南霉素的葡糖醛酸 C-6 位经氨化形成谷氏菌素。此外，对调控基因 *gouR* 进行深入研究，发现 GouR 可以调控谷氏菌素的合成和外排（Wei et al.，2014；Du et al.，2013；Niu et al.，2013）。

3. 利用宏基因组技术鉴定生物元件

随着微生物分子生态学技术的发展，人们认识到自然界中的大部分微生物是不可培养的，可培养的微生物仅占自然界中实际存在微生物的 1%，这些未培养微生物中必然蕴藏着巨大的生物元件资源。近年发展起来的宏基因组技术，可以让人们走出纯培养微生物的局限，从自然界，特别是极端环境中可以获得更丰富的生物资源，包括合成生物学所需要的各种生物元件。利用宏基因组技术，一方面，通过测序可以获得未培养微生物中的基因信息，以及许多未知的生物元件信息；另一方面，可以通过功能筛选，获得许多具有各种用途的功能基因。例如，对河底沉积物的富集培养物进行宏基因组测序后，找到了以 NO_2 为电子受体来氧化甲烷的新代谢途径（Ettwig et al.，2010）。

目前各国科学家利用宏基因组技术，从未培养微生物中分离获得许多有重要工业应用价值的酶基因，如酯酶基因（Chu et al.，2008）、脂肪酶基因（Jeon et al.，2009）、蛋白酶基因（Waschkowitz et al.，2009），以及从冰川冰的宏基因组文库中筛选到的 DNA 聚合酶 I 基因（Simon et al.，2009）。事实证明，从环境中未培养微生物的宏基因组中，基于序列筛选或宏基因组文库的功能筛选，可以挖掘到大量新的生物元件。

中国科学院合成生物学重点实验室在环境微生物宏基因组研究过程中建立了基于宏基因文库的糖基水解酶功能筛选平台（Geng et al.，2012；Yan et al.，2013），并以 454 焦磷酸测序技术获得的 2 个读长较短（约 230 bp）的厌氧沼气发酵微生物群落宏基因组数据为研究对象，利用优化的短序列拼接方法对上述宏基因组短序列进行拼接，得到了 167 个较长的、含有木质纤维素酶基因的重叠群（contig）（＞1 kb），其代表了整个厌氧沼气发酵群落中优势的糖基水解酶。在此基础上，设计引物验证了其中 50 个重叠群拼接的准确性，并利用这些引物对沼气发酵群落的 F 黏粒文库进行筛选，找到了含有这些重叠群的阳性克隆。对 11 个阳性克隆进行测序，发现有些 F 黏粒可以被拼接成更大的重叠群（Contig76N21 和 Contig76E20 的长度分别达到 80 kb 和 60 kb）（Wei et al.，2015）。在这些大的重叠群中，发现了含有多个纤维素降解相关基因的基因簇。例如，在 Contig76N21 和 Contig76E20 中，除了纤维素降解酶之外，还有一些调节纤维素酶基因表达的调控因子和编码 ABC 转运蛋白的基因成簇排列，这些大的基因簇应该来源于发酵群落中优势的纤维素菌，可能在纤维素的高效降解过程中发挥重要作用。同时，通过这些优势纤维素酶基因的分析，仅发现小部分基因编码形成纤维小体所需的 dockerin 结构域，这说明所研究的厌氧沼气发酵群落中纤维小体并不是优势的纤维素降解系统。此外，GH5 家族是纤维素降解中很重要的一种糖基水解酶，对拼接得到的 4 个具有全长序列的 GH5 家族基因在大肠杆菌中进行了表达。其中，Contig8188-GH5 编码的糖基水解酶具有较高的甘露糖酶酶活（2625 U/mg 蛋白质），其最适温度和最适 pH 分别为 60℃和 6.0，具有一定的工业应用潜力。这种优化的序列拼接方法也同样适用于高通量测序仪 Solexa 等来源的短读长宏基因组（150～300 bp）的拼接，适用于从各种环境中挖掘天然产物合成基因簇。

7.2.2 生物元件的标准化与组装

合成生物学对生物元件的组装提出了很高的要求，需要建立能够对大量生物元件进行组装的方便、快捷的方法，最终目标是实现生物元件组装的自动化。实现这一目标的前提之一是将生物元件标准化（王钱福等，2011）。

标准化元件在机械、电子和计算机工程等工业领域早有广泛的应用。由于标准化元件的应用，使得不同功能的元件和不同公司的产品能够方便地集成，从而使工业界能够生产出复杂而可靠的产品（Galdzicki et al.，2011）。与此类似，标准化生物元件的使用可以让不同实验室构建的生物元件都按照相同的规则进行组装，从而可以避免大量的重复劳动，缩短合成复杂的生物装置或者生命系统所需的时间。

美国麻省理工学院成立的标准生物元件登记库（Registry of Standard Biological Parts）已在生物元件的标准化方面开展了许多基础研究，包括建立新载体体系和对生物元件进行标准化处理、在生物元件两端接上统一的“接口”，这些标准化元件以及由它们相互连接所组成的标准生物模块被称为“生物积块”（BioBrick）。BioBrick 的组装方法包括标准组装（standard assembly）和分层组装（layered assembly）两种方法（Densmore et al.，2010）。标准组装方法主要利用限制性内切核酸酶酶切：每个标准生物元件的两端都含有 2 个规定的酶切位点，通常是 *Eco*R I 和 *Xba* I 酶切位点作为序列的前缀，*Spe* I 和 *Pst* I 酶切位点作为序列的后缀。经过这些同尾酶酶切后产生的黏性末端，可以让两个不同的标准元件进行连接，连接后产生的新元件的两端也具有标准生物元件所要求具备的酶切位点。分层组装主要利用 gateway 技术产生带有生物元件的组装载体，再将两个带有不同生物元件的组装载体进行组装（http://2008.igem.org/Team:UC_Berkeley/Layered Assembly）。以上两种组装方法产生的拼接产物本身也符合标准生物元件的要求，也属于标准生物元件，所以可以按照相同的方法与其他的标准元件再次进行连接，然后分阶段、逐次完成对目标序列的拼接。

以上两种组装方法，因为每次都只组装两种元件，因此称为二元组装法（binary assembly）。除了二元组装法，还有多元组装的方法（Saftalov et al.，2006；Kodumal et al.，2004；Ben Yehezkel et al.，2008）。目前主要是利用酵母菌同源重组的功能，将多个生物元件进行一次性体内拼装，合成含有多个基因的代谢途径，如 DNA assembler 等方法（Kodumal et al.，2004）。Gibson 等（2009）利用类似的方法，已经在酵母菌内成功合成了生殖支原体的基因组。除了体内重组外，序列不依赖型克隆（sequence and ligation independent cloning，SLIC）是一种不依赖于序列和连接反应的克隆方法，可利用同源重组，通过一个反应实现多个 DNA 片段在体外的有效重组（Li and Elledge，2007）。

随着合成生物学的发展，具有相似功能的生物元件会越来越多，那么如何对这些元件进行挑选，以达到系统或者装置的设计目标，这是一个非常重要的问题。一般方法是利用这些元件分别合成目标序列，然后比较它们的功能。但是，在目前的条件下，元件的数量越来越多，合成的步骤也越来越复杂，往往不可能针对所有候选元件进行实验。因此，利用计算机辅助设计（computer-aided design，CAD）来帮助生物元件的选择，已成为合成生物学一个重要的研究方向。Ellis 等（2009）就是通过构建数学模型，然后根据计算结果来选择适当强度的启动子，从而合成所需的基因回路，达到预期的实验目标。目前，已经有一些计算机软件来帮助建立数学模型，然后根据生物元件的生物学数据（动力学参数和启动子强度）来预测合成的系统是否符合设计的目标，从而帮助生物元件的选择。计算机辅助设计大大加快了合成生物学的研究速度（Hill et al.，2008；Chandran et al.，2009；Cai et al.，2010；Rialle et al.，2010；Weeding et al.，2010）。

随着合成生物学的发展，需要合成的目标序列所包括的元件数量越来越多，序列也越来越长，因此需要对目标序列的合成途径进行优化，以减少合成的时间、降低合成的成本。Densmore 等（2010）开发的算法可以高效地利用元件库中已经存在的元件，以及目标序列中的重复序列和多个目标序列之间存在的共有序列，从而优化单个目标序列或者多个目标序列（相互之间存在共有序列）的合成途径，大幅减少合成过程中所需要的阶段和步骤，从而加快合成的速度，降低合成的成本。

7.3　DNA 组装与重排技术

7.3.1　DNA 组装技术

DNA 组装（DNA assembly）是分子克隆（molecular cloning，即核酸片段的分子体内扩增）中不可或缺的步骤，它将目标核酸序列引入微生物体的载体

（vector）中。充当载体的通常是细菌的质粒。质粒是除基因组之外的环状 DNA，它易于储存、提取和转化，是基因工程的载体。质粒由三个部分组成：复制起始位点、抗性基因、多克隆位点（MCS）。其中，抗性基因用于表达抗生素抗性蛋白，筛选成功转入质粒的细菌；MCS 用于组装目标基因，商业化质粒的 MCS 往往含有多种限制酶且每个位点唯一。

1. SLIC

SLIC 是一种可以一次组装多个片段，不依赖于基因序列和连接反应的高效基因克隆方法（Li and Elledge，2007）。SLIC 在目标片段上构造重叠片段，并使得重叠片段形成互补的黏性末端。其步骤如下：①设计 PCR 引物，使得 DNA 片段拥有相邻片段的端部序列；②利用 T4 DNA 聚合酶的 3′端外切活性形成 DNA 片段的黏性末端；③退火，黏性末端互补，利用 DNA 聚合酶和 DNA 连接酶修补缺口。该方法的缺点是：无法应用于较短片段的连接（3'端外切无法准确控制长度）；聚合酶修补缺口时容易引入错误。

2. Gibson 组装

Gibson 组装的基本思路与 SLIC 无异，也是一种利用重叠片段的拼接策略。其改进之处在于将外切、聚合、连接集中于一个反应之中。2009 年，Gibson 以自己的名字命名了这种 DNA 组装方式。正是这种新颖的组装方式，组装了第一个人造生命。

组装反应溶液包括 T5 核酸外切酶、Phusion 聚合酶与 *Taq* 连接酶。5'外切酶首先将 DNA 片段的 3'端暴露，随后黏性末端互补，Phusion 聚合酶的聚合作用快于外切核酸酶的外切活性，最终追及缺口，由 *Taq* 连接酶补全。

3. Golden Gate 组装

Golden Gate 组装是一种利用限制性内切核酸酶进行一次多个片段组装的策略（Engler and Marillonnet，2014）。它使用了一种与众不同的限制性内切核酸酶 *Bsa* I，其识别序列与酶切序列不在同一位置。

限制性内切核酸酶 *Bsa* I 提供了这样两个特性：①酶切后的黏末端可以人为设计；②切口两侧仅有一侧拥有酶切位点。利用前一个特性，可以指定多个片段相互连接的先后顺序；利用后一个特性，可以保证在酶切活性的环境中，仅有正确连接的片段能保存完整，而错误连接的片段会再次被酶切。

4. BioBrick 组装

BioBrick 组装（Yamazaki et al.，2017）是最早提出的 DNA 标准化组装策略，是 iGEM 竞赛中最常用的组装策略。BioBrick 组装需要同尾酶。同尾酶

（isocaudarner）是指识别序列不同而酶切后黏性末端相同的序列，如 *Xba*I 与 *Spe*I。其黏性末端在退火后互补，但互补后的片段不再含有酶切位点。利用一组同尾酶和另外两个酶切位点（*Eco*RI、*Pst*I），BioBrick 实现了可重复的、顺序性的 DNA 拼接。例如，将 A 片段拼接在 B 片段之前，首先将 A 质粒用 E 与 S 酶切，将 B 质粒用 E 与 X 酶切；分别通过 PCR 扩增目标序列，随后将二者混合，退火并连接即可。连接后的质粒仍然带有 EX/SP 前缀与后缀，因此仍是一个可以继续连接组件的 BioBrick 元件。

5. LCR

LCR（ligase chain reaction）组装的思路与 PCR 有些相似。LCR 也是一种基于 *Taq* 连接酶的 DNA 组装方法，创建于 2016 年（Antoniou et al.，2016）。同 PCR 一样，LCR 也要求有一段单链“引物”，只不过在 LCR 中这段引物同时与两段 DNA 片段互补，成为单链桥接寡核苷酸（single strand bridging oligo）。高温下 DNA 变形后有一定概率恰好同时与此 LCR 引物结合，退火后用耐热连接酶修补缺口。经过多个循环，大量的 DNA 片段在桥接寡核苷酸的引导下被连接酶连接。

7.3.2　DNA 重排技术

1. DNA 重排技术的原理

DNA 重排（DNA shuffling）又叫有性 PCR（sexual-PCR）、分子杂交（molecular breeding）等，是一种反复性突变、重组过程，它是将一组紧密相关的核酸序列随机片段化，这些片段通过自配对 PCR 或重组装 PCR 延伸，最后组装成一个完整的核酸序列，在这个过程中引入突变并进行重组，这样通过核酸序列的迅速进化，提高核酸序列或其编码的蛋白质的功能（Stemmer，1994）。目的基因既可以是单一基因或相关基因家族，也可以是多个基因、一个操纵子、质粒甚至整个基因组。目的片段在 DNaseI 的作用下随机消化。随机片段的大小视整个目的 DNA 的长度而定，常常是 50～100 bp，也可以更小，而且随机片段大小与重组频率、突变频率密切相关，片段越小，突变、重组频率越高。通过控制 DNaseI 的用量、作用时间，可以控制随机片段的大小（表 7-1）。

表 7-1　DNA 重排与其他突变技术的区别（赵志虎和马清钧，2000）

类型		DNA 重排	EP-PCR	CM
靶序列	长度	基因、质粒、部分甚至全部基因组	≤0.5 kb	几十个碱基
	序列	无要求	无要求	已知
突变	类型	点突变、插入、缺失、倒转、整合等	点突变	点突变
	频率	可控，0.05%～0.7%	0.7%	固定
	区分	可区分阳、阴性突变，避免中性突变积累	无法区分	无法区分

续表

类型		DNA 重排	EP-PCR	CM
突变	组合	阳性突变迅速组合	困难	
重组	存在与否	存在	存在	不存在
	配对形式	Poolwise	Pairwise	不存在
	重组形式	非位点特异性	非位点特异性	不存在
	频率	很高，可控	较低	不存在
	同源要求	不严格	严格	不存在
重复	叠加效应	存在，阳性突变迅速积累，功能明显提高	不存在	不存在

注：EP-PCR，Err-prone PCR，易错 PCR 技术；CM，cassette mutation，盒式突变。

2. DNA 重排技术的应用

自从 1994 年 DNA 重排技术出现以来，就受到了人们的极大关注。该技术的开发者 Stemmer 博士于 1996 年创立了以该技术为平台的 Maxygen（Maximizing Genetic Diversity）公司。目前 DNA 重排技术已经得到广泛应用。

1）单基因的定向改造

目前，利用 DNA 重排技术已经成功地对许多酶如工业用酶、抗体及一些重要蛋白等进行了定向改造，使酶活性、底物特异性、抗体亲和性、蛋白质功能、热稳定性等得到了明显提高，比 CM、EP-PCR 要高效得多（Moore and Arnold，1996；Crameri et al.，1996a；Zhang et al.，1997）。与理性设计相比，DNA 重排与高通量筛选结合，在对某一蛋白结构方面所知信息甚少的情况下也可有效进化。

此外，利用 DNA 重排技术，还对一个绿色荧光蛋白（GFP）进行了改造（Crameri et al.，1996b），结果表明，不仅发光强度得到提高，而且在大肠杆菌中的溶解性也发生了变化，由包含体变为可溶状态，表达量也明显提高。这表明通过 DNA 重排，在优化某一特定功能（荧光光谱的迁移）时，蛋白质的多种其他特性，如密码子的使用、蛋白质折叠、蛋白酶的敏感性及基因表达强度等可同时得到优化，这是理性设计无法一次完成的。

2）序列相关基因的重排

当用 DNA 重排技术对单一基因进行改造时，重排结果多样性来源于 PCR 过程中引入的随机点突变。由于绝大多数点突变都是有害的或中性的，因此随机突变频率必须非常低，目的功能的进化比较缓慢。天然出现的同源序列，由于有害突变在漫长的进化过程中已经被淘汰掉了，因此富含“功能性”的多样性，利用这些同源序列作为起始模板，通过 DNA 重排进行重组，可以加速定向进化的过程，这就是所谓的家族性重排（Crameri et al.，1998）。

将 4 个不同基因（均编码一种抗生素水解酶）单独或同时组合在一起，利用 DNA 重排得到具有新的底物特异性产物（可以水解新的抗生素），通过对产物的产生效率进行比较发现，家族性重排比单独重排的有效率提高约 50 倍，而经过一次家族性重排得到的最好克隆含有 33 个氨基酸突变，来源于 3 个基因的 8 个不同片段；而且，相对于起始文库，这种进化后的提高是在一次循环中获得的，而不需要多次重复进行。

由于上述 4 个基因是来源于同一家族的不同种属，因此，与经典的杂交育种技术相比，DNA 重排可以允许我们迅速地将来源于不同种属的 DNA 组合在一起，打破了传统物种之间由于生殖隔离导致的界限。上述实验的成功同时也表明，利用不同种属之间的同源序列，通过 DNA 重排进行重组，可以加速体外定向进化过程，这是体外分子进化的一大进步。

3）生物代谢途径的改造

长期以来，人类一直利用微生物生产许多小分子药物，如大量的抗细菌、抗真菌、抗寄生虫、抗肿瘤物质及免疫抑制剂、心血管药物等。许多情况下，编码相关生物合成酶的基因都是已知的，并且常常以单一操纵子或基因簇的形式出现，而且参与合成的这些蛋白质又常常是一些复合酶体系，因此利用常规蛋白质工程或体外定向进化技术很难对这些生物合成途径进行理性化的改造以提高产量或产生同源物。但是，如果将整个代谢途径当作一个单元，利用 DNA 重排技术进行定向改造，则无需深入了解限速步骤及蛋白质结构和功能，例如，砷酸盐的解毒途径就通过上述策略得到了提高（Patten et al.，1997）。利用 DNA 重排技术，通过多种突变，可以有效协调一个代谢途径中不同基因间的相互作用，使总的代谢效果迅速进化，这是其他策略所无法完成的。

DNA 重排技术可以对序列相关基因进行改造，还可以对单一代谢途径进行优化，同时能够对多个代谢途径进行组合性改造，形成多样性的合成途径，导致生物小分子多样性的出现，产生“非天然”的天然小分子文库，用于先导化合物的筛选，这也就是所谓的组合性生物合成（Khosla and Zawada，1996）。

4）对整个基因组的改造

由于扩增长片段 DNA 技术的发展，利用 DNA 重排技术，也可以对一些小的全长基因组（如许多 5～15 kb 大小的病毒）进行改造。

有三种野生型乳头瘤病毒已经被成功地进行了重排（Patten et al.，1997）。这种方法有可能克服病毒不能在成纤维细胞中生长的困难，使其能在容易操作的组织培养基中生长，从而为药物筛选奠定基础。

腺病毒是使用最广泛的基因治疗载体，目前已经发现了 100 多种不同表型的亚类，而尾丝、五邻体基因是主要的组织特异性决定基因，它们负责细胞的黏附，其中五邻体蛋白与细胞整合素作用、尾丝蛋白与细胞受体结合。如果将腺病毒的尾丝、五邻体基因进行重排，使其能选择性地导向特异的细胞类型，在基因治疗及作为疫苗运输载体方面，也将具有极大的应用价值。

7.4 基因编辑工具设计与开发

基因编辑（gene editing）是利用核酸酶在基因靶位点切断 DNA 双链，形成 DNA 双链断裂，经细胞内的非同源末端连接（non-homologous end joining，NHEJ）和同源重组（homologous recombination，HR）机制进行修复（Mahfouz et al.，2011）。其中，基因组定点编辑即在基因组中高效而精确地实现对基因的剪切和修饰，对基因相关遗传性疾病、了解疾病的病因价值极大。CRISPR/Cas 系统由可以整合外源性 DNA 片段的 CRISPR 序列和发挥特异性剪切作用的 Cas 核酸内切酶构成，是继锌指核酸酶（zinc finger nuclease，ZFN）、转录激活因子样效应物核酸酶（transcription activator-like effector nuclease，TALEN）技术之后的最新基因编辑技术。由于 ZFN 和 TALEN 系统构建复杂、周期长、成本高、准确性低，其应用受到限制（Wang et al.，2013）；而 CRISPR/Cas9 系统对特异位点的识别是在指导 RNA 下完成碱基互补配对，其操作难度大大降低，并且指导 RNA 只有 20～30 个碱基，整个载体相对较小，构建过程相对简单，故 CRISPR/Cas9 基因编辑系列技术简单、成本低、准确性高，在基因编辑和基因表达调节等方面具有非常广阔的应用前景。

7.4.1 CRISPR/Cas 系统概述

1. CRISPR/Cas 系统的发现与发展

CRISPR/Cas 系统结构从发现到功能的确定共经历 20 余年的时间，近年来其结构和作用机制逐渐得到阐明。CRISPR/Cas 系统是细菌长期进化过程中抵御噬菌体入侵和外源质粒转移而形成的一种获得性免疫系统，该系统的发现最早可追溯到 1987 年，日本的 Ishino 研究团队在大肠杆菌的碱性磷酸酶基因中观察到一个 29 bp 的重复序列（Ishino et al.，1987），这一发现在当时并没有引起人们的关注，但随后更多的研究发现在细菌和古细菌中广泛存在这种重复序列，直到 2002 年将其正式命名为成簇规则间隔短回文重复序列（clustered regularly interspaced short palindromic repeat，CRISPR）（Jansen et al.，2002a，b；Mojica et al.，1995），同时 CRISPR 相关蛋白也得以命名（Wang et al.，2013）。2005 年，三组生物信息学团队报道了 CRISPR 中的间隔 DNA 序列与入侵细菌的外源核酸序列相符合，推测 CRISPR 系统在微生物免疫中可能起到作用（Pourcel et al.，2005；Mojica et al.，

2005；Bolotin et al.，2005）。Barrangou 等（2007）的研究证实，CRISPR 系统可以从噬菌体基因组上取得新的间隔序列，从而获取相应的免疫能力。2010 年，CRISPR 的基本功能和机制变得清晰。2011 年，Charpentier 团队发表了完整的 CRISPR/Cas9 系统的结构，预测了其在基因组工程中极大的潜在价值（Deltcheva et al.，2011）。2012 年，由 RNA 介导的基因组编辑技术 CRISPR/Cas9（CRISPR/CRISPR associate 9）系统开始发展起来（Jinek et al.，2012；Gasiunas et al.，2012）。2013 年，两项研究同时实现从嗜热链球菌和酿脓链球菌中设计 II 型 CRISPR 系统，并完成在哺乳动物细胞中的基因组编辑（Mali et al.，2013；Sander and Joung，2014；Cong et al.，2013）。从此，作为新一代的基因组编辑技术，CRISPR 系统具有广阔的发展空间和应用前景（Cong et al.，2013）。

2. CRISPR/Cas 系统的结构

CRISPR/Cas 系统主要由前导序列（leader sequence，LS）、CRISPR 基因座及 CRISPR 相关基因（CRISPR-associated gene，Cas gene）组成。前导序列位于 CRISPR 第一个重复序列的上游 200～500 bp 处，其序列中富含 AT（Haft et al.，2005），在 CRISPR/Cas 系统中为新间隔序列的获得提供识别位点（Yosef et al.，2012），并作为转录时的启动子（Hale et al.，2012）。CRISPR 基因座是由长度相似的重复序列和间隔序列排列而成的 CRISPR 阵列，重复序列长度为 21～48 bp，其序列存在二重对称性，即可以形成发夹结构，重复次数多达 250 次，是 Cas 蛋白的结合区域（Kunin et al.，2007；Jansen et al.，2002a）。间隔序列是高度可变的序列，具有丰富的多样性，间隔序列长度与细菌种类和 CRISPR 位点有关，长度一般为 20～72 bp（Kunin et al.，2007）。该序列与噬菌体或质粒序列存在高度同源性（Boch et al.，2009；Ishino et al.，1987），甚至有一些间隔序列与噬菌体基因组序列完全一致（Horvath et al.，2008），这表明间隔序列来源于噬菌体基因组。每个重复序列与间隔序列构成一个 CRISPR 单位，数个 CRISPR 单位构成 CRISPR 阵列。CRISPR 相关基因是靠近 CRISPR 基因座附近的一组高度保守基因群，其所编码的 Cas 蛋白，包含核酸内切酶、解旋酶以及与核糖核酸结合的结构域，能够识别外源 DNA，通过位点特异性的切割将入侵 DNA 切断（Makarova et al.，2002）。

3. CRISPR/Cas 系统的分类

根据 CRISPR/Cas 系统中 Cas 蛋白参与作用与功能不同，CRISPR/Cas 系统分为以下三种类型，即 I 型、II 型和 III 型。I 型 CRISPR/Cas 系统中起主要作用的是 *Cas3* 基因，它编码的 *Cas3* 蛋白具有解旋酶活性及 DNA 酶活性，是干扰阶段起主要作用的酶。II 型 CRISPR/Cas 系统（Sinkunas et al.，2011）起主要作用的是 *Cas9* 基因，该系统可以分为 3 个亚型，即具有 *Cas2* 附加基因的 Type II-A 系统、具有 *Cas4* 附加基因的 Type II-B 系统和无附加基因的 Type II-C 系统（Makarova et al.，

2011）。III 型 CRISPR/Cas 系统可编码聚合酶和 RAMP 分子，分为两个亚型，即识别靶 DNA 序列的 Type III-A 系统和识别 RNA 的 Type III-B 系统。另外，根据 Cas 蛋白功能不同，可将 CRISPR/Cas 系统分为两类：一类是由单亚基蛋白完成定点靶向和切割过程，目前该类系统仅在细菌中发现；另一类则是由多亚基结构的 crRNA-蛋白复合体完成 crRNA 加工、靶向定位和剪切，这类系统广泛存在于古细菌及细菌中。多亚基的 CRISPR/Cas 系统较为复杂，因此在基因编辑上应用并不多，而单亚基蛋白如 Cas9 蛋白、Cas12a 蛋白等，由于其原理简单、操作方便等优点，应用较为广泛。

4. CRISPR/Cas 系统的作用机制

CRISPR/Cas 系统的作用机制可归纳为适应、表达和干扰三个阶段。在适应阶段，CRISPR/Cas 系统获得新的间隔序列。当噬菌体或质粒进入含有 CRISPR/Cas 系统的细菌和古细菌中时，宿主体内的 CRISPR 相关蛋白复合体与噬菌体或质粒 DNA 的原间隔序列邻近基序（protospacer adjacent motif，PAM）结合，将与 PAM 毗邻的一段 DNA 序列作为候选的原间隔序列（protospacer），然后在相关蛋白质的作用下（Beloglazova et al.，2008），将原间隔序列整合至前导序列与第一个重复序列之间，形成一个新的间隔序列，从而使得 CRISPR 基因座中存在该噬菌体或质粒的序列信息，为细菌的获得性免疫奠定了结构基础。在表达阶段，CRISPR/Cas 系统表达产生成熟的 CRISPR RNA（crRNA）。当噬菌体或质粒再次入侵时，CRISPR/Cas 系统的前导序列发挥“启动子”样的作用，启动转录并转录出一段序列特异的 CRISPR RNA 前体（pre-crRNA），经加工剪接成为成熟的 crRNA。该加工过程是由 Cas 蛋白催化的，不同 CRISPR/Cas 系统中参与该催化过程的 Cas 蛋白不同（Makarova et al.，2002）。在干扰阶段，CRISPR/Cas 系统实现对靶基因的裂解。pre-crRNA 在 Cas 蛋白的作用下被加工为成熟的 crRNA。后者与 Cas 蛋白结合形成蛋白复合物，该蛋白复合物中 crRNA 的间隔序列识别入侵的噬菌体或质粒的核酸序列并与之互补结合，随后对外源 DNA 或 RNA 的特定位点进行切割，使得外源核酸的序列因其完整性受到破坏而无法在宿主体内进行自我复制（Wiedenheft et al.，2009，2011；Haurwitz et al.，2010）。

7.4.2 CRISPR/Cas9 系统在微生物合成生物学中的应用

Cas9 蛋白是一种单亚基的核酸酶，是目前微生物合成生物学研究中使用的 CRISPR 系统中最常用的切割组件，通常将该类系统称为 CRISPR/Cas9 系统。该系统在进行基因编辑时，tracrRNA（trans-activating crRNA）、pre-crRNA 和 Cas9 蛋白先被转录和表达出来；接着，tracrRNA 启动 RNA 酶III修饰 pre-crRNA，形成成熟的 crRNA；然后 crRNA、tracrRNA 和 Cas9 蛋白形成复合物，通过 crRNA 的识别作用将复合体靶向目标 DNA，与此同时，tracrRNA 激活 Cas9 蛋白；最后，Cas9 发挥核酸酶的作用切割目标 DNA，使其产生双链断裂（double-strand break，DSB）（Deltcheva et al.，2011）。产生 DSB 后，细胞可通过不同修复方式修复 DNA 双链。在该系统中，crRNA 和 tracrRNA 可被一种单一指导 RNA（single-guide RNA，sgRNA）取代，简化识别组件 RNA。为了确保复合体的成功识别，在 sgRNA 的靶序列下游必须含有 PAM（Jinek et al.，2012）。PAM 是位于靶向 DNA 的 3′端后长度为 3 bp 的序列，供 sgRNA 和 Cas9 蛋白复合体识别，其序列组合取决于 Cas9 蛋白种类，通常为 NGG（Marraffini and Sontheimer，2010）。CRISPR/Cas9 系统通过上述过程可在微生物中实现基因的缺失、添加和替换等基因编辑操作，使微生物表现出与编辑前不同的特性，实现特定的生物学功能。微生物合成生物学的两个最重要的目的是改造已有的微生物底盘细胞或创造新的底盘细胞，使其实现特定的生物功能。因此，设计和构建元件库来改造、编辑或合成微生物底盘细胞基因组是合成生物学的重点研究内容（图 7-4）。

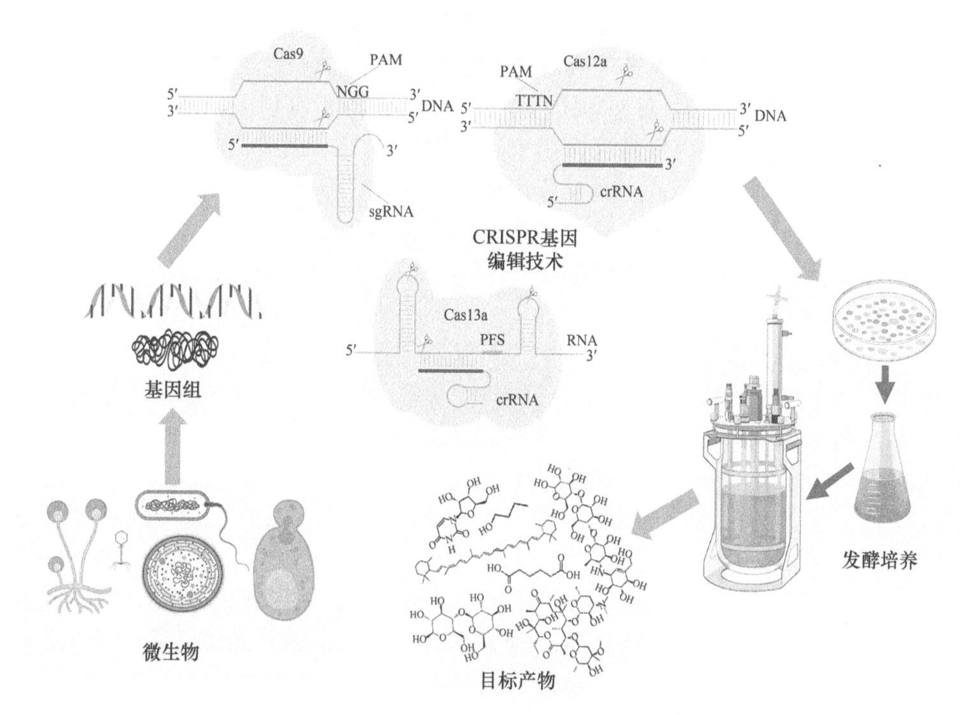

图 7-4　CRISPR/Cas 系统在微生物合成物学领域研究和应用（李洋等，2021）

CRISPR 基因编辑技术以及在 CRISPR/Cas9 系统基础上发展的 CRISPR/Cas12a、CRISPR/Cas13 等在不同微生物中生产特定产品

1）CRISPR/Cas9 系统在大肠杆菌基因编辑中的应用

大肠杆菌（*Escherichia coli*）由于其易于培养、增殖时间短、对环境的耐受性强、基因操作容易等特点，是微生物合成生物学研究中的重要模式生物（Pontrelli et al.，2018）。因此，在大肠杆菌中构建 CRISPR/Cas9 系统十分重要。Jiang 等（2013）首先在大肠杆菌中使用了 CRISPR/Cas9 系统，通过 Cas9 切断目的基因，由 λ-Red 蛋白修复实现目的基因的编辑，将突变序列引入宿主，证实了该系统在大肠杆菌中可有效进行基因编辑，突变率达到 65%。2015 年，天津大学赵学明团队改造了 CRISPR/Cas9 系统，使其可进行迭代基因编辑，从而降低多基因编辑的循环时间；该系统同时对 3 个基因进行编辑的效率接近 100%（Li et al.，2015）。同年，中国科学院上海生命科学研究院杨晟团队成功构建了一个大肠杆菌 CRISPR/Cas9 基因编辑平台，通过双质粒系统巧妙地同时实现了基因的断裂、重组修复和质粒的消除（Jiang et al.，2015）。该团队简化了编辑方法，只需要替换质粒中与靶 DNA 识别的 20 个碱基（N20），即可编辑不同的基因，而在质粒上引入多个具有特定 N20 结构的 sgRNA 的序列即可完成多基因的编辑。Zhao 等（2016）通过一个质粒就实现了单一基因的编辑，节省了质粒构建的时间。编辑平台的建立在一定程度上方便了 CRISPR/Cas9 技术在大肠杆菌中的应用，同时提高了编辑效率，节约了时间。但与此同时，有些问题被暴露出来，如供体 DNA（donor DNA）长度不能太长、一次编辑的基因数量不能过多等。为了将多个基因或大片段基因整合进大肠杆菌，Chung 等（2017）通过优化实验条件并结合 λ-Red 重组蛋白和线性 dsDNA，实现供体 DNA 和 lacZ 基因的高保真替换，效率达 99%，同时实现了长度分别为 2.4 kb、3.9 kb、5.4 kb 和 7.0 kb DNA 片段的整合，效率分别达到 91%、92%、71%和 61%。研究发现，随着引入大肠杆菌基因组片段长度的增加，编辑效率逐步降低。为了进一步提高转入长片段的基因编辑效率，Li 等（2019）采用将大片段分割成多个片段进而重新整合的方法，每轮整合只提供小同源片段，同时优化了 gRNA（guide RNA）和 Cas9 蛋白，成功将长度为 15 kb 的大片段引入大肠杆菌基因组。在大肠杆菌基因编辑过程中，通常需要引入 HDR 系统（如 Red 重组系统）完成编辑后 DSB 的修复，而 NHEJ 修复很难在原核生物中实现（Wilson et al.，2003）。为了使大肠杆菌摆脱对 HDR 系统的依赖、提高修复效率，有研究者将真核生物的 NHEJ 修复系统引入大肠杆菌中。Zheng 等（2017）通过引入耻垢分枝杆菌（*Mycobacterium smegmatis*）的 NHEJ 系统，在大肠杆菌中突变 *lacZ* 基因，同时敲除 *glnALG* 操纵子及两段长度分别为 67 kb 和 123 kb 的大片段 DNA。为了进一步解决大肠杆菌对外源 HDR 系统或 NHEJ 系统的依赖，Huang 等（2019）通过优化大肠杆菌天然的末端连接（ENEJ）系统，实现了 83 kb 以下 DNA 片段的缺失或失活。这些研究都有效地提高了大肠杆菌基因编辑的效率，也为 CRISPR/Cas9 编辑系统在大肠杆菌中的应用提供了有力保障。

微生物合成生物学的一个重要目标是对已知生命体进行基因编辑，高效合成目标产品。因此，有大量的 CRISPR/Cas9 系统被应用于提高目标产物生产效率的研究。天津大学研究团队利用 CRISPR/Cas9 基因编辑平台强化 EMP 途径和 β-胡萝卜素生产相关途径，构建了超过 100 种基因突变的突变文库，最终，含有 15 个修饰基因的大肠杆菌在发酵罐中生产了 2.0 g/L β-胡萝卜素（Li et al.，2015）。Li 等（2019）通过 CRISPR/Cas9 系统将 *pyr* 操纵子、*ppc* 和核糖磷酸焦磷酸激酶基因（*prs*）整合到大肠杆菌染色体中，生产了 5.6 g/L 尿苷。Abdelaal 等（2019）敲除木糖产乙醇菌株的内源性乙醇生产基因后，引入生产正丁醇的相关基因，在大肠杆菌中生产了 4.32 g/L 正丁醇。Jung 等（2019）在大肠杆菌中利用 CRISPR/Cas9 系统敲除了丙酮酸甲酸裂解酶（*Pflb*）、乳酸脱氢酶（*IdhA*）、乙醇脱氢酶（*AdhE*）和转录调节因子（*Fnr*）的 4 个编码基因，降低副产物的生成，并过表达转氢酶基因 *pntAB* 使聚羟基脂肪酸酯在摇瓶中产量达到 32 g/L。Zhao 等（2018）在原有研究基础上用 CRISPR/Cas9 系统敲除了琥珀酰辅酶 A 连接酶基因（*sucD*），促进了己二酸合成前体琥珀酰辅酶 A 的积累，使目标产物己二酸的产量达到 68.0 g/L。这些研究表明，利用 CRISPR/Cas9 系统对大肠杆菌进行基因编辑的技术已十分成熟。但是，大肠杆菌仍具有不耐受强酸、有机溶剂和噬菌体等缺点，因此，提高大肠杆菌对目标产物或噬菌体的耐受性，可在一定程度上提高目的产物的产量或降低噬菌体污染的风险。Ou 等（2019）通过引入 N & P 系统在宿主中表达甲酰胺酶和亚磷酸酯脱氢酶，使目标大肠杆菌能够以甲酰胺和亚磷酸酯为氮源及磷源生长，同时引入 CRISPR/Cas9 系统协助大肠杆菌增强抵抗 T7 噬菌体攻击的能力，开发出了耐受性较强的大肠杆菌 BL21（DE3）菌株，在工业发酵中具有很大的应用潜力。综上所述，CRISPR/Cas9 系统在大肠杆菌合成生物学中的应用非常广泛且较为成熟，但是该系统在细菌中的应用还存在脱靶率较高、编辑成功率较低、多位点同时编辑效率低且应用困难、PAM 序列依赖等问题，因此需要通过进一步的研究和开发（如拓展 PAM 序列、计算机辅助设计蛋白定点突变提高切割效率等），来完善和提高该系统在大肠杆菌基因编辑中的大规模应用。

2）CRISPR/Cas9 系统在酵母基因编辑中的应用

酿酒酵母（*Saccharomyces cerevisiae*）是常用真核模式生物，不仅可以生产乙醇（Lee et al.，2014），还常常作为合成生物学和代谢工程等领域的宿主菌，生产多种高附加值化学品，如青蒿素（Paddon et al.，2013）等。为了满足科学研究和工业化的需求，CRISPR/Cas9 系统在酵母菌合成生物学研究中的应用越来越多，也日趋成熟。在 sgRNA 的设计方面，已经出现了一些非常方便的工具网站，如“Yeastriction Web Tool”，这些工具的出现极大地方便了在酿酒酵母中进行基因编辑的操作（Mans et al.，2015）。早在 2013 年，就有研究者使用 90 bp 的双链

DNA 作为同源修复的模板，在 *can1* 位点实现 100%的编辑效率（DiCarlo et al.，2013）。2015 年，Horwitz 等证明了线性化质粒与多个 sgRNA 和供体 DNA 的共转化促进了大片段高效多重基因整合，并将 6 个总长度为 24 kb 的片段成功整合在酵母基因组中（Horwitz et al.，2015）。但是，这些供体 DNA 同时整合的概率较低，因此有研究人员将 HDR 系统引入到 sgRNA 上，构建了同源整合 CRISPR（homology-integrated CRISPR，HI-CRISPR）系统。利用此方法，敲除了精氨酸透性酶基因（*can1*）、磷酸核糖酰氨基咪唑羧化酶基因（*ade2*）、赖氨酸透性酶基因（*lyp1*）3 个基因（Bao et al.，2015）。Ryan 等（2014）将 δ 肝炎病毒核糖酶与 sgRNA 相连以提升 sgRNA 丰度，构建多重 CRISPR（CRISPRm）系统，对多个位点进行敲除，编辑效率接近 100%。Mans 等（2015）在酵母菌中构建简单快速的敲除平台，使用含有两个 sgRNA 的质粒，一步转化后可以同时引入 6 个基因，促进了 CRISPR/Cas9 系统在酵母中的快速、标准、高效应用。Shi 等（2016）构建了一个新的平台 Di-CRISPR（delta-integration CRISPR/Cas），用于高效、无标记、单步、多拷贝的酿酒酵母生化途径的整合，可整合长度达 24 kb、共计 18 个拷贝的基因片段。Bao 等（2018）开发了一种 CRISPR/Cas9 同源定向修复基因组工程（CHAnGE）的方法，可快速编辑基因组单核苷酸，超过 98%的目标序列被成功编辑，平均编辑效率为 82%，并利用该方法构建了一个突变酵母文库。刘子鹤团队构建了一种 gRNA-tRNA 阵列 CRISPR/Cas9（GTR-CRISPR）系统，用于酿酒酵母的多基因编辑，该系统能以 80%的敲除效率同时敲除 8 个基因，极大地提高了酿酒酵母基因组的编辑效率（Zhang et al.，2019）。

这些平台的构建使酵母合成生物学得到快速发展，并应用于许多其他种类的工程酵母菌中。Ryan 等（2014）利用 CRISPRm 系统在二倍体酵母中改良纤维二糖利用途径，使得纤维二糖发酵速率提高 10 倍以上。Jakočiūnas 等（2015）尝试了很多基因敲除的组合，在没有过表达甲羟戊酸（MVA）途径相关基因的情况下，得到了比野生型菌株 MVA 产量高 41 倍的工程菌株。Shi 等（2016）利用 Di-CRISPR 平台构建了一个利用木糖生产(*R*,*R*)-(−)-2,3-丁二醇的酵母菌株，产量高达 12.51 g/L。Lian 等（2017）提出了一种三功能 CRISPR 系统组合代谢工程策略，命名为 CRISPRAID，其结合了酵母的转录激活、转录干扰和基因敲除三种功能。这种策略能够以模块化、高通量的方式调控代谢网络，使 β-胡萝卜素的产量提升了 3 倍。同年，Reider-Apel 等构建了一个基于 CRISPR/Cas9 的无克隆工具包，该工具包包括 23 个 Cas9-sgRNA 质粒、37 个表达强度和表达时间不同的启动子，以及 10 个蛋白质定位、降解和助溶标签，解决了酵母基因操作中染色体整合位点选择、启动子选择、蛋白质定位和溶解性不高等问题，同时优化了紫杉醇合成酶的表达，使紫杉二烯的产量提高了 25 倍（Reider-Apel et al.，2017）。Xue 等（2018）通过使用 CRISPR/Cas9 技术完全敲除乙醇脱氢酶基因（*ADH2*），使生物乙醇的产量提高了 74.7%。刘子鹤团队通过 GTR-CRISPR 平台简化了酵母脂质代谢网络，将游离脂肪酸产量提高了 30 倍（Zhang et al.，2019）。另外，通过 CRISPR/Cas9 系统对生物乙醇（Yang et al.，2018；Xue et al.，2018）、3-羟基丙酸（Takayama et al.，2018）、萜类（Wang et al.，2018）和青蒿素类（Ai et al.，2019）的生物合成过程进行编辑和增强，这些物质的产量均得到了很大的提升。这些研究说明酵母中 CRISPR/Cas9 系统的发展和应用已经非常成熟。基于此，大量高效、创新、实用的 CRISPR/Cas9 系统不断被开发出来，服务于酵母合成生物学的研究与发展。

微生物合成生物学的另一个重要目标就是人工设计并合成底盘生物。天津大学元英进课题组运用 CRISPR/Cas9 系统构建了人工合成酿酒酵母 5 号染色体（Xie et al.，2017），拓宽了该系统在酵母中应用的外延。另外，中国科学院分子植物科学卓越创新中心覃重军课题组利用该系统将酿酒酵母天然的 16 条染色体整合为 1 条具有完整功能的染色体 SY14，并进一步利用该系统将其构建为环状染色体（Shao et al.，2019，2018）。这些研究为 CRISPR/Cas9 在微生物合成生物学中的应用和发展提供了新的思路与方向，也证明了该系统在酵母中的应用效果优于在细菌中，可作为一种强有力的基因编辑工具在更多的研究和实践中大规模使用。

7.5　微生物底盘细胞的构建和应用

合成生物学是在基因工程的基础上整合了电子学、计算机学、数学等多门学科的内容，主要通过 DNA 合成、代谢途径的组装和基因回路的设计等方面来构建新的代谢途径，或者从头合成全新的微生物基因组。代谢工程旨在优化和重编程细胞代谢网络来增强目标产物的合成或赋予细胞合成新的生物化学品，侧重先整体分析、后局部分析，再到代谢节点进行遗传改造。近年来，基于合成生物学方法和代谢工程技术构建的微生物底盘细胞已经被广泛应用于食品生产。

7.5.1　枯草芽孢杆菌底盘细胞的构建和应用

作为一种典型的革兰氏阳性菌和模式工业微生物，枯草芽孢杆菌（*Bacillus subtilis*）具有非致病性、强大的胞外分泌蛋白能力以及无明显的密码子偏爱性等优点，并且属于一般公认安全（generally recognized as safe，GRAS）食品给宿主菌，在功能营养品、精细化学品和酶制剂的生产中具有广泛应用（Liu et al.，2013a）。然而，相较于大肠杆菌，*B. subtilis* 底盘细胞的开发还存在较明显的滞后（Juhas et al.，2014）。因此，设计和构建性能优良的 *B. subtilis* 底盘细胞具有重要的科学意义与应用价值。目前，利用 *B. subtilis* 底盘细胞已生产出多种天然生物化学品，如七烯甲萘醌（Cui et al.，2019）、核黄素（Wang et al.，2011）、软骨素（Jin et al.，2016）、L-天冬酰胺酶（Feng et al.，2017）、*N*-乙酰氨基葡萄糖（Wu et al.，2020a；Niu et al.，2018）等。下面以三种生物产品（*N*-乙酰氨基葡萄糖、七烯甲萘醌、核黄素）为例，简要介绍 *B. subtilis* 底盘细胞的设计与应用。

1. *N*-乙酰氨基葡萄糖

N-乙酰氨基葡萄糖（*N*-acetylglucosamine，GlcNAc）是氨基葡萄糖的乙酰化衍生物，被广泛应用于维持骨关节健康及治疗骨关节疾病。近年来，研究人员通过 CRISPR 基因编辑（Wu et al.，2020a）、合成支架（Liu et al.，2013b；Lv et al.，2020；Kelwick et al.，2016）、核糖开关（Wu et al.，2020b；Deng et al.，2019）和生物传感器（Chen et al.，2015）等工具从多方面优化了 GlcNAc 的合成途径，显著提高了 *B. subtilis* 中 GlcNAc 的合成效率。例如，Liu 等（2013b）首先将 GlcN-6-P 合成酶（GlmS）和 GlcN-6-P 乙酰化酶（Gna1）引入 *B. subtilis* 中成功构建了 GlcNAc 合成途径；随后，研究人员利用 DNA 支架增强了 GlcNAc 代谢合成中两种途径酶的协同催化作用，利用 RNA 支架抑制了 GlcNAc 合成竞争途径中糖酵解和肽聚糖合成模块的活性（Lv et al.，2020）。最后，为进一步提高 GlcNAc 的产量，研究人员结合动力学模拟及动态代谢组学发现了 GlcNAc-6-P 与胞内 GlcNAc 之间存在无效循环，这可能是 GlcNAc 合成途径的限速步骤。通过敲除重组菌 BSGN 中葡萄糖激酶编码基因 *glcK* 阻断了无效循环，导致 GlcNAc 的生产效率增加了 2.3 倍（Liu et al.，2016）。

此外，通过设计新的代谢途径也可以提高 *B. subtilis* 的生产效率。Gu 等（2019）通过重新设计中心碳和氧化还原代谢途径，有效提高了 *B. subtilis* 中 GlcNAc 的产量。首先，研究人员删除 GlcNAc 合成途径中编码丙酮酸激酶的基因 *pyk* 和编码 2-脱氢-3-脱氧庚糖酸醛缩酶的基因 *kdgA*，分别阻止磷酸烯醇式丙酮酸（PEP）途径和戊糖磷酸途径中丙酮酸的合成，推进糖酵解的碳通量通过碳重排进入 GlcNAc 合成途径。随后，删除编码磷酸烯醇式丙酮酸羧激酶的基因 *pckA*，以减轻由 PEP 积累引起的反馈抑制；使用强启动子 P_{43} 替换编码丙酮酸羧化酶的基因 *pycA* 的天然启动子，删除由苹果酸脱氢酶催化生成丙酮酸途径中的基因 *melA*、*malS*、*ywkA* 和 *ytsJ*，异源引入编码丙酮酸羧化酶的基因 *bacpycA*，从而将丙酮酸拉回 TCA 循环，以减少丙酮酸的碳溢出。然后，引入一个 P_{43} 启动子控制的 *glmS* 基因，以促进 GlcNAc 的合成。最后，研究人员引入 4 种独立于 NAD(P)合成反应的酶（丙酮酸铁氧还蛋白氧化还原酶、甘油三磷酸铁氧还蛋白脱氢酶、固氮酶铁蛋白 NifH 和苹果酸醌脱氢酶）来平衡氧化还原电位，重新建立了氧化还原代谢途径。通过对上述碳和氧化还原代谢途径的重新设计，碳通量可以定向流入 GlcNAc 合成的 3 种前体（果糖-6-磷酸酯、乙酰辅酶 A 和谷氨酰胺）中，同时阻止副产物丙酮酸的碳溢出，从而提高 GlcNAc 摇瓶产量至 24.5 g/L（Gu et al.，2019）。

2. 七烯甲萘醌

七烯甲萘醌（menaquinone-7，MK-7）是一种重要的脂溶性维生素，在凝血和预防骨质疏松症方面发挥关键作用。Cui 等（2019）根据 *B. subtilis* 中芽孢形成的原理，利用级联信号分子 Phr60 和 Rap60 设计并构建了群体感应调控系统：在细胞生长过程中，随着细胞密度增加，Phr60 不断积累，抑制 Rap60，从而使得 Spo0A 磷酸化启动，且 Spo0A-P 进一步结合至启动子上执行调控功能。首先，对 *B. subtilis* 中受碳饥饿和群体感应系统共同调控的转录因子 Spo0A 进行改造，通过敲除组氨酸激酶 KinB 的基因、芽孢产生基因 *spoiiA*～*spoiiE* 以及信号分子 PhrA-B 的基因，使转录因子 Spo0A 仅受群体感应信号分子 Phr60-Rap60 的级联调控。其次，进一步通过调节启动子上 Spo0A-P 结合位点的序列、个数与位置，构建具有不同强度的启动子文库，获得了最佳激活型启动子 P_{spoiiA} 和最佳抑制型启动子 P_{abrB}，以实现基因的上调和下调。通过以上研究，成功构建了具有双重调控功能的 Phr60-Rap60-Spo0A 群体感应系统。最后，利用该系统对 *B. subtilis* 中 MK-7 复杂代谢网络中的关键合成基因模块和竞争基因模块进行系统优化及全局调控，使摇瓶中 MK-7 的产量从 9 mg/L 提高到 360 mg/L，提高了 40 倍。为进一步提高 MK-7 产量，研究人员针对 *B. subtilis* 静置培养时形成的生物膜能够有效增加 MK-7 产量这一现象，通过比较转录组学、飞行时间质谱等技术揭示了细胞膜和电子转移是促进 MK-7 合成的重要因素（Cui et al.，2020）。通过 KEGG 分析了影响生物膜形成的差异基因，并对促进生物膜形成的 11 种差异基因在前期构建的工程菌 BS20 中进行过表达，结果 MK-7 的产量均有显著提高，特别是过表达一种参与信号转导的基因 *BSU02000* 时，MK-7 的产量从 9.02 μg/mg 增加至 42.5 μg/mg。此外，研究人员通过飞行时间质谱技术，发现甲萘醌-细胞色素还原酶 QcrA-C 对 MK-7 的合成具有明显作用。因此，研究人员在工程菌 BS20 中使用启动子 P_{43} 同时过表达 *BSU02000* 基因和编码 QcrA-C 的基因，在摇瓶中 MK-7 产量达到了 410 mg/L。总之，研究人员通过群体感应的动态调控和比较转录组来调控 MK-7 的合成，为构建 *B. subtilis* 底盘细胞以生产类似生物产品提供了有效策略。

3. 核黄素

核黄素（riboflavin，RF）是维持人和动物机体正常物质代谢所必需的营养物质，在生物体内以黄素腺嘌呤二核苷酸和黄素单核苷酸的形式存在，广泛应用于食品、饲料和制药行业。近年来，研究人员通过增加 RF 前体供应、调节中心碳代谢、分析细菌转录组等，不断优化 RF 在 *B. subtilis* 中的生物合成途径（Liu et al.，2020）。嘌呤核苷酸是 RF 合成途径中的一个重要前体。此外，通过敲除编码嘌呤操纵子阻遏物的基因 *purR* 后，合成嘌呤的相关基因的相对转录水平上调了约 380 倍，并进一步通过定点诱变引入编码酰胺基转移酶的基因 *purF*，获得的 *purF-VQW* 突变菌株合成核黄素的产量比对照菌株增加了 3 倍（Shi et al.，2014）。Wang 等（2011）对来源于谷氨酸棒杆菌（*Corynebacterium glutamicum*）中编码 6-磷酸葡萄糖脱氢酶的基因 *zwf* 和编码 6-磷酸葡萄糖酸脱氢酶的基因 *gnd* 进行定点诱变，以消除 *B. subtilis* 细胞内代谢物的变构抑制作用，在摇瓶培养中共表达突变的脱氢酶 Zwf 和 Gnd，可以使 *B. subtilis* 合成核黄素的产量提高 31%，并发现工程菌株在戊糖磷酸途径中检测到的代谢物浓度较高。因此，推断增强戊糖磷酸途径可以有助于核黄素的生物合成。

此外，通过细菌转录组的分析可以确定 RF 代谢合成中新的调控靶标。Shi 等（2009）对生产核黄素的 *B. subtilis* RH33 和野生型 *B. subtilis* 168 菌株进行了转录组分析，并结合核苷酸测序和细胞内代谢物浓度的测量，确定了 RF 合成途径中的 2 个关键途径酶可以用来改善核黄素的生产。转录组的数据表明，*pur* 操纵子和编码全局调控因子 PurR 的基因在 *B. subtilis* RH33 中均被下调。PurR 的活性受到嘌呤合成前体磷酸核糖焦磷酸（PRPP）的调节，而低浓度的 PRPP 前体供应是限制 *B. subtilis* RH33 合成核黄素的主要原因。因此，研究人员对 *B. subtilis* RH33 中合成 PRPP 前体的两个关键酶基因 *prs* 和 *ywlF* 共表达，可以有效提高核黄素的产量，在 5 L 分批补料发酵中的产量达到 15 g/L。在这项研究中，基于合成生物学的转录组学分析有助于确立新的合成代谢靶标，以便进一步改善 *B. subtilis* 中核黄素的产量。

7.5.2 酿酒酵母底盘细胞的构建和应用

酿酒酵母作为底盘细胞在食品合成中具有较大的优势，除自身拥有良好的鲁棒性外，酿酒酵母的胞内环境、细胞器等亚细胞结构以及翻译后修饰机制等方面相比于大肠杆菌等原核生物都更具优势。近年来，随着合成生物学、代谢工程、DNA 测序及组学分析等技术的快速发展，利用酿酒酵母构建细胞工厂合成天然产物已经取得很大进展。这里将对酿酒酵母合成的几种萜类化合物进行介绍，总结近几年来构建酿酒酵母底盘细胞的主要策略，为酿酒酵母高效细胞工厂的构建提供可借鉴的经验。

1. 青蒿酸

青蒿素是能够有效治疗疟疾的药物成分，在 20 世纪 80 年代，我国科学家成功地从植物中提取了青蒿素。但是植物中天然存在的青蒿素含量极低，难以满足市场需求（Li et al.，2016）。Keasling 课题组通过构建重组酿酒酵母菌株合成青蒿素的重要前体青蒿酸，然后通过化学法获得青蒿素，大幅度降低了生产成本（Paddon and Keasling，2014）。与其他倍半萜一样，青蒿酸的合成也是以 FPP 作为底物，先通过紫穗槐二烯合酶将 FPP 转化为紫穗槐二烯，再引入来自黄花蒿的 P450 酶 CYP71AV1 和 P450 还原酶 CPR1，将紫穗槐二烯氧化为青蒿酸。因此，增强 FPP 的供应是一种行之有效的代谢工程改造。Erg20、HMG 还原酶等 MVA 途径关键酶的过表达能够有效提升 FPP 的积累；下调 *ERG9* 等竞争途径基因也是代谢优化的有效手段之一。Lenihan 等（2008）通过将 *ERG9* 的启动子更换为 P_{MET3}，利用甲硫氨酸下调 *ERG9*，同时建立溶解氧计算模型，优化发酵条件，将青蒿酸的发酵产量提高到 2.5 g/L。青蒿酸生物合成的另一个难题是 *CYP71AV1* 和 *CPR1* 高水平表达时产生的活性氧会缩短细胞寿命。Paddon 等（2013）利用铜调节的启动子 P_{CTR3} 替换了 P_{MET3}，降低了下调 *ERG9* 的成本，同时引入了黄花蒿来源的细胞色素酶（cytochrome b5，Cyb5）、青蒿素醇脱氢酶（alcohol dehydrogenase，Adh1）和青蒿素醛脱氢酶（aldehyde dehydrogenase，Aldh1），使青蒿酸合成途径代谢流更加通畅，增强了细胞活力和各步骤的生产能力，使高密度发酵产量提高到了 25 g/L。

2. 紫杉二烯

紫杉二烯是合成紫杉醇的重要前体之一，而紫杉醇是一种有效的抗肿瘤药物，对多种肿瘤都有极佳的抗增殖活性，常被用于早期临床干预，并与化疗药物联合用于治疗。目前紫杉醇主要由半合成法获得，即从红豆杉叶片中提取前体物，然后通过化学转化合成紫杉醇，这种方法虽然优于从树皮中直接提取紫杉醇，但仍依赖于红豆杉的大量种植。紫杉醇的生物合成途径较为复杂，以 GGPP 为底物，通过紫杉二烯合酶催化得到紫杉二烯后，还需要 P450 单加氧酶的多步催化，才能得到含有 8 个氧原子的紫杉醇。有研究表明，大肠杆菌可以异源合成紫杉二烯，经过发酵优化后，产量可以达到 1020 mg/L（Paddon et al.，2013），但是大肠杆菌存在内毒素、噬菌体侵染风险，以及难以表达 P450 酶等修饰酶等问题，难以进一步构建合成步骤以及实现工业生产。因此，酿酒酵母是更合适的底盘细胞。由于目前紫杉醇生物合成途径尚未获得完全解析，现阶段的研究更关注酿酒酵母中高产前体紫杉二烯。Engels 等（2008）通过截短 HMG-CoA 还原酶以及引入硫化叶菌来源的 GGPP 合酶，增强了 GGPP 的供应，并且将红豆杉来源的紫杉二烯合酶进行密码子优化，使紫杉二烯的摇瓶产量达到 8.7 mg/L。Reider-Apel 等（2017）利用 CRISPR/Cas9 系统，构建并筛选了一系列启动子、蛋白质定位和可溶性表达标签来优化紫杉二烯合酶的表达，最终将紫杉二烯的产量提高到 20 mg/L。Nowrouzi 等（2020）通过将多个拷贝的紫杉二烯合酶在染色体上整合表达，继而与 Erg20 进行融合表达，有效地提高了紫杉二烯合酶的表达水平，显著提高了紫杉二烯的产量（达到 129 mg/L）。

3. 番茄红素

番茄红素是一种重要的类胡萝卜素，具有抗氧化、抗衰老、抗炎等重要的生理活性。当前番茄红素的生产主要依赖于植物提取和化学合成，而这两种方法带来的高成本和环境污染等都是番茄红素生产中亟待解决的问题（Chen et al.，2016）。番茄红素在酿酒酵母中的生产主要以 FPP 为底物，通过导入香叶基香叶基焦磷酸合酶（CrtE）、八氢番茄红素合酶（CrtB）和八氢番茄红素脱氢酶（CrtI）的基因构建番茄红素代谢途径。其中，CrtE 是最主要的限速酶。Xie 等（2015）结合关键酶定向进化和代谢调控，在酿酒酵母中构建了畅通的番茄红素合成途径，实现了番茄红素的合成。该研究不仅比较了不同来源八氢番茄红素合酶的催化合成能力，而且对其中活性最高的八氢番茄红素合酶/番茄红素 β-环化酶（CrtYB）这个双功能酶进行了定向进化，获得了仅具有八氢番茄红素合酶功能的突变体。在此基础上，进一步通过定向进化提高 CrtE 的催化性能，并结合 *CrtE*、*CrtI*、*tHMG1* 基因的过表达，使番茄红素产量达到 1.61 g/L。Shi 等通过筛选 *Crt* 系列基因并调整拷贝数、强化乙酰辅酶 A 和 NADPH 的供应等综合调控手段，将番茄红素的产量提高到了 3.28 g/L（Ma et al.，2019）。

4. β-胡萝卜素

β-胡萝卜素是研究最广泛的类胡萝卜素之一，因其具有预防癌症、调节免疫反应等对健康有益的作用而受到广泛关注（Lavelli and Sereikaitė，2022；Álvarez et al.，2014），常在食品、饲料和化妆品行业中作为添加剂使用。化学合成的 β-胡萝卜素占其市场总量的 90%。考虑到化学合成过程中可能存在有害物质残留，天然 β-胡萝卜素的市场需求非常大。天然 β-胡萝卜素的价格是化学合成 β-胡萝卜素的 3 倍。目前，β-胡萝卜素的天然合成方法主要包括从植物或藻类中提取，以及红法夫酵母和三孢布拉氏霉等真菌的发酵（Chen et al.，2018）。在酿酒酵母中，β-胡萝卜素的合成以番茄红素为底物，在番茄红素环化酶（CrtY）的作用下，底物分子两端发生 β-环化。Yan 等（2012）通过过表达 MVA 途径限速酶（HMG-CoA 还原酶），同时加入酮康唑来抑制麦角固醇途径，得到 6.29 mg/g 细胞干重的 β-胡萝卜素。Xie 等（2014）通过改造 GAL 调控系统，使 β-胡萝卜素合成途径受到葡萄糖浓度调控，并将竞争途径基因 *ERG9* 的启动子替换为葡萄糖诱导启动子 P_{HXT1}，实现了对细胞生长和 β-胡萝卜素合成的顺序调控，将 β-胡萝卜素的产量提高到 20.79 mg/g。

5. 虾青素

虾青素是抗氧化能力最强的天然类胡萝卜素，可以有效地清除自由基、延缓细胞衰老，也可以预防心脑血管疾病及免疫系统疾病等，在医药和食品行业具有巨大的应用价值（Pereira et al.，2021）。虾青素在酿酒酵母中的合成途径可以分为两个部分：第一部分是以 FPP 为原料，在类胡萝卜素合成途径催化下合成 β-胡萝卜素；第二部分是由 β-胡萝卜素发生羟化和酮基化反应获得虾青素。该过程需要在 β-紫罗兰酮环上增加 2 个羟基（3 和 3′碳位）和 2 个酮基（4 和 4′碳位），在大部分产虾青素的生物体中，该过程由 β-胡萝卜素羟化酶（CrtZ）和 β-胡萝卜素酮化酶（CrtW 或者 BKT）催化，而在红法夫酵母中，该过程由虾青素合酶 CrtS 和细胞色素 P450 还原酶 CRTR 催化得到。因此，对于虾青素的合成途径优化也往往分为两个部分：对于上游途径而言，主要通过上调 MVA 途径、下调竞争途径等传统萜类化合物合成优化方法；对于下游途径而言，β-胡萝卜素的羟基化和酮基化的调控一直是虾青素合成的关键与挑战。在此过程中，需要平衡 β-胡萝卜素羟化酶和酮化酶的活性及偏好性，不同来源酶的挖掘和改造、启动子的更换和拷贝数调整等都是调整代谢通量的主要手段。除此之外，虾青素积累导致的代谢压力也是虾青素难以实现大规模生产的限制因素之一。研究人员（Zhou et al.，2019a，2018；Paddon and Keasling，2014）通过 BKT 的定向进化以及 CrtZ 和 BKT 的共定向进化策略，基于颜色的变化筛选出阳性突变体，并且利用基于温敏型转录激活蛋白 Gal4M9 的温度响应型动态代谢调控系统进行两阶段发酵，不仅促进了 β-胡萝卜素向虾青素的转化，还有效地将细胞生长和产物积累阶段分开，实现了高密度发酵，使虾青素产量达到 235 mg/L。Jin 等（2018）通过多轮常压室温等离子体（atmospheric and room temperature plasma，ARTP）诱变技术和过氧化氢驱动适应性进化相结合的方法，得到了能够高产虾青素的工程菌株，5 L 发酵罐产量达到 404.78 mg/L。Jin 等（2018）发现高产虾青素的菌株内活性氧水平较低并且生命周期延长，根据 *FCY22* 和 *YOR389W* 基因缺失的现象，提出这两个基因可能是潜在的代谢改造靶点，为改造酿酒酵母以实现虾青素及其他萜类天然产物的高产提供了参考。

7.5.3　毕赤酵母底盘细胞的构建与应用

随着合成生物学的发展，毕赤酵母已被开发成为生产天然产品的细胞工厂（Peña et al.，2018；Schwarzhans et al.，2017；Lian et al.，2018）。与细菌（如大肠杆菌）细胞工厂相比，翻译后修饰的能力和内膜系统的存在使酵母菌更适合表达真核生物复合蛋白，如细胞色素 P450，这些蛋白质通常参与天然产品的生物合成（Jiang et al.，2021）。与酿酒酵母相比，毕赤酵母具有强大且受严格调节的启动子，可以高水平表达重组蛋白质（Cregg et al.，2000）。例如，目的基因的表达量可能占毕赤酵母总蛋白质的 30%以上，这远高于酿酒酵母。毕赤酵母是大规模生产天然产品的高潜力宿主，特别是那些起源于真核生物的产品。

虽然毕赤酵母是非常规酵母，但它的遗传学、生理学和细胞生物学已经得到了深入研究（Schwarzhans et al.，2017）。目前，除了生产用于治疗的蛋白质和酶外（Zhou et al.，2019b），毕赤酵母还被设计用于生产各种化学品和增值化合物，如 D-乳酸（Yamada et al.，2019）、2, 3-丁二醇（Yang and Zhang，2018）、2-苯乙醇（Kong et al.，2020）、异丁醇和乙酸异丁酯（Siripong et al.，2018）、类胡萝卜素（Araya-Garay et al.，2012a）和洛伐他汀（Liu et al.，2018）等。

1. 萜类化合物

萜类化合物是从甲戊酸盐中提取的增值天然产品，在自然界中广泛存在，包括高等植物和微生物等。许多萜类化合物已在医学、食品、动物饲料和化妆品工业中得到应用。Bhataya 等（2009）首次将番茄红素生物合成途径引入毕赤酵母，构建了两个番茄红素路径质粒，质粒 pGAPZB-EBI*包含 *CrtE*、*CrtB* 和 *CrtI* 基因序列，质粒 pGAPZB-EpBpI*p 包含具有过氧化物异构体靶向序列（PTS1）的同一组基因。这两种酵母菌株中产生了类似产量的番茄红素，表明毕赤酵母的 FPP 供应可能有限。通过调查培养条件（即碳源和溶氧）的影响，确定并进一步优化了一个表达番茄红素产量最高的 pGAPZB-EpBpI*p 的克隆。最后，以葡萄糖为碳源的基本介质中，番茄红素的产量达到 73.9 mg/L。后来，通过将无花果中的番茄红素 β-环化酶基因进一步整合到番茄红素生产菌株的染色体中，合成了 β-胡萝卜素，每克干细胞重量（DCW）产生 339 μg β-胡萝卜素（Araya-Garay et al.，2012a）。在 β-胡萝卜素生产菌株基础上，从农杆菌中进一步引入 β-胡萝卜素酮化酶基因（*crtW*）和 β-胡萝卜素羟化酶基因（*crtZ*），产生 3.7 μg/g DCW 虾青素（Araya-Garay et al.，2012b）。在另一项研究中，Vogl 等（2016）对毕赤酵母甲醇利用途径中的一组启动子进行了表征，这些启动子进一步用于 β-胡萝卜素生物合成途径的组合优化。使用甲醇诱导启动子的不同组合，β-胡萝卜素的产量增加超过 10 倍。Vogl 等（2016）通过从已建立的启动子文库中筛选合适的启动子，β-胡萝卜素的产量达到 5 mg/g DCW。

2. 聚酮类化合物

聚酮类化合物是由微生物、植物和动物产生的一类次生代谢物，也是天然产品药物的最重要来源。6-甲基水杨酸（6-MSA）是毕赤酵母生产的第一种聚酮。磷酸泛酰巯基乙胺基转移酶（PPtase）编码基因和 *Aspergillus terreus* 的 6-MSA 合成酶（6-MSAS）基因组成的 6-MSA 生物合成途径在毕赤酵母中成功重组表达。该途径被甲醇诱导后，在 5 L 生物反应器中，6-MSA 的生产在 20 h 内高达 2.2 g/L，这使得毕赤酵母成为未来聚酮工业生产中最有前途的细胞工厂（Gao et al.，2013）。

毕赤酵母还被设计用于增值化合物柠檬素的从头生物合成。柠檬素的结构和生物合成途径比 6-MSA 更复杂，是绝佳的模型化合物（Sakai et al.，2008；Shimizu et al.，2007）。除了来自紫红曲霉（*Monascus purpureus*）的柠檬素聚酮合成酶基因 *citS* 和来自构巢曲霉（*Aspergillus nidulans*）的磷酰基转移酶基因 *NpgA* 外，还

引入了来自 *M. purpureus* 的柠檬素基因簇，包括丝氨酸水解酶基因 *MPL1*（*CitA*）、氧酶基因 *MPL2*（*CitB*）、脱氢酶基因 *MPL4*（*CitD*）及其他两个内含子移除基因 *MPL6*（*CitE*）和 *MPL7*（*CitC*），以实现毕赤酵母中的柠檬素生物合成。用甲醇诱导 24 h 后，柠檬素的产量达到 0.6± 0.1mg/L（Xue et al.，2017）。

生产莫纳洛林和洛伐他汀是使用毕赤酵母生产聚酮的另一个经典例子。已经实现了包括洛伐他汀非胺合酶（LovB）、烯醇还原酶（LovC）、硫酯酶（LovG）、细胞色素 P450 酶（LovA）、细胞色素 P450 氧化还原酶（CPR）、环转移酶（LovD）和磷脂酰转移酶（PPtase 或 NpgA）等在毕赤酵母中的异源表达。所有这些酶的表达都是由 pAOX1 驱动的。*LovB*、*LovC*、*LovG* 和 *NpgA* 表达盒被克隆到质粒 pPICZ B 中，*LovA* 和 *CPR* 被克隆到质粒 pPIC3.5K 中。在这两个载体线性化并整合到 GS115 基因组后，分别使用含博来霉素（zeocin）抗性和组氨酸缺陷的培养板筛选重组菌株。在以甲醇为碳源的 pH 控制培养条件下，获得了 60.0 mg/L 的莫纳洛林和 14.4 mg/L 的洛伐他汀。为了克服中间积累和新陈代谢负担的局限性，研究人员开发了在二氢单胞菌素 L 分支点进行路径分裂和酵母物种共同培养的方法。在最佳条件下，获得了 593.9 mg/L 的莫纳洛林和 250.8 mg/L 洛伐他汀（Liu et al.，2018）。

3. 黄酮类化合物

黄酮类化合物广泛存在于植物中，是许多药物的重要组成部分，包括预防心血管和脑血管疾病，以及治疗慢性肝炎的药物（Li et al.，2011）。Chang 和 Tsai（2015）使用重组的毕赤酵母催化 10 种黄酮的正羟基化酶修饰，表达了来自米曲霉（*Aspergillus Oryzae*）的 CYP57B3 和来自酿酒酵母的 CPR 的融合蛋白。结果表明，5 种黄酮类化合物，包括黄酮芹菜素、大黄酮、利喹利特吉宁、纳林格宁和阿皮原素，可以转化为相应的羟基衍生物。此外，酵母提取物对黑色素生成表现出很高的抑制活性。另外，3'-羟基异黄酮被确定为重组毕赤酵母中异黄酮生物转化的活性产物，它具有肝脏保护和抗炎作用。3'-羟基染料木素的转化率为 14%，5 L 发酵罐的生产水平为 3.5 mg/L。采用周期性过氧化氢补充策略能够将 5 L 发酵器中 3'-羟基异黄酮的产量增加到 20.3 mg/L（Wang et al.，2016）。

参 考 文 献

陈坚. 2019. 中国食品科技: 从 2020 到 2035. 中国食品学报, 19(12): 1-5.

李洋, 申晓林, 孙新晓, 等. 2021. CRISPR 基因编辑技术在微生物合成生物学领域的研究进展. Synthetic Biology Journal, 1: 106-120.

王钱福, 严兴, 魏维, 等. 2011. 生物元件的挖掘、改造与标准化. 生命科学, 23: 860-868.

赵国屏. 2018. 合成生物学: 开启生命科学“会聚”研究新时代. 中国科学院院刊, 33(11): 1135-1149.

赵志虎, 马清钧. 2000. DNA 重排及体外分子进化. 生物技术通讯, 4: 275-280.

Abdelaal A S, Jawed K, Yazdani S S. 2019. CRISPR/Cas9-mediated engineering of *Escherichia coli* for n-butanol production from xylose in defined medium. J Ind Microbiol Biotechnol, 46(7): 965-975.

Ai L, Guo W, Chen W, et al. 2019. The gal80 deletion by crispr-cas9 in engineered *Saccharomyces cerevisiae* produces artemisinic acid without galactose induction. Curr Microbiol, 76(11): 1313-1319.

Ajikumar P K, Xiao W H, Tyo K E, et al. 2010. Isoprenoid pathway optimization for taxol precursor overproduction in *Escherichia coli*. Science, 330(600): 70-74.

Álvarez R, Vaz B, Gronemeyer H, et al. 2014. Functions, therapeutic applications, and synthesis of retinoids and carotenoids. Chem Rev, 114(1): 1-125.

Antoniou P, Papanikolaou E P, Georgomanoli M, et al. 2016. The LCR-free gamma-globin lentiviral vector combining two HPFH activating elements corrects murine thalassemic phenotype *in vivo*. Molecular Therapy, 24: S87.

Araya-Garay J M, Ageitos J M, Vallejo J A, et al. 2012b. Construction of a novel *Pichia pastoris* strain for production of xanthophylls. AMB Express, 2(1): 24.

Araya-Garay J M, Feijoo-Siota L, Rosa-Dos-Santos F, et al. 2012a. Construction of new *Pichia pastoris* X-33 strains for production of lycopene and β-carotene. Appl Microbiol Biotechnol, 93(6): 2483-2492.

Bao Z, Hamedirad M, Xue P, et al. 2018. Genome-scale engineering of *Saccharomyces cerevisiae* with single-nucleotide precision. Nat Biotechnol, 36(6): 505-508.

Bao Z, Xiao H, Liang J, et al. 2015. Homology-integrated CRISPR/Cas (HI-CRISPR)system for one-step multigene disruption in *Saccharomyces cerevisiae*. Acs Synth Biol, 4(5): 585-594.

Barrangou R, Fremaux C, Deveau H, et al. 2007. CRISPR provides acquired resistance against viruses in prokaryotes. Science, 315(5819): 1709-1712.

Beloglazova N, Brown G, Zimmerman M D, et al. 2008. A novel family of sequence-specific endoribonucleases associated with the clustered regularly interspaced short palindromic repeats. J Biol Chem, 283(29): 20361-20371.

Ben Yehezkel T, Linshiz G, Buaron H, et al. 2008. *De novo* DNA synthesis using single molecule PCR. Nucleic Acids Res, 36(17): e107.

Bhataya A, Schmidt-Dannert C, Lee P C. 2009. Metabolic engineering of *Pichia pastoris* X-33 for lycopene production. Process Biochem, 44(10): 1095-1102.

Boch J, Scholze H, Schornack S, et al. 2009. Breaking the code of DNA binding specificity of TAL-type III effectors. Science, 326(5959): 1509-1512.

Bolotin A, Quinquis B, Sorokin A, et al. 2005. Clustered regularly interspaced short palindrome repeats (CRISPRs)have spacers of extrachromosomal origin. Microbiology (Reading), 151(Pt 8): 2551-2561.

Cai Y, Wilson M L, Peccoud J. 2010. GenoCAD for iGEM: a grammatical approach to the design of standard-compliant constructs. Nucleic Acids Res, 38(8): 2637-2644.

Chandran D, Bergmann F T, Sauro H M. 2009. TinkerCell: modular CAD tool for synthetic biology. J Biol Eng, 3: 19.

Chang T S, Tsai Y H. 2015. Inhibition of melanogenesis by yeast extracts from cultivations of recombinant *Pichia pastoris* catalyzing ortho-hydroxylation of flavonoids. Curr Pharm Biotechnol, 16(12): 1085-1093.

Chen J, Fu G, Gai Y, et al. 2015. Combinatorial Sec pathway analysis for improved heterologous protein secretion in *Bacillus subtilis*: identification of bottlenecks by systematic gene overexpression. Microb Cell Fact, 14: 92.

Chen X, Wei Z, Zhu L, et al. 2018. Efficient approach for the extraction and identification of red pigment from *Zanthoxylum bungeanum* maxim and its antioxidant activity. Molecules, 23(5): 1109.

Chen Y, Xiao W, Wang Y, et al. 2016. Lycopene overproduction in *Saccharomyces cerevisiae* through combining pathway engineering with host engineering. Microb Cell Factories, 15(1): 113.

Chu X, He H, Guo C, et al. 2008. Identification of two novel esterases from a marine metagenomic library derived from South China Sea. Appl Microbiol Biotechnol, 80(4): 615-625.

Chung M E, Yeh I H, Sung L Y, et al. 2017. Enhanced integration of large DNA into *E. coli* chromosome by CRISPR/Cas9. Biotechnol Bioeng, 114(1): 172-183.

Cong L, Ran F A, Cox D, et al. 2013. Multiplex genome engineering using CRISPR/Cas systems. Science, 339(6121): 819-823.

Crameri A, Cwirla S, Stemmer W P. 1996a. Construction and evolution of antibody-phage libraries by DNA shuffling. Nat Med, 2(1): 100-102.

Crameri A, Raillard S A, Bermudez E, et al. 1998. DNA shuffling of a family of genes from diverse species accelerates directed evolution. Nature, 391(6664): 288-291.

Crameri A, Whitehorn E A, Tate E, et al. 1996b. Improved green fluorescent protein by molecular evolution using DNA shuffling. Nat Biotechnol, 14(3): 315-319.

Cregg J M, Cereghino J L, Shi J, et al. 2000. Recombinant protein expression in *Pichia pastoris*. Mol Biotechnol, 16(1): 23-52.

Cui S, Lv X, Wu Y, et al. 2019. Engineering a bifunctional phr60-rap60-spo0a quorum-sensing molecular switch for dynamic fine-tuning of menaquinone-7 synthesis in *Bacillus subtilis*. ACS Synth Biol, 8(8): 1826-1837.

Cui S, Xia H, Chen T, et al. 2020. Cell membrane and electron transfer engineering for improved synthesis of menaquinone-7 in *Bacillus subtilis*. iScience, 23(3): 100918.

Deltcheva E, Chylinski K, Sharma C M, et al. 2011. CRISPR RNA maturation by trans-encoded small RNA and host factor RNase III. Nature, 471(7340): 602-607.

Deng J, Chen C, Gu Y, et al. 2019. Creating an *in vivo* bifunctional gene expression circuit through an aptamer-based regulatory mechanism for dynamic metabolic engineering in *Bacillus subtilis*. Metab Eng, 55: 179-190.

Densmore D, Hsiau T H, Kittleson J T, et al. 2010. Algorithms for automated DNA assembly. Nucleic Acids Res, 38(8): 2607-2616.

Dicarlo J E, Norville J E, Mali P, et al. 2013. Genome engineering in *Saccharomyces cerevisiae* using CRISPR/Cas systems. Nucleic Acids Res, 41(7): 4336-4343.

Du D, Zhu Y, Wei J, et al. 2013. Improvement of gougerotin and nikkomycin production by engineering their biosynthetic gene clusters. Appl Microbiol Biotechnol, 97(14): 6383-6396.

Ellis T, Wang X, Collins J J. 2009. Diversity-based, model-guided construction of synthetic gene networks with predicted functions. Nat Biotechnol, 27(5): 465-471.

Engels B, Dahm P, Jennewein S. 2008. Metabolic engineering of taxadiene biosynthesis in yeast as a first step towards Taxol (Paclitaxel)production. Metab Eng, 10(3-4): 201-206.

Engler C, Marillonnet S. 2014. Golden gate cloning. Methods Mol Biol, 1116: 119-131.

Ettwig K F, Butler M K, Le Paslier D, et al. 2010. Nitrite-driven anaerobic methane oxidation by oxygenic bacteria. Nature, 464(7288): 543-548.

Feng Y, Liu S, Jiao Y, et al. 2017. Enhanced extracellular production of L-asparaginase from *Bacillus subtilis* 168 by *B. subtilis* WB600 through a combined strategy. Appl Microbiol Biotechnol, 101(4): 1509-1520.

Galdzicki M, Rodriguez C, Chandran D, et al. 2011. Standard biological parts knowledgebase. PLoS One, 6(2): e17005.

Gao L, Cai M, Shen W, et al. 2013. Engineered fungal polyketide biosynthesis in *Pichia pastoris*: a potential excellent host for polyketide production. Microb Cell Fact, 12: 77.

Gasiunas G, Barrangou R, Horvath P, et al. 2012. Cas9-crRNA ribonucleoprotein complex mediates specific DNA cleavage for adaptive immunity in bacteria. Proc Natl Acad Sci U S A, 109(39): E2579-2586.

Geng A, Zou G, Yan X, et al. 2012. Expression and characterization of a novel metagenome-derived cellulase Exo2b and its application to improve cellulase activity in *Trichoderma reesei*. Appl Microbiol Biotechnol, 96(4): 951-962.

Gibson D G, Young L, Chuang R Y, et al. 2009. Enzymatic assembly of DNA molecules up to several hundred kilobases. Nat Methods, 6(5): 343-345.

Gu Y, Lv X, Liu Y, et al. 2019. Synthetic redesign of central carbon and redox metabolism for high yield production of N-acetylglucosamine in *Bacillus subtilis*. Metab Eng, 51: 59-69.

Guo J, Zhou Y J, Hillwig M L, et al. 2013. CYP76AH1 catalyzes turnover of miltiradiene in tanshinones biosynthesis and enables heterologous production of ferruginol in yeasts. Proc Natl Acad Sci U S A, 110(29): 12108-12113.

Haft D H, Selengut J, Mongodin E F, et al. 2005. A guild of 45 CRISPR-associated (Cas)protein families and multiple CRISPR/Cas subtypes exist in prokaryotic genomes. PLoS Comput Biol, 1(6): e60.

Hale C R, Majumdar S, Elmore J, et al. 2012. Essential features and rational design of CRISPR RNAs that function with the Cas RAMP module complex to cleave RNAs. Mol Cell, 45(3): 292-302.

Haurwitz R E, Jinek M, Wiedenheft B, et al. 2010. Sequence- and structure-specific RNA processing by a CRISPR endonuclease. Science, 329(5997): 1355-1358.

Hezari M, Lewis N G, Croteau R. 1995. Purification and characterization of taxa-4(5), 11(12)-diene synthase from Pacific yew (*Taxus brevifolia*)that catalyzes the first committed step of taxol biosynthesis. Arch Biochem Biophys, 322(2): 437-444.

Hill A D, Tomshine J R, Weeding E M, et al. 2008. SynBioSS: the synthetic biology modeling suite. Bioinformatics, 24(21): 2551-2553.

Horvath P, Romero D A, Coûté-Monvoisin A C, et al. 2008. Diversity, activity, and evolution of CRISPR loci in *Streptococcus thermophilus*. J Bacteriol, 190(4): 1401-1412.

Horwitz A A, Walter J M, Schubert M G, et al. 2015. Efficient multiplexed integration of synergistic alleles and metabolic pathways in yeasts via CRISPR/Cas. Cell Syst, 1: 88-96.

Huang C, Ding T, Wang J, et al. 2019. CRISPR/Cas9-assisted native end-joining editing offers a simple strategy for efficient genetic engineering in *Escherichia coli*. Appl Microbiol Biotechnol, 103: 8497-8509.

Ishino Y, Shinagawa H, Makino K, et al. 1987. Nucleotide sequence of the iap gene, responsible for alkaline phosphatase isozyme conversion in *Escherichia coli*, and identification of the gene product. J Bacteriol, 169: 5429-5433.

Jakočiūnas T, Bonde I, Herrgård M, et al. 2015. Multiplex metabolic pathway engineering using CRISPR/Cas9 in *Saccharomyces cerevisiae*. Metab Eng, 28: 213-222.

Jansen R, Embden J D, Gaastra W, et al. 2002a. Identification of genes that are associated with DNA repeats in prokaryotes. Mol Microbiol, 43: 1565-1575.

Jansen R, Van Embden J D, Gaastra W, et al. 2002b. Identification of a novel family of sequence repeats among prokaryotes. Omics, 6: 23-33.

Jeon J H, Kim J T, Kim Y J, et al. 2009. Cloning and characterization of a new cold-active lipase from a deep-sea sediment metagenome. Appl Microbiol Biotechnol, 81: 865-874.

Jiang L, Huang L, CAI J, et al. 2021. Functional expression of eukaryotic cytochrome P450s in yeast. Biotechnol Bioeng, 118: 1050-1065.

Jiang W, Bikard D, Cox D, et al. 2013. RNA-guided editing of bacterial genomes using CRISPR/Cas systems. Nat Biotechnol, 31: 233-239.

Jiang Y, Chen B, Duan C, et al. 2015. Multigene editing in the *Escherichia coli* genome via the CRISPR/Cas9 system. Appl Environ Microbiol, 81: 2506-2514.

Jin J, Wang Y, Yao M, et al. 2018. Astaxanthin overproduction in yeast by strain engineering and new gene target uncovering. Biotechnol Biofuels, 11: 230.

Jin P, Zhang L, Yuan P, et al. 2016. Efficient biosynthesis of polysaccharides chondroitin and heparosan by metabolically engineered *Bacillus subtilis*. Carbohydr Polym, 140: 424-432.

Jinek M, Chylinski K, Fonfara I, et al. 2012. A programmable dual-RNA-guided DNA endonuclease in adaptive bacterial immunity. Science, 337: 816-821.

Juhas M, Reus D R, Zhu B, et al. 2014. *Bacillus subtilis* and *Escherichia coli* essential genes and minimal cell factories after one decade of genome engineering. Microbiology (Reading), 160: 2341-2351.

Jung H R, Yang S Y, Moon Y M, et al. 2019. Construction of efficient platform *Escherichia coli* strains for polyhydroxyalkanoate production by engineering branched pathway. Polymers (Basel), 11(3): 509.

Kelwick R, Webb A J, Macdonald J T, et al. 2016. Development of a *Bacillus subtilis* cell-free transcription-translation system for prototyping regulatory elements. Metab Eng, 38: 370-381.

Khosla C, Zawada R J. 1996. Generation of polyketide libraries via combinatorial biosynthesis. Trends Biotechnol, 14: 335-341.

Kodumal S J, Patel K G, Reid R, et al. 2004. Total synthesis of long DNA sequences: synthesis of a contiguous 32-kb polyketide synthase gene cluster. Proc Natl Acad Sci U S A, 101: 15573-15578.

Kong S, Pan H, Liu X, et al. 2020. De novo biosynthesis of 2-phenylethanol in engineered *Pichia pastoris*. Enzyme Microb Technol, 133: 109459.

Kunin V, Sorek R, Hugenholtz P. 2007. Evolutionary conservation of sequence and secondary structures in CRISPR repeats. Genome Biol, 8: R61.

Lavelli V, Sereikaitė J. 2022. Kinetic study of encapsulated β-carotene degradation in dried systems: A review. Foods, 11(3): 437.

Lee S M, Jellison T, Alper H S. 2014. Systematic and evolutionary engineering of a xylose isomerase-based pathway in *Saccharomyces cerevisiae* for efficient conversion yields. Biotechnol Biofuels, 7: 122.

Lenihan J R, Tsuruta H, Diola D, et al. 2008. Developing an industrial artemisinic acid fermentation process to support the cost-effective production of antimalarial artemisinin-based combination therapies. Biotechnol Prog, 24: 1026-1032.

Li C, Li J, Wang G, et al. 2016. Heterologous biosynthesis of artemisinic acid in *Saccharomyces cerevisiae*. J Appl Microbiol, 120: 1466-1478.

Li M Z, Elledge S J. 2007. Harnessing homologous recombination *in vitro* to generate recombinant DNA via SLIC. Nat Methods, 4: 251-256.

Li Y J, Chen J, Li Y, et al. 2011. Screening and characterization of natural antioxidants in four *Glycyrrhiza* species by liquid chromatography coupled with electrospray ionization quadrupole time-of-flight tandem mass spectrometry. Journal of Chromatography A, 1218: 8181-8191.

Li Y, Lin Z, Huang C, et al. 2015. Metabolic engineering of *Escherichia coli* using CRISPR/Cas9 meditated genome editing. Metab Eng, 31: 13-21.

Li Y, Yan F, Wu H, et al. 2019. Multiple-step chromosomal integration of divided segments from a large DNA fragment via CRISPR/Cas9 in *Escherichia coli*. J Ind Microbiol Biotechnol, 46: 81-90.

Lian J, Hamedirad M, Hu S, et al. 2017. Combinatorial metabolic engineering using an orthogonal tri-functional CRISPR system. Nat Commun, 8: 1688.

Lian J, Mishra S, Zhao H. 2018. Recent advances in metabolic engineering of *Saccharomyces cerevisiae*: New tools and their applications. Metab Eng, 50: 85-108.

Liu L, Liu Y, Shin H D, et al. 2013a. Developing *Bacillus* spp. as a cell factory for production of microbial enzymes and industrially important biochemicals in the context of systems and synthetic biology. Appl Microbiol Biotechnol, 97: 6113-6127.

Liu S, Hu W, Wang Z, et al. 2020. Production of riboflavin and related cofactors by biotechnological processes. Microb Cell Fact, 19: 31.

Liu Y, Link H, Liu L, et al. 2016. A dynamic pathway analysis approach reveals a limiting futile cycle in N-acetylglucosamine overproducing *Bacillus subtilis*. Nat Commun, 7: 11933.

Liu Y, Liu L, Shin H D, et al. 2013b. Pathway engineering of *Bacillus subtilis* for microbial production of N-acetylglucosamine. Metab Eng, 19: 107-115.

Liu Y, Tu X, Xu Q, et al. 2018. Engineered monoculture and co-culture of methylotrophic yeast for de novo production of monacolin J and lovastatin from methanol. Metab Eng, 45: 189-199.

Liu Y, Zhu Y, Li J, et al. 2014. Modular pathway engineering of *Bacillus subtilis* for improved N-acetylglucosamine production. Metab Eng, 23: 42-52.

Lv X, Wu Y, Tian R, et al. 2020. Synthetic metabolic channel by functional membrane microdomains for compartmentalized flux control. Metab Eng, 59: 106-118.

Ma T, Shi B, Ye Z, et al. 2019. Lipid engineering combined with systematic metabolic engineering of *Saccharomyces cerevisiae* for high-yield production of lycopene. Metab Eng, 52: 134-142.

Mahfouz M M, Li L, Shamimuzzaman M, et al. 2011. De novo-engineered transcription activator-like effector (TALE)hybrid nuclease with novel DNA binding specificity creates double-strand breaks. Proc Natl Acad Sci U S A, 108: 2623-2628.

Makarova K S, Aravind L, Grishin N V, et al. 2002. A DNA repair system specific for thermophilic archaea and bacteria predicted by genomic context analysis. Nucleic Acids Res, 30: 482-496.

Makarova K S, Haft D H, Barrangou R, et al. 2011. Evolution and classification of the CRISPR/Cas systems. Nat Rev Microbiol, 9: 467-477.

Mali P, Yang L, Esvelt K M, et al. 2013. RNA-guided human genome engineering via Cas9. Science, 339: 823-826.

Mans R, Van Rossum H M, Wijsman M, et al. 2015. CRISPR/Cas9: a molecular Swiss army knife for simultaneous introduction of multiple genetic modifications in *Saccharomyces cerevisiae*. FEMS Yeast Res, 15(2): fov004.

Marraffini L A, Sontheimer E J. 2010. Self versus non-self discrimination during CRISPR RNA-directed immunity. Nature, 463: 568-571.

Mojica F J, Díez-Villaseñor C, García-Martínez J, et al. 2005. Intervening sequences of regularly spaced prokaryotic repeats derive from foreign genetic elements. J Mol Evol, 60: 174-182.

Mojica F J, Ferrer C, Juez G, et al. 1995. Long stretches of short tandem repeats are present in the largest replicons of the Archaea *Haloferax mediterranei* and *Haloferax volcanii* and could be involved in replicon partitioning. Mol Microbiol, 17: 85-93.

Moore J C, Arnold F H. 1996. Directed evolution of a para-nitrobenzyl esterase for aqueous-organic solvents. Nat Biotechnol, 14: 458-467.

Niu G, Li L, Wei J, et al. 2013. Cloning, heterologous expression, and characterization of the gene cluster required for gougerotin biosynthesis. Chem Biol, 20: 34-44.

Niu T, Liu Y, Li J, et al. 2018. Engineering a glucosamine-6-phosphate responsive glms ribozyme switch enables dynamic control of metabolic flux in *Bacillus subtilis* for overproduction of N-acetylglucosamine. ACS Synth Biol, 7: 2423-2435.

Nowrouzi B, Li R A, Walls L E, et al. 2020. Enhanced production of taxadiene in *Saccharomyces cerevisiae*. Microb Cell Fact, 19: 200.

Ou X Y, Wu X L, Peng F, et al. 2019. Metabolic engineering of a robust *Escherichia coli* strain with a dual protection system. Biotechnol Bioeng, 116: 3333-3348.

Paddon C J, Keasling J D. 2014. Semi-synthetic artemisinin: a model for the use of synthetic biology in pharmaceutical development. Nat Rev Microbiol, 12: 355-367.

Paddon C J, Westfall P J, Pitera D J, et al. 2013. High-level semi-synthetic production of the potent antimalarial artemisinin. Nature, 496: 528-532.

Patten P A, Howard R J, Stemmer W P. 1997. Applications of DNA shuffling to pharmaceuticals and vaccines. Curr Opin Biotechnol, 8: 724-733.

Peña D A, Gasser B, Zanghellini J, et al. 2018. Metabolic engineering of *Pichia pastoris*. Metab Eng, 50: 2-15.

Pereira C P M, Souza A C R, Vasconcelos A R, et al. 2021. Antioxidant and anti-inflammatory mechanisms of action of astaxanthin in cardiovascular diseases (Review). Int J Mol Med, 47: 37-48.

Pontrelli S, Chiu T Y, Lan E I, et al. 2018. *Escherichia coli* as a host for metabolic engineering. Metab Eng, 50: 16-46.

Pourcel C, Salvignol G, Vergnaud G. 2005. CRISPR elements in *Yersinia pestis* acquire new repeats by preferential uptake of bacteriophage DNA, and provide additional tools for evolutionary studies. Microbiology (Reading), 151: 653-663.

Reider-Apel A, D'espaux L, Wehrs M, et al. 2017. A Cas9-based toolkit to program gene expression in *Saccharomyces cerevisiae*. Nucleic Acids Res, 45: 496-508.

Rialle S, Felicori L, Dias-Lopes C, et al. 2010. BioNetCAD: design, simulation and experimental validation of synthetic biochemical networks. Bioinformatics, 26: 2298-2304.

Ryan O W, Skerker J M, Maurer M J, et al. 2014. Selection of chromosomal DNA libraries using a multiplex CRISPR system. Elife, 3, e03703.

Saftalov L, Smith P A, Friedman A M, et al. 2006. Site-directed combinatorial construction of chimaeric genes: general method for optimizing assembly of gene fragments. Proteins, 64: 629-642.

Sakai K, Kinoshita H, Shimizu T, et al. 2008. Construction of a citrinin gene cluster expression system in heterologous *Aspergillus oryzae*. J Biosci Bioeng, 106: 466-472.

Sander J D, Joung J K. 2014. CRISPR/Cas systems for editing, regulating and targeting genomes. Nat Biotechnol, 32: 347-355.

Schwarzhans J P, Luttermann T, GEIER M, et al. 2017. Towards systems metabolic engineering in *Pichia pastoris*. Biotechnol Adv, 35: 681-710.

Schyfter P. 2012. Technological biology? Things and kinds in synthetic biology. Biol Philos, 27: 29-48.

Shao Y, Lu N, Cai C, et al. 2019. A single circular chromosome yeast. Cell Res, 29: 87-89.

Shao Y, Lu N, Wu Z, et al. 2018. Creating a functional single-chromosome yeast. Nature, 560: 331-335.

Shi S, Chen T, Zhang Z, et al. 2009. Transcriptome analysis guided metabolic engineering of *Bacillus subtilis* for riboflavin production. Metab Eng, 11: 243-252.

Shi S, Liang Y, Zhang M M, et al. 2016. A highly efficient single-step, markerless strategy for multi-copy chromosomal integration of large biochemical pathways in *Saccharomyces cerevisiae*. Metab Eng, 33: 19-27.

Shi T, Wang Y, Wang Z, et al. 2014. Deregulation of purine pathway in *Bacillus subtilis* and its use in riboflavin biosynthesis. Microb Cell Fact, 13: 101.

Shimizu T, Kinoshita H, Nihira T. 2007. Identification and *in vivo* functional analysis by gene disruption of ctnA, an activator gene involved in citrinin biosynthesis in *Monascus purpureus*. Appl Environ Microbiol, 73: 5097-5103.

Simon C, Herath J, Rockstroh S, et al. 2009. Rapid identification of genes encoding DNA polymerases by function-based screening of metagenomic libraries derived from glacial ice. Appl Environ Microbiol, 75: 2964-2968.

Sinkunas T, Gasiunas G, Fremaux C, et al. 2011. Cas3 is a single-stranded DNA nuclease and ATP-dependent helicase in the CRISPR/Cas immune system. Embo J, 30: 1335-1342.

Siripong W, Wolf P, Kusumoputri T P, et al. 2018. Metabolic engineering of *Pichia pastoris* for production of isobutanol and isobutyl acetate. Biotechnol Biofuels, 11: 1.

Stemmer W P. 1994. Rapid evolution of a protein *in vitro* by DNA shuffling. Nature, 370: 389-391.

Takayama S, Ozaki A, Konishi R, et al. 2018. Enhancing 3-hydroxypropionic acid production in combination with sugar supply engineering by cell surface-display and metabolic engineering of *Schizosaccharomyces pombe*. Microb Cell Fact, 17: 176.

Vogl T, Sturmberger L, Kickenweiz T, et al. 2016. A toolbox of diverse promoters related to methanol utilization: functionally verified parts for heterologous pathway expression in *Pichia pastoris*. ACS Synth Biol, 5: 172-186.

Wang C, Liwei M, Park J B, et al. 2018. Microbial platform for terpenoid production: *Escherichia coli* and yeast. Front Microbiol, 9: 2460.

Wang H, Yang H, Shivalila C S, et al. 2013. One-step generation of mice carrying mutations in multiple genes by CRISPR/Cas-mediated genome engineering. Cell, 153: 910-918.

Wang T Y, Tsai Y H, Yu I Z, et al. 2016. Improving 3'-hydroxygenistein production in recombinant *Pichia pastoris* using periodic hydrogen peroxide-shocking strategy. J Microbiol Biotechnol, 26: 498-502.

Wang Z, Chen T, Ma X, et al. 2011. Enhancement of riboflavin production with Bacillus subtilis by expression and site-directed mutagenesis of zwf and gnd gene from *Corynebacterium glutamicum*. Bioresour Technol, 102: 3934-3940.

Waschkowitz T, Rockstroh S, Daniel R. 2009. Isolation and characterization of metalloproteases with a novel domain structure by construction and screening of metagenomic libraries. Appl Environ Microbiol, 75: 2506-2516.

Weeding E, Houle J, Kaznessis Y N. 2010. SynBioSS designer: a web-based tool for the automated generation of kinetic models for synthetic biological constructs. Brief Bioinform, 11: 394-402.

Wei J, Tian Y, Niu G, et al. 2014. GouR, a TetR family transcriptional regulator, coordinates the biosynthesis and export of gougerotin in *Streptomyces graminearus*. Appl Environ Microbiol, 80: 714-722.

Wei Y, Zhou H, Zhang J, et al. 2015. Insight into dominant cellulolytic bacteria from two biogas digesters and their glycoside hydrolase genes. PLoS One, 10: e0129921.

Wiedenheft B, Van Duijn E, Bultema J B, et al. 2011. RNA-guided complex from a bacterial immune system enhances target recognition through seed sequence interactions. Proc Natl Acad Sci U S A, 108: 10092-10097.

Wiedenheft B, Zhou K, Jinek M, et al. 2009. Structural basis for DNase activity of a conserved protein implicated in CRISPR-mediated genome defense. Structure, 17: 904-912.

Wilson T E, Topper L M, Palmbos P L. 2003. Non-homologous end-joining: bacteria join the chromosome breakdance. Trends Biochem Sci, 28: 62-66.

Wu Y, Chen T, Liu Y, et al. 2020b. Design of a programmable biosensor-CRISPRi genetic circuits for dynamic and autonomous dual-control of metabolic flux in *Bacillus subtilis*. Nucleic Acids Res, 48: 996-1009.

Wu Y, Liu Y, Lv X, et al. 2020a. CAMERS-B: CRISPR/Cpf1 assisted multiple-genes editing and regulation system for *Bacillus subtilis*. Biotechnol Bioeng, 117: 1817-1825.

Xie W, Liu M, Lv X, et al. 2014. Construction of a controllable β-carotene biosynthetic pathway by decentralized assembly strategy in *Saccharomyces cerevisiae*. Biotechnol Bioeng, 111: 125-133.

Xie W, Lv X, Ye L, et al. 2015. Construction of lycopene-overproducing *Saccharomyces cerevisiae* by combining directed evolution and metabolic engineering. Metab Eng, 30: 69-78.

Xie Z X, Li B Z, Mitchell L A, et al. 2017. “Perfect” designer chromosome V and behavior of a ring derivative. Science, 355(6329): eaaf4704.

Xue T, Liu K, Chen D, et al. 2018. Improved bioethanol production using CRISPR/Cas9 to disrupt the ADH2 gene in *Saccharomyces cerevisiae*. World J Microbiol Biotechnol, 34: 154.

Xue Y, Kong C, Shen W, et al. 2017. Methylotrophic yeast Pichia pastoris as a chassis organism for polyketide synthesis via the full citrinin biosynthetic pathway. J Biotechnol, 242: 64-72.

Yamada R, Ogura K, Kimoto Y, et al. 2019. Toward the construction of a technology platform for chemicals production from methanol: D-lactic acid production from methanol by an engineered yeast *Pichia pastoris*. World J Microbiol Biotechnol, 35: 37.

Yamazaki K I, De Mora K, Saitoh K. 2017. BioBrick-based 'Quick Gene Assembly' *in vitro*. Synth Biol (Oxf), 2: ysx003.

Yan G L, Wen K R, Duan C Q. 2012. Enhancement of β-carotene production by over-expression of HMG-CoA reductase coupled with addition of ergosterol biosynthesis inhibitors in recombinant *Saccharomyces cerevisiae*. Curr Microbiol, 64: 159-163.

Yan X, Geng A, Zhang J, et al. 2013. Discovery of (hemi-)cellulase genes in a metagenomic library from a biogas digester using 454 pyrosequencing. Appl Microbiol Biotechnol, 97: 8173-8182.

Yang P, Wu Y, Zheng Z, et al. 2018. CRISPR/Cas9 approach constructing cellulase sestc-engineered Saccharomyces cerevisiae for the production of orange peel ethanol. Front Microbiol, 9: 2436.

Yang Z, Zhang Z. 2018. Production of (2R, 3R)-2, 3-butanediol using engineered *Pichia pastoris*: strain construction, characterization and fermentation. Biotechnol Biofuels, 11: 35.

Yosef I, Goren M G, Qimron U. 2012. Proteins and DNA elements essential for the CRISPR adaptation process in *Escherichia coli*. Nucleic Acids Res, 40: 5569-5576.

Zhang J H, Dawes G, Stemmer W P. 1997. Directed evolution of a fucosidase from a galactosidase by DNA shuffling and screening. Proc Natl Acad Sci U S A, 94: 4504-4509.

Zhang Y, Wang J, Wang Z, et al. 2019. A gRNA-tRNA array for CRISPR/Cas9 based rapid multiplexed genome editing in *Saccharomyces cerevisiae*. Nat Commun, 10: 1053.

Zhao D, Yuan S, Xiong B, et al. 2016. Development of a fast and easy method for *Escherichia coli* genome editing with CRISPR/Cas9. Microb Cell Fact, 15: 205.

Zhao M, Huang D, Zhang X, et al. 2018. Metabolic engineering of *Escherichia coli* for producing adipic acid through the reverse adipate-degradation pathway. Metab Eng, 47: 254-262.

Zheng X, Li S Y, Zhao G P, et al. 2017. An efficient system for deletion of large DNA fragments in *Escherichia coli* via introduction of both Cas9 and the non-homologous end joining system from *Mycobacterium smegmatis*. Biochem Biophys Res Commun, 485: 768-774.

Zhou P, Li M, Shen B, et al. 2019a. Directed coevolution of β-carotene ketolase and hydroxylase and its application in temperature-regulated biosynthesis of astaxanthin. J Agric Food Chem, 67: 1072-1080.

Zhou P, Xie W, Yao Z, et al. 2018. Development of a temperature-responsive yeast cell factory using engineered Gal4 as a protein switch. Biotechnol Bioeng, 115: 1321-1330.

Zhou Q, Su Z, Jiao L, et al. 2019b. High-level production of a thermostable mutant of *Yarrowia lipolytica* lipase 2 in *Pichia pastoris*. Int J Mol Sci, 21(1): 279.

Zhou Y J, Gao W, Rong Q, et al. 2012. Modular pathway engineering of diterpenoid synthases and the mevalonic acid pathway for miltiradiene production. J Am Chem Soc, 134: 3234-3241.

第 8 章　食品生物技术与未来食品

“民以食为天”，食品与人类的日常生活息息相关，是人类赖以生存的基石，是人类和社会物质联系的纽带。食品科学在人类历史的长河中具有重要的地位，食品产业的高质量发展满足了人民美好生活的需求，促进了国家经济的长足发展。随着人口增长、环境恶化、能源短缺等问题的加剧，未来食品的生产和发展面临着严峻的挑战。

8.1　未来食品的概念与内涵

8.1.1　未来食品的概念和发展任务

1. 未来食品的概念

目前世界人口已达到 80 亿，到 2050 年世界人口预计可能达到 100 亿，届时世界对食物需求量将增加 70%（Gu et al.，2021）。联合国粮食及农业组织预测对比 2022 年全球谷物产量和 2022—2023 年度谷物消费量，谷物产量无法满足消费需求，全球谷物库存量相比 2021 年初期水平下降 0.4%（达 8.47 亿 t），粮食生产与人口增长的不平衡严重遏制了食品行业的发展（Johns et al.，2013）。全球气候变暖、臭氧层破坏、土地荒漠化等环境污染和破坏问题威胁着人类的生产生活，导致玉米、小麦、稻米、大豆等各类主要粮作物大幅减产（Berners-Lee et al.，2018）。联合国粮食及农业组织的数据指出，与 2021 年相比，2022 年全球小麦价格上涨了 56%，谷物的整体价格上涨了近 30%，植物油的价格同比上涨了 45%（Marvin et al.，2017）。2021 年《全球粮食危机报告》预计，2022 年将有 42 个国家或地区面临粮食危机，影响 1.79 亿～1.81 亿人；2015 年至今，全球饥饿人口数量直线上升，受到新冠病毒的影响，这一形势愈发严峻，2021 年《世界粮食安全和营养状况》报告指出，全球大约 1/10 的人口（8.11 亿人）面临食物不足的困境。这一数字表明，各国需付出巨大努力，才能实现在 2030 年之前基本实现“零饥饿”（Tao et al.，2021）。

与此同时，世界每天都有成吨的食物被浪费和损失。《2021 年粮食消费指数报告》指出，据估计，2019 年全球共有 9.31 亿 t 食品被送入了家庭、零售商、餐厅和其他食品服务企业的垃圾桶，占到可供消费者食用的食物总量的 17%。此外，随着人民生活水平的提高和消费观念的转变，“健康、绿色、安全”的饮食需求逐渐成为消费者所追求的目标，人们越来越关注健康，提升个人身体素质、增强免疫力将是今后生活的主旋律，这加速了食品科学技术和食品产业体系的改革，绿色食品和保健食品的市场份额持续增长（Marvin et al.，2017）。数据显示，2021 年全球保健品市场的规模超过 1500 亿美元。中国的保健品消费市场增长水平高于全球，是新兴的消费市场，2021 年中国的保健品市场规模可达到 1500 亿元。这些因素都给全球食品的发展和升级带来了更大的挑战，新一轮的工业革命正在飞速发展，诸如大数据、人工智能、微生物制造和合成生物技术等前沿技术的不断创新，食品产业已经不是一个单一的生产加工行业，未来食品产业将与这些新兴技术和颠覆性产业相结合，为节省资源、结构升级、科技创新等提供解决方案，为未来食品产业提供了广阔的发展前景，形成了“安全、营养、方便、个性化”的产品新需求和“智能、节能、环保、可持续”的产业新追求（李兆丰等，2020）。

未来食品是以解决全球食物供给为目标，利用未来的生产方法和生活方式改变的代表性物质，并利用合成生物学、感知科学、物联网、人工智能、增材制造等颠覆性前沿理论和技术，为全球食物供给和质量保障、食品安全和营养、饮食方式和精神享受等问题提供更加有效的解决途径，未来食品将引领食品产业的发展方向（陈坚，2019）。

近年来，未来食品成为农业科学与食品科学界的研究热点（图 8-1）。在 2017～

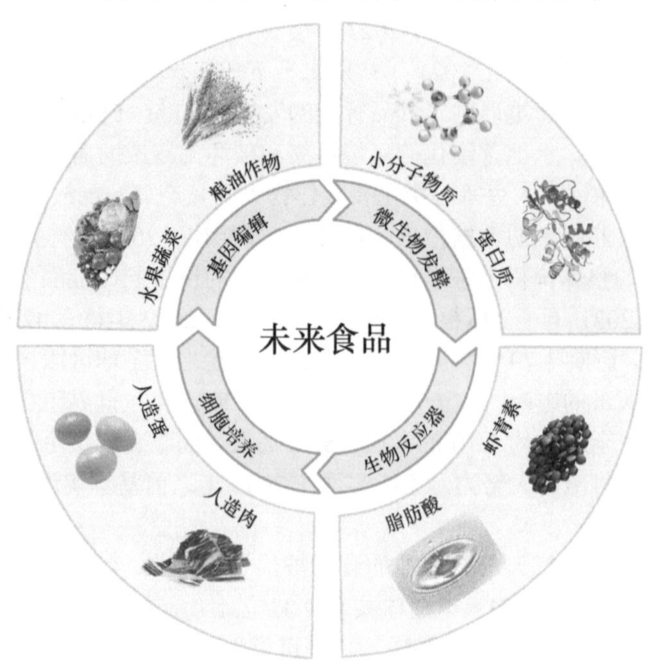

图 8-1　未来食品组成概念图

2021 年的近五年时间内，未来食品的相关文献比之前增长了 3 倍多。2019 年，美国马萨诸塞大学食品专业教授 David Julian McClements 编写了 *Future Foods* 一书，从科普的角度讲述了现代科学如何改变我们的饮食方式。2021 年，我国食品领域知名学者刘元法教授和陈坚院士主编了《未来食品科学与技术》一书，总结了食品科学技术的最新进展，预测了未来食品科学技术的发展趋势（廖小军等，2022）。2019 年，学术界著名出版商 Elsevier 创办了国际上第一本 *Future Foods* 期刊，将通过发展新技术和开辟新资源来提高食品生产系统的可持续性，以应对全球气候变化和人口增多的挑战作为期刊宗旨。2020 年，北京食品科学研究院与 Elsevier 合作创办了 *Journal of Future Foods* 期刊，聚焦食品领域的颠覆性技术。除此之外，国内外未来食品的研究机构、平台和组织不断建立，相关的期刊和学术会议持续出现，专业书籍纷纷出版。未来食品的蓬勃发展，将对食品科学基础研究的深化、食品领域创新技术的开发、食品新兴业态的创构，以及食品产业的结构优化和健康持续发展起到巨大助推作用，也将为人类提供更安全、更营养、更美味、可持续的食品。多学科与新技术的深度交叉融合、相辅相成，既是未来食品发展的标志和必要条件，也为未来食品的迅速成长提供了机遇（陈坚，2019）。

随着生命科学与技术的快速进步及发展，基于代谢工程和合成生物学等手段，构建具有特定合成能力的细胞工厂，通过现代生物发酵技术生产人类所需不同食品的颠覆性创新技术取得了长足的进步（Lv et al.，2021）。利用细胞工厂的发酵工程技术不仅可以生物合成不饱和脂肪酸、氨基酸、维生素等一系列高附加值产品，而且可以低成本合成淀粉、油脂、蛋白质等基本食品组分，现已成为新的研究热点。未来食品行业将开发和利用不同学科的交叉技术，根据功能与营养的差异性需求，将实现未来食品的智能化、定制化生产与加工，进一步补充或替代传统食品行业。

2. 未来食品的发展任务

未来食品的主要任务是解决食物供给和质量、食品安全和营养、饮食方式和精神享受等三个方面的问题。其技术基础包括不同学科领域的前沿技术，如合成生物学、物联网、人工智能、增材制造、纳米技术等；其产品标签更安全、更营养、更美味、可持续。特别需要指出的是，未来食品的发展路径将是 3T[生物技术（BT）、信息技术（IT）、食品技术（FT）]融合实现高技术产业（Ismail et al.，2020）。

我国食品科技发展战略趋向表现在以下 6 个方面。第一，食品合成生物学生产。构建微生物细胞工厂，以可再生生物质为原料，利用细胞工厂生产肉类、牛奶、鸡蛋、油脂、糖等，颠覆传统的食品生产方式，形成新型生产模式。第二，食品精准营养与个性化制造。基于食物营养、人体健康、食品制造大数据，靶向生产精准营养与个性化食品。第三，食品装备智能制造。利用数字化设计和制造技术，结合感知物联和智能控制技术，开发食品工业机器人、食品智能制造生产线和智慧厨房及供应链系统。第四，增材制造（3D 打印）。基于快速自动成型、图像图形处理、数字化控制、机电和材料等工业化数字化技术，生产传统食品和新型食品。第五，全程质量安全主动防控。基于非靶向筛查、多元危害物快速识别与检测、智能化监管、实时追溯等技术的不断革新，食品安全监管向智能化、检测溯源向组学化、产品质量向国际化方向发展。通过提升过程控制和检测溯源，构建新食品安全的智能监管。第六，多学科交叉融合创新产业链。大数据、云计算、物联网、基因编辑等信息技术，以及工程、人工智能、生物技术等领域的深度交叉融合，正在彻底颠覆传统食品生产方式，催生一批新产业、新模式、新业态（Lv et al.，2021）。我国未来食品产业将基于上述发展策略，以“大规模、大业态、大市场、大龙头、大集群、大安全、大品牌、大科技”为八大方向，呈现蓬勃发展的趋势。

1）大规模：发展最稳定

受益于国家扩大内需政策的推进、城乡居民收入水平持续增加、食品需求刚性以及供给侧结构性改革红利的逐步释放，未来食品产业将平稳增长，产业规模稳步扩大，继续在全国工业体系中保持“底盘最大、发展最稳”的基本态势。据估测，大规模的食品工业企业主营业务收入预期年增长 7%左右，到 2030 年，主营业务收入有可能突破 30 万亿元，在全国工业体系中继续保持较高经济占比。

2）大业态：融合一体化

第一、第二、第三产业融合发展是未来食品产业特有的优势，产业链纵向延伸和横向拓展的速度加快，大业态发展趋势日益明显。纵向延伸方面，完整未来食品产业链的加快形成，“产、购、储、加、销”一体化全产业链经营成为更加普及的业态模式；横向拓展方面，未来食品产业与旅游产业、文化产业、健康养生产业的融合日益加深，可充分展现未来食品产业独有的文化内涵、价值和意义，将未来食品产业打造成一个“有温度的行业”（陈坚，2019）。

3）大市场：空间“无边界”

未来食品产业将加大融入全球市场的深度和广度，实现市场空间的“无边界化”。例如，主食产品工业化速度加快，使家庭厨房的社会化得以实现；高端食品、保健食品、功能食品的深度开发，使供给和消费需求更加契合。未来食品产业领域的技术、资金、人才等方面的合作日趋广泛，越来越多的未来食品企业将“走出去”参与国际竞争，布局全球化产业链。线上平台已成为食品工业发展速度最快的分销渠道，企业通过电子商务重构市场网络，培育新的市场需求。

4）大龙头：扛起领军旗

企业跨区域、跨行业、跨所有制兼并重组步伐不断加快，将涌现出更多起点高、规模大、品牌亮、效益好、带动广、市场竞争力强的大型企业集团，并扛起行业领军大旗，进一步提升行业集中度。现代食品工业园区发展壮大，大中小微企业集聚发展，实现土地集约使用、产品质量集中监管、绿色制造共同推进，形成大中小微各类企业合理分工、合作共赢的格局，大企业做强、中型企业做大、小微企业做精，“小、弱、散”格局将得到全面扭转。

5）大集群：布局更优化

京津冀协同发展战略、长江经济带战略、西部大开发战略持续推进，新一轮振兴东北战略即将出台，未来区域发展更加协调有序。从资源禀赋、区位优势、消费习惯及现有产业基础等方面来看，食品各行业空间布局将更加优化，呈现大集群发展倾向。未来食品企业将持续向主要原料产区、重点销售区和重要交通物流节点集中。

6）大安全：监管更严密

加大力度推进实施食品安全战略，以“严密监管+社会共治”确保“四个最严”落到实处，未来食品产业将呈现大安全发展趋势。法治建设将进一步加快，以新修订《食品安全法》为核心的食品安全法律法规体系逐渐构建完善。食品安全标准全面与国际接轨，我国日益成为国际规则和标准制定的重要力量。国家、省、市、县四级食品安全监管体系日益完善，监管大数据资源实现共享和有效利用。社会各界力量大量被积极调动和有效整合，形成食品安全社会共治格局。中国食品作为“放心食品”的国内外形象真正树立，消费信心显著增强（陈洁君和桑晓冬，2022）。

7）大品牌：形象再提升

随着国家品牌战略的推进，各地培育、包装、推广食品工业品牌的长效机制逐步建立健全，食品行业品牌文化建设热情将空前高涨，品牌发展基础和外部环境将大幅改善，企业品牌、区域品牌、产业集群品牌交相辉映。全国各地展现出更多全方位、多层次、创新型、国际化的品牌运营平台。区域品牌培育、产业集群品牌培育的步伐将进一步加快，食品工业区域整体形象、产业整体形象趋优（丁晓兰，2022）。

8）大科技：转换新动能

在科技创新驱动下，科技与未来食品工业将在原料生产、加工制造和消费的全产业链上实现无缝对接，科技创新成为行业发展新动能。“产、学、研、政、金”合作日益加深，产业整体研发能力不断提升，研发和成果转化更加高效，充分适应生产运营中智能、节能、高效、连续、低碳、环保、绿色、数字化的新挑战，从而开辟新的价值创造空间（郭铁成，2022）。

8.1.2 食品生物技术在未来食品中的应用概述

未来食品的核心内容包括植物基食品、替代蛋白、食品感知、精准营养、智能制造、食品安全等方面。未来食品的发展将突出 6 个“新”：食品营养健康的突破将成为食品发展的新引擎；食品物性科学的进展将成为食品制造的新源泉；食品危害物发现与控制的成果将成为安全主动保障的新支撑；绿色制造技术的创新将成为食品产业可持续发展的新驱动；食品加工智能化装备的革命将成为食品工业升级的新动能；食品全链条技术的融合将成为食品产业的新模式（廖小军等，2022）。

与发达国家相比，我国食品科学在生物技术方面缺乏系统布局，生物技术与食品加工技术融合交叉不足，合成生物学、基因编辑、生命过程调控与设计等新兴生物技术转化应用不足，缺乏用于食品生产的细胞工厂等颠覆性技术的引领。因此，应用生命科学理论研究成果对生物体进行不同层次的设计、控制、改造、模拟和加工，将生物学原理转化为先进的产业化要素并应用于食品加工中，增加食品加工的技术种类和方法，在保证食品加工质量的基础上实现效率的提升，成为未来食品产业发展的重要趋势之一（廖小军等，2022）。

食品生物技术是食品工业的重要分支，既包括了现代生物技术在食品原辅料制备、食品加工中的应用，也囊括了食品发酵和酿造等传统生物转化过程。生物反应工程、合成生物学、蛋白质工程、细胞工程等诸多前沿生物技术的发展，也对现代食品生物技术的快速发展起到了极大的推动作用。在食品加工的过程中，运用生物技术，对生产、运输、制造和储存等各个环节进行控制，能够在保证食品质量的同时提升加工效率，推动食品行业发展（杨则宜，2006）。因此，中国、美国、日本和欧盟等国家或地区都将食品生物技术的发展提高到战略高度。

食品生物技术的根本目的是基于生物独特的生命代谢方式，控制适当的反应条件，实现食品的高效生物制造。针对未来食品高效生物制造的新需求，基于合成生物学、基因编辑、细胞工程、生物反应工程、蛋白质工程等新兴生物技术，构建以资源充分综合利用为特色的食品生物工程关键技术体系，实现食物资源和新资源的人工生物合成制造，食品生物技术才能成为食品工业健康发展的主要支撑（Cameron et al.，2014）。食品生物技术领域需要重视的研究主要包括以下 4 个方面。

1. 酶技术

酶技术是酶生产和应用的技术，随着研究的不断深入，酶制剂在食品工业中的应用越来越广泛，研究和开发新酶及其应用场景已成为酶技术领域的热点课题。借助酶促生物催化体系，可以实现淀粉的生物改性，例如，基于淀粉分支酶的糖苷键重构技术，可以增强淀粉的稳定性，具有代替传统化学变性淀粉的潜力，还具有维持血糖稳态的效果。通过酶催化解聚、转苷、异构等化学反应，可以实现中长链结构脂、人乳替代脂、零反式脂肪酸塑性油脂等功能性油脂的酶法制造，具有广阔的发展前景（Tao et al.，2022）。此外，酶制剂可以改善植物蛋白的营养、感官及功能性质，例如，利用蛋白质谷氨酰胺酶改善大豆蛋白风味及溶解性（Zhang and Simpson，2020），利用天冬酰胺酶降低植物蛋白丙烯酰胺合成（Bilal and Iqbal，2020），利用脯氨酸内肽酶改善植物蛋白制造无麸质食品（Khan and Selamoglu，2020），可为未来食品产业的发展提供技术保障。

2. 发酵工程

发酵工程利用微生物等细胞的代谢特性，通过现代工程技术将生物质转化为目标产品（Zhuang et al.，2021）。利用发酵工程技术进行酵母或真菌培养，能够实现大规模、低成本、可持续地生产替代蛋白，这种蛋白质新资源具有巨大的发展潜力。酵母蛋白作为食品蛋白原料和营养补充剂被广泛应用于食品工业中（Zhuang et al.，2021）。近年来，我国酵母蛋白产品呈现出高速发展态势。通过适应性进化和高通量筛选等策略，可以强化酵母蛋白的合成能力，实现高产量、高得率、高生产强度。除酵母蛋白外，真菌蛋白也是一种优质的替代蛋白来源，其主要生产原料为工农业废弃物，且工业发酵的生产方式立体化、集约化、占地少、低碳环保，已成为一种优化食品生产模式、改善生态系统氮循环的新途径。

3. 代谢工程

代谢工程是构建微生物细胞工厂的关键技术，用于合成食品组分，特别是食品中核心配料（Dasgupta et al.，2020）。我国婴幼儿配方奶粉市场规模达 1755 亿元，母乳与奶粉的区别主要在于母乳寡糖、脂肪、蛋白质的含量，而我国婴幼儿配方奶粉核心配料依赖进口。针对母乳寡糖等婴幼儿配方奶粉中重要配料的生物合成途径，开展微生物中重要配料代谢途径的设计与构建，能够建立目标产物的合成途径（周景文等，2020）。进一步通过底物转运系统优化、前体供应强化、辅因子智能循环和动态调控等策略，可以优化目标产物合成途径（Lv et al.，2021）。最后，通过增强底盘微生物与外源生物合成途径的适配性，提升生产菌株中目标产物的合成效率，可实现母乳寡糖、乳铁蛋白、磷脂酰丝氨酸等婴幼儿配方奶粉中重要配料的生物制造（周景文等，2020）。

4. 合成生物学

食品合成生物学是在传统食品制造技术基础上，融合合成生物学理念和技术，特别是食品微生物基因组设计与组装、食品组分合成途径设计与构建等，将可再生原料转化为重要食品组分、功能性食品添加剂和营养化学品，这些已经成为“未来食品”制造领域创新的战略高地（Chemat et al.，2017）。采用合成生物学实现人工合成淀粉的概念和技术创新，不仅对未来农业生产，特别是粮食生产具有革命性影响，而且对全球生物制造产业发展也有里程碑式意义（Cai et al.，2021）。随着人们对食品安全、营养和风味愈加重视，食品合成生物学技术在食品质量安全及食品废物处理等方面得到了大量的应用，推动未来食品科技的持续创新。

8.2 食品生物技术在功能蛋白质合成中的应用

8.2.1 食品生物技术在乳源蛋白合成中的应用

1. 微生物发酵法合成乳源蛋白研究进展

乳蛋白可以分为 3 类：乳清蛋白、酪蛋白和乳脂肪球膜蛋白，乳脂肪球膜蛋白只占总蛋白质含量的一小部分。母乳和牛奶的蛋白质在含量和摩尔质量上有巨大差异（表 8-1）。近年来，随着食品合成生物学的快速发展，人们建立了大量的细胞工厂来高效合成重要的食品成分和功能性食品添加剂（Yadav and Shukla.，2020；Zhang ct al.，2017；Tyagi ct al.，2016）。在已有的报道中，应用不同的微生物已经实现了多种与未来食品生产密切相关的蛋白质合成（图 8-2）。合成生物学已被用于合成某些蛋白质和低聚糖的牛奶添加剂，如乳铁蛋白、人乳低聚糖 2′-岩藻糖基乳糖和乳糖-*N*-新四糖（Deng et al.，2019；Yu et al.，2018；Huang et al.，2017；Martinez et al.，2015；Liu et al.，2014；Drouillard et al.，2010）。与传统牛奶和植物性牛奶替代品的生产工艺相比，应用合成生物学生产无动物性牛奶具有许多优势。第一，牛奶成分的微生物合成可以在生物反应器中进行，以避免传统方法造成的环境污染及抗生素和激素污染。第二，生产牛奶成分的细胞工厂可以使用简单的培养基（成分有葡萄糖、大豆蛋白胨、玉米糖浆、尿素和无机盐）进行发酵，成本相对较低（Wang et al.，2002）。第三，微生物发酵的优点是周期短，且发酵过程不受环境和天气的影响。第四，细胞工厂可以避免一些问题，如植物材料提取效率低下、目标产品丢失，以及复杂的提取步骤。

表 8-1　母乳蛋白和牛奶蛋白含量及分子质量大小差异

乳蛋白		母乳		牛奶	
		含量/（g/L）	分子质量/kDa	含量/（g/L）	分子质量/kDa
酪蛋白	β-酪蛋白	0.04～4.42	23.9～24.2	8.6～9.3	23.9～24.1
	κ-酪蛋白	0.1～1.72	19.0	2.3～3.3	19.0
	α_{s1}-酪蛋白	0.04～1.68	21.0	8.0～10.7	22.1～23.7
	α_{s2}-酪蛋白			2.8～3.4	25.2～25.4
乳清蛋白	α-乳白蛋白	1.9～3.4	14.1	1.2～1.3	14.2
	β-乳球蛋白			3.2	18.3
	乳铁蛋白	1.5～2.0	75～82.4	0.02–0.5	80～84
	溶菌酶	0.1～0.9	15	Trace	16.5～18
	IgA	0.96	162（415±60）	0.05–0.14	160（385～410）

数据来源：Meng et al.，2021；Séverin and Wenshui，2005；Akker et al.，2014。

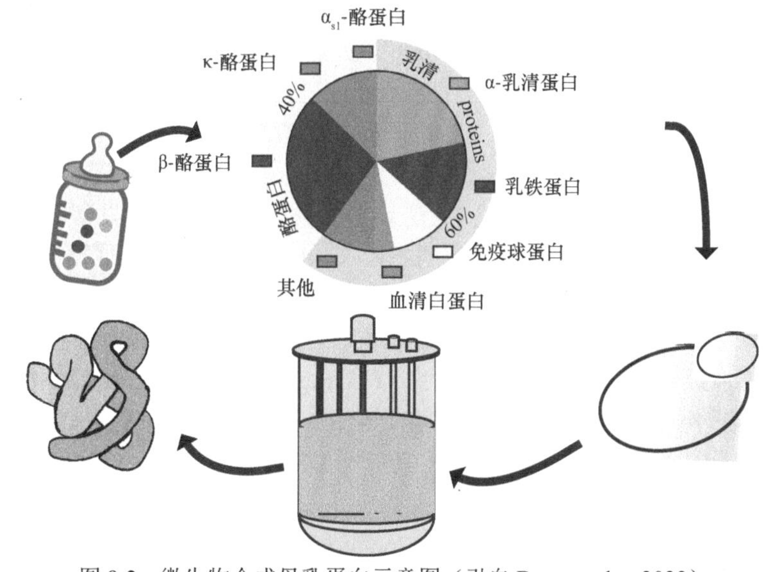

图 8-2　微生物合成母乳蛋白示意图（引自 Deng et al.，2022）

在宿主中使用游离表达或整合表达通过基因合成获得编码母乳蛋白的基因。通过分批补料发酵，可得到大量蛋白质，未来可用于婴儿配方奶粉

传统奶制品中蛋白质的主要成分乳清蛋白（牛乳清蛋白、羊乳清蛋白）可以通过大肠杆菌、酿酒酵母等微生物来合成。2013 年，美国 NEB 公司在克鲁维酵母中实现了牛白蛋白的表达并成功应用在酶保护剂的生产等多个方面，获得了良好的经济效益。这些研究成果为生产以乳清蛋白为主要成分的人造奶制品奠定了良好的基础。虽然利用微生物发酵法合成动物蛋白在国内起步相对较晚，但近年来也已经取得了一些突破性成果。在乳清蛋白的合成方面，已经可以利用大肠杆

菌成功实现牛乳中 7 种主要蛋白质（α_{s1}-酪蛋白、α_{s2}-酪蛋白、β-酪蛋白、κ-酪蛋白、α-乳白蛋白、β-乳球蛋白、白蛋白）的异源表达并且未被降解（张齐，2016）。经生理功能验证，结果表明大肠杆菌作为合成人造牛奶蛋白的底盘细胞具有较好的应用潜能，该研究对后续进一步开发人造奶奠定了基础。Deng 等（2022）利用毕赤酵母分泌表达 α-乳白蛋白，产量达到 56.3 mg/L。

目前，对乳铁蛋白的研究主要集中在乳铁蛋白的生物合成上。通过生物合成获得的重组乳铁蛋白不仅可以作为人造奶原料，还具有抑制肠道致病菌、有利于伤口愈合、防治心血管疾病等生理功能，具有较高的商业价值。但是，牛乳铁蛋白是一种低浓度的抗菌剂和免疫调节剂，在牛乳中含量很低（Vogel，2012；Latorre et al.，2010；Jenssen and Hancock，2009）。因此，建立细胞工厂对其进行生物合成可能是一种很有前途的策略。Kim 等（2006）已经在红球菌和普通小球藻中成功表达了牛乳铁蛋白 C 端和 N 端。一项研究采用硫氧还蛋白（Trx）和乳铁蛋白（lactoferrin）作为转录融合蛋白的共表达策略，在大肠杆菌中表达和纯化了重组牛乳铁蛋白。Western blot 分析证实重组牛乳铁蛋白（rbLF）的积累，纯化蛋白的浓度为 15.3 mg/L，纯度为 90.3%。此外，rbLF 对大肠杆菌 BL21（DE3）和 Mach1-T1 菌株的生长抑制率分别为 87.7%和 79.8%（Garcia-Montoya et al.，2013）。通过对密码子使用的优化和强启动子 AOX1 的筛选，牛乳铁蛋白在毕赤酵母中也得到了高效表达。经诱导、裂解、纯化后分批发酵，最终 rbLF 表达量为 3.5 g/L。在食品合成生物学中，GARS 菌株枯草芽孢杆菌（*Bacillus subtilis*）是蛋白质表达的理想宿主。研究人员通过启动子优化和密码子工程在枯草芽孢杆菌 168 中表达牛乳铁蛋白，经硫酸铵沉淀、Ni-NTA 亲和层析、Superdex 200 层析三步纯化，乳铁蛋白的得率为 16.5 mg/L，纯度为 93.6%。最终，研究人员验证了重组牛乳铁蛋白对大肠杆菌 JM109、铜绿假单胞菌和金黄色葡萄球菌的预期抗菌活性（Jin et al.，2019）。除了乳铁蛋白，通过合成生物学生产其他主要乳蛋白的研究很少。

2014 年，Perfect Day Foods（https://www.perfectdayfoods.com）对人造生物工程奶的生产进行了研究，核心技术包括将牛奶蛋白的 DNA 序列导入酵母细胞中，并通过发酵生产酪蛋白和乳清蛋白。之后，将牛奶蛋白与水和其他成分混合，生产乳制品替代品，即人造生物工程奶。人造生物工程奶的发展促进了以食品合成生物学技术为基础的牛奶生产。然而，上述研究都集中在实验室范围内对牛奶蛋白中单一成分的研究。要实现人造生物工程奶的工业化生产，还有许多问题和挑战需要克服，因此有必要进行进一步的研究。

2. 微生物发酵法合成乳源蛋白的技术瓶颈和应对策略

食品合成生物学是食品生产领域的一个重要研究方向，为解决食品生产面临的挑战提供了重要的技术支撑。以人造生物工程牛奶和鸡蛋中的蛋白质组分为代表的生物制造研究取得了进展。然而，在人工生物工程食品生产过程中长期存在两个问题：①微生物宿主成分对单一蛋白质的表达不足，低生产率增加了获取蛋白质的成本。②获得一定营养比例的人工生物工程食品需要复杂的蛋白质提纯和复合过程，这增加了生产成本，限制了蛋白质的工业化生产。为了解决上述第一个问题，可以构建具有高比生长率和高生产率的微生物底盘细胞来提高蛋白质的表达。例如，可以通过优化基因表达调控元件（如启动子、核糖体结合位点、N 端编码序列和信号肽元件）提高蛋白质合成效率，以实现高效的分泌表达。此外，高通量和高灵敏度的筛选方法也是筛选高效底盘单元工厂的有力工具。为了解决第二个挑战，可以开发两种潜在的蛋白质生产策略，即“单宿主多蛋白”和“多宿主多蛋白”。例如，为了合成人造生物工程奶中的蛋白质成分，“单宿主多蛋白”策略表明，单细胞工厂可以同时合成 4 种主要类型的蛋白质，包括 α_{s2}-酪蛋白、β-酪蛋白、κ-酪蛋白和 α-乳清蛋白，而不产生主要过敏原 α_{s1}-酪蛋白和 β-乳球蛋白。同时，通过调控不同基因的表达，最终获得一定比例的目标产物。“多宿主多蛋白”策略表明，通过几个细胞工厂的共培养和发酵，可以同时获得不同类型的蛋白质。为了合成牛奶蛋白，一个细胞工厂可以同时表达一种或几种类型的牛奶蛋白，然后不同的细胞工厂可以作为共培养和共发酵系统来表达多种蛋白质组分。该方法还可以通过调节生长速率和优化不同菌株的基因表达元件，直接表达一定比例的蛋白质，无需合成即可获得人工生物工程产品。微生物发酵蛋白与植物来源的蛋白质相比具有更高的生产效率，并且比生产动物来源的蛋白质需要更少的资源。此外，微生物发酵蛋白的转化效率高，需要的原料较少，生产过程的设备成本价格低。基于此，微生物发酵蛋白有可能实现更低的生产成本。因此，高效表达蛋白质的微生物底盘细胞和不同蛋白质生产策略的微生物菌群的提出，为实现食品蛋白质的全细胞利用和工业化生产提供了巨大的潜力。

此外，人造生物工程食品的安全问题也应该被注意到。一般说来，食品生产中使用的微生物属于一般公认安全（GRAS）菌株，包括枯草芽孢杆菌、谷氨酸棒杆菌和乳杆菌（Yang et al.，2020；Peiroten and Landete，2020），由它们生产的营养食品已广泛应用于食品、医药等领域。此外，工程菌产生的蛋白质必须经过纯化才能用作食品成分，从而进一步保证原料的安全性。因此，通过食品安全检测的微生物发酵蛋白，经有关监管机构批准，可以批量生产和安全食用。综上所述，食品合成生物学是促进未来蛋白质供应转型的主要方法之一。因此，要鼓励和加大食品合成生物学等食品生物技术的发展及应用，引领工业化，抢占世界技术前沿和产业高地，最终造福人类。

8.2.2 食品生物技术在鸡蛋蛋白合成中的应用

随着动植物蛋白在食品、饮品以及未来食品领域越来越广泛的应用，以动植物为来源获得的蛋白质，无论是从种类还是数量上都已经无法满足大众对健康、环保及美味食品的不断追求。因此，以代谢工程为基础的微生物发酵合成动植物蛋白已经成为新的发展趋势。

在饼干和糕点的烘焙替代实验中，蛋清蛋白因其理化、色泽、质构、微生物和感官等参数均在可接受的范围内，被证明是一种潜在的鸡蛋替代品（Gandhi et al.，2021）。与此同时，消费者继续选择蛋白质含量相对较高、碳水化合物含量较少的蛋清产品。因此，蛋清蛋白组分的生产和复合可能是一种有效的解决方案。

卵清蛋白是一种典型的球状蛋白，占蛋清蛋白总量的54%，分子质量为42.7 kDa，等电点为4.5。卵清蛋白包含386个氨基酸残基，由单个二硫键和四个游离巯基形成了稳定的、直径为3 nm的球状三维结构。由于卵清蛋白致敏性较强、纯化制备容易，且结构表征学研究完善，已作为模式蛋白被广泛应用于蛋白质构象、生化性质、疫苗安全性检测及免疫学动物模型的研究。

卵转铁蛋白是存在于鸡蛋蛋清中的一种糖蛋白，约为蛋清蛋白总量的13%，属于转铁蛋白和金属蛋白酶家族。卵转铁蛋白由两个结构域（分别位于N端和C端的）组成，包含 15 个二硫键，是鸡蛋中致敏性较强的过敏原，但目前还没有OVT致敏表位定位的相关报道。卵转铁蛋白由686个氨基酸残基组成，分子质量约为 78 kDa，等电点为6.5。得益于其铁结合能力，卵转铁蛋白具备显著的抗菌活性（Giansanti et al.，2012）。

卵黏蛋白同样也是鸡蛋蛋清中的一种糖蛋白（糖基化程度约为25%），约占蛋清蛋白总量的11%。卵黏蛋白的分子质量约为28 kDa，包含186个氨基酸残基，等电点约为4.1。卵黏蛋白中较高的糖化程度赋予其极强的热拮抗性和胰蛋白酶抑制活性，因此，即使经过食物热加工和胃肠道消化后，卵黏蛋白仍可保持高强度的致敏性。

溶菌酶是一种分子质量为14.3 kDa的碱性单链球蛋白，等电点为10.7，在鸡蛋蛋清中含量较少，仅占蛋清蛋白总量的3.4%。溶菌酶的整个蛋白质序列包含129个氨基酸残基，由4个二硫键连接并稳定其空间构象，酶活性非常稳定，热稳性强但受 pH 影响较大；它可特异性分解革兰氏阳性菌，因此在食品工业中作为抑菌剂被广泛应用于食物的杀菌、保鲜和防腐等。

人工合成技术提供了对蛋清蛋白的微生物发酵合成的解决方案。在以前的研究中，各种微生物已经被用来产生蛋清蛋白（Geng et al.，2019）。早在1978年，大肠杆菌就通过基因工程合成和分泌了 43 000 Da 的鸡蛋清蛋白（Fraser and Bruce，1978）。在最近的研究中，大肠杆菌和枯草芽孢杆菌中也已经人工合成了正确折叠的蛋清蛋白（Liu et al.，2020b；Upadhyay et al.，2016；Rupa and Mine，2003）。虽然微生物合成的蛋清蛋白基本上没有翻译后修饰，但它仍然表现出与天然鸡蛋清蛋白相似的抗原性和生物活性。

此外，还有一些公司致力于蛋清的微生物生产。例如，Clara Foods 公司曾试图在多种微生物（如酿酒酵母和枯草芽孢杆菌）中生产两种或两种以上蛋清蛋白的组合。这些尝试表明，食品合成生物学可以为利用微生物合成主要的蛋清蛋白，以及人工生产具有相似功能特性（包括溶解性、吸水性、黏度、胶凝性、凝聚力、黏附性、乳化性和起泡性）的鸡蛋替代品铺平道路。

8.3　食品生物技术在油脂加工中的应用

油脂是食品的重要组成部分，既可作为食品中主要的能量来源，同时也是脂溶性成分的载体。此外，油脂也可以作为食品加工的传热介质，赋予产品理想的质地、风味和口感。油脂加工是指开发使油脂及其相关产品在货架期内保持可接受的感官特性、风味的加工技术，以及开发可生产出特定产品的深加工技术，主要包括油脂的制取、精炼和改性等。在传统的油脂加工过程中，为了使加工效果最优化，人们通常忽视了产品多样化、营养安全及环境友好性。近年来，随着物理学、化学和生物学等领域新技术的迅速发展和推广应用，油脂加工逐渐开始考虑各加工环节之间、加工与产品品质之间、加工与环境之间的相互影响。本章将围绕食品生物技术在油脂加工中的应用进行概述。

8.3.1　食品生物技术在油脂制取中的应用

早在公元前 1650 年，就有人力挤压制取橄榄油的文字记载。随后人们发明了水代法、简单机械压榨法、液压压榨法、螺旋压榨法、溶剂浸出法及水酶法等制油方法。水代法是利用机械外力将原料破碎后，根据非油成分对油和水亲和力不同且油水比重不同的原理将油脂分离的方法，但是因为易出现乳化现象，出油率低（王丽媛，2018）。压榨法通过机械挤压的方式破坏细胞结构，促使油脂释放，所得油脂品质较高，但是得油率较低，蛋白质在高温和高剪切力作用下易发生变性，生产过程能耗较高。浸出法依据溶剂相似相溶的原理提取油脂，提取率高，但存在生产安全、溶剂残留和空气污染等问题，产生的饼粕通常被当作饲料或者肥料使用。

1. 水酶法制油

水酶法是在水代法的基础上发展起来的一种新型制油方法。首先根据物料种类性质使用机械力将植物油料破碎到一定程度，然后再加入水和生物酶，进一步破坏细胞壁，打破油脂与其他物质的结合，并在特定物料含水量、特定酶添加量、特定温度等条件下酶解一定时间，使油脂从油料作物中缓慢释放出来的同时又不易造成蛋白质损失（朱敏敏，2017）。由于酶处理温度不高，不仅能耗低，还可以得到优质的植物蛋白。水酶法制油初期，受制于生物酶的成本，很难实现工业化、规模化应用，直至 20 世纪 70 年代工业化酶制剂的成本显著降低才使得该法得到发展。如今水酶法已经成为油脂制取的新工艺，相关研究涉及椰子油、米胚油、油茶籽油、玉米胚芽油、油菜籽油、花生油、大豆油、芝麻油、葵花籽油、米糠油和亚麻籽油等。

与传统制油工艺相比，水酶法制油的酶解反应条件温和，不仅可以高效提取油脂，而且能够最大限度保留植物油料中的营养活性物质，使蛋白质和碳水化合物等能够有效回收，增加副产品的综合利用效益；用生物酶代替有机溶剂处理植物油料细胞，可以减少环境污染、降低能源消耗、提高工艺安全性、简化生产工艺；水酶法制油以水作为溶剂，可以脱除一部分毒素；与非酶法相比，工艺中产生废水的生化需氧量（BOD）、化学需氧量（COD）较低；植物油料不经有机溶剂、高压高热等处理，油质清澈透明，油脂品质较高（孙红等，2011）。与此同时，水酶法制油也存在一些不足：目前昂贵的酶制剂还是限制水酶法制油技术发展的最大障碍，酶制剂的重复利用还有待进一步改善；生物酶具有多样性和专一性，不同植物油料的最适酶制剂组合差异显著，需要不断摸索（王丽媛，2018）；乳化现象严重，大大影响了油脂的提取率，降低了生产效率，有效破乳已经成为水酶法制油面临的技术难题（徐丹，2016）。

2. 水酶法制油的影响因素

植物油料细胞壁主要由纤维素、半纤维素、木质素和果胶等构成。在水酶法制油过程中，需要先充分破坏细胞壁使油脂和蛋白质易于溶出，但是细胞内存在许多溶于水的物质，进入水相后充当表面活性剂而使水相乳化。纤维素、半纤维素、果胶酶等水解酶具有破坏细胞壁的作用，同时蛋白水解酶主要作用于细胞膜和细胞质内的蛋白质。植物细胞壁结构成分具有复杂性，导致用作水解酶的酶制剂应该包含多种酶，才能达到充分裂解破坏细胞壁的目的。

1）植物油料种类的影响

不同植物油料具有不同的性质。例如，不同植物油料细胞的细胞壁组成结构存在差异性，细胞中脂肪、蛋白质等组分含量不同，这些因素导致制油时需要依据原料选择合适的酶制剂及酶组合方案。例如，制取米糠油时，加工前需要钝化脂肪酶才能进行后续工艺。比较 Hanmoungjai 等（2001）的米糠油提油工艺和 Shankar 等（1997）的大豆水酶法提油工艺，可以发现两种工艺存在的区别。

2）油料粉碎程度的影响

油料的粉碎程度是影响酶解效率和提油效果的重要因素之一。粉碎可以破坏油料细胞组织，使油料细胞中的油脂释放，同时增加酶制剂与油籽细胞的接触面积，有利于提高酶的扩散速度，进而改善酶解提油速率（李大房和马传国，2006）。粉碎方法有水磨法和干磨法两种，依据油料种类、油料性质和制油工艺不同选择合适的方法，含水率高的油料适合水磨法，而含水率低的油料（如花生、油菜籽和大豆）选用干磨法更好。通常油料粉碎程度越高，出油率越高，但是过度粉碎会增加乳化程度，造成破乳困难，降低油脂提取率。不同油料细胞大小和细胞壁的厚度不同，水分含量低的油料作物，粉碎颗粒直径最好控制在 0.57～1.0 mm，而水分含量高的要求小于 0.2 mm（倪培德和江志炜，2002）。因此，粉碎方法和粉碎程度是水酶法制油工艺的关键影响因素。

3）酶制剂的影响

目前，常用的酶制剂有纤维素酶、半纤维素酶、果胶酶、蛋白酶、淀粉酶、糖化酶和磷脂酶等。酶具有专一性，所以酶的选用取决于原料的成分结构和工艺，这也是单一酶制剂在工艺中有很大局限性的原因。因此，现代水酶法制取工艺中通常是多种酶复合使用。Latif 和 Anwar（2009）发现与碱性蛋白酶、中性蛋白酶和纤维素酶相比，复合多糖酶能有效提高葵花籽油的得率；Mohammad 在制取杏仁油时发现蛋白酶和纤维素酶的复合作用效果明显优于单一蛋白酶或单一纤维素酶（Balvardi et al.，2015）。此外，酶制剂的添加顺序对水酶法提油工艺影响也很大。

酶制剂的添加量对油脂的提取率影响显著，因此需要根据植物油料的种类和含油率等条件优化酶制剂的种类和用量，例如，使用酶制剂处理橄榄果肉时，纤维素酶的最佳浓度为 2.5～3.0 g/L，果胶酶适宜浓度为 1.5～2.0 gL，酸性蛋白酶适宜浓度为 1.7～2.3 g/L（李桂英，2006）。纤维素酶与果胶酶复合使用，或纤维素酶与酸性蛋白酶复合使用的效果明显优于单一酶制剂。综上，水酶法酶制剂的选择及各种酶的合理复配，需要根据油料的种类、油脂及非油脂物质的物理化学性质、混合体系间的相互作用及水酶法工艺条件等灵活调整。

4）酶解工艺的影响

水酶法制油过程中，酶解温度、酶解时间、酶解反应的 pH 等是影响酶解效果及油脂提取率的关键因素。酶解温度不仅要使酶保持良好的生物活性，还不能影响物料的分子运动、扩散作用及最终产品质量。酶解温度随酶种类和油料的不同而异，温度过高会使酶制剂失活，温度过低又不能充分发挥酶制剂的作用，通常商业化酶制剂的最适温度在 30～70℃。酶解时间应综合考虑油料细胞成分和提取率两个因素，通常控制在 0.3～10 h。油料不同会导致酶解时间有所差异，而延长酶解时间会使乳化液变得更加稳定。酶解反应的 pH 控制是水酶法工艺中一个重要参数。pH 不仅影响酶的生物活性，还决定油脂与植物蛋白分离提取的难易程度。单一酶制剂通常具有最适 pH，而复合酶制剂的控制比较复杂，通常需要依靠实验进行优化。一般而言，酶解反应体系的 pH 控制在 3～8，如纤维素酶最适 pH 大多在 4～5（Niu et al.，2021）。

酶解反应体系的料液比也是一个重要影响因素，最佳的料液比有利于油水分离并减少废水排放。当料液比较低时，反应体系的流动性差，不利于生物酶与物料的接触；而料液比过高时，则会稀释酶制剂和底物的浓度。通常最佳料液比为 1∶7～1∶4。

5）乳化和破乳

在水酶法制油过程中（图 8-3），蛋白质和淀粉等非脂类物质会溶解于水相中，起到表面活性剂的作用。系统中微小油滴趋向于界面上，这将减少界面张力，并形成稳定的（乳液）体系，导致油脂难以分离。为了消除乳液带来的不利影响，通常会采用反复冻融、离心分离、加热、调节 pH、有机溶剂萃取等方法破乳（Anwar et al.，2013）。

6）其他因素

除上述重要因素外，还有其他非直接因素也会影响水酶法工艺的油脂提取率，例如，合适的离心机转速、增加合适的搅拌，甚至借助超声波和微波等破乳手段，都能显著提高油脂的提取率。

3. 水酶法制油的工艺流程

在植物油料中，油脂存在于植物油料的细胞内，并通常与其他大分子（蛋白质和碳水化合物）结合存在，构成脂蛋白、脂多糖等复合体。该工艺是在油料破碎时加入水后再加入酶，进行酶解，使油脂易于从油料固体中释放出，利用非油成分对油和水的亲和力差异，以及油水比重不同而将油与非油成分分离。酶处理后经离心或压滤固液分离，固相（残渣）干燥后生产饲料或其他产品，液相破乳后采用离心或倾析等方法取得油和蛋白质。该工艺可以同时分离油料中的油和蛋白质，可用于花生、向日葵、大豆、棉籽等的加工（图 8-3）。

目前，国内外研究者在水酶法制油工艺的开发方面做了大量研究工作，已经取得重要的进展。水酶法制油的操作条件温和，不使用溶剂，制油后的原料残渣和残液含有丰富的蛋白质、粗纤维和矿物质等营养成分，有利于油料副产物的综合利用。除此以外，近年来人们发现在水酶法处理的花生乳液中，仍残留 6%～10% 的油脂，因此水酶法制油的破乳方法尚需要进一步完善。

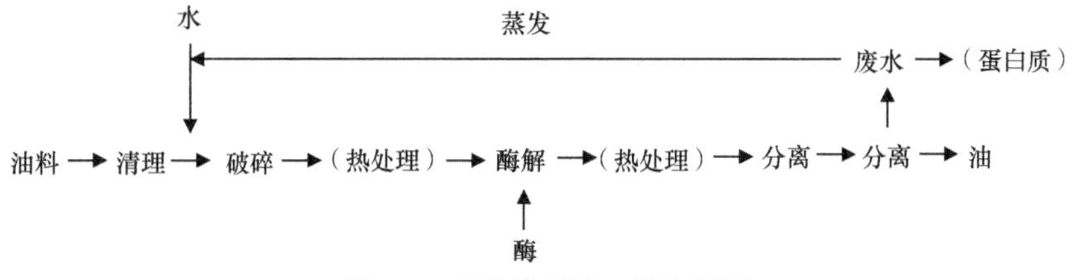

图 8-3　水酶法制油工艺流程图

8.3.2　食品生物技术在油脂精炼中的应用

未经过精炼加工的、直接从油料中制取得到的油脂称为毛油。毛油通常含有一定量的杂质、水分和胶质等，其中胶质主要是磷脂、蛋白质、糖和其他黏液等的混合物。胶质在高温条件下容易炭化，生成大量黑色沉淀，严重影响油脂品质。胶质还会加重精炼的负担，包括油脂脱色和脱臭，进而造成设备结焦、过滤困难等问题。因此，脱胶是植物油精炼环节中最重要的工序。

传统油脂脱胶的方法有多种，包括水化脱胶、酸炼脱胶、吸附脱胶、膜过滤脱胶及化学试剂脱胶等，其中应用最为普遍的是水化脱胶和酸炼脱胶，但传统的水化脱胶和酸炼脱胶操作烦琐，油脂得率低，需加入大量碱进行中和脱酸，还会产生大量废液。为了解决上述问题，酶法脱胶、膜法脱胶、硅法脱胶、超临界脱胶、冷冻脱胶和 Top 脱胶等方法应运而生（张群，2013）。

1. 酶法脱胶

酶法脱胶是利用磷脂酶的特性，在一定条件下将毛油中的非水化磷脂转化为水化磷脂，再采用水化的方法去除。相较于传统工艺，酶法脱胶具有反应条件温和、精炼率高、能耗低、污染少等较多优点（Sampaio et al.，2019）。

1）磷脂酶制剂

磷脂酶普遍存在于动物、植物和微生物中，能够特异性水解甘油磷脂，根据其作用位点的不同，可以分为磷脂酶 A_1（PLA_1）、磷脂酶 A_2（PLA_2）、磷脂酶 B（PLB）、磷脂酶 C（PLC）及磷脂酶 D（PLD）（图 8-4）。

（1）磷脂酶 A

PLA_1 在原生动物、后生动物细胞及蛇毒中较为常见。PLA_1 可以特异性水解磷脂的 sn-1 位脂肪酸，生成 2-酰基溶血磷脂和游离脂肪酸。2-酰基溶血磷脂 2 位上的脂肪酸有转移至 1 位从而继续被水解的趋势。因此，PLA_1 可以使部分磷脂完全被降解（图 8-5）。PLA_2 普遍存在于动物器官、细胞，以及各种腺体的分泌物、植物组织、细菌、真菌、蜂毒、蛇毒及蝎毒中。PLA_2 能特异性水解磷脂的 sn-2

位脂肪酸，生成 sn-2 溶血磷脂和游离脂肪酸（图 8-6）（李进红，2019）。

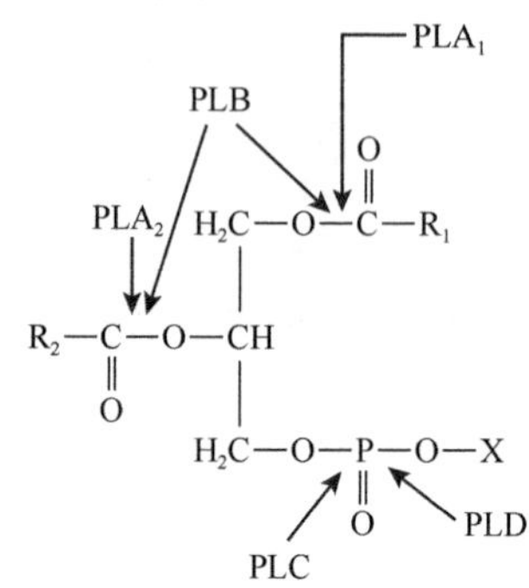

图 8-4　不同磷脂酶的作用位点（X 代表胆碱、乙醇胺、肌醇等）

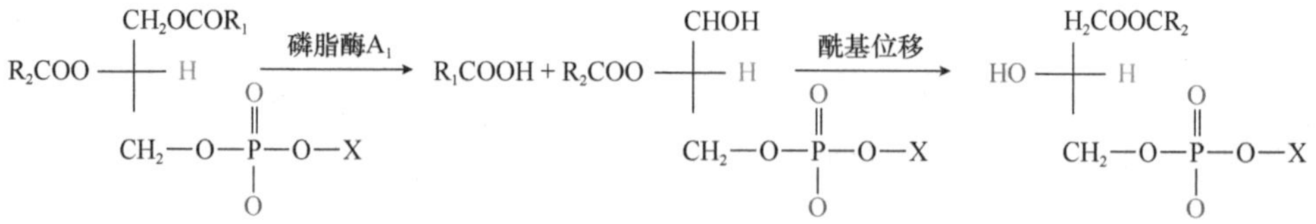

CH_2OCOR_1 / R_2COO—H / CH_2—O—P(=O)(O)—O—X $\xrightarrow{\text{磷脂酶}A_1}$ $R_1COOH + R_2COO$—H（$CHOH$ / CH_2—O—P(=O)(O)—O—X）$\xrightarrow{\text{酰基位移}}$ HO—H（H_2COOCR_2 / CH_2—O—P(=O)(O)—O—X）

图 8-5　磷脂酶 A_1 特异性水解磷脂

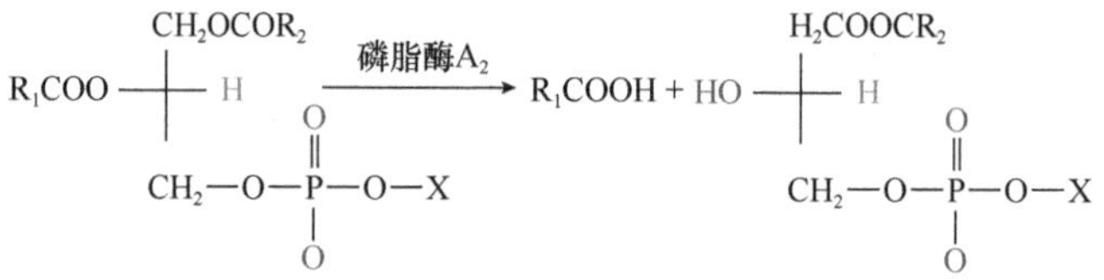

CH_2OCOR_2 / R_1COO—H / CH_2—O—P(=O)(O)—O—X $\xrightarrow{\text{磷脂酶}A_2}$ R_1COOH + HO—H（H_2COOCR_2 / CH_2—O—P(=O)(O)—O—X）

图 8-6　磷脂酶 A_2 特异性水解磷脂

（2）磷脂酶 B

PLB 是一种非常重要的代谢酶类，能够水解磷脂的 sn-1 和 sn-2 位酯键，发挥水解酶和溶血磷脂酶的活性，可以生成亲水性强的甘油酰磷脂和脂肪酸。同时，PLB 还可以发挥转酰基酶的活性，催化游离脂肪酸转移到溶血磷脂进而合成磷脂（李明杰，2017）。

（3）磷脂酶 C

PLC 在细胞代谢、细胞传递、生长发育等方面具有重要的生理功能。PLC 可以特异性作用于甘油磷脂 sn-3 位酯键，生成甘油二酯（DAG）及磷酸酯（磷酸胆碱、磷酸乙醇胺或磷酸肌醇等）（图 8-7）。由于其作用于甘油磷脂 sn-3 位的专一性，不会对 TAG、DAG 和 MAG 等中性油起作用，从而避免了其他副产物的产生和中性油的损失，在酶法脱胶领域具有较高的应用潜力（徐振山等，2017）。

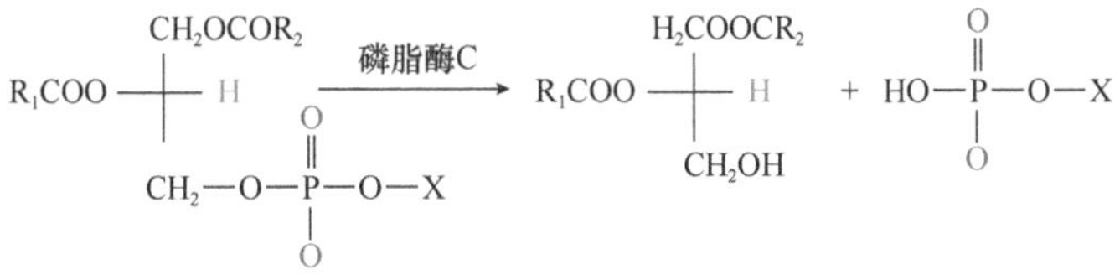

图 8-7　磷脂酶 C 特异性水解磷脂

（4）磷脂酶 D

PLD 是一类特殊的酯键水解酶，它能水解磷脂分子中的磷酸和有机碱（如胆碱、乙醇胺等）羟基成酯的键，水解产物为磷脂酸和有机碱（图 8-8）。除此之外，PLD 还可以催化酰基转移反应，将含羟基的化合物转移到磷脂的酰基上（陈石良等，1999）（图 8-9）。PLD 水解磷脂得到的磷脂酸亲水性较弱，故不适合水化脱胶。

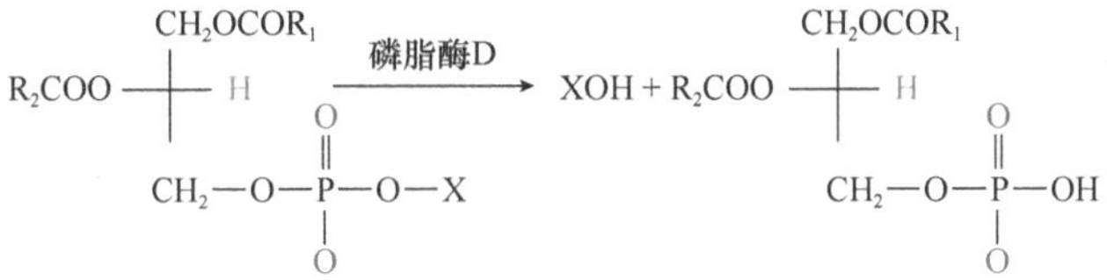

图 8-8　磷脂酶 D 特异性水解磷脂

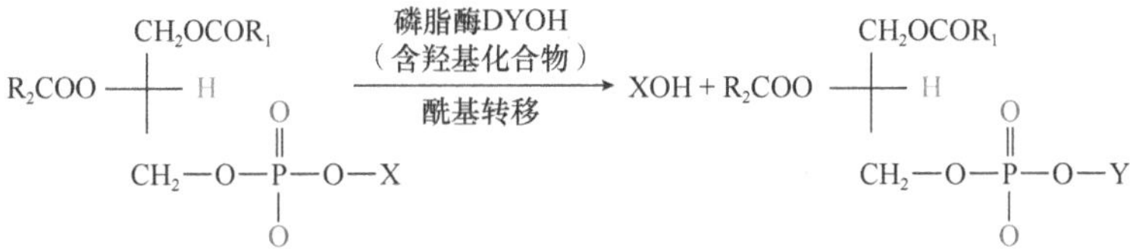

图 8-9　磷脂酶 D 催化酰基转移反应

（5）商品化磷脂酶

目前酶法脱胶工艺应用的商品化磷脂酶主要有 Lecitase®10L、Lecitase®Novo、Lecitase®Ultra 和 Purifine® PLC。Lecitase®10L 属于 PLA_2 类型，来源有限、价格昂贵，酶制剂使用量最多，且必须以 Ca^{2+} 为激活剂。相比较而言，Lecitase®Novo 和 Lecitase®Ultra 属于 PLA_1 类型，在实际应用过程中具有成本低、来源广及效果好等优点，其中 Lecitase®Ultra 耐高温、酶活性高、脱胶效果更加稳定，现已广泛应用于大豆油（More and Gogate，2018）、菜籽油、米糠油、葵花籽油、茶籽油等多种植物油的脱胶加工（李秋生等，2004）。

2）酶法脱胶的影响因素

在实际生产过程中，通常为了减轻负荷而选择酶法脱胶工艺时，待脱胶油中含磷量需控制在 100～250 mg/kg（含磷脂 0.3%～0.75%），铁离子＜2 mg/kg，游离脂肪酸＜3%。脱胶过程中，首先将脱胶油加热至 80℃左右，利用柠檬酸溶液（或磷酸溶液）螯合金属离子，然后加入碱液控制 pH 至 5～6，降低温度到 45～55℃后再加入磷脂酶制剂。经高速混合后反应一定时间，待非水化磷脂转化为水化磷脂后，再次加热至 80℃左右以灭活酶，最后用离心机分离。脱胶油中磷含量低于 10 mg/kg 即可满足物理精炼的要求。

柠檬酸主要负责螯合金属离子，减少金属离子对酶的抑制，调节反应体系的 pH，有利于酶制剂作用的发挥。柠檬酸的用量可根据实际生产需求进行灵活调整，减少柠檬酸的用量可以降低脱胶对成品油风味的影响。

水可以促使磷脂酶酶解产物形成稳定的多层脂质体结构，进而在水相发生絮凝，达到分离的目的。酶法脱胶过程中，如果加水量不足，将无法使磷脂酶酶解产物充分絮凝和分离，而水量过多则可能引起乳化，导致分离困难。通常加水量不高于 2%时不会引起油脂乳化；当毛油磷脂含量较高时，应适当增加水的用量（Dijkstra，2010）。Ca^{2+}、Mg^{2+}和 Fe^{3+}等金属离子容易与磷脂复合形成非水化磷脂，严重影响脱胶效果。为了避免上述问题，脱胶过程中需严格控制水中金属离子的含量，使其总硬度指标低于 0.02 mmol/L（段书平，2013）。

3）酶法脱胶工艺的应用

PLA 酶法脱胶的适用性最广、脱胶效果好，但是目前只有丹麦 Novozymes 公司和美国 AB 公司推出了商品化的 PLA_1 和 PLA_2 产品。PLA 在油脂脱胶过程中会产生游离脂肪酸，反应所需时间相对较长（3～5 h），这在一定程度上削弱了其与传统脱胶工艺相比所具有的优势。PLC 酶法脱胶可以提高中性油脂的得率，显著提升油脂的精炼率。目前，Purifine® PLC 只能特异性水解 PC 和 PE，但是对 PI 和 PA 没有活性，因此单一使用 PLC 酶制剂脱胶很难满足后续物理精炼的要求。基于 PLA 和 PLC 的特点，将它们联合使用可以达到理想的脱胶效果。有研究开发了 PLC 与 PLA 的混合脱胶用酶制剂，用以去除植物毛油中的各种磷脂（Jiang et al., 2015）。有研究发现，PLC/PLA 复合酶制剂可将毛油的磷含量降低至 10 mg/kg 以下，同时提高了油脂的得率（初始磷含量为 203.8～1087.8 mg/kg 的毛油相对可以提高 0.3%～15%的得率）（蒋晓菲，2015）。

综上所述，相较于传统的脱胶工艺，酶法脱胶具有效果好、反应温和、环境友好等优势；但也存在一些不足，如单一磷脂酶制剂的作用有限、由于酶制剂不能重复利用而导致应用成本高、反应周期长、操作稳定性不好及油脂储藏稳定性差等。

2. 酶法脱酸

油脂中含有一定数量的游离脂肪酸，会影响油脂的储藏稳定性和品质。因此，脱除游离脂肪酸是油脂精炼的关键环节。常用的油脂脱酸方法主要有化学碱炼、混合油碱炼、酯化法（化学酯化法和酶法）和物理脱酸（蒸馏脱酸、溶剂萃取脱酸和膜分离脱酸）等。目前，油脂工业中普遍采用化学碱炼或物理蒸馏脱酸，化学碱炼会导致中性油及有益脂肪伴随物损失和污水排放等问题，物理蒸馏脱酸则存在能耗大、对脱酸油含磷量要求高等不足（Aryusuk et al.，2008）。酶法脱酸具有反应条件温和、反应特异性高、环境友好的特点，并且中性油及有益脂肪伴随物损失率低等优点，是未来油脂精炼的重要发展方向。

1）酶法脱酸的原理

酶法脱酸是利用脂肪酶催化待脱酸油中的游离脂肪酸与酰基受体（甘油、甘油一酯、甘油二酯和甲醇等）反应生成相应的酯类物质，从而降低油脂中游离脂肪酸的方法。

2）酶法脱酸的酶制剂

目前常用于酶法脱酸的脂肪酶制剂主要有 Novozym 435、Lipozyme 435、Lipozyme RM IM 和 Lipozyme TL IM 等。其中，Novozym 435 和 Lipozyme 435 均为南极假丝酵母脂肪酶 B 的固定化酶，前者为工业级，后者为食品级。Novozym 435 和 Lipozyme 435 均具有较高的酯化活力，但水解活力均较弱，因此也被用于酶法酯化制备结构脂质。在绝大多数反应条件下，Novozym 435 和 Lipozyme 435 对甘油骨架无位置选择性，只有在强极性条件下才表现出 sn-1,3 位特异性。相反，Lipozyme RM IM 和 Lipozyme TL IM 均具有较强的 sn-1,3 位特异性和酯化活性（施春阳等，2021）。

偏甘油酯脂肪酶是一种新型脂肪酶，区别于传统的脂肪酶，偏甘油酯脂肪酶仅能催化甘油一酯和甘油二酯，而不能作用于甘油三酯（Li et al.，2017）。利用传统的脂肪酶脱酸时，由于醇解副反应（甘油三酯与添加的醇反应），导致脱酸时间较长，游离脂肪酸脱除率偏低。偏甘油酯脂肪酶可以有效避免醇解副反应，从而显著提升脱酸效果（Li et al.，2016）。

3）酶法脱酸的影响因素

酶法脱酸过程中，首先调节待脱酸油 pH，然后加入酶法脱酸反应所需的酰基受体，迅速剪切混合后，再加入适量的脂肪酶。在一定温度下反应，结束后离心分离获得脱酸油。酰基受体是分子上有羟基，并可与游离脂肪酸的羧基发生酯化反应的化合物。不同的酰基受体由于所含羟基数目、空间结构、溶解度不同，导致酯化率差异显著。酶法脱酸应用的酰基受体经历了从早期的甘油、甘油一酯到近年来的植物甾醇、乙醇胺、乙醇和甲醇等的转变（Wang et al.，2017）。早期选用甘油和甘油一酯作为酰基受体的目的是为了将油脂中的游离脂肪酸转化为甘油三酯，但在生成甘油三酯的同时，也会生成大量的甘油一酯和甘油二酯，最终难以满足食用油的相关标准。甲醇与游离脂肪酸反应生成脂肪酸甲酯，以甲醇作为酰基受体催化高酸值油脂脱酸可以达到食用级，但是甲醇的引入和脂肪酸甲酯的生成增加了产品的安全风险。乙醇作为酰基受体，酶法脱酸后油脂的酸价可以达到食用级，同时生成的脂肪酸乙酯容易去除，产品安全性更好。近年来，植物甾醇和乙醇胺被更多地作为酰基受体应用于油脂脱酸，通过将游离脂肪酸转化为植物甾醇酯或脂肪酸乙醇酰胺，在实现脱酸的同时，还可以增加脱酸油中有益的脂肪伴随物（Wang et al.，2016）。但是，由于植物甾醇和乙醇胺的成本高，且在脱臭过程中易被脱除等不足，使得其在酶法脱酸中的应用还停留在实验室阶段。

酶法脱酸常见的反应体系可以分为有机溶剂体系、无溶剂抽真空体系和无溶剂常压体系三种类型。早期酶法脱酸通常在无溶剂条件下进行，真空可以去除反应过程中生成的水，驱动反应向甘油酯生成的方向进行。充氮可以明显提高酯化率，这是由于氮气一方面可以增强搅拌并改善酶与底物的接触，另一方面可以降低体系的蒸汽分配压，促使水快速汽化分离，加速酯化反应向右进行，并提高酯化率。在有机溶剂体系中，溶剂可以显著增加底物的溶解性，提高底物与酶分子的碰撞概率和酯化效率、影响脂肪酶的催化活性、分离反应过程中生成的水（赵晨伟等，2019）。有机溶剂通常会选择异辛烷和正己烷等非极性且疏水性强的物质。无溶剂常压体系中进行的油脂脱酸反应不具备上述两种体系的优点，脱酸效率均显著低于前两者。

4）酶法脱酸的应用现状

酶法脱酸是近年发展起来的油脂脱酸方法。相较于传统的化学碱炼脱酸和物理精炼脱酸方法，酶法脱酸具有油脂损耗低、品质好、有益脂肪伴随物保留率高、风险因子水平低、能耗少、环境污染小等优点，有很好的经济和社会效益。工业生产中，可将酶法脱酸与其他常规精炼方法相结合，以平衡生产成本与产品质量的关系。随着酶工程领域的技术创新和新型酶制剂的不断开发，限制酶法脱酸工业化应用的瓶颈问题，诸如酶制剂选择范围小、稳定性差、酶活低及价格昂贵等问题将逐步得到解决，进而有望代替传统方法，实现油脂加工的绿色可持续发展。

8.3.3 食品生物技术在油脂改性中的应用

1. 油脂改性的目的

天然油脂的功能特性由其组成决定。由于油脂中甘油三酯含量占95%以上，故油脂的加工特性和营养特性主要取决于甘油三酯的组成。饱和脂肪酸含量高、脂肪酸碳链长、含有反式双键的油脂通常具有高熔点，在溶剂中溶解度相对较低，而那些多不饱和脂肪酸（特别是 n-3 多不饱和脂肪酸）含量高的油脂则具有较低的熔点。随着人们生活水平的提高，消费者已不仅仅满足于油脂供能的需求，对油脂的风味、质构和营养等方面也提出了新的要求，例如，适用于饼干等蓬松食品的起酥性更好的油脂、具有良好的打发性和口感的人造奶油（仪凯等，2017）、“手中不熔口中熔”的巧克力油脂（金俊，2019）、脂肪酸特异性分布的婴幼儿配方奶粉专用油脂（Gao et al.，2020）等。通常，具有特定脂肪酸组成的天然油脂很难满足油脂工业和消费者对这种“专用”特性的需求，因此需要对天然油脂进行改性，使其具有良好的充气性、起酥性、熔点或营养特性等，以满足消费者的需求。

2. 油脂改性的脂肪酶

脂肪酶（lipase，EC3.1.1.3）又称甘油酯水解酶（acylglycerol hydrolase），是一类重要的水解酶，它以各种长链甘油三酯或者甘油酯为底物，使其水解形成偏甘油酯（或者甘油）和游离脂肪酸。除水解反应外，在一些非水相反应介质中，脂肪酶还可以催化酯化和酯交换反应，制备具备不同生物活性的结构脂质（Xu，2000）。脂肪酶广泛存在于动植物和微生物中，其中来源于微生物的脂肪酶约占 2%（Kohno et al.，2001）。相比于动植物，微生物易于大量培养的优势使得微生物脂肪酶的制造成本大幅下降，加之其反应条件更加宽松，因此对微生物脂肪酶的研究逐渐深入，且愈加广泛地应用于食品、药品和纺织等工业的加工与生产（Kirk and Christensen，2002）。脂肪酶通常在油水界面处发挥催化作用，遵循“乒乓”机理。以脂肪酶催化酯键水解为例（图 8-10），其水解过程可以分为四步，分别是酶与底物结合、过渡态四面体中间物的形成、酰基-酶共价中间体的形成和脱酰基化（李菲，2018）。

脂肪酶种类众多，选择特异性各有不同，其选择性主要体现在位置选择性和底物选择性两个方面。

1）脂肪酶的位置选择性

根据甘油骨架上脂肪酸酯化位置的不同，可以将其位置选择性分为 sn-1,3 位选择性、sn-2 位选择性和无位置选择性三类。大部分脂肪酶具有 sn-1,3 位选择性，包括来自 *Mucor miehei*、*Mucor javanicus*、*Aspergillus niger*、*Rhizopus delemar*、*Rhizopus arrhizus* 的脂肪酶以及各种胰脂酶等（曹茜等，2020）。这类脂肪酶只会作用于甘油骨架上的 sn-1,3 位，因此，在 sn-1,3 位选择性脂肪酶的催化下，甘油三酯可被水解/醇解为 2-甘油一酯和游离脂肪酸（图 8-11）。部分脂肪酶具有立体特异性，如 *Pseudomonas* sp.的脂肪酶是严格的 sn-1 位脂肪酶。这种选择性往往会受到脂肪酸链长的影响，随着脂肪酸碳链长度的变化，同种脂肪酶对 sn-1 位和 sn-3

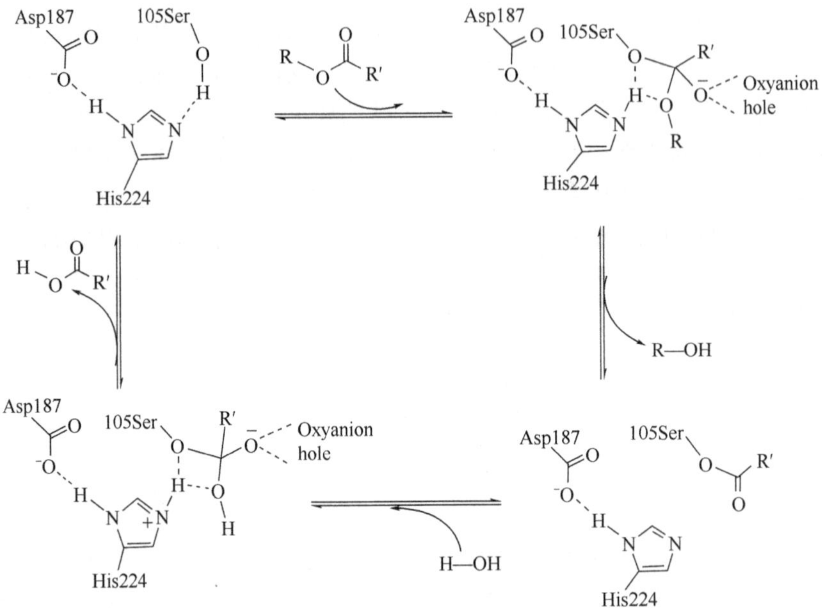

图 8-10　脂肪酶催化水解机理

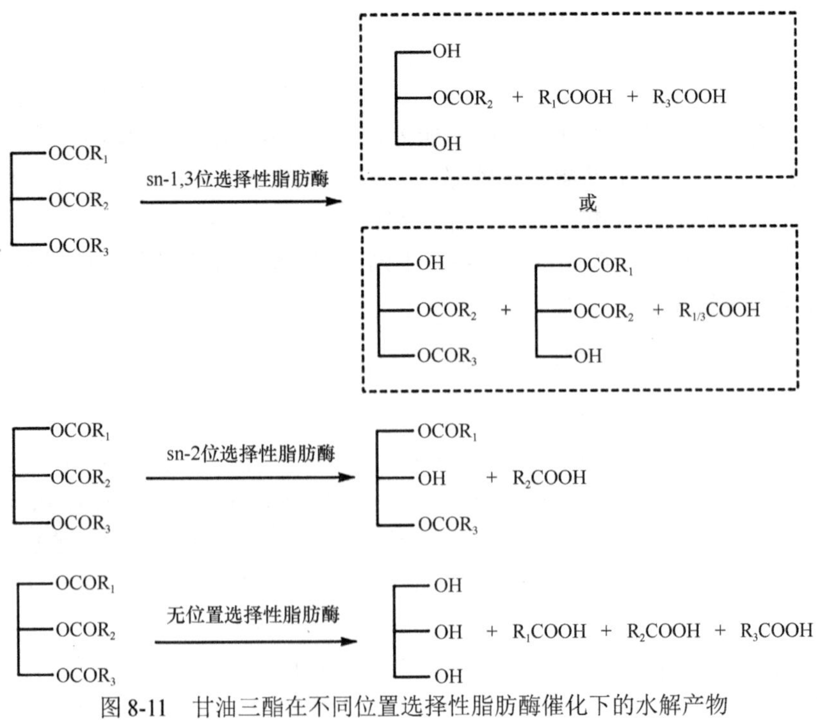

图 8-11　甘油三酯在不同位置选择性脂肪酶催化下的水解产物

位的选择性会发生变化。除了严格的 sn-1,3 位选择性脂肪酶之外，还有部分脂肪酶的选择性介于 sn-1,3 和无位置选择性之间，例如，*Mortierella alliacea*、*Penicillium abeanum*、*Penicillium expansum*、*Pseudomonas* sp. KB700A 和 *Pseudomonas fluorescens* 来源的脂肪酶催化 sn-1 位或 sn-3 位的速率分别是 sn-2 位的 2.2 倍、9 倍、9.3 倍、20 倍和 35.8 倍（曹茜等，2020）。通常，脂肪酶在不同溶剂体系中的位置选择性没有明显差异。但是 CALB 脂肪酶较为特殊，其在醇类等高极性溶剂中具有位置选择性，而在正己烷等低极性溶剂中无位置选择性（Watanabe et al.，2009）。

sn-2 位选择性脂肪酶倾向于催化 sn-2 位酯键。在水解过程中，甘油三酯被水解为 1,3-甘油二酯和 sn-2 位脂肪酸（图 8-11）。目前只发现了少数几种具有一定 sn-2 位倾向性的脂肪酶，包括来自 *Penicillium camembertii*、*Aspergillus oryzae*、*Malassezia globose* 的 SMG1 和 MGMDL2 及来自 *Candida antarctica* 的脂肪酶 A（CALA），但尚未发现 sn-2 位特异性非常强的脂肪酶（Shahid et al.，2021）。此外，温度对脂肪酶的位置选择性也有显著影响，例如，Lipozyme TL IM 在较高的反应温度条件下，sn-1,3 位的选择性会显著下降，而 sn-2 位的选择性相对提高，这可能与 sn-2 位羟基和酶的过渡中间态所需的活化能较高有关（王子田等，2015）。

无位置选择性的脂肪酶包括 *Acinetobacter calcoaceticus*、*Geotrichum candidum*、*Rhizopus chinensis*、*Candida rugosa* 等（曹茜等，2020）。这类脂肪酶能够无差别地随机催化甘油酯的 3 个酯键，会使甘油三酯被完全分解为甘油和脂肪酸，而中间产物甘油二酯和甘油一酯含量较少。值得注意的是，部分无位置选择性脂肪酶具有脂肪酸选择性，例如，来自 *Geotrichum candidum* 的脂肪酶对顺十八碳-9-烯酸具有选择特异性（Foglia and Villeneuve，1997）。

2）脂肪酶的底物选择性

脂肪酶的底物选择性主要表现在对不同脂质类型（甘油一酯、甘油二酯、甘油三酯、磷脂、脂肪酸甲酯等）的选择性，以及对脂肪酸链长、不饱和度、顺反异构、双键位置等性质的选择性上。绝大多数脂肪酶对甘油三酯具有较高的催化活性，也有一部分脂肪酶对甘油一酯或甘油二酯具有较高的催化活性。例如，来自 *Penicillium camembertii* 的脂肪酶对甘油一酯和甘油二酯的催化活性高于甘油三酯；一种来源于小鼠肝组织的脂肪酶对甘油一酯具有较高活性，而对甘油二酯和甘油三酯没有明显活性（Tornqvist and Belfrage，1976）。

部分脂肪酶对脂肪酸的链长、不饱和度、双键位置和顺反异构等性质也具有选择性，如对顺十八碳-9-烯酸具有选择性的 *Geotrichum candidum* 来源脂肪酶，已被广泛地应用于共轭亚油酸异构体的分离。有些脂肪酶倾向于催化短链脂肪酸，因此可用于低热量结构脂的生产，也可以用于从乳脂中释放短链或中链脂肪酸以获得特定风味成分（Foglia and Villeneuve，1997）。

3. 脂肪酶在油脂改性中的应用

1）酶促改性制备人乳替代脂

母乳中的脂质是婴幼儿最理想的膳食脂肪来源。母乳中脂肪含量仅为3%～5%，其中约98%的脂质为甘油三酯，它为婴幼儿提供约50%的能量，以及必需脂肪酸和脂溶性维生素等生理活性物质，在婴幼儿早期的生长发育过程中起着重要作用（Pande et al.，2013）。母乳脂质中的甘油三酯具有独特脂肪酸组成和位置分布，其中饱和脂肪酸多位于甘油骨架的 sn-2 位，不饱和脂肪酸多位于甘油的 sn-1,3 位。因此，母乳脂质中最丰富的甘油三酯是 1,3-二油酸-2-棕榈酸甘油三酯（OPO 结构脂）和 1-油酸-2-棕榈酸-3-亚油酸甘油三酯（OPL 结构脂）。这种结构的甘油三酯更容易被婴幼儿消化吸收，并具有防止婴幼儿便秘、矿物质流失和调节婴幼儿肠道菌群等功能（Nagachinta and Akoh，2013）。婴幼儿配方奶粉中需要添加OPO和OPL结构脂，以获得与母乳脂组成相似的人乳替代脂。除了猪油外，绝大多数天然油脂中 OPO 和 OPL 的含量均比较低，而猪油由于宗教信仰及食品安全等原因，又不能作为配方奶粉的油脂。因此，酶法合成富含 OPO 和 OPL 结构脂就变得尤为重要。

（1）酶法酸解合成 OPO 和 OPL 结构脂

目前，OPO 和 OPL 结构脂主要通过酶法酸解制备（Wei et al.，2019），其典型的合成路线如图 8-12 所示。合成底物为富含三棕榈酸甘油三酯（PPP）的棕榈硬脂与油酸和亚油酸的混合物（Wang et al.，2021；Gao et al.，2020；Jiménez et al.，2010）。底物在 sn-1,3 特异性脂肪酶的催化下发生酸解反应，油酸和亚油酸取代 PPP sn-1,3 位置上的棕榈酸，从而获得 OPO 和 OPL 结构脂粗产物，随后经分子蒸馏去除游离脂肪酸后得到 OPO 和 OPL 产品。sn-1,3 特异性脂肪酶一般选自诺维信公司生产的来源于 *Thermomyces lanuginosus* 的 Lipozyme TL IM，来源于 *Rhizomucor miehei* 的 Lipozyme RM IM、Lipozyme RM 和 NS40086，以及日本天野酶制品株式会社生产的来源于 *Rhizopus oryzae* 的固定化脂肪酶 Lipase DF IM。目前，Lipozyme RM IM、Lipozyme RM 和 NS40086 使用成本略高，其次是 Lipase DF IM，成本最低的是 Lipozyme TL IM。然而，Lipozyme TL IM 的 sn-1,3 特异性最差，同时在酶促酸解反应的开始阶段，会造成反应体系的酸价升高。综合考虑，Lipase DF IM 在酸解反应中具有很好的 sn-1,3 特异性，同时价格适中，可能是 OPO 和 OPL 结构脂酶促合成最有前景的脂肪酶（Esteban et al.，2011）。

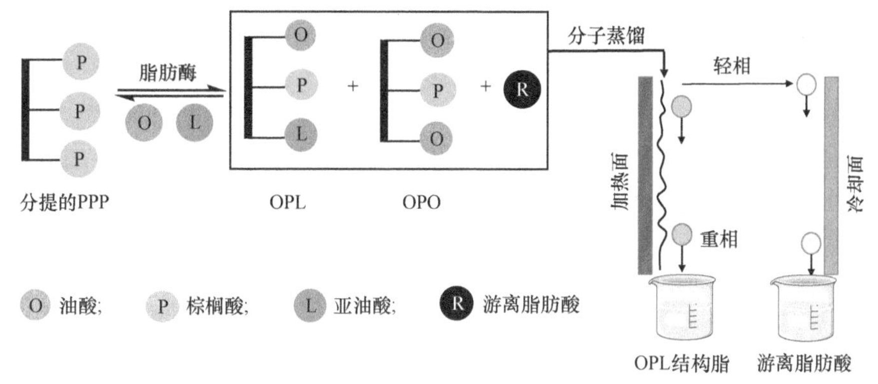

图 8-12　OPO 和 OPL 结构脂的酶法酸解合成路线

（2）酶促酯-酯交换法合成 OPO 和 OPL 结构脂

OPO 和 OPL 结构脂还可以通过酶促酯-酯交换反应来制备（Lee et al.，2010；Sahin et al.，2005）。与酸解反应不同的是，酯-酯交换反应用的酰基供体是油酸乙酯和亚油酸乙酯，而非游离脂肪酸。反应产物中富含 OPO 和 OPL 结构脂，以及脂肪酸乙酯副产物。酶促酯-酯交换法仍然采用 sn-1,3 特异性脂肪酶，尽管相比于游离脂肪酸，乙酯可能与棕榈硬脂有更好的相容性，从而有更高的反应效率和得率，但在实际反应过程中游离脂肪酸和乙酯对 OPO 和 OPL 结构脂的合成率的影响没有显著差异。因此，由于游离脂肪酸的制备简单且成本更低，工业化合成 OPO 和 OPL 结构脂的酰基供体选择油酸和亚油酸更具优势。

（3）酶促酯化法合成 OPO 和 OPL 结构脂

除了酯-酯交换法以外，脂肪酶催化的酯化反应也常用来制备 OPO 或者 OPL 结构脂（Pfeffer et al.，2007），其典型合成路线如图 8-13 所示。首先将富含 PPP 的油脂利用脂肪酶促醇解获得 2-棕榈酸单甘酯。随后，以油酸和（或）亚油酸为酰基供体在 sn-1,3 特异性脂肪酶的催化下酯化合成 OPO 或者 OPL 结构脂粗产物，

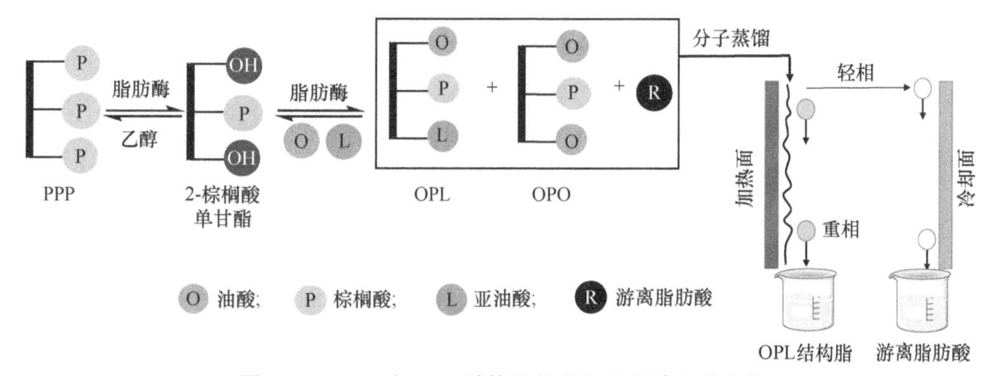

图 8-13　OPO 和 OPL 结构脂的酶促酯化法合成路线

再经过分子蒸馏纯化后得到 OPO 和 OPL 结构脂产品。与酶法酸解相比，酶促酯化法多了一个醇解的步骤，醇解后得到 2-单甘酯，通常为 2-棕榈酸单甘酯和 2-油酸单甘酯的混合物。进一步结晶分离可以得到高纯度的 2-棕榈酸单甘酯。研究表明，该法制备的结构脂中 sn-2 棕榈酸含量可达到 90%以上，而 OPO 结构脂的含量可达到 80%以上（Schmid et al.，1999）。

通常利用 Novozym 435 或 Lipozyme 435 催化富含 PPP 油脂的酶促醇解。值得一提的是，在添加或者不添加非极性溶剂的酯化反应体系中，Novozym 435 和 Lipozyme 435 都表现为非特异性（Pfeffer et al.，2007），而在醇解反应过程中，却具有 sn-1,3 特异性。乙醇和油脂的互溶性较差，提高反应温度才有利于醇解反应的进行，然而由于 2-单甘酯极其不稳定，高温会促使 2-单甘酯通过酰基转移反应生成 1-单甘酯。因此，酶促醇解反应的温度一般不超过 40℃（Zhang et al.，2018；Muñío et al.，2009），但这并不是 Novozym 435 和 Lipozyme 435 的最适温度。酶促酯化反应通常会选用 sn-1,3 特异性的 Lipozyme RM、Lipozyme RM IM、Lipase DF IM 和 NS40086 脂肪酶，不宜采用 Novozym 435 和 Lipozyme 435。这是因为在酯化反应过程中，Novozym 435 和 Lipozyme 435 将油酸和亚油酸接入到 2-棕榈酸单甘酯的 sn-1,3 位后，进一步催化 OPO 和 OPL 结构脂的随机化反应，从而降低 sn-2 棕榈酸和目标产物的含量。

虽然酶促酯化法可以获得较高纯度的 OPO 和 OPL 结构脂，且 sn-2 棕榈酸的含量也相对较高，但这个方法比酶促酸解反应复杂，存在较多问题。例如，醇解反应需要用到 Novozym 435 或 Lipozyme 435，价格极其昂贵，会大大增加生产成本。乙醇等有机溶剂的使用对生产车间有特殊要求，有机溶剂的蒸脱也会增加成本。此外，婴幼儿食品配料的生产工艺中通常被禁止使用有机溶剂。醇解和酯化反应都需要在低温下进行，反应时间较长。综上，当前酶促酯化制备 OPO 和 OPL 结构脂的工艺路线尚处于实验室的研究阶段，工业化生产应用可能还有很长的路要走。

2）酶促改性制备中长链甘油三酯

中链脂肪酸是指含有 6～12 个碳原子的脂肪酸，大于 12 个碳原子的脂肪酸为长链脂肪酸，而小于 6 个碳原子的脂肪酸为短链脂肪酸，因此，中长链甘油三酯（medium and long chain triacylglycerol，MLCT）就是甘油骨架上同时含有 6～12 个碳原子的中链脂肪酸和 14 个及以上碳原子的长链脂肪酸的甘油三酯。普通的食用油中都是长链甘油三酯，几乎不含中链脂肪酸，而在一些特种油脂，如樟树籽油、山苍子油和椰子油等，含有大量的中链脂肪酸。

相比于长链甘油三酯（LCT），MLCT 因其中链脂肪酸具有的独特代谢途径而具有多种生理功能。MLCT 上的中链脂肪酸在体内经胰脂酶水解后，无需肉毒碱载体就可以直接由静脉进入肝脏进行氧化代谢，避免了长链脂肪酸在代谢时受蛋白质和碳水化合物摄入量的调控影响，可以快速为机体提供能量。同时，相较于长链脂肪酸约 9.3 kcal/g 的热量值，中链脂肪酸的热量值只有 8.2 kcal/g，且在膳食消化过程中还具有诱导生热作用，产生饱腹感，有利于控制肥胖，并具有降低血脂和胆固醇的作用（Aoyama et al.，2007）。与中链甘油三酯（MCT）相比，MLCT 还提供了必需脂肪酸，且供能速度均匀而平稳，符合生理要求（Huiling and Porsgaard，2005）。MLCT 与 LCT 和 MCT 的营养特性比较如表 8-2 所示。

表 8-2　MLCT 和 MCT、LCT 的营养特性比较

营养特性	MCT	LCT	MCT 和 LCT 混合物	MLCT
供能速度	√√	√	√√	√√
供能平稳性		√√		√√
提供必需脂肪酸		√	√	√
减少脂肪积累	√		√	√
避免酮体中毒		√		√
降血脂	√		√	√

（1）酶促酯-酯交换法制备 MLCT

化学法或者酶法合成是制备 MLCT 的常用方法。与化学法相比，酶法制备 MLCT 具有诸多优势，包括对原料的品质（包括酸价和水分等）要求低、无废水、反应温度低、终产品色泽浅和风险因子含量低等。酶法合成工艺的唯一不足是脂肪酶的价格相对昂贵，导致生产成本相对偏高。但随着生物技术的发展和酶制剂重复使用次数的迅速增加，酶法合成 MLCT 将会成为重要的生产方法。

通常，人们利用富含 MCT 的天然油脂和富含 LCT 的天然油脂，通过酶促酯-酯交换反应实现 MLCT 的合成（图 8-14）。该方法专一性不强，会生成各种不同类型的 MLCT 甘油三酯，但该方法选择的原料价格低廉、来源广泛，同时反应条件温和，在合成分子构型不固定的 MLCT 和油脂局部改性时具有广阔的应用前景。

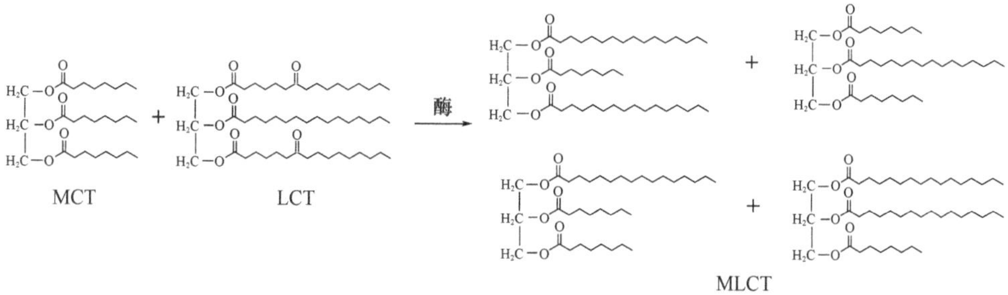

MCT　LCT　酶　MLCT

图 8-14　酶促酯-酯交换法制备 MLCT 的合成路线

MLCT 中的 MLM 是一类具有高消化性的甘油三酯，在食品、医药领域的应用较为普遍，因为 MLM 在生物体内可以分解为游离的中链脂肪酸和 sn-2 位长链脂肪酸单甘酯，均能被生物体较好地吸收利用。为获得理想含量的 MLM，酯-酯交换反应通常选用 sn-1,3 特异性脂肪酶，如诺维信公司生产的来源于 *Thermomyces lanuginosus* 的 Lipozyme TL IM、来源于 *Rhizomucor miehei* 的 Lipozyme RM IM 和来源于 *Candida antarctica* 的 Novozym 435（Bai et al.，2013；Silva et al.，2009），其中 Lipozyme TL IM 的价格最低，而 Lipozyme RM IM 的特异性最佳；Novozym 435 催化活性高，但价格较昂贵。Yang 等（2014）发现可通过控制酯-酯交换的反应条件来提升 Lipozyme TL IM 的特异性，例如，在无溶剂体系下将反应温度控制在 60℃以下、反应时间控制在 30～40 min 能有效提高酯交换率，并且使用丙酮处理失活脂肪酶还可以显著提高 Lipozyme TL IM 的使用寿命，有效降低成本。基于此，Lipozyme TL IM 在酯-酯交换反应中的特异性将随着研究的深入得到进一步提升，再凭借其适宜的价格，可能成为酶促酯-酯交换合成 MLCT 的具有潜力的脂肪酶。

（2）酶促酸解法制备 MLCT

酶促酸解法制备 MLCT 也较为成熟，其合成路线如图 8-15 所示。反应通常由 sn-1,3 特异性脂肪酶催化脂肪酸和甘油三酯进行酰基交换，生成新的结构脂和脂肪酸。可以通过分子蒸馏等技术去除反应过程中产生的游离脂肪酸、甘油一酯等副产物。在酶促酸解反应中，常用的脂肪酶有 Lipozyme RM IM、Lipozyme TL IM、Lipozyme 435 和 Novozym 435，并且固定化脂肪酶的催化活性远远高于游离酶。通常，使用 Lipozyme 435 能得到较高含量的 MLCT（Korma et al.，2018），而 Lipozyme TL IM 可以生产出更高含量的 MLM 型甘油三酯（Savaghebi et al.，2012）。也有人发现以菜籽油和辛酸为原料时，无溶剂体系下 Lipozyme RM IM 的 sn-1,3 位特异性较 Lipozyme TL IM 和 Novozym 435 更强，并且 sn-2 位辛酸转移率最低（陈翔等，2010）。酶促酸解反应是可逆反应，包括水解和酯化两阶段。水分含量、反应温度和底物摩尔比是影响反应进程的重要因素（孟祥河等，2004）。

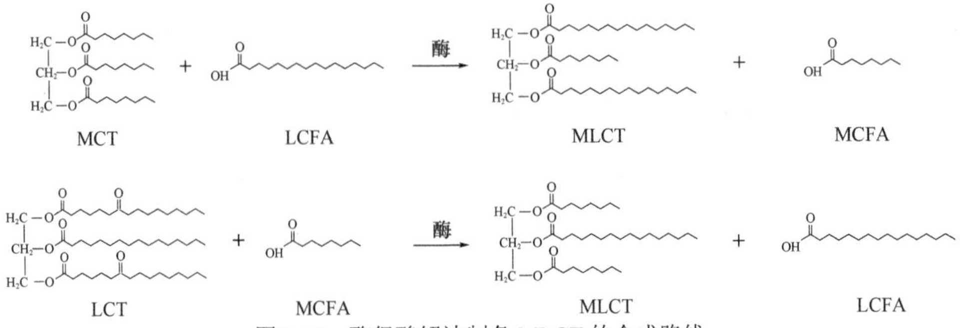

图 8-15　酶促酸解法制备 MLCT 的合成路线

利用酶促酸解法制备有功能特性的 MLCT 有着广泛的应用前景。DHA、EPA 和花生四烯酸等功能性脂肪酸与人体生理健康的调节和疾病预防息息相关，通过酶促酯-酯交换反应将这些功能性脂肪酸转化为 MLCT，可以显著提升其营养附加值。利用富含 DHA 的微生物油脂（来自 *Schizochytrium* sp.）与中链脂肪酸通过酶促酸解制备富含 DHA 的 MLCT，符合婴幼儿食品在安全和营养方面的严格要求，在婴幼儿或老年食品生产中具有很大的应用潜力（Zou et al.，2020）。利用酶促酸解催化亚麻籽油和中链脂肪酸制备 MLCT，可以得到既能为人体快速供能又能提供必需脂肪酸的结构脂产品（杨青坪，2016）。因此，未来酶促酸解法制备 MLCT 在婴幼儿食品和功能性食品等领域有着很好的应用前景。

3）酶促改性富集 n-3 多不饱和脂肪酸甘油酯

多不饱和脂肪酸（polyunsaturated fatty acid，PUFA）含有两个及以上双键，根据双键相对于末端甲基端的位置可分为 n-3 和 n-6 分子，常见的 n-3 PUFA 有 α-亚麻酸（ALA，C18：3）、二十碳五烯酸（EPA，C20：5）、二十二碳五烯酸（DPA，C22：5）和二十二碳六烯酸（DHA，C22：6）（图 8-16）。n-3 PUFA 具有免疫调节、抗炎等诸多生理功能（Gu et al.，2013；Irukayama-Tomobe et al.，2000），其中 DHA 是大脑和视网膜中含量最高的 PUFA，因此对婴儿和孕妇非常重要。人体自身合成的 n-3 PUFA 并不能满足正常代谢需求，主要靠饮食获得。在自然界中，n-3 PUFA 主要通过食物链转移并累积于鱼类和海洋哺乳动物的脂质中（Shahidi and Wanasundara，1998），而 EPA 和 DHA 含量通常仅占总脂含量的 18%和 12%左右。甘油酯作为 n-3 PUFA 的天然存在形式，比乙酯型 n-3 PUFA 具有更高的生物利用度（Neubronner et al.，2011），比游离脂肪酸型 n-3 PUFA 具有更好的氧化稳定性（Moreno-Perez et al.，2015）。天然甘油酯中，n-3 PUFA 含量一般为 15%～35%（杨壮壮，2021），而制药行业要求 n-3 PUFA 的含量应大于 60%。因此，人工合成富含 n-3 PUFA 的甘油酯才能满足医药和特殊食品领域的迫切需求。

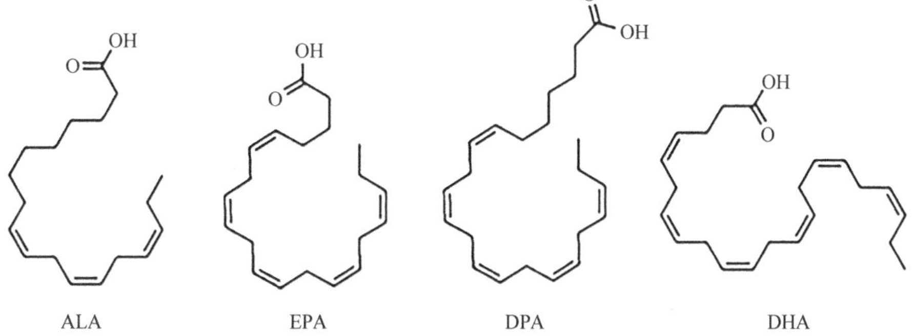

ALA　EPA　DPA　DHA

图 8-16　常见的几种 n-3 PUFA 的结构

（1）酶促水解法制备 n-3 PUFA 甘油酯

富集 n-3 PUFA 的方法有物理化学法和酶法。物理化学法通常将甘油三酯转化为甲酯、乙酯或者游离脂肪酸，再利用层析、分子蒸馏、低温结晶或尿素络合等方法富集 n-3 PUFA（Shahidi and Wanasundara，1998），因此产物主要以脂肪酸酯或者游离脂肪酸的形式存在。目前，n-3 PUFA 甘油酯的制备主要利用特异性脂肪酶催化富含 n-3 PUFA 的油脂水解或者醇解，使饱和脂肪酸或单不饱和脂肪酸被优先水解下来，而 n-3 PUFA 保留在甘油骨架上，从而得到甘油酯型 n-3 PUFA。与物理化学法相比，酶法反应条件更加温和、选择性高、副反应更少。酶促水解法制备 n-3 PUFA 甘油酯合成路线如图 8-17 所示。水解产物可以通过沉降或离心与脂肪酶进行分离，副产物游离脂肪酸可以通过柱层析、溶剂提取或分子蒸馏等方式从产物中脱除。

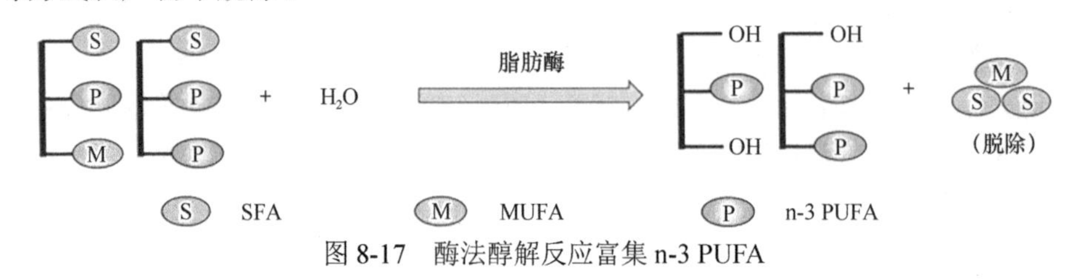

图 8-17 酶法醇解反应富集 n-3 PUFA

表 8-3 总结了近年来酶促水解法制备 n-3 PUFA 甘油酯的研究成果。通常酶促水解产物中 n-3 PUFA 含量一般可以达到 50%左右，但是当原料中 n-3 PUFA 的初始含量较高时，n-3 PUFA 最高可达到 80%（Akanbi and Barrow，2017）。在酶促水解反应中，使用最为广泛的脂肪酶分别来自 *Candida rugosa*、*Candida cylindracea* 和 *Candida antarctica*，其中来自 *Candida rugosa* 的脂肪酶（CRL）对饱和脂肪酸和单不饱和脂肪酸具有较高的选择性，从而有效地富集 n-3 PUFA（Chen et al.，2019）。天然鱼油中 sn-2 位置的 PUFA 分布高于 sn-1,3 位置，因此 sn-1,3 位置特异性脂肪酶也可以用于制备 n-3 PUFA 甘油酯，如 Lipozyme TL IM、Lipozyme RM IM 等（Valverde et al.，2012；杨博等，2005）。

表 8-3 酶促水解法制备富含 n-3 PUFA 甘油酯的研究

底物	脂肪酶来源	反应条件	富集效果	文献
金枪鱼油	*Candida cylindracea*	水油质量比 1∶1，Ca^{2+}（20 mmol/L），37℃，pH 7.0，4 h，0.08%酶（*m/m*，以油质量计）	甘油酯中 n-3 PUFA 含量从 34.3%提高至 57.65%	（杨壮壮，2021）
金枪鱼油	*Candida rugosa*	3 g 油脂，2 mL 磷酸盐缓冲液（0.1 mol/L），10 mL 异辛烷，40℃，pH 5.0，30 min	甘油酯中 n-3 PUFA 含量从 26.4%提高至 49.8%	（Ko et al.，2006）

续表

底物	脂肪酶来源	反应条件	富集效果	文献
金枪鱼油	*Candida rugosa*	3.8 g 固体 Na_2SO_4，3.2 g PEG-400，4 g 油脂，37℃，1.5 h	甘油酯中 n-3 PUFA 含量从 32.23%提高至 50.4%	（Li et al.，2019）
三文鱼油	*Candida rugosa*	3 g 油脂，9.5 mL 水，45℃，4 h，3% 酶（*m/m*，以油质量计）	甘油酯中 n-3 PUFA 含量从 16.36%提高至 38.71%	（Kahveci et al.，2011）
三文鱼内脏油	*Pseudomonas cepacia*, *Candida rugosa*	1 mL 油脂，4.5 mL 乙酸钠（50 mmol/L），0.5 mL $CaCl_2$ 溶液（100 mmol/L），37℃，pH 5.6，20 h	在两种酶催化下 EPA 和 DHA 含量分别提高 2.0 倍和 1.4 倍	（Sun et al.，2002）
鱼油	*Candida cylindracea*	3 g 油脂，6 mL 磷酸钠缓冲液（0.1 mol/L），pH 7.0	甘油酯中 EPA 和 DHA 含量从 32.39%提高至 48.01%	（Zhang et al.，2017）
藻油	*Candida antarctica*	2 g 油脂，6 mL 磷酸钠缓冲液（20 mmol/L），Ca^{2+}（10 mmol/L），45℃，pH 7.0，20 min	甘油酯中 n-3 PUFA 含量从 40%提高至 82%	（Akanbi et al.，2017）

（2）酶促醇解法制备 n-3 PUFA 甘油酯

n-3 PUFA 甘油酯也可以通过酶促醇解法制备（Valverde et al.，2013，2012）。与酶促水解反应不同，酶促醇解属于酯交换反应，酰基供体一般为甲醇、乙醇或其他短链脂肪醇，与甘油三酯上的饱和脂肪酸和单不饱和脂肪酸发生反应生成脂肪酸酯，而大部分 n-3 PUFA 则保留在甘油酯上，从而使得甘油酯上 n-3 PUFA 含量上升。反应式如图 8-18 所示。

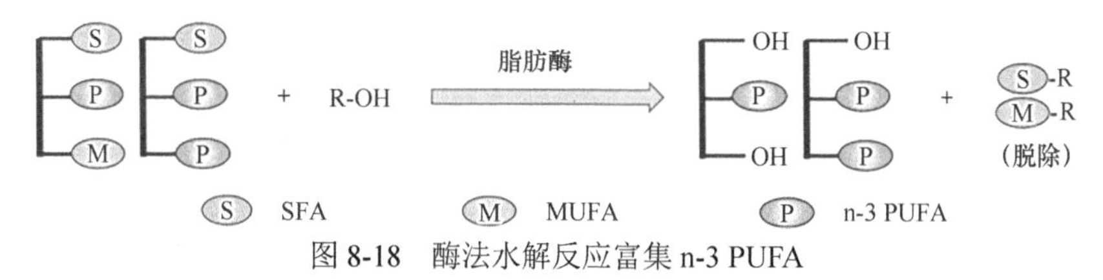

图 8-18　酶法水解反应富集 n-3 PUFA

酶促醇解法已被广泛用于富集 n-3 PUFA 甘油酯，表 8-4 总结了近年来醇解法制备 n-3 PUFA 甘油酯的研究，从表中可以看出，醇解法获得的 n-3 PUFA 含量一般在 60%左右（Valverde et al.，2013，2012；杨博等，2005）。醇解法的副产物是脂肪酸酯和游离脂肪酸，一般采用分子蒸馏除去。相比于酶促水解法，酶促醇解法富集效率高，不会改变天然油脂中 n-3 PUFA 的分布，同时反应副产物脂肪酸酯还可以作为生物柴油被利用。但是，值得注意的是，酶促醇解反应体系中的有机试剂会对脂肪酶产生抑制作用。酶促醇解反应中使用较为广泛的脂肪酶有 Lipozyme TL IM、Lipozyme RM IM、*Candida antarctica* 来源的 CAL-A、*Aspergillus oryzae* 来源的 Eversa® Transform 2.0，以及 *Alcaligenes* sp.来源的 Lipase QLG®等。

表 8-4 酶促醇解法制备富含 n-3 PUFA 甘油酯的研究

底物	脂肪酶来源	反应条件	富集效果	文献
金枪鱼油	*Thermomyces lanuginosus*	乙醇：油脂摩尔比 2.3∶1，5%酶（*m*/*m*，以油质量计），35℃，48 h	甘油酯中的 n-3 PUFA 由 36.2%提高至 61.3%	（Valverde et al.，2012）
沙丁鱼油	*Alcaligenes* sp.	乙醇：油脂摩尔比 2.3∶1，20%酶（*m*/*m*，以油质量计），20℃，48 h	甘油酯中的 n-3 PUFA 由 36.1%提高至 60.4%	（Valverde et al.，2013）
鱿鱼油	*Thermomyces lanuginosus*	5 g 油脂，1.08 mL 乙醇，0.139 g 酶，室温，24 h	甘油酯中的 n-3 PUFA 由 39.5%提高至 60.9%	（Lyberg and Adlercreutz，2008）
鱼油	*Aspergillus oryzae*	乙醇：油脂摩尔比 5∶1，15%酶（*m*/*m*，以油质量计），40℃，9 h	甘油酯中的 n-3 PUFA 由 29%提高至 59.7%	（Ma et al.，2019）
沙丁鱼油	*Alcaligenes* sp.	异丁醇：油脂摩尔比 2.3∶1，40%酶（*m*/*m*，以油质量计），35℃，24 h	甘油酯中的 EPA 由 19%提高至 61%	（Valverde et al.，2014）
鱼油	*Rhizomucor miehei*	乙醇：油脂摩尔比 2.5∶1，5%酶（*m*/*m*，以油质量计），50℃，8 h	甘油酯中的 EPA 和 DHA 总含量由 26.1%提高至 43.0%	（杨博等，2005）
沙丁鱼油	*Pseudomonas* sp.	乙醇：油脂摩尔比 3.07∶1，10%酶（*m*/*m*，以油质量计），20℃，24 h	甘油酯中的 EPA 和 DHA 总含量由 24.7%提高至约 50%	（Haraldsson et al.，1997）

影响酶促醇解反应的因素很多，除了反应温度、pH 和水分含量等，酰基受体的影响也不容忽视。最常用的酰基受体有甲醇或乙醇，由于其在油脂中的溶解度很低，脂肪酶与未溶解的短链醇接触时会失活。另外，脂肪酶的酯交换活性会随着醇浓度的增加而上升，过量的醇对于酯交换反应的进行又是必不可少的。因此，醇油摩尔比的确定就显得尤为重要。为了克服上述短链醇的抑制作用，人们提出包括逐步添加法、替换其他酰基受体、使用溶剂或者选择醇耐受性脂肪酶等各种解决方案。

4）酶促改性生产塑性脂肪

塑性脂肪是指在常温下类似固体而实际上是由固脂和液油组成的混合物。塑性脂肪内部的固脂和液油交织融合在一起，是具有一定可塑性或者加工性能的新型脂肪。塑性脂肪的塑性取决于固体脂肪含量（solid fat content，SFC）、脂肪的晶型和熔化温度范围。当塑性脂肪中固脂与液油比例适中时，具有适当的硬度，塑性最佳。结晶也影响脂肪的可塑性，与其他晶型相比，β′晶型的脂肪具有最佳的可塑性。此外，脂肪从开始熔化到全部熔化之间温差越大，塑性越好（张霞，2013）。塑性脂肪一般包括人造奶油、黄油、起酥油等。一般天然油脂的可塑性较差，加工性能也较差，因此，食品工业需要通过改性来提高天然油脂的可塑性。氢化是油脂改性最重要的方法之一，但是部分氢化过程会产生反式脂肪酸，而反式脂肪酸对人体有诸多的危害。2018 年，世界卫生组织公布了反式脂肪或反式脂肪酸的“清除计划”，即 2023 年前，所有食品禁止添加经部分氢化改性的反式脂肪（Zhang et al.，2015），因此，食品工业越来越多采用酯交换的方法来生产塑性脂肪。

酯交换的方法包括化学酯交换和酶促酯交换。化学酯交换采用的化学催化剂一般为甲醇钠，而甲醇钠是强碱，极易吸水生成氢氧化钠而变质，对存放条件有着较高的要求。此外，原料油中的水分和游离脂肪酸可能会导致甲醇钠变质，而化学酯交换得到的塑性脂肪在色泽、风险因子生成等方面与酶促酯交换也存在一定差距。因此，高端塑性脂肪的生产工艺主要以酶促酯交换为主。

酶促酯交换可分为自身的随机酯交换，以及两种或者多种油脂之间的随机酯交换。酯交换所选用的脂肪酶可以是特异性脂肪酶，也可以是非特异性脂肪酶，sn-1,3 特异性脂肪酶只能催化甘油骨架上 sn-1,3 位脂肪酸分子发生交换和重排，而酯交换的程度不如非特异性脂肪酶。工业中催化随机酯交换的非特异性脂肪酶包括 Novozym 435 和 Lipozyme TL IM，由于 Lipozyme TL IM 价格低廉，其在食品工业中应用最多。图 8-19 以 1-硬脂酸-2-油酸-3-亚油酸甘油三酯（SOL）为例，给出了非特异性酶催化的随机酯交换过程，其完全随机化后，改性油脂的甘油三酯种类会显著增加。对于两种及以上混合油脂的随机酯交换，完全随机化后，甘油三酯的种类为 n^3（n 为两种或多种油脂混合后脂肪酸的种类），脂肪酸的位置分布发生了变化，进而会改变油脂的营养特性。脂肪的熔程、熔点和固体脂肪含量发生变化，导致可塑性增加（Berry，2009）。表 8-5 列出了几种动植物油脂经随机酯交换后，熔点的变化情况（Sreenivasan，1978）。

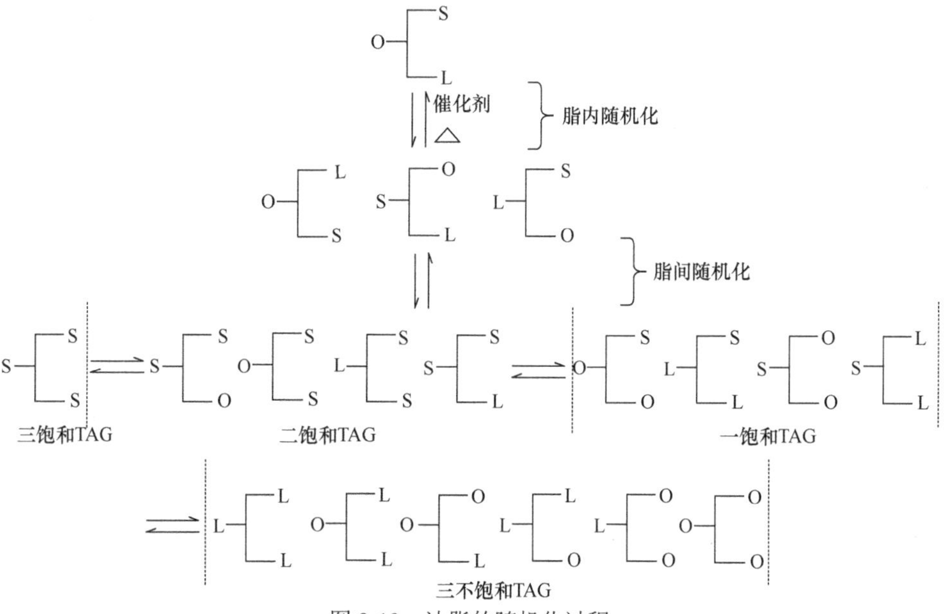

图 8-19　油脂的随机化过程

TAG，甘油三酯；S，硬脂酸；O，油酸；L，亚油酸

表 8-5　随机酯交换对脂肪熔点的影响

脂肪	酯交换前/℃	酯交换后/℃
大豆油	–7.0	5.5
棉籽油	10.5	34.1
椰子油	26.0	28.2
棕榈油	39.8	47.0
猪油	43.0	42.7
牛油	46.2	44.6
25%硬脂酸甘油三酯+75%大豆油	60.0	32.2
25%氢化棕榈油+75%氢化棕榈仁油	50.0	40.3

同样，酯交换还会改变油脂的固体脂肪含量。SFC 曲线与塑性脂肪的诸多性质，如外观、塑性、延展性、熔化特性及油脂析出等有着紧密的联系，其中，4℃及 10℃的 SFC 表现为体系在冷冻时的延展性，若 33.3℃时的 SFC 太高，会导致脂肪呈现蜡质口感。塑性较好的起酥油产品在工作温度下的 SFC 应为 15%～35%（Noor Lida et al.，2002）。施参（2016）研究了米糠固脂、全氢化大豆油和椰子油的物理混合及酶促随机酯交换对油脂 SFC 的影响（图 8-20），结果发现，酯交换后样品与物理混合样品的 SFC 相比在 0～20℃范围内变化不大；而在 20～40℃范围内，酯交换后样品的 SFC 逐渐下降，且远低于物理混合样品。较高的 SFC 说明酯交换前样品较硬、熔点较高，导致其口熔性较差，因此，物理混合样品不适合用作塑性脂肪。酯交换后样品的 SFC 曲线特征符合高稳定性起酥油的要求，即 10℃的 SFC 高于 50，但在 40℃的 SFC 通常小于 10%，在 18.3℃时体系变得坚硬且易脆，在 32.2℃以上时又易变软。

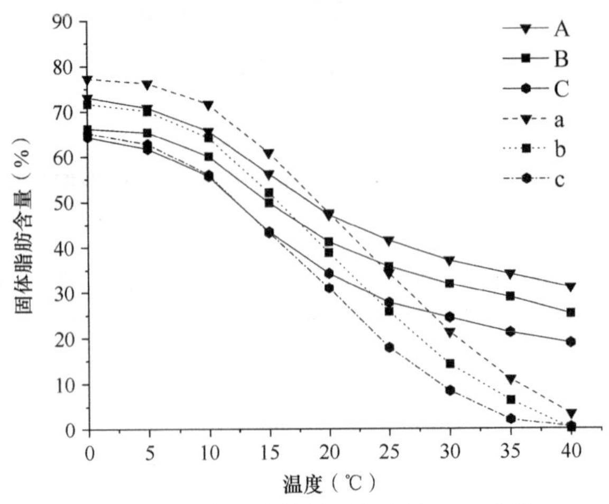

图 8-20　随机酯交换前后脂肪的 SFC 曲线

A、B 及 C 分别为米糠固脂：全氢化大豆油=50：50、60：40、70：30 的物理混合样品，并添加 20%（*m*/*m*）椰子油的混合体系；a、b、c 分别为物理混合样品 A、B、C 在最优条件下进行酯交换后的脂肪

8.4　食品生物技术在功能糖生产中的应用

8.4.1　多糖水解酶及其在功能糖生产中的应用

多糖是由单糖分子通过糖苷键连接而成的聚合物。根据单糖分子种类是否单一，多糖可分为均一性多糖和不均一性多糖。均一性多糖包括淀粉、纤维素、糖原、菊粉、几丁质和琼脂等，不均一性多糖包括透明质酸和硫酸软骨素等。多糖水解酶能够水解多糖中的糖苷键，将多糖水解为分子质量较小的糖。根据其水解多糖的位置，多糖水解酶可以分为外切型多糖水解酶和内切型多糖水解酶。下面以能够水解菊粉的菊粉酶为例说明多糖水解酶在功能糖生产中的应用。

1. 菊粉及菊粉酶

1）菊粉

菊粉是一种广泛存在于自然界的储藏性碳水化合物，多见于洋姜、菊苣、大丽花、雪莲果的根部与块茎。菊粉的结构类似于直链淀粉，是由一连串果糖通过 β-2,1 糖苷键连接，并在末端连有一个葡萄糖分子而成的多糖链，其中葡萄糖端为还原端（Zhen et al.，2011）。菊粉的果糖聚合度一般低于 200，随植物种类、天气状况及年龄的不同而变化。目前，世界范围内的菊粉总产量为 350 000 t，主要产于比利时、法国、荷兰及智利。与淀粉相比，菊粉在热水中的溶解性要高很多，配制成高浓度溶液后黏度不会过高，可有效降低生产加工过程中的能耗。淀粉作为人畜重要的食物来源，其在工业加工方面还存在与人畜争粮的问题，但菊粉糖链结构为 β 构型，不能被人体消化吸收，与人畜争粮的矛盾比较小。由于菊粉具有可再生、来源广泛等优点，近年来受到了工业界及研究人员的极大关注。

2）菊粉酶

菊粉酶可以水解菊粉糖链的 β-2,1 糖苷键，根据作用方式的不同分为外切型菊粉酶（EC 3.2.1.80）与内切型菊粉酶（EC 3.2.1.7）（Chi et al.，2009）。外切型菊粉酶可从菊粉糖链的非还原端对果糖单元逐个水解，生成果糖及少量葡萄糖；而内切型菊粉酶是从糖链内部随机切割，生成聚合度为 3～10 的低聚果糖。有些菊粉酶作用方式专一，而其余大部分则属于混合型，既可以从一端水解，也可以从内部随机水解。根据酶对蔗糖的水解活性与对菊粉的水解活性的比值（S/I 值）是否大于 1，可定义菊粉酶是外切型还是内切型。

菊粉酶主要来源于微生物，在原核细胞和真核细胞中都有表达，其中黑曲霉、青霉、芽孢杆菌、梭菌、假单胞菌、节细菌、葡萄球菌、黄杆菌、克鲁维酵母、隐球菌、毕赤酵母、假丝酵母等菌属的表达水平较高（Singh and Gill，2006）。酵母菌来源的菊粉酶一般为外切型，对蔗糖的水解作用明显；霉菌来源的菊粉酶既有内切型，也有外切型。由于外切型菊粉酶在果糖生产中发挥着重要作用，随着果糖业的迅猛发展，人们对于外切型菊粉酶开展了广泛而深入的研究，近年来，随着内切型菊粉酶的应用范围逐渐扩大，研究者愈加重视对内切菊粉酶的开发。Nakamura 等（1997）使用菊粉作为碳源的液体培养基，在 30℃下培养 *Penicillium* sp. TN-88 共 4 天，发酵上清液内切型菊粉酶酶活为 9.9 U/mL。Kumar 等（2005）在土壤中利用以菊粉为唯一碳源的培养基筛选出一株高产内切型菊粉酶的黑曲霉，在 28℃、pH 6.5 的条件下发酵 72 h，酶活达到 176 U/mL。池振明等（2011）将来源于 *Arthrobacter* sp. S37 的内切型菊粉酶基因 *EnIA* 导入 *Yarrowia lipolytica* 进行重组表达，酶活为 16.7 U/mL。王建华等（2004）将来源于 *Aspergillus niger* 9891 的内切型菊粉酶基因导入 *Pichia pastoris* GS115，在 7 L 发酵罐中进行发酵表达，经过优化，最终酶活达到 291 U/mL。虽然国内外研究者关于内切型菊粉酶筛选及重组表达的报道近年来逐渐增多，但表达水平还亟待提高。

2. 低聚果糖

1）低聚果糖及其应用

低聚果糖（IOS）是指由果糖单元通过 β-2,1 糖苷键连接而成，聚合度为 3～10 的寡聚糖的总称，其糖链末端还可能连有一个葡萄糖。菊粉经内切型菊粉酶有限水解，即可获得具有不同聚合度的 IOS。由于 IOS 具有可以促进体内双歧杆菌等益生菌增殖、降血压、增强免疫力、促进矿物质吸收等功能，因此被称为功能性低聚糖（Singh and Singh，2010）；除此之外，IOS 自身具有一定甜度，可以作为低热量的甜味剂添加到无糖或低糖食品中；IOS 还能阻碍淀粉的回生，将 IOS 加入到饼干中，不仅可以改善口感，还可以显著延长货架期；由于在低温下储存稳定，IOS 还可以应用于冷饮的制作；近年来，一些化妆品企业还将 IOS 加入到产品中，起到抑制面部表皮有害菌生长的作用。

2）低聚果糖的制备

工业上酶法生产 IOS 的方法主要有两种：一种是由蔗糖经果糖基转移酶转化而得；第二种是使用内切型菊粉酶作用于菊粉得到。目前国内外主要利用第一种方法生产 IOS，但该法主要有两大弊端：一方面，产物纯度低，利用果糖基转移酶以蔗糖为原料生产 IOS，会产生较多的单糖、二糖等副产物，IOS 含量最高仅能达到 55%，虽然在下游纯化过程中使用离子交换可以提高产品纯度，但分离效果有限，且工艺烦琐、成本高昂；另一方面，副产物葡萄糖会对果糖基转移酶产生抑制，至今没有降低葡萄糖含量的有效办法。而酶解菊粉生成 IOS 是单酶反应，生产工艺简单，并且菊粉转化率高，能够有效降低生产成本。韩国的 Yun 等（1997）报道在 5%～15%（*m*/*V*）的菊粉中添加 400 U/g 的内切型菊粉酶，反应 36 h 后，IOS 转化率达到 96%。Park 等（1999）使用来源于 *Xanthomonas* sp.的内切型菊粉酶以 10 g/L 菊粉为底物，经过优化，转化率达到 86%。Kim 等（2006）将来源于 *Pseudomonas mucidolens* 的内切型菊粉酶基因导入 *Saccharomyces cerevisiae* 进行重组表达获得目的蛋白，向菊粉溶液中加入 46 U/g 的重组酶，反应 30 h，转化率达到 71.2%。目前国内外报道使用内切型菊粉酶生产 IOS 的转化率可达 80%以上，但仍面临一些问题，如底物浓度低（＜200 g/L）、反应时间较长等导致的低生产率，以及酶消耗量大造成的高成本。

3. 内切型菊粉酶制备低聚果糖的条件研究

本节以黑曲霉来源的内切型菊粉酶为研究对象，首先对内切型菊粉酶水解菊粉的产物进行了分析，随后从底物浓度、pH、温度、加酶量等方面对内切型菊粉酶水解菊粉生成低聚果糖的工艺条件进行了优化。

1）内切型菊粉酶水解菊粉产物分析

不同来源的内切型菊粉酶与菊粉的结合及作用方式有差别，从而使生成产物的聚合度的分布也不同，而聚合度为 3～5 的低聚果糖的营养价值要高于其他聚合度的低聚果糖。为考察产物聚合度的分布，向 200 g/L 菊粉溶液中添加 60 U/g 的内切型菊粉酶，在 pH 6.0、温度 60℃的条件下水解 12 h，高温灭酶，离心超滤后进行 HPLC 分析，结果如图 8-21 所示，生成的低聚果糖聚合度为 3～6，并且葡萄糖、果糖及蔗糖等副产物相对较少，表明黑曲霉来源的内切型菊粉酶应用性能良好。

2）底物浓度对水解反应的影响

当底物浓度较低时，随底物浓度的升高，反应速率逐渐提高，但总转化率却下降。虽然如此，工业上仍选择高底物浓度条件作业，以提高转化率，因此，能否在高底物浓度下发挥作用是食品酶制剂重要的应用性质。对黑曲霉来源的内切型菊粉酶在不同底物浓度下生成低聚果糖的情况进行研究，选择酶的最适 pH（6.0）和温度（60℃）作为反应条件，加酶量为 60 U/g，菊粉浓度分别为 200 g/L、400 g/L 和 600 g/L。如图 8-22 所示，当底物浓度为 600 g/L 时，转化率偏低，最高只达到 63.9%，原因可能是底物浓度过高，抑制了酶的催化活性，同时反应体系黏度过高，不利于传质，也导致水解反应不充分。当底物浓度为 200 g/L 时，转化率最高可达到 78.9%，高于 400 g/L 时的结果，但两者相差不大。综合考虑生产强度等因素，底物浓度最终选择为 400 g/L，以此为基础进一步优化其他条件。

同时，从图 8-22 也可以看出，水解反应至 8 h 时，转化率最高，但随着反应继续进行，转化率反而会下降，原因可能是内切型菊粉酶水解过度，体系生成了少量的单糖和二糖。单糖和二糖在产物提取纯化过程中很难被分离，因此要严格控制反应时间，减少单糖和二糖的生成，降低低聚果糖提取纯化的难度。

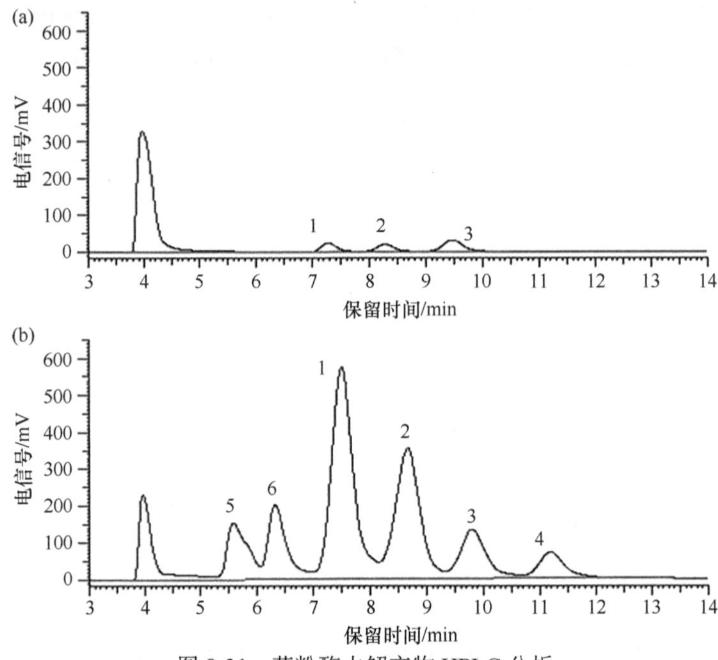

图 8-21　菊粉酶水解产物 HPLC 分析

（a）标准品。峰 1，蔗果三糖（GF2）；峰 2，蔗果四糖（GF3）；峰 3，蔗果五糖（GF4）。（b）菊粉酶水解产物。峰 1，GF2（F3）；峰 2，GF3（F4）；峰 3，GF4（F5）；峰 4，GF5（F6）；峰 5，葡萄糖和果糖；峰 6，蔗糖

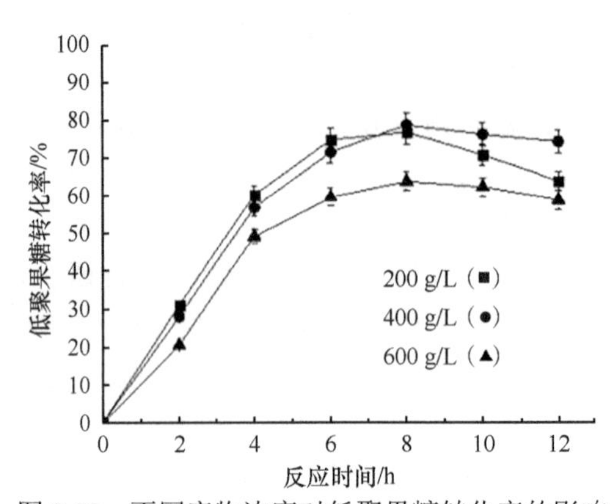

图 8-22　不同底物浓度对低聚果糖转化率的影响

3）pH 对水解反应的影响

虽然在前期研究中已知黑曲霉来源的内切型菊粉酶在 pH 6.0 时活性最高，但考虑到菊粉在偏酸的环境下溶解性更好，并且 pH 会影响可逆反应的平衡，因此需要考察内切型菊粉酶在不同 pH 条件下水解菊粉生成低聚果糖的情况，以确定最佳转化 pH。对内切型菊粉酶在不同 pH 下生成低聚果糖的转化率进行了研究，反应条件为：底物浓度 400 g/L，反应温度 60℃，加酶量 60 U/g，pH 分别为 4.0、5.0、6.0、7.0。如图 8-23 所示，pH 对低聚果糖的生成有着较大的影响，不同 pH 下菊粉转化率差异明显。当 pH 为 5.0 时，反应 8 h 后转化率达到 87%，为最高水平，是 pH 7.0 时转化率的 1.45 倍；而当 pH 为 4.0 时，偏酸环境可能导致酶活过低，8 h 转化率低于 70%。故在后续试验中，将水解反应的 pH 确定为 5.0。

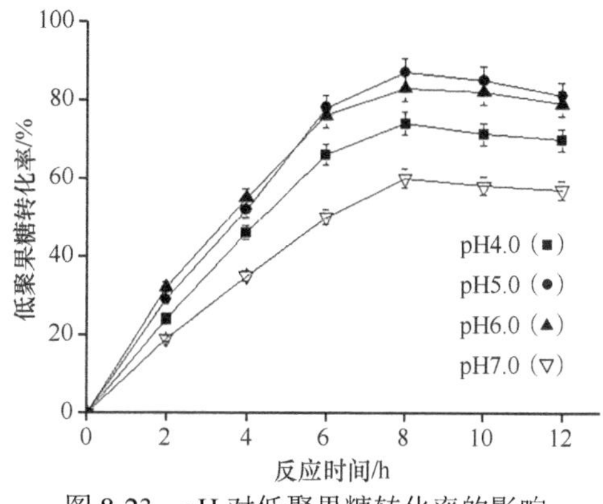

图 8-23　pH 对低聚果糖转化率的影响

4）温度对水解反应的影响

前期研究中确定了黑曲霉来源的内切型菊粉酶的反应最适温度为 60℃，在此温度下酶的催化活力最高，但是由于在低聚果糖的实际生产中，随着反应时间延长，酶蛋白长时间在高温条件下会逐渐失活，因此最佳的转化温度并不完全等于最适温度。分别于 30℃、40℃、50℃、60℃和 70℃下考察内切型菊粉酶生产低聚果糖反应情况，反应条件为：400 g/L 菊粉溶液，pH 5.0，加酶量 60 U/g。由图 8-24 可知，温度对于低聚果糖的产量也有着较大的影响。反应温度为 60℃，反应 4 h 后低聚果糖生成量最多，但随后可能由于酶活下降过大，8 h 时最高转化率低于 50℃时的转化率；反应温度为 50℃，8 h 前低聚果糖的产量基本呈线性增长，至 8 h 转化率最高达到 91%，在国内外报道中属于较高水平；反应温度为 30℃及 40℃时，水解反应较慢，明显低于 50℃下转化率，因此确定低聚果糖的最佳转化温度为 50℃。

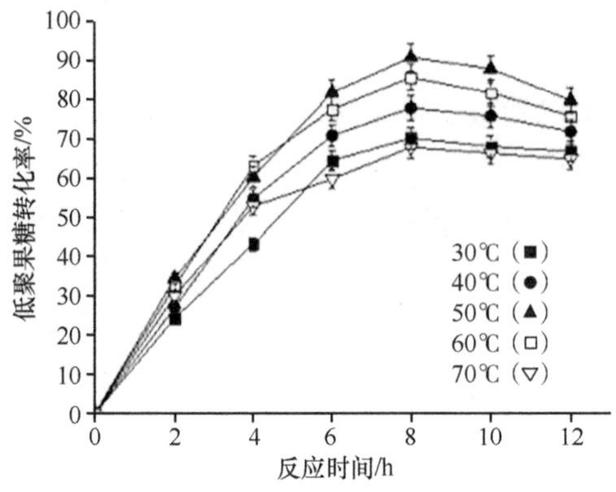

图 8-24 温度对低聚果糖转化率的影响

5）加酶量对水解反应的影响

通过优化已经确定了内切型菊粉酶水解菊粉生成低聚果糖的最适底物浓度、最适 pH、最适温度，但应用于实际生产时还要考虑成本因素，其中加酶量是最主要的成本来源。在保证生产效率的同时，减少加酶量可以降低成本、提高效益。

为了确定低聚果糖生产的最适加酶量，在底物浓度为 400 g/L、pH 5.0、温度 50℃条件下，分别采用 20 U/g、40 U/g、60 U/g、80 U/g 等加酶量进行酶转化试验。由图 8-25 可知，加酶量对最终转化率没有太大影响，但会影响反应时间：当加酶量为 20 U/g 时，达到最高转化率的时间较长，并且转化率也偏低；当加酶量为 60 U/g 时，转化率（91%）虽然最高，但相比于 40 U/g 时的转化率（89%）优势并不明显；当加酶量为 80 U/g 时，虽然只需 6 h 便可达到 88%的转化率，但是成本要高出将近一倍。综上考虑，选择 40 U/g 加酶量作为最终工艺条件。

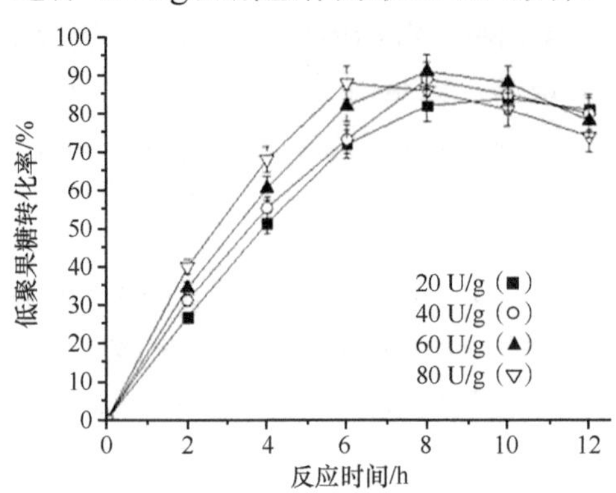

图 8-25 加酶量对低聚果糖转化率的影响

8.4.2 糖基转移酶及其在功能糖生产中的应用

糖基转移酶催化糖基转移至不同受体分子，其受体分子可以是糖、蛋白质、脂类和核酸等，具有很多生物学功能。下面以蔗糖磷酸化酶催化蔗糖为底物生产曲二糖为例来说明糖基转移酶在功能糖生产中的应用。

1. 曲二糖

1）曲二糖的结构与功能

曲二糖（2-*O*-α-D-glucopyranosyl-α-D-glucopyranose）是由两个葡萄糖通过α-1,2 糖苷键相连的天然二糖，其结构式如图 8-26 所示。由于曲二糖及其衍生的低聚糖存在独特的 α-1,2 糖苷键，故不易被人体消化，可以预防龋齿（Hodoniczky et al.，2012）。此外，它在肠道系统有很好的耐受性，是双歧杆菌、乳酸菌、真杆菌属的增殖因子，可作为一种很好的益生元成分。同时，它也是一种低热量甜味剂，可促进铁的吸收。此外，曲二糖还能特异性抑制不同组织器官内 α-葡萄糖苷酶 I 活性，并具有抗病毒活性，从而有助于新药特别是抗 HIV-I 新药的研发，因此引起了人们广泛的关注。

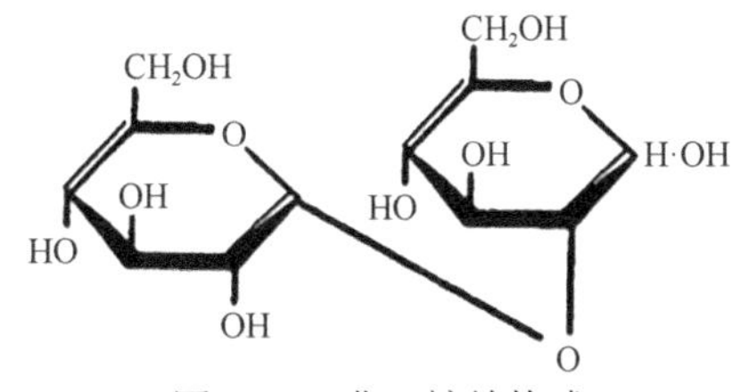

图 8-26　曲二糖结构式

目前，国外对曲二糖制备进行了深入探索，并对曲二糖功能应用展开一系列的研究，日本、英国等国家已将其作为化学试剂、精细化学品、医药中间体、材料中间体出售；国内对曲二糖的研究较少。

2）曲二糖的制备方法

自然界中曲二糖主要存在于啤酒、蜂蜜、糖蜜、清酒和淀粉水解液中，药材如太子参、刺龙牙中也含有曲二糖，但天然曲二糖存在量很低，导致分离纯化非常困难，难以大规模提取。目前，主要通过化学提取法和酶法制备曲二糖。

化学提取法制备曲二糖的最经典方法是用乙酸酐、乙酸和浓硫酸的混合物，以及其他化学试剂如氯仿或甲醇钠，从肠膜明串珠菌 NRRL B-1299 的右旋糖酐的部分乙酯水解物中分离得到曲二糖。由于化学法提取曲二糖的操作过程烦琐且有很多副产物，导致曲二糖难以分离纯化，故此方法逐渐被生物酶法制备曲二糖所取代。

酶法制备曲二糖主要使用蔗糖磷酸化酶、右旋糖酐酶-β-半乳糖苷酶双酶、曲二糖磷酸化酶及α-葡萄糖苷酶。酶法制备曲二糖方法目前已经得到不断的发展，具体情况如表8-6所示。其中，蔗糖磷酸化酶以廉价的蔗糖和葡萄糖为底物合成曲二糖，且转化率很高，因此具有较大的市场发展潜力。

表 8-6 酶法合成曲二糖的研究进展

酶	底物	研究结果	存在问题
蔗糖磷酸化酶	蔗糖、葡萄糖	Kitao（2014）等发现酶转化产物含有7.5%曲二糖；Tom Desmet（2016）等半理性设计改造蔗糖磷酸化酶，曲二糖产率为74%，纯化后得到纯度为99.5%的结晶	只在大肠杆菌中表达，不能在食品行业应用
α-葡萄糖苷酶	麦芽糖、低聚麦芽糖、淀粉、荞麦之一	Takahashi等（1969）发现其水解产物有曲二糖；Sugimoto等（2003）发现其水解产物中曲二糖含量达到16%	部分底物价格昂贵，曲二糖含量很低，副产物较多
右旋糖苷酶-β-半乳糖苷酶双酶	蔗糖、乳糖	Javier Moreno等（2014）制备出的曲二糖产率为38%（相对于乳糖质量比），最终纯度达到99%以上	曲二糖产率较低，且需要两种酶
曲二糖磷酸化酶	β-D-葡萄糖-1-磷酸和葡萄糖，或者1,6-脱水-β-D-吡喃葡萄糖	Hiroto Chaen等（2001）发现该酶可以合成曲寡糖，曲二糖含量19.1%；Tetsuya Nakada等（2004）利用该酶可使曲二糖的含量提升至23.5%	底物昂贵或者难以获取

2. 蔗糖磷酸化酶

1）蔗糖磷酸化酶的晶体结构和催化机理

蔗糖磷酸化酶（sucrose phosphorylase，SPase，EC 2.4.1.7）属于GH13家族，是一种催化转移葡萄糖基的特异性酶（Cerdobbel et al.，2010）。其催化的反应类型主要有两种：①将1-磷酸葡萄糖中的葡萄糖基转移至相应受体；②将蔗糖水解并转移葡萄糖基至相应受体，受体可以为水、无机磷酸、含酚羟基和醇羟基等物质。若以葡萄糖为受体，可生成麦芽糖和曲二糖。

不同来源的SPase有其独特的结构和底物特异性。Sprogoe等于2004年解析出青春双歧杆菌来源的SPase的晶体结构，结果表明其为同型二聚体，并拥有4个结构域，如图8-27所示，分别是A结构域、B结构域、B′结构域和C结构域，其活性中心位于A结构域的β4和β5的末端，包含残基Aspl92（葡萄糖异头碳结合位点）和Glu232（葡萄糖苷结合位点）。

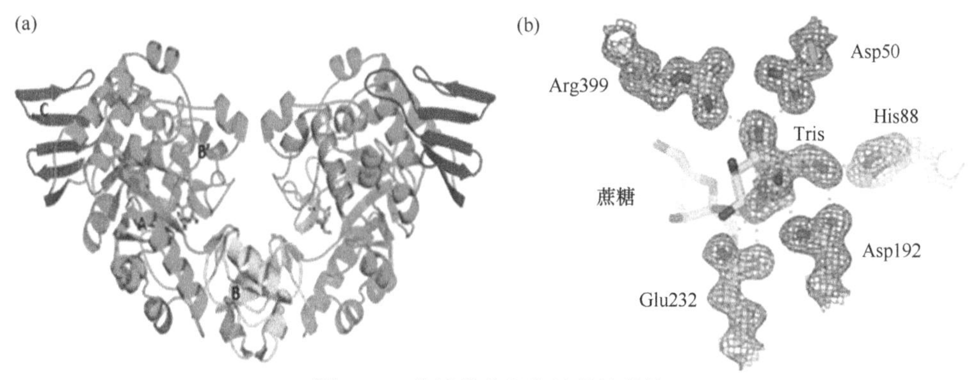

图 8-27　蔗糖磷酸化酶的晶体结构

（a）蔗糖磷酸化酶结构域；（b）蔗糖磷酸化酶活性位点

A 结构域（1～85、167～291 和 356～435 位残基）是存在于 GH13 家族的典型（β/α）$_8$ 桶结构，由 8 个相互平行的 α 螺旋和 β 折叠组成，含有此结构的酶的特性之一在于连接螺旋到折叠的环的平均长度要比连接折叠到螺旋的环短。B 结构域（86～166 位残基）主要是 2 个短的 α 螺旋和 2 个反向平行的 β 折叠。B′ 结构域（292～355 位残基）主要是盘绕区域，包含 1 个长 α 螺旋和 1 个短 α 螺旋，这种拓扑结构的存在不利于寡糖的结合，同时减少了底物结合的通道，因此这个结构域在调节酶功能上有重要意义。C 结构域 C 端的前 56 个氨基酸残基构成一个五股反向平行的 β 折叠，这是 GH13 家族其他成员中未发现的结构域。尽管完整的序列含有 2 个半胱氨酸（Cys）残基，但并未在其结构中发现二硫键，这是由于其中一个 Cys356 残基位于蛋白质结构的表面，且被氧化为砜，而另一个 Cys205 残基位于酶内部。二聚体的形成主要是 2 个 B 结构域的相互作用，同时在 2 个(β/α)$_8$ 桶上的环 8 区域也有明显的相互作用，这样的作用使二聚体形成一个包括 2 个活性位点入口的大空腔（Sprogoe et al.，2004）。

SPase 的催化机理如图 8-28 所示，具体如下：SPase 作用底物的相关活性位点如图 8-28（a）所示；当蔗糖进入活性中心时，其葡萄糖苷键立即被 Glu232 质子化，同时，Aspl92 亲核进攻葡萄糖基的异头碳原子[图 8-28（b）]；然后形成蔗糖-酶中间体，并释放果糖[图 8-28（c）]；随后环 A（336～344 位残基）上的果糖结合位点 Asp342 移出，并由磷酸盐结合位点 Tyr344 取而代之，且环 B（130～140）上的磷酸盐结合位点 Arg135 进入活性部位，使得蔗糖-酶中间体与磷酸盐（HPO_4^{2-} 或 $H_2PO_4^-$）反应，得到 1-P-葡萄糖[图 8-28（d）]；然后与相应受体结合产生目的产物[图 8-28（e）]。SPase 能可逆地催化蔗糖和磷酸为 D-葡萄糖和 D-葡萄糖-1-P。

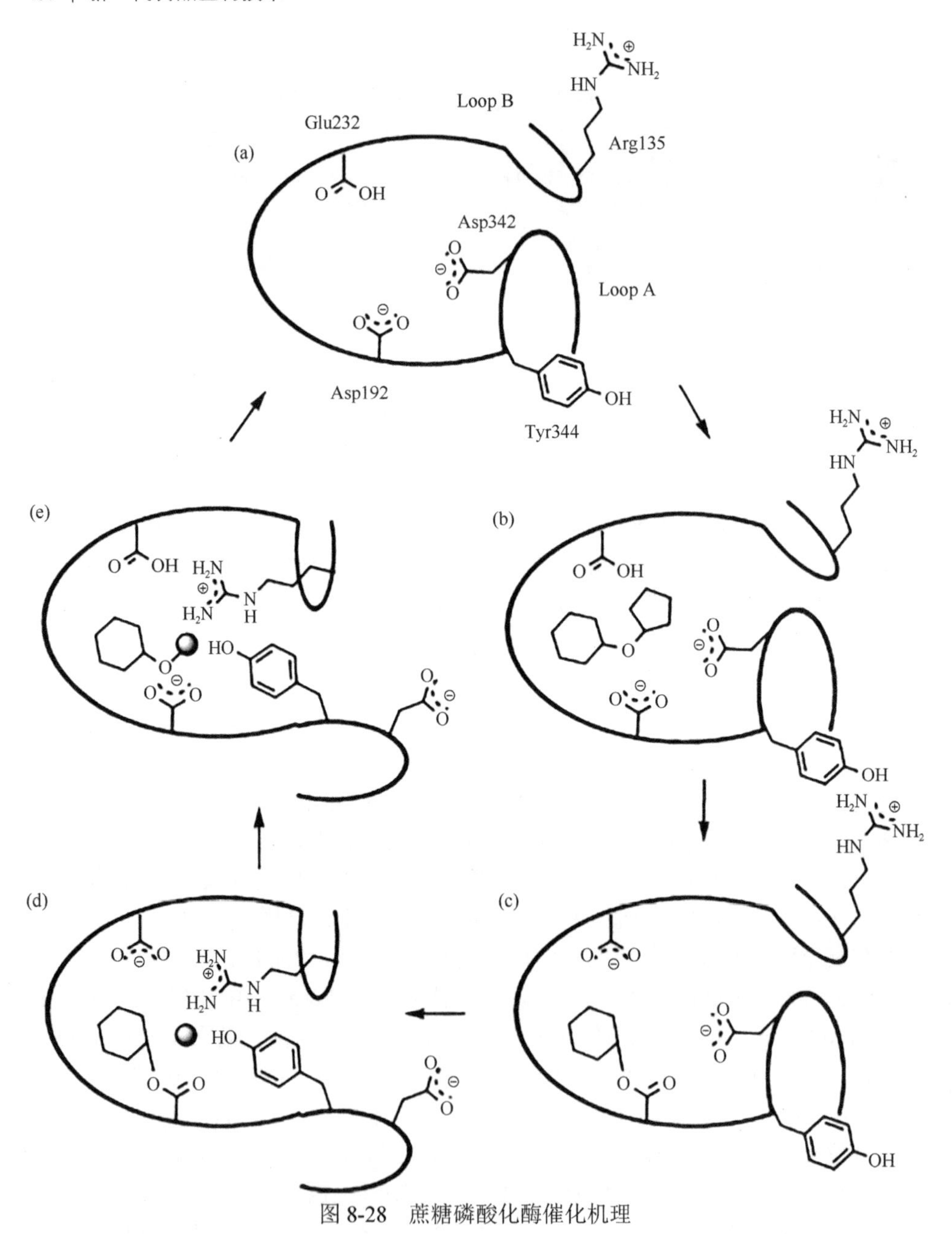

图 8-28　蔗糖磷酸化酶催化机理

2）蔗糖磷酸化酶的来源及应用

（1）蔗糖磷酸化酶的来源

SPase 主要分布在细菌等微生物中，目前已经报道的来源有肠膜明串珠菌

（*Leuconostoc mesenteroides*）、长双歧杆菌（*Bifidobacterium longum*）、青春双歧杆菌（*Bifidobacterium adolescentis*）、巨大芽孢杆菌（*Bacillus megaterium*）、变异链球菌（*Streptococcus mutans*）、嗜糖假单胞菌（*Pelomonas saccharophila*）和嗜酸乳杆菌（*Lactobacillus acidophilus*）。随着不同微生物来源的 SPase 的发现，很多 SPase 都在大肠杆菌中获得异源表达。根据不同来源的 SPase 的结构和独特性质，可将 SPase 应用于不同领域。

（2）蔗糖磷酸化酶的应用

SPase 可接纳多种受体，且具有转移蔗糖中的葡萄糖基的作用，因此被用来对不同受体进行葡萄糖基修饰，故 SPase 是一种很有潜力的酶，具有很大的商业价值，其主要应用于以下几个方面。

①功能性低聚糖的制备。青春双歧杆菌（*B. adolescentis*）来源的 SPase 在以蔗糖为糖基供体时，具有很高的转苷活性且受体范围较广。Kraus 等（2016）将来源于 *B. adolescentis* 的 SPase 的 Q345F 位点进行突变，使黑曲霉糖产率达到 31%。Verhaeghe 等（2016）将 *B. adolescentis* 来源的 SPase 进行 L341I 和 Q345S 双突变后，突变体合成曲二糖的选择性由野生型的 35%提高到 95%，曲二糖产率达到 74%。

②化妆品成分的制备。氢醌（对苯二酚）是一种皮肤增白剂，但因其具有毒性和刺激性而被禁用。氢醌经葡萄糖修饰后制得熊果苷，熊果苷具有美白淡斑作用，能减少对皮肤的刺激作用，因而被应用于化妆品行业。侯顾伟等（2011）利用肠膜明串珠菌来源的 SPase 制得 α-熊果苷产量为 20 g/L，氢醌转化率达到 16.3%。李群亮等（2012）使用来源于巨大芽孢杆菌的重组 SPase 制备 α-熊果苷，氢醌转化率达到 74%。维生素 C（抗坏血酸）可以提亮肤色并抗衰老，但具有不稳定性，从而限制了其在化妆品中的使用；然而，其衍生物 L-抗坏血酸-2-葡萄糖苷（AA-2G）不仅保留了全部生物活性，而且很稳定，被广泛应用到化妆品中。武汉大学黄爱清等（2017）利用来源于长双歧杆菌的重组 SPase 制备 L-抗坏血酸-2-葡萄糖苷，转化率达到 65%。糖基甘油是由多种植物、藻类和细菌在适应盐胁迫和干旱条件下产生的一种功能强大的渗透物质，其中葡萄糖基甘油（2-*O*-α-D-glucopyranosyl-sn-glycerol，GG）因作为化妆品的保湿剂而备受关注，Luley-Goedl 等（2010）利用肠膜明串珠菌来源的 SPase 制得 GG，产率为 90%。

③植物多酚糖基化产物的制备。植物多酚类物质如（–）-表儿茶酸、（+）-儿茶素、白藜芦醇等有很大药用作用，但因为其水溶性差，所以药效比较低，而天然产物的糖基化是提高其水溶性和药物性能的常规策略。有研究表明，SPase 的受体可以为非天然底物，如芪类化合物和黄酮类化合物，但结合效率极低，可能是由于这些受体本身分子太大或极性低造成的。Kraus 等将 *B. adolescentis* 来源的 SPase 的 Q345F 位点进行突变，创造出一种非极性相互作用，使酶与底物结合，当以白藜芦

醇为受体时，其产物白藜芦醇-3-*O*-α-D-葡糖苷的产率由野生酶的4%提高至97%。此研究在SPase的活性位点引入一个芳香族氨基酸，创造出一个新的工具酶，使植物多酚类物质糖基化。Kitao 等（2014）以儿茶素和蔗糖为底物，利用肠膜明串珠菌来源的蔗糖磷酸化酶制得（+）-儿茶素-3′-*O*-α-D-葡萄糖苷，儿茶素转化率达到81%。

（3）蔗糖磷酸化酶的制备

随着对 SPase 研究的不断深入，其应用潜力被不断发掘，如何获得高效表达的酶蛋白在整个研究过程中至关重要。国外对 SPase 的研究较早，1992 年，Kitao 等将肠膜明串珠菌 ATCC 12291 来源的 SPase 用噬菌体载体在 *E.coli* 1100 中成功表达，测得酶活为 55.7 U/mL。2007 年，Goedl 等将肠膜明串珠菌来源的 SPase 在 *E. coli* DH10B 中进行异源表达，并在 SPase 的 N 端连接含 11 个氨基酸的金属亲和融合肽，其重组酶的产量比天然酶增加了 60 倍，纯化后其比活达到 190 U/mg。2011 年，Aerts 等将来源于肠膜明串珠菌、嗜酸乳杆菌和青春双歧杆菌的 SPase 分别在 *E. coli* Rosetta 2 中表达，并用高通量筛选方法研究不同强度启动子对重组酶表达的影响。

国内对 SPase 的研究主要是在大肠杆菌中异源表达并进行上罐优化。2013 年，万月佳等利用重组 *E. coli* Rosetta（DE3）/pET-SPase 发酵生产来源于肠膜明串珠菌的 SPase，上罐发酵后酶活达到 300 U/mL。2015 年，叶慧等将长双歧杆菌来源的 SPase 在 *E. coli* Rosetta（DE3）中重组表达，上罐优化后酶活达到 12.71 U/mg。张文蕾等（2017）将肠膜明串珠菌 ATCC 12291 来源的 SPase 在 *E. coli* BL21（DE3）中异源表达，摇瓶酶活为 40 U/mL。经过 3 L 发酵罐优化，在 30℃以 0.2 g/（L·h）的乳糖流加速度诱导时，SPase 的最高酶活可达 603 U/mL，比摇瓶酶活提高 15 倍，是目前重组酶酶活的最高水平。

从目前研究来看，SPase 仅在大肠杆菌中异源表达，不适合用于食品工业，故寻找一种适合 SPase 表达的食品安全菌株作为宿主有很重要的意义。

3. 曲二糖制备的条件优化及产物纯化

本节以青春双歧杆菌来源的 SPase 为研究对象，研究加酶量、反应时间、反应温度、pH、供受体比例等因素对 SPase 制备曲二糖的影响，随后通过正交试验进一步优化曲二糖制备条件，最后对制备的曲二糖进行了纯化研究。

1）加酶量对 SPase 制备曲二糖的影响

合适的加酶量不仅可以节约成本，且能提高酶的利用率。在底物为 0.1 mol/L 蔗糖和 0.2 mol/L 葡萄糖、pH7.0、温度为 60℃的条件下反应 48 h，加酶量分别为 5 U/g 底物、10 U/g 底物、15 U/g 底物、20 U/g 底物、25 U/g 底物和 30 U/g 底物。

如图 8-29 所示，随着加酶量的增加，曲二糖转化率也在增加，当加酶量达到 20 U/g 底物后，转化率趋于平缓，故采用 20 U/g 底物为最适加酶量。

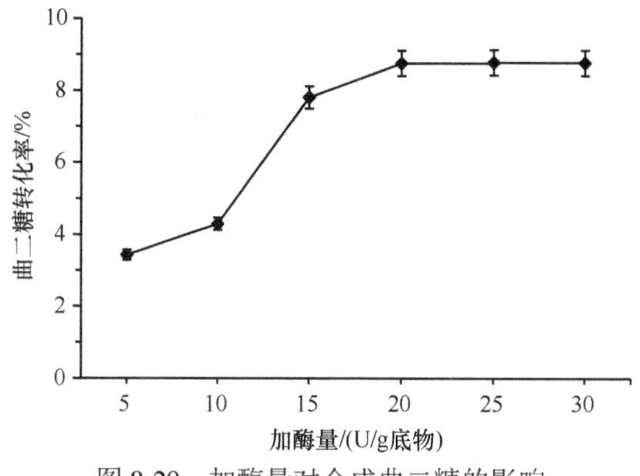

图 8-29　加酶量对合成曲二糖的影响

2）反应时间对 SPase 制备曲二糖的影响

为考察反应时间对酶转化的影响，以 0.1 mol/L 蔗糖和 0.2 mol/L 葡萄糖为底物，加酶量为 20 U/g 底物，在 pH 7.0、温度 60℃条件下，于不同时间点取样，用 HPLC 测定不同时间段的转化率。由图 8-30 可知，随着反应时间的延长，曲二糖的转化率不断提高，之后趋于平衡。当反应时间为 36 h 时，曲二糖反应即达平衡，此时转化率为 8.37%；当反应时间超过 36 h 时，曲二糖转化率并没有明显变化，故确定最佳反应时间为 36 h。

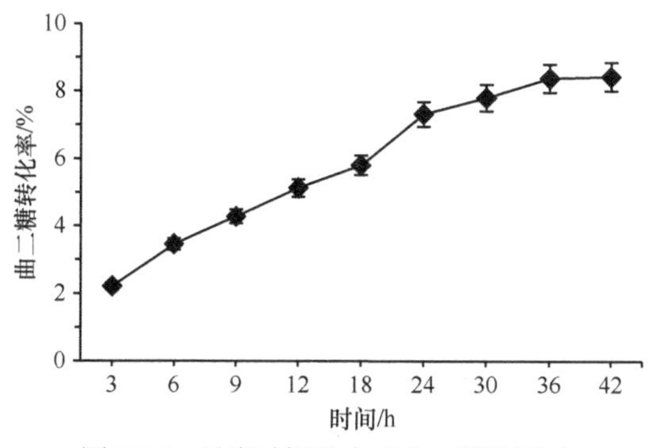

图 8-30　反应时间对合成曲二糖的影响

3）反应温度对 SPase 制备曲二糖的影响

为研究 SPase 制备曲二糖的最适温度，保持其他反应条件不变，分别在 40～60℃条件下进行反应，36 h 后取样检测，结果如图 8-31 所示。从图中可以看出，55℃时曲二糖转化率最高为 15.8%，当温度超过 55℃时转化率迅速降低，这可能与酶的热稳定性有关，因此选用 55℃为最佳反应温度。

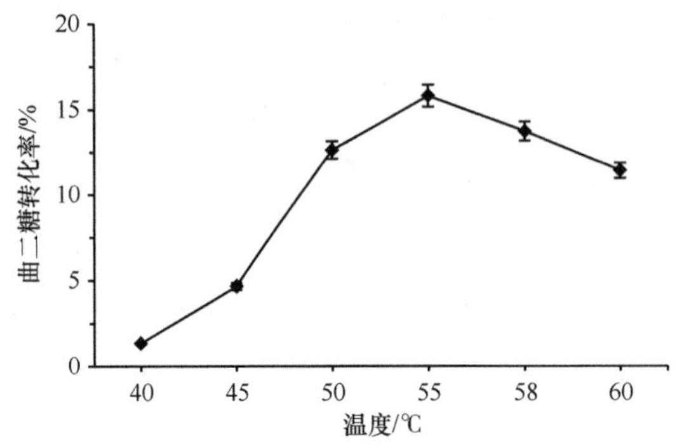

图 8-31　反应温度对合成曲二糖的影响

4）pH 对 SPase 制备曲二糖的影响

SPase 的耐酸性较强，故选择在 pH 5.5～8.0 范围内进行优化。其中，反应温度为 55℃，其他反应条件保持不变。由图 8-32 可知，当 pH 为 7.0 时曲二糖转化率最高（为 15.6%），pH 低于或高于 7.0 时，曲二糖转化率均有所下降，可能是由于其他 pH 条件不利于曲二糖的合成，因此确定最佳反应 pH 为 7.0。

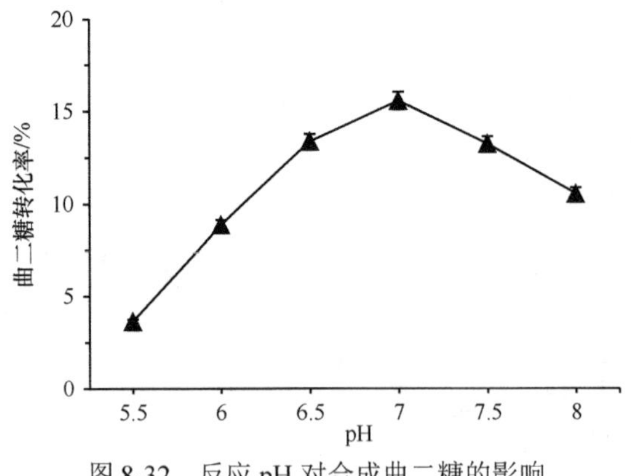

图 8-32　反应 pH 对合成曲二糖的影响

5）供受体比例对 SPase 制备曲二糖的影响

在上述最佳反应条件的基础上，通过改变蔗糖（Suc）和葡萄糖（Glu）浓度比提高对蔗糖的转化率，从而提高曲二糖的产量。在 55℃、pH 7.0、反应时间 36 h 条件下，考察不同底物浓度对转化率的影响。为了确定最佳底物比例，蔗糖和葡萄糖浓度分别在 0.5～1.5 mol/L 之间变化，蔗糖与葡萄糖比为 0.5∶0.5、0.5∶0.75、0.5∶1、0.5∶1.5、0.75∶0.5、1∶0.5、1.5∶1、1∶0 和 0∶1。从图 8-33 可知，蔗糖与葡萄糖的浓度均为 0.5 mol/L，浓度比为 1∶1 时，转化率最高为 38.64%，曲二糖含量为 95.66 g/L。继续单独增加葡萄糖或蔗糖的浓度时，曲二糖的转化率反而有所下降。只以蔗糖为底物时，虽然可以生成曲二糖，但转化率极低，仅以葡萄糖为底物时无法生成曲二糖。综上所述，葡萄糖与蔗糖浓度均为 0.5 mol/L，即蔗糖∶葡萄糖摩尔浓度比为 1∶1 时是最优供受体比例。

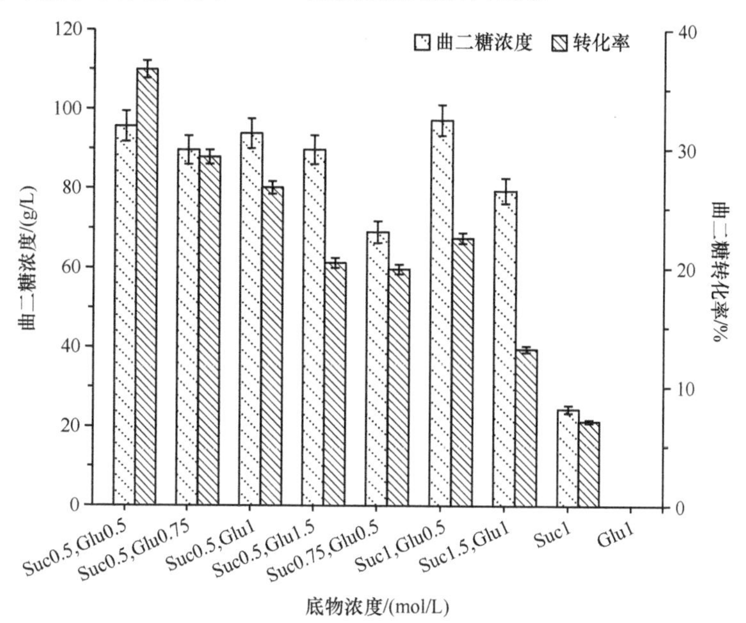

图 8-33 底物浓度对合成曲二糖浓度和转化率的影响

6）正交试验研究制备曲二糖的最优条件

根据酶转化单因素试验结果，确定了正交试验的因素和水平，选用三个影响较大的因素，即蔗糖和葡萄糖摩尔浓度比（A）、pH（B）和温度（C），设计 L9（3^3）正交试验（表 8-7）。在加酶量为 0.02 U/g 底物、反应 36 h 条件下进行正交试验，结果如表 8-8 所示。经极差分析，通过 R 值大小判断出三个因素对转化效率的影响依次为 A＞C＞B，并且三个因素 R 值均大于空白列 R 值，表明结果受误差的影响较小。根据直观分析，得出酶转化最优反应条件组合是 $A_2B_2C_1$，即蔗糖与葡萄糖的摩尔浓度比为 0.5 mol/0.5 mol、pH 7.0、反应温度为 50℃。

在最佳组合条件下，进行了三次验证试验，结果如表 8-9 所示。三次试验结果的平均转化率为 40.01%，曲二糖含量为 104.45 g/L，生成曲二糖的选择性为 97%。试验结果优于正交试验中的所有结果，故将这些参数确定为最佳酶转化条件。

表 8-7 酶转化反应正交试验因素水平设计

水平	因素		
	A（摩尔比）	B	C/℃
1	0.50/0.75	6.5	50
2	0.50/0.50	7.0	55
3	0.75/0.50	7.5	60

表 8-8 酶转化反应合成曲二糖正交试验结果

No.	因素				转化率/%
	A	B	C	空白列	
1	1	1	1	1	35.30
2	1	2	2	2	34.72
3	1	3	3	3	27.69
4	2	1	2	3	37.80
5	2	2	3	1	34.22
6	2	3	1	2	36.65
7	3	1	3	2	29.35
8	3	2	1	3	33.82
9	3	3	2	1	30.04
K_1	0.977	1.025	1.058	0.996	
K_2	1.087	1.028	1.026	1.007	
K_3	0.932	0.944	0.913	0.993	
k_1	0.326	0.342	0.353	0.332	
k_2	0.362	0.343	0.342	0.336	
k_3	0.311	0.315	0.304	0.331	
R	0.155	0.084	0.145	0.014	

表 8-9 验证试验结果

结果	No.		
	1	2	3
转化率/%	39.11	41.09	39.81
平均转化率/%		40.01	

7）曲二糖产物纯化

研究表明，酵母发酵法能够除去可代谢糖类，如葡萄糖和麦芽糖等。由于此方法操作简便、成本低廉，已被应用于多种糖类的纯化。SPase 酶转化制备曲二糖的反应液除了含有目的产物曲二糖，还含有蔗糖、葡萄糖、果糖和麦芽糖。为了得到高纯度的曲二糖，用酿酒酵母进行了产物纯化。经过预实验得知，酿酒酵母加量为 223 g/L、反应 48 h 为最佳消化条件。HPLC 检测酿酒酵母处理效果，结果如图 8-34 所示，由图可知，酿酒酵母几乎可以完全消化果糖、葡萄糖和蔗糖，但是对麦芽糖利用率低，不能消化曲二糖。反应液经 48 h 发酵后，曲二糖纯度由原来的 44.16%提高至 95.14%；若要得到更高纯度的曲二糖，可以结合其他分离纯化方法。

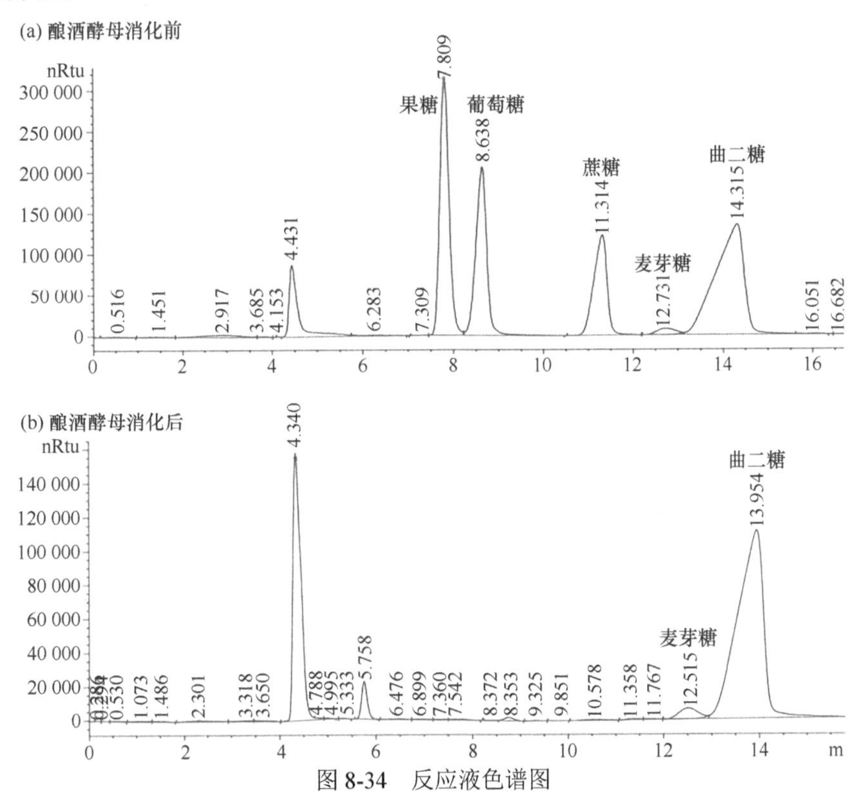

图 8-34　反应液色谱图

8.4.3　异构酶及其在功能糖生产中的应用

异构酶催化异构化反应，生成具有相同化学分子式的产物，包括外消旋体酶、表异构酶、顺反异构酶、分子内氧化还原酶、分子内转移酶、分子内裂解酶等，具有重要的生理生化功能。下面以 D-甘露糖异构酶催化 D-果糖生成 D-甘露糖为例来说明异构酶在功能糖生产中的应用。

1. D-甘露糖

随着科学技术的发展，人们发现除了常见的葡萄糖、果糖等，其他很多糖在我们的日常生活中扮演着越来越重要的角色，如D-甘露糖、D-塔格糖、海藻糖、L-阿拉伯糖等。其中，D-甘露糖可以通过减少有毒物质（如内毒素、氨类等）的形成来调节肠道微生物，增强肠黏膜免疫功能，同时还能参考并影响人体多种代谢功能（Hossain et al.，2000）。目前，D-甘露糖已广泛应用于食品、医药、化工和饲料工业中（Ichikawa et al.，2014）。

1）D-甘露糖的结构与性质

D-甘露糖（D-mannose）是一种六碳糖，它是D-葡萄糖在C2位置上的差向异构体，同时也与D-果糖互为同分异构体。如图8-35所示，其分子式为$C_6H_{12}O_6$，相对分子质量为180.16，密度为1.539 g/cm^3，极易溶于水（250%），微溶于乙醇（0.4%）。D-甘露糖有链状和环状两种结构，有D、L两种构型，有α、β两种晶型，且均为半缩醛式。自然界中常见的是D-甘露糖，为白色晶体或结晶粉末，其甜度约为葡萄糖的86%、蔗糖的60%。

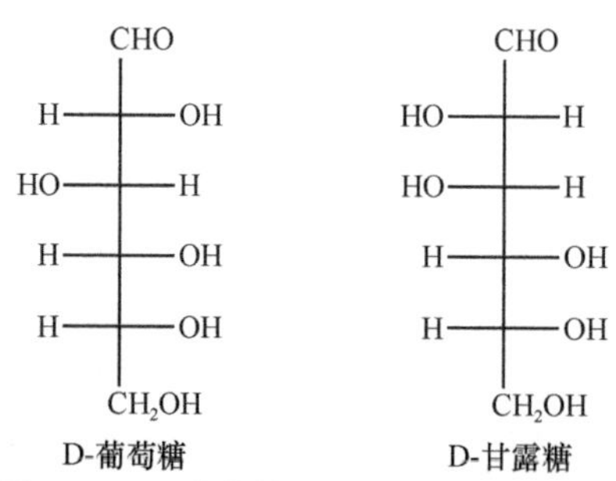

图8-35 D-葡萄糖和D-甘露糖的结构式

2）D-甘露糖的应用

D-甘露糖是人体内一个重要代谢中间产物，存在于某些分泌蛋白和糖蛋白的合成过程中。D-甘露糖以自由扩散的方式在小肠内运输吸收。与葡萄糖相比，D-甘露糖在小肠内的运输吸收速度十分缓慢，仅为其1/10。研究表明，人体内的D-甘露糖约有2%会被转化为糖原，用于储存能量，其他都被用作生成D-果糖六磷酸的底物。因此，在服用D-甘露糖的过程中血糖浓度基本不会升高。

在食品行业，通过调节D-甘露糖的溶解度，可提高食品饮料的熔点和改善食品饮料的风味。2013年，低聚甘露糖被批准为新食品原料。在医药行业，甘露糖是目前唯一用于临床上的糖质营养素。甘露糖结合凝集素可准确识别入侵人体的病原体表面的甘露糖，从而启动人体免疫抵御病原体，在人体先天性免疫系统中发挥重要作用。D-甘露糖已被证明能有效抑制肠内沙门氏菌的增殖，提高免疫力，改善免疫系统。此外，在医疗上 D-甘露糖也被用于一些常见疾病如代谢紊乱、糖尿病、肠胃炎、尿路感染等的治疗，并表现出明显的改善作用。在化工方面，甘露糖衍生出的甘露醇可应用于塑料行业，如用于制造松香酸酯、人造甘油树脂、炸药、硝化甘露醇（雷管）等。在饲料工业中，把 D-甘露糖或低聚 D-甘露糖添加到家禽等的饲料中，能有效预防某些致病菌的感染，保护动物肠道健康，增强动物免疫功能，从而提高动物生产性能、改善饲料利用率等。

3）D-甘露糖的制备工艺

鉴于 D-甘露糖的应用价值较高，很多研究者对 D-甘露糖的生产方法进行了大量研究（Galis et al.，2013）。研究发现，自然界中的植物果实（如柑橘、苹果、蔓越莓、棕榈子等）、微生物（如酵母）中都存在 D-甘露糖。咖啡渣中的 D-甘露糖含量高达 21.2%，是提取 D-甘露糖的重要原料。目前，制备 D-甘露糖主要有三种方法。

（1）提取法制备 D-甘露糖。可以从苹果果肉、荔枝皮、橘皮、红枣、棕榈子中提取得到 D-甘露糖。将各种原料置于硫酸中水解，然后加入乙醇使 D-甘露糖沉淀（D-甘露糖难溶于乙醇），即可得到较为纯净的 D-甘露糖。此法生产成本过高，过程复杂且收率较低（15%～25%），受原料供应、季节、气候等的影响较大，同时也不利于环境保护。

（2）化学法制备 D-甘露糖。通过使用化学催化剂，在严格控制温度和酸浓度的条件下生产 D-甘露糖。赵光辉等（2005）研究发现，在酸性条件下，以 D-葡萄糖为底物、1%钼酸盐为催化剂，部分 D-葡萄糖可被转化生成 D-甘露糖，转化率约为 32%。也有报道可利用咖啡渣在酸性条件下水解制备 D-甘露糖。此法工艺复杂，生产成本高，生产过程中易产生大量酸性废液而污染环境，且最终分离提纯 D-甘露糖较困难。

（3）酶法制备 D-甘露糖（图 8-36）。以 D-果糖或 D-葡萄糖为底物，利用生物酶催化得到 D-甘露糖。此法在 D-甘露糖的制备中占有越来越重要的地位，具有反应条件温和、副产物少、易分离纯化、不污染环境和成本低等优点。研究发现，酶法生产 D-甘露糖的成本约为化学法的 50%。目前已有文献报道了几种不同的酶用于 D-甘露糖的生产，如 D-MIase、D-来苏糖异构酶（D-lyxose isomerase，D-LIase，EC 5.3.1.15）和纤维二糖差向异构酶（cellobiose 2-epimerase，CEase，EC 5.1.3.11；CE 酶），均可以催化 D-果糖或 D-葡萄糖生成 D-甘露糖。D-LIase 和 D-MIase 都能以 D-果糖为底物，通过异构化反应制备 D-甘露糖。除此之外，还能以 D-葡萄糖为底物经 CE 酶催化异构化生成 D-甘露糖。在制备 D-甘露糖时使用最多的是 D-MIase，而其他几种酶均使用较少。

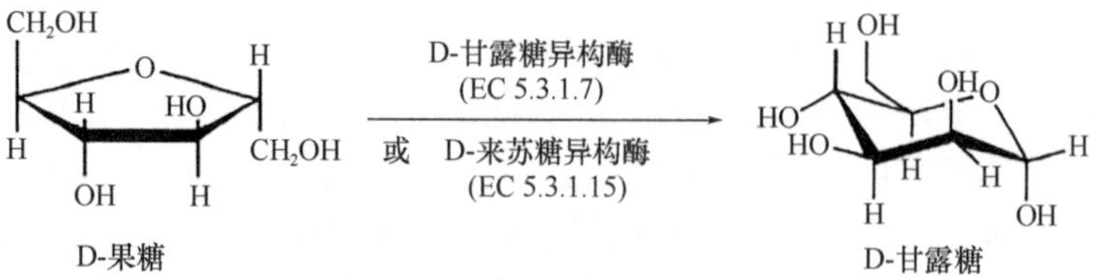

D-果糖 $\xrightarrow[\text{或 D-来苏糖异构酶 (EC 5.3.1.15)}]{\text{D-甘露糖异构酶 (EC 5.3.1.7)}}$ D-甘露糖

图 8-36　酶法制备 D-甘露糖

2007 年，刘琦等报道的来源于大肠杆菌的 D-MIase 可催化 D-果糖和 D-甘露糖之间的可逆异构化反应，转化率最高为 25.13%；来源于放射形土壤杆菌的 D-MIase 催化 D-果糖生产 D-甘露糖，转化率最高为 29.2%。2009 年，张荆等报道的来源于假单胞菌属的 D-MIase 催化 D-果糖生产 D-甘露糖，转化率最高为 36%左右。2017 年，胡兴等从腐烂的水果中分离得到了一株 D-MIase 产生菌 *Pseudomonas* sp.SK27.016，用于生产 D-甘露糖，转化率约为 25%。目前，生产 D-甘露糖所用的 D-MIase 主要来源于假单胞菌或大肠杆菌，转化效率为 15%～36%。

2. D-MIase

D-MIase 是一种典型的醛糖-酮糖异构酶，可催化 D-果糖和 D-甘露糖之间的可逆异构化反应，最适底物为 D-甘露糖，属于 AGE 酶家族。AGE 酶家族是一类糖差向异构酶，主要催化异构化糖类及其衍生物。AGE 酶家族主要包括 AGE 酶（*N*-acetyl-D-glucosamine 2-epimerase，EC 5.1.3.8）、CE 酶、YihS 酶（Fujiwara et al.，2013；Itoh et al.，2008，2000），它们都能催化 C-2 位置的异构化反应。AGE 酶家族的三维结构如图 8-37 所示（绿色为 *N*-acetyl-D-glucosamine 2-epimerase，PDB

图 8-37　AGE 酶家族的三维结构示意图

编号为 1fp3；紫色为 cellobiose 2-epimerase，PDB 编号为 3wkg；蓝色为 YihS 酶，PDB 编号为 2afa）。AGE 酶催化修饰型糖 *N*-乙酰-D-甘露糖胺（*N*-acetyl-D-mannosamine，ManNAc），可将其异构化为 *N*-乙酰-D-葡萄糖胺（*N*-acetyl-D-glucosamine，GlcNAc），主要用于 *N*-乙酰神经氨酸的生物合成。CE 酶可催化含有 β-1,4 糖苷键的寡糖，如纤维二糖、乳糖、4-*O*-β-D-甘露-D-葡萄糖等。YihS 酶具有醛糖-酮糖异构酶活性，主要催化一些互为同分异构体的未修饰寡糖（如甘露糖、果糖和葡萄糖），或者来苏糖和木酮糖之间的异构化。

1）D-MIase 的性质与来源

已报道的 D-MIase 都有一定共性：蛋白质分子量多数为 40～48 kDa；可催化 D-果糖可逆异构化为 D-甘露糖；不需要金属离子参与酶反应；D-甘露糖的转化率为 20%～36%。如表 8-10 所示，大多数 D-MIase 的最适反应温度为 50～60℃，最适 pH 在 7.0～8.0。热稳定性是工业化生产中的一个重要指标，然而大多数的 D-MIase 的热稳定性都很差，在低于 50℃时具有较好的稳定性，当温度升高时，酶迅速失活。目前发现有 D-MIase 的基因的菌株主要有假单胞菌、大肠杆菌、放射形土壤杆菌、嗜热放线菌、黄单胞菌、链霉菌等。

表 8-10　不同来源 D-MIase 之间酶学性质比较

底物	酶	来源	产物	最适温度/℃	最适 pH	转化率/%
D-果糖	D-MIase	*Pseudomonas saccharophila*	D-甘露糖	50	7.5	29
D-果糖	D-MIase	*Escherichia coli*	D-甘露糖	45	7.0	25.13
D-果糖	D-MIase	*Agrobacterium radioactivity*	D-甘露糖	55	7.0	29.2
D-果糖	D-MIase	*Pseudomonas* sp. SK27.016	D-甘露糖	60	7.0	25
D-果糖	D-MIase	*Pseudomonas* sp.	D-甘露糖	55	7.5	36.75
D-果糖	D-MIase	*Saccharothrix* sp. cmu-k747	D-甘露糖	50	7.0	—
D-葡萄糖	D-MIase	*Pseudomonas* sp.	D-甘露糖	60	7.0	12

2）D-MIase 的催化机理

不同的酶识别糖底物的位置不同，催化机制也会有所不同。不同于某些酶的直接氢转移催化机制，D-MIase 的催化异构化反应发生在 C2 位置上（图 8-38），属于无需金属离子参与的去质子化/得质子化机制（Itoh et al.，2008）。该催化机制中，可通过转移氢化物或形成反式-烯二醇中间体实现底物糖的 C1 和 C2 间的氢转移。

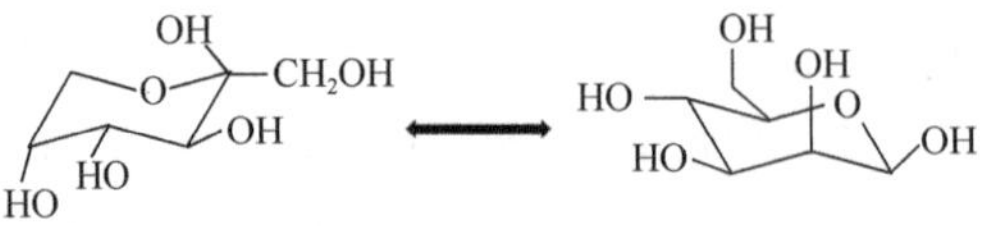

图 8-38　D-MIase 催化位置示意图

3. D-MIase 制备 D-甘露糖的条件研究

目前工业上主要通过生物酶法制备 D-甘露糖，其中应用最多的是 D-MIase，D-MIase 可催化 D-果糖异构化生成 D-甘露糖。本节以 *Pseudomonas geniculata* D-MIase 为研究对象，通过优化反应初始 pH、反应温度、加酶量、反应时间和底物浓度，确定 *P. geniculata* D-MIase 制备 D-甘露糖的最佳反应条件。

1）反应温度对 D-MIase 制备 D-甘露糖的影响

D-MIase 催化 D-果糖制备 D-甘露糖是一个可逆反应。通常提高酶转化反应温度有利于反应速率的提高，使反应向生成 D-甘露糖的方向进行。但温度过高会导致酶的折叠状态发生变化，使酶活降低甚至失活，从而导致 D-甘露糖转化率降低。通过设置不同酶转化反应温度（40～60℃），探究温度对 D-MIase 催化 D-果糖制备 D-甘露糖的影响。底物 D-果糖浓度为 200 g/L。结果如图 8-39 所示，当反应温度为 50℃时，D-甘露糖的转化率最高达 34.18%；提高酶转化反应温度，D-甘露糖转化率表现出下降趋势，这时 D-MIase 可能失活。因此，D-MIase 催化 D-果糖制备 D-甘露糖的最适反应温度为 50℃。

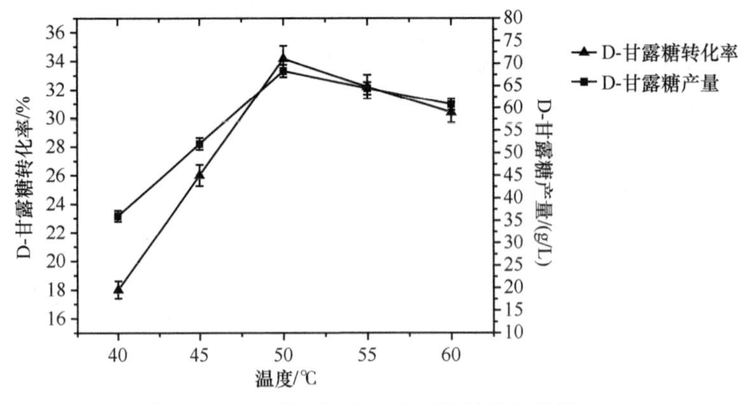

图 8-39　反应温度对 D-甘露糖转化率的影响

2）反应 pH 对 D-MIase 制备 D-甘露糖的影响

在使用 D-MIase 制备 D-甘露糖时，pH 也会影响酶的状态，或者影响酶与底物 D-果糖的结合状态，从而影响 D-甘露糖的转化率。使用不同 pH（6.0～9.0）的磷酸氢二钠-磷酸二氢钠缓冲液（50 mmol/L）配制终浓度为 200 g/L 的 D-果糖作为底物，探究 D-MIase 催化 D-果糖制备 D-甘露糖酶的最适 pH。反应温度设置为 50℃，结果如图 8-40 所示。当酶转化反应 pH 为 7.5 时，D-甘露糖的转化率最高；在 pH 6～7.5 时，转化率随 pH 增加而增加；在 pH 7.5～9 时，转化率随 pH 增加而迅速下降。

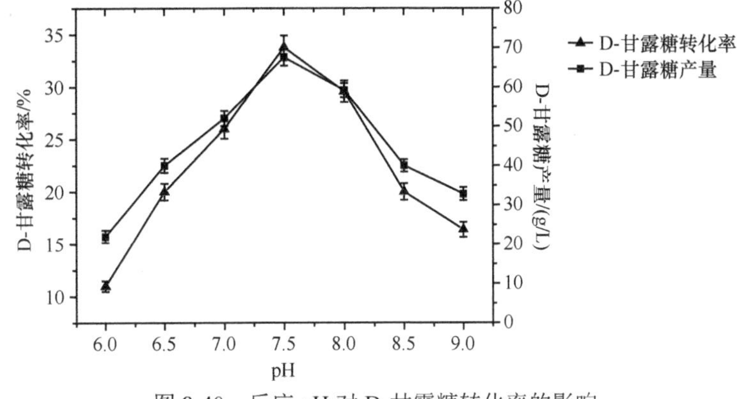

图 8-40 反应 pH 对 D-甘露糖转化率的影响

3）加酶量对 D-MIase 制备 D-甘露糖的影响

除了反应温度和 pH 外，加酶量的不同也可能导致 D-甘露糖转化率的不同，选择合适的加酶量不仅可以提高转化率，还能节省成本。若加酶量过少，可能导致底物利用不充分，从而导致酶转化率过低；若加酶量过高，可能导致酶的利用率过低，从而增加生产成本，不利于工业应用。设置不同的加酶量（250～550 U/mL）探究 D-MIase 制备 D-甘露糖的最适加酶量。酶反应体系设置为 10 mL，使用磷酸氢二钠-磷酸二氢钠缓冲液（pH 7.5，50 mmol/L）配制 200 g/L 的 D-果糖为底物，反应温度为 50℃，在此条件下进行酶转化反应，结果如图 8-41 所示。随着加酶量的增加，D-甘露糖转化率增加。当加酶量达到 450 U/mL 时，D-甘露糖转化率最高达 36.9%，再加大加酶量，D-甘露糖转化率不再增加。因此，D-MIase 制备 D-甘露糖时的最适加酶量为 450 U/mL。

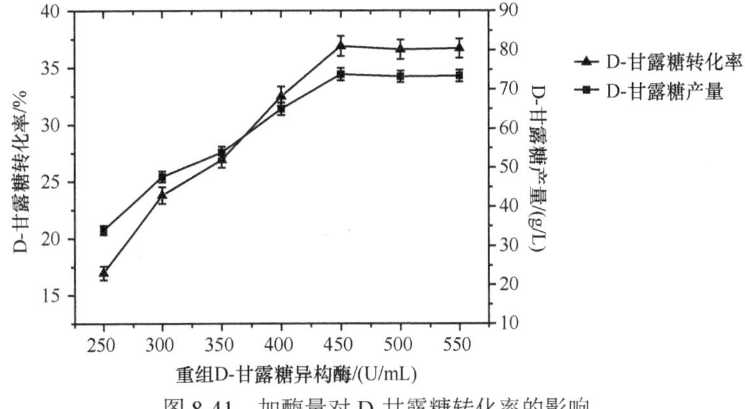

图 8-41 加酶量对 D-甘露糖转化率的影响

4）反应时间对 D-MIase 制备 D-甘露糖的影响

在工业化生产中，反应时间是影响生产成本的重要因素。因此，严格控制酶转化反应时间能有效节约生产成本，创造更大收益。反应时间过短可能导致酶反应不完全，从而导致 D-甘露糖转化率过低；反应时间过长也可能导致 D-甘露糖的生产效率降低，并增加生产成本。结果如图 8-42 所示，D-甘露糖的转化率在 1～2 h 内随着时间的延长而增加，反应进行 2 h 时，D-甘露糖的转化率最高达 39.3%；反应时间超过 2 h 后，D-甘露糖的转化率随着时间延长而表现出缓慢下降趋势。因此，确定 D-MIase 催化 D-果糖制备 D-甘露糖的最佳反应时间为 2 h。

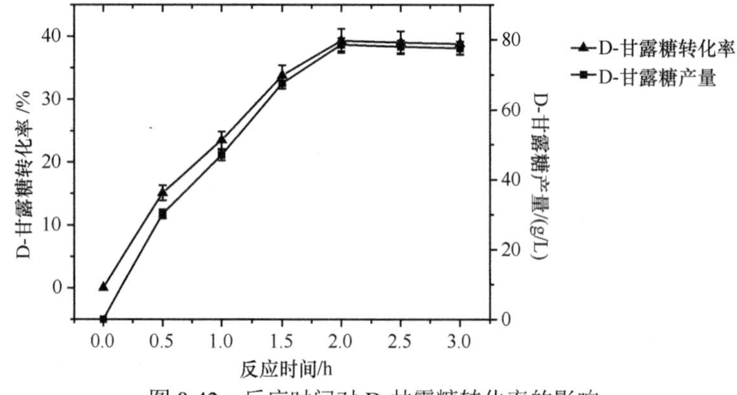

图 8-42 反应时间对 D-甘露糖转化率的影响

5）底物浓度对 D-MIase 制备 D-甘露糖的影响

在工业化制备 D-甘露糖时，选择适宜的底物浓度既能提高转化率，又能节约成本。设置不同底物浓度，探究底物浓度对 D-MIase 制备 D-甘露糖的影响，结果如图 8-43 所示。当底物浓度为 200 g/L 时，D-甘露糖转化率最高达 39.3%，D-甘露糖产量为 78 g/L；当底物浓度为 300 g/L 时，D-甘露糖转化率最高达 34.8%，D-甘露糖产量为 104.4g/L。因此，D-MIase 催化 D-果糖制备 D-甘露糖的最适底物浓度为 300 g/L。

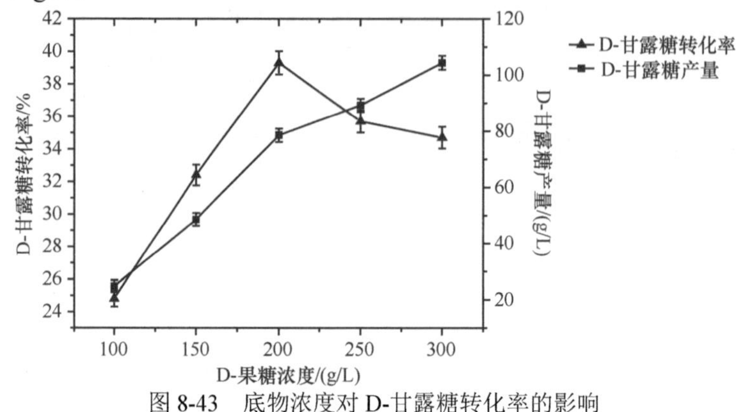

图 8-43 底物浓度对 D-甘露糖转化率的影响

8.5 食品生物技术在淀粉加工中的应用

食品生物技术是食品工业的重要分支，既包括了现代生物技术在食品原辅料制备、食品加工中的应用，也囊括了食品发酵和酿造等传统生物转化过程。淀粉作为一种生物技术原材料，不仅来源丰富，而且容易被转化成各种衍生物，具有巨大的开发潜力和应用价值。食品生物技术在淀粉加工中的应用包括利用传统生物技术进行淀粉发酵和转化，以及利用现代生物技术如酶工程、细胞工程、发酵工程等，对淀粉原料进行加工和改良，以获得淀粉糖、变性淀粉、糖醇、淀粉质燃料、有机酸、氨基酸等淀粉深加工产品。食品生物技术的蓬勃发展代表着生命科学与工程技术的深度融合，其作为淀粉加工中不可或缺的关键技术，在淀粉工业的现代化发展中发挥着重要的助推作用。

8.5.1 淀粉发酵

淀粉不仅可作为人类食物的主要来源，也是微生物生长所需的能源与营养物质。自然界中的微生物（包括细菌、放线菌、酵母等），均可以直接或间接利用淀粉作为碳源，为自身提供养分并产生代谢产物，如图 8-44 所示。值得注意的是，由于天然淀粉的分子量极大，微生物无法将淀粉分子转运至细胞内加以利用。因此，直接利用是指微生物可以分泌淀粉水解酶至细胞外，将淀粉水解为以葡萄糖为主的低聚糖后，再转运至细胞内利用；而间接利用是指微生物自身无法分泌淀粉水解酶，需要依赖其他微生物或催化剂水解淀粉，再对葡萄糖等小分子水解产物加以吸收利用（郭忠鹏，2011）。

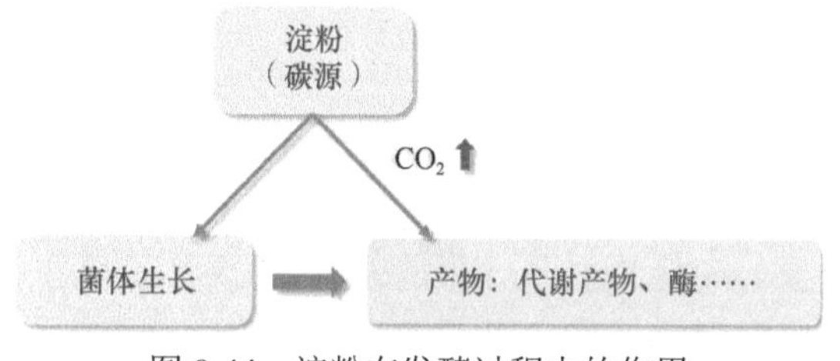

图 8-44　淀粉在发酵过程中的作用

1. 淀粉发酵工艺流程

淀粉发酵工艺流程主要包括原料预处理、微生物发酵及产物提取三大部分。以目前全球最大的淀粉发酵产品——燃料乙醇为例，其基本工艺流程如图 8-45 所示。目前所涉及的来源主要有两类：一是谷物类，如玉米、小麦、大米、高粱和其他麦类；二是薯类淀粉，主要是木薯和甘薯。这些原料除淀粉（占干物质比重

60%～80%）外，还含有纤维素、蛋白质等成分。由于绝大多数微生物不能直接利用和发酵淀粉，上述原因决定了淀粉发酵的工艺流程有以下几个特点：需要进行原料粉碎，以破坏植物细胞组织，便于淀粉从原料细胞中游离出来；采用水、热或酶处理，使淀粉糊化、液化并破坏细胞，形成均一的醪液，使其能更好地接受酶的作用并转化为可发酵性糖；糊化或液化的淀粉，只有在催化剂作用下才能转化成葡萄糖，进而被微生物利用并转化为各种发酵产物。

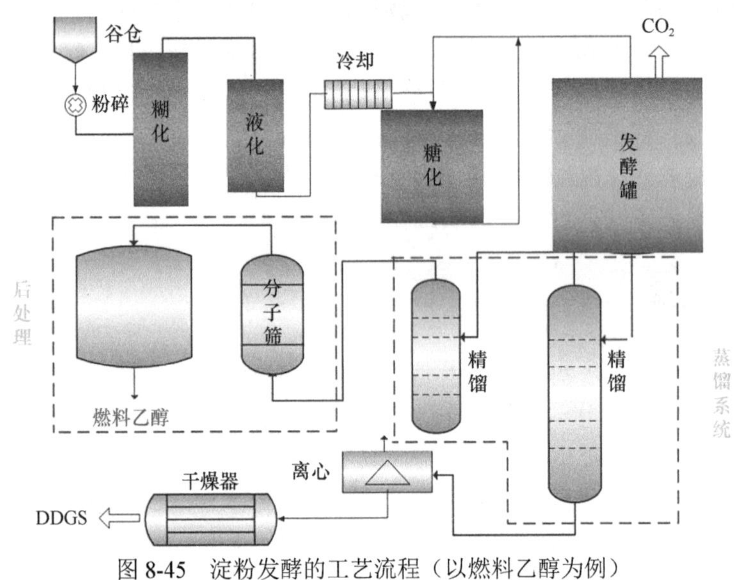

图 8-45　淀粉发酵的工艺流程（以燃料乙醇为例）

2. 淀粉预处理

1）糊化

淀粉水热处理的第一步是糊化，生产中也称为蒸煮。淀粉是一种亲水胶体，遇水加热后，水分子渗入淀粉颗粒的内部，使淀粉分子的体积和重量增加，这种现象称为膨胀。糊化就是在水中随着温度升高，淀粉颗粒无限膨胀，最终形成均一的黏稠液体的现象。糊化的主要目的是破坏淀粉颗粒的保护层，使淀粉从细胞中游离出来，并转化为溶解状态，以便淀粉酶系统进行液化、糖化作用。这一加热过程可以同时达到部分杀菌的目的，降低发酵染菌的风险。

2）液化

淀粉液化是指使糊化后的淀粉发生部分水解，暴露出更多可被糖化酶作用的非还原性末端的过程。在实际生产中，液化可以大幅度降低淀粉的分子质量，通过形成糊精和低聚糖来降低醪液黏度，提高物料流动性，便于输送和发酵。液化使用的 α-淀粉酶，可以水解淀粉及其水解产物分子中的 α-1,4 糖苷键，使大分子分解为更小的分子，黏度降低。淀粉分子中既有 α-1,4 糖苷键，又有 α-1,6 糖苷键。α-淀粉酶是内切酶，水解从淀粉分子内部进行，虽然不能水解支链淀粉的 α-1,6 糖苷键，但可以绕过其继续水解 α-1,4 糖苷键。如果使用过量的 α-淀粉酶对淀粉进行水解，α-1,4 糖苷键几乎完全被切断，但是淀粉链分支点处的 α-1,6 糖苷键仍然被保留在水解产物中，得到异麦芽糖及含有 α-1,6 糖苷键且 DP 值为 3～4 的低聚糖和糊精（刘文静等，2013）。

3）糖化

薯类和谷类等淀粉质原料经过糊化和液化后，从外表来看转变为溶解状态，从微观来看转变为小分子的糊精，但是仍然难以直接被微生物吸收并转化成生长代谢的能量和发酵产物。因此，在发酵前还需要加入一定量的糖化剂，使溶解状态的淀粉变为微生物能够直接利用的可发酵性糖类，这个由淀粉转变为糖的过程称为糖化。根据分子质量计算，葡萄糖在淀粉水解时的理论得率是淀粉量的 111.11%。糖化酶作为一种快速高效的生物糖化剂，目前已在淀粉的糖化工艺中得到广泛使用，它先从链状糊精分子的非还原端开始，连续水解 α-1,4 糖苷键，从而释放单葡萄糖分子，链长越短，该过程进行得越快。糖化酶也水解 α-1,6 糖苷键，但速度比较慢。糖化酶发挥作用的程度与糊精链的长度直接相关，链长越短，糖化酶就越容易发挥作用。

3. 淀粉的同步糖化发酵

在以淀粉质为原料的发酵生产中，高产量有利于产物的分离提纯，高产率则有利于降低原料成本，在保证一定产量和产率的基础上加速底物消耗，从而缩短发酵时间、降低能耗。以上两个目标都需要在高底物浓度下才有可能实现，因此，高底物浓度下的高强度发酵是目前淀粉质原料发酵行业研究的热点。现在一般认为，葡萄糖浓度是影响高强度发酵的重要因素。在主要的淀粉发酵产品如乙醇和柠檬酸的生产工艺中，淀粉质原料都不能直接作为碳源，而需要经历糊化、液化及糖化等工艺过程，转化成可发酵性糖后才能被微生物利用。然而，一方面，糖化后期糖化酶的活性会受到产物葡萄糖的竞争性抑制；另一方面，原料如果彻底糖化，在发酵初期，过高的葡萄糖浓度会严重抑制微生物的生长，反之，糖化程度过低时，发酵液中营养物质被耗用而不足，使微生物处于饥饿状态，也会造成发酵强度的降低。因此，控制合理的糖化程度十分重要。由于糖化和发酵在不同容器内单独进行，传统的分步糖化发酵工艺的设备投资高，整体生产周期长。针对这一问题，研究者提出了集成糖化过程与发酵过程的一体化发酵工艺，即同步糖化发酵，已成功应用于乙醇、柠檬酸和乳酸的工业生产中（何向飞，2008）。

在同步糖化发酵工艺中，葡萄糖一经生成就被细胞代谢，较分步糖化有以下优点：避免底物及产物抑制，降低能耗，缩短总体发酵时间，提高反应器利用效率，增加反应速度，增加生产强度，避免营养过于丰富带来的染菌风险。同步糖化的可行性主要取决于糖化和发酵的条件能否达到协同，对原料和发酵菌种均有较高的要求。糖化和发酵条件的主要矛盾在于温度，因为糖化酶的最适作用温度在 60℃左右，而大多数微生物发酵的温度在 37℃或更低。针对这一问题，在乙醇和乳酸的生产中筛选嗜热菌株以提高发酵温度。例如，采用过表达 *Prb1* 基因的重组酿酒酵母菌株，在 41℃温度下进行乙醇发酵，可在 31 h 内消耗全部的葡萄糖；利用地衣芽孢杆菌 TY7 在 50℃及 pH 6.0 条件下发酵预糖化的厨房垃圾生产乳酸，72 h 后产物浓度可达 40 g/L，该过程在不进行灭菌处理的开放条件下进行。提高发酵温度可提高生产强度、缩短生产周期、减少冷却用水、降低染菌率，还能够解决同步糖化发酵过程中糖化温度与发酵温度不统一的难题。

淀粉同步糖化发酵的工艺流程如图 8-46 所示。

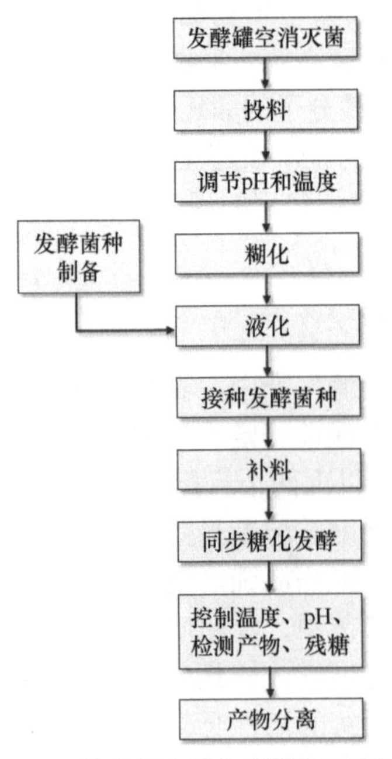

图 8-46 淀粉同步糖化发酵的工艺流程

4. 淀粉发酵代表产品——乙醇

乙醇是全球生产量最大的生物发酵产品，其在 2020 年的产量已超过 9000 万 t，其中超过 80%为淀粉质原料发酵制备，这主要是由于人类文明的发展正处于从化石能源向可再生清洁能源转化的历史阶段（石贵阳，2020）。乙醇易挥发，易溶于水，化学式为 C_2H_5OH，主要是以玉米、谷物、糖蜜、薯类或甘蔗等为原料，经乙醇酵母发酵后再蒸馏制成，在化工、食品、医疗等行业均具有广泛的应用价值。谷物和薯类等淀粉质原料的可发酵性物质主要是淀粉，然而酵母是不能直接利用和发酵淀粉为乙醇的，这就决定了以淀粉质为原料进行乙醇生产的过程具有以下几个特点：需要进行原料粉碎，以破坏植物细胞组织，便于淀粉从原料细胞中游离出来；采用水热处理，使淀粉糊化、液化，并破坏细胞，形成均一的醪液，使其能更好地接受酶的作用并转化为可发酵性糖。早期采用高温、高压的水热处理方法，随着喷射液化器、高温淀粉酶的出现，喷射液化法得以广泛推广和应用；糊化或液化的淀粉，只有在催化剂作用下才能转化成葡萄糖。随着技术进步，糖化酶等酶制剂早已取代无机酸作为催化剂。

乙醇发酵与糖代谢有关，葡萄糖经 EMP 途径生成丙酮酸，在无氧条件下，丙酮酸降解生成乙醇。由葡萄糖发酵生成乙醇的总反应式为：

$$C_6H_{12}O_6+2ADP+2H_3PO_4 \rightarrow 2C_2H_5OH+2CO_2\uparrow+2ATP$$

5. 淀粉发酵代表产品——柠檬酸

柠檬酸（citric acid）又称枸橼酸，化学名称为 2-羟基丙烷-1,2,3-三羧酸（$C_6H_8O_7$），相对分子质量为 192.13，其化学结构式如图 8-47 所示。柠檬酸常带有一分子结晶水（$C_6H_8O_7 \cdot H_2O$），相对分子质量为 210.12，是自然界中广泛存在的三羧酸类化合物，它含有三个电离常数，分别为 3.13、4.76、6.40，是一种较强的有机酸，亦具有较宽的 pH 缓冲范围（2.5～6.5）。柠檬酸是动植物体内的一种天然成分和生理代谢的中间产物，是无色透明或半透明的晶体或（微）粒状粉末，无臭，具有强烈酸味，是食品、医药、化工等领域应用最广泛的有机酸之一（王宝石，2017）。柠檬酸同时具有羟基和羧基，极易溶于水，溶解度随温度升高而增大；微溶于乙醚，不溶于四氯化碳、苯、甲苯等其他有机溶剂。

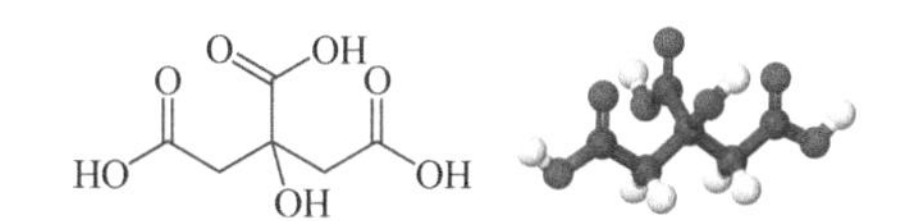

图 8-47　柠檬酸分子的化学结构式与球棍模型

目前，世界上 99%的柠檬酸生产由发酵法获得，其中 80%依赖于黑曲霉进行深层有氧发酵。柠檬酸主要通过细胞质的糖酵解途径以及随后线粒体的 C4 和 C2 聚合生成。糖酵解将葡萄糖分解为 2 分子丙酮酸：1 分子丙酮酸进入线粒体并释放 1 mol CO_2 转化成乙酰辅酶 A，1 分子丙酮酸通过固定 1 mol CO_2 转化成草酰乙酸。草酰乙酸随后被还原为苹果酸并通过苹果酸-柠檬酸逆向转运蛋白运输到线粒体。线粒体中的苹果酸进入 TCA 循环而形成柠檬酸。因此，柠檬酸的理论转化率为 1 mol/mol 葡萄糖。每产生 1 分子柠檬酸，释放 1 分子 ATP 和 3 分子 NADH，过剩的 NADH 通过侧呼吸链被还原（Yin et al.，2015）。

8.5.2 传统淀粉糖的酶法生产

淀粉糖是以淀粉或含淀粉的谷物、薯类等粮食为原料，经酸法、酶法或酸酶法制备的糖类制品。传统的淀粉糖主要包括麦芽糊精、麦芽糖浆、葡萄糖、果葡糖浆等。自 1960 年日本开始用 α-淀粉酶和葡萄糖淀粉酶的双酶法生产结晶葡萄糖以来，酶法生产淀粉糖的技术迅速发展，并逐步代替酸法技术。与酸法、酸酶法相比，双酶法制备淀粉糖的得率高、甜味纯正、工艺简单、生产成本低。目前，食品、饮料与医药行业对糖浆的需求正在不断增长，极大地推动了全球糖浆市场的快速发展。我国已成为全球淀粉糖市场中最大的供应商之一，多种大宗产品在全球居于领先地位，产品出口量逐年增长。

1. 麦芽糊精

麦芽糊精是以淀粉或淀粉质为原料，经酶法低度水解、精制、喷雾干燥制成的不含游离淀粉的淀粉衍生物。它是国内近年来市场前景较好、具有广泛用途、生产规模发展较快的淀粉深加工产品之一。由于麦芽糊精是淀粉的水解产物，其水解程度一般用葡萄糖当量（dextrose equivalent，DE）值表示。DE 值是淀粉水解产物中还原糖（以葡萄糖计）占总固形物的百分比，天然淀粉的 DE 值接近 0，而完全水解成葡萄糖时 DE 值接近 100。根据 DE 值大小的不同，常见的麦芽糊精包括 MD10、MD15、MD20 等（应欣等，2019）。

1）生产原理

麦芽糊精目前主要以玉米淀粉为原料，经酶法工艺控制水解程度转化而成。α-淀粉酶是麦芽糊精生产中最为常用的一种酶制剂，它能切断淀粉外链中的 α-1,4 糖苷键，同时能够跨过分支点切断淀粉分子内部的 α-1,4 糖苷键。但由于 α-1,6 糖苷键的存在增加了空间位阻，会降低 α-淀粉酶的催化速率，因此 α-淀粉酶在水解支链淀粉时，最初阶段速度很快，初始产物大部分为带有分支的极限糊精和短支链糊精；随着水解程度增加，麦芽糊精的分子质量越来越小，且水解速率逐渐降低。

2）生产工艺

本节以玉米淀粉原料为例进行了生产工艺的说明。麦芽糊精系列产品的生产根据酶法工艺要求可分为原料预处理、液化、灭酶、过滤、脱色、浓缩、干燥和包装，其工艺流程如图 8-48 所示。

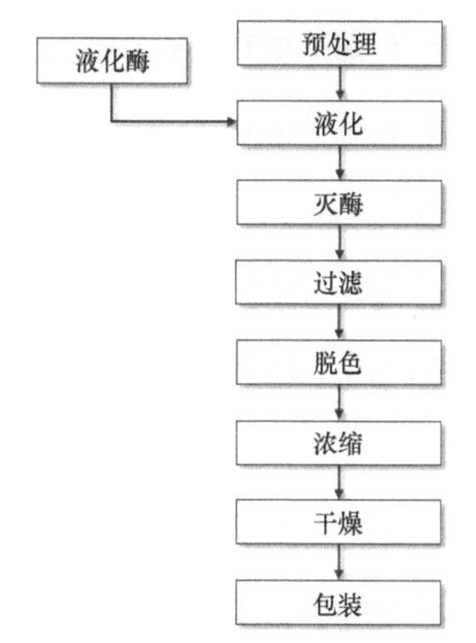

图 8-48　麦芽糊精酶法制备工艺流程

预处理包括计量投料、热水调浆等。计量投料可提高投料比的准确性，保证酶解程度达到目标要求。热水调浆使水分充分渗透到内部组织，促使颗粒组织膨胀软化，并提高粉浆的流动性能，使淀粉易于糊化，并为酶与淀粉颗粒的充分接触创造良好条件。麦芽糊精的传统生产工艺中，淀粉乳的初始浓度一般为 30%～33%（*m*/*m*），所得的产物浓度较低，后续需要蒸发浓缩处理，能耗较大。为了降低淀粉糖的生产成本，减少蒸发浓缩的能耗，实现降本增效，最有效的途径就是提高淀粉乳的初始浓度。然而随着浓度的提高，加热糊化后的淀粉乳黏度会大大增加，导致液化和糖化过程存在困难。为克服体系黏度过高的难题，国内科研单位与生产企业共同合作，对此展开了深入研究。目前，笔者所在的团队已突破高浓度底物液化的技术瓶颈，可将初始底物浓度提升至 45%（*m*/*m*）以上（图 8-49），部分技术已经在产业化生产中被成功应用，显著降低了麦芽糊精及其他淀粉糖的

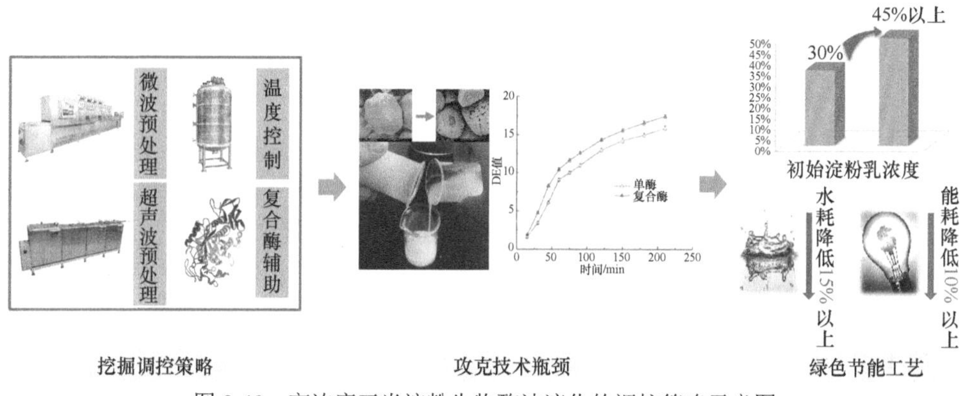

图 8-49　高浓度玉米淀粉生物酶法液化的调控策略示意图

生产成本。提高麦芽糊精生产初始浓度的策略主要包括梯度升温、复合酶法与物理场预处理等技术。

3）理化性质与应用

麦芽糊精一般为白色粉末，随转化程度的不同有时稍带黄色，不甜或微甜，无异味，发酵性低，耐温高，易溶于水，在一定条件下可以与水生成凝胶，较似脂肪，也能与油混溶，得到乳白色分散体系。麦芽糊精由淀粉的不完全水解产物组成，其功能性质如甜度、黏性、吸湿性及着色性等，与水解产物的分子质量分布、平均链长、分支度等结构密切相关。例如，DE 值为 4～6 时，水解产物全部是四糖以上的较大分子；DE 值为 9～12 时，水解产物中高分子糖类含量较多，低分子糖类含量较少，此时麦芽糊精无甜味，不易褐变和吸潮；DE 值为 13～17 时，还原糖比例相对较低，溶解性较好，能产生适宜的黏度，且甜度较低；DE 值为 18～20 时，吸潮性增加，部分还原糖会发生褐变反应，有稍许甜味。总的来说，麦芽糊精 DE 值越高，水解产物分子结构越简单，平均分子质量相对较低。此时，产品的溶解性、吸湿性、渗透性、甜度和发酵性升高，不易老化，但褐变反应程度大，黏度、稳定性与抗结晶能力较差（应欣等，2019）。

麦芽糊精可通过其较低的吸湿性防止硬糖“发烊”并抑制“返砂”，从而大大延长糖果的货架保存期；通过降低熬煮过程中美拉德反应和焦糖化反应发生的程度，改善组织结构，增加糖果组织的细腻度和咀嚼性。此外，由于麦芽糊精甜度低，用麦芽糊精代替糖果中的部分蔗糖，还能有效降低糖果的甜度，改善口感，并有效减少龋齿的发生。麦芽糊精具有溶解性佳、流动性好、无异味、耐热性强等特点，应用于冷冻食品中可以提高产品稠度、降低甜度、突出天然风味、改善口感并降低生产成本等。例如，传统的冰淇淋粉以牛奶、鸡蛋、淀粉等原料制成，成本高，且蛋腥味和淀粉味明显。根据乳品厂生产实践表明，以麦芽糊精为辅料制得的冰淇淋，具有风味纯正、口感细腻等特点。

2. 麦芽糖浆

麦芽糖浆是以淀粉为原料，经酶法或酸酶结合法水解制成的淀粉糖浆。麦芽糖浆中葡萄糖含量较低（一般在 10%以下）而麦芽糖含量较高（一般在 40%～90%），按制法和麦芽糖含量不同可分为 M40 型、M50 型、M70 型麦芽糖浆。根据国标 GB/T 20883—2017《麦芽糖》中对麦芽糖产品的规定，M40 型麦芽糖浆中麦芽糖的含量为 40%～50%，M50 型麦芽糖浆中麦芽糖的含量为 50%～70%，M70 型麦芽糖浆中麦芽糖的含量≥70%。几种麦芽糖浆产品的生产原理相同，但工艺有所不同。

1）生产原理

麦芽糖浆的生产原理主要是利用中温或高温 α-淀粉酶液化，再经糖化酶糖化，使淀粉充分转化成麦芽糖及其他小分子糖，最终得到麦芽糖浆制品。制备麦芽糖浆常采用的糖化酶有 β-淀粉酶、麦芽糖酶、普鲁兰酶、异淀粉酶和麦芽三糖酶等，其中最为常用的是 β-淀粉酶和普鲁兰酶。

2）生产工艺

麦芽糖浆生产的主要步骤有：调浆、液化、糖化、脱色、离子交换、浓缩等。其中，最为重要的工艺为液化、糖化，其工艺流程图如图 8-50 所示。

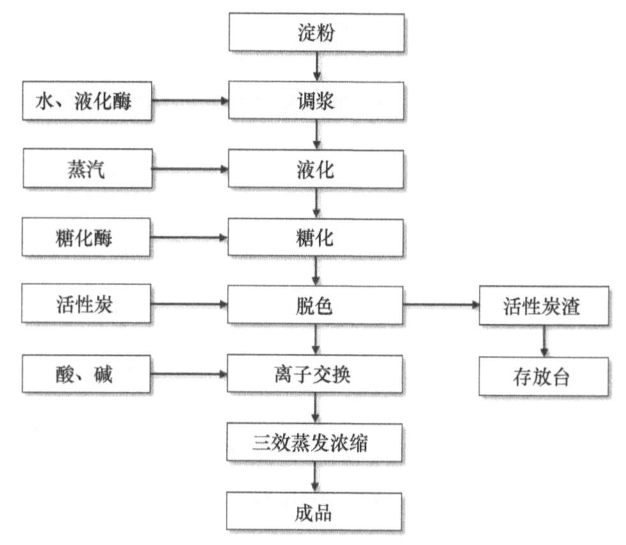

图 8-50　麦芽糖浆酶法制备工艺流程

在麦芽糖浆的制备中，原料淀粉乳浓度过高会导致反应体系黏度上升、底物水解不彻底，从而降低酶解效率（别敦荣和万卫，2012）。因此，麦芽糖浆传统制备工艺中，原料淀粉乳的浓度通常控制在 30%～33%。原料淀粉乳浓度过低会导致原料调浆时需要大量的水（Van der Veen et al.，2006；Gibreel et al.，2009），且糖化结束时，糖液中大部分水需要被蒸发，这不仅造成了蒸发浓缩过程中的能源浪费，也提高了生产成本（刘文静等，2013；Nitayavardhana et al.，2008）。另外，在一些发酵生产工艺中，需要添加 40%以上的糖液作为碳源（Kodama et al.，1995），这也对糖化液中的固形物含量提出了要求。为了降低蒸发浓缩成本，需要提高淀粉乳的初始浓度，从而降低蒸发浓缩过程中所需要的水量，也有利于提高反应体系中酶的稳定性（Baks et al.，2008）。

与麦芽糊精的原料预处理类似，采用调节温度、酶法及物理场调控策略均能有效提高淀粉乳的初始浓度，其中，目前研究比较成熟的工艺是酶法工艺，且以复合酶法的生产效率较高。相较于传统的生产工艺，两阶段温度控制与普鲁兰酶预处理能有效提高β-淀粉酶酶解高浓度、低 DE 值麦芽糊精的效率，缩短糖化时间，降低能耗，为工业上高浓度底物生产麦芽糖浆提供参考依据。为提高麦芽糖的产量，需要向液化后的糖浆中添加糖化剂，利用其中的淀粉酶降低副产物含量，提高麦芽糖含量，因此被称为糖化。目前常用的酶为β-淀粉酶、真菌α-淀粉酶和普鲁兰酶。根据操作模式，现有生产中的糖化工艺可分为间歇糖化工艺和连续糖化工艺，两者之间的对比如表 8-11 所示。

表 8-11　间歇糖化工艺和连续糖化工艺对比

间歇糖化（锅内冷却）	连续糖化（喷淋冷却）	耗能对比
每 10 m^3 糖化醪从 60℃冷却至 30℃用时 60～90 min，外加送料时间 20～30 min	每 10 m^3 糖化醪从 60℃冷却至 30℃用时 45～60 min（包括送料时间）	设备利用率提高 100%以上
8 英寸*冷水管 60～90 min	2 英寸冷水管 45～60 min	节约冷水量 25%～36%
搅拌器 7 kW，1.5～2 h，水泵 7 kW，0.5 h	实时用电 14 kW，45～60 min	节约电力 25%

*1 英寸=2.54 cm

3）理化性质与应用

麦芽糖浆的甜度低而温和，口感好。麦芽糖浆中的麦芽糖在高温加热和酸性条件下通常比较稳定，不易分解或发生美拉德反应而引起食品变质或甜味变化。具有一分子结晶水的麦芽糖非常稳定，当麦芽糖吸收 6%～12%的水分后，就不再吸水也不释放水分，这种性质有助于抑制食品脱水并防止淀粉老化造成的质地变硬，从而延长商品的货架期。麦芽糖对热和酸比较稳定，在 pH3、温度为 120℃的条件下加热 90 min 几乎不分解，熬糖温度可达 160℃，故在通常温度下不会因麦芽糖分解而引起食品变质或甜味变化。麦芽糖对碱和含氮化合物也比葡萄糖稳定，加热时不易发生美拉德反应。此外，麦芽糖的一水合物在 120～130℃可熔融，适用于在食品表面挂糖衣。

相较于蔗糖等传统甜味剂，麦芽糖浆在糖果工业中的应用除了具有甜度低、适用于高温熬煮、口感优良等优点外，还具有产品韧性好、透明度高、不出现“返砂”现象等优势，并且可显著降低糖果黏度、提高产品的风味。例如，经精制的麦芽糖浆，可代替酸法液体葡萄糖，用于制作高级奶糖和硬糖果。另外，由于麦芽糖浆渗透压较高，用于果脯、蜜饯、果酱、果汁罐头及奶油类食品制作时具有保质期长、产品口味不易改变等优点。由于麦芽糖浆具有抗结晶、冰点低等优点，用于冷饮生产中，既可改善产品口感、提高产品质量，又可降低生产成本，目前已在冷饮行业普遍作为增稠剂和增塑剂。

3. 结晶葡萄糖

结晶葡萄糖是相对液体葡萄糖浆、固体全糖粉而言，是以结晶状态存在的葡萄糖的总称，其产品种类较多。根据葡萄糖分子结构不同，结晶葡萄糖可分为一水 α-D-吡喃葡萄糖、无水 α-D-吡喃葡萄糖和无水 β-D-吡喃葡萄糖等。

1）生产原理

目前普遍采用双酶法制取结晶葡萄糖，即先采用 α-淀粉酶将淀粉液化，继而用糖化酶将糊精糖化成单个分子的葡萄糖，再经浓缩、结晶、分离与包装等工艺制成结晶葡萄糖。葡萄糖结晶方式主要有冷却结晶、蒸发结晶和真空结晶等。酶解后溶液结晶过程中，晶体产品的粒度分布与结晶成核速率、生长速率，以及晶体在结晶器内的停留时间长短有直接关系，与结晶器的操作参数（包括结晶温度、溶液的过饱和度、悬浮液的循环速率、搅拌强度等）有间接关系，相互关系比较复杂。

2）生产工艺

结晶葡萄糖的生产工艺主要是以淀粉为原料，采用酶法将淀粉转化为葡萄糖浆，经过浓缩、过滤、结晶（冷却结晶、蒸发结晶或真空蒸发结晶）、分离、干燥制取，生产工艺流程见图 8-51。由于结晶葡萄糖制备中的原料预处理、液化、糖化工艺与上述麦芽糊精和麦芽糖浆类似，因此本节主要介绍结晶葡萄糖的结晶工艺。在含水 α-葡萄糖生产过程中，冷却结晶均采用晶种起晶法。葡萄糖结晶大体

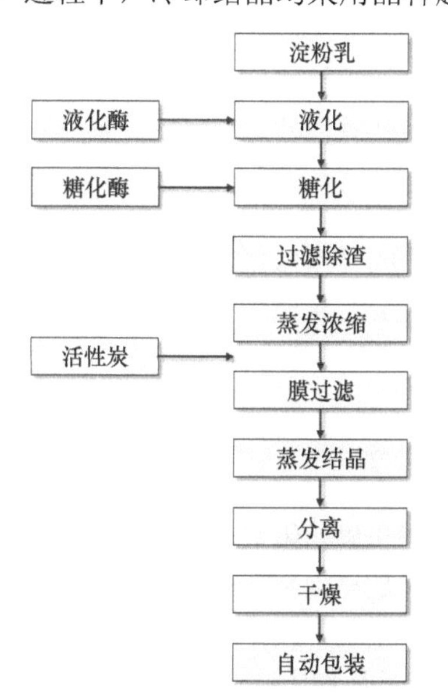

图 8-51　结晶葡萄糖酶法制备工艺流程

分为三个阶段：起晶与养晶、晶体成长、结晶完全。晶体有两种准备方式：一是投种法，该法适用于工厂开工生产、设备放空清洗、检修或更换晶种时；二是留种法，该法适用于正常连续化生产过程中。对于无水α-葡萄糖结晶，在工业生产上采用煮糖结晶或真空蒸发结晶。目前比较成熟的是煮糖结晶法，生产过程全自动控制，煮糖结晶同样分为起晶和整晶、晶体成长、结晶完全三个阶段。

3）理化性质与应用

在水溶液中，葡萄糖存在两种异构体，分别为α构型和β构型，主要以六环形结构存在，此外也有微量的开链结构存在。开链结构是α-异构体和β-异构体相互转变的中间体，这两种异构体呈动态平衡状态存在。不同异构体的葡萄糖在液相中具有不同的溶解度，但是它们在溶于水后即开始发生变旋作用，即α-异构体和β-异构体相互转变，转变达到平衡状态即趋于稳定。在稳定状态下，α-异构体和β-异构体的比例大约为36%和64%。葡萄糖晶体构型随结晶温度的改变而改变。温度范围为–5.3～50.8℃时，溶液与含水α-葡萄糖保持平衡；温度范围达到50.8～80℃时，含水α-葡萄糖会转变为无水α-葡萄糖，无水α-葡萄糖呈固体状态保持平衡；当温度升高至超过100℃时，无水α-葡萄糖会转化为无水β-葡萄糖。三种晶体由于构型不同，在某些性质上存在差别。

葡萄糖是一种常见的甜味剂，各种糖果中都可适当添加葡萄糖以提升风味，如巧克力、水果糖等。葡萄糖甜味温和，可添加于各种蛋糕、月饼、甜馅饼等点心，以增加风味；也可添加于奶制品，如奶酪、奶粉、奶糕等。此外，葡萄糖还具有还原性和抗氧化性，可用于烘烤食品增色和延长货架期，如用于制作面包、饼干、薄脆饼等。葡萄糖易于与其他粉末混合，可用于生产各种混合干粉食品，如黑芝麻糊、花生糊等冲调糊类食品。

4. 果葡糖浆

果葡糖浆又称高果糖浆或异构糖浆，是一种果糖和葡萄糖的混合糖浆。根据其果糖干固物含量，果葡糖浆主要分为F42、F55和F90三种，分别对应于第一、二、三代果葡糖浆，F代表果糖，其后数字代表果糖含量占干物质的百分比。

1）生产原理

果葡糖浆的生产需要先将淀粉液化、糖化得到葡萄糖，再利用葡萄糖异构酶的异构作用，得到由葡萄糖和果糖组成的果葡糖浆。其中，液化及糖化步骤与葡萄糖生产工艺相同，不同的是异构和色谱分离工艺。异构是葡萄糖在葡萄糖异构酶作用下发生异构反应，转化成为果糖的过程，异构化率一般为42%～45%。进行异构柱处理后，一般果糖干基物质含量达到42%以上，从而得到F42果葡糖浆。果葡糖浆的生产周期比较长，酶的使用贯穿整个生产过程，这是果葡糖浆异构化与其他淀粉糖制备工艺的主要差异。

2）生产工艺

果葡糖浆生产工艺主要包括淀粉液化、糖化、浓缩、异构、色谱分离等步骤。市售的玉米果葡糖浆，主要是由固定化异构酶转化葡萄糖得到 42%果糖的果葡糖浆（F42）；然后利用色谱分离技术，由 42%的果葡糖浆获得果糖含量为 90%的果葡糖浆（F90）；再用 F90 果葡糖浆和 F42 果葡糖浆复配，获得 F55 果葡糖浆。F55 果葡糖浆生产工艺流程如图 8-52 所示。

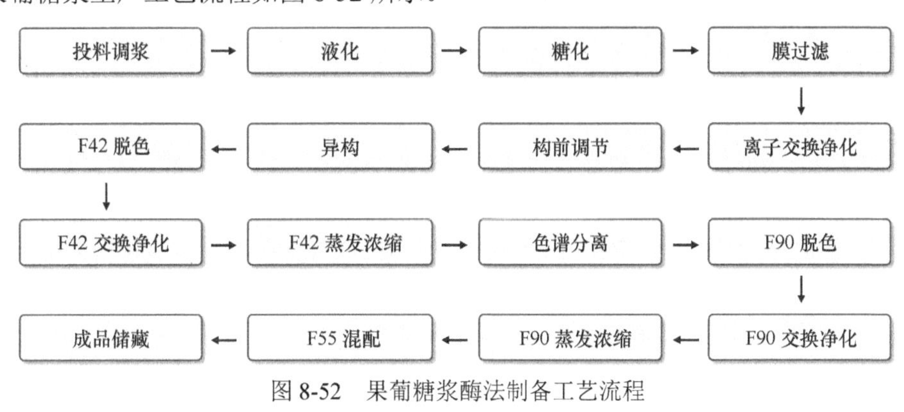

图 8-52　果葡糖浆酶法制备工艺流程

异构化之前，通常需要向葡萄糖液中添加 Mg^{2+}，如 $MgSO_4$，消除残留 Co^{2+} 对异构酶活性的抑制，从而提高异构酶的活性和稳定性，并减少色素的产生。加入 Mg^{2+}前，需要先用 10%～15%稀碱溶液调节糖化液的 pH 到 7.5～8.0，然后再加入一定浓度的 $MgSO_4$ 溶液和 Na_2SO_3 溶液，使异构前糖化液中 Mg^{2+}浓度和 SO_3^{2-}浓度分别达到 60～80 mg/kg 葡萄糖液和 90～110 mg/kg 葡萄糖液（龙丽娟，2017）。

经异构前处理的糖化液由板式换热器调温至 55～61℃，进入异构柱或装有固定化异构酶的固定床转化罐进行异构化处理，异构反应温度和 pH 主要取决于所使用的酶。大多数异构酶在 pH＜7 或 pH＞9 时，活性会降低，因此 pH 一般控制在 7.5～8.2 范围内，使反应过程中的副反应最少、异构酶的活性最佳。此外，提高异构化反应的温度和延长反应时间，可以使产物果糖浓度显著提升（可达 51%），但由于异构化反应要求高纯度的葡萄糖，温度提高和反应时间增加都会产生麦芽糖、异麦芽糖和非葡萄糖类等物质，糖液纯度下降，从而降低异构化效率，因此一般推荐温度为 55～61℃。

3）理化性质与应用

甜味包括甜度和风味两个方面，前者是指甜味强度的高低，后者是指甜味的可口性。作为甜味剂，甜度是最根本的性质。甜味的评价是专业感官评定人员通过感觉器官的感觉评价而确定的，一般以10%或15%的蔗糖水溶液在20℃时的甜度为100，其他糖的甜度则是与之相比较得到。果葡糖浆与蔗糖甜度相近甚至略高；果葡糖浆的主要成分和性质接近于天然果汁，具有水果清香且有清凉感。此外，果葡糖浆的甜度与温度有很大关系，40℃以下时，温度越低，β型果糖含量越高，即甜度越高。果葡糖浆与蔗糖结合使用，可使其甜度增加20%～30%，而且风味更好；其与甜蜜素、糖精钠等甜味剂复合使用也有增效作用。

果葡糖浆广泛应用于食品工业，尤其在软饮料行业（杨海军，2002），如国内外众多碳酸饮料均采用果葡糖浆作为甜味剂。除此之外，果葡糖浆在乳制品、烘焙食品、糖果、罐头等产业中均有应用（金泽龙，1996）。果葡糖浆无色无嗅，常温下流动性好，使用方便，较蔗糖而言，其风味更醇厚，且可以保持果汁饮料的原果味香味，在饮料生产和食品加工中可以部分或全部取代蔗糖。果葡糖浆具有冷甜性质，适合用于清凉饮料和冷饮食品的生产，如碳酸饮料、果汁饮料、运动饮料、冰棍、冰淇淋等。果葡糖浆与其他甜味剂混合使用时，有协同增效作用，能显著改善食品与饮料的口感，减少苦味和怪味，应用于软饮料的生产中，可使产品具有透明度高、无混浊、风味温和、刺激性小、无异味等特点。果葡糖浆还可以应用于果酒、果露酒、葡萄酒、汽酒、香槟酒等产品中，经过预处理可以避免产品出现沉淀。

8.5.3 淀粉的生物改性

淀粉是由葡萄糖分子聚合而成的高分子化合物，普遍存在于多种植物器官中，具有来源广泛、价格低廉、生物可降解等优点，故淀粉及其衍生物被广泛应用于工业生产中。然而，天然淀粉由于存在一些固有的缺陷，如水溶性差、易老化、不易成膜、稳定性差等，在食品、化工、医药等行业应用时受到了极大的限制。因此，有必要对天然淀粉进行改性处理，以改善其应用性能。在淀粉改性的各种方法中，基于淀粉酶的生物改性具有独特的优势。

淀粉的改性是指在淀粉固有特性的基础上，利用加热、酸、碱、氧化剂、酶制剂，以及具有各种官能团的有机反应试剂来改变淀粉的天然性质，增强某些机能或引入新的特性，其目的主要在于改善天然淀粉的加工性能和营养价值（赵凯，2008）。目前，按照改性的技术方法及改性后淀粉的变化情况，可将淀粉的改性分为化学改性、物理改性、生物改性及复合改性四类。

随着生物技术的创新发展，生物改性方法在淀粉改性中的应用日益增多。生物改性方法主要是利用各类酶制剂处理淀粉，改变淀粉的颗粒结构或分子结构等，进而满足工业应用的需要，具有安全、绿色、低碳等优势。目前，通过生物改性技术制备的淀粉主要有多孔淀粉、脱支淀粉、高支化淀粉等。生物改性的核心在于，根据淀粉的来源、结构、理化性质及加工需要，采用不同的淀粉酶催化，改变淀粉的结构及淀粉糊的性质，从而改善淀粉的加工性能或营养特性，提高产品附加值，以拓宽淀粉的应用范围。目前，已有多种淀粉酶被广泛应用于淀粉的生物改性，由于不同淀粉酶对淀粉的作用方式不同，改性后产物的结构、功能及用途也存在差异。根据淀粉酶作用方式的差异，本节将淀粉的生物改性主要归纳为三类：颗粒淀粉的酶解修饰、淀粉的脱支修饰以及淀粉的高支化修饰。

1. 颗粒淀粉的酶解修饰

常规的化学或物理改性主要是针对淀粉颗粒进行改性处理。近年来，随着生物改性在淀粉改性中的广泛应用，采用酶法改性淀粉颗粒的技术手段逐渐兴起，由此衍生出了颗粒淀粉的酶解修饰改性方法，其制备得到的典型产物即多孔淀粉。多孔淀粉（porous starch）是一种新型的变性淀粉，其主要是利用机械力、物理场、淀粉酶等的作用使淀粉颗粒由表面至内部形成孔洞而得到的一种淀粉衍生物。其中，利用淀粉酶等对颗粒淀粉进行酶解修饰，制备得到的多孔淀粉为中空颗粒，孔密度适中，孔径深，成孔效果好，具备较大的吸附能力，因而具有较好的应用价值。

1）改性原理

淀粉酶对颗粒淀粉进行酶解修饰时，首先作用于淀粉颗粒表面的不规则部分以及较容易水解的无定形区；随着水解的进行，淀粉颗粒的溶胀使得淀粉酶能接近颗粒内部，水解速度进一步提高。由于生淀粉酶的作用，淀粉颗粒表面首先会形成一个个很浅的凹坑，再沿着径向逐步向颗粒中心推进，然后在中心附近相互融合，形成一个中空结构，但仍保持颗粒的基本形状。通过这种表面改性可以提高淀粉颗粒的吸附能力，并改善其理化性质，得到的多孔淀粉具有广泛的应用前景。

2）改性工艺

目前，主要采用葡萄糖淀粉酶和 α-淀粉酶按特定比例稀释后混合，协同作用于淀粉颗粒，对其进行酶解修饰。两种酶首先水解淀粉颗粒的无定形区及不规则区域，形成了从颗粒表面一直延伸到淀粉内部的大量细小微孔，再深入酶解淀粉颗粒的结晶区，最终形成纵横贯穿的多孔结构，因此具有较大的吸附量。制备多孔淀粉的主要工艺流程如图 8-53 所示。

颗粒淀粉酶解修饰的主要影响因素包括：淀粉原料的种类、淀粉酶的种类及添加量、反应条件和预处理方法。以制备多孔淀粉为例，酶解的条件是影响改性效果的核心因素，直接影响着多孔淀粉的孔径、孔深及孔数。水解的程度是制备多孔淀粉的重要控制指标。如果水解程度小，淀粉的比表面积就小，造成多孔淀

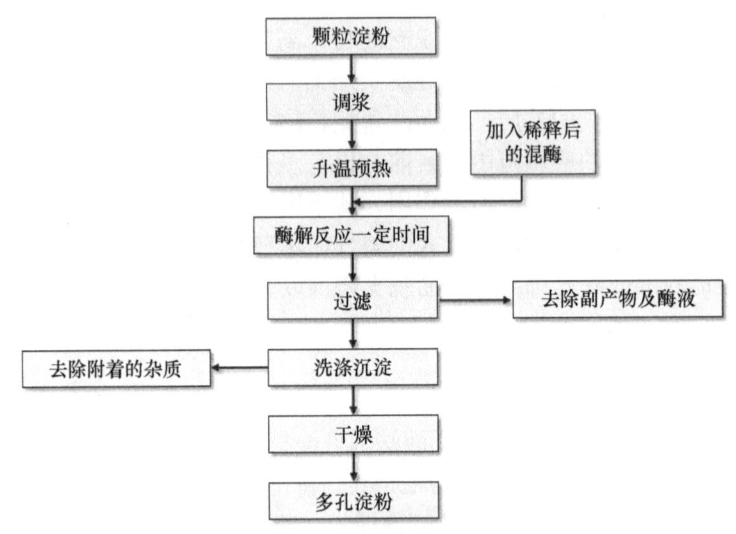

图 8-53　多孔淀粉的酶法制备工艺流程

粉的吸附能力不足；如果水解程度过大，微孔可能会坍塌，颗粒结构不完整，多孔淀粉的得率低，造成其稳定性下降。在制备多孔淀粉的过程中，可通过控制酶解条件来调节淀粉的水解程度，以得到优良的多孔淀粉。

3）理化性质与应用

多孔淀粉的微孔直径范围为 0.5～1.5 μm，微孔布满整个淀粉颗粒表面，并由表面向中心深入，孔的容积占颗粒体积的 50%左右。基于此结构特征，多孔淀粉通常具有很强的吸附能力，可以吸附除膏状物质以外任何形态的物质。这是因为天然淀粉颗粒依靠颗粒表面原子或原子团微弱化合价产生的吸附力吸附物质，当被吸附物受到更大吸引力时，吸附物就会解体；而多孔淀粉具有凹孔，能将被吸附物吸入孔的内壁，吸附较牢固，使吸附物不易脱离。与原淀粉相比，多孔淀粉具有以下特性：①比表面积和比孔容较大；②颗粒密度和堆积密度降低；③吸油、吸水能力较好；④在水或其他溶剂中不仅能保持较高的结构完整性，还具有良好的机械强度。与其他吸附剂（活性炭等）相比，多孔淀粉除了具有优良的吸附性能外，还具有以下一些优点：①原料廉价易得，生产成本低；②制备工艺简单易行；③加工过程基本不涉及化学试剂，安全性高；④可生物降解，绿色环保；⑤使用剂量的限制较小，应用广泛。

颗粒淀粉酶解修饰得到的多孔淀粉，作为一种新型有机吸附剂、微胶囊芯材及脂肪替代物，主要具有以下几种作用：①增强客体分子（如 DHA、EPA、维生素 E、维生素 A、维生素 D、β-胡萝卜素、番茄红素等）稳定性，避免其受光、热、空气和酸碱的影响；②防止客体分子挥发，保留其有效成分（如香料、天冬甜素、酸味剂、调味料等）；③改善客体分子溶解度，提高其溶解性；④掩盖药品和食品中的苦、臭等不良风味，例如，肽类、中药提取物、灵芝、人参、芦荟的苦味，豆制品的豆腥味，海产品的海腥味等；⑤提高客体分子的生物利用度，通过吸附作用防止其散失并控制其在体内缓慢释放；⑥制备新型凝血材料，利用多孔淀粉能快速吸收水分并与外界形成隔绝层的特点，增加血液黏稠度，将大量红细胞、血小板、凝血因子等聚集在淀粉颗粒表面，达到止血效果。

2. 淀粉的脱支修饰

直链淀粉在低温下易重结晶，生成抗酶解性强的抗性淀粉。这种抗性淀粉具有低持水能力等加工特性，可以用于改善食品的加工工艺来增加食品脆度、膨胀性等。更重要的是，直链淀粉的摄入不会引起血糖的急剧升高，而是作为一种益生元能够促进肠道蠕动、改善肠道菌群，从而维持肠道健康，是一种优质的膳食纤维。由直链淀粉回生得到的抗性淀粉是国内外研究较多的抗性淀粉种类，此类抗性淀粉主要通过酶法脱支修饰支链淀粉后生成的直链淀粉再回生得到。目前，在酶法脱支过程中所用到的淀粉脱支酶主要以普鲁兰酶和异淀粉酶为代表，其能够高效地水解支链淀粉中的 α-1,6 糖苷键，进而得到具有特定理化特性、适宜于特定加工工艺的高直链淀粉产物。

1）改性原理

淀粉经糊化后，原来的完整颗粒结构遭到严重破坏，分子结晶区的大多数氢键发生断裂，直链与支链淀粉分子因颗粒的膨胀破碎而充分游离出来，此时加入淀粉脱支酶水解淀粉中的 α-1,6 糖苷键，对淀粉进行脱支处理，产生大量的线性淀粉链且易于移动，形成有序排列。在一定温度条件下，脱支后的淀粉溶液将出现一定程度的凝沉，此时分散的淀粉分子链将重新聚集、缠结和折叠，最终形成新的淀粉晶体，理化特性也会随之发生改变。

2）改性工艺

目前，淀粉的脱支修饰方法很多，图 8-54 展示了其中一种常见的工艺流程。在改性过程中，可通过控制酶反应条件和淀粉回生条件，制备具有不同理化性质的脱支淀粉。淀粉脱支修饰的主要影响因素包括：淀粉来源、淀粉脱支酶的种类及添加量、脱支时间等。通过调控酶反应的条件，可以制备得到具有不同脱支程度、不同理化性质的脱支淀粉。

3）理化性质与应用

脱支改性能够对淀粉的结构（如颗粒结构、晶型结构与螺旋结构等）产生影响，从而克服原淀粉颗粒间的机械弹性，增加淀粉的流动性，改善淀粉压实性能。

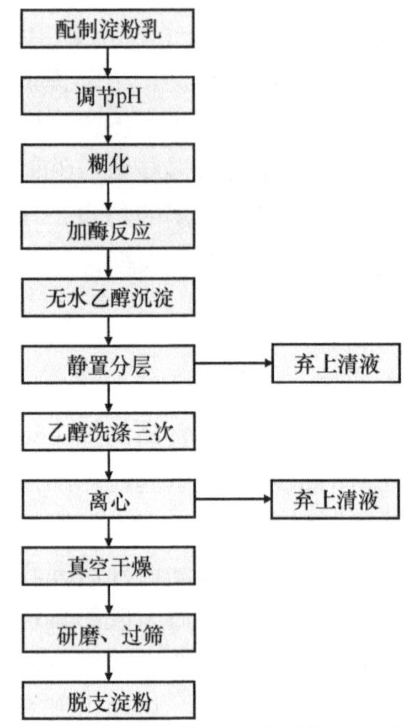

图 8-54　脱支淀粉的酶法制备工艺流程

同时，脱支修饰会对淀粉的理化性质产生影响，主要包括回生性能、凝胶性能和抗消化性能等。线性短链淀粉能够增强脱支淀粉的回生能力，促进晶体结构的生成，从而增强抗酶解能力。脱支淀粉中的低分子量成分，如线性短链淀粉、直链淀粉、葡聚糖等，具有较强的分子移动能力，是增强其回生能力的主要因素。此外，脱支改性还可以提高淀粉糊化的起始温度、峰值温度和终止温度，因此，直链淀粉含量更高的脱支淀粉通常具有较好的热稳定性，其熔融温度高于脱支蜡质淀粉。脱支淀粉通常具有较好的亲水性能，能够在冷水中部分溶解，并能够持留水分，形成凝胶结构。其中，由于长链和大分子的持水能力强，形成的凝胶结构水分含量高、质地较软；而线性短链淀粉则能够形成质地致密的凝胶结构。脱支改性能够增加淀粉的抗酶解能力，其中的线性短链淀粉能够促进回生形成晶体，增加淀粉中的 SDS 和 RS 含量。

目前，淀粉的脱支修饰已经被用于葡萄糖浆、高麦芽糖浆、海藻糖、环糊精、抗性淀粉等淀粉深加工产物的生产中，并广泛应用于焙烤、酿酒和洗涤剂等领域。工业上生产葡萄糖浆，主要是将淀粉经过液化后，再用糖化酶进行糖化处理。由于糖化酶对 α-1,6 糖苷键的水解速率很低，为了提高葡萄糖浆工业生产过程中 α-1,6 糖苷键的水解效率，常加入普鲁兰酶，利用其与糖化酶的协同作用，可以快速脱支，减少糖化酶的用量和副反应的发生，进而缩短糖化时间，提高淀粉利用率和淀粉底物的浓度，并最终提高生产效率（Haki and Rakshit,

2003；Gomes et al.，2003）。由于 β-淀粉酶不能水解淀粉中的 α-1,6 糖苷键，不添加淀粉脱支酶时，最终糖化产物中麦芽糖的最大含量约为 60%，且会有大量 β-极限糊精及其他低聚糖生成。而添加普鲁兰酶进行脱支修饰后，麦芽糖的产量则会明显增加，能够得到麦芽糖含量在 80%以上的超高麦芽糖浆（Hii et al.，2012；Shaw and Sheu，1992）。

3. 淀粉的高支化修饰

天然淀粉具有 α-1,4 糖苷键比例较高、长直链较多等特点，使得其存在诸多缺点，如稳定性差、溶解度低、易老化、黏度大等，极大地限制了其应用，且 α-1,4 糖苷键极易被人体内的淀粉酶水解进而使得淀粉被快速消化，从而引起机体血糖的快速升高并产生高血糖、高血压等慢性疾病，因此，近年来通过酶法高支化修饰提高淀粉的 α-1,6 糖苷键占比及短分支度已成为淀粉生物改性研究的焦点所在。相比于天然淀粉而言，高支化淀粉不仅可以使得淀粉的短期回生速度及长期回生焓值降低，在稳定性、抗回生性等方面得到显著增强，还可进一步提高淀粉的抗消化性，并有助于改善餐后血糖负荷，对非胰岛素依赖型糖尿病和心血管疾病等可实现辅助治疗作用，从而在运动饮料、淀粉基功能性食品等领域均展现出了良好的应用前景。其酶法制备工艺和结构特性也受到了各界学者的广泛关注与研究。

1）改性原理

淀粉的高支化修饰主要是利用淀粉分支酶、4,6-α-葡萄糖基转移酶等糖基转移酶特异性水解 α-葡聚糖链中的 α-1,4 糖苷键，并将水解下来的链段与受体链以 α-1,6 糖苷键的形式连接在一起形成新的分支，有效修饰淀粉结构，从而提高淀粉分子的分支度。改性后得到的高支化淀粉 α-1,6 糖苷键含量明显增加，且短分支比例上升、长分支比例降低，直链淀粉含量减少，这些结构变化赋予了高支化淀粉独特的理化性质。以淀粉分支酶为例，根据 Hizukuri 提出的支链淀粉结构模型，推测其改性淀粉的机理如图 8-55 所示。淀粉分支酶可能倾向于水解淀粉分子的 B 链外链，并将其重新连接于 A 链，这一过程使得受体链转变为 B 链、供体链成为新 A 链，随后 B 链的长外链继续被水解，并连接于新 A 链上，经过反复交替的 B 链外链至 A 链上的转糖基反应，产物中 α-1,6 糖苷键比例上升，平均外链长、直链淀粉含量、直链淀粉及支链淀粉相对分子质量均降低，短分支比例及内链比例增加，淀粉结晶结构破坏，分子无序排列，颗粒内部结构充分暴露，进而生成了一种内链骨架紧密、外链缩短、高度分支的短簇状分子产物，从而改变了淀粉的理化性质。

2）改性工艺

目前，淀粉的高支化修饰主要是利用糖基转移酶（如 GBE、4,6-α-GTase 等），在适宜温度及 pH 条件下持续搅拌并催化淀粉反应一定时间。反应结束后，纯化

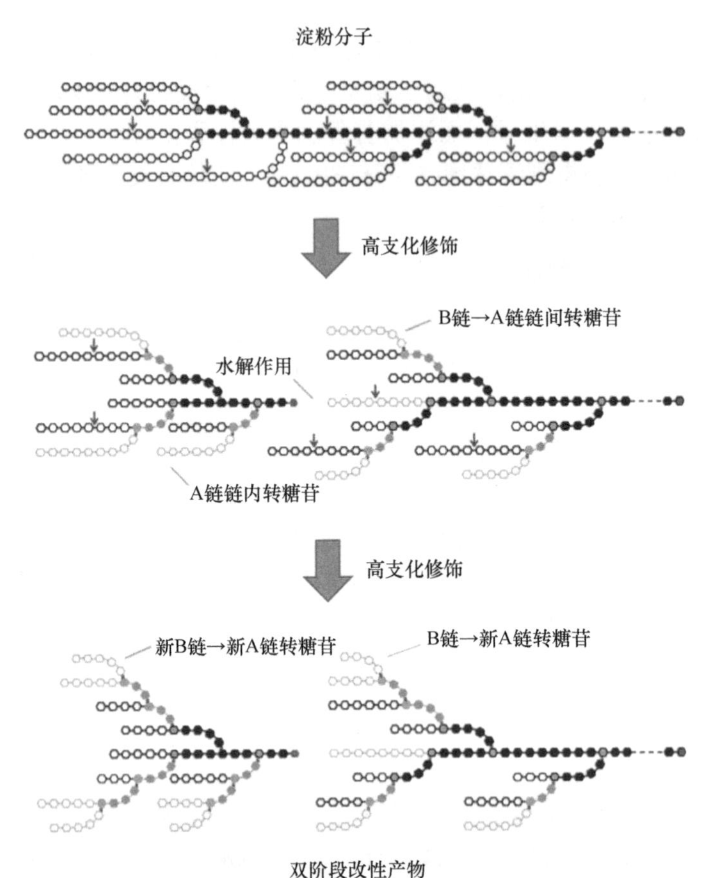

图 8-55 高支化改性影响淀粉消化特性的机理（孔昊存，2021）

精制，收集固形物经干燥、研磨、过筛后即可得到淀粉的高支化修饰产物。根据改性过程的差异，淀粉的高支化修饰主要分为三种形式：对颗粒淀粉的改性、对糊化淀粉的改性，以及依次对颗粒淀粉和糊化淀粉进行双阶段改性，其工艺流程如图 8-56 所示。

3）理化性质与应用

淀粉的酶法高支化修饰主要通过糖基转移酶催化 α-1,4 糖苷键的水解和 α-1,6 糖苷键的生成，从而有效修饰淀粉的结构和性质。这个过程既不会引入新的化学基团，也不会产生其他类型的糖苷键，仅发生 α-1,4、α-1,6 糖苷键的重组，因此具有工艺简单、副产物少、产物得率高等显著优势，在食品、化工等工业领域已展现出巨大的市场潜力，可用于生产具备独特性质的产物，包括高支化淀粉、高支化糊精和环状葡聚糖等。此外，由于 GBE、4,6-α-葡萄糖基转移酶的转糖苷机制具有差异，制得的高支化修饰产物理化性质及应用领域也不同。

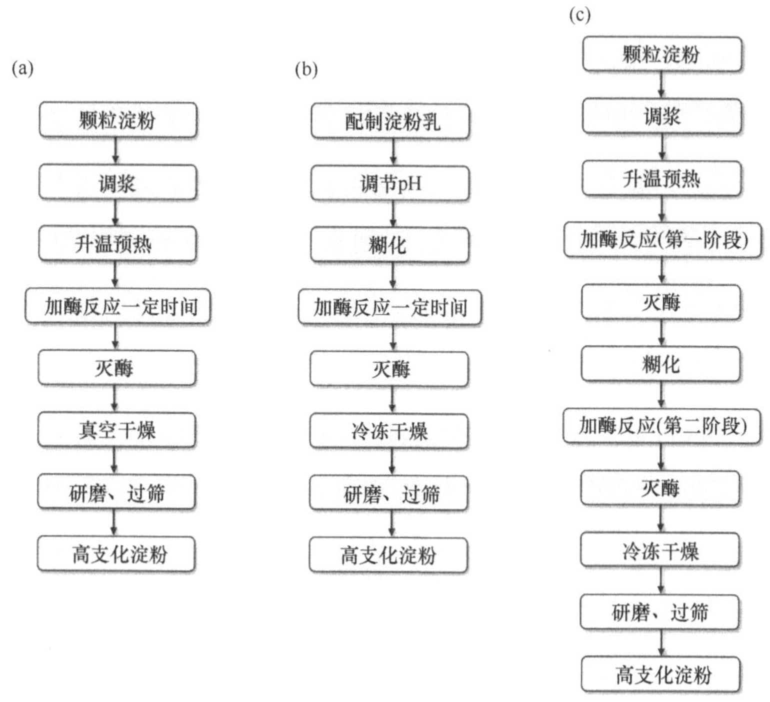

图 8-56　高支化淀粉酶法制备的工艺流程

（a）颗粒淀粉的高支化修饰；（b）糊化淀粉的高支化修饰；（c）淀粉的双阶段高支化修饰

淀粉是人类膳食结构中最常见的碳水化合物，也是摄入量最大的营养素之一，是维持人体生命活动的重要能量来源。此外，淀粉还是一种绿色可再生的加工原料，在食品、医药、化工等领域应用广泛。尤其在食品工业，淀粉及其衍生物已成为乳制品、加工肉制品、方便食品、冷冻食品、软饮料等食品加工中重要的辅料和添加剂，对食品的感官品质和营养品质影响很大。未来，利用高支化修饰精准调控淀粉产品的理化性质，实现高品质、清洁标签淀粉基产品的高效绿色制备，将成为淀粉行业高质量发展的新方向。

8.6　食品生物技术在植物基食品生产中的应用

8.6.1　植物基食品发展背景

畜牧业占用了全球农业用地资源的 83%，仅能贡献食品行业中 37%的蛋白质和 18%的热量。生产 1 kg 的牛肉所消耗的水资源为 4 t，是生产 1 kg 大豆的 5 倍。与动物性食品相比，植物基食品（plant-based food）在人体消化吸收中的蛋白质利用效率要高得多。因此，植物基食品的发展有助于实现资源的高效利用。据统计，近30年中国对于肉制品的年消费量增长了6倍，达到8830万t，人均63 kg。人均奶制品年消费量也达到38.11 kg。为保障肉类和奶类的供应，我国每年进口超过1.3亿t农产品，相当于约9亿亩[①]耕地的产量。其中，大豆是进口量最大的农产品，2021年进口量达到9652万t，而进口大豆榨油后的豆粕主要用于动物饲养（Dekkers et al.，2018）。因此，减少动物性食品的消费，以植物蛋白部分替代动物蛋白，对实现食物供给的可持续发展、维护国家粮食安全战略具有重要意义。

植物基食品是指以植物原料（包括藻类和真菌类）或其制品为蛋白质、脂肪等来源，添加或不添加其他配料，经一定加工工艺制成具有类似某种动物来源食品的质构、风味、形态等品质特征的食品（图8-57）。随着食品科学技术的发展及传统农业系统的改变，以大豆、小麦、玉米等植物来源蛋白为原料开发的新型植物基食品在一定程度上可以减少动物性食品的消费，从而缓解动物性食品生产过程中带来的资源、环境、健康、伦理等方面的压力，已成为未来食品生产的重要发展趋势。谷孚研究所（Good Food Institute，GFI）的数据显示，2021年全球对植物基食品的融资额达到50亿美元，其中植物基肉制品类、乳蛋类产品融资19亿美元。2020年，美国植物基食品的零售额增长速度是美国食品行业销售额的2倍，预计2030年全球对植物基肉制品的需求量将达到2500万t，占据全球肉类和海鲜市场6%的市场份额。除植物基肉制品外，其他的植物基食品在市场上同样充满潜力。美国植物奶市场占有率达35%，原料已从大豆、杏仁、燕麦扩展至其他谷物以提高口感、质地和可持续性，产品覆盖至酸奶、黄油和奶酪。此外，植物蛋市场年复合增长比为5.8%。由此可见，全球植物基市场发展是未来趋势，国内外企业也都在纷纷布局。

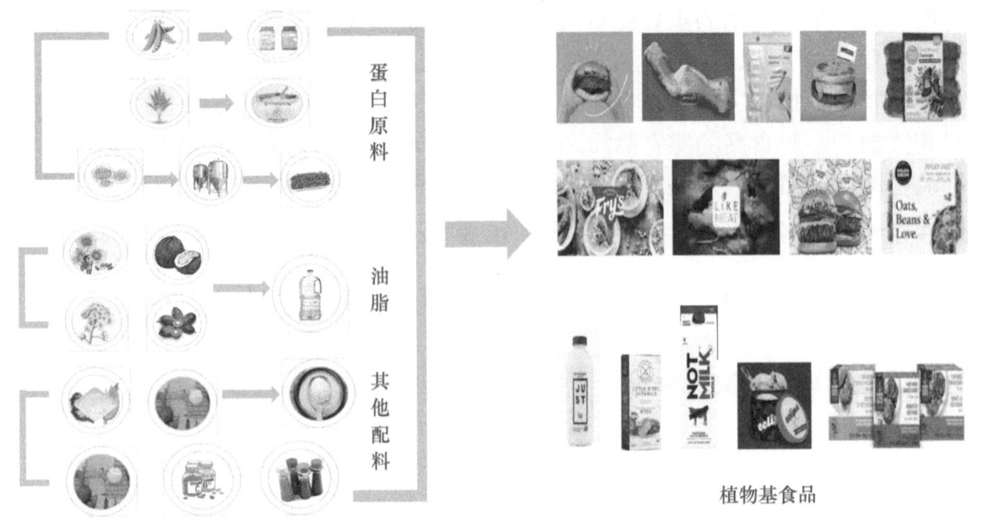

图 8-57　植物基食品原料及产品

①1 亩≈666.7 平方米。

植物基食品与我国传统意义上的素食在发展理念、消费群体和产品特征等方面均有差异。植物基食品是食品加工技术发展到一定程度后的必然产物，它的出现引领了人们生活方式、饮食方式和消费方式的变革。植物基食品在世界范围内兴起的原因在于：动物养殖过程所产生的大量碳排放使人们选择减少动物性食品摄入来减轻环境压力；对动物福利的关注使人们在道德层面上不允许伤害动物；长期过量摄取动物性食品潜在的健康危害和传染性疾病风险使人们更加青睐植物基食品。这些人类社会发展过程中所面临的新挑战与产生的新理念推动了植物基食品的飞速发展。传统素食的食品类别更为广泛，如不含动物成分的粮食制品、豆制品、蔬菜制品、果蔬汁、茶、咖啡等，且特定的消费群体与宗教理念使大部分素食食品并不会模拟动物性食品的品质特征。虽然也有顺应市场需求而出现的具有动物肉类风味的“素肉”产品，但其并不追求类似动物肉类的口感或营养特征，也与环保、为消费者提供充足蛋白等理念无关。因此，植物基食品更注重于满足人们对动物来源食品的感官特征需求，其推出的目的也在于作为相应动物来源食品的有益补充或替代，给予消费者更多选择权。

《柳叶刀》杂志在 2017 年发表的“全球疾病负担研究：膳食营养因素研究报告”中指出，全球每年有 1100 万人的死亡（占成人死亡总数的 22%）与不健康膳食有关（Afshin et al.，2019）。合理膳食是保证健康的基础。随着中国经济的快速增长和国民生活水平的不断提高，中国居民的膳食结构也有了较大的调整，其中肉、蛋、奶等动物性食物的比例不断增加。自 2002 年起，我国居民对于畜禽肉制品的摄入量快速增加，大约 61.3%成年居民肉类摄入过量，从而引起了诸多健康问题，例如，较高的红肉摄入量可增加体重，并引发超重风险。一项由美国国立卫生研究院（NIH）国家癌症研究所主导的前瞻性队列研究分析不同食物来源的蛋白质与长期总体死亡率或特定死亡率的关系，该研究从美国 6 个州招募超过 40 万志愿者，其中包括 237 036 名男性和 179 068 名女性，研究时间长达 16 年，收集了志愿者的基本信息、生活方式、饮食信息，记录了 16 年中志愿者的死亡人数和死亡原因。研究发现，每日摄入能量中，用植物蛋白替代 3%的动物蛋白，可使总体死亡率降低 10%，男性和女性由心血管病导致的死亡率也分别降低 11%和 12%。总体死亡率降低归因于植物蛋白替代鸡蛋（男性死亡率降低 24%，女性死亡率降低 21%）和红肉（男性死亡率降低 13%，女性死亡率降低 15%）。这证明了在日常膳食中利用植物基食品部分代替动物食品具有一定的益处。

8.6.2　植物基食品面临的挑战

植物基食品具有零胆固醇、零激素、零反式脂肪酸、零抗生素及富含人体必需氨基酸等优点，更符合当前人们对健康饮食的需求。以植物基肉制品为例，每

100 g约含22.37±7.23 g蛋白，相当于成人每日推荐参考摄入量的35%～55%；每100 g含6.12±5.28 g脂肪，多为不饱和脂肪且不含胆固醇。植物基肉制品除原料本身含有少量的碳水化合物外，在其制作过程中也会加入一定量的碳水化合物成分，如膳食纤维、纤维素、淀粉等。膳食纤维不仅可以增加饱腹感、减少脂肪摄入，而且对肥胖、消化道疾病和糖尿病具有一定的预防作用。与动物性产品不同，植物基食品是由多种成分添加在一起组成以模拟动物肉质地的混合型产品，可根据植物原料营养素的缺陷进行补充，如对植物原料中缺少的维生素 B_{12}（菌体蛋白可以合成）、烟酸、硒和生物可利用铁等进行针对性的外源添加，或采用原料混合互补的方式进行营养价值提升。值得注意的是，植物中由于存在抗营养因子，如大豆中存在单宁、植酸、凝集素、胰蛋白酶抑制剂和引起肠胃胀气的寡糖，营养价值会降低（Kyriakopoulou et al.，2021）。此外，由于内在结构因素和抗营养因素，豆类蛋白的消化率低于动物蛋白。因此，在植物基食品的加工中需要注意这些抗营养因子的存在，通过加工技术对其进行处理。

植物基食品在风味改善方面仍面临一些问题，植物蛋白的异味会限制植物基食品的生产和应用。动物肉制品具有饱满、独特的香气，相比之下，植物蛋白产品往往风味单薄，目前多以加入香精、色素等方式调味，远远不能还原肉类的特征风味。另外，某些植物蛋白如大豆蛋白处理不当容易产生“豆腥味”，虽然研究者们开发了改性等方法对大豆蛋白的风味进行改善，但是在呈味机制和安全高效改性方面还需深入探讨。研究发现，添加一些风味增强剂（如酵母抽提物），或通过植物蛋白水解物、氨基酸、有机酸、肽和糖类等经一系列反应合成的肉味香精，可掩盖豆制品的异味。此外，植物基本身的性质是一大影响因素，如杏仁的苦味、豆类的豆腥味等都会对植物酸奶的风味造成很大的影响。在植物酸奶中，不仅需要考虑植物基本身的性质，还需要考虑发酵过程中产生的各种化学物质对风味的影响。例如，一些植物原料发酵后会产生令人难以接受的气味，对于这种情况，就需要人为添加物质以改善发酵效果。由此可见，植物酸奶较动物酸奶的风味物质形成机制更为复杂。

植物基食品的口感也是尚待突破的一大难点，主要是由于植物蛋白的种类、分子质量、空间结构与动物蛋白不同，导致了食品口感的巨大差异。从质构角度分析，动物肉制品通常因纤维结构带来的咀嚼感与鲜嫩多汁的口感而受到消费者的喜爱。因此，植物基肉制品的质构品质与对应动物肉制品的相似程度成为影响其市场接受度的关键因素之一。目前已开展了大量研究来探论增强植物基肉制品纤维结构的有效手段，市售植物基肉制品也基本可以模拟不同动物肉制品的纤维口感，但在整体质构品质上仍存在三个方面的问题：一是因植物蛋白原料本身特性所导致的口感发“面”、吞咽过程缺乏爽滑感等问题；二是现有的蛋白纤维化方式较适合生产碎肉或重组肉产品，在包含结缔组织、上皮组织的整肉产品的实现上还存在一定的困难；三是在关注肉制品纤维特性时往往忽略了其凝胶特性，导致产品存在弹性不足、结构松散、多汁性较差等缺点。此外，如何使植物基肉制品适用于中式烹饪场景、满足中式菜肴需求，真正让植物基肉制品走上中国人的餐桌，也是未来植物基肉制品质构品质提升的突破方向。

植物基食品的口感也是尚待突破的一大难点，主要是由于植物蛋白的种类、分子质量、空间结构与动物蛋白不同，导致了食品口感的巨大差异。

8.6.3 酶工程技术在植物基食品生产中的应用

1. 酶工程技术在植物肉生产中的应用

生产植物基肉制品所用的拉丝蛋白由于受挤压方法和原料性质的影响较大，导致其质地松散、咀嚼性较差，缺乏动物肉制品的口感和质构特性。因此，为有效模拟动物肉制品的口感，需要对现有植物蛋白结构加工技术进一步开发和改良。迄今为止，已有大量研究通过改变原料配方、工艺参数从而优化纤维结构（Sha and Xiong，2020）。目前，植物蛋白结构改良的研究包括物理挤压、化学添加及生物酶改良等方法，部分技术已被广泛用于植物蛋白类食品的加工，并在产品感观品质及营养强化方面均取得较好效果。在食品工业生产中，生物酶法具有绿色安全、节能高效的优势，通常被用作改善食物中蛋白质性质的工具（图 8-58），提供了在温和条件下发生的酶促反应的高度特异性，并且毒性产物较少（Gaspar and Goes-Favoni，2015）。

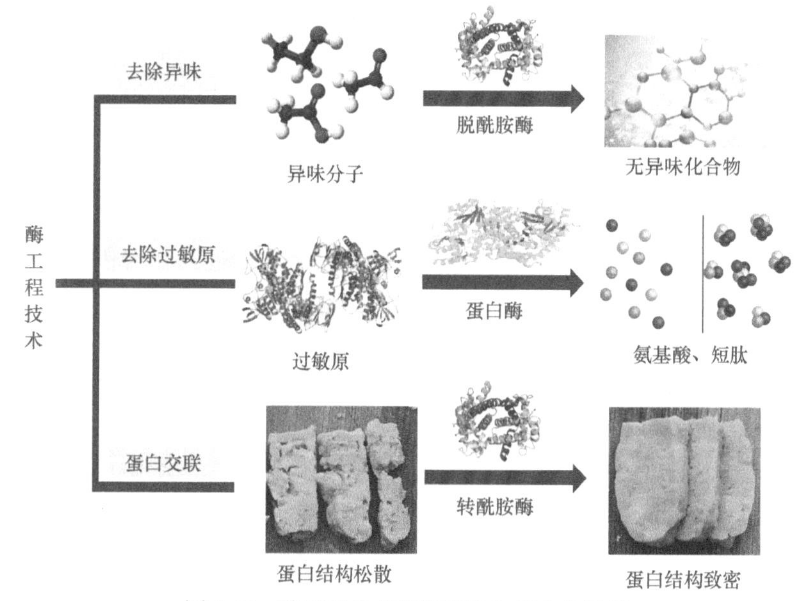

图 8-58　酶工程技术在植物肉生产中的应用

谷氨酰胺转氨酶（TG 酶）主要催化蛋白质中谷氨酰胺残基的 γ-羟胺基团与伯胺化合物（酰基受体）之间发生酰基转移反应，使蛋白质发生共价交联，通过胺的导入、交联及脱胺三种途径改性蛋白质（Gaspar and Goes-Favoni，2015）。TG 酶对蛋白质分子的催化交联效果会促使植物基肉制品的蛋白结构改变，从而进一步导致蛋白质的多种功能特性（如凝胶性、热稳定性、乳化性、保水性、流变性等）发生变化。这种变化不会降低蛋白质的营养价值，反而会提升食品的质构和口感。TG 酶通过诱导赖氨酸与多肽和蛋白质中谷氨酰胺间共价键的形成，可以获得更稳定、更复杂的产物。植物蛋白肉凝胶的形成依赖于分子间/内作用力的平衡，TG 酶在植物肉蛋白的交联过程中，可以诱导分子间二硫键的形成，降低体系游离巯基的含量，从而明显改善流变性，形成更致密均匀的凝胶三维网络。与其他化学交联剂如单宁酸、京尼平等相比，TG 酶具有更高的安全性与经济性。由于酶促反应条件温和而广泛，在食品加工中添加 TG 酶可以使植物蛋白中的赖氨酸免受化学反应的破坏，最终改善蛋白凝胶的弹性和保水能力；通过诱导含有互补限制性氨基酸结构的异源蛋白间的交联，可生产具有更高营养价值的蛋白产品（Zhang et al.，2021，2020a）。此外，TG 酶可以催化多种类蛋白分子交联，从而诱导形成具有更优异功能特性的复合蛋白质凝胶。

漆酶可以促进蛋白质-多糖复合物的凝胶化并重建食品结构。例如，在酸性条件下，漆酶可以催化乳清分离蛋白（WPI）-甜菜果胶（SBP）交联形成复合凝胶网络。有研究表明，漆酶对蛋白基团的交联可提高复合凝聚层中微凝胶的剪切力和热稳定性。漆酶交联也被用于构建双网络凝胶，由于其独特的机械性能和封装多种生物活性成分的能力，受到研究人员的广泛研究，这在植物肉质构的强化方面有着广阔的前景（Agrawal et al.，2018；Li et al.，2020）。最近的研究表明，通过结合漆酶催化交联和热处理，大豆分离蛋白（SPI）可以与 SBP 和玉米纤维胶（CFG）形成双网络凝胶。这种新型凝胶有望用于控制植物肉中营养物质或生物活性化合物的释放。

生产植物蛋白基肉制品常见的蛋白源包括大豆蛋白、豌豆蛋白、小麦蛋白，但是部分植物蛋白（如大豆）存在蛋白消化率与生物价低、含有致敏成分及产生不愉快的豆腥味等问题，影响了植物蛋白的风味和口感，需要进一步优化改良，提高人群接受程度。大豆腥味主要是大豆中激活的脂肪氧化酶将多不饱和脂肪酸氧化成氢过氧化物，最终降解为低分子醛、酮、醇等挥发性成分，这些小分子物质是大豆腥味的主要来源。

醇脱氢酶、醛脱氢酶等特异性较高的蛋白酶能够将那些产生豆腥味的小分子化合物转变成相应的酸，从而得到几乎无豆腥味的大豆蛋白。大豆本身存在的醇脱氢酶可以使产生异味的醇变成酸，由于酸比醇的味觉阈值大 10^6 倍，所以醇引起的异味可以被消除。水稻芽中的醛脱氢酶以辅酶 A 作为氢传递体，能不可逆地将豆乳中的脂肪族或芳香族醛氧化成相应的羧酸。小麦芽粉中的醛脱氢酶也可对大豆进行脱腥处理，使大豆中的腥味物质转变为酸，从而有效消除大豆中的豆腥味。这些酶的专一性很强，只作用于醇、醛底物，而不破坏和影响大豆蛋白中的其他营养成分。谷氨酰胺酶（PG 酶）于 2000 年首次分离，可用于催化蛋白质的脱酰胺作用，进而降低风味物质与蛋白质的结合，达到去除豆腥味的目的。

目前，已有一些学者针对上述植物基产品存在的营养和安全问题进行了研究。应用植酸酶处理可以将大豆分离蛋白中植酸的含量从 8.4 mg/g 蛋白质降低到 0.01 mg/g 蛋白质以下（Hurrell et al.，1992）。大豆分离蛋白含 1～30 mg/g 的胰蛋白酶抑制剂——Kunitz 和 Bowman-Birk 抑制剂，虽然蛋白酶抑制剂通常被认为是热敏感的，但它们在中等加工温度（93℃）下的破坏需要较长时间（Vagadia et al.，2017）。超高温预处理是有效降低肉类替代品的常用豆类蛋白成分（分离或浓缩）中酶抑制剂含量的方法之一。脯氨酸特异内肽酶（proline specific endopeptidase）是一种酸性蛋白酶，抑制胃蛋白酶的消化作用，专一作用谷物蛋白的 PQQPQ 抗原表位，可用来制造无麸质食品。食品在烘烤、煎炸等高温加工过程中产生丙烯酰胺（2A 类致癌物），天冬酰胺酶（asparaginase）可将天冬酰胺转变为天冬氨酸，降低食品中 90%的丙烯酰胺产生。肽基精氨酸脱亚氨酶（PAD）催化蛋白质肽链中精氨酸脱亚氨基产生不带电的瓜氨酸残基，可降解胰蛋白酶抑制剂（KTI）及凝集素，消除抗营养因子。

2. 酶工程技术在植物奶生产中的应用

可持续的生产方式、健康营养的生活方式等原因，推动了消费者对植物蛋白的需求量显著增加。目前市场上的植物奶以豆奶、燕麦奶、椰奶、大麻奶、可可奶、杂粮奶等为主（Deswal et al.，2014）。然而，植物基奶制品如果要替代牛奶或其他乳制品，则必须具有良好的功能特性，如溶解性和乳化性。这些特性可能会受到所使用的种子材料和后续加工的影响。酶处理可能是改善此类蛋白功能和乳液性质的有用工具，酶促工艺可用于生产植物奶，从而生产出更具营养价值的产品并提高工艺产量。

酶辅助萃取是传统化学萃取工艺的潜在替代手段，具有温和的反应条件、更少的能耗、更高的回收率和减少溶剂使用等优点。糖酶和蛋白酶在植物性食品中的应用已被广泛研究以用于不同目的，例如，改善化合物提取，去除抗营养因子，灭活/去除过敏原，增强感官、营养和功能特性。糖酶催化植物细胞壁中多糖化学键的水解，将结构分解为低分子量糖，并释放蛋白质和其他细胞内化合物。初级细胞壁在纤维素酶的作用下被水解，而果胶酶则消化次级细胞壁，已有研究人员使用糖酶增加了不同植物基质（如米糠、芝麻麸、燕麦麸、大豆粉和花生）的细胞内蛋白质的提取率。最常用的酶产品之一是 Viscozyme L，它是一种真菌多组分糖酶，含有多种酶，包括阿拉伯糖酶、纤维素酶、半纤维素酶和木聚糖酶。因此，它可以有效地水解植物细胞壁中的多糖，其使用增加了豆乳的工艺产量和可溶性糖含量。此外，研究发现 Viscozyme L 对不同大豆基质中共轭异黄酮转化为苷元的积极影响。研究人员在椰子仁中发现 Viscozyme L 对细胞壁的降解作用可以进一步提高椰奶加工工艺的产量。

木聚糖酶和植酸酶的组合产生了一种蛋白质分离物，其蛋白质含量高达 92%，比对照工艺高 17.5%，并且具有在植物性饮料中应用的特性。除了糖酶的作用外，植酸酶还可以水解植酸盐中通常与大米蛋白质相互作用的磷酸盐残基，从而形成不溶性复合物和结构稳定的蛋白质。对于果胶酶混合物，与 pH4 的对照样品相比，大豆蛋白的提取率显著提高，泡沫稳定性提高，黏度降低。此外，糖酶可潜在地影响植物性饮料的感官特性。例如，与未经酶处理的样品相比，使用纤维素酶进行 3 h 的酶促处理，可使豆浆中的豆腥味减弱，具有较高的整体质量；此外，酶处理后的样品具有更高的黏度和物理稳定性等特征。

燕麦奶不是奶，是燕麦加水成为燕麦浆，再经过特殊的酶转化成为颜色像“奶”、口感跟牛奶接近的液体。其生产工艺是以 β-葡聚糖酶、半纤维素酶酶解燕麦粉，形成清香馥郁的含燕麦全营养植物蛋白、功能性多肽、功能性低聚糖和有益脂肪酸的燕麦饮品。以燕麦为原料，通过水解酶降解其中的淀粉及纤维素等不溶性大分子物质，提高上清液中水溶性蛋白质的含量，并改善体系风味口感等。燕麦饮料通常受燕麦中淀粉糊化影响，生产的产品往往黏度过高，直接饮用口感不佳（Luana et al.，2014）。目前，主要采用淀粉酶对燕麦进行水解，水解后原料中的大分子淀粉等变成可溶性多糖及可溶性膳食纤维，可明显降低燕麦中淀粉的分子量。燕麦在酶处理后，生成具有甜味的天然单糖和蔗糖等小分子糖。α-淀粉酶主要作用于淀粉分子内部的 α-1,4 糖苷键，直接影响了淀粉水解后料液的黏度。国内已有不少相关研究也表明淀粉酶可解决燕麦乳制品口感黏稠问题，同时能提高饮料中燕麦营养成分的人体吸收率、营养价值。从健康角度出发，可充分利用燕麦的营养保健功能特性，开发原料资源，研制出一款香味纯正、口感饱满、组织状态稳定、营养保健、具有一定市场份额的谷物深加工饮料产品。

在大豆、油菜籽和变性热脱脂花生粉中的蛋白酶应用被证明在提取蛋白质方面是有效的，这可能是由于蛋白酶的应用提高了蛋白质溶解度（Wildermuth et al.，2016）。此外，酶促反应释放的蛋白质水解物显示出更强的功能特性，由于肽倾向于通过疏水相互作用形成聚集体，从而提高乳化性和起泡性等。因此，蛋白酶的使用也可以进一步表明植物性饮料生产技术的进步和发展。酶解蛋白具有更好的肠道吸收性，通过蛋白酶水解大豆蛋白获得的大豆肽具有抗氧化、抗炎、胰岛素抵抗、抗肥胖和免疫调节等一系列生物活性（Elam et al.，2021）。碱性蛋白酶和风味蛋白酶对大米蛋白的修饰提高了与完整蛋白质相关的抗氧化能力。在豆渣中，用 pH 4.0 的枯草芽孢杆菌蛋白酶进行酶处理可将抗氧化能力提高 3.2 倍（Wang et al.，2022）。在芝麻麸中，通过蛋白水解获得的肽，除了能够提高总酚含量回收率外，还提高了抗氧化能力。

牛奶替代品中蛋白质/油的比例相对较高，过量的蛋白质在低溶解度环境中可能会聚集产生沉淀（Vogelsang-O'Dwyer et al.，2021）。通过酶水解可增加蛋白质溶解度来减轻蛋白质沉淀现象。蛋白质的限制性水解是提高蛋白质溶解度和乳液稳定性的有效方法。用胰蛋白酶对商业豌豆分离蛋白进行限制性水解，可通过减小液滴尺寸有效改善乳液性质。限制性水解可以改善蛋白质的乳化性能，降低分子量，暴露疏水基团（Zang et al.，2019）。

植物基奶在营养上往往不均衡，同时风味特征也限制了它们的市场接受度（Muzi et al.，2019）。酶水解能够通过高度特异性的蛋白酶（如醇脱氢酶和醛脱氢酶）将挥发性化合物转化为相应的酸，从而去除大豆蛋白中的豆类风味化合物，如己醇、戊醇和庚醇。大豆蛋白的豆腥味可以通过酶处理进一步去除，并且由于酶的强特异性，酶处理对大豆中的其他营养成分没有影响（Fukushima，1991）。研究表明，与单独均质处理相比，使用纤维素酶制备的豆浆中风味评分明显低于单次均质处理。磷脂酶 A_2（PLA_2）和环糊精联用可以通过水解及包埋减少豆类气味前体（Rosenthal et al.，2003）。磷脂和游离脂肪酸是豆类风味物质的前体。磷脂在 PLA_2 存在下会水解，同时会产生一些游离脂肪酸。这些游离脂肪酸被环糊精包裹，产生分子包埋复合物，进一步减少豆腥味。

将来自向日葵种子的两种非商业蛋白酶固定在海藻酸钙球中，并掺入豆浆中，在 30℃下进行酶处理 1 h。10 天后，与未处理样品相比，酶处理产品的豆腥味显著减少，同时增加了宜人气味并有效延长产品保质期 15 天（Penha et al.，2021）。这很可能是由于酶水解释放了抗菌肽。另外，研究表明，过度的水解过程会导致苦味的形成，这是在食品系统中使用蛋白质水解物的限制之一。例如，水解的大豆分离蛋白可能尝起来很苦，这取决于蛋白酶的类型和水解程度。苦味与主要由疏水氨基酸组成的小分子肽的释放有关。有研究报道，除了疏水性之外，其他因素，如分子的一级序列、空间结构、肽长度和体积对于苦味的形成也很重要（Lemieux and Simard，1992），因此，为了避免这个缺点，在开发使用蛋白酶的水解植物基饮料时，必须进行感官分析。

8.6.4　微生物发酵技术在植物基生产中的应用

1. 微生物发酵技术在植物肉生产中的应用

植物基肉制品的兴起和发展，反映了人们对高效稳定的特定功能替代蛋白或配料的需求越来越迫切。近年来，基于蛋白质工程与合成生物学的开发和研究，越来越多的功能蛋白开始进入食品制造领域，对支撑食品工业的绿色健康可持续发展起到了重要作用。使用发酵技术生产食品配料以及发酵行业的快速增长反映了发酵技术对替代蛋白质行业的适用性，并引起了替代蛋白质领域参与者的兴趣。具体而言，发酵技术在植物基肉制品领域的用途广泛，基本基于这三种形式进行解释，即传统发酵、生物质发酵和精密发酵。传统发酵涉及食物中微生物的厌氧消化，使用活性微生物调节加工植物成分，从而赋予产品独特风味、营养价值和质地。生物质发酵利用微生物繁殖速度快、蛋白质含量高的特点，高效生产蛋白质。保持微生物发酵后自身的形态结构作为产品的主要原料，或先进行微加工处理被破碎细胞、干燥等，再作为原料进行新蛋白产品制作，以提升消化率或产物蛋白质含量，过程类似于将植物粉末加工成浓缩蛋白和分离蛋白，发酵产物可以作为新蛋白产品的主要成分或其中一种混合成分。目前，人们可直接提取发酵生产获得的微生物蛋白，这一方法可有效提高蛋白纯度、降低成本。同时，精密发酵使微生物能够被用作“细胞工厂”来生产特定的蛋白质或分子，作为新蛋白产品的补充成分，这些成分通常比基本的蛋白质具有更高的纯度要求，且一般作为辅助成分少量加入产品中。将微生物作为“细胞工厂”精密发酵，运用合成生物学的理论知识，借助微生物精确且高效地合成目标产物后将之分离提纯。精密发酵产物能够极大改善新蛋白产品的感官特性和功能性。

对于食品而言，除了提供必需氨基酸等营养功能外，蛋白质的亲脂、持水、成纤等功能对口感和胃肠消化性能至关重要。简单的挤压技术还不能满足植物肉制品具有优良质构的品质要求。在替代蛋白质行业，发酵技术主要集中应用于生产大量蛋白质，以及其他对使用微生物进行产品开发至关重要的独特成分。这些发酵生产的蛋白质可能会进一步提高仿真肉制品的感官体验来改变该行业，并改善产品营养特性（Green et al.，2022）。由此可见，开发和生产功能蛋白及配料应用于植物基肉制品生产至关重要。

植物基肉制品等未来食品在食品化加工过程中，需要对其进行色、香、味等方面的加工。在植物基肉制品中添加红甜菜、红卷心菜、红浆果、辣椒粉和胡萝卜的色素提取物，可呈现红色外观。但是，当加工时，这些植物色素可能会变色。例如，在烹饪加入苹果提取物的植物基肉制品产品时，因为提取物中的多酚和抗坏血酸暴露在空气中导致氧化而变成棕色。为了使植物基肉制品呈现红色外观，除了添加植物提取色素，还可以添加利用细胞工厂合成的血红蛋白。

同时，在传统肉类的肌红蛋白中发现的血红素成分是烹饪过程中促进肉制品产生风味和香味化合物的一个关键因素。烹饪过程中的蛋白质变性导致铁从血红素中释放出来，随后催化形成熟肉特有的风味和香气，以及相关的颜色变化。熟肉中特有的风味、香气和颜色对于确定消费者对最终可食用产品的接受度至关重要。应用 GC-MS 等分析方法，对比生肉与熟肉的化学组成可以发现，肉中主要的香味物质是由氨基酸和糖类在高温下经美拉德反应形成的含硫化合物、含氮杂环化合物，以及微量的醛、酮、醇和呋喃类化合物。近年来，通过采用动物或植物蛋白的酶解产物氨基酸（半胱氨酸）和还原糖（木糖或果糖）反应，已经能够生产各种风味强烈、拟真的香味物质。利用产酯酵母合成人体所需的不饱和脂肪酸酯并适量添加至植物基肉制品中，可以更加真实地模拟出各种肉类的味道，从而提高了植物基肉制品的感官品质。使用基因工程改造微生物进行精密发酵可以提高血红蛋白产量，降低血红蛋白在工业生产中的总体成本。与以前的研究相比，目前的解决方案能够利用大肠杆菌生产分泌型生物基血红素，且无需烦琐的提取过程。最近也有研究利用各种动物、植物，甚至酵母和细菌的黄素血红蛋白在微生物中合成血红蛋白。这些血红蛋白在自然界中含量丰富，通常是生物可利用铁的良好来源。近年来，有研究团队利用多种微生物通过代谢工程和合成生物学合成了几种血红蛋白，在豆科植物中以豆血红蛋白同种蛋白的形式存在。大豆血红蛋白是一种拥有“血红素”的蛋白质，并且被证实其与哺乳动物来源的肌红蛋白结构类似，从而突出了它们与植物肉生产的相关性。目前仅有大豆血红蛋白可用于商品化生产，然而由于纯度较低，FDA 批准其仅限用于汉堡生产。

植物肉生产中的一个关键挑战还涉及生产适合的支架材料，这些支架模拟细胞外基质能够生产结构化的肉制品（如牛排），而不是现有的碎肉制品（如肉块）。尽管从动物性生物材料开发的支架已显示出不错的效果，但不能用于植物肉生产，因为它们与动物来源的联系同创建植物肉的初衷相悖（Ben-Arye et al.，2020）。为了规避这一矛盾，基于发酵的解决方案可以替代生产具有理想特性的蛋白质和多糖。

通过微生物生产途径（精密发酵）获得了组织工程和植物肉相关的多糖，如纤维素、藻酸盐、甲壳素、壳聚糖和透明质酸，以及胶原蛋白和明胶等蛋白质。由于从植物中提取纤维素的传统方法是一种能源密集型工艺，目前正在探索发酵生产衍生纤维素材料用作支架的替代方法。已经发现 *Gluconacetobacter*、*Sarcina* 或 *Agrobacterium* 属的细菌能够产生一种特定类型的纤维素，称为细菌纤维素。壳聚糖是另一种通常被探索用作支架的生物材料，因为它具有的天然丰度，以及在不同环境下的良好理化和生物学特性。与商业壳聚糖产品相比，丝状真菌 *Rhizopus oryzae* 已被用于生产具有相当或更好的脱乙酰度的真菌壳聚糖，该工艺利用木糖和葡萄糖作为发酵过程的原料，生产用于壳聚糖提取的真菌生物质。在转基因烟草、大肠杆菌、毕赤酵母等各种宿主细胞中已经实现了胶原蛋白的生产，不仅可以避免病毒隐患、免疫排斥反应等缺点，获得更高的亲水性及安全性，而且可以在新型的分子设计软件指导下，对胶原蛋白的空间构型和性能进行个性化设计。

在植物肉制品中，虽然大豆基添加剂和植物蛋白可以作为功能性食品添加剂，但它们的添加会给植物肉产品带来苦味。这可能归因于苦味植物次生代谢物的存在，例如，豌豆和大豆蛋白中的皂苷及异黄酮，它们都将导致植物蛋白的苦味。此外，大豆中的异黄酮在发酵条件下会发生酶水解以产生苷元，尽管它具有有益的抗生素特性，但也会导致大豆制品的苦味。为了缓解这种情况，可以在植物肉产品中添加苦味阻滞剂，以减少使用者对苦味成分或添加剂的感知。苦味阻滞剂通过竞争性结合人体中存在的25种苦味受体（T2R）上的特定细胞外成分来发挥作用，以阻断苦味剂的结合，减少信号向大脑的传输，从而降低人体对苦味的感知能力。有研究发现，发酵冬虫夏草和其他一些真菌菌株的培养基的上清液在添加到食品中时具有苦味阻断特性，用氧化还原酶（如类似来源的真菌衍生的漆酶或水解酶）进行预处理可以消除豌豆蛋白的苦味。因此，通过选择适当的真菌并处理，在未来的植物肉生产中使用精密发酵或源自生物质发酵生产（如发酵培养基）的化合物去除植物蛋白中的苦味可能是合理的。

在如何实现大规模、低成本生产特定功能蛋白等方面还存在诸多问题。微生物表达系统具有易培养、易操作、培养成本低等优势，但是受限于翻译后修饰系统的缺失，无法应用于需要特定翻译后修饰的功能蛋白的生物合成。哺乳动物细胞的翻译后修饰作用与人类接近，但是不易操作、培养成本高、工艺复杂。功能蛋白的大规模、低成本制备方面的不足，严重限制了特定功能蛋白在食品和药物等领域的广泛应用。因此，通过蛋白功能理性设计、蛋白表达修饰优化等策略，设计具有亲脂、持水、成纤等特定功能的蛋白质，构建安全高效的蛋白表达与修饰系统，优化发酵过程，实现具有特定功能蛋白质大规模、低成本生产，对实现具有特定功能蛋白在食品领域的创新应用具有重要的支撑性作用。

2. 微生物发酵技术在植物奶生产中的应用

为了生产出更有价值、更美味的产品，我们可以通过发酵技术来改善植物奶的营养特性、感官特征、质地和微生物安全性。

通过发酵技术调控食品级微生物的生长，以及通过改善植物蛋白质的溶解度、氨基酸组成和可用性可以增加蛋白质含量（Haas et al.，2019）。例如，双歧杆菌发酵显著增加了大豆饮料的粗蛋白含量。此外，豆粕与植物乳杆菌发酵导致必需氨基酸如L-赖氨酸的增加。值得注意的是，特定的微生物菌株在发酵过程中合成维生素，包括维生素K和B族维生素。酵母具有较强的生产维生素B的能力。

使用混合培养来发酵植物基产品也是一种重要的手段。混合培养发酵过程中所需的相互作用主要是互惠和共生性质的，通过这种相互作用，促进了至少一种微生物的有益活动。在大豆发酵过程中，发酵乳杆菌NRRC207和保加利亚乳杆菌NCDO1489与嗜热链球菌混合时，获得了比在单一培养基中生长时高100倍以上的细胞数，并且两种菌株也改善了嗜热链球菌的生长。在其他研究中也观察到这种协同效应。淀粉分解和益生菌菌株的组合减少了大米的发酵时间，因为由此产生的酸化速率升高。此外，某些酵母通过分泌特定的营养素而有益于乳酸菌的生长。在植物性牛奶替代品的单菌发酵与混合培养发酵产物中，蛋白质含量和必需氨基酸组成具有一定差异。与单菌培养发酵相比，使用嗜酸乳杆菌和植物乳杆菌共发酵花生显著增加了总蛋白质、L-赖氨酸、L-甲硫氨酸和 L-色氨酸含量。

发酵技术与其他处理（如烹饪、发芽和浸泡）相结合可以显著降低植物性食物中抗营养因子的水平。抗营养因子是植物代谢产生的一些物质，它能破坏或阻碍营养物质在生物体内的消化利用，并对动物健康和生长性能产生不良影响。已知的抗营养因子主要有蛋白酶抑制剂、植酸、凝集素、棉酚、氰苷等物质。燕麦奶、豆奶和腰果奶替代品中存在的植酸与必需矿物质和微量元素结合形成不溶性复合物，从而抑制了其吸收。大豆、花生和其他豆类中的凝集素显著影响肠道对葡萄糖的吸收。此外，燕麦、及大豆、豌豆等豆类中的皂苷通过形成抗消化的不溶性皂苷-蛋白质复合物来干预蛋白质吸收。植物奶中的蛋白酶抑制剂也会通过使消化酶失活而干扰蛋白质和淀粉的消化。微生物发酵法主要是利用微生物在发酵过程中产生的酶类对底物的作用，从而使发酵底物中的抗营养因子消除。在发酵过程中产生的水解酶、氧化还原酶和裂合酶等可以使发酵底物中的抗营养因子如蛋白酶抑制因子、多酚类物质、糖苷等降解。同时，底物中的植酸被微生物分解，释放出的有机磷物质又可以直接被微生物吸收利用，从而减少了植酸磷的排泄。混合培养发酵可有效消除或降低豆类中存在的植酸、胰蛋白酶抑制剂、皂苷和单宁的含量，从而提高钙等矿物质的生物利用度、可提取性和消化率。将坚果、种子或豆类中富含的氨基酸和锌转化为人体易于吸收的游离氨基酸和游离锌，可提高其营养健康价值。

混合培养物有助于减少抗营养成分，这反过来又提高了矿物的可用性。嗜酸乳杆菌和植物乳杆菌的混合培养比单个菌株的发酵更有效，以消除豇豆中的植酸和胰蛋白酶抑制剂。同样，嗜热链球菌 CCRC14085 和婴儿双歧杆菌 CCRC14603 的混合培养物显著降低了大豆中的植酸（80%）和皂苷（30%）水平。进一步研究发现，与单一培养物发酵相比，混合的布拉氏酵母和植物乳酸杆菌 B4495 发酵使钙的生物利用度提高了约 6 倍。

尽管豆奶作为乳制品的替代品越来越受到关注，但存在棉子糖和水苏糖等不易消化的低聚糖，饮用后会引起肠胃不适，导致消化不良、腹痛、腹胀、腹泻和恶心等不适反应，其消费量受到限制（Mäkinen et al.，2015）。采用嗜热链球菌 LB、嗜酸乳杆菌 La-5、动物双歧杆菌 Bb-12 和植物乳杆菌等的单一或联合发酵，其含有的 α-半乳糖苷酶可以将低聚糖转变成容易被机体吸收的碳水化合物，显著降低发酵豆乳中水苏糖和棉子糖含量。通过不同 LAB 混合培养发酵的大豆也能产生较低水平的水苏糖和棉子糖，以及理想的、较高含量的乙酸、果糖、葡萄糖和半乳糖。

微生物能将酚类化合物等生物活性物质的不溶性结合形式转化为更容易吸收的形式。例如，产生β-葡萄糖苷酶的细菌可以有效地将一种在未发酵豆浆中大量发现的、难吸收的异黄酮形式葡萄糖苷转化为易于吸收的糖苷配基。微生物还可以通过酶水解多糖细胞壁释放蛋白质分子。因此，通过微生物发酵进行生物富集已被研究为一种更自然和可持续的工具，以提高植物奶的营养质量。

常见的植物基奶制品中的蛋白质稳定性高、不易消化，可能成为食物致敏原。花生过敏被认为是最严重的食物过敏之一。在西方国家（包括美国和英国在内），约有 1%的人口被诊断出具有花生过敏症状。酶促加工可以降低花生蛋白的致敏性。转谷氨酰胺酶是一种用于改善蛋白质水解产物功能特性的酶。有研究对转谷氨酰胺酶交联的花生蛋白水解物的致敏性和功能特性进行了测试。结果表明，与中性酶和嗜热菌蛋白酶相比，木瓜蛋白酶、菠萝蛋白酶和无花果蛋白酶处理的烤花生水解物表现出较低的致敏性。与未经处理的水解产物相比，转谷氨酰胺酶处理的水解产物具有显著更高的功能特性且降低致敏性。因此，酶解和转谷氨酰胺酶处理可以降低水解产品的过敏性并改善其功能特性（如乳化和发泡特性），提高产品在食品配料中的应用潜力。

与未发酵的同类产品相比，益生菌发酵后的植物基乳制品具有更高的感官品质接受度。发酵豆乳是具有很高营养价值的豆制品，除了拥有普通豆乳的营养和功能特性外，由于发酵过程中乳酸菌的参与，还可以促进蛋白质和钙的消化吸收、使大豆中抗营养因子分解并消除豆腥味，同时还能作为良好的载体，充分发挥乳酸菌的益生特性。有研究使用一株从泡菜中分离的产黏植物乳杆菌用于豆乳的发酵，结果表明，使用植物乳杆菌发酵的豆乳不但具有良好的发酵特性，而且具有合格的感官特性。与未水解大豆饮料相比，风味酶水解大豆饮料导致产品豆腥味减少，质地更致密、稳定，硬度更大，蛋白质和脂肪含量增加。保加利亚乳杆菌和唾液链球菌嗜热亚种的混合培养不仅降低了花生奶的豆腥味，而且显著增加了花生奶的白度、黏度和光滑度。通过罗伊氏乳杆菌和嗜热链球菌混合培养杏仁发酵后，观察到光滑度和白度指数值的增加。

8.6.5 食品生物技术在植物基食品生产中应用面临的机遇与挑战

食品生物技术对解决人类面临的食物、资源、健康、环境等重大问题发挥着越来越重要的作用。随着研究的不断深入，生物技术正在深刻地改变着经济、生活及应用科学的发展进程，各国也将此作为重点发展的领域。相信在不久的将来，生物技术必能克服种种技术困难和经济因素，为植物基食品工业的上、中、下游，即植物蛋白资源改造、生产工艺改良及加工品的包装、储运检测等方面的发展开拓更为广阔的前景。

8.7　基于食品生物技术以 C1 化合物合成食品配料

随着化石能源的不断消耗以及环境问题的日益凸显，如何使用清洁能源可持续地生产食品配料已成为国际研究的热点之一（Zhou et al.，2018）。由于微生物发酵具备生产周期短、合成效率高和反应条件温和等优点，已成为合成食品配料的理想方法。目前，多种不同的微生物被改造成为细胞工厂，用于以可持续原料为底物，高效合成不同的食品配料（Jouhten et al.，2016；Liu et al.，2019）。然而，目前这些原料仍然严重依赖于葡萄糖和蔗糖等含糖原料（Clomburg et al.，2017）。虽然从农作废弃物中提取出的木质纤维素是非食用糖的重要原料来源，但复杂的提取工艺和低下的微生物利用效率限制了其在生物制造中的应用（Naik et al.，2010）。一碳（C1）化合物由于天然资源丰富、生产成本低廉，被认为是一类理想的微生物细胞工厂生产原料，主要包括二氧化碳（CO_2）、一氧化碳（CO）、甲烷（CH_4）、甲醇（CH_3OH）和甲酸（HCOOH）（Durre and Eikmanns，2015；Strong et al.，2015；Pfeifenschneider et al.，2017）。此外，因为一些 C1 化合物是废气，防止它们释放到大气可以减缓它们对全球变暖的影响；与葡萄糖相比，一些 C1 化合物中的每个 C 原子拥有更多的可用电子，从而具有更高的理论得率（Whitaker et al.，2015）。因此，C1 化合物作为一类可持续非食品原料引起了人们的关注。C1 化合物可以由可再生原料、工业副产品和 CO_2 等多种物质生产。例如，CO 和甲酸可以通过电化学或光化学还原 CO_2 产生。通过电化学和光化学方法产生的氢气可以与 CO_2 反应生成甲酸、甲醇和甲烷。C1 原料和糖原料之间的一个关键区别是 C1 化合物中缺乏碳—碳键，这意味着需要在微生物细胞工厂中引入同化代谢从头合成途径，才能使细胞具备将 C1 化合物转化为胞内代谢物与能量的能力。

合成生物学、系统生物学和适应性进化技术的发展，为构建能以 C1 化合物为原料生产食品配料的细胞工厂提供了技术支持（图 8-59）。然而，目前研究人员面临的挑战是，虽然能够利用合成生物学技术在细胞工厂中引入 C1 化合物的同化代谢途径，但细胞利用 C1 化合物的效率仍然十分低下，无法有效地将细胞工厂的核心代谢从对糖的依赖转变为对 C1 化合物的依赖（Zhang et al.，2018；Wang et al.，2020）。Gassler 等（2020）和 Gleizer 等（2019）利用适应性进化，分别开发了第一个能够以 CO_2 为唯一碳源，为细胞自身的代谢提供碳骨架的真核微生物（毕赤酵母）和原核生物（大肠杆菌）。Chen 等（2020）和 Kim 等（2020）通过对菌株进行适应性进化，获得了第一个能够在甲醇和甲酸上生长的大肠杆菌。Cai 等（2021）利用电化学技术将 CO_2 转化为甲醛，并采用“搭积木”的方式，构建了 11 步非天然的固碳和淀粉合成途径，逐步将 C1 化合物聚合成 C3 化合物，再将 C3 化合物聚合成 C6 化合物，最终将 C6 化合物转化为直链和支链淀粉，首次实现了不依赖于植物的 CO_2 固定和淀粉合成。2022 年，能够利用 CO_2 合成葡萄糖、乙酸、脂肪酸等食品配料的微生物细胞工厂也被逐步构建（Liew et al.，2022；Zheng et al.，2022）。本节将总结如何构建能够利用不同 C1 化合物（CO_2、CO、CH_4、CH_3OH 和 HCOOH）合成食品配料的微生物细胞工厂。

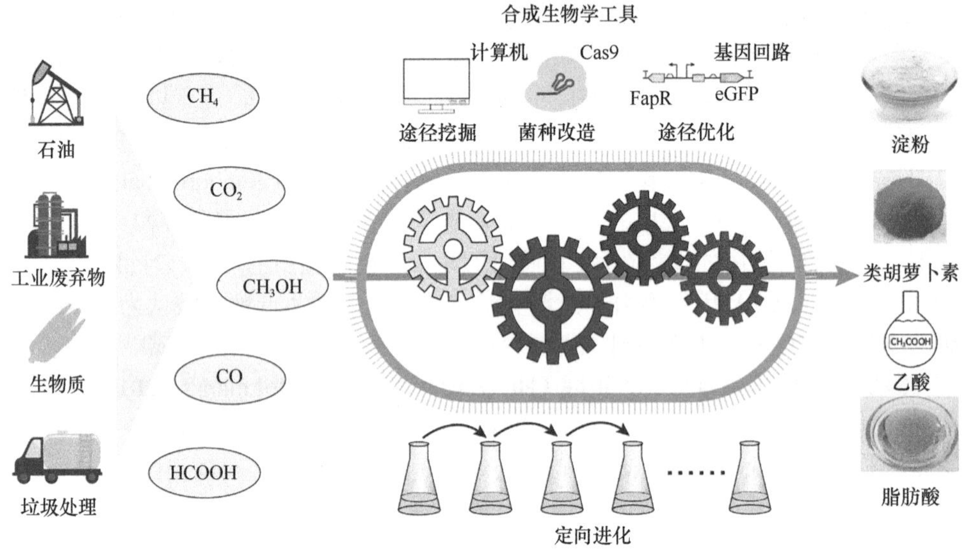

图 8-59　以 C1 化合物为原料合成食品配料的细胞工厂示意图

8.7.1　以甲醇为 C1 原料合成食品配料

2018 年，全球的甲醇产能达到了 1.1 亿 t。甲醇的生产方式主要包括天然气的蒸汽重组、生物质的衍生合成和 CO_2 的氢化（Du et al.，2016）。由于来源丰富且生产工艺灵活，甲醇的价格普遍低于糖原料（Schrader et al.，2009）。此外，甲醇比葡萄糖的还原度更高，理论上可以提高产品得率（Whitaker et al.，2015）。

甲基营养型原核生物及毕赤酵母属、念珠菌属和圆酵母属中的一些菌株能够天然利用甲醇作为唯一的碳源（Houard et al.，2002；Yurimoto et al.，2011；Zhang et al.，2018）。甲醇在酵母中的醇氧化酶（Aox）或原核生物中的甲醇脱氢酶（Mdh）的催化下氧化成甲醛（Ledeboer et al.，1985；Cregg et al.，1989）。其中，酵母中的甲醇氧化需要 O_2 作为电子受体，而革兰氏阴性菌和嗜热革兰氏阳性菌中的 Mdh 分别使用吡咯喹啉醌（PQQ）或烟酰胺腺嘌呤二核苷酸（NAD^+）作为电子受体（Pfeifenschneider et al.，2017）。作为甲醇的氧化产物，甲醛具有细胞毒性，其与蛋白质和 DNA 等大分子发生反应并随后交联，从而影响细胞生长，因此甲醛在甲基营养菌中会被迅速同化或异化（Yurimoto et al.，2005，2011）。酵母中甲醛同化的第一步是使用 5-磷酸木酮糖（Xu5P）作为共底物将甲醛转化为二羟基丙酮

（DHA）和 3-磷酸甘油醛（G3P）（图 8-60）。所有甲醇同化步骤都发生在过氧化物酶体内，其中 1/3 的产物进入细胞质用来合成细胞生物质和能量，2/3 的产物进一步转化为 Xu5P，完成木糖一磷酸循环（Russmayer et al.，2015）。相比之下，甲基营养原核生物中甲醇的氧化在 PQQ 依赖型途径的细胞周质或 NAD^+ 依赖型途径的胞质溶胶中进行（Keltjens et al.，2014；Lee et al.，2020）。在原核生物中，甲醛有两种主要的同化途径：核酮糖一磷酸途径（RuMP）和丝氨酸途径。在 RuMP 途径中，甲醛与 5-磷酸核酮糖（Ru5P）在 3-己酮糖-6-磷酸合酶（Hps）和 6-磷酸-3-己酮异构酶（Phi）的连续催化下，缩合生成 6-磷酸果糖（F6P）（Orita et al.，2007）。F6P 可以流向糖酵解（embden-meyerhof-parnas，EMP）途径、恩特纳-杜多罗夫（Entner-Doudoroff，ED）途径，或进入戊糖磷酸通路（pentose phosphate pathway，PPP），再生成为 Ru5P（Pfeifenschneider et al.，2017）。在甲醛的丝氨酸同化途径中，甲醛会与四氢叶酸（THF）缩合形成亚甲基四氢叶酸（methylene-H4F），随后，methylene-H4F 与甘氨酸缩合形成丝氨酸，然后转化为草酰乙酸，草酰乙酸通过与苹果酸的相互转化，将丝氨酸循环与三羧酸（TCA）循环联系起来（Kallen and Jencks，1966；Linden et al.，2016）。此外，甲醇也可以被厌氧微生物同化，例如，一些产乙酸菌使用还原性乙酰辅酶 A 途径同化甲醇（Cotton et al.，2020）。

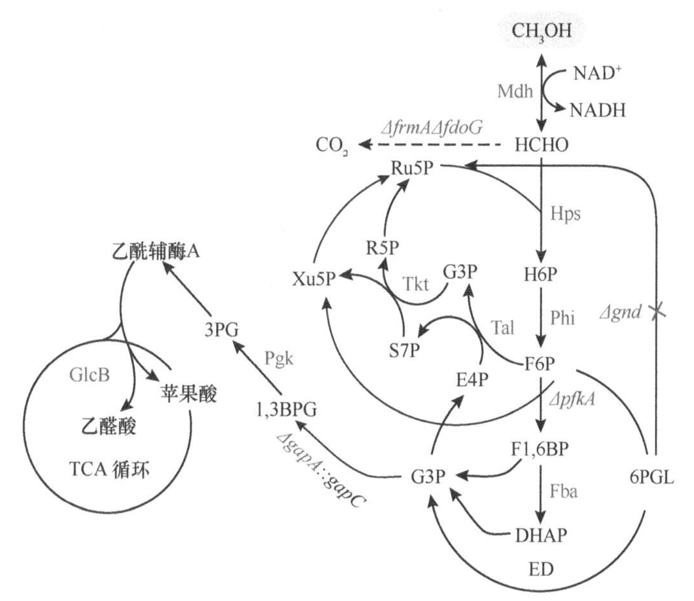

图 8-60　甲醇自养型大肠杆菌的构建示意图

Ru5P，5-磷酸核酮糖；R5P，5-磷酸核糖；3PG，3-磷酸甘油酸；G3P，3-磷酸甘油醛；F1,6BP，果糖-1,6-二磷酸；H6P，6-磷酸己糖；F6P，6-磷酸果糖；DHAP，磷酸二羟丙酮；E4P，4-磷酸赤藓糖；S7P，7-磷酸景天庚酮糖；6PGL，6-磷酸葡糖酸内酯酶；1,3BPG，1,3-二磷酸甘油酸；Mdh，甲醇脱氢酶；Hps，3-己酮糖-6-磷酸合酶；Phi，6-磷酸-3-己酮异构酶；FrmA，甲醛脱氢酶 A；FdoG，甲酸脱氢酶；Tal，转醛缩酶；Tkt，转酮醇酶；GapA，甘油醛-3-磷酸脱氢酶 A；GapC，甘油醛-3-磷酸脱氢酶 C；Fba，果糖-二磷酸醛缩酶；Gnd，6-磷酸葡萄糖酸脱氢酶；Pgk，磷酸甘油酸激酶；GlcB，苹果酸合酶 G

甲醛的异化途径广泛存在于微生物中，用来消耗内源产生的甲醛（Yurimoto et al.，2005）。大多数情况下，甲醛会与 C1 载体，如 H4F、四氢甲蝶呤（H4MPT）、谷胱甘肽（GSH）或霉菌硫醇（MSH）自发缩合形成与辅因子结合的相应 C1 单元，随后转化为甲酸盐并最终代谢为 CO_2，同时伴随着一分子 NADH 的生成（Vorholt，2002）。为构建甲基营养型的大肠杆菌，通常会将大肠杆菌中参与甲醛异化的甲醛脱氢酶 A（FrmA）敲除，以避免固定的 C1 单位被消耗（Wang et al.，2017；Whitaker et al.，2017；Bennett et al.，2018）。

从甲基营养菌中鉴定出的甲醇同化途径关键基因 *mdh*、*hps* 和 *phi*，为甲基营养型大肠杆菌的构建奠定了基础（Muller et al.，2015）。用 ^{13}C-甲醇作为同位素标志物，发现在人工构建的甲基营养型大肠杆菌中，40%的 ^{13}C-甲醇被同化进入了中心代谢，尤其是被同化成为 6-磷酸己糖（H6P），证明由 Mdh、Hps 和 Phi 建立的 RuMP 途径能够在大肠杆菌中发挥功能。通过将关键酶 Mdh、Hps 和 Phi 进行融合表达，甲基营养型大肠杆菌的甲醇氧化和甲醛同化能力显著提高，甲醇转化为 F6P 的效率提高了 50 倍（Price et al.，2016）。

虽然 RuMP 途径能够在大肠杆菌中发挥功能，但其效率仍然很低。如何构建以甲醇作为唯一碳源，用于细胞生长与能量供给的大肠杆菌，仍然是亟待解决的科学问题。其中，辅因子失衡是一个关键问题，随着 $NADH/NAD^+$比例的增加，基于 Mdh 的甲醇氧化会受到抑制（Woolston et al.，2018）。通过将此步骤与 NADH 消耗循环耦合，可使甲醇向甲醛的转化率提高 3.6 倍（Price et al.，2016）。此外，可以通过敲除编码 NAD^+依赖性苹果酸脱氢酶的 *maldh* 基因降低细胞 NADH 浓度，同时降低 TCA 循环的活性。在天然的甲醇自养型菌株中，TCA 循环的活性普遍较低（Meyer et al.，2018）。

除了辅因子失衡，另外还要考虑到甲醇的氧化是吸能的，因此需要保持胞内较低的甲醛浓度来促使反应正向进行（Woolston et al.，2018）。在培养基中添加木糖，可以显著提高工程大肠杆菌的胞内 Ru5P 浓度。作为与甲醛同化的重要共底物，Ru5P 浓度的提升促进了甲醛的同化。然而，添加木糖会使胞内的 NADH 浓度增加，导致甲醇的氧化速率降低。此外，通过使用碘乙酸盐降低工程大肠杆菌中的糖酵解途径的代谢流，逆转果糖 1,6-二磷酸（F1,6BP）的磷酸化，使碳通量重新分配，更多地流向 Ru5P 的合成，导致 Ru5P 的浓度增加了 4 倍、甲醛的浓度降低到原来的 1/3。此结果表明 Ru5P 池的增加确实可以促进甲醇的同化作用（Woolston et al.，2018）。此外，另一种促进甲醛同化作用的方式为：在工程大肠杆菌中异源表达来自于甲醇芽孢杆菌（*Bacillus methanolicus*）的 PPP 途径，同时敲除糖酵解途径的磷酸葡萄糖异构酶（Pgi），使更多的碳通量流向 PPP 途径而不是糖酵解途径，从而改变葡萄糖分解代谢，提高细胞在甲醇和葡萄糖培养基中生长时的胞内 Ru5P 浓度（Bennett et al.，2018）。另外，敲除编码核酮糖磷酸-3-差向异构酶的 *rpeB* 基因或编码 R5P 异构酶 A 和 B 的 *rpiA* 基因，可以增加工程菌株在含有木糖或核糖的培养基中的 Ru5P 浓度，随后适应性进化，可以获得能够在甲醇和木糖的摩尔比为 1∶1 的培养基中生长的工程大肠杆菌（Chen et al.，2018）。

除了提高胞内 Ru5P 的浓度，还可以通过设计新的甲醇同化途径来提高甲醇的同化效率，例如，通过在大肠杆菌中异源表达 Mdh 和甲醛酶（Fls）来构建线性甲醇同化途径。该途径能够将 3 分子的甲醛转化为 DHA（Wang et al.，2017）。此外，通过在大肠杆菌中共表达来自格尔纳不动杆菌（*Acinetobacter gerneri*）的 Mdh 和来自安格斯毕赤酵母（*Pichia angusta*）的二羟基丙酮合酶（Das），构建混合甲醛同化途径，可使甲醇对胞内中心代谢物磷酸烯醇丙酮酸的转化率达到 22%（De Simone et al.，2020）。结合通路重新设计，适应性进化（adaptive laboratory evolution，ALE）能够高效地提高菌株的甲醇利用能力。在选择压力下，只有能够高效同化甲醇的菌株才能够迅速生长，从而富集所需表型的突变株（Portnoy et al.，2011）。Chen 等（2020）利用适应性进化，获得了能够在以甲醇为唯一碳源的培养基中生长的工程大肠杆菌，其倍增时间为 8.5 h。通过基因组测序发现，工程大肠杆菌基因组中复制了多个拷贝的甲醇同化途径异源基因，从而提高了甲醇的利用效率，并最大限度地减少了甲醛积累对细胞造成的损伤。

虽然大部分甲醇自养型微生物构建的研究主要集中于大肠杆菌，但在其他微生物中也有相应的研究，包括谷氨酸棒杆菌（*Corynebacterium glutamicum*）和酿酒酵母（*Saccharomyces cerevisia*e）。与大肠杆菌类似，通过在谷氨酸棒杆菌中构建木糖利用途径，提高胞内 Ru5P 的浓度；异源表达 Mdh、Hps 和 Phi；阻断甲醛的异化途径；敲除编码磷酸核糖异构酶 B 的 *rpiB* 基因，防止 Ru5P 和 R5P 的相互转化；结合两轮适应性进化，最终获得了能够在甲醇和木糖摩尔比为 3.81∶1 的培养基中生长的工程菌株（Tuyishime et al.，2018）。酿酒酵母中甲醇同化途径的构建主要包括：异源表达来自于巴斯德毕赤酵母（*Pichia pastoris*）的甲醇同化途径、来自于细菌的 Mdh-Hps-Phi 途径，或构建 Mdh-Das 混合的甲醇同化途径（Espinosa et al.，2020）。此外，研究还发现，在酿酒酵母中存在一条较弱的天然甲醇同化途径，并可以通过适应性进化加强这条途径的甲醇同化效率，这条同化途径可能涉及磷酸二羟丙酮（DHAP）、果糖-1,6-二磷酸（F-1,6-BP）和 G3P，类似于巴斯德毕赤酵母中的 XuMP 途径（Espinosa et al.，2020）。

8.7.2　以甲烷为 C1 原料合成食品配料

甲烷是天然气和页岩气的主要成分（>80%），在消化过程和垃圾填埋场产生的沼气中占比超过 50%，因此其资源丰富。甲烷相对便宜，目前用作能源载体和燃料。甲烷的丰富性、低廉的价格和高度的还原性，使其被认为是化学工业中理想的下一代碳原料（Hwang et al.，2014）。

甲烷氧化菌可以在需氧或厌氧条件下使用甲烷作为唯一碳源。好氧甲烷氧化菌是研究最为深入的甲烷氧化菌，也最接近于商业使用（Hanson and Hanson，1996）。根据甲烷同化途径不同，可以将它们分为利用 RuMP 途径进行碳同化的γ-变形菌（“I 型”）和利用丝氨酸循环进行碳同化的α-变形菌（“II 型”）（Trotsenko and Murrell，2008）（图 8-61）。甲烷单加氧酶是有氧条件下菌株同化甲烷的关键酶，能够以可溶性（sMMO）或颗粒状（pMMO）形式存在，同时需要消耗 2 分

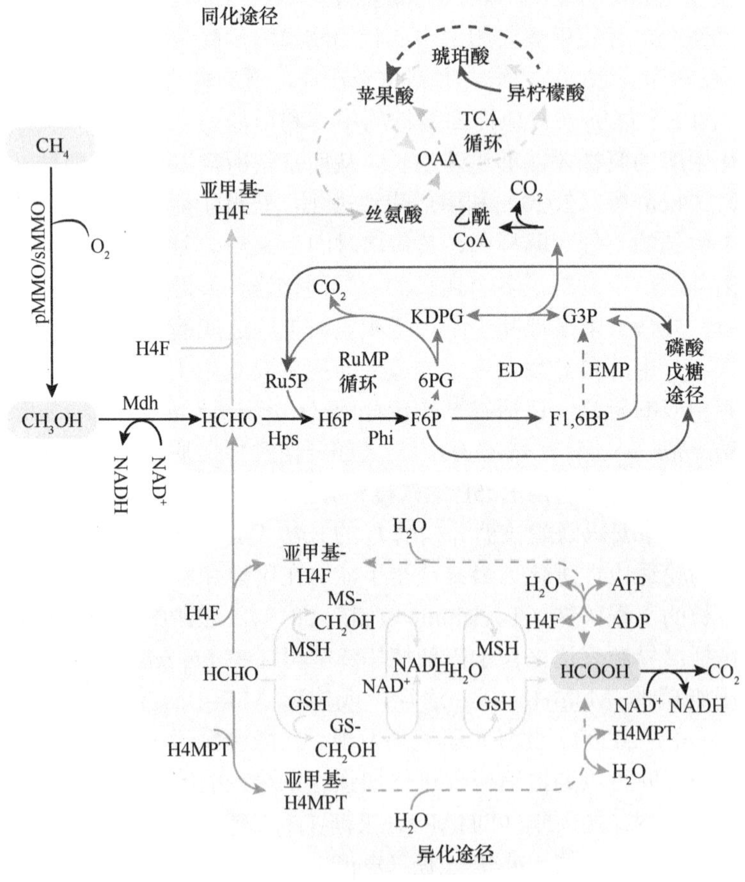

图 8-61　甲烷的同化与异化途径示意图

H6P，6-磷酸己糖；F6P，6-磷酸果糖；F1,6BP，果糖-1,6-二磷酸；Ru5P，5-磷酸核酮糖；GS-CH_2OH，*S*-羟甲基谷胱甘肽；KDPG，2-酮-3-脱氧-6-磷酸葡糖酸；6PG，6-磷酸葡萄糖酸盐；THF，四氢叶酸；H4MPT，四氢甲蝶呤；GSH，谷胱甘肽；MSH，霉菌硫醇；MS-CH_2OH，*S*-羟甲基霉硫醇；Mdh，甲醇脱氢酶；Hps，3-己酮糖-6-磷酸合酶；Phi，6-磷酸-3-己酮异构酶；pMMO，膜结合甲烷单加氧酶；sMMO，细胞质甲烷单加氧酶；OAA，草酰乙酸

子的还原力才能将甲烷氧化成甲醇（Semrau et al.，2010）。随着甲醇的形成，其被细胞氧化成甲醛，而甲醛又可以在甲醛脱氢酶（Ald）和甲酸脱氢酶（Fdh）的催化下异化为 CO_2，或通过 H4F 或 H4MPT 介导的异化途径生成 CO_2（De La Torre et al.，2015）。

大多数好氧甲烷氧化菌仅含有 pMMO，少数菌株同时含有 sMMO，极少数的菌株仅具有 sMMO（Dedysh et al.，2000）。目前工业应用的甲烷氧化菌主要为 γ-变形菌，因为它们可以利用更高效的 RuMP 同化甲烷氧化生成的甲醛，并且更适合基因操作。

厌氧甲烷氧化是由厌氧甲烷氧化古菌和非甲烷氧化细菌协同进行的。该过程并不利用甲烷单加氧酶，而是利用甲基辅酶 A 还原酶（aMCR）的同源酶同化甲烷，该过程中伴随着硝酸盐、硫酸盐、元素硫或金属离子的还原（Thauer，2011；Milucka et al.，2013；Lawton and Rosenzweig，2016a，b）。尽管 MCR 的甲烷同化效率是最低的，但它们同化甲烷不需要还原力，因此目前逐渐受到关注（Haynes and Gonzalez，2014）。

甲烷氧化菌已经被用来生产多种化合物，其中包括食品配料乙酸和类胡萝卜素。Henard 等（2016）通过将来源于瑞士乳杆菌（*Lactobacillus helveticus*）的 L-乳酸脱氢酶转化进入甲烷氧化菌（*Methylomicrobium buryatense*），使菌株在以甲烷为唯一碳源的培养基中能够合成 0.8 g/L 的乙酸，相较于原始菌株提高了 13 倍。类胡萝卜素被广泛用作食品添加剂或着色剂，Sharpe 等（2007）通过将类胡萝卜素的合成途径异源引入改造的甲基单胞菌（*Methylomonas* sp.）strain 16a 中，得到的重组菌株能够生产 2 mg/g 细胞干重的虾青素（类胡萝卜素的一种）。然而，使用甲烷氧化菌生产食品配料仍然十分具有挑战性。首先，纯种的甲烷氧化菌难以分离，且它们在菌株纯培养时的生长状况通常不如混合培养好；其次，甲烷氧化菌的生长速率低于常用的工业微生物大肠杆菌；再次，甲烷氧化菌的甲烷同化效率仍然十分低下，在甲烷同化为甲醇的过程中会损失约 40%的能量；各种产物在甲烷氧化菌中的产量显著低于这些产物在模式工业微生物中的产量。

将甲烷同化途径引入到其他模式工业微生物中是解决上述问题的有效策略。然而，MMO 的异源活性表达一直是一个相当大的挑战（Meinhold et al.，2005；Zilly et al.，2011）。最近，pMMO 的 β 亚基已在大肠杆菌中表达，同时赋予菌株同化甲烷的能力，但效率仍然十分低下（Balasubramanian et al.，2010）。此外，来自荚膜甲基球菌（*Methylococcus capsulatus*）的 pMMO 催化结构域能够在大肠杆菌中可溶性表达，并在脱铁铁蛋白颗粒支架上重新组装，形成一种 pMMO 模拟酶，其在体外表现出与天然 pMMO 相似的甲基动力学活性（Kim et al.，2019）。

8.7.3 以二氧化碳为 C1 原料合成食品配料

二氧化碳（CO_2）占空气的 0.03%，并且随着人类活动而在全球范围内逐步增加，是全球变暖的主要因素（Takors et al.，2018）。自养型生物能够从环境中固定 CO_2 并将其作为碳源转化为自身物质。随着生物技术的发展，研究人员可以利用自养型微生物合成多种高附加值的化学品，或者赋予异养型微生物固定 CO_2 的能力，并用其合成所需的化学品（Fuchs et al.，2011；Ducat and Silver，2012）。

迄今为止，已发现的天然 CO_2 固定途径主要包括 Calvin-Benson-Bassham（CBB）循环、还原性 TCA（rTCA）循环、二羧酸盐/4-羟基丁酸（DC/HB）循环、3-羟基丙酸-4-羟基丁酸（HP/HB）循环、3-羟基丙酸（3-HP）循环、WLP 途径和还原甘氨酸途径（rGlyP）（Sanchez-Andrea et al.，2020）。CBB 循环是全球生物固定 CO_2 的主要途径（占 90%），包括光合和非光合生物（Gong et al.，2016；Schwander et al.，2016）（图 8-62）。CBB 循环中的关键酶为核酮糖-1,5-二磷酸羧化酶/加氧酶（rubisco），其负责将 CO_2 与 1,5-二磷酸核酮糖（RuBP）缩合，生成 2 分子 3-磷酸甘油酸，是 CBB 循环的第一步（Raines，2003）。该反应具有催化活性低、对 CO_2 亲和力低、对 O_2 亲和力高的特征。此外，当细胞进行光呼吸时，rubisco 的 CO_2 固定量将下降 50%，所消耗的能量也显著上升（Andersson and Backlund，2008；Bar-Even et al.，2010；Claassens，2017）。虽然目前有很多研究尝试提高 rubisco 的 CO_2 固定效率，但结果都不大理想（Erb and Zarzycki，2016；Davidi et al.，2020）。

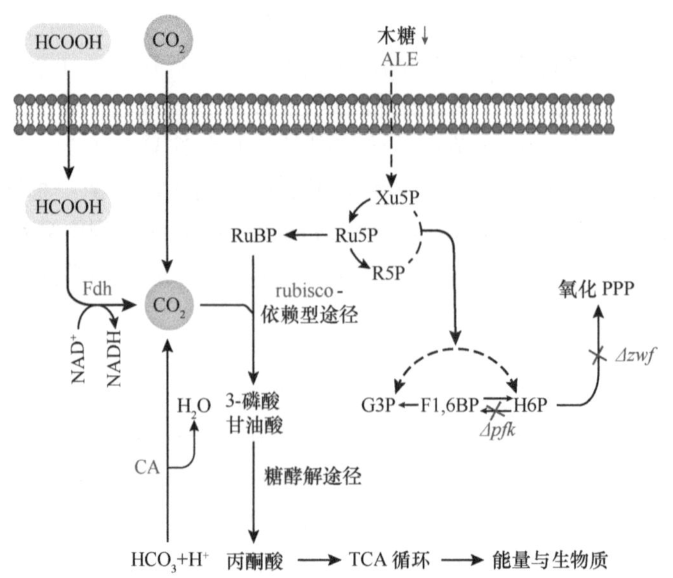

图 8-62 基于 CBB 循环的 CO_2 固定及完全自养型大肠杆菌构建示意图

Fdh，甲酸脱氢酶；CA，碳酸酐酶；RuBP，1,5-二磷酸核酮糖；R5P，5-磷酸核糖；Xu5P，5-磷酸木酮糖；G3P，3-磷酸甘油醛；F1,6BP，果糖-1,6-二磷酸；H6P，6-磷酸己糖

将异养型微生物转化为能够固定 CO_2 的自养型微生物的关键问题在于如何在自养型微生物中构建高效的 CBB 循环。将大肠杆菌转化为能够固定 CO_2 的自养型微生物的第一步是构建一株半自养型的工程菌株，即此工程大肠杆菌细胞的代谢生长仅部分依赖于 CO_2（Antonovsky et al.，2016；Gong et al.，2018）。为构建此工程菌株，首先需在大肠杆菌中构建一个 CO_2 固定模块：通过在大肠杆菌中异源表达 rubisco、磷酸核糖激酶（Prk）和碳酸酐酶（CA）固定 CO_2，并生成细胞生长所需的糖和磷酸化糖；另一个模块则通过外源添加丙酮酸等能量载体，为细胞生长提供能量和还原力（Antonovsky et al.，2016）。此外，为了使能量产生与碳固定解耦合，需要敲除磷酸甘油酸变位酶基因 *gpmA* 和 *gpmM* 来阻断糖异生途径，敲除 *aceBAK* 操纵子来阻断乙醛酸合成途径，从而避免细胞利用丙酮酸合成细胞生长所需的其他代谢物。然而，获得的大肠杆菌并不能在含有丙酮酸和 CO_2 的培养基上生长。随后，通过在培养基中继续添加木糖，从而为固定 CO_2 提供前体 RuBP，使菌株在该培养基中成功生长。Antonovsky 等（2016）通过继续敲除菌株中的磷酸果糖激酶 A 和 B 编码基因 *pfkA*、*pfkB*，以及葡萄糖-6-磷酸-1-脱氢酶编码基因 *zwf*，使木糖不再能够转化为细胞生长所需的代谢物，细胞仅能通过同化 CO_2 来为自身生长提供碳骨架；随后，利用适应性进化，逐步降低培养体系中的木糖浓度，使细胞逐渐降低对木糖的依赖，进化为仅能利用 CO_2 启动 CBB 循环的半自养型菌株，最终成功获得了能够在仅含丙酮酸和 CO_2 的培养基上生长的工程大肠杆菌。

然而，Antonovsky 等所构建的工程菌株仍然需要使用有机物丙酮酸为细胞提供能量与还原力。为了获得仅使用无机物作为唯一碳源的完全自养型菌株，Gleizer 等（2019）在工程菌株中进一步引入了来源于甲基营养细菌假单胞菌的甲酸脱氢酶（FDH），使细胞能够利用 C1 化合物甲酸为自身提供能量与还原力。同样的，通过适应性进化，逐步降低培养体系中的木糖浓度，可使细胞逐渐降低对木糖的依赖，进化为完全自养型的工程菌株。最后，他们成功获得了能够利用无机碳源完全自养的进化菌株。类似的方法用于构建自养型的扭脱甲基杆菌（*Methylobacterium extorquens*）AM1（von Borzyskowski et al.，2018）。首先，在菌株中表达 rubisco 和 Prk 来构建 CBB 循环。随后，阻断细胞自身的甲醇同化途径，保留其甲醇异化途径，使其仅使用甲醇为细胞生长提供能量与还原力。然而，在后续的适应性进化过程中，始终无法获得能够完全自养的扭脱甲基杆菌。这可能是由于胞内的 CO_2 同化代谢和甲醇异化代谢无法达到平衡。此外，此种策略也被用于构建完全自养型的巴斯德毕赤酵母（Gassler et al.，2020）。首先，通过删除 *DAS1*、*DAS2* 和 *AOX1* 基因来阻断细胞中的甲醇同化途径，降低甲醛形成率，同时通过过表达 *Aox2* 基因促进细胞的甲醇异化途径，以使甲醇为细胞生长提供能量与还原力；接着，将 CBB 循环中所需的酶类在过氧化物酶体里进行表达，通过适应性进化，最终成功获得了完全自养型的巴斯德毕赤酵母。

为抑制氧气存在下 CBB 循环的竞争性光呼吸活性、提高 CBB 循环的固碳效率，可以在菌株培养环境中引入充足的 CO_2，或在菌株中引入异源的碳浓度机制（CCM）。羧酶体（carboxysome）是一种二十面体蛋白质，能包裹 rubisco 和 CA 酶，同时在结构内浓缩 CO_2 和 HCO_3^-，从而提高 CBB 循环的固碳效率（Flamholz et al.，2020）。通过在工程大肠杆菌中引入羧酶体，能够使菌株在大气浓度的 CO_2 培养条件下生长（Flamholz et al.，2020）。

除了 CBB 循环外，其他天然 CO_2 固定途径虽然也被引入到了异养型生物中，但尚未实现将异养型生物转化为完全自养型生物。rTCA 循环与 TCA 循环的反应步骤相同，但以相反方向运行（Fuchs et al.，2011）。rTCA 循环已成功被引入到大肠杆菌的周质空间中，并提高了菌株的苹果酸产量（Guo et al.，2018）。然而，该研究并没有考察引入 rTCA 循环是否使菌株具备固定 CO_2 的能力。DC/HB 循环是一条厌氧途径，其中 CO_2 和 HCO_3^- 分子依次被引入循环以形成琥珀酰辅酶 A（Gong et al.，2016）。这个循环尚未被引入到异源宿主中。然而，嗜热菌（*Metallosphaera sedula*）的 HP/HB 循环的部分反应步骤已被异源引入到了烈火球菌（*Pyrococcus furiosus*）和大肠杆菌中，用于生产 3-羟基丙酸、丙烯酸和丙酸（Keller et al.，2013；Liu and Liu，2016）。

WLP 是最节能的 CO_2 固定途径，其部分反应步骤已用于在微生物中构建 rGlyP 途径（Tashiro et al.，2018；Yishai et al.，2018；Gonzalez et al.，2019）。虽然 WLP 途径仅在厌氧条件下发挥功能，但 rGlyP 可以在有氧条件下发挥功能。rGlyP 最近已被证实存在于自然界中的 *Desulfovibrio desulfuricans* 脱硫弧菌 G11 中，是一条 CO_2 和甲酸盐同化途径（详见下文）（Sanchez-Andrea et al.，2020）。通过将 rGlyP 途径引入到大肠杆菌中，已经成功构建了能够同化 CO_2 和甲酸盐的工程大肠杆菌（Tashiro et al.，2018）。

除了天然的 CO_2 固定途径，科研人员目前也设计了一些非天然的 CO_2 固定途径。丙二酰辅酶 A-草酰乙酸-乙醛酸（MOG）途径用更高效的耐氧酶（如磷酸烯醇式丙酮酸 PE 羧化酶）取代了 rubisco（Bar-Even et al.，2010）。巴豆酰辅酶 A/乙基丙二酰辅酶 A/羟基丁酰辅酶 A[crotonyl-coenzyme A（CoA）/ethylmalonyl-CoA/hydroxybutyryl-CoA，CETCH]循环是一个由 17 种酶组成的反应网络，这些酶可以在体外以每毫克蛋白质、每分钟 5 nmol CO_2 的同化速率将 CO_2 转化为有机分子（Liu et al.，2020a）。以上结果表明，通过代谢通量建模、合成生物学技术、异源表达天然的 CO_2 固定途径和适应性进化，可以将异养型微生物转化为自养型微生物。

除了酶催化外，电化学催化系统是固定 CO_2 的另一种有效策略。所采用的电化学系统通过电催化将 CO_2 转化为甲醇或甲酸，具有极高的催化效率（Tashiro et al.，2018)。淀粉是碳水化合物的一种储存形式，是人类饮食中热量的主要来源，也是生物工业的主要原料（Keeling and Myers，2010)。绿色植物中的淀粉合成涉及大约 60 个反应步骤和复杂的代谢调节（Abt and Zeeman，2020)。尽管研究人员已经做了许多工作来提高植物中淀粉的产量，但光合作用效率低和淀粉生物合成复杂的问题仍难以解决（Bahaji et al.，2014)。Cai 等（2021）设计了一种新型的人工淀粉合成途径——化学-生化混合途径，即在无细胞系统中将 CO_2 和 H_2 逐步转化为淀粉。人工淀粉合成代谢途径（artificial starch anabolic pathway，ASAP）由 11 个计算设计的核心反应组成，通过对途径中的各个反应进行模块化的组装、优化，以及对 3 个关键酶进行蛋白质工程改造，提升酶的催化效率，最终由 H_2 驱动的 ASAP 能够以每毫克总催化剂、每分钟 22 nmol CO_2 的速率将 CO_2 转化为淀粉，比玉米中的淀粉合成速率高约 8.5 倍。

8.7.4　以一氧化碳为 C1 原料合成食品配料

一氧化碳（CO）是大气中的微量气体，但却是一种常见的工业废气（Liew et al.，2016)。一氧化碳以其毒性而闻名，它会损害多种生物体内的氧气运输和线粒体功能（Ernst and Zibrak，1998；Alonso et al.，2003)。然而，许多细菌和古细菌，称为一氧化碳营养菌（carboxydotrophic bacteria)，已经进化到可以使用 CO 作为主要碳源（Meyer and Schlegel，1983)。这些微生物既可以是需氧微生物，也可以是厌氧微生物，厌氧微生物可以根据它们分泌的产物进一步分为产氢气菌、产乙酸菌、产甲烷菌和产硫酸盐菌（King and Weber，2007；Diender et al.，2015)。

CO 同化的第一步是通过一氧化碳脱氢酶（CODH）氧化生成 CO_2，此过程伴随着还原力的生成（Oelgeschlager and Rother，2008)。金属离子钼和镍分别是需氧菌和厌氧菌同化 CO 的关键辅因子，它们参与 CO 同化过程中的电子传递（Can et al.，2014)。需氧菌通常通过 CBB 循环固定 CO，同化生成 CO_2，将其转化为自身生物质（King and Weber，2007)。

Wood-Ljungdahl 途径（WLP）也称为还原性乙酰辅酶 A 途径，是厌氧菌中最普遍的 CO 同化途径（Ragsdale and Pierce，2008；Fast and Papoutsakis，2012)。同时，WLP 是目前已知的反应步骤最短且能量消耗最少的一种生物固碳途径。在 WLP 途径中，两个 CO_2 分子直接还原形成一个乙酰辅酶 A 分子，这与以循环方式运行的其他固碳途径不同。WLP 途径主要存在于厚壁菌门和真古菌门的厌氧菌（产乙酸菌）及古菌（产甲烷菌）中（Durre and Eikmanns，2015)。WLP 途径需要在厌氧条件下严格运行，因为它使用铁氧还蛋白来驱动还原反应，并且其主要酶——乙酰辅酶 A 合酶/一氧化碳脱氢酶具有极高的氧敏感性。WLP 由两个支路途径组成（图 8-63)：羰基支路途径，此过程中 CO_2 被还原为 CO；甲基支路途径，

此过程中一分子的 CO_2 被还原为甲酸，随后通过消耗一分子 ATP 固定在四氢叶酸辅酶上，并在一系列反应中进一步还原为甲基四氢叶酸。甲基转移到类咕啉铁硫蛋白（$[CH_3]$-COFeSP）上，并被带到双功能乙酰辅酶 A 合酶/一氧化碳脱氢酶（ACS）上，最终，甲基与羰基支路途径产生的 CO 结合形成乙酰辅酶 A，此步骤是 WLP 途径的限速步骤（Jones et al.，2016）。

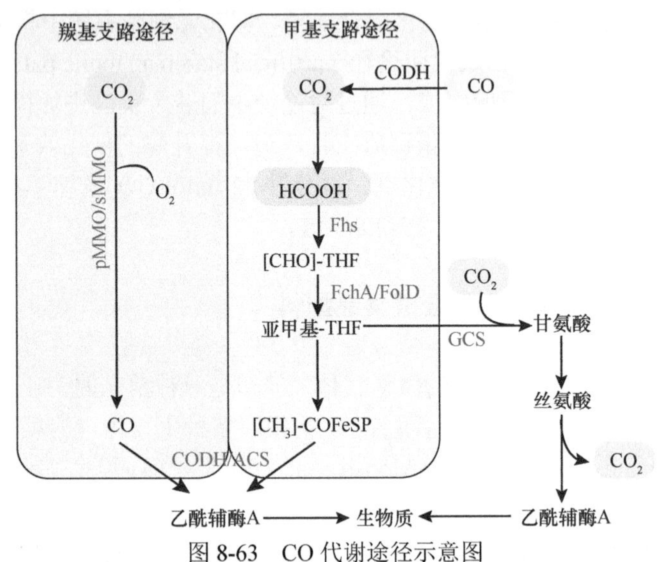

图 8-63 CO 代谢途径示意图

pMMO，膜结合甲烷单加氧酶；sMMO，细胞质甲烷单加氧酶；$[CH_3]$-COFeSP，类咕啉铁硫蛋白；FolD，亚甲基四氢叶酸脱氢酶；FchA，次甲基四氢叶酸环化水解酶；Fhs，甲酰基四氢叶酸合成酶；GCS，甘氨酸裂解途径；CODH，一氧化碳脱氢酶；ACS，双功能乙酰辅酶 A 合酶/一氧化碳脱氢酶

永达尔梭菌（*Clostridium ljungdahlii*）是一种代表性的自养型气体发酵细菌，属于厚壁菌门细菌，可以通过 WLP 途径固定气态碳（Fernandez-Naveira et al.，2017）。野生型 *C. ljungdahlii* 菌株可以使用由生活、农业废物或不同工业废气气化形成的 C1 气体（CO、CO_2 和 H_2 的混合物）来生产乙酸盐和乙醇，并已经显示出良好的工业应用前景（Fernandez-Naveira et al.，2017）。*C. ljungdahlii* 中的乙醇合成途径仍然未知，目前已提出了乙醇在 *C. ljungdahlii* 中两种可能的合成途径：基于醛/醇脱氢酶（AdhE）将乙酰辅酶 A 转化为乙醇；基于 Aor（乙醛：铁氧还蛋白氧化还原酶）-AdhE 将乙酸盐还原为乙醇（Zhang et al.，2020b）。然而，哪种途径在 *C. ljungdahlii* 中对乙醇的形成起主要作用仍然未知。

在异源宿主中重建 WLP 途径仍然是合成生物学的一个难题。研究人员首次将来源于莫雷拉热醋酸菌（*Morella thermoacetica*）的 5 个 WLP 必需基因引入到大肠杆菌中，最终所获得的菌株并不具 CODH/ACS 活性（Roberts et al.，1989）。虽然后来在 $NiCl_2$ 溶液中孵育 ACS 发现其具有活性，然而，进一步重构大肠杆菌中的 WLP 途径，也不能够赋予大肠杆菌在以 CO 作为底物的培养基上生长的能力（Fast and Papoutsakis，2018）。随后，研究人员使用了系统发育上更接近的宿主和基因，成功将来源于食一氧化碳梭菌（*Clostridium carboxidivorans*）中的 CODH 和 ACS 蛋白在丙酮丁醇梭菌（*Clostridium acetobutylicum*）中表达，并形成 CODH/ACS 复合物，但该复合物仍不具备体内活性（Carlson and Papoutsakis，2017）。2018 年，一组来自于 *C. ljungdahlii* 的 CODH/ACS 编码基因和来自于大肠杆菌的亚甲基四氢叶酸还原酶基因被引入 *C. acetobutylicum*，成功发挥了 WLP 途径的 CO 同化功能（Fast and Papoutsakis，2018）。然而，还未成功构建能够在以 CO 作为唯一碳源的培养基中生长的工程菌株。

8.7.5　以甲酸盐为 C1 原料合成食品配料

相比于 CO_2 和 CO，甲酸盐因具有更高的溶解度和还原度、便于储存和运输，也逐渐成为一种极具吸引力的 C1 原料。此外，与甲醇和甲烷不同，甲酸盐不易燃，因此更加安全。随着用于生产甲酸盐的电化学、光化学和催化方法的快速发展，甲酸盐的生产成本逐渐降低，生产能力也逐步提高（Yishai et al.，2016）。此外，如上文所述，甲酸盐是 CO、CO_2 和甲醇等 C1 原料同化途径中的重要中间体。

在微生物中主要存在两条甲酸盐利用途径：同化途径与异化途径。异化途径会将甲酸盐完全氧化为 CO_2，期间为细胞生长或固碳提供还原力。而在同化途径中，甲酸盐会与其他代谢中间体缩合，转化为细胞生物质（Mao et al.，2020）。这些同化途径包括上文已经提及的 CBB 循环、WLP 途径、RuMP 循环、丝氨酸循环和 rGlyP 途径（Bar-Even，2016）。此外，现在已经人工设计出了非天然的甲酸同化途径，这些途径旨在使细胞能够在以甲酸盐为唯一碳源的培养基中生长（Siegel et al.，2015）。然而，这些途径的功能仅在体外进行了验证，它们在生物体内的功能还未被测试。

为了将甲酸盐同化途径引入到异源宿主中，研究人员采用了与甘氨酸营养缺陷型菌株相似的策略，即只有那些将 CO_2、甲酸盐和甲醇等 C1 化合物转化为甘氨酸的菌株才能够生长（Claassens et al.，2020）。采用此策略，rGlyP 已成功导入到大肠杆菌、酿酒酵母和杀虫贪铜菌（*Cupriavidus necator*）中（Yishai et al.，2018）。rGlyP 被认为是效率最高的甲酸同化途径，其具有以下优点：①它是一种线性途径，与 CBB 循环等循环途径相比，它更容易进行代谢改进；②它的反应在热力学上是有利的；③该途径无需对氧含量敏感的酶参与，这代表了其在需氧和厌氧条件下均可有效发挥功能（Cotton et al.，2020）。整个 rGlyP 途径由三个模块组成（图 8-64）。第一个模块利用 WLP 途径将甲酸盐转化为中间体 CH_2-THF，然后利用可逆性甘氨酸裂解途径（rGCS）将 CH_2-THF 和 CO_2 缩合，生成甘氨酸。

在第二个模块中，甲酸盐再次通过 WLP 途径转化为 CH_2-THF，然后利用丝氨酸-甘氨酸循环（SGC）中的 L-丝氨酸羟甲基转移酶（GlyA）将 CH_2-THF 与甘氨酸偶联，合成 L-丝氨酸。在第三个模块中，丝氨酸在 L-丝氨酸脱氨酶的作用下不可逆地脱氨为丙酮酸。总的来说，在 rGlyP 途径中，1 个丙酮酸分子是由 2 分子甲酸盐、1 分子 CO_2、3 分子 NAD(P)H 和 2 分子 ATP 合成的，而 CBB 循环需要消耗 5 分子 NADPH 和 7 分子 ATP 来产生 1 分子丙酮酸。因此，与 CBB 循环相比，rGlyP 消耗的能量与还原力更少。这归因于甲酸盐比 CO_2 更容易固定，从而减少了碳固定所需的能量。

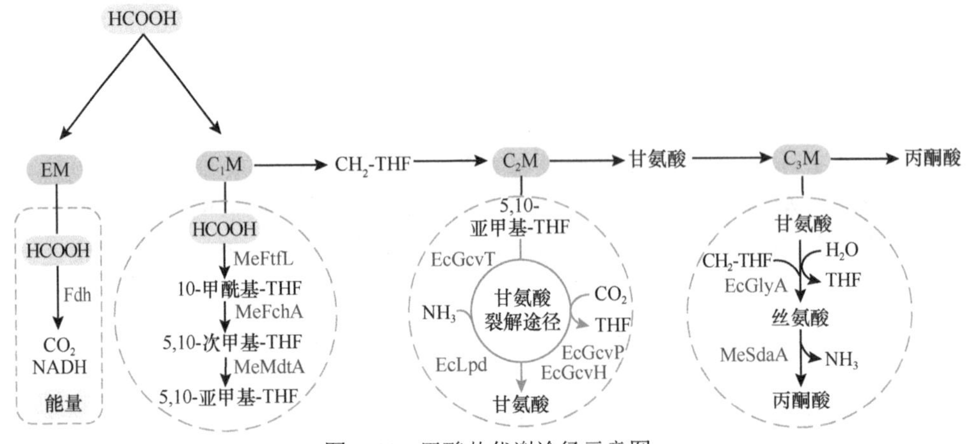

图 8-64　甲酸盐代谢途径示意图

Fdh，甲酸脱氢酶；MeFtfL，来自 *M. extorquens* AM1 的甲酸-THF 连接酶；MeFchA，来自 *M. extorquens* AM1 的 5,10-亚甲基-THF 环水解酶；MeMtdA，来自大肠杆菌的 5,10-亚甲基-THF 脱氢酶；EcGcvP，来自大肠杆菌的甘氨酸脱氢酶；EcGcvT，来自大肠杆菌的氨甲基转移酶；EcGcvH，来自大肠杆菌的含硫辛酸蛋白；EcGlyA，来自大肠杆菌的丝氨酸羟甲基转移酶；MeSdaA，来自 *M. extorquens* AM1 的丝氨酸脱氨酶

Yishai 等（2018）通过将 WLP 途径、rGCS 途径引入到大肠杆菌中，以及优化 L-丝氨酸脱氨酶的来源，构建了能够在以甲酸盐为唯一碳源的培养基中生长的工程大肠杆菌。Gonzalez 等（2019）仅利用酿酒酵母自身的甲酸脱氢酶 FDH，就在酿酒酵母中构建了 rGlyP 途径。Claassens 等（2020）将 *C. necator* 中的 CBB 循环替换为 rGlyP 途径，提高了菌株的固碳效率。最后，利用适应性进化缩短了工程大肠杆菌和 *C. necator* 的倍增时间。

此外，Bang 等（2020）通过重构大肠杆菌中的四氢叶酸（THF）循环和 rGCS 途径，构建了能够同化甲酸和 CO_2 的工程菌株。首先，异源表达来源于扭脱甲基杆菌（*Methylobacterium extorquens*）的甲酸-THF 连接酶、次甲基-THF 环水解酶和亚甲基-THF 脱氢酶，赋予菌株同化甲酸的能力。随后，通过敲除阻遏基因（*gcvR*）和过表达 *gcvTHP* 基因来逆转 GCS 途径，构建 rGCS 途径。获得的工程菌株在含有葡萄糖、甲酸和 CO_2 的培养基中以甲酸和 CO_2 为原料分别合成了细胞 96%和

86%的甘氨酸和丝氨酸。胞内 4.5%的丙酮酸来源于丝氨酸脱氨酶。通过敲除基因 *gcvR*、*pflB* 和 *serA*，并在一个载体中过表达 THF 循环中的 *gcvTHP* 和 *lpd* 基因，可使细胞中来源于甲酸和 CO_2 的丙酮酸增加到 14.9%。为了减少细胞生成能量和还原力所需的葡萄糖使用量，Bang 等（2020）表达了来源于博伊丁假丝酵母（*Candida boidinii*）的甲酸脱氢酶（Fdh）基因。所构建的工程菌株在葡萄糖耗尽后，仅靠甲酸和 CO_2 仍可维持细胞生长。然而，该工程菌株生长速率较慢。

此外，甲酸盐的细胞毒性是其作为微生物原料需要解决的问题之一。甲酸盐毒性归因于其对呼吸链中细胞色素的抑制作用，并且可能会因质子酸在细胞膜上的扩散而加剧，其酸化细胞质并降低质子动力（Warnecke and Gill，2005）。抑制生长的甲酸阈值浓度在一定程度上受到甲酸脱氢酶活性的影响。内源性甲酸脱氢酶活性较弱的微生物（如大肠杆菌），在甲酸浓度低于 100 mmol 时就表现出严重的生长障碍（Berrios-Rivera et al.，2002），而那些内源性甲酸脱氢酶活性较高的微生物（如酵母），则可以耐受数百毫摩尔的甲酸（Overkamp et al.，2002）。尽管如此，一些可以利用卡尔文循环同化甲酸，并因此表现出相当强的甲酸脱氢酶活性的微生物对甲酸十分敏感，如硫杆菌和氧化亚铁硫杆菌（Pronk et al.，1991）。分批补料或连续培养模式为微生物在甲酸盐中的培养提供了最佳解决方案，其可以最大限度地减少细胞毒性对细胞生长造成的影响，从而提高菌株的产量和生产效率（Claassens et al.，2019）。但是，在培养物更难混合的大型生物反应器中，原料的局部浓度可能会偏高，从而严重影响细胞生长和产物合成。为解决这个问题，设计大型生物反应器时会使用分布式喷射系统。

8.8 展　望

8.8.1 新时代未来食品的发展前景

新时代的未来食品将围绕以下三个方面进行发展。

一是未来食品可能变革传统食品工业制造模式。这方面主要是通过食品和生物技术的结合，改变传统的种植/养殖方式，以车间生产模式制造肉、蛋、奶、油等。典型代表是人造肉，包括以大豆等植物蛋白为原料，经过高湿/低湿挤压和组织化得到植物蛋白肉，以及从动物中提取成肌干细胞、扩增培养成肌肉细胞、分化成肌肉纤维而成的细胞培养肉（Pinckaers et al.，2021）。

二是未来食品将使人更健康、使地球更健康。一方面，大量的医学研究表明，在动物蛋白中加入一定的植物蛋白，可以显著降低死亡的风险；另一方面，全球食品产业产生了温室气体总量的 25%并需要耕地 40%，现在的畜禽养殖方式获取动物蛋白比植物、微生物等方式获取蛋白质，在资源占用和对环境影响等方面均高出许多（Yeung et al.，2021）。

三是未来食品应该应对人类面临的挑战。据联合国数据，到2050年全球蛋白质的增量还需要30%～50%。因此，替代蛋白成为未来食品的一个重要内容。不仅具有上述的资源和环境效益，在蛋白质的生产效率方面，微生物培养、植物培育也比传统畜禽养殖有明显优势（Ahnen et al.，2019）。

8.8.2 未来食品面临的挑战及应对措施

1. 未来食品面临的挑战

食物供给不足、食物损失浪费严重、人类营养健康需求迫切等现实问题驱动未来食品科技革新和产业转型升级。未来食品的生产和制造需要在减少资源环境压力的基础上，满足人类对食物的多样化需求。

1）人口增长、环境变化、资源紧张、战争冲突危及全球食物安全供给

食物是人类生存的基础，保证食物安全供给是实现人类可持续发展的必要条件。世界人口从1950年的25.4亿增长到2022年79.9亿，总量增加了两倍（Machado Nardi et al.，2020）。全球人口的迅速增长给食物的供给带来了严峻的考验。尽管随着科技的进步，人类利用传统方式生产食物的效率得到了显著提高，但食物供给不足导致的饥饿仍是全世界面临的主要问题。据联合国粮食与农业组织（FAO）统计，2020年全球饥饿人口数量高达7.68亿，每年5岁以下儿童因食物不足和营养缺乏死亡的人数约有300万。同时，人类可利用的地球环境资源日趋紧张，人均耕地和水资源拥有量逐年下降，至2017年，全球人均耕地面积和水资源比20世纪60年代初均下降了约56%（Watts et al.，2021）。不可预测的气候变化、极端天气、自然灾害等多重风险给传统食物生产系统带来威胁，另外，人类活动造成的大量碳排放对生态环境造成进一步的破坏，显著降低了生物多样性和生态恢复能力，使本就紧缺的地球可再生资源雪上加霜（Duchenne-Moutien and Neetoo，2021）。这些因素给未来的食物供给埋下了严重的隐患，如何大幅度提升食物的供给能力成为未来食品面临的一大挑战。

2）食物生产消费过程中产生的损失和浪费严重

FAO统计数据显示，全球每年食品供应链上的食物损失约占全球食物供给量的1/3，其中约有14%的食物在储运和加工包装环节被损失。中亚和南亚、北美洲、欧洲都是食物损失的重灾区，根类、块茎和油料作物的损失超过25%，水果和蔬菜、谷物和豆类的损失分别可达到约22%和8%（Brennan and Browne，2021）。食物在销售和消费环节产生的浪费同样不可小觑。联合国环境规划署最新发布的

《食物浪费指数报告 2021》指出，2019 年全球食物总量的 17%被浪费，达 9.31 亿 t，其中家庭消费浪费占 61%，餐厅、交通工具、学校等提供的食物服务浪费占 26%，食物零售浪费占 13%。2015 年中国城市餐饮食物浪费总量约为 1700 万～1800 万 t，相当于 3000 万～5000 万人一年的口粮量（El Bilali and Ben Hassen，2020）。此外，食物能量摄入过剩和营养不均衡也是一种隐性的食物浪费。值得注意的是，食物损失和浪费不仅是食物本身的减少，也意味着生产这些食物的过程中所投入的土地、水等自然资源的消耗和温室气体的额外排放给环境带来的负面影响。联合国于 2015 年发布的《2030 年可持续发展议程》报告提出，到 2030 年全球将零售和消费环节的食物浪费减半，并减少生产和供应链上的食物损失（Nychas et al.，2021）。

3）人们对营养健康和个性化食品的需求与日俱增

高糖、高盐、高热量、低营养的过度加工食品（ultra-processed food）在全球范围内的消费以年均 20%～90%的速度增长，不良膳食结构引起的健康问题日趋严重。《柳叶刀》的调查显示，2017 年饮食危险因素造成全球 1100 万成人死亡，占死亡总人数的 22%（Machado and Cortez-Pinto，2016）。我国饮食结构问题主要包括高钠、高脂、高糖、低水果蔬菜和低杂粮饮食，其造成的心血管疾病死亡率、癌症死亡率都位于世界第一位。2020 年我国成年人高血压患病率高达 27.5%，糖尿病患病率为 11.9%，高胆固醇血症患病率为 8.2%（熊苗，2022）。随着消费者健康意识的觉醒，人们对食品营养和健康提出了更高的要求，实现饮食营养和安全的愿望持续高涨，健康意识也开始逐渐由“被动治疗”转变为“主动预防”。同时，人们的营养消费意识正逐渐从“大众化”向“个性化”转变，消费者对个性化定制营养健康食品的期待迅速增长。

2. 未来食品所需采取的应对措施

进入 21 世纪，我国的社会发展环境和居民生活环境、生活状态、物质需求正在发生深刻改变，未来也同样面临气候变化、公共健康等前所未有的挑战。食品行业作为国民经济重要支柱产业和民生保障的基础产业，正步入以营养健康为标签的高质量发展阶段，食品消费正由生存型消费向健康型、享受型消费转变，由吃饱、吃好向保障食品安全和健康、满足食品消费多样化转变（Bu et al.，2021）。随着时代的发展，人们对食品特征开始有额外的需求，如滋味、口感、营养及安全特性等，甚至对原料产地也开始有需求限定。正因为如此，在加工、生产、运输的过程中，需要考虑食品的化学、物理或生物特性，食品创制过程中也需要考虑到消费者营养状况背后的健康需求，这些足以使食品行业在产品决策方式上发生根本性改变（Lee et al.，2021）。

这些决策方式包括对大数据的集成数据分析和系统管理，在此基础上进行系统优化和决策管理，从而产生特定需求的数字化食品。而在数字化社会的大背景下，食品行业正在发生巨大变革，基于此，科学家提出了数字化食品的新业态概念。基于食品营养数字化、人体健康数字化、加工制造数字化前提下的全数字化链条制造出的食品，就是数字化食品，在未来将为食品产业的转移、革新带来新机遇。这既是食品行业健康发展的必要需求，也是顺应国家时代发展的必然选择（Henrichs et al.，2021）。

在国家政策支持的大背景下，食品行业发展可期。国家针对食品发展问题制定了多项行业政策，通过改善食品供给、健全食品标准体系、提升产品质量等措施促进食品产业发展并推进健康中国建设。对于食品和食品科学，未来的挑战无疑是多方面、多层次的。未来食品科学研究必须遵循满足人类健康和美好生活需要的原则，未来食品工业的发展必须走可持续的道路，材料科学、生命科学将会是未来食品科学的学科基础，多学科交叉将会是未来食品科学研究的必然手段（Granheim et al.，2020）。数字化食品的产业模式被认为是解决食品行业痛点和未来食品发展的新业态，即伴随着物联网、云计算、大数据等技术的发展，食品加工行业以人体营养健康需求、食品原料物性等数据流驱动产业链条来实现食用资源与产品的最优配置，这类食品新业态具有精准或定制化制造和供给的典型特征（陈坚，2019）。数字化食品的核心在于食品原材料、加工生产、物流、销售原料、终端消费（特征与需求）等海量大数据的全方位收集与处理，分别在食品营养数字化、人体健康数字化、加工制造数字化链条中产生。在数字化食品产业模式中，可以通过建立人体营养需求与复杂食品体系中原料组分、结构、品质与加工工艺参量之间相互关联的数据分析体系，以个性化需求、符合健康和安全需求为主要目标，基于食品营养数字化、人体健康数字化、加工制造数字化前提下的全数字化链条的数据处理、分析、决策，将加工过程的热量、动量等参数与食品感官、质构和理化特性相互连通，实现食品产业链全元素的连接与整合，以实现数字化食品的设计与制造（李兆丰等，2020）。

未来食品的挑战不仅是中国的问题，更是全球性的问题。未来食物资源的可持续性是全人类的共同焦点，因此需要全球科学家和各个行业一起面对，这就意味着全球性、多行业的合作与竞争。如何在这个全球性的人类生存问题上取得领先权和话语权，将影响一个国家、一个民族的未来。在现代食品科学快速发展的年代，让我国的食品工业和食品科学研究走在国际前沿，是我们当代食品科学工作者的共同责任。

参 考 文 献

别敦荣, 万卫. 2012. 玉米原料超高浓度酒精发酵. 食品与发酵工业, 38(1): 77-80.
曹茜, 王丹, 袁永俊. 2020. 脂肪酶位置选择性及其应用在功能性结构甘油三酯合成中的研究进展. 食品与发酵工业, 46(11): 295-301.
陈坚. 2019. 中国食品科技: 从 2020 到 2035. 中国食品学报, 19(2): 1-5.
陈洁君, 桑晓冬. 2022. “十三五”重点科技专项支撑我国食品安全检验检测标准体系建设. 中国食品卫生杂志, 34(1): 7-10.
陈石良, 许正宏, 孙微, 等. 1999. 磷脂酶 D 的研究进展. 工业微生物, 4: 47-50.
陈翔, 王瑛瑶, 栾霞, 等. 2010. 无溶剂体系中酶催化合成结构脂质条件初探. 中国油脂, 35(3): 35-38.
丁晓兰. 2022. 全球品牌策略中对东西方文化的定位及融合. 商场现代化, 6: 15-17.
段书平. 2013. 大豆油酶法脱胶的生产应用. 中国油脂, 38(8): 11-13.
郭铁成. 2022. 从科技产出情况看我国科技创新的阶段性特点. 国家治理, 1: 56-60.
郭忠鹏. 2011. 代谢工程改善工业酒精酵母发酵性能. 无锡: 江南大学博士学位论文.
何向飞. 2008. 酒精发酵过程控制的研究. 无锡: 江南大学博士学位论文.
蒋晓菲. 2015. 磷脂对食用油品质的影响及酶法脱胶技术的研究. 无锡: 江南大学博士学位论文.
金俊. 2019. 芒果仁油基耐热型巧克力油脂的制备及其抗霜性能研究. 无锡: 江南大学博士学位论文.
金泽龙. 1996. 国内外果葡糖浆生产现状与前景分析. 食品与机械, 6: 9-12.
孔昊存. 2021. 淀粉分子糖苷键重构及其产物对小鼠糖脂代谢的调控作用.无锡: 江南大学博士学位论文.
李大房, 马传国. 2006. 水酶法制取油脂研究进展. 中国油脂, 31(10): 29-32.
李菲. 2018. 三种无“盖子”结构脂肪酶的制备及其酶学性质研究. 广州: 华南理工大学硕士学位论文.
李桂英. 2006. 水酶法制备菜籽油的研究. 成都: 西华大学硕士学位论文.
李进红. 2019. 磷脂酶 A1 和 C 的固定化及其在联合脱胶中的应用. 合肥: 合肥工业大学硕士学位论文.
李明杰. 2017. 磷脂酶 B 的高效表达和酶学性质分析及其应用研究. 天津: 天津科技大学硕士学位论文.
李秋生, 杨继国, 杨博, 等. 2004. 不同磷脂酶用于植物油脱胶的研究. 中国油脂, 29(1): 19-22.
李兆丰, 徐勇将, 范柳萍, 等. 2020. 未来食品基础科学问题. 食品与生物技术学报, 39(10): 9-17.
廖小军, 赵婧, 饶雷, 等. 2022. 未来食品: 热点领域分析与展望. 食品科学技术学报, 40(2): 1-14+44.
刘文静, 李兆丰, 顾正彪, 等. 2013. 微波预处理对玉米淀粉液化的影响. 食品与发酵工业, 39(1): 21-25.
龙丽娟. 2017. 果葡糖浆生产过程乙醛监测与参数调控研究. 广州: 华南理工大学硕士学位论文.
孟祥河, 邹冬芽, 段作营, 等. 2004. 无溶剂体系合成 1,3-甘油二酯用脂肪酶的筛选及其酯化性质. 无锡轻工大学学报(食品与生物技术), 2: 31-35.
倪培德, 江志炜. 2002. 高油分油料水酶法预处理制油新技术. 中国油脂, 27(6): 5-8.
施参. 2016. 米糠固脂的改性及其在起酥油中的应用研究. 无锡: 江南大学硕士学位论文.
施春阳, 石珑华, 李道明. 2021. 酶法脱酸的研究进展与发展展望. 中国油脂, 46(10): 11-17.
石贵阳. 2020. 酒精工艺学. 北京: 中国轻工业出版社.
孙红, 费学谦, 方学智. 2011. 油茶籽油水酶法制取工艺优化. 中国油脂, 36(4): 11-15

王宝石. 2017. 黑曲霉发酵生产柠檬酸的关键节点解析及对策. 无锡: 江南大学博士学位论文.
王丽媛. 2018. 水酶法制取鳄梨油研究及副产物的开发利用. 南宁: 广西大学硕士学位论文.
王子田, 苏剑晓, 杜伟, 等. 2015. Lipozyme TL IM 催化油酸酯化反应制备 1,3-甘油二酯. 高等学校化学学报, 36(8): 1535-1541.
熊苗. 2022. 什么膳食结构符合我们——地中海膳食模式值得推荐. 餐饮世界, (3): 42-43.
徐丹. 2016. 水酶法提取元宝枫种仁油研究. 杨凌: 西北农林科技大学硕士学位论文.
徐振山, 郑有涛, 刘宝珍. 2017. 磷脂酶 C 在大豆油脱胶中的应用实践. 中国油脂, 42(11): 152-153.
杨博, 杨继国, 吕扬效, 等. 2005. 脂肪酶催化鱼油醇解富集 EPA 和 DHA 的研究. 中国油脂, 8: 65-68.
杨海军. 2002. 果葡糖浆的特性及其在食品工业中的应用. 冷饮与速冻食品工业, 8(2): 39-41+44.
杨青坪. 2016. 亚麻籽油制备中长碳链甘三酯研究. 郑州: 河南工业大学硕士学位论文.
杨则宜. 2006. 运动营养食品的现状和未来. 中国食品学报, 6(5): 5.
杨壮壮. 2021. 两步酶促水解鱼油富集 n-3 多不饱和脂肪酸甘油酯的研究. 无锡: 江南大学硕士学位论文.
仪凯, 彭元怀, 李建国. 2017. 我国食用油脂改性技术的应用与发展. 粮食与油脂, 30(2): 1-3.
应欣, 卢玉, 李义. 2019. 麦芽糊精的功能特性及其应用研究进展. 中国粮油学报, 34(12): 131-137.
张齐. 2016. 7 种牛奶蛋白基因在大肠杆菌中的异源表达. 集成技术, 5(6): 79-84.
张群. 2013. 食用植物油酶法脱胶关键技术. 食品与生物技术学报, 32(12): 1338.
张霞. 2013. 贮藏过程中棕榈油基塑性脂肪结晶网络结构与宏观物理性能变化研究. 广州: 华南理工大学博士学位论文.
赵晨伟, 王勇, 李明祺, 等. 2019. 米糠毛油酶法脱酸的工艺优化. 中国油脂, 44(4): 17-20.
赵凯. 2008. 淀粉非化学改性技术. 北京: 化学工业出版社.
周景文, 张国强, 赵鑫锐, 等. 2020. 未来食品的发展: 植物蛋白肉与细胞培养肉. 食品与生物技术学报, 39(10): 1-8.
朱敏敏. 2017. 水酶法提取番茄籽油及其破乳工艺的研究. 石河子: 石河子大学硕士学位论文.
Abt M R, Zeeman S C. 2020. Evolutionary innovations in starch metabolism. Curr Opin Plant Biol, 55: 109-117.
Afshin A, Sur P J, Fay K A, et al. 2019. Health effects of dietary risks in 195 countries, 1990–2017: a systematic analysis for the Global Burden of Disease Study 2017. Lancet, 393(10184): 1958-1972.
Agrawal K, Chaturvedi V, Verma P. 2018. Fungal laccase discovered but yet undiscovered. Bioresour Bioprocess, 5(1): 1-12.
Ahnen R T, Jonnalagadda S S, Slavin J L. 2019. Role of plant protein in nutrition, wellness, and health. Nutr Rev, 77(11): 735-747.
Akanbi O T, Barrow J C. 2017. Candida antarctica lipase a effectively concentrates DHA from fish and thraustochytrid oils. Food Chemistry, 229: 509-516.
Akker C, Schleeger M, Bonn M, et al. 2014. Structural basis for the polymorphism of β-lactoglobulin amyloid-like fibrils. Elsevier Inc, 2014: 333-343.
Alonso J R, Cardellach F, Lopez S, et al. 2003. Carbon monoxide specifically inhibits cytochrome C oxidase of human mitochondrial respiratory chain. Pharmacol Toxicol, 93(3): 142-146.

Andersson I, Backlund A. 2008. Structure and function of Rubisco. Plant Physiol Biochem, 46(3): 275-291.

Antonovsky N, Gleizer S, Noor E, et al. 2016. Sugar synthesis from CO_2 in *Escherichia coli*. Cell, 166(1): 115-125.

Anwar F, Yaqoub A, Shahid S A, et al. 2013. Effect of microwave-assisted enzymatic aqueous extraction on the quality attributes of maize (*Zea mays* L.) seed oil. Asian Journal of Chemistry, 25(11): 6280-6284.

Aoyama T, Nosaka N, Kasai M . 2007. Research on the nutritional characteristics of medium-chain fatty acids. The Journal of Medical Investigation, 54(3, 4): 385-388.

Aryusuk K, Puengtham J, Lilitchan K, et al. 2008. Effects of crude rice bran oil components on alkali-refining loss. Journal of the American Oil Chemists Society, 85(5): 475-479.

Bahaji A, Li J, Sanchez-Lopez A M, et al. 2014. Starch biosynthesis, its regulation and biotechnological approaches to improve crop yields. Biotechnol Adv, 32(1): 87-106.

Bai S, Sarya A, Maryam K, et al. 2013. Lipase-catalyzed synthesis of medium-long-medium type structured lipids using tricaprylin and trilinolenin as substrate models. Journal of the American Oil Chemists' Society, 90(3): 377-389.

Baks T, Kappen F H J, Janssen A E M, et al. 2008. Towards an optimal process for gelatinisation and hydrolysis of highly concentrated starch-water mixtures with alpha-amylase from *B. licheniformis*. J Cereal Sci, 47(2): 214-225.

Balasubramanian R, Smith S M, Rawat S, et al. 2010. Oxidation of methane by a biological dicopper centre. Nature, 465(7294): 115-131.

Balvardi M, Rezaei K, Mendiola J A, et al. 2015. Optimization of the aqueous enzymatic extraction of oil from iranian wild almond. Journal of the American Oil Chemists' Society, 92(7): 985-992.

Bang J, Hwang C H, Ahn J H, et al. 2020. *Escherichia coli* is engineered to grow on CO_2 and formic acid. Nat Microbiol, 5(12): 1459-1463.

Bar-Even A, Noor E, Lewis N E, et al. 2010. Design and analysis of synthetic carbon fixation pathways. Proc Natl Acad Sci U S A, 107(19): 8889-8894.

Bar-Even A. 2016. Formate assimilation: The metabolic architecture of natural and synthetic pathways. Biochem, 55(28): 3851-3863.

Ben-Arye T, Shandalov Y, Ben-Shaul S, et al. 2020. Textured soy protein scaffolds enable the generation of three-dimensional bovine skeletal muscle tissue for cell-based meat. Nat Food, 1(4): 210-220.

Bennett R K, Gonzalez J E, Whitaker W B, et al. 2018. Expression of heterologous non-oxidative pentose phosphate pathway from *Bacillus methanolicus* and phosphoglucose isomerase deletion improves methanol assimilation and metabolite production by a synthetic *Escherichia coli* methylotroph. Metab Eng, 45, 75-85.

Berrios-Rivera S J, Bennett G N, San K Y. 2002. Metabolic engineering of *Escherichia coli*: increase of NADH availability by overexpressing an NAD(+)-dependent formate dehydrogenase. Metab Eng, 4(3): 217-229.

Berry S E E. 2009. Triacylglycerol structure and interesterification of palmitic and stearic acid-rich fats: an overview and implications for cardiovascular disease. Nutrition Research Reviews, 22(1): 3-17.

Bilal M, Iqbal H M N. 2020. State-of-the-art strategies and applied perspectives of enzyme biocatalysis in food sector - current status and future trends. Crit Rev Food Sci Nutr, 60(12): 2052-2066.

Brennan A, Browne S. 2021. Food waste and nutrition quality in the context of public health: A scoping review. Int J Environ Res Public Health, 18(10): 5379.

Bu T, Tang D, Liu Y, et al. 2021. Trends in dietary patterns and diet-related behaviors in China. Am J Health Behav, 45(2): 371-383.

Cai T, Sun H, Qiao J, et al. 2021. Cell-free chemoenzymatic starch synthesis from carbon dioxide. Science. 373: 1523-1527.

Cameron D E, Bashor C J, Collins J J. 2014. A brief history of synthetic biology. Nat Rev Microbiol, 12(5): 381-90.

Can M, Armstrong F A, Ragsdale S W. 2014. Structure, function, and mechanism of the nickel metalloenzymes, co dehydrogenase, and acetyl-coa synthase. Chem Rev, 114(8): 4149-4174.

Carlson E D, Papoutsakis E T. 2017. Heterologous expression of the clostridium carboxidivorans co dehydrogenase alone or together with the acetyl coenzyme a synthase enables both reduction of CO_2 and oxidation of CO by Clostridium acetobutylicum. Appl Environ Microbiol, 83(16): e00829-17.

Cerdobbel A, De Winter K, Desmet T, et al. 2010. Sucrose phosphorylase as cross-linked enzyme aggregate: Improved thermal stability for industrial applications. Biotechnol J, 5(11): 1192-1197.

Chemat F, Rombaut N, Meullemiestre A, et al. 2017. Review of green food processing techniques. Preservation, transformation, and extraction. Innov Food Sci Emerg Technol, 41: 357-377.

Chemat F, Vian M A, Fabiano-Tixier A S, et al. 2020. A review of sustainable and intensified techniques for extraction of food and natural products. Green Chem, 22(8): 2325-2353.

Chen C T, Chen F Y H, Bogorad I W, et al. 2018. Synthetic methanol auxotrophy of *Escherichia coli* for methanol-dependent growth and production. Metab Eng, 49, 257-266.

Chen F Y H, Jung H W, Tsuei C Y, et al. 2020. Converting *Escherichia coli* to a synthetic methylotroph growing solely on methanol. Cell, 182(4): 933.

Chen Y, Cheong L Z, ZhaoJ H, et al. 2019. Lipase-catalyzed selective enrichment of omega-3 polyunsaturated fatty acids in acylglycerols of cod liver and linseed oils: Modeling the binding affinity of lipases and fatty acids. International Journal of Biological Macromolecules, 123: 261-268.

Chi Z M, Zhang T, Cao T S, et al. 2011. Biotechnological potential of inulin for bioprocesses. Bioresour Technol, 102(6): 4295-4303.

Chi Z, Chi Z, Zhang T, et al. 2009. Inulinase-expressing microorganisms and applications of inulinases. Appl Microbiol Biotechnol, 82(2): 211-220.

Claassens N J, Bordanaba-Florit G, Cotton C A R, et al. 2020. Replacing the Calvin cycle with the reductive glycine pathway in *Cupriavidus necator*. Metab Eng, 62: 30-41.

Claassens N J, Cotton C A R, Kopljar D, et al. 2019. Making quantitative sense of electromicrobial production. Nat Catal, 2(5): 437-447.

Claassens N J. 2017. A warm welcome for alternative CO_2 fixation pathways in microbial biotechnology. Microb Biotechnol, 10(1): 31-34.

Clomburg J M, Crumbley A M, Gonzalez R. 2017. Industrial biomanufacturing: The future of chemical production. Science, 355(6320): aag0804.

Cotton C A, Claassens N J, Benito-Vaquerizo S, et al. 2020. Renewable methanol and formate as microbial feedstocks. Curr Opin Biotechnol, 62: 168-180.

Cregg J M, Madden K R, Barringer K J, et al. 1989. Functional characterization of the two alcohol oxidase genes from the yeast *Pichia pastoris*. Mol Cell Biol, 9(3): 1316-1323.

Dasgupta A, Chowdhury N, De R K. 2020. Metabolic pathway engineering: Perspectives and applications. Comput Methods Programs Biomed, 192: 105436.

Davidi D, Shamshoum M, Guo Z J, et al. 2020. Highly active rubiscos discovered by systematic interrogation of natural sequence diversity. Embo J, 39(18): e104081.

De La Torre A, Metivier A, Chu F, et al. 2015. Genome-scale metabolic reconstructions and theoretical investigation of methane conversion in *Methylomicrobium buryatense* strain 5G(B1). Microb Cell Factories, 14: 188.

De Simone A, Vicente C M, Peiro C, et al. 2020. Mixing and matching methylotrophic enzymes to design a novel methanol utilization pathway in *E. coli*. Metab Eng, 61: 315-325.

Dedysh S N, Liesack W, Khmelenina V N, et al. 2000. *Methylocella palustris* gen. nov., sp. nov., a new methane-oxidizing acidophilic bacterium from peat bogs, representing a novel subtype of serine-pathway methanotrophs. Int J Syst Evol Microbiol, 3: 955-969.

Dekkers B L, Boom R M, Goot A J. 2018. Structuring processes for meat analogues. Trends Food Sci Technol, 81: 25-36.

Deng J Y, Gu L Y, Chen T C, et al. 2019. Engineering the substrate transport and cofactor regeneration systems for enhancing 2'-fucosyllactose synthesis in *Bacillus subtilis*. ACS Synth Biol, 8(10): 2418-2427.

Deng M, Lv X, Liu L, et al. 2022. Efficient bioproduction of human milk alpha-lactalbumin in *Komagataella phaffii*. J Agric Food Chem, 70(8): 2664-2672.

Deswal A, Deora N S, Mishra H N. 2014. Optimization of enzymatic production process of oat milk using response surface methodology. Food Biopro Tech, 7(2): 610-618.

Diender M, Stams A J M, Sousa D Z. 2015. Pathways and bioenergetics of anaerobic carbon monoxide fermentation. Front Microbiol, 6: 1275.

Dijkstra A J. 2010. Enzymatic degumming. European Journal of Lipid Science and Technology, 112(11): 1178-1189.

Drouillard S, Mine T, Kajiwara H, et al. 2010. Efficient synthesis of 6'-sialyllactose, 6, 6'- disialyllactose, and 6'-KDO-lactose by metabolically engineered *E. coli* expressing a multifunctional sialyltransferase from the *Photobacterium* sp. JT-ISH-224. Carbohydrate Research, 345(10): 1394-1399.

Du X L, Jiang Z, Su D S, et al. 2016. Research progress on the indirect hydrogenation of carbon dioxide to methanol. Chem Sus Chem, 9(4): 322-332.

Ducat D C, Silver P A. 2012. Improving carbon fixation pathways. Curr Opin Chem Biol, 16(3): 337-344.

Duchenne-Moutien R A, Neetoo H. 2021. Climate change and emerging food safety issues: A review. Food Prot, 84(11): 1884-1897.

Durre P, Eikmanns B J. 2015. C1-carbon sources for chemical and fuel production by microbial gas fermentation. Curr Opin Biotechnol, 35: 63-72.

El Bilali H, Ben Hassen T. 2020. Food waste in the countries of the gulf cooperation council: A systematic review. Foods, 9(4): 463.

Elam E, Feng J, Lv Y M, et al. 2021. Recent advances on bioactive food derived anti-diabetic hydrolysates and peptides from natural resources. J Funct Foods, 86: 104674.

Erb T J, Zarzycki J. 2016. Biochemical and synthetic biology approaches to improve photosynthetic CO_2-fixation. Curr Opin Chem Biol, 34: 72-79.

Ernst A, Zibrak J D. 1998. Current concepts - Carbon monoxide poisoning. N Engl J Med, 339(22): 1603-1608.

Espinosa M I, Gonzalez-Garcia R A, Valgepea K, et al. 2020. Adaptive laboratory evolution of native methanol assimilation in *Saccharomyces cerevisiae*. Nat Commun, 11(1): 5564.

Esteban L, Jiménez J M, Hita E, et al. 2011. Production of structured triacylglycerols rich in palmitic acid at sn-2 position and oleic acid at sn-1,3 positions as human milk fat substitutes by enzymatic acidolysis. Biochemical Engineering Journal, 54(1): 62-69.

Farooq A, Ammara Y, Shahid S A, et al. 2013. Effect of microwave-assisted enzymatic aqueous extraction on the quality attributes of maize (*Zea mays* L.) seed oil. Asian J Chem, 25(11): 6280-6284.

Fast A G, Papoutsakis E T. 2012. Stoichiometric and energetic analyses of non-photosynthetic CO_2-fixation pathways to support synthetic biology strategies for production of fuels and chemicals. Curr Opin Chem Eng, 1(4): 380-395.

Fast A G, Papoutsakis E T. 2018. Functional expression of the *Clostridium ljungdahlii* acetyl-coenzyme a synthase in clostridium acetobutylicum as demonstrated by a novel *in vivo* co exchange activity en route to heterologous installation of a functional Wood-Ljungdahl pathway. Appl Environ Microbiol, 84(7): e02307-17.

Fernandez-Naveira A, Abubackar H N, Veiga M C, et al. 2017. Production of chemicals from C1 gases (CO, CO_2)by *Clostridium carboxidivorans*. World J Microbiol Biotechnol, 33(3): 43.

Flamholz A I, Dugan E, Blikstad C, et al. 2020. Functional reconstitution of a bacterial CO_2 concentrating mechanism in *Escherichia coli*. eLife, 9: e59882.

Floros J D, Newsome R, Fisher W, et al. 2010. Feeding the world today and tomorrow: The importance of food science and technology: An IFT scientific review. Compr Rev Food Sci Food Saf, 9(5): 572-599.

Foglia T A, Villeneuve P. 1997. Carica papaya latex-catalyzed synthesis of structured triacylglycerols. Journal of the American Oil Chemists' Society, 74(11): 1447-1450.

Fraser T H, Bruce B J. 1978. Chicken ovalbumin is synthesized and secreted by *Escherichia coli*. Proc Natl Acad Sci U S A, 75 (1978): 5936-5940.

Fuchs G, Gottesman S, Harwood C S. 2011. Preface. Annual Review of Microbiology, Vol 65. 631.

Fujiwara T, Saburi W, Inoue S, et al. 2013. Crystal structure of *Ruminococcus albus* cellobiose 2-epimerase: Structural insights into epimerization of unmodified sugar. FEBS Letters, 587(7): 840-846.

Fukushima D. 1991. Recent progress of soybean protein foods: chemistry, technology, and nutrition. Food Rev Int, 7(3): 323-351.

Galis A M, Marcq C, Marlier D, et al. 2013. Control of *Salmonella contamination* of shell eggs-preharvest and postharvest methods: A review. Comprehensive Reviews in Food Science and Food Safety, 12(2): 155-182.

Gandhi K, Gautam P B, Sharma R, et al. 2021. Effect of incorporation of iron-whey protein concentrate (Fe-WPC)conjugate on physicochemical characteristics of dahi (curd). J Food Sci Technol, 59(2): 478-487.

Gao K P, Chu W Q, Sun J N, et al. 2020. Identification of an alkaline lipase capable of better enrichment of EPA than DHA due to fatty acids selectivity and regioselectivity. Food Chemistry, 330: 127225.

Garcia-Montoya I, Salazar-Martinez J, Arevalo-Gallegos S, et al. 2013. Expression and characterization of recombinant bovine lactoferrin in *E. coli*. Biometals, 26(1): 113-122.

Gaspar A L, Goes-Favoni S P. 2015. Action of microbial transglutaminase (MTGase)in the modification of food proteins: A review. Food Chem, 171: 315-322.

Gassler T, Sauer M, Gasser B, et al. 2020. The industrial yeast Pichia pastoris is converted from a heterotroph into an autotroph capable of growth on CO_2. Nat Biotechnol, 38(2): 210-216.

Geng F, Xie Y X, Wang J Q, et al. 2019. Large-scale purification of ovalbumin using polyethylene glycol precipitation and isoelectric precipitation. Poultry Science, 98(3): 1545-1550.

Giansanti F, Leboffe L, Pitari G, et al. 2012. Physiological roles of ovotransferrin. Biochim Biophys Acta, 1820(3): 218-225.

Gibreel A, Sandercock J R, Lan J, et al. 2009. Fermentation of barley by using *Saccharomyces cerevisiae*: Examination of barley as a feedstock for bioethanol production and value-added products. Appl Environ Microb, 75(5): 1363-1372.

Gleizer S, Ben-Nissan R, Bar-On Y M, et al. 2019. Conversion of *Escherichia coli* to generate all biomass carbon from CO_2. Cell, 179(6): 1255-1263.

Gomes I, Gomes J, Steiner W. 2003. Highly thermostable amylase and pullulanase of the extreme thermophilic eubacterium *Rhodothermus marinus*: production and partial characterization. Bioresour Technol, 90(2): 207-214.

Gong F Y, Cai Z, Li Y. 2016. Synthetic biology for CO_2 fixation. Sci China Life Sci, 59(11): 1106-1114.

Gong F Y, Zhu H W, Zhang Y P, et al. 2018. Biological carbon fixation: From natural to synthetic. Journal of CO_2 utilization, 28: 221-227.

Gonzalez de la Cruz J, Machens F, Messerschmidt K, et al. 2019. Core catalysis of the reductive glycine pathway demonstrated in yeast. ACS Synth Biol, 8(5): 911-917.

Granheim S I, Opheim E, Terragni L, et al. 2020. Mapping the digital food environment: A scoping review protocol. BMJ Open, 10(4): e036241.

Green A, Blatmann C, Chen C, et al. 2022. The role of alternative proteins and future foods in sustainable and contextually-adapted flexitarian diets. Trends Food Sci Technol, 124: 250-258.

Gu D, Andreev K, Dupre M E. 2021. Major trends in population growth around the world. CDC Wkly, 3(28): 604-613.

Gu Z N, Wu J S, Wang S H, et al. 2013. Polyunsaturated fatty acids affect the localization and signaling of PIP3/AKT in prostate cancer cells. Carcinogenesis, 34(9): 1968-1975.

Guo L, Zhang F, Zhang C, et al. 2018. Enhancement of malate production through engineering of the periplasmic rTCA pathway in *Escherichia coli*. Biotechnol Bioeng, 115(6): 1571-1580.

Haas R, Schnepps A, Pichler A, et al. 2019. Cow milk versus plant-based milk substitutes: A comparison of product image and motivational structure of consumption. Sustainability, 11(18): 5046.

Haki G, Rakshit S. 2003. Developments in industrially important thermostable enzymes: A review. Bioresour Technol, 89(1): 17-34.

Hanmoungjai P, Pyle D L, Niranjan K. 2001. Enzymatic process for extracting oil and protein from rice bran. Journal of the American Oil Chemists' Society, 78(8): 817-821.

Hanson R S, Hanson T E. 1996. Methanotrophic bacteria. Microbiol Rev, 60(2): 439-471.

Haraldsson G G, Kristinsson B, Sigurdardottir R, et al. 1997. The preparation of concentrates of eicosapentaenoic acid and docosahexaenoic acid by lipase-catalyzed transesterification of fish oil with ethanol. Journal of the American Oil Chemists' Society, 74(11): 1419-1424.

Haynes C A, Gonzalez R. 2014. Rethinking biological activation of methane and conversion to liquid fuels. Nat Chem Biol, 10(5): 331-339.

Henard C A, Smith H, Dowe N, et al. 2016. Bioconversion of methane to lactate by an obligate methanotrophic bacterium. Sci Rep, 6: 21585.

Henrichs E, Noack T, Pinzon Piedrahita, et al. 2021. Can a byte improve our bite? An analysis of digital twins in the food industry. Sensors (Basel), 22(1): 115.

Hii S L, Tan J S, Ling T C, et al. 2012. Pullulanase: role in starch hydrolysis and potential industrial applications. Enzyme Res, 2012: 921362.

Hodoniczky J, Morris CA, Rae A L. 2012. Oral and intestinal digestion of oligosaccharides as potential sweeteners: A systematic evaluation. Food Chem, 132(4): 1951-1958.

Hossain M A, Wakabayashi H, Goda F, et al. 2000. Effect of the immunosuppressants FK506 and D-allose on allogenic orthotopic liver transplantation in rats. Transplant Proc, 32(7): 2021-2023.

Houard S, Heinderyckx M, Bollen A. 2002. Engineering of non-conventional yeasts for efficient synthesis of macromolecules: the methylotrophic genera. Biochimie, 84(11): 1089-1093.

Huang D, Yang K X, Liu J, et al. 2017. Metabolic engineering of *Escherichia coli* for the production of 2'-fucosyllactose and 3-fucosyllactose through modular pathway enhancement. Metabolic Engineering, 41: 23-38.

Huiling M, Porsgaard T. 2005. The metabolism of structured triacylglycerols. Progress in Lipid Research, 44(6): 430-448.

Hurrell R F, Juillerat M A, Reddy M B, et al. 1992. Soy protein, phytate, and iron absorption in humans. Am J Clin Nutr, 56(3): 573-578.

Hwang I Y, Lee S H, Choi Y S, et al. 2014. Biocatalytic conversion of methane to methanol as a key step for development of methane-based biorefineries. J Microbiol Biotech, 24(12): 1597-1605.

Ichikawa M, Scott D A, Losfeld M E, et al. 2014. The metabolic origins of mannose in glycoproteins. J Biol Chem, 289(10): 6751-6761.

Irukayama-Tomobe Y, Morizawa K, Tsuchida M, et al. 2000. Dietary docosahexaenoic acid suppresses inflammation and immunoresponses in contact hypersensitivity reaction in mice. Lipids, 35(1): 61-69.

Ismail I, Hwang Y H, Joo S T. 2020. Meat analog as future food: A review. J Anim Sci Technol, 62(2): 111-120.

Itoh T, Mikami B, Hashimoto W, et al. 2008. Crystal structure of YihS in complex with D-mannose: structural annotation of *Escherichia coli* and *Salmonella enterica* yihS-encoded proteins to an

aldose-ketose isomerase. J Mol Biol, 377(5): 1443-1459.
Itoh T, Mikami B, Maru I, et al. 2000. Crystal structure of N-acyl-D-glucosamine 2-epimerase from porcine kidney at 2.0 A resolution. J Mol Biol, 303(5): 733-744.
Jenssen H, Hancock R E W. 2009. Antimicrobial properties of lactoferrin. Biochimie, 91: 19-29.
Jiang X F, Chang M, Qing Q Z, et al. 2015. Application of phospholipase A(1) and phospholipase C in the degumming process of different kinds of crude oils. Process Biochemistry, 50(3): 432-437.
Jiménez J M, Esteban L, Robles A, et al. 2010. Production of triacylglycerols rich in palmitic acid at sn -2 position by lipase-catalyzed acidolysis. Biochemical Engineering Journal, 51(3): 172-179.
Jin L, Li L H, Zhou L X, et al. 2019. Improving expression of bovine lactoferrin N-lobe by promoter optimization and codon engineering in bacillus subtilis and its antibacterial activity. Journal of Agricultural and Food Chemistry, 67: 9749-9756.
Johns T, Powell B, Maundu P, et al. 2013. Agricultural biodiversity as a link between traditional food systems and contemporary development, social integrity and ecological health. J Sci Food Agric, 93(14): 3433-3442.
Jones S W, Fast A G, Carlson E D, et al. 2016. CO_2 fixation by anaerobic non-photosynthetic mixotrophy for improved carbon conversion. Nat Commun, 7: 12800.
Jouhten P, Boruta T, Andrejev S, et al. 2016. Yeast metabolic chassis designs for diverse biotechnological products. Sci Rep, 6: 29694.
Kahveci D, Xu X B. 2011. Repeated hydrolysis process is effective for enrichment of omega 3 polyunsaturated fatty acids in salmon oil by *Candida rugosa* lipase. Food Chemistry, 129(4): 1552-1558.
Kallen R G, Jencks W P. 1966. The mechanism of the condensation of formaldehyde with tetrahydrofolic acid. J Biol Chem, 241(24): 5851-5863.
Keeling P L, Myers A M. 2010. Biochemistry and genetics of starch synthesis. Annu Rev Food Sci Technol, 1: 271-303.
Keller M W, Schut G J, Lipscomb G L, et al. 2013. Exploiting microbial hyperthermophilicity to produce an industrial chemical, using hydrogen and carbon dioxide. Proc Natl Acad Sci U S A, 110(15): 5840-5845.
Keltjens J T, Pol A, Reimann J, et al. 2014. PQQ-dependent methanol dehydrogenases: rare-earth elements make a difference. Appl Microbiol Biotechnol, 98(14): 6163-6183.
Khan U, Selamoglu Z. 2020. Use of enzymes in dairy industry: A review of current progress. Arch Razi Inst, 75(1): 131-136.
Kim H J, Huh J, Kwon Y W, et al. 2019. Biological conversion of methane to methanol through genetic reassembly of native catalytic domains. Nat Catal, 2(4): 342-353.
Kim S, Lindner S N, Aslan S, et al. 2020. Growth of E. coli on formate and methanol via the reductive glycine pathway. Nat Chem Biol, 16(5): 538-545.
Kim W S, Shimazaki K I, Tamura T. 2006. Expression of bovine lactoferrin C-lobe in *Rhodococcus erythropolis* and its purification and characterization. Bioscience Biotechnology and Biochemistry, 70: 2641-2645.
King G M, Weber C F. 2007. Distribution, diversity and ecology of aerobic CO-oxidizing bacteria. Nat Rev Microbiol, 5(2): 107-118.
Kirk O W, Christensen M. 2002. Lipases from *Candida antarctica*: unique biocatalysts from a unique

origin. Organic Process Research & Development, 6(4): 446-451.

Ko W C, Wang H J, Hwang J S, et al. 2006. Efficient hydrolysis of tuna oil by a surfactant-coated lipase in a two-phase system. Journal of Agricultural and Food Chemistry, 54(5): 1849-1853.

Kodama Y, Fukui N, Ashikari T, et al. 1995. Improvement of maltose fermentation efficiency: constitutive expression of MAL genes in brewing yeasts. Cancer Lett, 96(1): 63-70.

Kohno M, Enatsu M, Funatsu J, et al. 2001. Improvement of the optimum temperature of lipase activity for Rhizopus niveus by random mutagenesis and its structural interpretation. Journal of Biotechnology, 87(3): 203-210.

Korma A S, Zou X, Ali H A, et al. 2018. Preparation of structured lipids enriched with medium- and long-chain triacylglycerols by enzymatic interesterification for infant formula. Food and Bioproducts Processing, 107: 121-130.

Kyriakopoulou K, Keppler J K, Goot A J. 2021. Functionality of ingredients and additives in plant-based meat analogues. Foods, 10(3): 600.

Latif S, Anwar F. 2009. Effect of aqueous enzymatic processes on sunflower oil quality. J Am Oil Chem Soc, 86(4): 393-400.

Latorre D, Puddu P, Valenti P, et al. 2010. Reciprocal interactions between lactoferrin and bacterial endotoxins and their role in the regulation of the immune response. Toxins, 2: 54-68.

Lawton T J, Rosenzweig A C. 2016a. Biocatalysts for methane conversion: Big progress on breaking a small substrate. Curr Opin Chem Biol, 35: 142-149.

Lawton T J, Rosenzweig A C. 2016b. Methane-oxidizing enzymes: An upstream problem in biological gas-to-liquids conversion. J Am Chem Soc, 138(30): 9327-9340.

Ledeboer A M, Edens L, Maat J, et al. 1985. Molecular cloning and characterization of a gene coding for methanol oxidase in *Hansenula polymorpha*. Nucleic Acids Res, 13(9): 3063-3082.

Lee J H, Son J M, Akoh C C, et al. 2010. Optimized synthesis of 1,3-dioleoyl-2-palmitoylglycerol-rich triacylglycerol via interesterification catalyzed by a lipase from Thermomyces lanuginosus. New Biotechnology, 27(1): 38-45.

Lee J Y, Park S H, Oh S H, et al. 2020. Discovery and biochemical characterization of a methanol dehydrogenase from *Lysinibacillus xylanilyticus*. Front Bioeng Biotechnol, 8: 67.

Lee S D, Kellow N J, Choi T S T, et al. 2021. Assessment of dietary acculturation in East Asian populations: A scoping review. Adv Nutr, 12(3): 865-886.

Lemieux L, Simard R E. 1992. Bitter flavour in dairy products. II. A review of bitter peptides from caseins: their formation, isolation and identification, structure masking and inhibition. Le Lait. 72(4): 335-385.

Li D M, Liu P Z, Wang W F, et al. 2017. An innovative deacidification approach for producing partial glycerides-free rice bran oil. Food and Bioprocess Technology, 10(6): 1154-1161.

Li D M, Wang W F, Durrani R, et al. 2016. Simplified enzymatic upgrading of high-acid rice bran oil using ethanol as a novel acyl acceptor. Journal of Agricultural and Food Chemistry, 64(35): 6730-6737.

Li X, Li S, Liang X, et al. 2020. Applications of oxidases in modification of food molecules and colloidal systems: Laccase, peroxidase and tyrosinase. Trends Food Sci Technol, 103: 78-93.

Li Z, Chen H, Su J, et al. 2019. Highly efficient and enzyme-recoverable method for enzymatic concentrating omega-3 fatty acids generated by hydrolysis of fish oil in a substrate-constituted three-liquid-phase system. Journal of Agricultural and Food Chemistry, 67(9): 2570-2580.

Liew F E, Nogle R, Abdalla T, et al. 2022. Carbon-negative production of acetone and isopropanol by gas fermentation at industrial pilot scale. Nat Biotechnol, 40(3): 335-344.

Liew F, Martin M E, Tappel R C, et al. 2016. Gas fermentation a flexible platform for commercial scale production of low-carbon-fuels and chemicals from waste and renewable feedstocks. Front Microbiol, 7: 694.

Linden P, Keech O, Stenlund H, et al. 2016. Reduced mitochondrial malate dehydrogenase activity has a strong effect on photorespiratory metabolism as revealed by C-13 labelling. J Exp Bot, 67(10): 3123-3135.

Liu L F, Martinez J L, Liu Z H, et al. 2014. Balanced globin protein expression and heme biosynthesis improve production of human hemoglobin in *Saccharomyces cerevisiae*. Metabolic Engineering, 21: 9-16.

Liu Y, Liu L, Li J, et al. 2019. Synthetic biology toolbox and chassis development in *Bacillus subtilis*. Trends Biotechnol, 37(5): 548-562.

Liu Y, Su A, Tian R, et al. 2020b. Developing rapid growing *Bacillus subtilis* for improved biochemical and recombinant protein production. Metab Eng Commun, 11: e00141.

Liu Z H, Wang K, Chen Y, et al. 2020a. Third-generation biorefineries as the means to produce fuels and chemicals from CO_2. Nat Catal, 3(3): 274-288.

Liu Z J, Liu T G. 2016. Production of acrylic acid and propionic acid by constructing a portion of the 3-hydroxypropionate/4-hydroxybutyrate cycle from *Metallosphaera sedula* in *Escherichia coli*. J Ind Microbiol Biotechnol, 43(12): 1659-1670.

Luana N, Rossana C, Curiel J A, et al. 2014. Manufacture and characterization of a yogurt-like beverage made with oat flakes fermented by selected lactic acid bacteria. Int J Food Microbiol, 185: 17-26.

Lv X, Wu Y, Gong M, et al. 2021. Synthetic biology for future food: Research progress and future directions. Future Foods, 3: 100025.

Lyberg A, Adlercreutz P. 2008. Lipase-catalysed enrichment of DHA and EPA in acylglycerols resulting from squid oil ethanolysis. European Journal of Lipid Science and Technology, 110(4): 317-324.

Ma G J, Dai L M, Liu D H, et al. 2019. Integrated production of biodiesel and concentration of polyunsaturated fatty acid in glycerides through effective enzymatic catalysis. Frontiers in Bioengineering and Biotechnology, 7: 393.

Machado M V, Cortez-Pinto H. 2016. Diet, microbiota, obesity, and NAFLD: A dangerous quartet. Int J Mol Sci, 17(4): 481.

Machado Nardi V A, Auler D P, Teixeira R. 2020. Food safety in global supply chains: A literature review. J Food Sci, 85(4): 883-891.

Mäkinen O E, Wanhalinna V, Zannini E, et al. 2015. Foods for special dietary needs: non-dairy plant-based milk substitutes and fermented dairy-type products. Crit Rev Food Sci Nutr, 56(3): 339-349.

Mao W, Yuan Q Q, Qi H G, et al. 2020. Recent progress in metabolic engineering of microbial formate assimilation. Appl Microbiol Biotechnol, 104(16): 6905-6917.

Martinez J L, Liu L F, Petranovic D, et al. 2015. Engineering the oxygen sensing regulation results in an enhanced recombinant human hemoglobin production by *Saccharomyces cerevisiae*. Biotechnology and Bioengineering, 112: 181-188.

Marvin H J, Janssen E M, Bouzembrak Y, et al. 2017. Big data in food safety: An overview. Crit Rev Food Sci Nutr, 57(11): 2286-2295.

Meinhold P, Peters M W, Chen M M Y, et al. 2005. Direct conversion of ethane to ethanol by engineered cytochrome P450BM3. Chembiochem, 6(10): 1765-1768.

Meng F, Uniacke-Lowe T, Ryan C A, et al. 2021. The composition and physico-chemical properties of human milk: A review. Trends in Food Science & Technology, 112: 608-621.

Meyer F, Keller P, Hartl J, et al. 2018. Methanol-essential growth of *Escherichia coli*. Nature Communications: 9(1): 1508.

Meyer O, Schlegel H G. 1983. Biology of aerobic carbon monoxide-oxidizing bacteria. Annual Review of Microbiology, 37: 277-310.

Milucka J, Widdel F, Shima S. 2013. Immunological detection of enzymes for sulfate reduction in anaerobic methane-oxidizing consortia. Environmental Microbiology, 15(5): 1561-1571.

More N S, Gogate P R. 2018. Ultrasound assisted enzymatic degumming of crude soybean oil. Ultrasonics Sonochemistry, 42: 805-813.

Moreno-Perez S, Luna P, Senorans F J, et al. 2015. Enzymatic synthesis of triacylglycerols of docosahexaenoic acid: transesterification of its ethyl esters with glycerol. Food Chemistry, 187: 225-229.

Muller J E N, Meyer F, Litsanov B, et al. 2015. Engineering Escherichia coli for methanol conversion. Metabolic Engineering, 28: 190-201.

Muñío M D M, Robles A, Esteban L, et al. 2009. Synthesis of structured lipids by two enzymatic steps: Ethanolysis of fish oils and esterification of 2-monoacylglycerols. Process Biochemistry, 44(7): 723-730.

Muzi T, Muller J, Bolten C J, et al. 2019. Fermentation of plant-based milk alternatives for improved flavour and nutritional value. Appl Microbiol Biotechnol, 103(23): 9263-9275.

Nagachinta S, Akoh C C. 2013. Synthesis of structured lipid enriched with omega fatty acids and sn-2 palmitic acid by enzymatic esterification and its incorporation in powdered infant formula. Journal of Agricultural and Food Chemistry, 61(18): 4455-4463.

Naik S N, Goud V V, Rout P K, et al. 2010. Production of first and second generation biofuels: A comprehensive review. Renewable & Sustainable Energy Reviews, 14(2): 578-597.

Neubronner J, Schuchardt J P, Kressel G, et al. 2011. Enhanced increase of omega-3 index in response to long-term n-3 fatty acid supplementation from triacylglycerides versus ethyl esters. European Journal of Clinical Nutrition, 65(2): 247-254.

Nitayavardhana S, Rakshit S K, Grewell D, et al. 2008. Ultrasound pretreatment of cassava chip slurry to enhance sugar release for subsequent ethanol production. Biotechnol Bioeng, 101(3): 487-496.

Niu R H, Chen F S, Zhao Z T, et al. 2021. Effect of enzyme on the demulsification of emulsion during aqueous enzymatic extraction and the corresponding mechanism. Cereal Chemistry, 98(3): 594-603.

Noor Lida H M D, Sundram K, Siew W L, et al. 2002. TAG composition and solid fat content of palm oil, sunflower oil, and palm kernel olein belends before and after chemical interesterification .

Journal of the American Oil Chemists' Society, 79(11): 1137-1144.

Nychas G J, Sims E, Tsakanikas P, et al. 2021. Data science in the food industry. Annu Rev Biomed Data Sci, 4: 341-367.

Oelgeschlager E, Rother M. 2008. Carbon monoxide-dependent energy metabolism in anaerobic bacteria and archaea. Archives of Microbiology, 190(3): 257-269.

Orita I, Sakamoto N, Kato N, et al. 2007. Bifunctional enzyme fusion of 3-hexulose-6-phosphate synthase and 6-phospho-3-hexuloisomerase. Appl Microbiol Biotechnol, 76(2): 439-445.

Overkamp K M, Kotter P, Van Der Hoek R, et al. 2002. Functional analysis of structural genes for NAD(+)-dependent formate dehydrogenase in *Saccharomyces cerevisiae*. Yeast, 19(6): 509-520.

Pande G, Sabir J S M, Baeshen N A, et al. 2013. Synthesis of infant formula fat analogs enriched with DHA from extra virgin olive oil and tripalmitin. Journal of the American Oil Chemists' Society, 90(9): 1311-1318.

Peiroten A, Landete J M. 2020. Natural and engineered promoters for gene expression in *Lactobacillus species*. Appl Microbiol Biotechnol, 104: 3797-3805.

Penha C B, Santos V D P, Speranza P, et al. 2021. Plant-based beverages: Ecofriendly technologies in the production process. Innov Food Sci Emerg Technol, 72: 102760.

Pfeffer J, Freund A R, Bel-Rhlid C, et al. 2007. Highly efficient enzymatic synthesis of 2-monoacylglycerides and structured lipids and their production on a technical scale. Lipids, 42(10): 947-953.

Pfeifenschneider J, Brautaset T, Wendisch V F. 2017. Methanol as carbon substrate in the bio-economy: Metabolic engineering of aerobic methylotrophic bacteria for production of value-added chemicals. Biofuel Bioprod Biorefin, 11(4): 719-731.

Pinckaers P J M, Trommelen J, Snijders T, et al. 2021. The anabolic response to plant-based protein ingestion. Sports Med, 51(Suppl 1): 59-74.

Portnoy V A, Bezdan D, Zengler K. 2011. Adaptive laboratory evolution - harnessing the power of biology for metabolic engineering. Curr Opin Biotechbol, 22(4): 590-594.

Price J V, Chen L, Whitaker W B, et al. 2016. Scaffoldless engineered enzyme assembly for enhanced methanol utilization. Proc Natl Acad Sci U S A, 113(45): 12691-12696.

Pronk J T, Meijer W M, Hazeu W, et al. 1991. Growth of *Thiobacillus ferrooxidans* on formic acid. Appl Environ Microbiol, 57(7): 2057-2062.

Ragsdale S W, Pierce E. 2008. Acetogenesis and the Wood-Ljungdahl pathway of CO_2 fixation. Biochim Biophys Acta Proteins Proteom, 1784(12): 1873-1898.

Raines C A. 2003. The Calvin cycle revisited. Photosyn Res, 75(1): 1-10.

Roberts D L, James-Hagstrom J E, Garvin D K, et al. 1989. Cloning and expression of the gene cluster encoding key proteins involved in acetyl-CoA synthesis in *Clostridium thermoaceticum*: CO dehydrogenase, the corrinoid/Fe-S protein, and methyltransferase. Proc Natl Acad Sci U S A, 86(1): 32-36.

Rosenthal A, Deliza R, Cabral L M C, et al. 2003. Effect of enzymatic treatment and filtration on sensory characteristics and physical stability of soymilk. Food Control, 14(3): 187-192.

Rupa P, Mine Y. 2003. Immunological comparison of native and recombinant egg allergen, ovalbumin, expressed in *Escherichia coli*. Biotechnol Lett, 25: 1917-1924.

Russmayer H, Buchetics M, Gruber C, et al. 2015. Systems-level organization of yeast methylotrophic lifestyle. BMC Biol, 13: 80.

Sahin N, Akoh C C, Karaali A. 2005. Lipase-catalyzed acidolysis of tripalmitin with hazelnut oil fatty acids and stearic acid to produce human milk fat substitutes. Journal of Agricultural and Food Chemistry, 53(14): 5779-578.

Sampaio K A, Zyaykina N, Uitterhaegen E , et al. 2019. Enzymatic degumming of corn oil using phospholipase C from a selected strain of *Pichia pastoris*. Lwt-Food Science and Technology, 107: 145-150.

Sanchez-Andrea I, Guedes I A, Hornung B, et al. 2020. The reductive glycine pathway allows autotrophic growth of *Desulfovibrio desulfuricans*. Nat Commun, 11(1): 5090.

Savaghebi D, Safari M, Rezaei K, et al. 2012. Structured lipids produced through lipase-catalyzed acidolysis of canola oil. Journal of Agricultural Science and Technology, 14(6): 1297-1310.

Schmid U, Bornscheuer U T, Soumanou M M. 1999. Highly selective synthesis of 1,3-oleoyl-2-palmitoylglycerol by lipase catalysis . Biotechnology and Bioengineering, 64(6): 678-684.

Schrader J, Schilling M, Holtmann D, et al. 2009. Methanol-based industrial biotechnology: current status and future perspectives of methylotrophic bacteria. Trends Biotechnol, 27(2): 107-115.

Schwander T, Schada Von Borzyskowski L, Burgener S, et al. 2016. A synthetic pathway for the fixation of carbon dioxide *in vitro*. Science, 354(6314): 900-904.

Semrau J D, Dispirito A A, Yoon S. 2010. Methanotrophs and copper. FEMS Microbiol Rev, 34(4): 496-531.

Séverin S, Wenshui X. 2005. Milk biologically active components as nutraceuticals: Review. Critical Reviews in Food Science & Nutrition, 45: 645-656.

Sha L, Xiong Y L. 2020. Plant protein-based alternatives of reconstructed meat: Science, technology, and challenges. Trends Food Sci Technol, 102: 51-61.

Shahid A, Liu X H, Sen L, et al. 2021. Sequence and structure-based method to predict diacylglycerol lipases in protein sequence. International Journal of Biological Macromolecules, 182: 455-463.

Shahidi F, Wanasundara U N. 1998. Methods of measuring oxidative rancidity in fats and oils// Akoh C C. Food Sci: Chemistry, Nutrition, and Biotechnology. Florida: CRC Press.

Shankar D, Agrawal Y C, Sarkar B C, et al. 1997. Enzymatic hydrolysis in conjunction with conventional pretreatments to soybean for enhanced oil availability and recovery. J Am Oil Chem Soc, 74(12): 1543-1547.

Sharpe P L, Dicosimo D, Bosak M D, et al. 2007. Use of transposon promoter-probe vectors in the metabolic engineering of the obligate methanotroph *Methylomonas* sp. strain 16a for enhanced C40 carotenoid synthesis. Appl Environ Microbiol, 73(6): 1721-1728.

Shaw J F, Sheu J R. 1992. Production of high-maltose syrup and high-protein flour from rice by an enzymatic method. Biosci Biotechnol Biochem, 56(7): 1071-1073.

Siegel J B, Smith A L, Poust S, et al. 2015. Computational protein design enables a novel one-carbon assimilation pathway. Proc Natl Acad Sci U S A, 112(12): 3704-3709.

Silva R C, Cotting L N, Poltronieri T P, et al. 2009. The effects of enzymatic interesterification on the physical-chemical properties of blends of lard and soybean oil(Article). LWT - Food Science and Technology, 42(7): 1275-1282.

Singh P, Gill P K. 2006. Production of inulinases: Recent advances. Food Technol Biotechnol, 44(2): 151-162.

Singh R S, Singh R P. 2010. Production of fructooligosaccharides from inulin by endoinulinases and their prebiotic potential. Food Technol Biotechnol, 48(4): 435-450.

Sprogoe D, van den Broek L A M, Mirza O, et al. 2004. Crystal structure of sucrose phosphorylase from *Bifidobacterium adolescentis*. Biochemistry, 43(5): 1156-1162.

Sreenivasan B. 1978. Interesterification of fats . Journal of the American Oil Chemists' Society, 55(11): 796-805.

Strong P J, Xie S, Clarke W P. 2015. Methane as a resource: can the methanotrophs add value? Environ Sci Technol, 49(7): 4001-4018.

Sun T, Pigott G M, Herwig R P. 2002. Lipase-assisted concentration of n-3 polyunsaturated fatty acids from viscera of farmed Atlantic salmon (*Salmo salar* L.). Journal of Food Science, 67(1): 130-136.

Takors R, Kopf M, Mampel J, et al. 2018. Using gas mixtures of CO, CO_2 and H_2 as microbial substrates: the do's and don'ts of successful technology transfer from laboratory to production scale. Microb Biotechnol, 11(4): 606-625.

Tangsuphoom N, Coupland J N. 2008. Effect of surface-active stabilizers on the microstructure and stability of coconut milk emulsions. Food Hydrocolloid, 22(7): 1233-1242.

Tao C, Hongbing S, Jing Q, et al. 2022. Cell-free chemoenzymatic starch synthesis from carbon dioxide. Science, 373(6562): 1523-1527.

Tao Q, Ding H, Wang H, et al. 2021. Application research: Big data in food industry. Foods, 10(9): 2203.

Tashiro Y, Hirano S, Matson M M, et al. 2018. Electrical-biological hybrid system for CO_2 reduction. Metabolic Engineering, 47: 211-218.

Thauer R K. 2011. Anaerobic oxidation of methane with sulfate: on the reversibility of the reactions that are catalyzed by enzymes also involved in methanogenesis from CO_2. Curr Opin Microbiol, 14(3): 292-299.

Tornqvist H, Belfrage P. 1976. Purification and some properties of a monoacylglycerol-hydrolyzing enzyme of rat adipose tissue. The Journal of biological chemistry, 251(3): 813-819.

Trotsenko Y A, Murrell J C. 2008. Metabolic aspects of aerobic obligate methanotrophy. Advances in Applied Microbiology, 63: 183-229.

Tuyishime P, Wang Y, Fan L W, et al. 2018. Engineering *Corynebacterium glutamicum* for methanol-dependent growth and glutamate production. Metab Eng, 49: 220-231.

Tyagi A, Kumar A, Aparna S V, et al. 2016. Synthetic biology: Applications in the food sector. Crit Rev Food Sci Nutr, 56: 1777-1789.

Upadhyay V, Singh A, Panda A K. 2016. Purification of recombinant ovalbumin from inclusion bodies of *Escherichia coli*. Protein Expr Purif, 117: 52-58.

Vagadia B H, Vanga S K, Raghavan V. 2017. Inactivation methods of soybean trypsin inhibitor – A review. Trends Food Sci Technol, 64: 115-125.

Valverde L M, Moreno P A G, Quevedo A R, et al. 2012. Concentration of docosahexaenoic acid (DHA) by selective alcoholysis catalyzed by lipases. Journal of the American Oil Chemists' Society, 89(9): 1633-1645.

Valverde L M, Moreno P A G, Callejón J J M, et al. 2013. Concentration of eicosapentaenoic acid (EPA) by selective alcoholysis catalyzed by lipases. European Journal of Lipid Science and

Technology, 115(9): 990-1004.

Valverde L M, Moreno P A G, Cerdán E L, et al. 2014. Concentration of docosahexaenoic and eicosapentaenoic acids by enzymatic alcoholysis with different acyl-acceptors. Biochemical Engineering Journal, 91: 163-173.

Van der Veen M E, Veelaert S, Van der Goot A J, et al. 2006. Starch hydrolysis under low water conditions: A conceptual process design. J Food Eng, 75(2): 178-186.

Vogel H J. 2012. Lactoferrin, a bird's eye view introduction. Biochemistry and Cell Biology, 90: 233-244.

Vogelsang-O'Dwyer M, Zannini E, Arendt E K. 2021. Production of pulse protein ingredients and their application in plant-based milk alternatives. Trends Food Sci Technol, 110: 364-374.

Von Borzyskowski L S, Carrillo M, Leupold S, et al. 2018. An engineered Calvin-Benson-Bassham cycle for carbon dioxide fixation in *Methylobacterium extorquens* AM1. Metab Eng, 47: 423-433.

Vorholt J A. 2002. Cofactor-dependent pathways of formaldehyde oxidation in methylotrophic bacteria. Arch Microbiol, 178(4): 239-249.

Wang R, Thakur K, Feng J Y, et al. 2022. Functionalization of soy residue (okara)by enzymatic hydrolysis and LAB fermentation for B2 bio-enrichment and improved *in vitro* digestion. Food Chem, 387: 132947.

Wang S H, Yang T S, Lin S M, et al. 2002. Expression, characterization, and purification of recombinant porcine lactoferrin in *Pichia pastoris*. Protein Expression and Purification, 25: 41-49.

Wang X L, Wang Y, Liu J, et al. 2017. Biological conversion of methanol by evolved *Escherichia coli* carrying a linear methanol assimilation pathway. Bioresour Bioprocess, 4(1): 1-6.

Wang X S, Huang Z N, Hua L, et al. 2021. Preparation of human milk fat substitutes similar to human milk fat by enzymatic acidolysis and physical blending. LWT-Food Science and Technology, 140, 110818.

Wang X S, Lu J Y, Liu H. 2016. Improved deacidification of high-acid rice bran oil by enzymatic esterification with phytosterol. Process Biochemistry, 51(10): 1496-1502.

Wang X S, Wang X G, Wang T. 2017. An effective method for reducing free fatty acid content of high-acid rice bran oil by enzymatic amidation. Journal of Industrial and Engineering Chemistry, 48: 119-124.

Wang Y, Fan L W, Tuyishirne P, et al. 2020. Synthetic methylotrophy: a practical solution for methanol-based biomanufacturing. Trends Biotechnol, 38(6): 650-666.

Warnecke T, Gill R T. 2005. Organic acid toxicity, tolerance, and production in *Escherichia coli* biorefining applications. Microb Cell Factories, 4: 25.

Watanabe Y, Nagao T, Shimada Y. 2009. Control of the regiospecificity of *Candida antarctica* lipase by polarity. New Biotechnology, 26(1): 23-28.

Watts N, Amann M, Arnell N, et al, 2021. The 2020 report of the lancet countdown on health and climate change: Responding to converging crises. Lancet, 397(10269): 129-170.

Wei W, Jin Q Z, Wang X G. 2019. Human milk fat substitutes: past achievements and current trends. Progress in Lipid Research, 74: 69-86.

Whitaker W B, Jones J A, Bennett R K, et al. 2017. Engineering the biological conversion of methanol to specialty chemicals in *Escherichia coli*. Metab Eng, 39: 49-59.

Whitaker W B, Sandoval N R, Bennett R K, et al. 2015. Synthetic methylotrophy: engineering the production of biofuels and chemicals based on the biology of aerobic methanol utilization. Curr Opin Biotechnol, 33: 165-175.

Wildermuth S R, Young E E, Were L M. 2016. Chlorogenic acid oxidation and its reaction with sunflower proteins to form green-colored complexes. Compr Rev Food Sci Food Saf, 15(5): 829-843.

Woolston B M, King J R, Reiter M, et al. 2018. Improving formaldehyde consumption drives methanol assimilation in engineered *E. coli*. Nat Commun, 9(1): 2387.

Xu X B. 2000. Production of specific-structured triacylglycerols by lipase-catalyzed reactions: a review. European Journal of Lipid Science and Technology, 102(4): 287-303.

Yadav M, Shukla P. 2020. Efficient engineered probiotics using synthetic biology approaches: A review. Biotechnology and Applied Biochemistry, 67: 22-29.

Yang H L, Mu Y, Chen H T, et al. 2014. Sn-1,3-specific interesterification of soybean oil with medium-chain triacylglycerol catalyzed by lipozyme TL IM. Chinese Journal of Chemical Engineering, 22(9): 1016-1020.

Yang H, Liu Y, LI J, et al. 2020. Systems metabolic engineering of *Bacillus subtilis* for efficient biosynthesis of 5-methyltetrahydrofolate. Biotechnol Bioeng, 117: 2116-2130.

Yeung S S Y, Kwan M, Woo J. 2021. Healthy diet for healthy aging. Nutrients, 13(12): 4310.

Yin X, Li J, Shin H, et al. 2015. Metabolic engineering in the biotechnological production of organic acids in the tricarboxylic acid cycle of microorganisms: Advances and prospects. Biotechnol Adv, 33(6): 830-841.

Yishai O, Bouzon M, Doring V, et al. 2018. *In vivo* assimilation of one-carbon via a synthetic reductive glycine pathway in *Escherichia coli*. ACS Synth Biol, 7(9): 2023-2028.

Yishai O, Lindner S N, De La Cruz J G, et al. 2016. The formate bio-economy. Curr Opin Chem Biol, 35: 1-9.

Yu S, Liu J J, Yun E J, et al. 2018. Production of a human milk oligosaccharide 2'-fucosyllactose by metabolically engineered *Saccharomyces cerevisiae*. Microb Cell Fact, 17: 101.

Yurimoto H, Kato N, Sakai Y. 2005. Assimilation, dissimilation, and detoxification of formaldehyde, a central metabolic intermediate of methylotrophic metabolism. Chem Rec, 5(6): 367-375.

Yurimoto H, Oku M, Sakai Y. 2011. Yeast methylotrophy: Metabolism, gene regulation and peroxisome homeostasis. Int J Syst Evol Microbiol, 2011: 101298.

Zang X, Yue C, Wang Y, et al. 2019. Effect of limited enzymatic hydrolysis on the structure and emulsifying properties of rice bran protein. J Cereal Sci, 85: 168-174.

Zhang J, Chen Q, Liu L, et al. 2021. High-moisture extrusion process of transglutaminase-modified peanut protein: Effect of transglutaminase on the mechanics of the process forming a fibrous structure. Food Hydrocolloid, 112: 106346.

Zhang L, Zhao R, Jia D, et al. 2020b. Engineering *Clostridium ljungdahlii* as the gas-fermenting cell factory for the production of biofuels and biochemicals. Curr Opin Chem Biol, 59: 54-61.

Zhang M, Yang Y, Acevedo N C. 2020a. Effects of pre-heating soybean protein isolate and transglutaminase treatments on the properties of egg-soybcan protein isolate composite gels. Food Chem, 318: 126421.

Zhang W M, Song M, Yang Q, et al. 2018. Current advance in bioconversion of methanol to chemicals. Biotechnology for Biofuels, 11: 260.

Zhang Y H P, Sun J B, Ma Y H. 2017. Biomanufacturing: history and perspective. Journal of Industrial Microbiology & Biotechnology, 44: 773-784.

Zhang Y, Simpson B K. 2020. Food-related transglutaminase obtained from fish/shellfish. Crit Rev Food Sci Nutr, 60(19): 3214-3232.

Zhang Y, Wang X S, Xie D, et al. 2017. One-step concentration of highly unsaturated fatty acids from tuna oil by low-temperature crystallization. Journal of the American Oil Chemists' Society, 94(3): 475-483.

Zhang Y, Wang X S, Zou S, et al. 2018. Synthesis of 2-docosahexaenoylglycerol by enzymatic ethanolysis. Bioresource Technology, 251(1): 334-340.

Zhang Z, Wang Y, Ma X, et al. 2015. Characterisation and oxidation stability of monoacylglycerols from partially hydrogenated corn oil . Food Chemistry, 173: 70-79.

Zheng T, Zhang M, Wu L, et al. 2022. Upcycling CO_2 into energy-rich long-chain compounds via electrochemical and metabolic engineering. Nat Catal, 5(5): 388-396.

Zhou Y J, Kerkhoven E J, Nielsen J. 2018. Barriers and opportunities in bio-based production of hydrocarbons. Nat Energy, 3(11): 925-935.

Zhuang S, Renault N, Archer I. 2021. A brief review on recent development of multidisciplinary engineering in fermentation of *Saccharomyces cerevisiae*. J Biotechnol, 339: 32-41.

Zilly F E, Acevedo J P, Augustyniak W, et al. 2011. Tuning a P450 enzyme for methane oxidation. Angew Chem Int Ed Engl, 50(12): 2720-2724.

Zou X Q, Nadege K, Ninette I, et al. 2020. Preparation of docosahexaenoic acid-rich diacylglycerol-rich oil by lipase-catalyzed glycerolysis of microbial oil from *Schizochytrium* sp. in a solvent-free system. Journal of the American Oil Chemists' Society, 97(3): 263-270.